Behzad Razavi

# RF 전자공학 2판

## RF Microelectronics Second Edition

이문규 · 권익진 · 심동하
신현철 · 유종원 · 이동호 공역

PRENTICE HALL

Human Science
휴먼싸이언스

# RF Microelectronics

**Second Edition**

**Behzad Razavi**



Second Edition

정가 45,000원

## RF 전자공학

2015년 1월 8일 초판 인쇄
2015년 1월 15일 초판 발행

저 자: Behzad Razavi
공 역 자: 이문규 · 권익진 · 심동하
신현철 · 유종원 · 이동호
발 행 자: 박 주 옥
발 행 처: 휴먼싸이언스
주 소: 서울시 도봉구 시루봉로 291 B1
(도봉동 613-14 숙진빌딩)
등록번호: 제2008-20호
등 록 일: 2008. 10. 13
전 화: (02) 955-0244
팩 스: (02) 955-0245

e-mail: humansci@naver.com
ISBN: 978-89-93712-59-9 93560

역자와의 협의하에 인지생략



이 도서의 국립중앙도서관 출판시도서목록(CIP)은 서지정보유통지원시스템 홈페이지(http://seoji.nl.go.kr)와 국가자료공동목록시스템(http://www.nl.go.kr/kolisnet)에서 이용하실 수 있습니다. (CIP제어번호: CIP2014038058)

# 2판 서문

Preface to the Second Edition

1판이 발행된 이후 14년 동안, RFIC 설계는 비약적인 변화를 경험하였다. 송수신기, 구성 회로, 소자에서의 혁신으로 많은 응용분야의 광대역 스펙트럼을 다룰 수 있는 높은 집적도의 무선기기가 가능하게 되었다. 더욱이 새로운 해석과 모델링 기법으로 RF 회로에 대한 이해와 그 근간이 되는 원리를 파악할 수 있게 되었다. 2판은 이러한 원인에 기인하여 기획되었다.

1판과 비교하여 2판은 다음의 몇 가지와 차별성을 가지고 있다.

1. 3년 6개월 전 2판을 착수할 당시 1판에 약간을 수정한 정도로 당시의 RFIC 전자공학을 반영할 수 없었다. 따라서 1판을 접고 백지상태에서 시작했다. 두 판은 10%정도 겹친다.
2. 2판에 더 많은 교수 기법을 동원하여 독자들이 기초와 미묘한 사항까지도 이해할 수 있도록 하였다. 따라서 수백 개의 예제와 연습문제를 추가하였다.
3. 또한 해석에 더하여 설계를 가르치길 원했다. 따라서 단계별 설계 절차와 예제를 포함시켰다. 더욱이 13장에서 이중 대역 WiFi 송수신기에 대해 단계별로 트랜지스터 레벨 설계를 다루었다.
4. RF 설계에 수많은 조언으로 어떤 장은 내용이 많아져서 2개 이상으로 장을 분리하였다. 결과적으로 2판은 1판의 거의 세 배 분량이 되었다.

## 강사와 학생들에 대한 조언

본 교재의 내용은 1쿼터(quarter) 또는 1학기로 다루기에는 매우 많다. 다음은 합리적인 수준의 깊이로 1학기로 다루어질 수 있는 각 장의 가능한 순서다. 학생들의 선수 지식이나 강사의 선호에 따라 다른 주제를 혼합하여 1쿼터 또는 1학기에 다루어질 수 있다.

**1장: RF 및 무선기술 소개**

이 장에서는 큰 그림을 제시하고 30분 정도로 다루어야 한다.

**2장: RF설계 기초 개념**

다음 절을 다루어야 한다: 일반적 고찰, 비선형의 영향(AM/PM 변환은 생략), 잡음, 감도, 동적 범위. (수동 임피던스 변환, S-파라미터, 비선형 동적 시스템은 생략) 이 장은 약 6시간 정도로 다루어야 한다.

**3장: 통신 개념**

이 장은 쿼터 시스템에서는 최소로 다루어야 한다. 예를 들어, 아날로그 변조, 직교 변조, GMSK 변조, 다중접속 기술, IEEE802.11a/b/g 표준. 학기제에서는 신호 성상을 소개하고 더 많은 변조 기법과 표준을 다룰 수 있다. 이 장은 쿼터제에서는 약 2시간, 학기제에서는 약 3시간이 소요된다.

**4장: 송수신 시스템 구조**

이 장은 상대적으로 분량이 많아 선택적으로 가르쳐야 한다. 다음 절을 다루어야 한다: 일반적 고찰, 일반 그리고 최신 헤테로다인 수신기, 직접 변환 수신기, 이미지 제거 수신기, 집적 변환 송신기. 학기제에서는 낮은 IF 수신기, 헤테로다인 송신기를 더하여 다룰 수 있다. 이 장은 쿼터제에서는 약 8시간, 학기제에서는 10시간이 소요된다.

**5장: 저잡음 증폭기**

다음 절을 다루어야 한다: 일반적 고찰, 입력 매칭 문제, LNA 구조. 학기 시스템에서는 추가로 이득 스위칭과 밴드 선택 또는 높은 $IP_2$ LNA를 다룬다. 이 장은 쿼터제에서는 약 6시간, 학기제에서는 약 8시간이 소요된다.

**6장: 믹서**

다음 절을 다루어야 한다: 일반적 고찰, 수동 하향 변환 믹서(전압으로 구동되는 샘플링 믹서의 잡음과 입력 임피던스 계산은 생략), 능동 하향 변환 믹서, $IP_2$가 높은 능동 믹서. 학기제에서는 추가로 개선된 트랜스컨덕턴스(transcoductance)를 갖는 능동믹서, 낮은 플리커 잡음을 갖는 능동 믹서, 상향 변환 믹서를 포함할 수 있다. 이 장은 쿼터제에서는 약 8시간, 학기제에서는 10시간이 소요된다.

**7장: 수동 소자**

이 장은 쿼터제에서는 다루지 않는다. 학기제에서는 기본 인덕터 구조와 손실 메커니즘, MOS 바랙터를 약 3시간 정도 다룬다.

**8장: 발진기**

이 장은 분량이 많아서 선택적으로 가르쳐야 한다. 다음 절은 다루어야 한다: 기본 원리, 상호결합 발진기, 전압조정 발진기, 저잡음 VCO. 쿼터제에서는 위상 잡음을 약간 다룰 수 있다. 학기제에서는 위상 잡음의 해석에 대한 2가지 접근을 다룰 수 있다. 이 장은 쿼터제에서 약 6시간, 학기제에서 약 8시간이 소요된다.

**9장: 위상고정 루프**

이 장은 합성기에 대한 기초를 제공한다. 이 장은 자연스럽게 정수-N 합성기를 이야기하고 있어서 사실 매우 주의하여 가르친다면 쿼터제에서는 다음 장으로 넘길 수 있다. 다음 절은 다루어져야 한다: 기본 개념, Type-I PLL, Type-II PLL, PFD/CP 비선형성. 학기제에서는 추가로 PLL에서 위상 잡음, 설계 절차를 다룬다. 이 장은 쿼터제에서 약 4시간, 학기제에서 약 6시간이 소요된다.

**10장: 정수형-N 합성기**

이 장에는 쿼터제에서는 다루지 않는다. 학기제에서는 스퍼 감소 기법과 분주기 설계를 약 4시간 정도 다룬다.

**11장: 분수형-N 합성기**

이 장은 쿼터제에서는 다루지 않는다. 학기제에서는 랜덤화 기법, 잡음성형에 대해 약 4시간 정도 다룬다. 나머지 절은 생략한다.

**12장: 전력 증폭기**

이 장은 분량이 많아서 다른 장에 비해 종종 생략하기도 한다. 만일 이 장을 다룬 다면 다음 절은 가르쳐야 한다: 일반적 고찰, 전력 증폭기의 분류, 고효율 전력 증폭기, 캐스코드 출력단, 기본 선형화 기법. 이 주제들은 약 4시간의 강의 시간이 요구된다. 도허티(Doherty) 전력 증폭기, 폴라(Polar) 변조, 아웃페이징(Outphasing)을 추가로 4시간으로 다룬다.

**13장: 송수신기 설계 예**

이 장은 이중대역 송수신기의 단계적인 설계를 설명하고 있다. 5장, 6장, 8장의 최고 성능의 예제를 생략하고 이 장에 시간을 할애할 수 있다. RX, TX, 주파수 합성기의 트랜지스터 레벨의 설계를 약 4시간에 걸쳐 다룰 수 있다.

Pearson Higher Education Instructor Resource Center의 웹사이트(pearsonhighered.com/irc)를 통해 강사용 해답집을 제공받을 수 있다. 강사용 파워포인트 슬라이드는 **informit.com/razavi**에서 제공 받을 수 있다. 추가 문제는 도서 웹사이트(**informit.com/razavi**)에 게시할 예정이다.

*— Behzad Razavi*
*2011년 7월*

# 1판 서문

Preface to the First Edition

전 세계적으로 핸드폰 판매가 250만대를 초과했다. 450만 명의 가입자가 있는 가정 위성망의 시장은 25억 달러에 이른다. 위치추적 시스템(GPS)은 2000년까지 50억 달러의 시장이 될 것으로 예측된다. 유럽에서, 이동 통신에 대한 장비와 서비스 시장은 1998년까지 300억 달러가 될 것이다. 이러한 통계는 실로 엄청난 수치이다.

RF와 무선 시장은 상상할 수 없는 차원으로 급격히 팽창하고 있다. 무선 호출기, 핸드폰, 무선 전화기, 유선 모뎀, RFID 태그와 같은 소자는 우리 삶에 급속히 파고들어 이제는 사치품이 아니라 필수품으로 자리 잡고 있다. 반도체와 시스템 회사들은 이러한 통계 수치를 보고 다양한 RF 제품들을 선보이며 필사적으로 시장에 진입하기 위해 노력하고 있다.

RF 설계는 집적회로(IC)와 관련이 없는 많은 원리를 요구하는 독특한 분야이다. RF 지식은 거의 1세기동안 축적되어왔기 때문에 초보자들이 공부하기에는 끝이 없을 것처럼 보인다.

이 책은 RF 집적회로와 시스템에 대한 해석과 설계에 관해 다룬다. 강의식으로 RF 전자공학에 대해 체계적으로 다루기 위해, 먼저 마이크로파와 통신이론으로부터 필요한 배경지식을 다루고, 이후 RF 송수신기와 회로를 설명할 것이다. 이 책은 VLSI의 기술로 집적화 관점에서 송수신 구조와 회로를 강조한다. 주로 바이폴라와 CMOS에 중점을 두고 있지만, 기본적인 개념은 물론 다른 기술에 그대로 적용할 수 있다. 이 책에서 독자는 아날로그 IC 설계와 신호 및 시스템 이론에 관한 기본적으로 이해하고 있다고 가정한다.

이 책은 9개의 장으로 구성된다. 1장에서는 일반 소개와 이후 장들에 대한 질문과 동기부여를 하게 된다. 2장은 RF와 마이크로파 설계에서 기본 개념에 대해 기술하고 비선형과 잡음의 영향에 대해 강조한다.

3장과 4장은 통신 시스템에 관한 내용으로 변조, 검출, 다중 접속 기술, 무선 표준에 대한 개괄적인 소개를 한다. 처음에는 이러한 내용이 필요 없을 것처럼 보이지만 실은 RF 회로와 시스템의 동시(concurrent) 설계에 매우 중요하다.

5장은 송수신 구조에 대해 다루게 되는데, 다양한 수신기와 송신기 구조를 제시하고 장단점을 논한다. 이 장에서는 실제 RF 제품에서 수행되는 접근법을 예로 하는 많은 실례(case study)를 포함하고 있다.

6장에서 9장까지는 저잡음 증폭기와 믹서, 발진기, 주파수 합성기, 전력 증폭기와 같은 RF 구성 부품을 오프칩(offhip) 부품을 최소화 하는 데 중점을 두고 소개한다. 여기서 중요한 목표는 어떻게 시스템의 요구 사항이 회로의 파라미터를 결정하게 되고 각 회로의 성능이 어떻게 전체 송수신기에 영향을 주는 지를 보이는 것이다.

저자는 UCLA에서 4-학기(unit) 대학원 코스에서 이 책 내용의 약 80%를 강의했다. 3장, 4장, 8장, 9장은 10주로 구성된 쿼터(quater)에서는 축소해서 진행해야 겠지만, 한 학기로 하는 경우 더 철저히 다루어져야 한다.

RF 설계 지식의 많은 부분은 동료들과의 교류로부터 도움을 받았다. Helen Kim, Ting-Ping Liu, Bell Laboratories의 Dan Avido, David Su, Hewlett-Packard Laboratories의 Andrew Gzegorek은 여러 가지 방법으로 이 책의 원고에 기여했다. 또한 많은 전문가들이 이 책을 리뷰해 주었다. Stefan Heinen (Siemens), Bart Jansen (Hewlett-Packard), Ting-Ping Liu (Bell Labs), John Long (University of Toronto), Tadao Nakagawa (NTT), Gitty Nasserbakht (Texas Instruments), Ted Rappaport (Virginia Tech), Tirdad Sowlati (Gennum), Trudy Stetzler (Bell Labs), David Su (Hewlett-Packard), Rick Wesel (UCLA). 또한 Farbod Behbahani, Hooman Darabi, John Leete, Jacob Rael를 포함하여 많은 UCLA 학생들이 책을 먼저 보고 좋은 피드백을 제공하였다. 저자는 상기 모든 분들의 친절한 조언과 도움에 빚을 졌다.

저자는 또한 Prentice Hall의 직원, 특히 Russ Hall, Maureen Diana, Kerry Reardon의 도움에 감사를 표한다.

*— Behzad Razavi*

*1997년 7월*

# 감사의 글

## Acknowledgments

이 책의 원고를 작성하고 검토하고 출판하는 과정에서 수많은 사람들의 지원과 호의를 받았습니다. 여기서 감사의 뜻을 표하고자 합니다.

여러 번 자체 검토를 했음에도 불구하고 오타와 미묘한 실수가 많습니다. 가끔 저자에게는 명료한 설명이 독자에게는 그렇지 않을 수 있습니다. 종종 어떤 점이나 최신 결과를 간과하고 넘어갈지도 모릅니다. 다른 사람들로부터 이 책에 대한 자세한 검토가 필요합니다. 다음 분들이 각 장들을 꼼꼼히 검토하여 실수와 귀중한 조언을 주셨습니다.

Ali Afsahi (Broadcom)
Pietro Andreani (Lund University)
Ashkan Borna (UC Berkeley)
Jonathan Borremans (IMEC)
Debopriyo Chowdhury (UC Berkeley)
Matteo Conta (Consultant)
Ali Homayoun (UCLA)
Velntina del Lattorre (Consultant)
Jane Gu (University of Florida)
Peng Han (Beken)
Pavan Hanumolu (Oregon State University)
Daquan Huang (Texas Instruments)
Sy-Chyuan Hwu (UCLA)
Amin Jahanian (UCI)
Jithin Janardhan (UCLA)
Shinwon Kang (UC Berkeley)
Iman Khajenasiri (Sharif University of Technology)
Yanghyo Kim (UCLA)
Abbas Komijani (Atheros)
Tai-Cheng Lee (National Taiwan University)
Antonio Liscidini (University of Pavia)
Shen-Iuan Liu (National Taiwan University)
Xiaodong Liu (Lund University)
Jian Hua Lu (UCLA)
Howard Luong (Hong Kong University of Science and Technology)
Elvis Mak (University of Macau)
Rabih Makarem (Atheros)
Rui Martins (University of Macau)
Andrea Mazzanti (University of Pavia)
Karthik Natarajan (University of Washington)
Nitin Nidhi (UCLA)
Joung Park (UCLA)
Paul Park (Atheros)
Stefano Pellerano (Intel)
Jafar Savoj (Xilinx)
Parmoon Seddighrad (University of Washington)
Alireza Shirvani (Ralink)
Tirdad Sowlati (Qualcomm)

Francesco Svelto (University of Pavia)
Enrico Temporiti (ST Microelectronics)
Federico Vecchi (University of Pavia)
Vijay Viswam (Lund University)
Vidojkovic Vojkan (IMEC)
Ning Wang (UCLA)
Weifeng Wang (Beken)
Zhi Gong Wang (Southeast University)
Marco Zanuso (UCLA)
Yunfeng Zhao (Beken)
Alireza Zolfaghari (Broadcom)

이들의 열성적이고, 체계적이고, 정확한 검토에 감사를 드립니다.

원저의 출판은 Bernard Goodwin과 Julie Nahil를 포함하여 Prentice Hall의 숙련된 직원 분들에 의해 이루어졌습니다. 두 분에게 감사를 드립니다.

저의 다른 저작 도서와 마찬가지로 제 처인 Angelina가 2판 전체의 Latex 작업을 하였고, 3년 6개월의 헌신적인 노력으로 도와주었습니다. 그녀에게 감사를 표합니다.

*— Behzad Razavi*

# 저자에 대하여

About the Author

**Behzad Razavi 교수**는 1985년 Sharif University of Technology에서 BSEE, Stanford University에서 1988년과 1992년에 각각 MSEE와 PhDEE를 받았다.

AT&T Bell Laboratories와 Hewlett-Packard Laboratories에서 1996년까지 근무하였다. 1996년 이후 Los Angeles에 있는 University of California의 전기공학 부교수와 정교수를 역임하고 있다. 현재 연구 주제는 무선 송수신기, 주파수 합성기, 고속 데이터 통신을 위한 위상 동기 회로와 클록 복원, 데이터 변환 등이다.

Razavi 교수는 1992년에서 1994년에 Princeton University에서 그리고 1995년에는 Stanford University에서 조교수를 역임했다. 1993년에서 2002년까지 International Solid-State Circuits Conference (ISSCC) 그리고 1998년에서 2002년까지 VLSI Circuits Symposium의 학회 프로그램 위원회(Technical Program Committees)에서 봉사하였다. 또한 *IEEE Journal of Solid-State Circuits*, *IEEE Transactions on Circuits and Systems*, *International Journal of High Speed Electronics*에서 초청 편집장과 부 편집장으로 봉사하였다.

Razavi 교수는 1994 ISSCC에서 편집위원의 공로로 Beatrice Winner Award, 1994 European Solid-State Circuits Conference에서 최우수 논문상, 1995년과 1997년 ISSCC에서 최우수 패널상, 1997년 TRW Innovative Teaching Award, 1998년 IEEE Custom Integrated Circuits Conference (CICC)에서 최우수 논문상, 2001년 McGraw-Hill First Edition of the Year Award을 수상하였다. 2001년 ISSCC에서 Jack Kilby Outstanding Student Paper Award 과 편집위원 공로로 Beatrice Winner Award을 공동 수상하였다. 2006년 교육상으로 Lockheed Martin Excellence, 2007년 UCLA Faculty Senate Teaching Award, 2009년 CICC 최우수 초청 논문상을 수상하였다. ISSCC 50년 역사에서 최상위 10명 저자 중 1명으로 인지되고 있다. 2012년 반도체 회로 설계 분야에서 IEEE Donald Pederson Award를 수상하였다.

Razavi 교수는 IEEE Distinguished Lecturer, IEEE Fellow이고 저서로 데이터 변환 시스템 설계의 원리(*Principles of Data Conversion System Design*), 중국어, 일본어, 한국어로 번역된 RF 전자공학 1판(*RF Microelectronics*), 중국어, 일본어, 한국어로 번역된 아날로그 CMOS 집적회로 설계(*Design of Analog CMOS Integrated Circuits*), 광통신을 위한 집적회

로 설계(*Design of Integrated Circuits for Optical Communications*), 한국어와 포르투칼어로 번역된 전자회로(*Fundamentals of Microelectronics*)가 있으며, 또한 고성능 시스템에서 PLL과 클록 복원회로(*Monolithic Phase-Locked Loops and Clock Recovery Circuits and Phase-Locking in High-Performance Systems*)의 편집자이기도 하다.

# 역자 서문

About the Translator

우리나라에서 지난 20년간의 IT 기술 특히 무선 기술의 발전을 지켜볼 수 있었던 것은 RF 공학을 전공한 역자들에게는 대단한 행운이었다. 무선 기술의 진보는 삶의 많은 부분을 변화시켰다. 그간 언제, 어디서나, 누구와도의 통신 모토를 뛰어넘어 이제 사물과의 통신 시대인 IOT(internet of things, 사물인터넷) 시대의 진입을 눈앞에 두고 있다. Razavi 교수의 *RF microelectronics*는 1997년에 초판이 출간된 이후 지금까지 RFIC 설계자와 시스템 엔지니어들에게 가장 많이 알려지고 사랑받고 있는 명저다. 특히, 무선 송수신기(transceiver)에 대한 설명은 간결하면서도 송수신 전반에 대한 중요한 개념을 잘 설명하고 있다. 이번 2판에서는 1판에서 다소 미흡했던 부품 설계에 대해 독자들의 요구를 완벽히 충족시키고 있다.

현재 *RF microelectronics*는 여러 대학원에서 교재로 사용되고 있다. 하지만 1장에서 언급한 바와 같이 RF 설계는 통신, 네트워크, 반도체, 신호처리, 무선 표준의 이해, 마이크로웨이브 등 많은 학문 분야의 지식을 요구하고 있어 이해가 쉽지 않는 분야이다. 역자들이 이 책을 번역하기로 정한 이유도 RF 전자자공학에 처음 입문하는 학생과 연구원들에게 조금이라도 더 쉽게 접근할 수 있도록 돕고자 함이다.

최선을 다해 번역하였으나, 어느 경우에는 역자들의 지식의 한계로 인해 저자의 의도를 정확하게 파악하지 못한 부분도 있었으리라 생각된다. 이해를 돕기 위해 어떤 부분은 의역을 하였고, 어떤 부분은 역자의 부연 설명도 추가하였다. 또한 번역 중에 원저에서 보이는 명백한 수식과 본문 오류는 수정한 부분도 있음을 밝힌다. 하지만 아직도 미흡한 부분이 많이 있으리라 생각되며, 작업상의 오역에 대한 독자들의 너그러운 이해를 구한다. 특히 방대한 분량으로 여러 역자가 참여하다 보니 번역의 통일성이 다소 떨어짐에 양해를 구한다.

끝으로 이 책이 출간되기까지 적극적으로 도와준 휴먼싸이언스 신선 대표와 마지막까지 꼼꼼한 교정으로 완성도를 높여주신 편집부 여러분께 감사드린다.

역자 대표

# 목 차

Contents

CHAPTER 01

# RF 및 무선기술 소개

Introduction to RF and wireless Technology

휴대 전화 용으로 설계된 두 개의 RF 송수신기를 비교해 보자:

*"2.7-V GSM RF 송수신기 IC"[1] (1997년 출판)*

*"단일 칩으로 구성된 10대역 WCDMA/HSDPA와 4대역 GSM/EDGE용 DigRF 3G 인터페이스와 +90 dBm의 $IIP_2$를 갖는 SAW-Less CMOS 수신기"[2] (2009년 출판)*

왜 후자가 전자보다 훨씬 더 복잡하게 표현되어 있을까? 후자가 더 높은 성능을 가지고 있는 것인가? 혹은 더 높은 기능을 가지고 있는 것일까? 어느 것이 더 비쌀까? 어느 것이 더 많은 전력을 소비할까? 약자로 된 GSM, WCDMA, HSDPA, EDGE, SAW, $IIP_2$는 무슨 의미일까?

RF 통신 분야는 지난 20년 동안 급속하게 성장하여 우리의 삶과 생활에 깊게 관여하게 되었다. 우리의 휴대 전화기는 백과사전으로, 또는 쇼핑을 위한 단말기로, 또는 GPS 가이드로, 또는 날씨 모니터로, 또는 통화를 위한 전화기로 우리에게 도움을 주는데 이는 모두 무선통신기기(wireless communication devices) 덕분이다. 요즘은 환자의 뇌 또는 심장 활동을 측정하여 무선으로 전송할 수 있으며, 이는 환자가 자유롭게 주위를 이동할 수 있게 한다. 또한 RF 장치를 사용하여 상품, 애완동물, 가축, 아이들, 그리고 죄수를 추적할 수 있다.

## 1.1 무선통신의 세계 A wireless world

무선 통신은 거의 전기처럼 일상생활에서 경험되고 있다. 냉장고 그리고 오븐이 지금은 무선장치를 갖고 있지 않을 수도 있지만 결국은 우리 가정의 모든 장치 및 기기는 무선통신 네트워크로 통합되어 제어될 것이다. 고속 무선 링크(high-speed wireless link)는 우리의 노트북, 디지털 카메라, 캠코더, 휴대 전화, 프린터, 텔레비전, 전자 레인지등의 원활한 연결을 허용할 것이다. 오늘날의 WiFi와 블루투스 연결은 이러한 링크의 간단한 예이다.

어떻게 무선 통신이 세계를 정복했는가? 여러 요인들의 결합이 이 폭발적인 성장에 기여했다. 무선 통신의 인기에 대한 주요 이유는 전자기기의 지속적인 가격의 하락이다. 오늘의 휴대 전화의 가격은 십년 전과 동일하지만 더 많은 기능을 제공한다. 보다 많은 주파수 대역 및 통신 모드, 와이파이, 블루투스, GPS, 컴퓨팅, 스토리지, 디지털 카메라, 그리고 사용자 친화적인 인터페이스를 제공한다. 이러한 가격을 감당할 수 있었던 근원은 *통합(integration)*이다. 즉, 얼마나 많은 기능을 단일 칩에 통합하고, 반면에 얼마나 적은 부품을 오프칩(off-chip)에 두느냐이다. 통합은 차례차례로 (1) VLSI 프로세스의 스케일링, 특히 CMOS 기술과 (2) RF 구조, 회로 및 장치의 꾸준한 상승을 이끌었다.

높은 수준의 통합과 함께, RF 회로의 성능도 향상되었다. 예를 들어, 주어진 함수에 필요한 전력 소비는 감소하고 RF 회로의 속도가 증가했다. 그림 1.1은 지난 20년 동안의 RF 회로와 기술의 동향을 보여준다. CMOS 기술의 최소 특징 크기(feature size)는 0.5 $\mu$m에서

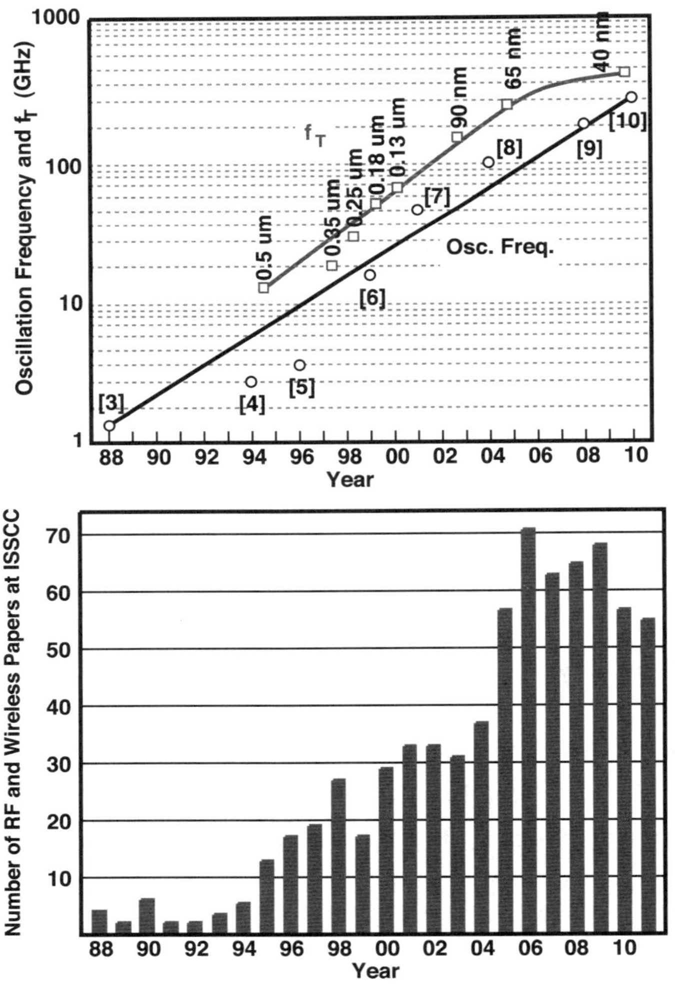


**그림 1.1** *RF 회로 및 기술의 동향*

40 nm로 줄었고, NMOS 소자의 통과 주파수(transit frequency)[1], $f_T$는 약 12 GHz에서 수백 GHz까지 증가하였다. 그리고 RF 발진기의 속도도 1.2 GHz에서 300 GHz까지 왔다. 또한 매년 국제 고체 회로 컨퍼런스(ISSCC)에서 발표되는 RF 및 무선 설계 논문의 숫자를 보면 이 분야의 빠른 성장 활동을 알 수 있다.

## 1.2 RF 설계 도전 RF design is challenging

수십 년의 RF 및 마이크로파 이론 및 이십여 년의 RF IC에 대한 연구에도 불구하고, RF 회로 및 송수신기의 설계와 구현에 많은 도전이 남아 있다. 그 세 가지 이유는 다음과 같다. 첫째, 그림 1.2에서와 같이 RF 설계는 집적 회로와는 겉보기에 관련이 없을 것 같은 다양한 분야의 충분한 이해를 요구한다. 이러한 분야는 대부분 반세기이상 연구 되어 왔고, RF IC 설계에 입문하는 사람에게 거대한 정보의 홍수가 된다. 이 책의 목적 중 하나는 독자에게 보다 친근하게 이러한 다양한 분야에서 필요한 정보를 제공하는 것이다.

둘째, 그림 1.3에 요약되어 있는 'RF 설계시의 여섯 가지 변수'에서와 같이 RF 회로 및 트랜시버는 다양한 타협점(trade-off)을 필요로 한다. 예를 들어, 전치단(front-end) 증폭기의 잡음을 낮추려면 보다 큰 전력을 소비해야 하고 또한 선형성(linearity)을 희생해야 한다. 우리는 이 책을 통해 이러한 다양한 타협점을 접하게 된다.

셋째, 높은 성능, 낮은 비용과 더 많은 기능에 대한 수요가 새로운 도전을 요구한다. 1990년대 초반 RF IC 설계 작업은 단일 칩에 디지털 기저대역(baseband) 프로세서와 RF 송수신기를 통합하려고 노력했다. 반면에 오늘날은 여러 다른 무선 표준(예를 들면, 블루투스, 와이파이, GPS 등)의 서로 다른 주파수 대역에서 동작하는 여러 개의 송수신기를 모두 수용

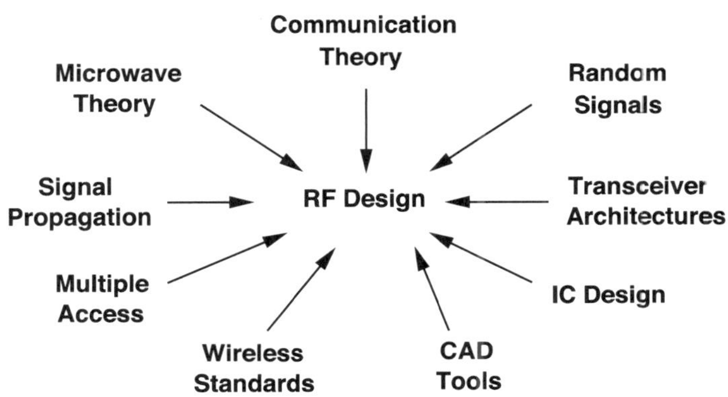


**그림 1.2** *RF 설계에 필요한 다양한 분야*

---

1. 통과주파수(transit frequency)는 디바이스의 소신호 전류이득(small-signal current gain)이 1이 되는 주파수로 정의한다.

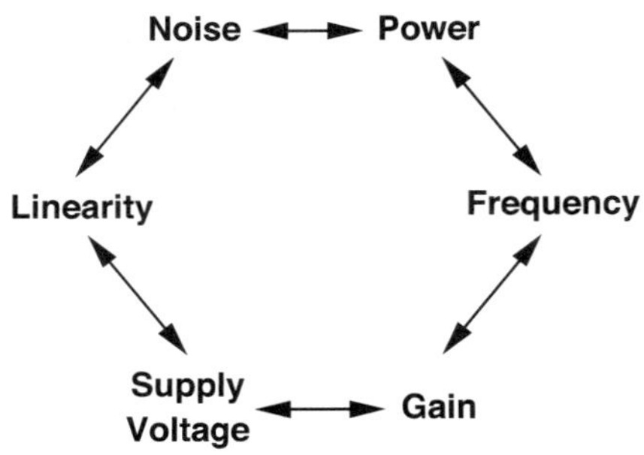


**그림** 1.3 *RF 설계시의 여섯 가지 변수*

하는 것을 목표로 하고 있다. 이 장의 시작 부분에서 언급한 두 논문은 이러한 추세를 잘 보여주고 있다. 초기 단일 송수신기 시스템의 실리콘 칩 영역은 디지털 기저대역 프로세서가 큰 영역을 차지하여 RF 및 아날로그 설계자들은 회로 및 장치의 구조 선택에 약간의 자유가 있었다. 그러나 오늘날의 설계에서는 복수의 송수신기가 기저대역 프로세서보다 *큰* 영역을 차지하는 경향이 있어 RF 및 아날로그 회로 설계시 영역에 대한 보다 세심한 관심을 가져야 한다. 예를 들어, 이전 시스템에 풍부하게 사용하던 (큰 공간을 갖는) 온-칩(on-chip) 나선형 인덕터는 이제는 아껴서 사용해야 한다.

## 1.3 큰 그림 The big picture

RF 송수신기의 목적은 정보를 전송하고 수신하는 것이다. 송신기(TX)는 어떻게 든 음성 또는 데이터 신호를 처리하여 그 결과를 안테나로 내보낸다[그림 1.4(a)]. 마찬가지로, 수신기(RX)는 안테나에 의해 검출된 신호를 감지하고 원래의 음성 또는 데이터 정보로 재구성 처리한다. 그림 1.4(a)의 각각의 박스는 매우 많은 기능들을 포함하고 있지만, 쉽게 두 가지를 관찰할 수 있다: (1) TX는 송신 신호를 충분히 먼 곳까지 전달해야 하므로 높은 전력 레벨로 안테나에 전달해야 한다. 그리고 (2) RX는 (예를 들어, 휴대 전화가 빌딩의 지하에서 사용하는 경우) 작은 신호까지 감지하기 위해 초단에서는 저잡음 신호증폭을 해야 한다. 그림 1.4(b)에 보인 바와 같이 송수신기를 설계한다. 먼저 송신 신호는 '변조기(modulator)' 또는 '상향 변환기(upconverter)'에 가해져 중심주파수가 0에서 $f_c$ = 2.4 GHz로 상향 변환된다. 그 결과는 '전력 증폭기(power amplifier, PA)'를 통해 안테나에 가해진다. 반면에 수신부에서는 수신된 신호는 '저잡음증폭기(low noise amplifier, LNA)'에 의해 감지되고 순차적으로 '하향 변환기(downconverter)' 또는 '복조기(demodulator)'(혹은 '검출기(detector)'라고도 불림)에 전달된다.

그림 1.4(b)에서 상향 변환기 및 하향변환기는 '주파수 합성기(frequency synthesizer)'에

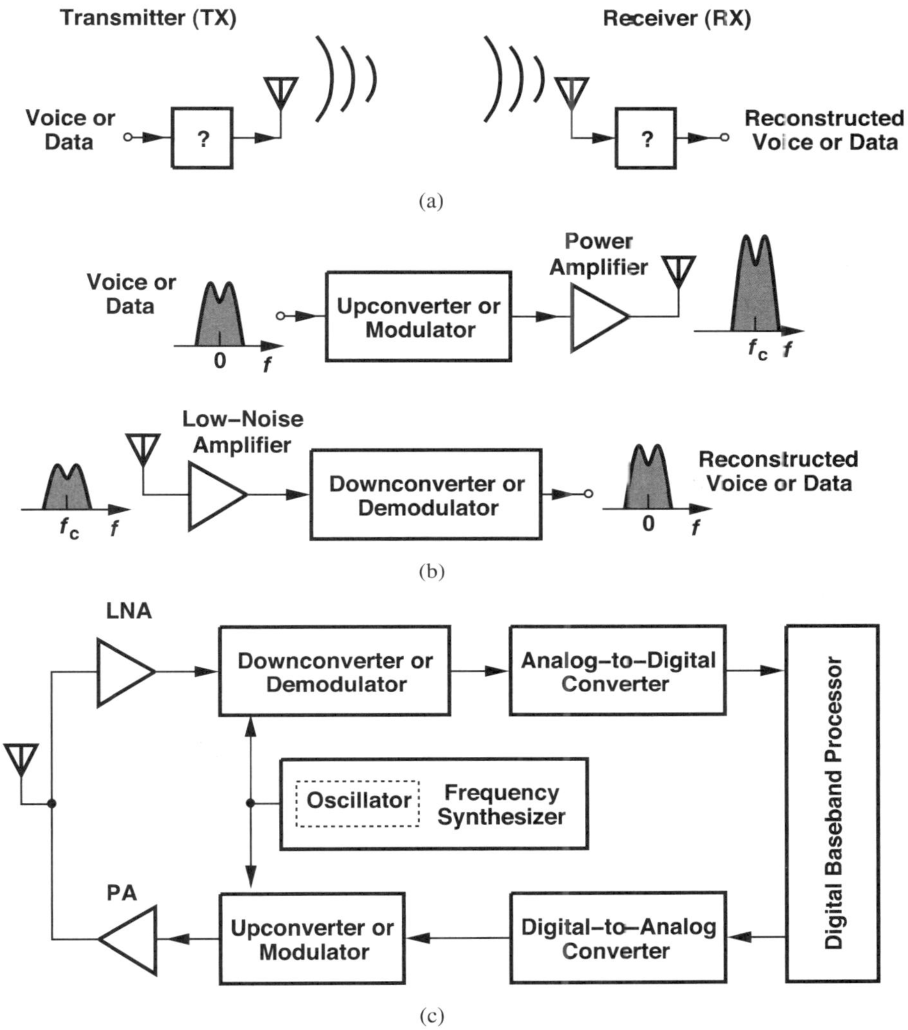


**그림 1.4** *(a) RF 통신의 간단한 보기, (b) 보다 복잡한 보기, (c) 일반 RF 트랜시버*

의해 생성되는 국부발진기에 의해 구동된다. 그림 1.4(c)는 전체 송수신기를 나타낸다.[2] 이 시스템은 매우 간단해 보이지만, RF 부분을 이해하기 위하여 이 책의 분량인 1000여 페이지의 정보가 필요하다. 그리고 아마도 아날로그-디지털 변환(analog-digital converter) 및 디지털-아날로그 변환(digital-analog converter)을 다루려면 이 책의 분량만큼이 필요할 것 같다.

2. 어떤 경우에는 변조기와 상향 변환기가 하나로 동일하다. 다른 경우에는 변조는 상향 변환하기 전에 디지털영역에서 행해진다. 대부분의 수신기는 신호를 아날로그 영역에서 하향 변조하고 디지털 영역에서 복조하고 검출한다.

# 참고문헌


[1] T. Yamawaki et al., "A 2.7-V GSM RF Transceiver IC," *IEEE J. Solid-State Circuits*, vol. 32, pp. 2089–2096, Dec. 1997.

[2] D. Kaczman et al., "A Single-Chip 10-Band WCDMA/HSDPA 4-Band GSM/EDGE SAWless CMOS Receiver with DigRF 3G Interface and 190-dBm IIP2," *IEEE J. Solid-State Circuits*, vol. 44, pp. 718–739, March 2009.

[3] M. Banu, "MOS Oscillators with Multi-Decade Tuning Range and Gigahertz Maximum Speed," *IEEE J. Solid-State Circuits*, vol. 23, pp. 474–479, April 1988.

[4] B. Razavi et al., "A 3-GHz 25-mW CMOS Phase-Locked Loop," *Dig. of Symposium on VLSI Circuits*, pp. 131–132, June 1994.

[5] M. Soyuer et al., "A 3-V 4-GHz nMOS Voltage-Controlled Oscillator with Integrated Resonator," *IEEE J. Solid-State Circuits*, vol. 31, pp. 2042–2045, Dec. 1996.

[6] B. Kleveland et al., "Monolithic CMOS Distributed Amplifier and Oscillator," *ISSCC Dig. Tech. Papers*, pp. 70–71, Feb. 1999.

[7] H. Wang, "A 50-GHz VCO in 0.25-μ CMOS," *ISSCC Dig. Tech. Papers*, pp. 372–373, Feb. 2001.

[8] L. Franca-Neto, R. Bishop, and B. Bloechel, "64 GHz and 100 GHz VCOs in 90 nm CMOS Using Optimum Pumping Method," ISSCC Dig. Tech. Papers, pp. 444–445, Feb. 2004.

[9] E. Seok et al., "A 410GHz CMOS Push-Push Oscillator with an On-Chip Patch Antenna" *ISSCC Dig. Tech. Papers*, pp. 472–473, Feb. 2008.

[10] B. Razavi, "A 300-GHz Fundamental Oscillator in 65-nm CMOS Technology," *Symposium on VLSI Circuits Dig. Of Tech. Papers*, pp. 113–114, June 2010.

CHAPTER 02

# RF 설계 기초 개념

Basic Concepts in RF Design

RF 설계는 신호 및 시스템, 전자기학 및 마이크로파 이론, 통신 등 다양한 분야의 개념을 이용한다. 그럼에도 불구하고, RF 설계는 자체 분석 방법 및 독자적인 방법을 개발했다. 예를 들어, 아날로그 회로에서 비선형성은 '고조파 왜곡(harmonic distortion)'으로 특징지을 수 있지만, RF 회로에서는 많은 다른 방법으로 정량화된다.

이 장에서는 아날로그 설계, 초고주파 이론 그리고 통신 시스템과 같은 다양한 분야의 관점에서 RF 회로 분석 및 설계에 필수적인 부분을 다룬다. 개요는 아래와 같다.

| 비선형 | 잡음 | 임피던스 변환 |
|---|---|---|
| ■ 고조파 왜곡 | ■ 잡음 스펙트럼 | ■ 직-병렬 변환 |
| ■ 압축 | ■ 장비 잡음 | ■ 매칭 네트워크 |
| ■ 상호변조 | ■ 회로에서의 잡음 | ■ S 파라미터 |
| ■ 동적 비선형 시스템 | | |

## 2.1 일반적 고찰 General Considerations

### 2.1.1 RF 설계 단위 Units in RF Design

RF 설계는 전통적으로 이득과 신호 레벨을 표현하기 위해 확실한 단위를 사용하고 있다. 먼저, 그 단위를 앞으로의 연구에 사용할 수 있도록 확인해 두자.

전압 이득, $(V_{out}/V_{in})$ 그리고 전력 이득 $(P_{out}/P_{in})$은 dB 단위로 표현하면 다음과 같다.

$$A_V|_{\mathrm{dB}} = 20\log\frac{V_{out}}{V_{in}} \tag{2.1}$$

$$A_P|_{\mathrm{dB}} = 10\log\frac{P_{out}}{P_{in}}. \tag{2.2}$$

입력 전압과 출력 전압은 동일한 임피던스가 양단에 있는 경우에만 두 양은 *같다*. 예를 들어, $R_0$(예를 들어, 50 Ω) 입력 저항과 $R_0$의 부하저항을 가지고 $V_{out}$과 $V_{in}$이 rms값일 때 증폭기는 다음 식을 만족한다.

$$A_P|_{\mathrm{dB}} = 10\log\frac{\frac{V_{out}^2}{R_0}}{\frac{V_{in}^2}{R_0}} \tag{2.3}$$

$$= 20\log\frac{V_{out}}{V_{in}} \tag{2.4}$$

$$= A_V|_{\mathrm{dB}}, \tag{2.5}$$

그러나 많은 RF 시스템에서 입력저항과 출력저항이 항상 같지는 않기 때문에 위의 식이 매번 성립하는 것은 아니다. 절대 신호 레벨은 와트(W) 또는 볼트(V) 보다는 dBm으로 많이 표현한다.

전력량을 위해 사용되는 단위 dBm은 '1 mW에 대한 상대치 dB'를 가리킨다. 신호 전력, $P_{sig}$을 dBm으로 표현하면 다음과 같다.

$$P_{sig}|_{\mathrm{dBm}} = 10\log\left(\frac{P_{sig}}{1\ \mathrm{mW}}\right). \tag{2.6}$$

### 예제 2.1

RF Microelecronics

증폭기가 정현파 신호를 입력 받아 0 dBm의 전력을 50 Ω의 부하저항에 전달한다. 부하에서의 $V_{pp}$을 결정하라.

**풀이:**

0 dBm이 1 mW와 등가이기 때문에, $V_{pp}$를 갖는 정현파에서 rms값은 $V_{pp}/(2\sqrt{2})$로 나타난다.

$$\frac{V_{pp}^2}{8R_L} = 1\ \mathrm{mW}, \tag{2.7}$$

여기서 $R_L = 50\ \Omega$. 따라서,

$$V_{pp} = 632\ \mathrm{mV}. \tag{2.8}$$

이는 다음 예제에서 보듯이 매우 유용한 결과이다.

### 예제 2.2

RF Microelecronics

GSM 수신기는 −100 dBm 정도의 협대역 (변조) 신호를 검출한다. 전치단의 증폭기가 15 dB 전압 이득을 제공하는 경우에 증폭기의 출력의 피크 대 피크 전압 진폭을 계산하라.

**예제 2.2** (*계속*) RF Microelecronics

**풀이:**

증폭기 출력 *전압* 스윙에 관심이 있기 때문에 첫 번째의 수신된 신호레벨을 전압으로 변환한다. 앞의 예로부터 −100 dBm은 632 $mV_{pp}$의 100 dB의 아래 값으로, 전압에서의 100 dB는 $10^5$와 동등하다. 따라서 −100 dBm는 6.32 $\mu V_{pp}$에 해당한다. 이 입력 레벨이 15 dB($\approx$ 5.62) 증폭되어 35.5 $\mu V_{pp}$의 출력 스윙을 얻는다.

위의 예에서 왜 증폭기의 출력 *전압*이 관심 있는지에 대해서 궁금해 할 수도 있다. 이는 입력 임피던스가 50-Ω이 아닌 증폭기가 뒤따르는 회로의 경우에 유용하고, 이는 전력 이득과 전압 이득이 dB에서 동등하지 않다는 걸 말한다. 사실 다음 단이 전력을 필요로 하지 않는 순수 *용량성* 입력 임피던스가 존재하는 경우에 신호 전력은 필요치 않다. 첫 단의 출력이 다음 단 트랜지스터의 게이트를 구동하는 것이 특징인 아날로그 회로에서는 익숙한 상황이다. 5장에서 설명하겠지만, 대부분의 집적된 RF 시스템에서 여러 단의 입출력 임피던스가 같지 않거나 또는 임피던스의 실수 항이 존재하지 않는 경우에 혼돈을 피하기 위해서 우리는 전력량 보다는 전압량을 선호한다.

신호가 순수한 정현파는 아닐 경우, 위의 예에서 0 dBm이 632 $mV_{pp}$와 동등하다고 가정 할 수 있느냐를 궁금해 할 수도 있다. 실은 정현파 신호의 경우에만 실효 값은 피크 대 피크 값을 $2\sqrt{2}$로 나눈 값과 동일하다고 가정 할 수 있다. 그러나 다행히도 협대역 0 dBm의 신호의 경우에는 여전히 (평균) 피크 대 피크 진폭을 632 mV로 근사화 할 수 있다.

dBm은 전력 공급 단위이지만, 우리는 때때로 반드시 전력 전달을 수반하지 않는 인터페이스에서 사용하고 있다. 예를 들어, 그림 2.1(a)에 나타낸 경우를 생각해보자. LNA는 순수 용량성 부하에 632 $mV_{pp}$ 진폭을 만들고, 평균 전력은 전달하지는 않는다. 이는 노드 $X$에 이상적인 전압 버퍼를 달고 그 뒤에 50-Ω 부하를 단 회로[그림 2.1(b)]로 생각할 수 있다. 노드 $X$의 신호가 0 dBm 레벨이라는 것은 신호가 50-Ω 부하에 1 mW가 전달되는 것을 의미한다.

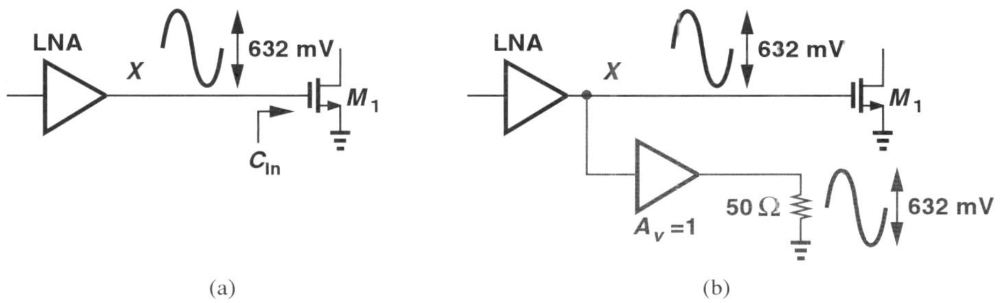


**그림 2.1** *(a) 용량성 임피던스를 구동하는 LNA, (b) dBm 단위의 신호 레벨을 시각화하는 가상 버퍼 사용*

## 2.1.2 시변 Time Variance

출력신호를 개별 입력에 대한 선형 결합(중첩)으로 나타낼 수 있다면 이 시스템은 선형이다. 구체적으로는 입력 $x_1(t)$과 $x_2(t)$의 대한 응답으로 표현하면 다음과 같다.

$$y_1(t) = f[x_1(t)] \tag{2.9}$$

$$y_2(t) = f[x_2(t)], \tag{2.10}$$

따라서,

$$ay_1(t) + by_2(t) = f[ax_1(t) + bx_2(t)], \tag{2.11}$$

이다. 임의의 $a$와 $b$의 값에 대해 위와 같이 나타낼 수 있다, 위 조건을 충족하지 않는 시스템은 비선형이다. 위의 정의에 따르면, 0 이외의 초기 조건이나 DC 오프셋(offset)은 역시 비선형 시스템을 만들지만, 종종 이러한 두 가지 효과를 수용하기 위하여 규칙을 완화한다.

비선형과 혼동될 수 있는 시스템으로 시변(time variant) 시스템이 있다. 입력의 시간 천이(time shift)가 동일하게 출력의 시간 천이로 나타나면 그것은 시불변(time-invariant) 시스템이다. 즉, 만약 $y(t) = f[x(t)]$가 임의의 $\tau$에 대해 $y(t - \tau) = f[x(t - \tau)]$인 경우를 말한다.

시변이 중요한 역할을 하며 비선형과는 혼동하지 말아야 하는 RF 회로의 예로서 그림 2.2(b)의 간단한 스위칭 회로를 생각해보자. 스위치 제어 단자는 $V_{in1}(t) = A_1 \cos(\omega_1 t)$과 입력 단자 $V_{in2}(t) = A_2 \cos(\omega_2 t)$에 의해 구동된다. 스위치가 $V_{in1} > 0$이면 on이고 다른 경우에 off인 경우를 가정해보자. 이 시스템은 비선형 또는 시변 시스템일까? 그림 2.2(b)와 같이, 만약 관심 있는 입력이 $V_{in1}$인 경우 (비록 $V_{in2}$는 시스템의 일부지만 여전히 $V_{in2}(t) = A_2 \cos(\omega_2 t)$과 동일함)에 제어는 $V_{in1}$ 신호의 진폭의 부호(polarity)에 민감하고, 진폭에는 독립적이기 때문에 이 시스템은 비선형이다. 또한 이 시스템의 출력은 $V_{in2}$에 의존하기 때문에 시변 시스템이다. 예를 들어, 만약 $V_{in1}$의 부호가 양이고 일정한 경우에는 $V_{out}(t) = V_{in2}(t)$이고, $V_{in1}$의 부호가 음이고 일정하면 $V_{out}(t) = 0$이다(왜?).

입력이 $V_{in2}$(반면에 $V_{in1}$은 시스템의 일부이며 여전히 $A_1 \cos(\omega_1 t)$과 동일함)인 그림

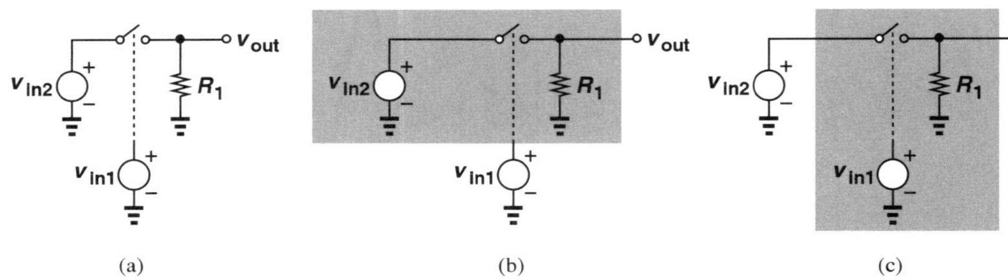


**그림 2.2** *(a) 간단한 스위칭 회로, (b) $V_{in1}$을 입력으로 갖는 시스템, (c) $V_{in2}$를 입력으로 갖는 시스템*

2.2(c)의 경우를 생각해 보자. 이 시스템은 $V_{in2}$에 대해서 선형이다. 예를 들어, $V_{in2}$의 진폭이 두 배가 된다면 $V_{out}$도 2배의 출력을 갖는다. 이 시스템은 또한 $V_{in1}$의 영향을 받기 때문에 시변이다.

### 예제 2.3

RF Microelecronics

그림 2.2(a) 회로에서 $v_{in1} = A_1 \cos\omega_1 t$와 $v_{in2} = A_2\,(1.25\omega_1 t)$인 경우의 회로의 출력파형을 그려라.

**풀이:**

그림 2.3처럼 $v_{in1} > 0$인 경우에는 $v_{out}$은 $v_{in2}$를 따라가고, $v_{in1} < 0$인 경우에는 $v_{out}$은 0이다. $v_{out}$은 $v_{in2}$와 0과 1로 변하는 사각파(square wave)의 곱과 같다.

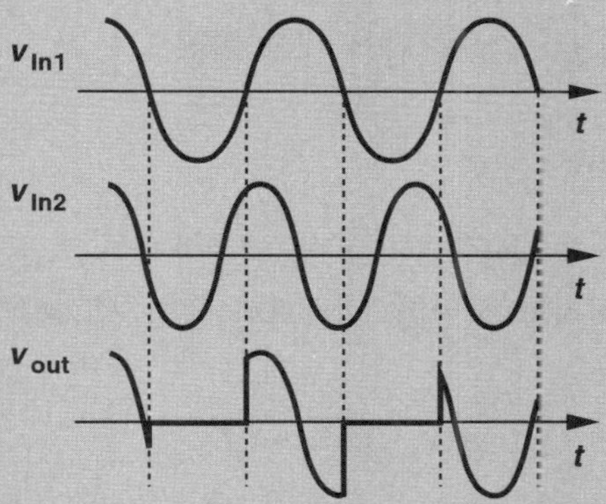


**그림 2.3** *입출력 정현파*

그림 2.2(a)의 회로는 RF '믹서(mixer)'를 나타낸 것이다. 6장에서 이러한 회로에 대해 깊게 공부할 것이지만 위의 문제에서 몇 가지 결론을 이끌어내는 것은 중요하다. 첫째, '스위치는 비선형이다'와 같은 말은 모호하다. 둘째, 선형 시스템은 입력 신호(시스템이 시변일 경우)에 존재하지 않는 주파수 성분을 생성할 수 있다. 예제 2.3으로부터

$$v_{out}(t) = v_{in2}(t) \cdot S(t), \tag{2.12}$$

이다. $S(t)$이 $f_1 = \omega_1/(2\pi)$의 주파수를 가지며 0과 1 사이로 변하는 사각파를 나타낸다. 그러므로 출력 스펙트럼은 $v_{in2}(t)$ 스펙트럼과 $S(t)$ 스펙트럼간의 컨볼루션(convolution)으로 주어진다. 사각파의 스펙트럼은 싱크함수의 진폭을 갖는 임펄스열과 같기 때문에 $T_1 = 2\pi/\omega_1$에서 다음과 같은 식을 얻는다.

$$V_{out}(f) = V_{in2}(f) * \sum_{n=-\infty}^{+\infty} \frac{\sin(n\pi/2)}{n\pi} \delta\left(f - \frac{n}{T_1}\right) \tag{2.13}$$

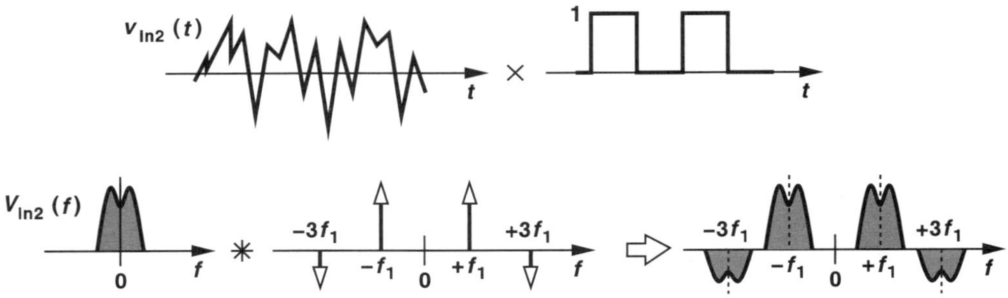


**그림 2.4** *시간영역에서의 곱과 그에 해당하는 주파수영역에서의 컨볼루션*

$$= \sum_{n=-\infty}^{+\infty} \frac{\sin(n\pi/2)}{n\pi} V_{in2}\left(f - \frac{n}{T_1}\right), \tag{2.14}$$

0 주파수 근처에 위치한 $V_{in2}$의 스펙트럼에 대한 설명으로 그림 2.4에 나와 있다.[1]

## 2.1.3 비선형성 Nonlinearity

출력이 입력(또는 출력의 과거 값)의 과거 값에 의존하지 않으면 시스템은 '비메모리(memoryless)' 또는 '정적(static)'이라고 불린다. 비메모리 선형 시스템의 경우에 입력/출력 특성은 다음 식으로 주어진다.

$$y(t) = \alpha x(t), \tag{2.15}$$

시스템이 시변인 경우[그림 2.2(c)]에 α는 시간의 함수이다. 비메모리 비선형 시스템에 대한 입/출력 특성은 다항식으로 근사 할 수 있다.

$$y(t) = \alpha_0 + \alpha_1 x(t) + \alpha_2 x^2(t) + \alpha_3 x^3(t) + \cdots, \tag{2.16}$$

여기서, 시스템이 시변이면 $\alpha_j$는 시간의 함수이다. 그림 2.5는 비메모리 비선형 회로(저주파 대역에서)의 예로서 공통 소스(common-source)단을 보여준다. $M_1$이 포화 영역에서 동작하면

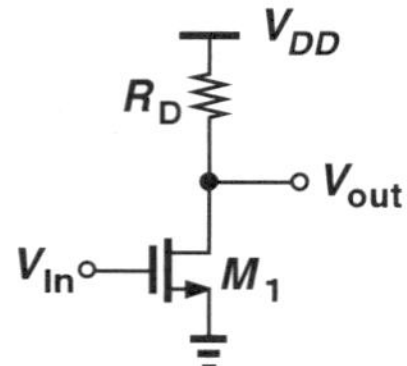


**그림 2.5** *공통 소스단*

1. $n = 1$에서 위 합의 각각의 임펄스는 $1/\pi$의 면적을 갖고 $2/\pi$의 최대치(peak amplitude)를 갖는 정현파에 해당한다는 것을 기억하면 유용하다.

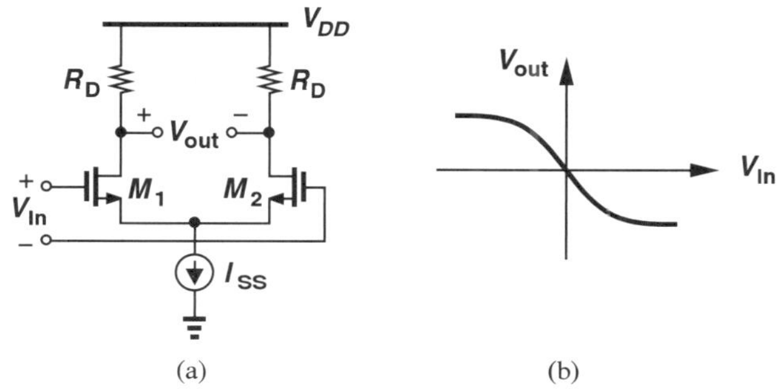


**그림 2.6** *(a) 차동쌍, (b) 차동쌍의 입출력 특성*

제곱법칙(square-law)장치로 근사화할 수 있다.

$$V_{out} = V_{DD} - I_D R_D \tag{2.17}$$

$$= V_{DD} - \frac{1}{2}\mu_n C_{ox}\frac{W}{L}(V_{in} - V_{TH})^2 R_D. \tag{2.18}$$

이상적인 경우에 이 회로는 단지 이차 비선형성을 나타낸다.

식 (2.16)으로 표현된 시스템에서 $y(t)$가 $x(t)$의 기함수(odd function)일 경우, 즉, $-x(t)$에 응답이 $+x(t)$의 응답의 음수인 경우에 '기대칭(odd symmetry)'을 갖는다. 이것은 $j$가 짝수일 때 $\alpha_j = 0$인 경우에 발생한다. 이러한 시스템은 때론 '평형(balanced)'이라고 불리고, 그림 2.6(a)와 같이 차동쌍이 좋은 예이다. 대칭을 갖는 기본적인 아날로그 회로를 되돌아보면, 차동입력이 음의 값에서 양의 값으로 변하면 이 회로는 그림 2.6(b)의 특성을 나타낸다.

### 예제 2.4

RF Microelecronics

포화영역에서 동작하는 제곱법칙을 갖는 MOS 트랜지스터의 경우에 그림 2.6(b)의 특성은 다음과 같이 표현될 수 있다[1].

$$V_{out} = -\frac{1}{2}\mu_n C_{ox}\frac{W}{L}V_{in}\sqrt{\frac{4I_{SS}}{\mu_n C_{ox}\frac{W}{L}} - V_{in}^2}R_D. \tag{2.19}$$

차동입력이 작은 경우에 대해, 다항식으로 특성을 간략화하라.

**풀이:**

제곱근 밖으로 $4I_{SS}/(\mu_n C_{ox} W/L)$를 인수 분해하고 아래 식을 가정하면

$$V_{in}^2 \ll \frac{4I_{SS}}{\mu_n C_{ox}\frac{W}{L}}, \tag{2.20}$$

*(계속)*

**예제 2.4** (*계속*) RF Microelecronics

위 식은 $\sqrt{1-\epsilon} \cong 1 - e/2$의 근사를 사용하여 아래의 식을 구할 수 있다.

$$V_{out} \approx -\sqrt{\mu_n C_{ox}\frac{W}{L}I_{SS}V_{in}}\left(1 - \frac{\mu_n C_{ox}\frac{W}{L}}{8I_{SS}}V_{in}^2\right)R_D \tag{2.21}$$

$$\approx -\sqrt{\mu_n C_{ox}\frac{W}{L}I_{SS}}R_D V_{in} + \frac{\left(\mu_n C_{ox}\frac{W}{L}\right)^{3/2}}{8\sqrt{I_{SS}}}R_D V_{in}^3. \tag{2.22}$$

오른쪽 첫째항은 회로의 선형동작을 나타내며, 회로의 소신호 전압 이득($-g_m R_D$)을 제시한다. 대칭성에 의해 우수차(even-order) 비선형 항이 존재하지 않는다. 흥미롭게도, 제곱법칙을 갖는 회로는 이 경우에 3차(third-order) 특성을 보인다. 이러한 점은 5장에서 다시 볼 것이다.

출력이 입력 또는 출력의 과거 값에 의존하는 경우에 '동적(dynamic)' 시스템이라고 부른다. 선형, 시변, 동적 시스템은

$$y(t) = h(t) * x(t), \tag{2.23}$$

이고 여기서, $h(t)$는 임펄스(impulse) 응답이다. 동적 시스템이 선형이면서 시변인 경우는 그 임펄스 응답은 영점 시간에 의존하게 되는데, 만약 $\delta(t)$이 $h(t)$를 나타내는 경우에는 $\delta(t-\tau)$은 $h(t, \tau)$를 생성한다. 그리하여

$$y(t) = h(t, \tau) * x(t). \tag{2.24}$$

이 된다.

마지막으로 시스템은 비선형이면서 동적인 경우에는 임펄스 응답은 볼테라(Volterra) 급수에 의해 근사화 될 수 있다. 이것은 2.8절에 설명되어 있다.

## 2.2 비선형의 영향 Effects of Nonlinearity

아날로그 및 RF 회로는 소신호(small-signal) 동작을 위한 선형 모델로 근사 할 수 있지만 비선형성은 종종 소신호 모델에 의해서는 예측되지 않는 흥미로운 중요한 현상이 발생한다. 이 장에서 비메모리 시스템의 비선형성에 대해 살펴보는데, 이 시스템은 다음의 입출력 특성을 갖는다고 근사화 할 수 있다.[2]

2. 이 표현은 $x = 0$의 근방에서의 테일러(Taylor) 전개보다는 관심 있는 신호의 스윙 근방에서 적합한 것으로 고려되어야 한다. 물론 이러한 두 가지 견해는 약간은 서로 다른 $\alpha_j$ 값을 갖는다.

$$y(t) \approx \alpha_1 x(t) + \alpha_2 x^2(t) + \alpha_3 x^3(t). \tag{2.25}$$

그러나 기억 소자들(동적 비선형)과 고차 비선형항들의 영향은 (2.25) 식이 그럴듯하다는 것을 확인하기 위해 조심스럽게 검토해야 한다는 것을 명심하라. 2.7절은 동적 비선형의 경우에 대해서 다룬다. 작은 입력 스윙에 대해서는 뒤의 2개의 항은 무시할 수 있기 때문에 $\alpha_1$은 시스템의 소신호 이득으로 간주할 수 있다. 예를 들어, 식 (2.22)에서

$$\alpha_1 = -\sqrt{\mu_n C_{ox}(W/L)I_{SS}}R_D$$

이다.

이 절에서 설명하는 비선형 효과는 주로 식 (2.25)의 3차항에서 발생한다. 2차항의 영향은 특정 수신 구조에서 뚜렷하게 나타나는데 이는 4장에서 검토할 것이다.

### 2.2.1 고조파 왜곡 Harmonic Distortion

정현파를 비선형 시스템에 적용하면 출력은 일반적으로 입력 주파수의 정수배('고조파')를 생성한다. 식 (2.25)에 $x(t) = A\cos\omega t$를 대입하면 아래의 식이 된다.

$$y(t) = \alpha_1 A\cos\omega t + \alpha_2 A^2\cos^2\omega t + \alpha_3 A^3\cos^3\omega t \tag{2.26}$$

$$= \alpha_1 A\cos\omega t + \frac{\alpha_2 A^2}{2}(1 + \cos 2\omega t) + \frac{\alpha_3 A^3}{4}(3\cos\omega t + \cos 3\omega t) \tag{2.27}$$

$$= \frac{\alpha_2 A^2}{2} + \left(\alpha_1 A + \frac{3\alpha_3 A^3}{4}\right)\cos\omega t + \frac{\alpha_2 A^2}{2}\cos 2\omega t + \frac{\alpha_3 A^3}{4}\cos 3\omega t. \tag{2.28}$$

식 (2.28)에서 오른쪽 첫째 항은 이차 비선형성으로부터 발생한 DC의 양이고, 둘째 항은 '기본차항(fundamental)'으로 불리고, 세 번째 항은 2차 고조파이며 넷째 항은 3차 고조파이다. 때때로 우수차 비선형성은 DC 오프셋을 만든다고 설명할 수 있다.

위의 전개식으로부터 두 가지 점을 관측 할 수 있다. 첫째, 우수차 고조파는 $j$가 우수인 $\alpha_j$에서 발생하는데, 시스템이 기대칭(odd symmetry) 즉 완전 차동이면 사라진다. 그러나 실제로는 임의의 부정합으로 대칭이 깨지고 이는 유한한 우수차 고조파를 발생한다. 둘째, 식 (2.28)에서 2차 및 3차 고조파의 진폭은 각각 $A^2$와 $A^3$에 비례한다. 즉, $n$번째 고조파는 $A^n$비례하여 증가한다고 말할 수 있다.

대부분의 RF 회로에서 고조파 왜곡은 비선형성 효과를 설명할 때 그리 중요하지 않거나 약간은 무관한 지표이다. 예를 들면, 2.4 GHz로 동작하는 증폭기는 4.8 GHz에서 2차 고조파를 생성하는데 회로가 협대역 대역폭을 갖는 경우에는 크게 감쇄한다. 그럼에도 불구하고, 고조파 무시하기 전에 항상 신중히 고려해야 될 것이다. 다음은 이러한 점에 대해서 설명한 예시이다.

## 예제 2.5

RF Microelecronics

그림 2.7과 같이 아날로그 곱셈기는 2개의 입력을 '곱(mix)'하는 회로로, 이상적인 경우에 $y(t) = kx_1(t)x_2(t)$이 되고, $k$는 상수이다[3]. $x_1(t) = A_1\cos(\omega_1 t)$이고 $x_2(t) = A_2\cos(\omega_2 t)$으로 가정하자.

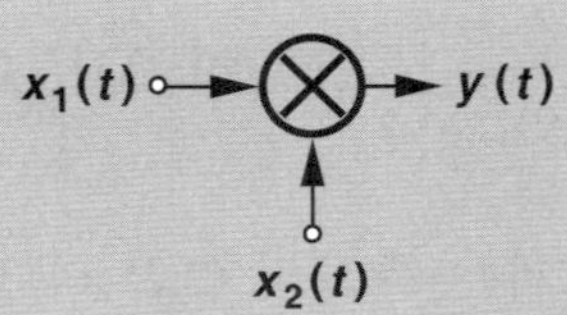


**그림 2.7** *아날로그 곱셈기*

(a) 믹서(mixer)가 이상적인 경우에, 출력주파수 성분을 구하라.
(b) $x_2(t)$를 검출하는 입력포트가 3차 비선형성 겪는다면, 출력 주파수 성분을 구하라.

**풀이:**

(a)

$$y(t) = k(A_1\cos\omega_1 t)(A_2\cos\omega_2 t) \tag{2.29}$$

$$= \frac{kA_1A_2}{2}\cos(\omega_1+\omega_2)t + \frac{kA_1A_2}{2}\cos(\omega_1-\omega_2)t. \tag{2.30}$$

출력은 주파수 성분의 합과 차를 포함한다. 이는 '원하는(desired)' 성분으로 고려된다.

(b) $x_2(t)$의 3차 고조파를 $(\alpha_3 A_2^3/4)\cos 3\omega_2 t$로 표현하면 다음과 같이 쓸 수 있다.

$$y(t) = k(A_1\cos\omega_1 t)\left(A_2\cos\omega_2 t + \frac{\alpha_3 A_2^3}{4}\cos 3\omega_2 t\right) \tag{2.31}$$

$$= \frac{kA_1A_2}{2}\cos(\omega_1+\omega_2)t + \frac{kA_1A_2}{2}\cos(\omega_1-\omega_2)t$$
$$+ \frac{k\alpha_3 A_1 A_2^3}{8}\cos(\omega_1+3\omega_2)t + \frac{k\alpha_3 A_1 A_2^3}{8}\cos(\omega_1-3\omega_2)t. \tag{2.32}$$

믹서는 2개의 $\omega_1 + 3\omega_2$와 $\omega_1 - 3\omega_2$의 2개의 불요파(spurious) 성분을 생성하고, 이들 중 하나 또는 둘 다가 문제가 된다. 예를 들어 $\omega_1 = 2\pi \times$ (580 MHz)와 $\omega_2 = 2\pi \times$ (900 MHz) 경우에 $|\omega_1 - 3\omega_2| = 2\pi \times$ (1850 MHz)의 불요파가 발생하는데 이는 원하지 않은 성분으로 $\omega_1 + \omega_2 = 2\pi \times$ (1750 MHz)가 원하는 신호일 때 매우 가깝게 위치하여 필터로 제거하기가 어렵다.

3. $k$는 $y(t)$의 적절한 차원(dimension)을 위해 필요하다.

**예제 2.6** RF Microelecronics

900 MHz 대역의 GSM 송신기는 안테나에 1W의 전력을 전달한다. 이 신호의 고조파의 영향에 대해서 설명하라.

**풀이:**

2차 고조파는 다른 GSM 시스템인 1800 MHz 대역에 해당한다. 1800 MHz 밴드의 다른 사용자에게 영향을 주지 않기 위하여 충분히 작아야 한다. 3, 4, 5차 고조파는 다른 어떤 대역과도 일치하지 않지만, 각국의 규제 기관에 정의된 일정 수준 이하로 유지해야 한다. 6차 고조파는 노트북 등에서 사용되는 무선 근거리 통신망(WLAN)에서 사용되는 5 GHz 대역에 해당한다. 그림 2.8은 이러한 결과를 정리 한 것이다.

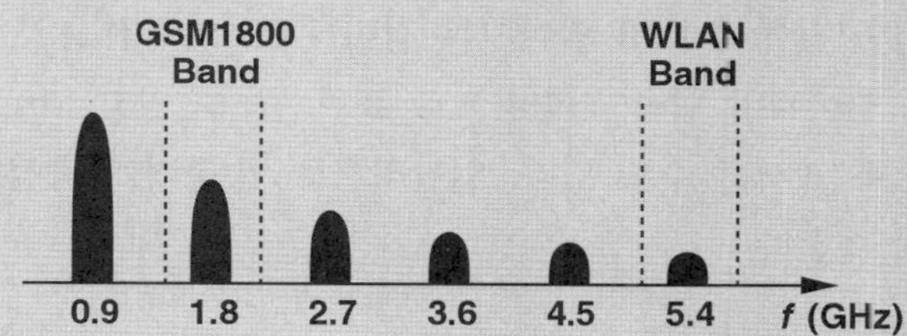


**그림 2.8** *고조파 성분*

## 2.2.2 이득 압축 Gain Compression

회로의 소신호 이득은 일반적으로 고조파를 무시한다고 가정하여 얻을 수 있다. 하지만 식 (2.28)에 표현된 것처럼 고조파 공식에서 $A\cos(\omega t)$의 이득은 $\alpha_1 + 3\alpha_3 A^2/4$으로 나타나고, $A$가 더 커지게 되면 이득은 상당히 바뀐다.[4] $\alpha_1$과 $\alpha_3$가 같은 부호일까 또는 반대의 부호를 가질까? 식 (2.25)의 3차 다항식을 보면, $\alpha_1\alpha_3 > 0$이면 $\alpha_2$의 부호에 상관없이 매우 큰 $x$값에 대해서는 $\alpha_1 x + \alpha_3 x^3$는 $\alpha_2 x^2$를 압도하게 되는데 이는 '팽창성의(expansive)' 특성[그림 2.9(a)]을 갖는다. 예를 들어, 순방향 활동 영역에서 동작하는 이상적인 바이폴라 트랜지스터는 $\exp(V_{BE}/V_T)$에 비례하는 컬렉터 전류를 생성한다. 한편, $\alpha_1\alpha_2 < 0$인 경우, $\alpha_3 x^3$의 항이 충분히 큰 $x$인 경우[그림 2.9(b)]에는 '압축(compressive)'으로 동작한다. 즉, 입력 진폭이 증가함에 따라 감소하는 이득을 나타난다. 예를 들어, 그림 2.6(a)의 차동쌍은 식 (2.22)의 2번째 항이 첫 번째와 비슷해짐에 따라 압축을 겪게 된다. 대부븐의 RF 회로는 압축으로 동작하며, 우리는 앞으로 이 유형에 초점을 맞추고 있다.

---

4. 이 효과는 비선형성은 입력 레벨에 대한 입/출력 특성의 기울기(slope)의 변화로 볼 수 있다는 사실에서 비슷하다.

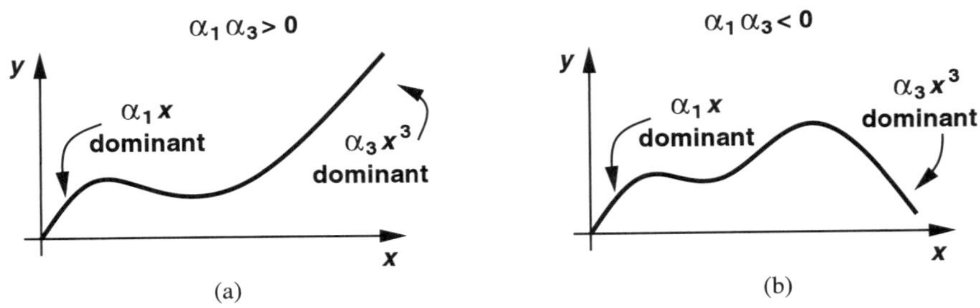


**그림 2.9** *(a) 팽창성, (b) 압축특성*

$\alpha_1\alpha_3 < 0$일 경우에 식 (2.28)의 $A\cos(\omega t)$이 겪는 이득은 $A$의 증가함에 따라 감소한다. 이러한 영향을 '1 dB 압축점(1-dB compression point)'으로 정량화하는데, 이는 이득이 1 dB 떨어지는 입력 신호 레벨로 정의 된다. 입력레벨의 함수를 로그-로그 스케일로 표현하면 출력 레벨 $A_{out}$이 이상적인 값에서 1 dB 떨어지는 점이 1-dB 압축점 $A_{in}$, 1 dB이다(그림 2.10). (a) $A_{in}$과 $A_{out}$은 전압 양이지만 압축 전력량으로 표현 될 수 있고; (b) 또한 1-dB 압축점은 출력레벨 $A_{out}$, 1 dB으로 표시될 수도 있다. 일반적으로 입/출력 압축점은 수신 경로와 송신 경로 각각의 특성을 반영한다.

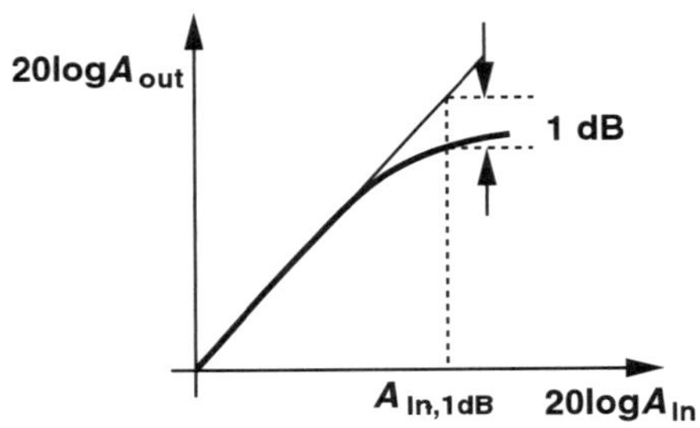


**그림 2.10** *1-dB 압축점의 정의*

입력 1-dB 압축점을 계산하기 위해, 이상적인 이득 $\alpha_1$보다 1dB 작은 값이 $\alpha_1 + (3\alpha^3/4)A^2_{in,1dB}$임을 이용한다.

$$20\log\left|\alpha_1 + \frac{3}{4}\alpha_3 A^2_{in,1dB}\right| = 20\log|\alpha_1| - 1\text{ dB}. \tag{2.33}$$

$$A_{in,1dB} = \sqrt{0.145\left|\frac{\alpha_1}{\alpha_3}\right|}. \tag{2.34}$$

식 (2.34)은 입력의 피크 값(오히려 피크 투 피크 값 이상)이 얻어진다. 또한 $P_{1dB}$로 표시된 1 dB 압축 포인트는 RF수신기 입력에서 −20 ~ −25 dBm(50-Ω 시스템에서의 63.2에서 35.6

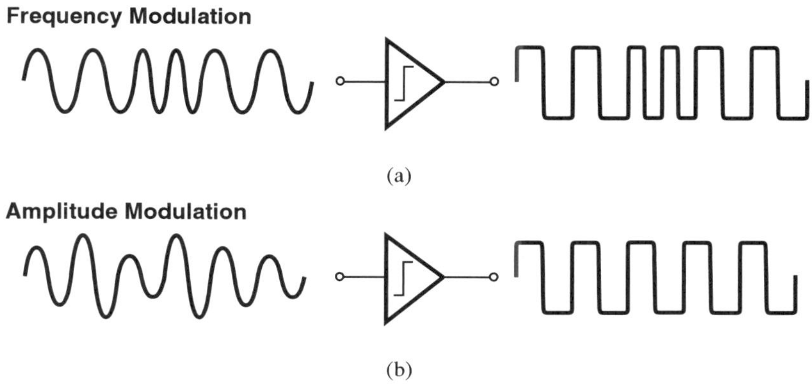


**그림 2.11** *(a) FM과 (b) AM 신호의 압축 비선형 효과*

$mV_{pp}$)의 범위이다. 우리는 이 책에서 $A_{1dB}$와 $P_{1dB}$를 교환가능한 표기법으로 사용한다. 이들이 입력 또는 출력에 대한 것인지 분명하게 또는 명시적으로 지정한다. 1 dB의 이득압축은 임의로 보이지만, 1-dB 압축 포인트는 이득에서 10% 감소를 나타내며, 이는 RF 회로 및 시스템을 특성화하기 위해 널리 사용된다.

압축점이 왜 문제인가? 매우 큰 신호의 경우 수신단의 이득이 감소하나, 수신 신호는 수신 노이즈 레벨 위에 존재하게 되며 쉽게 감지된다. 사실, 몇 가지 변조 방식에서는 이 주장이 성립하고, 수신기의 압축에 영향이 없어 보인다. 예를 들어, 그림 2.11(a)에서 나타난 것처럼, 주파수 변조 신호는 진폭 정보를 지니지 않아 (즉, 진폭 리미팅) 압축을 허용한다. 한편, 진폭 정보가 포함된 변조 방식에서는 압축으로 인해 그림[그림 2.11(b)]에 나타난 것처럼 변형된다. 이 문제는 수신기와 송신기 모두에 나타난다.

[그림 2.12(a)]처럼 매우 큰 *간섭원*이 동반되는 수신신호의 경우에 압축으로 인한 다른 부작용이 발생한다. 시간 영역에서 보면 작은 진폭을 갖는 원하는 신호는 큰 진폭을 갖는 간섭원에 중첩된다. 결과적으로, 원하는 신호[그림 2.12(b)] 자체는 작아도 수신기의 이득은 큰 간

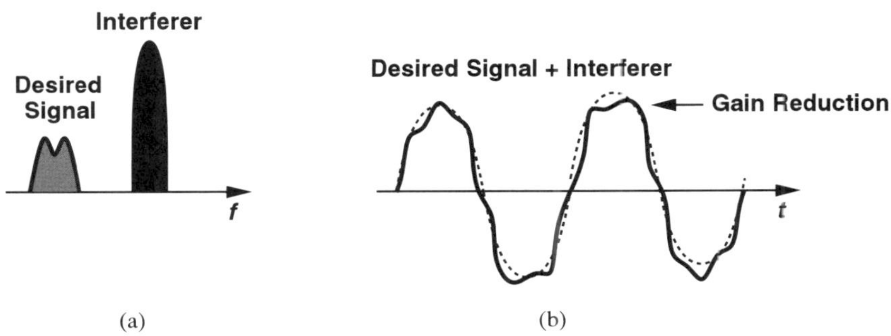


**그림 2.12** *(a) 간섭원을 동반한 신호, (b) 시간영역에서의 효과*

섭원의 영향에 의해 감소된다. '감도억압(desensitization)'으로 불리는 이 현상은 수신기 출력에서 신호대잡음비(SNR)를 저하되고, 심지어 진폭 정보가 포함되지 않는 경우에도 심각하다.

감도억압을 정량화하기 위해 입력신호를 $x(t) = A_1\cos\omega_1 t + A_2\cos\omega_2 t$라고 가정하면, 첫 번째 항과 두 번째 항은 각각 원하는 신호와 간섭신호를 나타낸다. 식 (2.25)의 3차 특성의 출력은 다음과 같이 나타난다.

$$y(t) = \left(\alpha_1 + \frac{3}{4}\alpha_3 A_1^2 + \frac{3}{2}\alpha_3 A_2^2\right) A_1 \cos\omega_1 t + \cdots . \tag{2.35}$$

여기서, $\alpha_2$는 압축에서 존재하지 않음에 유의해야 한다. $A_1 << A_2$의 경우, 이것은 식 (2.36)처럼 간략히 표현할 수 있다.

$$y(t) = \left(\alpha_1 + \frac{3}{2}\alpha_3 A_2^2\right) A_1 \cos\omega_1 t + \cdots . \tag{2.36}$$

원하는 신호의 이득은 $\alpha_1 + 3\alpha_3 A_2^2/2$이고 $\alpha_1\alpha_3 < 0$인 경우에 $A_2$에 대해 감소하는 함수이다. 사실, 충분히 큰 $A_2$ 대해 이득은 제로로 떨어지고, 이때 신호가 '차단(blocked)'되었다라고 말할 수 있다. RF 설계에서 '블로킹 신호(blocking signal)' 또는 '블록커(blocker)'는 회로의 이득을 제로까지 저하시키지 않더라도 감도를 억압하는 간섭원을 나타낸다. 일부 RF 수신기는 원하는 수신신호보다 60 ~ 70 dB의 큰 블록커를 견딜 수 있어야 한다.

**예제 2.7** RF Microelecronics

900 MHz의 GSM 송신기는 안테나에 1 W의 전력을 공급합니다. $P_{1dB}$ = −25 dBm을 갖는 수신기가 1.8 GHz대역에서 감도억압이 되지 않도록 하려면, 신호의 2차 고조파가 얼마나 압축되어야 하는가? 수신기(그림 2.13)는 거리가 1 m 떨어져있다고 가정하고, 파의 진행거리에 따라 1.8 GHz신호가 10 dB 감소된다고 가정하라.

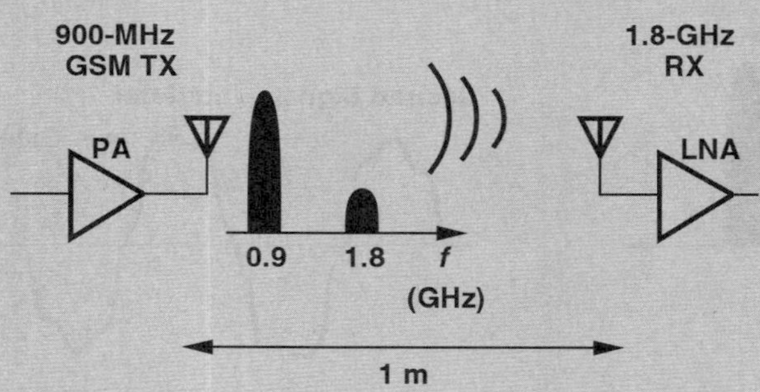


그림 2.13 *각 시스템의 Tx와 Rx*

**예제 2.7 (계속)** RF Microelecronics

**풀이:**

900 MHz에서 출력 전력은 +30 dBm과 같다. 10 dB의 감쇄와 함께, 두 번째 고조파는 송신 안테나에서 −15 dBm을 초과하지 않아야만 수신단의 $P_{1dB}$ 아래로 수신된다. 따라서, TX의 출력에서 기본주파수보다 최소 45 dB 낮은 2차 고조파가 발생해야 한다. 실질적으로는 이러한 간섭원은 RX를 억압하지 않도록 추가적으로 몇 dB보다 더 낮아야 한다.

### 2.2.3 혼변조 Cross Modulation

약한 신호와 강한 간섭원이 비선형 시스템을 통과 할 때 발생하는 또 다른 현상은 간섭원의 변조 성분이 원하는 신호에 *전송*되는 것이다. '혼변조(cross modulation)'라 불리는 이 효과는 식 (2.36)에 예시되었는데, $A_2$의 변화가 $\omega_1$을 갖는 신호의 진폭에 영향을 준다. 예를 들어, 간섭원이 진폭 변조된 신호로 $A_2(1 + m\cos\omega_m t)\cos\omega_2 t$이고, 여기서 $m$은 상수이며, $\omega_m$는 변조 주파수이다. 식 (2.36)은 다음과 같은 형태가 된다.

$$y(t) = \left[\alpha_1 + \frac{3}{2}\alpha_3 A_2^2\left(1 + \frac{m^2}{2} + \frac{m^2}{2}\cos 2\omega_m t + 2m\cos\omega_m t\right)\right]A_1\cos\omega_1 t + \cdots. \quad (2.37)$$

출력에서 원하는 신호는 $\omega_m$과 $2\omega_m$에서 진폭 변조된다. 그림 2.14는 이 효과를 설명한다.

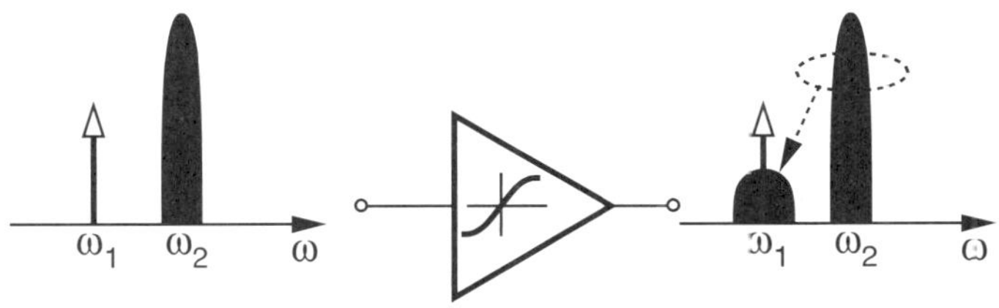


**그림 2.14** *혼변조*

**예제 2.8** RF Microelecronics

간섭원이 위상 변조(phase modulation)를 포함하고 진폭 변조(amplitude modulation)를 포함하지 않는다고 가정하자. 이 경우에 혼변조가 발생하는가?

**풀이:**

입력 신호가 $x(t) = A_1\cos\omega_1 t + A_2\cos(\omega_2 t + \phi)$이고 이때, 두 번째 항이 간섭원($A_2$는 상수

(계속)

**예제 2.8** (*계속*) RF Microelecronics

이고, $\phi$는 시간의 함수)을 나타내면, 식 (2.25)의 다항식의 3차항을 사용해서 표현하면

$$y(t) = \alpha_1[A_1 \cos \omega_1 t + A_2 \cos(\omega_2 t + \phi)] + \alpha_2[A_1 \cos \omega_1 t + A_2 \cos(\omega_2 t + \phi)]^2 + \alpha_3[A_1 \cos \omega_1 t + A_2 \cos(\omega_2 t + \phi)]^3. \quad (2.38)$$

이다. 여기서 2차항은 $\omega_1$에서가 아니라 $\omega_1 \pm \omega_2$에서 나타나는 성분이다. 3차항을 전개하면 $\cos^2 x = (1 + \cos 2x)/2$에 따라 $\omega_1$ 성분은 $3\alpha_3 A_1 \cos\omega_1 t A_2^2 \cos^2(\omega_2 t + \phi)$로 주어지며 따라서 다음과 같다.

$$y(t) = \left(\alpha_1 + \frac{3}{2}\alpha_3 A_2^2\right) A_1 \cos \omega_1 t + \cdots. \quad (2.39)$$

흥미롭게도, $\omega_1$에서의 원하는 신호는 혼변조가 발생하지 않는다. 즉, 위상변조간섭은 비메모리(정적) 비선형 시스템에서 혼변조가 발생하지 않는다. 반면에 동적 비선형 시스템에서는 이런 규칙을 따르지 않을 수 있다.

일반적으로, 혼변조는 여러 독립적인 신호 채널을 동시에 처리해야 하는 증폭기에서 발생한다. 예로, 케이블 TV 송신기나 '직교 주파수 분할 다중(OFDM)'을 갖는 시스템을 들 수 있다. 제3장에서 OFDM을 다룰 것이다.

### 2.2.4 상호변조 Intermodulation

지금까지 단일 신호(고조파 왜곡을 발생)에 의한 또는 하나의 큰 간섭원(감각억압을 발생)을 수반하는 신호의 경우에 의한 비선형성을 살펴보았다. 또 다른 관심으로 RF 설계 시에 두 개의 간섭원을 수반하는 신호에 대한 것이다. 이러한 시나리오는 현실적인 상황에서 나타나며, 고조파 왜곡과 감각 억압에 보이지 않던 다른 특성을 나타낸다.

$\omega_1$과 $\omega_2$을 갖는 두 개의 간섭원이 비선형 시스템에 적용되어 나타나는 출력에는 각각의 고조파가 아닌 다른 성분이 나타난다. '상호변조'(IM)로 불리는 이 현상은 '혼합(mixing)' 곱(multiplication)으로부터 발생한다. 식 (2.25)에서 상호변조가 어떻게 발생되는지 이해하기 위해서 입력 $x(t) = A_1 \cos \omega_1 t + A_2 \cos \omega_2 t$라고 가정하면 그 출력은 다음과 같다.

$$y(t) = \alpha_1(A_1 \cos \omega_1 t + A_2 \cos \omega_2 t) + \alpha_2(A_1 \cos \omega_1 t + A_2 \cos \omega_2 t)^2 + \alpha_3(A_1 \cos \omega_1 t + A_2 \cos \omega_2 t)^3. \quad (2.40)$$

오른쪽 항을 전개하고, DC항, 고조파 성분, 그리고 $\omega_1 \pm \omega_2$ 성분을 무시하면 다음의 '상호변

조 곱'을 얻을 수 있다.

$$\omega = 2\omega_1 \pm \omega_2 : \ \frac{3\alpha_3 A_1^2 A_2}{4}\cos(2\omega_1 + \omega_2)t + \frac{3\alpha_3 A_1^2 A_2}{4}\cos(2\omega_1 - \omega_2)t \quad (2.41)$$

$$\omega = 2\omega_2 \pm \omega_1 : \ \frac{3\alpha_3 A_1 A_2^2}{4}\cos(2\omega_2 + \omega_1)t + \frac{3\alpha_3 A_1 A_2^2}{4}\cos(2\omega_2 - \omega_1)t \quad (2.42)$$

그리고 이때 기본 주파수 성분은 다음과 같다.

$$\omega = \omega_1,\ \omega_2 : \ \left(\alpha_1 A_1 + \frac{3}{4}\alpha_3 A_1^3 + \frac{3}{2}\alpha_3 A_1 A_2^2\right)\cos\omega_1 t + \left(\alpha_1 A_2 + \frac{3}{4}\alpha_3 A_2^3 + \frac{3}{2}\alpha_3 A_2 A_1^2\right)\cos\omega_2 t \quad (2.43)$$

그림 2.15는 식 (2.40)의 출력 결과를 나타난다. 이들 중에서 $2\omega_1 - \omega_2$, $2\omega_2 - \omega_1$은 3차 IM 성분으로 관심 있는 부분이다. $\omega_1$과 $\omega_2$가 서로 가까운 경우에 $2\omega_1 - \omega_2$, $2\omega_2 - \omega_1$ 성분은 $\omega_1$과 $\omega_2$의 근방에 나타난다. 이는 매우 의미 있는 결과로 설명하고자 한다.

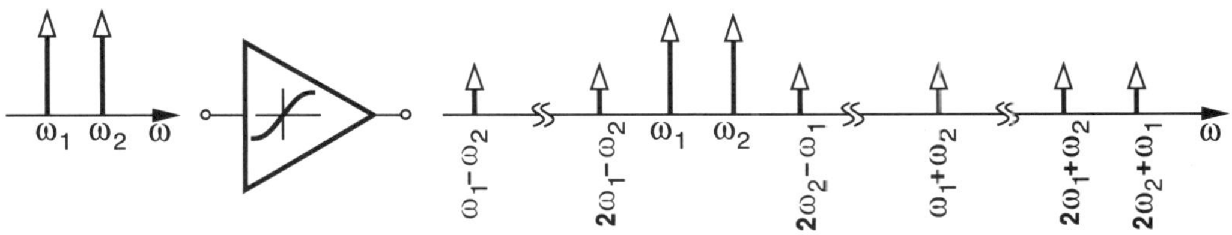


**그림 2.15** *투톤(two-tone) 테스트에서 발생하는 다양한 상호변조 성분*

안테나가 $\omega_0$를 갖는 매우 작은 수신(원하는)신호와 $\omega_1$, $\omega_2$의 두 개의 큰 간섭신호들을 동시에 수신하여 저잡음증폭기(그림 2.16)에 입력된다고 가정하자. 간섭 신호 주파수가 $2\omega_1 - \omega_2 = \omega_0$라고 가정하자. 결과적으로 $2\omega_1 - \omega_2$에서의 상호변조 곱 성분은 원하는 채널로 들어와 신호를 손상시킨다.

이 시점에서 몇 가지 질문이 생길 수 있다. (1) 상호변조의 분석에서는 순수한 (변조되지

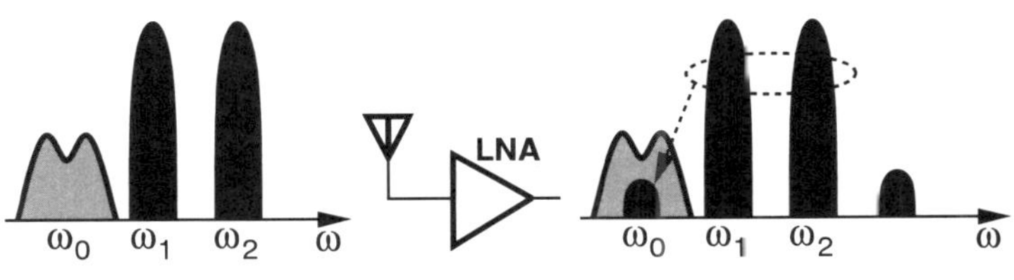


**그림 2.16** *3차 상호변조항으로 인한 신호의 손상*

## 예제 2.9

RF Microelecronics

그림 2.17과 같이 4명의 사용자가 같은 방에서 Bluetooth를 동작한다고 가정하자. 사용자 4는 수신 모드로 동작하고 2.410 GHz 주파수로 사용자 1에서 송신한 약한 신호를 감지하려고 시도한다. 동시에 사용자 2와 3은 각각 2.420 GHz와 2.430 GHz 주파수를 송신한다. 어떤 일이 발생하는지 설명하라.

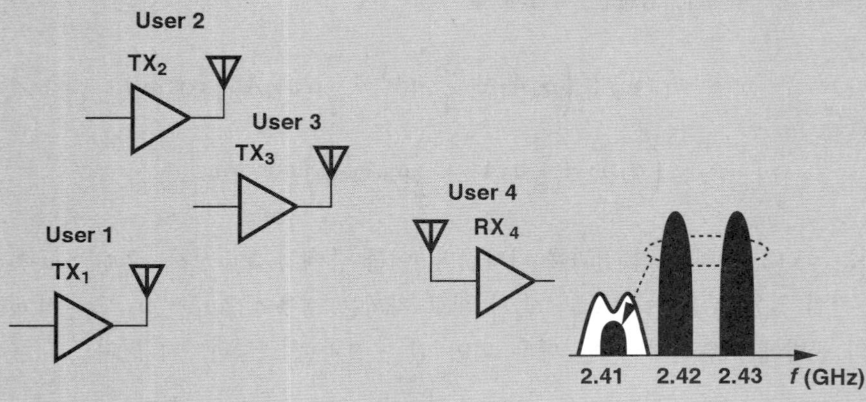


**그림 2.17** *다수의 송신기가 존재하는 환경에서의 블루투스 수신*

**풀이:**

사용자 1, 2, 3이 같은 주파수 간격의 신호를 송신하므로 $RX_4$의 LNA에서 발생하는 상호 변조 신호는 2.410 GHz의 수신 신호를 손상시킨다.

않은) 정현파['톤(tone)'이라고 불리는]를 갖는 간섭원으로 표현하였는데, 그림 2.16과 2.17에서의 변조된 간섭원들을 사용하였다. 이것이 일관성 있는 이야기인가? (2) 압축 및 감각억압($P_{1dB}$)으로 상호변조를 모델링할 수 있는가? 아니면 비선형을 위한 다른 측정들이 필요한가? (3) 왜 수신기에서 상호 변조가 발생하지 않도록 필터에 의해서 간섭원을 단순하게 제거할 수 없는가? 이 장에서 (1), (2)에 대해서 대답하고, (3)에 대해선 4장에서 다루도록 한다.

협대역 신호의 경우에 그들의 에너지를 임펄스로 '압축(condense)'하여 [그림 2.18(a)]처럼 동일 전력의 톤으로 표현한다. 이 근사는 신중하게 다뤄져야 한다: 이득 압축을 연구하기 위해 적용된 경우에는 합리적인 정확한 결과를 얻는다. 한편, 혼변조에 적용되는 경우에는 문제가 된다. 상호 변조의 경우에는 다음 단계를 따라 분석한다: (a) 톤(tone) 성분을 갖는 간섭원으로 단순화한다. (b) 출력에서 상호변조 곱을 크기를 계산한다. 그리고 (c) 상호변조 톤을 다시 변조된 성분으로 변환하여 신호의 손상을 본다.[5] 이러한 과정은 그림 2.18(b)에

5. 톤이 전혀 임의성을 포함하지 않기 때문에, 일반적으로 신호를 손상시키지 않는다. 그러나 신호의 스펙트럼에 나타나

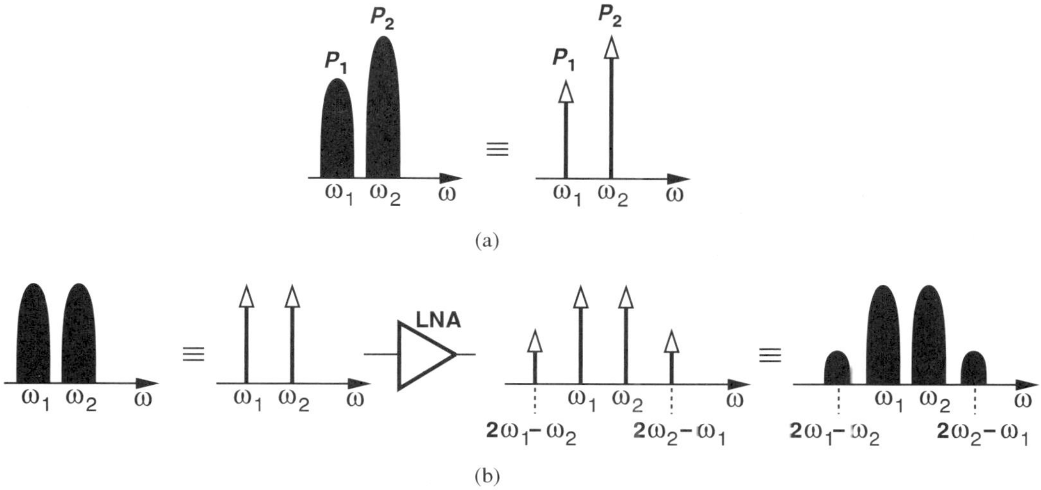


**그림 2.18** *(a) 변조된 신호의 임펄스 신호로의 근사와 (b) 이의 상호변조에 적용*

나와 있다.

이제 두 번째 질문을 다루어보자: 이득이 압축되지 않은 경우에는 상호 변조를 무시할 수 있다고 말할 수 있을까? 대답 대신 다음 예제에서 이를 살펴보자.

**예제 2.10** RF Microelecronics

블루투스 수신기는 10의 이득과 50 Ω의 입력 임피던스를 갖는 저잡음증폭기를 사용한다. LNA가 2.410 GHz 대역의 −80 dBm의 수신신호와 2.420 GHz와 2.430 GHz 대역의 −80 dBm의 간섭원들을 동시에 수신한다. 간단하게 하기 위해 LNA가 50-Ω 부하를 구동한다고 가정하자.

(a) −30 dBm의 $P_{1dB}$를 발생하는 $\alpha_3$의 값을 결정하라.

(b) 각 간섭이 $P_{1dB}$보다 10 dB 아래인 경우, LAN 출력에서 원하는 신호에 의해 발생된 문제를 결정하라.

**풀이:**

(a) 식 (2.34)로부터, −30 dBm = 20 $mV_{pp}$ = 10 $mV_p$이고, $\sqrt{0.145|\alpha_1/\alpha_3|}$ = 10 $mV_p$에서 $\alpha_1$ = 10이므로 결국 $\alpha_3$ = 14.500 $V^{-2}$을 얻을 수 있다.

(b) 각각의 간섭원들은 −40 dBm(= 6.32 $mV_{pp}$)의 레벨을 가지고 있다. 식 (2.41)에서 $A_1 = A_2$ = 6.32 $mV_{pp}$/2가 되며, 2.410 GHz에서 IM 곱의 진폭을 결정하면 다음과 같다.

(*계속*)

---

는 톤은 감지하기 어렵다.

**예제 2.10** (*계속*) RF Microelecronics

$$\frac{3\alpha_3 A_1^2 A_2}{4} = 0.343\,\text{mV}_\text{p} = -59.3\,\text{dBm}. \quad (2.44)$$

원하는 신호는 이득 $\alpha_1 = 10 = 20$ dB 만큼 증폭되어 출력에서 −60 dBm이 되며 불행히도, IM 성분도 LNA가 큰 압축이 발생하지 않는 경우에도 수신 신호와 동일한 크기를 갖는다.

투톤(two-tone) 테스트는 좁은 대역폭을 갖는 시스템에 적용할 수 있기 때문에 다목적이고 효과적이다. 투톤의 주파수가 충분히 작은 차이를 가지면 IM 곱 역시 대역 안에 존재하여 시스템의 비선형 동작에 대한 의미 있는 관점을 제공한다. 그림 2.19(a)에서와 같이 좁은 대역을 갖는 시스템에서 크게 기여한다. 그림 2.19(b)와 같이 좁은 대역을 갖는 시스템에 고조파 테스트를 하면 고조파 성분이 주어진 주파수 성분에서 멀리 존재하고 이는 필터에 의해 급격하게 감쇄하여서 고조파 성분이 매우 작은 꽤 선형적인 시스템으로 보일 수 있다.

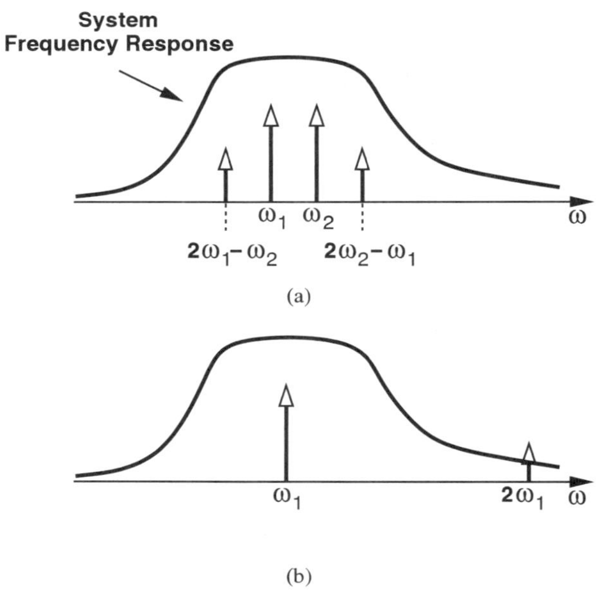


**그림 2.19** *협대역 시스템에서의 (a) 투톤(two-tone), (b) 고조파 테스트*

**3차 인터셉트점(Third Intercept Point)** 지금까지 상호 변조 측정의 필요성에 대하여 언급하였다. IM 특성의 일반적인 방법은 *동일한* 진폭의 2개의 순수한 정현파가 입력에 인가되는 것으로, '투톤(two-tone)' 테스트를 말한다. 출력 IM곱의 크기는 출력의 기본성분으로 정규화

된다. 각 톤의 피크 진폭이 $A$라면 상대적인 IM은 다음과 같다.

$$\text{Relative IM} = 20\log\left(\frac{3}{4}\frac{\alpha_3}{\alpha_1}A^2\right)\ \text{dBc}, \tag{2.45}$$

여기서, 단위 dBc는 일반적으로 '캐리어(carrier)'에 대한 상대치 dB를 나타낸다. 각각의 입력 톤의 진폭이 6 dB(2배) 증가하는 경우, IM 곱의($\propto A^3$) 진폭이 18 dB 증가하고, 따라서 상대적인 IM은 12 dB만큼 증가한다.[6]

회로의 경우에 상대적인 IM을 사용하기에 어려운 이유는 톤 $A$의 값이 부여 된 경우에만 의미가 있기 때문이다. 실제적인 관점에서, 투톤 테스트에서 입력 레벨은 알 필요가 없이 회로의 상호변조 작용을 포착하는 단일(single) 측정을 선호한다. 다행히도 그러한 측정은 존재하고, 이를 '3차 인터셉트점($IP_3$)'라 부른다.

$IP_3$의 개념은 각각의 톤의 진폭이 증가함에 따라 IM곱의 진폭은 더 급격하게($\propto A^3$) 증가하는 것으로부터 출발하였다. 그 결과, 계속적으로 $A$를 증가시킬 경우, IM곱의 진폭은 결국 기본파의 출력과 *동일*해 질 것이다. 그림 2.20의 로그 스케일로 나타난 것으로 이 현상이 발생하는 입력 레벨을 '입력 3차 인터셉트점($IIP_3$)'이라 부른다. 마찬가지로, 해당 출력은 $OIP_3$로 표현된다. 앞으로의 전개에서는 $A_{IIP3}$로 입력 $IIP_3$ 진폭을 나타낼 것이다.

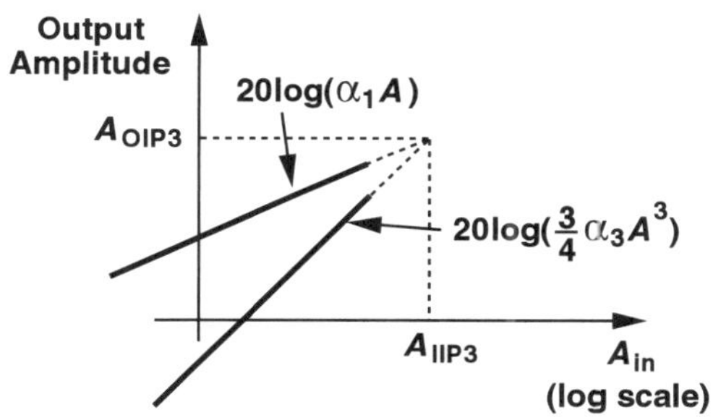


**그림 2.20** *$IP_3$의 정의(전압량)*

$IIP_3$를 구하기 위해 간단하게 기본항의 진폭과 IM 진폭이 같은 경우를 계산해보자:

$$|\alpha_1 A_{IIP3}| = \left|\frac{3}{4}\alpha_3 A_{IIP3}^3\right|, \tag{2.46}$$

이고, 이로부터

$$A_{IIP3} = \sqrt{\frac{4}{3}\left|\frac{\alpha_1}{\alpha_3}\right|}. \tag{2.47}$$

6. 압축이 발생하지 않는다고 가정하면, 기본톤은 6 dB 증가한다.

이 된다. 여기서, 흥미롭게도 아래의 관계를 알 수 있다.

$$\frac{A_{IIP3}}{A_{1dB}} = \sqrt{\frac{4}{0.435}} \tag{2.48}$$

$$\approx 9.6\,\text{dB}. \tag{2.49}$$

이 비율은 시뮬레이션과 측정에서의 일치함을 보여준다.[7] 때때로 입력에 관심이 있는 것이 확실한 경우에는 $IIP_3$보다는 $IP_3$를 사용하기도 한다.

좀 더 고려해 보면, 위의 일관성에 대해 의문 가질 수도 있다. $IP_3$가 $P_{1dB}$보다 9.6 dB 높다면, $A_{in} = A_{IIP3}$에서의 이득은 심하게 압축이 안 되나?! 이득이 압축된다면, 여전히 출력에서 기본 진폭을 $\alpha_1 A$으로 표현해야 하는가? 압축을 고려하면 $[\alpha_1 + (9/4)\alpha_3 A^2]A$을 대신 사용해야 한다.

실제적으로 이 상황은 더 복잡하다. 식 (2.47)에 주어진 $IP_3$의 값은, 그림 2.21(a)에서와 같이 고차항의 비선형이 $A_{in}$이 $A_{IIP3}$로 근접하면 드러나지만 주어진 전압을 초과할지 모른다. 즉, $IP_3$는 직접 측정 가능한 값이 아니다.

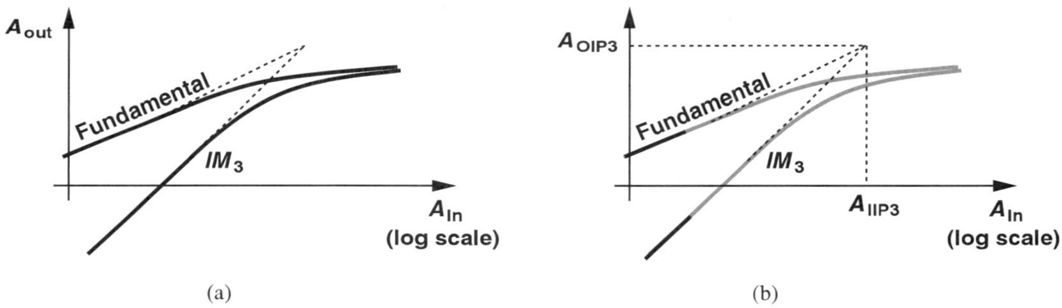


**그림 2.21** *(a) 비선형 회로의 실제 동작, (b) 외삽에 기초한 $IP_3$의 정의*

이러한 상황을 해결하기 위해 다음과 같이 $IP_3$를 측정한다. 매우 낮은 입력 레벨에서 시작하도록 하여 $\alpha_1 + (9/4)\alpha_3 A_{in}^2 \approx \alpha_1$(고차항의 비선형성은 무시함)을 만족하도록 한다. $A_{in}$을 증가시켜 기본항과 IM성분의 진폭을 로그-로그스케일로 도시하고, 그들의 기울기(각각 1과 3)를 *외삽*(*extrapolation*)하여 그림 2.21(b)의 $IP_3$를 얻는다. 신호의 크기를 압축점 아래에서 측정하여 고차항을 무시하고, 매 신호의 1-dB 증가에 따라 IM성분이 3-dB 증가하는 것을 관찰해야 한다. 한편 $A_{in}$이 작을 경우 출력 IM성분이 회로의 잡음바닥(또는 시뮬레이션 된 스펙트럼의 잡음바닥)에 견줄만하게 되어 잘못된 결과로 이어질 수 있다.

7. 이 관계는 3차 시스템에서는 유효하나, 고차항이 나타나는 경우에는 반드시 그렇지는 않다.

### 예제 2.11



저잡음증폭기에 2.410 GHz에서 −80-dBm의 신호와 2.420 GHz 및 2.430 GHz의 2개의 −20 dBm의 간섭원이 입력된다. IM 성분이 신호보다 20 dB 아래에 남아 있으려면 얼마의 $IIP_3$가 필요한가? 간단하게 하기 위해, 입력 및 출력 저항은 50-Ω으로 가정한다.

**풀이:**

신호와 간섭원이 각각 $A_{sig}$과 $A_{int}$의 진폭피크이고, 이때 LNA 출력에 다음과 같이 쓸 수 있다.

$$20\log|\alpha_1 A_{sig}| - 20\,\text{dB} = 20\log\left|\frac{3}{4}\alpha_3 A_{int}^3\right|. \tag{2.50}$$

$$|\alpha_1 A_{sig}| = \left|\frac{30}{4}\alpha_3 A_{int}^3\right|. \tag{2.51}$$

50 ohm 시스템에서, −80 dBm와 −20 dBm의 레벨은 각각 $A_{sig} = 31.6\,\mu V_p$, $A_{int} = 31.6\,mV_p$을 있다.

$$\text{IIP}_3 = \sqrt{\frac{4}{3}\left|\frac{\alpha_1}{\alpha_3}\right|} \tag{2.52}$$

$$= 3.65\,V_p \tag{2.53}$$

$$= +15.2\,\text{dBm}. \tag{2.54}$$

주어진 $IP_3$ 값은 복잡한 수신기단에서 구현하기 매우 어려운 값이다.

외삽을 시뮬레이션과 측정에서 증명하는 것은 매우 장황하며, 종종 합리적인 초기 추정치를 제공하는 방안으로 채택하고 있다. 그림 2.22(a)에 나타난 것처럼, 입력이 $A_{IIP3}$와 동일하다고 가정 할 경우에 외삽으로 결정되는 출력 IM 성분은 외삽으로 결정되는 기본 톤만큼 커진다. 입력을 $A_{in1}$로 감소해보자. 입력단에서 그 변화는 $20\log A_{IIP3} - 20\log A_{in1}$와 같아진다. 로그-로그 스케일에서 기본항이 기울기 1로 변함에 따라 IM 성분은 기울기 3으로 하락한다. 따라서 두 그래프간의 차이는 기울기 2로 증가한다. $\Delta P$에 대하여 $20\log A_f - 20\log A_{IM}$로 표시하고 아래와 같이 쓸 수 있다.

$$\Delta P = 20\log A_f - 20\log A_{IM} = 2(20\log A_{IIP3} - 20\log A_{in1}), \tag{2.55}$$

이 되고 따라서 아래의 식을 얻을 수 있다.

$$20\log A_{IIP3} = \frac{\Delta P}{2} + 20\log A_{in1}. \tag{2.56}$$

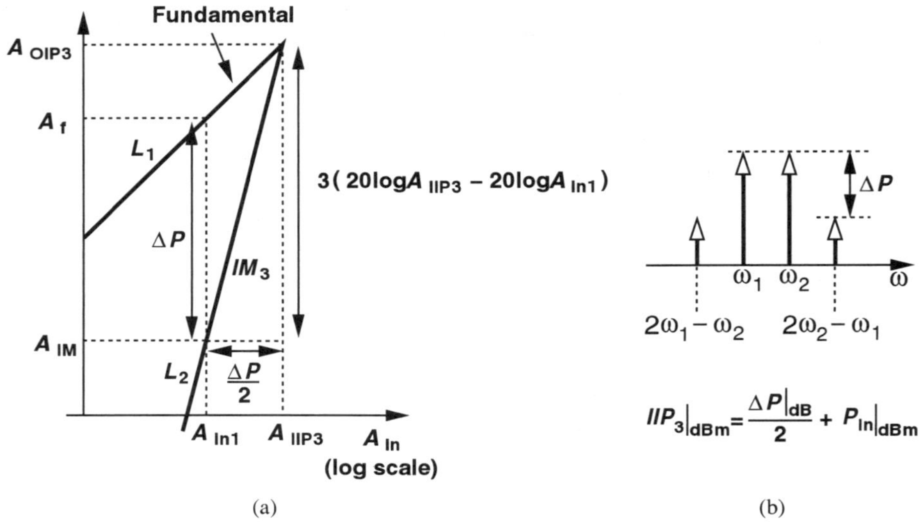


**그림 2.22** *(a) 2톤 테스트에서 다양한 전력레벨의 관계와 (b) 단순한 측정에 의한 관계*

즉, 주어진 입력 레벨($P_{1dB}$ 보다 매우 아래 레벨)에서, $IIP_3$는 기본항의 출력과 IM 레벨들 간의 차와 입력레벨의 이용하여 계산이 가능하다. 이때 모든 값은 로그값으로 표현된다. 그림 2.22(b)는 이를 보여준다. 여기서 중요한 점은 $IP_3$가 외삽 없이 측정되었다는 것이다

왜 위의 결과를 *추청치*로 여기는가? 결국 위의 결과는 삼차 비선형성을 전제로 하고 있다. 만약 회로가 *동적* 비선형성을 포함하고 있다면 어려움이 발생하며, 이 경우에는 이 결과는 외삽에 의해 얻어진 것과 다를 수 있다. 외삽을 이용하여 $IP_3$를 측정하는 방법은 표준으로 인정받은 방법이지만, 외삽 없이 사용하는 간단한 방법은 테스트 대상 장치 (DUT)의 작동을 이해하는 데 유용하다.

*이차* 비선형성에 의한 상호변조로 중요하며, '2차인터셉트점($IP_2$)'으로 특정 지워진다.[8] 이 효과에 대해서는 4장에서 자세히 설명할 것이다.

## 2.2.5 종속 연결된 비선형단 Cascaded Nonlinear Stages

RF 시스템에서 신호가 여러 단으로 종속(cascade) 연결되기 때문에 각 단의 비선형성이 입력단에서 어떤 영향을 주는지 살펴보는 것은 중요하다. 종속단에서의 $P_{1dB}$의 계산은 문제 2.1에 설명되어 있다. 이제 종속단에서의 $IP_3$를 구해보자. 설명을 간단히 하기 위해서, 별도로 명시하지 않는 한, 앞으로 $A_{IP3}$로 입력 $IP_3$를 나타낸다.

8. 다음 장에서 볼 수 있듯이, 이차 비선형성이 종속시스템에서 $IP_3$에 영향을 끼친다.

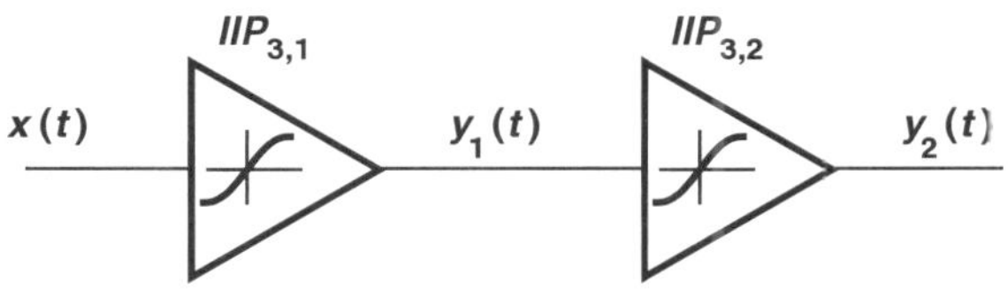


**그림** 2.23 *종속 연결된 비선형단*

그림 2.23의 종속 연결된 두 비선형단을 고려하자. 두 단의 입/출력 특성은 아래와 같다.

$$y_1(t) = \alpha_1 x(t) + \alpha_2 x^2(t) + \alpha_3 x^3(t) \tag{2.57}$$
$$y_2(t) = \beta_1 y_1(t) + \beta_2 y_1^2(t) + \beta_3 y_1^3(t), \tag{2.58}$$

결과적으로

$$y_2(t) = \beta_1[\alpha_1 x(t) + \alpha_2 x^2(t) + \alpha_3 x^3(t)] + \beta_2[\alpha_1 x(t) + \alpha_2 x^2(t) + \alpha_3 x^3(t)]^2 + \beta_3[\alpha_1 x(t) + \alpha_2 x^2(t) + \alpha_3 x^3(t)]^3. \tag{2.59}$$

가 된다. 여기서 일차항과 삼차항만 고려하면

$$y_2(t) = \alpha_1 \beta_1 x(t) + (\alpha_3 \beta_1 + 2\alpha_1 \alpha_2 \beta_2 + \alpha_1^3 \beta_3) x^3(t) + \cdots. \tag{2.60}$$

이다. 식 (2.47)로부터 다음을 구할 수 있다.

$$A_{IP3} = \sqrt{\frac{4}{3}\left|\frac{\alpha_1 \beta_1}{\alpha_3 \beta_1 + 2\alpha_1 \alpha_2 \beta_2 + \alpha_1^3 \beta_3}\right|}. \tag{2.61}$$

### 예제 2.12

RF Microelecronics

두 개의 차동쌍(differential pairs)이 종속 연결 되어 있다. 식 (2.61)의 분모항이 선택가능하다면, $IP_3$가 무한대가 되나?

**풀이:**

종속단에서 비대칭이 없다면 $\alpha_2 = \beta_2 = 0$이다. 따라서, $\alpha_3\beta_1 + \alpha_1^3\beta_3 = 0$이고 등가적으로,

$$\frac{\alpha_3}{\alpha_1} = -\frac{\beta_3}{\beta_1} \cdot \alpha_1^2. \tag{2.62}$$

양단에서 압축(compressive)되고 있기 때문에, $\alpha_3/\alpha_1 < 0$이고 $\beta_3/\beta_1 < 0$이다. 따라서 임의의 높은 $IP_3$를 얻는 것은 불가능하다.

식 (2.61)의 양변을 제곱하고 역을 취하면 보다 직관적인 결과를 보인다.

$$\frac{1}{A_{IP3}^2} = \frac{3}{4}\left|\frac{\alpha_3\beta_1 + 2\alpha_1\alpha_2\beta_2 + \alpha_1^3\beta_3}{\alpha_1\beta_1}\right| \tag{2.63}$$

$$= \frac{3}{4}\left|\frac{\alpha_3}{\alpha_1} + \frac{2\alpha_2\beta_2}{\beta_1} + \frac{\alpha_1^2\beta_3}{\beta_1}\right| \tag{2.64}$$

$$= \left|\frac{1}{A_{IP3,1}^2} + \frac{3\alpha_2\beta_2}{2\beta_1} + \frac{\alpha_1^2}{A_{IP3,2}^2}\right|, \tag{2.65}$$

여기서 $A_{IP3,1}$와 $A_{IP3,2}$는 각각 첫째단과 둘째단의 입력 $IP_3$를 나타낸다. 여기서 $A_{IP3}$, $A_{IP3,1}$, $A_{IP3,2}$는 전압량이다.

식 (2.65)에서 종속단의 입력에서 두 번째 단의 $IP_3$를 '참조'하는 것과, $\alpha_1$에 의해 나누어야 함을 주목할 필요가 있다. 따라서 첫 단의 이득이 높아지면 두 번째 단은 더 비선형화 된다.

**종속단에서의 IM 스펙트럼(IM Spectra in a Cascade)** 위 결과에 더 많은 직관력을 얻기 위해 $x(t) = A\cos\omega_1 t + A\cos\omega_2 t$을 가정하고 종속단에서의 IM을 구해보자. 그림 2.24에서 다음을 관찰 할 수 있다.[9]

1. 입력톤은 첫 단에서 $\alpha_1$증폭되고 두 번째 단에서 $\beta_1$증폭된다. 따라서, 출력은 $\alpha_1\beta_1 A(\cos\omega_1 t + \cos\omega_2 t)$로 주어진다.
2. 첫째 단에서 생성 된 IM 성분 $(3\alpha_3/4)A^3[\cos(2\omega_1 - \omega_2)t + \cos(2\omega_2 - \omega_1)t]$은 두 번째 단에서 $\beta_1$배로 증폭된다.
3. 첫 번째 단을 지난 $\alpha_1 A(\cos\omega_1 + \cos\omega_2 t)$성분이 두 번째 단에 입력되어 IM 성분 $(3\beta_3/4)(\alpha_1 A)^3\cos(2\omega_1 - \omega_2)t + (3\beta_3/4)(\alpha_1 A)^3\cos(2\omega_2 - \omega_1)t$을 발생한다.
4. $y_1(t)$에서 제 2 차 비선형성 성분 $\omega_1 - \omega_2$, $2\omega_1$와 $2\omega_2$이 생성된다. 두 번째 단에서 비선형성이 나타나며, 이 성분들은 $\omega_1$과 $\omega_2$와 서로 혼합되어 $2\omega_1 - \omega_2$와 $2\omega_2 - \omega_1$로 변형된다. 특히, 그림 2.24에서 보이는 것처럼, $y_2(t)$는 $2\beta_2[\alpha_1 A\cos\omega_1 t \times \alpha_2 A^2\cos(\omega_1 - \omega_2)t]$와 $2\beta_2(\alpha_1 A\cos\omega_1 t \times 0.5\alpha_2 A^2\cos 2\omega_2 t)$를 포함한다. 결과적으로 IM성분은 $(3\alpha_1\alpha_2\beta_2 A^3/2)[\cos(2\omega_1 - \omega_2)t + \cos(2\omega_2 - \omega_1)t]$로 표현 할 수 있다. 흥미롭게도 2단의 2차(second-order) 비선형을 갖는 종속 연결은 3차(third-order) IM성분을 발생시킨다.

---

9. 2개의 임펄스를 갖는 $A\cos(\omega t)$의 스펙트럼은 각각 $A/2$의 비중을 갖는다. 간단함을 위해 그림에서 1/2의 인수를 감소시켰다.

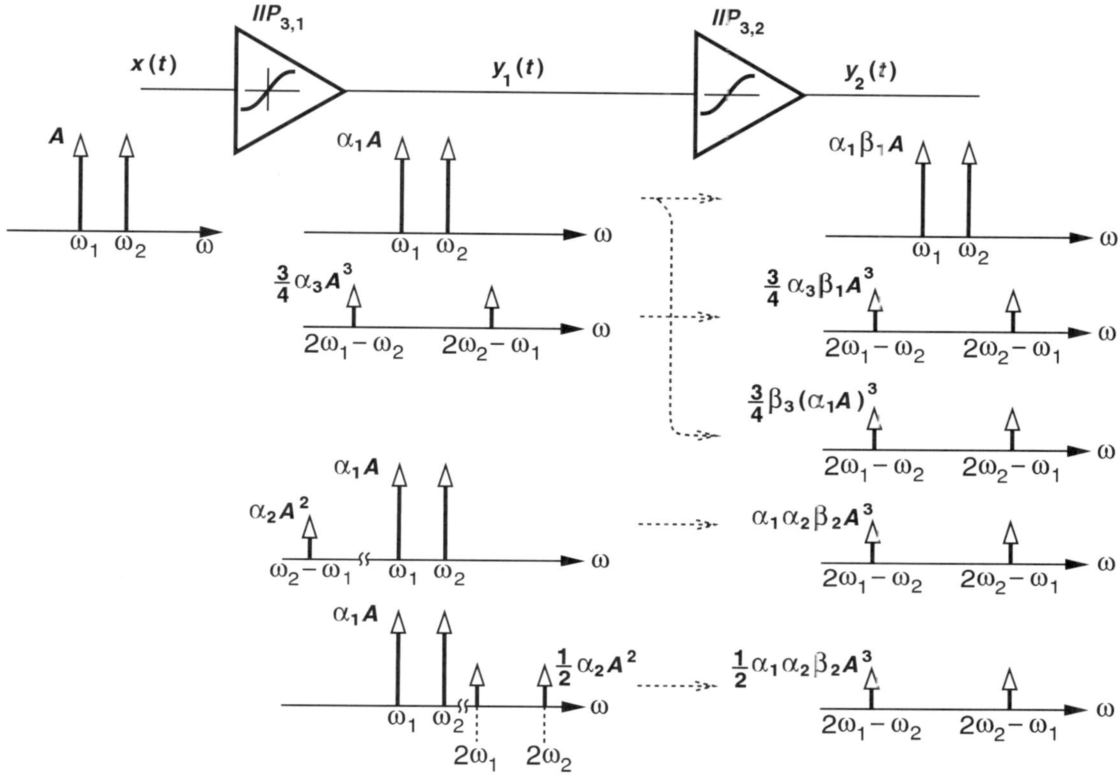


**그림 2.24** *종속 연결된 두 비선형단에서의 상호변조*

IM성분의 진폭을 추가하면 다음과 같다.

$$\begin{aligned} y_2(t) &= \alpha_1\beta_1 A(\cos\omega_1 t + \cos\omega_2 t) \\ &+ \left(\frac{3\alpha_3\beta_1}{4} + \frac{3\alpha_1^3\beta_3}{4} + \frac{3\alpha_1\alpha_2\beta_2}{2}\right)A^3[\cos(\omega_1 - 2\omega_2)t \\ &+ \cos(2\omega_2 - \omega_1)t] + \cdots, \end{aligned} \tag{2.66}$$

위와 같은 $IP_3$를 얻을 수 있다. 이 결과는 모든 구성 요소의 위상 변화가 0임을 전제로 한다.

왜 식 (2.66)에서 위상을 고려하지 않고 $IM_3$ 성분의 진폭을 더하나? 첫 번째 단과 두 번째 단에서의 위상 변화가 위상에 대한 부분적인 상쇄를 가능하게 하여 높은 $IP_3$가 가능한가? 가능하지만, 실제적으로 일반적이지 않다. 주파수 $\omega_1$, $\omega_2$, $2\omega_1 - \omega_2$와 $2\omega_2 - \omega_1$이 서로 인접해 있기 때문에, 이들 성분의 위상변화가 거의 같은 값을 나타낼 수 있다.

그러나 네 번째 관찰된 항은 어떠할까? $\omega_1 - \omega_2$와 $2\omega_1$같은 성분은 신호대역 바깥쪽에 떨어져 있고 첫 번째와 세 번째 나타난 것과는 다른 위상 변화 차이를 나타낼 수 있다. 이러한 이유로, 우리는 식 (2.65)와 (2.66)을 최악의 시나리오로써 고려할 수 있다. 대부분의 RF

시스템은 협대역 회로로 구성되어 있기 때문에 $\omega_1 \pm \omega_2$, $2\omega_1$와 $2\omega_2$를 갖는 항들은 첫 단의 출력에서 매우 감소한다. 따라서 식 (2.65)의 우변의 두 번째 항을 무시 할 수 있게 된다.

$$\frac{1}{A_{IP3}^2} \approx \frac{1}{A_{IP3,1}^2} + \frac{\alpha_1^2}{A_{IP3,2}^2}. \tag{2.67}$$

이 결과를 세단 이상을 갖는 단으로 확장시키면 다음과 같다.

$$\frac{1}{A_{IP3}^2} \approx \frac{1}{A_{IP3,1}^2} + \frac{\alpha_1^2}{A_{IP3,2}^2} + \frac{\alpha_1^2\beta_1^2}{A_{IP3,3}^2} + \cdots. \tag{2.68}$$

만약 종속으로 연결된 각 단에서 1보다 큰 이득을 갖는다면, 뒷단에서의 비선형성은 보다 심각하게 증가하게 된다. 그 이유는 각 단에서의 $IP_3$가 그 전단들의 전체 이득에 비례하여 감소하기 때문이다.

**예제 2.13** RF Microelecronics

-10 dBm의 입력 $IP_3$ 및 20 dB 이득을 갖는 저잡음증폭기 뒤에 +4 dBm의 입력 $IP_3$를 갖는 믹서가 따른다. 어떤 단에서 $IP_3$를 더 제한시키는가? 전압과 dBm의 사이로써 그림 2.1(b)에 보이는 개념으로 가정하자.

**풀이:**

$\alpha_1$ = 20 dB이고, 따라서 아래와 같다.

$$A_{IP3,1} = -10\,\text{dBm} \tag{2.69}$$

$$\frac{A_{IP3,2}}{\alpha_1} = -16\,\text{dBm}. \tag{2.70}$$

두 번째 단에서의 첫 번째 단의 이득에 의해 감소되는 $IP_3$는 첫째 단의 $IP_3$보다 낮기 때문에, 둘째 단에서 모든 $IP_3$를 제한한다.

종속으로 연결된 시스템 시뮬레이션을 통해서 선형성을 더 제한하는 단계를 결정 할 수 있다. 그림 2.25에 나타난 것처럼, 각 단($\Delta_1$와 $\Delta_2$은 dB로 표현됨)의 출력에서 상대적 IM크기의 성분을 알 수 있다. $\Delta_2 \approx \Delta_1$인 경우에 두 번째 단의 비성형성은 무시할 수 있다. 한편, $\Delta_2$가 $\Delta_1$보다 작은 경우에는 두 번째 단이 $IP_3$를 제한한다.

## 2.2.6 AM/PM 변환 AM/PM Conversion

전력 증폭기와 같은 RF 회로에서는 진폭 변조(AM)가 위상 변조(PM)로 변환되어, 바람직하지

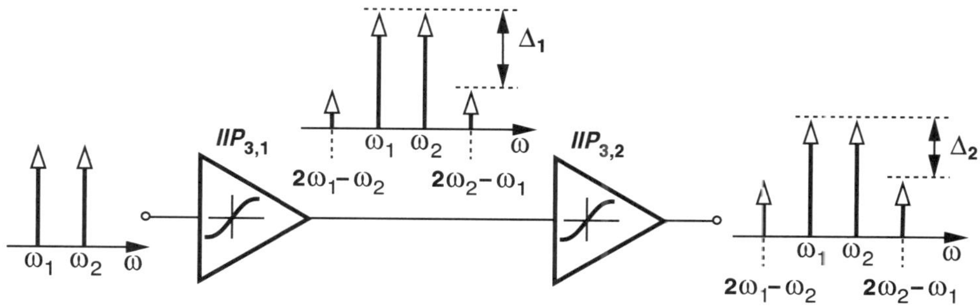


**그림 2.25** *종속으로 연결된 비선형단에서의 IM 성분의 성장*

않은 효과를 만들어 낸다. 이번 절에서는 이 문제를 공부한다.

AM/PM 변환(AM/PM conversion, APC)은 신호의 진폭성분에 대한 의상변환의 의존성으로 살펴볼 수 있다. 즉, 입력 $V_{in}(t) = V_1\cos\omega_1 t$에 관해 출력의 기본주파수성분이

$$V_{out}(t) = V_2\cos[\omega_1 t + \phi(V_1)], \tag{2.71}$$

와 같이 주어지고, 이때 $\phi(V_1)$은 진폭에 따른(amplitude-dependent) 위상변화를 나타낸다. 이것은 물론, 선형 시불변(linear time-invariant) 시스템에서 발생하지 않는다. 예를 들어, 1차 저역통과 RC 회로에 $\omega_1$을 갖는 정현파를 가하여 발생하는 위상 변화는 진폭에 상관없이 $-\tan^{-1}(RC\omega_1)$이다. 게다가, 이 경우에 위상변화가 0이기 때문에 APC는 비기억 비선형 시스템에서는 나타나지 않는다.

따라서 시스템이 능동적이고 비선형인 경우에 AM/PM 변환이 생기는 것으로 추측 할 수 있다. 예를 들어, 1차 저역 통과 RC 회로의 커패시터가 비선형인 경우에는 '평균'값이 $V_1$에 의존하고, 그 결과는 $-\tan^{-1}(RC\omega_1)$이고 이는 $V_1$에 따라 변화된다. 이를 살펴보기 위해 그림 2.26과 같은 구성을 생각해 볼 수 있다.

$$C_1 = (1 + \alpha V_{out})C_0. \tag{2.72}$$

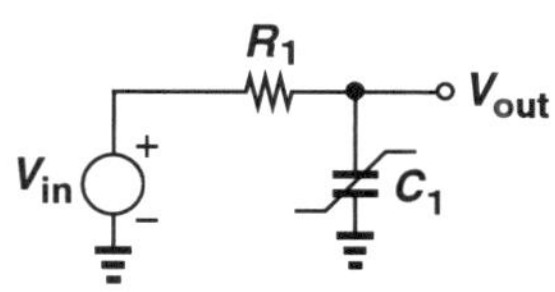


**그림 2.26** *비선형 커패시터를 갖는 RC회로*

여기서 커패시터는 그 값이 전압에 의존하는 비선형으로 고려된다. 위상변화를 정확하게 계산하는 것은 어려운 문제로 여기서는 $V_{in} = R_1C_1dV_{out}/dt + V_{out}$으로 하여 값을 구하면 다음과 같다.

$$V_1 \cos \omega_1 t = R_1(1 + \alpha V_{out}) C_0 \frac{dV_{out}}{dt} + V_{out}. \tag{2.73}$$

여기서 근사화를 하면, $C_1$의 값이 시간에 따라 *주기적(periodically)*으로 변하기 때문에 출력을 시변 커패시턴스 $C_1(t)$를 갖는 1차 시스템으로 표현할 수 있다.

$$V_{out}(t) \approx \frac{V_1}{\sqrt{1 + R_1^2 C_1^2(t)\omega_1^2}} \cos\{\omega_1 t - \tan^{-1}[R_1 C_1(t)\omega_1]\}. \tag{2.74}$$

만약에 $R_1C_1(t)\omega_1 << 1$ rad이라면,

$$V_{out}(t) \approx V_1 \cos[\omega_1 t - R_1(1 + \alpha V_{out}) C_0 \omega_1]. \tag{2.75}$$

이 된다. 여기서 또한 $(1 + \alpha V_{out})C_0 \approx (1 + \alpha V_1 \cos\omega_1 t)C_0$라고 가정하면 아래의 식을 얻는다.

$$V_{out}(t) \approx V_1 \cos(\omega_1 t - R_1 C_0 \omega_1 - \alpha R_1 C_0 \omega_1 V_1 \cos \omega_1 t). \tag{2.76}$$

*기본주파수* 출력은 입력에 따른 위상변화가 포함되어 있을까? 대답은 '아니다' 이다. 독자는 위의 괄호 안의 세 번째 항이 유일한 *고조파*를 생성하는 것을 볼 수 있다. 따라서, 기본파의 위상 변화는 $-R_1C_0\omega_1$와 같고 그 값은 상수이다.

위의 예에서는, $V_{out}$에서 $C_1$의 *1차 종속* 때문에 AM / PM 변환을 수반하지 않는다. 그림 2.27과 같이, $C_1$의 평균값은 출력 진폭과 무관한 $C_0$와 같다. 일반적으로 $C_1$이 주기적으로 변화하기 때문에, 그것의 평균값을 나타내는 'DC' 항을 포함한 푸리에 급수(Fourier Series)로써 표현될 수 있다.

$$C_1(t) = C_{avg} + \sum_{n=1}^{\infty} a_n \cos(n\omega_1 t) + \sum_{n=1}^{\infty} b_n \sin(n\omega_1 t). \tag{2.77}$$

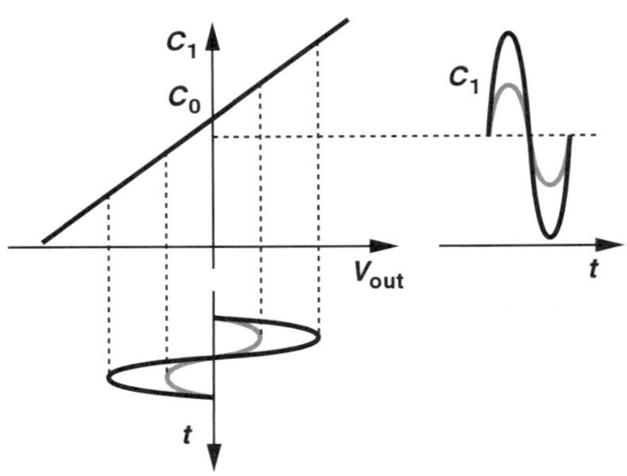


**그림 2.27** *작은/큰 스윙을 갖는 1차 전압 의존성을 갖는 커패시터의 시간변화*

따라서, $C_{avg}$가 진폭의 함수인 경우에는 출력 전압에서 기본성분의 위상변화는 입력에 따르게 된다. 다음 예제는 이를 설명한다.

**예제 2.14** RF Microelecronics

그림 2.26에서의 $C_1$은 $C_1 = C_0(1 + \alpha_1 V_{out} + \alpha_2 V^2_{out})$으로 표현된다고 가정하자. $V_{in}(t) = V_1 \cos\omega_1 t$일 경우, AM/PM 변환에 대해서 고찰하라.

**풀이:**

그림 2.28은 작은/큰 입력 스윙에 대한 $C_1(t)$를 나타내며, $C_{avg}$가 진폭에 의존하고 있음을 드러낸다. 식 (2.75)를 다시 표현하면 아래와 같다.

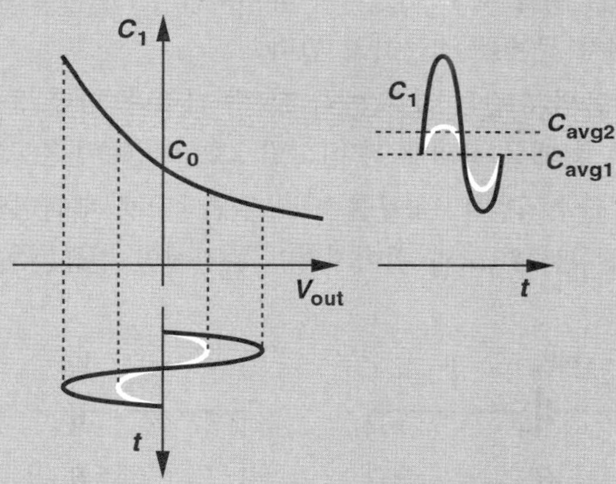


**그림 2.28** *작은/큰 스윙에 따른 2차 전압 의존성을 갖는 커패시터의 시간변화*

$$V_{out}(t) \approx V_1 \cos[\omega_1 t - R_1 C_0 \omega_1 (1 + \alpha_1 V_1 \cos\omega_1 t + \alpha_2 V_1^2 \cos^2 \omega_1 t)] \tag{2.78}$$

$$\approx V_1 \cos(\omega_1 t - R_1 C_0 \omega_1 - \frac{\alpha_2 R_1 C_0 \omega_1 V_1^2}{2} - \cdots). \tag{2.79}$$

기본파의 위상변화는 입력에 따른 $-(\alpha_2 R_1 C_0 \omega_1 V_1^2)/2$을 포함한다. 그림 2.28 역시 커패시터의 전압 의존성이 기대칭(odd-symmetric)이라면 AM/PM 변환이 일어나지 않는 것을 제시한다.

APC의 효과는 무엇인가? APC이 존재할 때 진폭 변조(또는 진폭 잡음)는 신호의 위상을 손상시킨다. 예를 들면, $V_{in}(t) = V_1(1 + m\cos\omega_m t)\cos\omega_1 t$인 경우, 식 (2.79)에서 나타나듯이 위상손상은 $-\alpha_2 R_1 C_0 \omega_1 (2mV_1 \cos\omega_m t + m^2 V_1^2 \cos^2\omega_m t)/2$와 같다. 8장과 12장에서 APC 예를 소개한다.

## 2.3 잡음 Noise

RF 시스템의 성능은 잡음에 의해서 제한된다. 잡음이 없다면 RF 수신기는 임의의 긴 거리에 걸쳐 통신이 가능하며 임의로 작은 입력을 감지할 수 있을 것이다. 이 절에서는 기본 잡음 특성과 회로의 잡음을 계산하는 방법을 검토한다. 아날로그 회로의 잡음의 자세한 연구는 [1]을 참조하면 된다.

### 2.3.1 랜덤 프로세스와 잡음 Noise as a Random Process

잡음의 문제는 무작위(random)라는 것이다. 잘 정의되고, 결정적이고 확실한 사실을 취급하는데 익숙한 공학자에게는 임의적인 랜덤이라는 개념을 이해하는 것은 쉽지 않다. 특히 그것들을 수식적으로 표현해야 하는 경우에는 더욱 그러하다. 이런 랜덤에 대한 공포를 극복하기 위해서 직관적인 관점에서 문제를 접근하려 한다.

잡음은 무작위로, 잡음의 순간의 값은 예측 할 수 가없다. 예를 들어, 배터리에 하나의 저항이 달려있고 전류가 흐를 때를 고려해 본다[그림 2.29(a)]. 주변온도 때문에 각 전자는 열운동을 하게 된다. 따라서 다소 임의의 경로를 따라 일반적으로 배터리의 양극 단자 쪽으로 이동한다. 그 결과 *평균* 전류는 $V_B/R$와 같아지지만 순간적인 전류는 임의의 값을 가진다.[10]

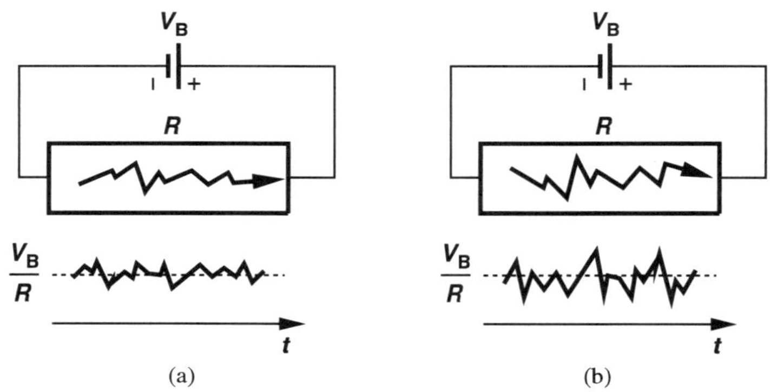


그림 2.29 *(a) 저항에서 생성되는 잡음, (b) 고온에서의 영향*

잡음은 순간 전압이나 전류의 측면에서 특성화 할 수 없기 때문에 예측 가능한 잡음의 다른 특성을 찾아야 한다. 예를 들어, 높은 주변 온도는 전자에 열운동을 하게하여 전류에서 더 큰 변동을 주게 된다[그림 2.29(b)]. 어떻게 전류 또는 전압 양에 큰 임의의 스윙의 개념을 표현할 수 있을까? 이 특징은 다음과 같이 정의된 주기 신호와 유사한 잡음의 *평균 전력*(*average power*)으로 표현될 수 있다.

10. 나중에 설명하듯이, 이는 0 평균전류에서도 마찬가지이다.

$$P_n = \lim_{T\to\infty} \frac{1}{T} \int_0^T n^2(t)dt, \tag{2.80}$$

여기서, $n(t)$는 잡음 파형을 나타낸다. 그림 2.30에 나와 있는 것과 같이 이 정의는 단순히 우리가 오랜 시간 $T$ 동안 $n^2(t)$을 계산하고 $T$에 관해 정규화하면 평균전력(average power)을 얻을 수 있다. 예를 들어 그림 2.29에서 두 시나리오가 묘사되었다. 서로 다른 평균전력이 얻어짐을 알 수 있다.

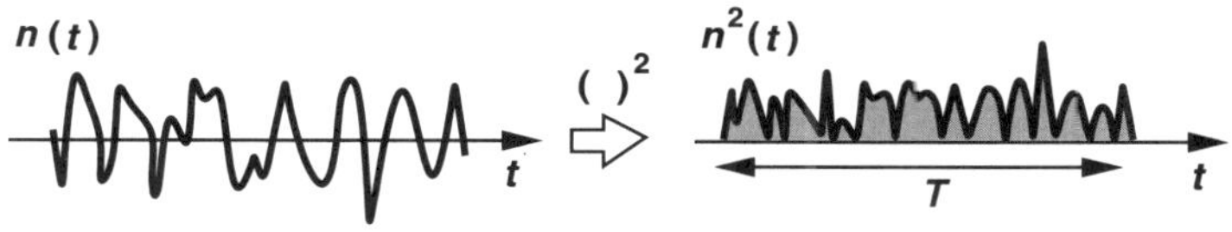


**그림 2.30** *잡음 전력의 계산*

$n(t)$가 랜덤일 때, $P_n$은 임의(랜덤)가 아니라는 것을 어떻게 알 수 있을까? 회로에서 잡음 성분이 일정한 평균 전력을 가지고 있다는 것은 다행이다. 예를 들어 $P_n$은 알고 있는 값이고 일정한 주변 온도에서 저항에 따라 일정하다고 하자.

식 (2.80)에서 시간 $T$는 얼마나 길어야 할까? 랜덤성에 의해서 잡음은 다양한 주파수로 구성되어 있다. 따라서 $T$는 가장 낮은 주파수의 여러 사이클을 수용 할 만큼 길어야 한다. 예를 들어 붐비는 레스토랑에서 소음은 20 Hz에서 20 kHz의 범위를 가지는 사람의 음성에서 발생한다. 20 Hz의 요소를 10사이클을 검출하기 위해서는 0.5초의 $T$가 필요하다.[11]

### 2.3.2 잡음 스펙트럼 Noise Spectrum

앞서 언급한 연구에서 잡음의 시간 영역에서는 제한된 정보(예를 들어, 평균 전력)를 제공하는 것을 알 수 있다. 반면에 주파수 영역에서는 훨씬 더 큰 통찰력을 제공하고 RF 설계에 더 도움이 된다.

독자는 이미 '스펙트럼(spectrum)'의 개념에 대한 몇 가지 직관적인 이해가 있을 것이다. 인간의 음성 스펙트럼은 20 Hz에서 20 kHz의 범위에 이른다. 이것은 우리가 어떻게든 음성 주파수 성분을 측정 할 때, 우리는 20 Hz에서 20 kHz까지 모든 구성 요소를 관찰해야 하는 것을 의미한다. 그러면 신호 주파수 성분, 예를 들어, 10 kHz에서 성븐의 강도를 어떻게 측정할까? 스펙트럼의 나머지 부분을 제외하고 10 kHz의 성분의 *평균 전력*을 측정 할 필요가 있다. 그림 2.31(a)은 개념적으로 마이크 신호가 10 kHz를 중심으로 1-Hz의 대역폭을 갖는 대

11. 실제로, $T$를 추측하여 $P_n$을 계산한고, $T$를 증가하여 $P_n$을 재계산하여 $P_r$의 값이 겨의 일정해질 때까지 반복한다.

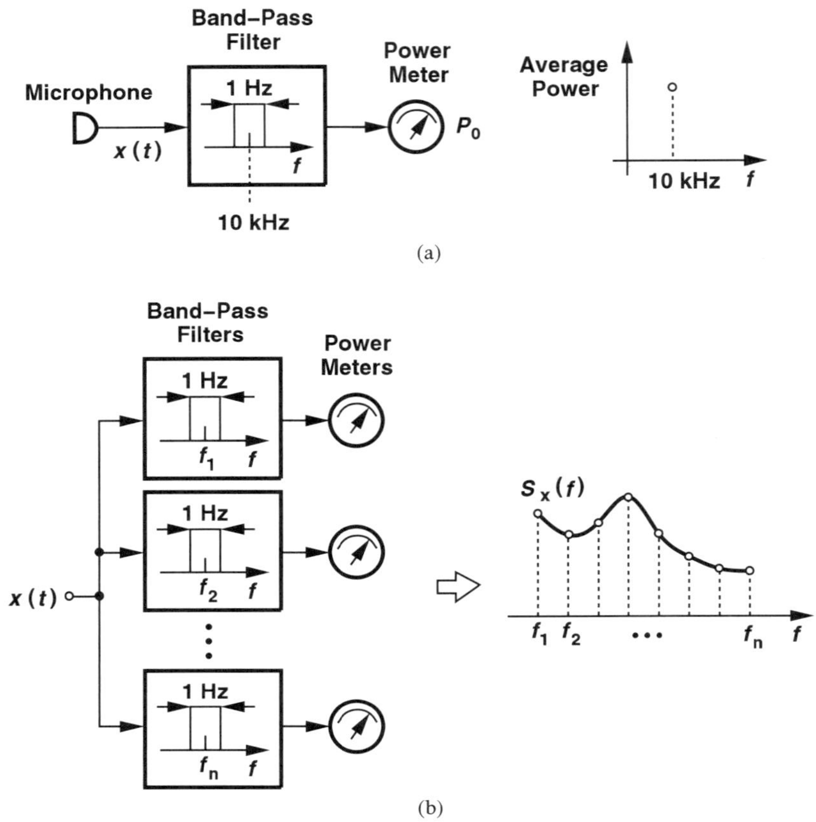


**그림** 2.31 *(a) 1-Hz 단위로 전력 측정, (b) 스펙트럼 측정*

역 통과 필터에 통과후의 실험을 보여준다. 사람은 안정된 음량으로 마이크에 대고 말하는 경우 전력 측정기는 일정한 값을 읽는다.

모든 주파수 성분의 강도를 측정하기 위하여 그림 2.31(a)의 방식은 쉽게 확장될 수 있다. 그림 2.31(b)와 같이 $f_1 \cdots f_n$을 중심으로 한 1-Hz의 대역 통과 필터 뱅크를 통해 각 주파수의 평균 전력을 측정한다.[12] $x(t)$의 스펙트럼 혹은 '전력 스펙트럼 밀도(power spectral density, PSD)'라 불리고 $S_x(f)$라고 표시되는 이것은 음성 (또는 잡음)이 서로 다른 주파수의 1-Hz 대역폭에의 어느 정도의 평균 전력을 가지고 있는가를 보여준다.[13]

여기서 흥미로운 것은 $S_x(f)$ 아래의 모든 영역의 합은 $x(t)$가 가지는 평균 전력을 나타낸다는 것이다.

$$\int_0^{\infty} S_x(f)df = \lim_{T\to\infty} \frac{1}{T}\int_0^{T} x^2(t)dt. \tag{2.81}$$

12. 이는 스펙트럼 분석기(spectrum analyzer)의 개념적인 원리이다.
13. 신호 및 시스템 이론에서는 PSD는 신호의 자기상관(autocorrelation)의 푸리에변환으로 정의된다. 이 두 관점은 서로 같다.

그림 2.31(b)에 나타난 스펙트럼은 양의 주파수에 대해서만 구성되어 있기 때문에 단측(one-side)이라고 부른다. 양측(two-side) 스펙트럼이 어떤 경우에는 분석이 간단하다. 후자는 전자의 수직축으로는 두 배 축소(그림 2.32)되고, 우대칭(even-symmetric)을 갖고, 이 둘은 동일한 에너지를 가진다.

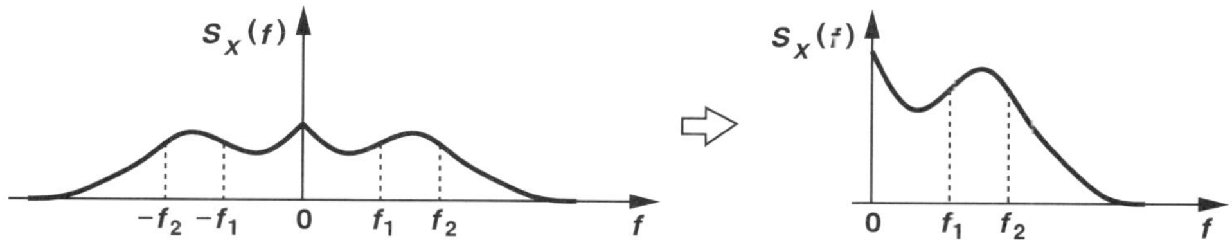


**그림 2.32** *양측(two-sided) 그리고 단측(single-side) 스펙트럼*

## 예제 2.15

RF Microelecronics

$R_1$의 값을 가지는 저항이 생성하는 잡음전압의 단측 PSD는 아래와 같다.

$$S_v(f) = 4kTR_1, \tag{2.82}$$

여기서 $k = 1.38 \times 10^{-23}$ J/K는 볼츠만 상수이고, $T$는 절대 온도이다. 이러한 평편한 PSD는 '백색(white)'이라고 한다. 왜냐하면 백색광처럼 모든 주파수에 동일한 전력 레벨을 가지기 때문이다.

(a) 잡음 전압의 총 평균 전력은 얼마인가?
(b) $S_v(f)$의 차원은 얼마인가?
(c) 실온에서에서 1 Hz속의 50-Ω 저항의 잡음 전압을 계산하라.

**풀이:**

(a) $S_v(f)$ 아래 면적은 무한대로 보인다. 이 결과는 저항 잡음이 유한한 주위의 열에서 생기므로 믿기 어렵다. 실제로는 $S_v(f)$은 $f > 1$ THz에서 떨어지기 시작하고, 유한의 총 에너지를 나타난다. 즉 열잡음은 완전히 백색은 아니다.

(b) $S_v(f)$의 차원은 단위 대역폭 ($V^2$/Hz) 대신 단위 대역폭 당 전력(W/Hz)당 전압의 제곱이다. 실제로, PSD를 다음과 같이 쓸 수 있다.

$$\overline{V_n^2} = 4kTR, \tag{2.83}$$

(계속)

**예제 2.15** (*계속*) RF Microelecronics

$\overline{V_n^2}$는 1 Hz에서 $V_n$의 평균 전력을 나타낸다.[14] 일부 교재에서는 우측(right-hand side)을 $4kTR\Delta f$으로 나타내고 이것은 $\Delta f$ 대역폭의 총 잡음을 나타낸다. 여기서 $\Delta f$을 생략하였다. 우리는 PSD는 항상 1 Hz 내의 전력을 나타낸다. 따라서 $S_v(f)$와 $\overline{V_n^2}$는 상호 교환 가능하게 사용한다.

(c) $T$ = 300 K에서 50-Ω 저항일 때

$$\overline{V_n^2} = 8.28 \times 10^{-19}\ \mathrm{V^2/Hz}. \tag{2.84}$$

이는 저항의 어느 주파수(<1 THz)를 중심으로 한 1 Hz의 대역 통과 필터에 적용 후의 잡음 전압을 나타내고 측정된 평균 출력은 위의 값에 의해 주어진다. 익숙한 단위인 rms 값으로 결과를 표현하기 위해 양측의 제곱근을 하면 아래와 같다:

$$\sqrt{\overline{V_n^2}} = 0.91\ \mathrm{nV}/\sqrt{\mathrm{Hz}}. \tag{2.85}$$

친숙한 단위의 nV이지만 $\sqrt{\mathrm{Hz}}$ 단위는 낯설다. 후자는 깊은 의미를 가지지는 않는다, 그것은 단순히 1 Hz 내의 평균 전력이 $(0.91\ \mathrm{nV})^2$임을 말한다.

### 2.3.3 잡음 전달 함수의 영향 Effect of Transfer Function on Noise

PSD를 정의하는 주된 이유는 이는 주파수영역 연산에서 결정 신호(deterministic signals) 뿐만 아니라 임의신호의 적용을 수용하기 때문이다. 예를 들어 백색잡음이 저역 통과 필터에 적용되는 경우 어떻게 출력에서의 PSD를 결정할까? 그림 2.33에서 보이는 것처럼. 직관적으로 출력 PSD는 필터의 주파수 응답의 형태로 간주되는 것을 예상할 것이다. 실제로, $x(t)$가 선형적이고 $H(s)$의 전달함수를 가지는 시불변 시스템일 경우 출력 스펙트럼은 다음과 같다.

$$S_y(f) = S_x(f)|H(f)|^2, \tag{2.86}$$

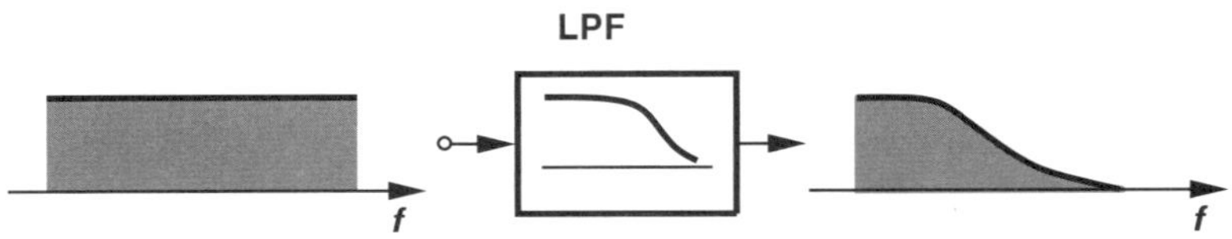


**그림 2.33** *백색잡음의 저역통과필터에서의 영향*

14. "스팟잡음(spot noise)"이라고도 불린다.

여기서 $H(f) = H\ (s = j2\pi f)$이다[2]. $S_x(f)$는 (전압 또는 전류)제곱 수량이므로 $|H(f)|$는 제곱이 됨을 유의하자.

### 2.3.4 장치의 잡음 Device Noise

회로의 잡음 성능을 분석하기 위해, 친숙한 구성 요소인 전압 및 전류 소스로 잡음을 모델링한다. 그런 표현은 기본 회로 분석 기술의 사용을 가능하게 한다.

**저항의 열잡음(thermal noise)** 앞에서 언급한 바와 같이 주위의 열 에너지는 전하 캐리어의 임의의 운동(agitation)을 일으키게 되고 이것은 잡음이 된다. 잡음은 $\overline{V_n^2} = 4kTR_1$의 PSD를 가지는 직렬 전압 소스[테브난(Thevenin) 등가 회로, 그림 2.34(a)]로 또는 $\overline{I_n^2} = \overline{V_n^2}/R_1 = 4kT/R_1$의 PSD를 가지는 병렬 전류 소스[노턴(Norton) 등가 희로 그림 2.34(b)]로 모델링 될 수 있다. 모델의 선택은 때때로 분석을 단순화 한다. 소스의 극성은 중요하지 않다(그러나 주어진 회로의 계산에서는 전부 동일하게 유지해야 한다).

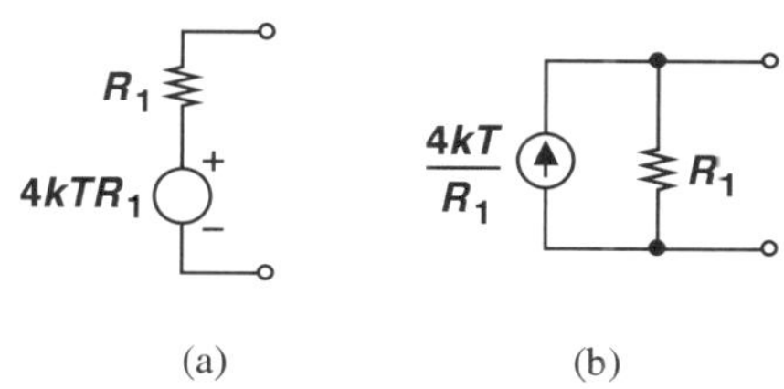


그림 2.34 *저항의 열잡음의 (a) 테브난 그리고 (b) 노턴 등가모델*

**예제 2.16** RF Microelecronics

그림 2.35(a)에 나타난 병렬 RLC 탱크에 측정되는 전압 잡음의 PSD를 그려라.

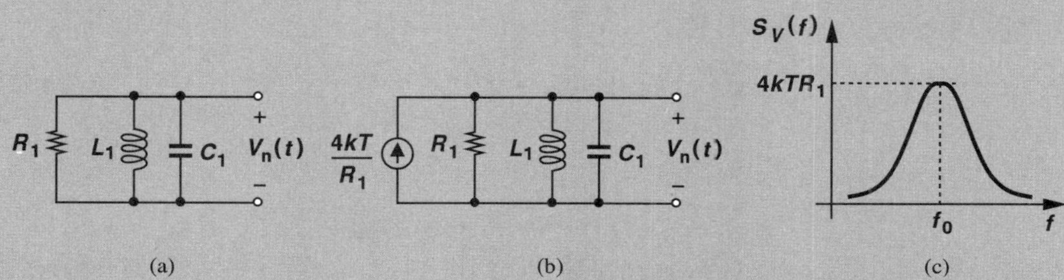


그림 2.35 *(a) RLC 공진회로 (b) 저항잡음을 포함, (c) $R_1$에 의한 출력 잡음스펙트럼*

(계속)

**예제 2.16** (*계속*) RF Microelecronics

**풀이:**

전류 소스에 의해 $R_1$의 잡음을 모델링하면 $\overline{I_{n1}^2} = 4kT/R_1$[그림 2.35(b)]이다. 전달 함수 $V_n/I_{n1}$은 공진기의 임피던스 $Z_T$와 같게 되고 식 (2.86)을 통해 다음과 같이 쓸 수 있다.

$$\overline{V_n^2} = \overline{I_{n1}^2}|Z_T|^2. \tag{2.87}$$

$f_0 = (2\pi\sqrt{L_1C_1})^{-1}$에서 $L_1$, $C_1$은 공진하고 회로를 오직 $R_1$ 있는 형태로 간단해진다. $f_0$에서 출력 잡음은 간단하게 $\overline{I_{n1}^2}{R_1}^2 = 4kTR_1$와 같게 된다. 공진주파수 보다 낮은 주파수나 높은 주파수에서는 공진기의 임피던스가 내려가기 때문에 출력 잡음은 그림 2.35(c)와 같게 된다.

저항이 주위의 열에 의해서 잡음 전압 또는 잡음 전류로 변환 될 때 저항에서 에너지를 추출해 낼 수 있을까? 구체적으로는 그림 2.36의 회로에서 $R_2$로 에너지는 전달되는가? 흥미롭게도 $R_1$ 및 $R_2$이 동일한 온도로 존재하는 경우 $R_2$도 또한 $4kTR_2$의 PSD 잡음을 생성하기 때문에(문제 2.8) 순(net)에너지는 그들 사이에서 전송되지 않는다. 하지만 $R_2$는 $T = 0$ K이라고 가정하면 $R_1$은 그 환경에서 열 에너지를 계속해서 끌어와서 잡음으로 변환하고 이것으로 $R_2$에 에너지를 공급하고 $R_2$에 전송된 평균 전력은 다음 식과 같다.

$$P_{R2} = \frac{\overline{V_{out}^2}}{R_2} \tag{2.88}$$

$$= \overline{V_n^2}\left(\frac{R_2}{R_1 + R_2}\right)^2 \frac{1}{R_2} \tag{2.89}$$

$$= 4kT\frac{R_1R_2}{(R_1 + R_2)^2}. \tag{2.90}$$

이 양은 $R_2 = R_1$일 때 최대가 된다.

$$P_{R2,max} = kT. \tag{2.91}$$

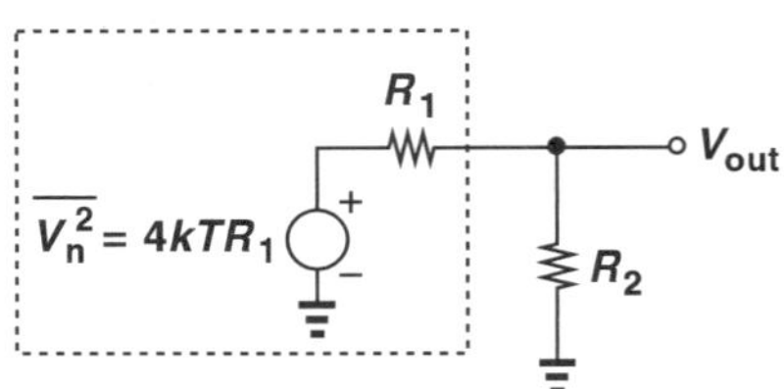


**그림 2.36** *저항에서 저항으로의 잡음의 전달*

이른바 '가용 잡음 *전력*(available noise power)' $kT$는 저항 값과 독립적이며, 단위는 대역폭당 전력이다. $T$ = 300 K에서 $kT$ = −173.8 dBm/Hz임을 알 수 있다.

$\overline{V_n^2} = 4kTR_1$의 열잡음 밀도를 가지는 회로의 경우에 그것이 $R_1$의 값을 갖는 분명한 저항을 가지는 것은 아니다. 결국 식 (2.86)은 저항의 잡음 밀도가 주변 회로에 의해 높은 또는 낮은 값으로 변환될 수 있음을 시사하고 있다. 또한 수동(passive) 회로가 에너지를 소비하는 경우라면 그것은 물리적 저항성분(resistance)[15]을 가지고 있어야만 하고 따라서 열잡음을 생성해야 한다. 이것을 간단하게 '손실 회로는 잡음을 발생시킨다'라고 말한다.

위의 내용을 통합하는 법칙은 다음과 같다: 수동(가역(reciprocal)) 네트워크의 양단에서 바라본 임피던스의 실수 부분을 $Re\{Z_{out}\}$라고 하면 이 양단 사이에서 볼 수 있는 열잡음의 PSD는 $4kTRe\{Z_{out}\}$로 주어진다(그림 2.37) [8]. 이 법칙은 일반적인 집중 회로(lumped circuits)에 한정되는 것은 아니다. 예를 들어, $R_{rad}$가 방사 저항[그림 2.38(a)]일 때 $V^2_{TX,rms}/R_{rad}$의 방사 에너지를 소비하는 송신 안테나를 생각할 수 있다. 이 때 수신부[그림 2.38(b)]에서 안테나는 열잡음 PSD[16]를 생성한다.

$$\overline{V_{n,ant}^2} = 4kTR_{rad}. \tag{2.92}$$

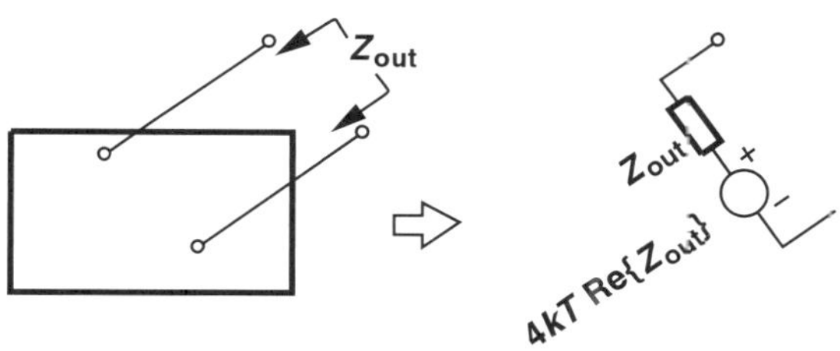


**그림 2.37** *수동 (가역) 회로의 출력 잡음*

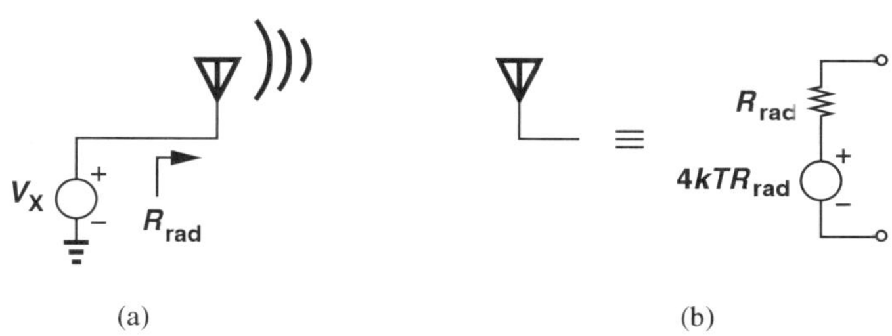


**그림 2.38** *열잡음을 발생하는 (a) 송신 안테나, (b) 수신안테나*

15. 이상적인 인덕터나 커패시터는 에너지를 *저장(store)*하고, 에너지를 소모하지 않는다.
16. 엄밀하게 말하면, 이는 수신 안테나의 잡음은 "배경(back-ground)"잡음[우주 방사(cosmic radiation)와 같은]에 의해 주어지기 때문에 정확하지는 않다. 그러나 RF 설계 시에 안테나 잡음은 일반적으로 $4kTR_{rad}$으로 가정한다.

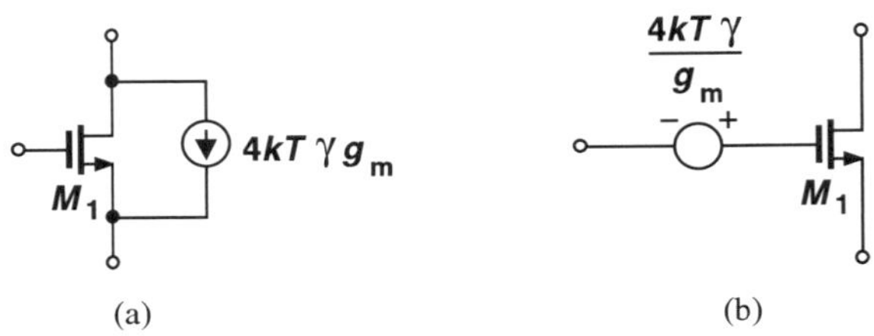


**그림 2.39** *(a) 전류원, (b) 전압원으로 모델링된 MOSFET의 열채널 잡음*

**MOSFET 잡음(Noise in MOSFETs)** 포화(saturation) 영역에서 동작하는 MOS트랜지스터의 열잡음은 소스 단자와 드레인 단자 사이에 연결된 전류원(current source)으로 근사화 된다[그림 2.39(a)].

$$\overline{I_n^2} = 4kT\gamma g_m, \tag{2.93}$$

여기서 $\gamma$는 '과도 잡음 계수(excess noise coefficient)'이고, $g_m$은 트랜스컨덕턴스(transconductance)[17]이다. $\gamma$의 값은 긴 채널(long-channel) 트랜지스터일 때 2/3이며, 짧은 채널(short-channel) 소자에서는 2까지 상승할 수 있다[4]. $\gamma$의 실제 값은 여러 다른 종속성[5]을 가지며 일반적으로 CMOS기술의 각 세대에 따라 측정에 의해 얻을 수 있다. 문제 2.10에서는 잡음이 게이트에 직렬로 연결된 전압 소스 $\overline{V_n^2} = 4kT\gamma/g_m$로 모델링 할 수 있다는 것을 증명하였다[그림 2.39(b)].

열잡음의 다른 구성 요소는 MOSFET의 게이트 저항에 의해 발생한다. 이 효과는 게이트 길이가 줄어들 때 점점 더 중요해진다. 그림 2.40(b)에서, 폭 W와 길이 $L$을 가진 장치에서 저항은

$$R_G = \frac{W}{L} R_\square, \tag{2.94}$$

여기서 $R_\square$는 폴리실리콘(polysilicon) 게이트의 시트 저항(1평방(square)의 저항)이다. 예를 들어, $W = 1\ \mu$m, $L = 45$ nm, $R_\square = 15\ \Omega$이면 $R_G = 333\ \Omega$이다. $R_G$는 트랜지스터의 폭에 분포되어 있기 때문에[그림 2.40(b)] 그 잡음은 신중하게 계산해야 한다. [6]에서 입증된 바와 같이, 이 구조는 $4kTR_G/3$의 열잡음 PSD와 $R_G/3$의 등가 게이트 저항을 갖는 집중소자 모델로 간단하게 나타낼 수 있다[그림 2.40(c)]. 좋은 설계에서는 이 잡음은 채널의 잡음보다 훨씬 작게 할 필요가 있다.

$$4kT\frac{R_G}{3} \ll \frac{4kT\gamma}{g_m}. \tag{2.95}$$

17. 좀 더 정확하게는 $\overline{I_n^2} = 4kT\gamma g_{d0}$이고, 여기서 $g_{d0}$는 트라이오드(triode) 영역에서의 드레인-소스간 컨덕턴스이다(비록 잡음이 포화상태에서 측정되었다하더라도) [3].

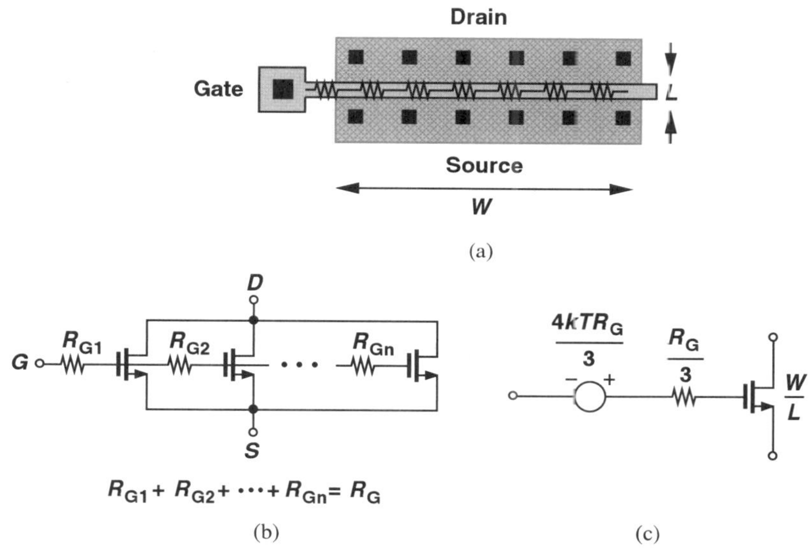


**그림 2.40** *(a) MOSFET의 게이트 저항, (b) 잡음 계산을 위한 등가 회로, (c) 집중회로에서의 등가 잡음과 등가 저항값*

또한 게이트 단자와 드레인 단자는 물리적 저항값을 보이는데, 이는 다수의 핑거(multiple finger) 구조를 사용하여 최소화 한다.

매우 높은 주파수에서는 채널을 통해 흐르는 열잡음전류가 게이트에 용량성으로(capacitively) 결합되어 '게이트 유도 전류 잡음(gate-induced noise current)'을 생성한다[3] (그림 2.41). 이 효과는 일반적인 회로 시뮬레이터에서 모델링되지 않지만, 그 중요성은 불분명하지만 남아있다. 이 책에서는 게이트 유도 잡음 전류를 무시한다.

MOS 디바이스는 또한 '플리커(flicker)' 또는 '$1/f$' 잡음을 가지고 있다. 이는 게이트와 직렬로 연결된 전압원으로 모델링 되고, 이 잡음은 다음 PSD를 갖는다.

$$\overline{V_n^2} = \frac{K}{WLC_{ox}}\frac{1}{f}, \tag{2.96}$$

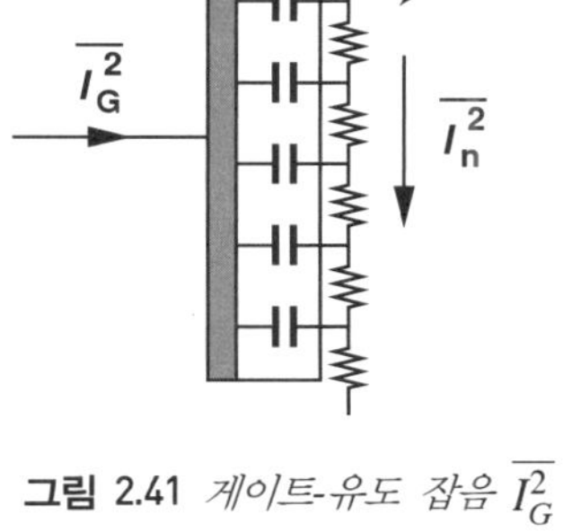


**그림 2.41** *게이트-유도 잡음 $\overline{I_G^2}$*

여기서 $K$는 프로세스 의존 상수(process-dependent constant)이다. 대부분의 CMOS 기술에서 $K$는 NMOS 트랜지스터보다 PMOS 장치에서 더 낮은 값을 가진다. 왜냐하면 PMOS는 실리콘 산화물 계면 아래에 전하를 운반하여 표면상태(surface states)의 영향을 덜 받기 때문이다(불포화 결합(dangling bond))[1]. $1/f$ 의존성은 매우 느리게 변하는 잡음 성분이 큰 진폭을 가진다는 가정을 의미한다. 잡음의 적분에서 최저 주파수의 선택은 관심을 갖는 시간단위와 원하는 신호의 스펙트럼에 따라 달라진다[1].

### 예제 2.17

RF Microelecronics

플리커 잡음을 전류원으로 모델링 할 수 있는가?

**풀이:**

예, 그림 2.42에 보이는 것처럼 게이트에 직렬로 연결된 $V_1$의 소신호 전압소스를 갖는 MOSFET은 드레인과 소스 사이에 $g_m V_1$의 전류원을 갖는 소자로 등가 할 수 있다. 따라서,

$$\overline{I_1^2} = g_m^2 \frac{K}{WLC_{ox}} \frac{1}{f}. \tag{2.97}$$

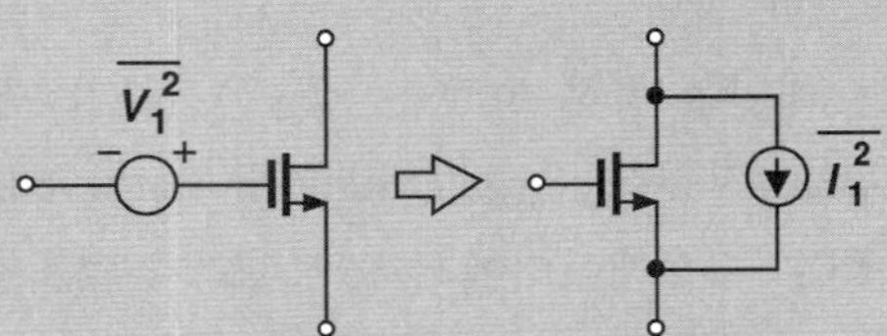


**그림 2.42** *플리커 잡음 전압의 전류로의 변환*

주어진 소자의 크기와 바이어스 전류에 대하여, $1/f$ 잡음 PSD는 어떤 주파수에서 열잡음 PSD와 만나게 된다. 이를 '$1/f$ 잡음 코너 주파수(corner frequency)', $f_c$라고 한다(그림 2.43). $f_c$는 플리커 잡음 전압을 전류로 변환(위의 예제에 의한) 하고 열잡음 전류와 동일하게 하면 구할 수 있다.

$$\frac{K}{WLC_{ox}} \frac{1}{f_c} g_m^2 = 4kT\gamma g_m. \tag{2.98}$$

위의 식으로부터

$$f_c = \frac{K}{WLC_{ox}} \frac{g_m}{4kT\gamma}. \tag{2.99}$$

이다. 코너 주파수는 최근 MOS 기술에서 수십 또는 수백 메가 헤르츠범위까지 떨어진다.

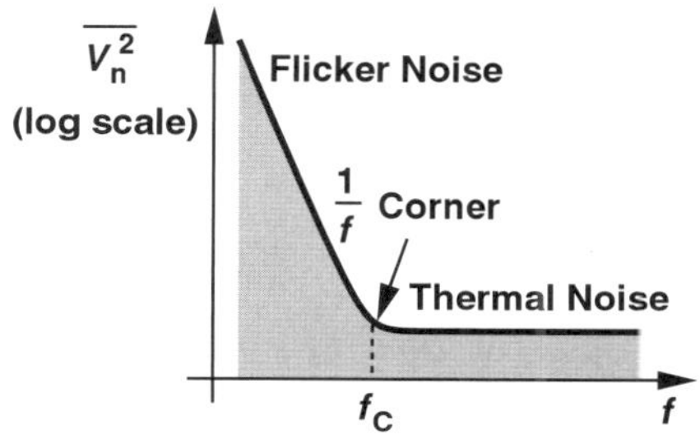


**그림 2.43** *플리커 노이즈의 코너 주파수*

플리커 잡음의 영향은 높은 주파수에서는 무시할 수 있는 것처럼 보일지도 모르지만, 믹서 및 발진기 등의 비선형 및 시변 회로에서는 $1/f$ 형태의 스펙트럼이 RF 대역으로 바뀔 수 있다는 것을 주의해야 한다. 6장과 8장에서 이러한 현상을 살펴본다.

**바이폴라 트랜지스터 잡음(Noise in Bipolar Transistors)** 바이폴라 트랜지스터는 베이스, 이미터, 컬렉터 영역에 물리적 저항을 가지며 이곳 에서 열잡음이 발생한다. 또한, 베이스-이미터 접합(junction)을 가로 지르는 캐리어 전송과 관련된 '샷 잡음(shot noise)'을 겪는다. 그림 2.44처럼. 이 잡음은 2개의 전류원으로 모델링되면 다음의 PSD를 갖는다.

$$\overline{I_{n,b}^2} = 2qI_B = 2q\frac{I_C}{\beta} \tag{2.100}$$

$$\overline{I_{n,c}^2} = 2qI_C, \tag{2.101}$$

여기서, $I_B$와 $I_C$는 각각 베이스와 컬렉터 바이어스 전류를 나타낸다. 바이폴라 트랜지스터에서는 $g_m = I_C(kT/q)$이므로 컬렉터 전류의 샷 잡음은 종종 다음과 같이 표현된다.

$$\overline{I_{n,c}^2} = 4kT\frac{g_m}{2}, \tag{2.102}$$

이는 MOSFET의 열잡음 또는 저항의 열잡음과 유사하다.

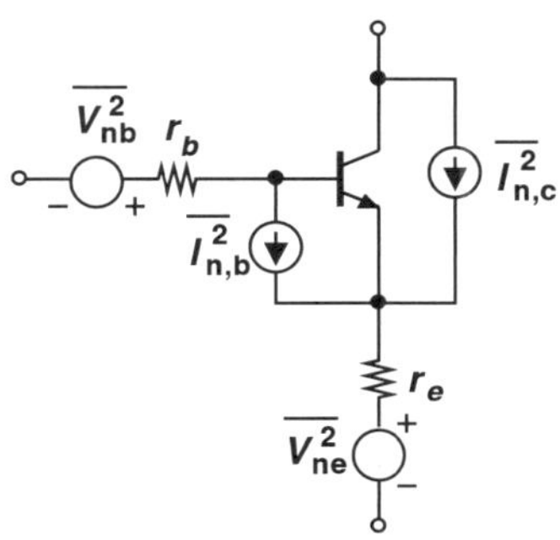


**그림 2.44** *바이폴라 트랜지스터의 잡음원*

저잡음(low-noise) 회로에서는 베이스저항 열잡음과 콜렉터 전류 샷 잡음이 지배적이다. 따라서, 이러한 이유에서 높은 전류 레벨에서 바이어스되는 넓은 트랜지스터가 사용된다.

### 2.3.5 회로에서의 잡음의 표현 Representation of Noise in Circuits

앞서 다룬 소자의 잡음 공식을 이용하여 이제 회로의 잡음 성능의 지표 즉 주어진 회로가 얼마나 잡음이 많은가의 밝혀보려고 한다.

**입력측 변환 잡음(Input-Referred Noise)** 실험실에서 회로의 잡음은 어떻게 살펴 볼 수 있을까? 출력에서 접근하면 출력 잡음만을 측정할 수 있다. 불행히도, 출력 잡음은 회로 간의 타당한 비교를 불가능하게 한다. 회로가 높은 잡음 보다는 높은 이득을 가질 때도 높은 출력 잡음을 가지는 것처럼 보여질 수 있기 때문이다. 이러한 이유로, 입력측 변환 잡음을 고려한다.

아날로그 설계에서 입력측 변환 잡음은 직렬 전압원와 병렬 전류원(그림 2.45)[1]에 의해 모델링된다. 전압원 모델은 모델 A와 B의 입력 포트를 단락(short)하고 그 출력 잡음(또는 등가적으로 출력 잡음을 전압 이득으로 나눔)을 동일하게 함으로써 얻을 수 있다. 유사하게 전류원 모델은 입력 포트를 개방(open)시켜 출력 잡음(또는 등가적으로 출력 잡음을 트랜스임피던스 이득으로 나눔)에 의해 계산된다.

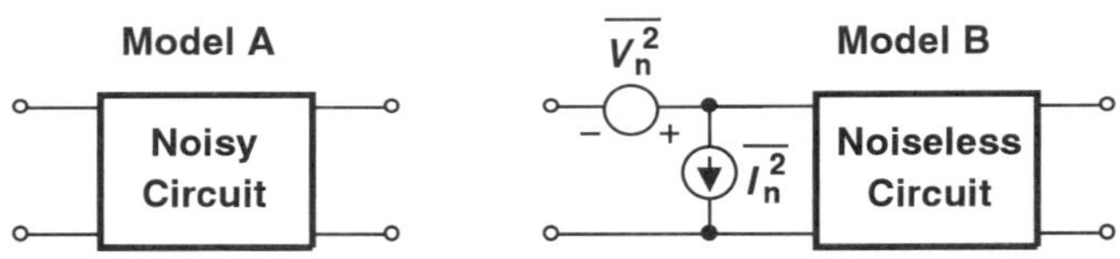


**그림 2.45** *입력 잡음 소스에 의한 회로의 잡음 표현*

**예제 2.18** RF Microelecronics

그림 2.46(a)의 공통 게이트 단(common gate state)의 입력측 변환 잡음을 계산하라. $I_1$은 이상적(ideal)이고 $R_1$에 의한 잡음은 무시하라.

**풀이:**

입력을 접지하면 그림 2.46(b)와 같고

$$\overline{V_{n1}^2} = \overline{I_n^2} \cdot r_O^2. \tag{2.103}$$

이다. 전압 이득은 $1 + g_m r_0$이므로 입력측 변환 잡음 전압은 다음과 같다.

$$\overline{V_{n,in}^2} = \frac{\overline{I_n^2} r_O^2}{(1 + g_m r_O)^2} \tag{2.104}$$

**예제 2.18** (*계속*) RF Microelecronics

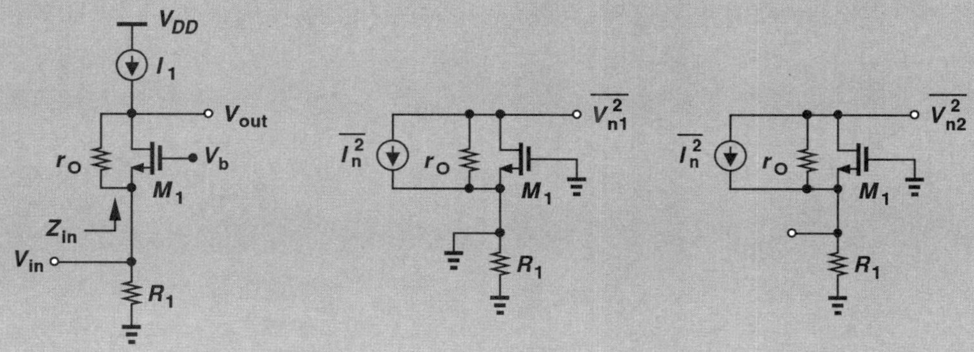


**그림 2.46** *(a) CG 단, (b) 입력측 변환 잡음 전압의 계산, (c) 입력측 변환 잡음 전류의 계산*

여기서, $g_m r_0 \gg 1$라고 가정한다. 그림 2.46(c)에서와 같이 입력을 개방상태로 두면 (연습문제 2.17) 임을 알 수 있다.

$$\overline{V_{n2}^2} = \overline{I_n^2} r_O^2. \tag{2.106}$$

출력 전압을 입력 전류로 나누는 것을 정의되는 단에서의 트랜스임피던스 이득(transimpedance gain)은 $g_m r_0 R_1$(이유는?)으로 주어진다. 결과적으로 다음과 같다.

$$\overline{I_{n,in}^2} = \frac{\overline{I_n^2} r_O^2}{g_m^2 r_O^2 R_1^2} \tag{2.107}$$

$$= \frac{4kT\gamma}{g_m R_1^2}. \tag{2.108}$$

위의 예에서, $M_1$의 잡음이 두 번 '계산'됨을 알 수 있다. 두 개의 입력측 변환 기준 잡음원들이 필요 충분이며 가끔은 상관관계임을 보여준다[1].

**예제 2.19** RF Microelecronics

회로의 출력 잡음은 전단의 출력 임피던스에 의존하는 이유를 설명하라.

**풀이:**

그림 2.47과 같이 입력측 변환 소스로 회로의 잡음을 모델링하면, $\overline{I_n^2}$의 일부가 $Z_1$으로 흐르

(*계속*)

예제 2.19 (*계속*) RF Microelecronics

고 $|Z_1|$에 의존하는 입력 잡음 전압을 생성한다. 따라서 출력 잡음 $V_{n,out}$도 역시 $|Z_1|$에 의존한다.

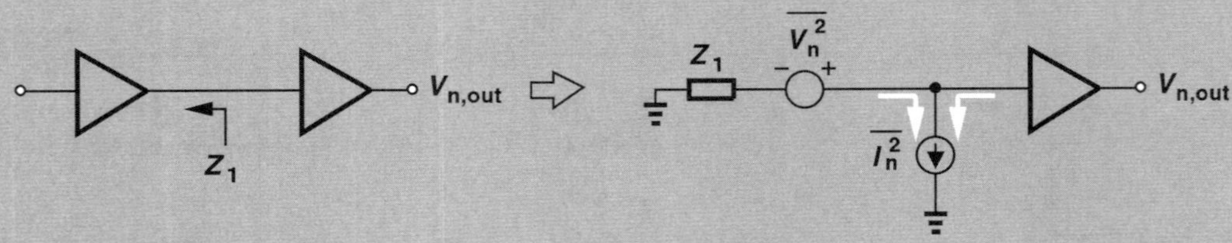


**그림 2.47** *종속 연결단에서의 잡음*

입력측 변환 잡음원을 이용한 계산은 높은 주파수에서는 어렵다. 예를 들어, RF단의 트랜스 임피던스 이득을 측정하는 것은 매우 어렵다. 따라서 RF 설계자는 더 쉬운 측정에 적합한 잡음 성능의 다른 지표로서 '잡음지수(noise figure)'의 개념을 사용한다.

**잡음 지수(noise figure)** 회로 및 시스템 설계에는 신호의 전력을 잡음의 전력으로 나눈 것으로 정의된 신호대잡음비(signal-to-noise ratio, SNR)에 관심이 있다. 신호가 주어진 회로를 통과할 때 어떻게 SNR이 저하되는 것일까? 라는 질문은 도움이 많이 된다. 만약 회로에 잡음이 포함되지 않은 경우에는 회로가 감쇄기(attenuator)[18] 역할을 하는 경우에도 출력 SNR은 입력 SNR과 *같다.* 회로가 얼마나 잡음을 갖는가를 정량적으로 표시하기 나타내기 위해서 잡음지수를 다음과 같이 정의 한다.

$$\mathrm{NF} = \frac{SNR_{in}}{SNR_{out}} \tag{2.109}$$

잡음이 없는 단에서의 NF 값은 1과 같다. 이때 위의 비율은 전력의 단위(또는 전압의 제곱)이기 때문에, NF를 dB로 표현하면 다음과 같다.

$$\mathrm{NF}|_{\mathrm{dB}} = 10\log\frac{SNR_{in}}{SNR_{out}}. \tag{2.110}$$

대부분의 교재에서는 식 (2.109)를 '잡음 인자(noise factor)'라고 식 (2.110)을 잡음지수(noise factor)라고 부르지만. 이 책에서는 구별을 하지 않는다.

입력측 변환 잡음과 비교하여 식 (2.109)의 NF의 정의는 다소 복잡해 보인다: 이는 고려 대상이 회로의 잡음뿐만 아니라 *이전 단*의 SNR에 의존한다. 만일 입력 신호가 잡음을 포함

18. 입력신호와 입력 잡음이 같은 비율로 감쇄하기 때문이다.

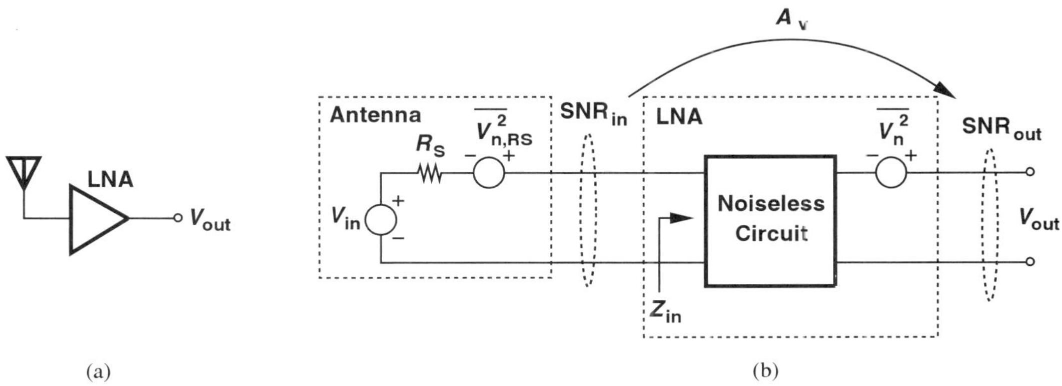


**그림 2.48** *(a) 안테나와 연결된 LNA, (b) 등가 회로*

하고 있지 않다면 회로가 유한한 내부 잡음을 가지고 있다고 할지타도 $SNR_{in} = \infty$이므로 NF = ∞이다. 이러한 경우에는 NF는 의미가 없는 파라미터가 되고 입력측 변환 잡음만 명시된다.

잡음지수의 계산은 일반적으로 식 (2.109)가 표현하는 것보다는 간단하다. 예를 들면, 저잡음증폭기가 안테나에서 받은 신호를 감지한다고 가정하자[그림 2.48(a)]. 식 (2.92)으로 예측 한대로, 안테나 '방사 저항' $R_S$는 열잡음을 발생시키고 그 등가모델을 그림 2.48(b)에 나타내었다. 여기서 $\overline{V^2_{n,RS}}$은 안테나 열잡음을 $\overline{V^2_n}$은 LNA의 출력 잡음이다. $SNR_{in}$을 LNA 입력에서 $SNR_{out}$을 LNA 출력에서 계산해야 한다.

LNA가 $Z_{in}$입력 임피던스를 가질 때 LNA 입력측에서 $V_{in}$와 $Z_{RS}$ 고두 감쇄 지수 $\alpha = Z_{in} / (Z_{in} + R_S)$가지므로 다음과 같다.

$$SNR_{in} = \frac{|\alpha|^2 V^2_{in}}{|\alpha|^2 \overline{V^2_{RS}}}, \tag{2.111}$$

여기서 $V_{in}$는 안테나에 의해 수신된 신호의 rms 값을 나타낸다.

$SNR_{out}$을 결정하기 위해, 우리는 LNA 입력에서부터 출력까지의 전압 이득을 $A_v$로 가정하면 출력 신호 전력은 $V^2_{in}|\alpha|^2 A_v^2$과 같다는 것을 알 수 있다. 출력 잡음은 두 가지 구성 요소: (a) LNA에 의해 증폭된 안테나의 잡음 $\overline{V^2_{RS}}|\alpha|^2 A^2_v$과 (b) LNA의 출력 잡음 $V_n$으로 구성된다. 이 두 요소는 상관관계가 없기 때문에, 우리는 간단히 PSD를 더하여 다음과 같은 결과를 얻는다.

$$SNR_{out} = \frac{V^2_{in}|\alpha|^2 A^2_v}{\overline{V^2_{RS}}|\alpha|^2 A^2_v + \overline{V^2_n}}. \tag{2.112}$$

따라서 아래의 결과를 얻을 수 있다.

$$\mathrm{NF} = \frac{V_{in}^2}{4kTR_S} \cdot \frac{\overline{V_{RS}^2}|\alpha|^2 A_v^2 + \overline{V_n^2}}{V_{in}^2|\alpha|^2 A_v^2} \tag{2.113}$$

$$= \frac{1}{\overline{V_{RS}^2}} \cdot \frac{\overline{V_{RS}^2}|\alpha|^2 A_v^2 + \overline{V_n^2}}{|\alpha|^2 A_v^2} \tag{2.114}$$

$$= 1 + \frac{\overline{V_n^2}}{|\alpha|^2 A_v^2} \cdot \frac{1}{\overline{V_{RS}^2}}. \tag{2.115}$$

이 결과는 NF의 다른 정의로 이어진다: 출력에서의 총잡음을 입력임피던스로 인한 출력에서의 잡음으로 나는 것. NF는 일반적으로 주어진 주파수에서 1-Hz의 대역폭에 대해 표현되고 때로는 작은 대역폭을 강조하기 위해 '스팟 잡음지수'라고 부른다.

식 (2.115)은 NF는 *소스임피던스*에 의존하는데 $\overline{V_{RS}^2}$뿐 아니라 $\overline{V_n^2}$에도 의존한다. (예제 2.19). 사실 잡음을 *입력측 변환* 소스원으로 모델링을 하면, 입력 잡음 전류 $\overline{I_{n,in}^2}$은 $R_S$로 부분적으로 흐르고, $\overline{I_{n,in}^2}R_S^2$의 소스 의존 잡음 전압을 입력에서 발생하고, 비례하는 잡음을 출력에 발생시킨다. 따라서 NF는 소스 임피던스에 대하여 지정되어야 한다 — 일반적으로는 50 Ω을 사용한다.

손으로 분석하거나 시뮬레이션을 위하여 식 (2.114)의 우변의 분자를 출력에서 측정되는 총잡음을 고려하여 간단히 할 수 있다.

$$\mathrm{NF} = \frac{1}{4kTR_S} \cdot \frac{\overline{V_{n,out}^2}}{A_0^2}, \tag{2.116}$$

$\overline{V_{n\ out}^2}$는 소스 임피던스 잡음과 LNA 잡음을 포함하고 $A_0 = |\alpha| A_v$는 $V_{in}$에서 $V_{out}$까지의 전압 이득(LNA 입력에서 출력에서의 이득보다는)이다. 우리는 단순하게 NF를 계산하기 위해서 단순히 총 출력잡음을 $V_{in}$에서 $V_{out}$까지의 이득으로 나누고 그 결과를 $R_S$의 잡음으로 정규화한다. 다른 방법으로는 식 (2.115)를 통해 증폭기에 의한 출력 잡음 $\overline{V_n^2}$을 이득으로 나누고 이것을 $4kTRs$로 정규화하고 그 결과에 1을 더한다.

실제 전력이 안테나로부터 LNA에 또는 LNA로부터 부하에 전송되지 않는 경우에도 위의 유도식는 유효하다. 예를 들어, 그림 2.48(b)의 $Z_{in}$가 무한대가 되면 전력이 LNA에 전달되고 있지 않지만, 전력량이 아니라 *전압*(제곱)의 양이기 때문에 모든 유도식들은 유효하다. 즉, 유도식이 잡음과 신호 전압을 포함하는 한, 임피던스 부정합 또는 무한 입력 임피던스의 존재하에도 식의 불일치는 발생하지 않는다. 이것은 최근 RF 설계와 기존의 마이크로파 설계 사이의 중요한 생각 차이이다.

## 예제 2.20

RF Microelecronics

소스 임피던스 $R_S$에 대한 병렬 저항 $R_P$의 잡음지수를 계산하라[그림 2.49(a)].

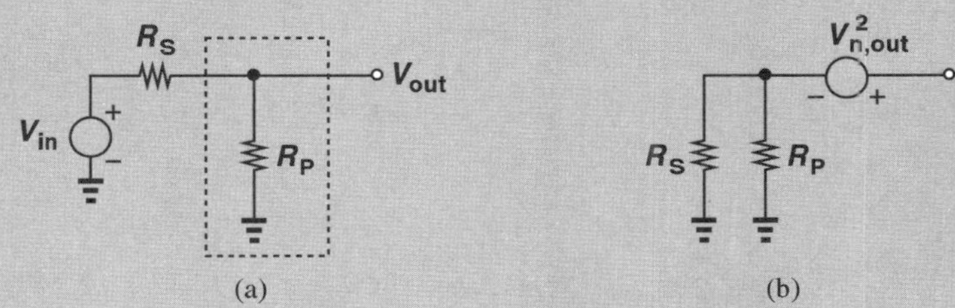


**그림 2.49** *(a) 하나의 병렬저항으로 구성된 회로, (b) NF 계산을 위한 등가모델*

**풀이:**

그림 2.49(b)에서, 총 출력 잡음 전압을 $V_{in}$을 0으로 두어서 얻을 수 있다.

$$\overline{V_{n,out}^2} = 4kT(R_S||R_P). \tag{2.117}$$

그리고, 이득은 다음과 같다.

$$A_0 = \frac{R_P}{R_P + R_S}. \tag{2.118}$$

따라서,

$$\text{NF} = 4kT(R_S||R_P)\frac{(R_S + R_P)^2}{R_P^2}\frac{1}{4kTR_S} \tag{2.119}$$

$$= 1 + \frac{R_S}{R_P}. \tag{2.120}$$

이다. NF는 $R_P$를 *최대화*함으로써 최소화된다. 임피던스 매칭을 위해서 $R_P = R_S$인 경우에 NF가 3 dB 미만으로 될 수 없음을 주의하자. 5장 LNA 설계부분에서 이 중요한 포인트를 다룬다.

## 예제 2.21

RF Microelecronics

그림 2.50(a)에서 소스 임피던스 $R_S$에 대한 common-source stage의 잡음지수를 구하라. $M_1$의 커패시턴스와 플리커 잡음은 무시하고 $I_1$이 이상적이라고 가정한다.

(계속)

**예제 2.21 (계속)** RF Microelecronics

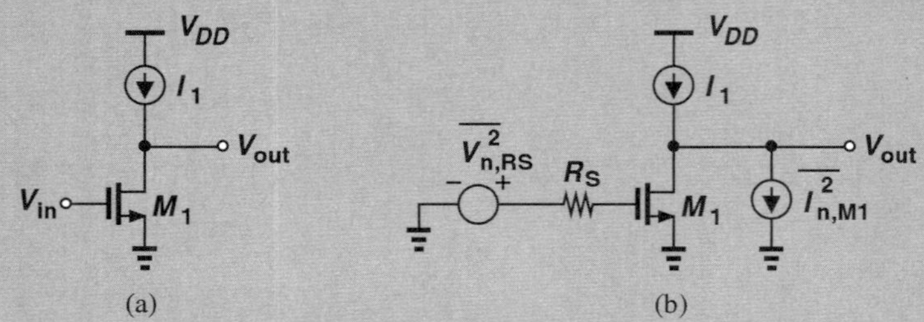


**그림 2.50** *(a) CS 스테이지, (b) 노이즈 포함*

**풀이:**

그림 2.50(b)에서 출력 잡음은 두 가지 구성 요소로 구성되어 있다. (a) $M_1$에 의한 $\overline{I^2_{n,M1}}r^2_O$ (b) $R_S$에 의한 $\overline{V^2_{RS}}(g_m r_O)^2$. 그것은 다음과 같다.

$$\text{NF} = \frac{4kT\gamma g_m r_O^2 + 4kTR_S(g_m r_O)^2}{(g_m r_O)^2} \cdot \frac{1}{4kTR_S} \tag{2.121}$$

$$= \frac{\gamma}{g_m R_S} + 1. \tag{2.122}$$

이 결과는 $R_S$가 상승하면 NF가 떨어지는 것을 의미한다. 이 앰프는 변하지 않음에도 불구하고 전체 시스템의 잡음 성능은 $R_S$의 *증가*와 함께 증가하는 것을 의미하는 것이다! 이 흥미로운 점은 문제 2.18과 2.19에서 연구되고 있다.

**종속 연결단의 잡음지수(Noise Figure of Cascaded Stages)** 수신단에서 많은 단계들이 있기 때문에 각 단의 NF에 대한 종속 연결단의 NF를 구해야 한다. 그림 2.51(a)에 표시된 시스템을 살펴보자. 여기서 $A_{v1}$ 및 $A_{v2}$은 두 단에서의 무부하(unloaded) 전압 이득을 나타낸다. 입력 및 출력 임피던스와 두 단의의 출력 잡음 전압도 나타내었다.[19]

첫 번째 직접적인 방법을 사용하여 종속 연결단의 NF를 얻을 수 있다; 식 (2.115)에 따라서 단지 두 단에 의한 출력의 총잡음을 $(V_{in} / V_{in})^2$으로 나누고, $4kTRs$로 정규화하고, 그 결과에 1을 더한다. 부하를 고려하여 전체 전압 이득을 다음과 같이 쓸 수 있다.

$$A_0 = \frac{V_{out}}{V_{in}} = \frac{R_{in1}}{R_{in1} + R_S} A_{v1} \frac{R_{in2}}{R_{in2} + R_{out1}} A_{v2}. \tag{2.123}$$

19. 단순화하기 위하여 입출력 임피던스의 리액턴스 성분은 0으로 두고 계산하지만 그 결과는 유효하다.

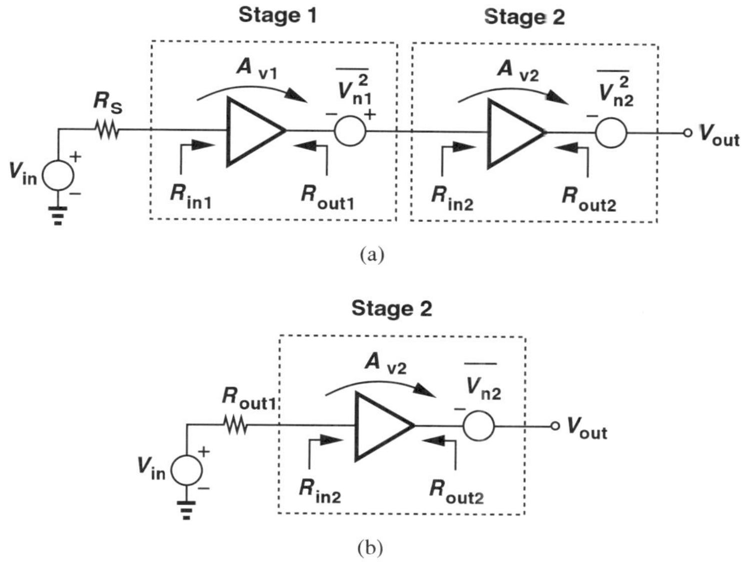


**그림 2.51** *(a) 종속 연결단에서의 잡음지수, (b) 단순화된 그림*

두 단으로 인한 출력 잡음은 $\overline{V_{n\ out}^2}$로 표시하였고 이는 두 요소로 구성되었다: (a) $\overline{V_{n2}^2}$, (b) 두 번째 단에 의해 증폭된 $\overline{V_{n1}^2}$. $V_{n1}$는 그것의 왼쪽으로 $R_{out1}$을 보고 그것의 오른쪽으로는 $R_{in2}$을 보기 때문에 $V_{n1}$의 계수는 두 번째 단의 입력에 나타낼 때 조정되기 때문에 $R_{in2}/(R_{in2} + R_{out1})$의 계수로 조절된다. 따라서

$$\overline{V_{n,out}^2} = \overline{V_{n2}^2} + \overline{V_{n1}^2}\frac{R_{in2}^2}{(R_{in2} + R_{out1})^2}A_{v2}^2. \tag{2.124}$$

전체 NF을 표현하면

$$\text{NF}_{\text{tot}} = 1 + \frac{\overline{V_{n,out}^2}}{A_0^2} \cdot \frac{1}{4kTR_S} \tag{2.125}$$

$$= 1 + \frac{\overline{V_{n1}^2}}{\left(\frac{R_{in1}}{R_{in1} + R_S}\right)^2 A_{v1}^2} \cdot \frac{1}{4kTR_S}$$

$$+ \frac{\overline{V_{n2}^2}}{\left(\frac{R_{in1}}{R_{in1} + R_S}\right)^2 A_{v1}^2 \left(\frac{R_{in2}}{R_{in2} + R_{out1}}\right)^2 A_{v2}^2} \cdot \frac{1}{4kTR_S} \tag{2.126}$$

이다.

처음 두 항은 소스 임피던스 $R_S$에 대한 첫 번째 단의 잡음지수($NF$)인 $NF_1$을 나타낸다. 셋째 항은 두 번째 단의 잡음을 표현한다. 하지만 어떻게 이 단계를 잡음지수로 표현할 수 있을까?

두 번째 단만을 고려하여 소스 임피던스 $R_{out1}$에 대한 *잡음지수*를 구하였다[그림 2.51(b)]. 다시 식 (2.115)를 사용하면 아래식과 같다.

$$NF_2 = 1 + \frac{\overline{V_{n2}^2}}{\dfrac{R_{in2}^2}{(R_{in2}+R_{out1})^2}A_{v2}^2}\frac{1}{4kTR_{out1}}. \tag{2.127}$$

두 식 (2.126)과 (2.127)을 정리하면 아래식과 같다.

$$NF_{tot} = NF_1 + \frac{NF_2 - 1}{\dfrac{R_{in1}^2}{(R_{in1}+R_S)^2}A_{v1}^2\dfrac{R_S}{R_{out1}}}. \tag{2.128}$$

여기서 분모는 무엇을 나타내는 것일까? 사실 이 양은 첫 번째 단의 '가용 전력 이득(available power gain)'이다. 이는 출력에서의 가용 전력(available power: 매칭된 부하로 전달되는 전력) $R_{out,av}$을 가용 소스 전력(available source power: 매칭된 부하에 전달될 소스의 파워) $R_{S,av}$로 나눈 값으로 정의 된다. 그림 2.51(a)의 첫 번째 단에서 $R_{out1}$와 같은 부하에 전달되는 전력을 구함으로써 쉽게 검증할 수 있다:

$$P_{out,av} = V_{in}^2\frac{R_{in1}^2}{(R_S+R_{in1})^2}A_{v1}^2\cdot\frac{1}{4R_{out1}}. \tag{2.129}$$

마찬가지로 $V_{in}$이 $R_S$의 부하에 공급하는 전력은 다음 식으로 주어진다.

$$P_{S,av} = \frac{V_{in}^2}{4R_S}. \tag{2.130}$$

여기서, 식 (2.129)와 (2.130)의 비(ratio)는 식 (2.128)의 분모와 같다.

이러한 과정을 통해, 다음과 같이 쓸 수 있다.

$$NF_{tot} = NF_1 + \frac{NF_2 - 1}{A_{P1}}, \tag{2.131}$$

$A_{P1}$는 첫 번째 단의 '가용 전력 이득'을 의미한다. 또한 $NF_2$은 첫 번째 단의 출력 임피던스에 대해 계산되는 점에 유의하는 것이 중요하다, $m$ 단계에 대해서는 아래와 같다.

$$NF_{tot} = 1 + (NF_1 - 1) + \frac{NF_2 - 1}{A_{P1}} + \cdots + \frac{NF_m - 1}{A_{P1}\cdots A_{P(m-1)}}. \tag{2.132}$$

이를 '프리스 방정식(Friis' equation)'[7]이라고 하며, 이 결과는 각 단에서 기여하는 잡음이 앞선 전단의 이득이 증가함에 따라 감소함을 나타낸다. 즉, 종속으로 연결된 회로에서 첫 몇 단의 잡음 특성이 매우 중요함을 나타낸다. 역으로, 어느 단이 감쇄(손실) 특성을 가지면 입력 측에서 변환된 다음 단 회로의 잡음지수는 증폭된다.

**예제 2.22** RF Microelecronics

그림 2.52에서 공통 소스로 종속 연결된 단의 잡음지수를 구하라. 트랜지스터의 커패시턴스들과 플리커 잡음은 무시한다.

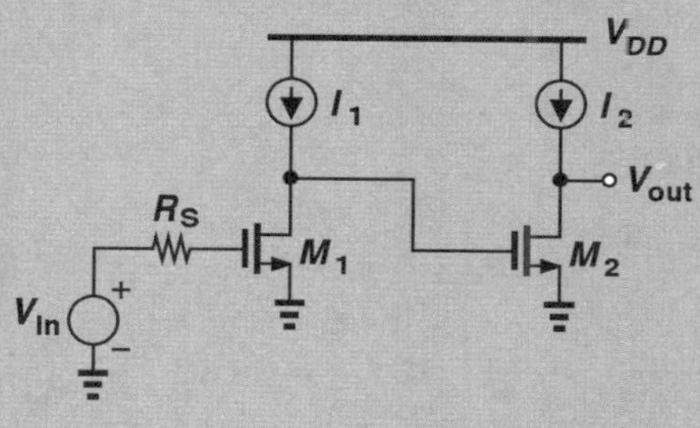


**그림 2.52** *CS 종속 연결된 단의 잡음지수 계산*

**풀이:**

직접 계산법 또는 프리스 방정식 중 어떤 풀이가 간단할까? $R_{in1} = R_{in2} = \infty$이기 때문에 식 (2.126)은 다음과 같이 줄여 진다.

$$NF = 1 + \frac{V_{n1}^2}{A_{v1}^2}\frac{1}{4kTR_S} + \frac{V_{n2}^2}{A_{v1}^2 A_{v2}^2}\frac{1}{4kTR_S}, \tag{2.133}$$

여기서, $\overline{V_{n1}^2} = 4kT\gamma g_{m1}r_{O1}^2$, $\overline{V_{n2}^2} = 4kT\gamma g_{m2}r_{O2}^2$, $A_{v1} = g_{m1}r_{O1}$, $A_{v2} = g_{m2}r_{O2}$이다. 이 모든 값들은 쉽게 계산이 가능하다. 식 (2.133)에 그 값 넣으면 다음과 같은 식을 얻는다.

$$NF = 1 + \frac{\gamma}{g_{m1}R_S} + \frac{\gamma}{g_{m1}^2 r_{O1}^2 g_{m2} R_S}. \tag{2.134}$$

반면, 프리스 방정식은 첫 번째 단의 가용 전력 이득 및 소스임피던스에 대한 두 번째 단의 *NF* 계산을 필요로 한다. 긴 대수계산으로 이어진다.

위의 예는 최근의 RF 설계의 일반적인 상황을 나타낸다. 두 개의 단계 사이의 환경은 50-Ω의 임피던스를 가지고 있지 않고 두 단계 사이의 임피던스 매칭의 시도는 없다. 이러한 경우에는 프리스식은 복잡하게 되고 *NF*의 직접계산이 보다 좋은 방법이 된다.

위의 예에서는 두 번째 단계를 위해 무한의 입력 임피던스를 전제로 하였지만 직접 계산법은 식 (2.126)을 통해 좀 더 현실적인 경우로 확장될 수 있다. 복소수의 입력 및 출력 임피던스일 때도, 식 (2.126)은 (1) $\overline{V_{n1}^2}$은 반드시 $V_{in}$에서 첫 번째 단의 출력까지의 무부하이득으로 나누어야 하며 (2) 두 번째 단의 출력 잡음 출력 잡음, $\overline{V_{n2}^2}$은 첫 번째 단의 출력 임피던스[20]로 계산되어져야 하고 (3) $\overline{V_{n2}^2}$은 $V_{in}$에서 $V_{out}$까지의 총 이득으로 나누어져야 한다.

## 예제 2.23

RF Microelecronics

그림 2.53(a)에 나타난 회로에서의 잡음지수를 구하라. 트랜지스터의 커패시턴스들 플리커 잡음, 채널 길이 변조, 기판 바이어스 효과(body effect)는 무시한다.

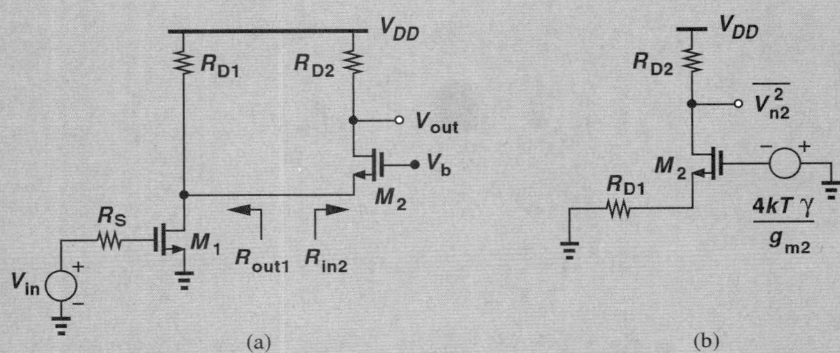


**그림 2.53** *(a) CS와 CG의 종속연결, (b) 간단한 그림*

**풀이:**

첫 번째 단계에서는 $A_{v1} = -g_{m1}R_{D1}$이고 무부하 출력 잡음은 다음과 같다.

$$\overline{V_{n1}^2} = 4kT\gamma g_{m1}R_{D1}^2 + 4kTR_{D1}. \tag{2.135}$$

두 번째 단계에서는 그림 2.53(b)로부터

$$\overline{V_{n2}^2} = \frac{4kT\gamma}{g_{m2}}\left(\frac{R_{D2}}{\frac{1}{g_{m2}} + R_{D1}}\right)^2 + 4kTR_{D2}. \tag{2.136}$$

이다. 첫 번째 단의 출력 임피던스가 $\overline{V_{n2}^2}$의 계산에 포함되지만 $R_{D1}$의 *잡음*은 아니라는 것을 유의하자.

$R_{in2} = 1/g_{m2}$, $A_{v2} = g_{m2}R_{D2}$라는 것을 염두에 두고 식 (2.126)에 이 값들 을 대입해보자.

20. 회로의 출력 잡음은 이에 가하는 소스 임피던스에 의존하나 소스 임피던스 잡음은 $\overline{V_{n2}^2}$에서 배제되는 것을 예제 2.19에서 상기해보라.

**예제 2.23** (*계속*) RF Microelecronics

$$NF_{tot} = 1 + \frac{4kT\gamma g_{m1}R_D^2 + 4kTR_{D1}}{g_{m1}^2 R_{D1}^2} \cdot \frac{1}{4kTR_S} + \frac{\dfrac{4kT\gamma}{g_{m2}}\left(\dfrac{R_{D2}}{g_{m2}^{-1} + R_{D2}}\right)^2 + 4kTR_{D2}}{g_{m1}^2 R_{D1}^2 \left(\dfrac{g_{m2}^{-1}}{g_{m2}^{-1} + R_{D1}}\right)^2 g_{m2}^2 R_{D2}^2} \cdot \frac{1}{4kTR_S}. \tag{2.137}$$

**손실 회로의 잡음지수(Noise Figure of Lossy Circuits)** 필터 등의 수동 회로는 RF 송수신기의 전치단(front-end)에 나오고 그 손실은 신중히 고려해야 한다(4장). 이 회로의 불필요한 저항 성분에 의해 손실이 발생하고 그러면 입력 전력이 열로 변환되고 출력에 더 적은 신호 전력을 전달한다. 또한 그림 2.37에서 보면 그 저항 성분도 열잡음을 *발생*시킨다. 즉, 수동 손실 회로는 신호를 감쇄시키기도 하고 잡음을 일으킨다.

수동[가역(reciprocal)] 회로의 잡음지수는 $L = P_{in}/P_{out}$($P_{in}$은 가용소스 전력, $P_{out}$은 가용 출력 전력일 때)로 정의되는 '전력 손실'과 동일한 것을 증명해 보자. 프리스 방정식의 도출에서 언급했듯이 가용 전력(available power)은 주어진 소스 및 회로가 공액(conjugate) 매칭 부하에 전달하는 전력이다. 입력 및 출력이 매칭되면 (문제 2.20) 증명은 쉽게 된다. 여기에서는 보다 일반적인 경우를 생각해 보자.

그림 2.54(a)과 같은 구성을 생각해 보자. 식 (2.130)에서 손실 회로가 부하 임피던스 $R_L$[21]를 가지고 소스 임피던스 $R_S$를 가질 때 가용 소스 전력은 $P_{in} = V_{in}^2/(4R_S)$이다. 가용 출력 전력을 구하기 위해 테브닌 등가 회로는 그림 2.54(b)와 같게 되고, $P_{out} = V_{Thev}^2/(4R_{out})$이 된다. 따라서 손실은 다음 식으로 주어진다.

$$L = \frac{V_{in}^2}{V_{Thev}^2}\frac{R_{out}}{R_S}. \tag{2.138}$$

잡음지수를 계산하기 위해, 우리는 그림 2.37에 나타난 정리와 그림 2.54(c)를 이용한다.

$$\overline{V_{n,out}^2} = 4kTR_{out}\frac{R_L^2}{(R_L + R_{out})^2}. \tag{2.139}$$

21. 계산의 편의를 위하여, 임피던스의 리액티브 부분이 없다고 가정하였으나, 최종 결과에는 영향이 없다.

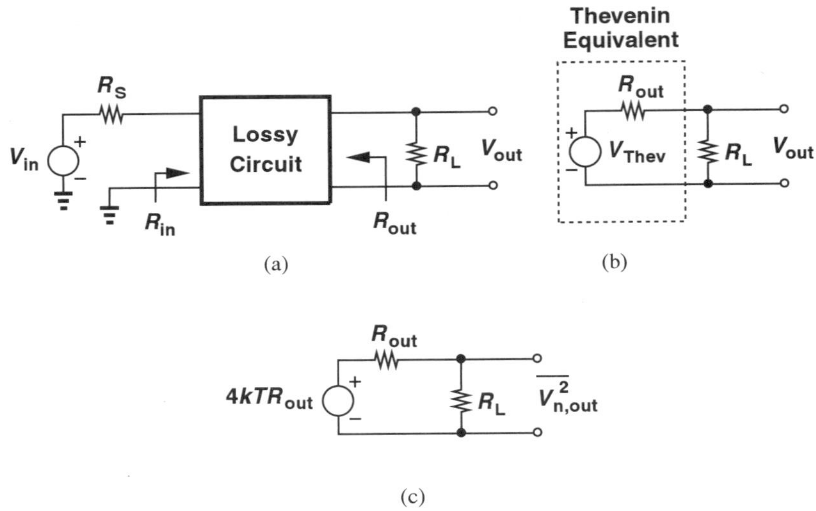


**그림 2.54** *(a) 손실이 있는 수동 네트워크, (b) 테브닌 등가 회로, (c) 단순화된 그림*

손실 회로만의 잡음지수를 결정할 수 있도록 $R_L$이 잡음이 없다라고 가정한 것을 유의하자 $V_{in}$에서 $V_{out}$까지의 총 전압 이득은 $V_{in}$에 응답하여 회로가 $V_{out} = V_{Thev}R_L/(R_L + R_{out})$의 입력 전압을 만드는 것부터 구할 수 있다[그림 2.54(b)].

$$A_0 = \frac{V_{Thev}}{V_{in}}\frac{R_L}{R_L + R_{out}}. \tag{2.140}$$

여기서, $NF$는 식 (2.139)을 (2.140)의 제곱으로 나누고 $4kTRs$로 정규화함으로써 구할 수 있다.

$$NF = 4kTR_{out}\frac{V_{in}^2}{V_{Thev}^2}\frac{1}{4kTR_S} \tag{2.141}$$

$$= L. \tag{2.142}$$

**예제 2.24** RF Microelecronics

그림 2.55는 수신기는 간섭원들(interferers)로부터 LNA가 둔감(desensitize)하게 되는 것을 줄이기 위해 대역 통과 필터(BPF)를 LNA 앞에 배치한다. 필터는 손실이 $L$이고, LNA의 잡음지수는 $NF_{LNA}$일 때 총 잡음지수를 계산하라.

**그림 2.55** *BPF와 LNA의 종속 연결*

**예제 2.24** (*계속*) RF Microelecronics

**풀이:**

$NF_{filt}$는 필터의 잡음지수를 나타낸다. 프리스 방정식으로부터 다음과 같이 계산할 수 있다.

$$NF_{tot} = NF_{filt} + \frac{NF_{LNA} - 1}{L^{-1}} \tag{2.143}$$

$$= L + (NF_{LNA} - 1)L \tag{2.144}$$

$$= L \cdot NF_{LNA}, \tag{2.145}$$

여기서 $NF_{LNA}$은 필터의 출력저항에 따라 계산된다. 예를 들어, $L$ = 1.5 dB이고 $NF_{LNA}$ = 2 dB이면 $NF$ = 3.5 dB이다.

## 2.4 감도와 동적 범위 Sensitivity and Dynamic Range

RF 수신기의 성능은 많은 파라미터들로 구현된다. 먼저 감도와 동적 범위(Sensititivy, dynamic range)라 불리는 두 가지 개념을 연구하고, 3장에서 다른 것들을 다룬다.

### 2.4.1 감도 Sensitivity

감도는 수신기가 '허용 가능한 품질(acceptable quality)'로 감지할 수 있는 최소 신호 레벨로 정의된다. 과도한 잡음과 함께 감지된 신호는 알 수 없고 적은 정보를 전달하게 된다. 시스템이 허용 할 수 있는 손상(예: 비트 오류율)이나 변조의 종류에 따라 달라지는 신호 대 잡음 비율(SNR)로 허용 가능한 품질로서 정의한다. 전형적으로 요구하는 SNR 수준은 6에서 25 dB의 범위이다(3장).

감도를 계산하기 위해, 다음과 같이 쓴다.

$$NF = \frac{SNR_{in}}{SNR_{out}} \tag{2.146}$$

$$= \frac{P_{sig}/P_{RS}}{SNR_{out}}, \tag{2.147}$$

$P_{sig}$는 입력 신호 전력을 $P_{RS}$은 소스 저항 잡음 전력을 나타내고 모두 단위당 대역폭을 나타낸다. 여기서 $V^2$/Hz 또는 W/Hz 중 어떤 단위로 이 양을 표현할까? 수신기의 입력 임피던스는 일반적으로 안테나(4장)의 임피던스와 일치하고 있으므로, 안테나는 실제로 수신기에 신호 전력과 잡음 전력을 공급한다. 그 이유로 W/Hz(또는 dBm/Hz)로 수량을 표현하는 것이 일반적이다. 다음으로

$$P_{sig} = P_{RS} \cdot NF \cdot SNR_{out}. \qquad (2.148)$$

전체 신호 전력이 일정한 대역폭($B$)에 걸쳐 분산되어 있기 때문에 총 평균 제곱 전력의 의미 얻기 위해 식 (2.148)의 양쪽 변을 대역폭으로 통합해야 한다. 신호와 잡음이 평탄한 스펙트럼을 가지고 있다고 가정하면

$$P_{sig,tot} = P_{RS} \cdot NF \cdot SNR_{out} \cdot B. \qquad (2.149)$$

이다.

식 (2.149)은 출력 $SNR$을 얻기 위한 최소의 입력 신호로 감도를 표현하고 있다. 조금 표기를 변경하여 dB 또는 dBm의 양을 나타내면 다음식이 된다.[22]

$$P_{sen}|_{dBm} = P_{RS}|_{dBm/Hz} + NF|_{dB} + SNR_{min}|_{dB} + 10\log B, \qquad (2.150)$$

여기서, $P_{sen}$은 감도(sensitivity)이고 $B$는 Hz로 표현되었다. 식 (2.150)은 시스템의 이득에 직접적으로 의존하지 않는 점에 유의하자. 수신기가 안테나와 매칭되었을 경우 식 (2.91) $P_{RS} = kT = -174$ dBm/Hz이며,

$$P_{sen} = -174\,\text{dBm/Hz} + NF + 10\log B + SNR_{min}. \qquad (2.151)$$

처음 세 항의 합은 시스템의 전체 통합 잡음으로 때로는 '잡음 바닥(noise floor)'이라고도 한다.

**예제 2.25** RF Microelecronics

GSM 수신기가 최소 $SNR$로 12 dB를 요구하고, 200 kHz의 채널 대역폭을 가지고 있다. 반면, 무선랜(wireless LAN) 수신기는 최소 $SNR$로 23 dB를 요구하고 20 MHz 채널 대역폭을 가지고 있다. 7 dB의 $NF$를 가지는 경우, 이 두 시스템의 감도를 비교하라.

**풀이:**

M 방식의 수신기의 경우 $P_{sen} = -102$ dBm이고 반면에 무선 랜 시스템의 경우에는 $P_{sen} = -71$ dBm을 갖는다. 이는 후자가 열등한 시스템인 것을 의미하는 것인가? 아니다, 후자는 54 Mb/s의 데이터 속도(data rate)를 가지기 위해서 훨씬 넓은 대역폭과 좀 더 효율적인 변조 방식을 가지고 있다. 반면에 GSM 시스템은 270 kb/s의 데이터 속도를 처리한다. 다시 말해 데이터 속도의 고려 없이 수신기의 감도를 정하는 것은 의미가 없다.

22. dB와 dBm으로 변환할 때 전력량이므로 10 log를 사용한다.

## 2.4.2 동적 범위 Dynamic Range, DR

동적 범위(DR)는 수신기가 '허용'할 수 있는 최대 입력 레벨을 그것이 감지할 수 있는 최소 입력 레벨(감도)의 비로 정의되어 있다. 이 정의는 응용에 따라 달라진다. 예를 들어 아날로그-디지털 컨버터(analog-to-digital converter) 같은 아날로그 회로에서는 동적 범위는 '최대 눈금(full-scale)' 입력 레벨과 $SNR = 1$인 입력 레벨의 비를 나타낸다. 여기서 최대 눈금은 포화가 발생하는 입력 레벨로 회로에서 쉽게 찾을 수 있다.

반대로, RF 설계에 있어 이러한 상황은 더 복잡하다. 간단한 공통 소스단을 고려해 보자. 이 회로의 입력 최대 눈금을 어떻게 정의하나? 회로를 매우 비선형화하는 매우 큰 입력 레벨이 있을까? 이런 레벨로 1-dB 압축점(1-dB compression point)을 들 수 있다. 그러나 어떤 회로에 두 간섭이 입력되어 상호변조가 일어나면 어떻게 될까?

RF 설계에서는 DR의 두 가지 정의가 있다. 먼저 단순히 동적 범위는 최대 허용하는 *원하는* 신호 전력에 최소의 원하는 신호 전력(감도)로 나누는 것을 가리킨다. 그림 2.56(a)에 나타낸 것처럼, DR은 상단 끝의 압축(compression)과 하단 끝의 잡음에 의해 제한된다. 예를 들어 휴대폰이 기지국에 가까워지면 아주 큰 신호를 받게 되고 허용치 안의 왜곡에서 이것을 처리해야 한다. 사실, 휴대 전화는 신호 세기를 측정하여 압축을 피하기 위해 수신기의 이득을 조정한다. 상단부가 비교적 쉽게 증가할 수 있으므로 간섭을 제외하면 '압축 기반(compression-based)' DR은 100 dB를 초과할 수가 있다.

'스퓨리어스가 없는 동적 범위(spurious-free dynamic range, SFDR)'라는 두 번째 유형은 잡음과 간섭 모두에서 생기는 한계를 나타낸다. 하단은 여전히 감도와 동등하지만, 상단은 *투톤(two-tone)* 테스트의 최대 입력 레벨로, *투톤*에 의해 발생하는 3차 IM 성분은 수신기의 잡음 바닥을 초과하지 않아야 한다. 그림 2.56(b)에서 보이는 것처럼 투(변조 또는 비 변조)톤은 동일한 진폭을 가지고 적용되며 IM성분이 잡음 바닥에 도달할 때까지 자신의 레벨이

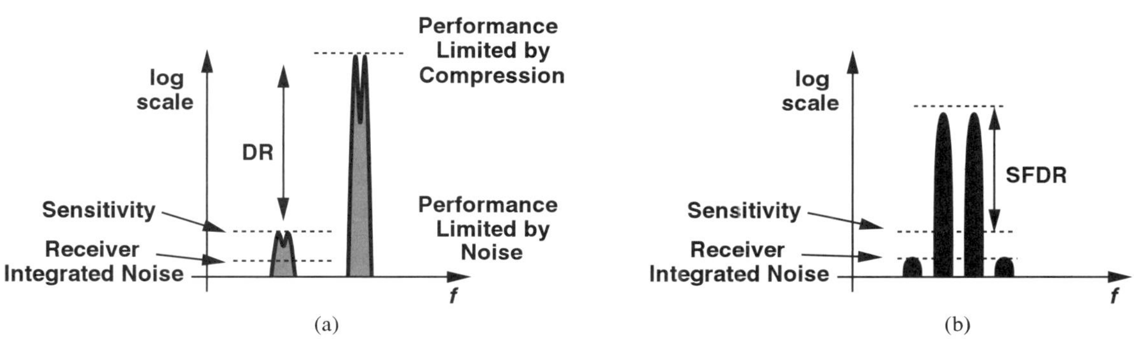


**그림 2.56** *(a) DR과 (b) SFDR의 정의*

상승된다.[23] 각 톤의 전력과 감도의 비가 SFDR가 된다. SFDR은 작은 입력 레벨에서 허용되는 신호 품질을 얻으면서 수신기가 허용 할 수 있는 간섭의 최대 상대적인 수준을 나타낸다.

그림 2.56(b)의 다양한 레벨들은 회로의 입력과 출력 중 어디에서 측정해야 할까? IM 구성 요소는 출력에서만 표시되고 있으므로, 출력단은 이러한 측정을 위해 더 자연스러운 후보가 된다. 이 경우 감도(일반적으로 입력측)는 회로의 이득으로 변환되므로 출력측(output-refered)이 된다. 혹은 출력 IM의 크기를 이득으로 나눌 수 있다. SFDR 계산에서는 후자의 접근 방식에 따른다.

SFDR의 상단을 결정하기 위해, 식 (2.56)을 다시 쓰면

$$P_{IIP3} = P_{in} + \frac{P_{out} - P_{IM,out}}{2}, \tag{2.152}$$

이 된다. 더 간결하게하기 위해, 실제 전력은 입력 포트 또는 출력 포트로 전송되지 않음에도 불구하고 $20 \log A_x$를 $P_x$로 쓴다. $P_{IM,out}$은 출력의 IM 성분의 레벨을 나타낸다. 회로는 G의 이득(dB)을 가진다고 하면, 입력에서 IM의 레벨은 $P_{IM,in} = P_{IM,out} - G$이다. 마찬가지로 각 톤의 입력 레벨은 $P_{in} = P_{out} - G$이다. 따라서 식 (2.152)를 다음과 같이 줄일 수 있다.

$$P_{IIP3} = P_{in} + \frac{P_{in} - P_{IM,in}}{2} \tag{2.153}$$

$$= \frac{3P_{in} - P_{IM,in}}{2}, \tag{2.154}$$

따라서

$$P_{in} = \frac{2P_{IIP3} + P_{IM,in}}{3}. \tag{2.155}$$

이다. SFDR의 상단은 $P_{IM,in}$이 수신기의 통합 잡음과 같아지게 되는 $P_{in}$의 값이다.

$$P_{in,max} = \frac{2P_{IIP3} + (-174\,\text{dBm} + NF + 10 \log B)}{3}. \tag{2.156}$$

SFDR은 $P_{in,max}$와 감도의 차이(dB)이다.

$$SFDR = P_{in,max} - (-174\,\text{dBm} + NF + 10 \log B + SNR_{min}) \tag{2.157}$$

$$= \frac{2(P_{IIP3} + 174\,\text{dBm} - NF - 10 \log B)}{3} - SNR_{min}. \tag{2.158}$$

예를 들어, $NF$ = 7 dB, $P_{IIP3}$ = −15 dBm의 $SNR_{min}$ = 12 dB인 GSM 수신기는 54 dB의 SFDR을 가진다. 간섭이 없는 상태에서 동적 범위보다 실질적으로 낮은 값의 SFDR을 갖는다.

---

23. 통합 잡음은 하나의 값(예를 들어 100 $\mu V_{rms}$)이고, *밀도*(*density*)는 아니다.

**예제 2.26** RF Microelecronics

동적 범위의 상단은 두 간섭원의 상호변조 또는 하나의 간섭원에 의한 둔감화에 의해 제한된다. 이 두 경우를 비교하고 무엇이 결정적 인지 판단하라.

**풀이:**

1-dB 압축 포인트와 식 (2.156)의 상단을 비교해야 한다.

$$P_{1-dB} \overset{?}{\gtrless} P_{in,max}. \tag{2.159}$$

$P_{1\text{-}dB} = P_{IIP3} - 9.6$ dB이므로

$$P_{IIP3} - 9.6\,\text{dB} \overset{?}{\gtrless} \frac{2P_{IIP3} + (-174\,\text{dBm} + NF + 10\log B)}{3} \tag{2.160}$$

이다. 따라서

$$P_{IIP3} - 28.8\,\text{dB} \overset{?}{\gtrless} -174\,\text{dBm} + NF + 10\log B. \tag{2.161}$$

이다. 식의 오른쪽은 수신기 잡음바닥을 나타내기 때문에, 그것이 왼쪽보다 훨씬 낮을 것이라 예상할 것이다. 사실, $B$ = 1 GHz 및 $NF$ = 10 dB로 매우 광대역 채널일 때 우변은 −74 dBm이고 왼쪽의 $P_{IIP3}$은 전형적으로 −10 dBm에서 −25 dBm이므로 여전히 높은 수치이다. 따라서 다음과 같이 생각하는 것이 타당하다.

$$P_{1-dB} > P_{in,max}. \tag{2.162}$$

투톤 테스트에서 최대 허용 수준은 압축 테스트에 비해 매우 낮게 된다. 즉, 두 개의 간섭 사이의 상호 변조에 의한 손상은 하나의 간섭에 의한 압축보다 훨씬 크다. 따라서 SFDR은 압축 기반(compression-based)의 동적 범위 보다 엄격한 시스템 특성을 나타낸다.

## 2.5 수동 임피던스 변환 Passive Impedance Transformation

무선 주파수에서 임피던스를 변환(높은 임피던스에서 낮은 임피던스 또는 복소수에서 실수로, 반대의 경우도 마찬가지)하기 위해서 수동 네트워크를 사용한다. 매칭 네트워크(matching network)는 그것들의 구성 요소들, 특히 인덕터가 실리콘 칩에 내장 될 경우 손실을 겪기 때문에 쉽게 사용하지 못한다. (많은 RF 설계 블록에서 온칩 인덕터를 사용한다.) 그럼에도 불구하고 기본적인 임피던스 변환의 이해는 필수적이다.

## 2.5.1 양호도 Quality Factor

가장 간단한 형식으로는 양호도 $Q$는 얼마나 이상적으로 에너지를 저장하는 장치인가라는 것이다. 이상적인 커패시터는 무한한 $Q$를 가지고 있고 에너지를 소비하지 않는다. 그러나 그림 2.57(a)의 직렬 저항 $R_S$는 $Q$를 감소시킨다.

$$Q_S = \frac{\frac{1}{C\omega}}{R_S}, \tag{2.163}$$

분자는 '원하는(desired)' 구성 요소와 분모 '원하지 않는(undesired)' 요소를 나타낸다. 커패시터의 저항 손실은 병렬 저항에 의해 모델링 된 경우[그림 2.57(b)]. $Q$는 다음과 같이 정의해야 한다.

$$Q_P = \frac{R_P}{\frac{1}{C\omega}}, \tag{2.164}$$

왜냐하면 $R_P = \infty$일 경우에만 이상적(무한의 $Q$)결과가 나오기 때문이다. 그림 2.57(c)와 2.57(d)에서 같은 개념으로 인덕터에 적용될 때

$$Q_S = \frac{L\omega}{R_S} \tag{2.165}$$

$$Q_P = \frac{R_P}{L\omega}. \tag{2.166}$$

이 된다. 병렬 저항은 물리적인 의미가 없는 것처럼 보이지만, $R_P$에 의해 손실을 모델링하는 것은 증폭기 및 발진기 (5장과 8장) 등 많은 회로에서 유용하다. 또한 8장에서는 $Q$의 다른 정의를 소개할 것이다.

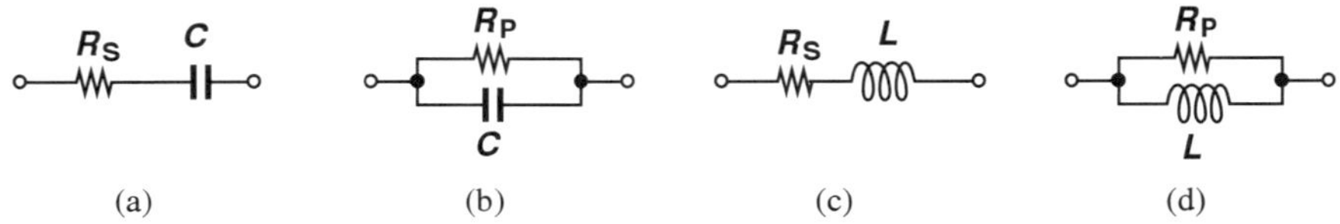


**그림 2.57** *(a) 직렬 RC 회로와 (b) 등가 병렬 회로, (c) 직렬 RL 회로와 (d) 등가 병렬 회로*

## 2.5.2 직렬-병렬 변환 Series-to-Parallel Conversion

변환 기술을 공부하기 전에, 그림 2.58의 직렬 $RC$와 병렬 RC 구조를 생각해 보자. 2개의 네트워크를 동일하게 만드는 값들은 무엇일까?

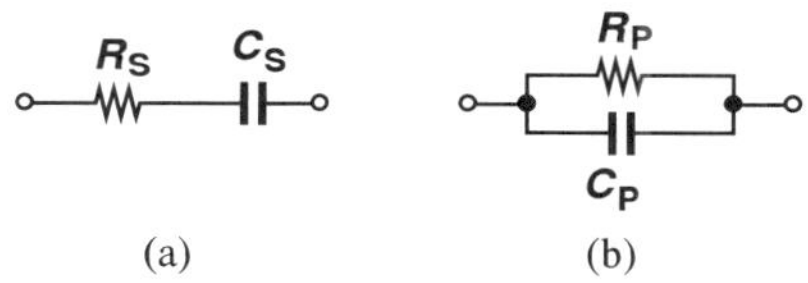


**그림 2.58** *직렬-병렬 변환*

두 RC회로의 임피던스를 같게 하면 다음과 같다.

$$\frac{R_S C_S s + 1}{C_S s} = \frac{R_P}{R_P C_P s + 1}, \tag{2.167}$$

그리고 $s$에 $j\omega$를 대입하면

$$R_P C_S j\omega = 1 - R_P C_P R_S C_S \omega^2 + (R_P C_P + R_S C_S) j\omega, \tag{2.168}$$

이고, 따라서

$$R_P C_P R_S C_S \omega^2 = 1 \tag{2.169}$$

$$R_P C_P + R_S C_S - R_P C_S = 0. \tag{2.170}$$

이다. 식 (2.169)은 $Q_S = Q_P$를 의미한다.

물론 두 임피던스는 모든 주파수에서 동일할 수는 없다. 직렬 구조는 낮은 주파수에서 개방 회로(open circuit)에 가깝지만 병렬 구조는 그렇지 않다. 그럼에도 좁은 주파수 범위에서 근사적으로 등가시킬 수 있다. 식 (2.170)의 $R_P C_P$을 (2.169)에 대입하면 식 (2.171)을 얻을 수 있다.

$$R_P = \frac{1}{R_S C_S^2 \omega^2} + R_S. \tag{2.171}$$

식 (2.163)에서 $Q_S$의 정의를 이용하면

$$R_P = (Q_S^2 + 1) R_S. \tag{2.172}$$

이고, 이를 식 (2.169)에 대입하면

$$C_P = \frac{Q_S^2}{Q_S^2 + 1} C_S. \tag{2.173}$$

이다. $Q_S^2 >> 1$(유한한 주파수 범위에서 유효하다)인 경우에

$$R_P \approx Q_S^2 R_S \tag{2.174}$$

$$C_P \approx C_S. \tag{2.175}$$

이다. 즉, 직렬-병렬 변환은 커패시터의 값은 유지하지만 $Q_S^2$의 계수만큼 저항을 증가시키게 된다. 일반적으로 양호도(Quality factor)는 4를 초과하기 때문에, $R_P$ 및 $C_P$에 대한 이러한 근사는 상대적으로 정확하다. 반대로 병렬에서 직렬의 변화는 $Q_P^2$의 계수만큼 저항을 감소시키게 된다. 이 현상은 $RL$ 구조 일 때도 마찬가지로 적용된다.

### 2.5.3 기본적인 매칭 네트워크 Basic Matching Networks

일반적으로 RF 송신기 설계에서는 부하 저항을 낮은 값으로 변환해야 한다. 이는 그림 2.59 (a)의 회로에서 이것을 수행한다. 위에서 언급한 한 바와 같이 $R_L$과 병렬로 연결된 커패시터는 저항이 낮은 직렬 성분[그림 2.59(b)]으로 변환된다. 인덕턴스는 등가 직렬 커패시턴스를 제거하기 위하여 삽입된다.

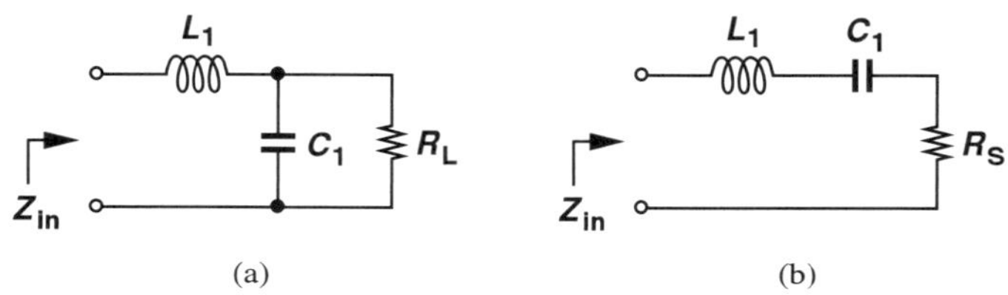


**그림 2.59** *(a) 매칭 회로, (b) 등가 회로*

그림 2.59(a)에서 $Z_{in}$을 구하고 $s$에 $j\omega$를 대입하면

$$Z_{in}(j\omega) = \frac{R_L(1 - L_1C_1\omega^2) + jL_1\omega}{1 + jR_LC_1\omega}. \tag{2.176}$$

이다. 따라서

$$Re\{Z_{in}\} = \frac{R_L}{1 + R_L^2C_1^2\omega^2} \tag{2.177}$$

$$= \frac{R_L}{1 + Q_P^2}, \tag{2.178}$$

이다. $R_L$은 $1 + Q_P^2$의 계수로 작아짐을 알 수 있다. 또한 허수 부분을 0으로 설정하면

$$L_1 = \frac{R_L^2C_1}{1 + R_L^2C_1^2\omega^2} \tag{2.179}$$

$$= \frac{R_L^2C_1}{1 + Q_P^2}. \tag{2.180}$$

이다. 만약 $Q_P^2 >> 1$이라면 다음과 같이 된다.

$$Re\{Z_{in}\} \approx \frac{1}{R_L C_1^2 \omega^2} \tag{2.181}$$

$$L_1 = \frac{1}{C_1 \omega^2}. \tag{2.182}$$

다음 예제에서는 구성 요소의 값을 선택하는 방법을 보여준다.

**예제 2.27** RF Microelecronics

그림 2.59(a)의 5 GHz 대역의 중심 주파수에서 $R_L$ = 50 Ω에서 $R_L$ = 25 Ω로 변환하기 위한 매칭 네트워크를 설계하라.

**풀이:**

$Q_P^2$ >> 1로 가정하면 식 (2.181)과 (2.182)에 의해서 $C_1$ = 0.90 pF, $L_1$ = 1.13 nH이다. 그러나 불행하게도 $Q_P$ = 1.41이므로 식 (2.178)과 (2.180)을 사용하면 $C_1$ = 0.637 pF와 $L_1$ = 0.796 nH이 된다.

높은 값의 저항으로 변환하기 위한 커패시턴스 네트워크는 그림 2.60(a)를 사용할 수 있다. 이전에 유도한 직렬-병렬 변환 결과를 여기에 활용해 보자. $Q^2$ >> 1이면 $C_1$과 $R_L$ 병렬 조합은 그림 2.60(b)의 직렬 네트워크로 변환된다. 여기서 $R_S \approx [R_L(C_1\omega)^2]^{-1}$, $C_S \approx C_1$이다. $C_1$와 $C_2$를 하나의 등가 커패시터 $C_{eq}$로 볼 때 직렬-병렬 변환[그림 2.60(c)]은 다음과 같다.

$$R_{tot} = \frac{1}{R_S(C_{eq}\omega)^2} \tag{2.183}$$

$$= \left(1 + \frac{C_1}{C_2}\right)^2 R_L. \tag{2.184}$$

즉, 이 네트워크는 $R_L$의 값을 $(1 + C_1 / C_2)^2$의 계수로 배가(boost)시킨다. 또한

$$C_{eq} = \frac{C_1 C_2}{C_1 + C_2}. \tag{2.185}$$

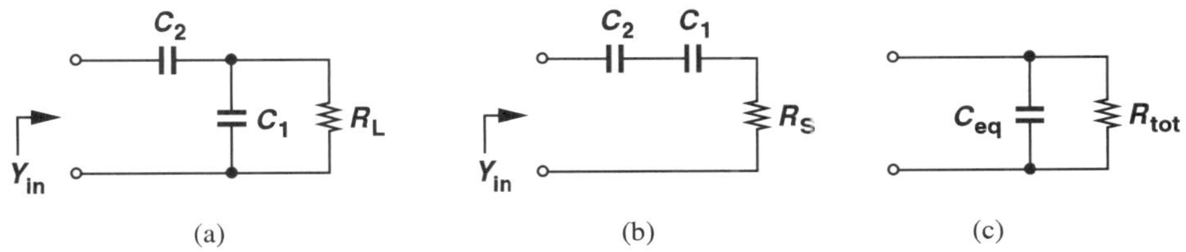


**그림 2.60** *(a) 커패시티브 매칭 회로, (b) 단순화된 병렬-직렬 변환 회로, (c) 단순화된 직렬-병렬 변환 회로*

이다. 커패시턴스 성분은 입력에서 *병렬*로 인덕터를 배치하여 제거해야 한다는 것을 주의하자.

낮은 $Q$에서 위의 유도 방법으로는 큰 오차가 발생한다. 그래서 입력 어드미턴스($1/Y_{in}$)을 계산하고 $s$에 $j\omega$를 대입하면

$$Y_{in} = \frac{j\omega C_2(1 + j\omega R_L C_1)}{1 + R_L(C_1 + C_2)j\omega}. \tag{2.186}$$

이 되고, $Y_{in}$의 실수 부분은 접지(ground)에서 바라보는 등가 저항이 되어 다음과 같이 쓸 수 있다.

$$R_{tot} = \frac{1}{Re\{Y_{in}\}} \tag{2.187}$$

$$= \frac{1}{R_L C_2^2 \omega^2} + R_L\left(1 + \frac{C_1}{C_2}\right)^2. \tag{2.188}$$

식 (2.184)과 비교했을 때 이 결과는 $(R_L C_2^2 \omega^2)^{-1}$를 추가적으로 포함하고 있다.

**예제 2.28** RF Microelecronics

그림 2.61(a)의 회로에서 $R_L$은 어떻게 변환되는가?

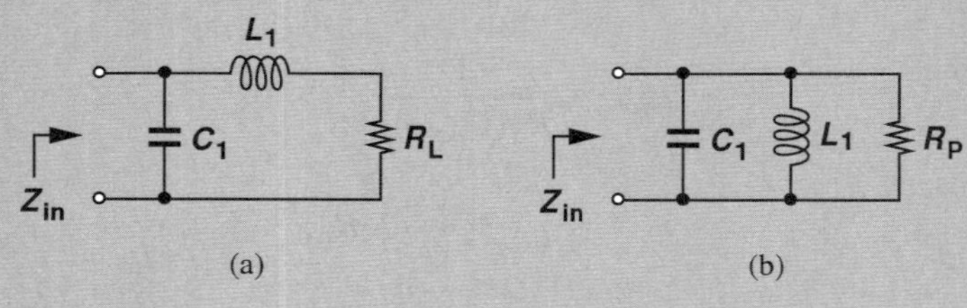


**그림 2.61** *(a) 매칭 네트워크, (b) 단순화된 회로*

**풀이:**

병렬 구조의 $L_1$-$R_L$ 변환은 높은 저항을 생성함을 가정한다. 만약 $Q_S^2 = (L_1\omega/R_L)^2 >> 1$이면 등가 병렬 저항은 식 (2.174)으로부터 얻을 수 있다.

$$R_P = Q_S^2 R_L \tag{2.189}$$

$$= \frac{L_1^2\omega^2}{R_L}. \tag{2.190}$$

병렬 등가 인덕턴스는 $L_1$과 거의 동일하고 $C_1$에 의해 상쇄된다[그림 2.61(b)].

매칭 네트워크에 대한 분석으로부터 그림 2.62의 4개의 $L$자형($L$-section) 구조[24]를 직관적으로 얻을 수 있다. 그림 2.62(a)에서 $C_1$은 $R_L$을 작은 직렬 저항값으로 변환하고 $L_1$은 $C_1$을 제거한다. 유사하게 그림 2.62(b)는 $L_1$이 $R_L$을 작은 직렬 저항값으로 변환하고 $C_1$과 $L_1$은 공진하게 된다. 그림 2.62(c)에서는 $L_1$은 $R_L$을 큰 병렬 저항값으로 변환하고 $C_1$은 병렬 인덕턴스를 제거한다. 유사한 결과가 그림 2.62(d)에서도 적용된다.

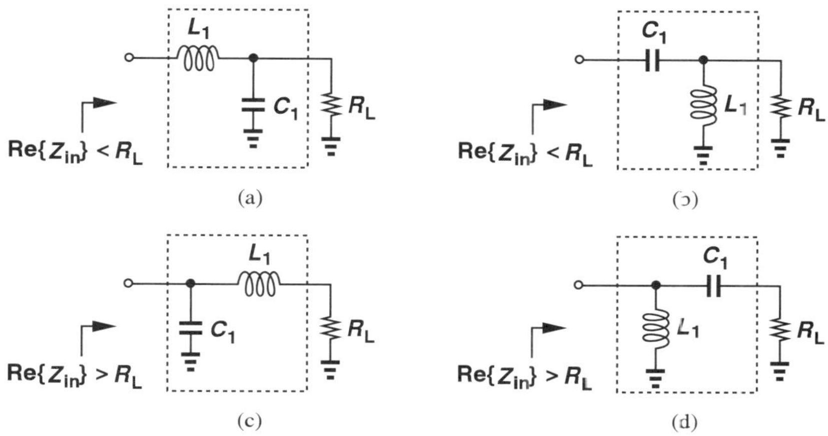


**그림 2.62** *4가지 L구조의 매칭*

이러한 네트워크는 전압과 전류를 어떻게 변환시킬까? 예를 들어, 그림 2.62(a)의 회로를 검토해보자. $V_{in}$의 rms 값을 가지는 정현파 입력 전압을 가질 때 입력포트에 전달되는 전력은 $V_{in}^2/Re\{Z_{in}\}$이고 부하에 전달되는 전력은 $V_{out}^2/R_L$이다. 만약 커패시터 및 인덕터가 이상적이라면 이 두 전력은 같아야 하고, 결과는 다음과 같다.

$$\frac{V_{out}}{V_{in}} = \sqrt{\frac{R_L}{Re\{Z_{in}\}}}. \tag{2.191}$$

물론, 이 결과는 입력 임피던스가 영의 허수를 가지는 어떠한 무손실의 매칭 회로에도 적용된다. $P_{in} = V_{in}I_{in}$와 $P_{out} = V_{out}I_{out}$이므로 다음의 결과를 얻는다.

$$\frac{I_{out}}{I_{in}} = \sqrt{\frac{Re\{Z_{in}\}}{R_L}}. \tag{2.192}$$

예를 들어, $R_L$을 낮은 값으로 변환하는 네트워크는 전압을 증폭하고 위의 계수만큼 전류를 *감쇄*시킨다.

---

24. 용어 "$L$"은 커패시터와 인덕터가 회로에서 $L$자를 형성하기 때문에 사용한다.

## 예제 2.29



그림 2.62(a)와 (c)의 $L$-자형 네트워크를 잘 살펴보면 서로 입력과 출력 포트를 바꾸면 서로 다른 하나의 네트워크가 된다. 이를 일반화 할 수 있는가?

**풀이:**
그렇다, 그림 2.63(a)과 같은 구성을 고려해 보자. 이 수동 네트워크는 $R_L$을 $\alpha$배 변환한다. 입력 포트의 허수 성분이 없다고 가정하면 부하에 공급되는 전력은 네트워크에 공급되는 전력과 같다:

$$\left(V_{in}\frac{\alpha R_L}{\alpha R_L + R_S}\right)^2 \cdot \frac{1}{\alpha R_L} = \frac{V_{out}^2}{R_L}. \tag{2.193}$$

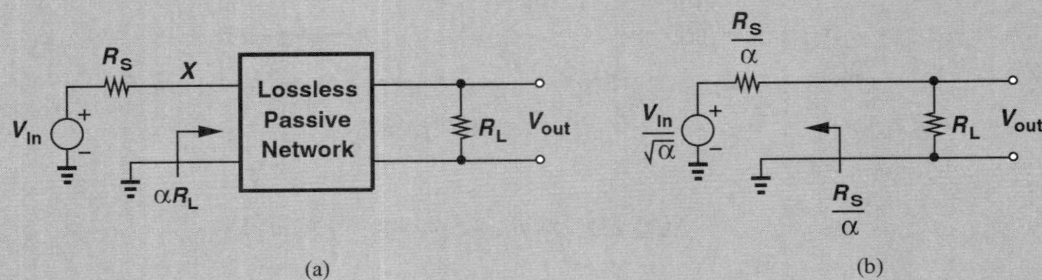


**그림 2.63** *무손실 수동 네트워크의 (a) 입력임피던스와 (b) 출력 임피던스*

따라서 다음과 같다.

$$V_{out} = \frac{V_{in}}{\sqrt{\alpha}} \cdot \frac{R_L}{R_L + \dfrac{R_S}{\alpha}}, \tag{2.194}$$

위는 그림 2.63(b)은 테브난 등가 회로를 가리킨다. 식 (2.191)과 비슷하게 네트워크가 $R_S$가 $1/\alpha$배로 변환하고 입력 전압도 $1/\sqrt{\alpha}$배로 변환한다는 것을 알 수 있다. 즉 이러한 네트워크의 입력 및 출력 포트를 교체를 통하여 저항 변환 비율은 간단하게 반전된다.

트랜스포머(transformer) 또한 임피던스를 변환 할 수 있다. $n$의 턴수비(turns ratio)를 갖는 이상적인 트랜스포머는 입력 전압을 n배로 '증폭'한다(그림 2.64). 전력은 손실되지 않기 때문에 $V_{in}^2/R_{in} = n^2V_{in}^2/R_L$이므로 $R_{in} = R_L/n^2$이 된다. 실제 트랜스포머의 동작, 특히 제작은 7장에서 검토한다.

여기서 검토된 네트워크의 변환 비율 $1 + Q^2$는 주파수에 따라 변화하기 때문에 좁은 대

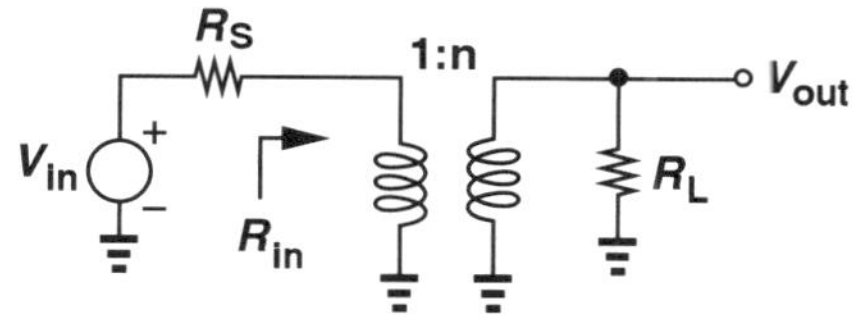


그림 2.64 *물리적 트랜스포머에 의한 임피던스 변환*

역폭에서만 작동하고, 커패시턴스와 인덕턴스는 좁은 주파수 범위에서 거의 공진한다. 광대역 매칭 네트워크를 만들 수 있지만, 이것은 일반적으로 높은 손실을 가진다.

### 2.5.4 매칭 네트워크에서의 손실 Loss in Matching Networks

지금까지 공부한 매칭 네트워크의 구성요소(특히, 인덕터)의 손실을 무시했다. 여기에서 몇 가지 손실에 대한 영향을 분석한다. 그러나 일반적으로 시뮬레이션에서는 더 복잡한 손실 네트워크를 고려할 필요가 있다.

그림 2.62(a)의 매칭 네트워크에서 그림 2.65와 같이 직렬 저항 $R_S$에 의해 모델링된 손실이 있는 $L_1$ 네트워크를 고려해보자. 입력에 공급된 전력에 $R_L$에 전달된 전력을 나눈 값으로 손실을 정의한다. 전자는 식 (2.195)와 같이 정의하며 후자는 식 (2.196)과 같이 정의한다.

$$P_{in} = \frac{V_{in}^2}{R_S + R_{in1}} \tag{2.195}$$

$$P_L = \left(V_{in}\frac{R_{in1}}{R_S + R_{in1}}\right)^2 \cdot \frac{1}{R_{in1}}, \tag{2.196}$$

이는 $R_{in1}$에 전달된 전력이 $R_L$에 의해 완전히 흡수되기 때문이다. 이로부터 다음의 식을 구할 수 있다.

$$\text{Loss} = \frac{P_{in}}{P_L} \tag{2.197}$$

$$= 1 + \frac{R_S}{R_{in1}}. \tag{2.198}$$

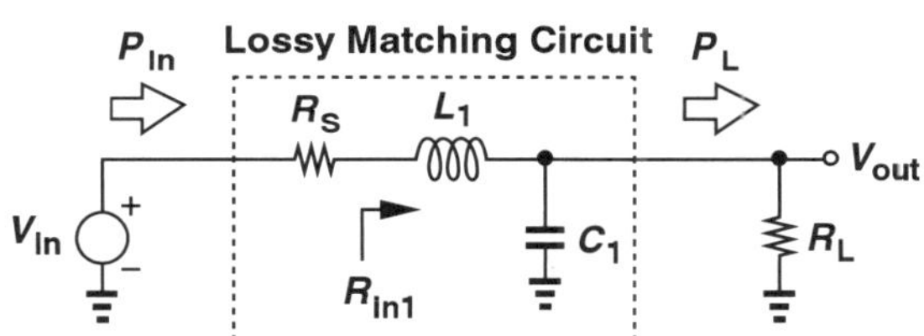


그림 2.65 *직렬 저항을 갖는 손실 매칭 네트워크*

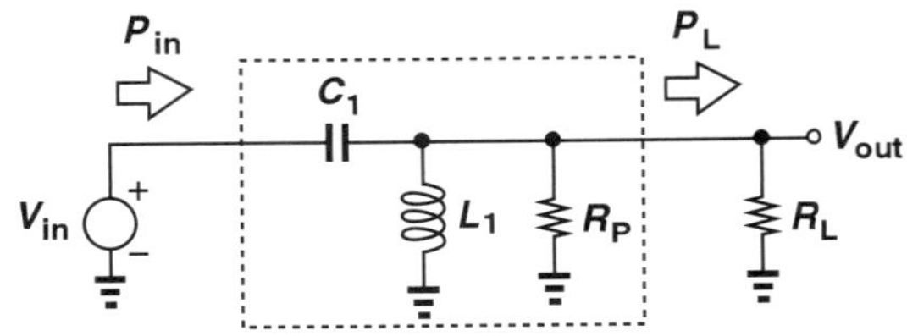


**그림 2.66** *병렬저항을 갖는 손실 매칭 네트워크*

예를 들어, $R_S = 0.1R_{in1}$이면 그 (전력)손실은 0.41 dB에 도달한다. 이 네트워크는 $R_L$을 보다 작은 값인 $R_{in1} = R_L/(1+Q_P^2)$으로 변환하며 비록 $R_S$이 작더라도 손실을 겪게 된다.

또 다른 예로, 그림 2.62(b)의 네트워크에서 병렬 저항($R_P$)으로 손실이 모델링된 $L_1$ 있는 그림 2.66의 네트워크에 대해 생각해보자. $V_{in}$에 의해 전달된 전력 $P_{in}$이 $R_P \| R_L$에 의해 완전히 흡수된다는 것을 알 수 있다.

$$P_{in} = \frac{V_{out}^2}{R_P || R_L} \tag{2.199}$$

$$= \frac{V_{out}^2}{R_L}\frac{R_P + R_L}{R_P}. \tag{2.200}$$

부하에 전달된 전력 $P_L$은 $V^2_{out}/R_L$이므로 손실은 다음과 같이 구할 수 있다.

$$\text{Loss} = 1 + \frac{R_L}{R_P}. \tag{2.201}$$

예를 들어 $R_P = 10R_L$이면 그 손실은 0.41 dB이다.

## 2.6 산란 계수 Scattering Parameter

마이크로파 이론에서는 대부분 전압이나 전류의 양을 다루기보다 전력을 고려한다. 이는 두 가지 이유가 있는데 첫 번째는 전통적인 마이크로파 설계는 한 단계에서 다음 단계로의 전력 전달을 기본으로 하기 때문이며 두 번째는 고주파에서의 전압과 전류 측정이 매우 어렵기 때문이다. 반면에, 평균 전력은 조금 더 측정하기 쉽다. 따라서 마이크로파 이론은 소자, 회로, 시스템은 전력 측정으로부터 얻는 파라미터로부터 모델링할 수 있다. 이것들을 '산란 계수(S-파라미터)'라고 한다.

S-파라미터를 공부하기에 앞서 이해하기 쉽도록 예를 설명해보자. 그림 2.67의 $L_1$–$C_1$ 직렬회로를 살펴보자. 정현파로 이루어진 전원 $V_{in}$이 인가되고 출력임피던스는 $R_S$로 연결되어 있다고 하자. 출력단에서 부하저항은 $R_L = R_S$이다. 입력 주파수가 $\omega = (\sqrt{L_1C_1})^{-1}$일 때, $L_1$과 $C_1$이 단락회로(short circuit)를 형성하고 이는 소스와 부하 사이에 켤레 매칭(conjugate

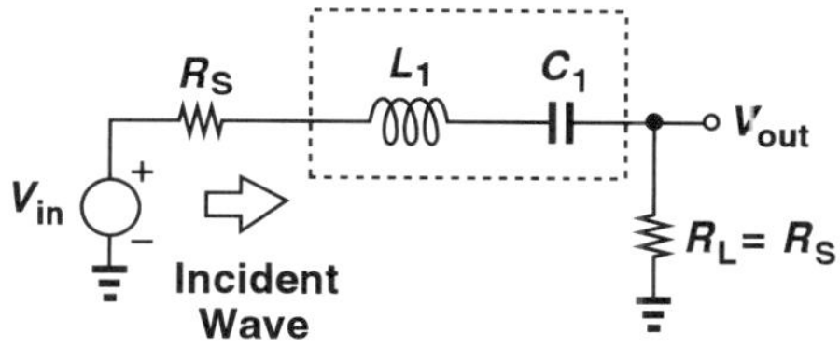


**그림 2.67** *네트워크에서의 입사파*

match)을 형성한다. 전송선(transmission line)에서와 유사하게 신호원에서 발생한 '입사파'는 $R_L$에서 흡수된다고 할 수 있다. 하지만 다른 주파수에서 $L_1$과 $C_1$는 $R_L$로 전달되는 전압을 감쇄시킨다. 유사하게 이 회로의 입력포트는 소스로 되돌아오는 '반사파(reflected wave)'를 발생시킨다고 할 수 있다. 즉, 입사 전력(매칭된 부하로 보내질 전력)과 반사 전력의 차이를 회로에서 전달되는 전력이라 할 수 있다.

위의 관점을 어떠한 2-port 네트워크로 일반화시킬 수 있다. 그림 2.68에서 보듯이 입력포트에서 입사파와 반사파를 $V_1^+$와 $V_1^-$로 표현할 수 있다. 마찬가지로 출력포트에서도 $V_2^+$와 $V_2^-$로 표현할 수 있다. 만약 회로의 입력 임피던스가 Rs와 같다면 $V_1^+$는 $V_{in}$에서 생성된 파라고 표현한다. 이런 경우가 아니라면 반사파인 $V_1^-$도 포함해야 한다. 따라서 실제 입력에서 측정된 실제 전압은 $V_1^+ + V_1^-$와 같다. 또한 $V_2^+$는 출력 포트로 진행된 입사파 또는 $R_L$로부터의 반사파를 나타낸다. 이 네 가지의 양은 네트워크의 S-파라미터를 통해 서로 관련되면 다음과 같이 정의할 수 있다.

$$V_1^- = S_{11}V_1^+ + S_{12}V_2^+ \quad (2.202)$$

$$V_2^- = S_{21}V_1^+ + S_{22}V_2^+. \quad (2.203)$$

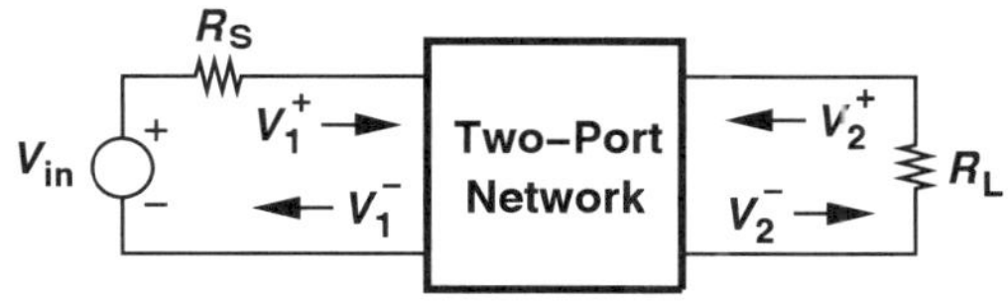


**그림 2.68** *입출력포트에서의 입사파와 반사파*

그림 2.69로부터 각 파라미터에 대해 직감적으로 이해할 수 있다.

1. $S_{11}$은 그림 2.69(a)로부터 식 (2.204)로 표현할 수 있다.

$$S_{11} = \frac{V_1^-}{V_1^+}\bigg|_{V_2^+ = 0}. \quad (2.204)$$

따라서 $S_{11}$은 $R_L$로부터의 반사(즉, $V_2^+$)가 0일 때, 입력 포트에서의 입사파와 반사파의

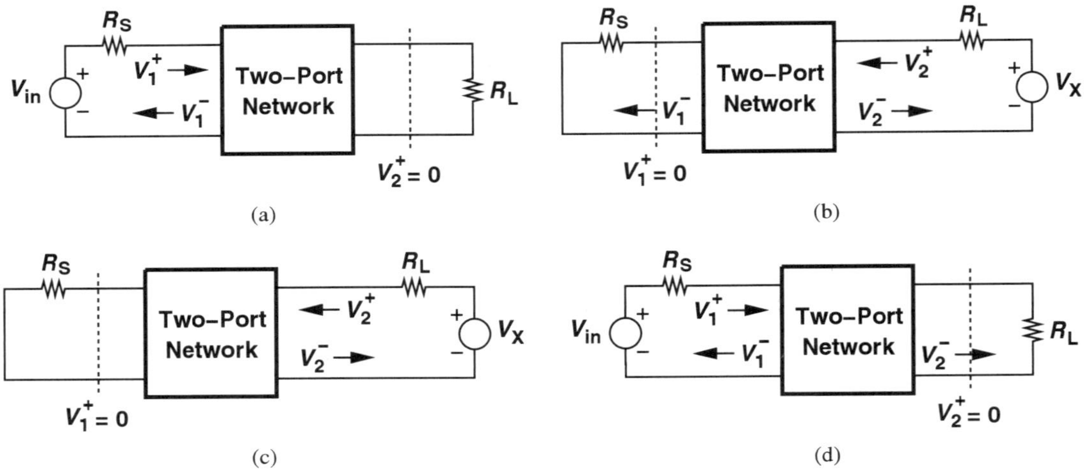


**그림 2.69** *4개의 S-파라미터*

비다. 이 파라미터는 입력 매칭(input matching)의 정도를 나타낸다.

2. $S_{12}$는 그림 2.69(b)로부터 식 (2.205)로 표현할 수 있다.

$$S_{12} = \frac{V_1^-}{V_2^+}|_{V_1^+ = 0}. \tag{2.205}$$

따라서 $S_{12}$는 입력 포트가 매칭되었을 때, 입력 포트의 반사파와 출력포트의 입사파의 비로 표현된다. 이 경우에 *출력* 포트가 신호원이 된다. 이 파라미터는 회로의 '역방향 차단특성(reverse isolation)'을 나타낸다. 이는 얼마나 출력 신호가 입력 네트워크에 영향을 주는가를 나타낸다.

3. $S_{22}$는 그림 2.69(c)로부터 식 (2.206)으로 표현할 수 있다.

$$S_{22} = \frac{V_2^-}{V_2^+}|_{V_1^+ = 0}. \tag{2.206}$$

따라서 $S_{22}$는 $R_S$로부터 반사(즉, $V_1^+$)가 0 일 때, 출력 포트에서 반사파와 입사파의 비로 나타낸다. 이 파라미터는 출력 매칭(output matching)의 정도를 나타낸다.

4. $S_{21}$은 그림 2.69(d)로부터 식 (2.207)로 표현할 수 있다.

$$S_{21} = \frac{V_2^-}{V_1^+}|_{V_2^+ = 0}. \tag{2.207}$$

따라서 $S_{21}$은 $R_L$로부터의 반사가 0일 때, 입사파와 부하로 흐르는 입사파의 비로 나타낸다. 이 파라미터는 이 회로의 이득을 의미한다.

여기서 몇 가지 주의해야 할 게 있다. 첫 번째는 S-파라미터는 일반적으로 주파수에 의존적인 복소수 값을 갖는다. 두 번째는 보통 S-파라미터를 아래와 같이 dB단위로 표현한다.

$$S_{mn}|_{dB} = 20\log|S_{mn}|. \tag{2.208}$$

세 번째는 식 (2.204)와 식 (2.207)에서의 $V_2^+ = 0$의 조건은 $R_L$로부터의 반사가 없음을 필요로 한다. 하지만 회로의 출력 포트가 $R_L$과 켤레 매칭을 이루어야만 한다는 것을 의미하는 것은 아니다. 이 조건은 특성 임피던스(characteristic impedance)가 $R_S$인 전송선로가 $R_L$로 출력 신호를 보낼 때 $R_L$에서 반사되는 파는 없다는 것을 의미한다. 비슷한 방법으로 식 (2.205)와 식 (2.206)에서 $V_1^+ = 0$ 조건이 적용되어야 한다. 입력에서의 $V_1^+ = 0$ 조건 또는 출력에서의 $V_2^+ = 0$ 조건은 고주파 측정을 가능하게 하지만, 현대 RF 설계에서는 문제를 발생한다. 2.3.5절과 그림 2.53에서의 직렬 종속연결단의 예제에도 설명하였듯이 현대 RF 설계에서는 일반적으로 각 단계마다 매칭시키려 노력하지 않는다. 따라서 첫 번째 단의 $S_{11}$이 출력에서 $R_L = R_S$로 하여 측정해야 한다면 이 값은 종속 연결단의 $S_{11}$으로 표현되지 않을 수 있다.

현대 RF 설계에서 $S_{11}$은 수신기의 입력 단에서 임피던스 매칭이 이뤄졌는지를 확인하는 가장 흔하게 이용되는 S-파라미터이다. $Z_{in}$인 입력 임피던스를 갖는 수신기 그림 2.70을 고려해보자. 입사파 $V_1^+$가 $V_{in}/2$($Z_{in}$이 $R_S$와 동일한 경우)로 주어진다. 또한 수신기 입력에서의 전체 전압은 $V_{in}Z_{in}/(Z_{in}+R_S)$과 같고, 이는 또한 $V_1^+ + V_1^- = 0$와 같다. 따라서

$$V_1^- = V_{in}\frac{Z_{in}}{Z_{in}+R_S} - \frac{V_{in}}{2} \tag{2.209}$$

$$= \frac{Z_{in}-R_S}{2(Z_{in}+R_S)}V_{in}. \tag{2.210}$$

이며, 다음 식으로 표현되며

$$\frac{V_1^-}{V_1^+} = \frac{Z_{in}-R_S}{Z_{in}+R_S}. \tag{2.211}$$

이는 '입력 반사 계수(Input Reflection Coefficient)'라 부르며 $\Gamma_{in}$이라 나타낸다. 또한 이 값은 식 (2.204)의 $V_2^+ = 0$ 조건을 제거한다면 $S_{11}$으로 간주될 수 있다.

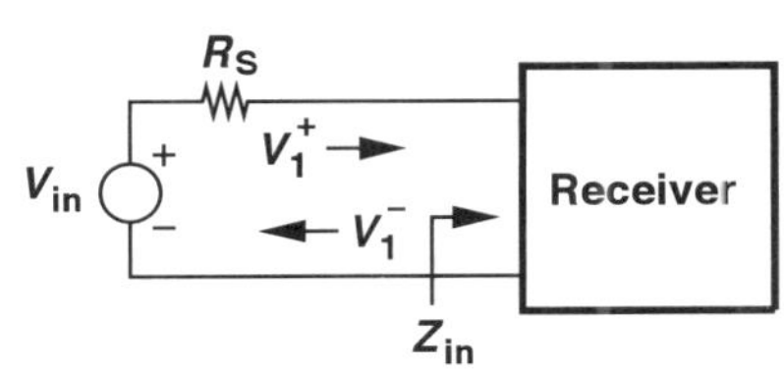


**그림 2.70** *입력파와 반사파를 갖는 수신기*

**예제 2.30** RF Microelecronics

그림 2.71(a)의 공통게이트(Common-Gate)단의 S파라미터를 결정하라. 채널 길이 변조와 기판 효과(body effect)를 무시하라.

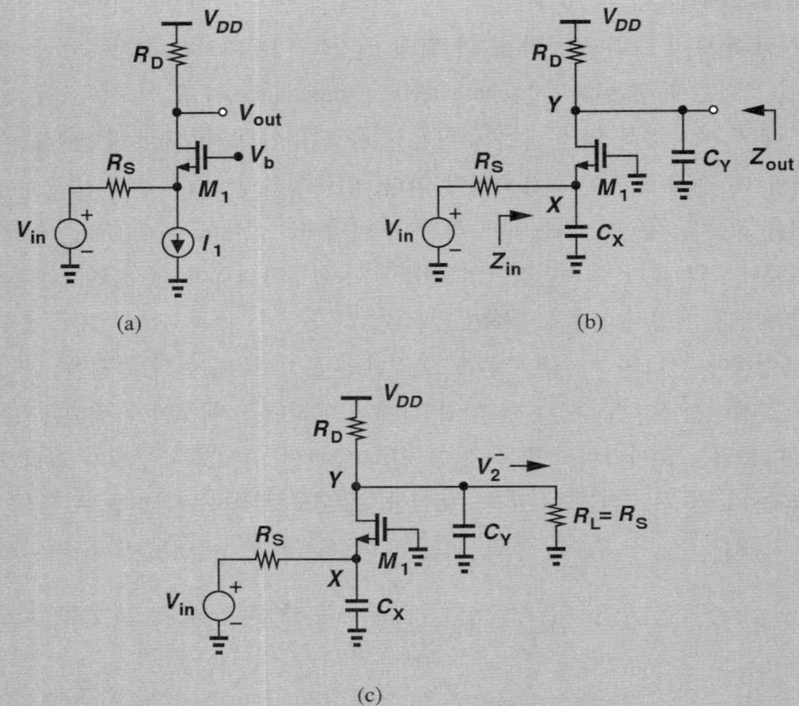

**그림 2.71** *(a) CG 단의 S-파라미터 계산, (b) 커패시터 삽입, (c) 출력에서 반사파의 영향*

**풀이:**

그림 2.71(b)에서 $C_X = C_{GS} + C_{SB}$와 $C_Y = C_{GD} + C_{DB}$일 때 $Z_{in} = (1/g_m) \| (C_X s)^{-1}$이고

$$S_{11} = \frac{Z_{in} - R_S}{Z_{in} + R_S} \tag{2.212}$$

$$= \frac{1 - g_m R_S - C_X s}{1 + g_m R_S + C_X s}. \tag{2.213}$$

로 표현할 수 있다. $S_{12}$에 대해서는 채널 길이 변조를 무시한다면 그림 2.71(b)에서 출력에서 입력으로 커플링이 없기 때문에 $S_{12} = 0$이다. $S_{22}$에 대해서는 $Z_{out} = R_D \| (C_Y s)^{-1}$이고,

$$S_{22} = \frac{Z_{out} - R_S}{Z_{out} + R_S} \tag{2.214}$$

**예제 2.30** (계속) RF Microelecronics

$$= -\frac{R_S - R_D + R_S R_D C_Y s}{R_S + R_D + R_S R_D C_Y s}. \tag{2.215}$$

이다. 마지막으로, $S_{21}$에 대해서는 그림 2.71(c)의 구성으로부터 얻어진다. $V_2^- / V_{in} = (V_2^- / V_X)(V_X / V_{in})$, $V_2^- / V_X = g_m[R_D \| R_S \| (C_Y s)^{-1}]$이고 $V_X / V_{in} = Z_{in} / (Z_{in} + R_S)$이므로

$$\frac{V_2^-}{V_{in}} = g_m \left( R_D || R_S || \frac{1}{C_Y s} \right) \frac{1}{1 + g_m R_S + R_S C_X s}. \tag{2.216}$$

이고, $S_{21}$은 다음과 같다.

$$S_{21} = 2 g_m \left( R_D || R_S || \frac{1}{C_Y s} \right) \frac{1}{1 + g_m R_S + R_S C_X s}. \tag{2.217}$$

## 2.7 비선형 동적 시스템의 분석[25] Analysis of Nonlinear Dynamic Systems

2.2절에서 시스템을 설명하면서 $y(t) = \alpha_1 x(t) + \alpha_2 x^2(t) + \alpha_3 x^3(t)$, 즉, 비선형 정적 시스템으로 가정했다. 어떤 경우에는 회로가 동적 비선형을 보이며 더 복잡한 분석을 요구하기도 한다. 따라서 이번 절에서는 이러한 내용들을 다룰 것이다.

### 2.7.1 기본 고려사항 Basic Considerations

우선 입력이 $x(t) = A_1 \cos \omega_1 t + A_2 \cos \omega_2 t$로 주어지는 일반적인 비선형 시스템을 고려해보자. 출력 $y(t)$가 고조파 성분인 $n\omega_1$, $n\omega_2$ 그리고 IM 결과물인 $k\omega_1 \pm q\omega_2$가 포함될 것으로 알 수 있고 여기서 $n$, $m$, $k$, $q$는 모두 정수이다. 다르게 설명하면 다음과 같다.

$$y(t) = \sum_{n=1}^{\infty} a_n \cos(n\omega_1 t + \theta_n) + \sum_{n=1}^{\infty} b_n \cos(n\omega_2 t + \phi_n)$$
$$+ \sum_{n=-\infty}^{\infty} \sum_{m=-\infty}^{\infty} c_{m,n} \cos(n\omega_1 t + m\omega_2 t + \phi_{n,m}). \tag{2.218}$$

위의 식에서 $a_n$, $b_n$, $c_{m,n}$, 그리고 위상 천이들(phase shifts)은 모두 주파수 의존적인 값들이다. 만약 이러한 시스템을 지배하는 미분방정식을 안다면 $y(t)$를 이로 대치하고 $a_n$, $b_n$, $c_{m,n}$와 위상 천이들을 계산할 수 있다. 예를 들면 그림 2.72에서 나타낸 것처럼 간단한 RC회로를 고

25. 이 장은 처음 읽을 때는 넘어가도 좋다.

려해보자. 이때 커패시터는 비선형이고 $C_1 = C_0(1 + \alpha V_{out})$라고 표현된다고 하자. $R_1$과 $C_1$ 양단에 전압을 걸어주고 $V_{in}$으로 나오는 식을 정리하면 다음과 같이 나타낸다.

$$R_1C_0(1 + \alpha V_{out})\frac{dV_{out}}{dt} + V_{out} = V_{in}. \tag{2.219}$$

이제 $V_{in}(t) = V_0 \cos \omega_1 t + V_0 \cos \omega_2 t$(투톤 테스트)로 가정하고 이 시스템이 '약한(weakly)' 비선형이라고 가정해보자. 즉, 출력 항에서 $\omega_1$, $\omega_2$, $\omega_3 \pm \omega_2$, $2\omega_1 \pm \omega_2$, $2\omega_2 \pm \omega_1$만 의미 있다고 하면 출력은 다음과 같은 식으로 표현된다.

$$\begin{aligned} V_{out}(t) = a_1 \cos(\omega_1 t + \phi_1) + b_1 \cos(\omega_2 t + \phi_2) + c_1 \cos[(\omega_1 + \omega_2)t + \phi_3] \\ + c_2 \cos[(\omega_1 - \omega_2)t + \phi_4] + c_3 \cos[(2\omega_1 + \omega_2)t + \phi_5] \\ + c_4 \cos[(\omega_1 + 2\omega_2)t + \phi_6] + c_5 \cos[(2\omega_1 - \omega_2)t + \phi_7] \\ + c_6 \cos[(\omega_1 - 2\omega_2)t + \phi_8], \end{aligned} \tag{2.220}$$

여기서 단순화하기 위해서 $c_m$과 $\phi_m$을 사용했다. 이제 식 (2.219)에서의 $V_{out}(t)$과 $V_{in}(t)$으로 대체하고 정현파 합의 곱들로 바꿔줄 것이다. 또한, 모든 항들을 식의 한 변으로 모두 옮기고 주파수별로 묶어주며 각각의 정현파의 상수들을 0으로 해 줄 것이다. 따라서 16개의 비선형 식과 16개의 상수($a_1$, $b_1$, $c_1$, ..., $c_6$, $\phi_1$, ..., $\phi_8$)를 얻을 수 있다.

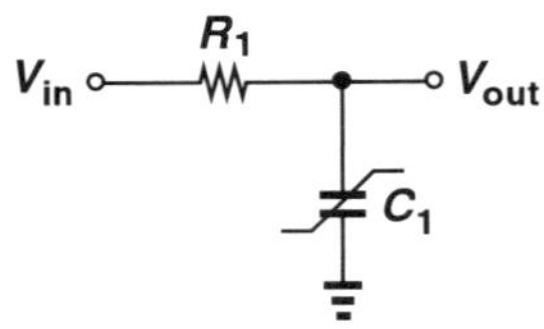


**그림 2.72** *비선형 커패시터를 갖는 RC회로*

이러한 분석의 유형을 '하모닉 밸런스(Harmonic Balance)'라고 부른다. 그 이유는 출력 주파수를 예측하고 회로의 미분방정식의 양 변을 '균형(balance)'있게 시도하는 것 때문이다. 조화 평균에서 직접 손으로 분석하고 수학적으로 표현하는 것은 어렵거나 불가능한 일이다. 반면에 '볼테라 급수(Volterra Series)' 방법은 재귀적인 방식을 규정하여 미분방정식을 풀 필요 없이 연속적인 단계에서 조금 더 정확한 반응을 계산할 수 있다. 개념의 자세한 설명은 아래에 서술되어 있으며 [10–14]에서 찾을 수 있다.

## 2.8 볼테라 급수 Volterra Series

어떻게 시스템의 시간 응답(time response)을 볼테라 급수로 표현하는지를 이해하기 위해서 단순한 입력 형태인 $V_{in}(t) = V_0 \exp(j\omega_1 t)$에서 시작할 것이다. 물론, 정현파로 이루어진 $V_0$

$\cos\omega_1 t = Re\{V_0 \exp(j\omega_1 t)\}$의 반응을 얻길 원한다면 출력의 실수 부분을 단순히 계산하여 나타낼 수 있다. (지수형의 사용법은 곱의 조작으로 쉽게 단순화한다.) 선형이면서 시불변 시스템에서 출력은 다음과 같이 주어진다.

$$V_{out}(t) = H(\omega_1)V_0 \exp(j\omega_1 t), \tag{2.221}$$

여기서, $H(\omega_1)$은 임펄스 응답의 푸리에 변환이다. 예를 들면 그림 2.72에서의 커패시터가 선형, 즉 $C_1 = C_0$이라면 식 (2.219)에 $V_{out}$과 $V_{in}$은 대체할 수 있다.

$$R_1 C_0 H(\omega_1)(j\omega_1)V_0 \exp(j\omega_1 t) + H(\omega_1)V_0 \exp(j\omega_1 t) = V_0 \exp(j\omega_1 t). \tag{2.222}$$

따라서 $H(\omega_1)$은 다음과 같이 표현된다.

$$H(\omega_1) = \frac{1}{R_1 C_0 j\omega_1 + 1}. \tag{2.223}$$

이 회로에서 발생하는 위상 이동은 $H(\omega_1)$이 포함되어 있음을 유의하자.

다음 단계로서 어떻게 동적 비선형 시스템의 출력 응답이 표현되는지 살펴보자. 이를 위해 입력에 투톤 $V_{in}(t) = V_0 \exp(j\omega_1 t) + V_0 \exp(j\omega_2 t)$을 가하여 출력에서 선형응답과 비선형 응답을 살펴보자. 전자의 선형 응답은 다음과 같다.

$$V_{out1}(t) = H(\omega_1)V_0 \exp(j\omega_1 t) + H(\omega_2)V_0 \exp(j\omega_2 t), \tag{2.224}$$

그리고 후자의 비선형 응답은 $\exp[j(\omega_1 + \omega_2)t]$와 같은 지수항들을 포함한다. 이러한 지수들의 계수가 $\omega_1$과 $\omega_2$의 함수임을 알 수 있다. 그러므로 표기 방법에서 조금의 변화를 주어보자: 식 (2.224)의 $H(\omega_j)$를 $H_1(\omega_j)$[1차 (선형) 항을 표시하기 위해]로 $\exp[j(\omega_1 + \omega_2)t]$의 계수는 $H_2(\omega_1, \omega_2)$로 표기한다. 따라서 전체 출력은 아래와 같다.

$$\begin{aligned} V_{out}(t) = {} & H_1(\omega_1)V_0 \exp(j\omega_1 t) + H_1(\omega_2)V_0 \exp(j\omega_2 t) \\ & + H_2(\omega_1, \omega_2)V_0^2 \exp[j(\omega_1 + \omega_2)t] + \cdots . \end{aligned} \tag{2.225}$$

$2\omega_1$, $2\omega_2$, $\omega_1 - \omega_2$항을 어떻게 표현할까? 만약 $H_2(\omega_1, \omega_2)\exp[j(\omega_1 + \omega_2)t]$가 $\omega_1 + \omega_2$의 성분을 표현한다면 $H_2(\omega_1, \omega_2)\exp[j(2\omega_1)t]$이 $2\omega_1$이다. 비슷한 방법으로 $H_2(\omega_1, \omega_2)$와 $H_2(\omega_1, -\omega_2)$이 각각 $\exp[j(2\omega_2)t]$, $\exp[j(\omega_1 - \omega_2)t]$ 계수의 역할을 한다. 식 (2.225)에서 조금 더 완성된 형태로 다음과 같이 표현할 수 있다.

$$\begin{aligned} V_{out}(t) = {} & H_1(\omega_1)V_0 \exp(j\omega_1 t) + H_1(\omega_2)V_0 \exp(j\omega_2 t) + H_2(\omega_1, \omega_1)V_0^2 \exp(2j\omega_1 t) \\ & + H_2(\omega_2, \omega_2)V_0^2 \exp(2j\omega_2 t) + H_2(\omega_1, \omega_2)V_0^2 \exp[j(\omega_1 + \omega_2)t] \\ & + H_2(\omega_1, -\omega_2)V_0^2 \exp[j(\omega_1 - \omega_2)t] + \cdots . \end{aligned} \tag{2.226}$$

이제, $H_2(\omega_1, \omega_2)$를 계산해 보자.

### 예제 2.31

RF Microelecronics

그림 2.72 회로의 $H_2(\omega_1, \omega_2)$를 구하라.

**풀이:**

입력 $V_{in}(t) = V_0 \exp(j\omega_1 t) + V_0 \exp(j\omega_2 t)$를 적용하고 출력을 다음의 형식으로 가정한다. $V_{out}(t) = H_1(\omega_1)V_0 \exp(j\omega_1 t) + H_1(\omega_2)V_0 \exp(j\omega_2 t) + H_2(\omega_1, \omega_2)V_0^2 \exp[j(\omega_1 + \omega_2)t]$. 식 (2.219)에 $V_{out}$과 $V_{in}$을 대입하면 아래와 같다:

$$\begin{aligned} R_1C_0[1 &+ \alpha H_1(\omega_1)V_0e^{j\omega_1 t} + \alpha H_1(\omega_2)V_0e^{j\omega_2 t} + \alpha H_2(\omega_1,\omega_2)V_0^2e^{j(\omega_1+\omega_2)t}] \\ &\times [H_1(\omega_1)j\omega_1V_0e^{j\omega_1 t} + H_1(\omega_2)j\omega_2V_0e^{j\omega_2 t} + H_2(\omega_1,\omega_2)j(\omega_1+\omega_2) \\ &\times V_0^2e^{j(\omega_1+\omega_2)t}] + H_1(\omega_1)e^{j\omega_1 t} + H_1(\omega_2)e^{j\omega_2 t} + H_2(\omega_1,\omega_2)V_0^2e^{j(\omega_1+\omega_2)t} \\ &= V_0e^{j\omega_1 t} + V_0e^{j\omega_2 t}. \end{aligned} \tag{2.227}$$

$H_2$를 얻기 위해 $\omega_1 + \omega_2$가 포함된 항만을 고려해보자:

$$\begin{aligned} R_1C_0[\alpha H_1(\omega_1)H_1(\omega_2)j\omega_1V_0^2e^{j(\omega_1+\omega_2)t} &+ \alpha H_1(\omega_2)H_1(\omega_1)j\omega_2V_0^2e^{j(\omega_1+\omega_2)t} \\ &+ H_2(\omega_1,\omega_2)j(\omega_1+\omega_2)V_0^2e^{j(\omega_1+\omega_2)t}] + H_2(\omega_1,\omega_2) \\ &\times V_0^2e^{j(\omega_1+\omega_2)t} = 0 \end{aligned} \tag{2.228}$$

따라서 $H_2$는 다음과 같다.

$$H_2(\omega_1,\omega_2) = -\frac{\alpha R_1C_0 j(\omega_1+\omega_2)H_1(\omega_1)H_1(\omega_2)}{R_1C_0 j(\omega_1+\omega_2)+1}. \tag{2.229}$$

분모는 식 (2.223)의 것과 비슷하지만 $\omega_1$이 $\omega_1 + \omega_2$로 대체 되었다. $H_2(\omega_1, \omega_2)$를 다음과 같이 단순화할 수 있다.

$$H_2(\omega_1,\omega_2) = -\alpha R_1C_0 j(\omega_1+\omega_2)H_1(\omega_1)H_1(\omega_2)H_1(\omega_1+\omega_2). \tag{2.230}$$

왜 $V_{out}(t)$이 $2\omega_1$, $2\omega_2$, $\omega_1 - \omega_2$항이 포함하는 것을 알면서도 $V_{out}(t) = H_1(\omega_1)V_0 \exp(j\omega_1 t) + H_1(\omega_2)V_0 \exp(j\omega_2 t) + H_2 V_0^2(\omega_1, \omega_2) \exp[j(\omega_1 + \omega_2)t]$로 가정했을까? 이것은 다른 지수항들이 $\exp[j(\omega_1 + \omega_2)t]$형태의 항을 생성하지 않기 때문이다.

### 예제 2.32

RF Microelecronics

그림 2.72의 회로에서 입력이 $V_0 \exp(j\omega_1 t)$로 주어진다면 출력에서의 두 번째 고조파항의 크기를 구하라.

**예제 2.32** (*계속*) RF Microelecronics

**풀이:**

앞에서 말했듯이 $2\omega_1$에서 컴포넌트들이 $H_2(\omega_1, \omega_1)\ V_0^2 \exp[j(\omega_1 + \omega_1)t]$로 얻어진다. 따라서 크기는 다음의 식과 같다.

$$|A_{2\omega 1}| = |\alpha R_1 C_0 (2\omega_1) H_1^2(\omega_1) H_1(2\omega_1)| V_0^2 \tag{2.231}$$

$$= \frac{2|\alpha| R_1 C_0 \omega_1 V_0^2}{(R_1^2 C_0^2 \omega_1^2 + 1)\sqrt{4R_1^2 C_0^2 \omega_1^2 + 1}}. \tag{2.232}$$

$\omega_1$이 0에 가까워질 때 $C_1$이 작은 전류를 끌어가기 때문에 $A_{2w1}$이 0으로 수렴해지는 것을 알 수 있다. 또한 $\omega_1$이 무한대에 가까워질 때도 0에 수렴하는데 이는 회로의 저역 통과 특성으로 인해 두 번째 고조파 성분이 억제되기 때문이다.

**예제 2.33** RF Microelecronics

그림 2.72 회로에 같은 크기를 가지는 투톤이 가해질 때, $\omega_1 - \omega_2$과 $\omega_1 - \omega_2$의 성분의 진폭의 비를 구해보자. $H_1(\omega) = (R_1 C_0 j\omega + 1)^{-1}$임을 이용하라.

**풀이:**

식 (2.230)으로부터 비율은 다음과 같이 주어진다.

$$\left|\frac{A_{\omega 1+\omega 2}}{A_{\omega 1-\omega 2}}\right| = \left|\frac{H_2(\omega_1, \omega_2)}{H_2(\omega_1, -\omega_2)}\right| \tag{2.233}$$

$$= \left|\frac{(\omega_1 + \omega_2) H_1(\omega_2) H_1(\omega_1 + \omega_2)}{(\omega_1 - \omega_2) H_1(-\omega_2) H_1(\omega_1 - \omega_2)}\right|. \tag{2.234}$$

$|H_1(\omega_2)| = |H_1(-\omega_2)|$이므로 아래와 같이 된다.

$$\left|\frac{A_{\omega 1+\omega 2}}{A_{\omega 1-\omega 2}}\right| = \frac{(\omega_1 + \omega_2)\sqrt{R_1^2 C_0^2 (\omega_1 - \omega_2)^2 + 1}}{|(\omega_1 - \omega_2)|\sqrt{R_1^2 C_0^2 (\omega_1 + \omega_2)^2 + 1}}. \tag{2.235}$$

상기에서 언급한 예들은 적당한 수식으로 두 번째 고조파 항이나 이차 IM 성분 계산을 쉽게 할 수 있도록 조직적 접근 방식을 이용했다. 하지만 고차 고조파항이나 다른 IM 성분들은 어떻게 할 것인가? $N$차 항에 대하여 $V_{in}(t) = V_0 \exp(j\omega_1 t) + \cdots + V_0 \exp(j\omega_N t)$로 입력을 가하고, 출력에서 $\exp[j(\omega_1 + \cdots + \omega_n)t]$항의 계수로서 $H_n(\omega_1, \cdots, \omega_n)$을 계산한다. 따라서 출력은 다음과 같이 표현할 수 있다.

$$V_{out}(t) = \sum_{k=1}^{N} H_1(\omega_k) V_0 \exp(j\omega_k t) + \sum_{m=1}^{N}\sum_{k=1}^{N} H_2(\omega_m, \pm\omega_k) V_0^2 \exp[j(\omega_m \pm \omega_k)t]$$
$$+ \sum_{n=1}^{N}\sum_{m=1}^{N}\sum_{k=1}^{N} H_3(\omega_n, \pm\omega_m, \pm\omega_k) V_0^3 \exp[j(\omega_n \pm \omega_m \pm \omega_k)t] + \cdots . \quad (2.236)$$

위의 출력에 대한 식을 볼테라 급수라고 표현한다. 식 (2.230)에서 예를 든 것과 같이 비선형 식을 풀 필요가 없이 $H_m(\omega_1, \ldots, \omega_n)$은 $H_1, \ldots, H_{m-1}$의 항으로 계산될 수 있다. $H_m$을 $m$차 '볼테라 커널(Volterra kernel)'이라고 부른다.

**예제 2.34** RF Microelecronics

그림 2.72 회로의 3차 볼테라 커널을 구하라.

**풀이:**

$V_{in}(t) = V_0 \exp(j\omega_1 t) + V_0 \exp(j\omega_2 t) + V_0 \exp(j\omega_3 t)$라고 가정하자. 출력이 많은 성분들을 포함하기 때문에 다음과 같은 간단한 표현식인 $H_{1(1)} = H_1(\omega_1) V_0 \exp(j\omega_1 t)$, $H_{1(2)} = H_1(\omega_2) V_0 \exp(j\omega_2 t)$, $H_{2(1,2)} = H_2(\omega_1, \omega_2) V_0^2 \exp[j(\omega_1 + \omega_2)t]$, $H_{3(1,2,3)} = H_3(\omega_1, \omega_2, \omega_3) V_0^3 \exp[j(\omega_1 + \omega_2 + \omega_3)t]$ 등으로 표현하면 출력은 다음과 같이 정리된다.

$$V_{out}(t) = H_{1(1)} + H_{1(2)} + H_{1(3)} + H_{2(1,2)} + H_{2(1,3)} + H_{2(2,3)} + H_{2(1,1)}$$
$$+ H_{2(2,2)} + H_{2(3,3)} + H_{3(1,2,3)} + \cdots . \quad (2.237)$$

식 (2.219)의 $V_{out}$과 $V_{in}$을 대체하고, $\omega_1 + \omega_2 + \omega_3$가 포함된 모든 항들을 모아보자. $\alpha V_{out}$과 $dV_{out}/dt$와 같은 곱이 있는 항들을 얻기 위해서는 $\alpha H_{2(1,2)} j\omega_3 H_{1(3)}$와 $\alpha H_{1(3)} j(\omega_1 + \omega_2) H_{2(1,2)}$은 $\exp[j(\omega_1 + \omega_2)t]\exp(j\omega_3)$의 지수형태로 생성한다. 비슷하게, $\alpha H_{2(2,3)} j\omega_1 H_{1(1)}$, $\alpha H_{1(1)} j(\omega_2 + \omega_3) H_{2(2,3)}$과 $\alpha H_{2(1,3)} j\omega_2 H_{1(2)}$, $\alpha H_{1(2)} j(\omega_1 + \omega_3) H_{2(1,3)}$이 $\omega_1 + \omega_2 + \omega_3$의 결과이다. 결과적으로 $\alpha V_{out}$과 $dV_{out}/dt$의 곱들은 $1 \times j(\omega_1 + \omega_2 + \omega_3) H_{3(1,2,3)}$를 포함하고 있다. 모든 항들을 묶으면 다음과 같은 식을 얻을 수 있다.

$$H_3(\omega_1, \omega_2, \omega_3)$$
$$= -j\alpha R_1 C_0 \frac{H_2(\omega_1, \omega_2)\omega_3 H_1(\omega_3) + H_2(\omega_2, \omega_3)\omega_1 H_1(\omega_1) + H_2(\omega_1, \omega_3)\omega_2 H_1(\omega_2)}{R_1 C_0 j(\omega_1 + \omega_2 + \omega_3) + 1}$$
$$- j\alpha R_1 C_0 \frac{H_1(\omega_1)(\omega_2 + \omega_3) H_2(\omega_2, \omega_3) + H_1(\omega_2)(\omega_1 + \omega_3) H_2(\omega_1, \omega_3)}{R_1 C_0 j(\omega_1 + \omega_2 + \omega_3) + 1}$$
$$- j\alpha R_1 C_0 \frac{H_1(\omega_3)(\omega_1 + \omega_2) H_2(\omega_1, \omega_2)}{R_1 C_0 j(\omega_1 + \omega_2 + \omega_3) + 1}. \quad (2.238)$$

**예제 2.34** (*계속*) FF Microelecronics

$H_{2(1,1)}$ 등과 같은 것은 식 (2.237)로부터 생략될 수 있으며 여기서는 나타나지 않는다. 3차 볼테라 커널이 가능하다면 임계치 항의 크기까지 계산할 수 있다. 예를 들어 투톤 테스트에서의 삼차항의 IM 컴포넌트들을 $\omega_1$을 $\omega_3$로, $-\omega_2$를 $\omega_2$로 대체함으로써 구해진다.

이제 볼테라 급수가 지수형 이외의 다른 입력으로도 사용이 가능한지 궁금해질 것이다. 이것은 이 책의 범위로는 설명할 수 없다. 이 절에서 설명한 방법은 커널 계산의 '조화(Harmonic)'방법으로 불린다. 요약하면 이 방법은 다음과 같은 방법으로 진행된다.

1. $V_{in}(t) = V_0 \exp(j\omega_1 t)$와 $V_{out}(t) = H_1(\omega_1)V_0 \exp(j\omega_1 t)$로 가정한다. $V_{out}$과 $V_{in}$을 시스템의 미분 방정식으로 대체하고 $\exp(j\omega_1 t)$가 포함된 항을 묶고 일차(선형) 커널, $H_1(\omega_1)$을 계산한다.
2. $V_{in}(t) = V_0 \exp(j\omega_1 t) + V_0 \exp(j\omega_2 t)$, $V_{out}(t) = H_1(\omega_1)V_0 \exp(j\omega_1 t) + H_1(\omega_2)V_0 \exp(j\omega_2 t) + H_2(\omega_1, \omega_2) V_0^2 \exp[j(\omega_1 + \omega_2)t]$을 가정한다. 미분 방정식으로 대체하고 $\exp[j(\omega_1 + \omega_2)t]$가 포함된 항으로 모으고, 2차 커널, $H_2(\omega_1, \omega_2)$를 구한다.
3. $V_{in}(t) = V_0 \exp(j\omega_1 t) + V_0 \exp(j\omega_2 t) + V_0 \exp(j\omega_3 t)$으로 가정하고 $V_{out}(t)$은 식 (2.237)에서 주어졌다. 이것들을 대체하고 $\exp[j(\omega_1 + \omega_2 + \omega_3)t]$이 포함된 항으로 모으고, 3차 커널, $H_2(\omega_1, \omega_2, \omega_3)$을 계산한다.
4. 고조파의 크기와 IM 컴포넌트의 크기를 계산하기 위해 적절하게 $\omega_1$, $\omega_2$, ...를 선택한다. 예를 들면 $H_2(\omega_1, \omega_1)$는 $2\omega_1$에 대한 전달 함수(transfer function)를 산출하고 $H_2(\omega_1, -\omega_2, \omega_1)$는 $2\omega_1 - \omega_2$에 대한 전달 함수를 산출한다.

### 2.8.1 비선형 전류의 방법 Method of Nonlinear Currents

예제 2.34에서 보듯이, 조화 방법이 $n$이 증가함에 따라 급격하게 복잡해지는 것을 알 수 있다. '비선형 전류(Nonlinear Currents)'라고 불리는 다른 방법이 때때로 어느 정도 계산을 줄여주어 선호된다. 여기에서 이 방법을 설명할 것이며 유효성이 대한 공식적 증명은 [13]을 참고하라.

비선형 전류의 방법은 2-단자 비선형 소자에 포함되어있는 회로에서 다음과 같이 진행된다.

1. $V_{in}(t) = V_0 \exp(j\omega_1 t)$라고 가정하고 비선형성을 무시한 회로에서 선형 응답을 구한다. 이 '응답'은 관심 출력과 비선형 소자에 걸린 전압을 포함한다.
2. $V_{in}(t) = V_0 \exp(j\omega_1 t) + V_0 \exp(j\omega_2 t)$라고 가정하고 선형이라고 가정한 비선형 소자에

걸린 전압을 계산한다. 이제, 비선형이라고 가정하고 소자에 흐르는 전류의 비선형적 컴포넌트를 계산한다.

3. 주입력을 0이라고 두고 두 번째 단계에서 찾은 비선형적 컴포넌트랑 같은 전류원을 비선형적 소자와 병렬로 연결한다.
4. 다시 소자의 비선형성을 무시하고 세 번째 단계에서 적용된 전류원에 대한 회로의 응답을 구한다. 그 응답은 비선형 소자에 걸린 전압과 관심 출력을 포함한다.
5. 고차 응답에서는 단계 2, 3, 그리고 4번을 반복한다. 전체 응답은 첫 번째와 네 번째 단계에서 찾은 출력 컴포넌트와 같다.

다음 예들은 이 과정을 보여준다.

**예제 2.35** RF Microelecronics

그림 2.72 회로의 $H_3(\omega_1, \omega_2, \omega_3)$를 구하라.

**풀이:**

이 경우에는 출력 전압은 비선형 소자를 통해서도 나타난다. $H_1(\omega_1) = (R_1C_0j\omega_1 + 1)^{-1}$이므로 $V_{in}(t) = V_0\exp(j\omega_1 t)$임을 이용하여 커패시터에 걸린 전압은 다음과 같이 나타낼 수 있다.

$$V_{C1}(t) = \frac{V_0}{R_1C_0j\omega_1 + 1}e^{j\omega_1 t}. \tag{2.239}$$

다음 단계로, $V_{in}(t) = V_0\exp(j\omega_1 t) + V_0\exp(j\omega_2 t)$를 적용하면 $C_1$에 걸린 선형 전압을 구할 수 있다.

$$V_{C1}(t) = \frac{V_0e^{j\omega_1 t}}{R_1C_0j\omega_1 + 1} + \frac{V_0e^{j\omega_2 t}}{R_1C_0j\omega_2 + 1}. \tag{2.240}$$

전압과 함께 $C_1$을 통해 흐르는 비선형 전류를 구하면 아래와 같다.

$$I_{C1,non}(t) = \alpha C_0 V_{C1}\frac{dV_{C1}}{dt} \tag{2.241}$$

$$= \alpha C_0\left(\frac{V_0e^{j\omega_1 t}}{R_1C_0j\omega_1 + 1} + \frac{V_0e^{j\omega_2 t}}{R_1C_0j\omega_2 + 1}\right) \times \left(\frac{j\omega_1V_0e^{j\omega_1 t}}{R_1C_0j\omega_1 + 1} + \frac{j\omega_2V_0e^{j\omega_2 t}}{R_1C_0j\omega_2 + 1}\right). \tag{2.242}$$

## 예제 2.35 (계속)

RF Microelecronics

이 시점에서 관심 있는 컴포넌트는 오직 $\omega_1 + \omega_2$이므로 위의 식을 다시 정리하면 아래와 같은 표현식이 된다.

$$I_{C1,non}(t) = \alpha C_0 \left[ \frac{j(\omega_1 + \omega_2)V_0^2 e^{j(\omega_1+\omega_2)t}}{(R_1C_0 j\omega_1 + 1)(R_1C_0 j\omega_2 + 1)} + \cdots \right] \tag{2.243}$$

$$= \alpha C_0[j(\omega_1 + \omega_2)V_0^2 e^{j(\omega_1+\omega_2)t} H_1(\omega_1)H_1(\omega_2) + \cdots]. \tag{2.244}$$

세 번째 단계로 입력을 0으로 지정하고 선형성을 가지는 커퍼시터라고 가정한다. 그리고 $C_1$에 병렬로 연결된 전류 $I_{C1,non}(t)$를 적용한다(그림 2.73). $\omega_1 + \omega_2$에서의 전류 컴포넌트는 병렬로 연결된 $R_1$과 $C_0$에 $V_{C1,non}(t)$를 생성하면서 흐른다.

$$V_{C1,non}(t) = -\alpha C_0 j(\omega_1 + \omega_2)V_0^2 e^{j(\omega_1+\omega_2)t} H_1(\omega_1) \times H_1(\omega_2)\frac{R_1}{R_1C_0 j(\omega_1 + \omega_2) + 1} \tag{2.245}$$

$$= -\alpha R_1 C_0 j(\omega_1 + \omega_2)H_1(\omega_1)H_1(\omega_2)H_1(\omega_1 + \omega_2)V_0^2 e^{j(\omega_1+\omega_2)t}. \tag{2.246}$$

위의 두 식에서 $V_0^2 \exp[j(\omega_1 + \omega_2)t]$의 계수는 식 (2.229)의 $H_2(\omega_1, \omega_2)$와 같다.

$H_3(\omega_1, \omega_2, \omega_3)$를 구하기 위해서 $V_{in}(t) = V_0 \exp(j\omega_1 t) + V_0 \exp(j\omega_2 t) + V_0 \exp(j\omega_3 t)$의 형태로 입력을 가정해야 하고 $C_1$에 걸린 전압을 아래의 식처럼 써야 한다.

$$V_{C1}(t) = H_1(\omega_1)V_0 e^{j\omega_1 t} + H_1(\omega_2)V_0 e^{j\omega_2 t} + H_1(\omega_3)V_0 e^{j\omega_3 t} + H_2(\omega_1, \omega_2)V_0^2 e^{j(\omega_1+\omega_2)t} + H_2(\omega_1, \omega_3)V_0^2 e^{j(\omega_1+\omega_3)t} + H_2(\omega_2, \omega_3)V_0^2 e^{j(\omega_2+\omega_3)t}. \tag{2.247}$$

식 (2.240)과는 대조적으로 3차 항을 계산하도록 전압에 2차 비선형적 항을 포함시켰다. $C_1$을 통하여 흐르는 비선형 전류는 다음의 식과 같다.

$$I_{C1,non}(t) = \alpha C_0 V_{C1} \frac{dV_{C1}}{dt}. \tag{2.248}$$

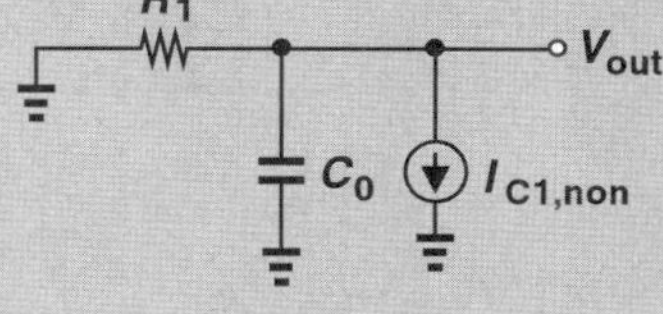


**그림 2.73** *RC회로에서 비선형 전류원의 추가*

(계속)

**예제 2.35** (*계속*) RF Microelecronics

$V_{C1}$으로 대체하고 $\omega_1 + \omega_2 + \omega_3$을 포함하는 항들을 모은다.

$$\begin{aligned} I_{C1,non}(t) = \alpha C_0[&H_1(\omega_1)H_2(\omega_2,\omega_3)j(\omega_2+\omega_3) + H_2(\omega_2,\omega_3)j\omega_1 H_1(\omega_1) \\ &+ H_1(\omega_2)H_2(\omega_1,\omega_3)j(\omega_1+\omega_3) + H_2(\omega_1,\omega_3)j\omega_2 H_1(\omega_2) \\ &+ H_1(\omega_3)H_2(\omega_1,\omega_2)j(\omega_1+\omega_2) + H_2(\omega_1,\omega_2)j\omega_3 H_1(\omega_3)]V_0^3 e^{j(\omega_1+\omega_2+\omega_3)t} \\ &+ \cdots . \end{aligned} \tag{2.249}$$

이 전류는 병렬로 연결된 $R_1$과 $C_0$에 흐르며 $V_{C1,non}(t)$을 생성한다. $V_{C1,non}(t)$의 $\exp[j(\omega_1 + \omega_2 + \omega_3)t]$ 계수는 식 (2.238)에서 표현된 3차 커널과 같음을 알 수 있다.

지금까지 2-단자 비선형 소자에 대하여 설명했다. 트랜지스터에서도 비슷한 방식으로 설명이 가능하다. 아래의 예제를 통해 이 점을 설명해보자.

**예제 2.36** RF Microelecronics

그림 2.74(a) 일반적으로 사용되는 LNA(5장)의 입력 네트워크를 보여준다. 여기서 $g_m L_1/C_{GS} = R_S$이고 $I_D = \alpha(V_{GS} - V_{TH})^2$라 가정하여, $I_{out}$에서의 비선형 항을 구하라. 여러 기생 커패시턴스, 채널 길이 변조, 기판 효과(Body Effect)는 무시한다.

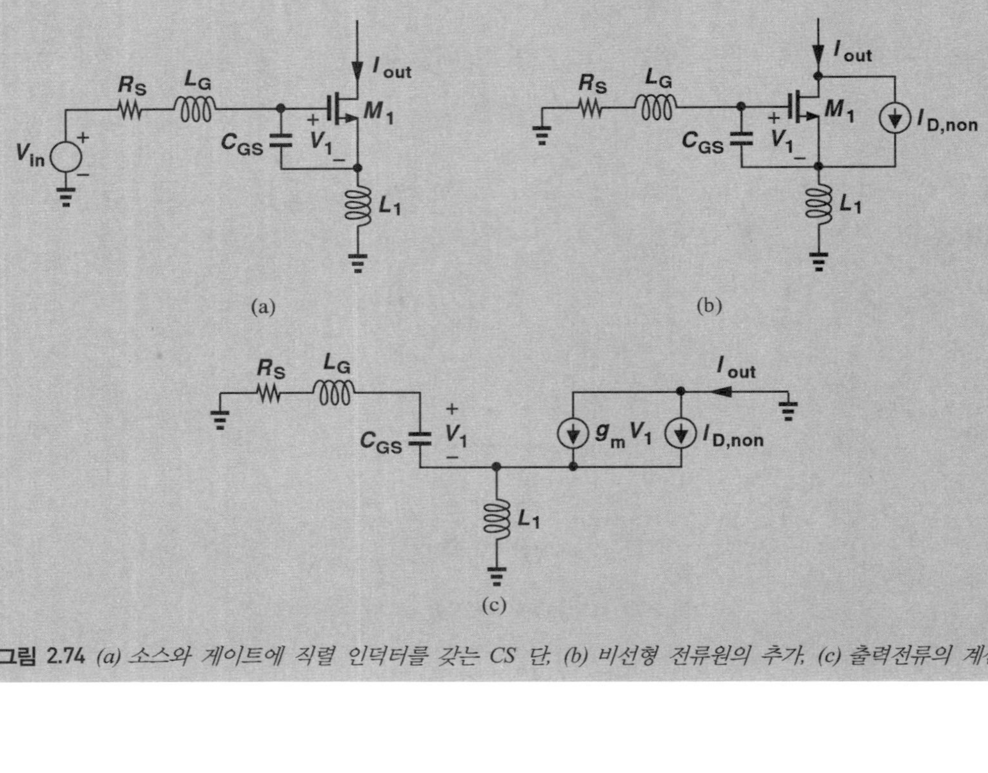


**그림 2.74** *(a) 소스와 게이트에 직렬 인덕터를 갖는 CS 단, (b) 비선형 전류원의 추가, (c) 출력전류의 계산*

**예제 2.36** (*계속*) RF Microelecronics

**풀이:**

이 회로에서 두 개의 파라미터가 중요한데 이는 출력 전류인 $I_{out}(= I_D)$와 게이트-소스 전압인 $V_1$이다; 후자는 $I_D$에서 비선형 컴포넌트가 구하기 위해서는 매 시간마다 계산되어야 만 한다.

선형 응답을 먼저 시작해보자. $L_1$에 흐르는 전류가 $V_1C_{GS}s + g_mV_1$으르 같고 $R_S$와 $L_G$에 흐르는 전류가 $V_1C_{GS}s$와 같기 때문에 입력 루프에서 KVL을 사용할 수 있다.

$$V_{in} = (R_S + L_Gs)V_1C_{GS}s + V_1 + (V_1C_{GS}s + g_mV_1)L_1s. \quad (2.250)$$

이는 다음과 같이 표현할 수 있다.

$$\frac{V_1}{V_{in}} = \frac{1}{(L_1 + L_G)C_{GS}s^2 + (R_SC_{GS} + g_mL_1)s + 1}. \quad (2.251)$$

$s = j\omega$이 대하여, $g_mL_1/C_{GS} = R_S$이라 가정해왔기 때문에 $\omega_0^2 = [(L_1 + L_G)C_{GS}]^{-1}$일 때 다음을 얻을 수 있다.

$$\frac{V_1}{V_{in}}(j\omega) = \frac{1}{2g_mL_1j\omega + 1 - \dfrac{\omega^2}{\omega_0^2}} = H_1(\omega), \quad (2.252)$$

$I_{out} = g_mV_1 = g_mH_1(\omega)V_{in}$임을 유의하자.

이제, $V_{in}(t) = V_0\exp(j\omega_1t) + V_0\exp(j\omega_2t)$라고 가정하고 이를 정리하면

$$V_1(t) = H_1(\omega_1)V_0e^{j\omega_1t} + H_1(\omega_2)V_0e^{j\omega_2t}. \quad (2.253)$$

라고 쓸 수 있다. 특성 $I_D = \alpha V_1^2$를 이용하면, 이 전압은 비선형 전류를 생성하며 다음과 같다.

$$I_{D,non} = 2\alpha H_1(\omega_1)H_1(\omega_2)V_0^2e^{j(\omega_1+\omega_2)t}. \quad (2.254)$$

다음 단계에서 $V_{in}$을 0으로 두고 드레인 전류원과 병렬로 위의 값을 가지는 전류원을 연결한다[그림 2.74(b)]. 회로가 선형성이라 가정할 때 $I_{D,non}$에 의한 $V_1$을 구해야만 한다. 그림 2.74(c)의 등가 회로에서 KVL을 적용하면

$$(R_S + L_Gs)V_1C_{GS}s + V_1 + (g_mV_1 + I_{D,non} + V_1C_{GS}s)L_1s = 0. \quad (2.255)$$

이며 따라서 $s = j\omega$일 때,

$$\frac{V_1}{I_{D,non}}(j\omega) = \frac{-jL_1\omega}{2g_mL_1j\omega + 1 - \dfrac{\omega^2}{\omega_0^2}}. \quad (2.256)$$

(*계속*)

**예제 2.36** (계속) RF Microelecronics

이다. $I_{D,non}$는 $\omega_1 + \omega_2$에서 주파수 성분을 포함하기 때문에 위의 식에서 $\omega_1 + \omega_2$에서의 전달 함수(transfer function)를 계산해야만 한다. 그리고 $V_1$을 구하기 위해 $I_{D,non}$를 곱해야 한다. 따라서 다음과 같은 식을 얻을 수 있다.

$$H_2(\omega_1, \omega_2) = \frac{-jL_1(\omega_1 + \omega_2)}{2g_m L_1 j(\omega_1 + \omega_2) + 1 - \dfrac{(\omega_1 + \omega_2)^2}{\omega_0^2}} 2\alpha H_1(\omega_1) H_1(\omega_2). \tag{2.257}$$

마지막 단계로, $V_{in}(t) = V_0 \exp(j\omega_1 t) + V_0 \exp(j\omega_2 t) + V_0 \exp(j\omega_3 t)$라고 가정하면 $V_1$은 다음과 같이 나타낼 수 있다.

$$\begin{aligned} V_1(t) = {} & H_1(\omega_1) V_0 e^{j\omega_1 t} + H_1(\omega_2) V_0 e^{j\omega_2 t} + H_1(\omega_3) V_0 e^{j\omega_3 t} + H_2(\omega_1, \omega_2) V_0^2 e^{j(\omega_1 + \omega_2)t} \\ & + H_2(\omega_1, \omega_3) V_0^2 e^{j(\omega_1 + \omega_3)t} + H_2(\omega_2, \omega_3) V_0^2 e^{j(\omega_2 + \omega_3)t}. \end{aligned} \tag{2.258}$$

$I_D = \alpha V_1^2$이므로 $\omega_1 + \omega_2 + \omega_3$에서의 비선형 전류는 다음과 같이 표현된다.

$$\begin{aligned} I_{D,non} = {} & 2\alpha [H_1(\omega_1) H_2(\omega_2, \omega_3) + H_1(\omega_2) H_2(\omega_1, \omega_3) \\ & + H_1(\omega_3) H_2(\omega_1, \omega_2)] V_0^3 e^{j(\omega_1 + \omega_2 + \omega_3)t}. \end{aligned} \tag{2.259}$$

출력 전류의 3차 비선형 컴포넌트 $I_{out}$는 위의 식과 같다. 트랜지스터가 2차 비선형성만을 가지더라도 $L_1$에 의한 축퇴(degeneration) (피드백(feedback))이 고차항을 발생한다. 하모닉 방법을 이용한 분석을 반복해 볼 것을 권장하고 훨씬 더 복잡하다는 것을 알기 바란다.

## 참고문헌


[1] B. Razavi, *Design of Analog CMOS Integrated Circuits*, Boston: McGraw-Hill, 2001.

[2] L. W. Couch, *Digital and Analog Communications Systems*, Fourth Edition, New York: Macmillan Co., 1993.

[3] A. van der Ziel, "Thermal Noise in Field Effect Transistors," *Proc. IRE*, vol. 50, PP. 1808–1812, Aug. 1962.

[4] A. A. Abidi. "High-Frequency Noise Measurements on FETs with Small dimensions", *IEEE Trans. Electron Devices*, vol. 33, pp. 1801–1805, Nov. 1986.

[5] A. J. Sholten et al., "Accurate Thermal Noise Model of Deep-Submicron CMOS," *IEDM Dig. Tech. Papers*, pp. 155–158. Dec. 1999.

[6] B. Razavi, "Impact of Distributed Gate Resistance on the Performance of MOS Devices," *IEEE Trans, Circuits and Systems- Part I*, vol. 41, pp. 750-754, Nov. 1994.

[7] H. T. Friis, "Noise Figure of Radio Receivers," *Proc. IRE*, vol. 32, pp. 419–422, July 1944.

[8] A. Papoulis, *Probability, Radom Variables, and Stochastic Processes*, Third Edition, New York: McGraw-Hill, 1991.
[9] R. W. Bennet, "Methods of Solving Noise Problems," *Proc. IRE*, vol. 44, pp. 609-638, May 1956.
[10] S. Narayanan, "Application of Volterra Series to Intermodulation Distortion Analysis of Transistor Feedback Amplifiers," *IEEE Tran. Circuit Theory*, vol. 17, pp. 518-527, Nov. 1970.
[11] P. Wambaq et al., "High-Frequency Distortion Analysis of Analog Integrated Circuits," *IEEE Tran. Circuits and Systems II*, vol. 46, pp. 335-334, March 1999.
[12] P. Wambaq and W. Sansen, *Distortion Analysis of Analog Integrated Circuits*, Norwell, MA: Kluwer, 1998.
[13] J. Bussganag, L. Ehrman, and J. W. Graham, "Analysis of Nonlinear Systems with Multiple Inputs," *Proc. IEEE*, vol. 62, pp. 1088-1119, Aug. 1974.
[14] E. Bedrosian and S. O. Rice, "The Output Properties of Volterra Systems (Nonlinear Systems with Memory) Driven by Harmonic and Gaussian Inputs," *Proc. IEEE*, vol. 59, pp. 1688-1707, Dec. 1971.

## 연습문제

2.1. 두 비선형 단이 직렬로 종속 연결되어 있다. 각 단의 입력/출력 특성이 3차 다항식으로 근사하는 경우, 각 단의 $P_{1dB}$를 사용하여 직렬 종속 연결단의 $P_{1dB}$를 구하라.

2.2. 하나의 간섭원이 −3 dBm의 크기를 가지고 다른 간섭원이 −35 dBm의 크기를 가질 때, 예제 2.11을 반복하라.

2.3. 직렬 종속 연결일 때, *2차 비선형*을 갖는 단들은 유한의 $IP_3$를 얻을 수 있다. 예를 들어 그림 2.75와 동일한 공통소스단들의 직렬 종속 연결을 고려해보자. 만약 각 트랜지스터가 포화영역에서 작동하고 이상적인 제곱 법칙에 따라 동작할 대, 직렬 종속 연결단에서의 $IP_3$를 구하라.

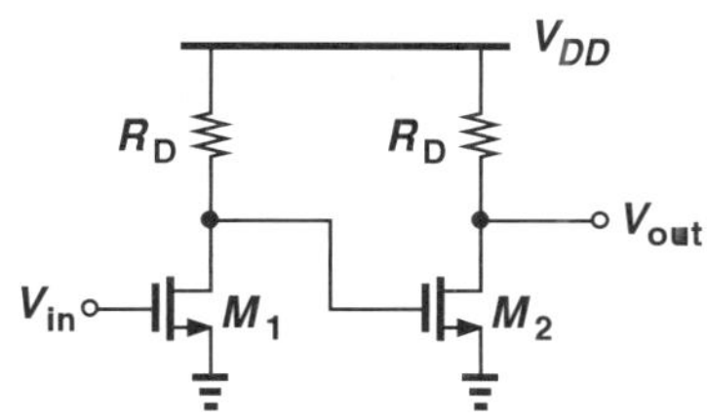


**그림 2.75** *CS 단들의 종속 연결*

2.4. 5차 다항식으로 근사하는 특성을 가지는 시스템의 $IP_3$와 $P_{1dB}$를 구하라.

2.5. 그림 2.76에서 보이는 것과 같이 $\omega_3 - \omega_2 = \omega_2 - \omega_3$이면서 $\omega_2$에서 17 dB 감쇠되고 $\omega_3$에서 37 dB 감쇠되는 특성을 가진 대역필터가 있을 경우를 생각해보라.

(a) 상호변조 곱성분이 $\omega_1$에 떨어지며 원하는 신호보다 20 dB 감쇠하는 특성을 가진

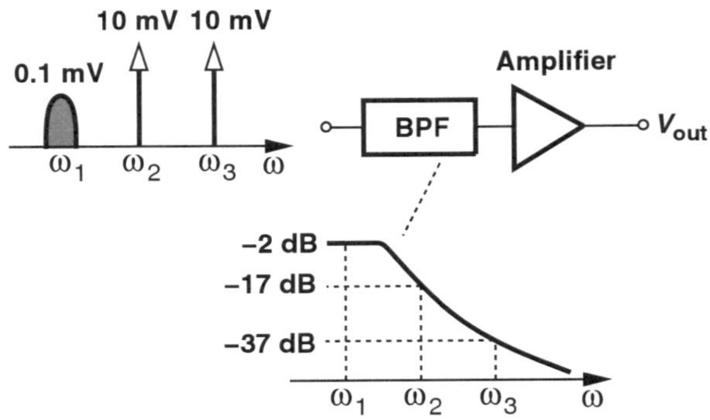


**그림 2.76** *BPF와 증폭기의 종속 연결*

증폭기의 $IIP_3$를 계산하라.

(b) 대역 통과 필터의 앞단에 위치하며 전압 이득이 10 dB이고 $IIP_3$가 500 $mV_p$인 증폭기가 있다고 가정하자. 전체 연결단의 $IIP_3$를 계산하라. (2차 비선형성을 무시하여라.)

2.6. 임의의 신호에 대한 자기상관(autocorrelation)의 푸리에 변환은 스펙트럼, 즉 각 주파수에서 1-Hz의 대역폭으로 측정된 전력을 형성함을 증명하라.

2.7. 입력 $V_0 \cos \omega_0 t$를 감지하는 광대역의 회로는 3차 고조파 $V_3 \cos(3\omega_0 t)$를 생성한다. $V_0$와 $V_3$를 이용하여 1-dB 압축점(1-dB Compression Point)을 나타내어라.

2.8. 그림 2.36에서 만약 저항에 같은 온도가 유지되었다면 $R_1$에서 $R_2$로 전달되는 잡음 전력은 $R_2$에서 $R_1$로 전달된 것과 같음을 증명해 보라. 만약 그렇지 않다면 어떤 현상이 발생할지 생각해보라.

2.9. 왜 MOSFET의 채널열잡음이 (게이트와 소스 단자 사이보다) 소스와 드레인 단자 사이의 전류원에 의해 모델링되는지 설명하라.

2.10. MOSFET의 채널 열잡음이 게이트 측에서 바라본 $4kT\gamma/g_m$으로 주어진 전압으로 나타낼 수 있음을 증명해보라. 그림 2.77에서 보듯이, 두 회로는 같은 전압 단자에서 같은

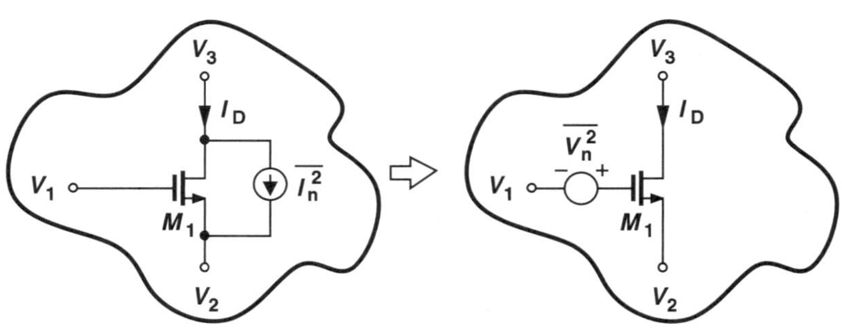


**그림 2.77** *MOSTFET의 잡음에 대한 등가 회로*

전류를 발생시켜야만 한다.

2.11. 그림 2.52의 회로의 NF를 프리스 식을 이용하여 구하라.

2.12. 그림 2.46(c)의 회로의 출력 잡음 전압이 $\overline{V_{n2}^2} = \overline{I_{n1}^2} r_O^2$로 주어짐을 증명하라.

2.13. CS와 CG 단이 서로 교체되는 경우에 대해 예제 2.23을 반복하라. NF값이 바뀌는가? 그 이유는 무엇인가?

2.14 $R_{D1}$과 $R_{D2}$가 이상적인 전류원으로 대체하고 채널 길이 변조를 고려하여 예제 2.23을 반복하라.

2.15. $R_C$가 부하 저항이며 $I_{EE}$가 꼬리 전류(tail current)이고 $V_T = kT/q$로 주어진 바이폴라 차동쌍의 입력/출력 특성이 $V_{out} = -2R_C I_{EE} \tanh[V_{in}/(2V_T)]$로 주어졌다. 이 회로의 $IP_3$를 계산하라.

2.16. 회로의 출력이 잡음이 없는 임피던스 $Z_L$의 부하에 가해진다면 회로의 잡음지수(Noise Figure)는 어떻게 되는가?

2.17. $R_{S1}$의 소스 임피던스로 이뤄진 회로의 잡음지수(Noise Figure)가 있다. 또 다른 소스 임피던스 $R_{S2}$의 잡음지수를 구하는 것이 가능한가? 자세하게 설명하라.

2.18. 식 (2.122)는 $R_S$가 증가함에 따라 잡음지수는 떨어진다고 설명한다. 안테나의 전압 스윙이 일정하게 유지된다고 가정한다면, $R_S$가 증가할수록 출력 SNR은 어떻게 변하는지 설명하라.

2.19. 트랜스포머가 주전압(primary voltage)을 $n$배 증폭시키고 $R_S$를 $n^2R_S$으로 변형하는 그림 2.78의 회로에 대한 예제 2.21을 반복하라.

2.20. 매칭된 입력과 출력에서 수동(가역) 회로의 NF가 회로의 전력 손실과 같음을 증명하라.

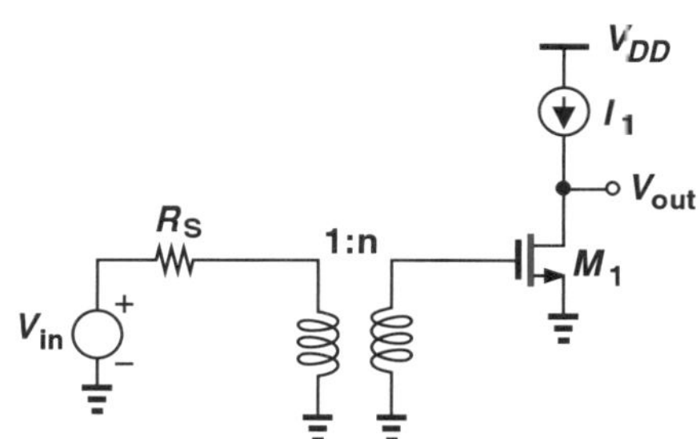


**그림 2.78** *트랜스포머에 의해 구동되는 CS 단*

2.21. 그림 2.79의 각 회로의 소스 임피던스 $R_S$에 대한 잡음지수(Noise Figure)를 구하라. 채널 길이 변조와 기판 효과는 무시하라.

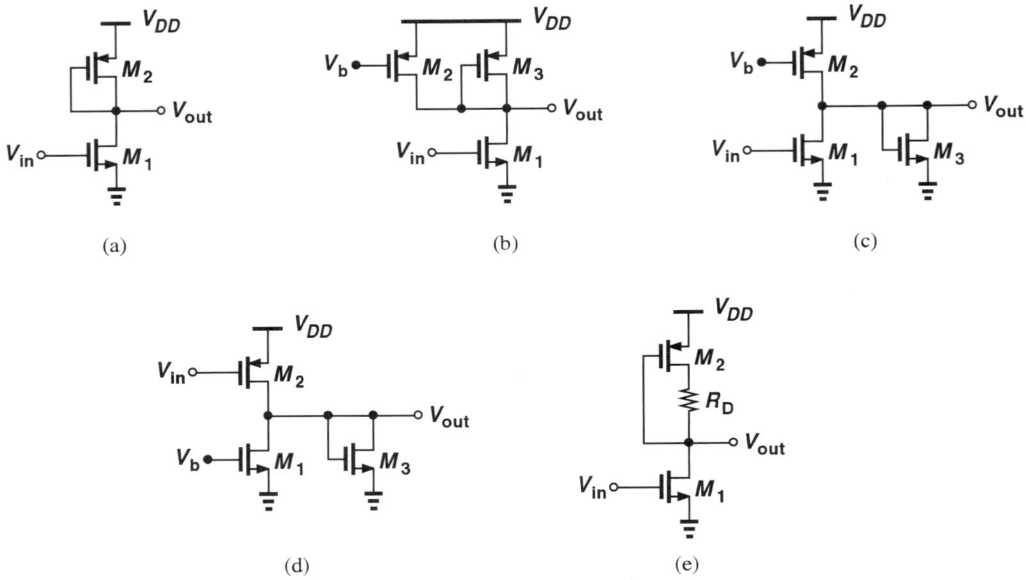


**그림 2.79** *NF 계산을 위한 CS 단들*

2.22. 그림 2.80의 각 회로의 소스 임피던스 $R_S$에 대한 잡음지수를 구하라. 채널 길이 변조와 기판 효과는 무시하라.

2.23. 그림 2.81의 각 회로의 소스 임피던스 $R_S$에 대한 잡음지수를 구하라. 채널 길이 변조와 기판 효과는 무시하라.

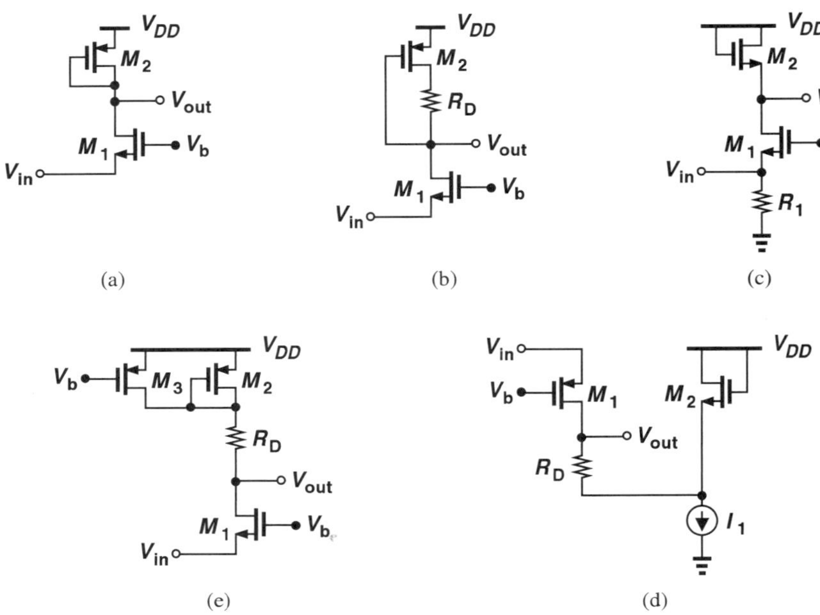


**그림 2.80** *NF 계산을 위한 CG 단들*

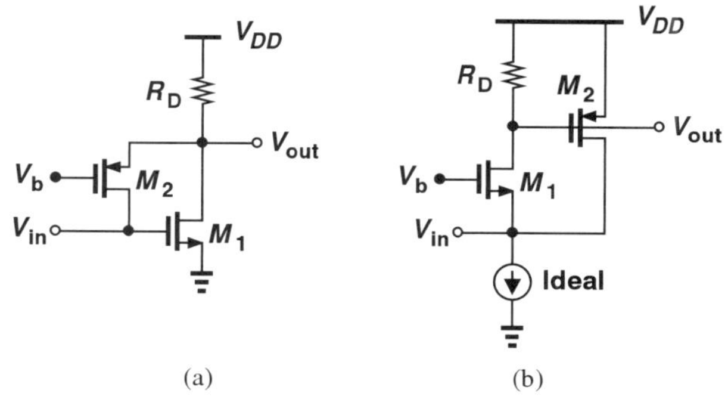


**그림** 2.81 *NF 계산을 위한 단들*

CHAPTER 03

# 통신의 개념

Communication Concepts

고집적 RF 송수신기(transceiver)를 설계하는 데는 통신이론에 대한 확실한 이해가 필요하다. 예를 들어, 2장에서 언급한대로, 수신기의 감도(sensitivity)는 신호대잡음비(signal-to-noise ratio)의 최소 허용치에 의존하고, 신호대잡음비는 변조기법에 의존한다. 사실, 오늘날에는 어떤 종류의 송수신기에 적용할지 고려하지 않는 저잡음증폭기나 발진기 등은 거의 설계하지 않는다. 더구나, 최근의 RF 설계자들은 디지털 신호처리 엔지니어들과 기능(function)과 성능(specification)의 절충(trade)을 위해 상호교류 해야 한다.

이번 장에서는 기본적지만 반드시 필요한 변조이론과 무선표준(wireless standard)에 대하여 다룬다. 통신이론보다는 특히 RF 집적회로 설계에 관심 있는 독자들에게 맞추어서 통신 개념들을 독자들에게 익숙하도록 쉽게 기술하였다. 이번 장의 개요는 아래와 같다.

| 변조 | 이동 시스템 | 다중접속 기술 | 무선표준 |
|---|---|---|---|
| ■ AM, PM, FM | ■ 셀룰러 시스템 | ■ 듀플렉싱 | ■ GSM |
| ■ 심볼 간 간섭 | ■ 핸드오프(Hand-off) | ■ FDMA | ■ IS-95 CDMA |
| ■ 신호 성상 | ■ 다중경로 페이딩 | ■ TDMA | ■ 광대역 CDMA |
| ■ ASK, PSK, FSK | ■ Diversity | ■ CDMA | ■ Bluetooth |
| ■ QPSK, GMSK, QAM | | | ■ IEEE802.11a/b/g |
| ■ OFDM | | | |
| ■ 스펙트럼 재성장 | | | |

## 3.1 일반적 고찰 General Considerations

당신의 목소리가 어떻게 휴대전화에 들어가서 몇 마일이나 떨어진 다른 휴대전화에서 나오는지 아는가? 당신의 목소리 신호가 거쳐 가는 놀라운 여정을 이해해보자.

휴대전화의 송신기는 '기저대역(baseband) 신호'의 목소리를 $\omega_c$를 갖는 '통과대역(passband) 신호'로 전환해 주어야 한다. 여기서, 기저대역 신호의 목소리는 0 주파수 근처를 중심으로 하여 20 Hz에서 20 kHz의 스펙트럼을 갖는다. 여기서 $\omega_c$를 '캐리어 주파수(carrier

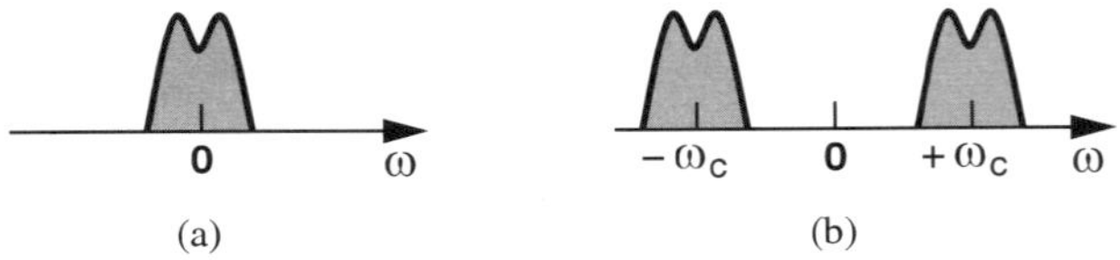


**그림 3.1** *(a) 기저대역과 (b) 통과대역 신호 스펙트럼*

frequency)'라고 한다[그림 3.1(b)].

일반적으로, '변조(modulation)'란 기저대역 신호를 통과대역 신호로 전환하는 것을 말한다. 다른 관점에서 보면, 변조는 기저대역 신호에 따라 정현파 캐리어의 파라미터가 변화된다. 예를 들어, 캐리어가 $A_0 \cos \omega_c t$라고 한다면, 변조된 신호는

$$x(t) = a(t) \cos[\omega_c t + \theta(t)], \tag{3.1}$$

로 나타낼 수 있고, 여기서 진폭 $a(t)$와 위상 $\theta(t)$가 변조된다.

원래의 기저대역 신호를 최소의 잡음과 왜곡으로 복구하기 위한 변조의 역을 복조(demodulation) 혹은 검출(detection)이라 한다. 따라서 그림 3.2와 같이 단순한 통신 시스템은 변조기/송신기, 채널(예를 들어 공기 혹은 케이블), 그리고 수신기/복조기로 구성된다. 채널은 신호를 감쇄시킨다는 것에 유의하자. '송수신기'는 변조기와 복조기 둘 다를 포함하고, 이 둘을 '모뎀(modem)'이라고 한다.

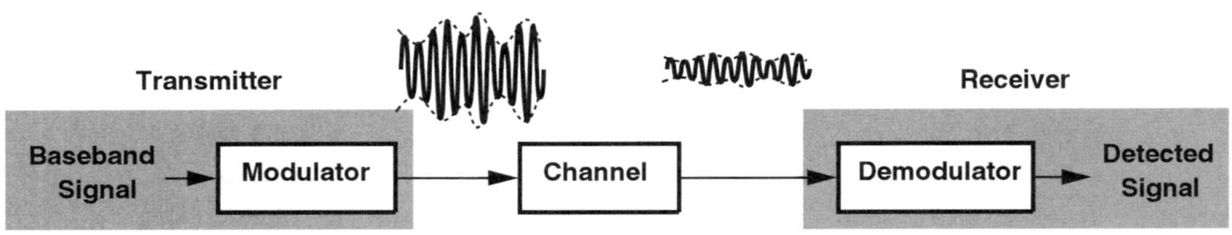


**그림 3.2** *일반적인 통신 시스템*

**변조의 중요한 점** 각 변조 기법의 여러 가지 특성 중에서 RF 설계에서 특히 중요한 세 가지는 다음과 같다.

1. 검출가능성(Detectability), 즉, 주어진 채널의 감쇄와 수신기의 잡음 가운데에서 복조된 신호의 질을 말한다. 예를 들어, 그림 3.3(a)와 같이 논리적으로 1은 큰 진폭으로, 0은 진폭이 없는 신호로 표현된 이진 진폭 변조를 생각해보자. 복조단계에서는 이러한 두 진폭을 단순히 구분해 내면 된다. 이제, 더 많은 정보를 싣기 위하여 그림 3.3(b)와 같이 4개의 서로 다른 진폭을 갖도록 해보자.

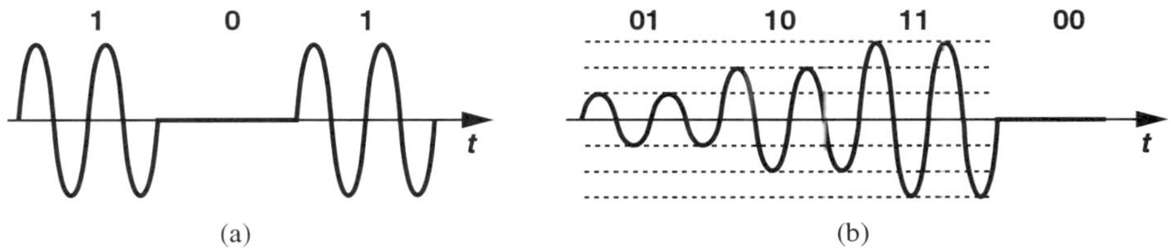


**그림 3.3** *(a) 2단계 변조와 (b) 4단계 변조*

이 경우에서는, 4개의 진폭 크기 차이가 2개일 때보다 작으므로 잡음 속에서 잘못 복조될 수 있다. 후자의 신호는 덜 검출가능하다(less detectable)고 할 수 있다.

2. 대역폭 효율성(Bandwidth efficiency), 즉, 기저대역 신호의 주어진 정보전달 속도에 따른 변조된 반송파가 차지하는 대역폭을 말한다. 사용 가능한 스펙트럼이 제한적인 오늘날의 시스템에서 이점은 매우 중요하다. 예를 들어, GSM 전화 시스템은 번잡한 도시에서 백만 명의 사용자를 위해 총 25 MHz의 대역을 사용한다. 3.6절에서는 이러한 대역폭을 많은 사용자가 공유하는 것에 대해 설명하였다.
3. 전력 효율성(Power efficiency), 즉, 송신기에 사용되는 전력 증폭기(PA)의 종류를 말한다. 이 장의 후반부에서 설명하겠지만, 어떤 변조신호는 *비선형* 전력 증폭기에서 처리되고, 어떤 변조신호는 선형 증폭기를 사용해야 한다. 비선형 PA가 일반적으로 더 효율적이기 때문에(12장), 비선형 증폭기를 사용 가능한 변조 기법을 사용하는 것이 바람직하다.

위의 세 가지 특성은 보통 상호 절충 관계이다. 예를 들어, 그림 3.3(a)의 변조형식보다 같은 대역폭에서 2배의 정보를 전달하는 그림 3.3(b)의 변조형식이 더 대역폭 효율성이 좋다. 그러나 이러한 장점은 반대로 진폭 값이 가깝게 배치되어 있어 검출가능성을 감소시키고, PA의 비선형성은 큰 진폭에 의해 억압되므로 전력 효율성도 감소시킨다.

## 3.2 아날로그 변조 Analog Modulation

마이크에서 나오는 것과 같은 아날로그 신호를 반송파에 싣는 것을 아날로그 변조라 한다. 오늘날의 고성능 통신 시스템에는 일반적으로 쓰이지 않지만, 아날로그 변조는 디지털 변조를 이해하는 데 필요한 기본적인 개념을 제공한다.

### 3.2.1 진폭 변조 Amplitude Modulation

기저대역 신호 $x_{BB}(t)$에 대한 진폭-변조(AM)된 파형은

$$x_{AM}(t) = A_c[1 + mx_{BB}(t)]\cos\omega_c t, \tag{3.2}$$

로 표현되고 $m$을 '변조 지표(modulation index)'라고 한다.[1] 그림 3.4(a)은 AM 신호를 생성하는 곱(multiplication)의 방법을 보여준다. 이 과정을 기저대역 신호가 '상향 변환(upconverted)' 되었다고 한다. 파형 $A_c\cos\omega_c t$는 '국부 발진기(local oscillator)'에서 생성된다. 시간 축에서 $\cos\omega_c t$와 곱은 $x_{BB}(t)$의 스펙트럼을 단순히 $\omega_c$의 중심주파수로 옮긴 것이다[그림 3.4(b)]. 따라서 $x_{AM}(t)$의 대역폭은 $x_{BB}(t)$의 두 배가 된다. $x_{BB}(t)$가 원점에 대해 대칭의 스펙트럼을 가지기 때문에 (실수 신호 이므로), $x_{AM}(t)$의 스펙트럼 역시 $\omega_c$에 대해 대칭이다. 이러한 대칭성은 모든 변조 기법에 적용되지는 않으며, 송수신기 구조 설계에 있어 중요한 역할을 한다(4장).

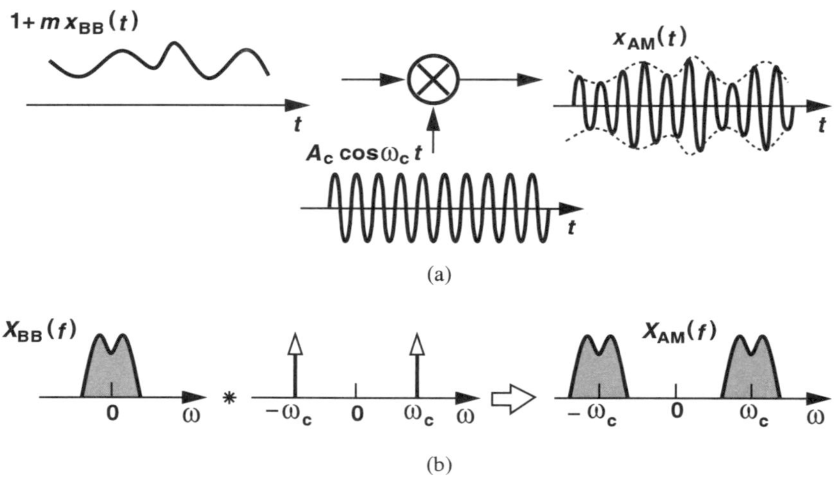


**그림 3.4** *(a) AM 신호 생성, (b) 결과 스펙트럼*

## 예제 3.1

RF Microelecronics

그림 3.3(a)의 변조 신호는 0과 1사이를 토글(toggle)하는 임의의 이진 시퀀스와 정현 반송파를 곱한 것이라 할 수 있다. 신호의 스펙트럼은 어떻게 되는지 알아보아라.

**풀이:**

같은 확률의 1과 0으로 이루어진 임의의 이진 시퀀스의 스펙트럼은 아래와 같다(3.3.1절).

$$S(f) = T_b\left(\frac{\sin\pi f T_b}{\pi f T_b}\right)^2 + 0.5\delta(f). \tag{3.3}$$

시간 축에서 정현파와 곱하면 스펙트럼은 중심주파수에서 $\pm f_c$만큼 이동한다(그림 3.5).

---

1. $x_{BB}(t)$가 전압 단위일 때 $m$은 1/volt 단위를 갖는다.

예제 3.1 (계속) FF Microelecronics

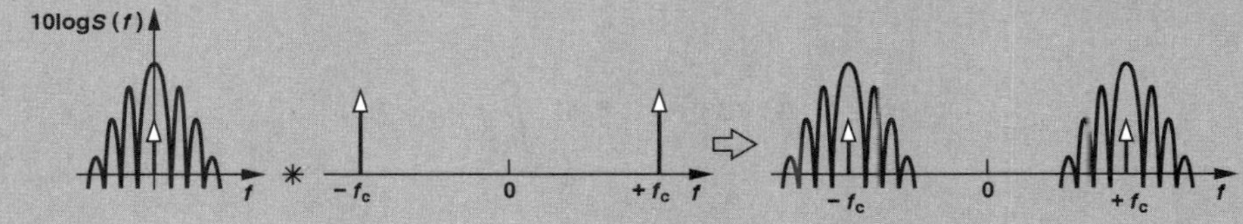


**그림 3.5** *임의의 이진데이터의 스펙트럼과 AM 출력*

AM 라디오 방송을 제외하고, 오늘날의 무선 시스템에서 진폭 변조는 거의 쓰이지 않는다. 진폭에 아날로그 정보를 싣기 위해서는 송신기에서 선형성이 강한 전력 증폭기가 필요하기 때문이다. 게다가 진폭 변조는 위상 변조(phase modulation)나 주파수 변조(frequency modulation)보다 잡음에 더욱 민감하다.

### 3.2.2 위상 그리고 주파수 변조 Phase and Frequency Modulation

위상 변조(PM)와 주파수 변조(FM)는 모뎀에서 뿐만 아니라 발진기나 주파수 합성기(frequency synthesizer)의 분석에서도 접하는 중요한 개념이다.

식 (3.1)을 다시 살펴보자. $\omega_c t + \theta(t)$ 성분을 '총 위상(total phase)'라고 한다. '순시 주파수(instantaneous frequency)'는 위상의 시간 미분으로 정의한다. 따라서 $\omega_c t + d\theta/dt$는 '총 주파수(total frequency)' 그리고 $d\theta/dt$는 '잉여 주파수(excess frequency)' 혹은 '주파수 편차(frequency deviation)'라고 한다. 진폭이 일정하고 잉여 위상이 기저대역 신호에 선형 비례한다면 캐리어는 위상 변조되었다고 하고,

$$x_{PM}(t) = A_c \cos[\omega_c t + m x_{BB}(t)], \tag{3.4}$$

이고, 여기서 $m$은 위상 변조 지표(phase modulation index)를 나타낸다. PM을 직관적으로 이해하기 위해 우선적으로 알아야 할 것은 $x_{BB}(t) = 0$일 때 캐리어 파형의 부호 교차점 (zero crossing)은 $T_c = 1/\omega_c$의 배수에 위치하여 일정한 간격을 갖는다. 그러나 시간에 따라 변화하는 $x_{BB}(t)$의 경우, 진폭이 일정한 상태에서 부호 변화점이 변조된다(그림 3.6).

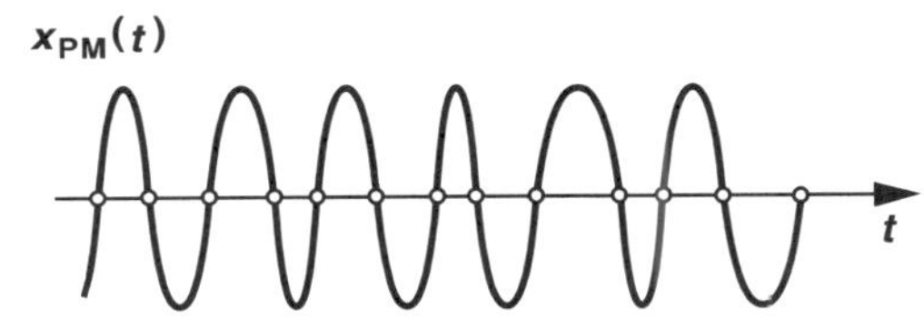


**그림 3.6** *위상 변조된 신호의 부호교차점*

마찬가지로, 잉여 주파수 $d\theta/dt$가 기저대역 신호에 대해 선형 비례한다면 캐리어는 주파수 변조되었다고 할 수 있다.

$$x_{FM}(t) = A_c \cos[\omega_c t + m \int_{-\infty}^{t} x_{BB}(\tau)d\tau]. \tag{3.5}$$

여기서 순시 주파수는 $\omega_c + mx_{BB}(t)$임을 확인하자.[2]

**예제 3.2** RF Microelecronics

(a) $x_{BB}(t) = A_0$, (b) $x_{BB}(t) = \alpha t$일 때의 PM과 FM 신호를 나타내어라.

**풀이:**

(a) 일정한 기저대역 신호의 경우,

$$x_{PM}(t) = A_c \cos(\omega_c t + mA_0); \tag{3.6}$$

즉, PM 신호는 단순히 일정한 위상 이동을 나타낸다. 한편, FM 결과는 다음과 같이 표현된다.

$$x_{FM}(t) = A_c \cos(\omega_c t + mA_0 t) \tag{3.7}$$

$$= A_c \cos[(\omega_c + mA_0)t]. \tag{3.8}$$

따라서, FM 신호는 $mA_0$만큼의 일정한 주파수 이동을 보여준다.

(b) $x_{BB}(t) = \alpha t$인 경우,

$$x_{PM}(t) = A_c \cos(\omega_c t + m\alpha t) \tag{3.9}$$

$$= A_c \cos[(\omega_c + m\alpha)t], \tag{3.10}$$

즉, PM 신호는 일정한 주파수 이동을 하였다. FM 신호는 다음과 같다.

$$x_{FM}(t) = A_c \cos\left(\omega_c t + \frac{m\alpha}{2}t^2\right). \tag{3.11}$$

이 신호는 위상이 시간에 대해 자승으로 증가하는 파형을 보여준다.

$x_{BB}(t)$에 대한 $x_{PM}(t)$와 $x_{FM}(t)$의 비선형성은 대역폭을 점차적으로 증가시킨다. 예를 들어, $x_{BB}(t) = A_m \cos\omega_m t$의 경우,

2. $x_{BB}(t)$가 전압 단위일 때 $m$은 frequency/volt 단위를 갖는다.

$$x_{FM}(t) = A_c \cos\left(\omega_c t + \frac{mA_m}{\omega_m}\sin\omega_m t\right), \tag{3.12}$$

스펙트럼은 $\omega_c \pm \omega_m$을 넘어선 것을 보여준다. PM과 FM의 대역폭에 대한 여러 가지 근사 법은 [1-3]에 나와 있다.

**협대역 FM 근사(Narrowband FM approximation)** 식 (3.12)에서 $mA_m/\omega_m << 1$ rad인 FM의 특별한 경우에는 RF 회로와 시스템 분석에 유용하다. 신호는 다음과 같이 근사된다.

$$x_{FM}(t) \approx A_c \cos\omega_c t - A_m A_c \frac{m}{\omega_m}\sin\omega_m t \sin\omega_c t \tag{3.13}$$

$$\approx A_c \cos\omega_c t - \frac{mA_m A_c}{2\omega_m}\cos(\omega_c - \omega_m)t + \frac{mA_m A_c}{2\omega_m}\cos(\omega_c + \omega_m)t. \tag{3.14}$$

그림 3.7은 $\pm\omega_c$의 임펄스(impulse, 캐리어)와 $\omega_c \pm \omega_m$, $-\omega_c \pm \omega_m$의 '측파대역(sideband)'으로 이루어진 스펙트럼을 보여준다. 변조 주파수 $\omega_m$이 증가할수록 측파대역의 크기는 감소한다는 것을 확인할 수 있다.

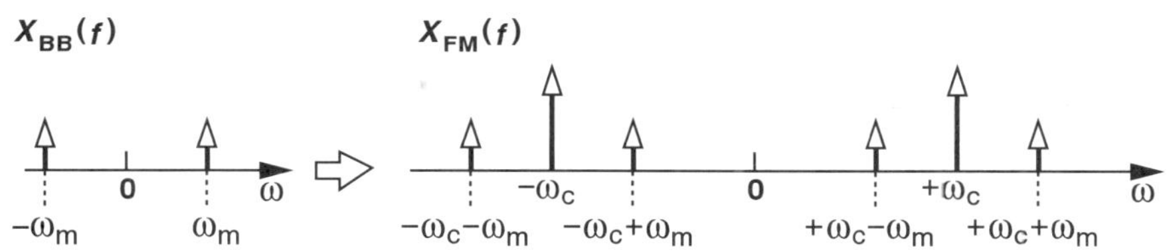


**그림 3.7** *협대역 FM 신호의 스펙트럼*

## 예제 3.3

RF Microelecronics

AM의 측파대역은 같은 부호를 갖는데 비해, FM(혹은 PM)의 측파대역은 반대 부호를 가진다고 여겨지곤 한다. 이는 일반적인 사실인가?

**풀이:**

식 (3.14)는 $\cos(\omega_c - \omega_m)t$와 $\cos(\omega_c + \omega_m)t$이 반대 부호를 가진다는 것을 보여준다. 그림 3.8(a)는 이 경우를 크기 플롯(magnitude plot)에서 부호를 허용함으로써 나타내었다. 진폭이 정현파로 변조된 캐리어는 다음과 같다.

$$x_{AM}(t) = A_c(1 + m\cos\omega_m t)\cos\omega_c t \tag{3.15}$$

$$= A_c \cos\omega_c t + \frac{mA_c}{2}\cos(\omega_c + \omega_m)t + \frac{mA_c}{2}\cos(\omega_c - \omega_m)t. \tag{3.16}$$

(계속)

## 예제 3.3 (계속)



이는 측파대역이 같은 부호를 같은 것을 나타낸다[그림 3.8(b)]. 그러나 일반적으로 AM과 FM의 측파대역 펄스(pulse)의 극성은 구분하지 않는다. 식 (3.2)와 (3.5)에 나타난 사인파와 코사인파의 4가지 조합을 적어보면 그림 3.9의 스펙트럼을 확인할 수 있다. 캐리어와 측파대역의 정확한 스펙트럼을 보면 변조가 AM인지 협대역 FM인지 구별이 가능하다.

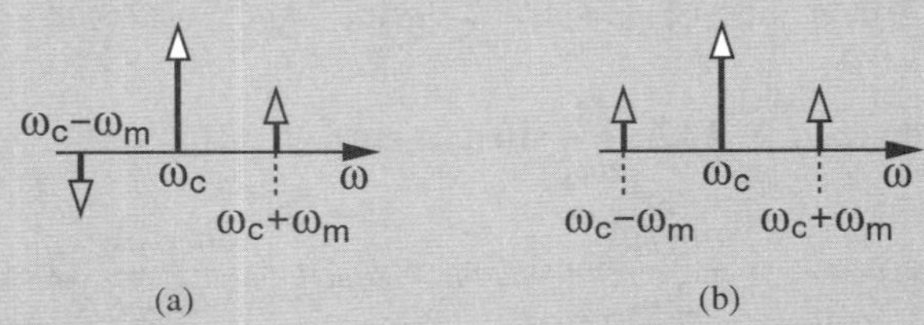


**그림 3.8** *(a) 협대역 FM, (b) AM 신호의 스펙트럼*

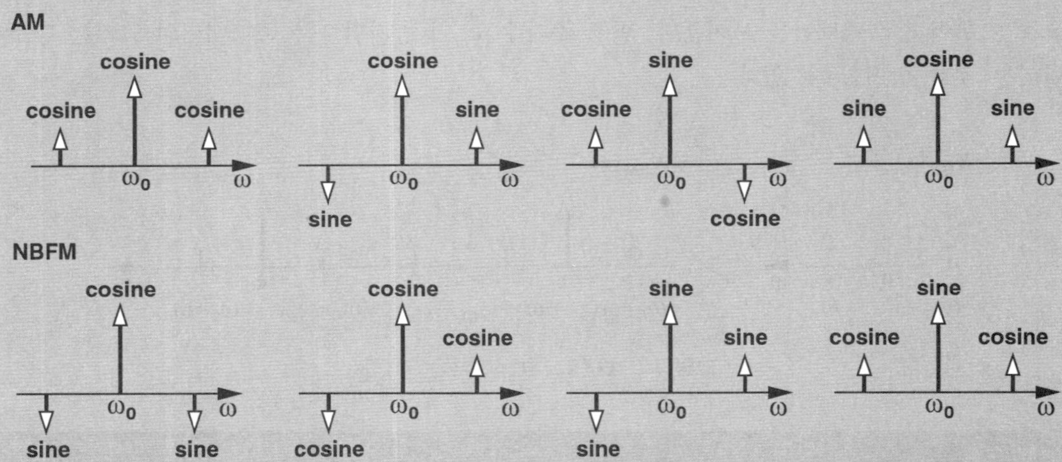


**그림 3.9** *AM과 협대역 FM 신호의 스펙트럼*

그러나, AM과 FM 측파대역의 중요한 차이점은 캐리어에 따른 각 회전 관계에 있다. AM 신호는 측파대역이 언제나 진폭만 변조되어야 한다. 따라서, 그림 3.10(a)의 페이저

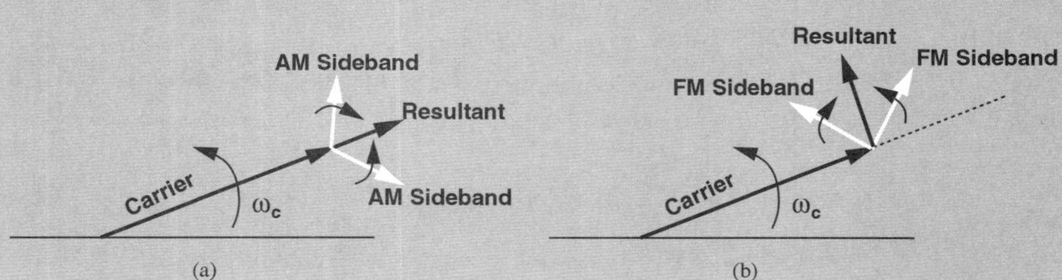


**그림 3.10** *(a) AM과 (b) FM 측파대의 캐리어에 대한 회전*

**예제 3.3** (*계속*) **RF Microelecronics**

(phasor)가 나타내는 대로, 두 개의 측파대역은 서로 반대방향으로 회전하여 결과적으로 캐리어와 정렬되게끔 한다. 한편, FM 신호의 측파대역은 캐리어 진폭의 성분을 만들지 않고 그림 3.10(b)와 같이 위치하여, 언제나 캐리어와 *수직(perpendicular)*이 된다.

위 예제로부터 얻은 통찰력은 많은 RF 회로에서 유용하다. 다음 예제는 더 나아가 비선형 회로에서 어떤 재미있는 현상이 일어나는지 보여준다.

**예제 3.4** **RF Microelecronics**

$\omega_c$의 큰 정현파와 $\omega_c + \omega_m$의 작은 정현파의 합이 차동 증폭기(differential pair)에 인가되었다[그림 3.11(a)]. 왜 출력의 스펙트럼이 $\omega_c - \omega_m$ 성분을 포함하는지 설명하라. 차동 증폭기는 '심한 진폭 제한(hard limiting)' 상황, 즉 $A$가 $I_{SS}$를 각각 양 쪽에 흐를 수 있게 충분히 큰 상황에 놓였다고 가정하자.

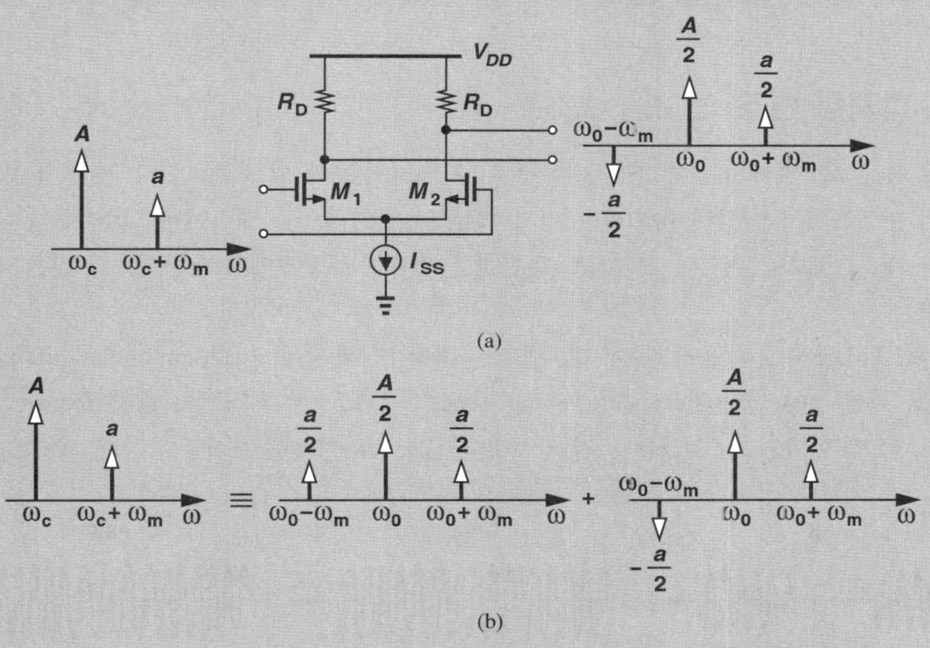


**그림 3.11** *(a) 큰 신호와 작은 신호가 동시 입력된 차동쌍, (b) 한쪽 측파대의 AM과 FM 성분들로의 변화*

(*계속*)

예제 3.4 (계속) RF Microelecronics

**풀이:**

그림 3.11(b)와 같이 입력 스펙트럼을 두 개의 대칭적인 스펙트럼으로 분해해보자.[3] 한 쪽은 측파대역이 같은 부호를 가지고 있어 AM 파형으로 보인다. 이는 심한 진폭 제한 때문에 출력에서 감쇄된다. 측파대역이 반대 부호를 갖는 스펙트럼은 FM 파형으로 보인다. 심한 진폭 제한은 파형의 부호 변환점에서는 적용되지 않기 때문에 이는 출력으로 온전히 나온다.

그림 3.11(b)의 두 대칭 스펙트럼을 어떻게 AM과 FM으로 결정했는지 궁금할 것이다. 시간 축에서 입력은 다음과 같이 나타낼 수 있다.

$$\begin{aligned} A\cos\omega_c t + a\cos(\omega_c+\omega_m)t = {} & \frac{A}{2}\cos\omega_c t + \frac{a}{2}\cos(\omega_c+\omega_m)t + \frac{a}{2}\cos(\omega_c-\omega_m)t \\ & + \frac{A}{2}\cos\omega_c t + \frac{a}{2}\cos(\omega_c+\omega_m)t \\ & - \frac{a}{2}\cos(\omega_c-\omega_m)t. \end{aligned} \tag{3.17}$$

예제 3.3을 바탕으로, 식 (3.17)의 처음 3개의 항이 AM 신호, 나중 3개의 항이 FM 신호라는 것을 알 수 있다.

## 3.3 디지털 변조 Digital Modulation

디지털 통신 시스템에서는 캐리어가 디지털 기저대역 신호에 의해 변조된다. 예를 들어, 휴대전화의 마이크에서 생성된 목소리는 디지털화되고 순차적으로 캐리어에 실린다. 다음 장에 설명한 대로, 정보를 디지털 형식으로 운반하는 것은 아날로그에서의 통신보다 많은 장점을 갖는다.

AM, PM, FM에 대응하는 디지털 변조는 각각 '진폭 천이 키잉(amplitude shift keying, ASK)', '위상 천이 키잉(phase shift keying, PSK)', 그리고 '주파수 천이 키잉(frequency shift keying, FSK)'이다. 그림 3.12는 이진 기저대역 신호의 파형들을 보여준다. 이진 ASK 신호는

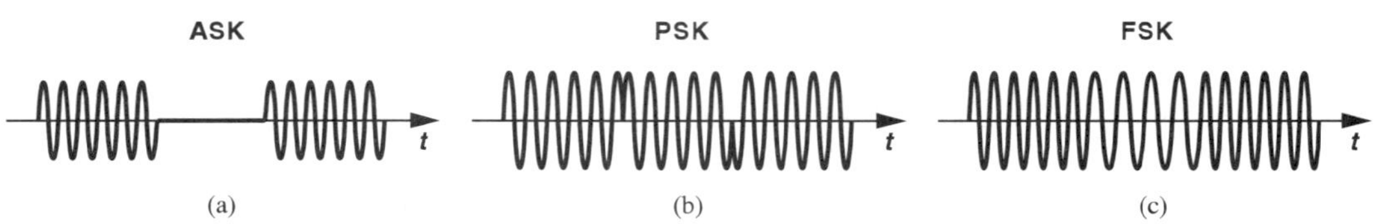


**그림 3.12** *ASK, PSK, FSK 파형*

3. 여기서의 대칭은 부호를 생략해서 말한 것이다.

꽉 찬 진폭과 0으로 토글(toggle)하여 이는 '온오프 키잉(on-off keying, OOK)'라고도 한다. PSK 파형은 캐리어의 위상을 0과 180°로 토글한다.

$$x_{PSK}(t) = A_c \cos \omega_c t \qquad \text{if data} = \text{ZERO} \tag{3.18}$$
$$= A_c \cos(\omega_c t + 180^\circ) \qquad \text{if data} = \text{ONE}. \tag{3.19}$$

ASK와 PSK 신호를 생성하는 방법을 생각해보자. 그림 3.13(a)와 같이 기저대역 이진 데이터가 0과 1로 토글하면 이 파형과 캐리어를 곱해서 ASK 출력을 만든다. 한편, PSK 신호는 데이터가 변할 때마다 캐리어의 부호가 바뀌므로 (따라서 위상은 180° 바뀐다.) 그림 3.13(b)와 같이 기저대역 정보가 −0.5와 0.5로 토글하여 (평균을 취하면 0) 이 파형과 캐리어를 곱해서 PSK 신호를 만든다.

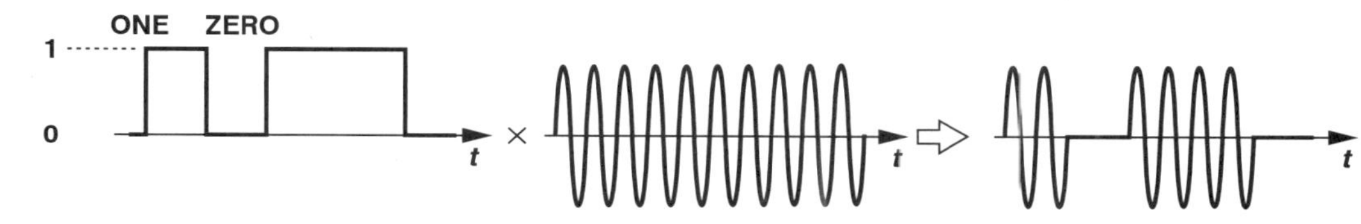


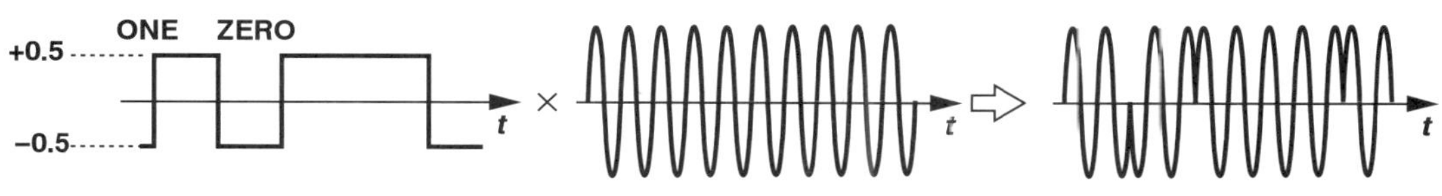


**그림 3.13** *(a) ASK, (b) PSK 신호의 생성*

ASK, PSK, FSK와 더불어 수많은 디지털 변조 기법이 존재한다. 이 장에서는 그들 중 RF 시스템에서 널리 쓰이는 기법을 살펴볼 것이다. 그러나 무엇보다 앞서, 디지털 통신에서의 기본적인 다음의 두 가지 개념인 '심볼 간 간섭(intersymbol interference, ISI)'과 '신호 성상(signal constellations)'과 먼저 친숙해져야 한다.

### 3.3.1 심볼 간 간섭 Intersymbol Interference

선형 시불변 시스템은 충분한 대역폭이 주어지지 않을 경우에 신호를 '왜곡(distort)'시킬 수 있다. 일반적인 예로 저역통과필터(low-pass filter)에서 주기적인 구형파의 고주파 성분이 감쇄되는 현상이다[그림 3.14(a)]. 그러나 제한된 대역폭은 임의의 비트 스트림(bit stream)에서는 더욱 치명적이다. 이것을 이해하기 위해 저역통과필터에 하나의 이상적인 구형 펄스가 입력될 때를 생각하면, 출력에 나타나는 지수형태의 꼬리(exponential tail)가 필터의 대역폭이 줄어듦에 따라 길어지는 것을 기억하자. 이러한 현상은 신호가 시간 축과 주파수 축에서 동

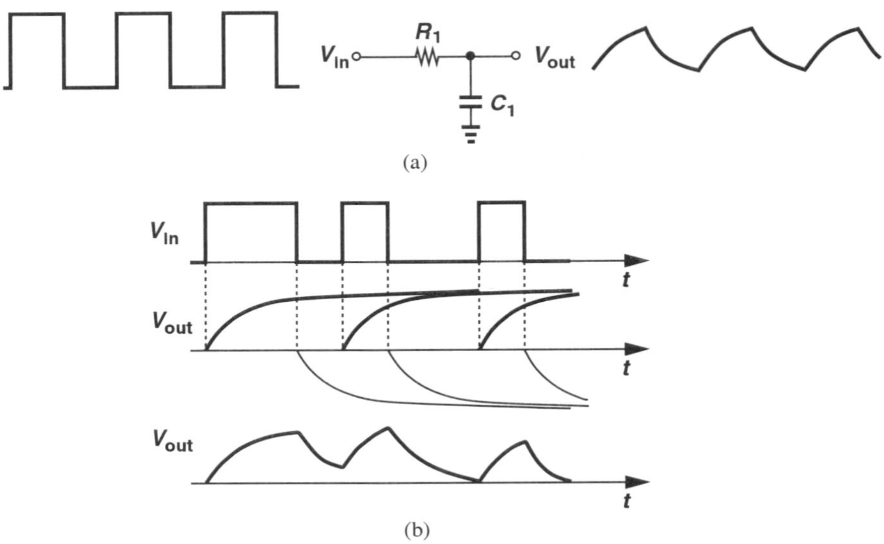


**그림 3.14** *(a) 주기적인 파형, (b) 임의의 시퀀스의 저역통과필터에 의한 영향*

시에 제한될 수 없기 때문에 일어난다. 시간 축에서 제한된 신호인 펄스가 주파수 축에서 제한된 시스템에 입력된다면 그 출력은 반드시 시간 축에서 무한대로 늘어지게 된다.

이제 1과 0의 임의의 시퀀스로 구성된 디지털 시스템의 출력을 살펴보자. 이 시퀀스가 저역통과필터(LPF)를 통과하면 출력은 각 입력 비트의 응답(response)을 중첩한 것이다[그림 3.14(b)]. 각 비트의 크기는 이전 비트에서 생긴 꼬리에 의해 왜곡된다. 이러한 '심볼 간 간섭'(ISI) 현상은 1의 피크(peak) 크기와 0사이를 가깝게 하여 에러(error)발생 확률을 증가시킨다. 또한, ISI와 잡음 간에는 상호 절충 관계가 발생하는데, 만약 잡음을 줄이기 위해 대역폭을 줄이면 ISI가 증가하게 된다.

일반적으로 스펙트럼의 일부를 잘라낸 시스템은 신호에서 ISI가 발생하게 된다. 다음의 예제는 이러한 현상을 보여준다.

## 예제 3.5

RF Microelecronics

그림 3.15(a)에 도시된 임의의 이진 시퀀스 $x_{BB}(t)$의 스펙트럼을 나타내고, 이를 저역통과필터링했을 때의 효과를 주파수 축에서 설명하라.

**풀이:**

일반적인 임의의 이진 시퀀스를 생각해보자. 기본 펄스를 $p(t)$로 표현하면

$$x_{BB}(t) = \sum_{n=0}^{\infty} a_n p(t - nT_b), \tag{3.20}$$

**예제 3.5** (계속)

RF Microelecronics

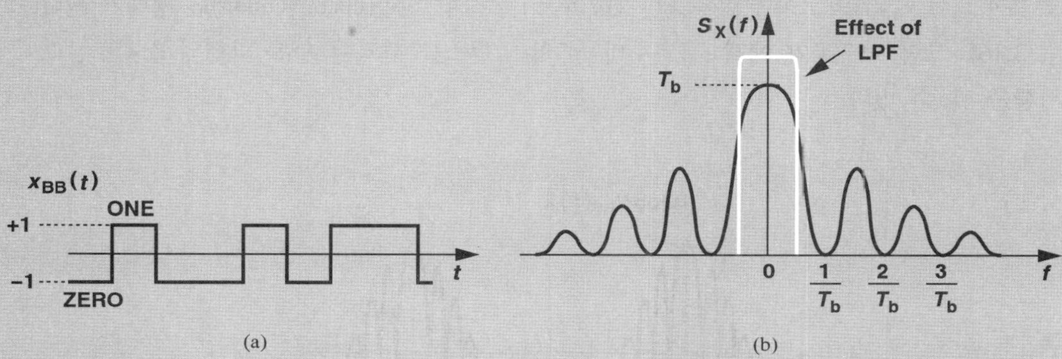


**그림 3.15** *(a) 1과 −1사를 토글링하는 임의의 이진 시퀀스, (b) 스펙트럼*

와 같이 나타낼 수 있고, $a_n$은 +1과 −1 중 같은 확률로 임의의 값을 갖는다. 이 예제에서는 $p(t)$가 단순한 구형 펄스이다. $x_{BB}(t)$의 스펙트럼은 $p(t)$의 푸리에 변환(Fourier transform)의 크기를 자승한 형태이다[1].

$$S_x(f) = \frac{1}{T_b}|P(f)|^2. \tag{3.21}$$

폭이 $T_b$인 구형 펄스(높이는 1),

$$P(f) = T_b\frac{\sin \pi f T_b}{\pi f T_b}, \tag{3.22}$$

로부터 $x_{BB}(t)$의 스펙트럼을 다음과 같이 표현할 수 있다.

$$S_x(f) = T_b\left(\frac{\sin \pi f T_b}{\pi f T_b}\right)^2. \tag{3.23}$$

그림 3.15(b)를 보면 비트 속도(bit rate, $1/T_b$)의 배수에서 0의 값을 갖고, $f = \pm\ 1/T_b$ 범위 밖에서 '부엽(side lobes)'이 존재하는 $\text{sinc}^2$의 스펙트럼을 볼 수 있다.

이 신호가 $1/(2T_b)$ 정도의 협대역 특성을 갖는 저역통과필터에 입력되면 어떻게 되는가? $1/(2T_b)$ 이상의 주파수 성분들은 제거되므로 신호에 상당히 큰 ISI가 발생한다.

그림 3.15(a)의 이진 시퀀스가 캐리어의 위상에 실린다면 스펙트럼이 어떻게 될지 생각해 보자. 그림 3.13(b)의 방법을 이용하면

$$x_{PSK}(t) = x_{BB}(t)\cos\omega_c t, \tag{3.24}$$

로 표현되어 $x_{BB}(t)$의 스펙트럼을 $\pm f_c = \omega_c/(2\pi)$로 상향 변환(upconversion)한 형태가 된다(그림 3.16). 그림 3.13(a)와 예제 3.1로부터 $\pm f_c$의 임펄스를 제외한 ASK 파형의 스펙트럼과 유사함을 알 수 있다.

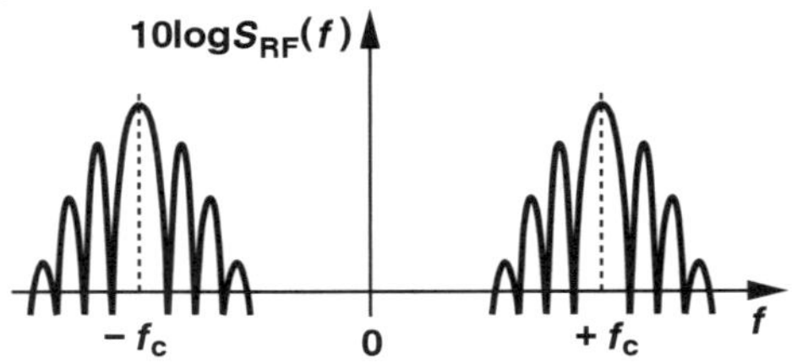


**그림 3.16** *PSK 신호의 스펙트럼*

**펄스 성형(Pulse shaping)** 위 내용들로부터 변조된 신호의 대역폭을 줄이기 위해서는 *기저대역* 펄스 자체가 작은 대역폭을 갖게끔 설계해야 한다. 이러한 관점에서, 그림 3.15(a)의 이진 시퀀스에 구형 펄스를 사용하는 것은 좋지 않은 선택이다. 0과 1의 급격한 변화는 대역폭이 불필요하게 넓어지도록 만든다. 이런 이유로 통신 시스템의 기저대역 펄스는 보통 대역폭을 줄이기 위해 '성형(shaped)'된다. 그림 3.17은 기본 펄스가 부드럽게 변화하여 구형 펄스보다 작은 대역폭을 가지는 기본적인 예를 보여준다.

어떤 펄스가 가장 좁은 스펙트럼을 가질까? 이상적인 구형 펄스의 스펙트럼이 sinc이므로 시간 축에서의 sinc 펄스는 구형 스펙트럼(brickwall)을 가진다는 것을 알 수 있다[그림 3.18(a)]. 스펙트럼은 $\pm 1/(2T_b)$로 제한된다. 임의의 이진 시퀀스에 매 $T_b$ 초마다 sinc 펄스를 사용하면, 식 (3.21)로부터 스펙트럼은 구형으로 되어 그림 3.15(b)의 $S_x(f)$ 보다 상당히 작은

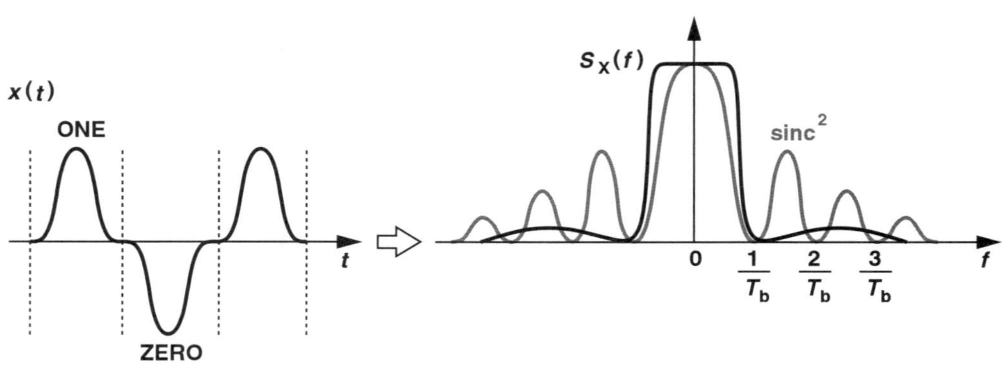


**그림 3.17** *부드러운 데이터 변화의 스펙트럼 효과*

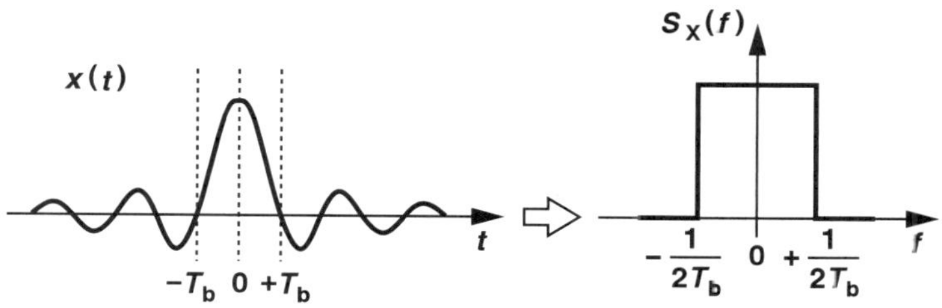


(a)

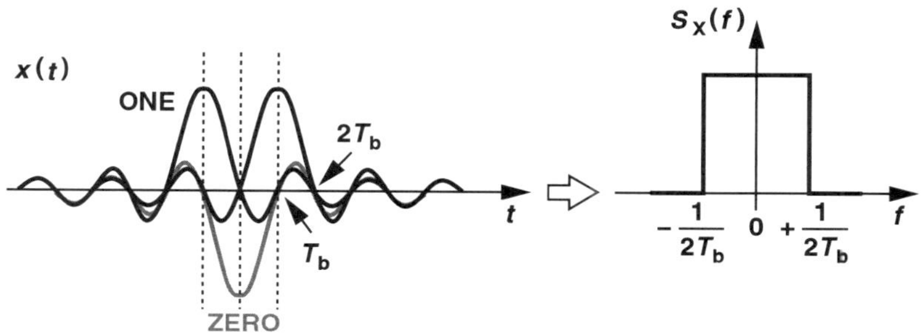


(b)

**그림 3.18** *(a) Sinc 펄스와 스펙트럼, (b) 임의의 Sinc 펄스 시퀀스와 스펙트럼*

대역폭을 가진다. 이러한 대역폭의 장점은 상향 변환 후에도 계속 유지된다.

그림 3.18(b)의 임의의 파형에서 ISI가 발생하는가? 파형이 정확히 $T_b$의 배수로 샘플링된다면 그 점에서는 다른 펄스들이 모두 0이 되므로 ISI역시 0이다. ISI가 발생하지 않도록 위와 같은 방법으로 펄스를 중첩시키는 것을 '나이키스트 신호법(Nyquist signaling)'이라 한다. 실제로는 sinc 펄스를 생성하기 어려우므로 근사치를 사용한다. 그림 3.19(a)의 일반적인 펄스는 다음과 같이 표현된다.

$$p(t) = \frac{\sin(\pi t/T_S)}{\pi t/T_S} \frac{\cos(\pi \alpha t/T_S)}{1 - 4\alpha^2 t^2/T_S^2}. \tag{3.25}$$

이 펄스는 '상승-코사인(raised-cosine)' 스펙트럼을 나타낸다[그림 3.19(b)]. '감쇄 계수

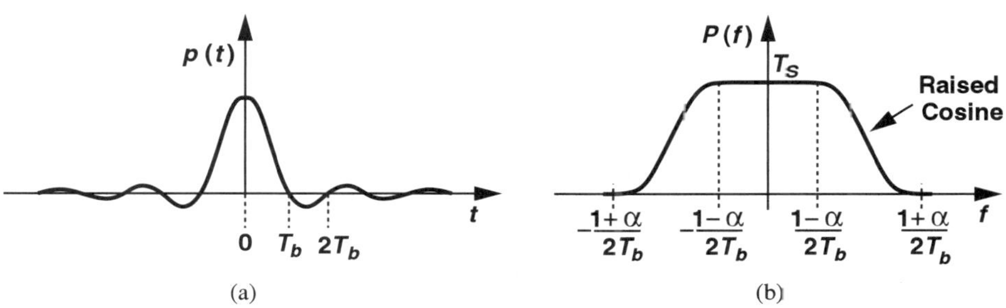


**그림 3.19** *상승-코사인 펄스 성형: (a) 기본 펄스와 (b) 스펙트럼*

(roll-off factor)'라고 불리는 α는 $p(t)$가 얼마나 Sinc와 비슷한지 즉, 얼마나 스펙트럼이 직사각형과 닮았는지를 결정한다. α = 0이면 펄스는 Sinc가 되고, 반대로 α = 1이면 스펙트럼은 비교적 넓어진다. α값의 일반적인 범위는 0.3에서 0.5이다.

### 3.3.2 신호 성상 Signal Constellations

'신호 성상'은 변조 기법을 시각화하고, 더욱 중요한 것은 비선형성을 보여준다는 것이다. 식 (3.24)을 구형 기저대역 펄스로 표현한 이진 PSK 신호를 생각해보자.

$$x_{PSK}(t) = a_n \cos \omega_c t \quad a_n = \pm 1 \tag{3.26}$$

이 신호는 하나의 '기본 함수(basis function)' $\cos \omega_c t$를 가지고, $a_n$의 값에 의해 정의된다. 그림 3.20(a)와 같이 성상은 $a_n$의 값을 보여준다. 수신기는 수신된 비트가 1인지 0인지를 확인하기 위해 성상의 두 값을 구분해야 한다. 진폭 잡음(amplitude noise)이 있는 경우에는 성상의 두 점이 그림 3.20(b)와 같이 '불명확(fuzzy)'해지므로, 두 점이 가까워져서 신호검출에 에러를 유발한다.

**그림 3.20** *(a) 이상적인 (b) 잡음이 있는 PSK 신호의 신호성상*

**예제 3.6** RF Microelecronics

진폭 잡음이 존재할 때, ASK 신호의 성상을 그려라.

**풀이:**

그림 3.13(a)의 신호는 다음과 같이 표현된다.

$$x_{ASK}(t) = a_n \cos \omega_c t \quad a_n = 0,\ 1. \tag{3.27}$$

그림 3.21(a)를 보면, 잡음은 진폭의 0과 1을 왜곡시킨다. 따라서 성상은 그림 3.21(b)와 같이 나타내어진다.

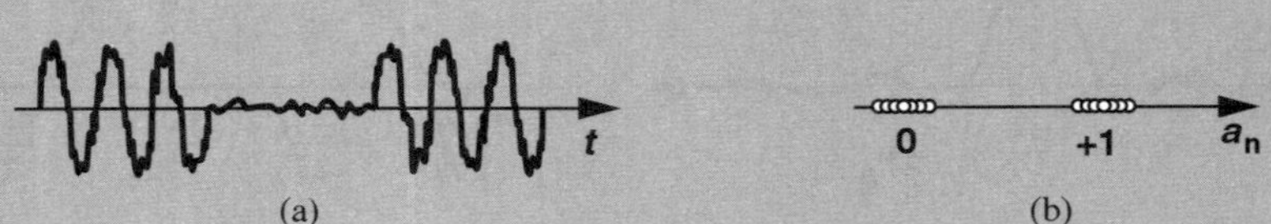


**그림 3.21** *(a) 잡음을 갖는 ASK 신호와 (b) 이 신호의 성상*

다음과 같이 표현되는 FSK 신호를 생각해보자.

$$x_{FSK}(t) = a_1 \cos \omega_1 t + a_2 \cos \omega_2 t \quad a_1 a_2 = 10 \text{ or } 01. \tag{3.28}$$

$\cos \omega_1 t$와 $\cos \omega_2 t$는 기저 함수(basis functions)[4]라고 하고 $a_1$과 $a_2$의 가능한 값을 그림 3.22(a)와 같이 도시한다. FSK 수신기는 수신된 주파수가 $\omega_1$(즉, $a_1 = 1$, $a_2 = 0$)인지 $\omega_2$(즉, $a_1 = 0$, $a_2 = 1$)인지를 구별해야 한다. 잡음이 존재한다면 성상의 각 점 근처에 '구름(cloud)'을 형성하여[그림 3.22(b)], 결정 경계선(decision boundary)을 넘어서는 샘플(sample)은 에러가 된다.

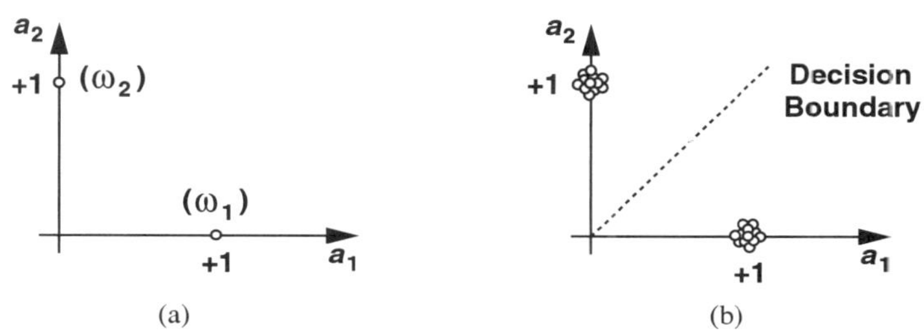


**그림 3.22** *(a) 이상적인 (b) 잡음이 있는 FSK 신호의 성상*

그림 3.20(b)와 3.22(b)의 성상을 비교해보면 성상의 점들이 더 멀리 떨어진 PSK 신호가 FSK 신호보다 잡음에 덜 민감함을 알 수 있다. 성상은 RF 시스템을 분석하는데 이러한 직관을 가져다준다.

또한 상성은 신호의 손상을 정량적으로 측정할 수 있게끔 한다. 성상의 점들이 이상적인 위치에서 얼마나 벗어나있는지를 나타낸 '에러 벡터 크기(error vector magnitude, EVM)'가 그 척도이다. EVM을 얻기 위해서는 많은 샘플을 검출하여 성상을 구현하고 이상적인 위치로부터 각 측정점의 벡터를 도시한다(그림 3.23). EVM는 이러한 에러 벡터의 실효치 크기(rms magnitude)를 신호의 실효치 전압(rms voltage)으로 정규화시킨 것으로 정의된다.

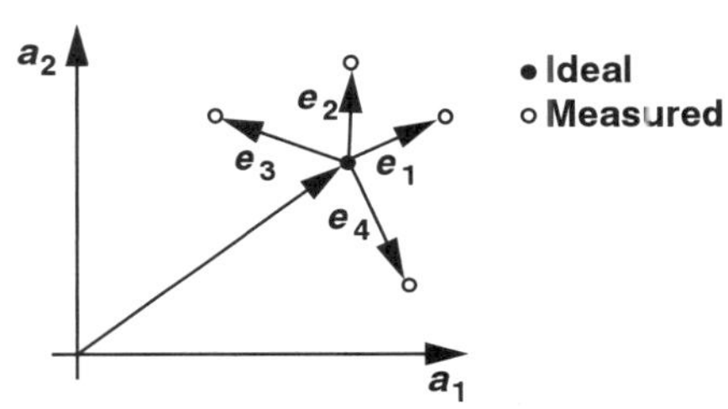


**그림 3.23** *EMV의 도시*

4. 기저 함수(basis function)들은 항상 직교(orthogonal)해야만 한다. 즉, 이들 사이에는 상관관계(correlation)가 전혀 없다.

$$\mathrm{EVM}_1 = \frac{1}{V_{rms}}\sqrt{\frac{1}{N}\sum_{j=1}^{N} e_j^2}, \tag{3.29}$$

$e_j$는 각 에러 벡터의 크기를 나타내고, $V_{rms}$는 신호의 실효치 전압을 나타낸다. 또한,

$$\mathrm{EVM}_2 = \frac{1}{P_{avg}} \cdot \frac{1}{N}\sum_{j=1}^{N} e_j^2, \tag{3.30}$$

와 같이 표현할 수 있고, $P_{avg}$는 평균 신호 전력(average signal power)을 나타낸다. EVM을 데시벨(decivels)로 표현하면 20 log $\mathrm{EVM}_1$ 또는 10 log $\mathrm{EVM}_2$이다.

신호 성상과 EVM는 송수신기와 전파 채널(propagation channel)의 다양한 비선형성의 영향을 분석하는 강력한 도구이다. 잡음, 비선형성, ISI와 같은 영향을 손쉽게 확인할 수 있다.

### 3.3.3 직교 변조 Quadrature Modulation

폭이 $T_b$ 초(seconds)인 구형 기저대역 펄스로 구성된 그림 3.16의 이진 PSK 신호는 전체 대역폭이 $2/T_b$ Hz(hertz)보다 상당히 넓다[RF로 상향 변환(upconversion) 후]. 기저대역 펄스 성형을 통해 이 대역폭을 거의 $2/T_b$에 가깝게 줄일 수 있다.

대역폭을 더 줄이기 위해서, '직교 변조(quadrature modulation)' 특히 '직교 PSK(quadrature PSK, QPSK)' 변조가 사용된다. 그림 3.24에 표현된 것처럼 이 아이디어는 이진 데이터 스트림을 두 개의 연속적인 비트로 나누어 이들의 캐리어에 '직교 위상(quadrature phase)'을 인가한다. 즉 $\cos\omega_c t$와 $\sin\omega_c t$를 사용한다:

$$x(t) = b_{2m}A_c\cos\omega_c t - b_{2m+1}A_c\sin\omega_c t. \tag{3.31}$$

그림 3.24를 보면 직렬-병렬 변환기(serial-to-parallel (S/P) converter)는 짝수 비트 $b_{2m}$과 홀수 비트 $b_{2m+1}$로 나누어 한 그룹은 위쪽으로, 다른 그룹은 아래쪽으로 보낸다. 그 후 두 그룹

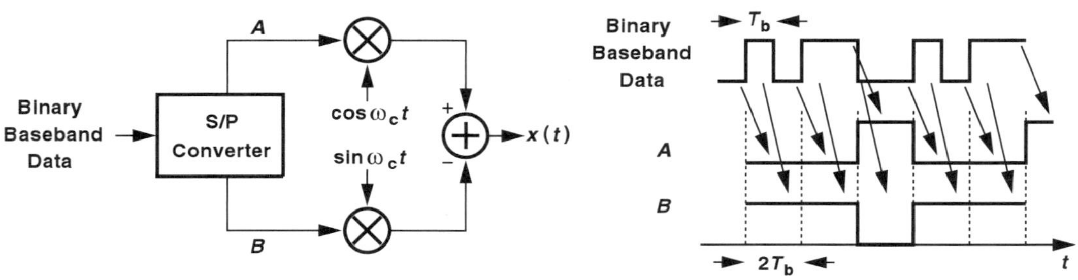


그림 3.24 *QPSK 신호의 생성*

은 캐리어의 직교 성분(quadrature components)을 곱하고 출력에서 서로 뺄셈한다. $\cos\omega_c t$와 $\sin\omega_c t$가 직교(orthogonal)하기 때문에 신호는 비트 $b_{2m}$과 $b_{2m+1}$이 서로 왜곡하지 않게 각각 검출가능하다.

QPSK 변조는 대역폭을 절반으로 줄인다. 이것은 그림 3.24에 나타난 대로, 디멀티플렉서(demultiplexer)(S/P 변환기)가 각 비트 지속시간(duration)을 두 배로 '늘려(stretches)'주기 때문이다. 다시 말해서, 주어진 펄스 모양과 비트 속도(bit rate)에서 PSK와 QPSK의 스펙트럼은 대역폭이 절반으로 줄었다는 점을 제외하면 동일하다. 이는 QPSK가 널리 쓰이는 가장 큰 이유이다. 혼돈을 피하기 위해, 그림 3.24의 $A$와 $B$의 펄스는 비트(bits)라기보다는 '심볼(symbols)'이라고 부른다.[5] 따라서 QPSK의 '심볼 속도(symbol rate)'는 비트 속도(bit rate)의 절반이다.

QPSK의 성상을 구하기 위해, 비트 $b_{2m}$과 $b_{2m+1}$을 높이(height)가 ±1인 펄스로 가정하고 변조된 신호를 $x(t) = \alpha_1 A_c \cos\omega_c t + \alpha_2 A_c \sin\omega_c t$로 표현할 수 있다. 여기서 $\alpha_1$과 $\alpha_2$는 각각 +1 혹은 −1 값을 갖는다. 성상은 그림 3.25(a)와 같다. 일반적으로 그림 3.24의 A와 B의 펄스는 '직교 기저대역 신호(quadrature baseband signals)'라고 하고 I(동위상의 경우)와 Q(직교위상의 경우)로 나타낸다. QPSK에서는 $I = \alpha_1 A_c$, $Q = \alpha_2 A_c$이고, 그림 3.25(b)와 같은 성상을 갖는다. 이번에도 역시 $\alpha_1$과 $\alpha_2$의 값을 성상에 간단히 표현할 수 있다.

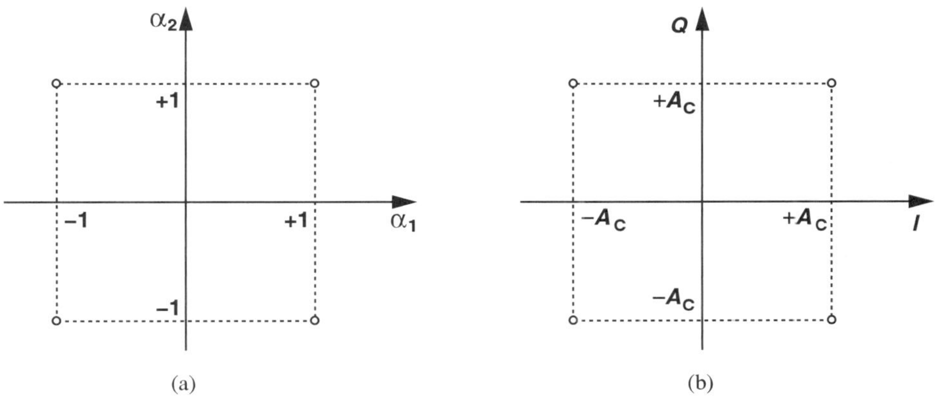


**그림 3.25** *(a) $\alpha_1$과 $\alpha_2$으로 표현한 QPSK 신호 성상과 (b) 캐리어의 직교위상으로 표현한 QPSK 신호 성상*

**예제 3.7** RF Microelecronics

회로의 비선형성 때문에 QPSK 변조기의 캐리어 위상 중 하나가 약간의 위상 에러 $\theta$를 갖는다.

$$x(t) = \alpha_1 A_c \cos(\omega_c t + \theta) + \alpha_2 A_c \sin\omega_c t. \quad (3.32)$$

(계속)

5. 더 정확히 말하자면, 두 연속적인 비트가 디멀티플렉싱되어 $A$와 $B$에 나타난 형태를 심볼이라 한다.

RF Microelecronics

## 예제 3.7 (계속)

이 변조기 출력의 신호 성상을 나타내어라.

**풀이:**

식 (3.32)을 $\beta_1 A_c \cos\omega_c t + \beta_2 A_c \sin\omega_c t$의 형태로 표현해보자.

$$x(t) = \alpha_1 A_c \cos\theta \cos\omega_c t + (\alpha_2 - \alpha_1 \sin\theta) A_c \sin\omega_c t. \tag{3.33}$$

$\alpha_1$과 $\alpha_2$가 ±1 값을 가지므로 $\cos\omega_c t$와 $\sin\omega_c t$의 정규화 계수(normalized coefficients)의 4가지 형태는 다음과 같다.

$$\beta_1 = +\cos\theta,\ \beta_2 = 1 - \sin\theta \tag{3.34}$$

$$\beta_1 = +\cos\theta,\ \beta_2 = -1 - \sin\theta \tag{3.35}$$

$$\beta_1 = -\cos\theta,\ \beta_2 = 1 + \sin\theta \tag{3.36}$$

$$\beta_1 = -\cos\theta,\ \beta_2 = -1 + \sin\theta. \tag{3.37}$$

그림 3.26은 결과 성상을 이상적인 모습에 중첩시켰다. 4장에 설명한 대로, 이러한 성상의 왜곡은 송신기와 수신기 모두에 치명적이다.

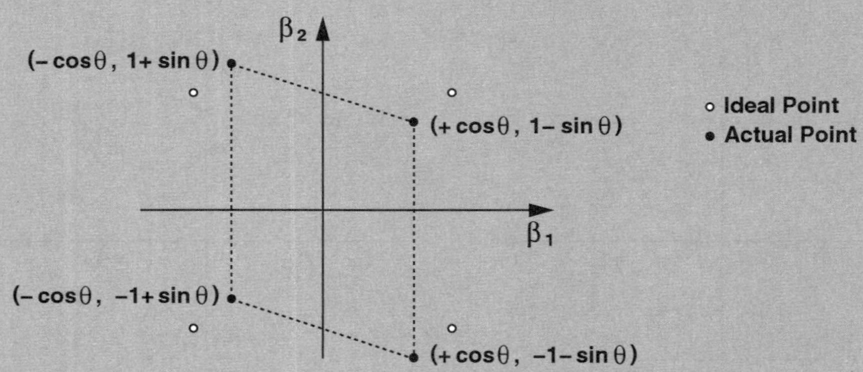


**그림 3.26** *QPSK 성상에서의 위상 에러의 영향*

QPSK 계열의 중요한 결점은 각 심볼(symbol)의 끝에서의 큰 위상 변화로부터 생긴다. 그림 3.27과 같이 S/P 변환기 출력의 파형이 동시에 변하면 즉, [−1 −1]에서 [+1 +1]로 변하면 캐리어에 180° 위상 변화, 결국 성상의 대각선으로 반대의 두 점 사이의 변화가 일어난다. 이것이 왜 심각한 문제인지 이해하기 위해서, 3.3.1절에서 기저대역 펄스는 보통 스펙트럼을 줄이기 위해 성형했다는 것을 기억하자. 만약 A와 B의 심볼 펄스가 캐리어 위상이 곱해지기 전에 성형된다면 어떻게 될까? 그림 3.28을 보면 펄스 성형을 하면 출력 신호 진폭('포락선(envelope)'이 90°나 180°의 위상 변화가 생길 때마다 큰 변화를 겪는 것을 알 수 있다. 결과

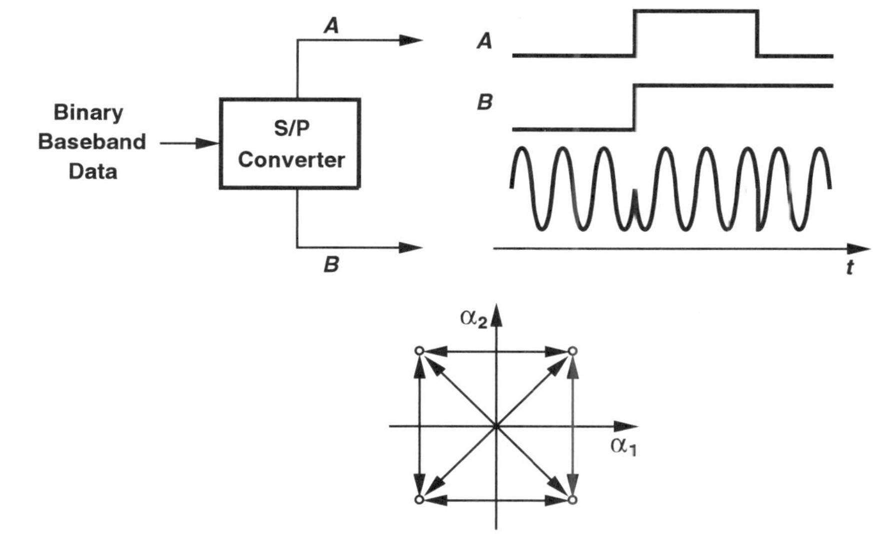


**그림 3.27** *A와 B의 동시 변화에 의한 QPSK 신호의 위상 변화*

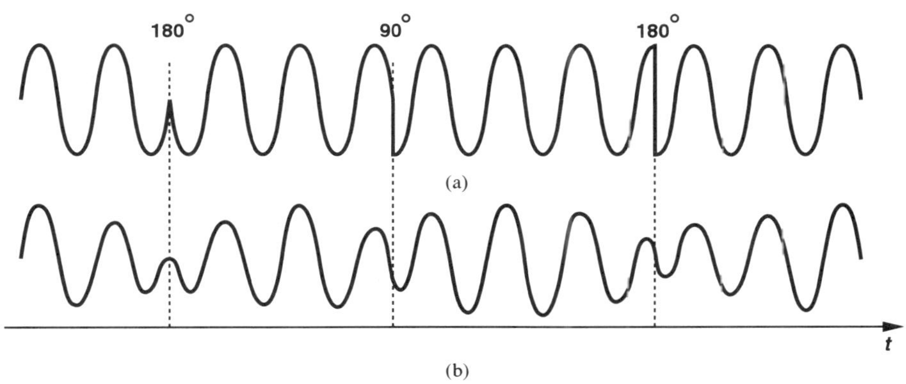


**그림 3.28** *(a) 구형기저대역펄스의 QPSK 파형, (b) 성형된 기저대역 펄스의 QPSK 파형*

파형은 '가변 포락선 신호(variable-envelope signal)'이다. 또한 포락선의 변화는 *위상 변화*에 비례함을 알 수 있다. 3.4절에서 설명했던 것처럼 가변 포락선 신호는 *선형* 전력 증폭기를 필요로 하는데, 이는 비선형 PA보다 효율이 낮을 수밖에 없다.

QPSK의 결점을 극복하는 다른 형태는 '오프셋(offset) QPSK'(OQPSK)이다. 그림 3.29와 같이, 데이터 스트림(stream)은 S/P 변환기 이 후에 심볼 주기의 절반만큼 오프셋(offset)을 가져, 노드(node) *A*와 *B*의 파형이 동시에 변하는 현상이 일어나지 않는다. 그러므로 위상 변화는 ±90°를 넘지 않는다. 그림 3.30은 시간 축과 성상에서의 위상 변화를 보여준다. 이러한 장점을 가지면서도 스펙트럼은 동일하게 유지된다. 그러나 불행히도, OQPSK는 '차동 인코딩(differential encoding)'을 적용할 수 없다(3.8절). 이 인코딩(encoding) 형식은 까다로운 작

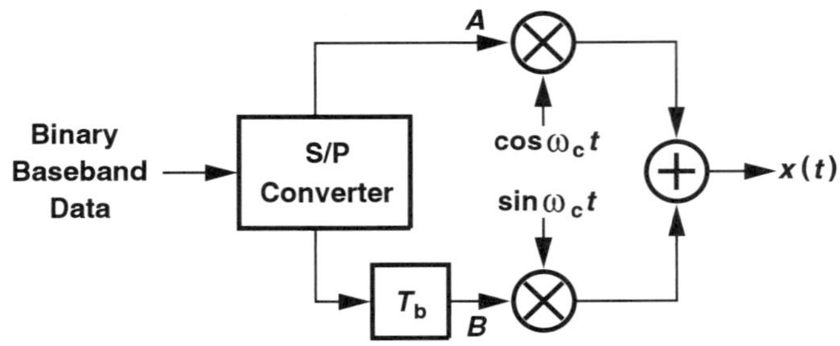


그림 3.29 *오프셋 QPSK 변조*

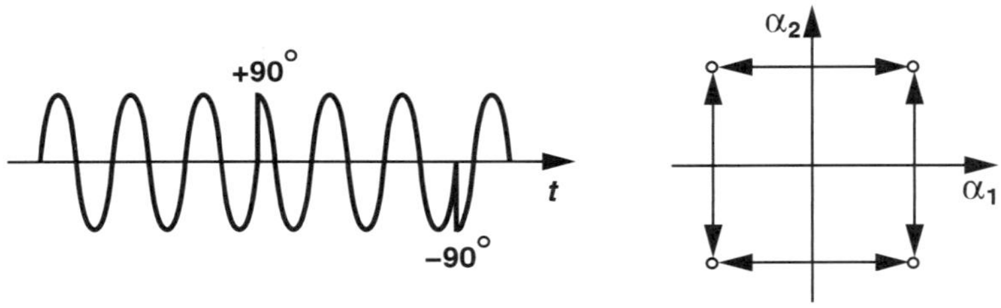


그림 3.30 *OQPSK의 위상 변화*

업인 '동기 검출(coherent detection)'을 할 필요가 없기 때문에 널리 사용된다.

차동으로 인코딩 가능한 QPSK의 다른 형태는 '$\pi$/4-QPSK'이다[4, 5]. 이 방법은 신호가 2개의 QPSK로 이루어지고, 하나는 다른 하나에 비해 45° 회전시킨 것이다.

$$x_1(t) = A_c \cos\left(\omega_c t + k\frac{\pi}{4}\right) \quad k \text{ odd}, \tag{3.38}$$

$$x_2(t) = A_c \cos\left(\omega_c t + k\frac{\pi}{4}\right) \quad k \text{ even}. \tag{3.39}$$

그림 3.31과 같이, 변조는 각 QPSK 생성기의 출력을 교대로 취하여서 이루어진다.

이 동작의 이해를 돕기 위해, 그림 3.32의 간단한 $\pi$/4-QPSK 생성기를 살펴보자. S/P 변환기 다음에 디지털 신호 크기는 위쪽 QPSK 변조기에서는 ±1을 나타내도록 조정되고, 아래쪽에

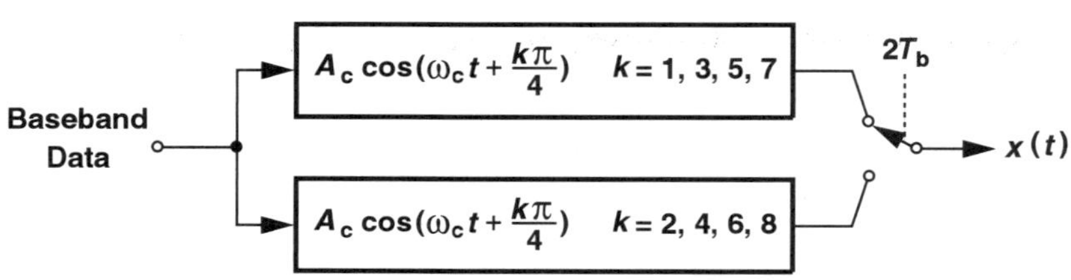


그림 3.31 *π/4-QPSK 신호의 생성 개념*

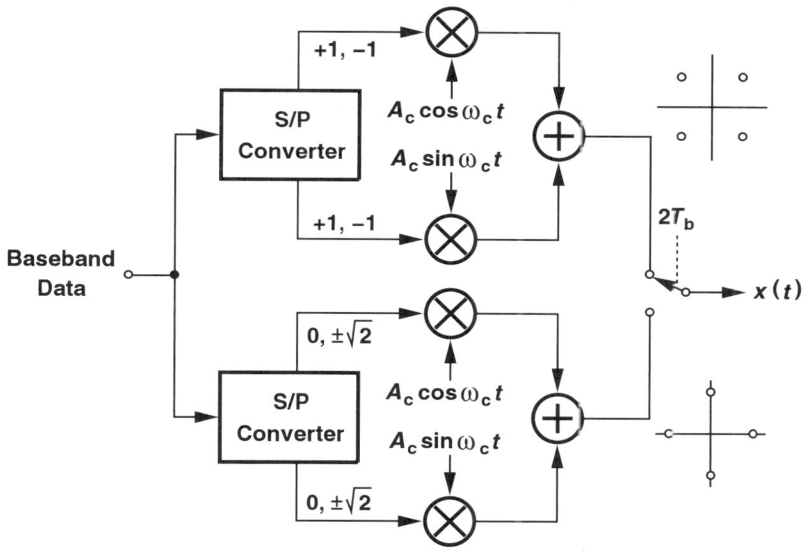


**그림 3.32** *π/4-QPSK 신호의 생성*

서는 0과 $\sqrt{2}$로 나타내도록 조정된다. 그러므로 두 출력은 $x_1(t) = \alpha_1 \cos\omega_c t + \alpha_2 \sin \omega_c t$, $[\alpha_1\ \alpha_2] = [\pm A_c\ \pm A_c]$ 그리고 $x_2(t) = \beta_1 \cos \omega_c t + \beta_2 \sin \omega_c t$, $[\beta_1\ \beta_2] = [0\ \pm\sqrt{2}]$, $[\pm\sqrt{2}\ 0]$와 같다. 따라서 신호 성상은 그림 3.32의 두 가지 모습이 교대로 나타난다. 이제 기저대역 시퀀스 [11, 01, 10, 11, 01] 을 생각해보자. 그림 3.33과 같이, 첫 번째 짝 [1 1]은 위쪽 생성기에서 $[+A_c\ +A_c]$로 변환되어 $y(t) = A_c \cos(\omega_c t + \pi/4)$를 출력한다. 다음 짝 [0 1]은 아래쪽 생성기에서 $[0\ -\sqrt{2}A_c]$로 변환되어 $y(t) = -\sqrt{2}A_c \cos \omega_c t$를 출력한다.

계속해서 디지털 신호가 인가되면, 신호 배열은 그림 3.33(a)와 같이 시간에 따라 변화하게 된다. 여기서 중요한 점은, 같은 신호 성상에서는 연속된 두 점이 없어서 최대 위상 변화

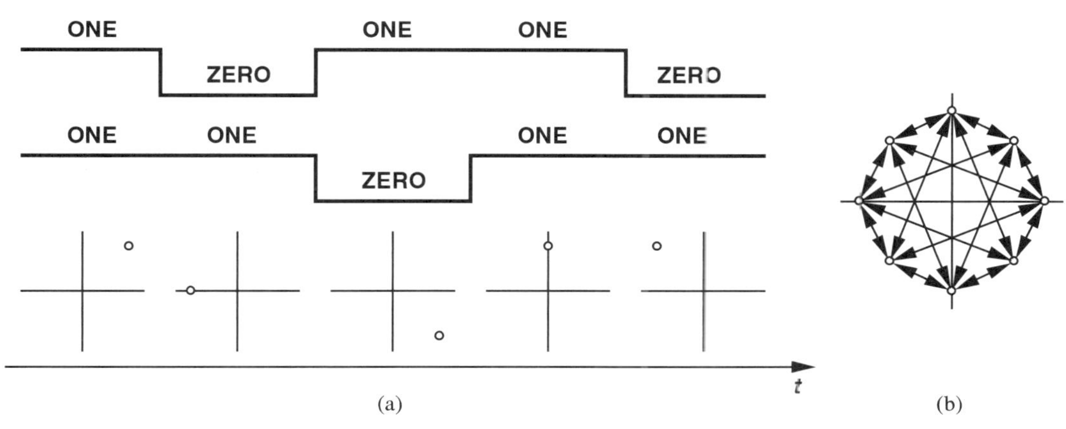


**그림 3.33** *(a) 시간영역에서의 π/4-QPSK 신호 변화, (b) 신호성상에서의 가능한 위상변화*

가 QPSK보다 작은 135°, 45°이라는 것이다. 이는 그림 3.33(b)에 나와 있다. 따라서 최대 위상 변화 관점에서 보면 $\pi$/4-QPSK는 QPSK와 OQPSK의 중간자인 셈이다.

기저대역 펄스 성형의 장점으로부터 QPSK와 이의 변형은 높은 스펙트럼 효율(spectral efficiency)을 가지나, 선형 전력 증폭기를 필요로 하므로 낮은 전력 효율(power efficiency)을 갖는다. 이러한 변조 기법들은 많은 시스템에 사용된다(3.7절).

### 3.3.4 GMSK와 GMSK 변조 GMSK and GFSK Modulation

선형 전력 증폭기를 필요로 하지 않아서 높은 전력 효율을 갖는 변조 기법의 종류를 '불변 포락선 변조(constant-envelope modulation)'라고 한다. 예를 들어, $x_{FSK}(t) = A_c \cos[\omega_c t + m \int x_{BB}(t)dt]$로 표현된 FSK 파형은 포락선이 변하지 않는다. FSK의 다른 변형들을 살펴보기에 앞서, 주파수 변조기의 구현에 대해 알아보자. 그림 3.34(a)와 같이, 전압에 의해 주파수가 조절되는 발진기[oscillator; '전압 제어 발진기(voltage-controlled oscillator, VCO)']가 주파수 변조를 수행한다. FSK에서는 구형 기저대역 펄스가 VCO에 인가되면 VCO 주파수의 급격한 변화로 인해 넓은 스펙트럼을 출력한다. 그러므로 기저대역 신호의 1과 0 사이에 부드러운 변화를 주어 스펙트럼을 줄인다. 주파수 변조를 위한 일반적인 펄스 성형 방법은 가우시안 펄스(Gaussian pulse)를 임펄스 응답으로 갖는 '가우시안 필터(Gaussian filter)'를 사용하는 것이다. 따라서 그림 3.34(b)와 같이 펄스들이 VCO에 입력되면 주파수가 부드럽게 변하여, 좁은 스펙트럼을 갖게 된다.

그림 3.34(b)의 '가우시안 최소 천이 키잉(Gaussian minimum shift keying, GSMK)'은 GSM 휴대 전화에 사용된다(3.7절). GMSK파형은 다음과 같이 표현된다.

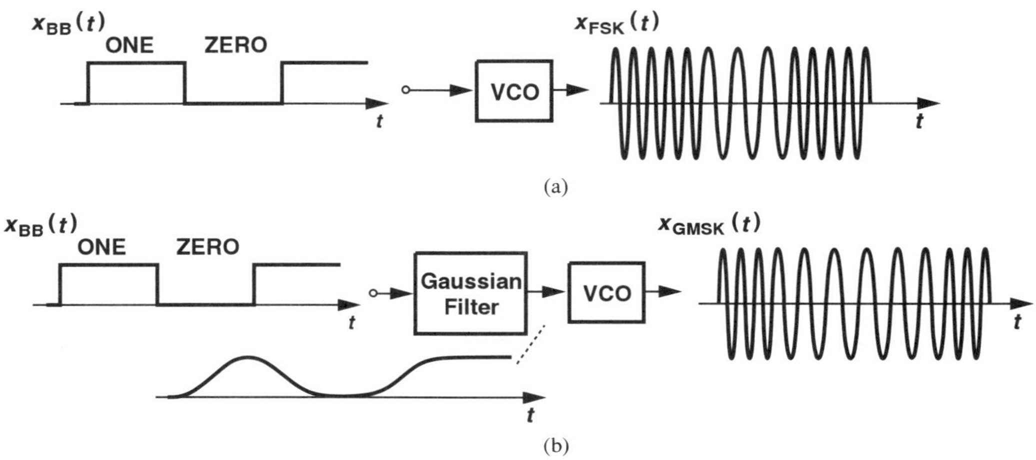


**그림 3.34** *(a) FSK 신호의 생성, (b) GMSK 신호의 생성*

$$x_{GMSK}(t) = A_c \cos[\omega_c t + m \int x_{BB}(t) * h(t)dt], \qquad (3.40)$$

여기서 $h(t)$는 가우시안 필터의 임펄스 응답을 나타낸다. 변조 지표(modulation index) $m$은 단위를 갖지 않으며 그 값은 0.5이다. 이러한 불변 포락선 덕분에 GMSK는 선형성에 큰 신경을 쓰지 않아도 되는 높은 효율의 PA에 최적화 할 수 있다.

GMSK와 약간 다른 버전인 가우시안 주파수 천이 키잉(Gaussian frequency shift keying, GFSK)은 블루투스(Bluetooth)에 사용된다. GFSK 파형은 식 (3.40)과 같으나 $m = 0.3$이다.

**예제 3.8** RF Microelecronics

직교 상향 변환기(quadrature upconverter)를 사용하여 GMSK 변조기를 설계하라.

**풀이:**

식 (3.40)을 다음과 같이 표현해보자.

$$x_{GMSK}(t) = A_c \cos[m \int x_{BB}(t) * h(t)dt] \cos \omega_c t - A_c \sin[m \int x_{BB}(t) * h(t)dt] \sin \omega_c t. \qquad (3.41)$$

따라서 그림 3.35와 같은 변조기를 설계할 수 있다. 가우시안 필터 다음에는 적분기(integrator)가 오고, 두 개의 생성기는 노드 A 신호의 sine과 cosine을 계산한다. 이러한 작업의 복잡도(complexity)는 아날로그 도메인에서보다 디지털 도메인에서 훨씬 간단하다.

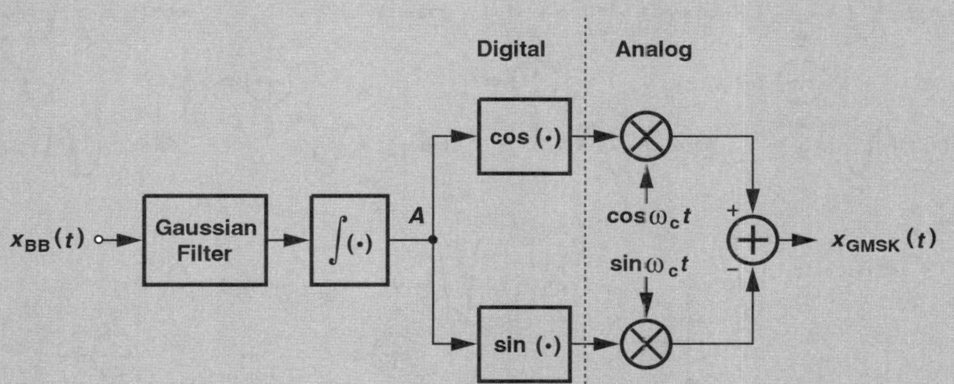


**그림 3.35** *GMSK 신호의 혼성 모드(mixed-mode)에서의 생성*

### 3.3.5 직교 진폭 변조 Quadrature Amplitude Modulation

PSK와 QPSK는 정보를 캐리어의 직교 성분(quadrature component)에 실음으로써 스펙트럼을 절반으로 줄인다는 것을 살펴보았다. 이러한 아이디어를 사용하여 스펙트럼을 더 줄일 수 있을까? 이를 위한 방법으로 '직교 진폭 변조(quadrature amplitude modulation, QAM)'이 있다.

QAM을 살펴보기에 앞서, QPSK 신호 성상의 네 개의 점에 해당하는 파형을 그려보자. 식 (3.31)과 그림 3.36(a)에서 언급했던 대로, 캐리어의 각 직교 성분은 $b_{2m}$과 $b_{2m+1}$의 값에 따라 +1 또는 −1로 곱해진다. 이제 sine과 cosine 파형의 진폭으로 네 개가 가능하다고 가정하면 즉, ±1과 ±2가 가능하다고 가정하면 16개의 출력 파형이 생긴다. 그림 3.36(b)는 그러한 파형들의 몇 가지 예를 보여준다. 다시 말해서, 이진 기저대역 스트림의 연속적인 네 개의 비트를 묶고, 16개의 파형 중 적절한 것을 고르게 된다. '16QAM'[6]이라 불리는 이 방법은 출력이 PSK 대역폭의 4분의 1만을 가지며, 다음과 같이 표현된다.

$$x_{16QAM}(t) = \alpha_1 A_c \cos\omega_c t - \alpha_2 A_c \sin\omega_c t \quad \alpha_1 = \pm 1, \pm 2,\ \alpha_2 = \pm 1, \pm 2. \tag{3.42}$$

16QAM의 신호 성상은 [$\alpha_1$ $\alpha_2$]의 16개의 가능한 조합으로 이루어진다(그림 3.37). 주어진 송신 전력에서 [즉, 그림 3.36(b)에 주어진 파형의 실효치] 성상의 점들은 QPSK 성상의 점들보다 가까워져서 검출(detection)이 잡음에 더 민감해진다. 이것은 대역폭을 줄이기 위한 대가이다.

'밀집된' 신호 성상에 더해서, 16QAM은 그림 3.36의 예와 같은 큰 포락선의 변화 또한 갖는다. 따라서 이러한 종류의 변조는 고선형 전력 증폭기(high-linear power amplifier)를 필

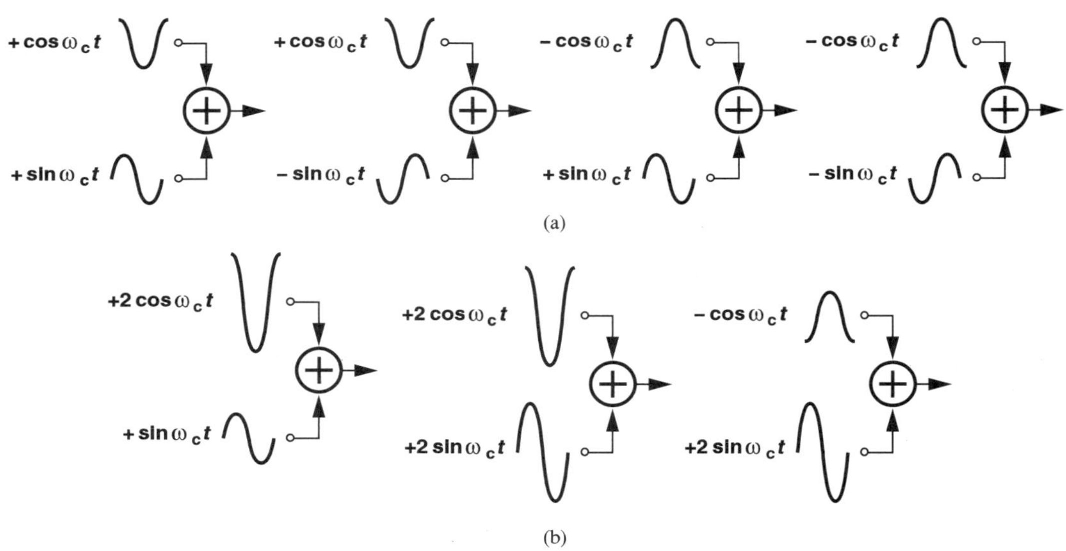


**그림 3.36** *(a) QPSK의 진폭 조합, (b) 16QAM의 진폭 조합*

6. QAM16이라고도 한다.

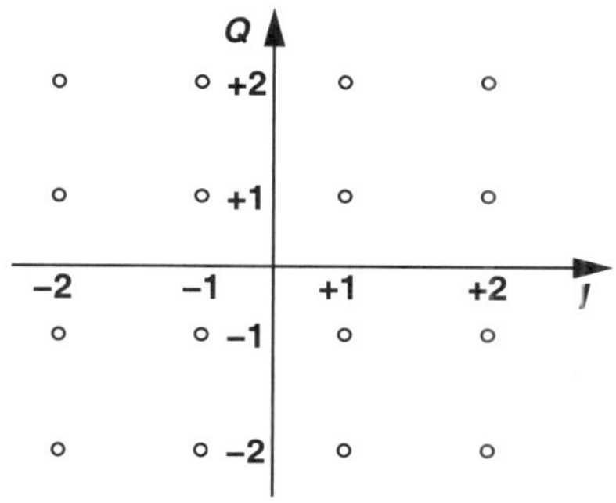


**그림 3.37** *16QAM 신호의 신호성상*

요로 한다. 여기서 다시 한 번 대역폭 효율(bandwidth efficiency), 검출가능성(detectability) 그리고 전력 효율(power efficiency) 사이의 상호절충 관계를 확인할 수 있다.

QAM의 개념은 더욱 밀집된 신호 성상에 까지 확장될 수 있다. 예를 들어, 이진 기저대역 스트림의 8개의 연속적인 비트를 묶어서 캐리어의 각 직교 성분이 8개의 진폭을 갖게 하면 64QAM이 된다. 대역폭은 PSK의 8배로 줄어드나, 검출(detection)과 전력 증폭기 설계는 더욱 어렵다.

많은 시스템에서 대역폭을 줄이기 위해 QAM을 사용한다. 예를 들어, IEEE802.11g/a는 더 빠른 데이터 속도(date rate)를 위해 64QAM을 사용한다(54 Mb/s).

### 3.3.6 직교 주파수 분할 다중화 Orthogonal Frequency Division Multiplexing

무선 환경에서의 통신은 '다중 경로 전파(multipath propagation)'라는 심각한 문제를 수반한다. 그림 3.38(a)에 나와 있는 것과 같이, 이는 전자기파가 송신기에서 수신기로 다중 경로를 통해 전파됨으로서 발생한다. 예를 들어, 한 전파는 TX로부터 RX로 직접 전파되는 동안 다른 전파는 수신기에 도착하기 전에 벽에 반사되었다. 경로 길이와 반사 물질에 의해 반사(reflection)는 위상 천이를 일으키므로, 전파는 RX에 엄청나게 다른 지연(delay)이나 큰 '지연 확산(delay spread)'을 가지고 도달한다. 이러한 지연이 치명적인 간섭(interference)을 가져오지 않더라도, 심각한 심볼 간 간섭을 가져오기도 한다. 이것을 이해하기 위해 예를 들어, 같은 정보를 같은 두 개의 ASK 파형이 다른 지연을 갖고 RX에 도달했다고 가정하자[그림 3.38(b)]. 안테나(antenna)는 이 파형들의 합을 감지하기 때문에, 두 개의 신호로 이루어진 기저대역 데이터는 시간 축에서 천이되어 ISI를 겪게 된다[그림 3.38(c)].

다중 경로에 의한 ISI는 큰 지연 확산이나 높은 비트 속도(bit rate)에서 더욱 심각하다. 예를 들어, 1 Mb/s의 데이터 속도는 지연 확산이 마이크로초 정도에 다다르면 다중 경로 전파에 민감해진다. 경험적으로, 사무실 건물내부와 집 내부에서의 통신은 데이터 속도(date rate)가 10 Mb/s가 넘어서면서부터 다중 경로 효과에 손상 받게 된다.

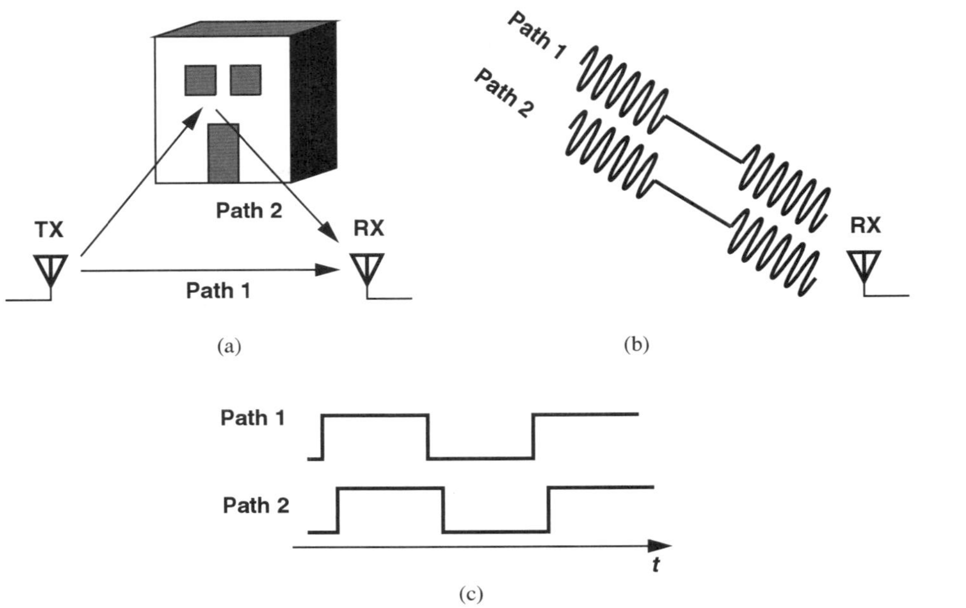


**그림 3.38** *(a) 다중 경로 전파, (b) 수신 ASK 파형의 영향, (c) 지연확산으로 인한 기저대역 신호의 ISI 발생*

그러면 무선 통신은 어떻게 높은 데이터 속도를 내야 할까? 지연 확산 완화를 위한 흥미로운 방법은 '직교 주파수 분할 다중화(orthogonal frequency division multiplexing, OFDM)'이다. 그림 3.39(a)와 같이 '단일 캐리어(single-carrier)'로 변조된 스펙트럼을 생각해보자. 이

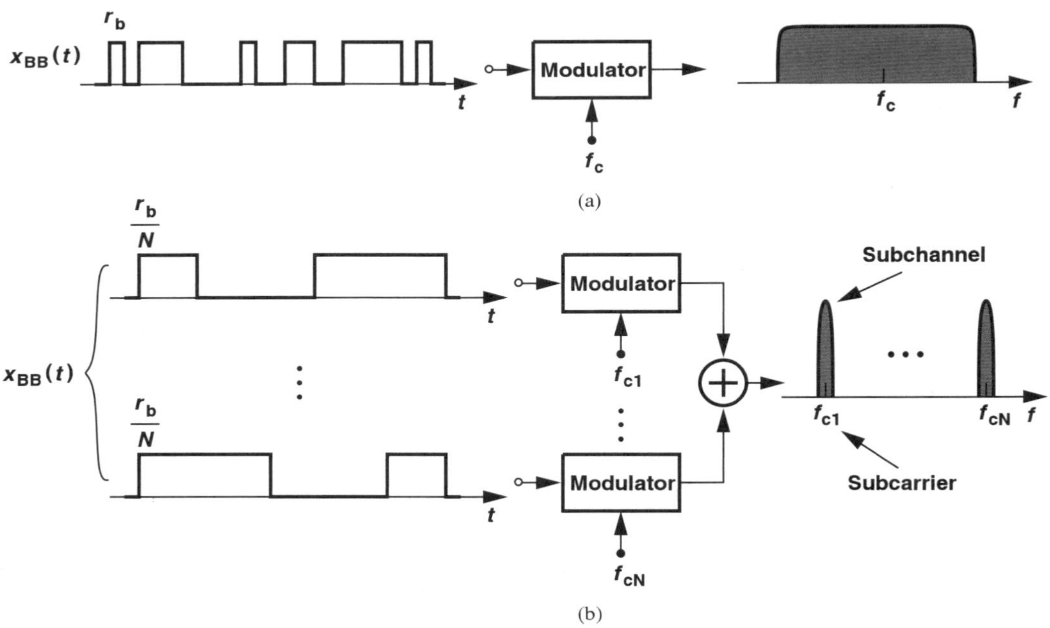


**그림 3.39** *(a) 고속데이터 입력을 갖는 단일캐리어 변조, (b) 다수캐리어를 갖는 OFDM*

스펙트럼은 $r_b$ b/s의 높은 데이터 속도 때문에 비교적 넓은 대역폭을 가진다. OFDM에서는 기저대역 데이터가 우선 $N$으로 역다중화(demultiplexed)되고, 각 심볼 속도(symbol rate)가 $r_b/N$이 되는 $N$개의 스트림을 형성한다[그림 3.39(b)]. $N$개의 스트림은 $N$개의 *다른* 캐리어 주파수 $f_{c1}$-$f_{cN}$에 실려서 '다중 캐리어(multi-carrier)' 스펙트럼을 형성한다. 전체 대역폭과 데이터 속도는 단일 주파수 스펙트럼과 같지만 각 캐리어는 낮은 속도의 데이터 스트림을 담고 있기 때문에 다중 주파수 신호가 다중 경로 효과에 덜 민감하고, 따라서 큰 지연 확산도 견딜 수 있다.

그림 3.39(b)의 각 $N$개의 캐리어들은 '서브캐리어(subcarrier)'라고 하고 각 변조 출력은 '서브채널(subchannel)'이라고 한다. 실제로, 모든 서브채널들이 같은 변조 기법을 사용한다. 예를 들어, IEEE802.11a/g는 64QAM에서 48 서브채널을 사용하여 최고 데이터 속도(54 Mb/s)를 얻는다. 각 서브채널은 (54 Mb/s)/48/8 = 141 ksymbol/s의 심볼 속도를 갖는다.

**예제 3.9** RF Microelecronics

OFDM 송신기는 수십 개의 캐리어 주파수와 변조기를 필요로 하여(즉, 수십 개의 발진기와 믹서) 굉장히 복잡하다. 실제로 OFDM이 어떻게 구현되겠는가?

**풀이:**

실제로는 서브채널 변조는 디지털 기저대역에서 수행되어 아날로그 형식으로 전환된다. 다시 말해서, $a_1(t)\cos[\omega_c t + \phi_1(t)] + a_2(t)\cos[\omega_c(t) + \Delta\omega t + \phi_2(t)] + \cdots$를 직접 생성하기 보다는 우선 $a_1(t)\cos\phi_1(t) + a_2(t)\cos[\Delta\omega t + \phi_2(t)] + \cdots$와 $a_1(t)\sin\phi_1(t) + a_2(t)\sin[\Delta\omega t + \phi_2(t)] + \cdots$를 생성한다. 이러한 성분은 $\omega_c$의 입력 주파수를 갖는 직교 변조기(quadrature modulator)에 입력된다.

OFDM은 다중 경로 전파에 대해 큰 면역성을 갖게 하는 동시에 전력 증폭기에 상당한 선형성에 대한 요구를 부과한다. 그림 3.39(b)의 시스템의 출력에서 $N$개의 (직교)서브채널이 어떤 순간에는 보강하여 더해지므로 큰 진폭을 발생하고, 어떤 순간에는 상쇄하여 더해지므로 작은 진폭을 낸다. 이것은 각 서브채널의 변조 파형에는 포락선의 변화가 존재하지 않더라도 OFDM이 큰 포락선 변화를 보이는 이유이다.

전력 증폭기를 설계하는 데 있어서 신호의 포락선 변화의 정량적인 측정은 유용하다. 그러한 척도 중 하나는 '피크 대 평균 비(peak-to-average ratio)'(PAR)이다. 그림 3.40과 같이 PAR은 구형 신호(전압 혹은 전류)의 가장 큰 값을 그 신호의 평균값으로 나눈 비율로 정의된다.

$$\mathrm{PAR} = \frac{\mathrm{Max}[x^2(t)]}{\overline{x^2(t)}}. \tag{3.43}$$

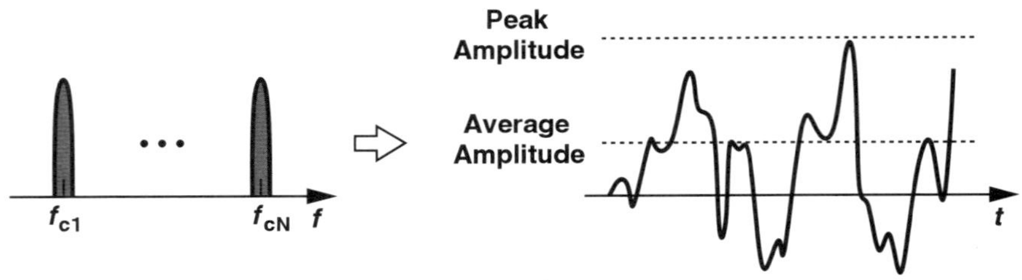


**그림 3.40** *OFDM에 의한 큰 진폭의 변화*

큰 PAR을 유발하는 세 가지 요인은 기저대역에서의 펄스 성형, QAM과 같은 진폭 변조 기법 그리고 직교 주파수 분할 다중화이다. $N$개의 서브캐리어에 대해 OFDM 파형의 PAR은 $N$이 클 경우, 대략 $2\ln N$ 정도이다[6].

## 3.4 스펙트럼 재성장 Spectral Regrowth

변조 기법을 살펴보면서 가변 포락선 신호(variable-envelope signals)는 선형 PA를 필요로 하고, 반대로 불변 포락선 신호(constant-envelope signals)는 그렇지 않다는 것을 알게 되었다. 물론, 16QAM같이 정보를 진폭에 싣는 변조 기법은 PA가 큰 신호를 압축(compression)시키면 즉, 신호 성상의 바깥쪽 점이 원점근처로 오게 되면 신호가 왜곡된다. 그러나 진폭에 정보를 많이 싣지 않는 가변 포락선 신호(예를 들어, 기저대역 펄스 성형한 QPSK)라도 비선형 PA에서는 좋지 않은 효과가 발생한다. 이는 '스펙트럼 재성장(spectral regrowth)'이라고 하며, 인접 채널(adjacent channel)을 왜곡시킨다.

변조 파형 $x(t) = A(t)\cos[\omega_c t + \phi(t)]$은 $A(t)$가 시간에 따라 변하지 않으면 불변 포락선을 갖는다. 불변 포락선과 가변 포락선 신호는 비선형 시스템에서는 다르게 동작한다. $A(t) = A_c$로 가정하면 시스템은 3차 무기억 비선형성(third-order memoryless nonlinearity)을 보인다.

$$y(t) = \alpha_3 x^3(t) + \cdots \tag{3.44}$$

$$= \alpha_3 A_c^3 \cos^3[\omega_c t + \phi(t)] + \cdots \tag{3.45}$$

$$= \frac{\alpha_3 A_c^3}{4}\cos[3\omega_c t + 3\phi(t)] + \frac{3\alpha_3 A_c^3}{4}\cos[\omega_c t + \phi(t)] \tag{3.46}$$

식 (3.46)의 첫 번째 항은 $\omega = 3\omega_c$ 근처에서 변조된 신호이다. 원래 신호 $A_c\cos[\omega_c(t) + \phi(t)]$의 대역폭이 보통 $\omega_c$ 보다 훨씬 작으므로, $\cos[3\omega_c(t) + 3\phi(t)]$의 대역폭도 중심 주파수 $\omega_c$에도 미치지 않으므로 충분히 작다. 따라서 $\omega_c$ 부근의 스펙트럼 형태도 변하지 않는다.

이제 가변 포락선 신호가 위의 비선형 시스템에 입력되는 경우를 살펴보자. $x(t)$는 다음과 같이

$$x(t) = x_I(t)\cos\omega_c t - x_Q(t)\sin\omega_c t, \tag{3.47}$$

로 표현되고 $x_I$와 $x_Q(t)$는 기저대역 I와 Q 성분이다.

$$y(t) = \alpha_3[x_I(t)\cos\omega_c t - x_Q(t)\sin\omega_c t]^3 + \cdots \tag{3.48}$$

$$= \alpha_3 x_I^3(t)\frac{\cos 3\omega_c t + 3\cos\omega_c t}{4} - \alpha_3 x_Q^3(t)\frac{-\cos 3\omega_c t + 3\sin\omega_c t}{4}. \tag{3.49}$$

따라서 출력은 $\omega_c$ 근처를 중심으로 하는 $x_I^3(t)$와 $x_Q^3(t)$의 스펙트럼을 포함한다. 이 성분들이 넓은 스펙트럼을 가질수록 $x_I(t)$와 $x_Q(t)$도 그러하므로, 가변 포락선 신호가 비선형 시스템을 통과할 대 스펙트럼은 '넓어진다(grows)'라고 할 수 있다. 그림 3.41은 이를 요약한 것이다.

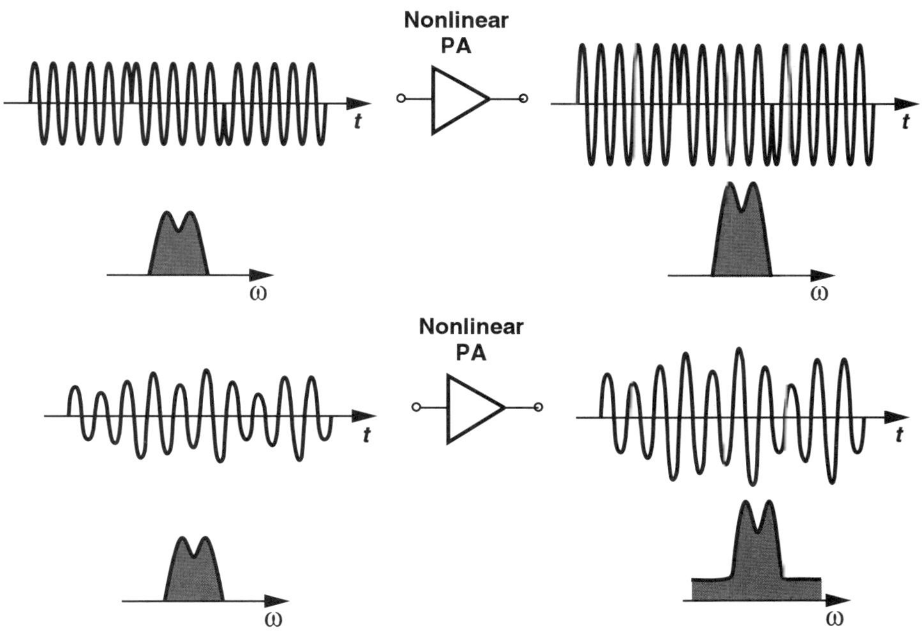


**그림 3.41** *불변 진폭 신호와 가변 진폭 신호의 증폭과 스펙트럼의 영향*

## 3.5 이동 RF 통신 Mobile RF Communications

이동통신이란 사용자가 다른 사용자와 통신을 하는 중에 물리적으로 움직일 수 있다는 것을 말한다. 예를 들면, 페이저(pagers), 셀룰러 폰(cellular phones), 코드리스 폰(cordless phones)이 이동통신에 사용되는 기기들이다. RF 통신의 가장 큰 장점이 바로 이동성(mobility)이다. 이동통신에서 사용자에 의해 옮겨지는 송수신기를 '이동 단말기(mobile unit)'(혹은 간단히

'모바일')라 부르며 또한 '단말기(terminal)'이나 '핸드헬드 장치(hand-held unit)'라고도 부른다. 무선 통신의 기간 시설의 복잡성으로 인해서 각각의 모바일은 고정적이며 상대적으로 더 비싼 '기지국(base station)'과만 통신해야 한다. 각각의 모바일은 기지국과 송수신하며 정보를 주고받는데, 기지국으로부터 '순방향 채널(forward channel)' 또는 '다운 링크(downlink)'를 통해, 그리고 기지국으로 '역방향 채널(reverse channel)' 또는 '업 링크(uplink)'의 2개의 RF 채널을 이용한다. 이 책에서 우리는 기지국보다는 모바일 장치에 관계된 설명을 많이 할 것이며, 이는 핸드 헬드 장치가 시장에서 더 큰 비중을 차지하며, 여타 다른 RF 시스템과 구조가 비슷하기 때문이다.

**셀룰러 시스템(Cellular system)** 사용 가능한 스펙트럼 대역이 제한되어 있는데(예를 들어, 900 MHz대역에서 25 MHz) 어떻게 거대 도시 내의 수백, 수천의 사람들이 통신을 할 수 있는 것일까? 이에 답하기 위해서 우리는 먼저 다음의 간단한 경우부터 살펴보자. 한 나라에서 88~108 MHz 대역 FM 라디오 방송국(broadcasting station)들은 수천 개가 운영될지도 모른다. 사실 이는 충분히 가능하다. 왜냐하면 물리적으로 충분히 떨어져 있는 각각의 방송국들은 상호 간섭이 무시되어 (중간의 어떠한 지점에서는 상대적으로 큰 상호 간섭 신호를 받을 수가 있는데 이는 제외하고) 같은 주파수를 사용['주파수 재사용(frequency reuse)']할 수 있다. 같은 주파수를 사용할 수 있는 두 방송국 사이의 최소 거리는 각각의 방송국에서 출력되는 신호 전력에 따라 변화한다.

이동통신에서는 주파수 재사용과 같은 개념이 '셀룰러(cellular)' 구조를 통해서 실현되는데, 각각의 셀은 육각형 모양을 가지고, 또 다른 여섯 개의 셀들에 둘러 싸여 있다[그림 3.42(a)]. 이 개념은 가운데의 셀이 $f_1$의 주파수를 사용하고 있으면, 이를 둘러싸고 있는 여섯 개의 셀은 이 주파수를 사용할 수 없으며, 한 칸 건너뛴 셀은 이 주파수를 사용할 수 있다는 것이다. 실제적으로, 보다 효율적인 주파수 할당으로 그림 3.42(b)의 '7-셀(7-cell)' 재사용 패턴이 사용된다. 실제 구현 시에는 각각의 셀에 주파수 군(group)이 할당됨을 유의하자.

그림 3.42(b)의 각각의 셀 안의 모바일들은 기지국에 의해서 서비스를 받으며, 모든 기지국들은 '이동전화 교환국(mobile telephone switching office, MTSO)'에 의해서 제어된다.

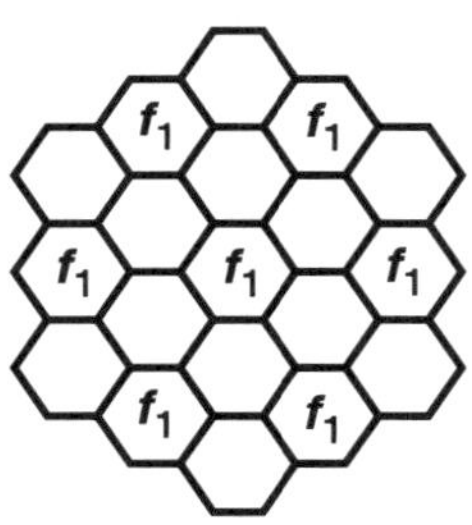

(a)

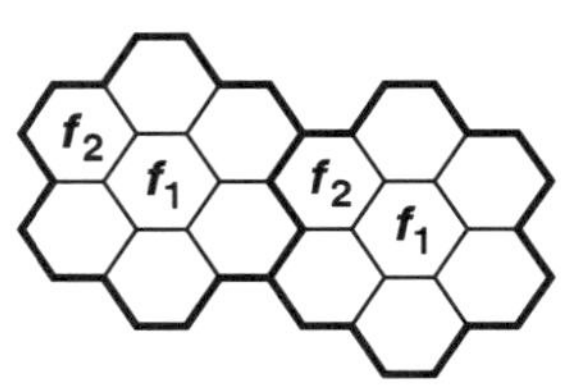

(b)

**그림 3.42** *(a) 단순한 셀룰러 시스템, (b) 7-셀 재사용 패턴*

**동일 채널 간섭(co-channel interference)** 셀룰러 시스템에서 중요한 문제는 동일 주파수를 사용하는 두 셀 간에 발생하는 간섭 정도에 있다(그림 3.43). 동일 채널 간섭(co-channel interference, CCI)이라고 불리며, 이는 동일 채널 셀 간의 거리에 대한 각 셀의 반지름의 비에 영향을 받는다. 송신되는 전력과는 무관하다. 주파수 재사용 계획에 따르면, 그림 3.42(b)의 7-셀 패턴의 경우에는 이 비율이 대략 4.6 정도가 된다[7]. 이정도의 비율에서는 18 dB의 신호-대-동일 채널 간섭 비율(signal-to-co-channel interference ratio)이 생성된다[7].

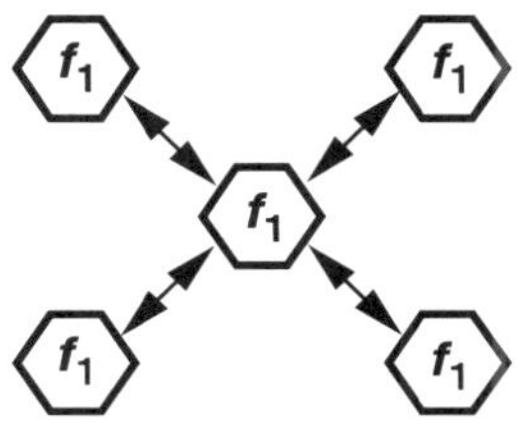


**그림 3.43** *동일 채널 간섭*

**핸드오프(Hand-off)** 모바일이 셀 A에서 셀 B로 '이동(rcams)'한다면 어떠한 일이 발생할까(그림 3.44)? 셀 A의 기지국으로부터 받는 전력 세기가 충분하기 않기 때문에, 모바일은 서버를 셀 B의 기지국으로 바꿔야 한다. 게다가, 인접한 셀은 같은 주파수 그룹을 사용하지 않으므로 채널도 역시 바뀌어야 한다. '핸드오프'라고 불리는 이러한 과정은 MTSO에 의해서 수행된다. 셀 A의 기지국으로부터 공급받는 전력의 세기가 임계점 이하로 내려가면, MTSO는 셀 B가 셀 A보다 더 가까울 것을 기대하며 모바일의 기지국을 셀 B로 변환해 준다. 하지만 이러한 과정은 상대적으로 높은 확률로 실패하기도 하며, 이 경우는 통신이 되지 않는다.

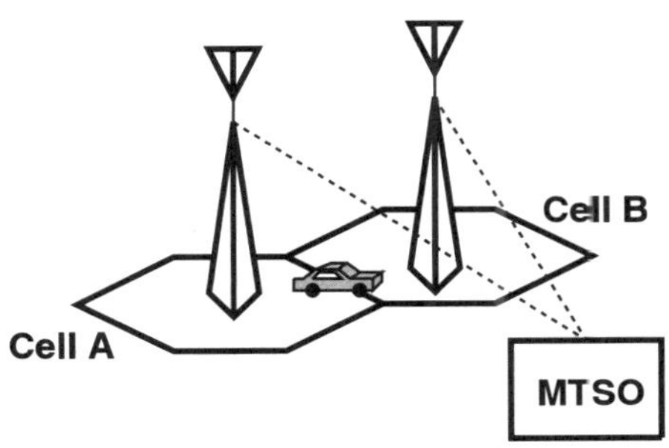


**그림 3.44** *핸드오프 문제*

핸드오프 과정의 성능을 향상시키기 위해서, 2세대 셀 방식 시스템에서는 각각의 모바일이 서로 다른 기지국으로부터 받는 신호 세기를 측정하게 하여, 손실이 더 적은 쪽의 기지국을 선택할 수 있게 한다[7].

**경로 손실과 다중 경로 페이딩(Path loss and multipath fading)** 이동통신 환경에서 신호의 전송은 상당히 복잡하다. 우리는 여기서 몇몇의 중요한 개념들에 대해서 간략하게 알아볼 것이다. 자유 공간으로 전송(propagation)되는 신호들은 소스원으로부터의 거리(d)의 제곱에 비례하여 전력 손실이 발생한다. 그러나 실제적으로는 신호가 직접(direct) 경로와 간접(indirect) 경로인 반사(reflective) 경로의 두 경로를 통하여 진행하게 된다(그림 3.45). 이러한 경우에는 손실은 거리에 대해서 네 배로 증가하게 된다[7]. 밀집된 지역에서의 실제적인 손실은 $d^2$에 비례할 수도 있고, 경우에 따라 어떤 지역은 $d^4$에 비례할 수도 있다.

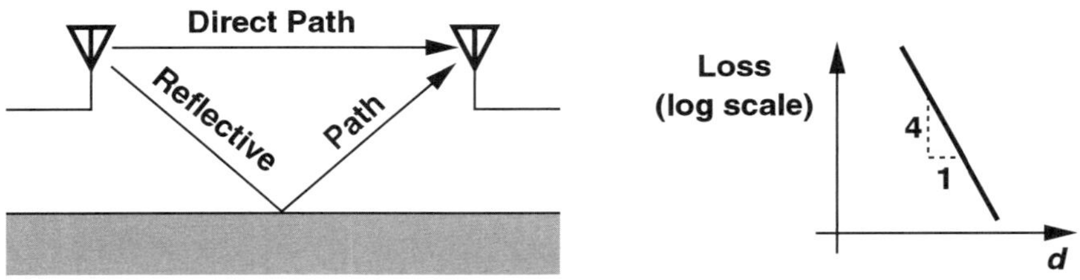


그림 3.45 *반사에 의한 간접 신호 전파전파와 이에 따른 신호 손실*

그림 3.45에 표시된 전반적인 손실에 추가하여, 또 다른 메커니즘이 거리의 함수로 수신되는 신호의 세기에 요동(fluctuation)을 일으킨다. 그림 3.45의 두 신호의 위상이 서로 다르게 변화하기 때문에, 만일 같은 진폭의 두 신호가 위상이 반대가 된다면 수신되는 신호는 그 순간에는 매우 작아질 지도 모른다. '다중 경로 페이딩(multipath fading)'이라고 불리는 이 현상은 그림 3.46에서 볼 수 있으며, 수신기가 파장의 분수 단위로 이동할 경우 신호 세기에 큰 변화를 가져온다. 다중 경로 전송은 페이딩 및/또는 ISI를 유발한다.

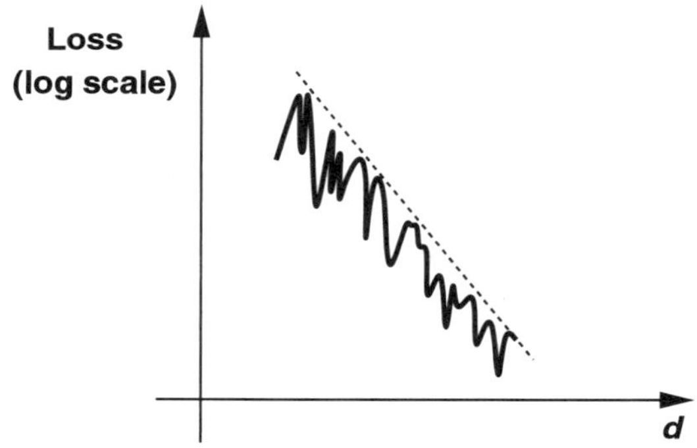


그림 3.46 *다중경로에 의한 손실*

실제적으로는, 전송되는 신호가 다수의 건물과 움직이는 차량에 의해 반사되므로 요동은 매우 불규칙하다. 그럼에도 불구하고, 전반적으로는 수신되는 신호는 다음과 같이 표현할 수 있다.

$$x_R(t) = a_1(t)\cos(\omega_c t + \theta_1) + a_2(t)\cos(\omega_c t + \theta_2) + \cdots + a_n\cos(\omega_c t + \theta_n) \quad (3.50)$$

$$= \left[\sum_{j=1}^{n} a_j(t)\cos\theta_j\right]\cos\omega_c t - \left[\sum_{j=1}^{n} a_j(t)\sin\theta_j\right]\sin\omega_c t. \quad (3.51)$$

여기서, $n$이 커지면 각각의 합들은 가우시안 분포(Gaussian distribution)를 갖는다. 첫 번째 합들을 $A$, 두 번째 합들을 $B$라고 표현하면, 위 식을 다음과 같이 표현할 수 있다.

$$x_R(t) = \sqrt{A^2 + B^2}\cos(\omega_c t + \phi), \quad (3.52)$$

여기서, $\phi = \tan^{-1}(B/A)$이다. 진폭인 $A_m = \sqrt{A^2 + B^2}$는 레일레이(Rayleigh)분포가 되며(그림 3.47) [1], 시간의 약 6%에 해당되는 평균 아래에서 10 dB보다 큰 손실이 발생한다.

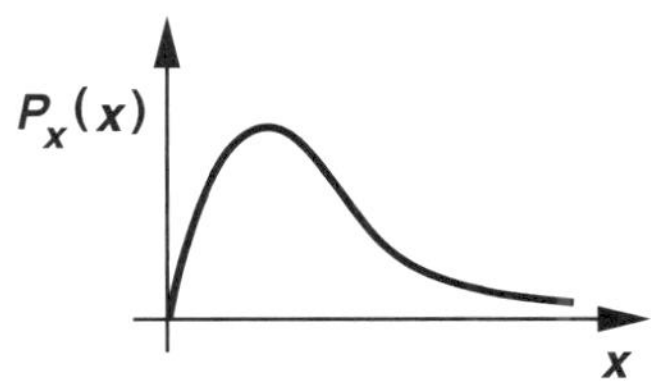


**그림 3.47** *레일레이 분포*

앞에서 논의한 바에 의해, RF 시스템은 전반적인 경로 손실(대략 $d^4$에 비례하는)과 큰 다중 경로 페이딩에 의한 신호크기의 변화를 고려하여 송신기의 출력 전력과 수신기의 동적 영역(dynamic range)을 정해야 한다고 결론 내릴 수 있다. 이론적으로는 다중 경로 페이딩이 어느 위치에서는 0의 진폭(무한 손실)을 발생할 수도 있지만, 모바일 환경에서 움직이는 물체는 페이딩을 '완화(soften)'시키는 경향이 있기 때문에 이러한 경우의 확률은 무시할 수 있다.

**다이버시티(Diversity)** 페이딩의 영향은 신호의 송신 혹은 수신에 중복(redundancy)을 가함으로써 약화시킬 수 있다. '공간 다이버시티(space diversity)' 또는 '안테나 다이버시티(antenna diversity)'는 두 개 이상의 안테나를 의미 있는 정도의 적당한 파장만큼 위치시켜 페이딩 되지 않은 신호의 수신 가능성을 높인다.

'주파수 다이버시티(frequency diversity)'는 여러 개의 반송 주파수가 사용되는 경우인데, 이는 서로 멀리 떨어진 두 개의 주파수가 동시에 페이딩을 겪을 가능성은 적을 것이기 때문이다. '시간 다이버시티(time diversity)'는 데이터를 한 번 이상 송신 또는 수신하여 단구의 페이딩(short-term fading)을 극복하는 또 다른 기법이다.

**지연 확산(Delay spread)** 다중 경로 환경의 두 개의 신호가 같은 감쇠를 겪지만 다른 시간 지연(delays)을 겪는다고 가정해보자. 반사하는 매질과 굴절하는 매질의 흡수 계수(absorption coefficient)와 위상 천이(phase shift)가 매우 다르기 때문에, 두 개의 경로에 대해 같은 손실이지만, 다른 지연을 가질 가능성이 많다. 이러한 두 신호가 합쳐지면 $x(t) = A\cos\omega(t - \tau_1) + A\cos\omega(t - \tau_2) = 2A\cos[(2\omega t - \omega\tau_1 - \omega\tau_2)/2]\cos[\omega(\tau_1 - \tau_2)/2]$이 되는데, 두 번째 코사인이 '지연 확산(delay spread)' $\Delta\tau = \tau_1 - \tau_2$에 의한 페이딩과 관련 있다. 여기서 중요한 점은 이러한 페이딩의 주파수 영향이다. 그림 3.48에 설명된 바와 같이 작은 지연 확산은 비교적 평평한 페이딩을 야기하는 반면에, 큰 지연 확산은 스펙트럼 상에서 상당한 변화를 가져오게 된다.

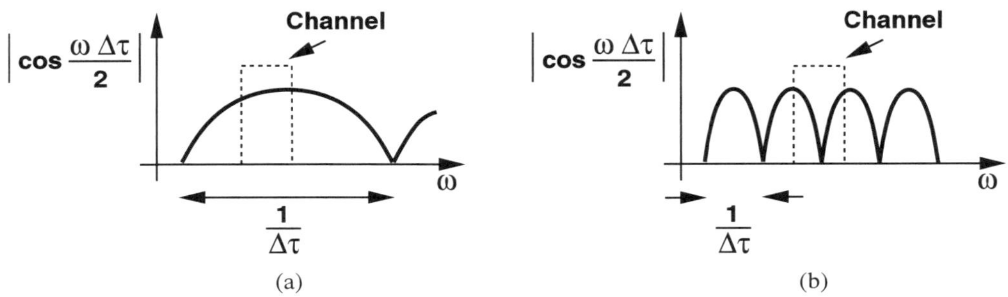


**그림 3.48** *(a) 평평한(flat) 페이딩과 (b) 주파수 선택적 페이딩*

다중 경로 환경에서 많은 신호들은 수신기에 도착할 때 다른 지연을 갖고, 평균 지연 확산은 수 마이크로초만큼 크다. 따라서 페이딩 대역폭은 수백 kHz에 달한다. 따라서 전체 통신 채널은 이러한 페이딩 동안에 억제될 수도 있다.

**인터리빙(Interleaving)** 다중 경로 페이딩 환경에서 한꺼번에 여러 비트들에 대해 에러가 발생하는 이 문제를 완화하기 위한 신호처리 기법이 사용된다. 이러한 에러들의 영향을 줄이기 위해서 송신부의 기저대역 비트들은 변조 전에 '인터리빙(interleaving)'을 한다. 인터리버(interleaver)는 수신부에 알려진 알고리즘에 따라 비트들의 시간적인 순서를 섞는다[7].

## 3.6 다중 접속 기법 Multiple Access Techniques

### 3.6.1 시분할 및 주파수 분할 듀플렉싱 Time and Frequency Division Duplexing

가장 간단한 경우의 다중 접속은 송수신기에 의한 양방향(two-way) 통신에 관한 문제로, 이 기능을 '듀플렉싱(duplexing)'이라고 부른다. 예를 들면 예전의 무전기(walkie-talkies)에서 사용자는 말하기 위해서 '통화(talk)' 버튼을 눌러(press) 송신 경로를 여는 동시에 수신 경로는 막고, 듣기 위해 버튼을 풀어(release) 수신 경로를 여는 동시에 송신 경로는 막는다. 이것은 간단한 형태의 '시분할 듀플렉싱(time-division duplex, TDD)'으로 생각할 수 있으며, 동일 주파수 대역이 송신과 수신 경로를 위해 사용되지만, 시간의 절반 동안을 송신, 다른 절반을 수신을 위해 사용한다. 그림 3.49에 설명되어 있는 것과 같이 TDD는 보통 사용자가 인지하지 못할 정도로 빠르게 동작한다.

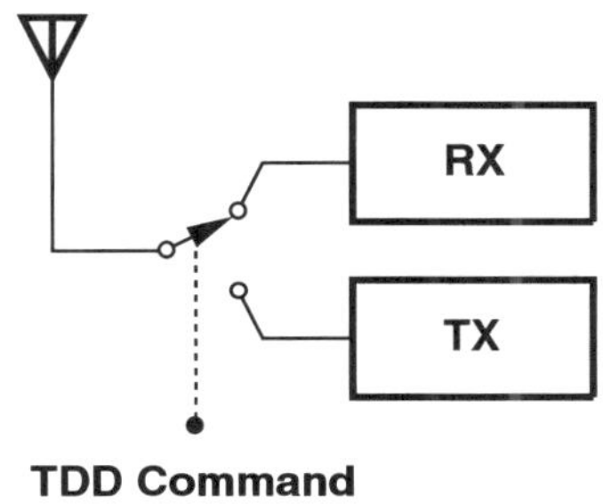


그림 3.49 *시분할 듀플렉싱*

듀플렉싱에 대한 다른 접근은 두 개의 서로 다른 주파수 대역을 각각 송신과 수신 경로를 위해 사용하는 것이다. 그림 3.50에 보인 바와 같이 '주파수 분할 듀플레싱(frequency-division duplex, FDD)'이라고 불리는 이 방법은 송수신 두 경로를 격리(isolate)시키기 위해 대역 통과 필터를 사용하며, 따라서 동시에 송수신을 가능하게 한다. 이러한 두 개의 송수신기는 직접적으로 통신할 수 없기 때문에 송신 주파수 대역은 반드시 어떤 지점에서 수신 주파수 대역으로 바뀌어져야 한다. 무선 통신망에서 주파수 대역 변환은 보통 기지국(base station)에서 수행된다.

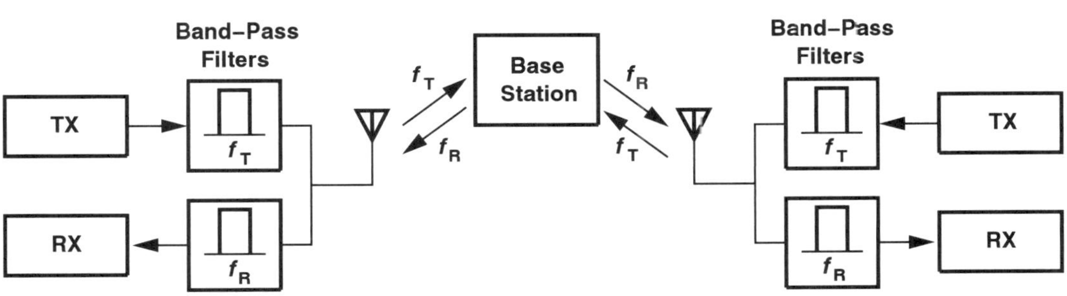


그림 3.50 *주파수 분할 듀플렉싱*

두 가지 듀플렉싱 방법의 비교를 위해 장점과 단점을 생각해 보자. TDD에서는 송신기와 수신기 경로를 번갈아가며 켜고 끄기 위해서 안테나 다음에 1 dB 이하의 손실을 갖는 RF 스위치가 위치한다. 송신기의 출력 전력이 수신기에 비해 100 dB 정도 크다고 할지라도, 수신

시에 송신기는 꺼져 있기 때문에 서로 간섭을 주고받지 않는다. 게다가, TDD는 두 송수신기 사이의 직접 통신(P2P), 특히 짧은 거리, 작은 지역의 통신에 유용하다. TDD의 가장 큰 문제점은 근처의 송신기들에서 발생되는 큰 송신 전력이 수신 주파수 대역으로 수신되기 때문에, 수신기의 감도가 저하(desensitization)될 수 있다.

FDD 시스템에서는 두 개의 대역 통과 필터가 결합되어 '듀플레서(duplexer) 필터'를 형성한다. FDD에서는 다른 단말기에서 송신된 강한 신호에 의해 수신부가 영향을 받지 않지만, 몇몇 문제들이 존재한다. 첫 번째로 송신 신호가 수신 주파수 대역으로 흘러 들어가며 이때 약 50 dB 정도만 감쇠된다(4장). 두 번째로 필터들의 손실과 Q값 사이의 상호 절충 관계 때문에 듀플레서의 손실은 보통 TDD에서의 스위치의 손실보다 꽤 높다. 수신기 경로의 듀플레서의 손실이 약 3 dB 정도라면 전체 잡음지수(noise figure)를 3 dB 높이고(2장), 송신기에서 듀플렉서에서 동일한 손실이 발생하면 이는 안테나로 전달되는 전력의 50%가 손실된다는 것을 의미한다. 보통의 듀플레서에서 송신기와 수신기 경로 사이에 만족스러운 격리도(isolation)를 얻으면, 일반적으로 2 ~ 3 dB 정도의 손실을 갖는다.

FDD의 다른 문제점은 송신기의 출력 전력이 인접 채널로 새어나가는 스펙트럼 누설(spectral leakage) 현상이다. 이러한 문제는 전력 소모를 줄이기 위해 전력 증폭기를 켜거나 끌 때에 또는 변조기를 구동시키는 국부 발진기의 과도기(transient)에 발생한다. 반면, TDD에서는 이러한 과도기는 안테나가 전력 증폭기 출력으로 스위칭되기 전에 끝나도록 한다.

위의 단점에도 불구하고, FDD는 많은 RF 시스템, 특히 셀룰러 이동통신에서 사용되는데, 이는 단말기 송신기들에 의해 발생하는 큰 신호로부터 다른 수신기들을 격리시킬 수 있기 때문이다.

### 3.6.2 주파수 분할 다중 접속 Frequency-Division Multiple Access

많은 송수신기들 사이에 동시 통신이 가능하게 하려면, 사용 가능한 주파수 대역은 많은 채널로 분할되어야 하고, 각각의 채널은 한 사용자에게 할당된다. 주파수 분할 다중 접속(frequency-division multiple access, FDMA)(그림 3.51)이라 불리는 이 방법은 채널 할당이 시간에 따라 바뀌지 않는 라디오나 TV 방송의 환경에서 매우 친숙하다. 반면에 다중 사용자

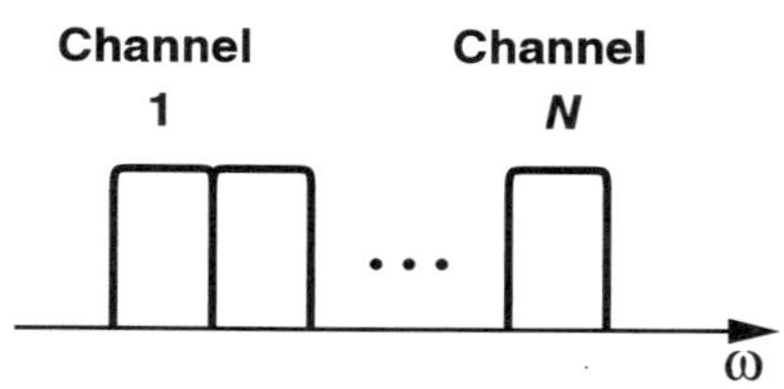


그림 3.51 *주파수 분할 다중 접속*

가 있는 양방향 통신 환경에서 채널 할당은 통화가 끝날 때까지 고정되고, 사용자가 전화를 끊고 나면 그 채널은 다른 사용자들이 이용 가능하다. FDD에서 FDMA를 사용하면, 두 개의 채널이 각 사용자에게 할당되는데 하나는 송신 채널로, 다른 하나는 수신 채널로 사용된다.

FDMA는 비교적 단순하므로 인해 '아날로그 FM' 시스템이라 불리는 초기 셀룰러 이동통신의 주된 접속 방법으로 사용되었다. 그러나, FDMA에서는 동시 접속자의 최소값은 각 채널의 폭(GSM의 경우 200 kHz)과 전체 사용 가능한 주파수 대역(GSM의 경우 255 MHz)의 비율로 정해지고, 따라서 번화한 지역에서는 채널 용량(capacity)이 부족할 수 있다.

### 3.6.3 시분할 다중 접속 Time-Division Multiple Access

다중 접속 네트워크를 구현하기 위한 또다른 방법으로는, 각 사용자별로 같은 주파수 대역을 사용하지만 서로 다른 시간이 할당되는 시분할 다중 접속(time-division mutiple access, TDMA) 방식이 있다. 그림 3.52에서 설명된 바와 같이 TDMA는 주기적으로 시간 슬롯($T_{sl}$) 동안에 각 송수신기를 활성화한다. 모든 시간 슬롯의 전체적인 주기는 프레임($T_F$)이라 불린다. 다시 말하면 매 프레임 시간 $T_F$ 마다 각 사용자는 시간 슬롯 $T_{sl}$ 시간 동안 채널에 접속한다.

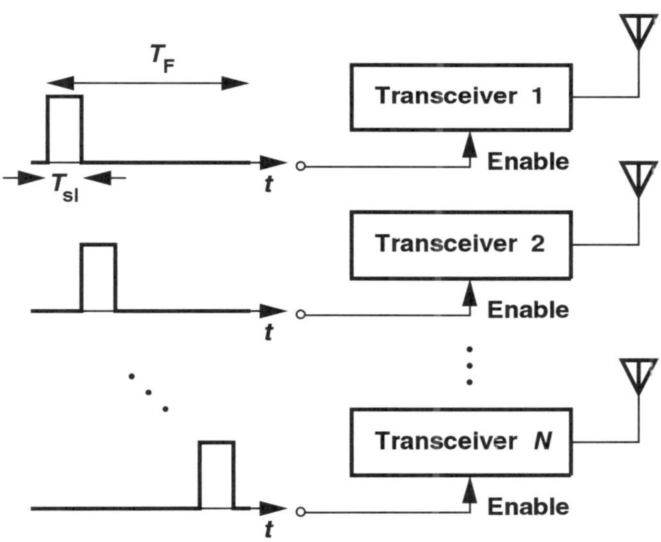


그림 3.52 *시분할 다중 접속*

그렇다면 오직 한 사용자에게만 송신이 허용되는 동안에 다른 사용자들에 의해 생성되는 데이터(혹은 음성)는 어떻게 되는가? 정보의 손실을 막기 위하여, 데이터는 $T_F - T_{sl}$의 시간 동안 저장(버퍼링)되고, 하나의 시간 슬롯 동안에 버스트(burst)로서 전송된다. 따라서 'TDMA 버스트'라는 용어를 사용한다. 버퍼링 시에 디지털의 형태로 데이터가 저장되어야 하기 때문에, TDMA 송신기는 아날로그 입력 정보에 대해 A/D 변환을 수행한다. 이렇게 디지털화된 신호는 음성 압축과 코딩이 가능하다.

TDMA 시스템은 FDMA에 비해 여러 가지 장점을 가지고 있다. 첫 번째로 각 송신기가 매 프레임마다 오직 하나의 시간 슬롯 동안만 활성화되므로, 전력 증폭기는 프레임의 나머지 시간 동안 꺼져 있을 수 있고, 따라서 전력 소모를 줄일 수 있다. 실제로는, 안정화되는 시간 때문에 전력 증폭기는 실제 시간 슬롯이 시작하기 약간 전부터 켜져야 한다. 두 번째는 디지털화된 음성은 시간 상으로 상당히 압축될 수 있기 때문에 요구되는 통신 대역폭은 작아질 수 있고, 따라서 전체적인 채널 용량은 증가된다. 즉, 압축된 음성은 더 작은 시간 슬롯 상에서 전송될 수 있기 때문에, 더 많은 수의 사용자들이 각 프레임에 수용할 수 있다. 세 번째로 비록 FDD에서 사용하더라도 TDMA 버스트는 각 송수신기에서 송수신 경로가 결코 동시에 활성화되지 않게 시간적으로 제어될 수 있다.

A/D 변환에 대한 요구, 디지털 변조, 시간 슬롯과 프레임 동기화 등은 TDMA를 FDMA보다 좀 더 복잡하게 만든다. 그러나, VLSI-DSP의 발전과 함께 이 단점은 더 이상 결정적인 요소가 되지 않는다. 대부분의 실제 TDMA 시스템에서 TDMA와 FDMA의 조합이 사용된다. 즉 그림 3.51에서의 각 주파수 채널은 많은 사용자들 사이에 시간적으로 공유된다.

### 3.6.4 코드 분할 다중 접속 Code-Division Multiple Access

지금까지 우리가 논의해 온 FDMA와 TDMA 시스템에서 전송된 신호들은 주파수 영역 또는 시간 영역에서 서로 간섭하지 않는다. 실제로 신호들은 주파수 또는 시간 영역에서 직교(orthogonal)한다. 다중 접속의 세 번째 방법은 주파수와 시간 영역에서 신호들의 완전한 중첩을 허용한다. 그러나 간섭을 피하기 위해서 '직교 메시지(orthogonal message)'들을 사용한다, 이것은 다음 비유로부터 이해될 수 있다[8]. 사람들로 북적북적한 파티에서 많은 대화들이 진행된다고 가정해 보자. 혼선(crosstalk)을 최소화하기 위해서 다른 그룹들의 사람들은 다른 음조(pitch)들로 이야기 하도록 요구되거나(FDMA), 또한 한 그룹의 사람들만이 주어진 시간(time)에 대화를 나눌 수 있도록 허용될 수 있다(TDMA). 다른 방법으로는 각 그룹은 다른 언어(different language)로 말하도록 요구를 받을 수 있다. 그 언어들이 직교성을 가지고 (적어도 근처의 그룹 내에서는) 음성 세기가 비교적 같다면 모든 그룹들이 동시에 얘기하는 동안에도 각각의 청취자들은 적절한 언어에 '귀를 기울여'(tune in) 정보를 교환할 수 있다.

**직접 시퀀스(Direct-Sequence, DS)** CDMA '코드 분할 다중 접속(code-division multiple access, CDMA)'에서 다른 언어들은 직교 디지털 코드들에 의해서 만들어 진다. 통신을 처음 시작할 때, 특정 코드가 각 송신기/수신기에 할당되고, 기저대역 데이터의 각 비트가 변조되기 전에 이 특정 코드가 이용하여 '변환(translation)'된다. 그림 3.53(a)는 하나의 예이고 각각의 기저대역 펄스가 곱에 의해 8비트 코드로 교체된다. 직교 코드들을 만드는 방법은 왈쉬

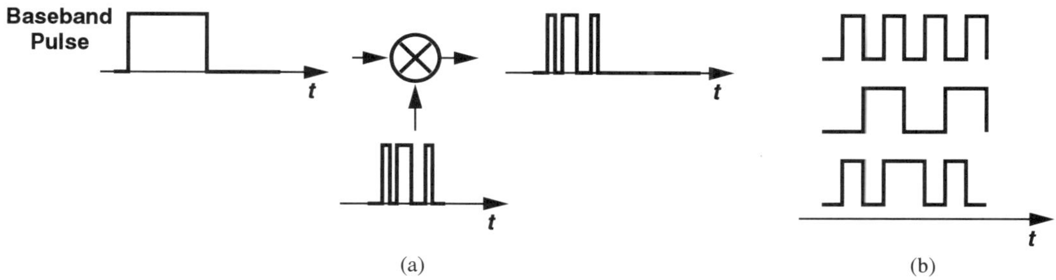


**그림 3.53** *(a) D-CDMA의 인코딩 과정, (b) 왈쉬(Walsh) 코드의 예*

(Wlash)의 순환(recursive) 방정식에 근간을 두고 있다.

$$W_1 = 0 \tag{3.53}$$

$$W_{2n} = \begin{bmatrix} W_n & W_n \\ W_n & \overline{W_n} \end{bmatrix} \tag{3.54}$$

예를 들어, $\overline{W_n}$은 모든 내용들을 보수(complement)들로 교체함으로써 $W_n$으로부터 유도된다.

$$W_2 = \begin{bmatrix} 0 & 0 \\ 0 & 1 \end{bmatrix} \tag{3.55}$$

그림 3.53(b)는 8비트 왈쉬 코드(즉, $W_8$의 각 열)의 예를 보여주고 있다.

수신기에서 복조된 신호는 같은 왈쉬 코드로 곱해줌으로써 디코딩될 수 있다. 바꾸어 말하면 수신기는 기저대역 데이터를 복구하기 위해서 복조된 신호와 코드를 서로 *상관(correlation)*시킨다.

다른 CDMA 신호가 존재할 때 수신된 데이터는 어떤 영향을 받는가? 두 개의 CDMA신호 $x_1(t)$와 $x_2(t)$는 같은 주파수 대역에서 수신된다고 가정하자. $W_1(t)$와 $W_2(t)$가 왈쉬 함수이고, 그 신호들을 $x_{BB1}(t) \cdot W_1(t)$과 $x_{BB2}(t) \cdot W_2(t)$으로 쓸 수 있다면 복조기의 출력은 $y(t) = [x_{BB1}(t) \cdot W_1(t) + x_{BB2}(t) \cdot W_2(t)] \cdot W_1(t)$로 표현할 수 있다. 그래서 $W_1(t)$와 $W_2(t)$가 둘 다 정확하게 직교성을 가진다면 $y(t) = x_{BB1}(t) \cdot W_1(t)$이다. 그러나 실제로 $x_1(t)$와 $x_2(t)$가 서로 다른 지연(delay)이 발생한다면 $x_{BB2}(t)$에 의해 $y(t)$는 훼손될 수도 있다. 그럼에도 불구하고 긴 코드들에 대해서는 그 결과가 랜덤 노이즈로 나타난다.

그림 3.53(a)의 인코딩 과정은 코드의 펄스들의 수에 의해 데이터 스펙트럼의 대역폭을 *증가*시킨다. 이것은 지금까지 우리가 스펙트럼 효율을 강조해왔던 바와는 상반된다. 그러나 코드 분할 다중 접속은 광범위한 많은 사용자들이 같은 주파수 대역(그림 3.54)을 사용하는 것을 허용하기 때문에 이런 접속 기술은 FDMA나 TDMA에 못지 않은 용량을 가지고 있다. 사실 CDMA는 잠재적으로 다른 두 방식보다 훨씬 더 높은 용량을 가지고 있다고 할 수 있다[9].

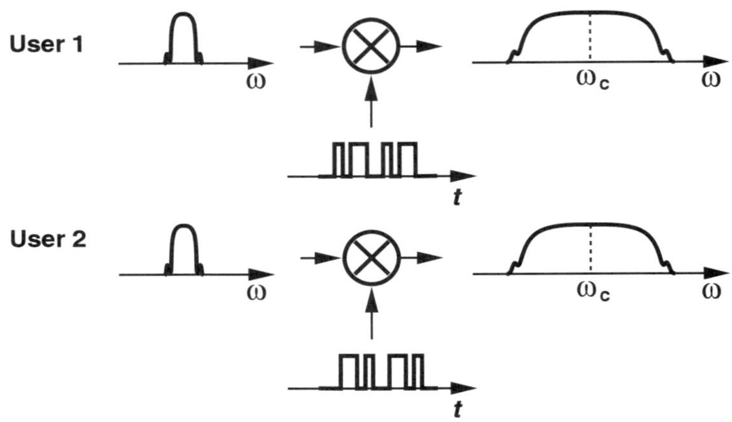


**그림 3.54** *CDMA에서 스펙트럼의 중첩*

코드 분할 다중접속(CDMA)은 각 사용자의 기저대역 데이터를 전체 사용대역으로 확산하는 '확산 스펙트럼(spread spectrum, SS)' 통신의 특별한 경우이다. 이 책에서는 CDMA는 또한 '직접 시퀀스(direct-sequence)' SS(DS-SS) 통신으로 부른다. 그리고 그 코드는 '확산 시퀀스(spreading sequence)' 혹은 '의사 랜덤 잡음(pseudo-random noise)'으로 부른다. 기저대역 데이터와의 혼동을 피하기 위해서 확산 시퀀스에서의 각 펄스는 '칩(chip)'이라고 부르고 그 시퀀스 율을 '칩률(chip rate)'이라 부른다. 따라서, 스펙트럼은 칩률과 기저대역 비트율의 비만큼 확산된다.

그림 3.55에서 확산 스펙트럼의 관점으로 RF 디코딩 과정을 다시 한 번 살펴보자. $W_1(t)$을 곱하면 원하는 신호는 원래의 값으로 역확산되고(despread), 대역폭도 원래 신호의 대역으로 돌아온다. 반면에 원하지 않는 신호는 $W_1(t)$과의 낮은 상관성 때문에 곱한 후에도 여전히 확산된 채로 남게 된다. 많은 다른 사용자들의 원하지 않는 신호들의 확산 스펙트럼은 백색 가우시안 잡음처럼 보일 수 있다.

CDMA의 중요한 특징은 소프트 용량 제한(soft capacity limit)이다[7]. FDMA나 TDMA에서 사용자들의 최대 수는 채널 폭 또는 정의된 타임 슬롯에 의해 고정된 반면에 CDMA에

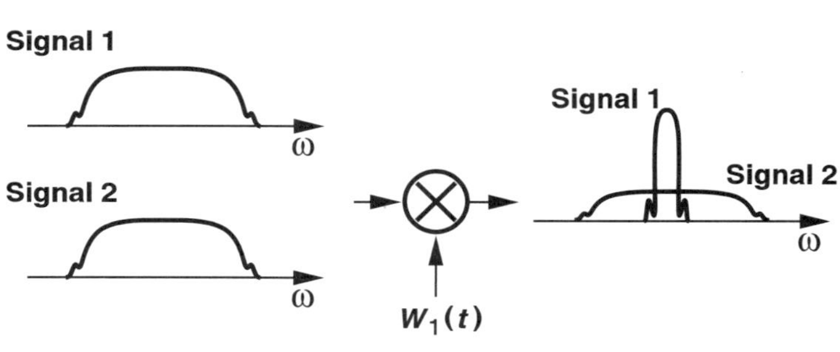


**그림 3.55** *CDMA 수신기의 역확산 과정*

서 사용자의 증가는 단지 잡음 바닥(noise floor)을 점차적으로(선형적으로) 증가시킨다[7].

DS-CDMA에서의 중요한 문제는 전력 제어(power control)이다. 예를 들어 그림 3.56에서와 같이 어느 위치에서 수신되는 신호의 전력이 가까운 거리에 있는 송신기로부터 나오는 원하지 않는 신호 전력보다 훨씬 작다고 가정해 보자.[7] 그러면 역확산 후에 강한 간섭원은 잡음 바닥을 매우 높이고, 원하는 신호의 수신을 어렵게 한다. 다수의 사용자가 있는 환경에서 하나의 높은 전력의 송신기는 다른 사람들과의 통신을 사실상 중단 시키는 것을 의미한다. 이 문제는 FDMA나 TDMA에서는 훨씬 덜 심각하다. 이것은 근거리/원거리 효과(near/far effect)라고 한다. 이런 이유 때문에 많은 CDMA 송신기들이 한 수신기와 통신할 때 수신기가 개략적으로 동등한 신호 레벨을 감지하게 하기 위해서 수신기들의 출력 전력을 제어해야만 한다. 이것 때문에 수신기는 각각의 송신기의 신호 세기를 관찰해야 하고 각각에 대해 주기적으로 전력 제어 요청을 보내야 한다. 이동통신 시스템에서 사용자들은 직접적이라기 보다는 기지국을 통해서 통신하기 때문에 기지국이 전력 제어의 임무를 담당해야 한다. 수신된 신호 레벨들은 일반적으로 서로 간에 1 dB 내에서 조절된다.

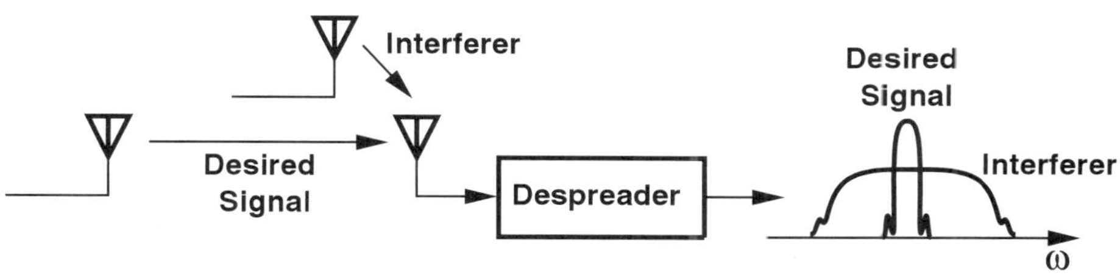


**그림 3.56** *CDMA에서의 근거리/원거리 효과(near/far effect)*

시스템이 복잡해지기는 하나 전력 제어는 일반적으로 단말기의 평균 전력 소모를 줄인다. 이는 이런 전력제어가 없다면 단말기는 경로 손실과 페이딩이 심각하든 안 하든 간에 기지국과 통신할 수 있게 하기 위해서 *항상* 충분한 전력을 송신해야만 한다. 그래서 채널이 최소한의 감쇠를 가질 때라도 단말기는 최대의 출력전력을 송신해야만 한다. 반면에 전력 제어는 채널 상태가 향상 될 때에는 낮은 전력 레벨로 전송할 수 있다. 이는 또한 다른 사용자에게 주는 평균 간섭을 줄인다.

불행하게도, 전력 제어는 또한 휴대전화가 동시에 동작하는 송수신경로에 영향을 준다.[8] 결과적으로 CDMA 휴대전화는 송신신호의 수신단으로의 누설에 대한 처리가 필요하다(4장).

**주파수 도약(Frequency-Hopping) CDMA** RF 통신에서 새로운 형태의 CDMA로 '주파

7. 이러한 상황을 파티에 비유하자면 두 사람이 다른 사람들에 비해 훨씬 더 크게 이야기 할 때 발생한다. 다른 언어의 경우라도 통신은 어렵다.
8. 만일 어떤 차량이 높은 속도나 높은 건물이 있는 장소에서 움직일 경우, 기지국에서 오는 전력을 수신시 빠른 속도로 변화할 수 있으며 이는 연속되는 피드백을 요구한다.

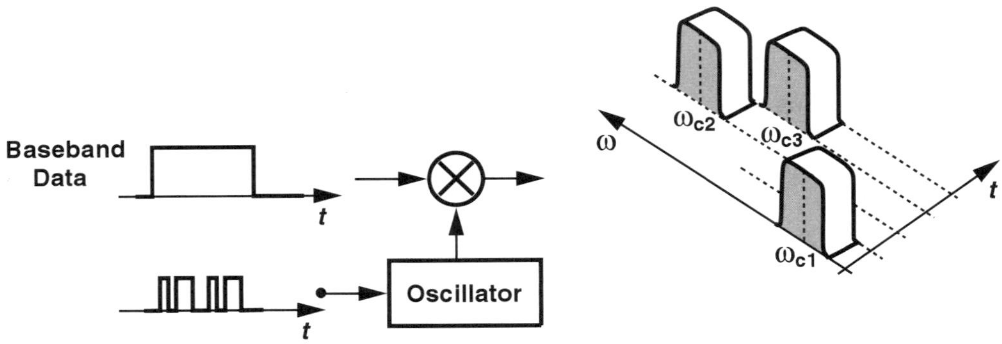


**그림 3.57** *주파수 도약 CDMA*

수 도약(Frequency-Hopping, FH)'이 있다. 그림 3.57에 보이듯이 이러한 접속 기술은 의사 랜덤 채널 할당을 갖는 FDMA로 여겨질 수 있다. 각 송신기에서의 반송 주파수는 선택된 코드(DS-CDMA에서 확산 코드와 유사한)에 의해 '도약'된다. 따라서 한 송신기의 짧은 순간의 스펙트럼이 다른 송신기들의 스펙트럼과 중복할 수 있다 할지라도, PN 코드에 의한 스펙트럼의 전체 궤도 즉, PN 코드는 각각의 송신기를 다른 것들과 구분할 수 있는 역할을 한다. 그럼에도 가끔씩 발생하는 스펙트럼들의 중복은 에러의 확률을 증가시킨다.

간혹 스펙트럼의 중복 때문에 주파수 도약은 FDMA와 어느 정도 유사하고 DS-CDMA에서 보다는 차이가 나는 수신 전력 레벨정도까지 잘 견뎌낸다. 그러나 주파수 도약에서는 그림 3.57에 나타난 발진기의 제어 루프에서 비교적 빠른 안정화(settling)를 요구한다. 이에 대한 중요한 설계상의 문제는 10장에서 공부한다.

## 3.7 무선 표준 Wireless Standards

지금까지의 무선 통신 시스템에 대한 학습은 전화를 걸거나 데이터를 전송하는 것이 아날로그 및 디지털 영역 내의 대단히 크고 복잡한 작업을 수반함을 나타내고 있다. 또한 잡음이나 간섭과 같은 비이상적인 특성으로 SNR, BER, 점유 대역폭, 간섭의 허용치 등과 같은 개별 시스템 변수에 대한 정확한 사양이 요구된다. '무선 표준'은 베이스밴드 처리를 포함한 송수신기 설계를 지배하는 필수 기능과 사양을 정의하고 있다. 다양한 운영조건을 가정하여, 각각의 표준은 비교적 방대한 양의 문서로 이루어져 있지만, 설계자에 따라 선택할 수 있는 일부 사양을 남겨두었다. 예를 들어 표준은 민감도에 대한 내용은 구체적으로 명시되어 있으나, 잡음지수에 대한 내용은 존재하지 않는다.

다양한 무선 표준을 공부하기 전에, 우리는 간단히 수량화된 일부 표준의 공통 사양에 대하여 언급하고자 한다:

1. 주파수 대역 및 채널 분할. 각 표준은 할당된 주파수 대역에서 통신을 수행한다. 예를 들어, 블루투스는 2.400 GHz에서 2.480 GHz 대역의 산업 과학 의료용(ISM) 대역을

사용한다. 밴드는 한 사용자를 위한 정보를 실어 나르는 개별적인 '채널'로 구성되어 있다. 예를 들어, 블루투스는 1 MHz의 채널로 최대 80 사용자까지 구성할 수 있다.

2. 데이터 속도. 표준은 지원해야 하는 데이터 속도를 지정해야 한다. 어떤 표준은 일정한 데이터 속도를 지원하는 반면 높은 신호 감쇄가 존재할 때 낮은 속도로 라도 통신을 유지하기 위하여 데이터 속도의 가변을 허용하기도 한다. 예를 들어 블루투스는 1 Mb/s의 속도로 지정되어있다.

3. 안테나 듀플렉싱 방법. 대부분의 휴대 전화 시스템은 FDD, 다른 표준은 TDD를 사용한다.

4. 변조방법. 각 표준은 변조 방식을 지정한다. 어떤 경우에는, 다른 변조 방식이 다른 데이터 전송 속도를 위해 다른 변조 방식이 사용된다. 예를 들어 IEEE802.11a/g는 좋은 신호 상황에서는 높은 데이터 속도(54 Mb/s) 전송을 위해 64QAM가 사용되지만 낮은 데이터 속도(6 Mb/s)에서는 2진 PSK가 사용된다.

5. 송신기 출력 전력. 표준은 송신기가 생성해야 하는 전력 레벨을 지정한다. 예를 들어 블루투스는 0 dBm을 송출한다. 일부 표준은 송신기와 수신기가 서로 가까워졌을 때 배터리 전원을 절약하거나 근접/원거리 영향을 피하기 위하여 가변 출력 레벨을 요구한다.

6. 송신기 EVM 및 스펙트럼 마스크. 송신기에 의하여 전송되는 신호는 전력 레벨에 추가적으로 몇 가지 요구 사항을 충족해야 한다. 첫째, 허용 신호 품질을 보장하기 위하여 EVM이 지정된다. 둘째, 송신기로부터 채널 밖에 방출되는 신호가 충분히 작음을 보장하기 위해 '스펙트럼 마스크'가 정의 되어야 한다. 3.4절에서 설명된 것과 같이, 과도한 PA의 비선형성이 마스크를 침해 할 수 있다. 블요파(spur)와 고조파(harmonic)와 같은 원치 않게 전송되는 요소들을 제한하기 위한 표준 또한 제기된다.

7. 수신기 감도. 표준은 허용 수신 감도를 최대 BER(bit error rate, $BER_{max}$)의 형태로 지정한다. 어떤 경우에는, 감도는 데이터 속도에 상응한다. 예를 들어 높은 감도는 낮은 데이터 속도를 의미한다.

8. 수신 입력 레벨 범위. 수신기에 의해 감지되기 위해 요구되는 신호는 신호 감도 수준에서 수신기가 송신기에 가까운 경우 훨씬 더 큰 값에 이르기까지 다양할 수 있다. 따라서, 표준은 요구되는 신호의 범위가 잡음이나 왜곡에 대하여 받아들일 수 있는 범위로 지정할 필요가 있다.

9. 블로커에 대한 수신기의 내성. 표준은 요구되는 작은 신호를 수신하는 동안 수신기가 견뎌야 하는 가장 큰 간섭원을 명시하고 있다. 이러한 성능은 일반적으로 그림 3.58과 같이 정의 된다. 첫 번째 단계로, 변조된 신호는 '기준' 감도 레벨로 적용되고, BER은

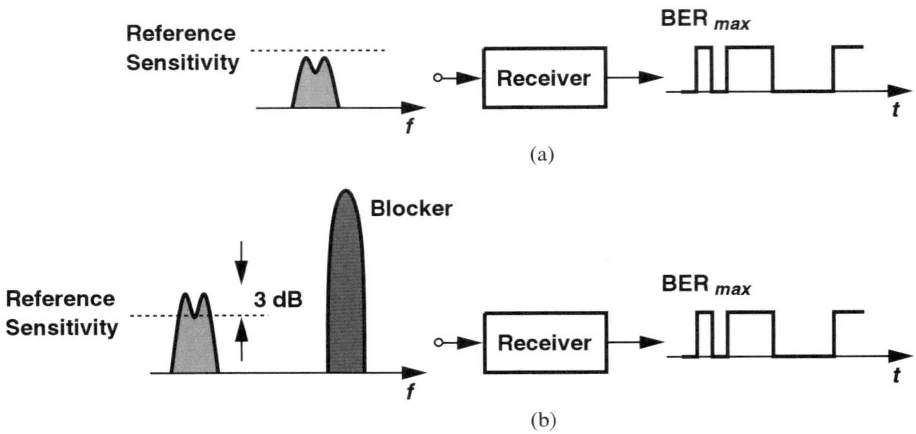


**그림 3.58** *수신기의 시험 (a) 기준 민감도에서 요구되는 신호, (b) 블로커로 인하여 기준 민감도에서 요구되는 신호보다 3 dB 높은 신호*

$BER_{max}$ 아래로 측정된다[그림 3.58(a)]. 두 번째 단계로, 신호 레벨은 3 dB 상승하고, 블로커가 입력에 추가되어 신호 레벨은 크게 증가된다. 블로커가 어느 특정 레벨에 도달하면, BER은 $BER_{max}$을 넘지 않아야 한다[그림 3.58(b)]. 이 시험은 압축 동작 및 수신기의 위상 잡음 특성을 보여준다. 후자는 8장에 설명되어있다.

또한 많은 표준은 상호 변조 시험을 명기하고 있다. 예를 들어, 그림 3.59와 같이, (하나는 변조되고 하나는 그렇지 않은) 두 개의 블로커를 감도 레벨보다 3 dB 높은 요구되는 신호에 적용한다. 수신기 BER은 두 개의 블로커의 레벨이 특정 레벨에 도달할 때 $BER_{max}$을 넘어서는 안 된다.

이 절에서는, 몇몇 무선 표준을 공부하고자 한다. 휴대전화 표준의 경우, 우리는 '모바일 스테이션'(단말기)에 초점을 맞추도록 한다.

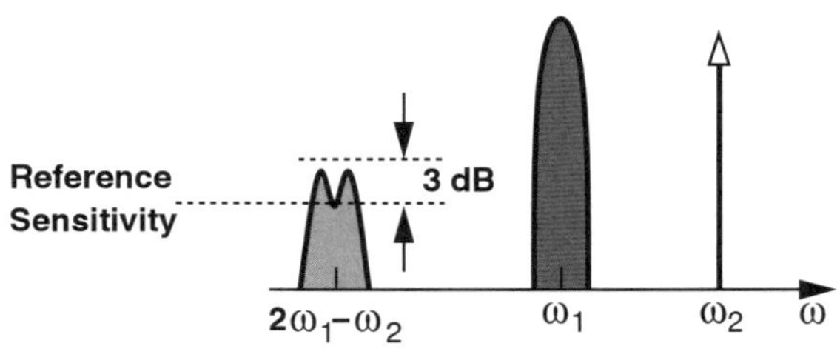


**그림 3.59** *상호 변조 시험*

### 3.7.1 GSM

본래 유럽의 무선 표준을 통합하기 위해 개발된 GSM(Global System for Mobile Communication)은 세계에서 가장 널리 사용되는 셀룰러 표준이 되었다. GSM은 음성 통화뿐만이 아니라 데이터 전송을 지원한다.

GSM 표준은 TDMA/FDD 방식으로 GMSK 변조 방식을 사용하고, GSM900, GSM1800 (DCS1800), GSM1900(PCS1900)로 불리는 다른 여러 주파수 밴드에서 동작한다. 그림 3.60은 송신기 및 수신기 밴드를 나타낸다. 각 채널은 200 kHz로 8명의 시간 분할 접속 사용자를 수용하며 전송 속도는 한 사용자당 271 kb/s이다.

송신과 수신 시간 슬롯은 시간 슬롯 오프셋(약 1.73 ms)으로 구분되어, 이로 인해 송신기와 수신기는 동시에 동작할 수 없다. 시스템의 총 수용 용량은 25 MHz 대역폭 내에서 채널의 숫자와 각 채널당 사용자수에 의해 결정되며 대략 1,000명 정도이다.

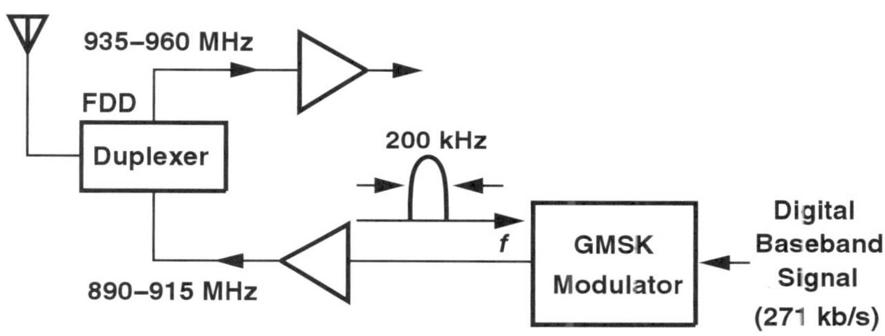


**그림 3.60** *GSM 무선 인터페이스*

**예제 3.10** RF Microelecronics

GSM의 수신기 감도는 −102 dBm로 지정되어있다.[9] 허용되는 BER($10^{-3}$)을 만족하는 GMSK 신호를 탐지하기 위해서는 9 dB의 SNR이 요구된다. RX의 최대 허용 잡음지수는 얼마인가?

**풀이:**

2장으로부터

$$NF = 174\ \text{dBm/Hz} - 102\ \text{dBm} - 10\log(200\ \text{kHz}) - 9\ \text{dB} \tag{3.56}$$
$$\approx 10\ \text{dB}. \tag{3.57}$$

**블로킹 요구치** GSM은 수신기의 블로킹 요구치를 지정하고 있다. 그림 3.61에 나타나있는 바와 같이, 블로킹 시험은 원하는 채널에서 200 kHz 떨어진 개별 단위에 하나의 (변조되지 않은) 톤과 함께 감도 레벨보다 3 dB 높은 신호를 적용한다. (한 번에 하나의 블로커만 적용한다.)[10] 원하는 채널에서 1.6 MHz의 지점에 −33 dBm, 3 MHz되는 지점에 −23 dBm으로 견

9. GSM1800의 민감도는 − 101 dBm이다.

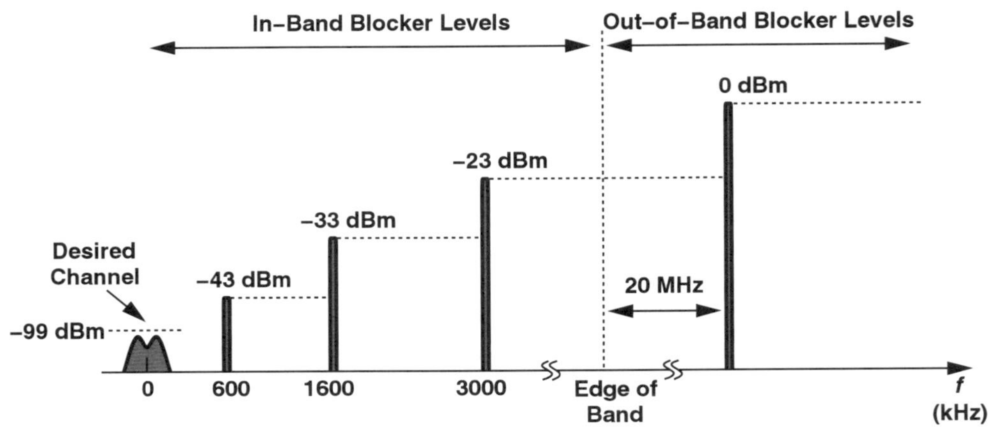


**그림 3.61** *GSM 수신기 블로킹 시험 (단순화를 위하여 요구되는 채널의 중심주파수를 0으로 표시)*

될 수 있는 대역 내 블로커 레벨이 이동한다. 대역 외 블로커는 수신기 밴드의 가장자리에서 20 MHz인 보호 대역을 넘어 0 dBm까지 도달할 수 있다. 그림 3.61의 블로커 레벨과 같이, 수신기는 여전히 필요로 하는 BER을 제공해야 한다.

### 예제 3.11

RF Microelecronics

블로킹 시험을 만족하기 위하여 수신기 $P_{1dB}$는 어떻게 선택 되어야 하는가?

**풀이:**

수신기가 전치단(front-end)필터를 포함하고, 블로커가 GSM 대역 외부에 적용하는 경우 충분한 감쇄를 제공한다고 가정하자. 따라서, 최대 블로커 레벨은 압축을 피하기 위해 요구되는 대략 −15 dBm의 $P_{1dB}$를 만족하기 위하여 −23 dBm(3 MHz 오프셋이나 그 이상에서)이 되어야 한다. 만약 전치단 필터가 대역외 블로커를 적절하게 감쇠하지 않는 경우, 더 높은 $P_{1dB}$가 필요하다.

만약 수신기의 $P_{1dB}$가 3 MHz의 오프셋 이상의 블로커 레벨에 의하여 결정이 된다면, 왜 GSM은 더 작은 오프셋에서 레벨을 결정하는가? 수신기의 또 다른 불완전성, 즉, 발진기의 위상 잡음의 불완전성이 여기서 들어나게 되며 구체적인 내용은 8장에서 설명하도록 한다.

그림 3.61의 블로킹 요구 사항이 실제로 이행하기 어렵기 때문에, GSM은 6개의 대역 내 주파수와 24개의 대역 외 주파수에서 블로커 레벨을 −43 dBm으로 완화하는 '스퓨리어스 응답 예외(spurious response exception)'의 집합을 규정하고 있다.[11] 그러나 불행하게도, 이러한

10. 이 마스크와 이 부분에서 기술된 것들은 왼쪽에 대칭적으로 확장된다.
11. GSM1800과 GSM1900에서는 12개의 대역 내 예외가 허용된다.

예외는 압축 및 위상 잡음 요구 사항을 완화하지 않는다. 예를 들어 원하는 채널이 대역의 가장자리에 있다면(그림 3.62), 약 100개의 채널이 3 MHz 오프셋 위에 존재하게 된다. 6개의 채널을 제외하더라도, 나머지는 각각 −23 dBm 블로커를 포함할 수 있다.

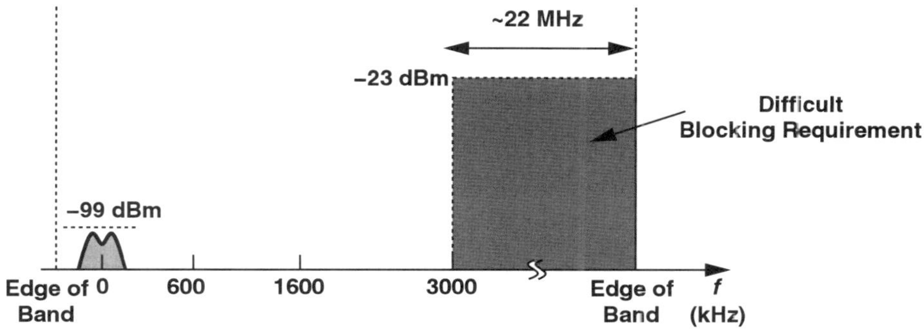


**그림 3.62** *GSM 블로킹 시험을 위한 최악의 경우의 채널*

**상호변조 요구사항** 그림 3.63은 GSM에 의해 지정된 IM 시험을 보여준다. 기준 감도 레벨보다 3 dB가 높은 원하는 채널에서 톤과 변조된 신호는 각각 800 MHz와 1.6 MHz 오프셋에 적용된다. 만약 두 간섭의 레벨이 −49 dBm 수준으로 높은 경우 수신기는 필요한 BER을 만족해야 한다.

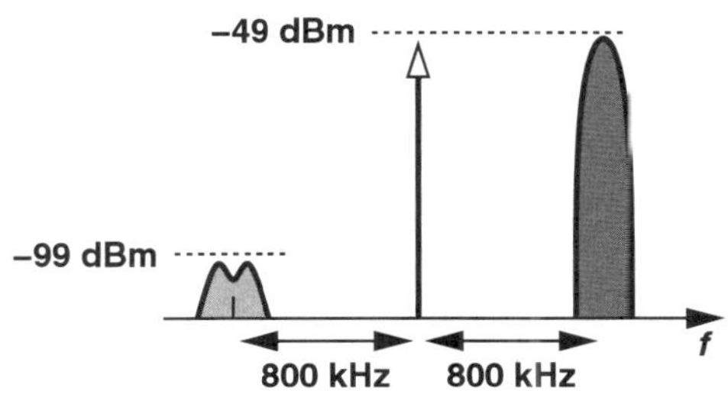


**그림 3.63** *GSM 상호변조 시험*

**예제 3.12** RF Microelecronics

위의 시험에서 필요한 수신기의 $IP_3$을 예측하라.

**풀이:**

BER을 만족하기 위해 예를 들어 해당 채널에서의 총 잡음이 −108 dBm 이하가 되기 위해서는 9 dB의 SNR이 요구된다. 이 시험에서, 신호는 수신기 잡음과 상호변조에 의해서 손상된다. 예시 3.10으로부터 만약 NF = 10 dB라 가정하면, 200 kHz에서 총 수신기 잡음은 −111

(계속)

**예제 3.12** *(계속)* RF Microelecronics

dBm이 된다. 허용되는 최대 잡음은 −108 dBm이므로, 최대 3 dB의 손상으로 상호변조가 이루어질 수 있다. 즉 두 간섭의 IM 제품은 −111 dBm의 레벨을 가져야 하고, 수신기 노이즈가 −111 dBm이 됨에 따라 총 손상이 −108 dBm이 된다. 이는 2장의 내용에 따라

$$IIP_3 = \frac{-49\ \text{dBm} - (-111\ \text{dBm})}{2} + (-49\ \text{dBm}) \tag{3.58}$$

$$= -18\ \text{dBm}. \tag{3.59}$$

연습문제 3.1에서 우리는 잡음지수가 10 dB보다 낮을 때, $IIP_3$을 다시 계산한다.

우리는 이 예시와 예제 3.11을 통하여 GSM의 수신기 선형성은 주로 상호 변조 사양보다 단일 톤 요구 사항에 의해 결정된다는 것을 알 수 있다.

**인접 채널 간섭** GSM 수신기는 요구되는 신호보다 9 dB 큰 인접 채널 간섭이나 요구되는 신호보다 41 dB 큰 대체-인접 채널의 간섭을 견딜 수 있어야 한다(그림 3.64). 이 시험에서 요구되는 신호는 감도 레벨보다 20 dB 높다. 4장에서 설명된 것과 같이 상대적으로 완화된 인접채널 요구 사항은 특정 수신기 구조 사용을 용이하게 한다.

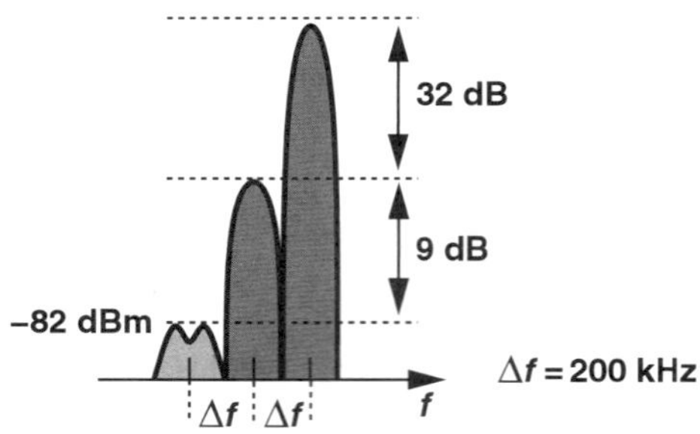


**그림 3.64** *GSM 인접채널 시험*

**송신기 요구사항** GSM(휴대용) 송신기는 최소 900 MHz 대역에서 2 W(+33 dBm), 1.8 GHz 대역에서 1 W의 출력 전력을 제공해야 한다. 또한, 출력 전력은 기지국으로 가까워지거나 더 멀어짐에 따라 +5 dBm에서 최대 레벨까지 2 dB 단위로 전력을 조절할 수 있어야 한다.

GSM 송신기의 출력 스펙트럼은 그림 3.65와 같은 '마스크'를 충족해야 하는데, 정확한 변조 지수와 펄스 형성을 잘 제어하기 위해 GMSK 변조를 실현할 수 있다. 또한 출력 신호의 RMS 위상 오차는 5° 이하가 되도록 해야 한다.

GSM의 엄격한 사양은 수신대역에서 발생할 수 있는 송신기의 최대 잡음과 연관이 있다.

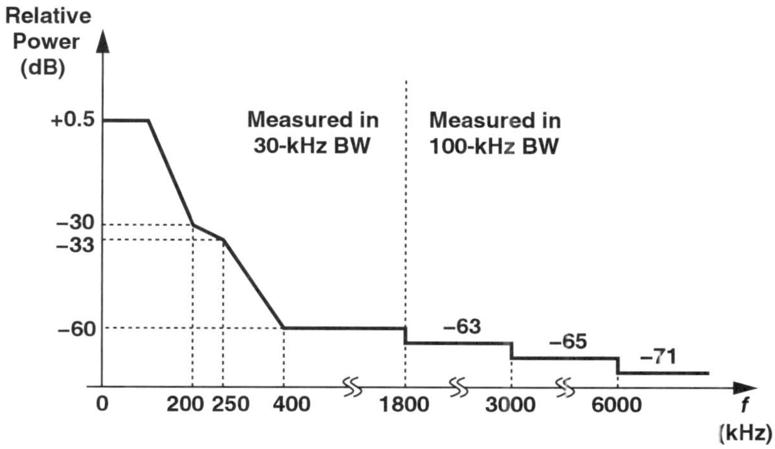


**그림 3.65** *900 MHz 대역을 위한 GSM 송신 마스크*

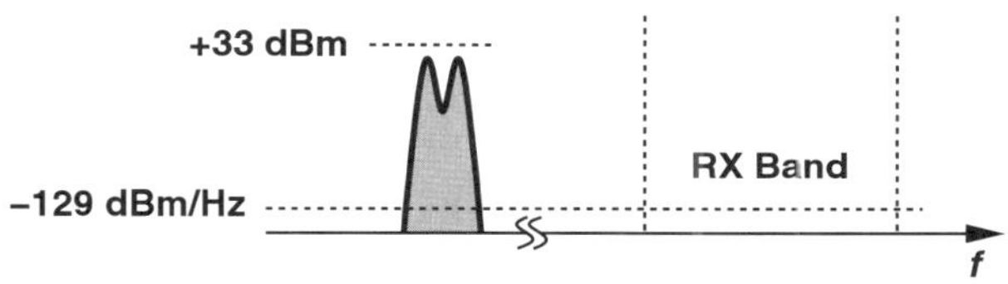


**그림 3.66** *수신 대역에서의 GSM 송신기 잡음*

그림 3.66에서와 같이, 이 잡음 레벨은 −129 dBm/Hz 보다 낮아야 송신 단말기가 수신 단말기가 인접할 때 미치는 간섭의 영향이 무시할만한 수준이 된다. 이 엄격한 요구사항은 잡음 범위가 송신기 출력 전력이 +33 dBm의 송신기 출력 전력에 표준화되어 상대적인 잡음 플로어가 −162 dBc/Hz가 도출된다고 가정했을 때 명백해진다. 4장에서 설명된 바와 같이, 이 사양은 GSM 송신기의 설계를 꽤 어렵게 만든다.

**EDGE** 200 kHz의 채널에서 더 높은 데이터 속도를 수용하기 위해, GSM 표준은 'EDGE (Enhanced Data Rates for GSM Evolution)'로 확장되었다. 384 kb/s의 데이터속도를 달성하기 위해 EDGE는 $k\pi/4$, $k$ = 0-7로 주어진 8개의 위상값에 의해 변조되는 '8-PSK' 변조를 사용한다. 그림 3.67은 신호의 성상도를 나타낸다. EDGE는 '2.5세대'(2.5G) 셀룰러 시스템으로 간주된다.

8-PSK 변조의 사용은 두 가지 문제를 수반한다. 첫째, 스펙트럼을 200 kHz로 제한하기 위해, 기저대역 펄스 형성을 하여 '선형' 변조 가 필요하다. 사실, 그림 3.67의 성상도는 한 개가 45° 회전한 두 개의 QPSK 파형의 성상도와 같이 보여 진다. 다라서 펄스 형성(4장)된 2개의 QPSK 신호가 생성되며 8-PSK 파형으로 산출하기 위해 결합될 수 있다. 그러나 펄스

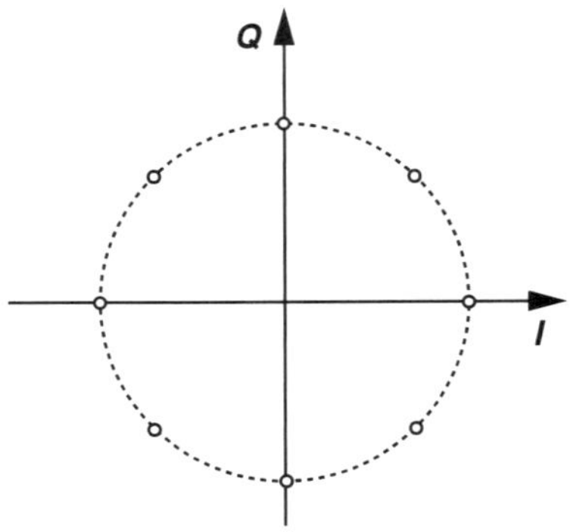


**그림 3.67** *(EDGE에서 사용 되는) 8-PSK의 성상도(constellation)*

성형은 가변 진폭(envelope)으로 이어지기 때문에 선형 전력 증폭기를 필요로 하게 한다. 즉, GSM/EDGE 송신기는 GSM의 모드에서는 비선형(따라서 효율적인) 전력 증폭기를 사용하지만, EDGE 모드에서는 선형(따라서 비효율적인) 전력 증폭기로 전환하여야만 한다.

두 번째 문제는 수신기의 8-PSK 신호의 검출에 관한 것이다. 성상도에서 밀접하게 배치된 점들은 QPSK보다 더 높은 SNR을 필요로 한다. BER = $10^{-3}$에서 전자는 14 dB의 SNR을 필요로 하나, 후자는 7 dB의 SNR을 필요로 한다.

### 3.7.2 IS-95 CDMA

직접 시퀀스(direct sequence) CDMA을 기본으로 하는 무선 표준은 퀄컴(Qual-comm)에 의해 제안되었고 북미에서 IS-95로 채택되었다. 무선 인터페이스는 FDD 방식을 이용하며, 그림 3.68의 송수신 대역을 사용한다. 이동 단말기에서 9.6 kb/s의 기저대역 데이터는 1.23 MHz로 확산되고 그 후에 OQPSK를 사용하여 변조된다. 반면 기지국에서 단말기로의 경로는 QPSK

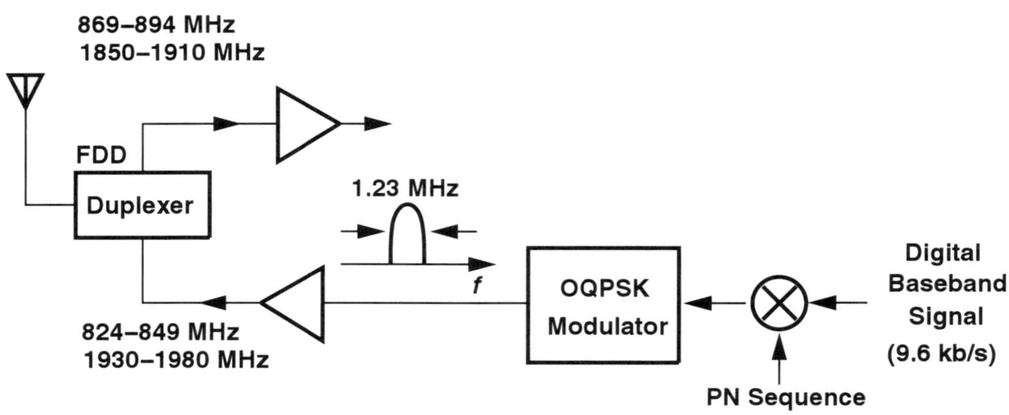


**그림 3.68** *IS-95 무선 인터페이스*

변조를 이용한다. 이동 단말기는 전력 측면에서 효율적인 변조 방식을 사용해야 하는 반면(3장) 기지국은 동시에 매우 많은 채널을 송신해야 하므로 변조 방식에 상관없이 선형 전력 증폭기를 사용해야 한다. 양방향에서 IS-95는 *동기*(*coherent*) 검출이 요구되고 위상 동기를 맞추기 위해 통신 초기에 비교적 강한 '파일럿 톤(pilot tone)'(변조되지 않은 캐리어)을 송신함으로써 동기 검출을 이루어 낸다.

앞에서 학습한 다른 표준과 비교하여 IS-95는 상당히 복잡하고, 적절한 신호의 질을 유지하면서 전송 용량을 높이기 위해 많은 기술들을 포함한다. 여기서는 간략하게 표준의 특징을 설명한다. 더욱 자세한 사항은 참고문헌[8, 10, 11]을 참고하라.

**전력 제어(power control)** 3.6.4절에서 언급한 바와 같이 CDMA에서 다양한 이동 단말기로부터 기지국으로 수신된 전력은 단지 약 1 dB 차이 내에 있어야 한다. IS-95에서 각 이동 단말기의 출력 전력은 대략적이면서 빠른 조정을 위해 통신 초기에는 개루프(open loop) 절차에 의해 제어된다. 그런 후에 전력은 폐루프(closed loop) 방법에 의해 더욱 정확하게 제어된다. 개루프 제어를 위해 이동 단말기는 기지국으로부터 *수신*된 신호 전력을 측정하고 단말기의 송신 전력을 맞추어 이 둘의 합이 약 −73 dBm이 되도록 한다. 만약 수신 경로와 송신 경로가 동일한 감쇠 $k$ dB를 가지고, 기지국에서 송신하는 전력이 $P_{bs}$이면 이동 단말기의 출력 전력 $P_m$은 $P_{bs} - k + P_m = -73$ dBm을 만족한다. 기지국에 수신된 전력은 $P_m - k$이므로 $P_m - k = -73$ dBm $- P_{bs}$이 된다. $P_{bs}$는 그 값이 주로 고정되어 있기에 이를 명확히 정의해야 한다. 이동 단말기의 출력 전력의 수 $\mu$sec 내에서 약 85 dB만큼 변화할 수 있다.

위의 송신 경로와 수신 경로에서의 동일한 손실을 갖는다는 것은 단지 대략적인 가정이므로 폐루프 전력 제어 또한 필수적이다. 실제로 두 경로는 서로 다른 주파수 대역에서 동작하므로 서로 다른 페이딩(fading)을 겪게 된다. 이에 기지국은 이동 단말기로부터 수신된 전력을 측정하고 전력 보정을 요구하는 피드백 신호를 보낸다. 이 명령은 급히 변하는 페이딩 상황에서 적절하게 보정하기 위해 1.25 ms마다 전송된다.

**주파수와 시간 다이버시티(diversity)** 3.5절을 상기해 보면, 다중 페이딩은 일반적으로 주파수 선택적(frequency selective)이고, 이는 채널 전달 함수에 수 kHz 범위에 달하는 노치(notch)를 발생시킨다. IS-95는 스펙트럼을 1.23 MHz로 확산시키기 때문에 주파수 다이버시티를 제공하며, 전형적인 지연 확산에 대하여 약 25%만의 손실을 나타낸다[8].

IS-95는 또한 다중 경로 신호를 유리하게 사용하기 위하여 시간 다이버시티를 사용한다. 이것은 수신 신호의 *지연된 복제 신호*(*delayed replias*) 사이의 자기 상관을 수행하는 것에 의해 이루어질 수 있다(그림 3.69). '*레이크 수신기*(*rake receiver*)'라고 불리는 시스템은 출력에서 최대 신호대잡음비를 얻기 위하여 지연된 복제 신호들에 적절한 가중치 $\alpha_j$를 가지고 조합한다. 즉, 만약 하나의 자기 상관기의 출력이 손상된다면 그에 대한 가중치는 작아지고 또한 그 반대의 경우도 마찬가지이다.

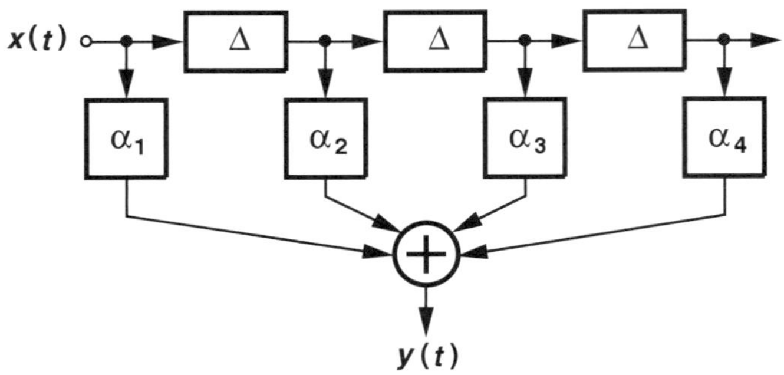


그림 3.69 *레이크(rake) 수신기*

레이크 수신기는 CDMA만의 고유한 특징이다. 칩률(chip rate)이 페이딩 대역폭보다 훨씬 크기 때문에, 또 확산 코드는 칩 주기(chip period)보다 큰 지연에 대해 무시할 수 있는 상관 관계를 가지기 때문에 다중 경로의 영향들은 심볼 간 간섭(ISI)을 유발하지 않는다. 따라서 각 자기 상관기는 다중 경로 신호들 중의 하나에 동기화 될 수 있다.

**가변 코딩률(Variable Coding Rate)** 사람의 음성에 대한 정보 가변율(variable rate)은 송신되는 초당 비트율의 평균을 낮추는 데 이용될 수 있다. IS-95에서 전송률은 4가지 단계인 9600, 4800, 24800, 1200 kps에서 변한다. 이러한 조정은 느린 데이터에 대해서는 버퍼링이 가능하게 하여 결과적으로 전송은 9600 bps에 일어나면서 짧은 시간에 비례하여 일어날 수 있도록 한다. 예를 들어 만약 음성 정보량이 2400 bps라면 음성 정보는 시간의 50% 동안 축적되고, 나머지 50% 동안만 전송될 수 있다. 이 접근은 단말기에서 송신하는 평균 전력을 더욱 감소시키고, 배터리를 아끼고, 다른 사용자들에 의한 간섭을 낮춘다.

**소프트 핸드오프(Soft Hand-off)** 3.5절에서 본 바와 같이 휴대용 단말기가 다른 기지국에 할당될 때, 채널의 중심 주파수(예를 들면 IS-54나 GSM 등)가 바뀌면 통화는 끊길 수 있다. 하지만, CDMA에서는 하나의 셀 안에 있는 모든 사용자들은 같은 채널 상에서 통신할 수 있다. 따라서 단말기가 한 기지국에서 인접한 다른 기지국으로 움직일 때, 양 기지국의 신호 세기는 레이크 수신기에 의해 계속 체크된다. 더 근접한 기지국이 충분히 큰 신호를 갖는 것이 확인되면, 핸드오프가 수행된다. 소프트 핸드오프라 불리는 이 방법은 '끊기 전에 연결(make-before-break)' 동작으로 생각될 수 있다. 이 결과는 핸드오프 동안에 통화가 끊기는 가능성을 낮춘다.

### 3.7.3 광대역 CDMA Wideband CDMA

3세대 셀룰러 시스템으로서, 광대역 CDMA는 IS-95에서 더 높은 전송속도를 달성하기 위해 확장된 개념이다. 5 MHz의 대역폭을 가지는 보통 채널의 BPSK(업 링크)와 QPSK(다운링크)를 사용하여 WCDMA는 384 kb/s의 전송속도를 달성한다.

WCDMA의 여러 변형들이 서로 다른 지역에서 개발되었다. 이 절에서는 우리는 그 한 예로 'IMT-2000'을 공부한다. 그림 3.70은 총 60 MHz의 대역을 가지는 IMT-2000의 무선 인터페이스를 나타낸다. 각 채널은 3.84 MHz (확산)대역폭에서 384 kb/s의 전송속도를 가지지만 '보호 대역'을 포함하면 각 채널의 간격은 5 MHz가 된다. 단말기는 데이터를 위해서는 BPSK 변조를 확산을 위해서는 QPSK 변조를 사용한다.

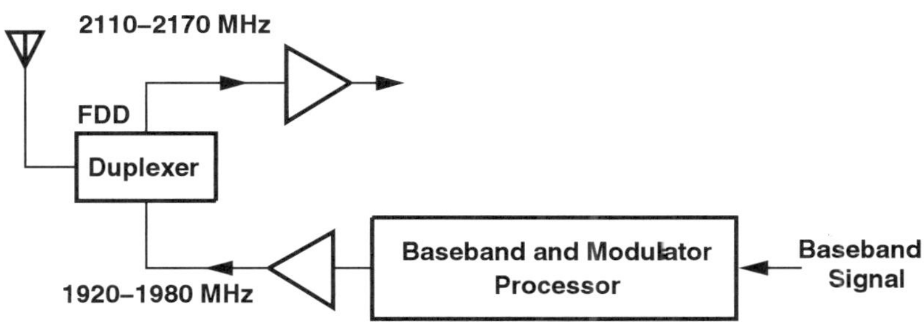


**그림 3.70** *IMT-2000 무선 인터페이스*

**송신기 요구사항** 송신기는 −49 dBm에서 +24 dBm까지의 출력 전력을 제공해야 한다.[12] 넓은 출력 동작 범위는 WCDMA 송신기, 특히 전력 증폭기의 설계를 어렵게 한다. 또한 송신기는 기저대역 펄스 성형을 포함하고 있어 출력 스펙트럼을 제한하고 선형 전력 증폭기를 요구한다.

IMT2000은 채널외 방사(out-of-channel emission)에 대한 제한을 정량화하기 위한 두 사양을 규정하고 있다. (1) 인접(adjacent) 및 격(alternate) 인접 채널 전력은 각각 주(main) 채널 보다 33 dB, 43 dB 낮아야 한다[그림 3.71(a)]. (2) 30 kHz 대역폭으로 측정된 방사는 그

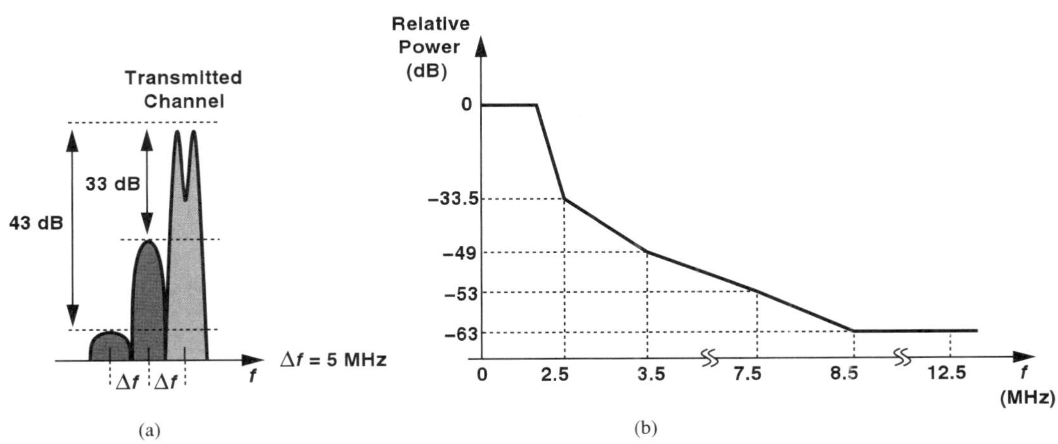


**그림 3.71** *송신기 (a) 인접 채널 전력 시험, (b) IMT-2000에서의 방사 마스크*

12. PA는 듀플렉서의 손실을 간주하기 위하여 +27 dBm의 출력을 내야 한다.

림 3.71(b)에서 보이는 바와 같이 송신기 마스크를 만족해야 한다.

송신기는 GSM과 DCS1800 표준이 조화롭게 공존해야 한다. 즉, 송신기 전력은 GSM 수신기 밴드(935 MHz-960 MHz)에서 100 kHz 대역폭으로 측정해서 −79 dBm보다 낮아야 하며, DCS1800 수신기 밴드(1805 MHz ~ 1880 MHz)에서 100 kHz 대역폭으로 측정해서 −71 dBm보다 낮아야 한다.

**수신기 요구사항** 수신기의 기준 감도는 −107 dBm이다. GSM과 마찬가지로, IMT-2000 수신기는 진폭이 큰 정현파 블로커를 견디어야 한다. 이 블로커는 주파수 오프셋이 커질수록 그 크기가 커진다. 반면에 GSM과 달리 IMT-2000은 *대역 외(out-of-band)* 블로킹에 대해서만 정현파 시험을 필요로 한다[그림 3.72(a)]. 여기서 $P_{1dB}$ 요구치는 GSM의 그것에 비해 여유가 있다; 예를 들어 대역 밖 85 MHz에서 수신기는 −15 dBm의 톤을 견뎌야 한다.[13] 대역 내 블로킹을 위해서는 IMT-2000은 그림 3.72(b)에 표시된 두 개의 시험을 제공한다. 여기서 블로커는 마치 또 다른 WCDMA와 같이 동작하도록 변조되고, 이로 인해 압축과 상호 변조가 발생한다.

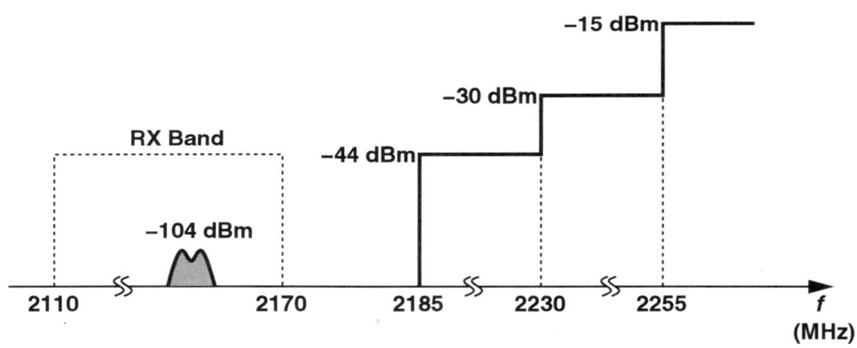


(a)

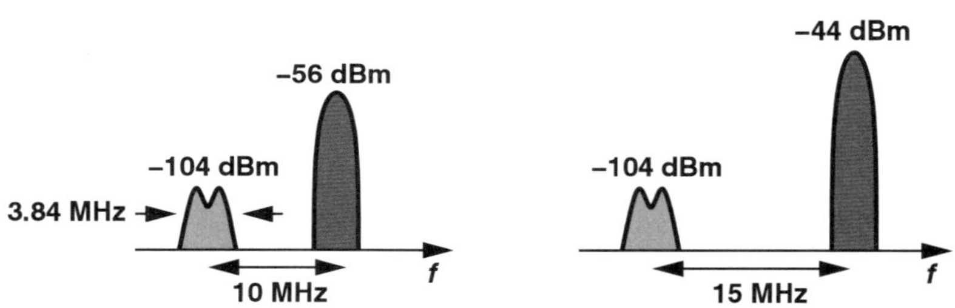


(b)

**그림 3.72** *IMT-2000 수신기 (b) 톤을 이용한 블로킹 마스크, (b) 변조된 간섭을 이용한 블로킹 시험*

13. 그러나, 송신기의 누설이 클 경우, 수신기의 선형성은 꽤 높아야 한다.

## 예제 3.13

RF Microelecronics

WCDMA 수신기가 그림 3.72(b)의 대역 내 시험을 만족하기 위해 필요한 $P_{1dB}$를 예측하라.

**풀이:**

압축을 피하기 위해, $P_{1dB}$는 블로커 레벨보다 4 ~ 5 dB 높아야 한다. 즉, $P_{1dB} \approx -40$ dBm여야 한다. 상호변조에 의한 신호 왜곡을 살펴보기 위해 2장의 내용을 참조하도록 한다. 정현파 $A_1 \cos \omega_1 t$와 진폭이 변조된 블로커 $A_2(1 + m \cos \omega_m t) \cos \omega_2 t$에 대한 상호 변조는 다음과 같이 나타난다.

$$y(t) = \left[\alpha_1 A_1 + \frac{3}{2}\alpha_3 A_1 A_2^2 \left(1 + \frac{m^2}{2} + \frac{m^2}{2} \cos 2\omega_m t + 2m \cos \omega_m t\right)\right] \cos \omega_1 t + \cdots \quad (3.60)$$

양 채널은 변조를 포함하고 있으며, 다음과 같은 가정을 한다: (1) 요구되는 채널과 블로커는 동일한 진폭 변조를 수행하고 있으며, 각각 $A_1(1 + m \cos \omega_{m1} t) \cos \omega_1 t$와 $A_2(1 + m \cos \omega_{m2} t) \cos \omega_{m2} t$로 나타낼 수 있다. (2) 진폭은 어느 정도 적당량 만큼 변하며, 이는 $m^2/2 << 2m$이다. 3차 비선형의 영향은 다음과 같이 나타낼 수 있다.

$$y(t) = \left[\alpha_1 A_1 (1+m \cos \omega_{m1} t) + \frac{3}{2}\alpha_3 A_1 (1+m \cos \omega_{m1} t) A_2^2 \times (1+2m \cos \omega_{m2} t)\right] \cos \omega_1 t + \cdots \quad (3.61)$$

$$= \left[\alpha_1 A_1 (1+m \cos \omega_{m1} t) + \frac{3}{2}\alpha_3 A_1 A_2^2 (1+m \cos \omega_{m1} t + 2m \cos \omega_{m2} t + 2m^2 \cos \omega_{m1} t \cos \omega_{m2} t)\right] \cos \omega_1 t + \cdots \quad (3.62)$$

왜곡이 무시할 정도가 되게 하기 위해, 평균 전력의 대괄호 두 번째 항은 첫 번째 항보다 훨씬 작아야 한다.

(계속)

$$\frac{\left(\frac{3}{2}\alpha_3 A_1 A_2^2\right)^2 \left(1 + m^2 + 4m^2 + 4m^4\right)}{(\alpha_1 A_1)^2 \left(1 + m^2\right)} \ll 1. \quad (3.63)$$

이 비율을 -15dB(= 0.0316)정도라고 정하고, $m$의 거듭제곱을 무시하면 아래와 같다.

$$\frac{\frac{3}{2}|\alpha_3| A_2^2}{|\alpha_1|} = 0.178. \quad (3.64)$$

(계속)

**예제 3.13** (*계속*) RF Microelecronics

여기서, $A_{1dB} = \sqrt{0.145|\alpha_1/\alpha_3|}$ 이고, $|\alpha_3/\alpha_1| = 0.145/A_{1dB}^2$ 이므로,

$$A_{1dB} = 1.1\,A_2. \tag{3.65}$$

이는 입력 압축점이 $A_2$(= −44 dBm)보다 약 1 dB 커야만 한다. 따라서 압축은 이 시험에서 상호변조 보다 살짝 더 많은 영향을 미친다.

3.84 MHz의 넓은 대역폭에서 −107 dBm의 감도 레벨은 매우 인상적으로 보인다. 사실, 10 log(3.84 MHz) ≈ 66 dB이므로, 이것은 수신기 잡음지수 및 요구되는 SNR의 합이 174 dBm/Hz − 66 dB − 107 dBm = 1 dB를 넘지 않아야 함을 의미한다! 그러나, CDMA는 낮은 비트율(384 kbps)을 확산비율만큼 확산시키며 이를 수신기에 역확산하는 과정에서 확산이득(spreading gain)이 발생한다. 즉, 잡음지수는 확산 이득만큼 완화된다.

IMT-2000은 또한 상호변조 시험을 명시한다. 그림 3.73에서 나타난 바와 같이, 각각 −46 dBm의 톤 및 변조된 신호는 요구되는 신호가 −104 dBm일 때 각각 인접 및 격 인접 채널에 적용된다. 문제 3.2에서 WCDMA에서 요구되는 수신기의 $IP_3$에 대하여 예제 3.12를 반복한다.

그림 3.74는 IMT-2000의 인접채널시험을 나타낸다. 요구되는 신호의 −93 dBm 레벨에서,

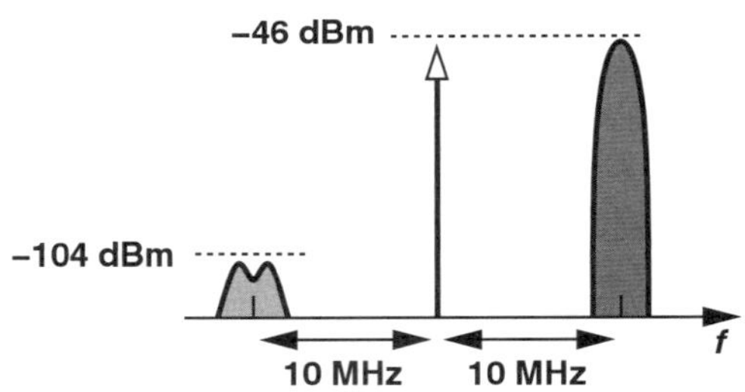


**그림 3.73** *IMT-2000 상호 변조 시험*

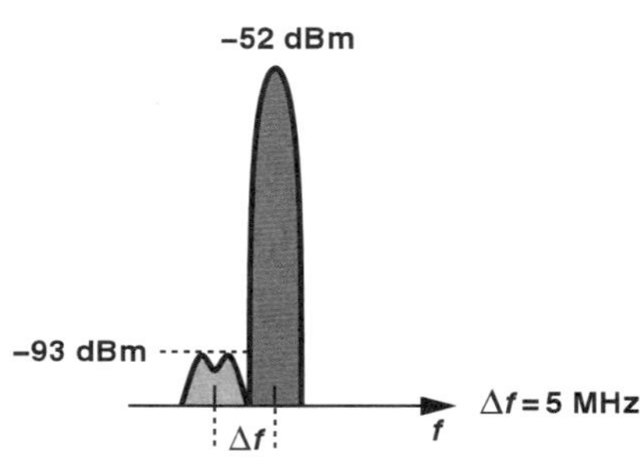


**그림 3.74** *IMT-2000 수신기 인접 채널 시험*

인접 채널은 −52 dBm까지 올라갈 수 있다. 4장에서 설명된 것과 같이, 이 사양은 기저대역 필터의 주파수 응답의 급격한 롤오프(roll-off)를 필요로 한다.

### 3.7.4 블루투스 Bluetooth

블루투스 표준은 원래 단거리, 중간 속도의 데이터 통신을 위한 저비용 솔루션으로 개발 되었다. 사실, 송수신기는 변조/복조를 아날로그 영역에서 수행하고, 디지털 신호처리는 거의 하지 않을 것으로 예상되었다. 그러나 실제로는, 표준의 일부 특성은 아날로그 구현을 어렵게 만들었고 상당한 부분을 디지털 영역에서의 처리하고 있다. 이러한 어려움에도 불구하고, 블루투스는 무선 헤드셋, 무선 키보드 등과 같은 단거리 어플리케이션 분야에 독자적인 소비 시장을 구축하게 되었다.

그림 3.75는 2.4 GHz의 ISM 대역에서 동작하는 블루투스의 무선 인터페이스를 나타낸다. 각 채널은 1 MHz를 차지하며 1 Mb/s의 전송속도를 가지고, $k$ = 0, ⋯, 78일 때, (2402 + $k$) MHz의 캐리어 주파수를 가지고 있다. 여러 나라의 대역 외 출력 요구사항을 준수하기 위하여 ISM 대역의 첫 2 MHz와 마지막 3.5 MHz는 '보호대역'으로 두고 사용되지 않는다.

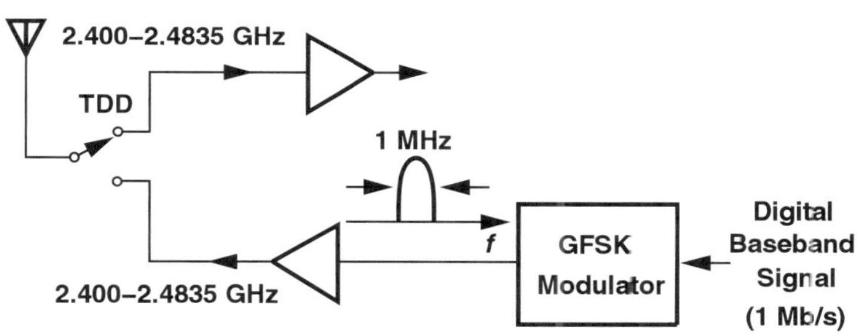


**그림 3.75** *블루투스 무선 인터페이스*

**송신기 특성(Transmitter Characteristics)** 1 Mb/s의 기저대역 데이터는 GPSK(Gaussian Frequency Shift Keying) 변조가 적용된다. GFSK는 0.28에서 0.35 사이의 변조 지수를 가지는 GMSK로 볼 수 있다. 3.3.4절에서 설명된 것과 같이 GMSK 변조는 가우시안 필터와 VCO (그림 3.76)을 통하여 구현될 수 있다.

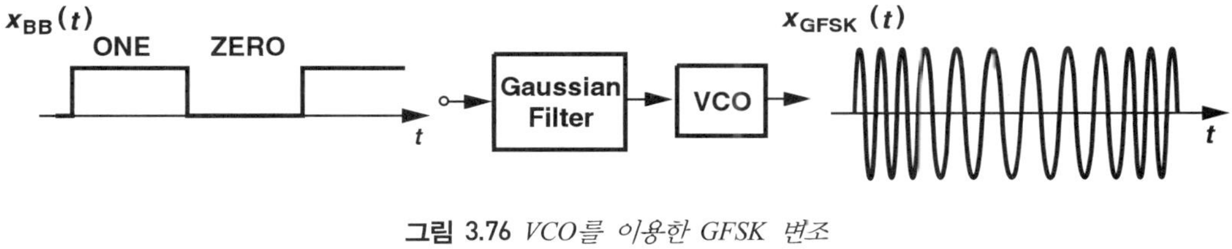


**그림 3.76** *VCO를 이용한 GFSK 변조*

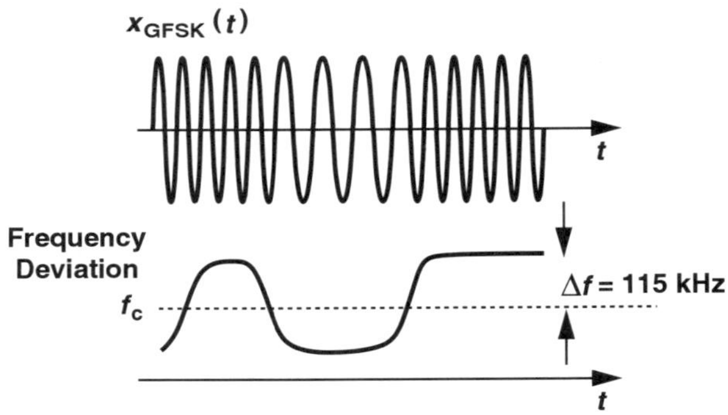


**그림 3.77** *블루투스에서 주파수 편차*

출력은 다음과 같이 나타낼 수 있다.

$$x_{TX}(t) = A\cos[\omega_c t + m\int x_{BB}(t) * h(t)dt], \tag{3.66}$$

이때 $h(t)$는 가우시안 필터의 임펄스 응답을 나타낸다. 그림 3.77과 같이 블루투스는 캐리어에서 최소 115 kHz 주파수 편차를 사용하도록 하고 있다. 최대 주파수 편차, $\Delta f$는 순간 주파수, $f_{inst}$와 캐리어 주파수의 최대차로 얻어진다. 식 (3.66)의 코사인항을 미분하면 $f_{inst}$는 다음과 같이 얻어질 수 있다.

$$f_{inst} = \frac{1}{2\pi}[\omega_c + mx_{BB}(t) * h(t)], \tag{3.67}$$

여기서,

$$\Delta f = \frac{1}{2\pi}m[x_{BB}(t) * h(t)]_{max}. \tag{3.68}$$

이고, 가우시안 필터 출력의 최대 전압 스윙은 대략적으로 $x_{BB}(t)$와 같으므로,

$$\frac{m}{2\pi}x_{BB,max} = 115\text{ kHz}. \tag{3.69}$$

8장에서 설명된 바와 같이, $m$은 전압 제어 발진기의 특성(VCO의 '이득'이라 불리는)이고, 식 (3.69)를 만족하도록 선택되어야 한다.

블루투스는 출력 레벨이 0 dBm(1 mW)로 지정되어 있다.[14] 일정한 포락선 변조는 50-Ω 버퍼를 할 수 있도록 해 주며, 전력 증폭기의 설계를 간소화 한다.

14. 이것은 "전력 클래스 3"의 가장 일반적인 경우와 상응한다. 더 높은 출력 레벨을 가진 다른 전력 클래스들도 역시 명시되어 있다.

블루투스의 송신기 스펙트럼 마스크는 그림 3.78에 나타나 있다. 요구되는 채널 중심으로부터 550 kHz 오프셋된 지점에서 측정된 100 kHz 대역폭의 전력은 같은 대역폭의 채널 중심 주파수에서 측정된 송신기 전력보다 20 dB 낮게 측정 되어야 한다.

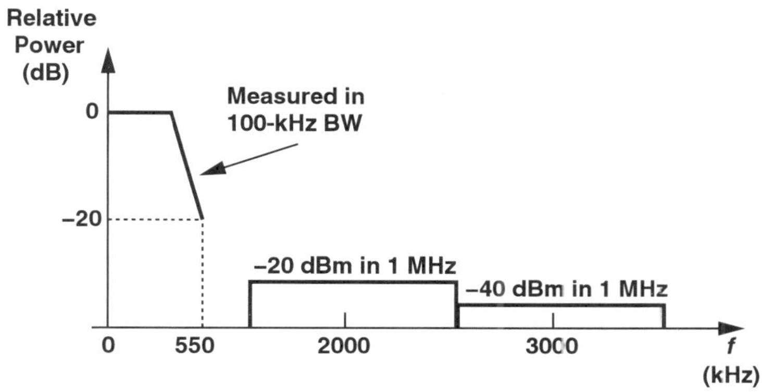


**그림 3.78** *블루투스 송신마스크*

또한, 격 인접 채널의 1 MHz 대역폭으로 측정된 전력은 −20 dBm 이하 이여야 한다. 마찬가지로, 3차 및 그 이상의 인접 채널의 전력은 −40 dBm 이하여야 한다.[15]

블루투스의 송신기는 셀룰러 및 무선랜 시스템에 대한 간섭을 최소화해야 한다. 예를 들어, 1.8 ~ 1.9 GHz 대역 및 5.15 ~ 5.3 GHz 대역의 100 kHz 대역폭으로 −47 dBm 이하가 되어야 한다.

각각의 블루투스 캐리어 주파수는 ±75 kHz (≈ ±30 ppm)의 허용 오차를 가지고 있다. 캐리어 주파수 합성은 기준 크리스탈 주파수(10장)를 기준으로 하고 있기 때문에, 크리스탈은 ±30 ppm 이하의 오류를 가져야 한다.

**수신기 특성** 블루투스는 −70 dBm ($BER = 10^{-3}$)의 기준 감도로 동작하는데, 대부분의 상용 제품은 더 넓은 인식범위를 위하여 약 −80 dBm으로 제작된다.

**예제 3.14** RF Microelecronics

블루투스 수신기에 요구되는 잡음지수를 예측하라.

**풀이:**

17 dB의 SNR과 1MHz의 채널 대역폭을 가정하면, −70 dBm의 감도에 대하여 27 dB의 잡음지수를 얻을 수 있다. 이것은 매우 유연한 잡음지수이며, 실제 제품은 좀 더 높은 감도(낮은 잡음지수)를 요구한다.

15. 세 번째 혹은 그보다 높은 인접 채널 전력을 위한 −20 dBm 완화된 규격을 포함한 세 가지 예외가 허용된다.

그림 3.79는 블루투스를 통한 블로킹 시험을 나타낸다. 그림 3.79(a)에서, 요구되는 신호는 기준 감도보다 10dB 높으며(−60 dBm), 다른 변조된 블루투스 신호가 인접채널(동일한 전력) 혹은 격 인접 채널(전력이 −30 dBm)이 위치한다. 이러한 사양은 아날로그 기저대역 필터에서의 정밀한 롤오프 특성을 요구한다(4장).

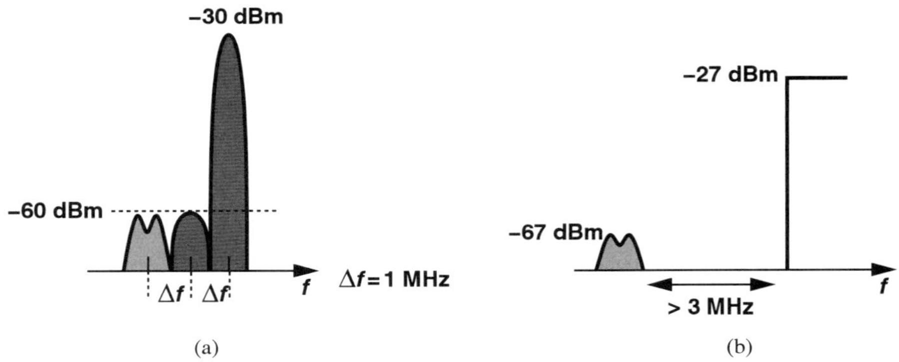


**그림 3.79** *블루투스 수신기 블로킹 시험 (a) 인접 및 격 인접 채널, (b) >3 MHz 오프셋의 채널*

그림 3.79(b)에서, 요구되는 신호는 감도 보다 3dB(−67 dBm) 높으며, 변조된 블로커는 27 dBm의 전력으로 3차 혹은 그 이상의 인접 채널에 적용된다. 따라서 수신기의 1 dB 압축점은 이 값을 초과해야 한다.

블루투스 수신기는 대역 외의 정현파 블로커를 견딜 수 있어야 한다. 그림 3.80에서와 같이, −67 dBm의 요구되는 신호에서, −27 dBm 혹은 −10 dBm의 톤 레벨을 톤 주파수 범위에 따라 허용되어야 한다. 만약 수신기의 $P_{1dB}$가 −27 dBm보다 높게 달성이 되었다면, 안테나 뒤의 필터는 완화된 대역 외 감쇄가 요구된다.

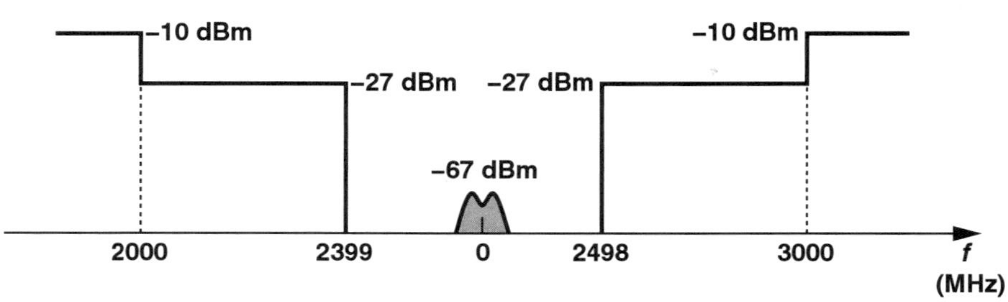


**그림 3.80** *블루투스 수신기의 대역외 블로킹 시험*

블루투스의 상호 변조 시험은 그림 3.81에 나타나있다. 요구되는 신호 레벨은 기준감도보다 6 dB(−64 dBm) 높으며, 블로커는 $\Delta f$ = 3,4,5 MHz에서 −39 dBm으로 적용되어 있다. 문제 3.6에서 우리는 필요한 수신기 $IP_3$을 유도해 보고, 이것은 상당히 유연하다는 점에 유의하도

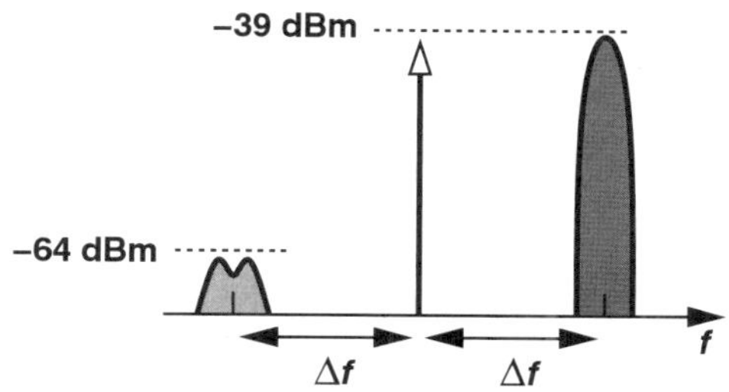


**그림 3.81** *블루투스 수신기 상호변조 시험*

록 한다.

블루투스는 −20 dBm의 *최대* 가능 입력 레벨을 규정하고 있다. 이것은 요구되는 채널이 해당 레벨에서 수신기로부터 올바르게 인식($BER = 10^{-3}$)되도록 해야 한다는 것이다.

**예제 3.15** RF Microelecronics

사용 가능한 최대 입력 사양은 설계에 있어 제약을 야기하는가?

**풀이:**

그렇다. 수신기가 −60 dBm 정도의 낮은 신호를 감지해야 한다는 것을 상기해보자(수신기 체인은 감지 전 충분한 이득을 제공해야 한다). 만약 이 이득이 약 60 dB라면, 체인 끝에서의 신호 레벨은 약 0 dBm(632 $mV_{pp}$)가 될 것이다. 이때, 만약 수신된 신호가 −20 dBm으로 올라간다면, 체인이 심각하게 비선형적으로 되지 않는 한 수신기 출력은 +40 dBm(63.2 $V_{pp}$)가 되어야 한다. 비선형성은 일정한 포락선을 가진다는 장점이 있지만, 여러 단에서의 심각한 포화는 기저대역 데이터의 왜곡을 가져올 수 있다. 이러한 이유로 수신기는 입력 신호 레벨이 증가함에 따라 각 단계에서의 이득을 줄이기 위해 '자동 이득 제어(automatic gain control, AGC)'를 포함해야 한다(13장).

### 3.7.5 IEEE802.11a/b/g

IEEE802.11a/b/g 표준은 고속의 무선 접속을 가능하게 하며, 최대 54 Mb/s의 전송속도를 가진다. 11a 및 11g 버전은 그들의 주파수 대역(각각 5 GHz 및 2.4 GHz)을 제외하고는 동일하다. 11b 버전 또한 2.4 GHz에서 동작하지만 다른 특성을 지닌다. 11g 및 11b 표준은 'WiFi'로도 알려져 있다. 11a/g부터 학습해 보도록 하겠다.

11a/g 표준은 20 MHz 간격으로 채널을 명시하며, 서로 다른 전송속도를 위하여 서로 다른 변조 방식을 사용한다. 그림 3.82는 11a의 무선 인터페이스 및 채널을 나타내고 있다. 높은 전송 속도를 위해선 더 복잡한 변조 방식을 사용하며, 높은 사양의 송신기 및 수신기 설계

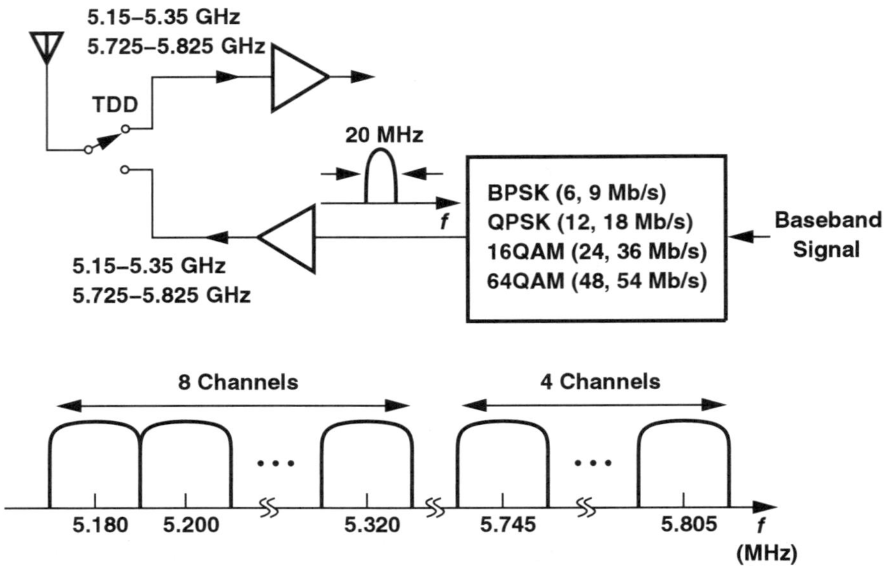


**그림** 3.82 *IEEE802.11a 무선 인터페이스*

를 요구한다. 또한 3.3.6절에서 설명된 바와 같이, 초당 수 메가바이트 이상의 전송속도를 제공하기 위해 무선 시스템은 OFDM을 사용하여 지연 확장에 대한 영향을 최소화해야 한다. 이 표준은 0.3125 MHz 간격의 총 52개의 서브캐리어를 포함한다(그림 3.83). 가운데 서브채널 및 처음과 끝의 5개의 서브채널은 사용하지 않는다. 또한, 4개의 서브캐리어는 BPSK로 변조되어 주파수 오프셋 및 위상 잡음의 존재를 수신기가 감지하기 용이하게 하기 위한 '파일럿(pilots)'으로 이용된다. 각 OFDM 심볼은 4$\mu$s 길이이다.

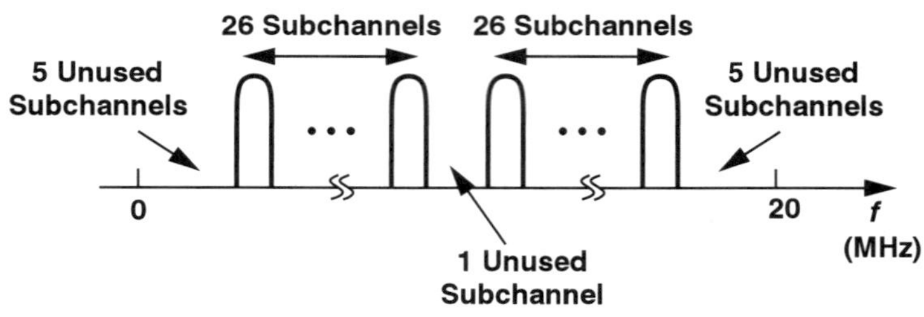


**그림** 3.83 *11a에서의 OFDM 채널분할*

송신기는 그림 3.84와 같이 스펙트럼 마스크를 준수하면서 최소 40 mW(+16 dBm)의 전력을 제공해야 한다. 여기서 각 점은 전체 출력 전력으로 정규화된 100 kHz의 대역폭에서 측정된 전력을 나타낸다. 9 MHz 및 11 MHz 사이에서 급격한 하락은 송신기 기저대역에서의 펄스 성형으로 구현한다(3.3.1절). 사실, 펄스 성형은 채널 대역폭을 16.6 MHz로 떨어뜨린다.

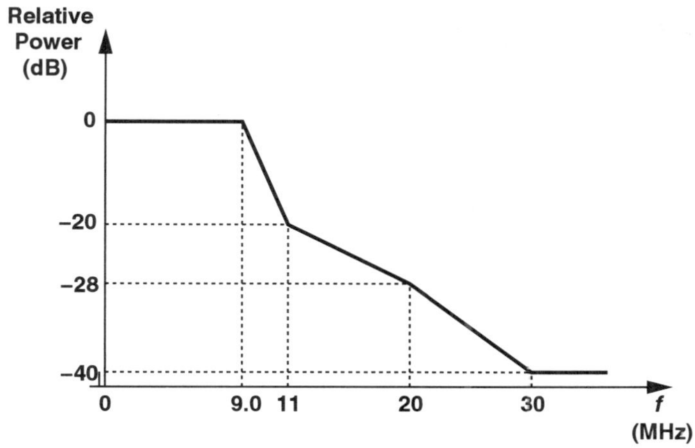


**그림 3.84** *IEEE802.11a 송신 마스크*

캐리어 주파수는 ±20 ppm의 허용오차가 있다. 또한, 캐리어 누설은 총 출력 전력보다 15 dB 낮게 유지되어야 한다.

11a/g에서의 수신기의 감도는 전송속도와 함께 지정된다. 표 3.1은 인접 채널 및 격 인접 채널 레벨과 같이 감도들을 요약한 것이다. $10^{-5}$ 이하의 BER에 해당하는 '패킷 에러율'은 10% 넘어서는 안 된다.

**표 3.1** *IEEE802.11a의 통신속도, 기준민감도, 인접 채널 레벨, 격 인접 채널 레벨*

| Data Rate (Mb/s) | Reference Sensitivity (dBm) | Adj. Channel Level (dB) | Alt. Channel Level (dB) |
|---|---|---|---|
| 6.0 | −82 | 16 | 32 |
| 9.0 | −81 | 15 | 31 |
| 12 | −79 | 13 | 29 |
| 18 | −77 | 11 | 27 |
| 24 | −74 | 8.0 | 24 |
| 36 | −70 | 4.0 | 20 |
| 48 | −66 | 0 | 16 |
| 54 | −65 | −1 | 15 |

### 예제 3.16

RF Microelecronics

11a/g에서 6 Mb/s 및 54 Mb/s 수신을 위해 필요한 잡음지수를 예측하라.

**풀이:**

우선, 6 Mb/s 속도를 생각해보자. 잡음 대역폭을 20 MHz로 가정하면, 19 dB의 잡음지수의 합과 필요한 SNR을 얻을 수 있다. 유사하게, 54 Mb/s 속도의 경우, 이 합은 36 dB가 된다. 10 dB의 잡음지수는 BPSK에서 9 dB, 64QAM에서 26 dB의 SNR을 필요로 하는데 양쪽 모두 요구하는 오류율을 만족한다. 실제로, 대부분은 상용 제품은 6 dB의 잡음지수를 목표로 제작되며 이는 최대 전송속도에서 −70 dBm의 감도를 가질 수 있다.

표 3.1의 전송속도에 따른 감도의 큰 차이는 수신기 설계를 어렵게 한다: 수신기의 이득은 낮은 전송속도에서는 약 82 dB까지 맞추어야 하며, 높은 전송속도에서는 65 dB로 낮추어야 한다.[16]

표 3.1의 인접 채널 시험은 기준 감도보다 3 dB 높게 요구되는 채널과 인접 또는 격 인접 채널의 다른 변조된 신호에서 수행된다.

11a/g 수신기는 −30 dBm 이상의 최대 입력 레벨에서 정상적으로 동작해야 한다. 3.7.4절에서 블루투스의 경우를 설명한 것과 같이, 이처럼 큰 입력 진폭은 수신기를 포화시킬 수 있고, 이는 11 a/g의 변조방식에서는 매우 심각한 문제이다. 따라서 수신기 이득은 82 dB에서 30 dB로 가변되어야 한다.

### 예제 3.17

RF Microelecronics

11a/g 수신기에서 필요한 1 dB 압축점을 예측하라.

**풀이:**

−30 dBm의 입력으로는 수신기는 압축하지 않는다. 더욱이 3.3.6 절에서 언급되었던 $N$개의 서브채널을 가지는 OFDM 신호는 $2 \ln N$의 피크 대 평균 비율을 가진다. $N = 52$일 때 우리는 $PAR = 7.9$를 얻을 수 있다. 따라서 수신기는 입력 신호 레벨이 −30 dBm + 7.9 dB = −22.1 dBm이 되어도 압축하지 않아야 한다. 기저대역 펄스성형에 의한 포락선의 변화는 더 높은 $P_{1dB}$를 요구할 수 있다.

IEEE802.11b는 '상보 코드 키잉(complementary code keying, CCK)' 변조에 의해 11

16. 경험에 바탕한 방법에 의하면, 수신기의 아날로그 기저대역 출력은 0 dBm 정도 되어야 한다.

Mb/s의 최대 데이터 속도를 지원한다.[17] 그러나 높은 신호 손실 조건에서 데이터 속도는 5.5 Mb/s, 2 Mb/s, 혹은 1 Mb/s까지 축소된다. 마지막 두 전송속도는 각각 QPSK와 BPSK 변조를 사용한다. 11b의 각각의 채널은 2.4 GHz의 ISM 대역에서 22 MHz를 차지한다. 유연성을 제공하기 위하여 11b는 *중첩* 채널 주파수를 지정한다(그림 3.85). 물론 서로 가까이에서 동작하는 사용자간의 채널은 중첩되지 않는다. 캐리어 주파수의 허용 오차는 ±25 ppm이다.

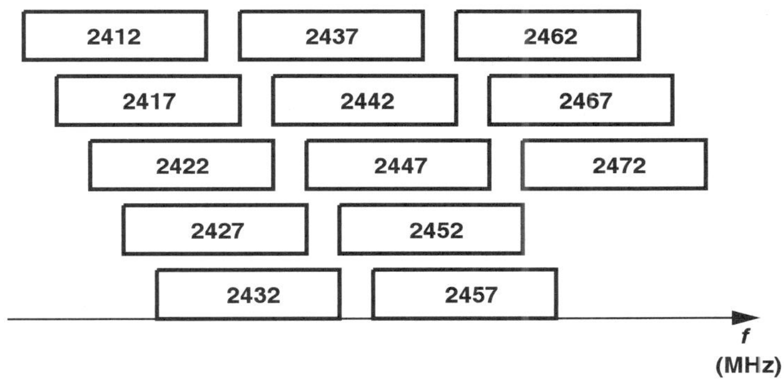


**그림 3.85** *11a에서의 중복 채널 분할*

11b 표준은 그림 3.86의 스펙트럼 마스크를 만족해야 한다. 이는 100 kHz 대역폭으로 측정된 전력이며, 송신기의 출력 전력을 100 mW(+20 dBm)으로 규정하고 있다. 인접 채널의 낮은 방사는 송신기의 기저대역의 펄스 성형의 사용을 의미한다. 표준은 또한 캐리어 누설이 그림 3.86의 스펙트럼의 최고값보다 15 dB 낮을 것을 요구한다.[18]

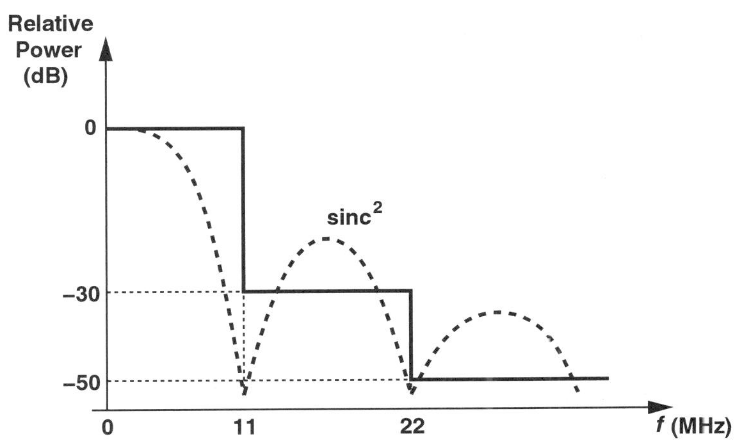


**그림 3.86** *IEEE802.11a 송신 마스크*

17. CCK는 QPSK의 변수이다.
18. 11a/g 규격과는 다르게, 이 누설은 전체 송신 출력 전력에 대하여 관련이 없다.

11b 수신기는 $8 \times 10^{-2}$의 '프레임 오차율'에 대해 $-76$ dBm의 감도를 달성하고 $-10$ dBm에서와 같은 높은 입력 레벨에서도 동작해야 한다. 인접채널은 원하는 신호의 35 dB 위에 있고 이때 원하는 신호는 $-70$ dBm으로 설정될 수 있다.

## 3.8 부록 I: 차동 위상 편이 변조 Differential Phase Shift Keying

PSK 신호의 검출에 있어 어려운 점은 위상이 시간 원점과 관련이 있지만 '절대' 의미는 없다는 것이다. 예를 들어 QPSK 파형의 90° 위상변화가 유사한 성상도를 보이지만, 모든 신호가 잘못 해석이 된다. 따라서 간단한 PSK 파형은 비동기(noncoherent)로 감지할 수 없다. 하지만, 만약 정보들이 위상 *변화*에 따라 한 비트(혹은 기호) 씩 놓이게 된다면, 시간 원점이 필요로 하지 않게 되고, 비동기로 신호의 감지가 가능해진다. 이것은 각각 변조 전과 복조 후의 베이스 밴드 신호의 '차등' 인코딩 및 디코딩을 통하여 수행될 수 있다.

2진 차동 PSK (DPSK)의 경우를 생각해보자. 차동 인코딩의 규칙은 존재하는 입력 비트의 값이 1이면, 인코더의 출력 상태는 변하지 않고, 반대도 성립한다. 이것은 추가적인 시작 비트(임의의 값)를 필요로 한다. 이 개념은 그림 3.87(a)에 묘사된 구현 방법을 통해 좀 더 쉽게 이해할 수 있다. exclusive-NOR(XNOR) 게이트를 통해 존재하고 있는 출력 비트 $D_{out}(mT_b)$와 존재하고 있는 입력 비트 $D_{in}(mT_b)$를 비교하여 다음 출력 상태를 결정한다:

$$D_{out}[(m+1)T_b] = \overline{D_{in}(mT_b) \oplus D_{out}(mT_b)}, \tag{3.70}$$

$D_{in}(mT_b) = 1$을 적용하면 $D_{out}[(m+1)T_b] = D_{out}(mT_b)$이고, 만약 $D_{in}(mT_b) = 0$이면 $D_{out}[(m+1)T_b] = \overline{D_{out}(mT_b)}$이다. 위에서 언급된 추가적인 시작 비트는 데이터 시퀀스가 시작되기 전의 플립플롭의 상태에 의해 결정된다.

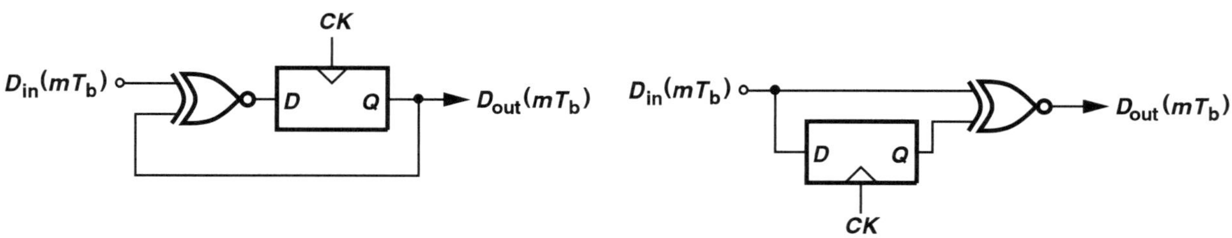


(a) (b)

| Input Data | | 0 | 1 | 1 | 1 | 0 | 0 | 1 | 1 | 0 | 1 |
|---|---|---|---|---|---|---|---|---|---|---|---|
| Encoded Data | 1 | 0 | 0 | 0 | 0 | 1 | 0 | 0 | 0 | 1 | 1 |
| Decoded Data | | 0 | 1 | 1 | 1 | 0 | 0 | 1 | 1 | 0 | 1 |

(c)

**그림 3.87** *(a) 차동 인코딩, (b) 차동 디코딩, (c) 인코딩, 디코딩 순서의 예*

## 참고문헌


[1] L. W. Couch, *Digital and Analog Communication Systems*, Fourth Edition, New York: Macmillan Co., 1993.

[2] H. E. Rowe, *Signals and Noise in Communication Systems*, New Jersey: Van Nostrand Co., 1965.

[3] R. E. Ziemer and R. L. Peterson, *Digital Communication and Spread Spectrum Systems*, New York: Macmillan, 1985.

[4] P. A. Baker, "Phase-Modulated Data Sets for Serial Transmission at 2000 and 2400 Bits per Second," Part I, *AIEE Trans. Communication Electronics*, pp. 166–171, July 1962.

[5] Y. Akaiwa and Y. Nagata, "Highly Efficient Digital Mobile Communication with a Linear Modulation Method," *IEEE J. of Selected Areas in Commnunications*, vol. 5, pp. 890–895, June 1987.

[6] N. Dinur and D. Wulich, "Peak-to-average power ratio in high-order OFDM," *IEEE Tran. Comm.*, vol. 49, pp. 1063–1072, June 2001.

[7] T. S. Rappaport, *Wireless Communications, Principles and Practice*, New Jersey: Prentice Hall, 1996.

[8] D. P. Whipple, "North American Cellular CDMA," *Hewlett-Packard Journal*, pp. 90–97, Dec. 1993.

[9] A. Salmasi and K. S. Gilhousen, "On the System Design Aspects of Code Division Multiple Access (CDMA) Applied to Digital Cellular and Personal Communications Networks," *Proc. IEEE Veh. Tech. Conf.*, pp. 57–62, May 1991.

[10] R. Kerr et al., "The CDMA Digitial Cellular System, An ASIC Overview," *Proceedings of IEEE CICC*, pp. 10.1.1–10.1.7, May 1992.

[11] J. Hinderling et al., "CDMA Mobile Station Modem ASIC," *Proceedings of IEEE CICC*, pp. 10.2.1–10.2.5, May 1992.


## 연습문제

3.1. 부정합(imperfection)으로 인하여, 16QAM 발생기가 $\alpha_1 = \pm 1, \pm 2$ 및 $\alpha_2 = \pm 1, \pm 2$에 대하여 $\alpha_1 A_c \cos(\omega_c t + \Delta\theta) - \alpha_2 A_c(1 + \varepsilon)\sin \omega_c t$와 같이 제작되었다.

(a) $\Delta\theta \neq 0$, $\varepsilon = 0$일 때 성상도를 그려라.

(b) $\Delta\theta = 0$, $\varepsilon \neq 0$일 때 성상도를 그려라.

3.2. 예시 3.12를 잡음지수가 10 dB 보다 작을 경우로 반복하라.

3.3. 예시 3.12를 WCDMA의 경우에 대하여 반복하라.

3.4. IMT-2000 송신기가 DCS1800 밴드에 생성할 수 있도록 허용하는 최대 잡음 바닥 (dBc/Hz)을 계산하라.

3.5. 예시 3.12를 그림 3.73의 시나리오에 대하여 반복하라.

3.6. 그림 3.81에서 블루투스 수신기에 요구되는 $IP_3$을 예측하라.

3.7. '3진' FSK 신호는

$$x_{FSK}(t) = a_1 \cos \omega_1 t + a_2 \cos \omega_2 t + a_3 \cos \omega_3 t, \tag{3.71}$$

와 같이 정의할 수 있는데, 하나의 계수만 1이고, 나머지 2개의 계수는 0이다. 이 신호에 대한 성상도를 그려라.

3.8. AM 신호를 감지(복조)하기 위하여, LO 파형을 곱하고, 저역필터를 통하여 결과를 얻는다. (3.2) 식으로부터 감지기(detector)의 동작을 설명하라.

3.9. 위의 문제를 식 (3.26)의 BPSK 신호에 대하여 반복하라.

3.10. 식 (3.26)에 표현된 BPSK 신호는 복조된다. 앞의 문제에서 공부한 바와 같이, 우리는 $a_n \cos \omega_c t$를 LO 파형과 곱한다. 그렇다면, 수신기로부터 발생되는 LO 파형이 들어오는 캐리어에 대하여 살짝 '주파수 오프셋'이 되어있다고 가정하자. 그것은 $a_n \cos \omega_c t$를 $\cos(\omega_c + \Delta\omega)t$와 곱한 것과 같다. $\Delta\omega$의 비율만큼 신호 성상도가 회전함을 증명하라.

CHAPTER 04

# 송수신 시스템의 구조

Transceiver Architecture

이전 장에서 전개 된 RF 설계와 통신 원리를 이해함으로써, 이제 송수신 시스템의 구조에 대해 다룰 준비가 되었다. 송수신기의 구조를 선택하는 것은 송수신기의 RF 성능 뿐 아니라 복잡성, 가격, 전력소모, 외부 부품의 개수를 고려해야 한다. 지난 10년 동안 집적도가 높아지면서 이러한 모든 면에서 시스템 성능이 개선된 것은 분명하다. 뿐만 아니라 구조 설계와 회로 설계가 서로간의 반복 설계를 요함으로써 서로 불가분한 관계라는 것 또한 명백하다. 이 장의 개요는 아래와 같다.

| 헤테로다인 수신기 | 직접 변환 수신기 | 이미지 제거 및 낮은 IF 수신기 | 송신기 구조 |
|---|---|---|---|
| ■ 이미지 문제 | ■ LO 누설 및 오프셋 | ■ 하틀리와 위버 수신기 | ■ TX 기저대역 처리 |
| ■ 믹싱 불요파 | ■ 우수-차수 비선형성 | ■ 낮은 IF 수신기 | ■ 직접변환 TX |
| ■ 슬라이딩-IF 수신기 | ■ I/Q 부정합 | ■ 다상 필터 | ■ 헤테로다인 및 슬라이딩-IF TX |

## 4.1 일반적 고찰 General Considerations

송수신기 설계에 미치는 제한 조건으로 인해 무선 통신 환경에 대해 '가혹하다'고 자주 이야기 한다. 가장 큰 제약은 각 사용자에 대해 할당된 제한된 대역폭(예로 GSM 대역의 200 kHz)에서 비롯된다. 샤논 정리(Shannon's theorem)[1]로부터 알 수 있듯이 스펙트럼의 제한은 전송 정보량의 제한을 초래하기에, 코딩(coding) 기술과 압축(compression) 기술, 효율적인 대역폭 변조(bandwidth-efficient modulation) 기술과 같은 복잡한 기저대역 처리(baseband processing) 기법을 요구한다.

---

1. 샤논 정리(Shannon's theorem)에서는 통신 채널(channel)이 달성할 수 있는 데이터(data) 속도가 $B \log_2(1 + SNR)$과 같다고 말하고 있다. 여기서 $B$는 대역폭(bandwidth), SNR은 신호대잡음비signal-to-noise ratio)이다.

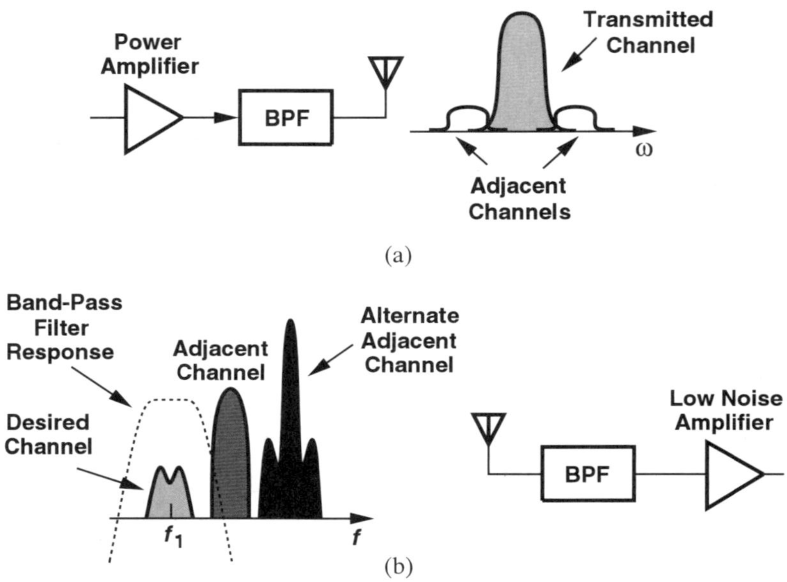


**그림 4.1** *무선 시스템의 (a) 송신기와 (b) 수신기 전치단(front-end)*

협소한 채널 대역폭은 송수신기의 RF 설계에도 또한 영향을 미친다. 그림 4.1에서처럼 송신기 설계 시에 인접 채널에 영향을 주는 누설(leakage)이 생기지 않도록 하기 위해선 제한된 대역에서 변조와 증폭이 이루어져야 하고, 수신기는 대역내(in-band)와 대역외(out-of-band)의 강한 간섭원(interferer)들을 효과적으로 제거함과 동시에 원하는 채널을 처리(복원)할 수 있어야 한다.

제2장에서 언급한 바와 같이 여러 단을 캐스케이드(cascade) 형태로 추가하게 되면 비선형성(nonlinearity)과 잡음(noise)은 둘 다 증가하게 된다. 특히, 압축(compression) 혹은 상호변조(intermodulation)가 발생하기 않도록 하기 위해서는 수신기의 선형성이 충분히 커야 한다는 점을 알 수 있었다. 수신기에 요구되는 선형성을 충족시키기 위하여 단순하게 '간섭원들을 걸러내면 되지 않을까'라고 생각해 볼 수 있다. 불행하게도, 여기서 두 가지 문제가 발생한다. 첫째로, 간섭원은 원하는 신호에서 단지 하나 혹은 두 개 정도의 채널만큼 떨어져 있기 때문에(그림 4.2) 매우 높은 선택도(selectivity)를 가지는 (높은 $Q$) 필터가 필요하게 된다. 만일 간섭원의 크기가 원하는 신호 크기보다 50 ~ 60 dB 크다면, 요구되는 $Q$값은 비현실적으로 큰 값(예를 들어 10만)이 요구된다. 두 번째로, 사용자에게 서로 다른 캐리어(carrier) 주파수가 각각 다른 시간에 할당될 수 있기 때문에, 사용하는 필터는 중심주파수를 정밀하게 가변시킬 수 있어야 하며, 이러한 특성을 가지는 필터는 구현하기 매우 어렵다.

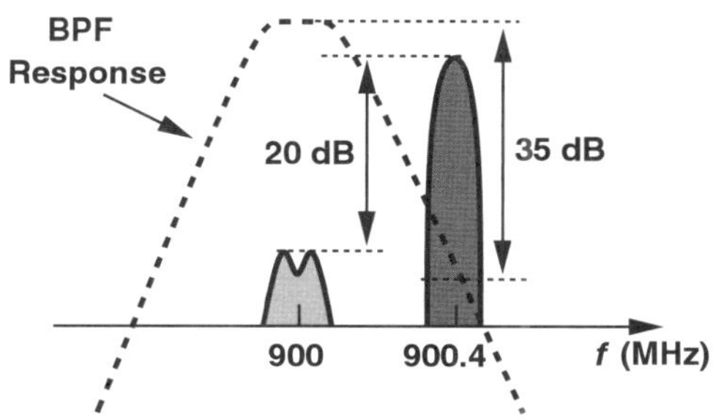


그림 4.2 *간섭원을 억제하기 위한 가상의 필터(filter)*

## 예제 4.1

RF Microelecronics

200-kHz 채널 간격을 가지는 900-MHz GSM 수신기는 원하는 신호보다 20 dB 큰 인접 채널 간섭원을 견디어야 한다. 이 간섭원을 35 dB정도 억제시킬 수 있는 2차 LC 필터의 $Q$값을 계산하라.

**풀이:**

그림 4.2에서 볼 수 있듯이, 필터의 주파수 응답은 중심주파수인 900 MHz에서 400 kHz 떨어진 곳에서 35 dB만큼 감쇄시킬 수 있어야 한다. 2차 RLC 탱크(tank)의 임피던스는

$$Z_T(s) = \frac{RLs}{RLCs^2 + Ls + R}, \tag{4.1}$$

과 같이 표현할 수 있으며, 중심주파수는 $\omega_0 = 1/\sqrt{LC} = 2\pi(900\ \text{MHz})$라 가정한다. 그러므로 임피던스 크기의 제곱값은

$$|Z_T(j\omega)|^2 = \frac{L^2\omega^2}{(1 - LC\omega^2)^2 + L^2\omega^2/R^2}. \tag{4.2}$$

로 주어진다. 900.4 MHz에서 35dB(= 56.2)의 감쇄가 일어나기 위하선, 이 값은 $R^2/56.2^2$과 같아야 한다(왜?). $L^2\omega^2/R^2$에 대하여 풀면,

$$\frac{L^2\omega^2}{R^2} = 2.504 \times 10^{-10}. \tag{4.3}$$

을 얻을 수 있다. 2장으로부터 $Q = R/(L\omega) = 63{,}200$임을 알 수 있다.

**채널 선택(channel selection)과 대역(band selection)** 선택 위에서 명시된 필터링의 종류는 '채널 선택 필터링(channel selection filtering)'으로, 원하는 신호 채널을 '선택'하고 다른 채

널의 간섭원을 '제거'함을 의미한다. 여기에는 두 가지 핵심 사항이 있다: (1) 수신단 체인(receiver chain)에서 채널 선택 필터링 *이전*에 있는 모든 단(stage)은 억압(compression)이나 상호변조(intermodulation)를 피하기 위하여 반드시 충분히 선형적이어야 하며, (2) 입력 캐리어 주파수에서 채널 선택 필터링하는 것이 매우 어렵기 때문에, 채널 선택 필터링은 원하는 채널의 중심주파수가 상당히 *낮아지는* 체인 지점까지 미루어져야 하며, 이렇게 함으로써 필터의 요구되는 $Q$값은 보다 합리적이 됨을 알 수 있다.[2]

그렇다 하더라도, 대다수의 수신기의 전치단(front-end)들은 *수신 대역* 전체를 선택하고 '대역 외(out-of-band)' 간섭원들을 차단해줌으로써, 관심 표준에 포함되지 않는 사용자에 의해 발생된 요소들을 억제해 주는 '대역 선택(band-select)' 필터(그림 4.3)를 포함한다. 그래서 대역 외 간섭원(our-of band interferers)과 수신단의 끝에서 보통 제거되는 '대역내 간섭원(in-band interferers)'을 구분한다.

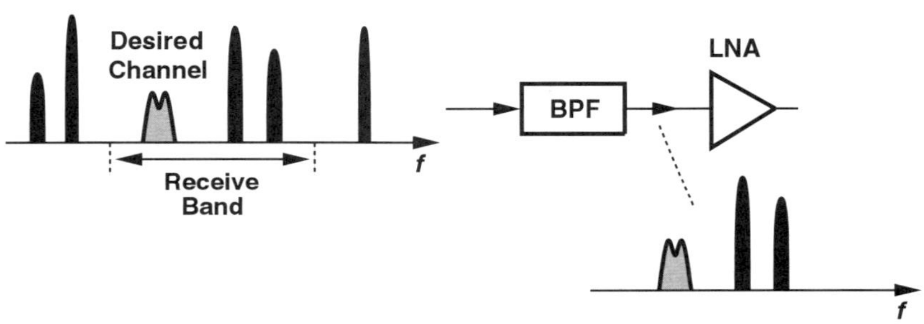


**그림 4.3** *대역 선택 필터링(Band-selection filtering)*

전치단(front-end)의 대역 선택 (수동) 필터는 선택도(selectivity)와 대역 내 손실 간의 상호 절충 문제가 발생 하는데 이는 필터의 차수를 증가시키는 방법만이 대역 통과 주파수 응답의 양 끝을 뾰족하게 할 수 있기 때문이다. 예로써 필터 내의 직렬 종속단(cascade) 구간의 개수를 들 수 있다. 2장에서 우리는 전치단의 손실이 수신기 전체의 잡음지수(NF)를 직접적으로 증가시킬 수 있다는 것을 언급하였고, 이것은 매우 바람직하지 않다고 증명되었다. 그러므로 필터는 적은 손실(0.5에서 1 dB)과 약간의 주파수 선택도를 가지도록 설계된다.

그림 4.4는 대략 2 dB의 대역 내 손실과 수신 대역에서 20-MHz 떨어진 '오프셋'에서 30 dB의 대역 외 제거 특성을 가지는 특정 듀플렉서[3]의 주파수 특성을 나타낸다. $f_1$(RX 대역에서 20 MHz 떨어진)에서 나타나는 간섭원이 30 dB 밖에 감쇄되지 않는다는 것을 의미하며, 이것은 수신 경로와 주파수 합성기(synthesizer)의 설계에 매우 중요한 사안이 된다(제10장).

2. 대역 통과 필터(band-pass filter)의 $Q$값은 대략적으로 중심 주파수를 −3-dB 대역폭으로 나눈 값으로 정의된다.
3. 제3장에서 언급했듯이, 듀플렉서는 두 개의 대역 통과 필터로 구성되어 있으며, 이는 하나는 송신 대역을 위한 것이고, 하나는 수신 대역을 위한 것이다.

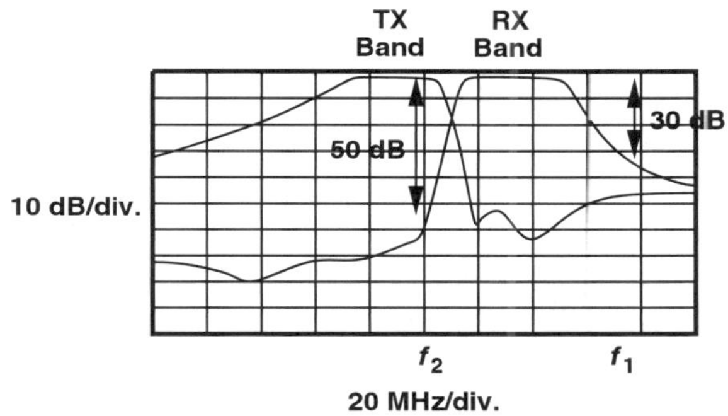


그림 4.4 *듀플렉서의 특성*

위의 듀플렉서에서 *송신* 대역 내 손실은 전력 증폭기의 출력의 일부를 '소모'함을 의미하기 때문에 문제가 된다. 예를 들어, 전력 증폭기가 1W의 신호를 출력하더라도 2-dB 손실이 발생하게 된다면 듀플렉서 내에서 370 mW만큼 소멸되는데 이는 수신단 전체에서 일반적으로 소모되는 전력보다 더욱 큰 수치이다!

또한 앞서 변조 방식과 전력 증폭기의 적절한 선택을 통한 스펙트럼 재생장(spectral regrowth)의 조절에 대하여 언급하였다(제3장). 전력 증폭기에 의해 성성된 대역 외 에너지는 전치단의 대역통과필터로는 억제시키지 *못하기* 때문에 설계를 통하여 허용 범위 내에서 작은 값을 갖도록 해야 한다.

**송신-수신 관통(feedthrough)** 3장에서 언급했듯이, TDD 시스템은 둘 간의 간섭(coupling)을 피하기 위하여 송신단 혹은 수신단 중 하나만을 동작시킨다. 또한, FDD 시스템에서도 같은 이유로 GSM에서는 송신과 수신 시간슬랏(time slot)에 오프셋을 준다. 반면 전이중 (full-duplex) 표준에서는, 송신단과 수신단이 동시에 동작한다. (제3장에서 설명했듯이, CDMA 시스템은 지속적인 전력 제어가 요구되며 이러한 이유로 수신단과 송신단이 동시에 동작하게 된다.) 그림 4.4의 전형적인 듀플렉서 특성에서 알 수 있듯이 송신 대역의 상단 끝 근처 주파

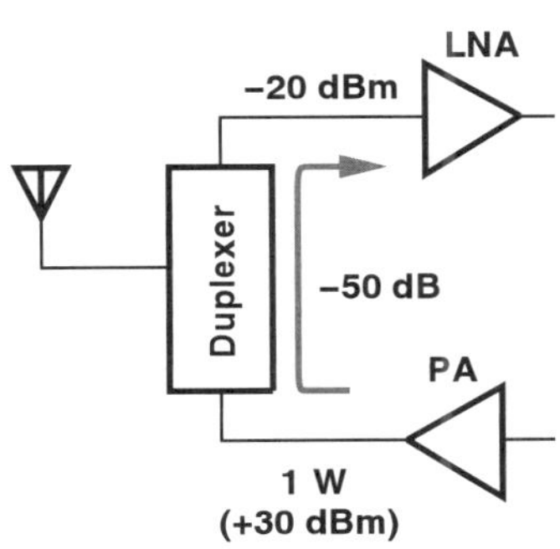


그림 4.5 *CDMA 송수신기의 송신 누설*

수, 예를 들어 $f_2$의 송신기 출력이 수신단으로 누설되고 이 경우의 감쇄는 50 dB정도밖에 되지 않는다. 그러므로 1-W의 송신 전력으로 LNA가 감지하는 누설은 −20 dBm에 도달 하면서 상당히 높은 수신 압축점(compression point)을 요구하게 된다(그림 4.5). 이러한 이유로 인해 CDMA 수신기는 까다로운 선형성 요건을 충족해야 한다.

**예제 4.2** RF Microelecronics

LNA 이후의 대역통과 필터가 어떻게 CDMA 시스템의 송신단-수신단 누설을 완화시키는지 설명하라.

**풀이:**

그림 4.6에서 볼 수 있듯이, 대역통과 필터가 송신 대역에서 추가적인 제거 특성을 보인다면 수신단 체인에서 요구되는 선형성은 비례적으로 완화된다. 그러나 LNA의 압축점은 반드시 충분히 높아야 한다.

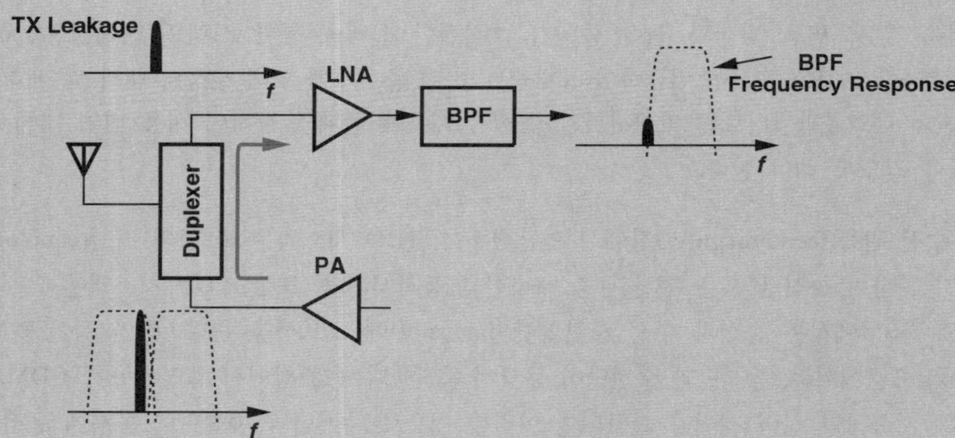


**그림 4.6** *송신 누설을 억제하기 위한 LNA 이후 대역통과 필터의 사용*

## 4.2 수신기의 구조 Receiver Architectures

### 4.2.1 기본적인 헤테로다인 수신기 Heterodyne Receiver

위에서 언급 한 바와 같이, 채널 선택 필터링은 높은 캐리어 주파수에서 매우 어렵다. 우리는 합리적인 $Q$값을 이용하여 채널 선택 필터링을 하기 위해서는 원하는 채널을 훨씬 낮은 중심 주파수로 '변환하는' 방법을 고안해야 한다. 그림 4.7(a)에서 보듯 이러한 변환은, 단순한 아날로그 곱셈기(multiplier)로 표현되는 주파수 혼합기(mixer)를 통해 이루어진다. 중심주파수

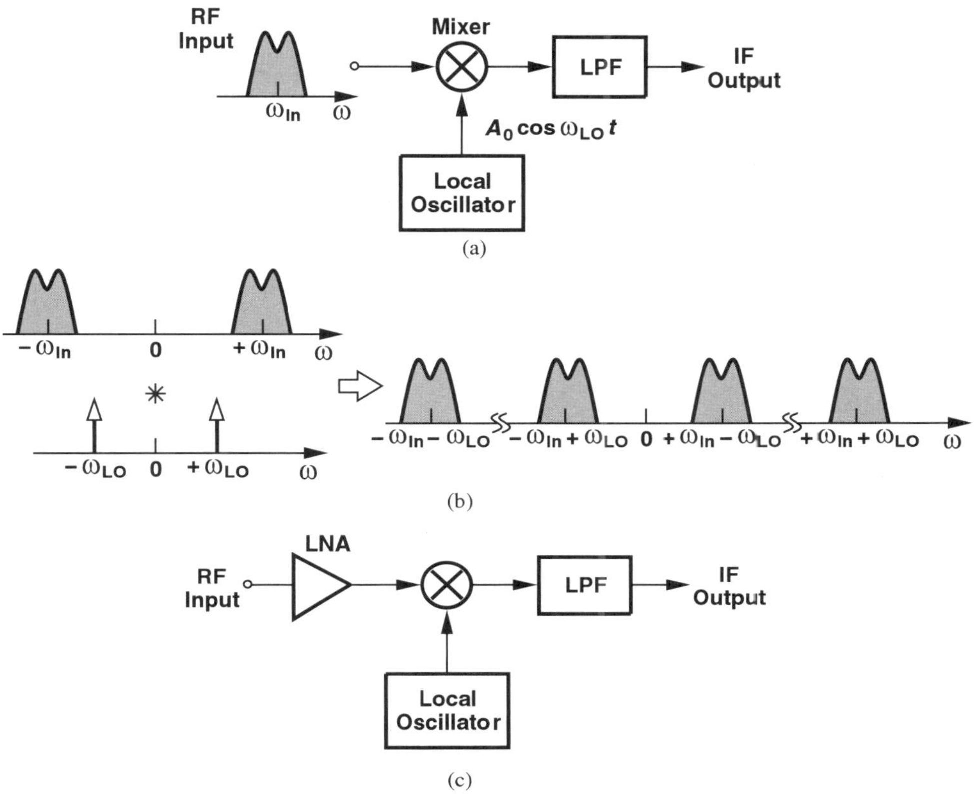


**그림 4.7** *(a) 믹싱을 이용한 하향 변환, (b) 결과 스펙트라(spectra), (c) 잡음을 줄이기 위한 LNA의 사용*

를 낮추기 위해 신호는 국부 발진기(Local Oscillator, LO)가 발생시키는 정현파 $A_0 \cos \omega_{LO} t$와 곱해진다. 시간 영역에서의 곱셈은 주파수 영역의 컨볼루젼(convolution)에 대응되기에, 그림 4.7(b)에서 볼 수 있듯이 $\pm\omega_{LO}$에서 발생된 임펄스(impulse)들은 원하는 채널을 $\pm(\omega_{in} \pm \omega_{LO})$로 이동시킨다. $\pm(\omega_{in} + \omega_{LO})$에 있는 성분들은 관심 밖의 대상이므로 그림 4.7(a)의 저역 통과 필터에 의해 제거되고, 중심주파수가 $\omega_{in} - \omega_{LO}$인 신호만 남긴다. 이러한 동작은 '하향 변환 믹싱(downconversion mixing)' 혹은 단순히 '하향 변환(downconversion)'이라고 한다. 높은 잡음으로 인해 하향 변환 주파수 혼합기는 LNA의 뒤에 배치한다[그림 4.7(c)].

하향 변환된 채널의 중심 주파수 $\omega_{in} - \omega_{LO}$를 중간 주파수(intermediate frequency, IF)라고 부르는데, 이는 성능에 대단히 중요한 영향을 미친다. '헤테로다인' 수신기는 $\omega_{in}$과 다른 값을 가지는 국부 발진기 주파수를 사용하기에 중간 주파수는 0이 아닌 값을 가진다.[4]

헤테로다인 수신기는 주어진 주파수 대역을 어떻게 아우를 수 있을까? *N*-채널을 갖는 대

4. 이 책에서는 헤테로다인(heterodyne)과 '슈퍼 헤테로다인(super-heterodyne)' 구조를 구별하지 않는다. '*헤테로(hetero)*'는 '다르다(different)', '*다인(dyne)*'은 '섞다(mix)'에서 헤테로다인이 유래되었다.

역에 대하여 두 가지 가능성에 대해 생각 할 수 있다. (1) LO 주파수가 일정하며 각각의 RF 채널이 다른 IF 채널로 하향 변환되는 경우[그림 4.8(a)]로, 예를 들어 $f_{IFj} = f_{RFj} - f_{LO}$와 (2) LO 주파수가 *가변* 가능하여 관심 대역 내에 있는 모든 RF 채널이 모두 한 값의 IF로 변환되는 경우[그림 4.8(b)], 예를 들어 $f_{LOj} = f_{RFj} - f_{IF}$이다. IF 경로를 단순화시킨 후자가 더 대중적이다. 예를 들어 IF 필터는 관심 있는 IF 채널을 선택하고 이외의 것들은 제거하기 위한 IF를 가변하지 않는다. 그러나 이러한 방법은 '주파수 합성기(frequency synthesizer)'와 같은 LO 주파수 단계를 정확하게 정의하는 피드백 루프가 필요하다(9 ~ 11장).

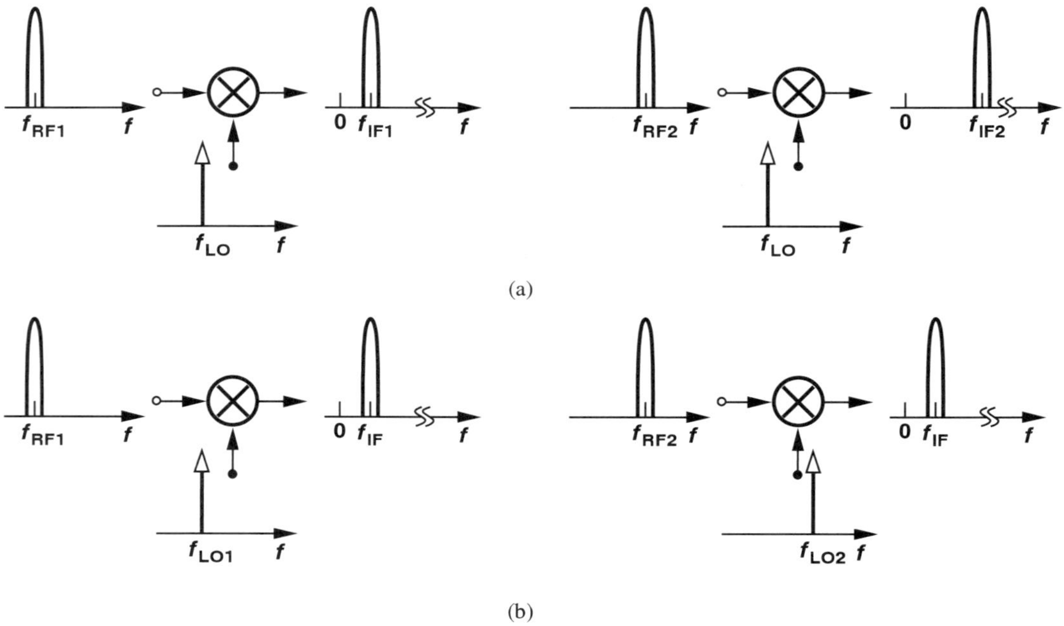


**그림 4.8** *(a) 일정한 국부발진기, (b) 일정한 중간 주파수 하향 변환 믹싱*

**이미지 문제(Problem of Image)** 헤테로다인 수신기에서는 '이미지' 효과가 나타난다. 이 현상을 이해하기 위해서, 입력 정현파를 가정하고 중간 주파수 성분을

$$A\cos\omega_{IF}t = A\cos(\omega_{in} - \omega_{LO})t \tag{4.4}$$

$$= A\cos(\omega_{LO} - \omega_{in})t. \tag{4.5}$$

와 같이 표현하자. 이것은 $\omega_{in} - \omega_{LO}$가 양수이던 음수이던 같은 IF를 갖는다. 즉, $\omega_{in}$이 $\omega_{LO}$ 위에 있건 $\omega_{LO}$ 아래에 있건 같은 IF로 변환된다. 그림 4.9는 일반적인 경우에 대한 설명으로, $\omega_{LO}$ 주변에 대칭적으로 위치하고 있는 두 스펙트럼들이 모두 IF로 하향 변환되는 것을 표현하고 있다. 이러한 대칭성으로 인해 $\omega_{im}$의 성분을 원하는 주파수의 '이미지(image, 영상)'라

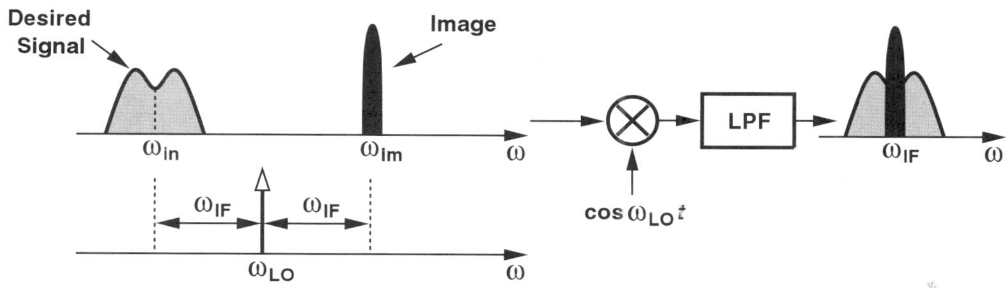


**그림 4.9** *헤테로다인 하향 변환의 이미지 문제*

고 부른다. $\omega_{im} = \omega_{in} + 2\omega_{IF} = 2\omega_{LO} - \omega_{in}$인 것을 상기하라.

어떤 신호들이 이미지로 동작하는가? 신호를 수신하는 모든 표준(경찰들이 사용하는 주파수부터 WLAN까지)의 수많은 사용자들은 많은 간섭원들을 만들어낸다. 만일 한 간섭원이 $\omega_{im} = 2\omega_{LO} - \omega_{in}$에 놓이게 되면, 하향 변환 이후 원하는 신호를 훼손하게 된다.

각 무선 표준에서는 각 서비스 사용자에 의한 신호(대역 밖의) 방사를 엄격히 규제하고는 있지만, 다른 대역에 존재하는 신호에 대해 이미 방사된 것은 물리적으로 어찌할 수는 없다. 이미지 주파수는 설계하고자 하는 시스템 대역 외의 다른 시스템 대역에서 발생하므로 아주 큰 신호일 수 있기에 적절한 '이미지 제거'가 필요하다.

### 예제 4.3

RF Microelecronics

$\omega_1$과 $\omega_2$에 있는 두 채널이 수신되었고, $\omega_1 < \omega_2$라 가정하자. LO의 주파수가 $\omega_1$ 이하, $\omega_2$ 이상의 값으로 변화한다고 할 때 하향 변환된 스펙트럼에 대하여 살펴보아라.

**풀이:**

그림 4.10(a)는 $\omega_{LO} < \omega_1$의 경우를 나타낸다. $-\omega_{LO}$의 임펄스가 $+\omega_1$과 $+\omega_2$에 있는 성분들을 왼쪽으로 이동시킨다. 마찬가지로, $+\omega_{LO}$의 임펄스가 $+\omega_1$과 $+\omega_2$에 있는 성분들을 오른쪽으로 이동시킨다. $\omega_{LO} < \omega_1$임에 따라, 양의 값을 가지는 입력 주파수는 하향 변환 후 양의 값으로 남고, 음의 값을 가지는 입력 주파수는 하향 변환 후 음의 값으로 남는다.

그림 4.10(b)과 같이 $\omega_{LO}$가 $\omega_1$에 대해 약간 클 때의 경우에 대하여 생각해보자. 하향 변환 후 $+\omega_1$에 존재하던 채널은 음의 주파수로 이동하는 반면 $+\omega_2$에 존재하는 채널은 양의 주파수에 머물게 된다. 만일 $\omega_{LO}$가 $(\omega_1 + \omega_2)/2$에 다다르면, 수신 채널들은 IF 출력에서 서로 완벽하게 겹치도록 변환된다[그림 4.10(c)]. 즉, $\omega_1$과 $\omega_2$는 서로의 이미지이다. 마침내 만일 $\omega_{LO}$가 $\omega_2$보다 크다면, 두 양의 입력 주파수는 음의 값으로 이동하게 되며, 두 음의 입력 주파수는 양의 값으로 이동하게 된다.

*(계속)*

## 예제 4.3 (계속)

RF Microelecronics

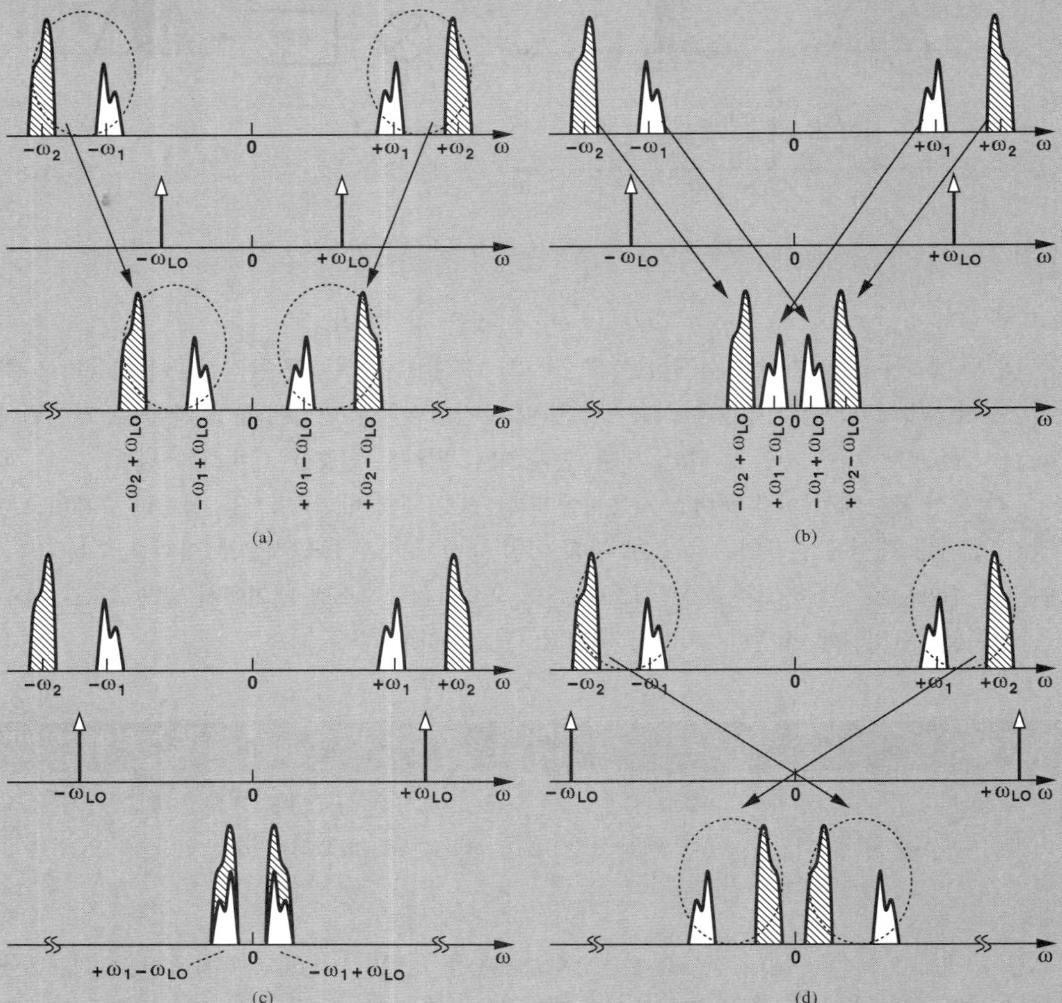


**그림 4.10** *(a) $\omega_{LO} < \omega_1$일 경우, (b) $\omega_{LO}$가 $\omega_1$보다 약간 클 경우, (c) $\omega_1$과 $\omega_2$의 사이 값을 갖는 $\omega_{LO}$, (d) $\omega_{LO} < \omega_2$일 경우*

## 예제 4.4

RF Microelecronics

그림 4.9의 하향 변환을 원하는 신호와 이미지의 표현을 이용하여 표현하라.

**풀이:**

두 성분은 변조를 포함한 형태로, 그 형태가 $\omega_{im} = 2\omega_{LO} - \omega_{in}$일 때, $A_{in}(t)\cos[\omega_{in}t + \phi_{in}(t)]$

**예제 4.4** (*계속*) RF Microelectronics

와 $A_{im}(t)\cos[\omega_{im}t + \phi_{im}(t)]$의 형태라 가정한다. 여기에 $A_{LO}\cos\omega_{LO}t$을 곱해 주면

$$\begin{aligned}x_{IF}(t) = &\frac{1}{2}A_{in}(t)A_{LO}\cos[(\omega_{in}+\omega_{LO})t+\phi_{in}(t)] - \frac{1}{2}A_{in}(t)A_{LO}[\cos(\omega_{in}-\omega_{LO})t+\phi_{in}t]\\ &+\frac{1}{2}A_{im}(t)A_{LO}\cos[(\omega_{im}+\omega_{LO})t+\phi_{im}(t)]\\ &-\frac{1}{2}A_{im}(t)A_{LO}[\cos(\omega_{im}-\omega_{LO})t+\phi_{im}t].\end{aligned} \tag{4.6}$$

여기서 우리는 $\omega_{in} + \omega_{LO}$에 존재하는 성분과 $\omega_{im} + \omega_{LO}$에 있는 성분들이 저역통과(low-pass) 필터링에 의해 제거되며, $\omega_{in} - \omega_{LO} = -\omega_{IF}$와 $\omega_{im} - \omega_{LO} = +\omega_{IF}$에 있는 성분들이 겹치게 된다. 신호의 변형은 $A_{im}(t)$와 $A_{in}(t)$의 rms값의 비로 주어진다.

**상측과 하측 주입(High-Side and Low-Side Injection)** 그림 4.9의 경우에는 LO 주파수는 원하는 채널보다 위쪽에 있다. 다른 방법으로 $\omega_{LO}$를 원하는 주파수 채널보다 아래에 있도록 설정할 수 있다. 이러한 상황을 각각 상측 주입(high-side injection)과 하측 주입(low-side injection)이라 한다.[5] 둘 간의 선택은 LO의 고주파 설계 문제, 이미지 대역 간섭원들의 세기와 다른 시스템 요구 조건에 의해 지배 받게 된다.

**예제 4.5** RF Microelectronics

IEEE802.11g 수신기 설계자는 GPS 대역에 이미지 주파수가 되도록 설계하고자 한다. GPS 대역은 낮은 레벨의 인공위성 송신만 존재하므로 강한 간섭원이 없다. 이것이 가능한가?

**풀이:**

그림 4.11에 두 대역을 표현하였다. LO 주파수는 80 MHz의 영역을 아울러야하는데 안타깝게도 GPS 대역은 20 MHz밖에 걸쳐져있지 않다. 예를 들어 가장 낮은 국부 발진기 주파수가

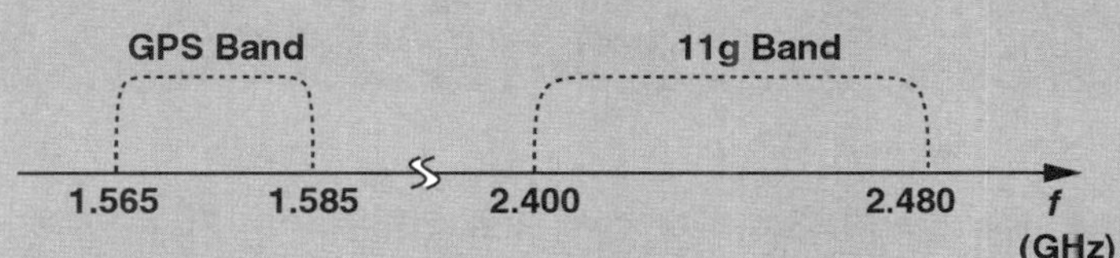


**그림 4.11** *GPS 밴드를 11g 수신기의 이미지로 만들기 위한 시도*

(*계속*)

5. 이들은 각각 'superdyne'과 'infradyne'이라고도 한다.

**예제 4.5** *(계속)* RF Microelecronics

2.4 GHz에 이미지를 만들기 위하여 1.565 GHz로 결정된다면, 2.42 GHz 위에 존재하는 802.11g 채널은 GPS 대역보다 높은 주파수에서 이미지가 존재하게 된다.

**예제 4.6** RF Microelecronics

802.11g와 802.11a로 동작하는 이중모드(dual-mode) 수신기를 설계하고자 한다. 이 수신기는 단일 LO로 동작할 수 있는가?

**풀이:**

그림 4.12는 두 대역을 표현하고 있다. LO 주파수를 두 대역 사이에 있는 주파수로 설정함으로써 단일 LO가 상측 주입을 통하여 11g 대역을 아우르고 하측 주입을 통하여 11a 대역을 아우르도록 한다[그림 4.12(b)]. 이것은 시스템 설계를 매우 단순화 시키지만 서로가 서로의 이미지가 된다. 예를 들어 만일 수신기가 11a 방식으로 동작하는 동안 11g 방식의 송신기가 가까운 곳에서 동작 할 경우, 수신 상태는 매우 심하게 방해 받을 수 있다. 또한 이 경우는 매우 높은 중간 주파수가 요구된다. 이에 대한 논의는 후에 한 번 더 다루기로 한다.

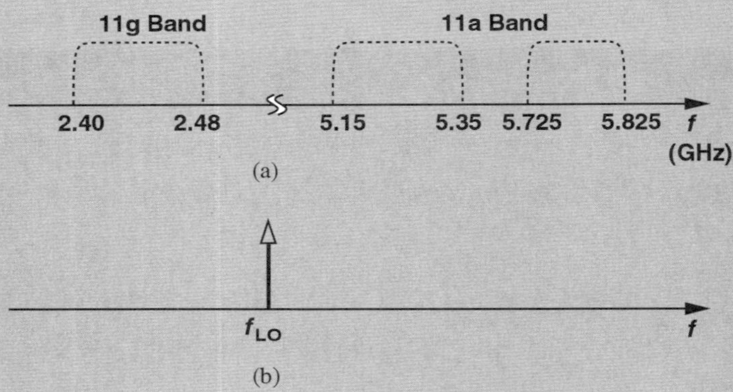


**그림 4.12** *(a) 11g와 11a 대역, (b) $f_{LO}$의 선택*

**이미지 제거** 만일 국부발진기의 주파수 선택으로 인하여 이미지 주파수가 간섭원 대역에 생기게 된다면, 수신기는 이미지를 억제 할 수 있는 수단을 포함하고 있어야 한다. 가장 흔한 방법은 바로 주파수 혼합기 전 단에 '이미지 제거 필터(image-reject filter)'를 두는 것이다. 그림 4.13에서 볼 수 있듯이 이 필터가 $2\omega_{IF}$가 충분히 크다면 원하는 대역에서는 적은 손실을 갖고 이미지 대역에서 큰 감쇠를 갖도록 하기 위한 두 가지 조건을 만족시킬 수 있다.

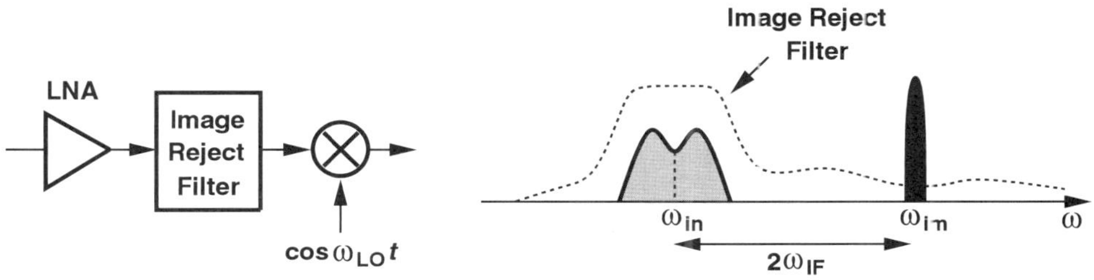


**그림 4.13** *필터링을 통한 이미지 제거*

LNA 전단에 필터를 둘 수 있는가? 더 나아가 전치단 대역 선택 필터가 이미지 제거를 할 수 있는가? 그렇다, 그러나 이 경우에 필터의 대역 내 손실이 큰 문제가 되므로 높은 선택도(즉, 대역외 감쇄도)를 크게 할 수 없다.[6] 그러므로 LNA의 이득이 수신기의 잡음지수(noise figure)를 낮출 수 있도록 높은 이미지 제거 특성을 가지는 필터를 LNA와 믹서(mixer) 사이에 둔다.

이미지 제거 필터에 요구되는 선형성과 선택도는 수동, 외부-칩(off-chip) 구현에 영향을 주었다. 필터들은 높은 주파수에서 동작하기 때문에 입력과 출력 임피던스가 50-Ω이 되도록 설계된다. 그러므로 LNA는 50-Ω의 부하 임피던스를 구동해야 하는데, 이는 구현의 어려움과 전력 소모가 커지는 문제를 발생시킨다.

**이미지 제거 대 채널 선택** 그림 4.13에서 말했듯이, 원하는 채널과 이미지는 $2\omega_{IF}$의 주파수 차이가 난다. 그러므로 이미지를 최대로 제거하기 위해서는 $\omega_{IF}$를 큰 값으로 고르는 것이 좋다. 예를 들어 $\omega_{in}$과 $\omega_{LO}$ 값이 큰 차이가 난다면 큰 $\omega_{IF}$를 얻을 수 있다. $2\omega_{IF}$는 얼마나 큰 값을 가질 수 있는가? 헤테로다인 구조는 구현 가능한 필터들을 사용하여 채널 선택을 할 수 있도록 중심 주파수를 충분히 낮은 값으로 변환한다는 전제를 상기하라. 그러나 $2\omega_{IF}$가 증가할수록 하향 변환된 채널의 중심 주파수($\omega_{IF}$)도 증가하여 높은 $Q$값의 중간 주파수 필터를 요구한다.

그림 4.14는 높은 IF와 낮은 IF는 상호절충 관계를 가짐을 설명하기 위한 그림이다. 높은 IF[그림 4.14(a)]는 이미지를 상당히 제거하는 반면 낮은 IF[그림 4.14(b)]는 대역 내 간섭원을 상대적으로 더 잘 억제한다. 그러므로 우리는 헤테로다인 수신기가 이미지 제거와 채널 선택 간의 상호 절충 문제를 가지고 있다고 말할 수 있다.

6. 앞서 언급했듯이, 수동 필터는 대역 내 손실과 대역 외 감쇄간의 상호절충관계를 갖는다.

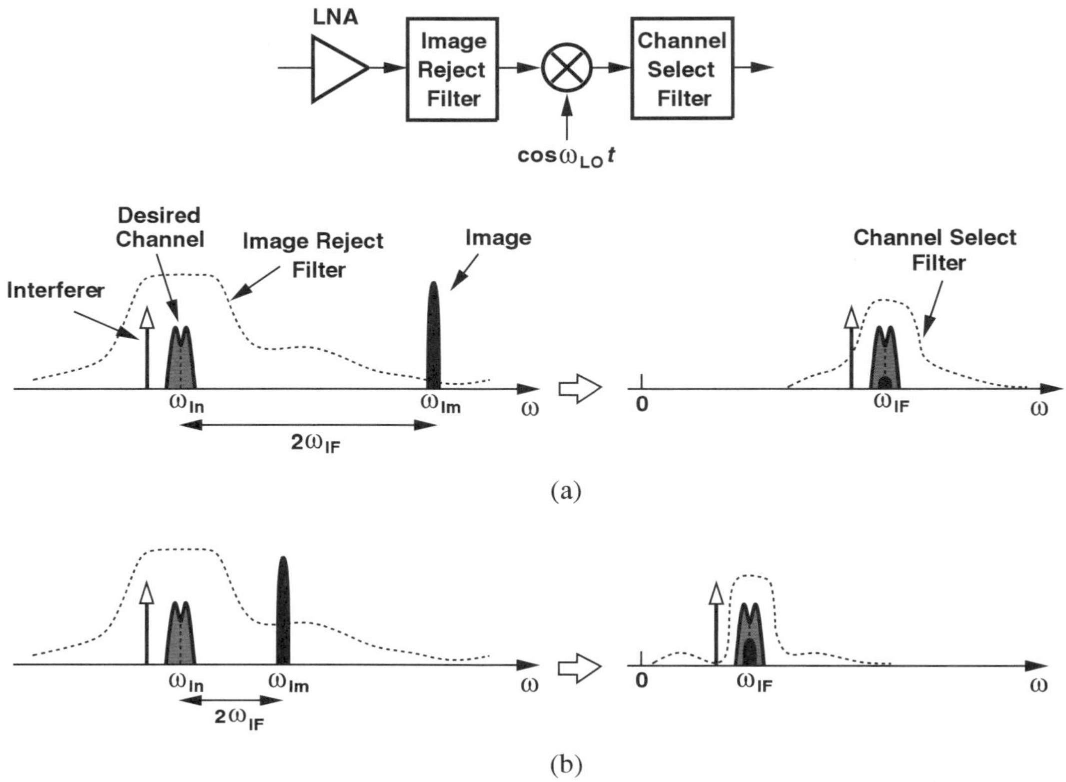


그림 4.14 *이미지 제거와 채널 선택간의 절충(trade-off) (a) 높은 중간 주파수와 (b) 낮은 주파수*

**예제 4.7** RF Microelecronics

한 엔지니어가 우주 응용을 위해 간섭원의 영향이 없는 수신기를 설계하고자 한다. 그가 헤테로다인 전치단을 그림 4.15(a)와 같이 대역 선택(band-select) 필터와 이미지 선택(image-select) 필터 없이 설계하였다. 이 설계가 왜 높은 잡음지수를 갖게 되는지 설명하라.

**풀이:**

간섭원이 없어도, 이미지 대역에서의 안테나와 LNA에 의해 생성되는 열잡음이 믹서(mixer)의 입력부로 도달한다. 그래서 원하는 신호, 원하는 채널에 있는 열잡음과 이미지 대역에 있는 열잡음이 IF로 하향 변환되어[그림 4.15(b)] 수신기의 잡음지수를 높인다(LNA가 매우 한정된 대역폭을 가져 이미지 대역에 있는 잡음을 억제하지 않는 한). 이미지 제거 필터는 이미지 대역에 있는 잡음을 제거한다. 이에 대한 영향을 6장에서 다시 살펴보겠다.

**예제 4.7** (*계속*) RF Microelecronics

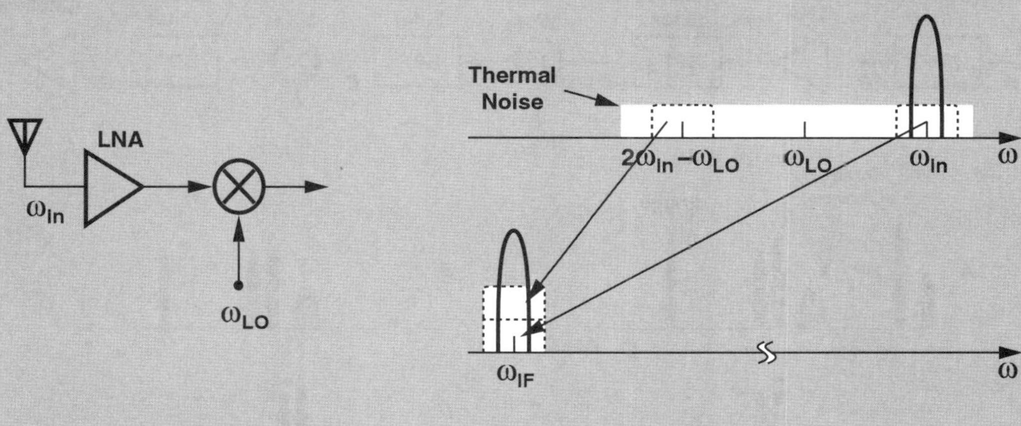


**그림 4.15** *(a) 우주 응용을 위한 수신기, (b) 이미지 대역의 잡음 영향*

**이중 하향 변환** 단순한 헤테로다인 구조에서 이미지 제거와 채널 선택간의 상호 절충은 불가피한 어려운 문제처럼 보인다: 만일 IF가 높으면 이미지는 억제 될 수 있으나 완전한 채널 선택이 어려워지며, 이 반대의 경우 또한 그렇다. 이 문제를 해결하기 위하여, 각각 필터링과 증폭을 잇달아 여러 번 하향 변환을 하는 개념을 헤테로다인의 개념에서 연장시킬 수 있다. 그림 4.16에서 표현하였듯이, 이러한 기법은 낮은 중심주파수에서 *부분적*으로 채널 선택을 하여 각 필터에 요구되는 $Q$ 값을 안정화시킨다. 여기서 두 번째 하향 변환은 '이차 이미지(secondary image)'를 수반 할 수 있다.

그림 4.16은 각 종속 연결단(cascade) 지점에서의 스펙트럼들을 나타낸다. 전치단 필터는 이미지 제거를 함과 동시에 대역을 선택한다. 증폭과 이미지 제거 필터링 이후 $C$ 지점에서의 스펙트럼을 얻을 수 있다. 그 후 충분한 선형성을 가지는 믹서가 원하는 채널과 주변의 간섭원들을 첫 번째 IF($D$ 지점)로 변환한다. $BPF_3$에 의해 부분적인 채널 선택이 이루어지고 이는 두 번째 믹서가 적당한 선형성을 갖도록 한다. 다음으로 스펙트럼은 다시 두 번째 IF로 변환되고, $BPF_4$에 의해 인접 채널 간섭원이 충분하게 제거된다($G$ 지점). 여기서 $MX_1$과 $MX_2$를 각각 'RF 믹서'와 'IF 믹서'라 부른다.

2장에서 말했듯이 이득단의 종속연결에서 잡음지수는 전치단(front-end)에서 큰 영향을 미치며 선형성은 후치단(back end)에서 큰 영향을 미친다. 그러므로 각 단의 이전 단 까지의 이득에 따라 잡음지수와 $IP_3$의 크기를 조정하여 최적의 설계를 할 수 있다. 이제 그림 4.16에서의 수신기가 $A$에서 $G$까지의 총 이득이 40 dB정도 된다고 치자. 만일 두 IF 필터가 채널 선택을 하지 *못한다면*, IF 증폭기의 $IP_3$는 LNA의 $IP_3$보다 40 dB 정도, 예를 들어 +30 dBm

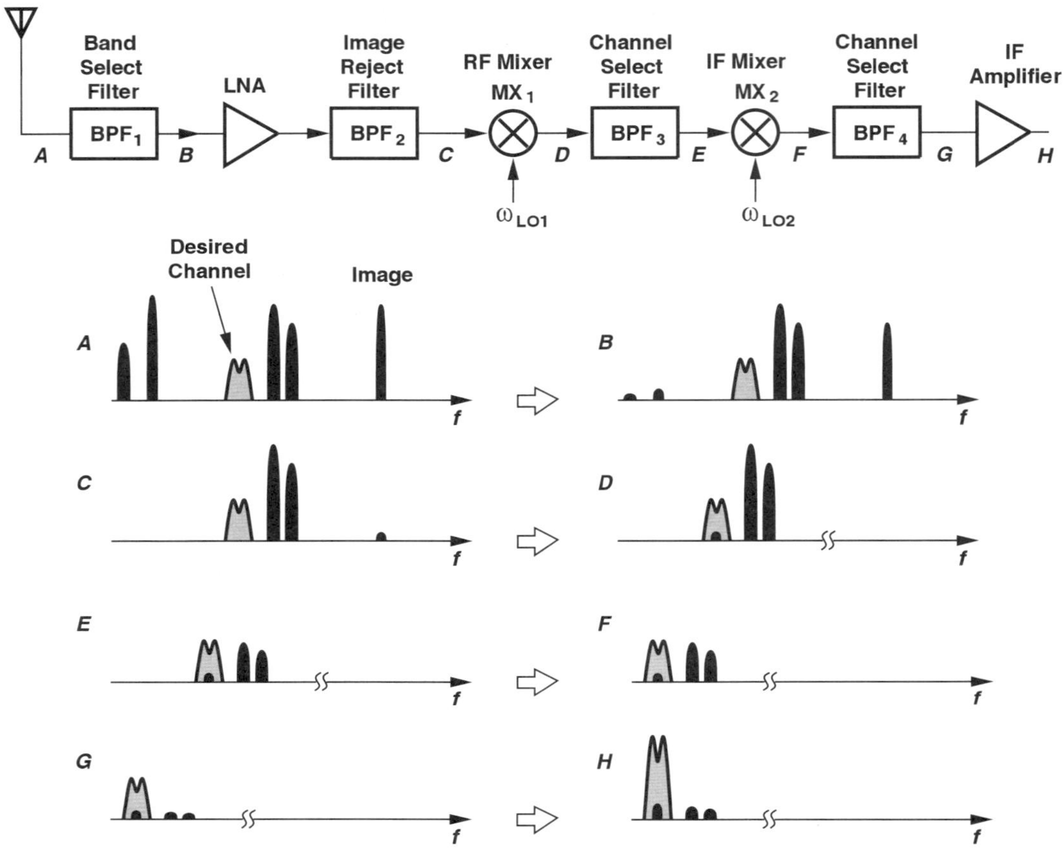


그림 4.16 *이중 IF 수신기*

전후로 더 커야 한다. 특히 낮은 공급 전압으로 동작해야 하는 회로일 경우 적당한 잡음, 전력 소모와 이득을 가지면서 높은 선형성을 가지도록 하는 것은 매우 어렵다. 만일 각 IF 필터가 어느 정도로 대역 내 간섭원들을 감쇄시킨다면, 그 다음 단들의 요구되는 선형성은 비례적으로 안정된다. 이것을 종종 '1 dB 이득은 1 dB 선-필터링을 요구한다' 혹은 '1 dB의 선-필터링은 $IP_3$를 1 dB씩 안정시킨다.'라고 대략적으로 말한다.

## 예제 4.8

RF Microelecronics

그림 4.16에서 두 번의 하향변환 믹서에 하측주입(low-side injection)을 가정하여 이미지 주파수를 구하라.

**풀이:**

그림 4.17에서 일차 이미지는 $2\omega_{LO1} - \omega_{in}$에 놓인다. 그리고 이차 이미지는 $2\omega_{LO2} - (\omega_{in} -$

**예제 4.8** (*계속*) RF Microelecronics

$\omega_{LO1}$)에 위치한다.

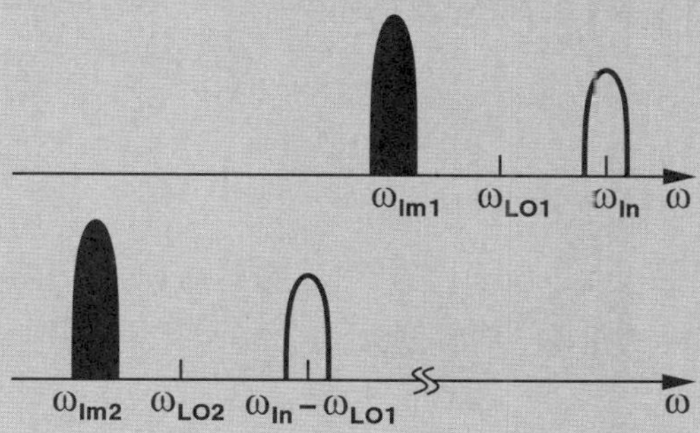


**그림 4.17** *헤테로다인 수신기에서의 이차(secondary) 이미지*

**믹싱의 불요파** 그림 4.16의 헤테로다인 수신기에서, 이상적인 RF믹서와 IF 믹서를 사용했다고 가정했다. 실제 믹서는 수신 경로에 원하지 않는 영향을 준다. 특히 2장에서 공부했던 스위칭 믹서에서 예를 들었듯이, 믹서에 가해지는 LO 신호가 정현파를 입력했음에도 불구하고 RF 입력은 *구형파*(*square-wave*) LO과 곱해진다. 6장에서 설명되어 있듯이 믹서 내부에서 정현파/구형파 변환[7]은 믹서 설계에서 피할 수 없다. 그러므로 믹싱을 RF 입력과 모든 LO의 하모닉(harmonic)들의 곱이라고 보아야 한다.[8] 다른 말로, 그림 4.16에 있는 RF 믹서는 $\omega_{in} \pm m\omega_{LO1}$에 성분들, IF 믹서는 $\omega_{in} \pm m\omega_{LO1} \pm n\omega_{LO2}$에 성분들을 생성하며, 이때 $m$과 $n$은 정수이다. 당연히 원하는 신호인 $\omega_{in} - \omega_{LO1} - \omega_{LO2}$ 성분이 주요 관심사이다. 그러나 간섭원 $\omega_{int}$이 같은 중간 주파수로 하향 변환 된다면 신호를 훼손하게 된다; 이것은

$$\omega_{int} \pm m\omega_{LO1} \pm n\omega_{LO2} = \omega_{in} - \omega_{LO1} - \omega_{LO2}. \tag{4.7}$$

일 때 발생한다. 이러한 간섭원은 '믹싱 불요파(mixing spurs)'라고 하면 이로 인해 LO 주파수 선정에 특히 주의를 요한다.

**예제 4.9** RF Microelecronics

그림 4.18(a)는 2.4-GHz 이중 하향 변환 수신기를 나타내며, 몇 개의 채널은 GPS 대역에 (주요) 이미지가 위치하도록 첫 번째 LO 주파수를 선정하였다. 몇 개의 믹싱 불요파를 구하라.

(*계속*)

7. '리미팅'이라고도 불린다.
8. 혹은 만일 LO와 믹서가 완벽하게 대칭일 경우에는 LO의 홀수 하모닉들에게만 해당한다.

예제 4.9 (계속)

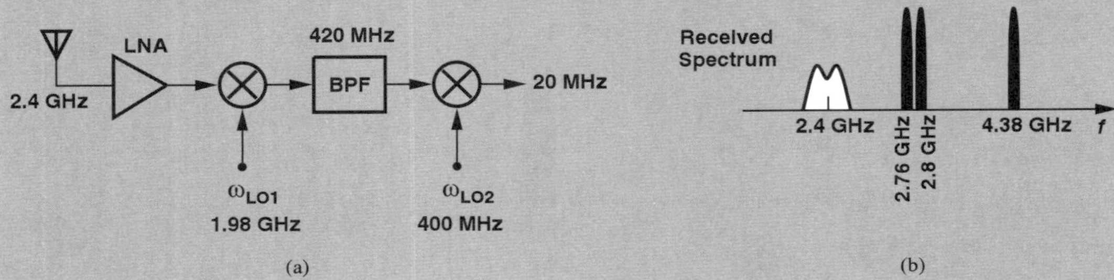


**그림 4.18** *(a) 2.4-GHz 대역을 위한 헤테로다인 수신기, (b) 믹싱 불요파*

**풀이:**

$LO_2$의 이차고조파 800 MHz에 대하여 생각해보자. 만일 첫 번째 IF단에 간섭원으로 820 MHz나 780 MHz의 성분이 발생하면, 이것은 두 번째 IF에서의 원하는 신호(20 MHz)가 된다. RF단에서 전 간섭원은 820 MHz + 1980 MHz = 2.8 GHz에 해당되고 후간섭원은 780 MHz + 1980 MHz = 2.76 GHz에 해당된다. 또한 $LO_1$의 이차 하모닉을 $f_{in} - 2f_{LO1} - f_{LO2}$ = 20 MHz이므로 $f_{in}$ = 4.38 GHz라고 확인할 수 있다. 그림 4.18(b)는 이러한 결과를 요약하고 있다. 수많은 불요파 성분들을 LO 하모닉들의 또 다른 조합으로 알아 낼 수 있다.

그림 4.16의 구조는 두 단계의 하향 변환을 가지고 있다. 더 많은 하향 변환을 이용할 수 있을까? 그렇다, 그러나 추가적인 IF 필터들과 LO들은 설계를 더욱 복잡하게 만들 뿐만이 아니라, 더욱 중요한 것은, 추가적인 하향 변환 주파수 혼합기에서 발생되는 믹싱 불요파들을 관리하기 어렵게 된다. 이러한 이유로, 대부분의 헤테로다인 수신기는 두 번의 하향 변환 단계를 사용한다.

### 4.2.2 현대 헤테로다인 수신기 Modern Heterodyne Receivers

그림 4.16의 수신기는 여러 개의 부피가 큰 수동 [외부-칩(off-chip)] 필터와 두 개의 LOF를 사용한다; 그러나 이러한 구조는 요즘에는 사용하지 않는다. 요즘의 구조와 회로 설계는 전치

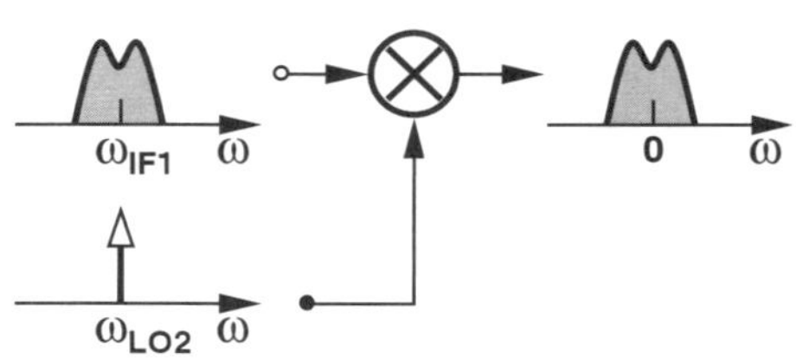


**그림 4.19** *이차 이미지를 피하기 위한 두 번째 LO 주파수의 선택*

단 대역 선택 소자를 제외하고 모든 외부-칩 필터들을 생략하려고 한다.

첫 번째 IF의 높은 선택도를 가지는 필터를 생략함으로써 이 점에서의 채널 선택이 이루어지지 않아 두 번째 믹서에 대해 높은 선형성을 요구한다. 운이 좋게도, CMOS 믹서들은 높은 선형성을 갖는다. 그러나 선택 필터의 부족은 $\omega_{LO2}$와 연관된 이차 이미지(secondary image)의 문제가 심각해질 수도 있다.

**제로 이차 IF(Zero Second IF)** 이차 이미지를 피하기 위해선, 대부분의 현대 헤테로다인 수신기들은 *제로* 이차 IF를 이용한다. 이것은 그림 4.19에 표현되어 있듯이, 두 번째 믹서의 출력 중심 주파수가 0인 되도록 $\omega_{LO2}$를 첫 번째 IF와 같게 두는 것이다. 이러한 경우, 이미지는 신호 제 자신이며, 예를 들어 신호 스펙트럼의 왼쪽 부분이 이미지의 오른쪽 부분이고 이 반대도 성립한다. 아래에 설명되어 있듯이, 이러한 효과는 잘 해결되어 다뤄 질 수 있다. 여기서의 핵심은 다른 주파수에 있는 어떤 간섭원이 $\omega_{LO2} = \omega_{IF1}$일 경우에 0의 중심 주파수를 갖는 이미지로 하향 변환될 수가 없다는 점이다.

## 예제 4.10

RF Microelecronics

그림 4.19에서 원하는 신호가 인접 채널 간섭원을 동반한다고 가정하자. 두 번째 IF가 $\omega_{LO2} = \omega_{IF1}$일 때의 스펙트럼을 그려라.

**풀이:**

첫 번째 IF 스펙트럼들에 대하여 생각해보자. 그림 4.20에 나와 있듯이, 원하는 채널들은 $\pm\omega_{IF1}$에서 나타나며 간섭원을 동반한다.[9] 시간 영역에서 혼합함에 있어서, 음의 주파수에 있는 스펙트럼들은 $+\omega_{LO2}$의 LO 임펄스와 컨볼루션 된다. 비슷하게 양의 주파수에 있는 스펙트

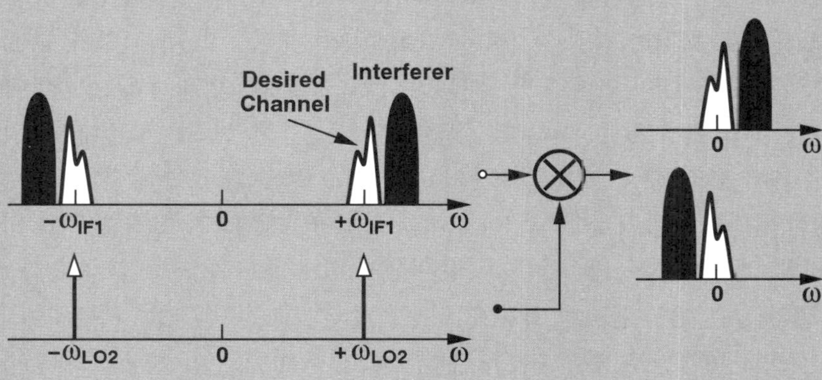


**그림 4.20** *원하는 신호와 인접 채널 간섭원의 하향 변환*

*(계속)*

9. 실 신호(real signal)는 원점에 대하여 대칭이다.

**예제 4.10** (*계속*) RF Microelecronics

럼들은 $-\omega_{LO2}$의 LO 임펄스와 컨볼루젼 되어 0으로 이동한다. 그래서 그림 4.20에서와 같이 출력은 양과 음의 주파수에 존재하는 간섭원 스펙트럼에 의해 둘러싸인 두 개의 이중의 원하는 신호가 나온다.

만일 신호가 제 자신의 이미지가 된다면 어떻게 될까? 이러한 효과를 이해하기 위하여, '대칭적으로 변조된' 신호와 '비대칭적으로 변조된' 신호를 구분할 수 있어야 한다. 우선, 그림 4.21(a)와 같이 AM 신호가 생기는 것에 대해 생각해보자. 대칭적인 스펙트럼 $S_a(f)$의 특성을 가지는 기저대역 신호가 캐리어(carrier)와 혼합됨으로써 $f_{LO}$에 대하여 대칭적으로 생긴 출력 스펙트럼을 만들어낸다. AM 신호들의 *변조* 스펙트럼들이 양쪽의 캐리어에 정확히 똑같은 정보를 가지고 있기 때문에 대칭이라 말한다.[10]

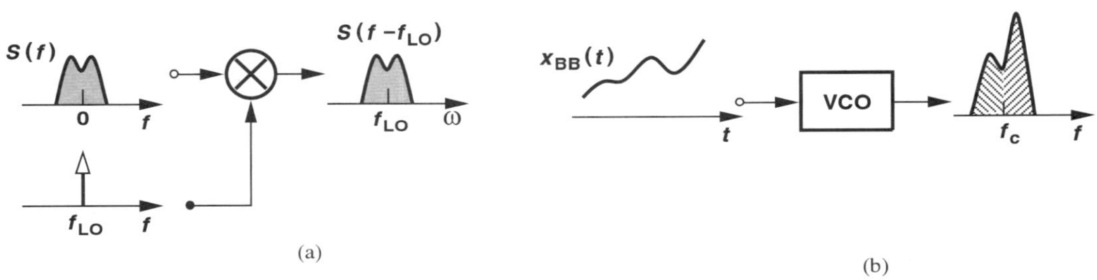


**그림 4.21** *(a) AM 신호 발생, (b) FM 신호 발생*

이제 전압제어발진기(Voltage-Controlled Oscillator, VCO)에 의해 발생된 FM 신호에 대해 생각해보자[그림 4.21(b)] (8장). 기저대역(baseband) 주파수가 더욱 양의 값을 가질수록 출력 주파수가 증가하며, 이 반대 또한 성립한다. 즉, 캐리어의 아래에 있는 측파대(sideband)의 정보는 캐리어의 위에 있는 측파대의 정보와 다르다. FM 신호들은 비대칭적인 스펙트럼을 가진다. 현대의 변조 방식, 예를 들어 FSK, QPSK, GMSK와 QAM은 캐리어 주파수 부근에서 비대칭적인 스펙트럼 특성을 보인다. 그림 4.21(b)의 개념도가 오직 진폭의 비대칭을 보여준다면, 또한 몇몇의 변조 방식들은 오직 위상의 비대칭 특성을 보일 수 있다.

그림 4.20과 같은 예를 들자면, 0의 IF 하향 변환은 두 신호를 겹치도록 하며, 그것 때문에 만일 두 신호가 비대칭일 경우 충돌을 유발한다. 그림 4.22는 이 현상을 더욱 명쾌하게 그려놓았다.

10. 사실은, 정보를 잃지 않으면서 한쪽을 없애는 것이 가능하다.

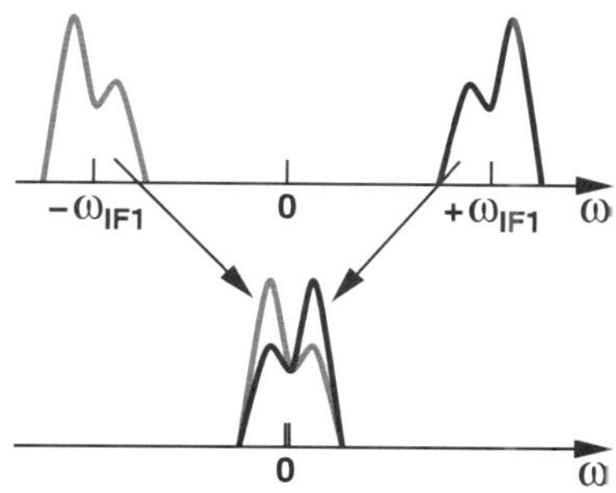


**그림 4.22** *이차 하향 변환 이후의 신호 측파대의 겹침 현상*

## 예제 4.11

RF Microelecronics

어떤 최소 IF로의 하향 변화가 비대칭 신호들 간 자기 충돌(self-corruption)을 막을 수 있는가?

**풀이:**

자기 충돌을 막기 위해선, 하향 변환된 스펙트럼들은 서로 겹치면 안 된다. 그래서 그림 4.23에서 볼 수 있듯이, 신호는 신호 대역폭의 *절반*과 같은 값을 가지는 IF로 하향 변환 될 수 있다. 물론, 이때 간섭원은 이미지가 될 수 있다.

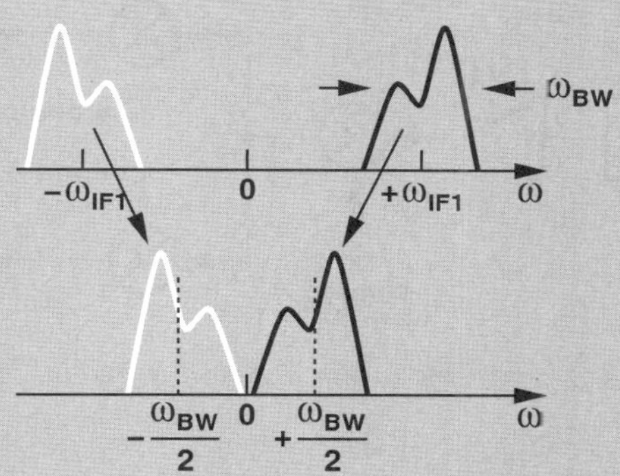


**그림 4.23** *신호의 측파대들의 겹침이 없는 하향 변환*

어떻게 하면 0의 IF로 하향 변환할 시에 자기 충돌(self-corruption)을 막을 수 있는가? 90°의 위상 차이나는 두 가지 하향 변환된 신호를 만들어 냄으로써 성취 할 수 있다. 그림 4.24에 그려져 있듯이, '직교 하향 변환(quadrature downconversion)'은 $x_{IF}(t)$를 두 번째 국부 발진기($\omega_{LO2} = \omega_{IF1}$)의 직교 위상(quadrature phase)들에 혼합한다. 출력으로 나오는 $x_{BB,I}(t)$과 $x_{BB,Q}(t)$는 '직교 기저대역 신호(quadrature baseband signal)'이라 한다. 같은 스펙트럼을 이용하면, $x_{BB,I}(t)$과 $x_{BB,Q}(t)$은 위상이 분리되고 함께 원 정보를 복원할 수 있다. 문제 4.8에

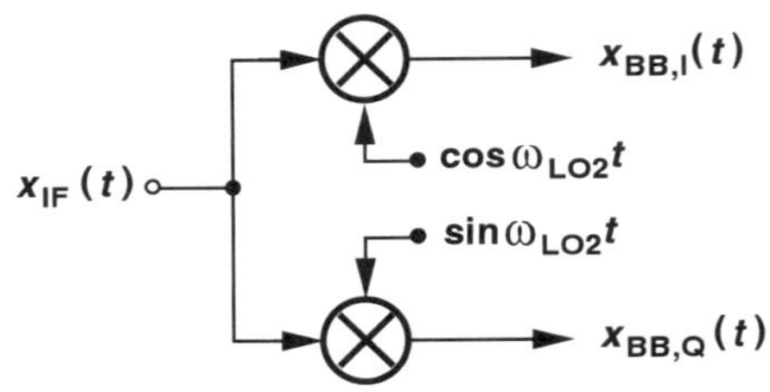


**그림 4.24** *직교 하향 변환(quadrature downconversion)*

서, 우리는 $A(t)\cos\omega_c t$의 형태를 가진 AM 신호 또한 직교 하향 변환이 필요하다.

그림 4.25는 위의 원리를 이용하여 설계된 헤테로다인 수신기이다. (외부)이미지 제거 필터의 부재로 인해 LNA는 50-Ω 부하로 동작하지 않아도 되며, LNA/믹서 인터페이스는 임의의 인터페이스 임피던스 값의 선택으로 인해 이득, 잡음, 선형성에 대해 최적화 시킬 수 있다. 그러나 이미지 제거 필터의 부족은 이미지 대역에 존재하는 간섭원에 대한 주의를 요하며, 이미지 대역에서의 안테나와 LNA의 열잡음을 잘 억제하기 위하여 협대역 LNA 설계를 요한다(예제 4.7). 게다가 첫 번째 IF에서는 채널 선택 필터가 없으나 대역 외 간섭원을 억제하기 위하여 온-칩(on-chip)의 '약한' 대역 통과 필터링이 주로 여기에 삽입되어 있다. 예를 들어 RF 믹서는 약간의 필터링 역할을 하는 LC 부하를 포함하고 있을 수 있다.

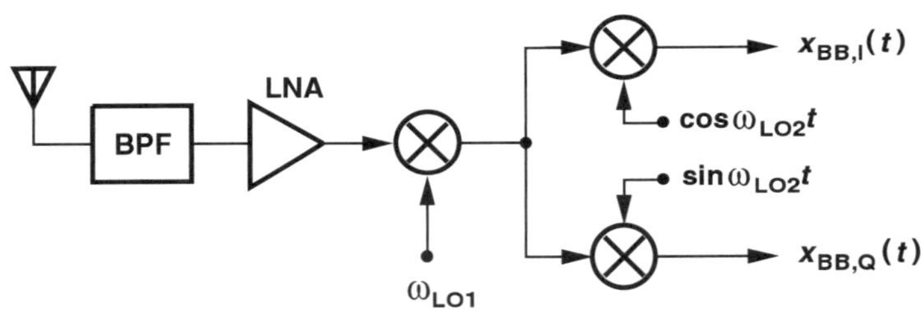


**그림 4.25** *직교 하향 변환을 이용하는 헤테로다인 수신기*

**슬라이딩-IF 수신기(Sliding-IF Receivers)** 현대 헤테로다인 수신기는 이전 수신기에 비해 또 다른 중요한 발전을 수반하고 있는데 이는 오직 하나의 발진기만을 사용한다. 이것은 발진기와 주파수 합성기(frequency synthesizers)의 설계가 어렵고, 더욱 중요한 것은 같은 칩에 제작된 발진기는 원치 않은 간섭을 받게 되기 때문이다. 그러므로 두 번째 LO 주파수는 첫 번째 LO의 '주파수 분주(frequency division)'을 통해 유도된다.[11] 그림 4.26(a)의 예에서 보이고 있듯이 $f_{LO1}/2$의 주파수를 가지는 두 번째 LO의 파형을 형성하기 위하여 ÷2 회로 뒤에

11. 주파수 분주는 카운터(counter)를 통해 만들 수 있다: 카운터는 $M$ 입력 사이클에 대하여 하나의 출력 사이클을 만들어 낸다.

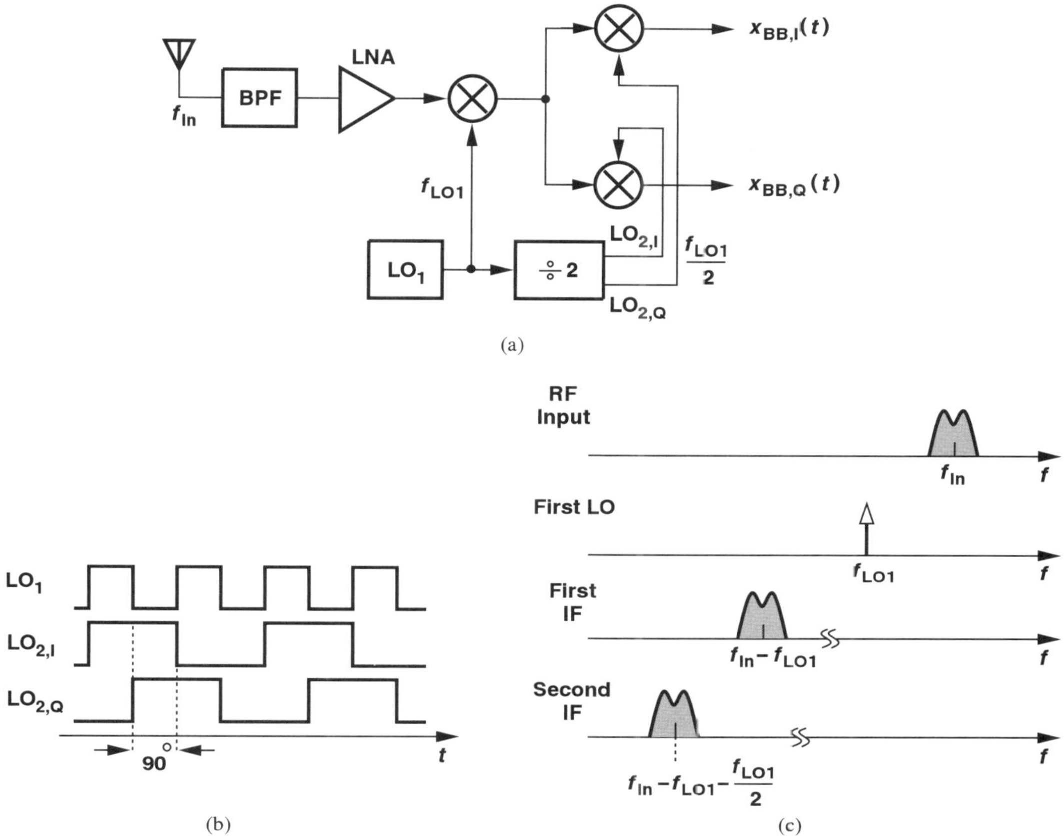


**그림 4.26** *(a) 슬라이딩-IF 헤테로다인 수신기, (b) ÷2 회로 파형, (c) 결과 스펙트럼들*

첫 번째 국부발진기가 설계되었다. 그림 4.26(b)와 제 10장에서 설명되어 있듯이, 특정 ÷2 구조는 직교 출력을 만들어 낼 수 있다. 그림 4.26(c)는 수신기의 다른 지점에서의 스펙트럼들을 나타내고 있다.

그림 4.25(a)의 수신기 구조는 여러 개의 흥미로운 특성을 가지고 있다. 입력 주파수 $f_{in}$을 두 번째 0의 IF로 변환하기 위하여, 반드시

$$f_{LO1} + \frac{1}{2}f_{LO1} = f_{in} \tag{4.8}$$

가 되어야 하며 그러면

$$f_{LO1} = \frac{2}{3}f_{in}. \tag{4.9}$$

이 된다. 이것은 $[f_1\ f_2]$의 범위의 입력 대역에 대해서, LO는 $[(2/3)f_1\ (2/3)f_2]$의 범위를 반드시 다룰 수 있어야 한다. 게다가 이 구조의 첫 번째 IF는

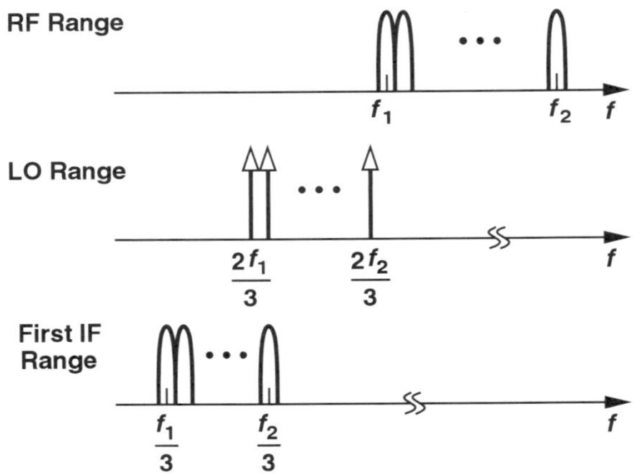


**그림 4.27** *슬라이딩 IF 수신기에서 LO와 IF의 범위*

$$f_{IF1} = f_{in} - f_{LO} \tag{4.10}$$
$$= \frac{1}{3}f_{in}. \tag{4.11}$$

이기 때문에 일정하지 않다. 그러므로, $f_{in}$이 $f_1$에서 $f_2$까지 변화할 때, $f_{IF1}$은 $f_1/3$에서 $f_2/3$까지 변화한다(그림 4.27). 이러한 이유로, 이 구조는 '슬라이딩-IF 구조'라고 부른다. 채널 선택을 위하여 첫 번째 IF 필터는 좁은 대역폭을 반드시 가져야 하는 그림 4.16의 기존의 헤테로다인 수신기와는 다르게, 이 슬라이딩-IF 구조는 RF 입력 부분(fractional) 대역폭과 같은 대역폭을 가지는 부분 (혹은 정규화 된) IF 대역폭[12]을 요구한다. 이것은 전자가

$$\mathrm{BW}_{IF,frac} = \frac{\frac{1}{3}f_2 - \frac{1}{3}f_1}{\left(\frac{1}{3}f_2 + \frac{1}{3}f_1\right)/2}, \tag{4.12}$$

로 주어지고, 후자는

$$\mathrm{BW}_{RF,frac} = \frac{f_2 - f_1}{(f_2 + f_1)/2}. \tag{4.13}$$

로 주어지기 때문이다.

### 예제 4.12

RF Microelecronics

입력 대역이 $(f_2 - f_1)/N = \Delta f$의 대역폭을 가지는 $N$개의 채널로 나누어졌다고 가정하자. 수신기가 각 채널을 0의 IF로 변환할 때 LO의 주파수는 어떻게 변하는가?

12. 부분 대역폭(fractional bandwidth)은 관심 대역폭을 대역의 중심주파수로 나눈 값을 나타낸다.

## 예제 4.12 (계속)

RF Microelecronics

**풀이:**

첫 번째 채널은 $f_1$과 $f_1 + \Delta f$ 사이에 위치한다. 그래서 첫 LO의 주파수는 채널 중심의 2/3배의 값과 같다: $f_{LO} = (2/3)(f_1 + \Delta f/2)$. 비슷하게, 두 번째 채널은 $f_1 + \Delta f$과 $f_1 + 2\Delta f$ 사이에 위치하며, LO의 주파수는 $(2/3)(f_1 + 3\Delta f/2)$값과 같다. 다른 말로, LO는 $(2/3)\Delta f$씩 커진다.

## 예제 4.13

RF Microelecronics

그림 4.27에서 보이는 주파수 대역의 도움으로, 그림 4.26(a) 구조의 이미지 대역을 결정하라.

**풀이:**

$(2/3)f_1$의 LO 주파수에 대하여, 이미지는 $2f_{LO} - f_{in} = f_1/3$에 위치한다. 비슷하게, 만일 $f_{LO1} = (2/3)f_2$일 경우, 이미지는 $f_2/3$에 위치한다. 그러므로, 이미지 대역은 $[f_1/3\ f_2/3]$의 범위 내에 존재한다(그림 4.28). 이미지 대역은 입력 대역보다 *협소*하다.

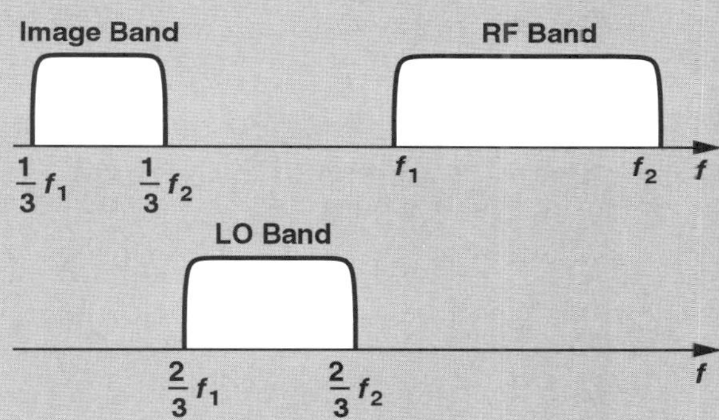


**그림 4.28** *슬라이딩 IF 수신기에서의 이미지 대역*

이것은 각 채널의 이미지 또한 협소하단 의미인가? 아니다, 위의 예제에서 한 채널에서 다음 채널로 넘어 갈 때 LO가 $(2/3)\Delta f$씩 커지는 것을 상기하라. 그러므로, 연이은 이미지 채널들은 $\Delta f/3$씩 겹친다.

슬라이딩 IF 구조는 첫 번째 LO에서 두 번째 LO를 만들 때 더 큰 분할 비율을 포함할 수 있다. 예를 들어, ÷4 회로는 $f_{LO1}/4$에서 직교(quadrature) 출력을 만들어 내며,

$$f_{LO1} + \frac{1}{4}f_{LO1} = f_{in} \tag{4.14}$$

따라서

$$f_{LO1} = \frac{4}{5} f_{in}. \tag{4.15}$$

의 관계가 유도된다. 이러한 구조의 상세한 스펙트럼은 문제 4.1에서 다루고 있다. 그러나 우리는 여기서 두 가지에 대하여 주시해야 한다. (1) ÷4 회로에서, 두 번째 LO 주파수는 첫 번째 슬라이딩 IF 구조의 주파수보다 약간 낮은 $f_{in}/5$를 갖는다. 이것은 낮은 주파수에서 LO 직교 위상을 만들어내는 것은 작은 부정합을 초래하기에 바람직하다. (2) 안타깝게도, ÷4 회로를 사용하면 이미지와 신호의 차이를 줄이게 되어 이미지와 심지어 안테나와 LNA의 열잡음을 제거하는데 어려워진다. 다른 말로, 분배 비율을 고르는 것은 직교 정확성과 이미지 제거 간의 상호 절충관계에 의해 지배되고 있다.

### 예제 4.14 RF Microelecronics

802.11g 수신기로 슬라이딩-IF 구조를 택한다. LO단에 ÷2 또는 ÷4를 사용할 경우의 장점과 단점을 살펴보라.

**풀이:**

÷2의 경우에 11g 대역(2.40 ~ 2.48 GHz)을 위해서는 1.600 ~ 1.653 GHz 범위의 LO가 필요하고 이 경우에 802 ~ 827 MHz[그림 4.29(a)]에 이미지가 놓인다. 불행하게도, CDMA의 송신대역이 824MHz에서 시작하며, 주어진 슬라이딩-IF 수신기는 824 ~ 827 MHz 대역의 큰 이미지 주파수의 영향을 받게 된다.

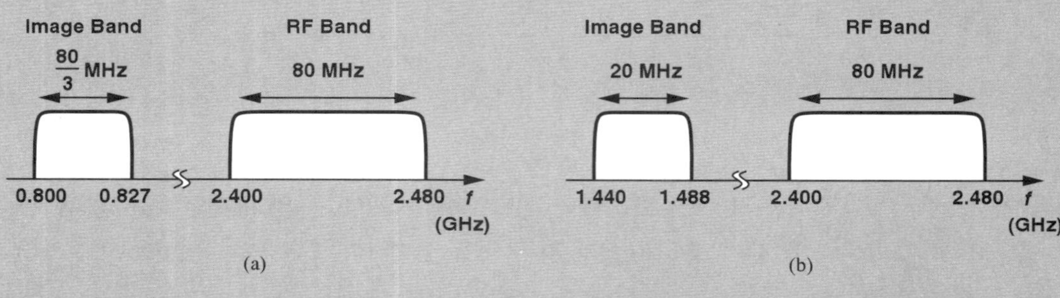


**그림 4.29** *11g 수신기에서의 이미지 대역: (a) 나누기-2회로의 경우, (b) 나누기-4회로의 경우*

÷4의 경우에, LO는 1.920 ~ 1.984 GHz 대역이고, 이미지 대역은 1.440 ~ 1.488 GHz[그림 4.29(b)]이 된다. 이 이미지 대역은 상대적으로 조용한 대역이다(단지 일본에서 1.4 GHz 주변 대역에 WCDMA가 할당되어 있다). 따라서 이 경우에는 LNA의 선택도가 이미지 대역의 열잡음 정도만 제거하면 되므로 ÷4를 선택하는 것이 유리하다. 그리고, 일차 IF의 주파수도 낮아서 제작면에서도 유리하기도 하다.

### 4.2.3 직접 변환 수신기 Direct-Conversion Receivers, DCR

헤테로다인 수신기에서 독자들은 아마 다음의 궁금 점을 가질 것이다. 왜 첫 번째 하향 변환에서 쉽게 RF 스펙트럼을 기저대역으로 변환하지 못하나? '직접 변환(direct conversion)' 'zero-IF' 또는 '호모다인(homodyne)'[13]이라고 불리는 이러한 구조의 수신기는 여러 문제를 수반하지만, 지난 10년간 인기를 끌었다. 4.2.2절에서 설명하고 그림 4.22에서 보여줬듯이, zero IF에서 비대칭적 변조된 신호의 하향 변환은 기저대역의 신호가 위상에 따라 구분되어 있지 않으면 자기충돌이 일어난다. 따라서 아래 그림 4.30과 같은 직접 변환 수신기 구조가 생겨났다.

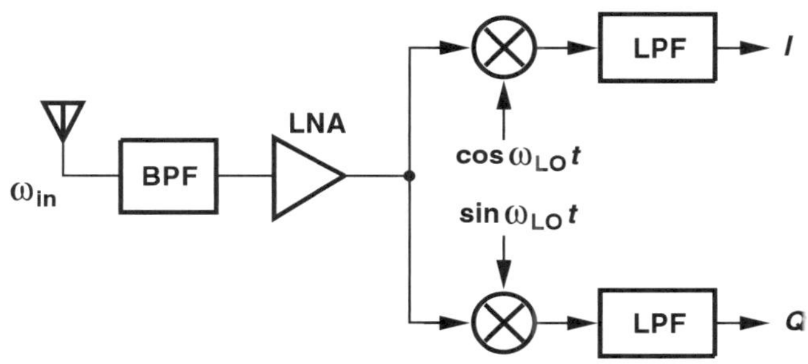


**그림 4.30** *직접 변환 수신기*

직접변환을 세 가지 관점에서 헤테로다인과 비교하여 대하여 탁월한 선택임을 제시한다. 먼저, '이미지' 문제가 없으므로 설계 과정이 간단하다. 둘째, 채널 선택은 저역 통과 필터에 의한다. 이는 상대적으로 날카로운 저지(cut-off)특성을 가지는 능동 회로 구조로 온-칩으로 구현될 수 있다. 셋째, 믹싱 불요파가 상당량 감소하고 따라서 조작하기드 쉽다

그림 4.30 구조는 직접변환 구조를 보여준다. 전치단의 대역 선택 필터를 제외하고 외부의 소자 연결 없이 종속 연결하고, LNA/믹서 인터페이스는 50-Ω 임피던스를 필요로 하지 않고 이득, 잡음 및 선형성을 위해 최적화 할 수 있다. 단순한 구조는 RF 설계 역사에서 많은 시도가 있었지만, 1990년대와 2000년대에 전체 구조의 융합과 정교한 신호처리와의 결합에 의해 직접 변환 구조가 가능성을 입증하게 되었다. 이제 DCR들이 직면한 문제를 직시하고 이를 해결하기 위한 방법을 소개 할 것이다. 이러한 문제의 대부분은 두 번째 IF로 0을 갖는 *헤테로다인* 수신기에도 나타난다.

---

13. *호모다인*(*homodyne*)은 *homo*(same)과 *dyne*(mixing)으로부터 유래되었고, 역사적으로 동기(coherent) 수신에만 사용되었다.

**LO 누설(LO Leakage)** 직접 변환 수신기의 LO 전력의 일부가 안테나를 통해 *방사*된다. 이 현상을 이해하기 위해서, 그림 4.31과 같은 간단한 구조를 고려해보자. 두 가지 경로를 통해 안테나 LO 커플현상이 발생한다: (1) 믹서의 LO 포트와 RF 포트 사이에 커패시터와 LNA의 입력과 출력사이에 저항 또는 커패시터; (2) 특히 입력 패드 기판 왜냐하면 LO는 많은 온-칩 나선형 인덕터를 사용하기 때문이다. LO 방출은 같은 대역에서 작동하는 다른 수신기를 둔감 시키기 때문에 달갑지 않는 부분이다. 보통 허용 범위는 −50에서 −70 dBm(안테나에서 측정) 사이이다.

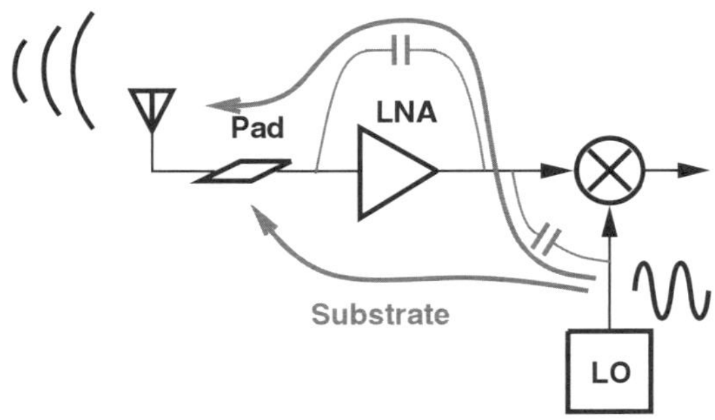


그림 4.31 *LO 누설*

**예제 4.15** RF Microelecronics

캐스코드 LNA의 출력부터 입력으로의 LO 누설을 구하여라.

**풀이:**

그림 4.32(a)에 나와 있듯이, 출력단에 테스트 전압을 적용하고 안테나 $R_{ant}$에 전달되는 전압을 측정한다. 누설 경로에서 $r_{O2}$와 $C_{GD1}$만을 고려하여, 그림 4.32(b)와 같은 등가 회로를 만

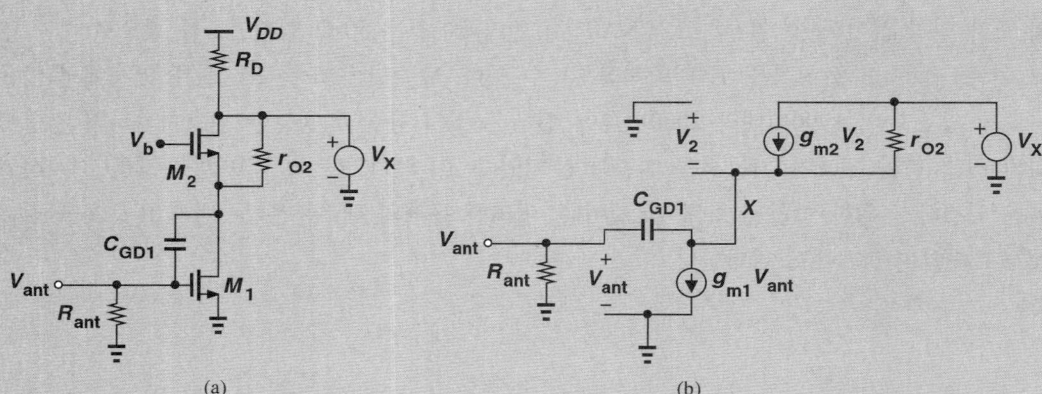


그림 4.32 *캐스코드 LNA에서의 LO 누설*

**예제 4.15** (*계속*) RF Microelecronics

든다. $R_{ant}$와 $C_{GD1}$에 흐르는 전류의 양은 $V_{ant}/R_{ant}$이고, $V_2 = -[V_{ant} + V_{ant}/(R_{ant}C_{GD1}s)]$와 같이 주어진다. 따라서 $X$ 노드에서 KCL을 사용하면

$$\left(V_{ant} + \frac{V_{ant}}{R_{ant}C_{GD1}s}\right)g_{m2} + \frac{V_{ant}}{R_{ant}} + g_{m1}V_{ant} = \frac{1}{r_{O2}}\left[V_X - \left(V_{ant} + \frac{V_{ant}}{R_{ant}C_{GD1}s}\right)\right]. \quad (4.16)$$

이고, 만약 $g_{m2} >> 1/r_{O2}$이면

$$\frac{V_{ant}}{V_X} \approx \frac{C_{GD1}s}{(g_{m1}R_{ant} + g_{m2}R_{ant} + 1)C_{GD1}s + g_{m2}} \cdot \frac{R_{ant}}{r_{O2}}. \quad (4.17)$$

이다. 이양을 LNA의 '역방향 격리도(reverse isolation)'라고 부른다. 보통의 경우 분모가 근사해서 대략 $g_{m2}$가 된다. 따라서 $V_{out}/V_x$의 값은 $R_{ant}C_{GD1}\omega/(g_{m2}r_{O2})$가 된다.

그러면 헤테로다인 수신기에서도 LO 누설이 발생하는가? 그렇다. 하지만 LO 주파수 대역 *벗어나* 있기 때문에, 누설을 발생하는 수신기와 피해자 수신기 모두의 전치단의 대역 선택 필터에 의해 억제된다.

만약 공진기와 RF 신호경로의 레이아웃을 대칭적으로 만들면 LO 누설을 최소화 할 수 있다. 예를 들어, 그림 4.33에서 보는 것과 같이, LO가 차등 출력을 만들어내고 LO부터 입력단 까지 누설 경로가 대칭적이면 안테나에서 LO가 방출되지 않는다.

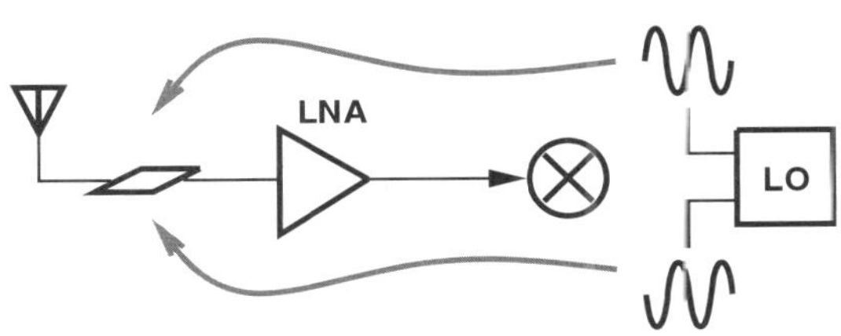


**그림 4.33** *대칭 구조에 의한 LO 누설의 제거*

**DC 오프셋(Offsets)** 위의 연구 LO 누설 현상은 기저대역에서 상대적으로 큰 dc 오프셋을 주어서 설계를 할 때 다양한 어려움이 생기게 된다. 먼저 dc 오프셋이 어떻게 생기는지 알아보자. 그림 4.34처럼 간단한 수신기를 고려해보자. 유한한 양의 대역내 LO 누설량이 LNA의 입력단에 $kV_{LO}$ 만큼 값이라고 생각하자. 이 신호는 원하는 신호인 $V_{RF}$와 함께 증폭되고 LO에 의해 믹싱된다. 이를 'LO 자기 믹싱(self-mixing)'이라고 부른다. 이는 정현파가 자기 자신과 곱해져서 기저대역에 dc 성분을 발생한다.

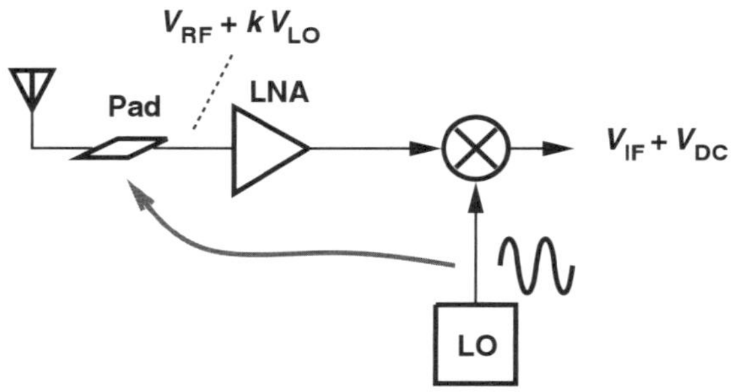


**그림 4.34** *직접변환 RX에서의 DC 오프셋*

왜 dc 성분이 문제를 일으키는가? 만약 dc 값이 상수라면 원하는 신호를 저해하지는 않는다. 하지만, 그렇지 않은 성분들은 기저대역 신호 프로세싱을 어렵게 만든다. 문제를 이해하기 위해, 3개의 관측을 했다: (1) RF와 기저대역단으로 종속 연결된 수신기는 안테나의 신호를 일반적으로 70에서 100dB정도 증폭해야 한다(보통 기저대역 끝단에서의 신호는 거의 0 dBm에 도달한다). (2) 수신 신호와 LO 누설이 서로 함께 증폭되고 처리된다; (3) 안테나단에서 −80 dBm의 RF 신호에 대하여 수신기는 80dB 정도 이득을 가져야 하는데 여기에 −60 dBm의 LO 누설이 RF단에 가해지면 상당히 큰 dc 오프셋 성분이 기저대역단에 발생하게 된다.

## 예제 4.16

RF Microelecronics

직접 변환 수신기는 각각의 LNA 입력에서 믹서 출력까지 30 dB의 전압 이득과 믹서출력에서 기저대역 단계에서 40 dB의 다른 이득을 포함한다(그림 4.35). 만약 LNA 입력단에서 LO 누설이 −60 dBm이면, 믹서출력단과 기저대역단 출력단에서의 오프셋 전압을 결정하라.

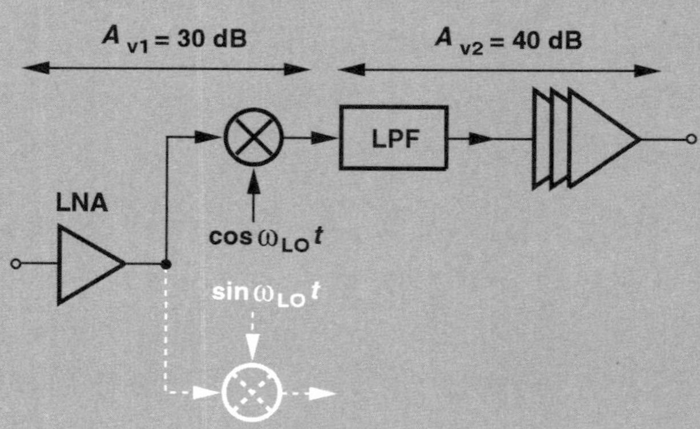


**그림 4.35** *기저대역단에서의 DC 오프셋의 영향*

## 예제 4.16 (계속)

RF Microelecronics

**풀이:**

$A_{V1}$ = 30 dB의 의미는 무엇인가? 만약 LNA 입력으로 정현파 $V_0\cos\omega_{in}t$로 주어지면, 믹서 출력에서의 기저대역 신호는 $V_{bb}\cos(\omega_{in} - \omega_{LO})t$와 같이 나오고 진폭의 크기는 아래와 같이 주어진다.

$$V_{bb} = A_{V1} \cdot V_0. \tag{4.18}$$

따라서 입력 $V_{leak}\cos\omega_{LO}t$에 대하여 믹서 출력에서의 dc 값은 아래와 같다.

$$V_{dc} = A_{V1} \cdot V_{leak}. \tag{4.19}$$

$A_{V1}$ = 31.6이고 $V_{leak}$ = (632/2) $\mu V$ 이므로 $V_{dc}$ = 10 mV 값을 가진다. 여기에 다른 이득 40 dB에 의해 증폭되어서 기저대역 출력에서 오프셋 값은 1 V에 도달하게 된다.

## 예제 4.17

RF Microelecronics

기저대역 $I$와 $Q$의 출력에서 측정된 dc 오프셋이 종종 다른 값을 가진다. 왜 그런지 설명하라.

**풀이:**

LO이 직교위상을 가지고 LNA 입력단에서 총 LO 누설은 $V_{leak}\cos(\omega_{LO}t + \phi_{leak})$으로 표현할 수 있다. 여기서 $\phi_{leak}$은 각각의 LO 위상에서부터 LNA의 입력까지의 경로에서의 위상 천이에 의해 발생하며, 이는 또한 두 신호 $V_{LO}\cos\omega_{LO}t$와 $V_{LO}\sin\omega_{LO}t$의 LO 누설 합이다(그림 3.36). LNA에서 각각의 믹서로 전해지는 LO누설은 추가적인 위상 천이 $\phi_{ckt}$을 겪고, $V_{LO}\cos\omega_{LO}t$와 $V_{LO}\sin\omega_{LO}t$과 곱해진다. 결과적인 dc 성분은 아래와 같다.

$$V_{dc,I} = \alpha V_{leak} V_{LO} \cos(\phi_{leak} + \phi_{ckt}) \tag{4.20}$$
$$V_{dc,Q} = -\alpha V_{leak} V_{LO} \sin(\phi_{leak} + \phi_{ckt}). \tag{4.21}$$

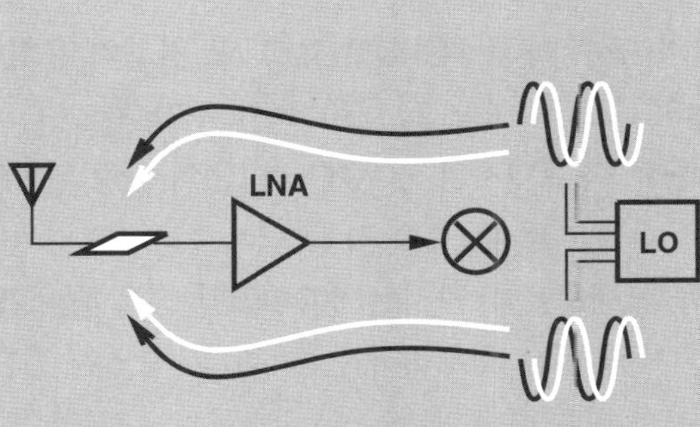


**그림 4.36** *LO의 직교위상에서의 누설*

(계속)

**예제 4.17** (*계속*) RF Microelecronics

따라서, 두 dc 오프셋은 일반적으로 동일하지 않다.

0을 두 번째 IF로 갖는 헤테로다인 수신기에서도 이런 dc 오프셋 문제가 발생할까? 그렇다, IF 믹서들의 입력단에 두 번째 LO의 누설이 기저대역에서의 dc 오프셋을 발생시킨다. 그림 4.26(a)에서 보듯이 두 번째 LO 주파수가 $f_{in}/3$이기 때문에, 여기서 누설량은 직접 변환 수신기의 양보다는 작다.[14] 하지만 기저대역 단계를 포화시키기에는 충분하고 또한 적어도 부가적인 비선형을 만들기에도 충분하다.

선행 연구들이 주장하는 바는 이렇다. 마지막 단에 zero IF를 가지는 수신기는 반드시 각각의 기저대역 I, Q 경로에 오프셋 제거를 해야 한다. 그림 4.37(a)에 보듯이, 가장 자연스러운 후보는 고역 통과 필터(ac 커플링)이다, 여기서 $C_1$은 dc 오프셋을 막고, $R_1$은 적절한 바이어스 $V_b$를 $A_1$의 입력단에 가한다. 하지만, 그림 4.37(b)에서 묘사되어 있듯이, 이러한 네트워크는 주파수 0에 가까운 신호의 스펙트럼의 일부분을 제거하고 이는 심벌간간섭(intersymbol interference, ISI)을 발생한다. 일반적으로 ISI를 무시하기위해 고역 통과 필터의 코너주파수 $f_1 = (2\pi R_1 C_1)^{-1}$는 심볼 속도의 1/1000 미만이어야 한다. 실제 상황에서는, 주어진 변조 방식에 따라 최대 허용 주파수 $f_1$을 결정하기 위해 세심한 시뮬레이션이 필요하다.

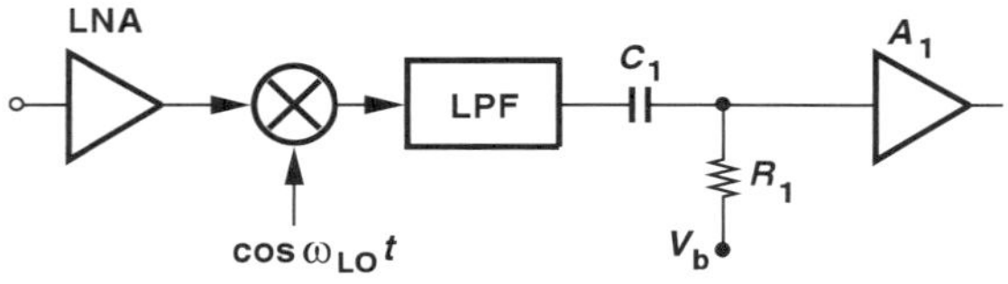


(a)

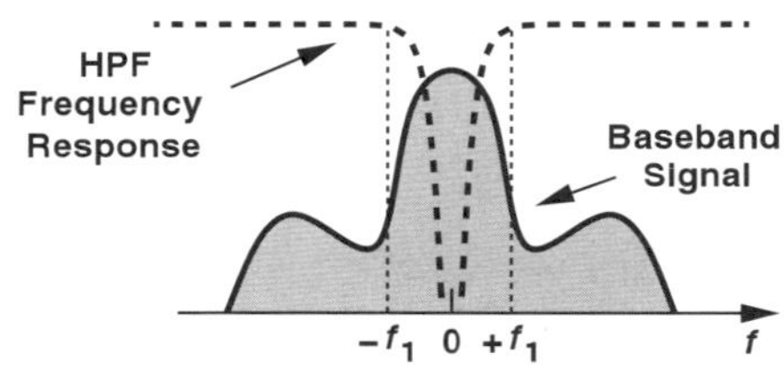


(b)

**그림 4.37** *(a) dc 오프셋 제거를 위한 고역통과 필터 사용과 (b) 이의 스펙트럼 상에서의 영향*

온-칩상에 ac 커플링의 구현 가능성은 심볼 속도 및 변조의 유형에 따라 달라진다. 예를 들어, GSM에서 271 kb/s의 속도는 대략 20 ~ 30 Hz의 주파수가 필요하고 그러므로 매우 큰 커패시터나 저항이 필요하다. 직교믹서의 경우에는 그들의 차등 출력에 4개의 고역 통과 필터가 필요함을 유의하자.

반면에, 최대 20 Mb/s의 비트율을 가지는 802.11b의 경우에는 20 kHz의 코너 주파수를 가지는 고역 통과 필터를 사용할 수 있으며 이는 겨우 온-칩으로 통합 할 수 정도의 값이다.

14. 직접 변환 수신기의 LO에 인덕터를 사용하기 때문에 LO의 파형이 바닥(substrate)을 통해 커플링된다. 반면에 헤테로다인 구조에서의 두 번째 LO은 인덕터가 없는 나누기 회로로 구현된다.

캐리어 주변에 적은 에너지를 갖는 변조 방식을 사용하여 기저대역에서 ac 커플링 할 때 적은 손실을 볼 수 있다. 그림 4.38에 FSK 신호의 두 가지 경우를 나타내고 있다. 작은 변조지수를 가질 때에는, 스펙트럼 상에서 캐리어 주파수($f_c$) 주변에 분포하고 있다. 하지만, 큰 변조지수를 가질 때는 스펙트럼 상에서 두 주파수가 1과 0로 확연히 구분이 가능하다. 만약 기저대역으로 하향 변환한다면, 후자가 더 용이하게 고역 통과 필터(ac 커플링)에서 필터 될 수 있다.

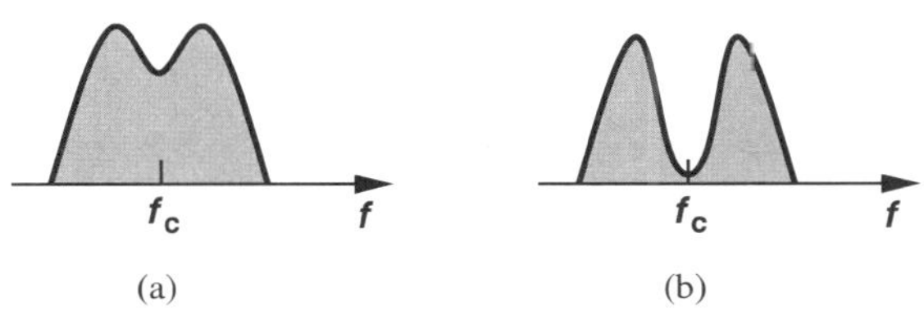


**그림 4.38** *(a) 작은 변조지수, (b) 큰 변조지수를 갖는 FSK 스펙트럼*

AC 커플링의 단점은 과도 입력에 느리게 반응하는 것으로부터 발생한다. 아주 낮은 주파수에서 회로는 불가피하게 긴 시간 상수($\tau$)를 가지게 된다. 즉 갑자기 오프셋이 변할 경우의 오프셋를 제거하는데 실패한다. 이러한 변화는 두 가지의 경우에 발생한다. (a) LO 주파수가 다른 채널로 스위치 되는 경우, 따라서 LO 누설이 변한 경우. (b) LNA의 이득이 다른 값으로 스위치 되어서 LNA의 역격리(reverse isolation)특성이 바뀌게 된 경우인 두 가지 경우이다. 이러한 이유들과 필요한 캐페시터의 크기가 큰 이유 때문에, ac 커플링은 요즘 직접 변환 수신기에서 거의 사용하지 않는다.

### 예제 4.18

RF Microelecronics

기저대역에서 dc 오프셋을 억제하는 다른 방법을 그림 4.39(a)에서 보여주고 있다. 주된 신호

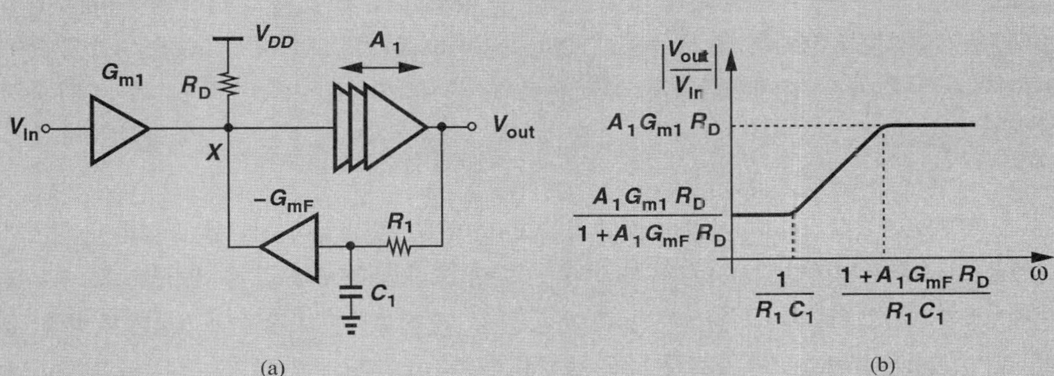


**그림 4.39** *(a) 피드백에 의한 오프셋의 제거, (b) 이의 주파수 응답 결과* (계속)

**예제 4.18** (*계속*) RF Microelecronics

경로는 $G_{m1}$(트랜스컨덕턴스 증폭기), $R_D$ 그리고 $A_1$에 의해 구성되고 이는 $G_{m1}R_DA_1$의 이득을 갖는다. $R_1$, $C_1$ 그리고 $-G_{mF}$로 구성된 부귀한(negative feedback)은 노드 $X$로 저주파의 전류를 돌려보내서 $V_{out}$의 dc전압을 0으로 만들어준다. 모든 기저대역 단계에서의 dc 오프셋을 억제 시켜주는 구조이다. 이 회로의 코너 주파수를 계산하라.

**풀이:**

전류가 $-G_{mF}$에 의해서 노드 $X$로 $-G_{mF}V_{out}/(R_1C_1s+1)$의 값 만큼 되돌아오고 $G_{m1}$에 의해서 $G_{m1}V_{in}$ 만큼 전류가 생성된다. 노드 $X$에서 두 전류를 합하고 $R_D$와 $A_1$의 값을 곱하면 $V_{out}$의 식이 아래와 같이 된다.

$$\left(\frac{-G_{mF}V_{out}}{R_1C_1s+1}+G_{m1}V_{in}\right)R_DA_1=V_{out}. \tag{4.22}$$

이는 또 아래와 같이 전개된다.

$$\frac{V_{out}}{V_{in}}=\frac{G_{m1}R_DA_1(R_1C_1s+1)}{R_1C_1s+G_{mF}R_DA_1+1}. \tag{4.23}$$

따라서 이 회로는 그림 4.39(b)에서 보는 것과 같이 $-(1+G_{mF}R_DA_1)/(R_1C_1)$에 극점을 가지게 되고 $-1/(R_1C_1)$에 영점을 가지게 된다. 입력 오프셋은 $G_{m1}R_DA_1/(1+G_{mF}R_DA_1)\approx G_{m1}/G_{mF}$ 만큼 증폭된다($G_{mF}R_DA_1 >> 1$일 때). 이 이득은 반드시 1 보다 작다. 예를 들어 $G_{mF}$가 보통 $G_{m1}$ 보다 큰 것을 선택한다. 불행하게도 고역 통과 필터의 주파수는 아래와 같이 주어진다.

$$f_1\approx\frac{G_{mF}R_DA_1}{2\pi(R_1C_1)}, \tag{4.24}$$

$G_{mF}R_DA_1$의 요소는 그림 4.37(a)에 나오는 패시브 회로일 때 보다 더 크다. 그렇기 때문에 $f_1$ 보다 낮은 주파수를 얻기 위해 '능동 궤환(active feedback)' 회로는 더 큰 $R_1$과 $C_1$값을 요구한다. 장점은 $C_1$값을 MOSFET에 의해서 현실화 가능하다는 것이다[반면에 그림 4.37(a)의 경우에는 불가능].

오프셋을 제거하기 위한 방법으로 그림 4.39(a)의 $G_{mF}$단과같이 전류를 교정하기 위해서 디지털 아날로그 컨버터(DAC)들을 사용한다. 먼저, 그림 4.40(a)와 같이 캐스코드의 경우를 생각해보자. 노드 $X$로부터 $I_1$을 끌어오고 이 값은 $V_{out}$부터 0까지의 값을 조절한다.[15] 예를 들어, 만약 믹서가 $X$에서 $V$의 오프셋 값을 생성하고 순차적인 단계에서 오프셋이 없다면, $I_1$ =

15. 믹서는 출력*전류*를 발생한다고 가정한다.

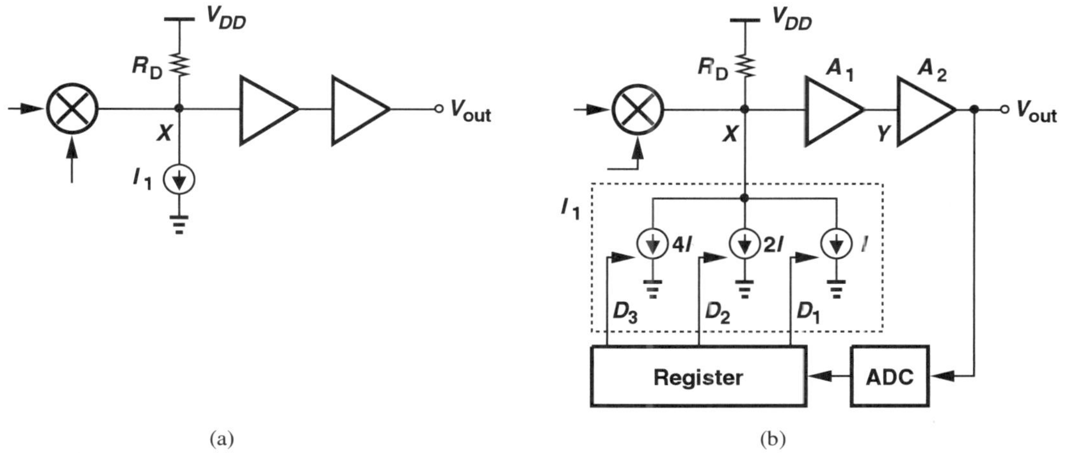


**그림 4.40** *(a) 전류원의 방법을 이용한 오프셋의 제거, (b) 실제 구현*

$\Delta V/R_D$가 된다. 그림 4.39(a)에서 $G_{mF}$에 의해 교정된 전류는 신호가 존재하는 상황에서도 앞선 고역 통과 필터에 의해 상시적으로 조절을 받는다. 따라서 기저대역 주파수 응답에 영향을 주지 않도록 $I_1$의 값을 '고정(freezing)'하는 방법을 사용해야 한다. $I_1$은 레지스터에 의해 제어되며 일정 스텝으로 변화한다. 그림 4.40(b)에 묘사된 것과 같이, $I_1$은 레지스터에 저장된 값에 따라 꺼지고 켜지는 장치를 통해 재구성 한다. 예를 들어, 이진법으로 $D_3D_2D_1$ 전류원을 $4I$, $2I$, $I$로 '이진 가중(binary-weighted)' 방법을 통해 조절한다.

레지스터 값은 어떻게 정해지는가? 수신기가 켜지면, ADC는 기저대역의 출력(신호가 없는 경우에)을 디지털화하고 레지스터를 구동한다. 전체적인 부궤환(negative feedback) 루프는 $V_{out}$이 최소화되도록 수렴한다. 결과 값은 다음 레지스터에 저장되고 수신기의 실제 작업을 수행하는 동안 고정된 상태로 유지된다.

그림의 4.40(b)의 배열은 다소 복잡한 것처럼 보이지만 CMOS 기술의 발전으로 DAC와 레지스터가 차지하는 면적은 그림 3에서 보는 커패시터에 비해 상당히 *작다*. 더욱이 ADC는 신호를 수신하는 동안에도 사용된다.

오프셋(offset)의 디지털 저장은 다른 기능도 가진다. 예를 들어, 오프셋 값은 LO 주파수 또는 믹서 전단이나 후단의 이득의 설정에 따라 달라진다. 수신기가 동작할 때는 LO 및 이득의 모든 조합이 반복적으로 나타나게 되므로, 이때 필요한 $I_1$의 값을 작을 메모리에 미리 저장한다. 수신하는 동안에 주어진 LO와 이득의 설정 값에 따라 저장된 $I_1$을 메모리에서 호출하여 레지스터에 저장한다.

디지털 저장의 기본적인 단점은 오프셋을 제거하는데 분해도(resclution)의 한계를 들 수 있다. 예를 들어, 3-비트 DAC가 있는 그림 4.40(b)에서 노드 $X$의 오프셋이 10 mV라면 전체적인 루프가 정착된 후에는 1.2 mV까지 감소시킬 수 있다. 다라서, $A_1A_2$가 40 dB라는 말은

$V_{out}$이 120 mV까지 견딜 수 있다는 뜻이다. 이 문제를 완화하기 위해 높은 분해도가 구현되어야 하거나 최대 오프셋을 제한하는 종속 연결단에 여러 개의 DAC들이 다른 노드(예를 들어, $Y$와 $V_{out}$)에 묶여 있어야 한다.

**예제 4.19** RF Microelecronics

그림 4.40(b) 구조에서 다른 3-비트 DAC를 노드 $Y$에 묶었다. 만약 믹서가 10 mV의 오프셋과 $A_1A_2$ = 40dB를 만들어 낼 때, $V_{out}$에서 얻을 수 있는 최소 오프셋의 크기는 얼마인가? $A_1$과 $A_2$는 오프셋 없다고 가정하라.

**풀이:**

두 번째 DAC는 추가적인 인자 8 만큼 출력 오프셋을 낮추며 10 mV × 100/64 ≈ 16 mV이 최소값을 나타낸다.

**우수 차수 왜곡(Even-Order Distortion)** 2장의 비선형성을 다룰 때 3차 왜곡의 결과로 압축(compression)과 상호변조(intermodulation)가 발생함을 배웠다. 직접 변화 수신기에서는 RF 경로상의 우수 차수 왜곡에 추가적으로 민감하며, 이차 zero IF를 가지는 헤테로다인 구조에서도 마찬가지다.

그림 4.41에 보이는 것과 같이, 주파수가 $\omega_1$과 $\omega_2$인 강한 두 간섭파가 $y(t) = \alpha_1 x(t) + \alpha_2 x^2(t)$의 비선형 특성을 갖는 LNA를 통과하는 것을 가정하자. 이 두 간섭에 의해 2차항 발생하고 이는 $\omega_2 - \omega_1$의 낮은 주파수 비트(beat)를 생성한다. 이 요소가 어떤 영향을 줄까? 이상적인 믹서에 $\cos \omega_{LO} t$를 곱하게 되면, 이러한 요소는 높은 주파수로 변환되며 따라서 중요하지 않게 된다. 하지만, 실제에서는 LO파형이나 믹서의 비대칭 때문에 믹서에 인가되는 RF 입력의 일부가 주파수 변환이 일어나지 않고 출력에 나타나게 된다. 그 결과 낮은 주파수비

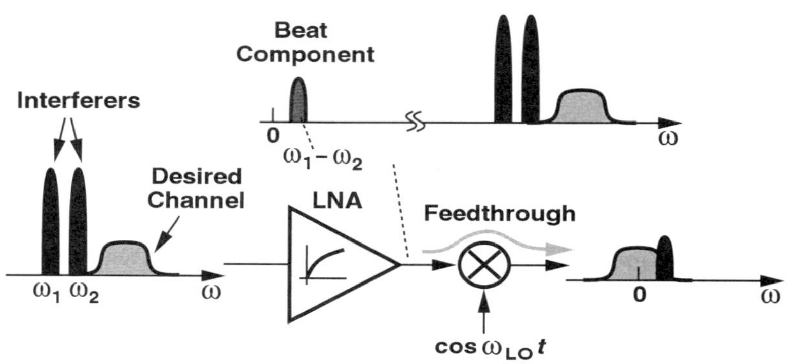


**그림 4.41** *직접 변환에서 우수 차수 왜곡의 영향*

트의 일부는 기저대역에 흘러들어가고 이는 하향 변환된 신호에 악영향을 주게 된다. 물론 LNA에서 생성된 비트는 ac 커플링에 의해 제거될 수 있기 때문에 믹서의 입력단 트랜지스터가 우수 차수 왜곡을 만드는 주요 요인이 된다.

비대칭성의 정도가 믹서에서 직접 '관통(feedthrough)'을 발생시키는지를 이해하기 위해, 먼저 그림 4.42(a)의 회로를 살펴보자. 2장에서 설명되어 있듯이, 출력은 $V_{in}$과 이상적인 LO의 곱으로 나타낼 수 있다. 예를 들어 듀티 사이클 50%로 0과 1이 바뀌는 사각파 $S(t)$를 고려하면 아래와 같은 식을 가진다.

$$V_{out}(t) = V_{in}(t) \cdot S(t) \tag{4.25}$$

$$= V_{in}(t)\left[S(t) - \frac{1}{2}\right] + V_{in}(t) \cdot \frac{1}{2}. \tag{4.26}$$

$S(t) - 1/2$는 홀수 하모닉으로만 구성된 'dc 성분이 없는(dc-free)' 사각파를 나타낸다. 따라서 $V_{in}(t) \cdot [S(t) - 1/2]$는 $V_{in}$과 LO의 홀수 하모닉의 곱을 포함하고 있다. 식 (4.26)의 두 번째 항인 $V_{in}(t) \times 1/2$는 출력단으로 RF 관통(주파수의 변환 없이)을 의미한다.

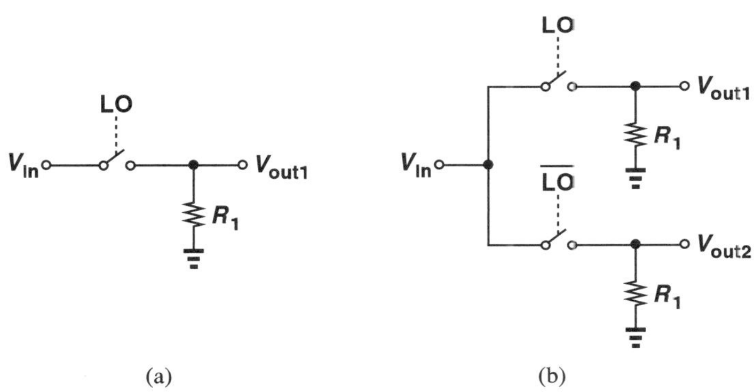


**그림 4.42** *(a) 단순한 믹서, (b) 차동출력을 갖는 믹서*

다음, 그림 4.42(b)에 나온 구조를 살펴보자. 여기서 $\overline{LO}$(LO의 보수)에 의한 두 번째 가지는 두 번째 출력을 만들어낸다. $\overline{LO}$는 $1 - S(t)$로 표현되고, 다음과 같이 나타낼 수 있다.

$$V_{out1}(t) = V_{in}(t)S(t) \tag{4.27}$$

$$V_{out2}(t) = V_{in}(t)[1 - S(t)]. \tag{4.28}$$

$V_{out1}$과 마찬가지로, $1 - S(t)$는 dc의 1/2을 나타내기 때문에, 두 번째 출력인 $V_{out2}$는 $V_{in} \times 1/2$ 값인 RF 관통을 포함한다. 출력이 차동으로 동작한다면 두 신호들이 더해지는 과정에서 $V_{out1}$과 $V_{out2}$에서 RF 피드스루는 서로 상쇄된다. 불균형이 민감한 부분이 바로 이 상쇄부분이다. 예를 들어, 스위치가 온-저항 사이의 부정합이 발생하면 차동출력에서 이에 상응하는

RF관통이 발생한다.

우수 차수 왜곡의 문제는 정량적인 측정을 해야 할 정도로 중요하다. $IP_3$와 비슷한 방법으로 투톤 테스트를 통해 측정되는 이 점은 '$IP_2$(2차 교차점)'이라고 불린다. 이때 관심을 갖는 출력은 상호변조 곱의 산물이기 보다는 비트 구성요소이다. 만약 $V_{in}(t) = A\cos\omega_1 t + A\cos\omega_2 t$이면, LNA의 출력은 아래와 같이 나타낸다.

$$V_{out}(t) = \alpha_1 V_{in}(t) + \alpha_2 V_{in}^2(t) \tag{4.29}$$

$$= \alpha_1 A(\cos\omega_1 t + \cos\omega_2 t) + \alpha_2 A^2 \cos(\omega_1 + \omega_2)t + \alpha_2 A^2 \cos(\omega_1 - \omega_2)t + \cdots, \tag{4.30}$$

비트 진폭이 입력톤 진폭의 제곱으로 성장한다는 사실을 기억하라. 그림 4.43을 살펴보면, 비트 진폭은 로그 스케일에서 2의 기울기를 가진다. 비트의 총 관통은 믹서와 LO의 비대칭에 의존하기 때문에, 기저대역에서 측정된 비트 진폭은 회로크기나 레이아웃에 따라 달라져서 수식화 하기는 어렵다.

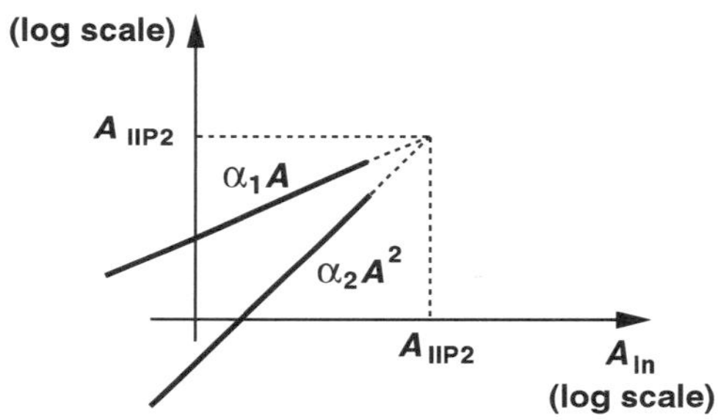


**그림 4.43** *$IP_2$의 도시*

## 예제 4.20

RF Microelecronics

믹서를 통해 지나갈 때 비트가 경험하는 감쇠 계수가 $k$라고 가정하자. 반면, 각 톤들이 기저대역으로 하향 변환할 때의 이득은 1이다. $IP_2$를 계산하라.

**풀이:**

식 (4.30)으로부터, 진폭 $A$에 대해 출력 비트 진폭은 $k\alpha_2 A^2$이고 각 톤의 진폭 $\alpha_1 A$이 같다라는 관계로부터 아래의 식이 주어진다.

$$k\alpha_2 A_{IIP2}^2 = \alpha_1 A_{IIP2} \tag{4.31}$$

따라서

$$A_{IIP2} = \frac{1}{k} \cdot \frac{\alpha_1}{\alpha_2}. \tag{4.32}$$

우수 차수 왜곡은 간섭원이 없는 상황에서 더 명백해진다. 주파수 및 위상 변조뿐만 아니라, 수신 된 신호는 *진폭 변조*를 보여준다고 가정하자. 예를 들어, 3장에서 설명했던 QAM, OFDM, 또는 간단한 QPSK는 가변 포락선 파형을 만들어 낸다. 신호를 $x_{in}(t) = [A_0 + a(t)]\cos[\omega_c t + \phi(t)]$로 표현하고, 여기서 $a(t)$는 포락선을 나타내고 보통 매우 천천히 변화하는 저역 통과 신호이다. 이 신호가 2차 왜곡을 경험하면 신호는 아래와 같이 나타낸다.

$$\alpha_2 x_{in}^2(t) = \alpha_2 \left[A_0^2 + 2A_0 a(t) + a^2(t)\right] \frac{1 + \cos[2\omega_c t + 2\phi(t)]}{2}. \tag{4.33}$$

$\alpha_2 A_0 a(t)$와 $\alpha_2 a^2(t)/2$의 두 항은 저역 통과 신호들이고, 그림 4.41에 보이는 비트 구성요소와 같이, 약간의 손실을 가지고 믹서를 통과하고, 이는 하향 변환된 신호에 나쁜 영향을 미친다. 진폭정보가 $\alpha_2 A_0 a(t)$처럼 나타나기 때문에, 우수 차수 왜곡은 AM을 복조한다고 말한다. 이 효과는 자기 자신의 포락선이나 큰 간섭원의 포락선에 의해 원하는 신호가 손상될 수 있음을 나타낸다. 아래의 두 경우를 살펴보자.

**예제 4.21** RF Microelecronics

$IP_2$항으로 표현한 식 (4.33)에 의한 자기 오염(self-corruption)의 양을 계산하라.

**풀이:**

예제 4.20처럼, 저역 통과 성분들($\alpha_2 a^2(t)/2 + \alpha_2 A_0 a(t)$)이 계수 $k$ 만큼의 감소를 경험하고 원하는 신호($\alpha_1 A_0$)의 이득은 1로 가정하자. 또한, 보통 $a(t)$는 $A_0$보다 몇 배 정도 작다. 따라서 기저대역의 오염은 대략 $k\alpha_2 A_0 a(t)$로 표현 가능하다. 따라서 자기 오염으로부터 증가하는 SNR은 아래와 같이 주어진다.

$$\mathrm{SNR} = \frac{\alpha_1 A_0/\sqrt{2}}{k\alpha_2 A_0 a_{rms}} \tag{4.34}$$

$$= \frac{A_{IIP2}}{\sqrt{2}a_{rms}}, \tag{4.35}$$

여기서 $A_0/\sqrt{2}$는 신호의 진폭에 rms값을 나타내고 $a_{rms}$는 $a(t)$의 rms 값을 나타낸다.

위의 현상은 얼마나 심각한 것일까? 식 (4.35)로부터 포락선 변화가 입력 $IP_2$와 비교 가능한 정도가 되면 SNR은 심각해짐을 알 수 있다. 현실에서 이러한 상황은 거의 발생하지 않는다. 예를 들어, 만약 $a_{rms} = -20$ dBm이면, $A_0$는 아마 $-10 \sim -15$ dBm 정도일 것이다. 이는 수신단 체인을 포화시킬 수 있는 충분히 큰 값이다. 이런 높은 입력 레벨에 대하여는 LNA와 믹서의 이득은 아마 포화를 피하기 위해 더 낮은 값으로 스위칭하여, 자연스럽게 자동으로 위의 자기 오염 효과를 최소화시켜 준다.

그럼에도 불구하고 앞의 결과는 또 다른 훨씬 더 어려운 상황을 지적하고 있다. 만약 원하는 채널이 큰 진폭 변조를 갖는 간섭원과 함께 동반되는 경우 우수 차수 왜곡은 간섭원의 AM 성분을 복조하고, 믹서에서 관통하여 기저대역에 영향을 줄 수 있다. 이 경우 식(4.34)는 여전히 유용하며 분자는 원하는 신호 $\alpha_1 A_{sig}/\sqrt{2}$이고, 분모의 간섭원은 $k\alpha 2A_{int}a_{rms}$으로 아래의 결과를 나타낸다.

$$\text{SNR} = \frac{\alpha_1 A_{sig}/\sqrt{2}}{k\alpha_2 A_{int}a_{rms}} \tag{4.36}$$

$$= \frac{A_{IIP2}A_{sig}/\sqrt{2}}{A_{int}a_{rms}}. \tag{4.37}$$

**예제 4.22** RF Microelecronics

$-100$ dBm의 원하는 신호가 $[A_{int} + a(t)]\cos[\omega_c t + \phi(t)]$인 간섭원과 함께 수신되었다. 여기서 $A_{int} = 5$ mV이고 $a_{rms} = 1$ mV이다. SNR $\geq 20$ dB를 보장하기 위한 $\text{IP}_2$의 값은 얼마인가?

**풀이:**

$-100$ dBm은 피크 진폭이 $A_{sig} = 3.16\,\mu$V이므로

$$A_{IIP2} = \text{SNR}\frac{A_{int}a_{rms}}{A_{sig}/\sqrt{2}} \tag{4.38}$$

$$= 22.4\text{ V} \tag{4.39}$$

$$= +37\text{ dBm}. \tag{4.40}$$

간섭원 레벨($A_{int} = -36$ dBm)은 일반적인 수신기의 압축점보다 낮다. 하지만 만약 $\text{IP}_2$가 37 dBm 보다 높지 않다면 신호를 손상시킨다.

여기서 직접 변환 수신기는 높은 $\text{IP}_2$의 값이 필요하다는 것을 배웠다. 6장에서 높은 $\text{IP}_2$의 값을 얻기 위한 방법들을 다룰 것이다.

**플리커 잡음(Flicker Noise)** 일반적으로 선형성 조건은 LNA/믹서의 이득을 30 dB 정도로 제한하기 때문에 직접 변환 수신기에서 하향 변환된 신호가 상대적으로 여전히 작고 이로 인해 기저대역회로에서 잡음에 영향을 더 받을 수 있다. 더욱이 신호가 0 주파수 주변에 중심 주파수가 있기 때문에 이것은 플리커 잡음(flicker noise)에 의해 사실상 손상된다. 6장에서 설명 했듯이, 믹서는 플리커 잡음을 출력단에 생성한다.

플리커 잡음의 영향을 정량화하기 위해, 그림 4.44에 표시된 하향 변환 스펙트럼을 가정

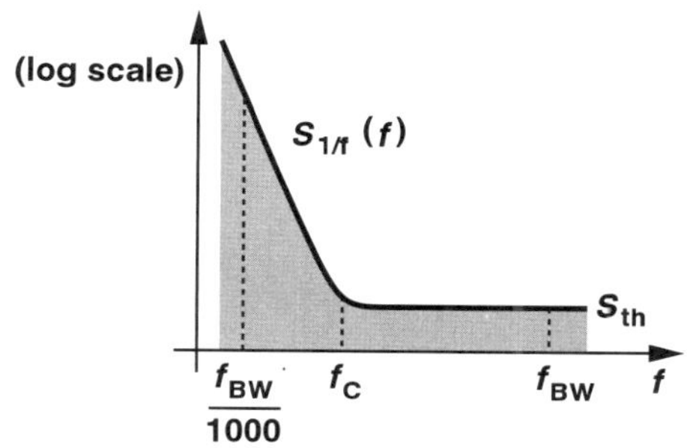


**그림 4.44** *플리커 잡음 계산을 위한 스펙트럼*

하자. 여기서 $f_{BW}$는 RF 채널 대역폭의 절반이다. 플리커 잡음을 $S_{1/f}$로 표현하고 기저대역에서의 *끝단*에서의 열잡음은 $S_{th}$라고 표현한다. 그리고 두 개의 성분이 만나는 주파수를 $f_c$라고 한다. 이제 플리커 잡음 때문에 생기는 불이익 즉 $S_{1/f}$에 의해 추가되는 잡음 세기를 구해보자. 끝단에서, 만약 $S_{1/f} = \alpha/f$이면 $f_c$에서는

$$\frac{\alpha}{f_c} = S_{th}. \tag{4.41}$$

이다. 즉, $\alpha = f_c S_{th}$이다. 또한 대략 $f_{BW}/1000$ 아래의 잡음 성분들은 중요하지 않다고 가정한다. 왜냐하면 너무 느려서 기저대역 심볼에 무시할만한 영향을 주기 때문이다.[16] $f_{BW}/1000$에서 $f_{BW}$까지 총 잡음 세기는 아래와 같다.

$$P_{n1} = \int_{f_{BW}/1000}^{f_c} \frac{\alpha}{f} df + (f_{BW} - f_c)S_{th} \tag{4.42}$$

$$= \alpha \ln \frac{1000 f_c}{f_{BW}} + (f_{BW} - f_c)S_{th} \tag{4.43}$$

$$= \left(6.9 + \ln \frac{f_c}{f_{BW}}\right) f_c S_{th} + (f_{BW} - f_c)S_{th} \tag{4.44}$$

$$= \left(5.9 + \ln \frac{f_c}{f_{BW}}\right) f_c S_{th} + f_{BW} S_{th}. \tag{4.45}$$

플리커 잡음이 없을 경우에는 $f_{BW}/1000$에서 $f_{BW}$ 총 잡음세기가 아래와 같다.

$$P_{n2} \approx f_{BW} S_{th}. \tag{4.46}$$

$P_{n1}$과 $P_{n2}$의 비는 플리커 잡음에 의한 페널티(penalty, 불이익)를 나타낸다.

---

16. 극한의 예로, 하루주기를 갖는 잡음 성분은 너무 느려서 20분 동안의 통화에 아무런 영향을 주지 않는다.

$$\frac{P_{n1}}{P_{n2}} = 1 + \left(5.9 + \ln\frac{f_c}{f_{BW}}\right)\frac{f_c}{f_{BW}}. \tag{4.47}$$

### 예제 4.23

RF Microelecronics

802.11g 수신기의 기저대역에서 플리커 잡음의 코너 주파수는 200 kHz이다. 플리커 잡음 페널티를 결정하여라.

**풀이:**

$f_{BW}$ = 100 MHz, $f_c$ = 200 kHz이므로

$$\frac{P_{n1}}{P_{n2}} = 1.04. \tag{4.48}$$

어떻게 위의 결과가 LNA/믹서 종속단의 이득에 영향을 주는가? 설계를 잘하면 기저대역 체인 끝단에서 열잡음은 대부분 안테나, LNA 그리고 믹서의 잡음으로부터 기인된다. 따라서, 더 높은 전치단 이득은 직접적으로 그림 4.44와 같이 $S_{th}$를 증가시켜 $f_c$를 낮추게 되므로 플리커 잡음에 의한 불이익을 감소한다.

### 예제 4.24

RF Microelecronics

GSM 수신기에서 기저대역에서 플리커 잡음의 코너 주파수가 200 kHz이다. 플리커 잡음 페널티를 결정하여라.

**풀이:**

그림 4.45는 기저대역 스펙트럼으로 잡음은 100 kHz까지 적분을 해야 함을 보여준다.

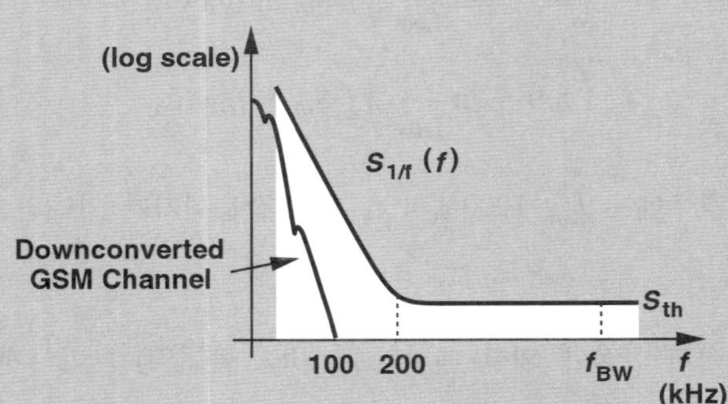


**그림 4.45** *GSM 채널에서의 플리커 잡음의 영향*

**예제 4.24** (*계속*) RF Microelecronics

낮은 쪽의 끝이 비트 속도의 1/1000 정도라고 가정하면, 총 잡음을 아래와 같이 나타낼 수 있다.

$$P_{n1} = \int_{27\text{ Hz}}^{100\text{ kHz}} \frac{\alpha}{f} df \tag{4.49}$$

$$= f_c \cdot S_{th} \ln \frac{100\text{ kHz}}{27\text{ Hz}} \tag{4.50}$$

$$= 8.2 f_c S_{th}. \tag{4.51}$$

플리커 잡음이 없을 때,

$$P_{n2} \approx (100\text{ kHz}) S_{th}. \tag{4.52}$$

즉, 불이익은 아래와 같이 되게 된다.

$$\frac{P_{n1}}{P_{n2}} = \frac{8.2 f_c}{100\text{ kHz}} \tag{4.53}$$

$$= 16.4. \tag{4.54}$$

예상대로, 예제 4.23의 802.11g 수신기의 경우보다 더 심각한 불이익을 가지는 것을 볼 수 있다.

위 예제를 바탕으로 플리커 잡음의 문제로 인해 좁은 채널 대역폭을 가지는 표준들은 직접 변환 구조를 적용하는 것이 어려움을 알 수 있다. 이런 경우에 '낮은 IF(low-IF)'구조가 좀 더 실용 가능한 선택임을 보여준다(4.2.5절).

**I/Q 부정합(I/Q Mismatch)** 4.2.2절에서 설명했듯이, 비대칭으로 변조된 신호를 zero-IF로 하향 변환하기 위해서는 직교위상으로의 분리가 필요하다. 이는 RF 신호 또는 LO의 파형을 90°만큼 이동시킴으로써 얻을 수 있다(그림 4.46). RF 신호를 보통 옮기는 것은 심각한 잡음-전력-이득의 상호절충 문제를 수반하기 때문에 그림 4.46(b)의 접근을 더 선호한다. 그림 4.47에 나와 있는 것처럼, 90° 위상 천이 회로의 에러와 직교 믹서간의 부정합은 기저대역에서 I 및 Q 출력의 진폭과 위상의 불평형(imbalance)을 발생시킨다. 기저대역단에서는 이는 상당한 이득 및 위상 불평형에 기여한다.[17]

직교 부정합(quadrature mismatch)은 헤테로다인 구조보다는 직접 변환 수신기에서 더 큰 문제가 된다. 이러한 결과가 나타나는 이유는 두 가지이다; (1) 직교 믹서들을 통과하는 보다

17. 진폭 부정합(amplitude mismatch) 용어는 이득 부정합(gain mismatch)이라고도 한다.

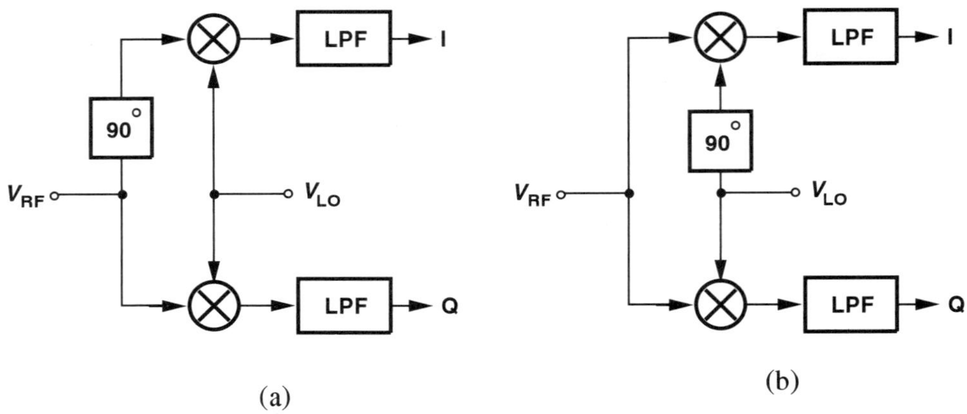


**그림 4.46** *(a) RF 신호에서의 90° 위상 천이, (b) LO 파형에서의 90° 위상 천이*

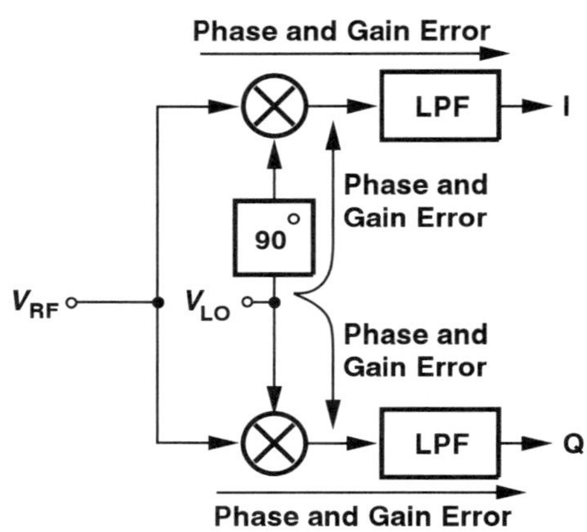


**그림 4.47** *I와 Q의 부정합의 원인*

높은 주파수의 진행이 더 큰 부정합을 경험한다.; 예를 들어, 두 믹서 사이에서의 10 ps 만큼의 지연 부정합은 5 GHz에서는 18° 부정합으로 변환되고[그림 4.48(a)] 1 GHz에서는 3.6° 부정합으로 변환된다[그림 4.48(b)]. (2) LO의 직교 위상은 높은 주파수에서 더 큰 부정합을 겪는다; 예를 들어, 더 큰 속도를 얻기 위해서는 디바이스의 면적을 줄여야 하기 때문에, 트렌지스터 사이의 부정합이 증가한다.

I/Q의 부정합의 영향을 살펴보기 위해 QPSK 신호 $x_{in}(t) = a\cos\omega_c t + b\sin\omega_c t$를 생각해 보자. 여기서 $a$와 $b$ 둘 다 1 또는 −1이다. 그림 4.47에 보이는 모든 이득과 위상 부정합을 LO 경로상에 적용해 보자(그림 4.49).

$$x_{LO,I}(t) = 2\left(1+\frac{\epsilon}{2}\right)\cos\left(\omega_c t + \frac{\theta}{2}\right) \tag{4.55}$$

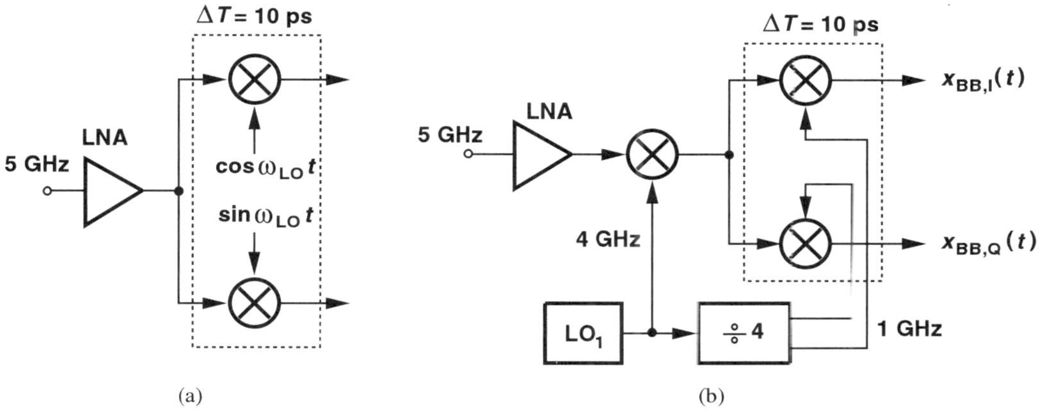


**그림 4.48** *(a) 직접 변환 수신기와 (b) 헤테로다인 수신기에서의 10 ps의 전파 부정합의 영향*

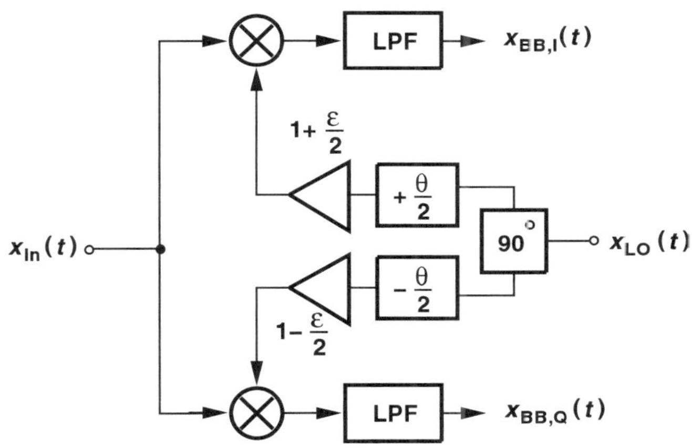


**그림 4.49** *LO 경로상에서의 부정합*

$$x_{LO,Q}(t) = 2\left(1 - \frac{\epsilon}{2}\right)\sin\left(\omega_c t - \frac{\theta}{2}\right), \tag{4.56}$$

여기서 상수 2는 결과를 단순화하기 위해 추가하였다. 그리고 $\varepsilon$과 $\theta$는 진폭과 위상 부정합을 각각 나타낸다. $x_{in}(t)$에 직교 LO 파형을 곱하고 그 결과를 저역통과하면 아래의 기저대역의 신호를 얻을 수 있다.

$$x_{BB,I}(t) = a\left(1 + \frac{\epsilon}{2}\right)\cos\frac{\theta}{2} - b\left(1 + \frac{\epsilon}{2}\right)\sin\frac{\theta}{2} \tag{4.57}$$

$$x_{BB,Q}(t) = -a\left(1 - \frac{\epsilon}{2}\right)\sin\frac{\theta}{2} + b\left(1 - \frac{\epsilon}{2}\right)\cos\frac{\theta}{2}. \tag{4.58}$$

두 가지 특별한 경우에 대한 결과를 살펴보자: $\varepsilon \neq 0, \theta = 0$ 그리고 $\varepsilon = 0, \theta \neq 0$. 전자의

경우인 $x_{BB,I}(t) = a(1 + \varepsilon/2)$와 $x_{BB,Q}(t) = b(1 - \varepsilon/2)$의 직교 기저대역 심볼들의 진폭이 서로 다르게 되어있는 것을 말한다[그림 4.50(a)]. 더 중요한 것은 성상도(constellation)에서 보여 주고 있다[그림 4.50(b)].

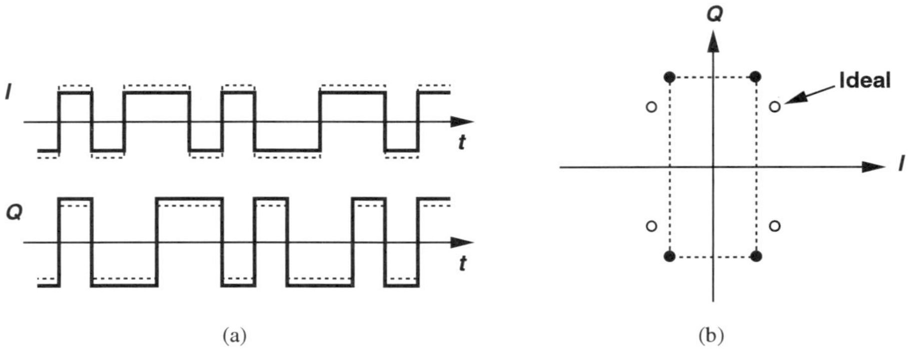


그림 4.50 *QPSK 신호의 이득 부정합 영향 (a) 시간영역, (b) 성상도*

$\varepsilon = 0$, $\theta \neq 0$일 때 $x_{BB,I}(t) = a\cos(\theta/2) + b\sin(\theta/2)$와 $x_{BB,Q}(t) = -a\sin(\theta/2) + b\cos(\theta/2)$를 얻을 수 있다. 즉, 각 기저대역의 출력이 다른 출력의 심볼 데이터 일부분에 의해서 손상된다[그림 4.51(a)]. 또한 성상이 한 방향 대각선을 따라 줄어들고 다른 하나는 늘어났다[그림 4.51(b)].

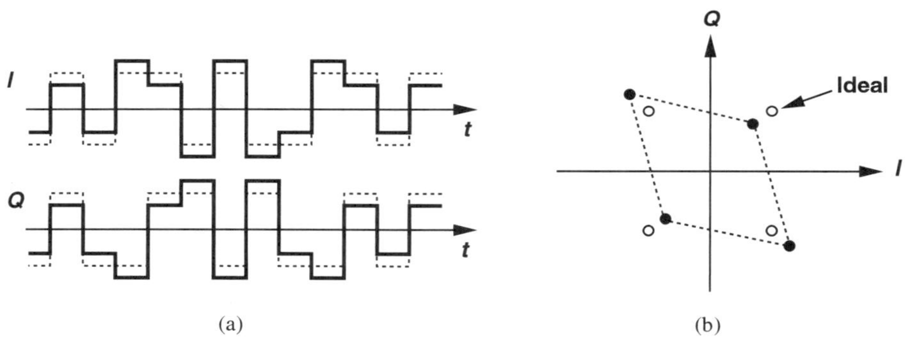


그림 4.51 *QPSK 신호의 위상 부정합 영향 (a) 시간영역, (b) 성상도*

**예제 4.25** RF Microelecronics

FSK 신호가 직접 변환 수신기에 입력되었다. 기저대역 파형을 그리고 I/Q 부정합 영향을 구하라.

**풀이:**

FSK 신호를 $x_{FSK}(t) = A_0\cos[(\omega_c + a\omega_1)t]$로 나타낸다, 여기서 $a = \pm1$은 2진법 정보를 나타

**예제 4.25** (*계속*) RF Microelecronics

낸다; 예를 들어, 캐리어의 주파수가 $+\omega_1$ 또는 $-\omega_1$로 스윙한다. LO의 직교 위상을 곱하여서 아래와 같은 기저대역 신호가 생성된다.

$$x_{BB,I}(t) = -A_1 \cos a\omega_1 t \tag{4.59}$$

$$x_{BB,Q}(t) = +A_1 \sin a\omega_1 t. \tag{4.60}$$

그림 4.52(a)는 그 결과를 나타내고 있다: 만약 캐리어 주파수가 $\omega_c + \omega_1$ (즉, $a = +1$)이라면 $x_{BB,I}(t)$의 상승 엣지들은 $x_{BB,Q}(t)$의 양의 최대값이 동시에 일치한다. 반대로, 만약 캐리어가 주파수가 $\omega_c - \omega_1$이라면, $x_{BB,I}(t)$의 상승 엣지들은 $x_{BB,Q}(t)$의 음의 최대값이 동시에 일치한다. 따라서 $x_{BB,I}(t)$가 단순하게 $x_{BB,Q}(t)$로 샘플링 된다면 (예로, D-플립플롭으로) 2진 정보가 검출된다.

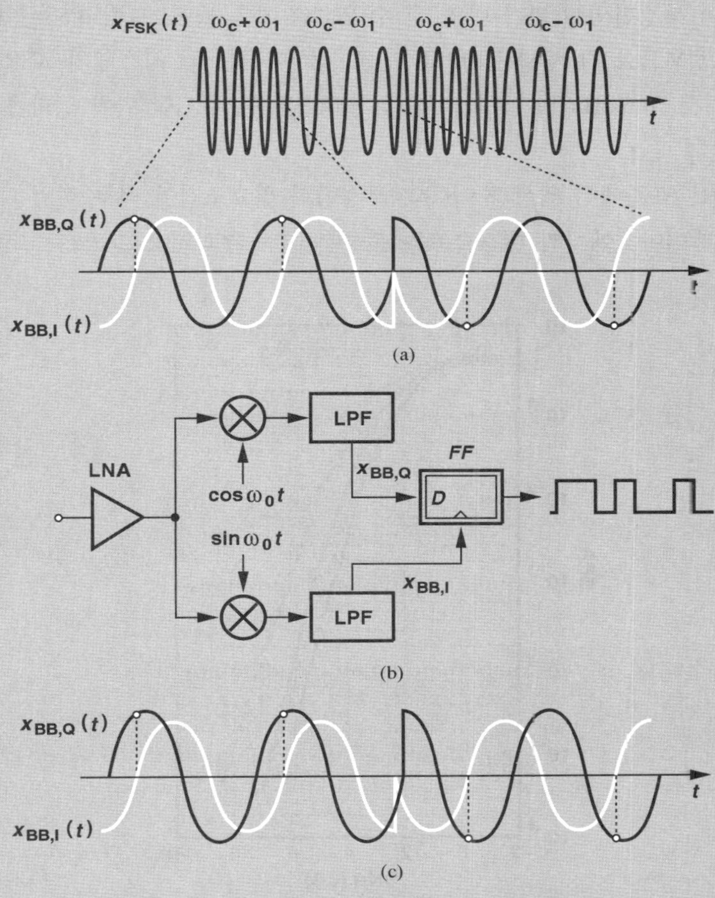


**그림 4.52** *(a) FSK 신호의 기저대역 파형, (b) D플립플롭에 의한 FSK 검출, (c) 위상과 이득 부정합 영향* (*계속*)

**예제 4.25** (*계속*) RF Microelecronics

그림 4.52(a)의 파형과 그림 4.52(b)의 검출 방법으로 큰 I/Q 부정합을 견뎌 낼 수 있는 FSK를 제안한다[그림 4.52(c)]. 진폭의 부정합은 매우 작은 출력에서도 나빠진 SNR을 어느 정도 견디는 한 버티고, 위상의 부정합은 $x_{BB,I}(t)$가 $x_{BB,Q}(t)$의 정확한 *극성*으로 샘플되는 한 허용된다. 물론 위상 부정합이 90°에 도달할 때, 수신단에 추가적인 잡음이 에러를 만들어 낸다.

RF 수신기의 설계에서, 최대 I/Q 부정합의 허용량은 적절한 구조와 블록을 만들기 위해서 반드시 알아야 한다. QAM을 이용한 OFDM과 같은 복소 신호 파형에 대해서, 이 최대값은 시뮬레이션에 의해서 얻어질 수 있다: 비트에러율은 위상과 이득의 여러 다른 조합들에 대하여 그린다. 그리고 성능에 영향을 주는 것을 무시할 정도의 최대 부정합값을 구한다. (EVM도 역시 이 부정합의 효과가 반영 될 수 있다.) 예를 들어, 그림 4.53은 128개의 보조채널을 가지는 OFDM으로 각 채널은 QPSK 변조 방식이 적용된 시스템의 BER 곡선을 나타내고 있다[1]. 여기서 −0.6 dB/6° 이하의 이득/위상 부정합는 무시할 만한 영향을 끼친다는 것을 알 수 있다.

802.11a/g같은 표준에서 위상과 이득의 부정합의 필요조건이 너무 작기 때문에 단순하고 간단한 회로나 레이아웃에서의 매칭으로는 불충분하다. 결과적으로 많은 고성능의 시스템에

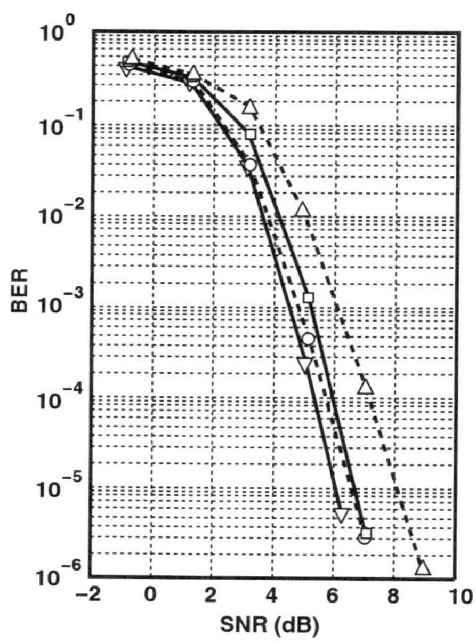


**그림 4.53** *QPSK변조된 OFDM 신호의 I/Q 부정합 영향 (▽: 부정합이 없는 경우. ○: θ = 6°, ε = 0.6 dB; □: θ = 10°, ε = 0.8 dB; Δ: θ = 16°, ε = 1.4 dB)*

서, 직교 위상과 이들은 반드시 (전원이 켜질 때나 혹은 연속적으로) 보정(calibration)되어야 한다.

그림 4.54(a)에서와 같이 전력이 켜질 때 보정은 RF 톤을 직교믹서의 입력에 가하여 아날로그나 디지털영역의 기저대역 정현파를 관찰함으로써 행해진다[2]. 이런 정현파들이 임의의 저주파수들을 만들어 낼 수 있기 때문에 그들의 위상과 진폭의 부정합은 정확하게 측정할 수 있다. 이러한 부정합을 미리 알아서 수신 신호의 성상은 검출되기 전에 미리 보정 될수 있다. 그림 4.54(b)에서와 같이 가변 위상단, $\phi$과 가변 이득단을 각각 LO와 기저대역 경로에 삽입 하고 부정합이 충분히 작아질 때까지는 조정될 수 있다. 이런 조정된 제어값은 수신기가 실제 동작하는 동안에 디지털 방식으로 저장되어야만 한다.

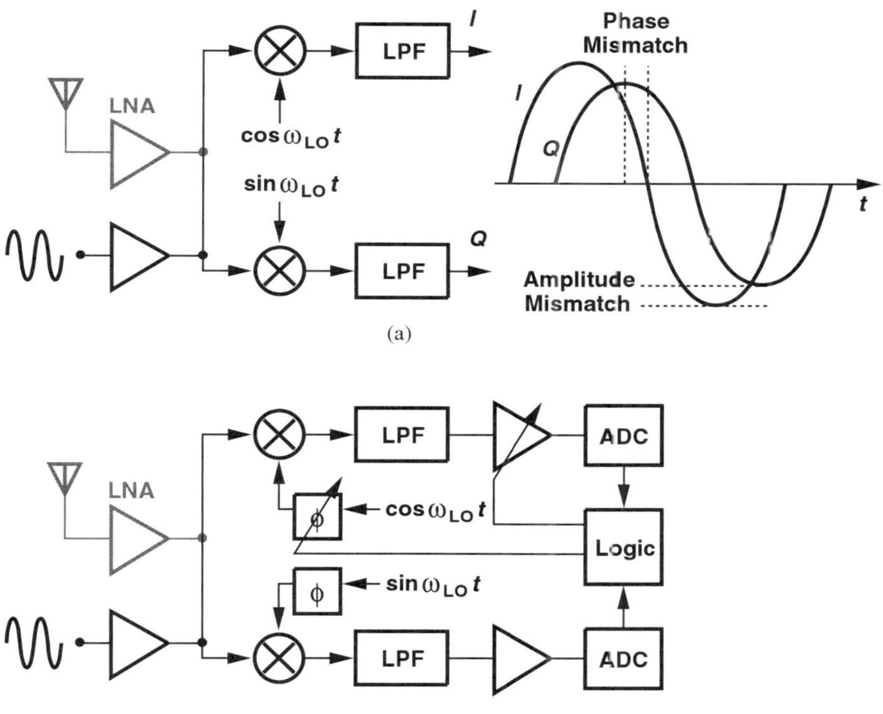


**그림 4.54** *직접 변환 수신기의 I/Q 부정합의 (a)계산과 (b)보정*

**믹싱 불요파(Mixing Spurs)** 헤테로다인 시스템과는 다르게 직접-변환 수신기는 믹싱 불요파(mixing spurs)에 의한 손실이 거의 발생하지 않는다. 입력 주파수 $f_1$이 $nf_{LO}$에 믹싱을 거친 후 기저대역으로 떨어지기 위해서는 항상 $f_1 \approx f_{LO}$을 만족해야 하기 때문이다. $f_{LO}$가 원하는 채널 주파수와 같기 때문에 $f_1$이 관심 있는 대역으로부터 멀리 떨어져 있고, 안테나, 대역선택통과필터 그리고 LNA의 선택도(selectivity)에 의해 크게 억제된다.

만약 수신기가 넓은 주파수 대역(2 옥타브 이상)으로 설계되어 있다면, LO고조파의 문제는 문제가 된다. 예로 TV 튜너, 'SDR(software-defined radios)' 그리고 'CR(cognitive radios)' 등을 들 수 있다.

### 4.2.4 이미지-제거 수신기 Image-Reject Receivers

헤테로다인과 직접 변환 수신기의 장점과 단점을 알아보았다. 예를 들어, 헤테로다인은 이미지 문제, 믹싱 불요파를 반드시 다뤄야하고 직접-변환 수신기는 우수 차수 왜곡과 플리커 잡음에 대해 다뤄야 한다. '이미지-제거' 구조들은 필터링 없이 이미지를 억제하는 수신기의 또 다른 구조이다. 그렇기 때문에 이미지-제거와 채널 선택사이의 상호절충 문제를 피할 수 있다.

**90° 위상 천이** 이러한 구조를 살펴보기 전에, '90° 천이(shift-by-90°)' 동작을 정의하자. 첫째로, $A\cos\omega_c t = (A/2)[\exp(+j\omega_c t) + \exp(-j\omega_c t)]$ 신호를 살펴보자. 두 지수항은 각각 $+\omega_c$와 $-\omega_c$ 주파수 영역에서의 임펄스에 해당한다. 이제 파형을 90° 천이해 보자.

$$A\cos(\omega_c t - 90^\circ) = A\frac{e^{+j(\omega_c t - 90^\circ)} + e^{-j(\omega_c t - 90^\circ)}}{2} \tag{4.61}$$

$$= -\frac{A}{2}je^{+j\omega_c t} + \frac{A}{2}je^{-j\omega_c t} \tag{4.62}$$

$$= A\sin\omega_c t. \tag{4.63}$$

이는 동등하게도, $+\omega_c$의 임펄스에 $-j$를 곱하고 $-\omega_c$의 임펄스에 $+j$를 곱한 것과 같다. 이는 그림 4.55(d)의 3차원 그림에서 $+\omega_c$ 임펄스는 시계방향으로 회전하고 $-\omega_c$ 임펄스는 반시계방향으로 회전하며 변환되는 것을 보여준다.

비슷하게, 협대역 변조 신호 $x(t) = A(t)\cos[\omega_c t + \phi(t)]$에 대해서도 90° 천이를 하면 다음과 같다.

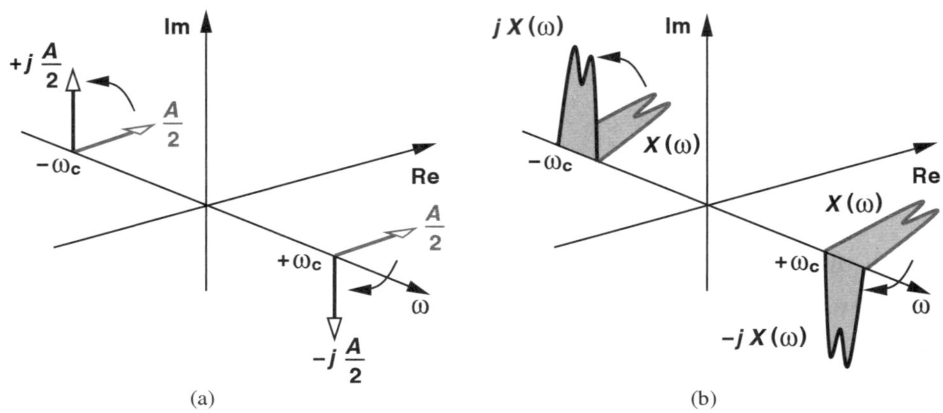


**그림 4.55** *(a) 코사인의 90° 위상 천이, (b) 변조된 신호의 90° 위상 천이*

$$A(t)\cos[\omega_c t + \phi(t) - 90^\circ] = A(t)\frac{e^{+j[\omega_c t + \phi(t) - 90^\circ]} + e^{-j[\omega_c t + \phi(t) - 90^\circ]}}{2} \quad (4.64)$$

$$= A(t)\frac{-je^{+j[\omega_c t + \phi(t)]} + je^{-j[\omega_c t + \phi(t)]}}{2} \quad (4.65)$$

$$= A(t)\sin[\omega_c t + \phi(t)]. \quad (4.66)$$

그림 4.55(b)에 나와 있는 것처럼, 양의 주파수성분들은 $-j$에 의해 곱해지고 음의 주파수성분들은 $+j$에 의해서 곱해진다($\omega_c$가 양수라면). 다른 방식으로, 주파수 영역에서 아래와 같이 나타 낼 수 있다.

$$X_{90^\circ}(\omega) = X(\omega)[-j\text{sgn}(\omega)], \quad (4.67)$$

여기서, sgn($\omega$)는 시그넘(부호) 함수를 나타낸다. 90° 천이는 '힐버트 변환(Hilbert transform)'이라고도 불린다. 독자들은 힐버트 변환한 것을 다시 힐버트 변환하면 (90° 천이의 종속연결) 원래의 신호에 부호를 반대로 하는 것임을 알 수 있다.

### 예제 4.26

RF Microelecronics

위상 다이어그램에서, 간단히 $-j$의 페이저를 곱함으로써 시계방향으로 90° 회전시킬 수 있다. 이는 힐버트 변환과 상반되는가?

**풀이:**

아니다. 그렇지 않다. 단지 양의 주파수에 대해서는 페이저는 $A\exp(j\omega_c t)$로 표현한다. 즉, $A\exp(j\omega_c t)$에 $-j$를 곱한다면 $A\exp(-j\omega_c t)$에는 $+j$를 곱할 것이라는 것을 알 수 있다.

힐버트 변환은 식 (4.67)과 같이 표현하며 이는 음의 주파수와 양의 주파수를 *구별*할 수 있다. 이 구별이 이미지 제거의 열쇠이다.

### 예제 4.27

RF Microelecronics

$A\cos\omega_c t + jA\sin\omega_c t$의 스펙트럼을 그려라.

**풀이:**

$A\sin\omega_c t$의 스펙트럼에 $j$를 곱하면 두 임펄스가 90° 시계반대 방향으로 회전한다(그림 4.56). 여기에 $A\cos\omega_c t$의 스펙트럼을 더함으로써 아래의 한쪽(one-side)의 스펙트럼을 얻을 수 있다. 물론 이는 $A\cos\omega_c t + jA\sin\omega_c t = A\exp(-j\omega_c t)$이기 때문에 예상된 결과로 이에 대한 푸리에 변환을 하면 $\omega = +\omega_c$에 위치한 하나의 임펄스로 나타난다.

(*계속*)

## 예제 4.27 (계속)

RF Microelecronics

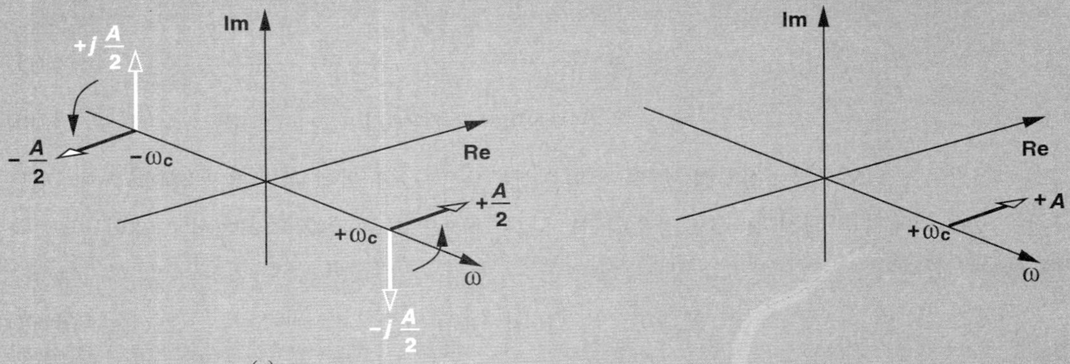


**그림 4.56** *(a) 90° 위상 천이된 사인파, (b)* $A\cos\omega_c t + j\sin\omega_c t$*의 스펙트럼*

## 예제 4.28

RF Microelecronics

실수 스펙트럼을 가지는 협대역 신호 $I(t)$를 90° 회전시켜 $Q(t)$를 만들어 낸다. $I(t) + Q(t)$의 스펙트럼을 그려라.[18]

**풀이:**

먼저 $I(\omega)$에 $-j\text{sgn}(\omega)$를 곱한다[그림 4.57(a)]. 그런 다음, 전 예제와 비슷한 방법으로 결과에

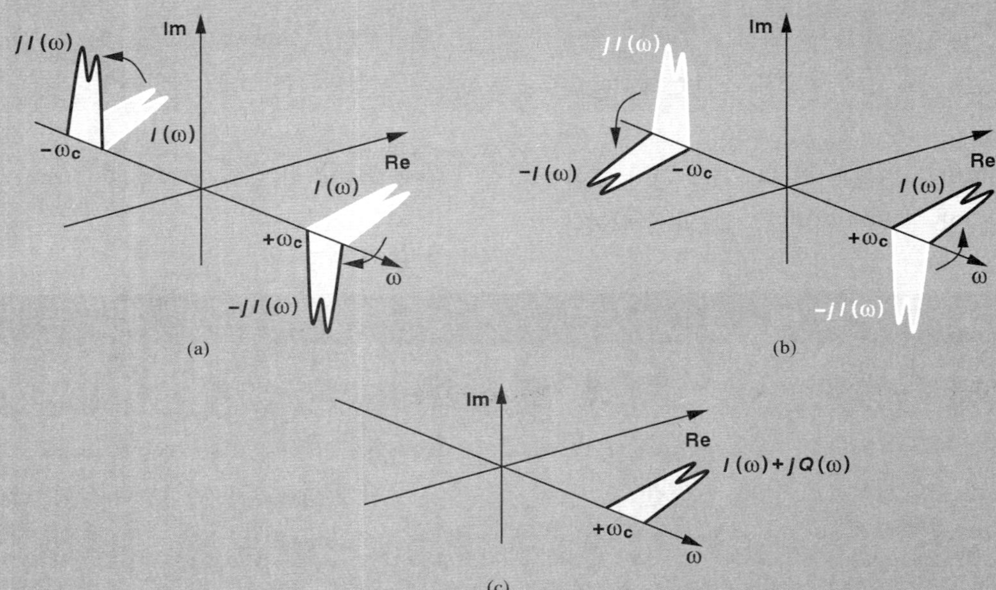


**그림 4.57** *(a) Q를 얻기 위해 I에 90° 위상 천이를 가함, (b) 앞의 결과에 j를 곱함, (c) 분석 신호*

18. 이러한 합을 $I(t)$의 '분석신호(analytic signal)'라고 부른다.

**예제 4.28** *(계속)* RF Microelecronics

$j$를 곱한다[그림 4.57(b)]. $jQ(t)$의 스펙트럼은 음의 주파수영역에서 $I(t)$의 스펙트럼과 서로 없어지고, 양의 주파수 영역에서는 커진다[그림 4.57(c)]. $I(t) + jQ(t)$의 한쪽 스펙트럼은 송수신기의 분석에서 유용하게 사용된다.

90° 위상 천이를 어떻게 구현할 수 있을까. 그림 4.58(a)에 나온 $RC$-$CR$ 회로를 생각해보자. 여기서, 고역통과필터와 저역통과필터의 전달함수 각각 아래와 같이 주어진다.

$$H_{HPF}(s) = \frac{V_{out1}}{V_{in}} = \frac{R_1C_1s}{R_1C_1s+1} \tag{4.68}$$

$$H_{LPF}(s) = \frac{V_{out2}}{V_{in}} = \frac{1}{R_1C_1s+1}. \tag{4.69}$$

위의 전달함수는 $\angle H_{HPF} = \pi/2 - \tan^{-1}(R_1C_1\omega)$와 $\angle H_{LPF} = -\tan^{-1}(R_1C_1\omega)$의 위상을 보여주고 있다. 어떠한 R1과 C1에 대하여 모든 주파수에서 $\angle H_{HPF} - \angle H_{LPF} = \pi/2$를 갖는다. 또한 $\omega = (R_1C_1)^{-1}$에서 $|V_{out1}/V_{in}| = |V_{out2}/V_{in}| = 1/\sqrt{2}$다[그림 4.58(b)]. 따라서 $(R_1C_1)^{-1}$ 근처 주파수에서 $V_{out2}$를 $V_{out1}$의 힐버트 변환이라 한다.

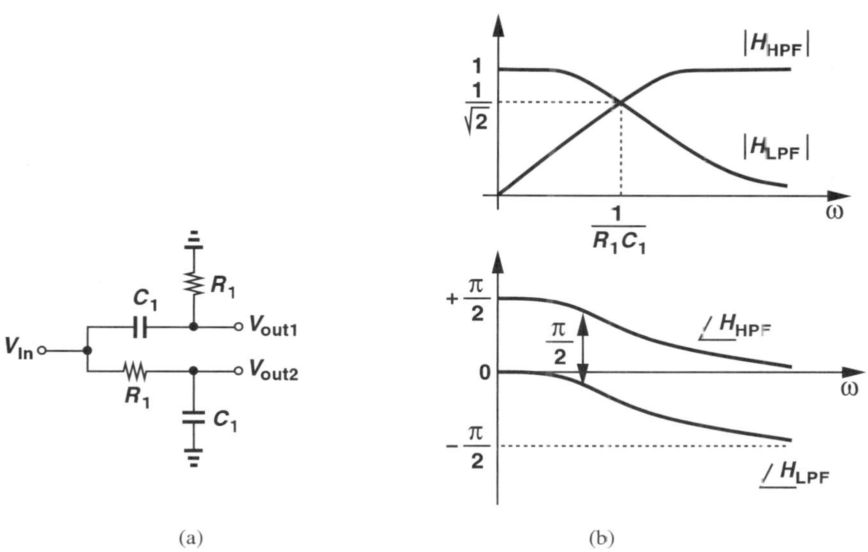


**그림 4.58** *(a) 90° 위상 천이를 위한 RC-CR 회로, (b) 회로의 주파수 응답*

90° 위상 천이를 이해하기 위해 또 다른 접근법이 그림 4.59(a)에 나타나 있다. 여기서, RF 입력은 LO의 직교 위상과 곱해져서 0이 아닌(nonzero) IF로 스펙트럼이 변환된다. 그림

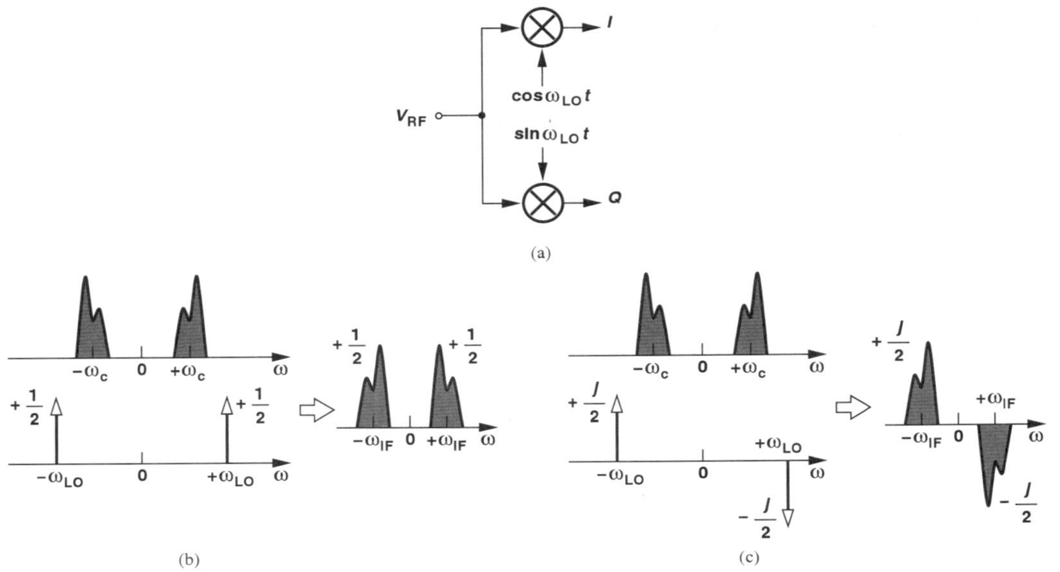


**그림 4.59** *(a) 90° 위상 천이를 이용한 직교 하향 변환, (b)* cos $\omega_{LO}t$*를 곱한 후의 출력 스펙트럼, (c)* sin $\omega_{LO}t$*를 곱한 후의 출력 스펙트럼*

4.59(b)에서 보이듯이, cos $\omega_{LO}t$과 믹싱되는 것은 $-\omega_{LO}$의 임펄스가 $+\omega_c$ 주변의 입력 스펙트럼과 컨볼루션되어 $-\omega_{IF}$에 스펙트럼으로 변환된다. 유사하게, $+\omega_{LO}$의 임펄스는 $-\omega_c$의 스펙트럼을 $+\omega_{IF}$ 스펙트럼으로 변환한다. 그림 4.59(c)에 따르면, sin$\omega_{LO}t$와 믹싱한 결과 IF 스펙트럼에서 $-\omega_{IF}$에서는 $+j/2$의 계수를 가지고 $+\omega_{IF}$에서는 $-j/2$의 계수를 가진다. Q 경로에서 나오는 IF 스펙트럼은 I 경로에서 나오는 스펙트럼의 힐버트 변환임을 알 수 있다.

## 예제 4.29

RF Microelecronics

그림 4.59(a)에서 LO에 대한 상향 주입(high-side injection)을 가정하다. 하향주입(low-side injection)의 경우에 대하여 반복하라.

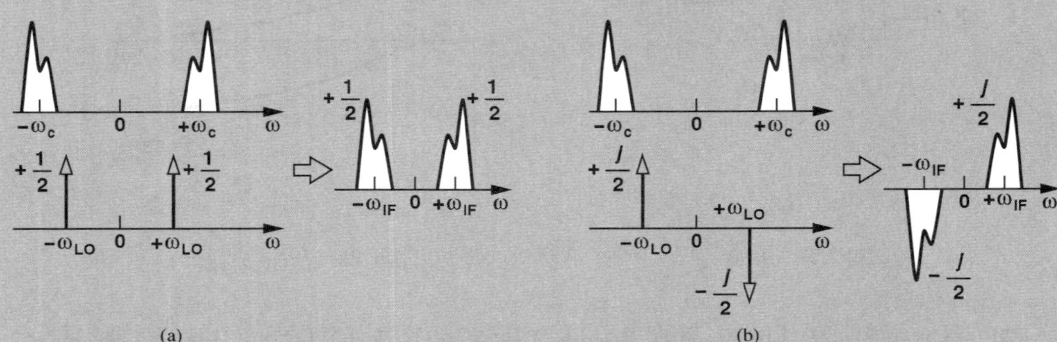


**그림 4.60** *하향주입 믹싱: (a) RF 신호와* cos $\omega_{LO}t$*의 믹싱, (b) RF 신호와* sin $\omega_{LO}t$*의 믹싱*

**예제 4.29** (*계속*)

RF Microelecronics

**풀이:**

그림 4.60(a)와 (b) $\cos\omega_{LO}t$와 $\sin\omega_{LO}t$의 믹싱에 대한 스펙트럼을 보여준다. 이 경우, Q경로의 IF 성분은 I 경로의 IF 성분의 음의 힐버트 변환 값이다.

지금까지 공부한 것을 다시 정리해보자. 그림 4.59(a)의 직교 변환기[19]는 $\omega_c > \omega_{LO}$일 때, 신호와 그의 힐버트 변환을 출력으로 만들어 내고 $\omega_c < \omega_{LO}$일 때는 신호와 그의 음의 힐버트 변환을 출력으로 만들어 낸다. 따라서 이런 배열은 원하는 신호와 이미지 신호를 구분 할 수 있다. 그림 4.61는 $\omega_{LO} < \omega_c$인 경우에 원하는 신호와 이미지신호가 입력단에 들어왔을 때 3차원 IF 스펙트럼을 나타내고 있다.

**하틀리 구조(Hartley Architecture)** 그림 4.61에 있는 이미지 성분들은 어떻게 서로 제거될 수 있을까? 예를 들어, $I(t) + Q(t)$는 이미지로부터 자유로운가? $Q(t)$의 이미지들은 $I(t)$의 이미지에 대하여 위상이 90° 위상 차이(out of phase)를 갖기 때문에 이 합은 여전히 이미지 성분을 포함한다. 하지만, 힐버트 변환의 힐버트 변환이 신호를 반대로 하기 때문에, 그들이 더

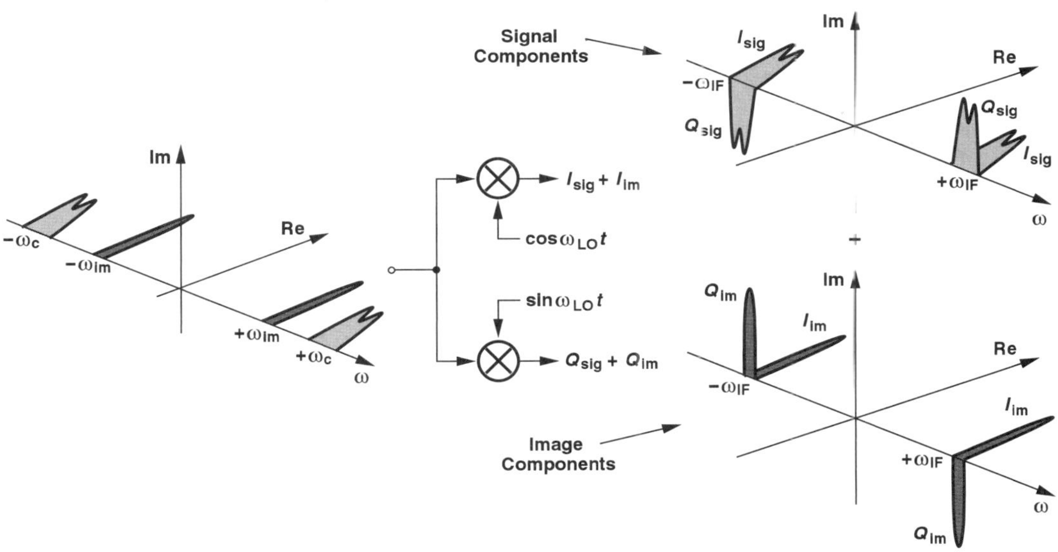


**그림 4.61** *하향주입을 갖는 직교 하향변환기의 입출력스펙트럼*

19. 만약 $\omega_{IF} < \omega_c$라면 직교 하향 변환기를 고려할 수 있고, 문제 4.14에서 $\omega_{IF} > \omega_c$의 경우를 공부한다.

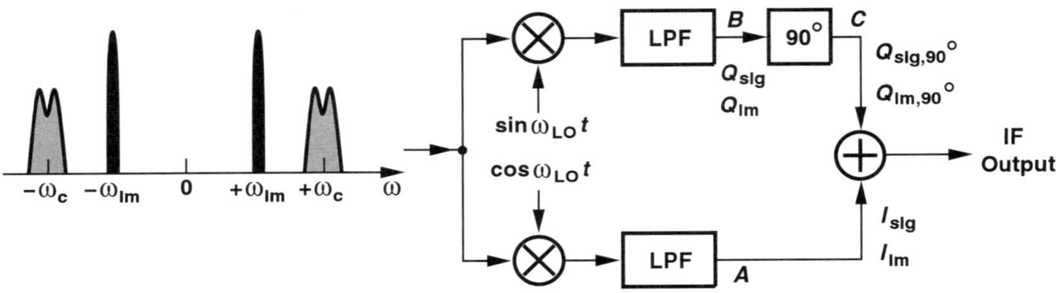


그림 4.62 *하틀리 이미지 제거 수신기*

해지기 전에 $I(t)$ 또는 $Q(t)$에 다른 90° 위상 천이를 가하게 되면 이미지는 제거될 수 있다. 이 가설은 그림 4.62에 보이는 하틀리 구조의 기본 원리가 된다(원래 아이디어는 하틀리의 단일 측파 대역 송신기에서 제안되었다[4]). 저역 통과 필터는 믹서에 의해서 만들어진 원하지 않는 고주파수 대역 신호를 제거하기 위해 삽입되었다.

하틀리 구조의 작동을 이해하려면, l하향주입을 가정하고 그림 4.61에 있듯이, Q 경로에 신호와 영상의 90° 위상 천이를 하는 힐버트 변환을 적용한다. 그림 4.63에 나와 있듯이 $Q_{sig,90°}$와 $Q_{im,90°}$를 얻을 수 있다. $Q_{sig}$에 $-j\mathrm{sgn}(\omega)$을 곱하여 회전시키고 $I_{sig}$의 스펙트럼에 $Q_{sig}$의 스펙트럼을 얹어 놓았다. 따라서 신호의 진폭이 2배가 되었다. 반대로 $Q_{im}$에 $-j\mathrm{sgn}(\omega)$를 곱하면 $I_{im}$에 반대가 생겨서 영상을 제거하게 된다.

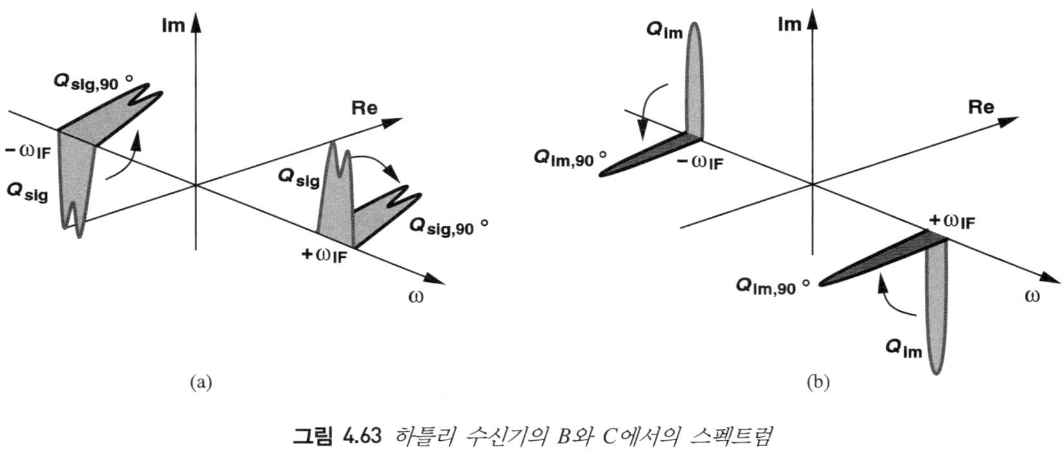


그림 4.63 *하틀리 수신기의 B와 C에서의 스펙트럼*

요약하자면, 하틀리 구조는 먼저, 직교 믹싱을 통해 신호는 음의 힐버트 변환을 취하고 이미지는 힐버트 변환(혹은 신호와 이미지를 반대로 변환)시킨다. 이후에 하향 변환된 출력의 한쪽을 힐버트 변환하여 그 결과를 더한다. 즉, 신호 스펙트럼에 $[+j\mathrm{sgn}(\omega)][-j\mathrm{sgn}(\omega)] = +1$을 곱하고 반면에, 영상 스펙트럼에는 $[-j\mathrm{sgn}(\omega)][-j\mathrm{sgn}(\omega)] = -1$을 곱한다.

**예제 4.30** RF Microelecronics

상향주입을 사용하여 하틀리 구조를 만들려고 한다. 무슨 문제가 발생할지 설명하라.

**풀이:**

그림 4.60으로부터, 직교 변환기는 신호에 힐버트 변환을 일으키고 이미지에 음의 힐버트 변환을 일으킨다고 알고 있다. 그리고 다른 90° 위상 천이를 통해, 그림 4.62에 있는 출력 $C$와 $A$는 *반대* 극성의 신호와 같은 극성의 이미지를 포함한다. 따라서 이 회로는 신호가 제거되는 수신기로 작동하게 된다. 물론 더하기회로를 빼기회로로 바꾸면 이 다자인을 사용할 수도 있다.

하틀리 구조의 동작은 분석적으로 표현 될 수 있다. 수신된 신호와 이미지를 $x(t) = A_{sig} \cos(\omega_c t + \phi_{sig}) + A_{im} \cos(\omega_{im} t + \phi_{im})$로 나타낸다. 여기서 진폭과 위상은 시간의 함수이다. $x(t)$를 LO 위상과 곱하고 고주파 성분을 무시하면, 그림 4.62에서 $A$와 $B$ 지점에서 신호를 얻을 수 있다:

$$x_A(t) = \frac{A_{sig}}{2}\cos[(\omega_c - \omega_{LO})t + \phi_{sig}] + \frac{A_{im}}{2}\cos[(\omega_{im} - \omega_{LO})t + \phi_{im}] \tag{4.70}$$

$$x_B(t) = -\frac{A_{sig}}{2}\sin[(\omega_c - \omega_{LO})t + \phi_{sig}] - \frac{A_{im}}{2}\sin[(\omega_{im} - \omega_{LO})t + \phi_{im}], \tag{4.71}$$

여기서 단순화하기 위해 LO의 진폭은 1로 가정한다. 이제, $x_B(t)$는 90° 위상 천이해야 한다. 하향주입에 대하여 첫 번째 사인(sine)은 양의 주파수를 가지며 90° 위상 천이 후에는 코사인의 음의 주파수를 가진다(왜?). 반면에 두 번째 사인은 음의 주파수를 가진다. 따라서 양의 주파수를 얻기 위해서 $-(A_{im}/2)\sin[(\omega_{im} - \omega_{LO})t + \phi_{im}] = (A_{im}/2)\sin[(\omega_{LO} - \omega_{im})t - \phi_{im}]$으로 쓰고, 결과를 90° 천이하여 $-(A_{im}/2)\cos[(\omega_{LO} - \omega_{im})t - \phi_{im}] = -(A_{im}/2)\cos[(\omega_{im} - \omega_{LO})t + \phi_{im}]$를 얻는다. 결과적으로 $C$에서는 아래의 값을 얻는다.

$$x_C(t) = \frac{A_{sig}}{2}\cos[(\omega_c - \omega_{LO})t + \phi_{sig}] - \frac{A_{im}}{2}\cos[(\omega_{im} - \omega_{LO})t + \phi_{im}]. \tag{4.72}$$

$x_A(t)$와 $x_C(t)$의 더하여 신호는 유지하고 이미지를 제거한다.

그림 4.62에 묘사 된 90° 위상 천이는 일반적으로 하나의 경로에서 +45° 천이와 다른 경로에서 −45° 위상 천이로 구현된다. 회로 구성 요소들의 프로세스 및 온도에 따른 변화로 인하여 한쪽 신호를 90° 천이하는 것이 어렵기 때문이다.

하틀리 구조의 단점은 부정합에 대한 민감하다는 점이다: 이미지의 음의 진폭과 위상이 정확히 이미지 자체와 일치하는 경우에만 위에서 완벽하게 이미지가 제거된다. LO 위상이 정확이 직교하지 않거나 또는 그림 4.64에서 보는 것과 같이 상부와 하부 경로의 이득과 위

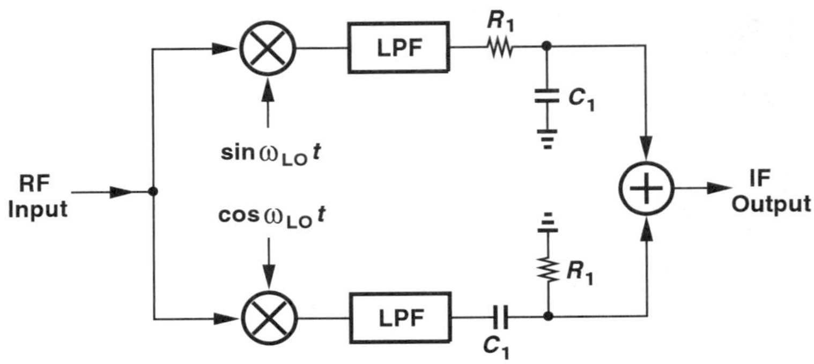


**그림 4.64** *하틀리 수신기의 90° 위상 천이의 구현*

상지연이 동일하지 않은 경우는 이미지의 일부가 남는다. 이 효과를 정량화하기 위해 LO 경로 한쪽의 진폭 에러 $\varepsilon$와 위상에러 $\Delta\theta$로써 수신기의 부정합을 나타낸다. 즉 한쪽의 LO 파형은 $\sin\omega_{LO}t$로 표현하고 다른 한쪽은 $(1+\varepsilon)\cos(\omega_{LO}t+\Delta\theta)$으로 표현한다. 수신된 신호와 이미지는 $x(t) = A_{sig}\cos(\omega_c t+\phi_{sig}) + A_{im}\cos(\omega_{im}t+\phi_{im})$으로 표현하고 이를 LO 파형과 곱하면 그림 4.62의 $A$지점에서 하향 변환된 신호를 아래와 같이 나타낸다.

$$x_A(t) = \frac{A_{sig}}{2}(1+\epsilon)\cos[(\omega_c-\omega_{LO})t+\phi_{sig}+\Delta\theta] + \frac{A_{im}}{2}(1+\epsilon)\cos[(\omega_{im}-\omega_{LO})t+\phi_{im}+\Delta\theta]. \tag{4.73}$$

$B$와 $C$ 지점에서 스펙트럼은 각각 식 (4.71)과 (4.72)로 주어진다. 여기서 $x_A(t)$와 $x_C(t)$를 더하고 출력에서 신호와 이미지 신호를 서로 모으면 아래와 같다.

$$x_{sig}(t) = \frac{A_{sig}}{2}(1+\epsilon)\cos[(\omega_c-\omega_{LO})t+\phi_{sig}+\Delta\theta] + \frac{A_{sig}}{2}\cos[(\omega_c-\omega_{LO})t+\phi_{sig}] \tag{4.74}$$

$$x_{im}(t) = \frac{A_{im}}{2}(1+\epsilon)\cos[(\omega_{im}-\omega_{LO})t+\phi_{im}+\Delta\theta] - \frac{A_{im}}{2}\cos[(\omega_{im}-\omega_{LO})t+\phi_{im}]. \tag{4.75}$$

이미지 제거 정도를 표현하기위해, 입력에서의 이미지대 신호비를 출력에서 이미지대 신호비로 나눈다.[20] 그 결과를 '이미지 제거비(image rejection ratio, IRR)'라고 부른다. 벡터 합 $a\cos(\omega t+\alpha) + b\cos\omega t$의 평균 전력은 $(a^2+2ab\cos\alpha+b^2)/2$로 주어지고, 출력에서의 이미

20. 출력에서의 이미지전력과 입력에서의 이미지 전력의 비는 큰 의미는 없다. 이는 이득에 따라 달라지기 때문이다.

지대 신호 비는 아래와 같다.

$$\frac{P_{im}}{P_{sig}}|_{out} = \frac{A_{im}^2}{A_{sig}^2}\frac{(1+\epsilon)^2 - 2(1+\epsilon)\cos\Delta\theta + 1}{(1+\epsilon)^2 + 2(1+\epsilon)\cos\Delta\theta + 1}. \tag{4.76}$$

입력에서의 이미지대 신호 비는 $A_{im}^2/A_{sig}^2$로 주어지기 때문에 IRR은 아래처럼 표현된다.

$$\text{IRR} = \frac{(1+\epsilon)^2 + 2(1+\epsilon)\cos\Delta\theta + 1}{(1+\epsilon)^2 - 2(1+\epsilon)\cos\Delta\theta + 1}. \tag{4.77}$$

여기서, $\varepsilon$은 상대적인 이득차를 의미하고 $\Delta\theta$는 라디안(radian)이다. 또한 IRR을 dB로 나타내기 위해 10 log IRR을 계산한다.

**예제 4.31** RF Microelecronics

$\varepsilon$ << 1인 경우 IRR을 간단하게 표현하라.

**풀이:**

$\Delta\theta$ << 1 rad에 대하여 $\cos\Delta\theta \approx 1 - \Delta\theta^2/2$로 나타낼 수 있기 때문에 식 (4.77)을 간단하게 표현하면 아래와 같다.

$$\text{IRR} \approx \frac{4 + 4\epsilon + \epsilon^2 - (1+\epsilon)\Delta\theta^2}{\epsilon^2 + (1+\epsilon)\Delta\theta^2}. \tag{4.78}$$

분자식에서 첫 번째 항이 지배적이고 분모에서 $\varepsilon$ << 1이므로 아래와 같이 표현된다.

$$\text{IRR} \approx \frac{4}{\epsilon^2 + \Delta\theta^2}. \tag{4.79}$$

예를 들어 $\varepsilon$ = 10%($\approx$ 0.83 dB)[21] 값의 IRR은 26 dB로 제한된다. 비슷하게, $\Delta\theta = 10°$은 21 dB의 IRR이 된다. 직접-변환 수신기에서는 이런 부정합들을 견뎌낼 수 있지만 여기서는 이의 부적절함의 정도를 보여준다.

LO 및 신호 경로에서 발생하는 여러 부정합으로 일반적으로 IRR 값은 약 35 dB 이하로 떨어진다. 이런 문제와 다른 여러 결점들은 하틀리 구조의 사용을 제한하고 있다.

또 다른 결정적인 단점으로 특히 COMS 기술에서 그림 4.64에서 $R_1$과 $C_1$의 절대값의 변화에서 발생한다. 그림 4.58에서 보면 RC-CR회로에 의해 발생하는 위상 천이는 이런 변화에도

21. $\varepsilon$을 dB로 계산하기 위해 20 log(1 + 10%) = 0.83 dB로 쓴다.

90°를 유지시키지만, 출력 진폭은 $\omega = (R_1C_1)^{-1}$에서만 일치한다. 구체적으로 $R_1$과 $C_1$을 $(R_1C_1)^{-1} = \omega_{IF}$의 IF 주파수에서 선택하는 경우에 제작 공정이나 온도에 의해 각각 $\Delta R$과 $\Delta C$의 작은 변화가 발생하게 된다. 이 경우 고역통과와 저역통과 부분에서의 출력진폭의 비는 아래와 같다.

$$\left|\frac{H_{HPF}}{H_{LPF}}\right| = (R_1 + \Delta R)(C_1 + \Delta C)\omega_{IF} \tag{4.80}$$

$$\approx 1 + \frac{\Delta R}{R_1} + \frac{\Delta C}{C_1}. \tag{4.81}$$

따라서 이득의 부정합은 아래와 같다.

$$\epsilon = \frac{\Delta R}{R_1} + \frac{\Delta C}{C_1}. \tag{4.82}$$

예를 들어, $\Delta R/R_1 = 20\%$이면 IRR은 20 dB의 값 이상을 얻을 수 없다. 이때 고역통과와 저역통과 부분이 완벽한 정합된 것을 가정하였다. 만약 저항이나 커패시터의 부정합이 보이면 IRR은 더 악화된다.

RC-CR회로에서 발생하는 또 다른 단점은 만약 신호가 넓은 대역폭을 가지는 IF로 변환되는 경우에 발생한다. 고역통과와 저역통과 부분의 이득은 각각 $\omega_{IF} = (R_1C_1)^{-1}$로부터 떨어진 주파수만큼 떨어져 있기 때문에[그림 4.58(b)], 이미지 제거는 채널의 끝으로 갈수록 성능이 떨어지게 된다. 문제 4.17에서, $\omega_{IF} + \Delta\omega$의 주파수에서 IRR이 아래와 같이 주어지는 것을 증명한다.

$$\text{IRR} = \left(\frac{\omega_{IF}}{\Delta\omega}\right)^2. \tag{4.83}$$

예를 들면, 부분 대역폭이 $2\Delta\omega/\omega_{IF} = 5\%$이면 IRR이 32 dB로 제한된다.

식 (4.83)에 의해 표현된 제한으로는 헤테로다인 구조에 의해 $\omega_{IF}$이 0이 될 수 없다는 것이다. 그림 4.65의 예는 첫 번째 IF에 이어 또 다른 직교 하향변환기를 두고 기저대역으로 신호를 변환한다. 그림 4.26(a)의 슬라이딩-IF 구조와는 다르게, 이 구조는 첫 번째 LO이 직교위상이 필요하다는 것이 치명적인 단점이다. 4.2.1절에서 공부한 믹싱 불요파들은 여기에서도 나타난다.

그림 4.64에서 사용한 RC-CR 회로는 또한 감쇄와 잡음을 발생한다. $\omega = (R_1C_1)^{-1}$에서 $|H_{HPF}| = |H_{LPF}| = 1/\sqrt{2}$로부터 얻는 3-dB 손실은 직접적으로 따라오는 덧셈기의 잡음을 증폭시킨다. 게다가, 각 부분에서의 입력 임피던스, $|R_1 + (C_1s)^{-1}|$는 $\omega = (R_1C_1)^{-1}$에서 $\sqrt{2}R_1$이고 이는 믹서에서 본 부하와 90° 천이 회로의 열잡음 사이에 상호 절충의 문제를 발생한다.

신호 경로에서 잡음과 비선형성이 존재하는 경우 하틀리 구조의 출력단에서 전압 덧셈기는 어려움을 겪는다. 그림 4.66에서와 같이 일반적으로 합은 차등 쌍에 의해 구현되며, 이는

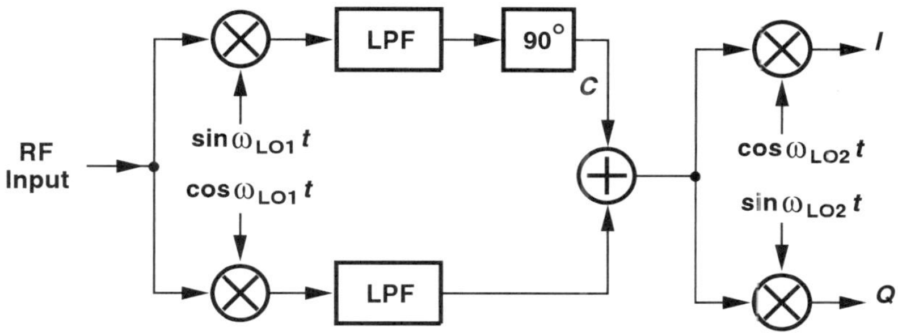


**그림 4.65** *하틀리 수신기 출력에서 기저대역으로의 하향 변환*

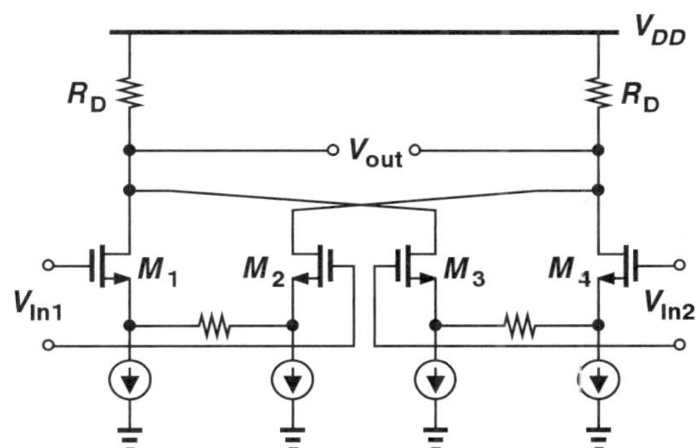


**그림 4.66** *두 전압의 합*

신호 전압을 전류로 전환하고 전류를 합하여 그 결과를 전압으로 전환한다.

**위버 구조(Weaver Architecture)** 하틀리 구조는 *RC*-*CR* 위상 천이 회로를 사용함으로부터 여러 가지 문제들을 드러내었다. 송신기의 역으로부터 유래된 위버 수신기는 이러한 문제들을 극복한다[5].

그림 4.59에서 보듯 신호를 LO의 직교위상과 곱함으로써 힐버트 변환을 취한다. 그림 4.67의 위버 구조는 90° 위상 천이 회로를 직교믹싱으로 교체한다. 회로의 특성을 수식화하

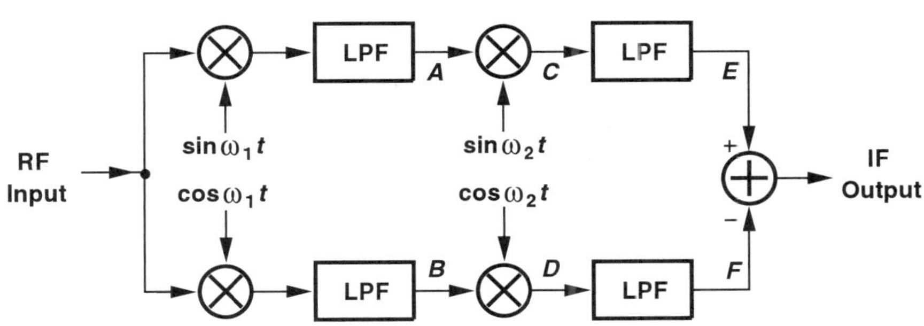


**그림 4.67** *위버 구조*

기 위해서 식 (4.70)과 (4.71)에 의해 주어진 $x_A(t)$와 $x_B(t)$로부터 각각 시작하고, 두 번째 직교 믹싱을 한 이후의 신호는 다음과 같다.

$$x_C(t) = \frac{A_{sig}}{4}\cos[(\omega_c - \omega_1 - \omega_2)t + \phi_{sig}] + \frac{A_{im}}{4}\cos[(\omega_{im} - \omega_1 - \omega_2)t + \phi_{im}] + \frac{A_{sig}}{4}\cos[(\omega_c - \omega_1 + \omega_2)t + \phi_{sig}] + \frac{A_{im}}{4}\cos[(\omega_{im} - \omega_1 + \omega_2)t + \phi_{im}] \quad (4.84)$$

$$x_D(t) = -\frac{A_{sig}}{4}\cos[(\omega_c - \omega_1 - \omega_2)t + \phi_{sig}] - \frac{A_{im}}{4}\cos[(\omega_{im} - \omega_1 - \omega_2)t + \phi_{im}] + \frac{A_{sig}}{4}\cos[(\omega_c - \omega_1 + \omega_2)t + \phi_{sig}] + \frac{A_{im}}{4}\cos[(\omega_{im} - \omega_1 + \omega_2)t + \phi_{im}]. \quad (4.85)$$

이 결과는 더해져야 하는가 아니면 차감되어야 하는가? 두 개의 믹싱 단계가 모두 하향주입을 했다고 가정하자. 따라서, $\omega_{im} < \omega_1$, $\omega_1 - \omega_{\mathrm{im}} > \omega_2$이다(그림 4.68). 또한 $\omega_1 - \omega_{im} + \omega_2 > \omega_1 - \omega_{im} - \omega_2$이다. 그림 4.67에서 $C$와 $D$지점 뒤의 저역통과필터는 $\omega_1 - \omega_{im} + \omega_2$ $(= \omega_c - \omega_1 + \omega_2)$ 성분을 제거하고, $\omega_1 - \omega_{im} - \omega_2$ $(= \omega_c - \omega_1 - \omega_2)$인 성분만 남게 된다. 즉, 식 (4.84)와 (4.85)의 두 번째 세 번째 항은 필터에 의해 제거된다. 이제 $x_E(t)$로부터 $x_F(t)$를 빼면 아래의 값을 얻을 수 있다.

$$x_E(t) - x_F(t) = \frac{A_{sig}}{2}\cos[(\omega_c - \omega_1 - \omega_2)t + \phi_{sig}]. \quad (4.86)$$

위의 결과로 이미지가 제거됨을 알 수 있다. 문제 4.19에서, 나머지 세 가지의 상향주입과 하향주입의 조합에서 출력이 더해지는지 아니면 차감되는지를 구한다.

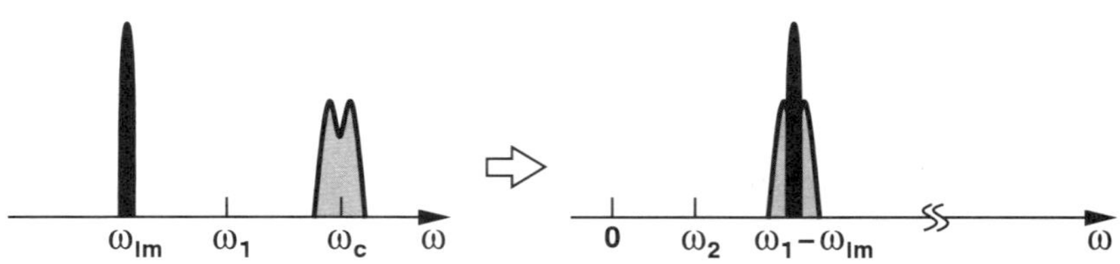


**그림 4.68** *위버 구조에서의 RF와 IF 스펙트럼*

## 예제 4.32

RF Microelecronics

위 분석들을 그래프로 나타내라. 모든 믹싱은 하향주입으로 가정하라.

**풀이:**

그림 4.60(b)으로부터 사인의 하향주입믹싱은 스펙트럼에 $+(j/2)\mathrm{sgn}(\omega)$를 곱하는 것이다. 그

**예제 4.32** (*계속*) RF Microelecronics

림 4.61의 스펙트럼에서 시작하여, 이들을 $\sin\omega_2 t$와 $\cos\omega_2 t$과 믹싱하면 그림 4.69의 스펙트럼을 얻는다. $X_E(f)$에서 $X_F(f)$를 빼면 신호는 남고 이미지는 제거된다.

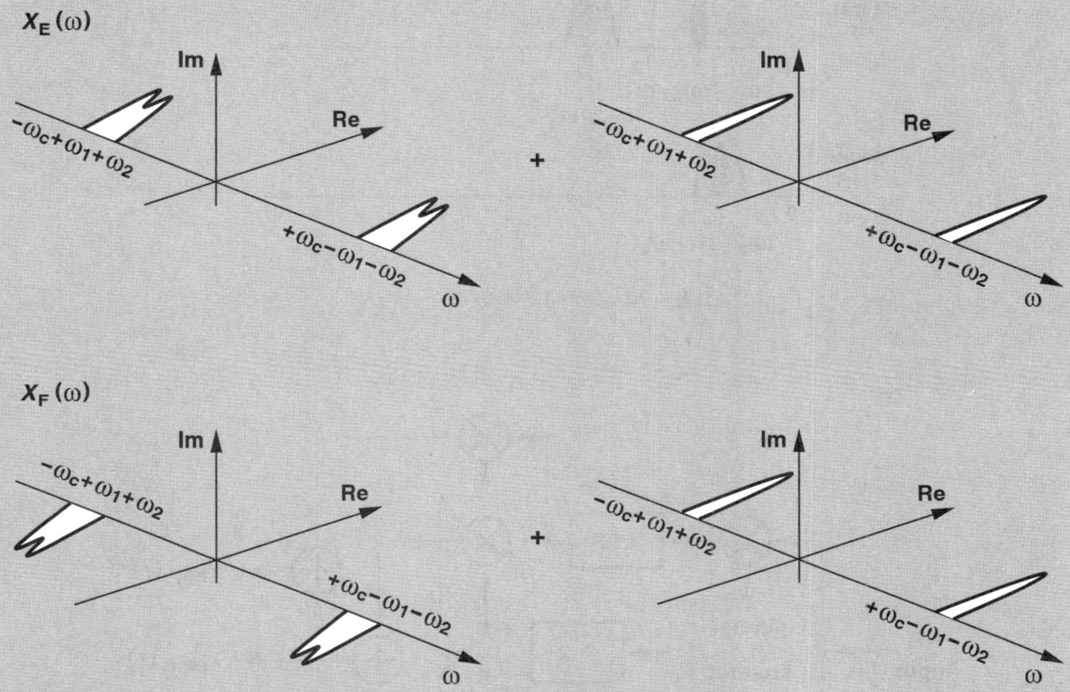


**그림 4.69** *위버 구조에서의 신호와 이미지의 스펙트럼*

위버 구조는 하틀리 구조보다 두 개의 믹서와 추가적으로 LO를 하나 더 사용하는 반면, *RC-CR* 회로에 관련된 문제(저항 및 커패시턴스 변화, $1/(R_1C_1)$로부터 떨어진 주파수에서의 IRR의 저하, 감쇠 및 잡음)는 피할 수 있다. 또한 IF 믹서가 능동 구조(6장)로 형태로 구현되는 경우, 그 출력은 전류영역에서 동작하여 직접 더 할 수 있다. 그럼에도 불구하고 IRR은 여전히 부정합에 의해 제한되는데 보통 40 dB 이하다.

위버 구조에서 만약 두 번째 IF가 0이 아닌 경우 *두 번째* 변환에서의 이미지 문제가 발생한다. 그림 4.70에서 이 효과는 만약 $2\omega_2 - \omega_{in} + 2\omega_1$의 주파수에 RF 신호가 동반되는 경우 발생된다. 첫 번째 IF 주파수의 하향 변환은 이 성분을 $\omega_2$에 대한 신호의 이미지인 $2\omega_2 - \omega_{in} + 2\omega_1$로 변환되고 이는 $\omega_2$와 믹싱되어 $\omega_2 - \omega_{in} + \omega_1$으로 전환되고 이는 신호가 존재하는 IF와 동일한 주파수다. 이러한 이유로, 두 번째 하향 변환은 제로-IF를 만드는 것이 좋다. 이러한 경우에는 반드시 직교 분리(quadrature separation)를 해야 한다. 그림 4.71에서 한 예

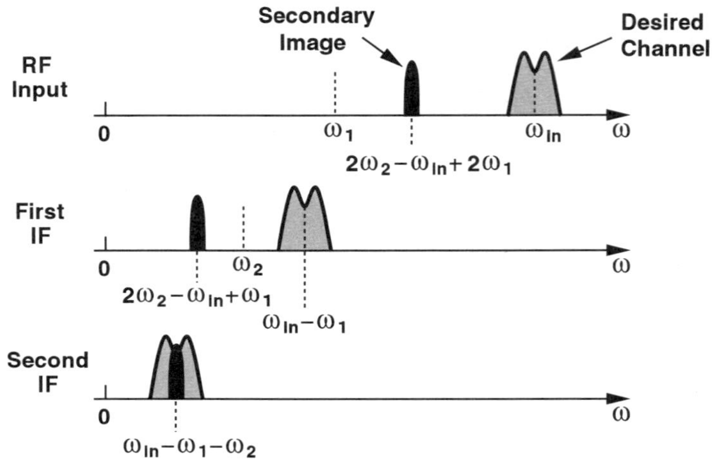


그림 4.70 *위버 구조에서 이차 이미지*

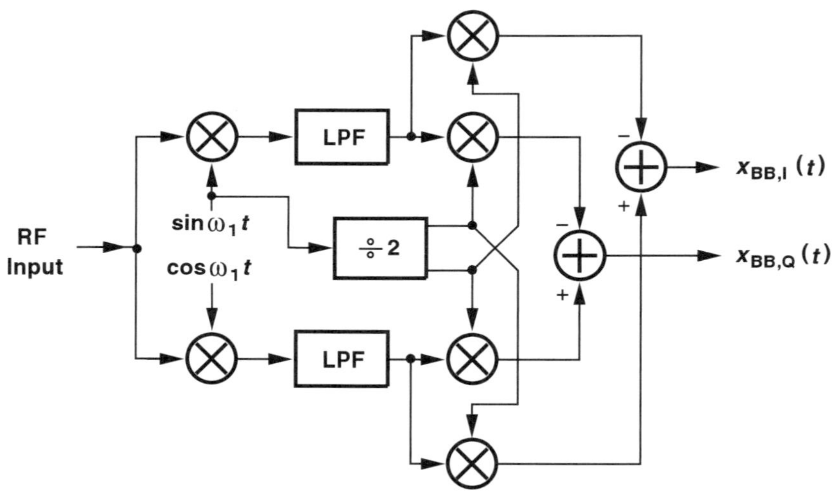


그림 4.71 *기저대역 출력 생성을 위한 이중(double) 직교 하향 변환 위버 구조*

[6]를 보이는데 이차 LO는 첫 번째 LO의 주파수 분주(frequency division)로부터 얻는다.

위버 구조는 두 단계의 하향 변환 단계들에서 믹싱 불요파를 경험한다. 특히 두 번째 LO 주파수의 고조파는 첫 번째 IF로부터의 간섭원들을 기저대역으로 하향 변환시킬 수 있다.

**교정(Calibration)** 이미지-제거율이 40 dB를 넘기 위해서는 하틀리 또는 위버 구조는 반드시 교정을 해야 한다. 예를 들어, 이득과 위상 부정합을 제거하는 방법을 사용하는 많은 교정 기술들이 보고되고 있다[7, 9].

### 4.2.5 낮은-IF 수신기 Low-IF Receivers

헤테로다인 수신기에서 안테나, LNA, RF 믹서 입력단에서의 이미지의 열잡음은 약 3 dB 정도의 전체 잡음지수를 올릴 것이기 때문에 이 신호 대역 내에 이미지가 존재하는 것은 바람직하지 않다.[22] 실제로 '낮은-IF 수신기'에서 이미지는 대역 내에 존재한다. 그러나 4.2.4절에서 설명된 것과 유사한 이미지 제거 작업에 의해 억제된다. 낮은 IF 구조를 사용하는 이유를 이해하기 위해, 예를 들어 GSM 수신기를 생각해 보자. 4.2.3절에서 설명한 것과 같이 200 kHz의 원하는 채널의 제로-IF로의 하향 변환은 $1/f$ 잡음에 의해 크게 손상된다. 또한, 고역통과 필터를 통한 dc 오프셋 제거의 어려움이 있다. 이제 LO 주파수를 원하는 채널(200 kHz)의 가장자리에 배치되었다고 가정하자[그림 4.72(a)]. 따라서 RF 신호를 100 kHz의 IF로 변환하여야 한다. 이러한 IF에서 신호의 가장자리 근처는 작은 정보를 전달하기 때문에 $1/f$ 잡음 손실은 훨씬 덜 심각하다. 또한, 신호의 온-칩 고역통과필터링이 가능해 진다. '낮은-IF 수신기'라고 불리는 이러한 유형의 시스템은 좁은 채널을 갖는 표준에 특히 적합하다.

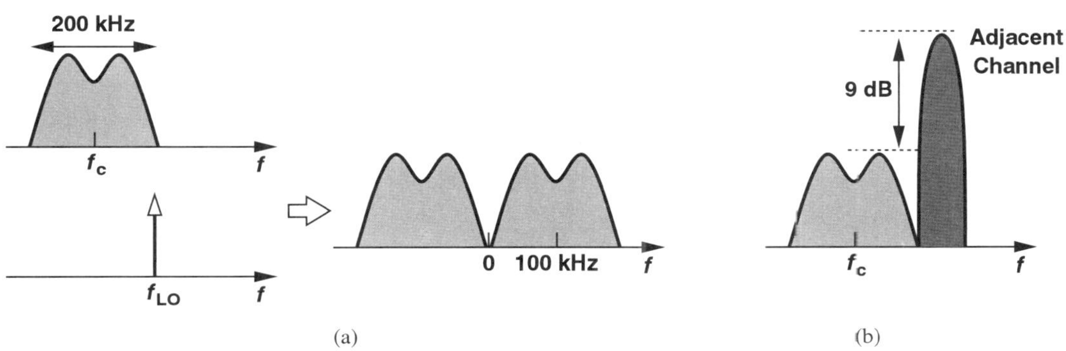


**그림 4.72** *(a) 낮은-IF 수신기에서 스펙트럼, (b) GSM의 인접 채널 사양*

그럼에도 불구하고 헤테로다인 하향 변환은 이미지 문제를 갖는데 이 수신기의 경우에는 인접 채널에 의해 발생한다. 다행히도 GSM 표준에서 원하는 채널보다 단지 9 dB 높은 인접 채널을 허용하는 수신기를 요구한다(3장) [그림 4.72(b)]. 따라서, 적절한 IRR을 갖는 이미지 제거 수신기는 신호 레벨보다 충분히 아래로 이미지를 낮출 수 있다. 예를 들어, IRR = 30 dB 경우, 이미지는 신호 보다 21 dB 아래를 유지한다.

**예제 4.33** RF Microelecronics

예제 4.24를 낮은-IF 수신기에 관하여 다시 계산하라.

*(계속)*

22. 이는 안테나/LNA/혼합기에서 전 신호 대역에 걸쳐 평평한 주파수 응답 특성을 보이기 때문이다.

예제 4.33 (계속) RF Microelecronics

**풀이:**

dc 오프셋의 고역통과필터링은 또한 플리커 잡음을 대략 20 kHz까지 제거한다고 가정하면, 잡음을 20 kHz부터 200 kHz까지 적분할 수 있다(그림 4.73):

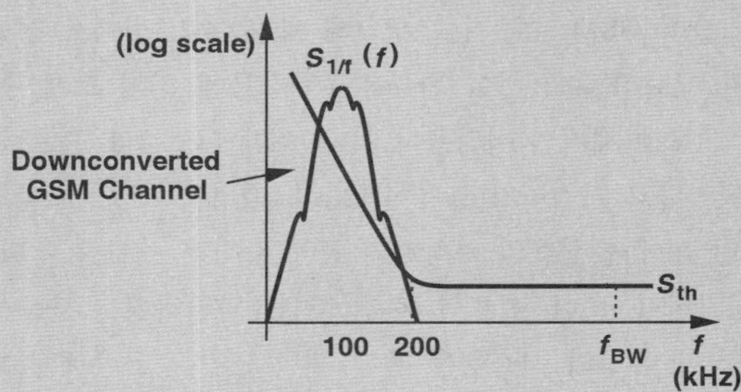


**그림 4.73** *낮은 IF 수신기에서 플리커 잡음의 효과*

$$P_{n1} = \int_{20\text{ kHz}}^{200\text{ kHz}} \frac{\alpha}{f} df \tag{4.87}$$

$$= f_c \cdot S_{th} \ln 10 \tag{4.88}$$

$$= 2.3 f_c S_{th}. \tag{4.89}$$

플리커 잡음이 없는 경우에는

$$P_{n2} \approx (200\text{ kHz}) S_{th}. \tag{4.90}$$

결과적으로

$$\frac{P_{n1}}{P_{n2}} = 2.3 (= 3.62\text{ dB}). \tag{4.91}$$

그러므로 플리커 잡음에 의한 손실은 이 경우 더욱 낮다.

낮은-IF 수신기에서 이미지 제거를 어떻게 구현하는가? RC-CR 회로(그림 4.64)를 이용하는 하틀리 구조가 이를 위한 후보로 보이지만, 낮은 IF 수신기에서 IF의 스펙트럼은 0 Hz까지 연장 되므로, 신호 대역 전체에서 높은 IRR를 유지하는 것은 어렵다 (고역통과 부는 근처 주파수에서 0 이득을 보여준다!). 이 문제를 피하는 위버 구조는 또한 두 번째 IF가 0이 아닌 경우에 이차 이미지를 처리해야 하고, 만약 0인 경우에는 플리커 잡음을 처리해야 한다.

하나의 가능한 방법은 하틀리 구조에서 90° 위상 천이를 IF 경로가 아닌 RF 경로에서 구현하는 것이다. 그림 4.74에 나와 있듯이, 이 방법은 먼저 RF 신호와 이미지에 직교 위상을 만들고 이후 직교 믹싱을 통하여 또 다른 힐버트 변환 수행한다. 이 구조와 위버 구조의 몇 가지 유사성을 발견할 수 있다: 둘 다 신호와 이미지의 직교성분을 LO의 직교 위상과 곱하고, 그 결과를 더하는데 이는 전류영역에서 가능하다. 여기서 *RC-CR* 회로의 중심주파수는 고주파이고 고주파 대역에서 어느 정도 우수한 IRR을 얻을 수 있다. 예를 들어 900 MHz GSM의 25 MHz 수신 대역의 경우, $(2\pi R_1C_1)^{-1}$을 중심 주파수에 선택하면 식 (4.83)은 20 log (900 MHz/12.5 MHz) = 37 dB의 IRR을 갖는다. 하지만 $R_1$과 $C_1$의 편차로 현실적으로는 약 20 dB정도의 IRR를 갖는다[식 (4.82)].

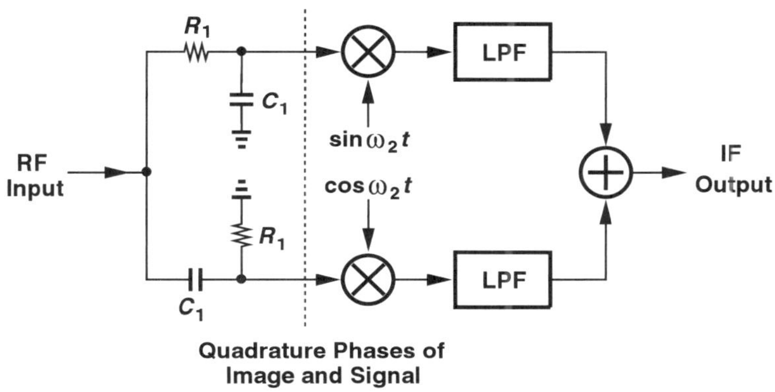


**그림 4.74** *하틀리 수신기의 RF 경로에서의 직교 위상 분리*

낮은-IF 구조의 또 다른 형태는 그림 4.75와 같다. 직접 변환 수신기와 같이 하향 변환 신호는 채널 선택 필터와 증폭기에 인가된다.[23] 이 결과는 디지털화를 거치고 합하기 전에 디지털 영역에서 힐버트 변환을 실시한다. 이 방법은 아날로그 90° 위상 천이 때 발생하는 문

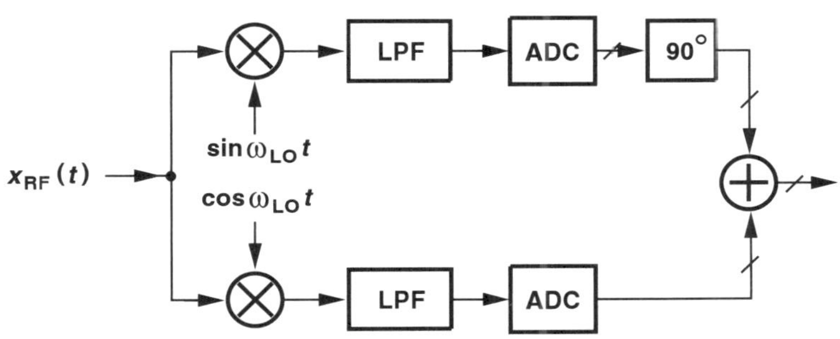


**그림 4.75** *디지털 영역에서 90° 위상 천이를 갖는 낮은-IF 수신기*

23. 그러나 채널 선택 필터는 반드시 RF 신호 대역의 절반보다 넓은 대역을 제공하여야 한다[그림 4.72(a)].

제들을 피하는 가능한 방법이다. ADC는 반드시 직접 변환 수신기의 신호 대역폭의 두 배를 수용해야 하며 이로 인해 많은 전력을 소모한다. 그러나 이 문제는 GSM과 같은 좁은 채널에서 중요하지 않다. 이는 ADC의 전력 소모가 전체 시스템의 작은 부분에 해당하기 때문이다.

지금까지 언급한 것들을 요약하여 보자. 낮은-IF 수신기에 인접 채널의 이미지가 인가 될 때, 하향 변환 후에 *RC-CR* 90° 위상 천이를 사용할 수 없다. 또한, RF 경로에서 90° 회로는 RC 편차가 문제가 된다. 이러한 이유로, '낮은-IF'의 개념은 IF가 신호대역폭 보다 충분히 커서 *RC-CR* 회로를 사용할 수 있는 하향 변환 확장할 수 있다. 하지만 ADC에 과도하게 부담을 줄 만큼 커서는 안 된다. 물론, 이미지가 더 이상 인접 채널에 놓여있지 않기 때문에 훨씬 더 높은 IRR이 필요하다. 따라서 일부 연구는 높은 이미지-제거를 갖는 낮은-IF 수신기로 확장되어 연구되어 왔다. 이러한 수신기는 흔히 '다상 필터(polyphase filter, PPF)'를 사용한다 [10, 11].

**다상필터(polyphase filter)** 4.2.4절에서 헤테로다인 직교 하향 변환은 신호를 하향주입하고, 이미지가 상향주입되는 경우 (혹은 반대의 경우) 하나의 힐버트 변환(혹은 부(negative) 힐버트 변환)이 필요함을 배웠다. 이제 그림 4.76(a)의 회로를 생각해 보자. 여기서 $V_{out}$은 $V_1$과 $V_2$의 가중치 합으로 볼 수 있다.

$$V_{out} = \frac{V_1 + R_1C_1sV_2}{R_1C_1s + 1}. \tag{4.92}$$

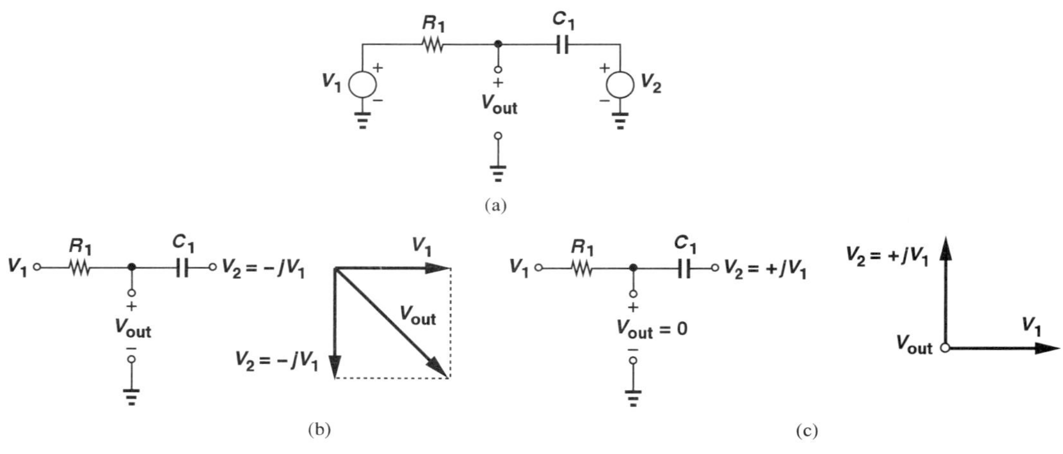


**그림 4.76** *(a) 기본 RC 회로 (b)* $V_1$*과* $-jV_1$ *응답 출력 (c)* $V_1$*과* $-jV_1$ *응답 출력*

두 가지 경우를 살펴보자.

1. 전압 $V_2$는 $V_1$의 힐버트 변환이다. 즉, 페이저 형태로는 $V_2 = -jV_1$(예제 4.26). 결과적

으로 $s = j\omega$에 대해

$$V_{out} = V_1 \frac{R_1 C_1 \omega + 1}{jR_1 C_1 \omega + 1}. \tag{4.93}$$

만약 $\omega = (R_1C_1)^{-1}$이라면, $V_{out} = 2V_1/(1 + j) = V_1(1 - j)$이다. 즉, $|V_{out}| = \sqrt{2}V_1$이며 $\angle V_{out} = \angle V_{in} - 45°$이다[그림 4.76(b)]. 이 경우에, 회로는 단순하게 $V_1$과 $V_2$의 벡터 합으로 계산된다. 이 회로는 저항에 의해 감지된 전압을 −45° 만큼 회전시킨다고 볼 수 있다.

**예제 4.34** RF Microelecronics

$V_1$과 $-jV_1$가 차동 형태로 사용가능하다고 할 때 그림 4.76(a)의 구조를 확장하고 이미지 제거 수신기를 구성하라.

**풀이:**

그림 4.77(a)는 $R_1 = R_2 = R$과 $C_1 = C_2 = C$일 때의 구성과 페이저도를 그린 것이다. 직교 하향 변환 믹서와의 연결은 그림 4.77(b)에 표시하였다.

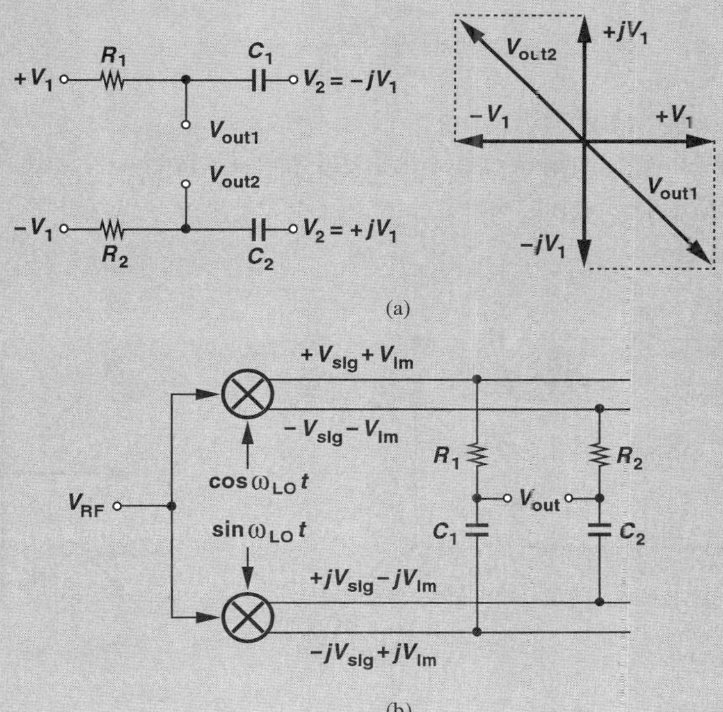


**그림 4.77** *(a) 차동 입력을 감지하는 RC 회로, (b) (a)의 RC회로를 구동하는 직교 하향 변환기*

2. 전압 $V_2$는 $V_1$의 부(negative) 힐버트 변환이다. 즉, $V_2 = +jV_1$이다. $s = j\omega$에 대해

$$V_{out} = V_1 \frac{-R_1C_1\omega + 1}{jR_1C_1\omega + 1}. \tag{4.94}$$

흥미롭게도 만약 $\omega = (R_1C_1)^{-1}$이면 $V_{out} = 0$이다[그림 4.76(c)]. 직관적으로, $C_1$이 $V_2$를 또 다른 90°만큼 회전시킨다고 말할 수 있고, 그 결과 출력 노드에서 $V_1$의 영향이 제거된다. 중첩 원리를 이용하여 이러한 결과에 도달할 수 있길 독자들에게 권한다.

요약하면, 그림 4.76(a)의 직렬 가지(branch)는 $V_2 = -jV_1$일 경우에 $V_1$을 −45°($V_{out}$을 생성하기 위해)만큼 회전시킨다. $V_2 = +jV_1$인 경우에 $V_1$이 제거된다. 그러므로 회로는 직교 하향 변환기를 거치면 신호와 이미지를 구분할 수 있다.

그림 4.62의 하틀리 구조와는 대조적으로, 그림 4.77(b)의 회로는 출력에서 전압 가산기(adder)를 사용하지 않는다. 그럼에도 불구하고, 이 구성은 여전히 RC 편차 문제와 대역폭이 좁아지는 문제를 가지고 있다. 사실상 $\omega = (R_1C_1)^{-1} + \Delta\omega$의 IF에서 식 (4.94)는 다음과 같은 잔류 이미지를 발생시킨다.

$$|V_{out}| \approx |V_1| \frac{RC\Delta\omega}{\sqrt{2 + 2RC\Delta\omega}} \tag{4.95}$$

$$\approx |V_1| \frac{RC\Delta\omega}{\sqrt{2}}, \tag{4.96}$$

여기서 $\Delta\omega << \omega$로 가정한다.

다상필터 개발의 다음 단계는 그림 4.78(a)처럼 그림 4.77(a)를 다시 그리고, 그림 4.78(a)와 같이 두 개의 가지를 더한다. 여기서, 커패시터와 저항은 모두 동일하다. 가장 위와 가장

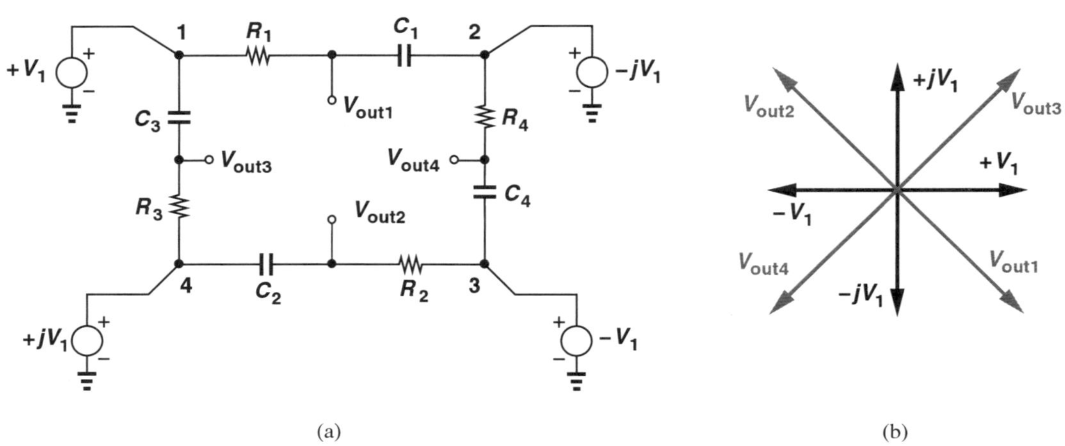


**그림 4.78** *(a) 차동 직교 위상을 감지하는 RC 네트워크, (b) 출력 결과*

아래 브랜치는 여전히 차동 출력을 만들고 있지만 오른쪽과 왼쪽 브랜치는 어떠할까? $R_3$와 $C_3$는 $+jV_1$과 $+V_1$의 가중치 합으로 계산할 수 있기 때문에, 그림 4.76(b)로부터 $V_{out3}$은 $+jV_1$보다 45° 더 음의 값을 갖는 것을 알 수 있다. 똑같은 방식으로 $V_{out4}$은 $-jV_1$보다 45° 더 음의 값을 가진다. 그림 4.78(b)는 $\omega = (R_1C_1)^{-1}$에서 페이저 결과를 보여주며, 회로는 직교 입력에 비하여 45° 다른 위상의 직교 출력을 생성한다.

## 예제 4.35

RF Microelecronics

직교 하향 변환의 출력이 4.79(a) 그림처럼 신호 $V_{sig}$와 이미지 $V_{im}$를 포함하고 그림 4.78(a)

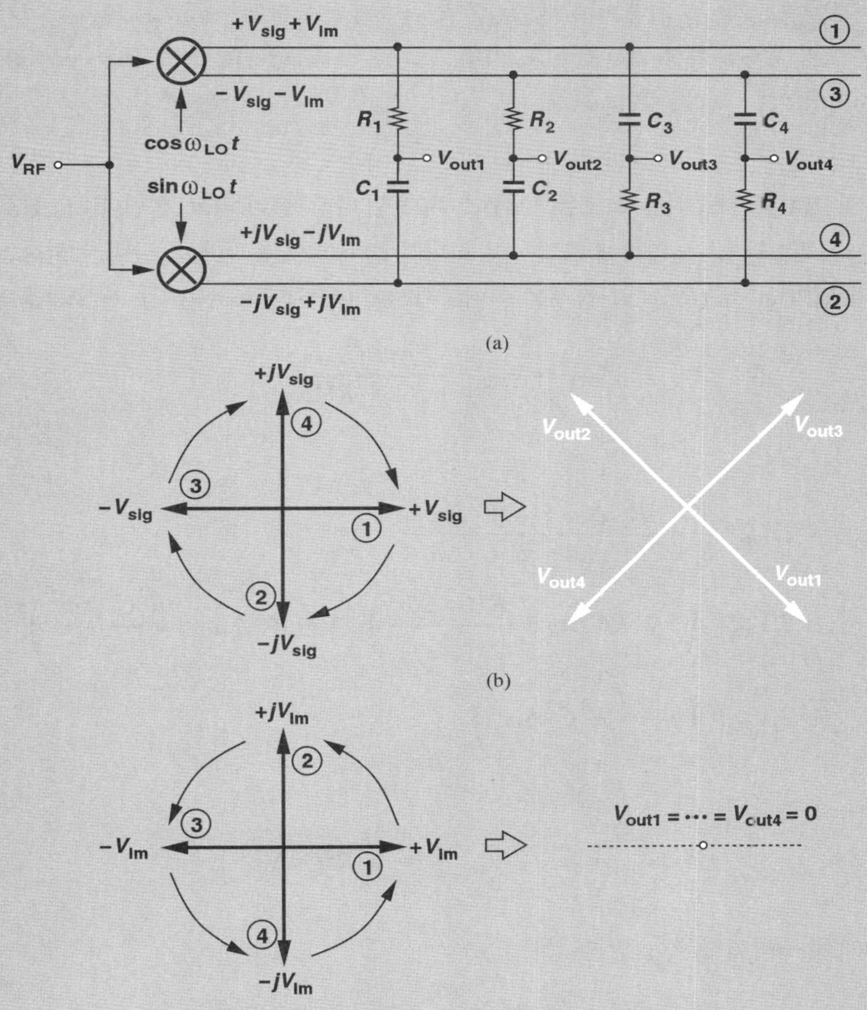


**그림 4.79** *(a) RC 단을 구동하는 직교 하향변환기, (b) 신호 출력 결과, (c) 이미지 출력 결과* (계속)

**예제 4.35** (계속) RF Microelecronics

의 회로를 구동한다. 모든 커패시터 값을 모두 $C$로, 모든 저항 값을 모두 $R$로 같다고 하였을 때, 출력을 결정하라.

**풀이:**

직교 하향변환기는 $+V_{sig} + V_{im}$, $-V_{sig} - V_{im}$, $+jV_{sig} - jV_{im}$, $-jV_{sig} + jV_{im}$를 생성한다. $\omega = (RC)^{-1}$에서, $R_1C_1$ 브랜치는 $V_{out1}$을 생성하기 위하여 $+V_{sig}$를 $-45°$ 만큼 회전시킨다. 유사하게 $R_2C_2$ 브랜치는 $V_{out2}$을 생성하기 위하여 $-V_{sig}$를 $45°$ 만큼 회전시킨다[그림 4.79(b)]. 반면에 이미지 성분은 영의 출력을 생성한다[그림 4.79(c)]. 여기서 중요한 점은 노드 1, 2, 3, 4의 순서를 생각할 때, $V_{sig}$는 시계 방향으로 90°씩 하나의 노드에서 다음으로 회전하고 $V_{im}$는 반시계 방향으로 90°씩 회전하는 것이다. 따라서 회로는 네 입력의 '시퀀스(sequence)'에 관하여 비대칭적인 응답을 보여준다.

그림 4.78(a)의 다중위상 회로는 '시퀀스-비대칭 다상 필터'라고 불린다[8]. 신호와 이미지는 다른 시퀀스를 갖는 입력에 도달하여 하나가 출력에서 통과하고, 나머지 하나는 억제된다. 그러나 만약 $\omega \neq (RC)^{-1}$일 경우는 어떠할까? 식 (4.93)에 $\omega = (RC)^{-1} + \Delta\omega$를 대입하면

$$V_{out1} = V_{sig}\frac{2 + RC\Delta\omega}{1 + j(1 + RC\Delta\omega)}, \tag{4.97}$$

그러므로

$$|V_{out1}|^2 = |V_{sig}|^2\frac{4 + 4RC\Delta\omega + R^2C^2\Delta\omega^2}{2 + 2RC\Delta\omega + R^2C^2\Delta\omega^2} \tag{4.98}$$

$$\approx 2|V_{sig}|^2\left(1 + RC\Delta\omega + \frac{R^2C^2\Delta\omega^2}{4}\right)\left(1 - RC\Delta\omega - \frac{R^2C^2\Delta\omega^2}{2}\right) \tag{4.99}$$

$$\approx 2|V_{sig}|^2\left(1 - \frac{5}{4}R^2C^2\Delta\omega^2\right). \tag{4.100}$$

즉,

$$|V_{out1}| \approx \sqrt{2}|V_{sig}|\left(1 - \frac{5}{8}R^2C^2\Delta\omega^2\right). \tag{4.101}$$

식 (4.97)에서 구하여진 $V_{out1}$의 위상은

$$\angle V_{out1} = \angle V_{sig} - \tan^{-1}(1 + RC\Delta\omega). \tag{4.102}$$

$\tan^{-1}(1 + RC\Delta\omega) \approx \pi/4 + RC\Delta\omega/2$ for $RC\Delta\omega << 1$ rad이기 때문에

$$\angle V_{out1} = \angle V_{sig} - \left(\frac{\pi}{4} + \frac{RC\Delta\omega}{2}\right). \tag{4.103}$$

그림 4.80(a)는 신호 네 개의 모든 위상 효과를 나타내고 있으며, 출력들이 차동와 직교 관계를 유지하는 것을 보여주고 있다.

이미지와 관련하여, 식 (4.96)으로 돌아가 네 개의 출력은 동일한 $V_{im}RC\,\Delta\omega/\sqrt{2}$값을 갖고 위상은 그림 4.80(a)의 신호 구성 성분과 유사하다. 출력 이미지 페이저는 그림 4.80(b)처럼 보인다. 독자는 $V_{out1}$이 $-45° - RC\,\Delta\omega/2$, $V_{out3}$이 $-135° - RC\,\Delta\omega/2$에 위치한다는 것을 증명해 보길 바란다.

그림 4.80에서 흥미로운 관찰은 출력 신호와 이미지 구성 성분이 *반대*(*opposite*)의 시퀀스를 나타낸다는 것이다[10, 11]. 그러므로 다상 필터에 다른 다상 필터에 따라 온다면, 이미지를 더 억제시킬 수 있음을 예측할 수 있다. 그림 4.81(a)는 이러한 종속 연결단을 보여주고 있다. 그림 4.81(b)는 더욱 쉽게 종속연결을 볼 수 있는 대안적인 그림을 보여 주고 있다.

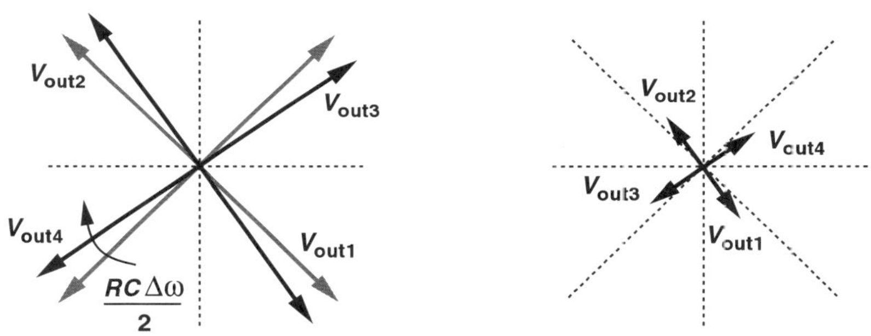


(a) (b)

**그림 4.80** *$\Delta\omega$의 오프셋 주파수에서 다상 필터의 효과 (a) 신호, (b) 이미지*

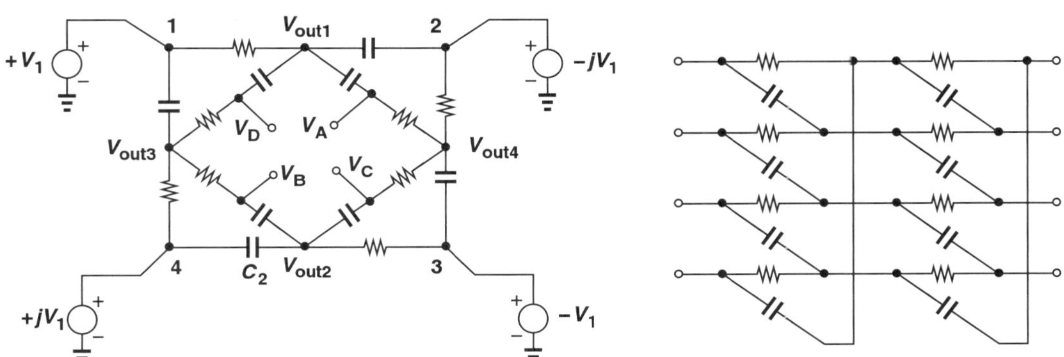


(a) (b)

**그림 4.81** *(a) 다상 단의 종속, (b) 대안 회로*

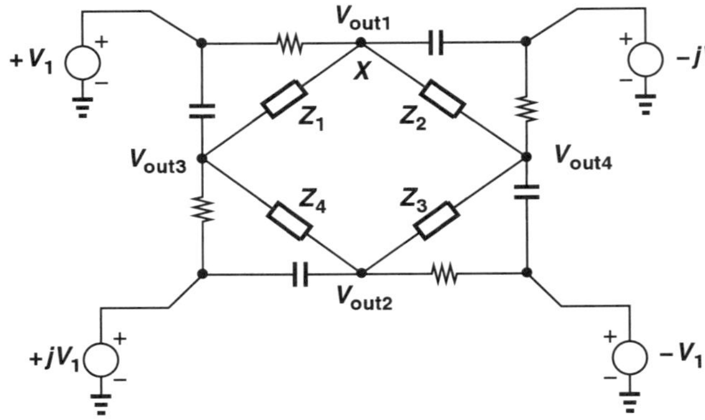


**그림 4.82** *두 번째 다상단(polyphase section)의 로딩의 효과*

이제 우리는 두 가지 질문에 대답을 해야 한다: (1) 첫째 단에 대한 두 번째 단의 부하(loading) 효과를 어떻게 설명할 것인가? (2) 두 번째 단의 $RC$ 값들을 어떻게 정할 것인가? 첫 번째 질문에 대한 대답으로써, 그림 4.82의 등가 회로를 살펴보자. 여기서 $Z_1$-$Z_4$는 두 번째 단에서 $RC$ 브랜치들을 나타낸다. 직관적으로, $Z_1$이 $V_{out1}$과 $V_{out3}$의 페이저를 서로의 방향으로, $Z_2$가 $V_{out1}$과 $V_{out4}$를 서로의 방향으로 '당기기'를 시도하는 것을 알 수 있다. 이처럼 만약 $Z_1 = \cdots = Z_4 = Z$라면, $V_{out1} - V_{out4}$는 회전하지 않지만, 부하효과로 그들의 진폭은 감소될 것이다. $V_{out1} - V_{out4}$의 각이 변하지 않고 유지되기 때문에 이를 $\pm\alpha(1 \pm j)V_1$로써 표현할 수 있다. 여기서 α는 두 번째 단으로의 부하효과에 의한 감소를 명시한다. 그러므로 노드 X로부터 $Z_1$과 $Z_2$로 흐르는 전류는 각각 $[\alpha(1 - j)V_1 - \alpha(1 + j)V_1]/Z_1$과 $[\alpha(1 - j)V_1 + \alpha(1 + j)V_1]/Z_2$와 같다. 노드 $X$로부터 흘러나오는 모든 전류를 합하면 그 결과는 0과 같으므로 다음과 같이 쓸 수 있다.

$$\frac{\alpha(1-j)V_1 - V_1}{R} + [\alpha(1-j)V_1 + jV_1]Cj\omega + \frac{\alpha(1-j)V_1 - \alpha(1+j)V_1}{Z} + \frac{\alpha(1-j)V_1 + \alpha(1+j)V_1}{Z} = 0. \tag{4.104}$$

이 등가는 0이 아닌 어떤 $V_1$ 값에 대해서 반드시 성립하여야 한다. 만약 $RC\omega = 1$이라면, 위의 식은 아래와 같이 감소될 수 있다.

$$2\alpha - 2 + \frac{2\alpha(1-j)R}{Z} = 0. \tag{4.105}$$

즉,

$$\alpha = \frac{Z}{Z + (1-j)R}. \tag{4.106}$$

이고, 예를 들어, 만약 $Z = R + (jC\omega)^{-1}$이라면, $\alpha = 1/2$이다. 이것은 동일한 단에 의한 로딩은 첫째 단의 출력의 2의 인자로 감소되는 것을 의미한다.

**예제 4.36** RF Microelecronics

만약 $Z = R + (jC\omega)^{-1}$이고 $RC\omega = 1$일 때, 그림 4.81(a)에서 $V_A$를 결정하라.

**풀이:**

그림 4.76(b)에서처럼, $V_{out1}$과 $V_{out2}$은 같은 위상 관계를 갖는 것을 살펴보았을 때, $V_{out1} = (1/2)(1 - j)V_1$이며 $V_{out4} = (1/2)(-1 - j)V_1$이다. 따라서, $V_A$는 단순히 $V_{out1}$과 $V_{out4}$의 벡터합이다.

$$V_A = -jV_1. \tag{4.107}$$

그림 4.76(b)와 비교하였을 때, 두 단 다상 필터는 하나의 단보다 $\sqrt{2}$배 더 작은 출력을 생성한다는 것을 알 수 있다. 각 단이 $\sqrt{2}$의 인자로 신호를 감소시킨다고 말할 수 있다.

두 번째 질문은 $RC$ 값의 선택과 관련되어 있다. 두 단이 $RC = R_0C_0$를 가진다고 가정하자. 그러면 종속 연결된 두 단은 이미지 감소가 주파수 $(R_0C_0)^{-1} + \Delta\omega$에서 식 (4.95)의 제곱과 같게 된다.

$$\left|\frac{V_{im,out}}{V_{im,in}}\right| \approx \frac{(R_0C_0\Delta\omega)^2}{2 + 2R_0C_0\Delta\omega}, \tag{4.108}$$

여기서, $\Delta\omega << (R_0C_0)^{-1}$에 관하여, $(R_0C_0\Delta\omega)^2/2$ 줄어든다. 그림 4.83은 이 현상을 하나의 단과 비교하여 도시하였다.

만약 두 개의 단이 서로 다른 시정수를 사용하면 어떻게 될까? 특별히, IF가 $\omega_0$로 주어진

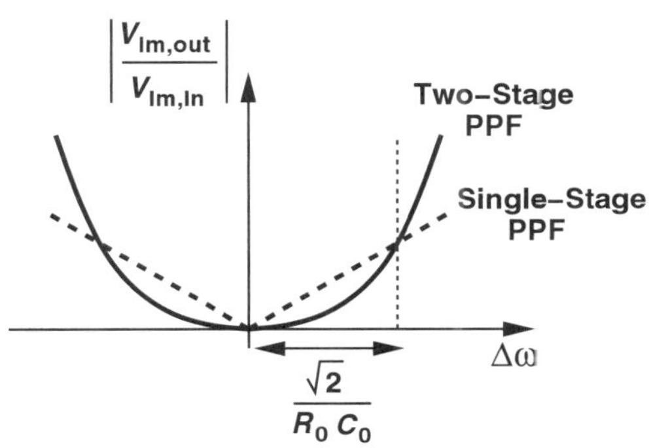


**그림 4.83** *하나 단과 두 단의 다상 필터에서의 이미지 제거*

상황에서 첫 번째 단의 시정수와 두 번째 단의 시정수가 각각 $R_1R_2$와 $R_2C_2$와 같다고 하자. 즉, $\omega_0 - (R_1C_1)^{-1} = (R_2C_2)^{-1} - \omega_0$이며 중심주파수가 위 아래로 이동한다. 식 (4.96)으로부터, 그림 4.84(a)와 같이 두 단의 이미지 제거를 보인다.[24] 이 두 함수 곱은 교차 영점을 $\omega_1 = (R_1C_1)^{-1}$과 $\omega_2 = (R_2C_2)^{-1}$에서 브랜치는 포물선을 그린다[그림 4.84(b)]. 독자는 $\omega_0$에서 감쇠가 $(\omega_1 - \omega_2)^2/(8\omega_1\omega_2)$와 같다는 것을 증명할 수 있을 것이다. 이 값은 충분히 작게 선택되어야 한다. 또한 독자는 60 dB의 감쇠를 위하여 $\omega_1 - \omega_2$가 대략 18%의 $\omega_0$을 초과하지 못한다는 것을 보여줄 수 있다.

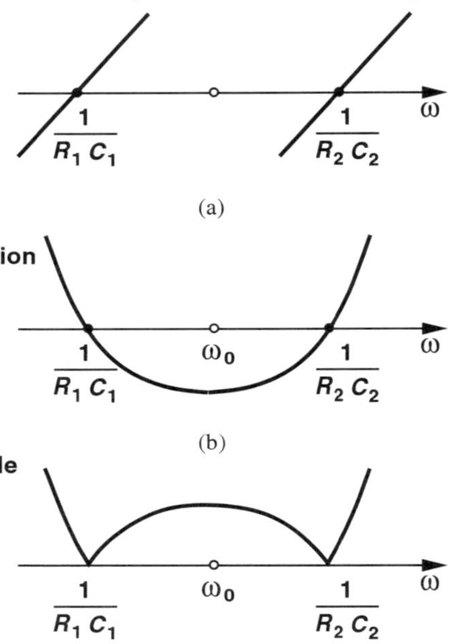


**그림 4.84** *(a) 동일하지 않은 두 다상단의 이미지 제거, (b) 종속 이미지 제거, (c) 종속 이미지 제거의 크기*

두 단의 차단 주파수를 다르게 선택하는 장점은 넓은 대역폭을 가질 수 있다는 점이다. 그림 4.85는 $\omega_1 = \omega_2 = \omega_0$와 $\omega_1 \neq \omega_2$에서 이미지 제거를 보여주고 있다. 다상 필터단의 종속연결은 감쇠와 추가적인 열잡음을 수반한다. 감쇠를 완화하기 위하여, 뒷 단의 저항은 이전의 것들 보다 높은 것들이 선택할 수 있으나 잡음이 커진다. 이러한 이유로, 다상 필터는 경우에 따라 RF 수신기에서만 사용된다. 낮은-IF구조에서 다상 필터는 채널 선택 필터링을 수행하기 위해 '복합 필터(complex filter)'로 구현될 수 있다[12].

24. 명확성을 위해, 식 (4.96)은 절대값을 포함하고 있지만 표는 음수를 허용한다.

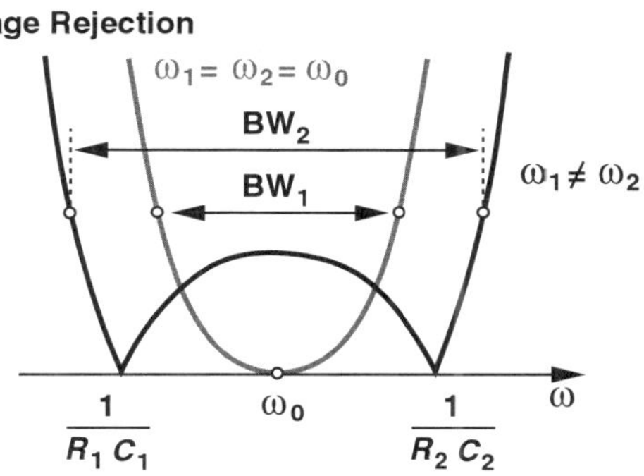


**그림 4.85** *두 개의 동일한 다상단과 동일하지 않은 다상단의 이미지 제거 비교*

**이중 직교 하향 변환(Double-Quadrature Downconversion)** 하틀리 구조를 다룰 때, RF 신호 경로와 LO 경로에서 부정합이 발생하는 주목하였다. 이 부정합의 효과를 줄이는 방법으로 '이중 직교' 하향 변환을 고려할 수 있다[10]. 그림 4.86에서처럼, 회로는 RF 신호를 직교 성분으로 분리하고, *각각*의 RF 구성 요소들을 직교 하향 변환을 수행한다. 그리고 최종 직교 IF 출력을 만들기 위하여 이를 더하거나 뺀다. 참고문헌[10]에 의하면 이 구조의 전체 이득과 위상 부정합은 아래와 같이 주어진다.

$$\frac{\Delta A}{A} = \frac{\Delta A_{RF}}{A_{RF}} \cdot \frac{\Delta A_{LO}}{A_{LO}} + \frac{\Delta G_{mix}}{G_{mix}} \tag{4.109}$$

$$\tan(\Delta\phi) = \tan(\Delta\phi_{RF}) \cdot \tan(\Delta\phi_{LO}) + \frac{\tan(\Delta\phi_{mix})}{2}, \tag{4.110}$$

여기서 $\Delta A_{RF}/A_{RF}$와 $\Delta A_{LO}/A_{LO}$는 RF 경로와 LO 경로에서 진폭의 부정합을 각각 나타내며,

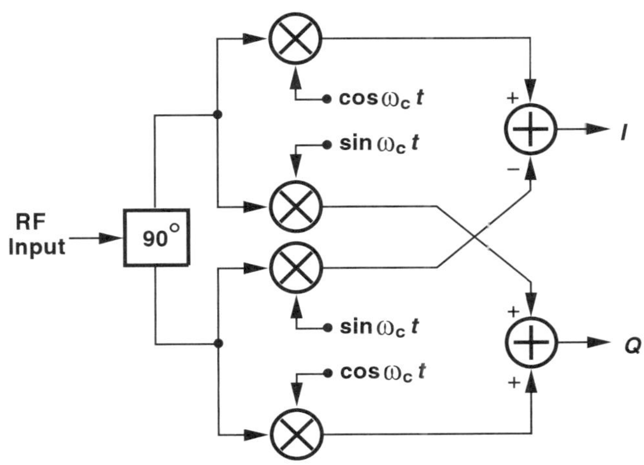


**그림 4.86** *이중 직교 하향 변환을 갖는 낮은-IF 수신기*

$\Delta\phi_{RF}$와 $\Delta\phi_{LO}$은 이에 해당하는 위상 부정합을 나타낸다. $\Delta G_{mix}/G_{mix}$와 $\Delta\phi_{mix}$는 믹서의 변환 이득과 위상 부정합을 각각 나타낸다. 이처럼 IRR은 오직 믹서의 부정합에 의해 제한받는데 이는 식 (4.109)와 (4.110)의 우측변의 첫 번째 항이 매우 작기 때문이다.

식 (4.109)와 (4.110)은 직교 구조의 IRR이 60dB 이하로 쉽게 떨어질 수 있다는 것을 보여준다. 이는 위상 부정합이 없을지라도, $\Delta G_{mix}/G_{mix}$가 반드시 IRR = 60 dB를 위해 0.1% 이하로 유지되어야 한다. 이는 매우 간단한 저항의 정합에서도 엄격한 주의가 필요하다. 더욱 안정적인 IRR 특성은 부정합 교정을 통해 얻을 수 있다[7, 9].

## 4.3 송신기 구조 Transmitter Architectures

### 4.3.1 일반적 고찰 General Considerations

RF 송신기는 변조(modulation), 상향 변환(upconversion), 그리고 전력 증폭의 기능을 수행한다. 오늘날 시스템의 대부분의 경우, 송신 데이터는 직교 기저대역 신호의 형태로 제공된다. 예를 들어 3장의 GSM의 GMSK 파형은 다음과 같이 표현된다.

$$x_{GMSK}(t) = A\cos[\omega_c t + m\int x_{BB}(t) * h(t)dt] \tag{4.111}$$

$$= A\cos\omega_c t\cos\phi - A\sin\omega_c t\sin\phi, \tag{4.112}$$

여기서,

$$\phi = m\int x_{BB} * h(t)dt. \tag{4.113}$$

이처럼, $\cos\phi$와 $\sin\phi$는 $x_{BB}(t)$로부터 만들어지는데, 이는 디지털 기저대역 프로세서에 의하여 만들어 지고, D/A 변환기에 의해 아날로그로 변환되어 송신기에 적용된다.

3장과 위의 GMSK 식에서 기저대역 펄스 성형(pulse shaping)이 필요하다는 것을 보았다. 각각의 사각 데이터 펄스는 부드러운 펄스로 변환되어야 한다. 펄스 성형은 아날로그 영역에서는 특히 낮은 주파수 대역에서 이루어지기 때문에 부피가 큰 필터가 필요하다. 따라서 각각의 입력 펄스는 디지털과 아날로그 기술의 조합으로 인하여 원하는 형태로 변환된다. 그림 4.87이 그 예이다[13, 14]. 입력으로 펄스 데이터가 들어오면, 이 입력 신호는 메모리의 어드레스 열을 생성하여 카운터를 동작시켜 ROM에 들어있는 파형 성형의 데이터를 불러온다. 이 신호 레벨은 순차적으로 아날로그 형태로 바뀌어 $A$와 $B$점에서 원하는 파형 성형이 이루어진다.

### 4.3.2 직접 변환 송신기 Direct-Conversion Transmitters

대부분의 송신기 구조는 4.2절에서 묘사되어진 수신기 구조와 유사하다. 그러나 그 동작은

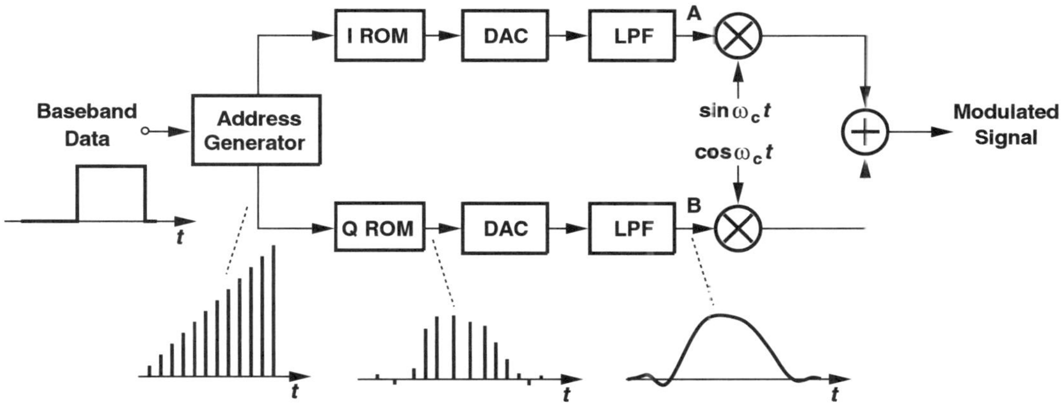


그림 4.87 *기저대역 펄스 성형*

역순으로 수행된다. 예를 들어, 수신기에서 LNA와 직교 하향 변환 믹서의 종속연결은 송신기에서 직교 상향 변환 믹서와 PA의 종속연결로 된다.

위의 GMSK 파형은 임의의 협대역 변조된 신호로 일반화될 수 있다.

$$x(t) = A(t)\cos[\omega_C t + \phi(t)] \tag{4.114}$$

$$= A(t)\cos\omega_C t\cos[\phi(t)] - A(t)\sin\omega_C t\sin[\phi(t)]. \tag{4.115}$$

그러므로 직교 기저대역 신호를 아래와 같이 정의할 수 있다.

$$x_{BB,I}(t) = A(t)\cos[\phi(t)] \tag{4.116}$$

$$x_{BB,Q}(t) = A(t)\sin[\phi(t)], \tag{4.117}$$

이 신호는 그림 4.88의 송신기로 구현된다. '직접 변환' 송신기로 불리는 이 구조는 직접 '직교 상향 변환'[25]을 이용하여 기저대역 스펙트럼을 RF 반송파 신호로 변환한다. 상향 변환은 PA와 매칭 회로로 이루어진다. 여기서 매칭 회로는 안테나에 최대의 전력을 공급하고 PA의

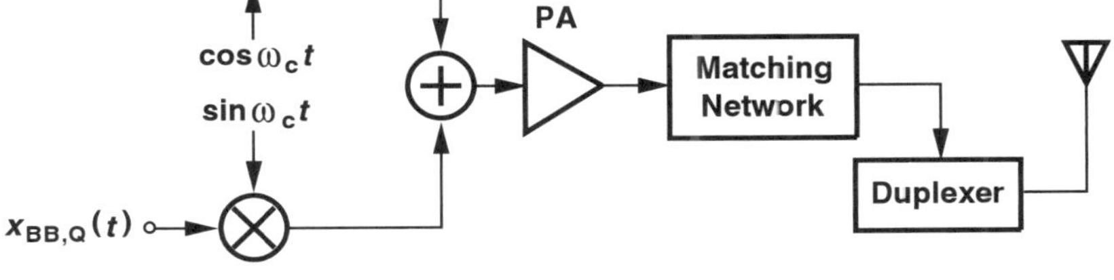


그림 4.88 *직접 변환 송신기*

25. 또한 '직교 변조기' 또는 '벡터 변조기'라고 알려져 있다.

비선형성에 의해 만들어지는 대역-외(out-of-band) 성분을 제거하는 역할을 한다(12장). 기저대역의 신호는 송신기에서 만들어지므로 충분히 큰 진폭(몇 백 밀리볼트)을 가지므로 수신기와 비교했을 때 믹서의 잡음은 덜 중요하다.

송신기 설계는 PA부터 시작한다. PA는 안테나에 필요한 전력을 제공하기 위해 (필요한 경우는 충분한 선형성을 갖도록) 설계된다. 높은 전류를 다루기 위해 큰 사이즈의 트랜지스터를 사용하므로 큰 입력 커패시턴스를 나타낸다. 따라서, 일반적으로 상향 변환기와 PA 사이에 전치구동증폭기(predriver)를 버퍼로 사용한다.

**예제 4.37** RF Microelecronics

전치구동증폭기를 생략하고, 단순히 상향 변환기를 '크게(scale up)'하여 PA를 직접 구동하려고 한다. 이 방법의 단점을 설명하라.

**풀이:**

상향 변환기를 크게 하기 위하여, 각 트랜지스터의 폭(width)과 바이어스 전류들을 키워야 한다. 저항과 인덕턴스 값들은 그에 맞춰 비례적으로 감소하여야 한다. 예를 들면, 상향 변환기를 트랜스컨덕턴스 $G_m$과 출력 저항 $R_{out}$(그림 4.89)[26]으로 모델화 할 수 있다면, 적절한 대역폭을 위해 $R_{out}$과 PA의 입력 커패시턴스를 줄여야 한다. 또한 $G_m$은 일정한 $G_mR_{out}$(일정한 전압 스윙)을 유지하기 위하여 충분히 클 수 있어야 한다. 실제로 상향 변환기는 공진 LC 로드를 적용하지만, 이 원리를 여전히 적용한다.

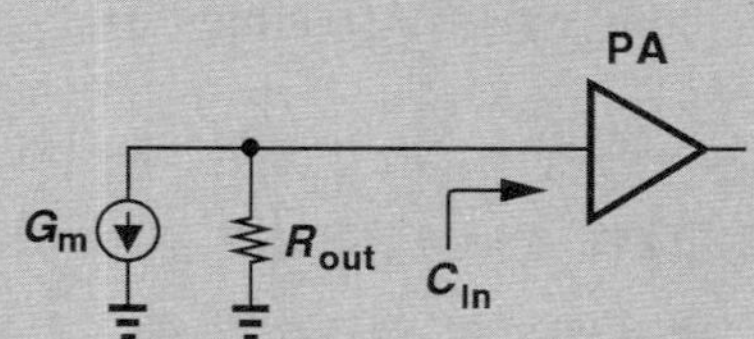


**그림 4.89** *PA 구동을 위한 직교 상향 변환기를 키우는 경우*

그림 4.88에서 트랜지스터를 키우면 기저대역과 믹서의 LO 포트에 바라보이는 커패시턴스가 커진다. 여기서 주된 문제는 이제 LO는 큰 로드의 커패시턴스가 보이므로, 자체 버퍼를 필요로 하게 된다. 또한 두 믹서는 높은 전력을 소모한다.

이 장에서 배운 다양한 송신 구조 중에, 직접 상향 변환 방법이 가장 간결한 풀이와 상대적으로 '깨끗한' 출력을 제공한다. 즉, 출력 스펙트럼은 단지 반송 주파수 근처에서 원하는

26. 이 개념 모델에서 상향 변환에서 일어나는 주파수 변환은 생략하였다.

신호(그리고 신호의 고조파)를 포함하고 있다. 그러나 불요파 성분은 없다.—직접 변환 수신기와 유사한 속성이다. 그럼에도 불구하고, 직접 상향 변환은 주의를 필요로 하는 다른 문제를 수반한다.

**I/Q 부정합(I/Q mismatch)** 4.2절에서 직접 변환 수신기에서 I/Q 부정합은 직교 기저대역 출력 사이에 '상호 누설(cross-talk)'을 야기하거나 이에 상응한 성상(constellation)에 왜곡을 가져온다. 이와 비슷한 효과를 송신기에서도 예상할 수 있다. 예를 들면, 3장의 직접 변환 수신기에서 본 것처럼, 상향 변환에서 $\Delta\theta$의 위상 부정합은 QPSK 신호의 성상점을 $I = \pm\cos\Delta\theta$과 $Q = \pm 1 \pm \sin\Delta\theta$로 이동시킨다. 3장에서 얻은 결과는 진폭 부정합을 포함하여 아래와 같이 확장할 수 있다.

$$x(t) = \alpha_1(A_c + \Delta A_c)\cos(\omega_c t + \Delta\theta) + \alpha_2 A_c \sin\omega_c t \tag{4.118}$$

$$= \alpha_1(A_c + \Delta A_c)\cos\Delta\theta\cos\omega_c t + [\alpha_2 A_c - \alpha_1(A_c + \Delta A_c)\sin\Delta\theta]\sin\omega_c t. \tag{4.119}$$

$\alpha_1$과 $\alpha_2$를 ±1값으로 가정하면, $\cos\omega_c t$와 $\sin\omega_c t$의 정규화 계수는 아래와 같이 4성상으로 나타난다.

$$\beta_1 = +\left(1 + \frac{\Delta A_c}{A_c}\right)\cos\Delta\theta,\ \beta_2 = 1 - \left(1 + \frac{\Delta A_c}{A_c}\right)\sin\Delta\theta \tag{4.120}$$

$$\beta_1 = +\left(1 + \frac{\Delta A_c}{A_c}\right)\cos\Delta\theta,\ \beta_2 = -1 - \left(1 + \frac{\Delta A_c}{A_c}\right)\sin\Delta\theta \tag{4.121}$$

$$\beta_1 = -\left(1 + \frac{\Delta A_c}{A_c}\right)\cos\Delta\theta,\ \beta_2 = 1 + \left(1 + \frac{\Delta A_c}{A_c}\right)\sin\Delta\theta \tag{4.122}$$

$$\beta_1 = -\left(1 + \frac{\Delta A_c}{A_c}\right)\cos\Delta\theta,\ \beta_2 = -1 + \left(1 + \frac{\Delta A_c}{A_c}\right)\sin\Delta\theta. \tag{4.123}$$

여기서 이 성상의 에러 벡터 크기(3장)를 살펴볼 수 있다.

송신기의 I/Q 부정합을 정량화하는 다른 접근으로는 그림 4.88에서 $I$와 $Q$의 입력에 $V_0\cos\omega_{in}t$와 $V_0\sin\omega_{in}t$의 투톤을 적용하여 출력 스펙트럼을 검사하는 것이다. 이상적인 경우, 출력은 간단히 다음과 같이 된다.

$$V_{out} = V_0\cos\omega_{in}t\cos\omega_c t - V_0\sin\omega_{in}t\sin\omega_c t = V_0\cos(\omega_c + \omega_{in})t$$

반면, 이득 부정합 $\varepsilon$와 위상 부정합 $\Delta\theta$가 존재하면

$$\begin{aligned} V_{out}(t) &= V_0(1+\varepsilon)\cos\omega_{in}t\cos(\omega_c t + \Delta\theta) - V_0\sin\omega_{in}t\sin\omega_c t \\ &= \frac{V_0}{2}[(1+\varepsilon)\cos\Delta\theta + 1]\cos(\omega_c t + \omega_{in})t \\ &\quad - \frac{V_0}{2}(1+\varepsilon)\sin\Delta\theta\sin(\omega_c + \omega_{in})t \end{aligned} \tag{4.124}$$

$$+\frac{V_0}{2}[(1+\varepsilon)\cos\Delta\theta-1]\cos(\omega_c-\omega_{in})t$$
$$-\frac{V_0}{2}(1+\varepsilon)\sin\Delta\theta\sin(\omega_c-\omega_{in})t. \tag{4.125}$$

원하지 않은 측파대 $\omega_c - \omega_{in}$에서의 전력을 원하는 측파대 $\omega_c + \omega_{in}$에서의 전력으로 나누면 아래와 같다.

$$\frac{P_-}{P_+}=\frac{[(1+\varepsilon)\cos\Delta\theta-1]^2+(1+\varepsilon)^2\sin^2\Delta\theta}{[(1+\varepsilon)\cos\Delta\theta+1]^2+(1+\varepsilon)^2\sin^2\Delta\theta} \tag{4.126}$$
$$=\frac{(1+\varepsilon)^2-2(1+\varepsilon)\cos\Delta\theta+1}{(1+\varepsilon)^2+2(1+\varepsilon)\cos\Delta\theta+1}, \tag{4.127}$$

이는 식 (4.77)의 이미지 제거비와 유사하다. 또한, 원하지 않는 측파대를 반송 주파수에 대한 원하는 측파대의 '이미지'라고도 부른다. 현실적인 상황에서 약 −30 dB의 $P_-/P_+$은 성상의 왜곡을 무시할만하다. 하지만 더 정확한 요구 사항은 변조의 방식에 따라 다르다.

**예제 4.38** RF Microelecronics

식 (4.125)에서 평균 전력 $V_{out}(t)$를 계산하라.

**풀이:**

$P_-$와 $P_+$를 더하고 그 결과를 $V_0^2/4$로 곱한다. $\varepsilon << 1$이면

$$\overline{V_{out}^2(t)}=\frac{V_0^2}{2}(1+\varepsilon). \tag{4.128}$$

출력 전력이 위상 부정합과는 무관하다는 사실이 흥미롭다.

만약 송신기의 I/Q 정합 회로가 불충분할 경우, 몇 가지 방법의 교정을 사용할 수 있다. 이를 위해, 이득과 위상의 부정합이 측정되어 수정되어야 한다. 원치 않은 측파대 전력을 I/Q 부정합을 측정하는 증상으로 사용할 수 있을까? 그렇다. 하지만 원하는 큰 측파대가 있는 상황에서 이 전력을 측정하기가 어렵다. 두 개의 측파대가 서로 너무 가까워 서로 간 필터에 의해 큰 측파대의 신호를 수십 dB 정도로 충분히 억제하기가 어렵다.

이제 단일 정현파를 상향 변환의 두 입력에 적용하여 보자(그림 4.90). 그 출력은 아래와 같다.

$$V_{out3}(t)=V_0(1+\varepsilon)\cos\omega_{in}t\cos(\omega_c t+\Delta\theta)-V_0\cos\omega_{in}t\sin\omega_c t \tag{4.129}$$
$$=V_0\cos\omega_{in}t(1+\varepsilon)\cos\Delta\theta\cos\omega_c t$$

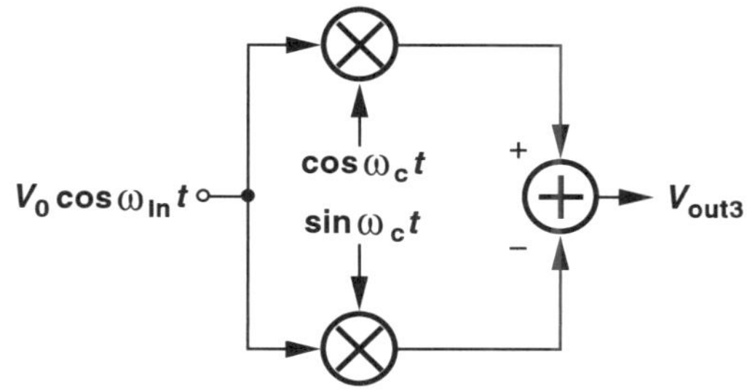


**그림 4.90** *위상 부정합을 찾기 위해 단일 정현파를 감지하는 직교 상향 변환*

$$- V_0 \cos \omega_{in} t[(1 + \varepsilon) \sin \Delta\theta + 1] \sin \omega_c t. \tag{4.130}$$

여기서, 출력은 같은 진폭의 두 측파대를 포함하고 있으며 아래와 같은 평균 전력을 전달한다.

$$\overline{V_{out3}^2(t)} = V_0^2[1 + (1 + \varepsilon) \sin \Delta\theta]. \tag{4.131}$$

위에서 기술한바와 같이, $\varepsilon$을 강제로 0으로 만들면 아래의 결과를 얻을 수 있다.

$$\overline{V_{out3}^2} - 2\overline{V_{out1}^2} = \sin \Delta\theta. \tag{4.132}$$

따라서, 위상 부정합의 교정은 이 값이 0이 되도록 수행한다.

이득 부정합 교정을 위해 두 개의 연속적인 테스트를 진행한다. 그림 4.91과 같이 테스트는 정현파를 한쪽 기저대역 입력에 적용하고 나머지는 0으로 설정하여 진행한다. 그림 4.91 (a)의 경우에,

$$V_{out1}(t) = V_0(1 + \varepsilon) \cos \omega_{in} t \cos(\omega_c t + \Delta\theta), \tag{4.133}$$

이고 평균 전력은

$$\overline{V_{out1}^2(t)} = \frac{V_0^2}{2} + V_0^2 \varepsilon. \tag{4.134}$$

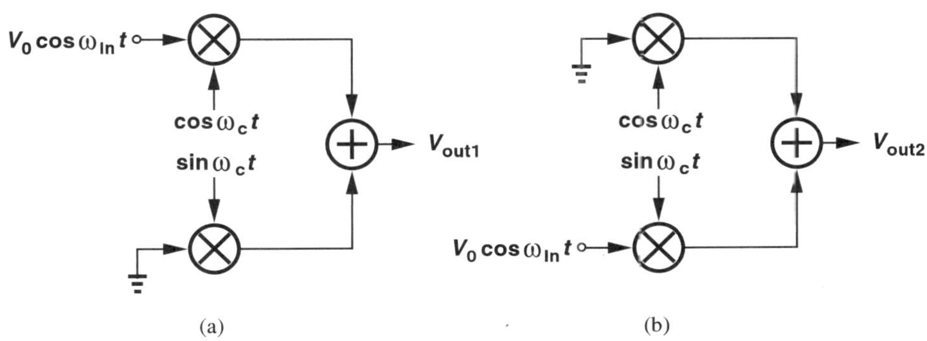


**그림 4.91** *(a) I 입력, (b) Q 입력에서 코사인 정현파를 감지하는 직교 상향 변환*

반면, 그림 4.91(b)에서

$$V_{out2}(t) = V_0 \cos \omega_{in} t \sin \omega_c t, \tag{4.135}$$

이고, 평균 전력은 아래와 같다.

$$\overline{V_{out2}^2(t)} = \frac{V_0^2}{2}. \tag{4.136}$$

즉,

$$\overline{V_{out1}^2(t)} - \overline{V_{out2}^2(t)} = V_0^2 \varepsilon, \tag{4.137}$$

이고, 이 차이가 0이 되도록 부정합값을 조정한다.

위의 테스트에서 $\overline{V_{out3}^2(t)}$와 $\overline{V_{out1}^2(t)} - \overline{V_{out2}^2(t)}$의 측정은 상대적으로 큰 분해능(resolution)을 필요로 한다. 예를 들면, $\Delta\theta = 1°$의 잔여 위상 부정합이 $\sin \Delta\theta = 1.75\%$로 변환된다. 이는 식 (4.131)에서 $\overline{V_{out3}^2(t)}$를 디지털화 하는 ADC에서 대략 7 ~ 8비트의 분해능을 의미한다.

우리는 기저대역에서 dc 오프셋이 I/Q 교정의 정확성에 영향을 미치는 것에 주목해야 한다. 아래에서 설명하려고하는 다른 영향인 '반송파 누설' 또한 I/Q 교정 전에 dc 오프셋 제거를 필요로 한다.

**반송파 누설(Carrier Leakage)** 그림 4.88의 송신기에서 직교신호를 생성하는 아날로그 기저대역 회로는 dc 오프셋을 발생 한다 또한 각 상향 변환 믹서의 기저대역 단에서도 마찬가지이다. 결과적으로 출력 신호는 다음과 같이 나타난다.

$$V_{out}(t) = [A(t)\cos\phi + V_{OS1}]\cos\omega_c t - [A(t)\sin\phi + V_{OS2}]\sin\omega_c t, \tag{4.138}$$

여기서 $V_{OS1}$과 $V_{OS2}$는 믹서의 입력 포트에 대한 총 dc 오프셋을 나타낸다. 그러므로 상향 전환 출력은 무변조 반송파의 일부를 포함하고 있다.

$$V_{out}(t) = A(t)\cos(\omega_c t + \phi) + V_{OS1}\cos\omega_c t - V_{OS2}\sin\omega_c t. \tag{4.139}$$

'반송파 누설'이라고 불리는 이 값은 아래와 같이 정량화될 수 있다.

$$\text{Relative Carrier Leakage} = \frac{\sqrt{V_{OS1}^2 + V_{OS2}^2}}{\sqrt{\overline{A^2(t)}}}, \tag{4.140}$$

이 현상으로 두 가지 부작용이 나타난다. 먼저 신호 성상을 왜곡시켜 송신 출력에서 에러 벡터 진폭을 증가시킨다. 예를 들면 $V_{out}(t)$이 QPSK의 신호라면,

$$V_{out}(t) = \alpha_1(V_0 + V_{OS1})\cos\omega_c t - \alpha_2(V_0 + V_{OS2})\sin\omega_c t, \tag{4.141}$$

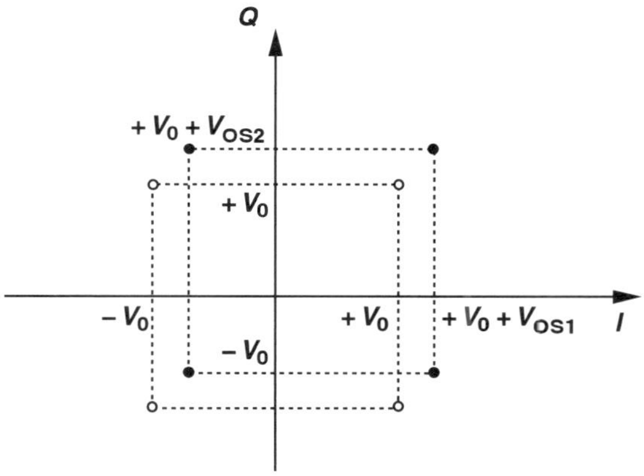


**그림 4.92** *수신된 신호 스펙트럼에 반송파 관통의 효과*

이다. 이상적인 직접-변환 수신기에 적용이 된다면, 기저대역 직교 출력은 dc 오프셋을 겪게 된다. 예를 들면, 성상에서 수직, 수평 이동을 들 수 있다(그림 4.92).

두 번째 부작용은 저대역 신호의 진폭의 변화에 따라 송신기 출력 전력이 넓은 범위에 걸쳐 변하는 경우에 문제가 된다. 예를 들면, 3장에 설명한 것처럼, 근거리-원거리 효과(near-far effect)를 피하기 위해 CDMA 단말기는 기지국 근처에 가까워지면 송신전력을 낮춰야만 한다. 그림 4.93(a)는 전력 조절 루프에 대한 개념을 보여주고 있다. 기지국은 단말기로부터 수신되는 전력 레벨을 측정하고, 기지국은 단말기에 송신 전력을 조절하도록 요청한다. 이 둘 사이의 거리가 가까울 때에는, 단말기 출력 전력은 매우 낮은 값으로 감소되어야 하는데, 반송파 누설이 존재하는 상황에서는 그림 4.93(b)의 스펙트럼을 보인다. 이 경우에 반송파 전력이 지배적이어서 실제 신호 전력의 측정이 어렵게 된다. 이 문제는 단말기의 출력 전력

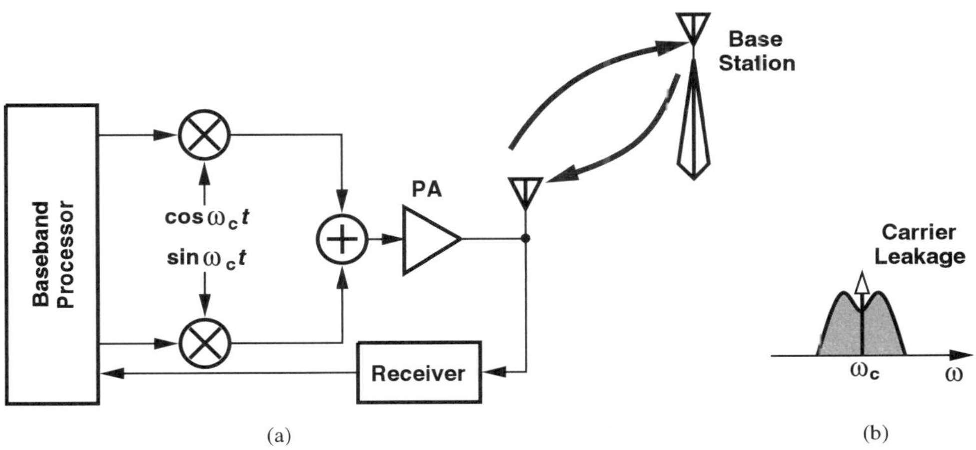


**그림 4.93** *(a) CDMA의 전력 조절 피드백 루프 (b) 반송파 누설의 효과*

이 기저대역의 스윙에 따라 조정 되는 경우 발생하며, PA 자체가 조절이 된다면 이 문제는 발생하지 않는다.

반송파 누설을 줄이기 위해, 식 (4.140)은 기저대역 신호의 스윙 $A(t)$는 충분히 큰 값을 선택되어야 함을 보이고 있다. 그러나 $A(t)$가 증가함에 따라, 상향 변환 믹서의 입력 포트는 점점 비선형적으로 동작한다. 그러므로 적절한 타협이 필요하다. 엄격한 응용에서는 오프셋은 반드시 반송파 누설을 최소화하기 위해 정돈(trim)되어야 한다. 그림 4.94에서와처럼, 두 개의 DAC가 송신기의 기저대역 포트에 묶여 있으며,[27] 전력 검출기(예를 들면, 정류기 또한 포락선 검파기)는 출력 레벨을 감지하고, 그 출력은 디지털화 된다. 반송파 누설 제거하는 동안에 기저대역 프로세서는 0의 출력을 만들고, 그 결과로 검출기는 오직 누설만을 측정하도록 한다. 이렇게 송신기, 검출기, DAC로 구성되어진 루프는 누설이 0이 되도록 유도하며, 그 마지막 DAC의 마지막 세팅을 레지스터에 저장한다.

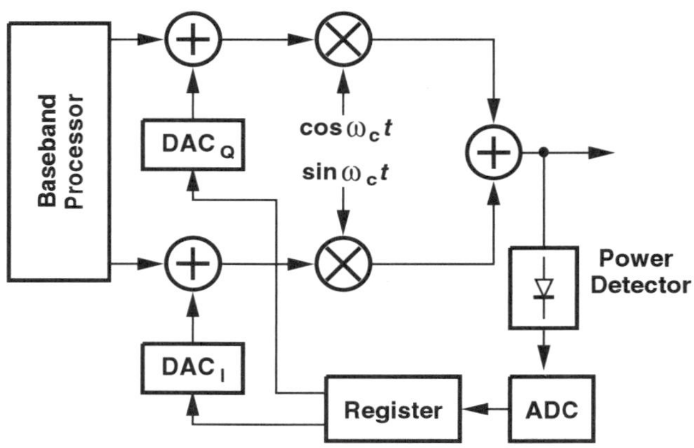


**그림 4.94** *기저대역 오프셋 조절에 의한 반송파 누설의 감소*

**예제 4.39** RF Microelecronics

단일 DAC를 사용하여 반송파 누설을 제거하는 것이 가능한가?

**풀이:**

아니다. 식 (4.139)는 어느 한 성분이 유한하게 남게 되면, $V_{OS1}\cos\omega_c t - V_{OS2}\sin\omega_c t$을 0으로 만들 수 있는 $V_{OS1}$ 또는 $V_{OS2}$의 선택은 없다.

그림 4.94의 루프가 수렴하기 위해 두 개의 DAC를 어떻게 조절해야 하는가? 최소자승법(least mean square, LMS)과 같은 적응 루프(adaptive loop)를 이용하면 이 문제를 해결할 수

27. DAC는 믹서 자체 안에 내장될 수 있다(6장).

있다. 대안적으로 '완결(exhaustive)' 탐색은 최선의 설정에 도달할 수 있다. 예를 들어 8비트의 DAC의 경우, 단지 256 × 256의 경우의 수가 존재하고 시스템은 어떤 조합이 가장 낮은 누설을 출력하는지 모든 경우의 수를 시도할 수 있다. 이러한 과정에서, 시스템은 두 DAC를 0으로 설정하고 시작하여 반송파 누설을 측정하고 이 값을 기억한다. 다음 DAC를 1 LSB 증가시켜 누설을 다시 측정하여 이 값을 이전 값과 비교한다. 만약 새로운 누설이 작을 경우 새로운 설정으로 대체한다.

**믹서의 선형성(Mixer Linearity)** 수신기의 하향 변환 믹서와는 다르게, 송신기의 상향 변환 믹서에는 간섭원이 입력되지 않는다. 그러나 상향 변환 믹서의 기저대역 단에서 과도한 비선형성은 신호를 나쁘게 만들거나 인접채널전력(3장)을 증가시킨다. 예를 들어 식 (4.112)로 표현되는 GMSK 신호를 생각해보자. 기저대역 I/Q 입력이 $\alpha_1 x + \alpha_3 x^3$로 주어지는 비선형을 겪는다고 가정해보자. 상향 변환된 신호는 아래와 형태를 갖는다고 가정하자[15].

$$V_{out}(t) = (\alpha_1 A\cos\phi + \alpha_3 A^3\cos^3\phi)\cos\omega_c t - (\alpha_1 A\sin\phi + \alpha_3 A^3\sin^3\phi)\sin\omega_c t \quad (4.142)$$

$$= \left(\alpha_1 A + \frac{3}{4}\alpha_3 A^3\right)\cos(\omega_c t + \phi) + \frac{\alpha_3 A^3}{4}\cos(\omega_c t - 3\phi). \quad (4.143)$$

두 번째 항은 GMSK 신호를 나타내는데 3승의 변조지수를 가지고 있으며, 이는 보다 큰 대역을 차지한다. 믹서의 기저대역 단에서 주어진 기저대역 스윙의 1% 이내의 비선형성을 갖는다면 무시할 수 있음을 시뮬레이션을 통해 알 수 있다[15].

가변-포락선 신호에 대하여는 $A^3(t)$는 식 (4.143)의 양쪽에 있어, 그 영향이 악화됨을 알 수 있다. 필요한 믹서의 선형성은 일반적으로 시뮬레이션을 통해 구할 수 있다. 그러나, 대부분의 경우(좋은 설계에서는)에 기저대역의 신호의 스윙을 증가시키면 믹서의 비선형성이 나타나기 *전에* PA의 출력이 압축되기 시작한다. 이에 대해 다음에 설명한다.

**송신기 선형성(Tx Linearity)** 송신기의 선형성은 반드시 스펙트럼 재생성(spectral regrowth)(인접 채널 전력) 요구, 그리고/또는 송신되어야 할 신호가 견딜 수 있는 왜곡에 따라 선택되어져야 한다. 3장에서 언급하였듯이, 이 효과들은 가변 포락선 변조 방식에서 더 중요하게 된다. 스펙트럼 재생성은 12장에서 다루고, 여기에서는 신호의 왜곡에 관하여 다루도록 하겠다.

가변 포락선 변조 신호의 왜곡은 일반적으로 이 신호가 경험하는 압축에 의해 설명될 수 있다. 그림 4.95를 살펴보자. 시뮬레이션에서 신호의 비선형성을 특정 지우는데, 이는 신호의 크기가 얼마나 성상의 저하 또는 비트 에러율을 무시할 수 있을 정도로 1 dB 압축점에 가까이 다가갈 수 있는지를 나타낸다. 예를 들면, 802.11a에서 64-QAM OFDM 신호의 평균 전력은 주어진 회로의 $P_{1dB}$ 보다 8 dB 아래로 유지 되어야 한다. 이것을 두고 회로가 반드시 '8 dB 백오프(back-off)'에서 동작해야 한다고 말한다. 달리 말하면, $V_0$의 최고 스윙을 1 dB 압축점에 둔다면, 평균 전력 스윙은 $V_0/2.51$을 초과해서는 안 된다.

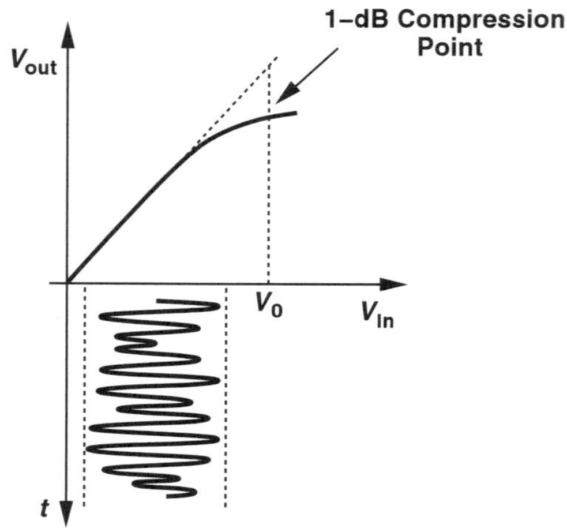


**그림 4.95** *압축 시스템에 적용된 가변 포락선 신호*

송신기 체인에서 신호는 어느 단에서든 압축을 경험한다. 체인에 따라 신호 레벨(dB)이 표시된 그림 4.96에서의 예를 살펴보자. 가장 큰 전압 스윙은 PA의 출력에서 발생하기 때문에, 이 단은 송신단의 압축에 지배적이다. 예를 들면, 좋은 설계라면 PA의 출력이 $P_{1dB}$에 접근함에 따라 상기의 단은 반드시 압축 아래에 잘 유지 되어야 한다. 이를 보장하기 위하여, PA의 이득을 최대화하고 전치 구동증폭와 이전 단의 출력 스윙을 최소화해야 한다. 이러한 요구는 PA 설계함에 있어서 추가적인 고려사항이다(12, 13장).

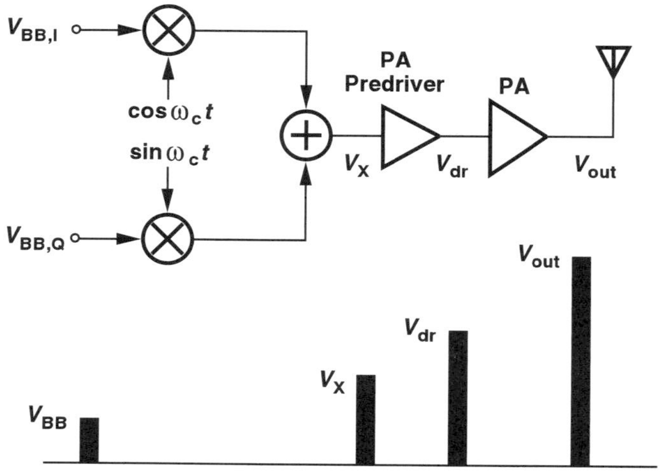


**그림 4.96** *송신 체인 따른 신호의 레벨 차트*

**예제 4.40** RF Microelecronics

전치 구동증폭기와 PA가 3차 특성을 보인다고 할 때, 두 종속연결단의 1 dB 압축점을 구하라.

**예제 4.40** *(계속).* RF Microelecronics

**풀이:**

전치 구동증폭기의 비선형성을 $\alpha_1 x + \alpha_3 x^3$, PA의 비선형성을 $\beta_1 x + \beta_3 x^3$라고 하였을 때, PA 출력을 다음과 같이 쓸 수 있다.

$$y(t) = \beta_1(\alpha_1 x + \alpha_3 x^3) + \beta_3(\alpha_1 x + \alpha_3 x^3)^3 \tag{4.144}$$

$$= \beta_1\alpha_1 x + (\beta_1\alpha_3 + \beta_3\alpha_1^3)x^3 + \cdots \tag{4.145}$$

처음 두 성분이 지배적이면, 1dB 압축점은 다음의 $x$와 $x^3$의 계수로 나타나게 된다.

$$A_{1dB,in} = \sqrt{0.145\left|\frac{\beta_1\alpha_1}{\beta_1\alpha_3 + \beta_3\alpha_1^3}\right|}. \tag{4.146}$$

여기서 독자는 $\beta_3 = 0$ 또는 $\alpha_3 = 0$인 특별한 경우에 대하여 생각하여보고 그 결과를 직관적으로 정당화해 보기를 권한다. $\beta_1\alpha_3 = -\beta_3\alpha_1^3$일 경우, $x^3$의 계수는 0으로 떨어지고, $A_{1dB,in} \to \infty$로 되는 점은 흥미롭다. 첫 번째 단의 압축은 다른 단의 확장으로 제거되기 때문이다.

출력 전력이 관심사인 송신기에서, 출력에서 압축 행동 또한 정량화 되어야 한다. 출력 레벨은 $A_{1dB,in}$의 이상적인 값보다 1 dB 아래에 있으므로, 우리는 $A_{1dB,in}$을 전체 이득으로 곱한 다음 그 결과를 1 dB 낮춤으로서 출력 압축점을 구할 수 있다.

$$A_{1dB,out} = A_{1dB,in} \times |\alpha_1\beta_1| \times \frac{1}{1.12}, \tag{4.147}$$

여기서 1/1.12의 인자는 1 dB 이득 감소를 의미한다. 그러므로

$$A_{1dB,out} = \frac{0.34|\alpha_1\beta_1|\sqrt{|\beta_1\alpha_1|}}{\sqrt{\beta_1\alpha_3 + \beta_3\alpha_1^3}}. \tag{4.148}$$

이다.

**발진기 인입(Oscillator Pulling)** 위에서 제기된 문제들은 송신기 구조에 전반적으로 적용되는 것에 반해, 특별히 직접-변환 구조에 제기되는 중요한 문제가 있다. 그림 4.97(a)와 같이, PA의 출력은 매우 큰 스윙(50-Ω 부하에 1 W를 전달하기 위해서는 20 $V_{pp}$)을 갖는 상황에서 실리콘 기판, 패키기 기생성분, 인쇄 회로 기판의 트레이스를 통하여 시스템의 여러 부품에 간섭을 일으킨다. 이처럼, 상당한 크기의 PA 출력의 일부분이 국부 발진기와 결합한다. PA가 오프칩인 경우에도, PA 드라이버가 여전히 LO에 인입한다. PA출력 스펙트럼의 중심주파수

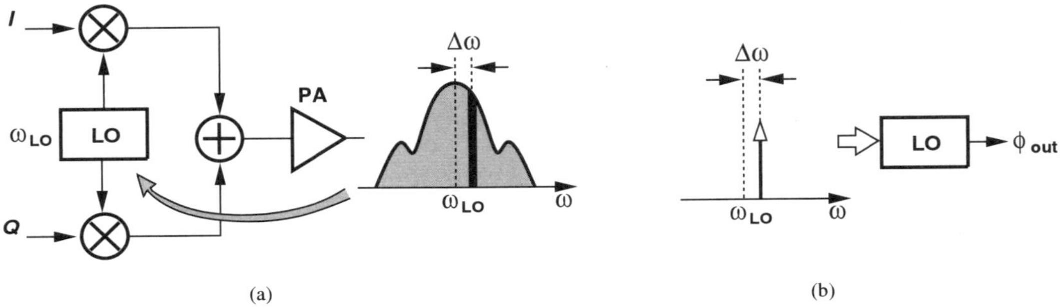


**그림 4.97** *(a) 직접 하향 변환 송신에서 PA에 의한 LO의 인입, (b) 발진기로의 인입을 그린 개념도*

는 직접-변환 송신기의 $\omega_{LO}$와 같음에 유의하자.

$\omega_{LO} + \Delta\omega$에 중심을 둔 출력 스펙트럼의 '작은 조각(sliver)'을 생각하여 보자. 이는 같은 에너지를 갖는 임펄스 모델로 표현될 수 있다[그림 4.97(b)]. 그러므로 만약 $\omega_1 = \omega_{LO} + \Delta\omega$의 주파수를 갖는 정현파가 $\omega_{LO}$의 동작 주파수를 갖는 발진기에 '주입'되었을 때 어떠한 일이 발생하는지 생각해 볼 필요가 있다. '발진기 인입(oscillator pulling)'이라고 불리는 이 현상은 광범위하게 연구되어 오고 있으며[16, 17], 8장에서 분석이 이루어졌다. 이러한 조건에서 발진기의 출력 위상 $\phi_{out}$은 주기적으로 변조된다. 사실상, 그림 4.98(a)에서 $\phi_{out}$는 주기의 일정 부분 이상에 대해서는 90°(입력 위상에 비하여)를 유지하며, 이어서 빠른 360° 회전도 경험한다. 그러므로 입력과 출력 파형은 그림 4.98(b)처럼 나타나게 된다. 이는 출력 스펙트럼은 거의 모든 임펄스가 입력 주파수인 $\omega_{inj}$ (= $\omega_{LO} + \Delta\omega$)로부터 멀리 떨어져 생기게 되는

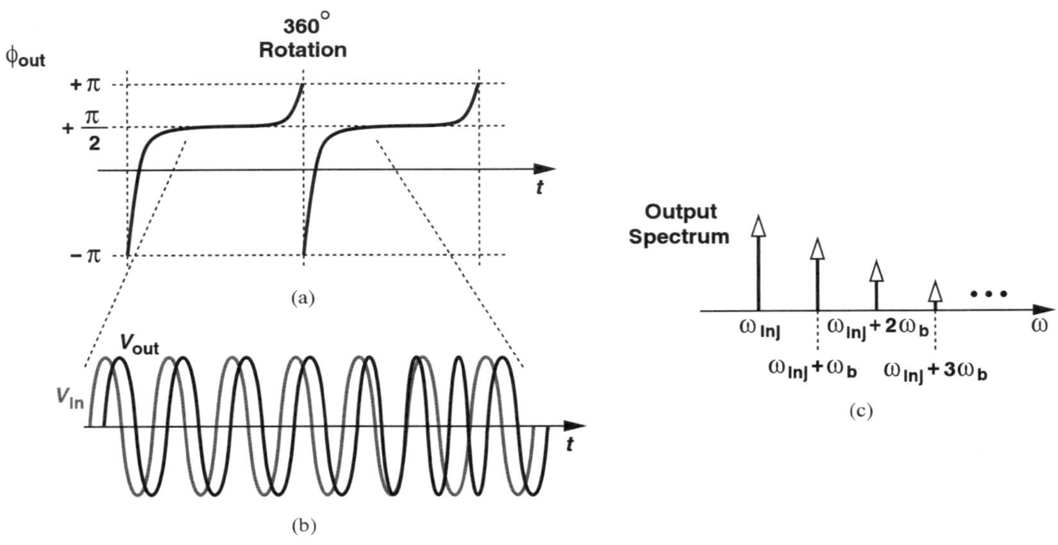


**그림 4.98** *(a) 인입이 된 경우에 LO 출력 위상의 움직임, (b) 시간 영역에서의 슬립 사이클 (c) 결과 스펙트럼*

매우 비대칭적인 특성을 보인다[그림 4.98(c)]. 임펄스 간의 간격은 그림 4.98(a)의 위상 변화의 주파수와 같으며 $\Delta\omega$와 같지 않다는 것을 명심하라.[28]

출력 전력이 어느 정도가 되어야 인입이 문제가 될까? 그 대답은 여러 가지 요소에 달려 있다. (1) LO의 내부 전압과 전류의 스윙(이것들이 클수록, 인입의 효과는 적다) (2) 발진기에 사용되는 회로의 Q (3) PA 출력 차동 여부, 차동일 경우에 LO의 결합이 싱글엔드인 경우보다 30 ~ 40 dB 낮다.[29] (4) LO을 조절하는 피드백 루프(신시사이저)가 얼마나 인입을 줄이느냐[17] (5) 레이아웃의 대칭과 패키징의 종류 등에 달려 있다. 그럼에도 불구하고 일반적인 설계에서 PA 출력이 0 dBm을 초과하면 인입 현상은 심각하게 작용한다.

인입 현상을 피하기 위하여, PA의 출력 주파수와 발진기의 주파수는 반드시 충분히 다르게(20% 이상) 만들어져야 하는데 그림 4.97의 구조에서는 불가능하다. 이런 원리로부터 앞으로 설명할 다양한 종류의 송신기 구조와 주파수 계획(frequency plan)이 만들어진다.

**수신기 대역으로의 잡음(Noise in RX band)** 3장에서 설명하였듯이, 몇몇 표준(예 GSM)에서는 송신기가 수신 대역으로 출력할 수 있는 최대 잡음을 명시하고 있다. 직접-변환 송신기에서는 기저대역 회로, 상향 변환기, PA가 수신 대역에서 큰 잡음을 만들어 낸다. 이러한 문제를 풀기 위하여 '오프셋-PLL' 송신기가 사용될 수 있다(9장).

### 4.3.3 최신 직접-변환 송신기 Modern Direct-Conversion Transmitters

오늘날 대부분의 직접-변환 송신기는 발진기의 주파수가 PA의 출력 주파수와 같아지는 것을 피하고 있다. 혼동을 피하기 위해, LO 주파수를 $\omega_{LO}$, 반송 주파수를 $\omega_c$라고 하자. 이러한 작업은 $\omega_{LO}$를 충분히 $\omega_c$에서부터 떨어뜨림으로 *달성*될 수 있다. 그리고 $\omega_c$는 $\omega_{LO}$를 분주하거나 체배하여 만들어 낼 수 있다.

그림 4.99는 $\omega_{LO} = 2\omega_c$를 갖는 일반적인 예를 보여주고 있다. 2-분주 회로가 LO 다음에 있으므로 직교 위상을 갖는 $\omega_{LO}/2$를 생성할 수 있다. 이 구조는 두 가지 이유에서 유리하다: (1) 인입 효과를 상당히 줄일 수 있다. (2) 분주 회로를 통해 손쉽게 반송파의 직교 위상을 만들 수 있다. 다른 방법으로 직교 위상을 생성하는 것은 어려운 작업이다(8장).

그림 4.99의 구조는 완벽하게 인입을 제거하지는 못한다. PA의 비선형성으로 반송파의 이차 고조파에 해당하는 일정량의 전력을 만들어내기 때문에, LO로 여전히 인입된다. 그럼에도 불구하고 적절한 레이아웃과 격리 기술은 이 효과를 억제시킨다.

---

28. 주입되는 신호 주파수가 발진기 주파수의 고조파인 $2\omega_{LO}$ 주변에 형성되면, 인입이 또한 발생할 수 있다. 이 효과를 우리는 '수퍼하모닉 인입(super-harmonic pulling)'이라고 부른다.
29. 이는 차동 PA가 대칭 인덕터 대신 '싱글 엔드형' 인덕터를 사용하는 경우를 말한다(7장).

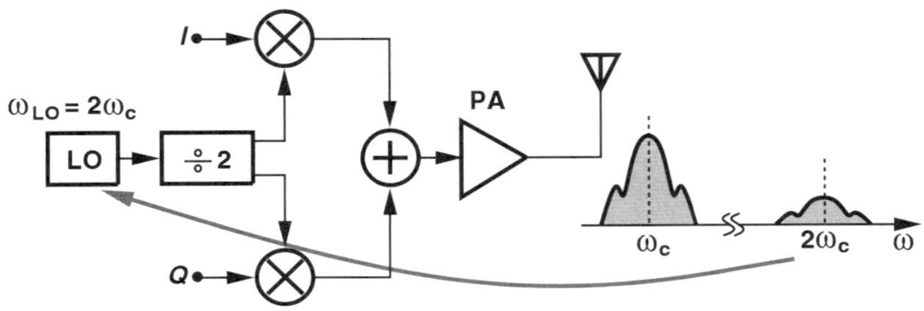


**그림 4.99** *LO 인입을 최소화하기 위해 두 배의 반송 주파수에서 동작하는 LO의 사용*

**예제 4.41** RF Microelecronics

$\omega_c$를 만들어 내기위해 $\omega_{LO} = \omega_c/2$를 선택하여 주파수 2 체배기를 사용하는 것이 가능한가?

**풀이:**

가능하다. 그러나 2 체배기는 일반적으로 직교 위상을 제공하지 않으므로 추가적인 직교 생성단을 필요로 하게 만든다. 그림 4.100은 2 체배기가 다상 필터(4.2.5절)에 적용된 예를 보여준다. 이 구조의 장점은 PA 출력의 고조파가 LO을 인입할 수 없다. 심각한 단점은 2 체배기 다상 필터가 높은 손실을 갖게 되어 전력을 많이 소모하는 버퍼를 필요로 하게 된다.

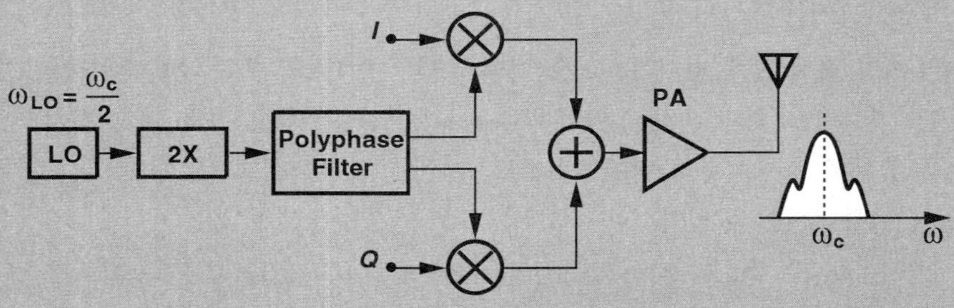


**그림 4.100** *LO 인입을 최소화하기 위해 절반의 반송 주파수에서 동작하는 LO의 사용*

그림 4.99 구조의 주요 단점은 분주 회로가 필요로 하는 속도로부터 기인한다. 반송주파수의 두 배에서 동작함으로써 나누기 회로가 전체 송신기의 속도 병목이 될 수 있다(10장에서 분주기 설계를 다룬다). 그럼에도 불구하고 앞으로 살펴보겠지만, 다른 송신기 구조들은 더 심각한 단점을 가지고 있다. 분주기 설계에 상당한 노력으로 인해 이 구조가 잘 구현되고 있다.

또 다른 LO 주파수를 유도하기 위한 방법은 믹서의 사용을 통해서이다. 예를 들면, $\omega_1$과 $\omega_2$에서 동작하는 두 개의 발진기 출력을 믹싱하여 $\omega_1 + \omega_2$ 또는 $\omega_1 - \omega_2$를 만들어 낼 수 있다. 그럼에도 불구하고, 4.2절에서 배운 수신기 구조와 마찬가지로, 단일 발진기와 서브하모닉(subharmonic, 부고조파)을 얻기 위해 나누기회로를 활용하는 것이 바람직하다. 그림 4.101(a)를 살펴보자. 여기서 발진기의 주파수는 2로 나누어지고 두 개의 출력은 믹싱된다. 결과는 같은 크기의 $\omega_1 \pm \omega_1/2$ 성분을 얻는다. 한 신호는 $\omega_1$에 대하여 다른 신호의 이미지라고 부른다.

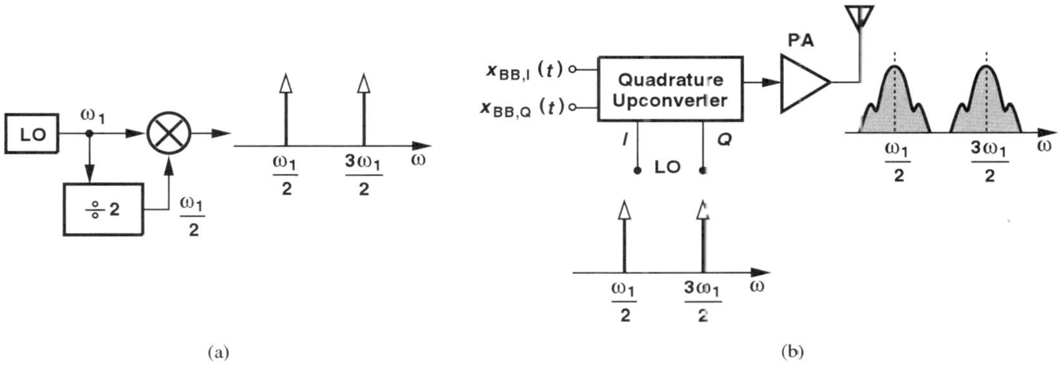


**그림 4.101** *(a) LO 출력 주파수와 이의 절반 주파수의 혼합, (b) 송신기 출력에서 두 개 사이드 대역의 효과*

두 성분 모두 유지될 수 있을까? 이러한 LO 파형을 사용한 송신기에서, 상향 변환 출력은 같은 크기 전력을 가지며 두 반송 주파수에서 신호 스펙트럼을 가질 것이다[그림 4.101(b)]. 그리하여 안테나로 전달되는 전력의 절반은 버려지게 된다. 더 나아가 원치 않은 반송 주파수에서 송신되는 전력은 다른 채널과 대역에서의 통신을 힘들게 한다. 그러므로 하나의 성분(예 $\omega_1/2$ 성분)은 억제되어야 한다.

두 주파수가 3의 인자(factor)로 차이가 나기 때문에 필터링을 통하여 원치 않은 반송파를 제거하는 것은 힘들다. 예를 들면 문제 4.24에서 $3\omega_1/2$에서 공진하는 2차 LC 필터는 $\omega_1/2$ 구성 성분을 $8Q/3$의 인자로 감쇠시키는 것을 보았다. 5에서 10의 범위에 갖는 $Q$의 경우에 감쇠는 25에서 30 dB로 이루어져, 원치 않은 인접 대역에서 버려지는 전력을 줄이는데 적합하지만 다른 채널의 손실을 피하기에는 부적합하다. 다른 문제는 그림 4.101(a)의 출력이 직교 형태에서는 사용이 불가능 하다는 점이다.

원치 않는 측파대를 억제하는 대안적 방법은 '단일측파대(singlesideband, SSB)' 믹싱을 사용하는 것이다. 삼각함수 $\cos\omega_1 t\cos\omega_2 t - \sin\omega_1 t\sin\omega_2 t = \cos(\omega_1 + \omega_2)t$를 기반으로 그림 4.102(a)처럼 SSB 믹싱은 직교 위상 $\omega_1$과 $\omega_2$ 곱한 뒤 그 결과를 빼는 과정을 거친다.—이는 그림 4.88의 직교 상향 변환으로 구현한 것과 같다.

SSB믹서는 4.102(b)의 표시와 같이 기호로 표현할 수 있다. 물론, 이득과 위상의 부정합으로 원치 않은 측파대가 발생하는데 이는 식 (4.127)로 표현된다. 일반적인 부정합은 $P_-/P_+$이 30에서 40 dB 부근으로 떨어지며 이차 LC 단의 필터링을 통하여 측파대는 추가로 25에서 30 dB 더 감쇠될 수 있다.

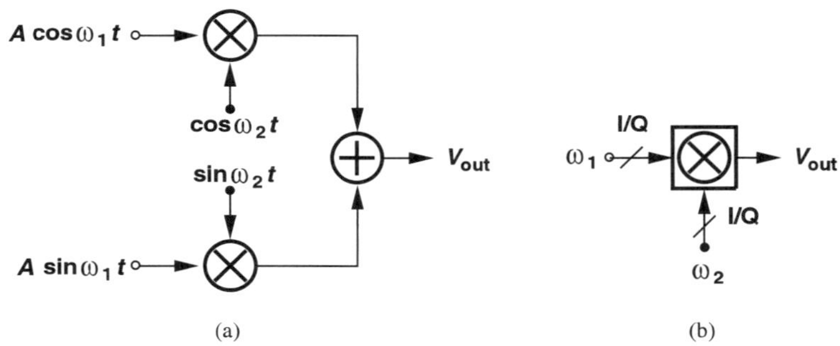


**그림 4.102** *단일측파대 믹서의 (a) 구현, (b) 단순화된 기호*

이미지 측파대에 더하여, 입력 주파수의 고조파는 또한 SSB 믹서의 출력을 악화시킨다. 예를 들면, 그림 4.102(a)의 각각의 믹서는 $A\sin\omega_1 t$ 또는 $A\cos\omega_1 t$를 감지하는 포트에서 3차 비선형성을 갖는다고 가정하자. 이 비선형성은 $\alpha_1 x + \alpha_3 x^3$의 형태를 가지고, 출력은 아래와 같이 표현될 수 있다.

$$V_{out}(t) = (\alpha_1 A\cos\omega_1 t + \alpha_3 A^3\cos^3\omega_1 t)\cos\omega_2 t - (\alpha_1 A\sin\omega_1 t + \alpha_3 A^3\sin^3\omega_1 t)\sin\omega_2 t \tag{4.149}$$

$$= \left(\alpha_1 A + \frac{3\alpha_3 A^3}{4}\right)\cos\omega_1 t\cos\omega_2 t - \left(\alpha_1 A + \frac{3\alpha_3 A^3}{4}\right)\sin\omega_1 t\sin\omega_2 t + \frac{\alpha_3 A^3}{4}\cos 3\omega_1 t\cos\omega_2 t + \frac{\alpha_3 A^3}{4}\sin 3\omega_1 t\sin\omega_2 t \tag{4.150}$$

$$= \left(\alpha_1 A + \frac{3\alpha_3 A^3}{4}\right)\cos(\omega_1 + \omega_2)t + \frac{\alpha_3 A^3}{4}\cos(3\omega_1 - \omega_2)t. \tag{4.151}$$

출력 스펙트럼은 $3\omega_1 - \omega_2$에서 불요파를 포함하고 있다. 비슷하게, $\sin\omega_2 t$와 $\cos\omega_2 t$를 감지하는 믹서 포트에서 3차 비선형성은 $3\omega_2 - \omega_1$의 성분이 출력에 나타난다. 전체적인 출력 스펙트럼(부정합의 존재시)은 그림 4.103과 같다.

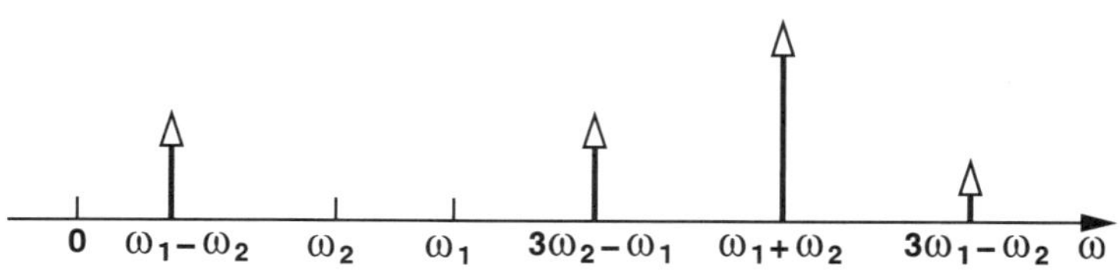


**그림 4.103** *비선형성과 부정합이 존재하는 상황에서 SSB 믹서의 출력 스펙트럼*

그림 4.104는 $V_{in1}$을 감지하는 포트는 선형적이지만 $V_{in2}$에 의해 구동되는 것이 비선형적인 믹서의 예를 보여준다. 2장에서 설명한 것과 같이, 회로는 $V_{in1}$에 0과 1사이를 토글링하는

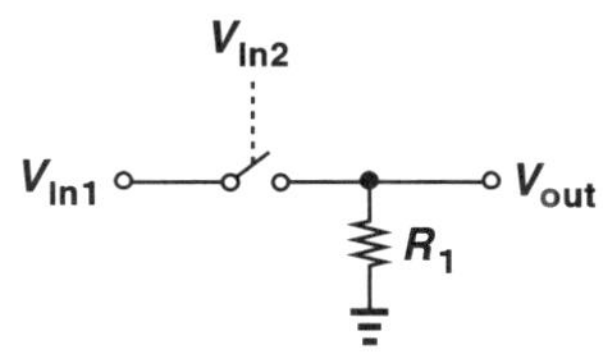


**그림 4.104** *단순한 믹서*

*사각파*가 곱해진다. 즉, $V_{in2}$의 3차 고조파가 오직 기본 주파수의 삼분의 일이지만, 이는 그림 4.103에서 보듯이 큰 불요파를 발생한다.

위의 불요파는 얼마나 심각할까? 일반적인 믹서 설계(6장)에서, 오직 하나의 포트를 선형화 하는 것은 가능하며 따라서 그 포트에서 작은 3차 고조파를 유지할 수 있다. 그러나 믹서의 합리적인 이득(혹은 손실)을 유지하기 위해서 나머지 한 포트는 매우 비선형적이다. 그러므로 $3\omega_1 - \omega_2$와 $3\omega_2 - \omega_1$의 두 불요파사이에서, 불요파 중 하나만 수용할 만한 레벨로 낮출 수 있는 반면, 나머지는 원하는 성분 아래로 10 dB (삼분의 일정도) 작게 유지된다. 예를 들면 $\omega_2 = \omega_1/2$일 경우 $3\omega_1 - \omega_2 = 5\omega_1/2$이며 $3\omega_2 - \omega_1 = \omega_1/2$이다. 후자를 억제하기 위해 $\omega_2$를 감지하는 포트를 선형화 할 수는 있지만 전자는 여전히 상당한 필터링이 필요하다.

직접-변환 송신기 사용에 있어 SSB믹서는 반송파의 직교 위상을 제공해야만 한다. 이는 $\sin\omega_1 t\cos\omega_2 t + \cos\omega_1 t\sin\omega_2 t = \sin(\omega_1 + \omega_2)t$이므로 그림 4.105와 같이 SSB 믹서를 복제하여 구현할 수 있다.

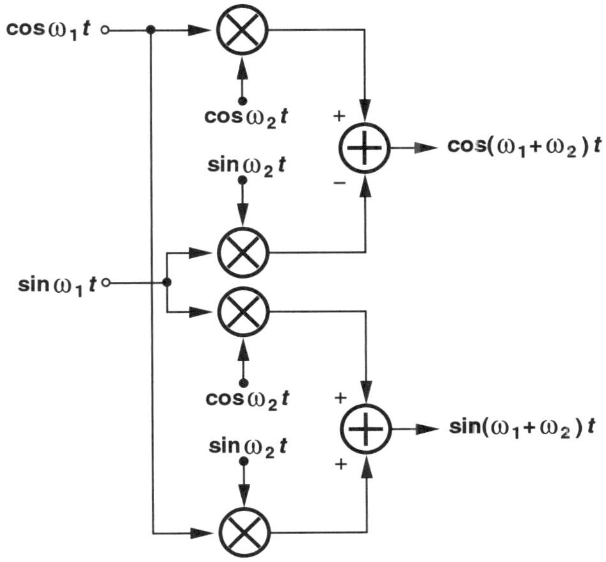


**그림 4.105** *직교 출력을 제공하는 SSB 믹서*

그림 4.106은 반송파 생성을 위한 SSB 믹싱을 갖는 직접-변환 송신기를 보여준다. 반송파와 LO 주파수는 충분히 다르기 때문에, 이 구조는 인입 효과로부터 자유롭다.[30] $\omega_1/2$의 반송파 측대파를 억제할 수 있는 반면, 이 구조는 두 가지 단점을 보여 준다: (1) $5\omega_1/2$와 다른 고조파와 관련된 주파수의 불요파는 문제를 일으킨다. (2) LO는 반드시 직교 위상을 제공해야 하며, 이는 어려운 문제이다(8장).

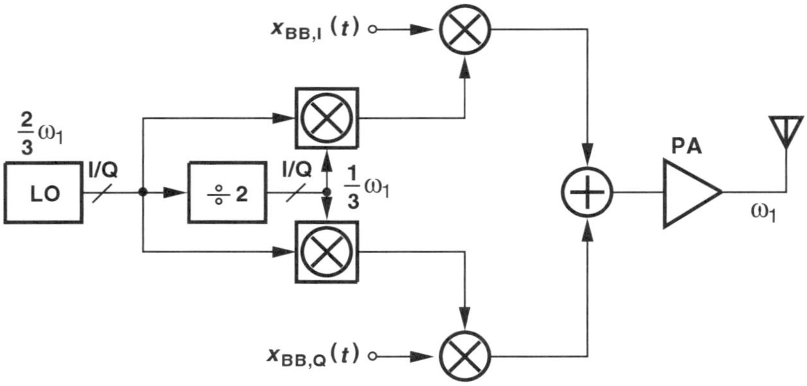


**그림 4.106** *LO 경로에서 SSB 믹서를 사용하는 직접-변환 송신기*

### 예제 4.42

RF Microelecronics

그림 4.106의 ÷2 회로를 ÷4 구조로 대체할 수 있다. 반송파에서 원치 않은 성분을 분석하여라.

**풀이:**

$\omega_1$과 $\omega_1/4$를 믹싱하면 SSB 믹서는 $5\omega_1/4$를 만들어 내며, 부정합으로 인해 $3\omega_1/4$를 만들어 낸다. 이전의 경우에 이 값들은 $3\omega_1/2$와 $\omega_1/2$로 각각 주어졌다. 이처럼, 원치 않은 측파대를 필터링 하는 것은 이 경우 더 어려운데 이는 원하는 측파대에 더 가깝게 존재하기 때문이다.

고조파의 영향 때문에 출력은 $3\omega_1 - \omega_2$와 $3\omega_2 - \omega_1$에 불요파를 포함하게 되고, $\omega_2 = \omega_1/4$인 경우에 이는 각각 $11\omega_1/4$, $\omega_1/4$와 같다. $11\omega_1/4$의 불요파는 이전의 경우($5\omega_2/2$)에 비하여 약간 크게 유지된다. 반면에 $\omega_1/4$에서의 불요파는 작아져서 더욱 쉽게 필터링 될 수 있다. 그림 4.107은 출력 성분을 요약하였다.

30. 이는 엄격하게 보았을 때, PA의 두 번째 고조파 또한 LO의 세 번째 고조파이기 때문에, 잠재적으로 '수퍼하모닉' 인입을 야기한다.

**예제 4.42** (*계속*) RF Microelecronics

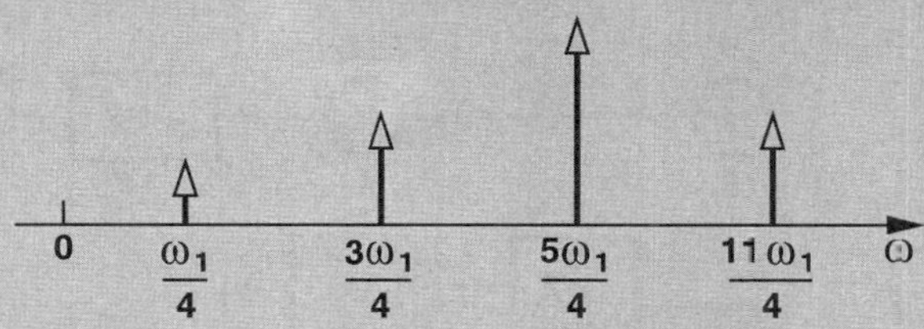


**그림 4.107** *LO 믹싱에 사용된 ÷4 회로에 의한 출력 불요파*

### 4.3.4 헤테로다인 송신기 Heterodyne Transmitters

주입인입(injection pulling)을 피하기 위한 또 다른 방법으로는 신호를 *2단계*로 상향 변환하는 것이다. 결과적으로 PA의 출력 스펙트럼은 LO 주파수에서 멀리 떨어뜨린다. 그림 4.108에 보인 송신 구조는 4.2.1절에서 언급한 헤테로다인 수신기의 대응을 나타낸다. 이 구조에서는 기저대역 $I$ 및 $Q$ 신호가 IF 주파수인 $\omega_1$으로 상향 변환되며, 이는 2차 LO 주파수인 $\omega_2$와 믹싱되어 최종적으로 RF 주파수인 $\omega_1 + \omega_2$로 변환된다. 한편, RF 믹서에서는 $\omega_1 - \omega_2$ 성분도 출력에 나타나기 때문에, 다음 단에는 대역 통과 필터가 요구된다. 수신기의 역과 같으므로 이 구조의 장점은 $I/Q$ 상향 변환이 반송파 주파수보다 꽤 낮은 곳에서 발생하기 때문에 작은 $I/Q$ 부정합을 갖는 것이다. 부정합의 효과를 정량적으로 보여주는 식은 직접-변환 송신기에 대해 4.3.2절에 유도하는 것과 같다.

그림 4.26(a)의 슬라이딩-IF 수신기 구조와 유사하게, 위의 송신기에서의 첫 번째 국부 발진기를 제거하고, 두 번째 국부 발진기로부터 요구되는 위상들을 가져온다(그림 4.109). 따라

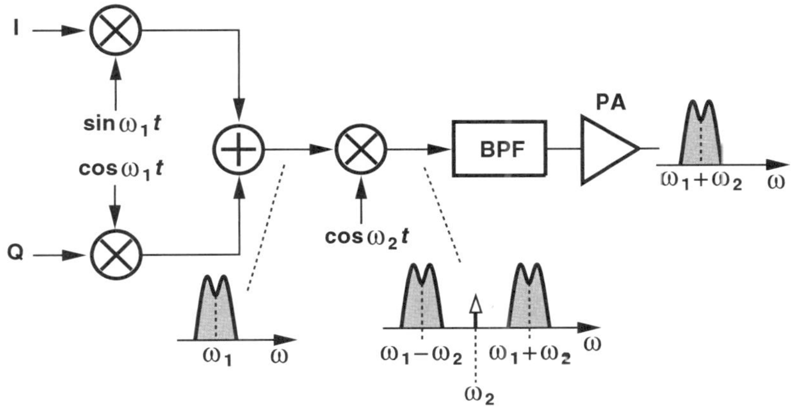


**그림 4.108** *2단 변환 송신기*

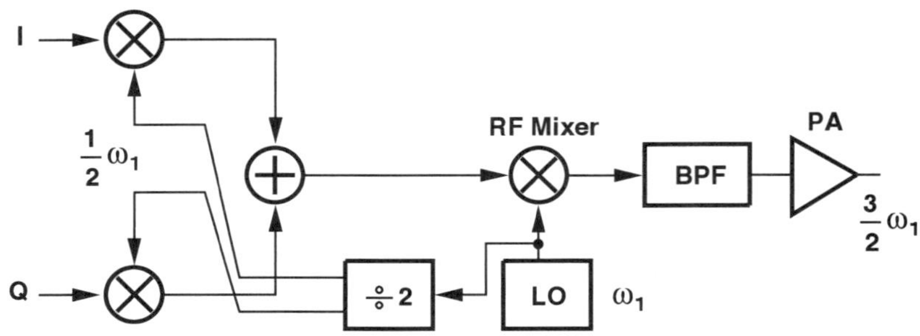


**그림 4.109** *슬라이딩-IF 송신기*

서, 반송 주파수는 $3\omega_1/2$가 된다. 이 시스템의 비선형 특성을 생각해보자. $\omega_1/2$, $\omega_1$에서의 LO 파형을 각각 첫 번째 그리고 두 번째 LO라 한다.

**반송파 누설(Carrier Leakage)** 기저대역에서의 DC 오프셋은 직교 상향 변환기(quadrature upconverter)에서 $\omega_1/2$ 성분을 생성하고, RF 믹서 입력에서의 DC 오프셋은 또 다른 $\omega_1$ 성분을 만든다(그림 4.110). 전자는 4.3.2절의에서 나타낸 것처럼 최소화할 수 있다. 그리고 후자의 경우, $\omega_1/2$에서의 하측파대(lower sideband)는 필터를 통해 제거되어야만 한다. $\omega_1$의 누설 성분은 상측파대이 하측파대보다 더 가까이 위치하고 있으나, 그 크기가 하측파대보다 매우 작다. 따라서, RF 믹서 뒤의 필터는 양측 대역을 적당히 낮은 레벨로 감쇄시킬 수 있도록 설계되어야 한다.

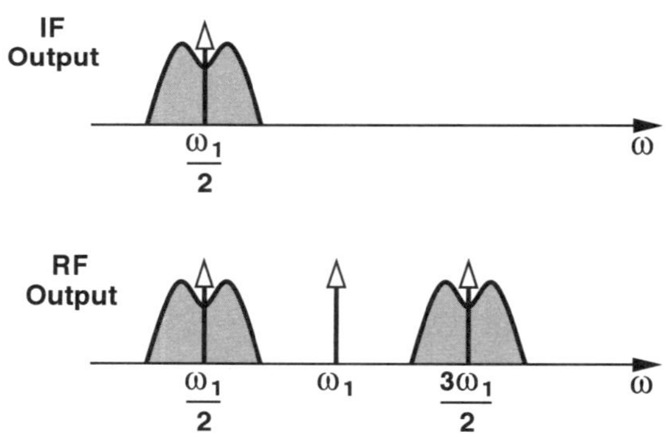


**그림 4.110** *헤테로다인 송신기의 반송파 누설*

**믹싱 불요파(Mixing Spurs)** 그림 4.109의 헤테로다인 TX는 다양한 믹싱 불요파를 보이는데 이는 적절하게 제거되어야 한다. 불요파는 두 가지의 원인에서 발생한다. 첫 번째 LO의 고조파 성분과 두 번째 LO 고조파 성분 의해 나타나게 된다.

직교 상향 변환기는 기저대역 신호와 LO의 1차 , 3차. 5차 고조파[31]성분을 믹싱시키며, 따라서, $\omega_1/2$, $3\omega_1/2$ 그리고 $5\omega_1/2$에 신호 스펙트럼을 반복하여 만든다. 비대칭으로-변조된

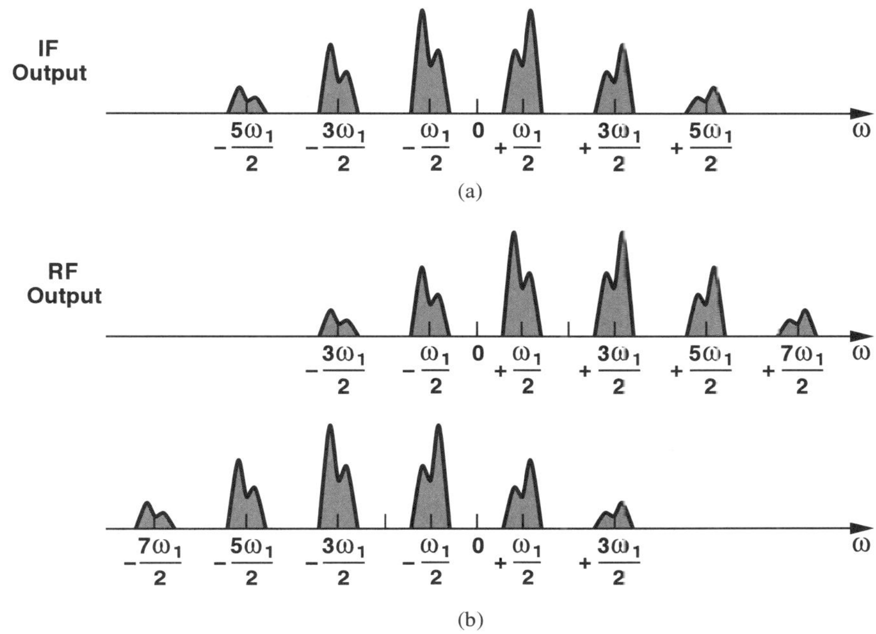


**그림 4.111** *헤테로다인 TX의 (a) IF 및 (b) RF 출력에서의 불요파*

신호에 대한 결과는 그림 4.111(a)에 나타나 있다. 그림 4.104와 같이 믹서가 스위치 네트워크를 통해 동작하면 고조파 신호의 크기는 싱크(sinc) 진폭과 같이 나타난다. 다시 말해, $3\omega_1/2$ 그리고 $5\omega_1/2$에서의 불요파의 크기는 각각 원신호의 1/3 그리고 1/5 이라는 것이다. 두 번째 LO($\omega_1$)에서 믹싱하면 그림 4.111(a)의 성분은 그림 4.111(b)의 스펙트럼과 같이 $\omega_1$을 중심으로 동일하게 상·하향 변환된다. 흥미롭게도, $+3\omega_1/2$에서 원하는 측파대는 $5\omega_1/2$ 성분과 $\omega_1$ 성분의 믹싱의 결과로 발생하는 더 작은 불요파에 의해 증가하는 것을 확인할 수 있다. $\omega_1/2$, $5\omega_1/2$, $7\omega_1/2$에서의 원치 않는 측파대 성분의 경우에는 RF 대역 통과 필터를 통해 감쇄시켜야 한다.

두 번째 원인의 경우는 두 번째 LO의 고조파 성분과 관련이 있다. 즉, 그림 4.111(a)의 스펙트럼은 $\omega_1$ 성분뿐 아니라 $3\omega_1$과 $5\omega_1$ 성분 등도 믹싱 된다. 그림 4.112는 출력의 결과이며 $+3\omega_1$ 성분과 믹싱하면 $-3\omega_1/2$에서의 IF 측파대 성분은 $+3\omega_1/2$로 *변환*되고, 그로 인해 원하는 측파대 신호(변조 신호가 비대칭이라는 조건이라면)에 영향을 주게 된다. 비슷하게, $-5\omega_1/2$의 IF 측파대 신호는 $+5\omega_1$와 믹싱이 되며 이는 원하는 신호의 위에 떨어지게 된다.

이 신호 충돌은 얼마나 심각한가? $-3\omega_1/2$에서의 IF 측파대는 원하는 신호의 10 dB 아래이고 $3\omega_1$과의 믹싱되기 때문에 추가적인 10 dB의 감쇄(왜?)를 수반하기 때문에, 왜곡 신호의

31. 더 높은 harmonic 성분은 여기서는 무시한다.

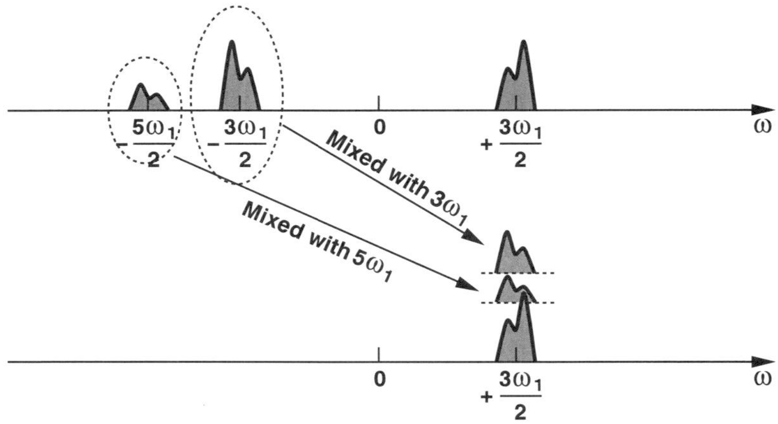


**그림 4.112** *TX 출력에서의 두 번째 LO의 고조파의 영향*

크기는 약 −20 dB이다. 이 값은 적당한 SNR(10 ~ 12 dB) (QPSK에서 요구하는 값) 또는 적당한 BER(예를 들면, $10^{-2}$)이 요구되는 시스템에서의 변조에만 적용 가능하다. 그러나 이러한 경우에서도 IF 필터링을 통해 원하지 않는 측파대가 억압되어야 한다. 이들이 RF로 상향 변환되어 다른 사용자의 채널에 영향을 주기 전에 IF 필터로 제거해야 한다.

### 예제 4.43

RF Microelecronics

그림 4.106과 4.109의 송신기 구조의 불요파(spurious) 특성을 비교하라.

**풀이:**

그림 4.106의 직접-변환 송신기에서는 주요 불요파 성분은 $5\omega_1/2$에서 나타나고, 그림 4.112와 비슷하게 자기-오염(self corruption)은 존재하지 않는다. 헤테로다인 구조는 반변 더 많은 불요파로 문제가 발생한다.

그림 4.109에서 RF 믹서로부터 생성되는 $\omega_1 - \omega_1/2$ 대역에서 원하지 않는 측파대 신호는 SSB 믹싱을 사용하여 크게 억제될 수 있다. 끝단에서, IF 신호는 *직교* 형태로 생성되어야 한다. 그림 4.113은 이러한 구조[15, 18]를 보여주는데 두 직교 상향 변환기는 IF 신호의 직교 성분을 제공한다.

$$x_{IF,I}(t) = A(t)\cos\theta\cos\frac{\omega_1 t}{2} - A(t)\sin\theta\sin\frac{\omega_1 t}{2} \tag{4.152}$$

$$= A(t)\cos\left(\frac{\omega_1 t}{2} + \theta\right) \tag{4.153}$$

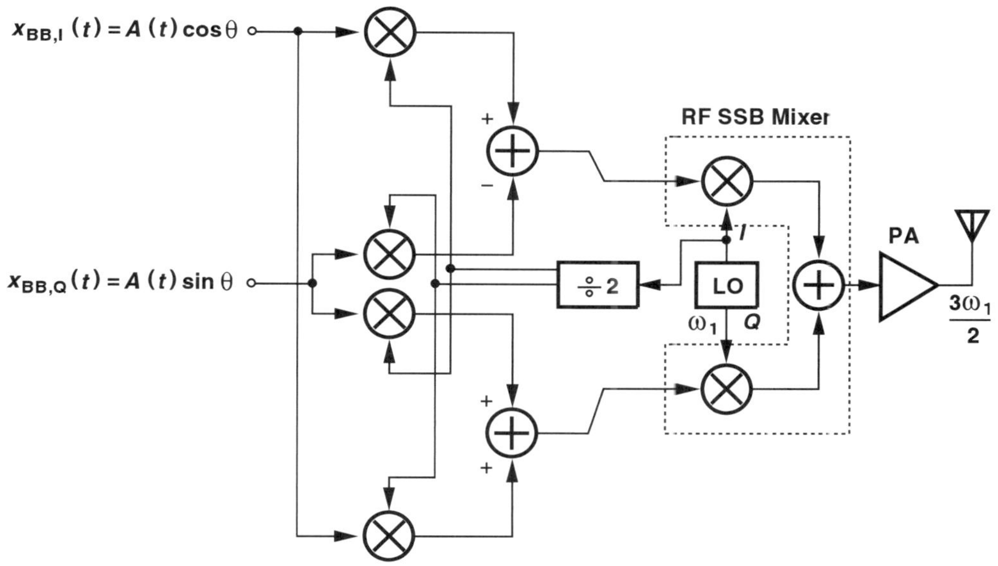


**그림 4.113** *원치 않는 성분을 줄이기 위한 기저대역 직교 SSB 믹싱과 IF SSB 믹싱의 사용*

$$x_{IF,Q}(t) = A(t)\cos\theta\sin\frac{\omega_1 t}{2} + A(t)\sin\theta\cos\frac{\omega_1 t}{2} \tag{4.154}$$

$$= A(t)\sin\left(\frac{\omega_1 t}{2} + \theta\right). \tag{4.155}$$

RF SSB 믹서는 그 결과를 $\omega_1 + \omega_1/2$ 로 변환시켜준다. 이 구조에 대한 믹싱 불요파에 공부해보길 바란다.

$\omega_1 - \omega_1/2$의 측파대는 감쇄되는 반면에, 그림 4.113의 구조는 다음과 같이 세 가지 문제점이 있다. (1) 발진기는 직교 출력을 제공해야 하는데 이는 어려운 문제이다(8장 참조). (2) 기존 구조보다 2배의 믹서가 요구된다(그림 4.109). (3) ÷2 회로에서의 부하효과는 두 배가 된다. 첫 번째 문제는 $2\omega_1$의 발진기와 ÷2 회로를 함께 사용하여 경감할 수 있으나 이런 설계는 그림 4.106의 직접-변환 구조보다 약간 간단한 구조일 뿐이다.

헤테로다인 슬라이딩-IF 송신기에 대한 연구에서 대부분 첫 번째 LO 주파수는 두 번째 LO 주파수의 반이라고 가정하였다. $\omega_1/4$의 IF 신호를 사용하고 $\omega_1 + \omega_1/4 = 5\omega_1/4$를 RF 신호로 사용하는 경우에는 ÷2 회로를 ÷4 회로로 대체 가능하다[19]. 연습 문제 4.25에서 이 경우의 불요파 영향에 대해 알아본다.

### 4.3.5 다른 송신기 구조 Other Tx Architectures

앞에서 언급한 송신기 구조에 추가적으로, 몇몇 다른 구조가 여러 응용에서 사용되고 있다. 여기에는 '오프셋 PLL(offset-PLL)' 구조, '인-루프 변조(in-loop modulation)' 구조, 그리고

'극변조(polar modulation)' 송신기 등을 포함하고 있다. 처음 두 개의 구조는 10장에서, 나머지 구조는 12장에서 논할 것이다.

## 4.4 OOK 송수신기 OOK Transceivers

'온-오프 키잉(On-off keying, OOK)' 변조는 ASK의 특별한 경우로, 반송파의 진폭이 0과 최대치 사이를 스위칭한다. OOK를 적용한 송수신기는 소형화 및 저전력으로 구현 가능한데, 몇 가지 장점을 살펴보자. 그림 4.114는 2개의 송신기 구조를 나타내고 있다. 그림 4.114(a)는 2진수의 기저대역 데이터에 의해 LO이 직접 on-off 되는 구조를 나타낸다. LO 스윙이 충분히 크다면, PA 역시 상대적으로 완벽한 스윙을 수행하며, 이로 인해 안테나에 OOK 파형을 전달할 수 있다. 앞에서 언급한 몇몇 송신 구조와는 다르게, OOK는 직교기저대역/LO 파형 혹은 직교상향 변환기가 없어도 구현 가능하다. 물론, 대역폭-효율은 다소 떨어진다. 이는 성형되지 않은 이진 펄스가 반송주파수의 하나의 위상성분과 변조되어 넓은 스펙트럼을 차지한다. 그럼에도 불구하고, 구조의 단순성 때문에, 저비용, 저전력 구조에 매우 적합한 구조이다.

그림 4.114(a)의 송신기에서 주요 문제는 LO가 위상고정 루프(phase-locked loop)에 의한 제어가 어렵다는 점이다 (9장). 반면에 그림 4.114(b)의 송신기는 LO를 on으로 유지한 상태에서 PA를 제어하는 방식이다. 연습 문제 4.29에서 두 개의 구조에 대한 주입인입(injection pulling) 특성을 다룬다.

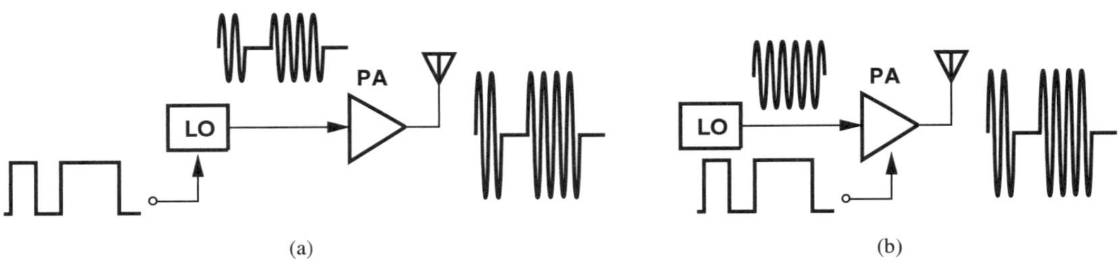


**그림 4.114** *(a) 직접 LO 스위칭 방식, (b) PA 스위칭 방식을 갖는 OOK 송신기*

OOK 수신기도 간단하고 소형이다. 그림 4.115와 같이 LNA와 진폭검출기(envelope detector) 통해 이진 데이터를 복원할 수 있으며, LO는 필요 없다. 물론, 이런 수신기는 간섭에 취약하다.

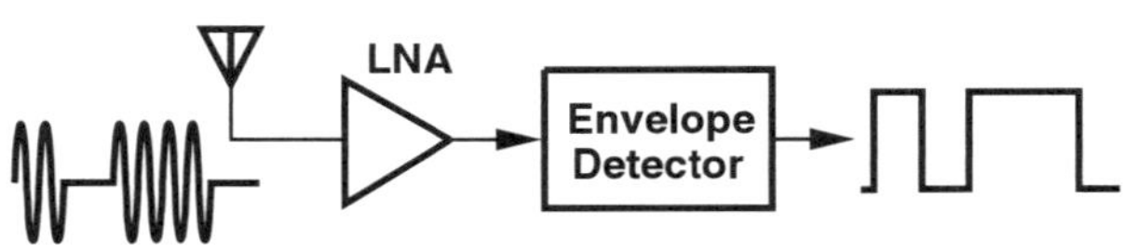


**그림 4.115** *OOK 수신기*

# 참고문헌

[1] B. Razavi et al., "Multiband UWB Transceivers," *Proc. CICC*, pp. 141–148, Sept 2005.

[2] B. Razavi, "Design Considerations for Direct-Conversion Receivers," *IEEE Trans. Circuits and Systems*, vol. 44, pp. 428–435, June 1997.

[3] A. A. Abidi, "Direct-conversion Radio Transceivers for Digital Communications," *IEEE Journal of Solid-State Circuits*, vol. 30, pp. 1399–1410, Dec. 1995.

[4] R. Hartley, "Modulation System," US Patent 1,666,206, April 1928.

[5] D. K. Weaver, "A Third Method of Generation and Detection of Single-Sideband Signals," *Proc. IRE*, vol. 44, pp. 1703–1705, Dec. 1956.

[6] J. Rudell et al., "A 1.9-GHz Wideband IF Double Conversion CMOS Receiver for Cordless Telephone Applications," *IEEE Journal of Solid-State Circuits*, vol. 32, pp. 2071–2088, Dec. 1997.

[7] L. Der and B. Razavi, "A 2-GHz CMOS Image-Reject Receiver with LMS Calibration," *IEEE Journal of Solid-State Circuits*, vol. 38, pp. 167–175, Feb. 2003.

[8] M. Gingell, "Single-Sideband Modulation Using Sequence Asymmetric Polyphase Networks," *Elec. Comm.*, vol. 48, pp. 21–25, 1973.

[9] S. Lerstaveesin and B. S. Song, "A Complex Image Rejection Circuit with Sign Detection Only," *IEEE J. Solid-State Circuits*, vol. 41, pp. 2693–2702, Dec. 2006.

[10] J. Crols and M. S. J. Steyaert, "A Single-Chip 900-MHz CMOS Receiver Front End with a High-Perfromance Low-IF Topology," *IEEE J. Solid-State Circuits*, vol. 30, pp. 1483–1492, Dec. 1995.

[11] F. Behbahani et al., "CMOS Mixers and Polyphase Filters for Large Image Rejection," *IEEE J. Solid-State Circuits*, vol. 36, pp. 873–887, June 2001.

[12] J. Crols and M. S. J. Steyaert, "Low-IF Topologies for High-Performance Analog Front Ends of Fully Integrated Receivers," *IEEE Tran. Circuits and Sys., II*, vol. 45, pp. 269–282, March 1998.

[13] K. Feher, *Wireless Digital Communications*, New Jersey: Prentice-Hall, 1995.

[14] R. Steele, Ed., *Mobile Radio Communications*, New Jersey: IEEE Press, 1992.

[15] B. Razavi, "A 900-MHz/1.8-GHz CMOS Transmitter for Dual-Band Applications," *IEEE Journal of Solid-State Circuits*, vol. 34, pp. 573–579, May 1999.

[16] R. Adler, "A Study of Locking Phenomena in Oscillators," *Proc. of the IEEE*, vol. 61, No. 10, pp. 1380–1385, Oct. 1973.

[17] B. Razavi, "A Study of Injection Locking and Pulling in Oscillators," *IEEE J. of Solid-State Circuits*, vol. 39, pp. 1415–1424, Sep. 2004.

[18] M. Zargari et al., "A 5-GHz CMOS Transceiver for IEEE 802.11a Wireless LAN Systems," *IEEE J. of Solid-State Circuits*, vol. 37, pp. 1688–1694, Dec. 2002.

[19] S. A. Sanielevici et al., "A 900-MHz Transceiver Chipset for Two-Way Paging Applications," *IEEE J. of Solid-State Circuits*, vol. 33, pp. 2160–2168, Dec. 1998.

[20] M. Conta, private communication, Feb. 2011.

[21] B. Razavi, "A 5.2-GHz CMOS Receiver with 62-dB Image Rejection," *IEEE Journal of Solid-State Circuits*, vol. 36, pp. 810–815, May 2001.

[22] A. Parsa and B. Razavi, "A New Transceiver Architecture for the 60-GHz Band," *IEEE Journal of Solid-State Circuits*, vol. 44, pp. 751–762, Mar. 2009.

## 연습문제

4.1. 그림 4.26 (a)의 슬라이딩-IF 구조에서, ÷2 회로가 ÷4 회로로 변경되었다고 가정하라.

(a) 요구하는 LO 주파수 범위 및 간격을 구하라.

(b) 이미지 주파수(image frequency) 범위를 구하라.

4.2. 그림 4.26(a)의 슬라이딩-IF 수신기의 이미지 대역은 신호 대역보다 좁기 때문에, GPS 대역을 이미지 신호 대역에 포함하는 11g 수신기의 설계가 가능한가? 이유를 설명하라.

4.3. $f_{LO} = (2/3)f_{in}$을 갖는 슬라이딩-IF 수신기를 11g 대역에서 설계한다. 첫 번째 및 두 번째 LO의 고조파 성분으로부터 발생하는 믹싱 불요파(mixing spurs) 성분을 구하라.

4.4. 그림 4.116의 11g 슬라이딩-IF 수신기를 참조하라.

(a) 요구하는 LO 주파수 범위를 구하라.

(b) 요구하는 이미지 주파수(image frequency) 범위를 구하라.

(c) 이 구조는 그림 4.26(a)보다 더 좋은 구조인가? 이유는?

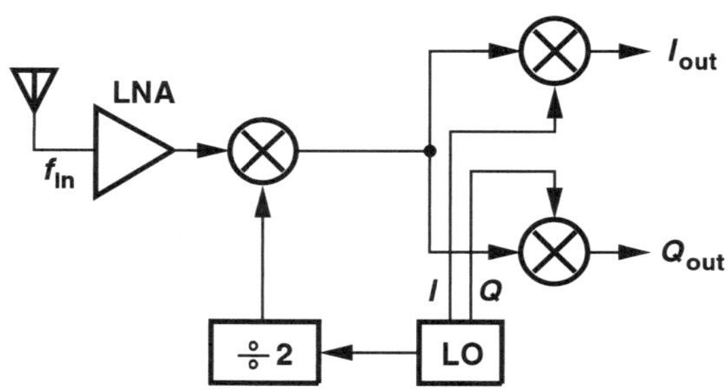


**그림 4.116** *11g 슬라이딩-IF 수신기*

4.5. 그림 4.116 구조에서 발생하는 믹싱 불요파(mixing spurs)를 구하라.

4.6. 그림 4.117의 슬라이딩-IF 구조를 11a 대역에서 설계한다.

(a) 이미지 주파수(image frequency)를 구하라.

(b) 첫 번째 혹은 두 번째 LO의 3차 고조파 성분의 변환에 의해 발생하는 출력 기저대역에서의 간섭원의 주파수를 구하라.

4.7. 그림 4.118은 $f_{LO} = f - in/2$인 'half-RF' 시스템 구조를 보여주고 있다[21, 22].

(a) RF 입력은 비대칭으로 변조된 신호라 가정하라. 믹서가 이상적인 주파수 체배기(multipliers)일 때, 첫 번째 그리고 두 번째 IF주파수에서의 스펙트럼을 그려보라.

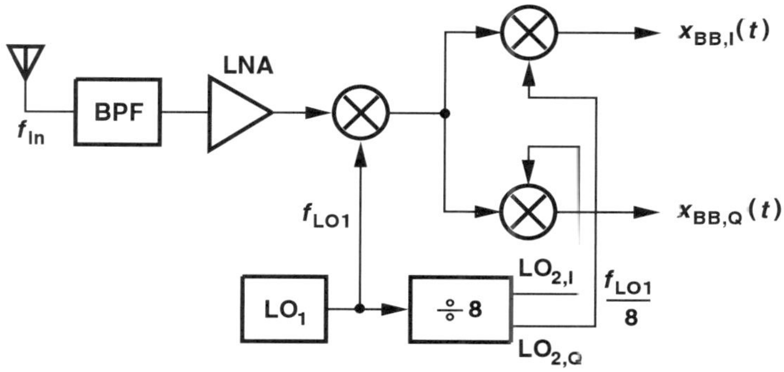


**그림 4.117** *11a 슬라이딩-IF 수신기*

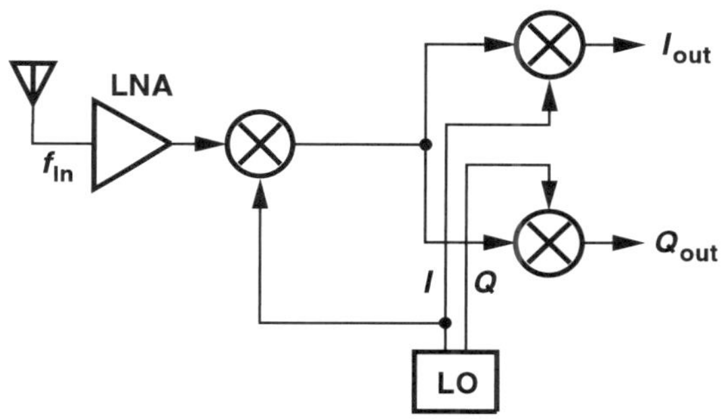


**그림 4.118** *half-RF 수신기*

(b) RF 믹서가 RF 신호와 LO의 3차 고조파 신호를 곱한다고 가정하고 (a)를 수행하라.

(c) 여기서는 LNA의 플리커 잡음이 치명적일 것이다. 그 이유를 설명하라.

4.8. AM 신호, $A(t)\cos\omega_c t$와 LO가 단일 믹서에 가해졌다.

(a) LO 파형이 $\cos\omega_c t$라 가정하면, 기저대역 신호를 구하라.

(b) 만약 LO 파형이 $\sin\omega_c t$라 가정하면, 어떤 일이 일어나는가? 이것은 왜 직교 하향 변환기가 필요한 이유가 되는지를 설명하고 있는가?

4.9. 이 문제에서 직접-변환 수신기에서의 LO 누설로 발생하는 흥미로운 현상을 확인할 것이다[20]. 직접-변환 수신기에서 LO 누설신호가 $V_0\cos\omega_{LO}t$이라고 하자. 이 누설신호에 진폭 변조 간섭원 $V_{int}(t)\cos\omega_{int}t$이 추가되고 그 결과는 LNA 혹은 하향 변환믹서에서의 3차 비선형성을 나타낸다.

(a) LNA 출력에서 반송파 주변의 성분을 구하라.

(b) 결과적으로 발생하는 기저대역 성분을 구하고, 원하는 신호가 영향을 받는지를 확인하라.

4.10. 예제 4.24에서, 불이익(penalty)이 1 dB 이하가 되려면 어느 정도의 이득이 주어진 잡

음 스펙트럼 앞에 있어야 하나?

4.11. 예제 4.24에서, 불이익이 1 dB 이하가 되려면, 플리커 잡음 코너 주파수는 얼마가 되어야 하나?

4.12. 직접-변환 수신기에 ASK 파형이 수신된다. 이 때, 기저대역의 I 신호와 Q 신호의 파형을 그려라.

4.13. $\omega_c + \omega_{LO}$ 주파수에서 상향 변환 출력을 고려하면, 그림 4.59(a)의 직교 믹싱은 힐버트 변환을 수행해야 하나?

4.14. $\omega_{IF} > \omega_c$일 때, 그림 4.59의 분석을 반복하라.

4.15. 만약 하틀리 구조에서 IF 저역 통과 필터를 고역 통과 필터로 대체하고 상향 변환 성분을 고려한다면, 하틀리 구조는 이미지를 제거할 수 있는가?

4.16. 그림 4.64의 구조에서 두 저항이 $\Delta R$의 부정합을 가지고 있다고 가정하고, IRR을 구하라.

4.17. 하틀리 구조에서 만약 $\omega_{IF} = (R_1C_1)^{-1}$이면, 중간주파수 $\omega_{IF} + \Delta\omega$에서의 IRR이 $(\omega_{IF}/\Delta\omega)^2$임을 증명하라.

4.18. 그림 4.64의 저항의 열잡음만을 고려하고, 각 믹서의 전압 이득이 $A_1$이라 가정하면, 소스 임피던스 $R_D$에 대한 수신기의 잡음지수(noise figure)를 구하라.

4.19. 그림 4.67의 위버구조에서 두 개의 직교 하향 변환기는 하향주입으로 동작한다. 상향 및 하향 주입을 갖는 나머지 세 경우에 대해서 *A-F* 노드에서의 신호의 스펙트럼을 이용하여 분석하라.

4.20. 그림 4.119는 세 종류의 하틀리 구조를 보여준다. 어느 것이 이미지 성분을 제거할 수 있는 지를 설명하라.

4.21. 하틀리 구조에서 $\sin\omega_{LO}t$와 $\cos\omega_{LO}t$가 서로 교체되면, 여전히 수신기는 이미지 제거 기능을 유지할까?

4.22. 위버 구조의 첫 번째 혹은 두 번째 LO에 대하여 위의 문제를 반복하라.

4.23. 수식 (4.96)을 이용하여, $\omega + \Delta\omega$의 IF 신호에서 그림 4.77 (b)의 수신기에서의 IRR을 계산하라.

4.24. 2차 병렬 RLC회로가 $\omega_0$ 성분 및 또 다른 $3\omega_0$ 성분을 포함하는 전류원에 의해 여기된다고 가정한다. 이 회로가 $3\omega_0$에서 공진되는지를, 그리고 첫 번째 고조파성분이 세 번째 고조파의 약 $8Q/3$의 인자만큼 감쇄가 발생하는 것을 증명하라.

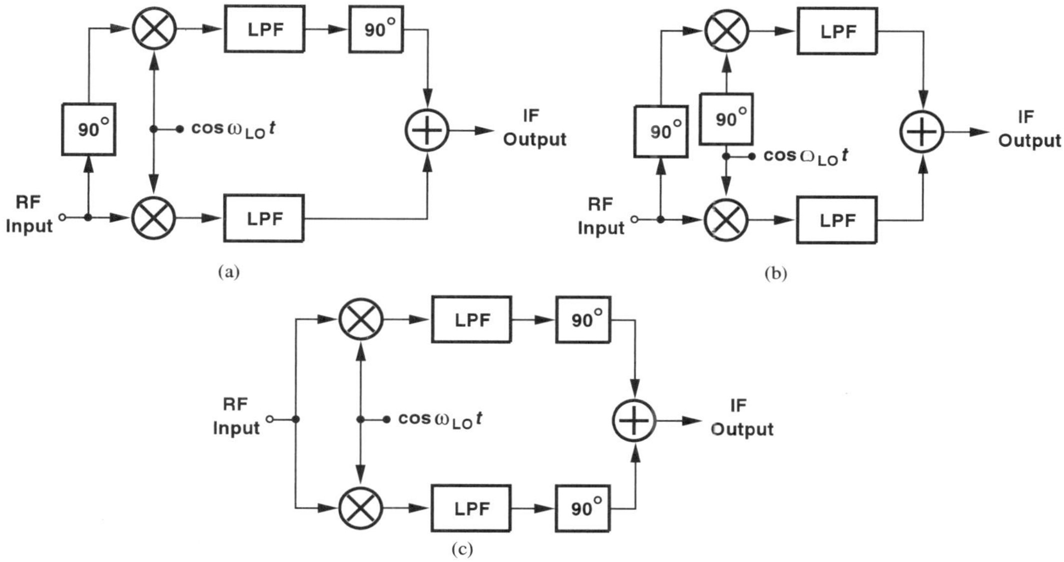


**그림 4.119** *하틀리 수신기의 가능한 구조들.*

4.25. 만약 그림 4.109의 ÷2 회로가 ÷4 회로로 변경되었을 경우, 첫 번째 그리고 두 번째 LO 주파수의 3차 및 5차 고조파 성분에 의해 발생하는 스퓨리어스 성분을 구하라.

4.26. 그림 4.120의 단순화된 하틀리 구조는 $A_{mix}$의 전압 변환 이득 및 무한대의 입력 임피던스를 갖는 믹서를 포함하고 있다. 두 저항의 잡음만을 고려했을 때, $1/(R_1C_1)$의 IF 주파수에서 $R_S$의 소스 임피던스에 대한 수신기의 잡음지수(noise figure)를 계산하라.

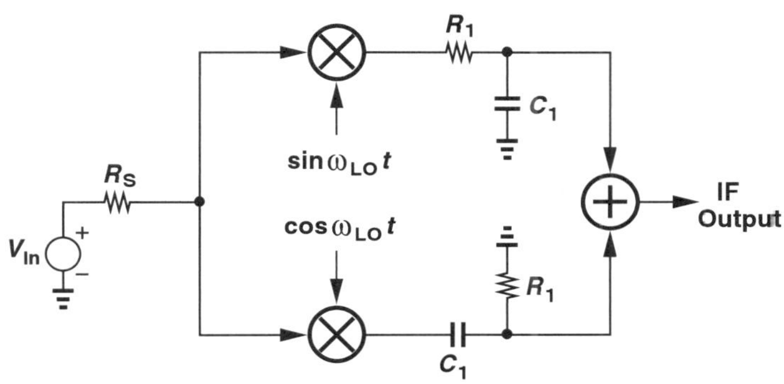


**그림 4.120** *단순화된 하틀리 수신기*

4.27. 그림 4.121은 위버 구조를 갖는 이중 대역 수신기를 나타낸다. 첫 번째 LO 주파수는 2.4 GHz대역에 대해서는 상향주입을 하고 5.2 GH 대역에 대해서는 하향주입을 하도록 선택된다. (수신기는 일정 시간동안 한 대역에서만 동작한다.) 수신기의 잡음과 비선형성을 무시할 때, 적절한 수신 성능을 위해 20 dB의 SNR이 필요하다고 가정한다. 그리

고 이 위버 수신기 구조가 약 45 dB의 이미지-제거 성능을 제공한다.

(a) 수신기는 같은 안테나에서 −10 dBm의 5.2 GHz 신호를 수신하는 동안에 2.4 GHz 모드에서는 −85 dBm을 수신해야 한다고 가정하자. BPF1의 5.2 GHz에서의 제거특성을 구하라.

(b) 수신기는 7.2 GHz의 강한 간섭을 갖는 환경 내에서 5.2 GHz 모드가 동작한다고 가정한다. 이 성분은 $LO_1$과 $LO_2$의 3차고조파 성분과 믹싱 되어 기저대로 변환된다. 위버 구조는 이 현상을 방지할 수 있는가? 세부적으로 설명하라.

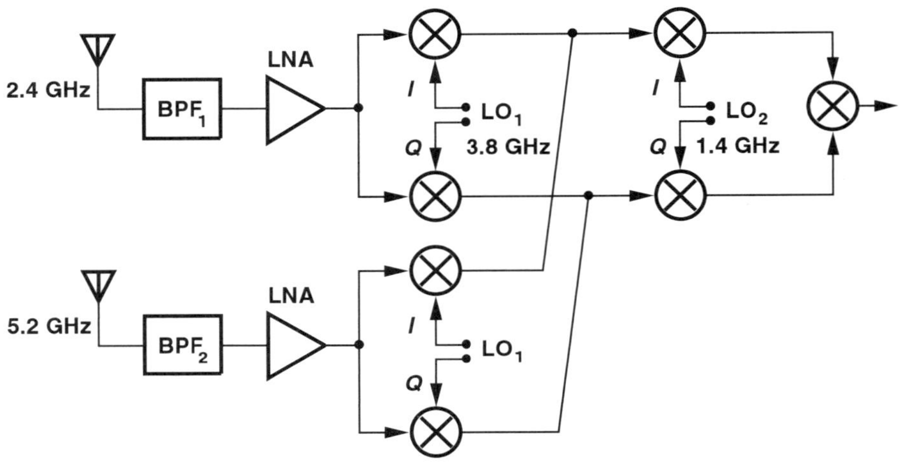


그림 4.121 *이중대역 수신기*

4.28. 그림 4.122의 단일측파대 믹서를 고려해보자. 이상적인 경우에는 출력은 $\omega_1 + \omega_2$ 대역에 하나의 성분만 나타난다. $\omega_2$ 감지하는 단자들이 3차 그리고 5차 비선형성의 문제를 발생한다고 가정하자. (a) $\omega_1 > 3\omega_2$ 혹은 (b) $\omega_1 < 3\omega_2$에서 출력 스펙트럼을 그려라. 각 주파수 성분에 대해 설명하라.

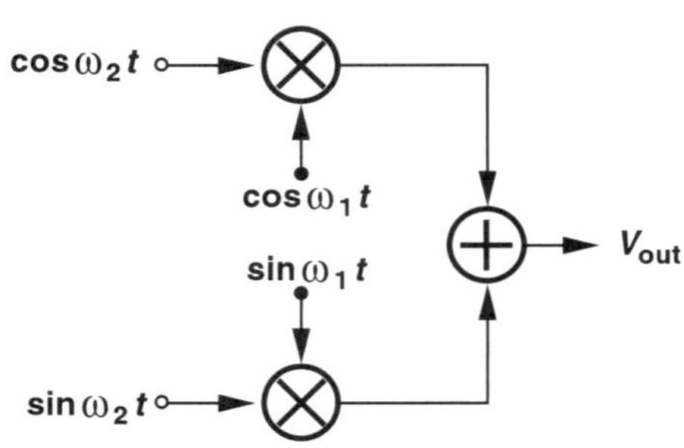


그림 4.122 *SSB 믹서*

4.29. 주입인입(injection pulling)이 그림 4.114(a)의 경우 보다 그림 4.114(b)의 경우가 더 심한 이유를 설명하라.

CHAPTER 05

# 저잡음 증폭기

Low-Noise Amplifiers

지금까지 시스템과 송수신 구조에 관해 살펴보았고, 이번 장부터는 송수신 구조를 구성하는 세부적인 회로를 살펴보자. 먼저 수신 경로 상에서 가장 먼저 위치한 저잡음증폭기(low-noise amplifier, LNA)를 다룬다. 여기서는 CMOS로 구현된 회로를 살펴보지만, 여기서 다루는 대부분의 개념들은 다른 기술에도 동일하게 적용될 수 있다. 이 장에서 다루는 내용의 개요는 다음과 같다.

| 기본적인 LNA 구조 | 응용 LNA 구조 | LNA의 비선형성 |
|---|---|---|
| ■ 유도성 부하의 CS 단 | ■ CS LNA의 변형 구조 | ■ 비선형성 계산 |
| ■ 저항성 피드백 CS 단 | ■ 잡음제거 LNA | ■ 차동과 준(quasi)차동 LNA |
| ■ CG 단 | ■ 차동구조 LNA | |
| ■ 유도성 축퇴 구조의 CS | | |

## 5.1 일반적 고찰 General Considerations

수신기의 첫 번째 능동소자인 LNA는 전체적인 성능에 지대한 영향을 끼친다. LNA 설계는 다음의 파라미터들로 고려한다.

**잡음지수(Noise Figure, NF)** LNA의 잡음지수는 수신부(RX) 전체의 잡음지수에 직접 더해진다. NF가 6에서 8 dB인 일반적인 RX의 NF는 안테나-스위치 또는 듀플릭서에서 0.5 ~ 1.5 dB, LNA에서 2 ~ 3 dB, 수신부의 나머지 블록에서 2.5 ~ 3.5 dB로 구성된다. 수신부 설계에서 이 정도의 NF 값들이 무난하지만, 정확한 잡음의 분배는 수신부의 각 블록들의 성능에 따라 달라질 수 있다. 최근에 RF 전자공학에서에서 LNA만을 단독으로 설계하는 경우는 흔치 않다. 수신부를 단일 칩(chip)으로 설계할 때 전체 성능을 최적화하기 위해 일반적으로 전체 성능을 고려하여 각 블록 설계를 반복적으로 수행한다.

NF가 2 dB인 값에 대한 개념을 이해하기 위해 그림 5.1(a)의 간단한 예를 살펴보자. 여기

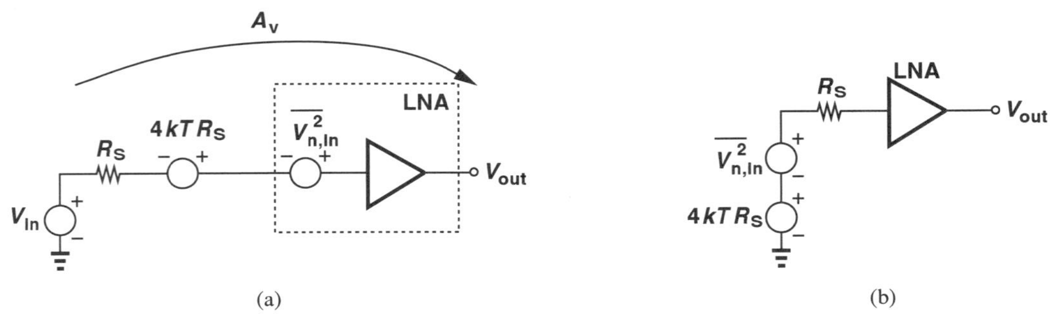


**그림 5.1** *(a) 입력측 변환잡음 전압이 있는 LNA, (b) 간략화한 LNA*

서 LNA의 잡음은 단일 전압원으로 표현되었다. 입력단을 다시 배치하면 그림 5.1(b)와 같다. 2장으로부터

$$\mathrm{NF} = \frac{\overline{V^2_{n,out}}}{A_v^2} \cdot \frac{1}{4kTR_S} \tag{5.1}$$

$$= 1 + \frac{\overline{V^2_{n,in}}}{4kTR_S}. \tag{5.2}$$

따라서 50 Ω 소스 임피던스에 대해 2 dB의 잡음지수(NF)는 $\sqrt{\overline{V^2_{n,in}}} = 0.696\ \mathrm{nV}/\sqrt{\mathrm{Hz}}$의 매우 작은 값으로 변환된다. MOSFET의 게이트 단으로 변환된 열잡음 전압인 $4kT\gamma/g_m$으로 이 값에 만족하기 위해 $g_m$이 $(29\ \Omega)^{-1}$ 이상 이어야 한다(여기서 $\gamma = 1$로 간주). 이번 장에서 $R_S = 50\ \Omega$로 가정한다.

**예제 5.1** RF Microelecronics

한 학생이 레이아웃 작업에서 LNA의 입력을 200 $\mu$m 길이의 메탈선(metal line)을 통해 패드(pad)에 연결하였다. 입력 커패시턴스를 최소화하기 위해 선폭은 0.5 $\mu$m을 선택하였다. LNA의 NF는 2 dB이고 면저항(sheet resistance)은 40 mΩ/□로 가정할 때 전체 NF를 계산하라. LNA의 입력측 변환 잡음(input-referred noise) 전류는 무시하라.

**풀이:**

그림 5.2는 등가 회로다. 선저항 $R_L$는 LNA의 한 부분으로 동작한다. 이 경우 전체 입력측 변환 잡음 전압은 $\overline{V^2_{n,in}} + 4kTR_L$이 된다. 따라서,

$$\mathrm{NF_{tot}} = 1 + \frac{\overline{V^2_{n,in}} + 4kTR_L}{4kTR_S} \tag{5.3}$$

**예제 5.1** (*계속*) RF Microelecronics

$$= 1 + \frac{\overline{V_{n,in}^2}}{4kTR_S} + \frac{R_L}{R_S} \tag{5.4}$$

$$= \mathrm{NF_{LNA}} + \frac{R_L}{R_S}, \tag{5.5}$$

여기서 $\mathrm{NF_{LNA}}$는 선저항이 없을 때 LNA의 잡음지수를 나타낸다. $\mathrm{NF_{LNA}}$ = 2 dB = 1.58이고, $R_L$ = (200/0.5) × 40 mΩ/□ = 16 Ω이므로

$$\mathrm{NF_{tot}} = 2.79\ \mathrm{dB}. \tag{5.6}$$

여기서 메탈선이나 게이트 저항은 LNA의 NF를 크게 증가시킬 수 있다는 점에 주목하자.

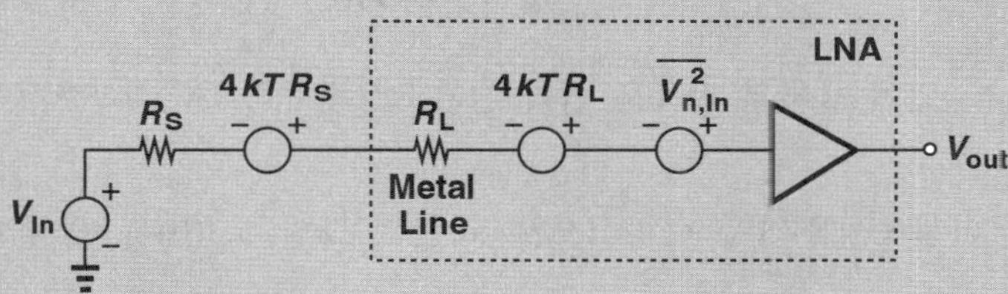


**그림 5.2** *LNA의 입력에 메탈 저항이 연결되었을 때의 등가 회로*

시스템에서 요구하는 LNA의 저잡음 특성을 만족하는 LNA의 구조는 제한적일 수 있다. 종종 *단일 트랜지스터*만을 사용해야 하는 경우가 있다. 이 트랜지스터가 전체 NF에 대부분을 차지하게 된다. 따라서 에미터(emitter)나 소스팔로워(source follower)와 같은 구조는 LNA로 사용되지 않는다.

**이득(Gain)** 하향 변환(down-conversion) 믹서와 같이 LNA 다음에 오는 블록들에서 발생되는 잡음의 영향을 최소화하기 위해 LNA의 이득은 충분히 커야 한다. 2장에서 설명했듯이, LNA의 이득을 얼마로 할지는 잡음지수와 수신부의 선형성을 고려해야 한다. LNA의 이득이 클수록 LNA 다음 블록에서 비선형성이 더 커진다. 최근 RF 설계에서 LNA가 직접 하향 변환 믹서를 임피던스 매칭 없이 구동한다. 따라서 수신부의 블록들을 계산할 때 LNA의 전력 이득이 아닌 전압 이득을 사용하는 것이 좋다.

LNA 다음에 오는 블록들의 잡음과 $\mathrm{IP_3}$는 서로 *다른* LNA의 이득으로 나누어짐에 주목하라. 그림 5.3(a)의 LNA/믹서 연속단을 살펴보자. 여기서 입력측 변환 잡음은 각각 $\overline{V_{n,LNA}^2}$와 $\overline{V_{n,mixer}^2}$로 표시하고 입력 전류는 무시한다. 편의를 위해 믹서의 이득을 1로 가정하면 전체 출력 잡음은 $A_{v1}^2(\overline{V_{n,LNA}^2} + 4kTR_S) + \overline{V_{n,mix}^2}$가 된다.

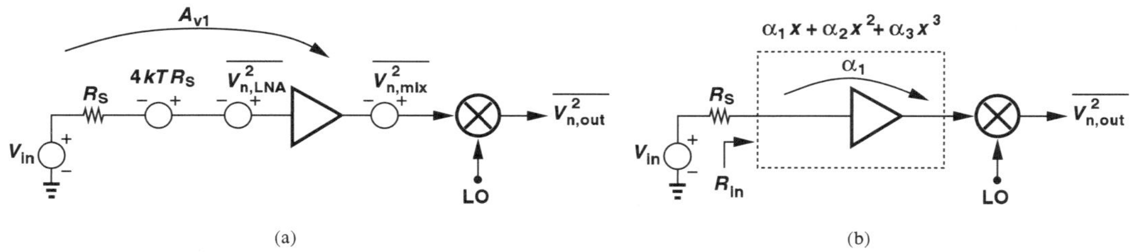


**그림 5.3** *믹서에서 LNA 입력단까지의 잡음과 $IP_3$를 고려하기 위해 사용하는 이득 선택*

$$\mathrm{NF_{tot}} = \frac{A_{v1}^2(\overline{V^2_{n,LNA}} + 4kTR_S) + \overline{V^2_{n,mix}}}{A_{v1}^2}\frac{1}{4kTR_S} \tag{5.7}$$

$$= \mathrm{NF_{LNA}} + \frac{\overline{V^2_{n,mix}}}{A_{v1}^2} \cdot \frac{1}{4kTR_S}. \tag{5.8}$$

즉, NF 계산에서 두 번째 블록의 잡음은 입력 전압소스에서 LNA 출력까지의 이득으로 나누어진다.

이제 LNA의 비선형성을 3차 다항식으로 표현한 그림 5.3(b)을 생각해 보자. 2장으로부터[1]

$$\frac{1}{\mathrm{IP}^2_{3,\mathrm{tot}}} = \frac{1}{\mathrm{IP}^2_{3,\mathrm{LNA}}} + \frac{\alpha_1^2}{\mathrm{IP}^2_{3,\mathrm{mixer}}}. \tag{5.9}$$

여기서 $\alpha_1$은 *LNA의 입력*에서 출력까지의 전압 이득이다. 입력 매칭이 이루어진 경우 $R_{in} = R_S$이고 $\alpha_1 = 2A_{v1}$. 즉, 설계자들의 바람과는 반대로 믹서 잡음은 *더 낮은* 이득으로 나누어지고, 믹서 $\mathrm{IP}_3$는 *더 높은* 이득으로 나누어진다.

**입력 반사 손실(Input Return Loss)** 안테나와 LNA 사이의 인터페이스는 아날로그 설계자(RFIC 설계자)와 전통적인 마이크로웨이브 엔지니어들 간의 여러 가지 논의 사항을 포함하고 있다. LNA를 *전압* 증폭기라 가정한다면, 입력 임피던스는 이상적으로 무한대가 되는 것이 가장 좋다. 잡음 관점에서는, 최소 NF를 얻기 위해 LNA의 앞에 임피던스 변환 회로가 필요하다. 또한 신호 *전력* 관점으로 보면, 안테나와 LNA 사이에 임피던스 *공액*(*conjugate*) 매칭 회로를 사용해야 한다. 이 중 어떤 선택이 더 좋은가?

다음 사항을 생각해보자. (1) 오프칩(off-chip) 소자로 대역선택 필터가 안테나와 LNA 사이에 일반적으로 위치한다. 이 소자는 일반적으로 50 Ω의 종단(termination)을 가정하고 설계된다. 필터에 의해 보이는 LNA 입력 임피던스가 50 Ω에서 많이 벗어나면 필터의 통과대역

1. 2차 항에서 발생하는 $IM_3$는 무시한다.

과 차단대역에서 손실과 리플(ripple)이 증가한다. (2) 이러한 필터를 사용하지 않는 경우에도, 안테나는 특정한 실(real) 부하 임피던스에 맞춰 설계된다. 따라서 안테나의 부하값이 설계값에서 많이 벗어나면 손실 특성이 증가할 것이다. 안테나/LNA을 통합해서 설계한다면 공핵 매칭을 하지 않고도 전체적인 성능을 개선할 수 있을 것이지만 사실 안테나는 수신부 뿐 아니라 송신부와 공유되어 있다는 점을 고려해야 한다. 송신부에서 PA 신호를 *방사(radiation)*하려면 안테나 임피던스의 허수 부분은 최소가 되어야 한다. (3) 실제 적용에서 안테나 신호는 PCB상에서 상당한 거리를 거쳐 수신부에 도달한다. 따라서 RX 입력에서 매칭 특성이 나쁘면 상당한 반사, 의도하지 않는 손실, 전압 감쇄가 나타난다. 이러한 사항들을 고려할 때 LNA는 50 Ω 저항성 입력 임피던스로 설계한다. 하지만, LNA/믹서, LO/믹서와 같은 경계에서는 앞과 같은 사항을 고려하지 않으므로 전력 전달보다는 일반적으로 *전압* 스윙(swing)이 최대가 되도록 설계한다.

입력 매칭의 정도는 반사된 전력을 입사된 전력으로 나눈 값인 '반사손실(return loss, RL)'로 나타낸다. 소스 임피던스가 $R_S$인 경우 반사손실은[2]

$$\Gamma = \left|\frac{Z_{in} - R_S}{Z_{in} + R_S}\right|^2, \tag{5.10}$$

여기서 입력 임피던스는 $Z_{in}$로 표시하였다. 반사손실이 −10 dB라면 전력의 1/10이 반사됨을 의미한다. 이 정도의 값은 일반적으로 허용되는 정도다. 그림 5.4는 $Z_{in}$ 평면에서 일정한 Γ 크기 값을 표시한 상수-Γ 곡선을 그린 것이다. 각 곡선은 각 중심을 갖는 원이 된다. 예를 들

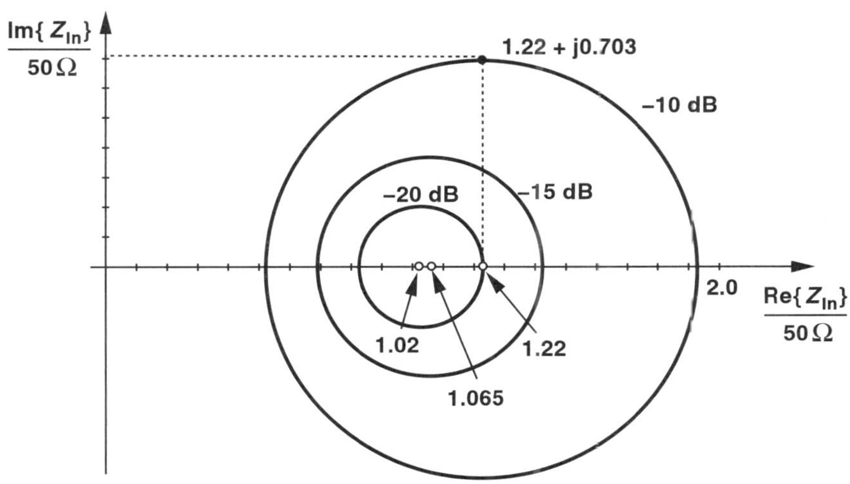


**그림 5.4** *입력 임피던스 평면에서 상수-Γ 곡선*

2. $\Gamma = (Z_{in} - R_S)/(Z_{in} + R_S)$로 정의한 경우 데시벨(dB) 값은 20 logΓ로 정의한다.

어 $Re\{Z_{in}\} = 1.22 \times 50\,\Omega = 61\,\Omega$와 $Im\{Z_{in}\} = 0.73 \times 50\,\Omega = 35.5\,\Omega$는 둘 다 $S_{11} = -10$ dB가 된다. 문제 5.1에서 이 곡선에 식을 유도한다. 실제 적용에서는 패키지 기생효과 등을 고려할 때 Γ가 −15 dB 정도는 되어야 한다.

**안정도(Stability)** 수신부에서 다른 회로와 달리 LNA는 소스 임피던스를 제어하기 어려운 '바깥세상'과 접해있다. 예를 들어, 핸드폰의 사용자가 안테나를 손으로 쥐고 있는 경우 안테나의 입력 임피던스는 변한다.[3] 이러한 상황을 고려하면 LNA는 모든 소스 임피던스에 대해 그리고 *모든 주파수*에서 안정이 되어야 한다. 특정 주파수 대역에서만 동작하는 LNA인데 다른 주파수에서 안정될 필요가 있을까라는 생각해 볼 수 있으나, LNA가 어떤 주파수에서 발진하면 LNA는 큰 비선형 영역에서 동작하고 이득이 매우 작아진다.

회로의 안정도를 평가하는 데 사용하는 파라미터의 하나로 '스턴 안정도 팩터(Stern stability factor)'가 사용된다.

$$K = \frac{1 + |\Delta|^2 - |S_{11}|^2 - |S_{22}|^2}{2|S_{21}||S_{12}|}, \tag{5.11}$$

여기서 $\Delta = S_{11}S_{22} - S_{12}S_{21}$, 만일 $K > 1$이고 $\Delta < 1$이면, 회로를 무조건 안정(unconditionally stable)이라 부른다. 이 경우 어떠한 *소스*와 *부하* 임피던스에 대해 발진하지 않음을 의미한다. 온칩 설계와 같이 최근 RF 설계에서 LNA의 부하 임피던스(예를 들어 온칩 믹서 임피던스)를 예측 가능한 경우 $K$는 큰 의미가 없을 수 있다. 또한 LNA의 출력이 믹서의 입력에 매칭되지 않기 때문에 $S_{22}$는 의미 있는 값이 아니다. 예제로 살펴보자.

### 예제 5.2

RF Microelecronics

종속(cascade) 단이 $S_{12} \approx 0$으로 높은 역격리(reverse isolation) 특성을 갖는다고 하자. 출력 임피던스는 상대적으로 높아 $S_{22} \approx 1$인 경우 안정도 조건을 계산하라.

**풀이:**

$S_{12} \approx 0$, $S_{22} \approx 1$이므로,

$$K \approx \frac{1 - |S_{22}|^2}{2|S_{21}||S_{12}|} > 1 \tag{5.12}$$

따라서

$$|S_{21}| < \frac{1 - |S_{22}|^2}{2|S_{12}|}. \tag{5.13}$$

3. 대역선택 필터가 있는 경우 LNA에서 바라보는 입력 임피던스의 변화는 상대적으로 작아진다.

**예제 5.2** (*계속*) RF Microelecronics

즉, 안정도를 위해 전달 이득이 제한된다. $\Delta < 1$ 조건은

$$S_{11} < 1, \tag{5.14}$$

이 되어 입력 저항값이 양(positive)이 되어야 한다.

예제로부터 LNA의 역격리도를 높임으로써 안정화시킬 수 있음을 알 수 있다. 역격리도를 높이는 두 종류의 안정된 LNA의 구조를 5.3절에서 소개할 것이다. 이러한 LNA들은 안정도가 높기 때문에 다른 성능들을 최적화시킬 수 있다. 또한 역격리도가 높으면 LO 신호가 LNA 입력단으로 누설되는 것을 억제하는 데도 유리하다.

LNA는 불완전한 그라운드 또는 패키징에서 발생하는 전원(supply) 기생 인덕턴스(수십 GHz에서 온칩 라인 인덕턴스) 등 같은 요인에 의해서도 불안정화 될 수 있다. 예를 들어, 공통 게이트 트랜지스터의 게이트 단자에 큰 직렬 인덕턴스가 연결되면 출력에서 입력으로 피드백 경로가 형성되어 특정 주파수에서 불안정하게 될 수 있다. 이러한 이유로 정확한 패키지의 모델링뿐만 아니라 설계와 레이아웃에서 주의가 요망된다.

**선형성(Linearity)** 대부분의 응용에서 LNA는 수신기의 선형성을 제한하지 않는다. RX 경로 전체에서 누적되는 이득 때문에 기저대역(baseband) 증폭기 또는 필터와 같이 뒤쪽에 위치하는 블록들이 전체 입력 $IP_3$와 $P_{1dB}$를 제한한다. 따라서 LNA을 설계하거나 최적화 할 때 선형성 이슈는 큰 관심이 끌지는 못한다.

하지만, 예외적인 경우로 FDD를 이용하여 동시에 신호를 송수신하는 풀-듀플렉스(full-duplex)를 생각할 수 있다. 3장에서 다룬 CDMA는 강력한 송신 신호가 수신부로 누설되는 상황에서 풀-듀플렉스 동작을 할 수 있어야 한다. 이슈를 이해하기 위해 그림 5.5의 전치단(font-end)을 살펴보자. 여기서 듀플렉서는 TX와 RX 대역을 분리한다. 듀플렉서는 3-단자(port) 소자로 $S_{31}$과 $S_{21}$은 TX와 RX 경로 손실로 보통 1~2 dB정도의 값을 갖는다. 현실적으로 (듀플렉서) 필터와 패키지 때문에 포트-2와 포트-3간은 완전히 격리되지 않아 $S_{32}$는 −50 dB 정도의 값을 갖는다. 이 경우 PA에서 +30 dBm (1W)의 평균 출력 전력을 방출하면 LNA는 −20 dBm TX 신호가 LNA로 인가된다. 이때 LNA는 TX 누설보다 매우 작은 RX 신호를 동시에 수신하고 있다. TX신호는 포락선(envelope)이 변하는 변조를 취하므로 피크값은 약 2 dB가 더 크다. 즉, 수신기는 −18 dBm의 입력이 인가되는 상황에서 동작해야 한다. 약간의 마진을 고려하면 LNA는 약 −15 dBm의 $P_{1dB}$를 가져야 한다.

이 정도의 $P_{1dB}$값은 수신기에서 구현이 어렵다. LNA의 이득이 15 ~ 20 dB라면 −15 dBm의 입력은 출력에서 0 ~ 5 dBm(632 ~ 1124 $mV_{pp}$)되어 *출력단*에서 LNA 신호를 압축(com-

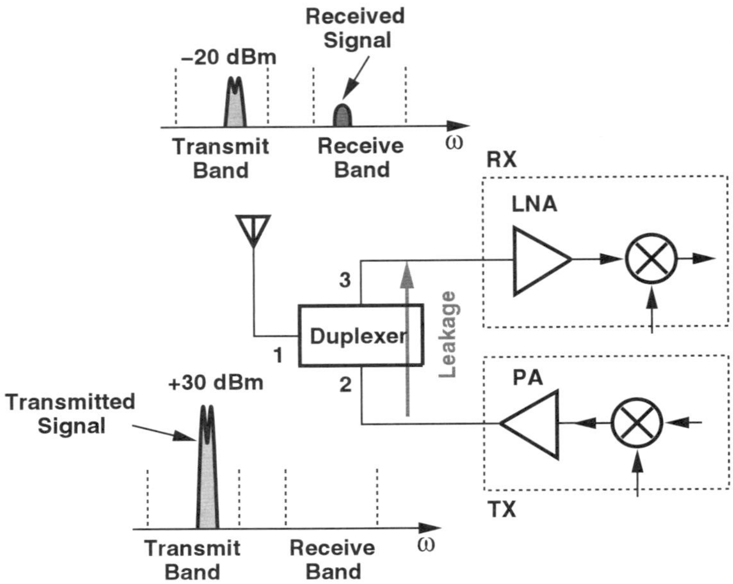


**그림 5.5** *풀-듀플렉스(full-duplex) 시스템에서 RX 경로로의 TX 누설*

pression)시킬 수 있다. 따라서 LNA의 선형성이 중요해진다. 비슷한 개념으로 하향 변환 믹서의 1-dB 압축점은 0 ~ 5 dBm이 되어야 한다. 이 값을 만족하기 위해 믹서의 $IP_3$는 약 +10 ~ 15 dBm이 되어야 한다. 따라서 믹서도 어려운 설계가 된다. 이 문제를 완화하기 위해 어떤 CDMA 수신부에서는 LNA와 믹서 사이에 오프칩 필터를 두어 TX 손실을 제거한다[1].

강력한 간섭신호들이 다수 존재할 수 있는 광대역 수신기에서도 LNA의 선형성은 중요하다. 이러한 예로 UWB(ultra-wideband), SDR(software-defined radio), CR(cognitive radio) 등이 있다.

**대역폭(Bandwidth)** LNA는 관심 주파수 영역에서 1 dB 이내의 이득 변화를 갖는 균일한 특성을 나타내야 한다. 따라서 주파수 상하단 엣지(edge)에서 1 dB이내의 roll-off 특성을 갖기 위해 LNA의 −3 dB 대역폭은 훨씬 넓어져야 한다.

필요한 대역폭을 정량화하기 위해 −3 dB 대역폭을 대역의 중심주파수로 나누는 비대역폭(fractional bandwidth)을 사용한다. 예를 들어, 802.11g에 사용되는 LNA의 비대역폭은 80 MHz/2.44 GHz = 0.0328이다.

### 예제 5.3

RF Microelecronics

802.11a용 LNA의 −3 dB 대역폭은 5 GHz에서 6 GHz다. LNA가 2차 *LC* 탱크를 부하로 사용하면 최대 허용 탱크(tank)-*Q*는 얼마인가?

**예제 5.3** (*계속*) RF Microelecronics

**풀이:**

그림 5.6에서 $LC$ 탱크의 부분-대역폭(fractional bandwidth)은 $\Delta\omega/\omega_0 = 1/Q$. 따라서, 탱크-$Q$는 5.5 GHz/1 GHz = 5.5보다 작아야 한다.

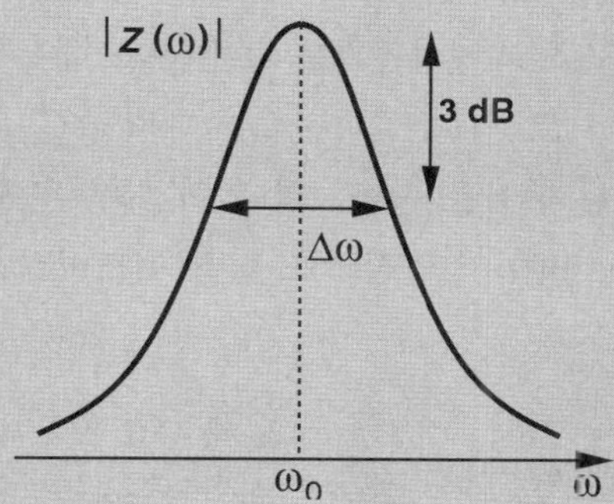


**그림 5.6** *대역폭과 탱크-Q와 관계*

넓은 부분-대역폭을 구현해야 하는 LNA 설계에서 중심 주파수 *스위칭*(*switch*) 기법을 사용하기도 한다. 그림 5.7(a)는 한 예를 보여주고 있다. 여기서 추가로 붙는 $C_2$를 이용하여 그림 5.7(b)와 같이 중심주파수를 $\omega_1 = 1/\sqrt{L_1C_1}$에서 $\omega_2 = 1/\sqrt{L_1(C_1 + C_2)}$로 바꾼다. 이에 대한 개념은 5.5절에서 다룬다.

**전력소비(Power Dissipation)** LNA는 일반적으로 잡음, 선형성, 전력소비 간의 절충 관계를 갖는다. 대부분의 수신기 설계에서 LNA는 전체 전력에서 상대적으로 적은 부분을 차지한다. 즉, 회로의 잡음지수가 전력소비보다는 훨씬 중요하다.

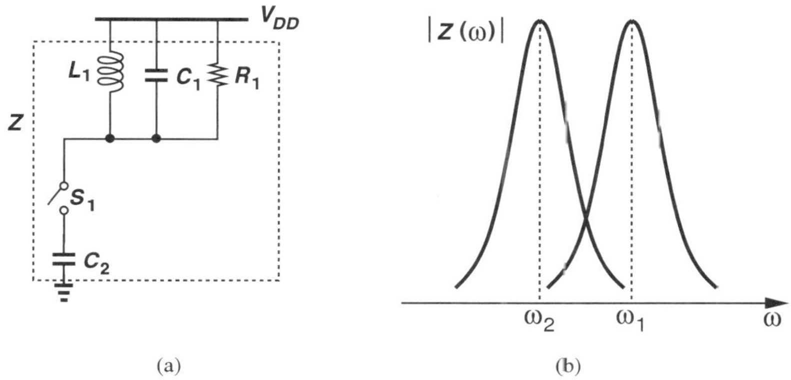


**그림 5.7** *(a) 대역 스위칭, (b) 대역 스위칭의 주파수 응답*

## 5.2 입력 매칭 문제 Problem of Input Matching

5.1절에서 언급한 바와 같이 LNA는 일반적으로 리액턴스 성분이 매우 작은 50 Ω 입력 저항으로 설계한다. 이러한 입력 임피던스를 갖기 위해 LNA 구조는 제한될 수밖에 없다. 즉, 임의의 구조로 원하는 잡음지수와 이득을 갖도록 설계한 후에 입력 매칭 방법을 생각할 수 없다.

먼저 그림 5.8의 간단한 공통-소스(common-source) 구조를 살펴보자. 여기서 $C_F$는 게이트-드레인 간의 덮개(overlay)구조 커패시턴스를 표현한다. 매우 낮은 주파수에서 $R_D$는 $C_F$와 $C_L$의 임피던스보다 매우 작으므로 입력 임피던스는 대략 $[(C_{GS} + C_F)s]^{-1}$이 된다. 고주파에서 $C_F$는 $M_1$의 게이트와 드레인 단자를 단락시켜 입력 *저항*은 $R_D \| (1/g_m)$이 된다(역주: $R_L$과 전류원 $g_m v_i$가 병렬로 연결된 형태). 일반적으로 입력 어드미턴스의 실수부와 허수부는 각각 다음과 같음을 알 수 있다.

$$Re\{Y_{in}\} = R_D C_F \omega^2 \frac{C_F + g_m R_D (C_L + C_F)}{R_D^2 (C_L + C_F)^2 \omega^2 + 1} \tag{5.15}$$

$$Im\{Y_{in}\} = C_F \omega \frac{R_D^2 C_L (C_L + C_F)\omega^2 + 1 + g_m R_D}{R_D^2 (C_L + C_F)^2 \omega^2 + 1}. \tag{5.16}$$

회로 파라미터를 잘 선택해서 $Re(Y_{in}\} = 1/(50\ \Omega)$을 만들 수 있을까? 예로 $C_F = 10$ fF, $C_L = 30$ fF, $g_m R_D = 4$, $R_D = 100\ \Omega$이면 5 GHz에서 $Re(Y_{in}\} = (7.8\ \text{k}\Omega)^{-1}$가 되어 $(50\ \Omega)^{-1}$과는 상당한 차이가 난다. 이 원인은 5 GHz에서 $C_F$로 인한 작은 피드백 때문이다.

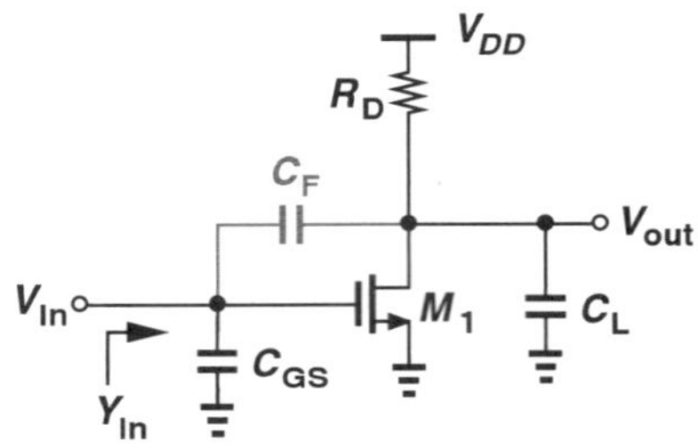


**그림 5.8** *CS 단의 입력 어드미턴스*

### 예제 5.4

RF Microelecronics

그림 5.8에서 회로의 입력 임피던스 대신 입력 어드미턴스를 계산한 이유는 무엇인가?

**풀이:**

선택은 어떤 면에서 임의적이다. 어떤 회로에서 $Y_{in}$을 계산하는 것이 더 편리하다. 또한 입력

**예제 5.4** (*계속*) RF Microelecronics

커패시턴스가 *병렬* 인덕터에 의해 상쇄되면 $Im\{Y_{in}\}$를 이용하는 것이 더 적절할 것이다. 비슷하게 직렬 인더터로 $Im\{Z_{in}\}$이 상쇄된다. 이에 관해 이번 장에서 나중에 다루기로 하자.

입력에 간단한 저항을 붙여서 입력 매칭을 할 수 있을까? 그림 5.9(a)에서 3단계로 설계하는 것을 보여주고 있다. (1) $M_1$과 $R_D$로 원하는 잡음지수와 이득을 맞춘다. (2) $Re\{Z_{in}\} = 50\,\Omega$이 되도록 $R_P$를 입력단에 병렬로 연결한다. (3) 인덕터를 $R_S$와 입력 사이에 삽입하여 $IM\{Z_{in}\}$을 상쇄시킨다. 2장에서 설명했듯이 유감스럽게도 입력측의 종단 저항으로 인한 잡음지수는 $1 + R_S/R_P$가 된다. 저주파에서 잡음지수를 계산하기 위해 프리스(Friis) 방정식[4]을 활용하거나 전체 LNA을 하나의 회로로 간략화 할 수 있다. 그림 5.9(b)로부터 전체 출력 잡음은

$$\overline{V_{n,out}^2} = 4kT(R_S||R_P)(g_mR_D)^2 + 4kT\gamma g_m R_D^2 + 4kTR_D, \tag{5.17}$$

여기서 채널길이 변조(channel-length modulation)는 무시한다. 그림 5.9(a)에서 $V_{\rm in}$에서 $V_{out}$까지의 전압 이득은 $-[R_P/(R_P + R_S)]g_mR_D$이므로 잡음지수는 다음과 같다.

$$\text{NF} = 1 + \frac{R_S}{R_P} + \frac{\gamma R_S}{g_m(R_S||R_P)^2} + \frac{R_S}{g_m^2(R_S||R_P)^2R_D}. \tag{5.18}$$

$R_P \approx R_S$이므로 NF는 3 dB를 훨씬 초과한다.

중요한 것은 물리적인 $50\,\Omega$ 저항의 열잡음 *없이* LNA의 입력 저항이 $50\,\Omega$이 되어야 하는 점이다. 이 문제는 능동소자를 이용하면 가능해진다.

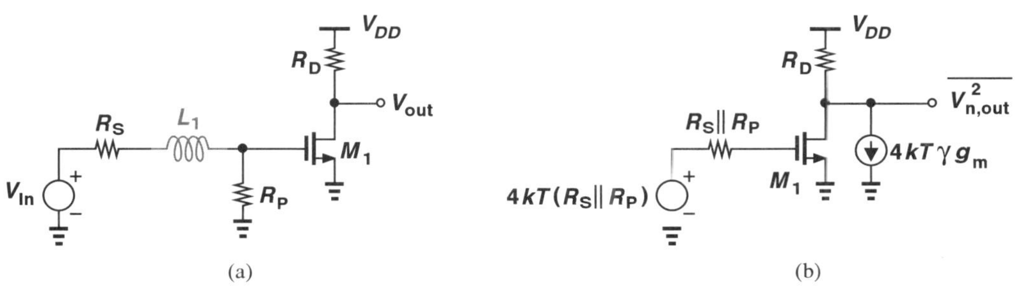


**그림 5.9** *(a) 매칭을 위해 저항 종단을 사용하는 경우, (b) 간략화한 회로도*

4. 즉, $R_P$를 하나의 단(stage)로 간주하고 CS 증폭기 단과 연속된 것으로 생각하자.

## 예제 5.5



한 학생이 앞서 설명한 이론을 무시하고 *큰* $R_P$를 선택하고 이를 $R_S$로 *변환*하고자 한다. 그림 5.10(a)에 그 과정을 표시하고 있다. 여기서 $C_1$은 $M_1$의 입력 커패시턴스를 표현한다. $M_1$의 입력 저항은 무시하라. 이 구조로 3 dB 이하의 잡음지수를 만족하는 회로를 설계할 수 있는가?

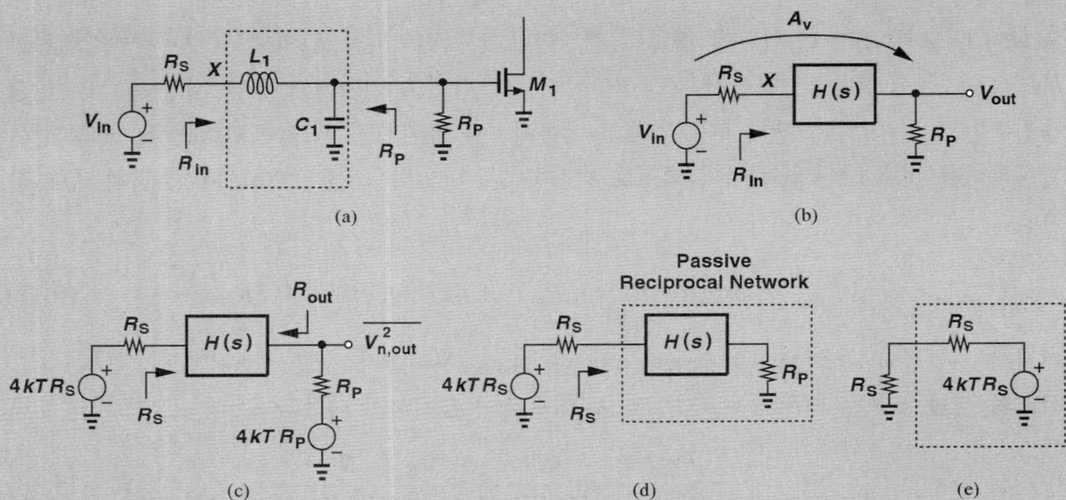


**그림 5.10** *(a) 매칭회로를 이용하여 RP의 값을 변환, (b) (a)를 일반화한 표시, (c) RP의 잡음을 포함, (d) (c)의 간략화 회로, (e) (d)의 간략화한 회로*

**풀이:**

그림 5.10(b)의 더 일반화한 회로를 살펴보자. 여기서 $H(s)$는 그림 5.10(a)에서 $L_1$과 $C_1$ 같은 무손실 회로를 표현한다. $Z_{in} = R_S$을 원하기 때문에 $V_{in}$이 $H$(s)의 입력에 전달되는 전력은 $(V_{in,rms}/2)^2/R_S$이 된다. 이 전력이 모두 $R_P$에 전달되어져야 하므로

$$\frac{V^2_{in,rms}}{4R_S} = \frac{V^2_{out,rms}}{R_P}. \tag{5.19}$$

이 관계로부터

$$|A_v|^2 = \frac{R_P}{4R_S}. \tag{5.20}$$

그림 5.10(c)을 이용하여 출력잡음을 계산해보자. $R_S$의 잡음으로 인한 출력잡음은 식 (5.19)에 $\overline{V^2_{in,rms}} = 4kTR_S$ 을 대입하여 바로 구할 수 있다.

**예제 5.5** (계속) RF Microelecronics

$$\overline{V_{n,out}^2}|_{RS} = 4kTR_S \cdot \frac{R_P}{4R_S} \tag{5.21}$$

$$= kTR_P. \tag{5.22}$$

하지만, $R_P$에 의한 잡음은 어떻게 되겠는가? 먼저 $R_{out}$의 값을 계산하자. 이를 위해 다음과 같은 열역학(thermodynamics) 원리를 이용하자. $R_S$와 $R_P$가 열적 평형에 놓여있다면, $R_S$에서 $R_P$로 전달되는 잡음전력은 $R_P$에서 $R_S$로 전달되는 잡음전력과 같아야 한다. 그렇지 않으면 한쪽은 열이 올라가고 한쪽은 냉각될 것이다. $R_S$에서 $R_P$로 전달되는 잡음은 얼마나 될까? 그림 5.10(d)과 같이 회로를 다시 그린다음 2장에서 $R_S$의 실수부 임피던스를 나타내는 수동 가역 회로망의 열잡음은 $4kTR_S$가됨을 기억하자. 그림 5.10(e)에 등가 회로로부터 왼쪽에 있는 $R_S$로 전달되는 잡음전력은 $kT$가 된다. 이 값과 $R_P$에서 $R_{out}$으로 전달되는 잡음이 같으므로,

$$4kTR_P\left(\frac{R_{out}}{R_{out}+R_P}\right)^2 \cdot \frac{1}{R_{out}} = kT \tag{5.23}$$

따라서,

$$R_{out} = R_P. \tag{5.24}$$

즉, $R_{in} = R_S$이면 $R_{out} = R_P$가 된다. 이로부터 $R_P$로 인한 출력잡음은

$$\overline{V_{n,out}^2}|_{RP} = kTR_P. \tag{5.25}$$

식 (5.22)와 (5.25)를 더한 후 그 값을 (5.20)과 $4kTR_S$로 나누면 ($M_1$을 제외한) 회로의 잡음지수를 얻을 수 있다.

$$\text{NF} = 2. \tag{5.26}$$

유감스럽게 학생이 시도한 것은 물리 이론에 벗어나는 시도를 한 것이다.

요약하면 LNA의 입력(공핵)매칭은 50 Ω의 입력 임피던스의 실수 값을 구현하되 50 Ω의 잡음 특성은 나타나지 않는 회로 설계가 되어야 한다. 다음 절에서 이러한 회로 설계에 대해 살펴보자.

## 5.3 LNA 구조 LNA Topologies

지금까지 LNA 설계에서 중요 설계 목표로 잡음지수, 입력 매칭, 이득을 이야기 했다. 이번

절에서 LNA 구조 몇 가지를 제시하고 이들 주요 설계 목표들에 대한 구조들의 특성을 해석한다. 표 5.1은 앞으로 살펴볼 구조에 대한 개요이다.

**표 5.1** *LNA 구조 개요*

| 공통-소스 + | 공통-게이트 + | 광대역 구조 |
|---|---|---|
| ■ 유도성 부하<br>■ 저항 피드백<br>■ 캐스코드, 유도성 부하, 유도성 축퇴 | ■ 유도성 부하<br>■ 피드백<br>■ 피드포워드<br>■ 캐스코드와 유도성 부하 | ■ 잡음-제거 LNA<br>■ 리액턴스-제거 LNA |

### 5.3.1 유도성 부하를 갖는 공통-소스단 Common-Source Stage with Inductive Load

5.1절에서 언급했듯 저항성 부하를 갖는 CS(common-source, 공통-소스)단은 적절한 매칭 특성을 제공하지 못하기 때문에 LNA로 적합한 구조가 아님을 보았다. 더욱이 출력 노드에서 시정수로 인해 고주파 동작 어렵다. 최근 CMOS 기술이 점점 소형화되고 있다(scale down). 일반적으로 CS 구조에서 나타나는 전압 이득과 공급전압 사이의 절충관계 때문에 CS 구조는 LNA로 적합하지 않다. 예를 들어 저주파에서

$$|A_v| = g_m R_D \tag{5.27}$$

$$= \frac{2I_D}{V_{GS} - V_{TH}} \cdot \frac{V_{RD}}{I_D} \tag{5.28}$$

$$= \frac{2V_{RD}}{V_{GS} - V_{TH}}, \tag{5.29}$$

여기서 $V_{RD}$는 $R_D$에서 dc 전압강하로 $V_{DD}$에 의해 제한된다. 채널길이 변조가 있는 경우 이득은 더욱 낮아진다.

식 (5.29)의 절충관계를 극복하고 더 높은 주파수에서 동작하기 위해 CS 단은 유도성 부하를 사용한다. 그림 5.11(a)에서 CS는 더 낮은 공급전압에서 동작이 가능하다. 이는 유도성 부하가 저항에 비해 훨씬 낮은 dc 전압강하를 갖기 때문이다. 이상적인 인덕터인 경우 dc 전압강하는 영(zero)이 된다. 더욱이 $L_1$은 출력 노드에서 전체 커패시턴스와 공진하여 그림 5.8의 저항부하를 사용하는 것과 비교하여 훨씬 높은 주파수에서 동작한다.

CS 단의 입력 매칭 특성을 살펴보자. 그림 5.11(b)는 좀 더 구체적인 회로도를 보여주고 있다. 여기서 $C_F$는 게이트-드레인 사이의 덮개(overlay) 커패시턴스를 표시하고 있다. $M_1$의 게이트-소스 커패시턴스를 무시하고 $Z_{in}$을 계산해보자. 회로를 그림 5.11(c)와 같이 다시 그린다. 출력 병렬 탱크에 흐르는 전류는 $I_X - g_m V_X$가 됨을 알 수 있다. 여기서 인덕터 손실은 직렬

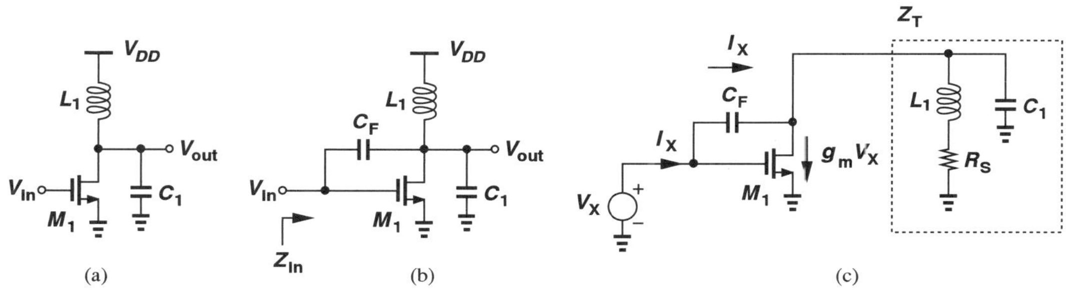


**그림 5.11** *(a) 유도성 부하를 갖는 CS 단, (b) $C_F$가 있을 때 입력 임피던스, (c) 등가 회로*

저항 $R_S$로 표시하였다. 직렬 저항으로 표시한 이유는 등가 병렬 저항이 주파수에 따라 변하는 것 보다 $R_S$의 주파수 변화는 훨씬 작기 때문이다.[5] 탱크 임피던스는 다음과 같다.

$$Z_T = \frac{L_1 s + R_S}{L_1 C_1 s^2 + R_S C_1 s + 1}, \tag{5.30}$$

그리고 탱크 전압은 $(I_X - g_m V_X)Z_T$가 된다. 탱크 전압에 $C_F$ 양단의 전압강하를 더하면

$$V_X = \frac{I_X}{C_F s} + (I_X - g_m V_X) Z_T. \tag{5.31}$$

식 (5.30)으로부터 $Z_T$를 치환하면

$$Z_{in}(s) = \frac{V_X}{I_X} = \frac{L_1(C_1 + C_F)s^2 + R_S(C_1 + C_F)s + 1}{[L_1 C_1 s^2 + (R_S C_1 + g_m L_1)s + 1 + g_m R_S]C_F s}. \tag{5.32}$$

$s = j\omega$를 대입하면

$$Z_{in}(j\omega) = \frac{1 - L_1(C_1 + C_F)\omega^2 + jR_S(C_1 + C_F)\omega}{[-(R_S C_1 + g_m L_1)\omega + j(g_m R_S - L_1 C_1 \omega^2 + 1)]C_F \omega}. \tag{5.33}$$

복소분수 $(a + jb)/(c + jd)$의 실수부는 $(ac + bd)/(c^2 + d^2)$이므로

$$Re\{Z_{in}\} = \frac{[1 - L_1(C_1 + C_F)\omega^2][-(R_S C_1 + g_m L_1)\omega] + R_S(C_1 + C_F)(g_m R_S - L_1 C_1 \omega^2 + 1)\omega^2}{D}, \tag{5.34}$$

여기서 $D$는 양의 값이다. 이 수식에서 값들을 잘 선택해서 $Re\{Z_{in}\} = 50\,\Omega$을 얻을 수 있다.

관심주파수에서 $Re\{Z_{in}\} = 50\,\Omega$일 될 가능성이 있긴 하지간, 그림 5.11(b)에서 피드백 커

---

5. 예를 들어, $R_S$가 단순히 저주파 저항을 표시한다면 $R_S$값은 상수가 되고 $Q = L\omega/R_S$는 주파수에 따라 선형적으로 커진다. 병렬 저항 $R_P$로 $Q = R_P/(L\omega)$에 이러한 행태를 표시하고자 하면 저항은 상수가 아닌 $\omega^2$에 비례해야 한다.

패시턴스는 다른 주파수에서 부성(negative) 입력 저항을 될 가능성이 있다. 이 점을 고찰하기 위해 식 (5.34)를 다시 써보자.

$$Re\{Z_{in}\} = \frac{g_m L_1^2 (C_1 + C_F)\omega^2 + R_S(1 + g_m R_S)(C_1 + C_F) - (R_S C_1 + g_m L_1)}{D}\omega. \quad (5.35)$$

다음 주파수에서 분자가 0이 될 수 있음에 유의하라.

$$\omega_1^2 = \frac{R_S C_1 + g_m L_1 - (1 + g_m R_S) R_S (C_1 + C_F)}{g_m L_1^2 (C_1 + C_F)}. \quad (5.36)$$

따라서, 이 주파수가 존재한다면 이 주파수에서 $Re\{Z_{in}\}$의 부호가 변한다. 예를 들어, $C_F$ = 10 fF, $C_1$ = 30 fF, $g_m = (20\,\Omega)^{-1}$, $L_1$ = 5 nH, $R_S = 20\,\Omega$이면 $g_m L_1$이 분모의 값을 거의 결정한다. 이 경우 $\omega_1^2 \approx [L_1(C_1 + C_F)]^{-1}$가 되어 $\omega_1 \approx 2\pi \times$ (11.3 GHz)가 된다.

그림 5.12와 같이 병렬 공진을 이용하여 특정 주파수 영역에서 $C_F$의 효과를 중화(neutralization)시킬 수도 있다. $C_F$는 상대적으로 작은 값이므로 $L_F$는 큰 값이 필요한데, 이 경우 입력과 출력단과 심지어 입력과 출력*사이*에 기생 커패시턴스가 증가하여 성능이 저하될 수 있다. 이러한 이유로 $C_F$를 중화하는 방법은 최근 RF 설계에서 거의 사용하지 않는다.

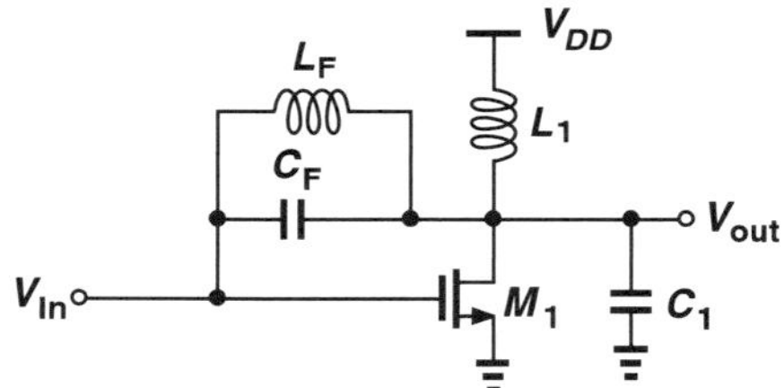


**그림 5.12** *$C_F$ 효과를 $L_F$를 이용하여 중화하는 방법*

## 5.3.2 저항 피드백을 갖는 공통-소스 단 Common-Source Stage with Resistive Feedback

동작 주파수가 트랜지스터 $f_T$의 10배 이상 낮은 경우 그림 5.13과 같은 피드백 CS 구조를 고려할 수 있다. 여기서 $M_2$는 전류원으로 동작하고 $R_F$는 출력 전압을 감지하여 입력에 전류로 돌려주는 역할을 한다. 이 회로를 이용하여 입력 저항은 $R_S$와 같고 잡음지수는 상대적으로 낮은 회로를 설계하고자 한다.

채널길이 변조를 무시하면 그림 5.13(b)로부터

$$R_{in} = \frac{1}{g_{m1}} \quad (5.37)$$

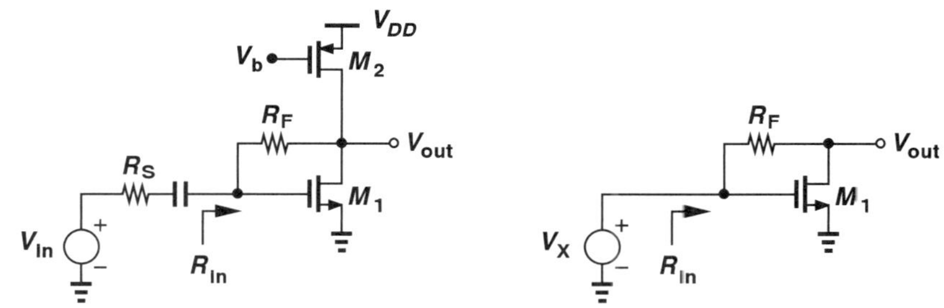


(a) (b)

**그림 5.13** *(a) 저항 피드백을 갖는 CS 단, (b) 간략화한 회로*

$R_F$는 이상적인 전류원과 직렬로 연결되어있고 $M_1$은 다이오드로 결선된 동작을 하고 있음에 유의하라. 입력 매칭을 위해

$$g_{m1} = \frac{1}{R_S}. \tag{5.38}$$

그림 5.13(b)는 $M_1$의 소신호 드레인 전류인 $g_{m1}V_X$로 동작하고 있고 이 전류가 모두 $R_F$로 흐르기 때문에 $R_F$에서 전압 강하는 $g_{m1}V_XR_F$가 된다. 이로부터

$$V_X - g_{m1}V_XR_F = V_{out} \tag{5.39}$$

따라서,

$$\frac{V_{out}}{V_X} = 1 - g_{m1}R_F \tag{5.40}$$

$$= 1 - \frac{R_F}{R_S}. \tag{5.41}$$

실제 적용에서 $R_F >> R_S$이므로, 그림 5.13(a)의 $V_{in}$에서 $V_{out}$까지의 전압 이득은

$$A_v = \frac{1}{2}\left(1 - \frac{R_F}{R_S}\right) \tag{5.42}$$

$$\approx -\frac{R_F}{2R_S}. \tag{5.43}$$

그림 5.8의 저항성 부하를 갖는 CS와 비교하면, $R_F$에 바이어스 전류가 존재하지 않으므로 이득과 공급전압간의 절충 관계가 없음을 알 수 있다.

$g_{m1} = 1/R_S$라 가정하고 잡음지수를 계산해 보자. 먼저 출력에서 $R_F$, $M_1$, $M_2$로 인한 잡음의 기여도를 계산한다. 그림 5.14(a)로부터 $R_F$로 인한 잡음은 출력에 그대로 나타난다.

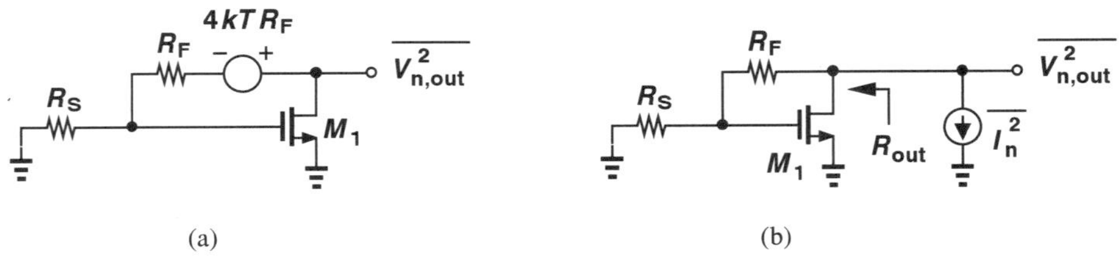


**그림 5.14** *CS 단에서 (a) $R_F$에 의한 잡음 영향; (b) $M_1$에 의한 잡음 영향*

$$\overline{V_{n,out}^2}|_{RF} = 4kTR_F. \tag{5.44}$$

그림 5.14(b)와 같이 $M_1$과 $M_2$로 인한 잡음전류는 출력 임피던스 $R_{out}$에 흐른다. 출력 임피던스는 다음과 같이 됨을 보일 수 있다.

$$R_{out} = \left[\frac{1}{g_{m1}}\left(1 + \frac{R_F}{R_S}\right)\right]||(R_F + R_S) \tag{5.45}$$

$$= \frac{1}{2}(R_F + R_S). \tag{5.46}$$

출력 노드에서 잡음은

$$\overline{V_{n,out}^2}|_{M1,M2} = 4kT\gamma(g_{m1} + g_{m2})\frac{(R_F + R_S)^2}{4}. \tag{5.47}$$

$R_S$에 의한 잡음은 이득과 곱해져서 출력에 전달된다. 입력측 변환 잡음은 출력 노드에서 잡음을 이득으로 나누면 된다. 따라서,

$$\text{NF} = 1 + \frac{4R_F}{R_S\left(1 - \frac{R_F}{R_S}\right)^2} + \frac{\gamma(g_{m1} + g_{m2})(R_F + R_S)^2}{\left(1 - \frac{R_F}{R_S}\right)^2 R_S} \tag{5.48}$$

$$\approx 1 + \frac{4R_S}{R_F} + \gamma(g_{m1} + g_{m2})R_S \tag{5.49}$$

$$\approx 1 + \frac{4R_S}{R_F} + \gamma + \gamma g_{m2}R_S. \tag{5.50}$$

수식에서 $\gamma \approx 1$에 대해, $4R_S/R_F + \gamma g_{m2}R_S$ <<1인 경우라 하더라도 NF는 3 dB를 초과한다.

**예제 5.6** RF Microelecronics

식 (5.50)의 오른쪽에 있는 네 번째 항을 트랜지스터의 초과전압(overdrive voltage)으로 표현

### 예제 5.6 (*계속*)

RF Microelecronics

하라.

**풀이:**

$g_{m2}R_S = g_{m2}/g_{m1}$이고, $g_m = 2I_D/(V_{GS} - V_{TH})$이므로

$$\frac{g_{m2}}{g_{m1}} = \frac{(V_{GS} - V_{TH})_1}{|V_{GS} - V_{TH}|_2}. \tag{5.51}$$

$M_1$의 초과전압보다 전류원 $M_2$의 초과전압이 훨씬 큰 경우 네 번째 항은 무시할 만하다. 저전압으로 구동할 때는 $|V_{DS2}| = V_{DD} - V_{GS1}$이므로 이러한 조건을 만족하기 어렵다. 또한 MOSFET가 심한 속도포화영역(heavily velocity-saturated region)에서 동작하는 경우 $g_m = I_D/(V_{GS} - V_{TH})$가 되어 식 (5.51)은 여전히 성립함에 유의하라.

### 예제 5.7

RF Microelecronics

그림 5.15의 회로에서 PMOS 전류원은 능동부하(active load)로 수정되어 입력 신호를 증폭한다. 이 아이디어는 $M_2$가 인가 잡음뿐만 아니라 입력 신호도 증폭함으로써 잡음지수를 낮출 수 있다는 것이다. 채널길이 변조를 무시하고 잡음지수를 계산하라. (전류원 $I_1$은 바이어스 전류를 표시하고 $C_1$은 $M_2$의 소스에 ac 접지를 형성한다.)

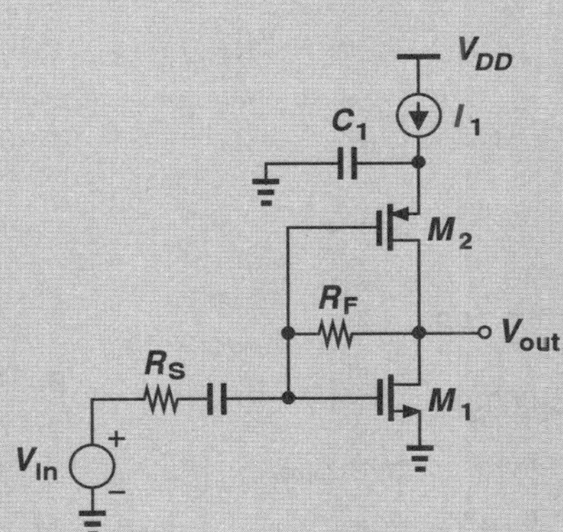


**그림 5.15** *능동부하가 연결된 CS 단*

**풀이:**

소신호 동작인 경우 $M_1$과 $M_2$은 *병렬*로 결선되어 트랜스컨덕턴스가 $g_{m1} + g_{m2}$인 단일 트랜

(*계속*)

**예제 5.7** (계속) RF Microelecronics

지스터처럼 동작한다. 따라서 입력 매칭 조건은 $g_{m1} + g_{m2} = 1/R_S$가 된다. 잡음지수 식은 식 (5.49)에서 $\gamma(g_{m1} + g_{m2})R_S = \gamma$로 바뀐 것을 제외하면 동일하다. 즉,

$$\mathrm{NF} \approx 1 + \frac{4R_S}{R_F} + \gamma. \tag{5.52}$$

이 구조는 잡음지수 면에서 성능이 개선되었지만 공급전압으로 $V_{GS1} + |V_{GS2}| + V_{I1}$이 필요하다. 여기서 $V_{I1}$은 전류원 $I_1$에 필요한 전압 헤드룸(headroom)을 의미한다.

### 5.3.3 공통-게이트 단 Common-Gate Stage

낮은 입력 임피던스를 갖는 공통-게이트(common-gate, CG) 단은 LNA 설계에 유리하다. CS 구조와 마찬가지로 저항성 부하 단은 이득-헤드룸 간의 절충관계에 있으므로, 그림 5.16(a)와 같이 유동성 부하를 갖는 CG 단을 생각해본다. 여기서 $L_1$은 다음 단의 입력 커패시턴스를 포함하여 출력 노드에서 발생하는 모든 커패시턴스와 공진을 일으킨다. $R_1$은 $L_1$의 손실을 나타낸다. 채널길이 변조와 바디(body) 효과를 무시하면 $R_{in} = 1/g_m$. 따라서, $M_1$의 크기와 바이어스 전류를 $g_m = 1/R_S = (50\ \Omega)^{-1}$가 되도록 선택한다. 출력 공진 주파수에서 $X$로부터 출력 노드까지의 전압 이득은 다음과 같다.

$$\frac{V_{out}}{V_X} = g_m R_1 \tag{5.53}$$

$$= \frac{R_1}{R_S} \tag{5.54}$$

따라서 $V_{out}/V_{in} = R_1/(2R_S)$이다.

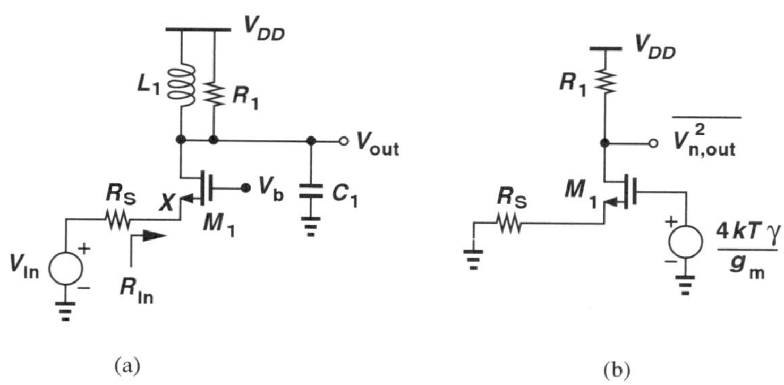


**그림 5.16** *(a) CG 단, (b) $M_1$의 잡음 영향*

공진 주파수에서 입력 매칭 조건 $g_m = 1/R_S$을 만족할 때 잡음지수를 계산해 보자. 그림 5.16(b)와 같이 $M_1$의 열잡음을 게이트와 직렬로 연결된 전압원 $\overline{V_{n1}^2} = 4kT\gamma/g_m$으로 모델링한 후 $M_1$의 게이트에서 출력까지의 이득을 곱하면

$$\overline{V_{n,out}^2}|_{M1} = \frac{4kT\gamma}{g_m}\left(\frac{R_1}{R_S + \dfrac{1}{g_m}}\right)^2 \tag{5.55}$$

$$= kT\gamma\frac{R_1^2}{R_S}. \tag{5.56}$$

$R_1$으로 인한 출력잡음은 간단히 $4kTR_1$이다. 잡음지수는 $M_1$과 $R_1$에 의한 출력잡음을 이득과 $4kTR_S$로 나눈 후 1을 더하면 된다.

$$\text{NF} = 1 + \frac{\gamma}{g_m R_S} + \frac{R_S}{R_1}\left(1 + \frac{1}{g_m R_S}\right)^2 \tag{5.57}$$

$$= 1 + \gamma + 4\frac{R_S}{R_1}. \tag{5.58}$$

$4R_S/R_1 \ll 1 + \gamma$인 경우에도 $\gamma \approx 1$이므로 NF는 여전히 3dB정도가 된다. $g_m = 1/R_S$ 조건에 대한 대가다. 즉, $g_m$이 높을수록 NF는 낮아지지만 입력 임피던스도 함께 낮아진다. 문제 5.8에서 입력에서 부정합(mismatch)이 허용되면 NF는 낮출 수 있음을 보일 것이다.

## 예제 5.8

RF Microelecronics

그림 5.17과 같이 전류원 또는 저항에 의해 CG 단을 바이어스를 가하려고 한다. 두 경우 추가적인 잡음을 비교하라.

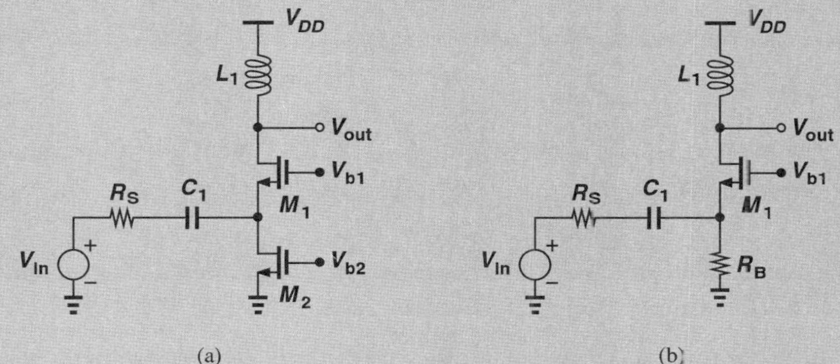


**그림 5.17** *CG 단 (a) 전류원에 의한 바이어스, (b) 저항에 의한 바이어스*

(계속)

## 예제 5.8 (계속)

**풀이:**

$V_{b1}$과 $V_{GS1}$이 정해지면 두 회로에서 $M_1$의 소스 전압이 동일하여 $R_B$에서 전압강하($V_{RB}$)도 같다. $M_2$가 포화영역에서 동작하기 위한 조건은 $V_{DS2} \geq V_{GS2} - V_{TH2}$이다. $M_2$와 $R_B$의 잡음전류는 각각 다음과 같다.

$$\overline{I_{n,M2}^2} = 4kT\gamma g_{m2} \tag{5.59}$$

$$= 4kT\gamma \frac{2I_D}{V_{GS2} - V_{TH2}}, \tag{5.60}$$

$$\overline{I_{n,RB}^2} = \frac{4kT}{R_B} \tag{5.61}$$

$$= 4kT\frac{I_D}{V_{RB}}. \tag{5.62}$$

$V_{GS2} - V_{TH2} \leq V_{RB}$이므로 $\gamma \approx 1$를 가정하면 $M_2$의 잡음기여는 $R_B$의 약 2배가 된다. 추가적으로 $M_2$는 입력 노드에 상당히 큰 커패시턴스를 발생시킬 수 있다.

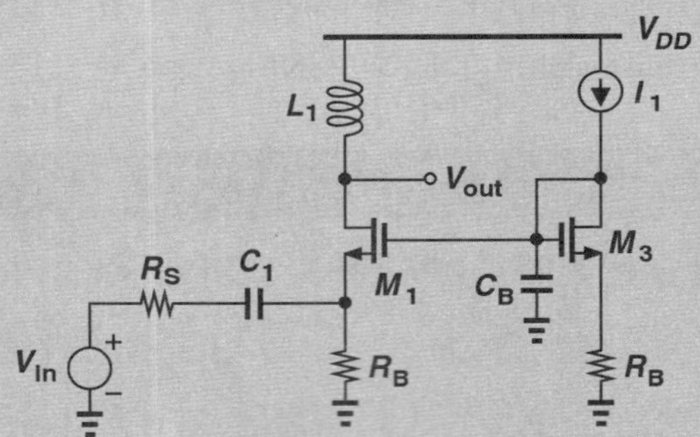


**그림 5.18** *CG 단에 적절한 바이어스 방법*

따라서 $R_B$가 $R_S$보다 매우 커서 입력신호를 감쇄시키지 않는 한 저항을 사용하는 것이 더 적절하다. $M_1$에 의한 입력 커패시턴스도 매우 클 수 있음을 유의하라. 이 문제는 다음에 다루기로 하자. 그림 5.18은 이러한 경우의 적당한 바이어스 예다.

딥서브마이크론(deep-submicron, 역주: 통상 0.18 $\mu$m 이하의 게이트 채널 기술) CMOS 기술에서 채널길이 변조는 CG 단의 동작에 크게 영향을 준다. 그림 5.19와 같이 $r_O$를 통한 정궤환(positive feedback)은 입력 임피던스를 상승시킨다. $r_O$를 무시할 때 $M_1$의 드레인-소스

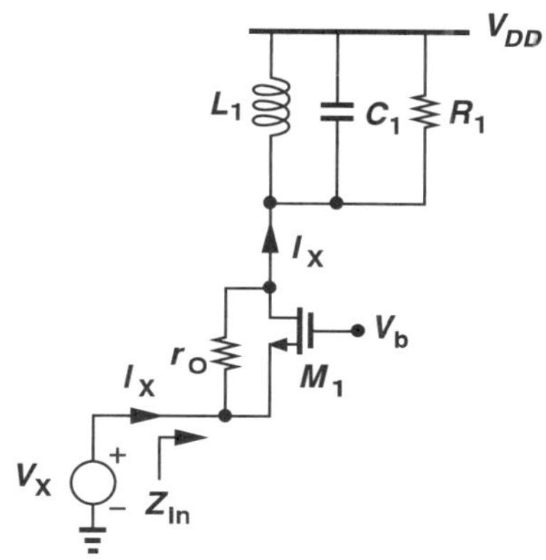


**그림 5.19** *$r_O$를 고려할 때 CG 단의 입력 임피던스*

전류는 $-g_m V_X$이므로 $r_O$에서 $r_O(I_X - g_m V_X)$의 전압강하가 일어난다. 또한 출력 탱크를 관통하는 전류가 $I_X$이므로 공진점에서 전압은 $I_X R_1$이 된다. 이 전압을 $r_O$에서 전압강하에 더하면 $V_X$와 같다.

$$V_X = r_O(I_X - g_m V_X) + I_X R_1. \tag{5.63}$$

즉,

$$\frac{V_X}{I_X} = \frac{R_1 + r_O}{1 + g_m r_O}. \tag{5.64}$$

내부 이득 $g_m r_O$가 1보다 매우 크다면 $V_X/I_X \approx 1/g_m + R_1(g_m r_O)$. 하지만 최근 CMOS기술에서 $g_m r_O$가 10을 넘기 힘들다. 따라서, $R_1/(g_m r_O)$항은 $g_m$항과 비교할 때 비슷하거나 더 커서 입력저항이 50 Ω보다 훨씬 더 높아진다.

$R_1$이 $R_{in}$에 큰 영향을 주기 때문에 실제 입력저항을 $R_S$고 같은 값이 되어야 입력 매칭이 된다.

$$R_S = \frac{R_1 + r_O}{1 + g_m r_O}. \tag{5.65}$$

**예제 5.9** RF Microelecronics

그림 5.19에서 $M_1$의 커패시턴스를 무시할 때 주파수에 대한 입력 임피던스를 그려라.

**풀이:**

공진 주파수에서 많이 벗어난 주파수에서 탱크는 매우 낮은 임피던스를 가지므로 $R_{in} = 1/g_m$

(계속)

예제 5.9 (계속) RF Microelecronics

[바디효과를 포함하면 $1/(g_m + g_{mb})$]. 주파수에 대한 입력 임피던스는 그림 5.20과 같이 된다.

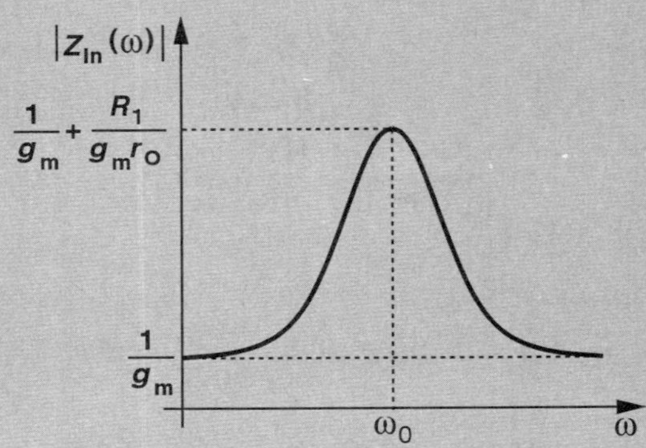


**그림 5.20** *공진 부하를 갖는 CG 단의 입력 임피던스*

그림 5.16(a)의 CG 단에 대한 전압 이득은 $r_O$를 포함하면 다음과 같음을 증명할 수 있다.

$$\frac{V_{out}}{V_{in}} = \frac{g_m r_O + 1}{r_O + g_m r_O R_S + R_S + R_1} R_1, \tag{5.66}$$

식 (5.65)을 대입하면

$$\frac{V_{out}}{V_{in}} = \frac{g_m r_O + 1}{2\left(1 + \frac{r_O}{R_1}\right)}. \tag{5.67}$$

이 결과를 살펴보면 앞의 결과와는 다르다. 즉, $r_O$와 $R_1$가 비슷하면 전압 이득은 약 $g_m r_O/4$ 정도로 매우 낮은 값이 된다.

CG 단의 입력 임피던스를 정리하면 채널길이 변조를 무시하면 매우 낮고, 무시하지 않는다면 매우 높다. 많은 회로 설계 기법이 채널길이 변조를 무시한 것을 가정하고 유도되었지만, 최근 기술들은 채널길이 변조를 무시할 수 없는 상황이다.

이 문제를 피하려고 트랜지스터의 채널길이를 증가시켜 채널길이 효과를 줄이게 되면 $g_m r_O$까지 높일 수 있다. 이때 트랜스컨덕턴스 값을 유지하기 위해서는 소자의 폭이 비례적으로 함께 증가하기 때문에 게이트-소스 간의 커패시턴스 값이 상당히 커져 입력 반사손실이 나빠진다.

**캐스코드 CG 단(Cascode CG Stage)** 입력 임피던스를 낮추는 방법으로 그림 5.21과 같이 캐스코드 소자를 추가할 수 있다. 여기서 $M_2$의 소스를 바라보는 저항은 식 (5.64)로 주어진다.

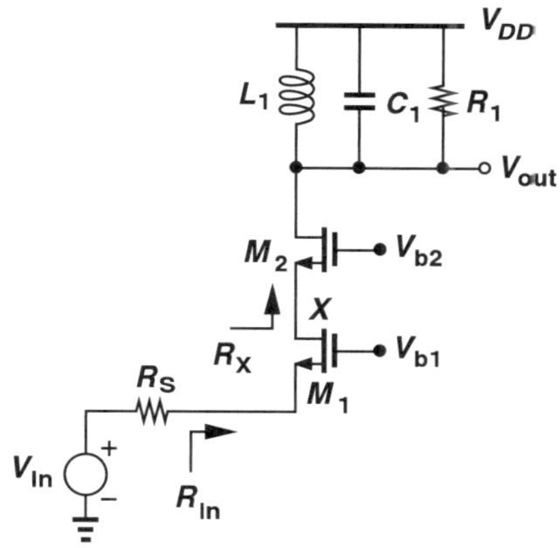


그림 5.21 *캐스코드 CG 단*

$$R_X = \frac{R_1 + r_{O2}}{1 + g_{m2}r_{O2}}. \tag{5.68}$$

이 부하저항 값은 $M_1$에 의해 더 낮은 값으로 변환된다. 다시 식 (5.64)를 적용하면

$$R_{in} = \left(\frac{R_1 + r_{O2}}{1 + g_{m2}r_{O2}} + r_{O1}\right) \div (1 + g_{m1}r_{O1}). \tag{5.69}$$

만일 $g_m r_O >> 1$이면,

$$R_{in} \approx \frac{1}{g_{m1}} + \frac{R_1}{g_{m1}r_{O1}g_{m2}r_{O2}} + \frac{1}{g_{m1}r_{O1}g_{m2}}. \tag{5.70}$$

$R_1$은 내부의 두 이득의 곱으로 나누어지기 때문에 그 효과는 매우 작다. 이와 유사하게 $g_{m1}$과 $g_{m2}$가 거의 같은 값이라면 세 번째 항은 첫 번째 항보다 매우 작아진다. 따라서, $R_{in} \approx 1/g_{m1}$이다.

캐스코드 소자를 추가하는 것은 두 가지 문제[$M_2$의 잡음 기여와 두 트랜지스터를 쌓아올림에 의한 전압 헤드룸(headroom) 제한]를 발생시킨다. 첫 번째 $M_2$의 잡음의 기여를 계산하기 위해 그림 5.22(a)의 등가 회로를 생각해보자. 여기서 $R_S$(= $1/g_{m1}$)과 $M_1$은 출력 저항 $2r_{O1}$으로 대치했고, 커패시턴스 $C_X = C_{DB1} + C_{GD1} + G_{SB2}$. 문제를 간략화하기 위해 탱크는 저항 $R_1$으로 대치했다. 즉, 출력 노드는 넓은 대역폭을 갖는 것으로 가정한다. 게이트-소스간 커패시턴스, 채널-길이 변조, $M_2$의 몸체효과(body effect)를 무시하면 공진 주파수에서 $V_{n2}$로부터 출력까지의 전달함수는 다음과 같다.

$$\frac{V_{n,out}}{V_{n2}}(s) = \frac{R_1}{\dfrac{1}{g_{m2}} + (2r_{O1})||\dfrac{1}{C_X s}} \tag{5.71}$$

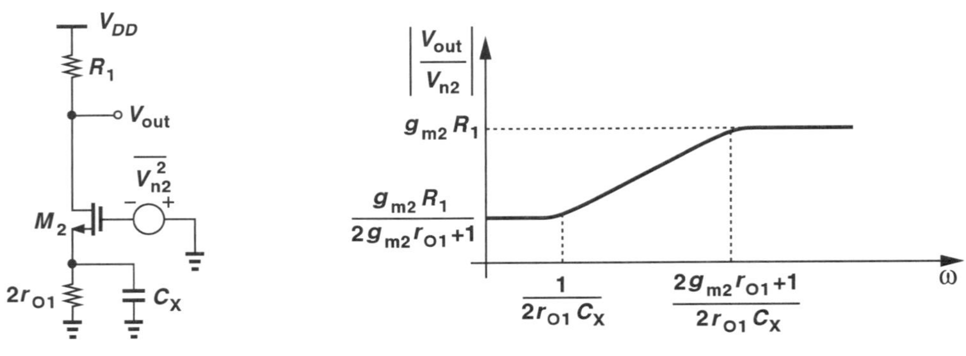


**그림 5.22** *(a) 캐스코드 트랜지스터 잡음, (b) 출력 기여에 대한 주파수의 함수*

$$= \frac{2r_{O1}C_Xs + 1}{2r_{O1}C_Xs + 2g_{m2}r_{O1} + 1}g_{m2}R_1. \tag{5.72}$$

그림 5.22(b)는 주파수 응답을 그린 것으로 영점 주파수 $(2r_{O1}\,C_X)^{-1}$까지 $M_2$의 잡음 기여는 무시되지만, 영점 주파수(zero frequency) 이후에는 그 효과가 나타나기 시작한다. $C_X$는 $C_{GS}$와 비교할 만한 정도이고 $2r_{O1} >> 1/g_m$이므로 $(2r_{O1}\,C_X)^{-1} << g_m/C_{GS}(\approx \omega_T)$. 즉, 영점 주파수는 트랜지스터의 $f_T$보다 훨씬 낮아 이 효과가 중요해질 가능성이 있다.

## 예제 5.10

RF Microelecronics

$M_2$의 소스에서 임피던스를 $C_X$가 보이도록 관심주파수에서 $2r_{O1} >> |C_Xs|^{-1}$를 가정하자. 이때 $C_{GS2}$를 계산에 고려하여 전달함수를 다시 계산하라. $r_{O2}$는 무시하라.

**풀이:**

그림 5.23의 등가 회로로부터 $g_{m2}V_1 = -V_{out}/R_1$이므로 $V_1 = -V_{out}/(g_{m2}R_1)$. 따라서 $C_{GS2}$에 흐르는 전류는 $-V_{out}C_{GS2}s/(g_{m2}R_1)$. 이 전류와 $C_X$에 흐르는 전류를 더한 값이 $C_X$에 흐르므로

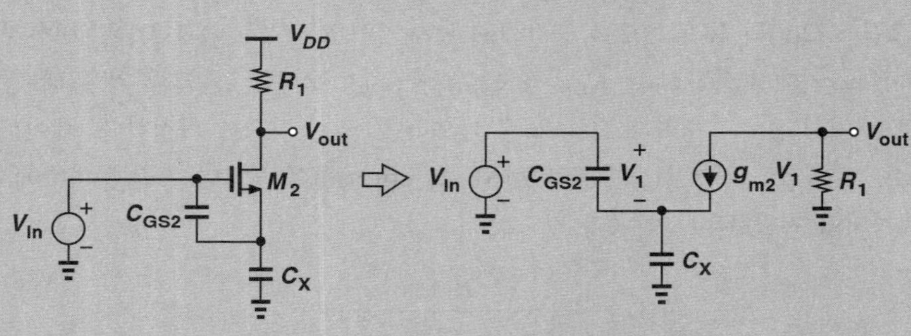


**그림 5.23** *캐스코드의 게이트에서 출력으로의 이득 계산*

**예제 5.10** (계속) RF Microelecronics

전압값은 $[-V_{out}C_{GS2}s/(g_{m2}R_1) - V_{out}/R_1]/(C_Xs)$. 입력 루프에 KVL을 적용하면

$$\left(-\frac{V_{out}C_{GS2}s}{g_{m2}R_1} - \frac{V_{out}}{R_1}\right)\frac{1}{C_Xs} - \frac{V_{out}}{g_{m2}R_1} = V_{in} \tag{5.73}$$

따라서,

$$\frac{V_{out}}{V_{in}} = \frac{-g_{m2}R_1C_Xs}{(C_{GS2}+C_X)s + g_{m2}}. \tag{5.74}$$

트랜지스터의 $f_T$ 보다 낮은 주파수에서 $|(C_{GS2} + C_X)s| << g_{m2}$이므로

$$\frac{V_{out}}{V_{in}} \approx -R_1C_Xs. \tag{5.75}$$

즉, $\omega$가 $(2r_{O1}\,C_X)^{-1}$보다 매우 높다면($g_{m2}/(C_{GS2} + C_X)$보다 매우 낮다면) $M_2$의 잡음이 출력에 감쇄 없이 도달한다.

캐스코드 소자에 대한 두 번째 문제는 제한된 전압 헤드룸이다. 헤드룸 제한을 계산하기 위해 그림 5.21에서 $V_{b1}$과 $V_{b2}$의 허용 가능한 값을 계산해 보자. $M_2$의 포화영역에서 동작에서 $M_2$의 드레인 전압은 $V_{DD}$에서 시작하여 게이트 전압보다 $V_{TH2}$만큼 더 내려갈 수 있다. 간단히 $V_{b2} = V_{DD}$를 선택할 수 있다. 이제 $V_X = V_{DD} - V_{GS2}$이고 $M_1$의 포화영역 동작을 위한 $V_{b1}$은 $V_{DD} - V_{GS2} + V_{TH1}$의 허용 가능한 최대값을 갖는다. 결과적으로 $M_1$의 소스전압은 $V_{DD} - V_{GS2} - (V_{GS1} - V_{TH1})$을 초과할 수는 없다. 결론적으로 두 트랜지스터는 $V_{GS}$ 더하기 과도전압(overdrive voltage)의 합이다.

회로는 $V_{DD} > V_{GS2} + (V_{GS1} - V_{TH1})$의 조건을 만족하면 적절하게 바이어스가 될 수 있다. 이때 $M_1$의 소스에서 접지(ground)로의 경로는 어떻게 되는가? 그림 5.17의 CG 단과 비교하여 캐스코드 구조는 추가적인 $V_{GS1} - V_{TH1}$의 헤드룸을 소모하게 된다. 결과적으로 바이어스 트랜지스터나 저항이 덜 필요하지만 잡음 기여는 높아진다. 예를 들어, $I_{D1} = I_{D2} = 2$ mA를 가정하자. $g_{m1} = (50\,\Omega)^{-1} = 2I_D/(V_{GS1} - V_{TH1})$이므로 $V_{GS1} - V_{TH1} = 200$ mV. 또한 $V_{GS2} \approx 500$ mV를 가정하자. 따라서 $V_{DD} = 1$ V, 바이어스 저항 $R_B$에 필요한 전압은 $M_1$의 소스와 접지 사이의 전압에 의해 제한되는데 300 mV/2 mA = 150 Ω을 초과할 수 없다. 이 값은 $R_S = 50\,\Omega$에 견줄 수 있는 정도로 이득과 잡음 특성을 상당히 악화시킨다.

저항 $R_B$에 의한 잡음-헤드룸의 절충관계를 피하고 CG 단의 입력 커패시턴스를 상쇄시키기 위해 바이어스 경로에 인덕터를 종종 사용한다. 입력 트랜지스터에 대해 적절한 바이어스를 하고 있는 그림 5.24와 같은 이 방법은 바이어스 소자($L_B$)에 의한 추가적인 잡음을 최소

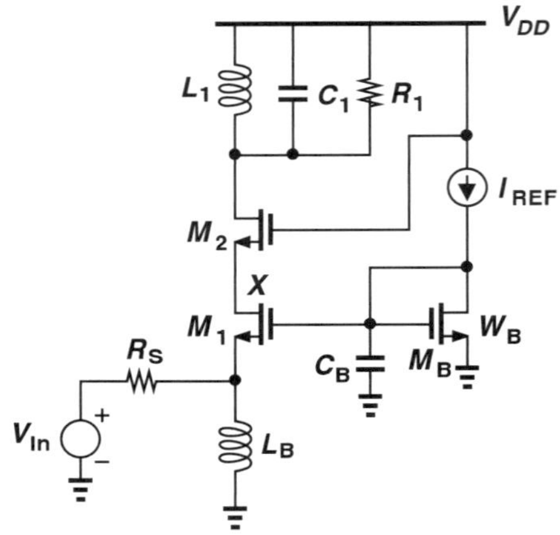


**그림 5.24** *캐스코드 CG 단의 바이어스 회로*

화 시키고 입력 매칭을 상당히 개선한다. 최근 RF 설계에서 $L_B$와 $L_1$은 칩상에 집적된다.

**설계 절차(Design Procedure)** 그림 5.24의 회로를 가지고 어떻게 설계를 하는지 살펴보자. 1차 설계에 대한 체계적인 절차를 제시하고 이후 1차 설계를 수정하여 최적화한다.

설계 절차는 동작 주파수와 공급전압을 가지고 시작한다. 첫 번째로 $(50\ \Omega)^{-1}$의 트랜스컨덕턴스를 갖는 $M_1$의 크기와 바이어스 전류를 정한다. 트랜지스터의 길이는 제공 가능한 최소 길이로 정한 후 폭(width)과 드레인 전류를 어떻게 정하는지 살펴보자.

회로 시뮬레이션을 이용하여 주어진 폭 $W_0$를 갖는 NMOS 트랜지스터의 트랜스컨덕턴스와 $f_T$를 드레인 전류를 함수로 그린다. 장채널(long-channel) 소자에서 $g_m \propto \sqrt{I_D}$이지만, 1마이크론 이하(submicron)의 트랜지스터는 채널 안에서 수직방향 장(vertical field)의 영향으로 이동도(mobility)가 낮아져서 그림 5.25와 같이 포화특성을 나타낸다. 초과적인 전력 소모를 피하기 위해 바이어스 전류를 포화 $g_m$의 80에서 90% 수준인 $I_{D0}$정한다. 즉, 전류밀도($W_0$와 $I_{D0}$)를 속도(트랜지스터의 커패시턴스)와 전력소모 면에서 최적점 근처로 정한다.

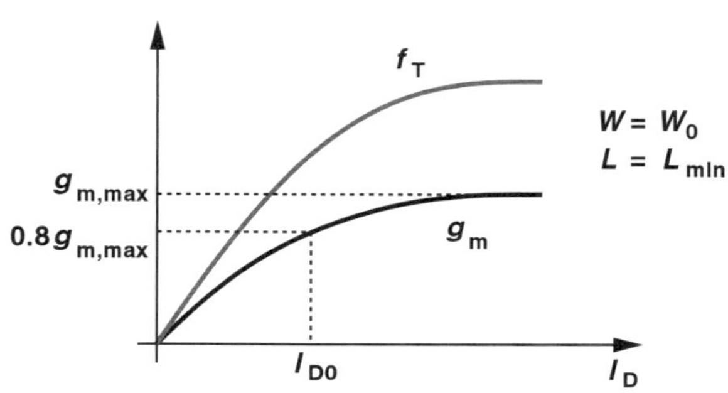


**그림 5.25** *드레인 전류의 함수로 표현된 $g_m$과 $f_T$ 특성*

$W_0$와 $I_{D0}$를 정하면 트랜스컨덕턴스 이외의 다른 값은 비례적인 *스케일*(*scaling*)로 결정할 수 있다. 독자들은 α의 계수로 $W_0$와 $I_{D0}$를 스케일하면 트랜지스터의 종류나 동작에 관계없이 $g_m$도 그렇게 변한다. 원하는 $1/g_{m1} = 50\,\Omega$인 $M_1$의 크기와 바이어스 전류를 결정하고 이에 따른 과도전압(overdrive voltage)을 정한다.

두 번째 단계로 그림 5.24의 $L_B$ 값을 결정한다. 그림 5.26에서와 같이 회로의 입력에서 기판에 대한 패드(pad) 커패시턴스가 보인다.[6] 따라서 $L_B$는 $C_{pad} + C_{SB1} + C_{GS1}$와 그 자신의 *고유 커패시턴스*와 관심주파수에서 공진을 가져야 한다. 그림에서 $R_p$는 $L_B$의 손실을 표현한 것이다. $L_B$의 기생 커패시턴스는 미리 알기 어려우므로 적절한 설계를 위해 몇 번의 반복적인 선택을 해야 한다. (스파이럴(spiral) 인덕터의 설계와 모델링은 7장에서 기술한다.)

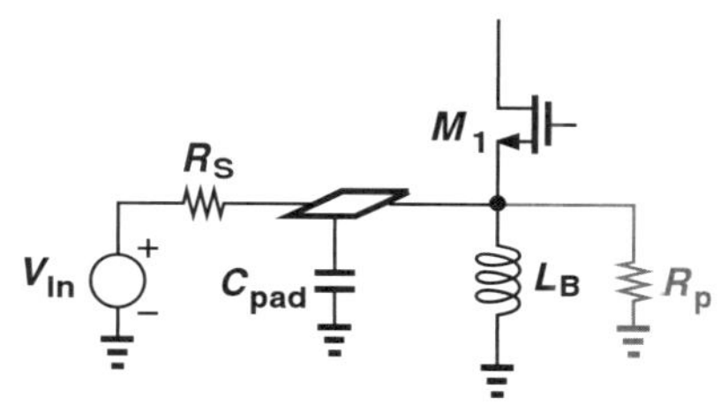


**그림 5.26** *CG 단에서 패드 커패시턴스의 영향*

공진 주파수에서 $L_B$가 회로에 영향을 주겠는가? $L_B$와 함께하는 병렬 등가 저항 $R_p = QL_B\omega$는 잡음에 기여하고 입력신호의 감쇄시킬 수 있다. 따라서 $R_p$는 $R_S = 50\,\Omega$보다 10배정도는 커야 한다. 즉, 입력에서 전체 커패시턴스가 매우 커지면 아주 작은 인덕터와 $R_p$가 요구되어 잡음지수가 매우 커진다. 이러한 상황은 $f_T$에 근접하는 주파수에서 일어난다.

세 번째 단계로 $M_1$의 바이어스는 그림 5.24의 $M_B$와 $I_{REF}$로 정하진다. 예를 들어, 주 전류의 1/5의 전류로 바이어스를 하는 경우 $W_B = 0.2W_1$이고 $I_{REF} = 0.2I_{D1}$가 된다.[7] $M_1$의 게이트와 접지사이의 커패시턴스 $C_B$는 $50\,\Omega$보다 매우 낮은 임피던스를 형성하여 $M_B$와 $I_B$의 잡음을 접지로 바이패스시킨다. 게이트와 직렬로 보이는 임피던스가 $R_S$에 견줄 정도가 되면 CG 단의 고주파 특성은 매우 나빠지기 때문에 낮은 인덕턴스로 접지하는 것이 중요하다.

다음으로 그림 5.24의 $M_2$의 게이트 선폭을 정해야 한다(채널 길이는 최소 허용 값을 사용한다). $I_{D2} = I_{D1}$으로 바이어스 전류에서 선폭이 너무 작으면 $M_1$을 트라이오드(triode) 영역에서 구동하기 위해 $V_{GS2}$가 매우 커야 한다. 반대로 $W_2$가 너무 크면 $M_2$에 의해 큰 커패시턴스가 X-노드에 형성되고 반면 $g_m$은 포화된다. 따라서 $M_2$의 최적 선폭은 $M_1$의 선폭과 근처에서 정해지는 경향이 있다. 이 값을 초기값으로 정한다. 더 정교하게 정하기 위해 이 값을 시

6. $V_{DD}$와 접지에 연결된 ESD(electrostatic discharge) 보호 소자로 인해 입력에서 커패시턴스가 추가될 수 있다.
7. 두 트랜지스터간의 정확한 매칭을 위해 $M_1$는 5개의 기준-트랜지스터(예로 게이트 핑거)로 구현하고 $M_B$는 기준 트랜지스터 1개로 구현한다.

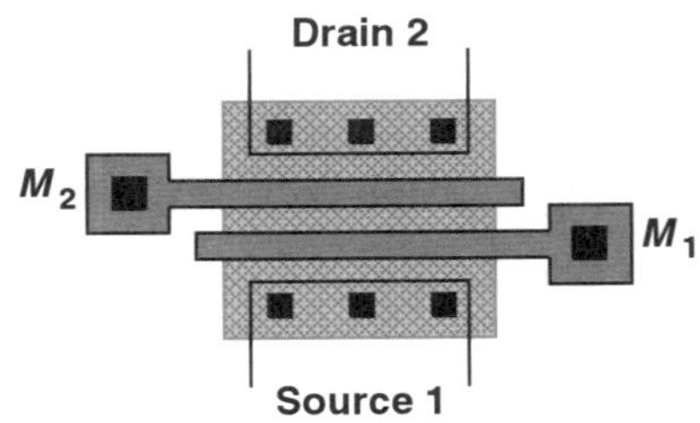


그림 5.27 캐스코드 소자의 레이아웃

뮬레이션으로 수정하지만, 초기값에서 2배정도의 변화는 성능에 큰 영향을 주지 않는다.

그림 5.24에서 $X$-노드에서 커패시턴스를 최소화하기위해 $M_1$의 드레인을 $M_2$의 소스를 공유하도록 할 수 있도록 한 번에 레이아웃을 할 수 있다. 더욱이 이 노드에는 다른 소자가 연결되지 않기 때문에 공유한 면적은 접촉(contact) 단자가 필요한 것은 아니다. $W_1 = W_2$인 경우 그림 5.27과 같이 할 수 있다. 이러한 구조는 다중 게이트 핑거를 갖는 구조에도 적용할 수 있다.

마지막 단계로 그림 5.24의 부하 인덕터 $L_1$을 정해야 한다. $L_B$를 정하는 과정과 유사하게 다음단의 입력 커패시터와 소자 고유의 커패시터 $C_{GD2} + C_{DB2}$와 공진할 수 있도록 $L_1$을 정한다. LNA의 전압 이득은 $R_1 = QL_1\omega$에 비례하므로 $R_1$은 500에서 1000 Ω 정도로 충분히 커야 한다. 대부분의 설계에서 큰 어려움 없이 이 조건이 만족된다.

지금까지 기술한 설계 절차는 3 dB근처의 잡음지수[식 (5.58)]와 15에서 20 dB의 전압 이득 $V_{out}/V_{in} = R_1/(2R_S)$을 만족한다. 이득이 너무 높으면(즉 매우 높은 $IP_3$ 믹서가 요구됨) 저항을 $R_1$과 병렬로 연결하여 원하는 이득을 얻는다. 5.7절에서 다루겠지만 이 구조의 LNA 구조는 +5에서 +10 dBm의 높은 $IIP_3$를 갖는다.

## 예제 5.11

RF Microelecronics

65-nm CMOS 기술을 이용하여 중심주파수가 5.5 GHz인 그림 5.24의 LNA를 설계하라. 회로는 무선 표준 11a 수신기로 설계하는 것을 가정하라.

**풀이:**

그림 5.28은 $W = 10\,\mu m$, $L = 60$ nm인 NMOS 트랜지스터에 대한 드레인 전류의 함수로 트랜스컨덕턴스를 보여주고 있다. 약 10 mS = 1/(100 Ω)의 $g_m$값을 갖도록 2 mA의 바이어스 전류를 선택한다. 따라서, 50 Ω의 입력 저항을 얻기 위해서는 선폭과 드레인 전류를 2배로 한다.[8] 입력에서 20-$\mu$m 트랜지스터에 의해 형성되는 커패시턴스는 약 30 fF이다. 여기에 패드 커패시턴스 50 fF을 더해지는 것을 고려한 후 5.5 GHz에서 공진을 위해 $L_B$ = 10 nH를 선택

8. 몸체효과(body effect)로 입력 저항이 낮아지지만, 드레인에서 게이트로 피드백은 입력저항을 크게 한다. 이 둘을 모두 고려하여 몸체효과는 무시한다.

## 예제 5.11 (계속)

RF Microelecronics

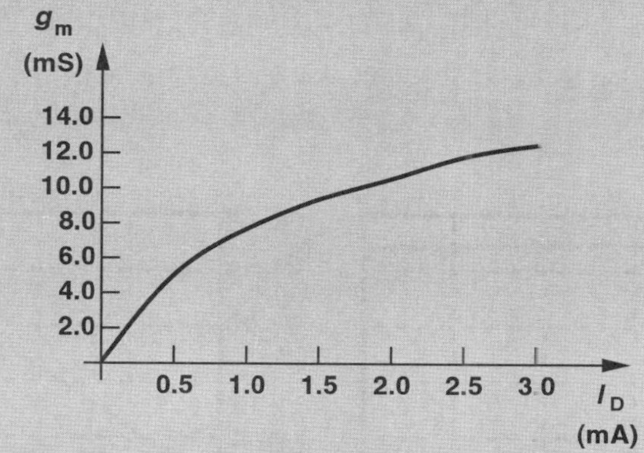


**그림 5.28** *10 μm/60 nm NMOS 소자에 대한 드레인 전류의 함수로 표현한 트랜스컨덕턴스*

한다. 이 정도의 인덕터는 약 30 fF 기생 커패시턴스를 가지므로 더 작은 인덕턴스를 선택해야 한다. 하지만 이러한 조정 없이 진행하기로 한다.

다음, 캐스코드 소자의 선폭을 20 μm로 정하고 다음에 오는 믹서의 입력 커패시턴스와 같은 부하 커패시턴스로 30 fF을 가정한다. 출력 노드에서 전체 커패시턴스는 약 75 fF이 되어 부하로 10 nH가 필요하다. 하지만, 이러한 인덕터의 $Q$는 약 10으로 LNA의 이득은 매우 커지고 대역폭 좁아진다. 즉, 11a의 대역폭을 수용하지 못한다. 이러한 이유로 저항 1 kΩ을 탱크와 병렬로 연결한다. 그림 5.29는 자세한 설계를 보여주고 있다. 그림 5.30은 시뮬레이션 결과다. 광대역 특성을 얻기 위해 인덕터 손실을 직렬과 병렬로 모델링한 것에 주목하라(7장).

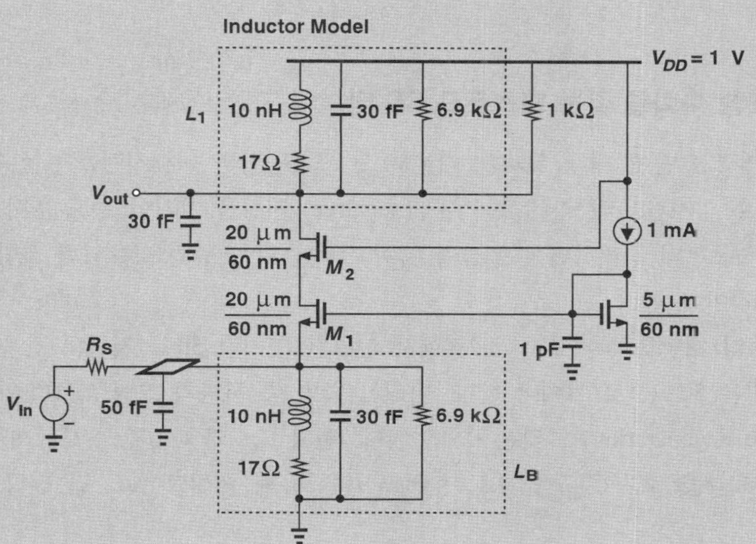


**그림 5.29** *CG LNA의 예*

(계속)

예제 5.11 (계속) RF Microelecronics

시뮬레이션 결과는 5 ~ 6 GHz에서 상대적으로 평평한 잡음지수와 이득을 보여준다. $L_B$값을 최적화하지 않았음에도 불구하고 입력 반사손실은 이 대역에서 −18 dB 이하를 유지하고 있다.

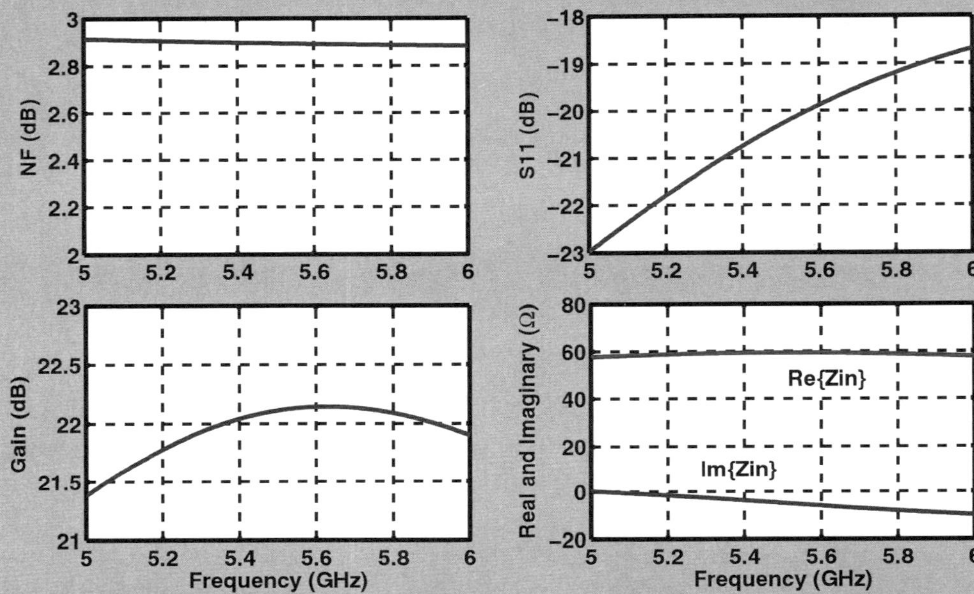


**그림 5.30** *CG LNA 예의 시뮬레이션 특성*

## 5.3.4 유도성 축퇴를 갖는 캐스코드 CS 단 Cascode CS Stage with Inductive Degeneration

그림 5.11(a)의 CS 단에 대해 살펴볼 때 게이트-드레인간의 커패시턴스는 실수부를 만들기 위해 이용될 수 있지만, 저주파에서는 부성(negative) 저항을 야기할 수도 있다. 따라서 입력이 유도성 부하로부터 격리하면서 동시에 $C_{GD}$ 이외에 다른 방법으로 입력 저항을 형성할 수 있는 구조를 찾아야 한다.

먼저 후자의 개념을 살펴보자. 5.2절에서 언급한 것처럼 50 Ω 저항의 잡음 없이 능동소자의 입력저항은 50 Ω으로 보여야 한다. 이러한 방법 중 하나가 그림 5.31(a)와 같은 유도성 축퇴(inductive degeneration)를 갖는 CS 단이다. 먼저 $C_{GD}$와 $C_{SB}$를 무시할 때 회로의 입력 임피던스를 계산해보자.[9] $C_{GS1}$을 흐르는 전류 $I_X$를 통해 게이트-소스 간 전압 $I_X/(C_{GS1}s)$이

9. 채널길이 변조와 몸체 효과도 무시한다.

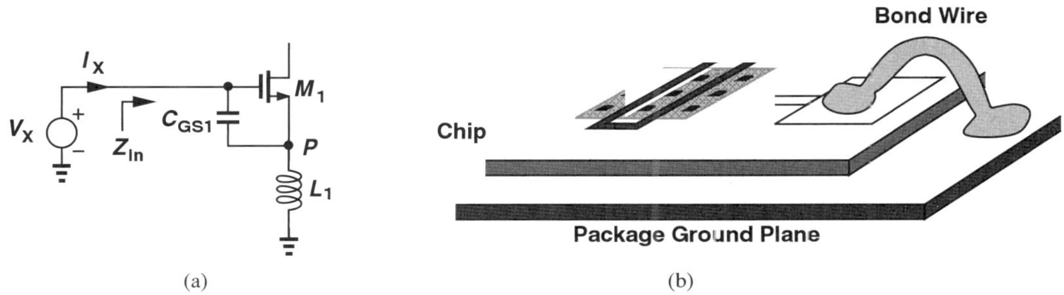


**그림 5.31** *(a) 유도성 축퇴를 갖는 CS 단의 입력 임피던스, (b) 축퇴를 위한 본딩 와이어 사용*

형성되므로 드레인 전류는 $g_m I_X/(C_{GS1}s)$가 된다. 이 두 전류가 $L_1$에 흐르므로 다음과 같은 전압이 생성된다.

$$V_P = \left(I_X + \frac{g_m I_X}{C_{GS1}s}\right) L_1 s. \tag{5.76}$$

$V_X = V_{GS1} + V_P$이므로,

$$\frac{V_X}{I_X} = \frac{1}{C_{GS1}s} + L_1 s + \frac{g_m L_1}{C_{GS1}}. \tag{5.77}$$

흥미로운 것은 입력 임피던스는 주파수에 무관한 실수부 $g_m L_1/C_{GS1}$를 갖는다는 점이다. 따라서, 세 번째 항이 50 Ω이 되도록 선택할 수 있다.

식 (5.77)의 세 번째 항에서 $g_m/C_{GS1} \approx \omega_T(= 2\pi f_T)$이므로 입력 저항은 $L_1\omega_T$가 되어 트랜지스터의 $f_T$에 직접 관련이 있다. 예를 들어 65-nm 기술에서 $\omega_T \approx 2\pi \times (160\ \text{GHz})$이므로 50 Ω 실수부를 위해 $L_1 \approx 50$ pH가 필요하다.

실제로 축퇴 인덕터는 종종 본딩 와이어로 구현된다. 본딩 와이어는 패키징에서 불가피하게 사용되고 회로 설계에 그 효과를 포함해야 한다. 인덕턴스를 최소화하기 위해 그림 5.31(b)와 같이 다운본딩(downbond)을 사용하여 소스 패드를 직접 패키지의 접지 면에 연결할 수 있다. 하지만 이러한 구조는 0.5에서 1 nH 정도의 값이 되어 앞서 계산한 50-pH와는 차이가 크다. 즉, 본딩 와이어 인덕턴스를 사용하는 경우 최근 MOSFET의 입력 저항은 50 Ω보다는 상당히 커지는 경향이 있다.[10]

$L_1 \approx 0.5$ nH을 가지고 어떻게 50-Ω을 얻을 수 있을까? $f_T$ 보다 매우 낮은 동작 주파수라면 $f_T$를 *낮출* 수 있다. 이것은 채널 길이를 증가시키거나 혹은 단순하게 추가적인 커패시터를 $C_{GS}$와 병렬로 연결하면 된다. 예를 들어, $L_1 = 0.5$ nH이면 $f_T$는 약 16 GHz로 낮춰야 한다.

10. 트랜지스터가 너무 빠르면 이런 경우는 드물다.

## 예제 5.12

RF Microelecronics

그림 5.32(a)에서 $C_{GD}$는 무시하지 않고 드레인은 부하 저항 $R_1$에 연결되어 있을 때 회로의 입력 임피던스를 계산하라. 캐스코드에서처럼 $R_1 \approx 1/g_m$을 가정하라.

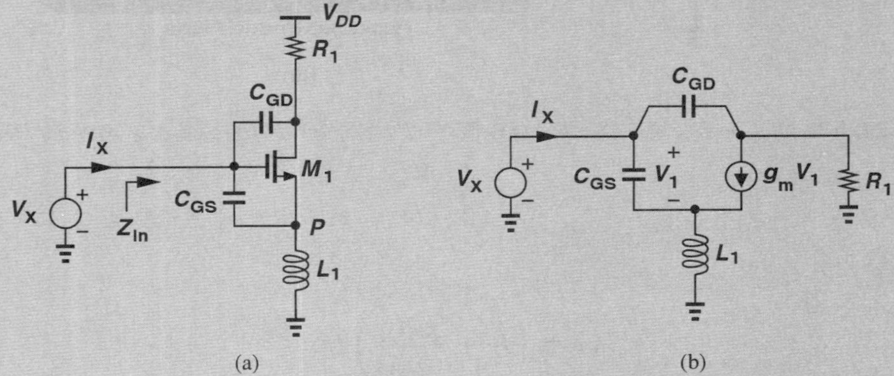


**그림 5.32** *(a) $C_{GD}$가 존재할 때 CS 단의 입력 임피던스 (b) 등가 회로*

**풀이:**

그림 5.32(b)의 등가 회로로부터 $L_1$에 흐르는 전류는 $V_1C_{GS}s + g_mV_1$이므로

$$V_X = V_1 + (V_1C_{GS}s + g_mV_1)L_1s. \tag{5.78}$$

또한 $R_1$에 흐르는 전류는 $I_X - V_1C_{GS}s - g_mV_1$이 되어,

$$V_X = (I_X - V_1C_{GS}s - g_mV_1)R_1 + (I_X - V_1C_{GS}s)\frac{1}{C_{GD}s}. \tag{5.79}$$

식 (5.78)로부터 $V_1$을 이 식에 대입하면

$$\frac{V_X}{I_X} = \frac{\left(R_1 + \dfrac{1}{C_{GD}s}\right)(L_1C_{GS}s^2 + g_mL_1s + 1)}{L_1C_{GS}s^2 + (R_1C_{GS} + g_mL_1)s + g_mR_1 + C_{GS}/C_{GD} + 1}. \tag{5.80}$$

$R_1 \approx 1/g_m << |C_{GD}s|^{-1}$이고 분모에서 $C_{GS}/C_{GD}$가 주된 값이면 식 (5.80)은

$$\frac{V_X}{I_X} \approx \left(\frac{1}{C_{GS}s} + L_1s + \frac{g_mL_1}{C_{GS}}\right)\left[1 - \frac{2C_{GD}}{C_{GS}} - L_1C_{GD}s^2 - \left(R_1C_{GD} + g_mL_1\frac{C_{GD}}{C_{GS}}\right)s\right] \tag{5.81}$$

대괄호 안의 첫 번째 두 항이 주된 값으로 가정하면 입력 저항은 $1 - 2C_{GD}/C_{GS}$배 만큼 낮아지는 것을 알 수 있다.

**패드 커패시턴스 효과** $C_{GD}$ 이외에 회로의 입력 커패시턴스에 의해 입력 저항은 낮아진다. 이 효과에 대한 식을 전개하기 위해 그림 5.33(a)의 등가 회로를 구성한다. 여기서 $C_{GS1}$, $L_1$, $R_1$은 식 (5.77)에서 3개의 항을 각각 나타내고 있다. 직렬조합 $jL_1\omega - j/(C_{GS1}\omega)$를 $jX_1$으로 $-j/(C_{pad}\omega)$를 $jX_2$로 표시하고 $jX_1 + R_1$을 그림 5.33(b)와 같이 병렬조합으로 우선 변환한다. 2장으로부터

$$R_P = \frac{X_1^2}{R_1}. \tag{5.82}$$

두 병렬 리액턴스를 합하면 $jX_1X_2/(X_1 + X_2)$가 되고 이 결과를 그림 5.33(c)와 같이 직렬조합으로 바꾼다. 여기서

$$R_{eq} = \left(\frac{X_1X_2}{X_1 + X_2}\right)^2 \cdot \frac{1}{R_P} \tag{5.83}$$

$$= \left(\frac{X_2}{X_1 + X_2}\right)^2 R_1. \tag{5.84}$$

대부분의 경우 관심주파수에서 $L_1\omega << 1/(C_{GS1}\omega) + 1/(C_{pad}\omega)$를 가정할 수 있으므로

$$R_{eq} \approx \left(\frac{C_{GS1}}{C_{GS1} + C_{pad}}\right)^2 R_1. \tag{5.85}$$

예를 들어, $C_{GS1} \approx C_{pad}$이면 입력저항은 4배가 줄어든다.

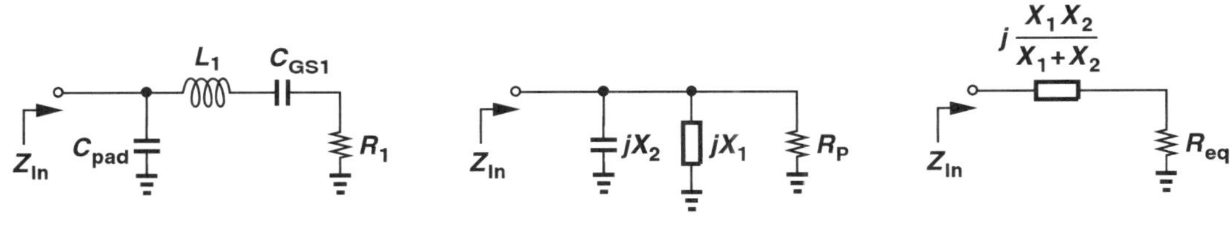


**그림 5.33** *(a) 패드 커패시턴스를 포함하는 등가 회로, (b) (a)를 간략화한 회로, (c) (b)를 간략화한 회로*

여기서 2가지를 유의하자. 첫째, 게이트-드레인과 패드 커패시턴스 효과로 인해 $R_1 = 50\ \Omega$을 위한 트랜지스터 $f_T$는 크게 낮아질 필요가 없다. 둘째, $Re\{Z_{in}\} = 50\ \Omega$을 위해 필요한 인덕터 축퇴 값은 $C_{GS1} + C_{pad}$와 공진을 하기에는 충분치 않기 때문에 그림 5.34와 같이 추가적인 인덕터를 게이트에 직렬로 연결되어야 한다. 여기서 $L_G$는 오프-칩(off-chip)으로 가정한다.

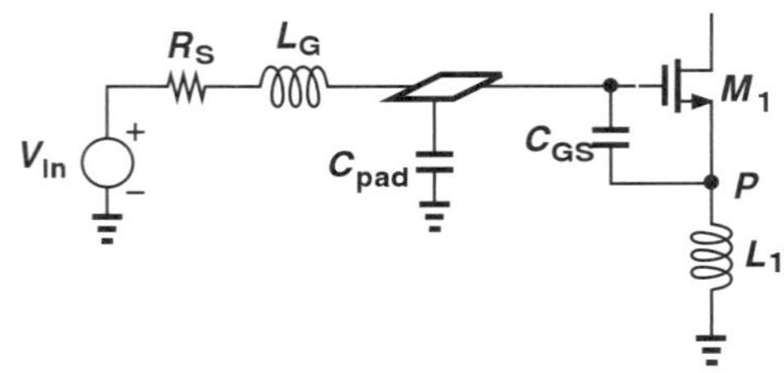


**그림** 5.34 *입력 매칭을 위한 $L_G$의 추가*

## 예제 5.13

RF Microelecronics

5-GHz LNA는 $L_G$값으로 2 nH가 필요하다. $L_G$를 칩상에 집적화한다면 어떻게 될지 논하라. 여기서 인덕터의 $Q$는 5를 넘지 못한다.

**풀이:**

$Q$ = 5를 이용하면 직렬 저항은 $L_G\omega/Q$ = 12.6 Ω가 된다. 이 값은 50 Ω보다 충분히 작지 않기 때문에 잡음지수를 상당히 악화시킨다. 이런 이유로 $L_G$는 일반적으로 오프-칩으로 구현한다.

**NF 계산** 이제 그림 5.35를 용하여 CS 회로의 잡음지수를 계산해보자. 여기서는 채널길이변조 효과, 몸체효과, $C_{GD}$, $C_{pad}$는 편의상 고려하지 않는다. $M_1$의 잡음은 $I_{n1}$에 의해 표현된다. 계산해야할 출력은 전류 $I_{out}$로 다음과 같다.

$$I_{out} = g_m V_1 + I_{n1}. \tag{5.86}$$

또한 $L_1$ 양단의 전압 $L_1 s(I_{out} + V_1 C_{GS1} s)$이므로 입력 루프에 KVL을 적용하면

$$V_{in} = (R_S + L_G s)V_1 C_{GS1} s + V_1 + L_1 s(I_{out} + V_1 C_{GS1} s). \tag{5.87}$$

식 (5.86)으로부터 $V_1$을 대입하면

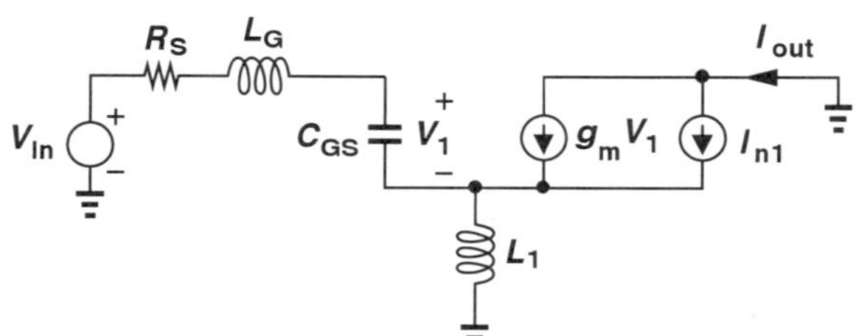


**그림** 5.35 *NF 계산을 위한 등가 회로*

$$V_{in} = I_{out}L_1 s + \frac{(L_1 + L_G)C_{GS1}s^2 + 1 + R_S C_{GS1} s}{g_m}(I_{out} - I_{n1}). \tag{5.88}$$

입력회로는 관심주파수 $\omega_0$에서 공진한다. 즉 $(L_1 + L_G)C_{GS1} = \omega_0^{-2}$이므로, $s = j\omega_0$에서 $(L_1 + L_G)C_{GS1}s^2 + 1 = 0$이다. 따라서,

$$V_{in} = I_{out}\left(jL_1\omega_0 + \frac{jR_S C_{GS1}\omega_0}{g_m}\right) - I_{n1}\frac{jR_S C_{GS1}\omega_0}{g_m}. \tag{5.89}$$

$I_{out}$의 계수는 $R_S$를 포함하는 회로의 트랜스컨덕턴스 이득을 나타낸다. 즉,

$$\left|\frac{I_{out}}{V_{in}}\right| = \frac{1}{\omega_0\left(L_1 + \dfrac{R_S C_{GS1}}{g_m}\right)}. \tag{5.90}$$

이제 입력 매칭을 위해 식 (5.77)에서 $g_m L_1/C_{GS1} = R_S$를 만족해야 한다. $g_m/G_{CS1} \approx \omega_T$이므로

$$\left|\frac{I_{out}}{V_{in}}\right| = \frac{\omega_T}{2\omega_0}\cdot\frac{1}{R_S}. \tag{5.91}$$

흥미롭게도, 입력 매칭이 된 조건에서 회로의 트랜스컨덕턴스는 $L_1$, $L_G$, $g_m$과 관련이 없다.

식 (5.89)에서 $V_{in}$를 0으로 설정하면 $M_1$에 의한 출력잡음을 계산할 수 있다.

$$|I_{n,out}|_{M1} = |I_{n1}|\frac{R_S C_{GS1}}{g_m L_1 + R_S C_{GS1}}, \tag{5.92}$$

$g_m L_1/C_{GS1} = R_S$인 경우,

$$|I_{n,out}|_{M1} = \frac{|I_{n1}|}{2}, \tag{5.93}$$

따라서,

$$\overline{I_{n,out}^2}|_{M1} = kT\gamma g_m. \tag{5.94}$$

출력잡음을 회로의 트랜스컨덕턴스와 $4kTR_S$로 나누고 결과에 1을 더하면 회로의 잡음지수가 된다[2].

$$\text{NF} = 1 + g_m R_S \gamma\left(\frac{\omega_0}{\omega_T}\right)^2. \tag{5.95}$$

이 결과는 입력 공진 주파수에서 입력 매칭된 경우에만 유효하다는 점에 유의하라.

RF Microelecronics

**예제 5.14**

한 학생이 식 (5.95)에서 트랜지스터의 선폭과 바이어스 전류를 비례적으로 스케일*다운*하면 $g_m$과 $C_{GS1}$이 줄어들지만 $g_m/C_{GS1} = \omega_T$는 유지된다는 사실에 주목하였다. 즉, 잡음지수는 줄어들지만 전력소모도 또한 줄어든다. 이러한 사실로 전력소모가 없는 NF = 1의 결과를 얻을 수 있을까?

**풀이:**

$C_{GS1}$이 감소하면 상수 $\omega_0$를 유지하기위해 $L_G + L_1$은 비례적으로 증가해야 한다. $L_1$을 고정값으로 가정하면 $L_G$를 증가시켜야 한다. $C_{GS1}$이 0에 접근하면 $L_G$는 무한대로 커져 입력 회로의 $Q(\approx L_G\omega_0/R_S)$도 무한대가 돼 *입력단에서 무한대의 전압 이득*을 가져야 한다. 따라서, $R_S$의 잡음은 $M_1$의 잡음보다 훨씬 커져 $NF$ = 1이 된다. 이 결과는 이상한 것이 아니다. 그림 5.36의 회로에 대해 공진 주파수에서 $|V_{out}/V_{in}| = (R_SC_a\omega_0)^{-1}$가 된다. 만약 $C_a$가 0에 접근하면($\omega_0$를 상수로 유지하려면 $L_a$는 무한대가 됨) 전압 이득은 무한대가 된다. 물론, 현실에서는 인덕터는 유한한 $Q$와 기생 커패시턴스를 갖기 때문에 성능이 제한된다.

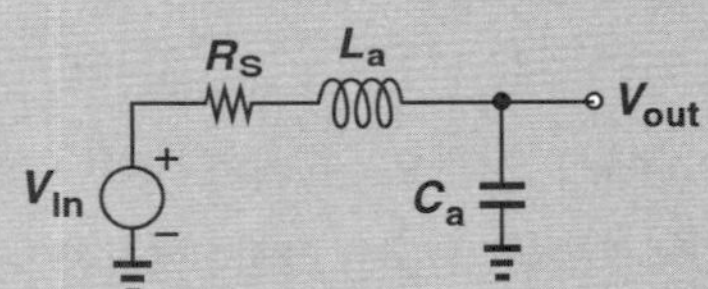


**그림 5.36** *CS 입력 회로의 등가 회로*

만약 $L_G$를 상수로 하고 축퇴 인덕턴스 $L_1$을 증가하면 어떻게 될까? 만일 $C_{GS1}/g_m$을 고정한다면 NF는 여전히 1에 접근하지만 회로의 트랜스컨덕턴스인 식 (5.90)은 0이 된다.[11] 즉, 회로는 0 dB 잡음지수를 갖지만 이득도 0이 된다.

위의 예제는 $L_G$를 최대화하면 $V_{in}$에서 $M_1$의 게이트까지의 전압 이득만큼 잡음지수를 최소화할 수 있음을 의미한다. 이 이득은 다음과 같이 주어짐을 증명할 수 있다.

$$\frac{V_G}{V_{in}} = \frac{1}{2}\left(1 + \frac{L_G\omega_0}{R_S}\right). \tag{5.96}$$

$L_G\omega_0/R_S$은 $L_G$와 $R_S$의 직렬조합의 $Q$를 나타냄에 주목하라. 아래에서 설명하겠지만 설계 절차는 (일반적으로 오프-칩 인덕터인) $L_G$의 최대 가용 값으로부터 시작한다. 이때 기생 커패시턴스는 무시한다. 입력회로에서 (통상 6 dB보다 높은) 전압 이득은 LNA의 $IP_3$와 $P_{1dB}$를 낮

11. $C_{GS1}/g_m$이 상수이고 $L_1$이 증가하면, 입력은 매칭될 수 없어 식 (5.95)는 더 이상 유효하지 않다.

추지만, 대부분의 응용분야에서 그 결과 값은 적당한 정도가 된다.

이제 관심을 회로의 출력노드에 돌려보자. 5.3.1절에서 설명했듯, $C_{GD}$를 통한 피드백 때문에 CS 단에 연결된 유도성 부하는 부성(negative) 저항을 나타낸다. 따라서 캐스코드 트랜지스터를 출력 분기에 추가하여 피드백 효과를 억제한다. 전압 이득은 식 (5.91)의 회로의 트랜스컨덕턴스와 부하 저항 $R_1$의 곱과 같다.[12]

$$\frac{V_{out}}{V_{in}} = \frac{\omega_T}{2\omega_0}\frac{R_1}{R_S} \tag{5.97}$$

$$= \frac{R_1}{2L_1\omega_0}. \tag{5.98}$$

$M_2$의 소스에서 보이는 임피던스 $R_X$는 출력 공진 주파수에서 급격히 증가하기 때문에 입력 임피던스에 대한 $C_{GD1}$의 효과에 유의해야 한다. 식 (5.64)로부터

$$R_X = \frac{R_1 + r_{O2}}{1 + g_m r_{O2}}. \tag{5.99}$$

식 (5.90)에서 트랜스컨덕턴스 식과 식 (5.96)에서 $V_G/V_{in}$을 이용하여 $M_1$의 게이트에서 드레인까지의 전압 이득을 계산한다.

$$\frac{V_X}{V_G} = \frac{R_S}{L_1\omega_0}\cdot\frac{R_1 + r_{O2}}{(1 + g_{m2}r_{O2})(R_S + L_G\omega_0)}. \tag{5.100}$$

$R_S >> L_1\omega_0$이고 두 번째 분수는 1 근처이거나 더 크기 때문에 $C_{GD1}$은 출력 공진 주파수에서 상당한 밀러증폭(Miller multiplication)이 일어난다.

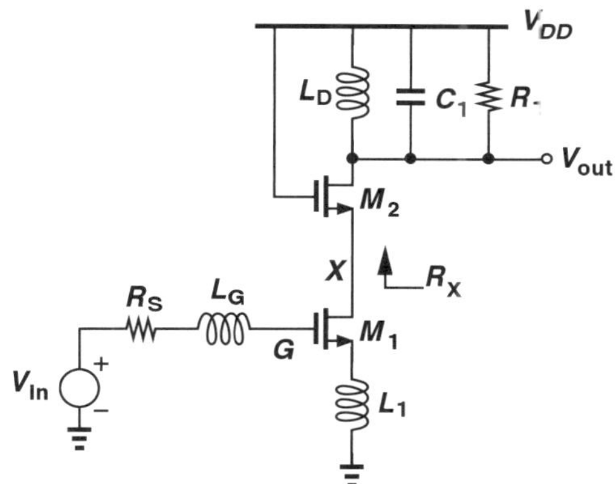


**그림 5.37** *유도성 축퇴를 갖는 캐스코드 CS LNA*

12. 캐스코드의 출력 임피던스는 $R_1$보다 훨씬 큰 것을 가정한다.

앞으로 잡음지수 계산에서 $M_2$의 잡음기여는 배제한다. 5.3.3절에서 캐스코드 CG 단에 대한 계산과 마찬가지로, 동작주파수가 대략 $(2r_{01}C_X)^{-1}$를 넘어야 캐스코드 소자의 잡음이 나타난다.

### 예제 5.15

RF Microelecronics

그림 5.37의 캐스코드 CS 단의 잡음지수를 계산하라. 이때 $R_1$에 의한 잡음 기여는 포함하고 $M_2$의 잡음은 무시하라.

**풀이:**

$R_1$의 잡음을 식 (5.98)의 이득과 $R_S$의 잡음으로 나누고, 그 결과를 식 (5.95)의 잡음지수에 더하면

$$\mathrm{NF} = 1 + g_m R_S \gamma \left(\frac{\omega_0}{\omega_T}\right)^2 + \frac{4R_S}{R_1}\left(\frac{\omega_0}{\omega_T}\right)^2. \tag{5.101}$$

**설계 절차** 그림 5.37의 캐스코드 CS LNA에 대해 이해하였으므로 이제 회로 설계 절차를 기술한다. 앞서 기술한 CG 설계 절차를 다시 읽어보길 권한다. 설계 절차는 4가지 다음 사실로부터 시작한다.−동작주파수 $\omega_0$, 축퇴 인덕턴스 값 $L_1$, 입력 패드 커패시턴스 $C_{pad}$, 입력 직렬 인덕턴스 값 $L_G$. 마지막 3가지는 다소 유동적이지만, 먼저 값을 선택하는 것은 도움이 된다. 설계를 완성하고 필요하면 반복해서 값을 수정하라.

설계에 사용하는 식은 다음과 같다.

$$\frac{1}{(L_G + L_1)(C_{GS1} + C_{pad})} = \omega_0^2 \tag{5.102}$$

$$\left(\frac{C_{GS1}}{C_{GS1} + C_{pad}}\right)^2 L_1\omega_T = R_S. \tag{5.103}$$

알고 있는 $\omega_0$를 이용하여 식 (5.102)로부터 $C_{GS1}$을 계산한다. 식 (5.103)으로부터 $\omega_T$와 $g_m$ $(=\omega_T C_{GS1})$을 계산한다. 그림 5.25에서 $g_m$과 $f_T$의 그림으로 돌아가서 필요한 $g_m$과 $f_T$를 동시에 만족하는 트랜지스터의 선폭을 정한다. 아주 짧은 채널(deep-submicron) 기술과 동작주파수가 수십 GHz까지 올라가는 경우 $f_T$는 너무 높아지는 경향이 있다. 하지만, 패드 커패시턴스는 입력 저항을 낮추는 역할을 하여 이러한 이슈를 피할 수 있다. $f_T$가 너무 낮아지면 $C_{pad}$에 추가적인 커패시턴스를 더할 수 있다. 반면, 매우 높은 $f_T$가 요구되어 패드 커패시턴스가 너무 커지면 축퇴 인덕턴스를 증가할 수 있다.

다음 단계로 캐스코드 소자의 크기를 입력 트랜지스터와 동일하도 정한다. 5.3.3절에서 CG

단에 대해 언급했듯이 캐스코드 소자의 선폭은 성능에 주는 영향이 미미하다. 또한 $M_1$과 $M_2$의 레이아웃은 노드 $X$에서 커패시턴스를 최소화하기 위해 그림 5.27의 구조를 취할 수 있다.

이제 $L_D$를 선택한다. $L_D$는 $M_2$의 드레인-벌크와 드레인-게이트 커패시턴스, 다음 단의 입력 커패시턴스, 인덕터의 기생 커패시턴스를 종합하여 $\omega_0$에서 공진을 갖도록 선택한다. 만일 $L_D$의 병렬 등가 저항은 $R_1/(2L_1\omega_0)$의 이득을 만든다. 이 이득이 원하는 값보다 더 커지면 이득을 낮추고 대역폭을 더 넓게 하기 위해 $L_D$와 병렬로 추가적인 저항을 추가할 수 있다.

마지막 과정으로 입력 매칭을 살펴봐야 한다. $C_{GD}$의 Miller 곱(예제 5.12 참조)에 의해 실수와 허수부의의 값이 이상적인 값에서 차이가 생길 수 있으므로 $L_G$를 조정할 필요가 있다.

이전 설계는 1.5에서 2 dB 정도의 상대적으로 낮은 잡음지수를 갖는 설계를 주로 다루었다. 여기서 잡음지수는 추가적인 기생 커패시턴스를 고려하지 않고 $L_G$의 값에 의존하였다. 다른 설계 방법으로 NF와 $L_1$에 대해 다음 두 식으로부터 설계를 시작할 수 있다.

$$\mathrm{NF} = 1 + g_{m1} R_S \gamma \left(\frac{\omega_0}{\omega_T}\right)^2 \tag{5.104}$$

$$R_S = \left(\frac{C_{GS1}}{C_{GS1} + C_{pad}}\right)^2 L_1 \omega_T, \tag{5.105}$$

여기서 트랜지스터의 캐스코드와 부하의 잡음은 무시하였다. $\omega_T$와 $g_{m1}$은 $(g_{m1}/C_{GS1} \approx \omega_T)$로 계산된다. 그림 5.25에서 소자의 $f_T$가 너무 높으면 추가적인 커패시턴스를 $C_{GS1}$과 병렬로 둔다. 마지막으로 식 (5.102)로부터 $L_G$를 구한다. (최신의 패키징으로 인덕턴스가 매우 작으면 $L_1$은 칩 상에서 추가적으로 구현하면 된다.)

그림 5.38은 전체적인 LNA를 보여주고 있다. 여기서 LNA를 외투 연결로부터 바이어스

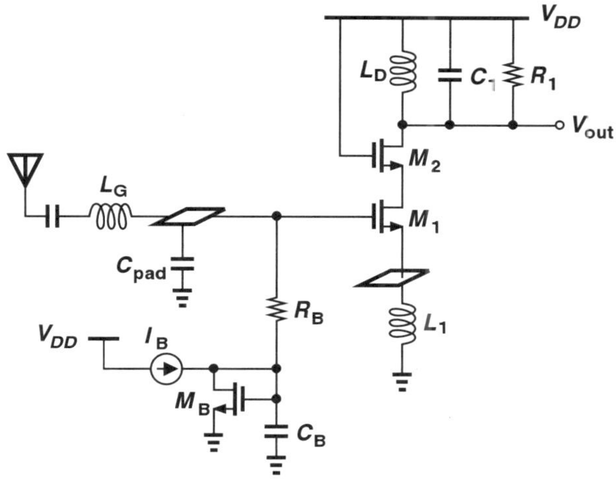


**그림 5.38** *패드와 바이어스회로를 표시한 유도성 축퇴를 갖는 CS 단*

를 격리하기 위해 수신기와 안테나는 용량성으로 연결하였다. $M_1$의 바이어스 전류는 $M_B$와 $I_B$에 의해 설정된다. $R_B$와 커패시터 $C_B$는 $I_B$와 $M_B$의 잡음으로부터 신호경로를 격리시킨다. $M_1$의 소스-벌크(source-bulk) 커패시턴스와 $M_1$의 소스에 있는 패드의 커패시턴스로 인해 입력 임피던스는 약간 변하게 되므로 시뮬레이션에서 고려해야 한다.

## 예제 5.16

RF Microelecronics

그림 5.38에서 $R_B$의 값은 어떻게 정하는가?

**풀이:**

RB는 신호경로와 *병렬로* 연결되어 있으므로 가급적 큰 값을 취해야 한다. $R_B = 10R_S$ 정도면 충분한가? 그림 5.39에서 보듯, $R_S$와 $L_G$의 직렬조합은 병렬조합 $R_P \approx Q^2R_S \approx (L_G\omega_0/R_S)^2R_S$의 값으로 변환된다. 식 (5.96)으로부터 입력에서 전압 이득(예를 들어 2)이 $Q = 3$을 요구하면 $R_P \approx 450\ \Omega$이 된다. 따라서, $R_B = 10R_S$는 $R_P$보다 *충분히 큰 값이 아니므로* 결과적으로 잡음지수은 증가하고 전압 이득은 낮아진다. 즉, $R_B$는 $R_P$보다 매우 커야 한다.

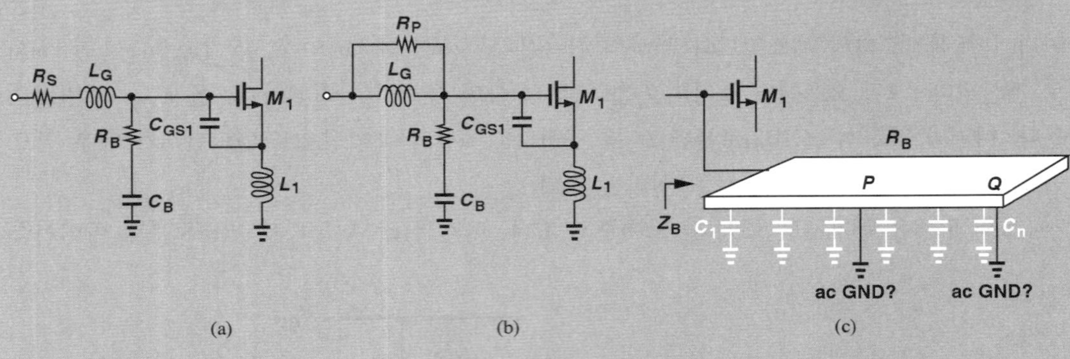


**그림 5.39** *(a) CS LNA의 바이어스 저항 $R_B$의 영향, (b) $R_S$와 $L_G$를 병렬회로로 변환, (c) $R_B$의 분포 커패시턴스의 영향*

큰 저항은 큰 기생 커패시턴스도 동반한다. 하지만, 저항의 *길이*를 증가시키는 것은 전체 기생 커패시턴스가 상당히 큰 경우라도 신호 경로에는 큰 문제가 되지 않는다. 이것을 이해하기 위해 그림 5.39(c)를 생각해 보자. 여기서 $R_B$의 기생 커패시턴스는 분포소자 $C_1 - C_n$으로 표시하였다. 어떤 노드를 그라운드로 바이패스 해야 하는가? $P$인가 $Q$인가? 길이가 긴 저항이 큰 기생 커패시턴스를 가질지라도 $Q$가 바이패스가 되면 $Z_B$는 더 *커진다*. 따라서 길이가 긴 바이어스 저항은 길이가 길수로 더 좋은 특성을 갖는다. 다른 방안으로 저항으로 동작하는 작은 MOSFET을 여기에 사용할 수도 있다.

CG와 CS LNA 중 어떤 구조를 택할 것이지는 입력 매칭과 잡음지수의 안정성사이의 선택의 문제다. CG 구조는 패키지에 의한 기생효과가 상대적으로 적어 입력저항이 정확한 반면, CS는 더 낮은 잡음지수 특성을 갖는다. 만일 4 dB 정도의 잡음지수를 요구하면 CG를 선택하고, 그 이하인 경우 CS를 선택한다.

CG와 CS LNA 사이의 흥미로운 점은 부하저항 $R_1$의 잡음지수에 대한 영향이다. 식 (5.58)에 의하면 CG 단에서 이 저항의 잡음기여인 $4R_S/R_1$은 4를 입력에서 출력사이의 전압 이득으로 나눈 값이 된다. 따라서 일반적인 전압 이득 10인 경우 잡음기여도는 0.4로 상당한 양이 된다. 이에 반해, 식 (5.101)의 CS 축퇴구조에서 잡음기여는 $4R_S/R_1$에 $(\omega_0/\omega_T)^2$을 곱한 값이다. 따라서 동작주파수가 트랜지스터의 $f_T$보다 충분히 낮으면 $R_1$에 의한 잡음기여는 무시할 수 있다.

**예제 5.17** RF Microelecronics

입력 매칭 관점에서 CG구조는 CS축퇴 구조보다 더 넓은 대역폭을 갖는 것으로 일반적으로 통용된다. 이 말은 사실인가?

**풀이:**

그림 5.40의 두 LNA 구조에 대한 등가 회로를 생각해 보자. 여기서 $R_1 = 50\,\Omega$, $C_1$과 $C_2$는 거의 같고 인덕터는 (피할 수 없는) 와이어 본딩에 의한 것이다. 그림 5.40(a)의 CS 단에 대해

$$Re\{Z_{in1}\} = R_1 \tag{5.106}$$

$$Im\{Z_{in1}\} = \frac{L_1C_1\omega^2 - 1}{C_1\omega}. \tag{5.107}$$

관심 중심주파수가 $\omega_0$ $(= 1/\sqrt{L_1C_1})$이고 $\omega = \omega_0 + \Delta\omega$라면

$$Im\{Z_{in1}\} \approx 2L_1\Delta\omega\frac{L_1\Delta\omega}{\omega_0}. \tag{5.108}$$

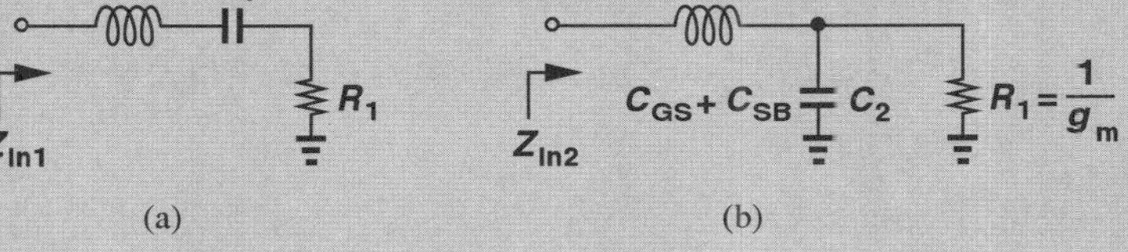


**그림 5.40** *(a) CS, (b) CG LNA의 입력 등가 회로*

(계속)

### 예제 5.17 (계속)

RF Microelecronics

즉, 허수부는 중심주파수로부터 편차(deviation)에 비례하여 변하게 되는데, 이는 $|S_{11}|$의 대역폭을 상대적으로 낮추는 요인이다.

반면 그림 5.40(b)의 CG 회로에서

$$Re\{Z_{in2}\} = \frac{R_1}{1 + R_1^2 C_2^2 \omega^2} \tag{5.109}$$

$$Im\{Z_{in2}\} = L_2\omega - \frac{R_1^2 C_2 \omega}{1 + R_1^2 C_2^2 \omega^2}. \tag{5.110}$$

$1/(R_1C_2)$는 트랜지스터의 $\omega_T$와 비슷하다. 즉, $R_1 = 1/g_m$, $C_2 = C_{GS}$이면 $1/(R_1C_2) \approx \omega_T$이다. 따라서 $\omega << \omega_T$인 경우,

$$Re\{Z_{in2}\} \approx R_1 \tag{5.111}$$

$$Im\{Z_{in2}\} \approx (L_2 - R_1^2 C_2)\omega. \tag{5.112}$$

흥미로운 점은 $L_2 = R_1^2 C_2$인 경우 $Im\{Z_{in2}\}$은 0이 되어 주파수에 *무관한* 특성이 된다. 따라서 CG 단은 입력 매칭이 매우 우수한 특성을 보인다. 이점이 구조의 또 다른 장점이다.

### 예제 5.18

RF Microelecronics

65-nm CMOS 공정기술로 중심주파수 5.5GHz를 갖는 캐스코드 CS LNA를 설계하라.

**풀이:**

축퇴 인덕턴스를 1 nH를 가정하고 예제 5.11의 CG 단의 입력 트랜지스터와 동일한 것으로 설계를 시작한다. 흥미로운 것은 50 fF의 패드 커패시턴스로도 입력 저항은 60 Ω 근처가 된다. 패드 커패시터스가 없다면 $Re\{Z_{in}\}$은 600 Ω 근처가 된다. 따라서 5.5 GHz에서 리액턴스 성분을 상쇄할 수 있는 인덕턴스($L_G$ = 12 nH)를 게이트에 추가하기만 하면 된다. 캐스코드 소자와 출력단의 설계는 CG 예제와 동일하다.

그림 5.41은 설계의 상세한 값을 표시하고 있다. 그림 5.42는 시뮬레이션 특성을 보여주고 있다. 예제 5.11의 CG 단과 비교하면, CS 단은 더 높은 이득, 더 낮은 잡음지수, 더 좁은 대역폭을 갖는다.

**예제 5.18** (계속) FF Microelecronics

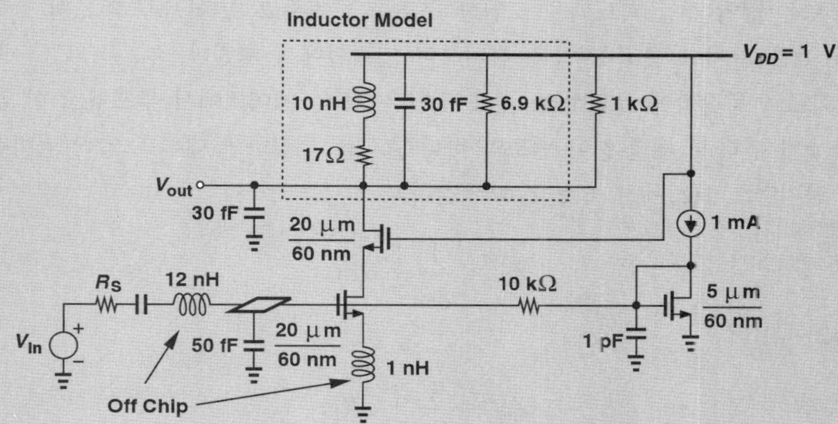


그림 5.41 *CS LNA 예*

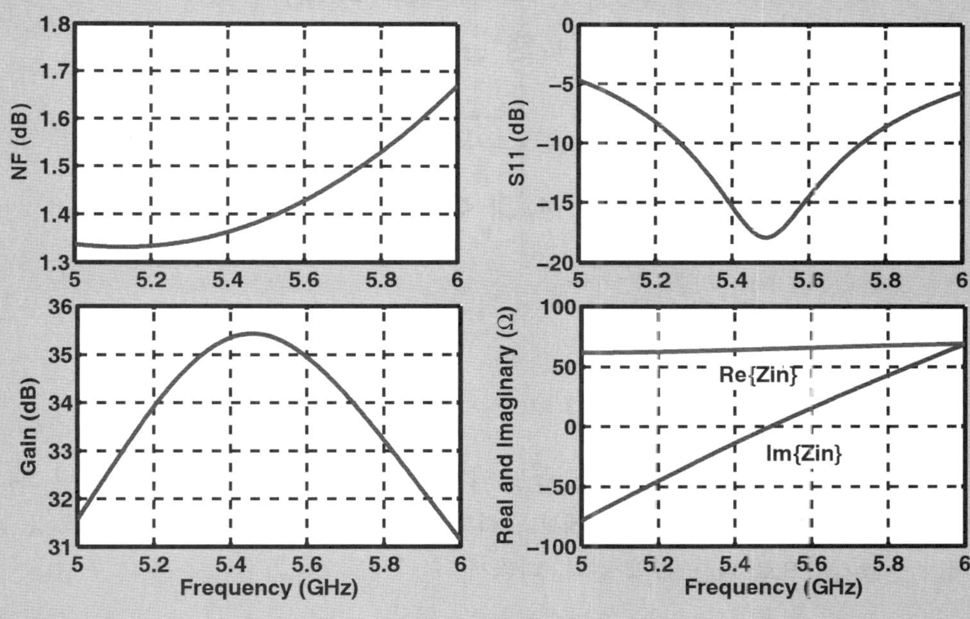


그림 5.42 *CS LNA 예의 시뮬레이션 특성*

### 5.3.5 공통-게이트 LNA의 변형 Variants of Common-Gate LNA

이전 CMOS 기술에서 흔하게 가정하는 채널-길이 변조를 무시하는 경우 식 (5.57)에서 볼 수 있듯이 CG 단의 잡음지수와 입력 매칭은 서로 밀접한 연관관계에 있다. 이러한 이유로 설계

자유도를 추가하여 잡음지수와 입력 매칭의 연관관계를 피해보려는 다양한 시도가 있다. 이 절에서 다음 두 가지 예제를 살펴보자.

그림 5.43은 전압-전압 피드백을 도입한 구조를 보여주고 있다[3].[13] 피드백 블록은 이득(혹은 감쇄) α를 가지고 출력 전압을 감지하여 입력단에서 빼진다. $I_{D1} \propto V_F - V_{in}$이므로 $M_1$은 감셈회로로 동작함에 유의하라. 루프 전달은 $M_1$의 게이트에서 루프를 절단 후하여 구하면 $g_m Z_L \cdot \alpha$가 된다.[14] 채널-길이 변조와 바디 효과를 무시하면 폐루프 입력 임피던스는 개루프 입력 임피던스 $1/g_m$에 $1 + g_m Z_L \alpha$와 같다.

$$Z_{in} = \frac{1}{g_m} + \alpha Z_L. \tag{5.113}$$

공진점에서

$$Z_{in} = \frac{1}{g_m} + \alpha R_1. \tag{5.114}$$

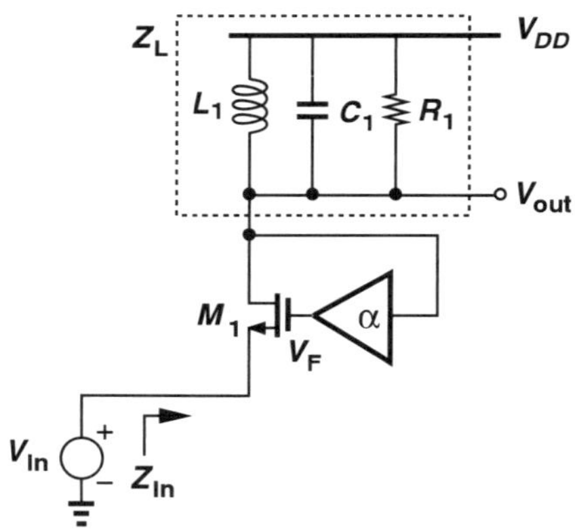


**그림 5.43** *피드백을 갖는 CG LNA*

그러므로 입력 저항은 $1/g_m$보다 상당히 *높게* 되지만, 잡음지수는 어떻게 될까? 그림 5.44(a)의 회로로 이득을 먼저 계산해보자. $X$에서 출력까지의 전압 이득은 개루프이득 $g_m R_1$을 공진점에서 $1 + \alpha g_m R_1$으로 나눈 값과 같다. 따라서,

$$\frac{V_{out}}{V_{in}} = \frac{Z_{in}}{Z_{in} + R_S} \cdot \frac{g_m R_1}{1 + \alpha g_m R_1} \tag{5.115}$$

$$= \frac{R_1}{\frac{1}{g_m} + \alpha R_1 + R_S}, \tag{5.116}$$

---

13. 원래 이 기술은 바이폴라 단에서 고안된 것이다.
14. 피드백 회로의 입력 임피던스는 $Z_L$에 모두 포함된다.

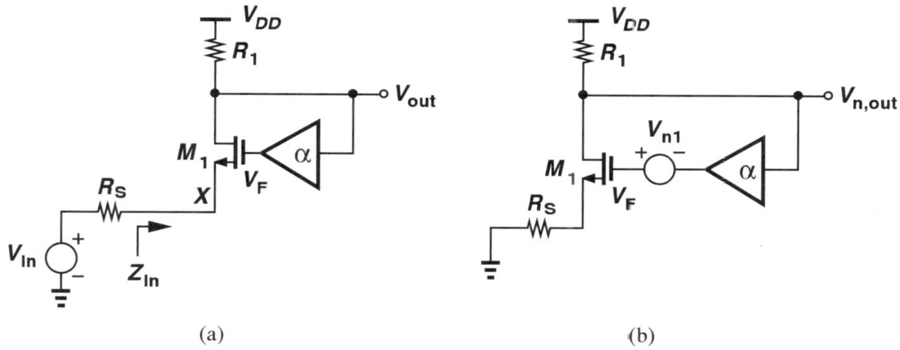


**그림 5.44** *피드백을 갖는 CG 단의 (a) 입력 임피던스와 (b) 잡음 특성*

이 값은 입력이 매칭되면 $R_1/(2R_S)$가 된다.

출력 잡음 계산을 위해 그림 5.44(b)의 회로를 구성한다. 여기서 $V_{n1}$은 $M_1$의 잡음 전압을 나타낸 것이다. 피드백 회로의 잡음은 무시한다. $R_S$에 $-V_{n,out}/R_1$의 전류가 흐르므로 $V_{GS1} = \alpha V_{n,out} + V_{n1} + V_{n,out}R_S/R_1$가 된다. $g_m V_{GS1}$을 $-V_{n,out}/R_1$와 같다고 놓으면

$$g_m\left(\alpha V_{n,out} + V_{n1} + \frac{R_S}{R_1}V_{n,out}\right) = -\frac{V_{n,out}}{R_1}, \tag{5.117}$$

그러므로

$$V_{n,out}|_{M1} = \frac{-g_m V_{n1}}{g_m(\alpha + \dfrac{R_S}{R_1}) + \dfrac{1}{R_1}}. \tag{5.118}$$

$R_1$의 잡음전류는 회로의 출력 임피던스 $R_{out}$의 곱이 된다. 독자들은 $(1 + g_mR_S)/(\alpha g_m)$과 병렬로 있는 $R_1$과 $R_{out}$이 같음을 보일 수 있다. 이 잡음을 $M_1$의 잡음과 더한 후, 식 (5.116)의 제곱과 $4kTR_S$로 그 결과를 나누고 입력이 매칭되어 있다면

$$\text{NF} = 1 + \frac{\gamma}{g_mR_S} + \frac{R_S}{R_1}\left(1 + \frac{1}{g_mR_S}\right)^2. \tag{5.119}$$

즉, NF는 $g_m$을 상승시킴에 의해 낮아진다. 이 결과는 간단한 CG 단에 대한 식 (5.57)로 표현된 것과 $g_mR_S$가 여기서는 1이 될 필요가 없다는 점을 제외하고는 동일한 결과다. 예를 들어, $g_mR_S = 4$, $\gamma = 1$이면 처음 두 항은 잡음지수 0.97 dB가 된다. 문제 5.15에서 채널-길이 변조를 무시하지 않는 경우 이 결과를 다시 살펴볼 것이다.

**예제 5.19** RF Microelecronics

위의 회로에서 피드백 계수 α는 어떻게 정하는가?

**풀이:**

원하는 잡음지수와 전압 이득 $A_v$을 얻기 위해 $g_mR_S$와 $R_1/(2R_S)$을 선택하는 것으로 설계를 시작한다. 입력 매칭을 위해 $g_mR_S - 1 = \alpha g_mR_1 = \alpha g_m(2A_vR_S)$. 따라서,

$$\alpha = \frac{g_mR_S - 1}{2g_mR_SA_v}. \tag{5.120}$$

예를 들어, $g_mR_S = 4$, $A_v = 6$ (= 15.6 dB)이면, $R_1 = 600\ \Omega$이고 $\alpha = 1/16$이 된다.

입력 저항과 잡음지수와의 관계를 피하기 위한 CG LNA의 다른 변형으로 *피드포워드(feedforward)*를 적용하는 구조가 있다[4]. 그림 5.45(a)와 같이 입력을 $-A$배 증폭한 후 $M_1$의 게이트에 인가한다. 입력 전압 변화 $\Delta V$에 대해 게이트-소스간 전압 변화는 $-(1 + A)\Delta V$만큼, 드레인 전류는 $-(1 + A)g_m\Delta V$만큼 변한다. 따라서 $g_m$은 $1 + A$만큼 커진다(boosted)[4]. 결과적으로 입력 임피던스는 $R_{in} = [g_m(1 + A)]^{-1}$로 *낮아지고*, 공진점에서 소스에서 드레인으로의 전압 이득은 $(1 + A)g_mR_1$으로 커진다.

이제 그림 5.45(b)의 등가 회로를 이용하여 잡음지수를 계산해보자. $R_S$에 흐르는 전류는 $-V_{n,out}/R_1$이므로 소스 전압은 $-V_{n,out}R_S/R_1$이고 게이트 전압은 $(-V_{n,out}/R_1)(-A) + V_{n1}$가 된다. 게이트-소스 전압에 $g_m$을 곱한 후 $-V_{n,out}/R_1$와 같다고 놓으면 다음식이 된다.

$$g_m\left(A\frac{R_S}{R_1}V_{n,out} + V_{n1} + \frac{R_S}{R_1}V_{n,out}\right) = -\frac{V_{n,out}}{R_1}, \tag{5.121}$$

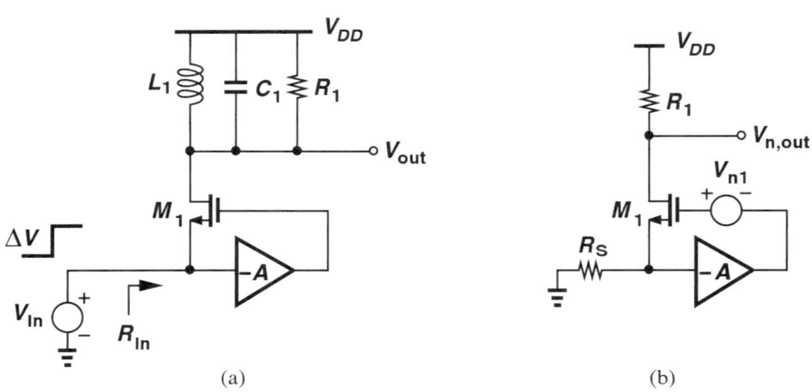


**그림 5.45** *(a) 피드포워드를 갖는 CG 단, (b) NF 계산*

따라서,

$$V_{n,out}|_{M1} = \frac{-g_m R_1 V_{n1}}{(1+A)g_m R_S + 1}. \tag{5.122}$$

입력이 매칭이 된다면 이 값은 $-g_m R_1 V_{n1}/2$가 된다. 즉, $M_1$의 잡음전류의 반이 $R_1$에 흐르는 것을 의미한다.[15] 입력 매칭으로 그림 5.45(b)에서 $R_S$의 왼쪽 단자에서 출력까지의 전압 이득은 $(1 + A)g_m R_1/2$가 된다. 따라서 $M_1$과 $R_1$의 출력잡음 기여를 합한 후, 전압 이득 제곱과 $R_S$의 잡음으로 나누고 1을 더하면 다음과 같다.

$$\mathrm{NF} = 1 + \frac{\gamma}{1+A} + \frac{4R_S}{R_1}. \tag{5.123}$$

이 식은 $A$를 입력 매칭에 대해 $g_m(1 + A) = R_S^{-1}$로 제한하여 NF를 낮출 수 있음을 의미한다.

위의 해석에서 그림 5.45(a)의 이득단 $A$에서 발생하는 잡음은 무시했다. 문제 5.17에서 $A$의 입력측 변환 잡음 $V_{nA}^2$가 $A$만큼 증폭된 후 식 (5.122)의 $V_{n1}$에 더해지면 전체 잡음지수는 다음과 같이 됨을 보일 것이다.

$$\mathrm{NF} = 1 + \frac{\gamma}{1+A} + \frac{4R_S}{R_1} + \frac{A^2}{(1+A)^2}\frac{\overline{V_{nA}^2}}{4kTR_S}. \tag{5.124}$$

다시 말해, $\overline{V_{nA}^2}$는 입력측으로 $A^2/(1 + A)^2$이 곱해져서 변환된다. 이 값은 1보다 매우 작은 값은 아니다. 이러한 이유로 능동회로로 $A$를 구현하는 것은 어렵다.

칩상에서 트랜스포머를 이용하여 전압 이득을 구현하는 것도 가능하다[4]. 그림 5.46과 같이 1차 코일과 2차 코일의 결합계수 $k$와 권선비 $n(= \sqrt{L_2/L_1})$인 경우, 트랜스포머는 $kn$의

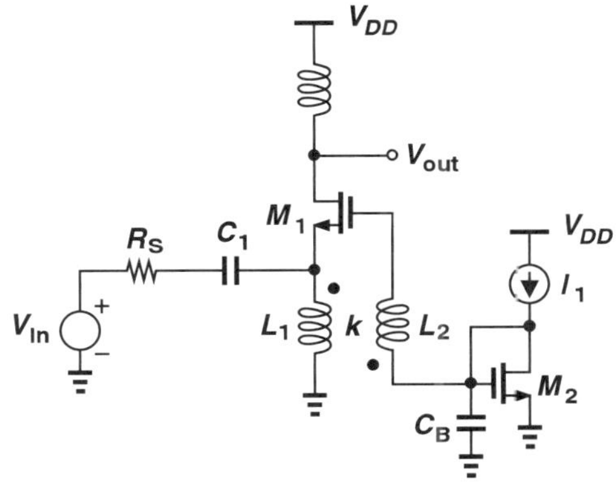


**그림 5.46** *트랜스포머 피드포워드를 갖는 CG 단*

15. 나머지 반은 어디로 갔을까?

전압이득을 갖는다. 전류의 방향은 음의 부호를 갖도록 선택한다. 하지만, 칩상의 트랜스포머 구조로는 인덕터를 쌓아 올리는 더미(stack)구조로도 대략 3 이상의 전압 이득을 얻기가 힘들다[5]. 또한 1차와 2차 코일의 손실은 잡음에 기여하게 된다.

### 5.3.6 잡음상쇄 LNA Noise-Cancelling LNAs

앞서 LNA의 잡음지수를 유도하는 과정에서 다음 3가지 항을 주목하였다: $R_S$자체의 잡음으로부터 발생하는 1의 값, 입력 트랜지스터의 기여분을 표현하는 항, 부하 저항의 잡음과 관련 있는 항. 잡음상쇄 LNA는 2번째 항을 상쇄하는 것을 목표로 한다[6]. 기본적인 원리는 신호는 반대 부호를 갖고 입력 트랜지스터의 잡음은 동일한 부호를 갖는 회로의 *두* 노드를 구현하는 것이다. 그림 5.47에서 노드 $X$와 $Y$이 이 조건을 만족한다면 이 두 전압은 적절하게 크기를 조절하여 더하면 신호 성분은 더해지고 잡음 성분은 제거된다.

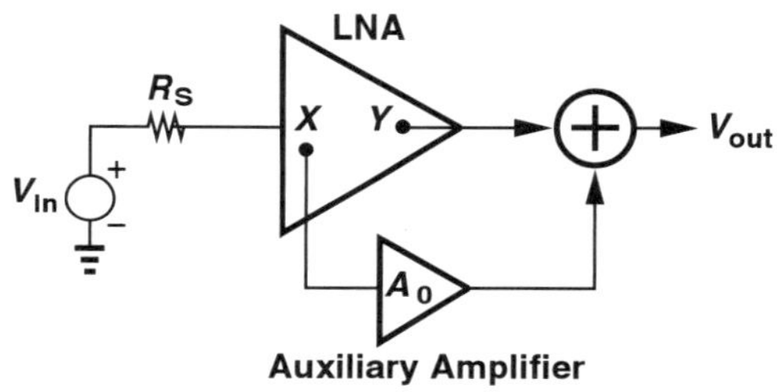


**그림 5.47** *잡음상쇄(noise-cancelling) LNA의 개념*

5.3.2절에서 다룬 그림 5.48(a)의 저항 피드백을 갖는 CS 단은 잡음상쇄(noise-cancelling) 가능성이 있다. $M_1$의 잡음전류는 $R_F$와 $R_S$에 흘러 트랜지스터의 게이트와 드레인에 동일 부호를 갖는 전압을 발생시킨다. 한편, 이 신호는 반전(inversion)한다. 따라서 개념적으로 그림 5.48(b)와 같이 $V_X$를 $-A$만큼 증폭하여 $V_Y$에 더하면 $M_1$의 잡음은 제거될 수 있다[6]. 노드 $Y$

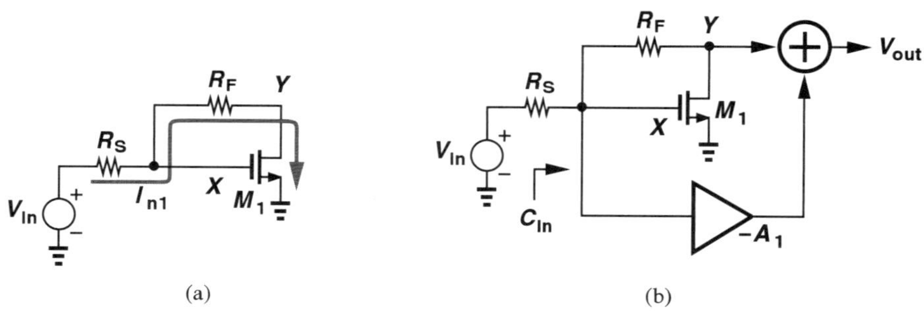


**그림 5.48** *(a) 피드백 CS 단에서 입력 트랜지스터의 잡음, (b) $M_1$의 잡음상쇄*

와 $X$에서 잡음 전압은 $1 + R_F/R_S$의 비가 되므로 $A_1 = 1 + R_F/R_S$를 선택한다. 신호는 다음의 두 부가(additive) 이득을 얻는다: (입력이 매칭된 경우) $V_Y/V_X = 1 - g_mR_F = 1 - R_F/R_S$, 추가적인 이득 $-(1 + R_F/R_S)$

$$\frac{V_{out}}{V_X} = 1 - \frac{R_F}{R_S} - \left(1 + \frac{R_F}{R_S}\right) \tag{5.125}$$

$$= -\frac{2R_F}{R_S}, \tag{5.126}$$

입력이 매칭되어 있으면 $V_{out}/V_{in}$은 이 값에 절반이 된다.

이제 회로의 잡음지수를 계산해 보자. 보조 증폭기의 입력측 변환 잡음 전압은 $V_{nA1}$이고 입력 임피던스는 큰 값으로 가정하자. 5.3.2절을 상기해보면 $R_F$의 잡음전압은 출력에 $4kTR_F$로 나타난다. 이 잡음은 $A_1^2\overline{V_{nA1}^2}$에 더해진 후 $(R_F/R_S)^2$과 $4kTR_S$로 나눈 다음 1을 더하면 다음의 잡음지수를 얻는다.

$$\text{NF} = 1 + \frac{R_S}{R_F} + A_1^2\overline{V_{nA1}^2}\frac{R_S}{4kTR_F^2}. \tag{5.127}$$

$A_1 = 1 + R_F/R_S$이므로,

$$\text{NF} = 1 + \frac{R_S}{R_F} + \frac{\overline{V_{nA1}^2}}{4kTR_S}\left(1 + \frac{R_S}{R_F}\right)^2. \tag{5.128}$$

따라서, $R_F$를 최대화하고 $\overline{V_{nA1}^2}$을 최소화 하면 NF는 최소화된다. $R_S/R_F$는 이득의 역수이므로 1보다 상당히 작아서 세 번째 항은 근사적으로 $\overline{V_{nA1}^2}(4kTR_S)$가 된다. 즉 보조 증폭기의 잡음은 입력에 직접적 변환되므로 $R_S$의 영향보다 훨씬 작아야 한다.

$M_1$과 보조 증폭기에서 발생되는 입력 커패시턴스 $C_{in}$은 $S_{11}$과 잡음 상쇄 모두를 악화시킨다. 그러므로 높은 주파수에서 동작하기 위해 입력에 직렬(혹은 병렬) 인덕터가 필요하다.

$$\text{NF}(f) = \text{NF}(0) + [\text{NF}(0) - 1 + \gamma]\left(\frac{f}{f_0}\right)^2, \tag{5.129}$$

여기서 NF(0)은 식 (5.128)에서 구해지고 $F_0 = 1/(\pi R_S C_{in})$.

그림 5.49는 참고문헌 [6]의 구현을 보여주고 있다. 여기서 $M_2$와 $M_3$는 CS 증폭기로 동작하여 $g_{m2}/(g_{m3} + g_{mb3})$의 전압 이득을 제공하며 또한 합산(summing) 회로로 동작한다. 트랜지스터 $M_3$는 소스폴로워로 동작한다. $M_1$의 드레인에서 신호와 잡음을 감지한다. 첫 번째 단은 예제 5.7에서 본 것과 유사하다.

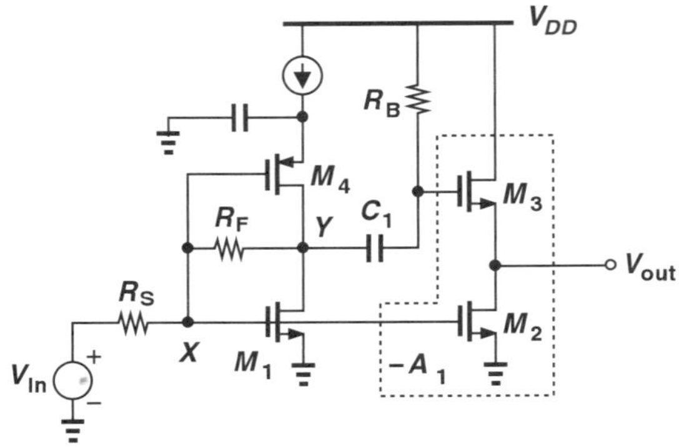


그림 5.49 *잡음-상쇄 LNA의 예*

## 예제 5.20

RF Microelecronics

그림 5.50은 싱글엔드(single-ended)를 차동으로 변환할 수 있는 잡음상쇄 LNA 또 다른 구조를 보여주고 있다. 채널길이 변조를 무시하고 잡음 상쇄에 대한 조건을 결정하라. 또한 잡음 지수를 유도하라.

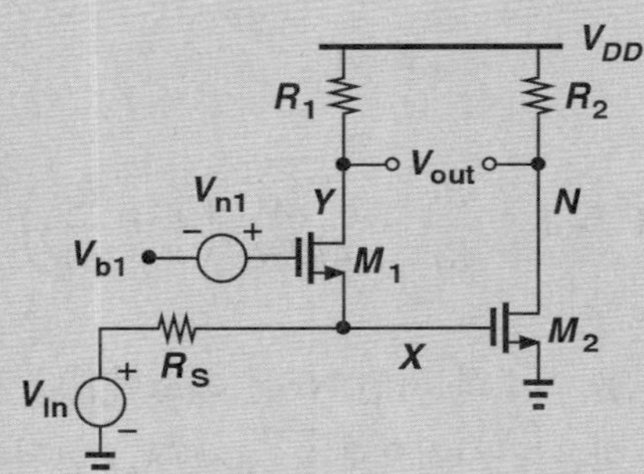


그림 5.50 *잡음상쇄 LNA로 사용되는 CG/CS 단*

**풀이:**

이 회로는 다음 두 가지 이유로 잡음상쇄의 원리대로 동작한다. (a) $M_1$의 잡음 $V_{n1}$은 노드 $X$에 대해 소스폴러워로, 노드 $Y$에 대해 공통 소스로 보이는데 이 두 노드에서 부호가 반대가 된다. (b) 신호는 $X$와 $Y$를 관통하여 공통 게이트로 보이는데, 신호는 위상이 동위상이 된다. 매칭이 된 경우, 트랜지스터 $M_1$은 $X$에서 잡음 전압의 반이 발생된다. 트랜지스터 $M_2$는 이 잡음을 감지하여 $-g_{m2}R_2$만큼 증폭시킨다. $M_1$에 의한 CG의 출력 잡음은 $(V_{n1}/2)g_{m1}R_1$이 됨을 보일 수 있다. 잡음 상쇄를 위해, 다음 식을 적용한다.

$$g_{m1}R_1\frac{V_{n1}}{2} = g_{m2}R_2\frac{V_{n1}}{2}, \tag{5.130}$$

**예제 5.20** (*계속*) FF Microelecronics

$g_{m1} = 1/R_S$이므로

$$R_1 = g_{m2}R_2R_S. \tag{5.131}$$

$M_1$의 잡음이 상쇄되면, $M_2$, $R_1$, $R_2$의 기여분으로부터 잡음지수가 발생된다. 노드 $Y$에서의 잡음은 $4kTR_1$이고, 노드 $N$에서 잡음은 $4kT\gamma g_{m2}R_2^2 + 4kTR_2$와 같다. 전체 전압 이득 $V_{out}/V_{in}$은 $(g_{m1}R_1 + g_{m2}R_2)/2 = g_{m1}R_1 = R_1/R_S$로 주어진다. 따라서,

$$\mathrm{NF} = 1 + \left(\frac{R_S}{R_1}\right)^2 (4kTR_1 + 4kT\gamma g_{m2}R_2^2 + 4kTR_2)\frac{1}{4kTR_S} \tag{5.132}$$

$$= 1 + \frac{R_S}{R_1} + \gamma\frac{R_2}{R_1} + \frac{R_SR_2}{R_1^2}. \tag{5.133}$$

이 잡음상쇄 기법은 피드백과 CG의 광대역 특성을 보이면서도 낮은 잡음지수를 갖는 장점이 있다. 따라서 서로 다른 주파수 대역이나 900 MHz에서 5 GHz와 같이 넓은 주파수영역에서 동작하는 시스템에 적용하기 적합하다.

### 5.3.7 리액턴스 상쇄 LNA Reactance-Cancelling LNAs

LNA 입력 커패시턴스 효과를 근본적으로 상쇄할 수 있는 LNA의 구조를 설계하는 것은 가능하다. 그림 5.51(a)의 회로[7]에서 부궤환 증폭기의 유도성 입력 입력 임피던스를 도입하면 입력 커패시턴스 $C_{in}$을 상쇄할 수 있다. 핵심부(core amplifier)의 개방 루프 전달함수는 1개의 극점 응답인 $A_0/(1 + s/\omega_0)$으로 모델링으로 표현된다면 입력 어드미턴스는 다음과 같다.

$$Y_1(s) = \frac{s + (A_0 + 1)\omega_0}{R_F(s + \omega_0)}. \tag{5.134}$$

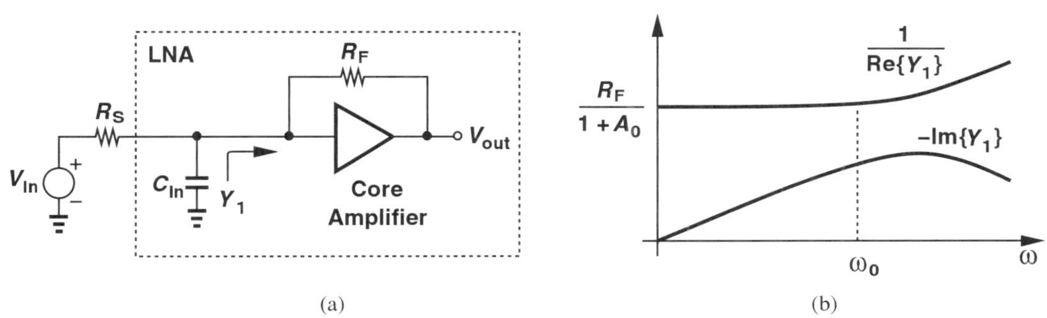


**그림 5.51** *(a) 리액턴스 상쇄(reactance-cancelling) LNA 구조, (b) 주파수 변화에 대한 $Y_1$의 특성*

다시 정리하면,

$$\frac{1}{Re\{Y_1\}} = \frac{R_F(\omega^2 + \omega_0^2)}{(1 + A_0)\omega_0^2} \tag{5.135}$$

$$Im\{Y_1\} = \frac{-A_0\omega\omega_0}{R_F(\omega^2 + \omega_0^2)}. \tag{5.136}$$

$\omega_0$보다 충분히 작은 주파수대역에서 $1/Re\{Y_1\}$은 $R_F/(1 + A_0)$가 되는데 이를 $R_S$와 등가시킬 수 있다. 또한 이 주파수 대역에서 $Im\{Y_1\}$는 근사적으로 $-A_0\omega/(R_F\omega_0)$이므로 이 값이 $C_{in}\omega$를 상쇄할 수 있도록 설정한다. 그림 5.51(b)는 $1/Re\{Y_1\}$과 $-Im\{Y_1\}$의 특성을 보여주고 있다.

위의 기법에서 입력 매칭은 $\omega_0$근처까지 유효하다. 핵심부의 개방루프 대역폭이 최대 관심주파수가 되는 것이 중요하다. 서브마이크론 이하(deep-submicron)의 소자는 여기서 요구되는 이득과 대역폭을 제공한다.

1개의 극점으로 모델링한 핵심부의 응답을 다단 구조에도 잘 적용될 지에 대한 의문을 가질 수 있다. 아래에서 이점에 대해 논의해 보자.

그림 5.52는 50 MHz에서 10 GHz까지의 주파수 영역에 대한 증폭기 개념에 대한 회로 구현을 보여주고 있다[7]. 3단의 공통 소스단은 필요한 이득을 갖고, 부궤환이 가해져 있다. 캐스코드와 소스폴러워는 전압 헤드룸 문제로 사용하지 않았다. 입력 트랜지스터 $M_1$은 50 MHz에서 플리커 잡음에 대한 요구사항을 만족할 수 있는 큰 폭을 갖는 소자를 선택하고, $V_{GS}$는 대략 200 mV 정도에서 동작시킨다. 이 전압은 노드 $Y$에도 또한 나타난다면 출력 스윙에 대한 헤드룸이 없기 때문에 회로의 선형성을 제한하게 된다. 이 문제를 해결하기 위해 전류 $I_1$을 $R_F$을 통해 흐르게 하여 $Y$에서 동작점을 약 250 mV을 위쪽으로 올린다. $R_F$ = 1 kΩ 이므로 $I_1$은 200 $\mu$A 정도로 LNA의 입력에서의 잡음 기여는 무시할 수 있다.[16]

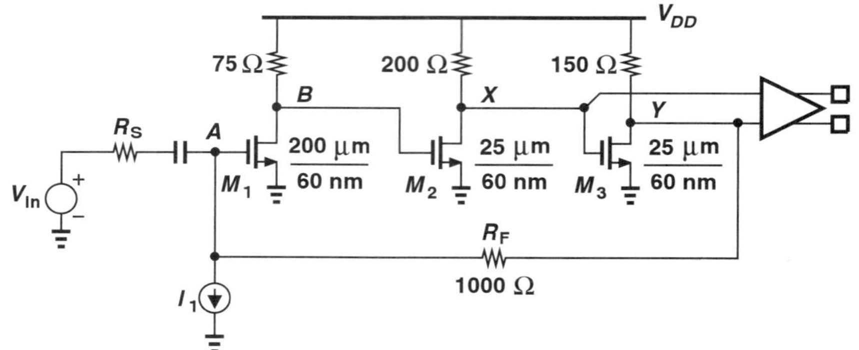


**그림 5.52** *리액턴스 상쇄 LNA의 구현*

16. 다른 대안으로 용량성 결합을 피드백 경로에 사용할 수 있다. 하지만 큰 커패시턴스가 필요하여 추가적인 부가적인 기생효과가 나타날 수 있다.

3단 이득 LNA는 작은 위상마진과 주파수 응답에서 큰 피킹이 나타날 수 있다. 이 설계에서 노드 $A$, $B$, $X$, $Y$에서 개방루프 극점은 10 GHz, 24.5 GHz, 22 GHz, 75 GHz에 각각 위치하여 매우 큰 위상 편차(shift)를 발생시킨다. 여기에 작은 피드백 값 $R_S/(R_S + R_F) = 0.048$으로 인해 시뮬레이션 결과를 보면 폐-루프(closed-loop) 주파수 응답에서 약 50°의 위상 마진과 1 dB의 피킹을 나타낸다.

그림 5.52의 다중극점(multi-pole) LNA는 입력 임피던스에 유도성 성분을 포함하고 있어 앞서 행한 해석보다 더 복잡한 특성을 갖는다. 다행히 $B$, $X$, $Y$에서 각 극점의 영향을 각 시정수를 모두 더하여 1개의 극점으로 근사화하는 방법으로 입력 어드미턴스를 예측해 보면 상당히 정확한 결과를 갖는다. 앞에서 언급한 극점 주파수들은 $\omega_0 = 2\pi(9.9\text{ GHz})$까지 영향을 주어 $Y_1$의 실수부와 허수부는 인지라디오(cognitive radio) 대역의 끝 부분까지 적용이 가능하다.

LNA 출력은 노드 $X$와 $Y$ 양단에서 취한다. 이 두 노드사이는 스윙의 크기와 위상이 180°에서 약간의 차이를 갖긴 하지만 근사적으로 차동신호가 되어 이득과 $IP_2$를 높이게 된다. $X$에서 2차 왜곡은 $Y$에 나타날 수 있으므로 $IP_2$는 $V_Y - V_X$에서 부분적으로 상쇄된다.[17]

## 5.4 이득 스위칭 Gain Switching

수신기에서 감지하는 신호의 능동영역(dynamic range)은 약 100 dB정도 된다. 예를 들어 기지국 근처에서 핸드폰 신호는 −10 dBm 정도의 큰 값을, 지하 창고 같은 곳에서는 −110 dBm 정도로 작은 신호를 감지한다. 반면 최대 감도(sensitivity)를 갖도록 설계하는 수신기라도 입력 신호가 지속적으로 커지는 상황에서 정확하게 신호를 감지할 수 있어야 한다. 이러한 상황에서 큰 입력신호에 대해 LNA 다음 단의 소자들이 선형성을 유지하려면 LNA의 이득은 작아지는 것이 좋다. 물론 수신기이 이득이 작아지면 잡음지수는 증가한다. 따라서 수신신호의 크기가 커지는 것 보다 감도의 저하가 덜 일어나도록 이득이 작아져야 한다. 즉, 신호가 커질 때에도 SNR이 떨어지면 안 된다. 그림 5.53은 이러한 상황을 보여주고 있다.

LNA에서 이득 스위칭(gain switching)은 다음 여러 이슈들을 고려해야 한다. (1) 입력 매칭에 영향이 적어야 한다. (2) 충분이 작은 이득 스텝(gain step)을 가져야 한다. (3) 이득 스위칭을 위해 추가하는 소자가 원래의 LNA의 속도를 저하시켜서는 안 된다. (4) 큰 입력신호에 대해 이득 스위칭으로 LNA이 선형성은 더 높아져서 수신기의 선형성이 LNA로 제한되지 않도록 설계해야 한다. 아래에서 보듯, 어떤 LNA 구조는 용이한 이득 스위칭을 갖는다.

먼저 공통-게이트 단을 고려해보자. 이득을 줄이기 위해 입력 트랜지스터의 트랜스컨덕턴스를 줄일 수 있을까? 입력 매칭을 유지하면서 이득을 절환(switch)하기 위해 $g_m$이 낮아지는

17. 패키지 기생소자가 존재하는 경우 안정도를 위해 $V_{DD}$와 GND 사이에 10 ~ 20 pF의 커패시턴스를 두어야 한다.

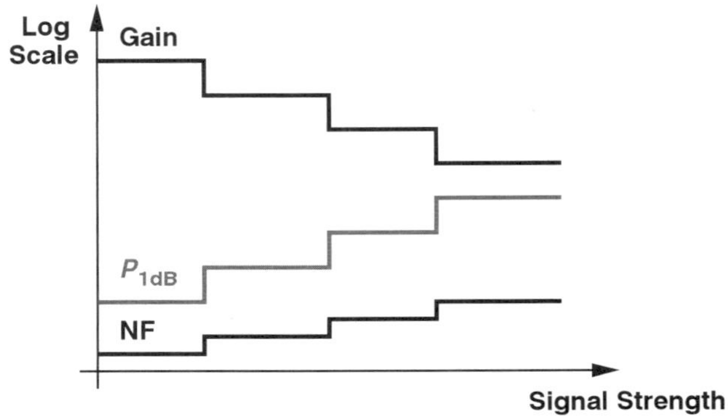


그림 5.53 *NF와 $P_{1dB}$에 대한 이득 스위칭 영향*

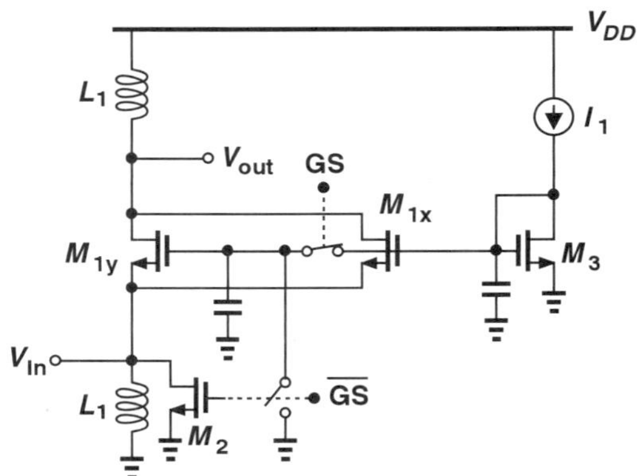


그림 5.54 *CG 단에서 이득 스위칭의 예*

것처럼 물리적인 저항을 입력에 덧붙인다. 그림 5.54는 한 예를 보이고 있다[8]. 여기서 입력 트랜지스터는 $M_{1x}$와 $M_{1y}$로 구성되어 있고 트랜지스터 $M_2$는 ON상태에서 병렬저항으로 동작한다. 고이득(high-gain) 모드에서 이득은 GS를 HIGH로 선택하여 $M_{1x}$와 $M_{1y}$는 병렬로 연결되고, $M_2$는 OFF가 된다. 저이득(low-gain) 모드에서 $M_{1y}$는 OFF가 되어 이득을 낮춘다. 이때 $M_2$는 ON이 되어 $R_{on2}\|(g_{m1x}+g_{mb1x})^{-1}=R_S$가 된다. 예를 들어, 이득을 6 dB 낮추기 위해 $M_{1x}$와 $M_{1y}$는 동일한 크기가 되도록 선택하여 $R_{on2}=(g_{m1x}+g_{mb1x})^{-1}=2R_S$가 되도록 한다. 또한 고주파에서 스위치의 ON 저항을 피하기 위해 $M_{1y}$의 게이트는 커패시터로 접지시킨다.

## 예제 5.21

RF Microelecronics

회로가 3 dB 이득 스텝을 갖도록 소자의 크기를 선택하라.

**풀이:**

전압 이득을 $\sqrt{2}$배 줄이기 위해,

**예제 5.21** (*계속*) RF Microelecronics

$$\frac{W_{1x}}{W_{1x} + W_{1y}} = \frac{1}{\sqrt{2}}, \tag{5.137}$$

따라서, $W_{1y}/W_{1x} = \sqrt{2} - 1$이다. 또한 $W_{1y}$가 OFF인 경우 입력저항은 $\sqrt{2}R_S$가 되므로 $R_{on2} \| (\sqrt{2}R_S) = R_S$를 만족시키기 위해,

$$R_{on2} = \frac{\sqrt{2}}{\sqrt{2} - 1} R_S. \tag{5.138}$$

문제 5.21에서 3 dB 이득 감소에 대한 잡음지수를 계산할 것이다.

상기 계산에서 채널길이 변조는 무시했다. 만일 식 (5.67)으로 표현되는 상한 범위가 설계를 제한하면 그림 5.24의 캐스코드 CG 단을 이용할 수 있다.

그림 5.55는 CG 단의 이득을 스위칭하기 위한 또 다른 구조를 보여주고 있다. 여기서 $M_2$의 ON 저항은 $R_1$과 병렬로 동작한다. 입력 매칭된 상태에서 채널-길이 변조를 무시한다면 이득은 다음과 같다.

$$\frac{V_{out}}{V_{in}} = \frac{R_1 \| R_{on2}}{2R_S}. \tag{5.139}$$

여러 이득 스텝을 갖기 위해 많은 PMOS 스위치를 $R_1$과 병렬로 연결할 수 있다. 다음 예제를 살펴보자.

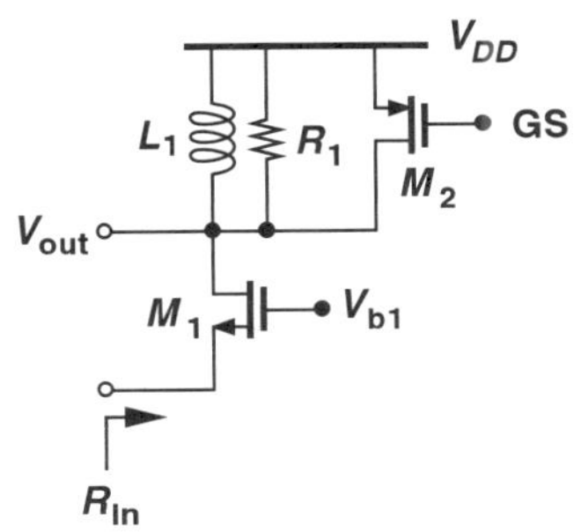


**그림 5.55** *입력 임피던스에 대한 부하 스위칭 효과*

**예제 5.22** RF Microelecronics

2단 3-dB 이득 스텝을 갖도록 그림 5.55의 부하 스위치 회로를 설계하라.

(*계속*)

**예제 5.22** (*계속*) RF Microelecronics

**풀이:**

그림 5.56과 같이 $M_{2a}$, $M_{2b}$ 스위치는 이득을 제어한다. 첫 번째 3-dB 이득 감소를 위해 $M_{2a}$가 ON이 된다.

$$R_1 || R_{on,a} = \frac{R_1}{\sqrt{2}}, \tag{5.140}$$

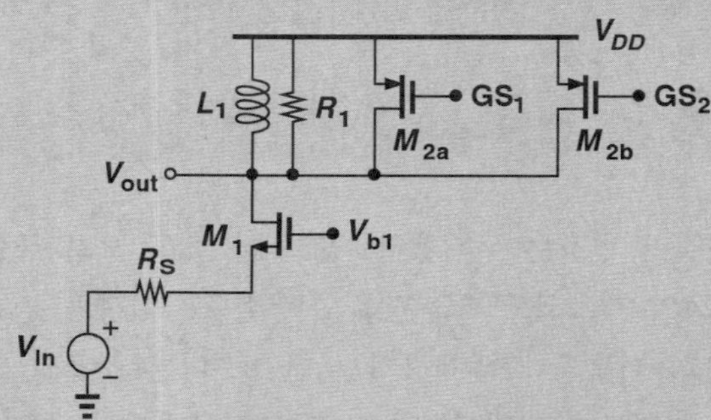


**그림 5.56** *2단 3-dB 이득 스텝을 갖는 부하 스위칭 구조*

즉, $R_{on,a} = R_1/(\sqrt{2} - 1)$이다. 두 번째 3-dB 이득 감소를 위해 $M_{2a}$와 $M_{2b}$가 모두 ON이 되면,

$$R_1 || R_{on,a} || R_{on,b} = \frac{R_1}{2}, \tag{5.141}$$

즉, $R_{on,b} = R_1/(2 - \sqrt{2})$. 만일 $M_{2b}$만 ON이 된다면 사이즈가 더 커져야 하는데 이 경우 출력 노드에 기생 커패시턴스가 더 커진다.

CG 단에서 부하 저항을 스위칭하는 데 있어 문제점은 입력 임피던스가 $R_{in} = (R_1 + r_O)/(1 + g_m r_O)$로 변하는 것이다. 이 효과는 그림 5.24와 같이 캐스코드 트랜지스터를 추가하면 최소화할 수 있다. 캐스코드 트랜지스터는 또한 이득 스위칭의 세 번째 방법으로 사용된다. 그림 5.57을 살펴보자. 설계 아이디어는 또 다른 트랜지스터 $M_3$를 이용하여 입력 소자의 드레인 전류의 일부를 부하가 아닌 $V_{DD}$로 돌리는 방식이다. 예를 들어, $M_2$와 $M_3$가 동일한 경우 $M_3$가 ON이 되면 $\alpha = 0.5$가 되어 전압 이득이 6 dB 낮아진다.

앞의 두 가지 방법에 비해 상기 기법의 장점은 이득 스텝이 MOS 스위치의 ON 저항 값이 아닌 ($M_2$와 $M_3$의 게이트 길이가 같다면) $W_3/W_2$에만 의존하는 점이다. $M_1$에 의해 생성되는 바이어스와 신호 전류는 $W_3/W_2$에 비례하여 $M_3$와 $M_2$ 사이에 분배된다. 결과적으로 이득은 $1 + W_3/W_2$ 인자(factor)만큼 변한다. 결과적으로 그림 5.57의 회로에서 이득 스텝은 그

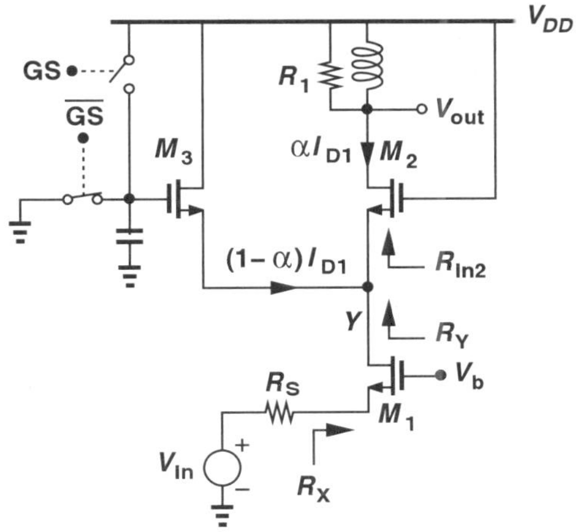


**그림 5.57** *캐스코드 소자에 의한 이득 스위칭*

림 5.54와 그림 5.55의 회로들 보다 훨씬 정확하다. 하지만, 노드 $Y$에서 $M_3$에 의한 커패시턴스로 인해 고주파에서 성능이 저하될 수 있다. 6 dB의 단일 이득 스텝인 경우, $W_3 = W_2$가 되어 이 노드에서 커패시턴스는 거의 2배가 된다. $N$ 만큼의 이득 저하가 일어나는 경우 $W_3 = (N-1)W_2$가 되어 상당한 성능 저하가 일어난다.

## 예제 5.23

RF Microelecronics

그림 5.57에서 $W_3 = W_2$인 경우, 고이득 모드와 저이득 모드에서 회로의 입력 임피던스는 어떻게 되는가?

**풀이:**

고이득 모드에서 입력 임피던스는 식 (5.70)에 의해 주어진다. 저이득 모드에서 $g_{m2}$와 $r_{O2}$가 모두 변하므로 $M_2$의 소스를 바라보는 임피던스는 변한다. 제곱법칙(square-law) 소자인 경우, 바이어스 전류에서 2중의 감소는 (크기가 변하지 않는 경우) $r_O$에서 2배의 증가와 $g_m$에서 $\sqrt{2}$의 감소가 일어난다. 따라서, 그림 5.57에서

$$R_{in2} = \frac{R_1 + 2r_{O2}}{1 + \sqrt{2}g_{m2}r_{O2}}, \tag{5.142}$$

여기서 $g_{m2}$와 $r_{O2}$는 $M_3$가 OFF일 때의 값이다. 트랜지스터 $M_3$는 노드 $Y$에서 $(1/g_{m3}) \| r_{O3}$의 임피던스를 나타내므로

$$R_Y = \frac{1}{g_{m3}} || r_{O3} || \frac{R_1 + 2r_{O2}}{1 + \sqrt{2}g_{m2}r_{O2}}. \tag{5.143}$$

(*계속*)

**예제 5.23** (*계속*) RF Microelecronics

트랜지스터 $M_1$은 이 임피던스를 다음과 같이 변환시킨다.

$$R_X = \frac{R_Y + r_{O1}}{1 + g_{m1} r_{O1}}. \qquad (5.144)$$

이 임피던스는 $R_Y$가 $1/g_m$보다 수십 배가 크므로 상대적으로 이득의 설정과 무관하다.

이득 스위칭 트랜지스터에 의한 커패시턴스를 줄이기 위해, 주(main) 캐스코드 트랜지스터의 일부를 *OFF*할 수도 있다. 이 경우 둘 사이의 더 큰 불균형이 만들어 진다. 그림 5.58은 한 예로 $M_2$는 두 소자로 구성되어 $M_3$가 ON이 될 때 $M_{2a}$는 OFF가 된다. 결과적으로 이득은 $1 + W_3/(W_{2b} + W_{2a})$가 아닌 $1 + W_3/W_{2b}$만큼 저하된다.

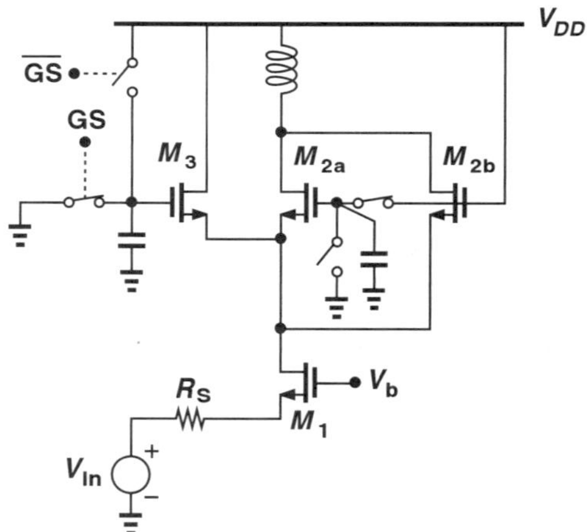


**그림 5.58** *프로그램 가변 캐스코드 소자에 의한 이득 스위칭*

**예제 5.24** RF Microelecronics

그림 5.58의 회로로 3 dB의 이득 단계를 갖는 이득 스위칭 회로를 설계하라. 캐스코드 소자의 길이는 동일한 것을 가정하라.

**풀이:**

3 dB의 이득 저하를 위해 $M_{2a}$와 $M_{2b}$가 ON이 되는 동안 $M_3$를 ON을 시킨다.

$$1 + \frac{W_3}{W_{2a} + W_{2b}} = \sqrt{2}. \qquad (5.145)$$

**예제 5.24** *(계속)* RF Microelecronics

$$1+\frac{W_3}{W_{2a}}=2. \tag{5.146}$$

식 (5.145)와 (5.146)으로부터

$$W_3=W_{2a}=\frac{W_{2b}}{\sqrt{2}}. \tag{5.147}$$

좀 더 적극적인 설계로, $M_2$를 *3개*의 소자로 분리하여 첫 번째 3-dB 스텝을 위해 소자 하나를 OFF하여 $M_3$를 더 좁게 선택한다. 독자들을 위해 이 계산은 연습문제로 나둔다.

이제 유도성으로 축퇴된(inductively-degenerated) 캐스코드 LNA의 이득 스위칭에 대해 살펴보자. 그림 5.59에서 입력 트랜지스터의 입력부를 이득 스위칭할 수 있는가? $M_{1b}$를 OFF를 하더라도 전류밀도는 상수이므로 $\omega_T$는 변함이 없다. 따라서, $Re\{Z_{in}\}=L_1\omega_T$는 상대적으로 상수이지만 $Im\{Z_{in}\}$은 변하여 입력 매칭 특성이 나빠진다. 입력 매칭이 약간 이루어지면 전압 이득 $R_1/(2L_1\omega)$는 변하지 않는다. 더욱이, $S_1$의 열잡음은 높은 이득 모드에서 잡음지수를 악화시킨다. 이러한 이유 때문에 이득 스위칭은 회로의 다른 부분에서 구현되어야 한다.

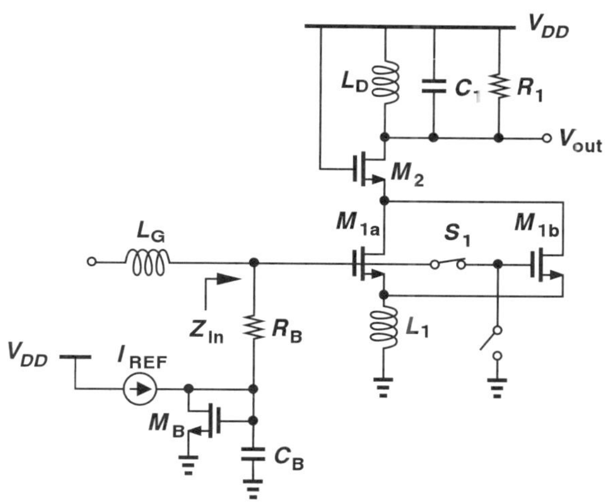


**그림 5.59** *CS 단의 이득 스위칭*

그림 5.55의 CG LNA에서 살펴보았듯이, 부하에 1개 이상의 PMOS 스위치를 병렬로 연결하여 이득을 낮출 수 있다[그림 5.60(a) 참조]. 다른 방법으로 그림 5.57의 캐스코드 스위칭 구조를 여기에 적용할 수 있다[그림 5.60(b) 참조]. 이 방법은 예제 5.24에서 계산하는 방식으로 대략 계산을 해보면 노드 $Y$에 그리 크지 않는 추가적인 커패시턴스를 갖고, 또한 잘 정의

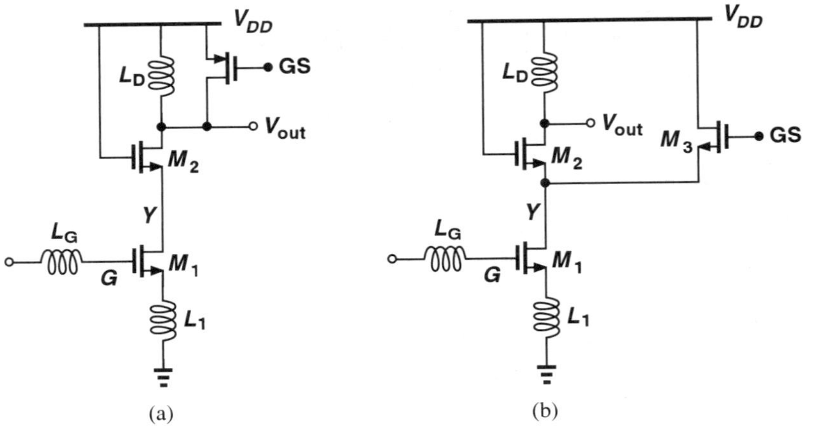


**그림 5.60** *CS 단에서 (a) 부하 스위칭과 (b) 추가적인 캐스코드 소자에 의한 이득 스위칭*

된 이득 스텝을 얻을 수 있다. 캐스코드 스위칭은 잘 정의된 비율에 의해 부하를 통해 흐르는 전류를 낮출 수 있고 LNA의 입력 임피던스를 거의 변화시키지 않는다. 이러한 이유로 인해 캐스코드 스위칭은 매력적인 구조다.

5.3.3절에서 다룬 CG 단의 두 가지 변형 회로의 이득 스위칭을 그림 5.57과 같은 캐스코드 소자들에 의해 구현할 수 있다. 이 구조에서 피드백이나 피드포워드(feedforward)를 이용하면 이득을 변화시킬 때 입력 매칭도 영향을 받는다.

마지막으로, 그림 5.48(b)의 잡음상쇄 LNA에서 이득 스위칭을 살펴보자. $V_Y/V_X = 1 - R_F/R_S$이고, $R_{in}$은 대략 $1/g_{m1}$으로 $R_F$에 무관하므로, $R_F$의 값을 낮춤으로써 이득을 간단히 낮출 수 있다. 낮은 이득 모드에서 필수적인 것은 아니지만, $A_1$을 조종하여 $1 + R_F/R_S$인 경우에도 잡음 상쇄는 유지된다.

앞서 기술한 이득저하 기법들 중에서 LNA를 *선형적*으로 할 수 있는 기법은 어떤 것이 있을까? 마지막에 제시한 방법이 이에 해당한다. CG와 CS 단은 입력 전압 스윙에 약 절반 정도의 게이트-소스간 전압 스윙을 유지하므로 선형성의 개선은 거의 없다. 이에 반해, 그림 5.48(b)의 피드백 LNA에서 $R_F$를 낮추면 부궤환이 증대되어 어느 정도의 선형성이 개선된다.

입력단에 큰 신호가 들어와 LNA의 비선형성이 문제가 되는 수신기 설계에서 LNA를 매우 낮은 이득을 갖는 모드로 입력의 큰 신호를 '바이패스'시킬 수 있다. 그림 5.61에서 개념

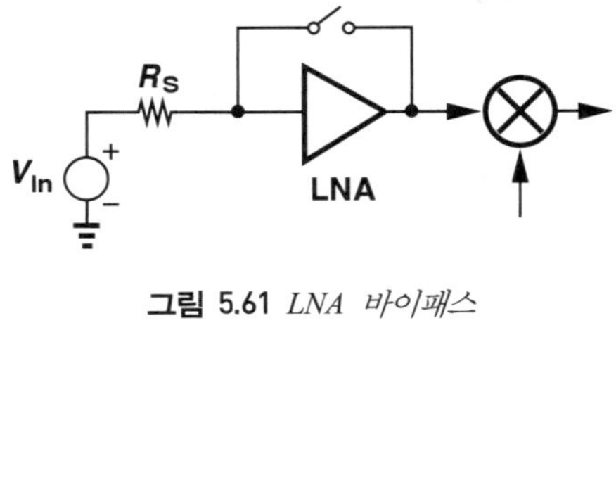


**그림 5.61** *LNA 바이패스*

을 설명하고 있듯이 이 아이디어는 LNA의 기능을 생략하여 선형성이 더 높은 믹서에 직접 수신신호를 인가하는 것이다. 믹서의 입력 매칭이 유지가 되지 않는 경우 구현에 유의해야 한다. 그림 5.62는 공통-게이트의 예를 그린 것이다. 여기서 $M_1$은 OFF, 50-Ω 저항을 구현하기 위해 $M_2$가 ON이 되고 $M_3$는 신호를 직접 믹서에 인가하기 위해 ON이 된다.

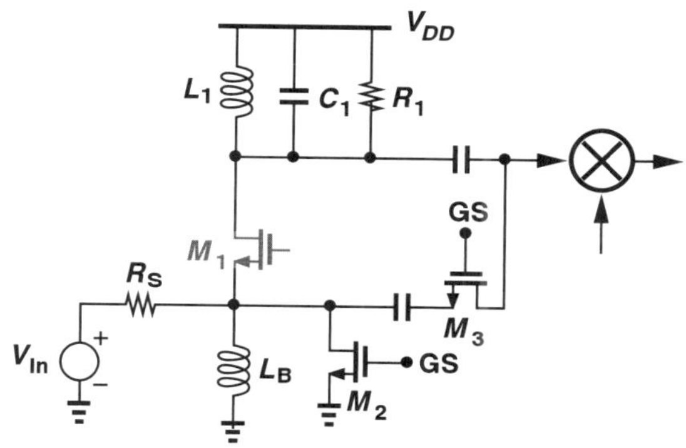


그림 5.62 *LNA 바이패스의 구현*

## 5.5 대역 스위칭 Band Switching

5.1절에서 기술한 바와 같이, 광대역 또는 서로 다른 대역에서 동작해야 하는 LNA는 대역 스위칭(band switching)을 적용할 수 있다. 그림 5.63(a)는 MOS 트랜지스터로 스위치를 대치하여 그림 5.7(a)를 다시 그린 것이다. 출력 노드에서 바이어스 전압은 $V_{DD}$ 근방이므로 스위치는 PMOS 소자를 사용해야 한다. PMOS 스위치의 사용은 동일한 ON 저항에 대해 NMOS보다 더 큰 커패시턴스를 갖는다. 이 커패시턴스는 $S_1$이 OFF가 되는 경우 탱크 공진기의 주파수를 낮춘다. 이로 인해 $C_1$의 최대 허용값이 낮아지고 다음 단의 입력 트랜지스터의 사이즈를 제한한다. $C_1$에 의해 더 커진 커패시턴스를 보상하기 위해 $L_1$을 작게 하면 $R_1$과 이득이

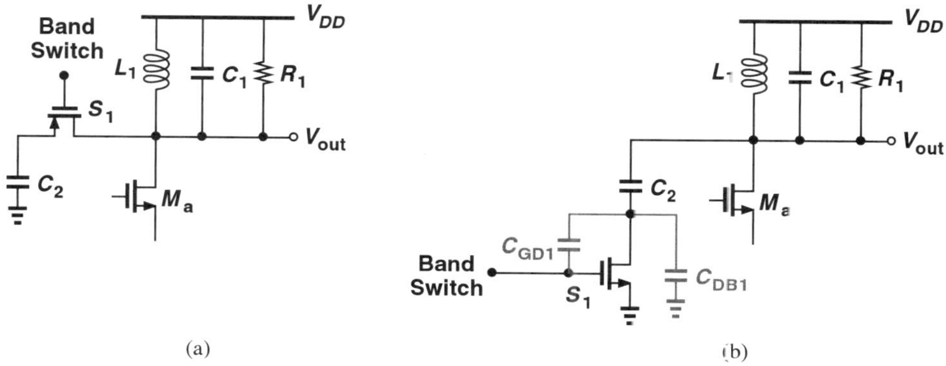


그림 5.63 *(a) 대역 스위칭, (b) 스위치 기생 효과*

작아진다. 이러한 이유로 그림 5.63(b)의 구조를 더 선호한다. 이 구조는 $S_1$을 NMOS를 접지하여 구현한다.

그림 5.63(a)의 폭(width)의 선택은 중요하다. 너무 좁은 트랜지스터는 ON 저항 $R_{on1}$이 너무 커져 $S_1$이 ON될 때 탱크 회로에서 $C_2$의 영향력이 작아진다. 적당한 소자 폭은 $R_{on1}$이 $C_2$의 $Q$를 제한하여 전체 탱크의 $Q$를 낮추어 결과적으로 LNA의 전압 이득을 낮아지는 경우다. 이는 직렬 결합된 $C_2$와 $R_{on1}$을 병렬 연결된 $C_2$와 $R_{P1} \approx Q^2R_{on1}$으로 변환함으로써 알 수 있다. 여기서 $Q = (C_2\omega R_{on1})^{-1}$이다. 즉, $R_1$은 저항 $R_{P1} = (C_2^2\omega^2R_{on1})^{-1}$과 병렬 연결된 것으로 볼 수 있다.

지금까지의 설명은 $R_{on1}$은 $R_{P1} \gg R_1$이 되도록 최소화되어야 함을 의미한다. 하지만, 그림 5.63(b)에서 $S_1$의 폭이 증가함에 따라 OFF 상태에서 발생하는 커패시턴스도 함께 증가된다. $S_1$이 OFF일 때 탱크에 의해 보이는 등가 커패시턴스는 $C_2$와 $C_{GD1} + C_{DB1}$의 직렬 결합과 같다. 이러한 값이 더해지므로 $C_1$은 원래 의도했던 것보다 더 작아야함을 의미한다. 결론적으로 $S_1$의 폭은 $S_1$이 OFF일 때 $C_1$의 허용 값과 절충 관계있고, $S_1$이 OFF일 때는 이득과 절충관계에 놓여있다. $C_1$은 $M_a$, 다음 단의 입력 커패시턴스, $L_1$의 기생 커패시턴스로부터 발생하는 것을 상기하자.

대역 스위칭의 다른 방법으로 그림 5.64와 같이 두 개 이상의 탱크회로를 사용하는 방법이 있다[8]. 하나의 대역을 선택하기 위해 해당되는 캐스코드 트랜지스터를 ON하고 다른 쪽은 OFF한다. 이 구조에서 각 탱크는 믹서와 같은 다음 단을 복제하여 이를 구동하는 것이 필요하다. 따라서 $M_1$과 대역 1을 선택하는 경우 믹서는 $MX_1$이 사용된다. 이 방법의 단점은 노드 $Y$에 연결된 추가적인 캐스코드 소자에 의해 커패시턴스가 더해진 다는 점이다. 또한 스파이럴 인덕터의 면적이 크기 때문에 레이아웃과 결선에 어려움이 있다.

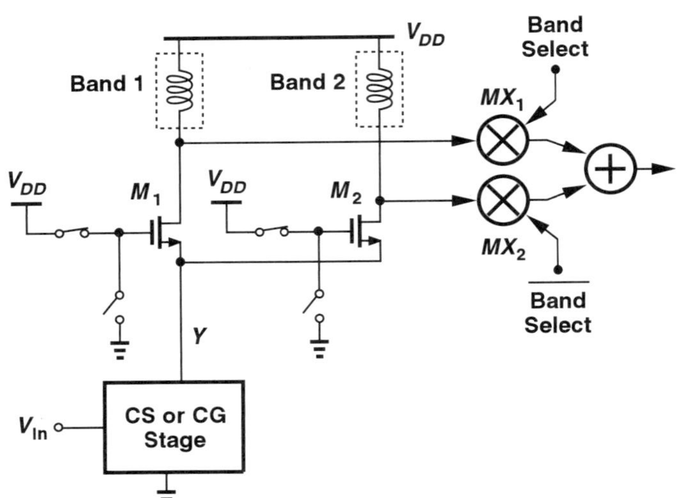


**그림 5.64** *프로그램으로 가변되는 캐스코드 분기에 의한 대역 스위칭*

## 5.6 높은 $IP_2$ LNA High-$IP_2$ LNAs

4장에서 설명했듯이 우수차(even-order) 왜곡은 직접 변환 수신기의 성능을 심각히 저하시킬 수 있다. 다음 단에 위치하는 하향 변환 믹서가 일반적으로 차동구조[18]로 구현되므로 높은 $IP_2$를 나타낸다. 이는 LNA와 믹서가 수신부의 $IP_2$ 병목(bottleneck)이 된다. 이 절에서 LNA의 $IP_2$를 높이는 방법을 살펴보고, 믹서에서의 $IP_2$는 6장에서 다룬다.

### 5.6.1 차동 LNAs Differential LNAs

2장에서 설명했듯이 차동 구조는 대칭특성으로 인해 우수차 외곡이 나타나지 않으므로 차동(differential) LNA는 높은 $IP_2$를 나타낸다. 물론, 실제 회로에서 임의의 비대칭석으로 인해 제한적이긴 하지만 여전히 높은 $IP_2$를 나타낸다.

원리적으로 지금까지 다룬 싱글엔드(single-ended) LNA를 차동 구조로 변환할 수 있다. 그림 5.65는 두 예를 보이고 있다. 여기서 표시를 하지 않았지만 입력 트랜지스터에 대한 바이어스 회로는 5.3.3과 5.3.4절에서 다룬 것과 유사하다.

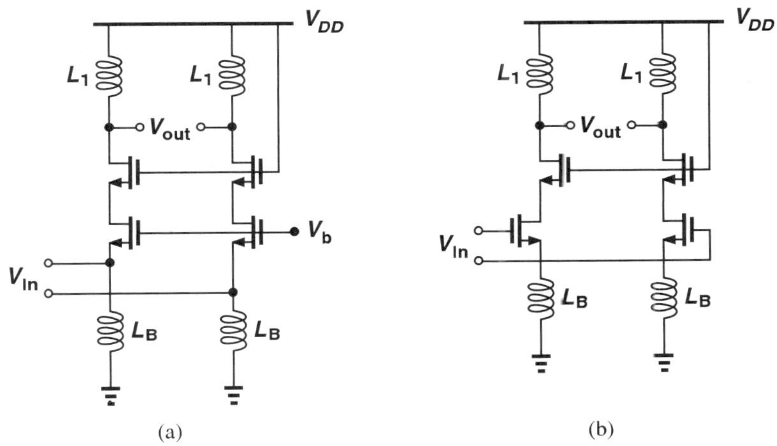


**그림 5.65** *차동 (a) CG 단, (b) CS 단*

차동 구조로 변환될 때 회로의 잡음지수는 어떻게 될까? 이 질문에 답하기 앞서 LNA를 구동하는 소스 임피던스를 정해야 한다. 안테나와 전선택(preselect) 필터는 일반적으로 싱글엔드형이므로 변환기가 LNA앞에 위치하여 싱글엔드형 신호를 차동형태로 변환하여야 한다. 그림 5.66(a)과 같이, 종속(cascade)단은 LNA의 입력단에서 기저대역부의 종단까지의 부분에서 신호를 차동으로 처리한다. 이 변환기를 '발룬(balun)'이라 부른다. 발룬은 평형(balanced)에서 불평형(unbalanced) 신호로의 변환을 의미하는 'balanced-to-unbalanced'의 약어다.

18. 차동구조에서 큰 소자를 사용하기 때문에 소자 간의 적은 부정합(mismatch)을 갖는다.

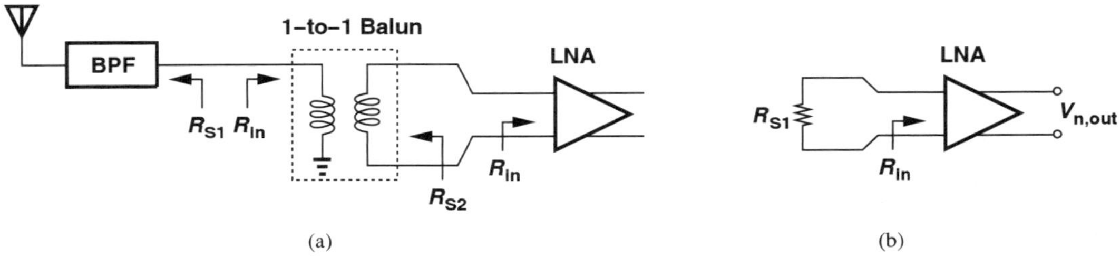


**그림 5.66** *(a) RX 입력단에서 발룬의 사용, (b) 간략화한 회로*

발룬은 두 포트가 바뀌는 경우 차동신호를 싱글엔드형 신호로 변환할 수 있다.

그림 5.66(a)에서 안테나와 대역통과 필터에 의한 소스 임피던스를 $R_{S1}$(예를 들어 50 Ω)라 한다면, LNA에서 보이는 차동 소스 임피던스 $R_{S2}$는 얼마인가? 1차와 2차의 권선수가 같은 무손실 1:1 발룬을 사용하면 $R_{S2} = R_{S1}$이 된다. 이때 차동 LNA의 잡음지수는 $R_{S1}$의 차동 소스 임피던스에 대해 구해야 한다. 그림 5.66(b)는 출력 잡음 계산을 위해 그린 것이다.

적절하게 입력 매칭된 경우 LNA의 차동 입력 임피던스 $R_{in}$는 $R_{S1}$과 같아야 한다. 따라서, 그림 5.66(a)와 (b)의 LNA에서 각 반회로(half circuit)의 싱글엔드(single-ended) 입력 임피던스는 $R_{S1}/2$ 즉, 25 Ω이 된다.

**차동 CG LNA(Differential CG LNA)** 이제 그림 5.65(a)의 차동 CG LNA의 잡음지수를 계산해 보자. 각 입력 노드와 접지사이에 임피던스를 $R_{S1}/2$로 가정한다. 즉, 각 CG 트랜지스터의 입력 저항을 25 Ω이 되어야 한다. 그림 5.67(a)는 간략화한 그림으로 $R_{S1}$의 소스 임피던스에 대한 잡음지수가 계산함을 보여주고 있다. 그림 5.67(a)를 그림 5.67(b)와 같이 다시 그리면, 회로의 대칭성으로부터 그림 5.67(c)의 각각의 반회로 출력 잡음을 계산하여 출력 전력에 다할 수 있음을 알 수 있다.

$$\overline{V_{n,out}^2} = \overline{V_{n,out1}^2} + \overline{V_{n,out2}^2}. \tag{5.148}$$

각 반회로는 입력에서 매칭을 하고 있으므로, 5.3.3절의 CG의 결과는 $R_S = R_{S1}/2$로 대치하여

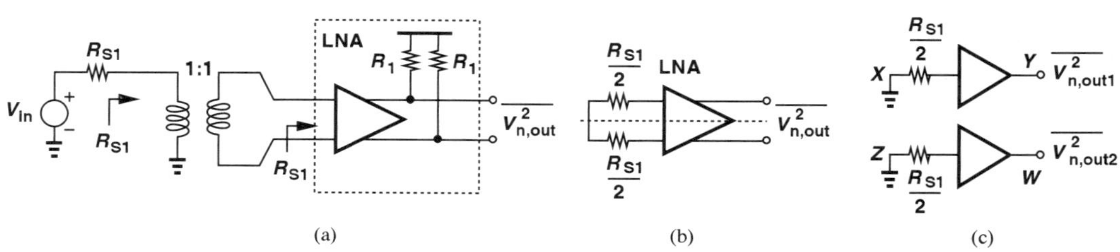


**그림 5.67** *(a) 발룬과 LNA의 종속연결, (b) (a)를 간략화한 회로, (c) (b)의 간략화환 회로*

적용한다. 세부적으로 $X$에서 $Y$까지의 전압 이득은 $R_1/(2R_{S1}/2)$이다. 여기서 $R_1$은 CG 반회로의 부하 저항을 표시한다. 출력 잡음은 다음 3가지로 구성된다. (1) 식 (5.56)으로 표현되는 입력 트랜지스터 기여분, (2) 부하 저항 기여분 $4kTR_1$, (3) 소스 임피던스 기여분 $(4kTR_{S1}/2)[R_1/(2R_1/2)]$.

$$\overline{V_{n,out1}^2} = kT\gamma \frac{R_1^2}{R_{S1}/2} + 4kTR_1 + 4kT\frac{R_{S1}}{2}\left(\frac{R_1}{\frac{2R_{S1}}{2}}\right)^2. \tag{5.149}$$

식 (5.148)로부터, 전체 출력 잡음 전력은 이 값의 2배가 된다. 전체 전압 이득 $A_V = (V_Y - V_W)/(V_X - V_Z)$는 반 회로의 전압 이득 $V_Y/V_X (= R_1/R_{S1})$과 같다. $R_{S1}$의 소스 임피던스에 대한 잡음지수는 다음과 같이 계산된다.

$$\text{NF} = \frac{\overline{V_{n,out}^2}}{A_v^2} \cdot \frac{1}{4kTR_{S1}} \tag{5.150}$$

$$= 1 + \gamma + \frac{2R_{S1}}{R_1}. \tag{5.151}$$

흥미로운 점은 이 값이 싱글엔드 구조의 잡음지수 식 (5.58) 보다 작다는 사실이다. 그 이유는 무엇인가? 그림 5.67(c)에서 $V_Y/V_X = R_1/(2R_{S1}/2) = R_1/R_{S1}$, 이 값은 전압 이득이 싱글엔드 CG LNA의 2배가 된다는 것을 알 수 있다. 반면, 전체 차동 회로는 출력에 두 개의 $R_1$을 포함한다. 각 저항은 $4kTR_1$의 잡음 전력을 기여한다. 전체 $8kTR_1$을 $(R_1/R_{S1})^2$와 $4kTR_{S1}$으로 나누면 $2R_{S1}/R_1$이 된다. 물론, 식 (5.151)로 명기된 값은 싱글엔드 CG LNA의 부하 저항을 두 배로 하면 즉시 얻을 수 있다. 그림 5.68은 두 회로의 특성을 요약한 것으로 차동 구조에서 더 큰 전압 이득이 나타남을 강조하고 있다. 동일한 이득을 원하는 경우 차동 회로에서 부하 저항의 값을 절반으로 하면 되고 이 경우 동일한 잡음 이득을 얻는다.

요약하면, 싱글엔드 CG LNA는 다음 3가지 시나리오 중 하나 의해 차동 구조로 변경할 수 있다. (1) 회로를 단순히 복사하라. 이 경우 차동 입력 저항은 100 Ω이 되어 1-1발룬으로 구현이 안 된다. (2) 회로를 복사하되 입력 트랜지스터의 트랜스컨덕턴스를 2배로 하라. 이 경우 입력은 매칭이 되지만 전체 전압 이득은 2배가 된다. (3) 두 번째 시나리오대로 하되, 부하 저항을 1/2로 하여 동일한 전압 이득을 유지한다. 두 번째 시나리오를 일반적으로 가장 사용한다. 주어진 잡음지수에 대해, 차동 CG LNA는 단형 구조의 전력에 *4 배*를 소모함에 유의하라.[19]

19. 입력 저항을 1/2로 하기 위해, 트랜지스터의 폭과 바이어스 전류는 2배가 되어야 한다.

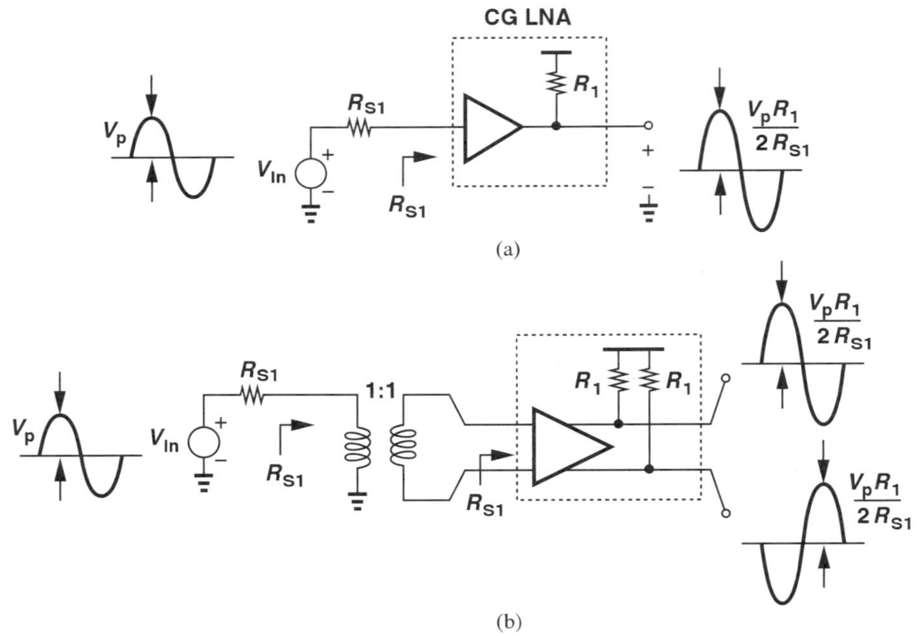


**그림 5.68** *(a) 싱글엔드(single-ended)와 (b) 차동(differential) CG LNA의 비교*

NF 계산은 이상적인 발룬을 가정한다. 실제 외장 발룬은 0.5 dB의 손실을 가지므로 이 정도의 NF가 증가한다.

## 예제 5.25

RF Microelecronics

높은 입력 임피던스를 갖는 증폭기에 그림 5.69(a)와 같이 입력 매칭을 위해 입력단에 병렬 저항을 연결하였다. 이 회로의 잡음지수를 계산하고 그림 5.69(b)와 같이 차동 구조로 변환한 경우 잡음지수는 어떻게 되는가? 증폭기는 동일한 것으로 가정하라.

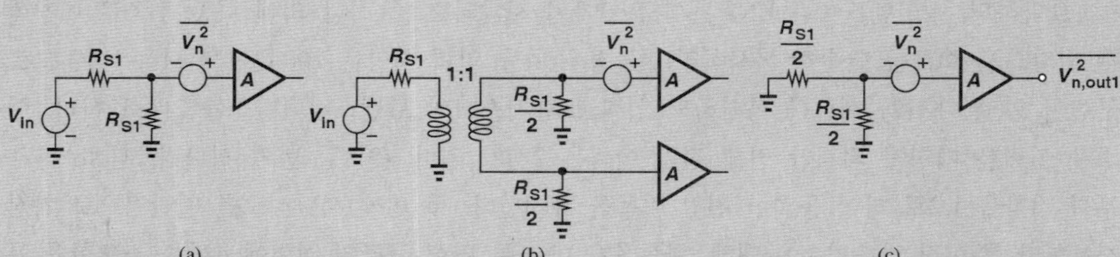


**그림 5.69** *(a) 저항 종단을 갖는 LNA의 NF, (b) (a)의 차동 구조, (c) (b)를 간략화한 회로*

**풀이:**

그림 4.69(a)의 회로에서 증폭기의 입력측 변환 잡음 전류는 무시되고, 출력에서 전체 잡음은

**예제 5.25** (계속) RF Microelecronics

$(4kTR_{S1}/2)A^2 + \overline{V_n^2}A^2$가 된다. 싱글엔드 회로의 잡음지수는 다음과 같이 주어진다.

$$\mathrm{NF}_{sing} = \frac{4kT\dfrac{R_{S1}}{2}A^2 + A^2\overline{V_n^2}}{\dfrac{A^2}{4}} \cdot \frac{1}{4kTR_{S1}} \tag{5.152}$$

$$= 2 + \frac{\overline{V_n^2}}{kTR_{S1}}. \tag{5.153}$$

차동 구조에 대해, 그림 5.69(c)의 간략화한 반(half) 회로로부터 $\overline{V_{n,out1}^2} = (4kTR_{S1}/4)A^2 + A^2 \overline{V_n^2}$ 차동 회로의 전체 출력 잡음 전력은 이 값의 2배이다. 이 값으로 계산한 잡음지수는 다음과 같이 주어진다.

$$\mathrm{NF}_{diff} = \frac{2\left(4kT\dfrac{R_{S1}}{4}A^2 + A^2\overline{V_n^2}\right)}{\dfrac{A^2}{4}} \cdot \frac{1}{4kTR_{S1}} \tag{5.154}$$

$$= 2 + \frac{2\overline{V_n^2}}{kTR_{S1}}. \tag{5.155}$$

이 경우, 차동 회로의 잡음지수가 더 높다. 결론적으로 회로의 구조에 따라 LNA의 차동 구조는 잡음지수가 더 높아질 수도 더 낮아질 수도 있다.

**차동 CS LNA(Differential CS LNA)** 그림 5.65(b)의 차동 CS LNA는 이와 비교되는 CG와는 다르게 동작한다. 5.3.4절로부터, 두 회로에 대한 반회로의 입력 저항는 $L_1\omega_T$으로 1/2이 되어야 함에 유의하라. 입력저항을 낮추는 것은 $L_1$을 1/2로 하면 된다. 입력 매칭과 $L_1$의 축퇴 인덕턴스가 있는 경우 5.3.4절 기술한 전압 이득은 $R_1/(2L_1\omega_0)$이므로 두 배가 되어야 한다. 그림 5.70(a)는 발룬과 차동 LNA의 전체 캐스캐드를 보여주고 있다. 각 입력 트랜지스터의 폭과 바이어스가 싱글엔드 LNA와 동일한 것으로 가정한다.

잡음지수를 계산하기 위해, 그림 5.70(b)에 그린 반 회로의 출력 잡음을 먼저 계산해보자. 캐스코드 소자에 의한 잡음을 무시하면, 5.3.4절로부터 입력이 매칭된 경우 입력 트랜지스터의 잡은 전류의 1/2이 출력 노드로부터 흐른다. 따라서,

$$\overline{V_{n,out1}^2} = kT\gamma g_{m1}R_1^2 + 4kTR_1 + 4kT\frac{R_{S1}}{2}\left(\frac{R_1}{L_1\omega_0}\right)^2. \tag{5.156}$$

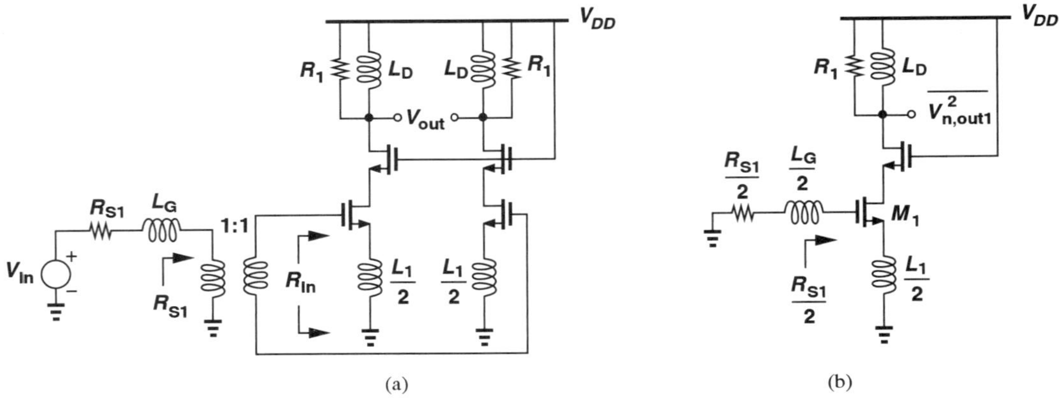


그림 5.70 *(a) 차동 CS LNA, (b) (a)의 반(half) 회로*

이 전력에 2를 곱한 후 $A_v^2 = R_1^2/(L_1\omega_0)^1$과 $4kTR_{S1}$으로 나누고 $L_1\omega_T/2 = R_{S1}/2$인 것을 이용하면

$$\text{NF} = \frac{\gamma}{2}g_{m1}R_{S1}\left(\frac{\omega_0}{\omega_T}\right)^2 + \frac{2R_{S1}}{R_1}\left(\frac{\omega_0}{\omega_T}\right)^2 + 1. \tag{5.157}$$

이 값을 식 (5.101)의 원래의 싱글엔드 LNA 잡음지수와 비교해보자. 트랜지스터의 기여분과 부하 기여분은 모두 1/2이 됨에 유의하자. $g_{m1}$과 트랜지스터 잡음 *전류*는 변하지 않고 반면 전체 *트랜스컨덕턴스*는 2배가 되기 때문에 트랜지스터 기여분은 1/2이 된다. 이 점을 이해하기 위해, 5.3.4절에서 다룬 원래의 싱글엔드 회로에 대해 $G_m = \omega_T/(2\omega_0 R_S)$임을 상기해 보자. 그림 5.71의 등가 회로를 살펴보자. 여기서 차동 트랜스컨덕턴스 $(I_1 - I_2)/V_{in}$은 $\omega_T/(\omega_0 R_{S1})$가 된다(왜?). 차동 출력 전류는 $M_1$과 $M_2$의 두 잡음 전류를 포함하고 있어 $2(kT\gamma g_{m1})$가 된다. 만일 이 전력을 트랜스컨덕턴스와 $4kTR_{S1}$의 제곱으로 나누면 식 (5.157)의 첫 번째 항이 얻어진다.

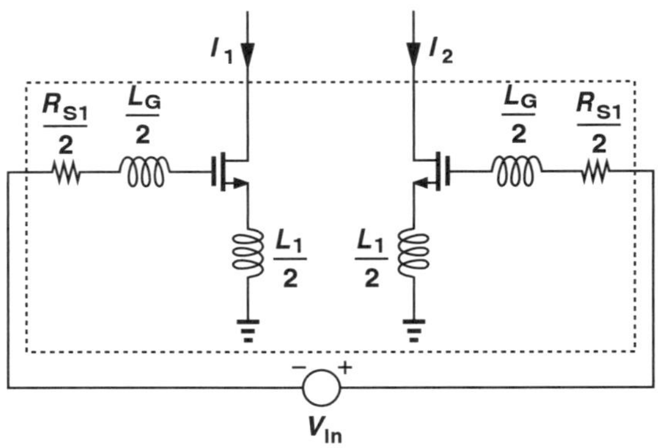


그림 5.71 *전달컨덕터(transconductor)로 해석하는 차동 CS 단*

식 (5.157)에서 입력 트랜지스터 잡음 기여분의 감소는 차동 동작의 주목할 만한 특성으로 NF면에서 CG LNA에 비교하여 축퇴 CS LNA의 장점이 된다. 하지만, 이 결과는 *두* 축퇴 인덕터를 사용하여 각 회로가 싱글엔드에 비해 *1/2*이 되는 경우에만 유효하다. 본드 와이어인 경우 물리적인 길이를 임의로 짧게 할 수 없기 때문에 이러한 가정은 어려울 수 있다. 다른 대안으로, 온칩 축퇴 인덕터를 사용할 수 있다. 이때 (불가피한) 본드 와이어를 공통-모드 인덕터로 바꾼다. 완전 대칭을 가정할 때 본드 와이어 인덕턴스는 게이트간의 차동 임피던스에 영향을 주지 않는다. 그럼에도 불구하고 7장 설명하겠지만, 온칩 인덕터는 낮은 품질계수(quality factor)로 인한 큰 직렬 저항 성분으로 잡음지수의 저하가 우려된다. 문제 5.22에서 싱글엔드와 차동 구현간의 전력 소모를 비교를 다룰 것이다.

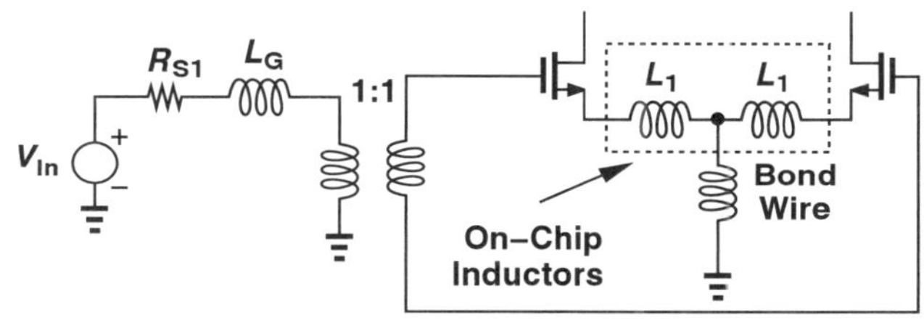


**그림 5.72** *온칩 축퇴 인덕터를 적용한 차동 CS 단*

식 (5.157)에 의해 유추되는 NF 장점은 실제로는 발룬의 손실을 무시할 수 없기 때문에 구현되지 않을 수 있다.

차동 쌍을 이용하여 싱글엔드 안테나 신호를 차동 형태로 변환하는 것이 가능한가? 그림 5.73(a)와 같이 신호가 한쪽 입력에 인가되고 다른 입력 단자는 바이어스 전압에 연결되는 경우를 생각해 보자. 낮은 주파수에서 중간 정도의 주파수 대역에서 $V_X$와 $V_Y$는 차동이고 전압이득은 $g_{m1,2}R_D$가 된다. 하지만, 고주파 대역에서 다음 2가지 영향으로 위상의 평형성이 저하

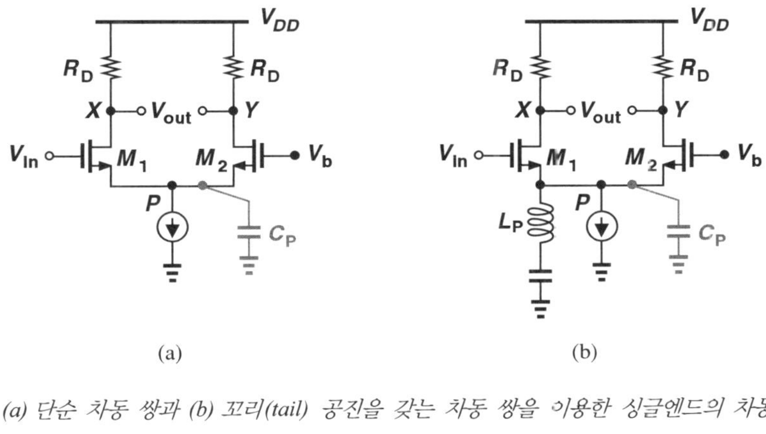


**그림 5.73** *(a) 단순 차동 쌍과 (b) 꼬리(tail) 공진을 갖는 차동 쌍을 이용한 싱글엔드의 차동으로 변환*

된다. (1) 노드 $P$에서 기생 커패시턴스로 $M_1$에서 $M_2$까지 전달되는 신호는 감쇄와 지연을 경험한다. (2) 또한 $M_1$의 게이트-드레인 커패시턴스로 $M_1$ 주변에 비반적 피드포워드 경로가 형성된다. (반면, $M_2$는 이러한 경로를 가지고 있지 않다.)

노드 $P$에서 커패시턴스는 그림 5.73(b)와 같이 병렬 인덕턴스를 이용하여 제거할 수 있지만[9], $C_{GD1}$에 의한 피드포워드는 계속해서 남아있다. 꼬리(tail) 인덕터를 온칩으로 구현하면 공진시 병렬 등가 저항은 $R_P = QL_P\omega_0$가 되어 $1/g_{m1,2}$보다 일반적으로 훨씬 큰 값이 된다.

## 예제 5.26

RF Microelecronics

한 학생이 그림 5.73(b)에서 $C_P$를 $C_{SB1} + C_{SB2} + C_{GS2}$로 계산하여 $L_P$의 값을 적절하게 계산하고자 한다. 이 선택은 올바른 것인가?

**풀이:**

그렇지 않다. 노드 $P$에서 위상 천이를 제거하기 위한 $L_P$값은 $C_{SB1} + C_{SB2}$ 값과 공진을 하여야 한다. 이 점은 노드 $P$에서 전압 분배를 통해 이해될 수 있다. 그림 5.74에서 $C_{SB1} + C_{SB2}$가 없는 경우

$$V_P = V_{in}\frac{Z_2}{Z_1 + Z_2}. \tag{5.158}$$

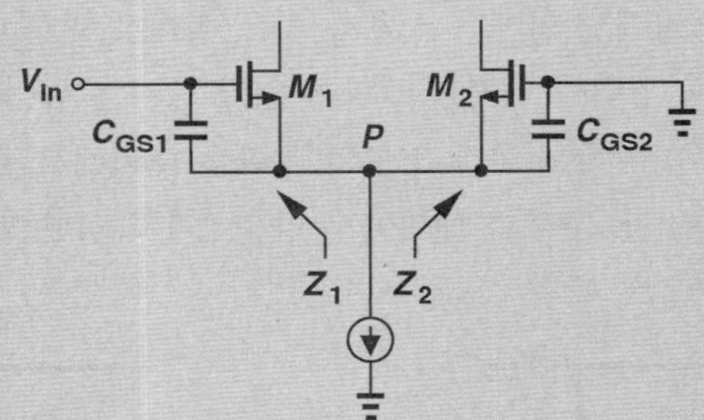


**그림 5.74** *차동 쌍의 공통 소스에서 보이는 임피던스*

$V_P$는 $V_{in}$의 정확하게 1/2(위상차가 0)이 되어야 하므로 $Z_1 = Z_2$이어야 한다. 각 임피던스는 $(g_m + g_{mb})^{-1} \parallel (C_{GS}s)^{-1}$이므로, 결론적으로 $C_{GS2}$는 제거되면 *안* 된다.[20]

20. 하지만, $I_{SS}$의 기생 커패시턴스는 상쇄되어야 한다.

그림 5.73(b)의 구조는 여전히 입력 매칭을 제공하고 있지 않다. 따라서 (온칩) 인덕터를 그림 5.75와 같이 $M_1$과 $M_2$의 소스와 직렬로 삽입해야 한다. 여기서, $L_{P1}$과 $L_{P2}$는 각각 $C_{P1}$과 $C_{P2}$와 공진을 일으킨다. $L_{S1} + L_{S2}$는 필요한 입력 저항을 제공한다. 물론 $L_{S1} + L_{S2}$는 하나의 인덕터로 구현한다. 하지만 5.7절에서 설명하겠지만, 이 구조는 5.64(b) 구조 보다 더 낮은 $IP_3$를 나타낸다.

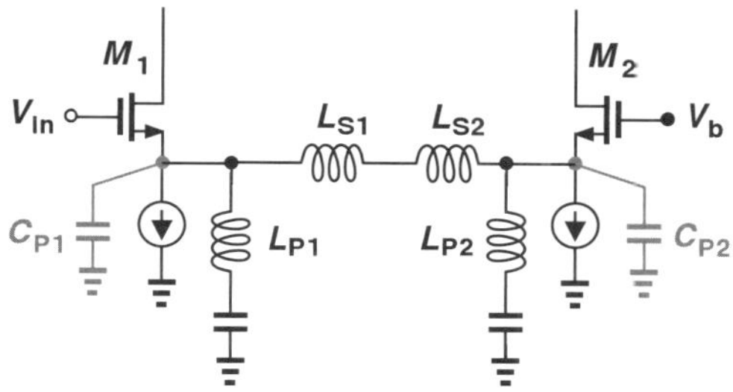


**그림 5.75** *공진과 축퇴를 위한 온칩 인덕터의 사용*

**발룬 이슈(Balun Issues)** 지금까지 다룬 차동 LNA에서는 이상적인 1:1 발룬을 가정하였다. 실제 발룬은 GHz 대역에서 제조사에서 제공하는 손실은 낮은 (예를 들어 0.5 dB) 손실을 갖는다. 하지만, 큰 면적과 가격 상승 요인이 된다. 반면 집적화한 발룬은 상대적으로 높은 손실과 큰 기생 커패시턴스를 갖는다. 그림 5.76은 한 예를 보여주고 있다. 여기서 두 스파이럴 인덕터 $L_{AC}$와 $L_{CB}$는 함께 감겨있어 큰 상호결합을 형성한다. 7장에서 설명하겠지만, 저항과 커패시턴스와 관련된 스파이럴과 1보다 작은 결합계수는 이러한 발룬의 사용을 어렵게 한다.

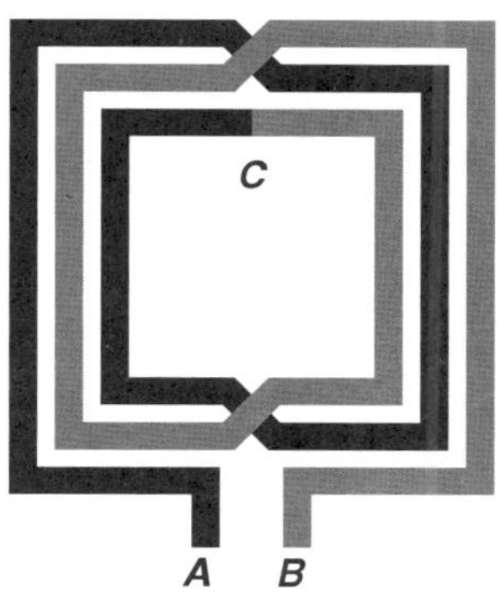


**그림 5.76** *간단한 평면 1:1 발룬*

**예제 5.27** RF Microelecronics

어떤 학생이 입력 전압을 $N$배 증폭하고 잡음지수를 낮추기 위해 1:$N$ 발룬 차동 CS 단에

(계속)

**예제 5.27** (계속)

이용하고자 한다. 이 경우 잡음지수를 비교하라.

**풀이:**

그림 5.77에서 보듯, 이 발룬은 소스 임피던스를 $N^2R_S$로 변환되므로, 각 반 회로의 입력 실수부는 $N^2R_S/2$가 되어야 한다. 따라서, $L_1\omega_T = N^2R_S/2$, 즉, 각 축퇴 인덕턴스는 $N^2$만큼 작아져야 한다. 각 입력 트랜지스터의 잡음 전류의 1/2이 출력 노드에 흐르므로 각 출력에서 측정된 잡음 전력은 다음과 같이 주어진다.

$$\overline{V_{n,out1}^2} = \overline{V_{n,out2}^2} = 4kT\gamma g_{m1}\frac{R_1^2}{4} + 4kTR_1. \tag{5.159}$$

$V_{in}$에서 차동 출력까지 이득은 $NR_1/(2L_1\omega_0)$다. 앞의 전력을 2배로 한 후, 이득을 제곱하여 나누고 $4kTR_S$로 정규화하면,

$$\mathrm{NF} = N^2\frac{\gamma}{2}g_{m1}R_S\left(\frac{\omega_0}{\omega_T}\right)^2 + 2N^2\frac{R_S}{R_1}\left(\frac{\omega_0}{\omega_T}\right)^2 + 1. \tag{5.160}$$

매우 불행하게도, 처음 두 항은 $N^2$만큼 상승하였다.[21] $L_1\omega_T = N^2R_S/2$ 조건은 회로의 트랜스컨덕턴스를 $N^2$배 저하를 불가피하게 야기한다. 따라서, $V_{in}$을 발룬을 통해 $N$배 증폭하더라도 전체 전압 이득은 $N$배 감소한다.

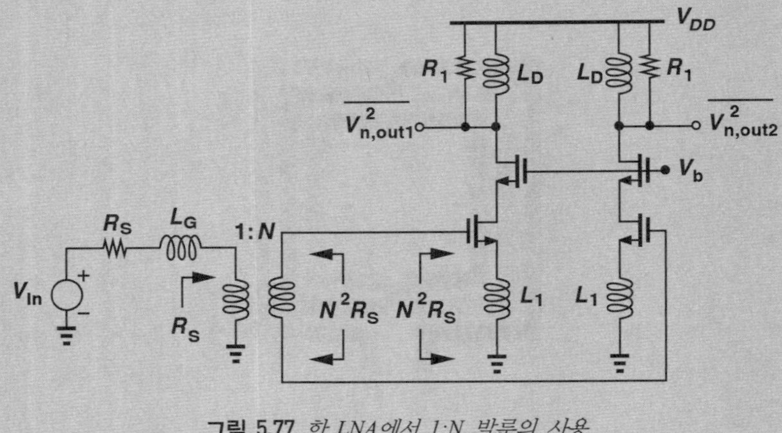


**그림 5.77** 한 LNA에서 1:N 발룬의 사용

위의 예제에서 1:$N$ 발룬 대신 $N$:1 발룬을 사용하면 식 (5.160)의 앞의 두 항은 $N^2$이 아닌 $1/N^2$이 곱해졌을 져서 더 좋아질지 궁금해 하는 독자들이 있을 것이다. 실제로 (본드 와

21. $g_{m1}$과 $\omega_T$는 동일한 것으로 가정한다.

이어) $L_1$가 $N^2$만큼 낮출 수 있다면 외장 발룬은 잡음지수를 낮출 수 있을지 모른다. 반면, 권선비가 1이 아닌 온칩 발룬은 설계가 어렵고 높은 손실과 낮은 결합계수를 갖는다. 그림 5.78(a)는 한 예를 보이고 있다[5]. 여기서 한 스파이럴은 발룬의 1차(또는 2차) 인덕터를 형성하고 직렬로 연결된 두 인덕터는 2차(또는 1차) 인덕터를 형성한다. 다른 방법으로 그림 5.78(b)와 같이 서로 다른 권선을 갖는 두 인덕터들을 함께 구현할 수 있다[10].

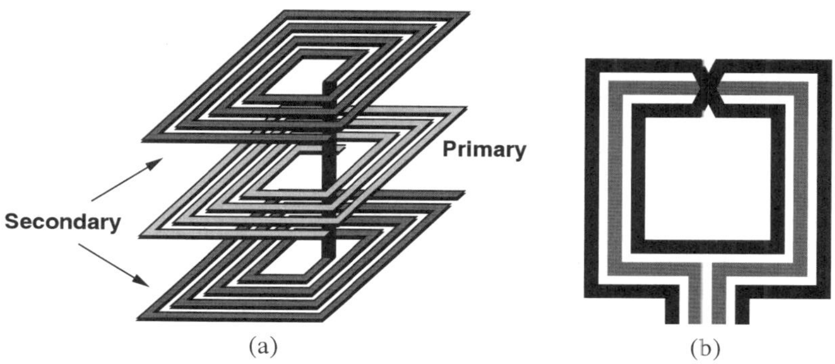


**그림 5.78** *(a) 쌓아올린(stacked) 구조의 스파이럴과 (b) 두 스파이럴을 함께 구현한 1:2 발룬*

### 5.6.2 $IP_2$를 개선하는 다른 방법들 Other Methods of $IP_2$ Improvement

차동 LNA들의 입력에서 ON 칩과 OFF 칩 발룬 사용의 어려움은 싱글엔드 구조를 여전히 더 선호하게 하는 요인이다. $IP_2$를 개선할 수 있는 가능한 대안은 4장에서 비트 성분이라 부르는 저주파 2차 상호변조 항을 제거하는 것이다. 그림 4.79의 그림과 같이 LNA 다음에 단순 고역통과필터(HPF)를 통해 비트를 제거하는 것이다. 예로, 2.4-GHz 대역의 모서리인 $f_1$ = 2.4 GHz와 $f_2$ = 2.480 GHz에 놓인 두 방해파(interferer)를 가정하자. 비트신호는 80 MHz에 있으므로 1차 HPF를 이용하는 경우 2400/80 = 30의 계수만큼 대략 감쇄된다. 상당한 감쇄로 LNA의 $IP_2$는 RX 성능을 제한하지 않을 것 같다. 이러한 기법은 6장의 *믹서*의 $IP_2$를 개선하는 방법으로도 이용된다.

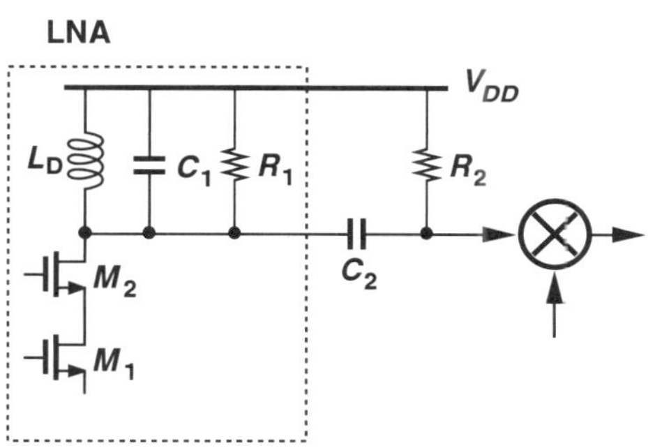


**그림 5.79** *1차 고역통과 필터에 의한 저주파 비트(beat)의 제거*

**예제 5.28** RF Microelecronics

어떤 학생이 앞의 계산에서 11b/g 또는 Bluetooth 수신기의 기저대역에 누설되는 80-MHz 비트(beat)는 원하는 채널 안으로 들어오지 않은 것으로 추론하였다. 이 학생은 옳은 것인가?

**풀이:**

그렇다. 학생의 추론이 맞다. 직접변환 11b/g 수신기에 대해 베이스밴드 신호는 −10 MHz에서 +10 MHz가 된다. 따라서, 최악의 비트는 10 MHz에서 일어난다. 예를 들어, 2.400 GHz와 2.410 GHz에 있는 두 방해파 사이가 된다. 이러한 비트는 2400/10 = 240의 계수의 1차 HPF에 의해 감쇄된다.

$IM_2$의 제거는 광대역 통신에서는 덜 효과적이다. 예를 들어, 수신기가 1 GHz에서 10 GHz까지 신호를 모두 처리하는 것이라면 비트 신호가 대역 *내*에 존재하여 비트를 제거하기 위한 필터를 사용할 수 없다. 이 경우, LNA는 수신기의 $IP_2$를 제한하는 요인이 될 수 있다.

## 5.7 비선형성 계산 Nonlinearity Calculations

2장에서 비선형 시스템의 일반적인 동작에 대해 수식적으로 다루었다. 이 절에서는 어떤 회로의 비선형 특성을 계산하기 위한 방법론을 살펴본다.

2장에서 약한 정적 비선형성(weak static nonlinearity)은 $y = \alpha_1 x + \alpha_2 x^2 + \alpha_3 x^3$와 같은 다항식으로 근사화할 수 있었음을 상기하자. 주어진 회로에 대해 $\alpha_1 - \alpha_3$를 계산하기 위한 방법을 생각해 보자. 많은 회로에서 $y$를 $x$의 양함수(explicit function)로 유도하는 것은 어렵다. 하지만, 다음의 사실을 알 수 있다.

$$\alpha_1 = \frac{\partial y}{\partial x}|_{x=0} \tag{5.161}$$

$$\alpha_2 = \frac{1}{2}\frac{\partial^2 y}{\partial x^2}|_{x=0} \tag{5.162}$$

$$\alpha_3 = \frac{1}{6}\frac{\partial^3 y}{\partial x^3}|_{x=0}. \tag{5.163}$$

이 식들은 음함수 미분법(implicit differentiation)에 의해 얻을 수 있기 때문에 유용하다. 주목할 점은 대부분의 경우 $x = 0$은 회로의 *바이어스* 점에서 어떤 입력 섭동(perturbation)이 없는 것을 의미한다. 즉, 전체 $y$는 $x = 0$에서 0이 되지 않는다. 예를 들어 그림 5.80의 공통-소스단에서 $M_1$은 $V_{GS0} = V_b$의 게이트-소스에서 바이어스가 되어 있고 이 전압에 $V_{in}$이 겹쳐진 것이다.

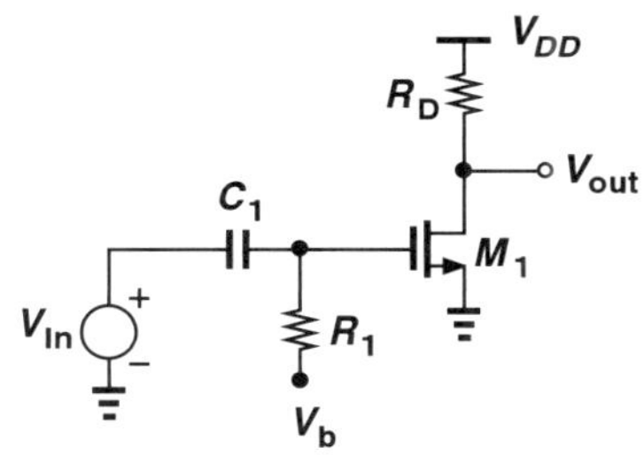


**그림 5.80** *게이트 바이어스가 인가된 CS 단*

## 5.7.1 축퇴 CS 단 Degenerated CS Stage

예제로 그림 5.81과 같이 저항으로 축퇴된 공통-소스단에 대해 살펴보자. 드레인 전류를 관심 출력으로 가정하자. 회로의 $IP_3$를 계산하고자 한다. 간단한 제곱법칙(square-law) 소자에 대해,

$$I_D = K(V_{GS} - V_{TH})^2, \tag{5.164}$$

여기서 $K = (1/2)\mu_n C_{ox}(W/L)$이고, 채널길이 변조와 바디 효과는 무시한다. $V_{GS} = V_{in} - R_S I_D$이므로,

$$I_D = K(V_{in} - R_S I_D - V_{TH})^2, \tag{5.165}$$

따라서,

$$\frac{\partial I_D}{\partial V_{in}} = 2K(V_{in} - R_S I_D - V_{TH})\left(1 - R_S \frac{\partial I_D}{\partial V_{in}}\right). \tag{5.166}$$

또한, 다음을 주목하자.

$$g_m = \frac{\partial I_D}{\partial V_{GS}} = 2K(V_{GS} - V_{TH}) \tag{5.167}$$

$$= 2K(V_{in0} - R_S I_{D0} - V_{TH}), \tag{5.168}$$

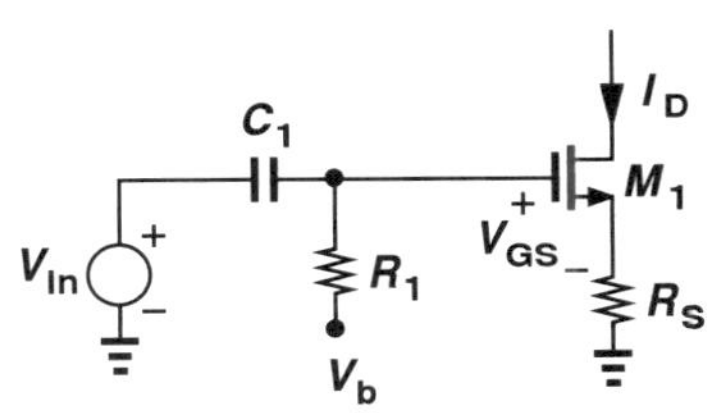


**그림 5.81** *비선형성 계산을 위한 CS 단*

여기서 $V_{in0}$ (= $V_b$)과 $I_{D0}$는 바이어스 값을 의미한다. 따라서, 신호가 없는 경우,

$$\frac{\partial I_D}{\partial V_{in}}|_{Vin0} = \alpha_1 = \frac{g_m}{1 + g_m R_S}, \tag{5.169}$$

예상한 결과가 된다.

이제, 식 (5.166)으로부터 2차 미분을 계산해보자.

$$\frac{\partial^2 I_D}{\partial V_{in}^2} = 2K\left(1 - R_S\frac{\partial I_D}{\partial V_{in}}\right)^2 + 2K(V_{in} - R_S I_D - V_{TH})\left(-R_S\frac{\partial^2 I_D}{\partial V_{in}^2}\right). \tag{5.170}$$

신호가 없는 경우 식 (5.168)과 (5.169)는 식 (5.170)에 치환되어 다음과 같이 된다.

$$\frac{\partial^2 I_D}{\partial V_{in}^2}|_{Vin0} = 2\alpha_2 = \frac{2K}{(1 + g_m R_S)^3}. \tag{5.171}$$

마지막으로, 식 (5.170)으로부터 3차 미분을 계산한다.

$$\begin{aligned}\frac{\partial^3 I_D}{\partial V_{in}^3} &= 4K\left(1 - R_S\frac{\partial I_D}{\partial V_{in}}\right)\left(-R_S\frac{\partial^2 I_D}{\partial V_{in}^2}\right) + 2K\left(1 - R_S\frac{\partial I_D}{\partial V_{in}}\right)\left(-R_S\frac{\partial^2 I_D}{\partial V_{in}^2}\right) \\ &\quad - 2K(V_{in} - R_S I_D - V_{TH})R_S\frac{\partial^3 I_D}{\partial V_{in}^3},\end{aligned} \tag{5.172}$$

여기서, 식 (5.169)와 (5.171)는 다음과 같이 된다.

$$\frac{\partial^3 I_D}{\partial V_{in}^3}|_{Vin0} = 6\alpha_3 = \frac{-12K^2 R_S}{(1 + g_m R_S)^5}. \tag{5.173}$$

좀 길긴 하지만, 지금까지의 계산으로부터 흥미로운 결과를 알 수 있다. 식 (5.173)은 $R_S$ = 0이면 $\alpha_3$ = 0이 됨을 의미한다. 트랜지스터가 제곱법칙(square-law)으로 동작하는 것으로 가정하였기 때문에 예측할 수 있는 결과다. 또한 $\alpha_1$과 $\alpha_3$는 부호가 반대가 되어 압축(포화) 특성이 나타난다. 반면 축퇴를 가하지 않은 트랜지스터는 압축이 완만하게 나타난다. 즉, 제곱법칙 소자의 저항성 축퇴는 3차 왜곡을 발생시킨다.

회로의 $IP_3$를 계산하기 위해, 2장의 식을 상기하면

$$A_{IIP3} = \sqrt{\frac{4}{3}|\frac{\alpha_1}{\alpha_3}|} \tag{5.174}$$

$$= \sqrt{\frac{2g_m}{3R_S}\frac{(1 + g_m R_S)^2}{K}}. \tag{5.175}$$

1-dB 압축점은 같은 모양을 갖지만 3.03(9.6 dB)의 계수만큼 작아진다.

독자들 중에는 앞의 비선형성의 해석이 소자의 트랜스컨덕턴스로 함수인 $\alpha_1$-$\alpha_3$으로 기술한 대신호와 소신호 동작을 혼란하고 있는 것이 아닌지 궁금해 할 수 있다. 위의 표현에서 $g_m$은 단지 *상수* $2K(V_{in0} - R_S I_{D0} - V_{TH})$에 대한 생략된 표현으로 입력과 무관하고 기억하는 것이 도움이 된다. 물론, $\alpha_1$-$\alpha_3$가 입력과 무관해야 하는 것은 적당한 가정이다. 그렇지 않으면 다항식의 차수는 3 이상을 취해야 한다.

### 예제 5.29

RF Microelecronics

한 학생이 실험실에서 그림 5.81의 CS 단의 $IP_3$를 측정하여 식 (5.175)로 예측한 값의 1/2을 얻었다. 그 이유는 무엇인가?

**풀이:**

그림 5.82와 같이 실험을 구현하였다. 여기서 신호원은 원하는 입력을 발생시킨다.[22] 이론과 차이는 신호원이 내부 출력 저항 $R_G$ = 50 Ω을 포함하고 있는 데에서 *기인*한다. 측정하는 회로는 입력 매칭이 되어있는 것으로 가정하고 실험하고 있다. 즉, $Z_{in}$ = 50 Ω 따라서, 신호원의 피크값은 $A_0/2$의 값으로 표시된다. 한편, 간단한 CS 단은 높은 입력 임피던스를 갖기 때문에 $A_0/2$가 아닌 $A_0$값을 감지한다. 따라서, 이 학생은 회로에 인가되는 값을 실제 인가되는 값의 1/2로 읽고 있고 있다. $IP_3$값은 전통적으로 *가용* 입력 전력(*available* input power)으로 정의하기 때문에 생기는 혼란이다.

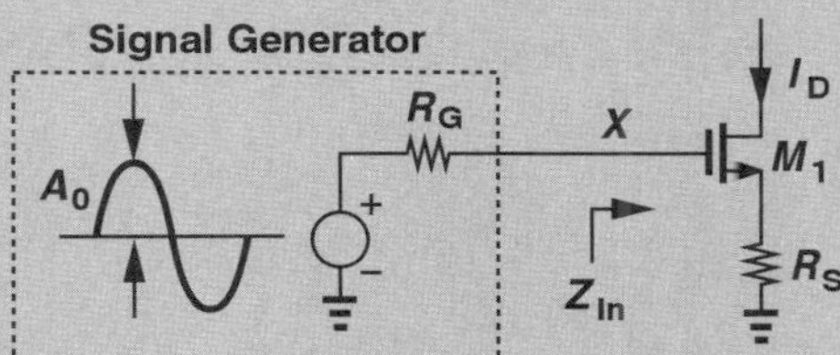


**그림 5.82** *소스 임피던스를 갖는 신호원으로 구동되는 CS 단*

### 예제 5.30

RF Microelecronics

입력 매칭된 공통-게이트단의 $IP_3$를 계산하라. 채널-길이 변조와 몸체 효과(body effect)는 무시하라.

(*계속*)

22. 실제, 두 신호원의 출력이 더해져 투톤(2-tone)을 생성한다.

**예제 5.30** *(계속)*

**풀이:**

그림 5.83에 회로를 표시하였다. 여기서,

$$I_D = K(V_b - V_{in} - I_D R_S - V_{TH})^2, \tag{5.176}$$

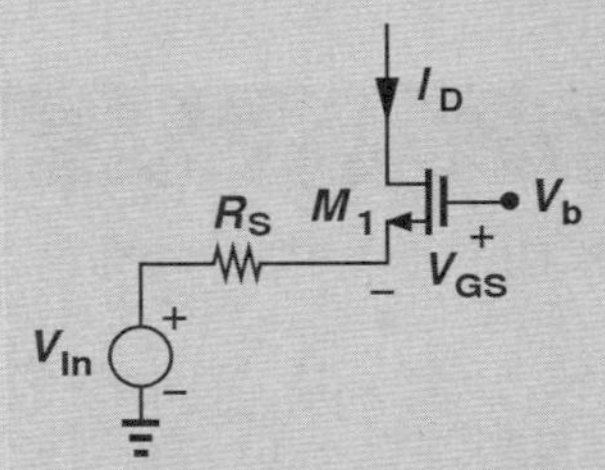


**그림 5.83** *비선형성 계산을 위한 CG 단*

$K = (1/2)\mu_n C_{ox}(W/L)$. 양변을 $V_{in}$으로 미분하면,

$$\frac{\partial I_D}{\partial V_{in}} = 2K(V_b - V_{in} - I_D R_S - V_{TH})\left(-1 - R_S\frac{\partial I_D}{\partial V_{in}}\right). \tag{5.177}$$

신호가 없는 경우, $2K(V_b - V_{in0} - I_{D0}R_S - V_{TH})$는 $M_1$의 트랜스컨덕턴스와 같다.

$$\frac{\partial I_D}{\partial V_{in}}|_{Vin0} = \frac{-g_m}{1 + g_m R_S}. \tag{5.178}$$

2차 미분은 CS 단 값인 식 (5.171)과 같다.

$$\frac{\partial^2 I_D}{\partial V_{in}^2}|_{Vin0} = \frac{2K}{(1 + g_m R_S)^3}, \tag{5.179}$$

3차 미분은 다음과 같다.

$$\frac{\partial^3 I_D}{\partial V_{in}^3}|_{Vin0} = \frac{12K^2 R_S}{(1 + g_m R_S)^5}. \tag{5.180}$$

따라서, 식 (5.175)의 $IP_3$가 여기에 잘 적용이 된다. 입력 매칭에 대해, $R_S = 1/g_m$. 예제 5.29에 설명하였듯, $IP_3$의 정의는 매칭된 부하에 전달되는 가용 신호 전력으로 정의가 된다. 따라서, 식 (5.157)로 예측되는 피크값은 2로 나누어야 한다. 즉,

$$A_{IIP3} = \frac{2}{K}\sqrt{\frac{2}{3}g_m} \tag{5.181}$$

**예제 5.30** (계속) RF Microelecronics

$$= 4\sqrt{\frac{2}{3}}(V_{GS0} - V_{TH}), \tag{5.182}$$

여기서 $V_{GS0}$는 게이트-소스 바이어스 전압을 말한다.

### 5.7.2 축퇴가 없는 CS 단 Undegenerated CS Stage

그림 5.80의 CS 단을 살펴보자. 서브마이크론(submicron) 트랜지스터는 제곱법칙 특성으로 잘 설명되지 않는다. 채널 안에서 수직과 측면 전기장에 의해 모두 영향을 받아 이동도는 다음과 같이 근사화된다.

$$I_D = \frac{1}{2}\mu_0 C_{ox}\frac{W}{L}\frac{(V_{GS} - V_{TH})^2}{1 + (\frac{\mu_0}{2v_{sat}L} + \theta)(V_{GS} - V_{TH})}, \tag{5.183}$$

여기서 $\mu_0$는 장(field)이 없을 때의 이동도, $v_{sat}$는 캐리어의 포화 속도, $\theta$는 수직장의 영향[11]을 나타낸다. 분모의 두 번째 항은 1보다 매우 작다면 $(1 + \varepsilon)^{-1} \approx 1 - \varepsilon$의 근사를 사용하여

$$I_D \approx \frac{1}{2}\mu_0 C_{ox}\frac{W}{L}\left[(V_{GS} - V_{TH})^2 - \left(\frac{\mu_0}{2v_{sat}L} + \theta\right)(V_{GS} - V_{TH})^3\right]. \tag{5.184}$$

입력 신호 $V_{in}$이 바이어스 전압 $V_{GS0} = V_b$에 인가되는 경우, $V_{GS}$를 $V_{in} + V_{GS0}$로 대치하여

$$\begin{aligned} I_D \approx\ & K[2 - 3a(V_{GS0} - V_{TH})](V_{GS0} - V_{TH})V_{in} + K[1 - 3a(V_{GS0} - V_{TH})]V_{in}^2 \\ & - KaV_{in}^3 + K(V_{GS0} - V_{TH})^2 - aK(V_{GS0} - V_{TH})^3, \end{aligned} \tag{5.185}$$

여기서 $K = (1/2)\mu_0 C_{ox}(W/L)$과 $a = \mu_0/(2v_{sat}L) + \theta$. $V_{in}$의 계수는 트랜스컨덕턴스 $(\partial I_D/\partial V_{in})$가 되고, 나머지 두 항은 바이어스 전류임을 알 수 있다.

$$\alpha_1 = K[2 - 3a(V_{GS0} - V_{TH})](V_{GS0} - V_{TH}) \tag{5.186}$$

$$\alpha_3 = -Ka. \tag{5.187}$$

$IP_3$는 다음과 같이 주어진다.

$$A_{IIP3} = \sqrt{\frac{4}{3} \times \frac{2 - 3a(V_{GS0} - V_{TH})}{a}(V_{GS0} - V_{TH})} \tag{5.188}$$

$$= \sqrt{\frac{\frac{8}{3}(V_{GS0} - V_{TH})}{\frac{\mu_0}{2v_{sat}L} + \theta} - 4(V_{GS0} - V_{TH})^2}. \tag{5.189}$$

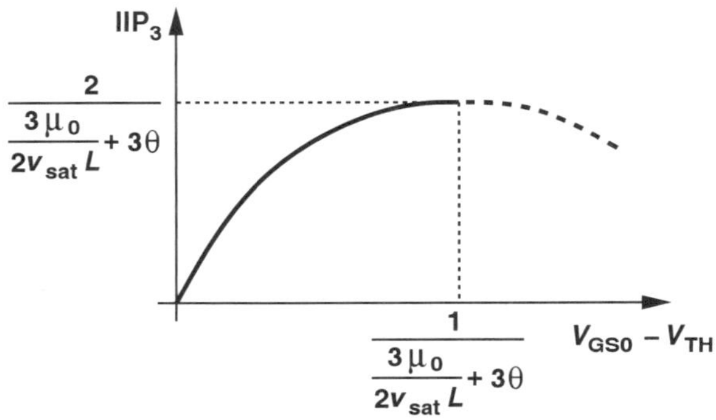


**그림 5.84** *오버드라이브(overdrive) 함수로 표현된 $IP_3$ 특성*

주목할 것은 $IP_3$가 오버드라이브 전압에 따라 상승한 후 그림 5.84와 같이 $V_{GS0} - V_{TH} = (3a)^{-1}$에서 다음 최대값에 도달한다.

$$A_{IIP3,max} = \frac{2}{3a} = \frac{2}{3}\frac{1}{\frac{\mu_0}{2v_{sat}L} + \theta} \tag{5.190}$$

**예제 5.31** RF Microelecronics

식 (5.183)에서 분모에 있는 두 번째 항은 1보다 다소 작은 경우 더 좋은 근사식은 $(1 + \varepsilon)^{-1} \approx 1 - \varepsilon + \varepsilon^2$이다. 이 근사식에서 $\alpha_1$과 $\alpha_3$를 계산하라.

**풀이:**

추가적인 항 $a^2(V_{GS} - V_{TH})^3$은 $K(V_{GS} - V_{TH})^2$이 곱하여져서 관심 있는 다음 두 항이 된다: $4Ka^2 V_{in}(V_{GS} - V_{TH})^3$과 $4Ka^2 V_{in}^3(V_{GS} - V_{TH})$. 앞의 것이 $\alpha_1$ 그 다음 것이 $\alpha_3$에 기여하는 항이다. 두 항을 계산하면,

$$\alpha_1 = K[2 - 3a(V_{GS0} - V_{TH}) + 4a^2(V_{GS0} - V_{TH})^2](V_{GS0} - V_{TH}) \tag{5.191}$$

$$\alpha_3 = -Ka[1 - 4a(V_{GS0} - V_{TH})]. \tag{5.192}$$

### 5.7.3 차동과 준 차동 쌍 Differential and Quasi-Differential Pairs

RF 시스템에서 차동 신호는 그림 5.85(a)의 차동 쌍이나 그림 5.85(b)의 준(quasi) 차동의 구조를 이용하여 처리될 수 있다. 두 구조는 서로 다른 비선형 특성을 보인다. 앞의 해석에서 알 수 있듯이 채널 내에서 수직과 평면 장(field)에 의한 이동도의 의존성으로 준 차동 쌍에서 3차 비선형성과 식 (5.189)로 주어지는 $IP_3$가 나타난다. 표준 차동 쌍의 비선형성을 살펴보기

위해 기본적인 아날로그 회로를 생각해 본다.

$$I_{D1} - I_{D2} = \frac{1}{2}\mu_n C_{ox}\frac{W}{L}V_{in}\sqrt{\frac{4I_{SS}}{\mu_n C_{ox}\frac{W}{L}} - V_{in}^2}, \tag{5.193}$$

여기서 $V_{in}$은 입력 차동 전압을 의미한다. 만일 $|V_{in}| \ll (\mu_n C_{ox} W/L)$이면,

$$I_{D1} - I_{D2} \approx \frac{1}{2}\mu_n C_{ox}\frac{W}{L}V_{in}\sqrt{\frac{4I_{SS}}{\mu_n C_{ox}\frac{W}{L}}}\left(1 - \frac{1}{2}\frac{V_{in}^2}{\frac{4I_{SS}}{\mu_n C_{ox} W/L}}\right). \tag{5.194}$$

즉,

$$\alpha_1 = \sqrt{\mu_n C_{ox}\frac{W}{L}I_{SS}} \tag{5.195}$$

$$\alpha_3 = -\left(\mu_n C_{ox}\frac{W}{L}\right)^{3/2}\frac{1}{8\sqrt{I_{SS}}}, \tag{5.196}$$

따라서,

$$A_{IIP3} = \sqrt{\frac{6I_{SS}}{\mu_n C_{ox} W/L}} \tag{5.197}$$

$$= \sqrt{6}(V_{GS0} - V_{TH}), \tag{5.198}$$

여기서 $(V_{GS0} - V_{TH})$는 평형상태($V_{in} = 0$)에서 각 트랜지스터의 오버드라이브 전압을 의미한다.[23]

흥미로운 점은 표준 차동 쌍은 제곱법칙으로 동작하는 것과 같이 채널 장(field)에 의존하지 않는 이동도를 갖는 경우에도 3차 비선형성이 문제가 된다는 점이다. 이러한 이유로 비선형성이 문제가 되는 경우 그림 5.85(b)의 준 차동 쌍을 더 선호한다. 사실 이러한 이유로 그

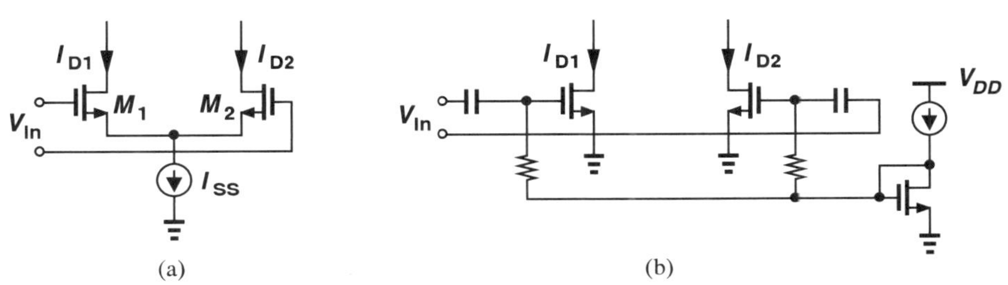


**그림 5.85** *(a) 차동 쌍, (b) 준 차동 쌍*

---

23. 차동 입력이 $\sqrt{2}(V_{GS0} - V_{TH})$에 도달하면 한 쪽 트랜지스터는 OFF가 됨에 유의하라.

림 5.65(b)의 차동 CS LNA는 꼬리(tail) 전류원을 사용하지 않는다. 준 차동 쌍은 꼬리 전류원과 관련한 전압 헤드룸을 비할 수 있어 공급 전압이 낮아지는 경우 더욱 큰 장점을 갖는다.

### 5.7.4 축퇴 차동 쌍 Degenerated Differential Pair

그림 5.86의 축퇴된 쌍을 살펴보자. 여기서 출력은 $I_{D1} - I_{D2}$이다. $I_{D1} + I_{D2} = 2I_0$이므로 $\partial(I_{D1} - I_{D2})/\partial V_{in} = 2\partial I_{D1}/\partial V_{in}$이다. 또한, $V_{in} - V_{GS1} - I_S R_S = V_{in2} - V_{GS2}$이고 $I_S = I_{D1} - I_0$이다. 따라서,

$$V_{in} - R_S I_{D1} + R_S I_0 = \frac{1}{\sqrt{K}}(\sqrt{I_{D1}} - \sqrt{I_{D2}}), \tag{5.199}$$

여기서, $V_{in} = V_{in1} - V_{in2}$이고 $K = (1/2)\mu_n C_{ox}(W/L)$이다. 양변을 $V_{in}$으로 미분하면,

$$\frac{\partial I_{D1}}{\partial V_{in}}\left[R_S + \frac{1}{2\sqrt{K}}\left(\frac{1}{\sqrt{I_{D1}}} + \frac{1}{\sqrt{I_{D2}}}\right)\right] = 1. \tag{5.200}$$

$V_{in} = 0$에서 $I_{D1} = I_{D2}$이고,

$$\alpha_1 = \frac{1}{R_S + \dfrac{2}{g_m}}, \tag{5.201}$$

여기서 $g_m = 2I_0/(V_{GS0} - V_{TH})$이다. 식 (5.200)을 $V_{in}$으로 미분하면,

$$\frac{\partial^2 I_{D1}}{\partial V_{in}^2}\left[R_S + \frac{1}{2\sqrt{K}}\left(\frac{1}{\sqrt{I_{D1}}} + \frac{1}{\sqrt{I_{D2}}}\right)\right] - \frac{\partial I_{D1}}{\partial V_{in}}\left[\frac{1}{4\sqrt{K}}\left(\frac{1}{I_{D1}^{3/2}}\frac{\partial I_{D1}}{\partial V_{in}} + \frac{1}{I_{D2}^{3/2}}\frac{\partial I_{D2}}{\partial V_{in}}\right)\right] = 0. \tag{5.202}$$

$V_{in} = 0$에 대해, $\partial I_{D1}/\partial V_{in} = -\partial I_{D2}/\partial V_{in}$이고 대괄호 안의 두 번째 항이 사라지므로 $\partial^2 I_{D1}/\partial V_{in}^2 = 0$가 된다. 한 번 더 미분하면 이로부터,

$$\frac{\partial^3 I_{D1}}{\partial V_{in}^3}\bigg|_{Vin=0} = \frac{-3}{(R_S + \dfrac{2}{g_m})^4 g_m I_0^2} = 6\alpha_3. \tag{5.203}$$

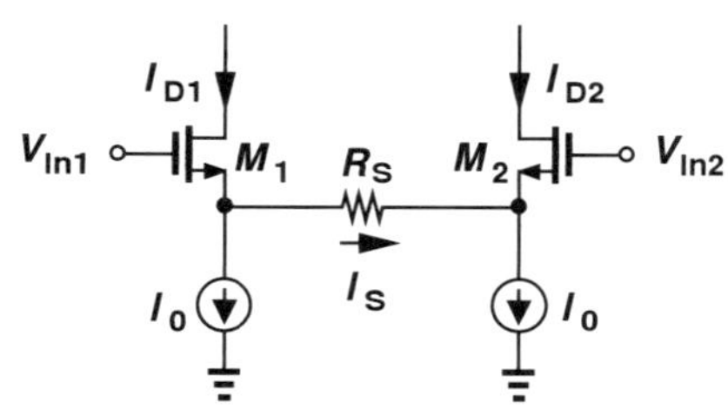


그림 5.86 *축퇴 차동 쌍*

$6\alpha_3 = \partial^3(I_{D1} - I_{D2})/\partial V_{in}^3 = 2\partial^3 I_{D1}/\partial V_{in}^3$이므로,

$$A_{IIP3} = \frac{2I_0}{3}\sqrt{g_m\left(R_S + \frac{2}{g_m}\right)^3}. \tag{5.204}$$

## 참고문헌


[1] J. Rogin et al., "A 1.5-V 45-mW Direct-Conversion WCDMA Receiver IC in 0.13-m CMOS," *IEEE Journal of Solid-State Circuits*, vol. 38, pp. 2239–2248, Dec. 2003.

[2] D. K. Shaeffer and T. H. Lee, "A 1.5-V, 1.5-GHz CMOS Low Noise Amplifier," *IEEE J. Solid-State Circuits*, vol. 32, pp. 745–759, May 1997.

[3] P. Rossi et al., "A Variable-Gain RF Front End Based on a Voltage-Voltage Feedback LNA for Multistandard Applications," *IEEE J. Solid-State Circuits*, vol. 40, pp. 690–697, March 2005.

[4] X. Li, S. Shekar, and D. J. Allstot, "Gm-Boosted Common-Gate LNA and Differential Colpitts VCO/QVCO in 0.18-um CMOS," *IEEE J. Solid-State Circuits*, vol. 40, pp. 2609–2618, Dec. 2005.

[5] A. Zolfaghari, A. Y. Chan, and B. Razavi, "Stacked Inductors and 1-to-2 Transformers in CMOS Technology," *IEEE Journal of Solid-State Circuits*, vol. 36, pp. 620–628, April 2001.

[6] F. Bruccoleri, E. A. M. Klumperink, and B. Nauta, "Wideband CMOS Low-Noise Amplifier Exploiting Thermal Noise Canceling," *IEEE J. Solid-State Circuits*, vol. 39, pp. 275–281, Feb. 2004.

[7] B. Razavi, "Cognitive Radio Design Challenges and Techniques," *IEEE Journal of Solid-State Circuits*, vol. 45, pp. 1542–1553, Aug. 2010.

[8] B. Razavi et al., "A UWB CMOS Transceiver," *IEEE Journal of Solid-State Circuits*, vol. 40, pp. 2555–2562, Dec. 2005.

[9] M. Zargari et al., "A Single-Chip Dual-Band Tri-Mode CMOS Transceiver for IEEE 802.11a/b/g Wireless LAN," *IEEE Journal of Solid-State Circuits*, vol. 39, pp. 2239–2249, Dec. 2004.

[10] J. R. Long and M. A. Copeland, "The Modeling, Characterization, and Design of Monolithic Inductors for Silicon RF ICs," *IEEE J. Solid-State Circuits*, vol. 32, pp. 357–369, March 1997.

[11] B. Razavi, *Design of Analog CMOS Integrated Circuits*, Boston: McGraw-Hill, 2001.


## 연습문제

5.1. $Z_{in} = x + jy$일 때, 그림 5.4에서 상수-$\Gamma$ 컨투어(contours)에 대한 식을 유도하라.

5.2. $R_p = R_S$이고 $g_m R_S \approx 1$이라면 식 (5.18)에서 처음 3항을 고려하여 NF를 결정하라. 3.5 dB의 잡음지수를 달성하기 위한 $g_m$값은 얼마인가?

5.3. 그림 5.10(a)의 회로에 대해 예제 5.5를 반복하라.

5.4. 소스 임피던스 $R_S$에 대해 그림 5.87의 회로들의 잡음지수를 계산하라. 채널 길이 변조와 바디(body) 효과는 무시하라.

5.5. 그림 5.11(b)의 유도성 부하를 갖는 CS 단에 대해 $V_{out}/V_{in}$을 계산하고, $|jC_1\omega_0| <<$

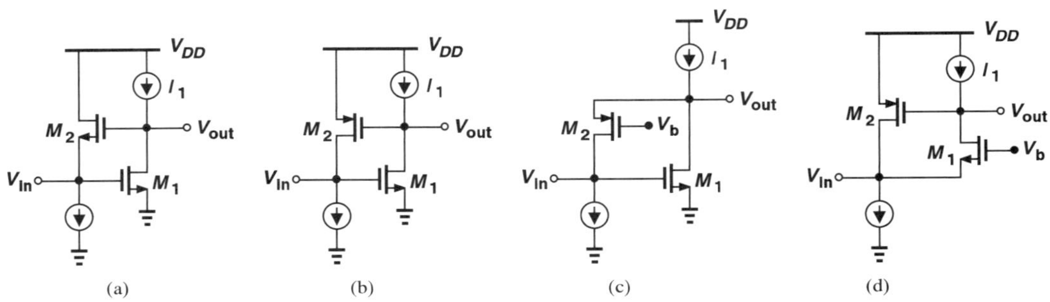


**그림 5.87** *NF 계산을 위한 회로들*

$g_m$인 경우 공진 주파수 $\omega_0 = 1/\sqrt{L_1(C_1 + C_F)}$에서 전압 이득의 값을 구하라.

5.6. 그림 5.13(a)의 CS 단에 대해, 채널길이 변조를 무시할 때 폐-루프(closed loop) 이득과 잡음지수를 계산하라. 입력에서 매칭(정합)을 가정하라.

5.7. 그림 5.15의 상보(complementary) 구조에 대해, 채널 길이 변조를 무시하는 경우 폐-루프 이득과 잡음지수를 계산하라. 입력에서 매칭을 가정하라.

5.8. 그림 5.16(a)의 CG 단에 대해 $g_m \neq 1/R_S$인 경우 출력 공진 주파수에서 잡음지수를 계산하라. $1 + \gamma + 4R_S/R_a$ 보다 낮음 잡음지수를 갖기 위한 $g_m$ 선택 방법은?

5.9. 어떤 회로가 3 dB의 잡음지수 특성을 보이고 있다. 소스 저항 $R_S$로 인한 잡음은 출력 잡음 전력의 몇 %인가? 만일 NF = 1 dB인 경우에는 몇 %인지 반복하여 계산하라.

5.10. 그림 5.17의 CG 회로의 잡음지수를 계산하라.

5.11. 예제 5.10에서 $\omega$가 $(R_1 C_X)^{-1}$보다 크고 $g_{m2}/(C_{GS2} + C_X)$보다 충분히 작다면 $M_2$의 잡음이 출력에 도달한다고 결론지었다. 이러한 주파수 영역이 존재하는가? 즉, 어떤 조건 하에서 $(R_1 C_X)^{-1} < \omega \ll g_{m2}/(C_{GS2} + C_X)$가 되는가? $g_{m2} \approx g_{m1}$을 가정하고 LNA의 이득이 $g_{m1}R_1$이고 $C_X$가 $C_{GS2}$와 차수(order)가 비슷함을 상기하라.

5.12. 그림 5.34에서 $L_G$의 기생 직렬 저항 $R_l$가 있을 때 회로의 잡음지수를 계산하라.

5.13. 그림 5.88의 LNA는 낮은 공급 전압에서 동작하도록 설계하고자 한다. 관심 주파수에서 해당하는 노드에서 각 인덕터는 전체 커패시턴스와 공진하도록 선택된다. 채널 길이 변조와 몸체 효과, $L_2$의 손실로 인한 잡음은 무시하라. $L_1$이 공진 주파수에서 $R_p$와 같다고 가정할 때 소스 전항 $R_S$에 대한 LNA의 잡음지수를 결정하라. $R_p \rightarrow \infty$가 될 때의 식을 이용하여 결과를 검증하라. [힌트: $R_1$으로 축퇴된 CS의 등가 트랜스컨덕턴스는 $g_m/(1 + g_m R_1)$이다.]

5.14. 그림 5.40의 두 구조에 대해 $S_{11}$을 구하고 −10 dB 보다 낮은 값을 유지하는 중심 주파

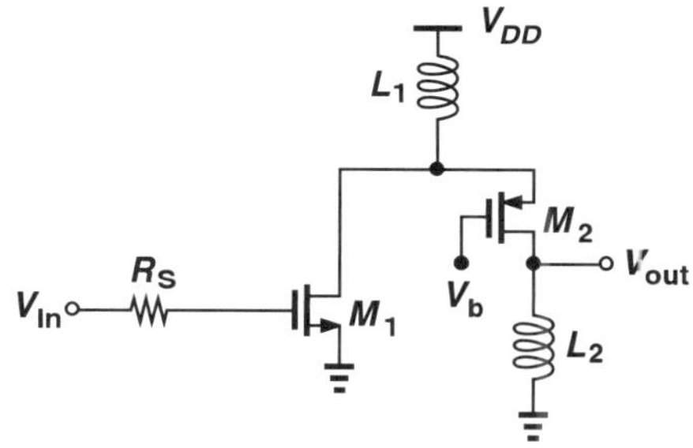


**그림 5.88** *중첩된 캐스코드 LNA*

수의 최대 편이를 계산하라.

5.15. 채널 길이 변조를 포함하여 그림 5.43의 CG 단을 다시 해석하라.

5.16. 피드백 회로의 잡음을 입력과 직렬로 연결된 전압 $\overline{V_{nF}^2}$로 처리하여 그림 5.43의 CG 단의 NF 해석을 다시 수행하라.

5.17. 그림 5.45(a)의 피드포워드 증폭기의 입력측 변환 잡음이 식 (5.124)의 네 번째 항으로 나타남을 증명하라.

5.18. 채널 길이 변조를 포함하여 그림 5.45(a)의 CG 단의 해석을 다시 수행하라.

5.19. 그림 5.48(b)의 $R_F$의 잡음은 상쇄되었는가? 이를 설명하라.

5.20. 그림 5.89의 회로에 대해 입력-출력 특성을 다음과 같이 기술한다.

$$I_{out} - I_0 = \alpha_1(V_{in} - V_0) + \alpha_2(V_{in} - V_0)^2 + \cdots, \tag{5.205}$$

여기서 $I_0$와 $V_0$는 바이어스 값 즉 신호가 없을 때의 값을 나타낸다. $V_{in} = V_0$(또는 $I_{in} = I_0$)에서 $\partial I_{out}/\partial V_{in} = \alpha_1$. 유사하게 $V_{in} = V_0$(또는 $I_{in} = I_0$)에서 $\partial^2 I_{out}/\partial^2 V_{in} = 2\alpha_2$.

(a) $V_{GS}$ 없이 $V_{in}$과 $I_{out}$으로 입력 회로망에서 KVL을 기술하라. $V_{in}$으로 양 변을 미분하라. 이 방정식은 (b)에서 사용될 것이다. $K = \mu_n C_{ox} W/L$일 때 $2\sqrt{KI_0} = g_m$가 됨

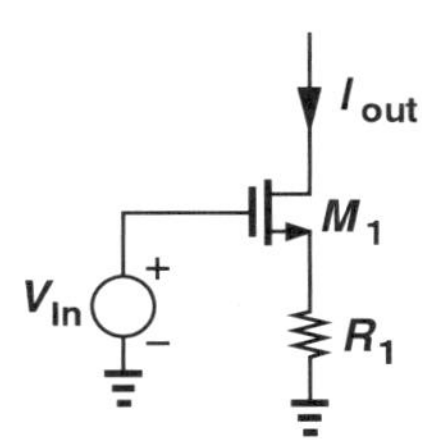


**그림 5.89** *$IP_2$계산을 위한 회로*

에 유의하라. $\partial I_{out}/\partial V_{in}$을 통해 $\alpha_1$을 구하라.

(b) 앞의 (a)에서 얻은 방정식을 $V_{in}$에 대해 두 번 미분하여 $I_0$와 $g_m$항으로 $\alpha_2$를 표현하라.

(c) 회로의 $IP_2$를 구하라.

5.21. 예제 5.21에서 이득이 3 dB 감쇄될 때 잡음지수를 계산하라.

5.22. 5.6.1절에서 기술한 싱글엔드형과 차동형 CS 단에 대해 전력 소모를 비교하라. 다음 두 경우를 고려하라: (a)의 1/2에 의해 구동되는 차동 단(따라서 더 낮은 잡음지수를 가짐), (b) 싱글엔드형 회로와 동일한 NF를 갖도록 설계된 차동 단.

5.23. 1:2 발룬을 사용하는 경우 차동 CG 단을 다시 해석하라. 발룬에서 전압 이득은 2가 된다.

5.24. CS 단으로 구성된 MOS 트랜지스터가 포화영역에서 동작하고 있다. 소자가 (a) 제곱법칙 특성 $I_D \propto (V_{GS} - V_{TH})^2$을 따르는 경우와 (b) 식 (5.183)의 장(field)와 무관한 이동도를 갖는 경우 $IP_3$와 $IP_{1dB}$를 결정하라. (힌트: 이 경우 $IP_3$와 $P_{1dB}$는 9.6 dB의 차이를 보이지 않는다.)

CHAPTER 06

# 믹서

Mixers

이 장에서는 수신 경로와 송신 경로에 각각 존재하는 주파수하향 변환 및 상향 변환 믹서를 주로 다룬다. 10년 전에는 대부분의 믹서가 길버트 셀(Gilbert cell) 구조로 구현되었지만 최근에는 서로 다른 수신기와 송신기 구조의 요구를 만족하기 위해 여러 다양한 구조들이 제안되어 왔다. 즉, 믹서의 궁극적인 성능은 믹서를 둘러싸고 있는 주위 회로들에 영향을 많이 받기 때문에 단독으로 믹서만을 설계하는 것은 더 이상 의미가 없다. 이 장에서 다루는 내용의 개요는 다음과 같다.

| 일반적인 고찰 | 수동 믹서 | 능동 믹서 | 향상된 믹서구조 | 상향 변환 믹서 |
|---|---|---|---|---|
| ■ 믹서 잡음지수<br>■ 포트-포트 간 피드스루<br>■ 단일-평형 믹서와 이중-평형 믹서<br>■ 수동 믹서와 능동 믹서 | ■ 변환 이득<br>■ 잡음<br>■ 입력 임피던스<br>■ 전류-구동 믹서 | ■ 변환 이득<br>■ 잡음<br>■ 선형성 | ■ 부가 전류원을 이용한 능동믹서<br>■ 큰 $IP_2$를 갖는 능동 믹서<br>■ 낮은 플리커 잡음을 갖는 능동 믹서 | ■ 수동 믹서<br>■ 능동 믹서 |

## 6.1 일반적 고찰 General Considerations

믹서는 두 신호 파형(하모닉 성분 포함)을 곱함으로써 주파수 변환을 수행한다. 따라서 믹서는 세 개의 다른 포트를 가지고 있다. 그림 6.1은 믹서가 사용되는 일반적인 송수신기 구성을 보여준다. 수신 경로에서 하향 변환 믹서는 'RF 포트'에서 RF 신호를, 'LO 포트'에서 LO 파형을 받아들인다. 출력은 헤테로다인 수신기에서는 'IF 포트' 또는 직접 변환 수신기에서는 '베이스밴드 포트'가 된다. 유사하게, 송신 경로에서 상향 변환 믹서는 IF 또는 베이스밴드 신호를 받아들이는 입력이 IF 포트 또는 베이스밴드 포트가 된다. LO 신호에 의해 구동되는 입력은 LO 포트이다.

믹서의 각 입력 포트는 얼마나 선형적이어야 하는가? 믹서는 그림 6.2(a)에 표현된 것과 같이 간단하게 구현될 수 있으며, LO에 의해 스위치 온 오프가 전환되어 $V_{IF} = V_{RF}$ 또는 $V_{IF} = 0$이 되는 구조이다. 2장에서 설명한 바와 같이, $V_{LO}$가 *사인파(sinusoid)*일 경우라 하더

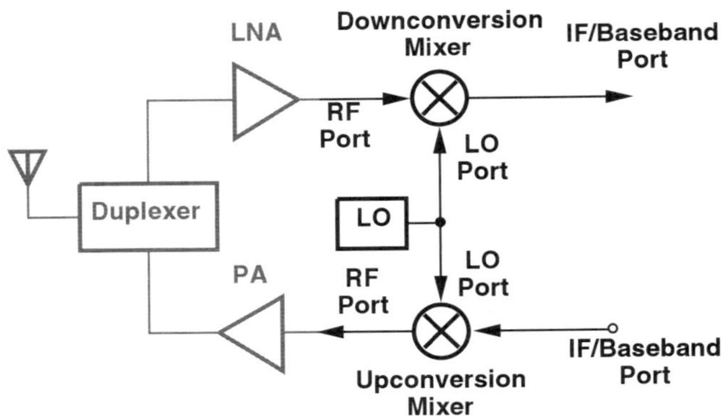


**그림 6.1** *일반적인 송수신기에서 믹서의 역할*

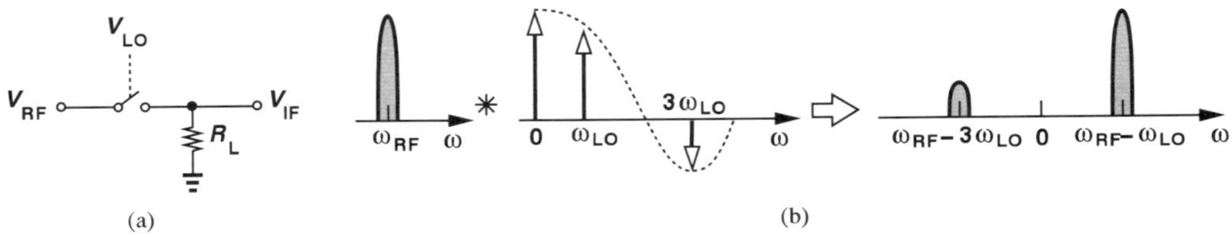


**그림 6.2** *(a) 이상적인 스위치를 이용한 믹서, (b) 입력과 출력 스펙트럼*

라도 급격한 스위칭에 의해 RF 입력이 0과 1을 반복하는 구형파(square wave)와 곱해지는 것으로 볼 수 있다. 그림 6.2(b)에서 보여주는 것과 같이 회로는 RF 입력과 모든 LO 고조파 성분을 혼합하여 4장에서 언급되었던 '믹싱 스퍼(mixing spur)'를 만든다. 즉, 이 믹서의 LO 포트는 매우 비선형적이다. 물론 RF 포트는 압축(compression) 및 상호간섭(intermodulation) 요구조건을 만족하기 위해 충분히 선형적이야 한다.

독자는 LO 고조파 성분과의 믹싱을 피하기 위해 믹서의 LO 포트가 선형화될 있는지 궁금할 것이다. 이 장의 뒷부분에서 다루겠지만, 믹서는 LO 포트의 스위칭이 계단식(abrupt)으로 변하지 않는 경우 낮은 전압 이득과 높은 잡음으로 성능이 저하된다. 따라서 계단식 스위칭을 보장하고 스퍼들을 다루기 위하여 송수신기의 구조 단계(4장)에서 믹서와 LO 스윙을 설계한다.

### 6.1.1 성능 파라미터 Performance Parameters

이제 믹서의 성능 파라미터와 송수신기에서의 역할에 대해 고려해 보자.

**잡음(Noise)과 선형성(Linearity)** 수신 경로에서, LNA 다음 단에 있는 믹서의 입력 잡음은 RX 입력기준으로 표현할 때, LNA 이득에 의해 나눠진다. 유사하게, 믹서의 $IP_3$는 LNA 이득에 의해 스케일 다운된다. (5장에서 믹서의 잡음과 $IP_3$는 *다른* 이득에 의해 나누어지는 것을 기억하자.) 따라서, 하향 변환 믹서 설계는 잡음지수(noise figure)와 $IP_3$ 성능간의 절충이 필요하다. 또한, LNA와 믹서의 설계는 밀접하게 연관되어 있으며, 캐스케이드 구조를 하나의 독립부로 설계하는 것이 요구된다.

그러면 설계는 어디서부터 시작해야 할까? 믹서의 잡음지수는 8 dB 이하는 드물기 때문에, 우리는 10에서 15 dB 정도의 이득을 LNA에 할당하고 믹서의 설계를 진행하게 되고, NF를 증가시키는 않는 범위에서 선형성을 최대로 하는 방향을 추구한다. 만약 믹서 설계 결과가 만족스럽지 않으면, 반복 설계가 필요하다. 예를 들면, NF가 증가하거나 LNA 이득을 더 증가시켜 높은 잡음을 상쇄시키도록 하더라도 더 믹서의 선형성을 증가시키도록 결정할 수 있다. 이 장에서는 다양한 설계 예제에서 이러한 점들에 대해 설명한다.

직접 변환 수신기에서는, LNA/믹서 캐스케이드의 $IP_2$가 최대로 되어야 한다. 6.4절에서, 우리는 믹서의 $IP_2$를 증가시킬 수 있는 방법을 소개한다. 또한, 4장에서 언급된 것과 같이, LO 고조파(harmonics)에 의한 믹싱 스퍼들은 광대역 수신기에서 매우 중요해진다.

상향 변환 믹서에서는 TX 출력 노이즈가 *RX 밴드*에서 매우 작아야 하는 경우에서만 잡음이 중요하다는 것이 입증되나(4장), 이러한 경우에도 수신기의 성능에 비해 완화된 잡음 성능이 요구된다. 상향 변환 믹서의 선형성은 변조 타입과 기저대역 신호의 진폭에 의해 결정된다.

**이득(Gain)** 하향 변환 믹서는 다음에 오는 단들에 의해 기여하는 잡음을 적절히 줄이기 위해 충분한 이득을 제공하여야 한다. 그러나, 낮은 공급 전압으로 인해 충분한 선형성을 유지하면서 약 10 dB 이상의 이득을 얻기가 쉽지 않다. 따라서, 믹서 뒤에 오는 단(stage)의 잡음은 여전히 중요한 것으로 입증된다.

직접 변환 송신기에서는, 이득을 최대화하고, 상향 변환 믹서의 출력 스윙을 크게 하고, 그것에 의해 전력 증폭기의 이득을 완화시키는 것이 바람직하다. 이-단(Two-step) 송신기에서는 반면 RF 믹서의 이득 압축(compression)을 피하기 위해 단지 적당한 이득을 제공해야 한다.

믹서의 이득은 혼란을 피하기 위해 주의를 기울여 정의되어야 한다. 하향 변환 믹서의 '전압 변환 이득(voltage conversion gain)'은 IF 신호의 rms 전압과 RF 신호의 rms 전압의 비(ratio)로 주어진다. 이 두 신호는 서로 다른 주파수를 중심으로 모여 있다. 전압 변환 이득은 $\omega_{RF}$의 사인파를 인가하고 $\omega_{IF}$에서 하향 변환된 성분의 진폭을 찾아 측정할 수 있다. 상향 변환 믹서에서는, 전압 변환 이득은 같은 방법으로 구하나 기저대역이나 IF 포트에서 RF 포트로 갈 때로 정의된다.

전통적인 RF와 마이크로웨이브 설계에서, 믹서는 출력 신호 전력을 입력 신호 전력으로 나눈 값으로 정의된 '전력 변환 이득(power conversion gain)'으로 규정되었다. 그러나 현대의 RF 설계에서는, 입력 임피던스가 대부분 허수 값이기 때문에 전력값을 쓰는 것이 어렵고 불필요하여 전압 값을 도입하는 것이 더 선호된다.

**포트-포트 간 피드스루(Feedthrough)** 소자의 커패시턴스로 인하여 믹서는 한 포트로부터 다른 포트로 원하지 않는 커플링(피드스루, 관통)으로 인해 어려움을 겪는다[그림 6.3(a)]. 예를 들면, 믹서가 MOSFET으로 구현될 경우[그림 6.3(b)], 게이트-소스와 게이트-드레인 커패시턴스가 LO 포트로부터 RF와 IF 포트로 가는 피드스루를 생성하게 된다.

이러한 믹서의 포트-포트 피드스루가 성능에 미치는 효과는 구조에 따라 달라진다. 그림 6.4의 직접 변환 수신기를 고려해 보자. 4장에서 설명한 대로, LO-RF 피드스루는 베이스밴드에서의 오프셋(offset)과 안테나로부터의 LO 방사(radiation)를 만들기 때문에 원하지 않는 특성이다. 흥미롭게도, 이 피드스루는 믹서 회로의 대칭과 LO 파형에 의해 전적으로 결정된다(6.2.2절). LO-IF 피드스루는 베이스밴드 저주파 통과 필터에 의해 상당히 제거되기 때문에 심각하지 않다.

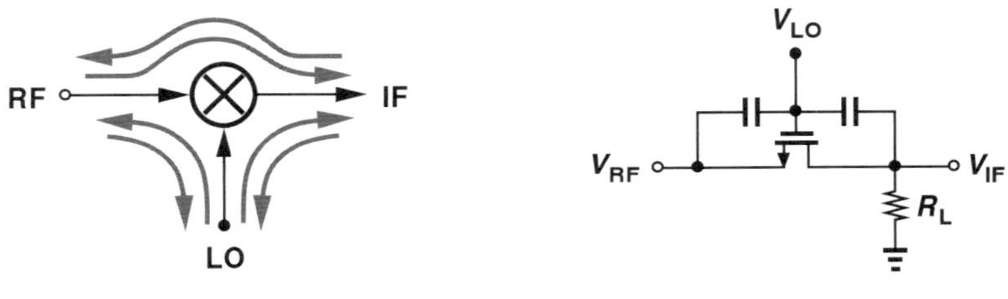


**그림 6.3** *(a) 믹서의 피드스루 메커니즘, (b) MOS 믹서의 피드스루 경로*

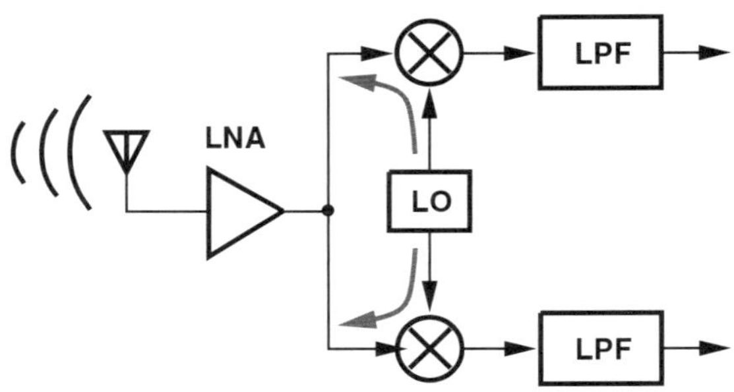


**그림 6.4** *LO-RF 피드스루의 영향*

**예제 6.1** RF Microelecronics

그림 6.5의 믹서에서 $V_{LO} = V_1 \cos\omega_{LO}t + V_0$이고 $C_{GS}$는 $M_1$의 게이트-소스 커패시턴스를 나타낸다. $M_1$의 온(on)저항을 무시하고 급격한 스위칭을 가정했을 때 $R_S = 0$과 $R_S > 0$일 때의

**예제 6.1** *(계속)* RF Microelecronics

출력의 dc 오프셋(offset)을 구하여라. $R_L >> R_S$이라 가정한다.

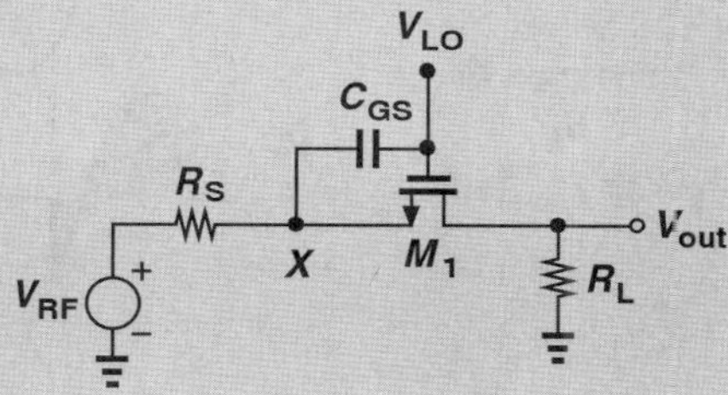


**그림 6.5** *믹서로 동작하는 MOS 소자에서의 LO-RF 피드스루*

**풀이:**

*X* 노드로 누설되는 LO 신호는 다음과 같이 표현된다.

$$V_X = \frac{R_S C_{GS} s}{R_S C_{GS} s + 1} V_{LO}, \tag{6.1}$$

왜냐하면 $M_1$이 단락되었다고 해도 근사적으로 $X$ 노드에는 접지에 연결된 $R_S$가 보이기 때문이다. 급격한 스위칭을 가정했으므로 이 전압은 0과 1이 반복되는 구형파와 곱해진다. 출력의 dc 오프셋(offset)은 $V_X$와 구형파의 1차 고조파의 혼합으로 얻어진다. $2\sin(\pi/2)/\pi = 2/\pi$의 진폭을 가지고 이 고조파는 $(2/\pi)\cos\omega_{LO}t$로 나타낼 수 있으므로,

$$V_{out}(t) = V_X(t) \times \frac{2}{\pi}\cos\omega_{LO}t + \cdots \tag{6.2}$$

$$= \frac{R_S C_{GS}\omega_{LO}}{\sqrt{R_S^2 C_{GS}^2 \omega_{LO}^2 + 1}} V_1 \cos(\omega_{LO}t + \phi) \times \frac{2}{\pi}\cos\omega_{LO}t + \cdots, \tag{6.3}$$

$\phi = (\pi/2) - \tan^{-1}(R_S C_{GS}\,\omega_{LO})$이다. 따라서 dc 성분은

$$V_{dc} = \frac{V_1}{\pi} \frac{R_S C_{GS}\omega_{LO}\cos\phi}{\sqrt{R_S^2 C_{GS}^2 \omega_{LO}^2 + 1}}. \tag{6.4}$$

예상한 바와 같이 $R_S = 0$이면 출력의 dc 오프셋은 사라진다.

dc 오프셋의 발생은 또한 직관적으로 이해할 수 있다. 그림 6.6에서 브여주는 것처럼 RF 입력이 LO 신호와 *같은* 주파수를 가지는 사인파라고 가정하자. 이 경우 스위치가 켜질 때마다 입력 파형이 같은 비율만큼 출력에서 나타나서, 특정한 평균값을 만들게 된다.

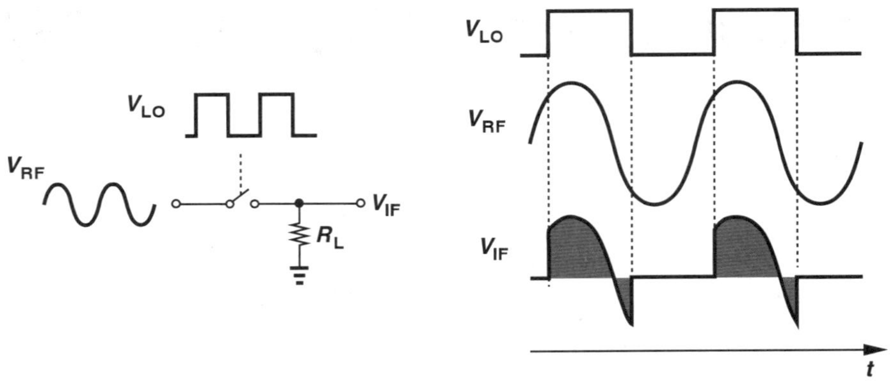


**그림 6.6** *LO 신호의 누설에 의한 오프셋*

RF-LO와 RF-IF 피드스루는 또한 직접 변환 수신기에서 문제가 되는 것으로 입증되었다. 그림 6.7에서 보여주는 것과 같이, 큰 인-밴드 간섭신호가 LO로 결합될 수 있고, LO 인젝션-풀(injection-pull)이 발생하여(8장), LO 스펙트럼을 손상시킨다. 이 효과를 방지하기 위하여 LO와 믹서 간에는 일반적으로 버퍼(buffer, 완충 증폭기)가 삽입된다. 또한, 4장에서 설명된 것처럼, RF-IF 피드스루는 RF 경로의 우수 차수(even-order) 왜곡에 의해 발생된 비트(beat) 성분에 의해 베이스밴드 신호를 손상시킨다. (이 현상은 $IP_2$에 의해 규정될 수 있다.)

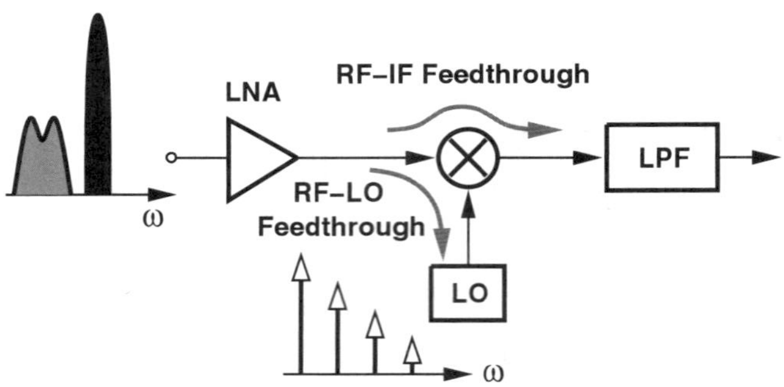


**그림 6.7** *직접 변환 수신기에서 RF-LO 피드스루의 영향*

이제, 그림 6.8의 헤테로다인 RX를 고려해 보자. LO-RF 피드스루는 상대적으로 중요하지 않게 된다. 왜냐하면 (1) LO 누설신호가 대역 바깥으로 떨어지게 되어 LNA, 프론트엔드 대역-선택 필터, 안테나의 선택도에 의해 감소하기 때문이고, (2) RF 믹서의 출력에서 나타나는 dc 오프셋이 고주파 통과 필터에 의해 제거될 수 있기 때문이다. 반면, LO-IF 피드스루는 $\omega_{LO}$를 필터로 제거하기에 $\omega_{IF}$와 너무 가까이 붙어 있어 심각할 수 있다. 만약 LO 피드스루가 1-dB 압축점(compression point)과 비슷한 값이라면 IF 믹서의 감도를 떨어뜨릴 수 있다.

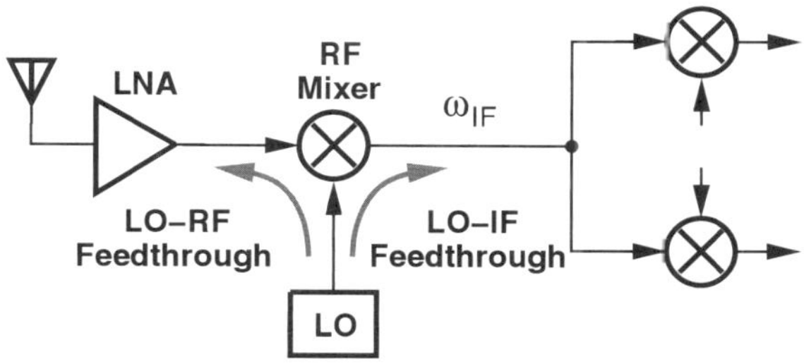


**그림 6.8** *헤테로다인 수신기에서 LO 피드스루의 영향*

## 예제 6.2

RF Microelecronics

그림 6.9의 수신기 구조에서 $\omega_{LO} = \omega_{FR}/2$이며, 따라서 IF 주파수는 $\omega_{RF} - \omega_{LO} = \omega_{LO}$가 되고 이어서 0이 된다. 이 구조에서의 포트-포트 간 피드스루의 영향에 대해 기술하라.

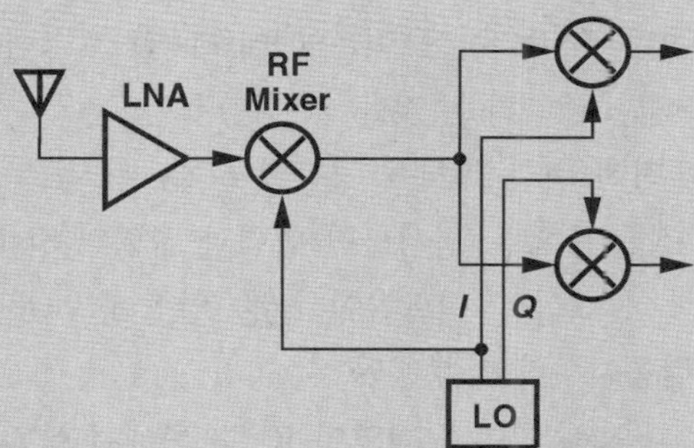


**그림 6.9** *Half-RF 수신기 구조*

**풀이:**

RF 믹서에서 LO-RF 피드스루는 $\omega_{FR}/2$의 주파수를 가지므로 감쇄되기 때문에 중요하지 않다. RF-LO 피드스루 또한 대역 내의 간섭 신호가 LO 주파수와 떨어져 있기 때문에 중요하지 않다. (LO 주파수 근처의 간섭 신호는 믹서에 도달하기 전 프론트 엔드에 의해 감쇄된다.) RF-IF 피드스루에 의해 RF 포트에 나타나는 낮은 주파수의 비트 성분은 고역 통과 필터에 의해 제거되므로 무시할 수 있다.

이 구조에서는 LO-IF 피드스루가 가장 중요하다. $\omega_{IF} = \omega_{LO}$이기 때문에, 이 누설신호는 IF 주파수 대역의 중앙에 위치하여 IF 믹서의 감도를 떨어뜨린다. (그리고 기저대역에 dc 오프셋을 생성한다.) 그러므로 RF 믹서는 LO-IF 피드스루가 최소가 되도록 설계되어야 한다 (6.1.3절).

IF 믹서 또한 포트-포트 간 피드스루의 영향을 받는다. 직접 변환 수신기와 비슷하게 이 부분은 그림 6.4와 6.7의 구조에서 했던 논의를 따른다.

상향 변환 믹서에서 포트-포트 간 피드스루는 LO-RF 성분을 제외하고는 중요하지 않다. 4장에서 기술한대로 LO 신호의 피드스루는 송신되는 신호의 성상도(constellation)를 악화시키므로 반드시 최소화해야 한다.

### 6.1.2 믹서 잡음지수 Mixer Noise Figures

하향 변환 믹서의 잡음지수(noise figure)는 종종 큰 혼란을 일으킨다. 간단하게 *잡음*이 없는 단일(unity) 이득을 갖는 이상적인 믹서를 생각해보자. 그림 6.10과 같이 RF 포트로 인가되는 스펙트럼은 신호 성분과 신호 대역과 이미지 대역에 $R_S$로 인한 열잡음 성분으로 구성된다. 하향 변환에서 신호, 신호 대역에 있는 잡음, 이미지 대역에 있는 잡음은 모두 $\omega_{IF}$로 주파수가 변환된다. 그러므로 만약 두 잡음 성분의 전력이 같다면 출력 SNR은 입력 SNR의 *절반*이 된다. 즉 믹서는 신호 대역과 이미지 대역에 대해 동일한 주파수 변환 특성을 갖는다. 따라서 잡음이 없는 믹서라도 잡음지수는 3 dB가 된다. 여기서 계산한 값이 믹서의 '단측(single-sideband, SSB)' 잡음지수이다. SSB라는 용어는 헤테로다인 시스템에서 원하는 신호의 스펙트럼이 LO 주파수의 한쪽에만 존재하는 것을 의미한다.

이제 그림 6.11과 같은 직접 변환 믹서를 생각해 보자. 이 경우 오직 신호 대역의 잡음만 기저대역으로 변환되므로, 잡음이 없는 믹서라면 입력과 출력의 SNR은 동일하여 잡음지수는 0 dB가 된다. 이것을 입력 신호의 스펙트럼이 $\omega_{LO}$ 양쪽에 모두 존재한다고 하여 '양측(double-sideband, DSB)' 잡음지수라고 부른다.

요약하면, 믹서의 신호 대역과 이미지 대역이 RF 포트에서 동일한 이득을 갖는다면 믹서의 SSB 잡음지수는 DSB 잡음지수보다 3 dB 더 높다. 상용 잡음지수 측정기는 DSB NF를 측정한 후 SSB NF는 단순히 3 dB를 더해 표시해 준다.

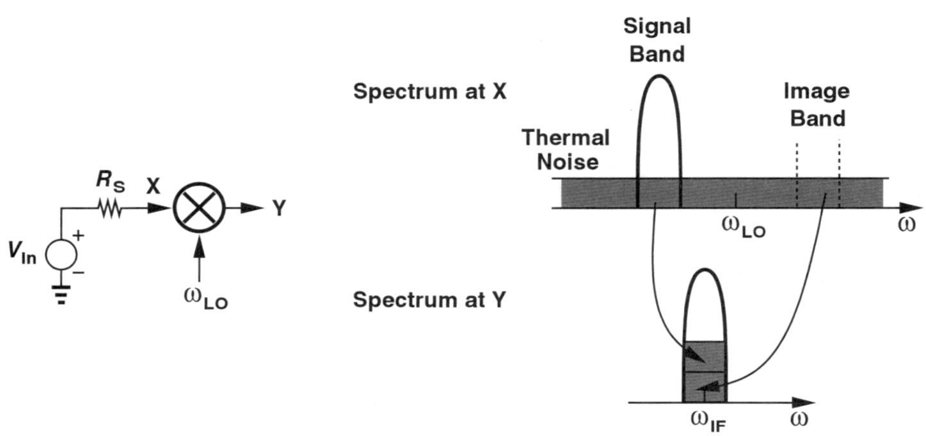


**그림 6.10** *SSB 잡음지수*

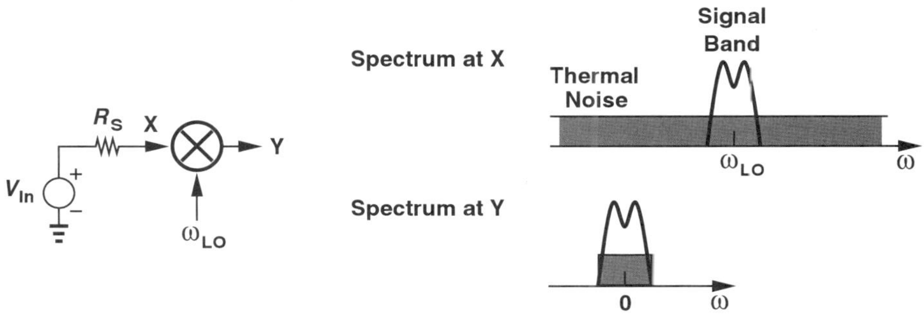


그림 6.11 *DSB 잡음지수*

## 예제 6.3

RF Microelecronics

한 학생이 그림 6.12(a)와 같은 헤테로다인 수신기를 두 가지 경우에 대해 설계하였다. (1) $\omega_{LO1}$이 $\omega_{RF}$로부터 멀리 떨어져 있는 경우, (2) $\omega_{LO1}$과 이미지 모두 대역 안에 있는 경우, 두 경우에 대해서 수신기의 잡음 특성을 기술하라.

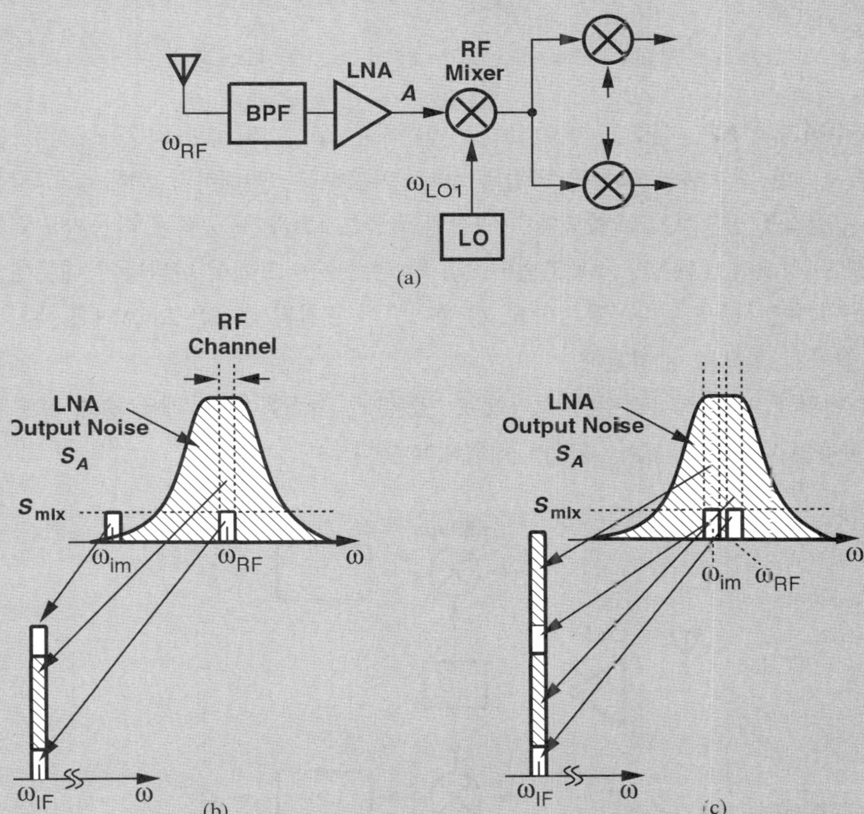


그림 6.12 *(a) 헤테로다인 수신기, (b) 이미지 주파수가 대역 밖에 있을 때의 하향 변환, (c) 이미지 주파수가 대역 안에 있을 때의 하향 변환* *(계속)*

**예제 6.3** (*계속*) RF Microelecronics

**풀이:**

첫 번째 경우 안테나, BPF, LNA의 선택도에 의해 이미지 대역의 열잡음은 감쇄된다. 물론 RF 믹서 자체에도 잡음을 가지고 있다. 이러한 상황은 그림 6.12(b)에 나타나 있다. $S_A$는 LNA의 출력 잡음을 나타내고 $S_{mix}$는 믹서 자체의 입력 잡음을 나타낸다. 따라서 믹서는 $\omega_{RF}$ 근처의 안테나와 LNA에 의해 증폭된 잡음, $\omega_{RF}$ 근처의 자체 잡음, $\omega_{im}$ 근처의 이미지 잡음을 포함하는 주요한 세 가지 잡음 성분을 IF 주파수로 하향 변환한다.

두 번째 경우 그림 6.12(c)와 같이 안테나, BPF, LNA에 의해 생성된 잡음은 이미지 주파수에서 신호 주파수에 걸쳐 평평한 스펙트럼을 나타낸다. RF 믹서는 이제 $\omega_{RF}$와 $\omega_{im}$ 근처의 LNA 출력 잡음, $\omega_{RF}$와 $\omega_{im}$ 근처의 자체 입력 잡음을 포함하는 주요한 네 가지 잡음 성분을 IF 주파수로 하향 변환한다. 따라서 두 번째 경우가 첫 번째 경우보다 잡음지수가 훨씬 더 높아진다. 만약 믹서에 의한 잡음이 LNA에 의한 잡음 보다 훨씬 작다면, 이 잡음지수의 차이는 3 dB가 될 것이다. 반면에 4장에서의 low-IF 수신기는 이미지가 제거되어 이러한 단점이 없다.

**직접 변환 수신기의 NF** 신호를 제로 IF 로 변환하는 수신기의 잡음지수를 정의하는 것은 어렵다(헤테로다인 시스템의 경우도 마찬가지다). 이 문제를 이해하기 위해서, 그림 6.13의 직접 변환 수신기를 살펴보자. $I$ 출력에서 관찰된 잡음은 LNA 의 증폭된 잡음과 $I$ 믹서의 잡음의 합으로 구성된다. (신호의 스펙트럼이 $\omega_{LO}$의 양쪽 사이드에서 나타나기 때문에 믹서의 DSB NF가 여기에 사용되었다.) 유사하게, $Q$ 출력에서 관찰된 잡음은 LNA의 증폭된 잡음과 $Q$ 믹서의 잡음의 합으로 구성된다.

그러나 어떻게 전체 잡음지수를 정의할 수 있는가? 시스템에 두 개의 출력 포트가 있더라도 잡음지수는 하나의 포트에 대해서 정의해야 한다.

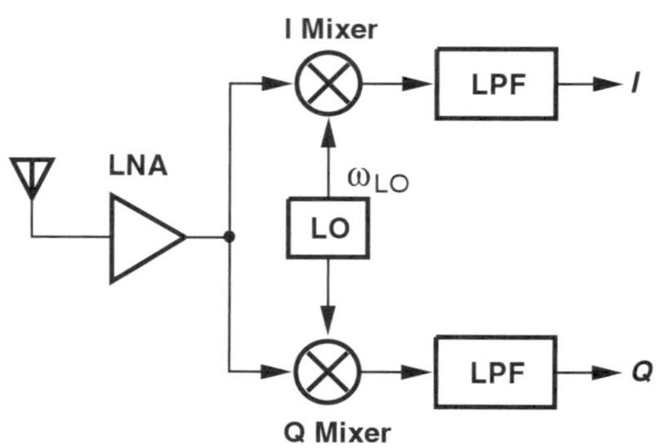


**그림 6.13** *잡음지수 계산을 위한 직접 변환 수신기*

$$\mathrm{NF} = \frac{\mathrm{SNR}_{in}}{\mathrm{SNR}_I} = \frac{\mathrm{SNR}_{in}}{\mathrm{SNR}_Q}, \tag{6.5}$$

$\mathrm{SNR}_I$와 $\mathrm{SNR}_Q$는 각각 $I$와 $Q$ 출력에서 측정된 SNR을 나타낸다. 확실히 직접 변환 수신기에 대한 이 잡음지수 정의는 일반적인 것이다. 그러나 결국 $I$와 $Q$ 출력은 합쳐지기 때문에(아마도 디지털 영역(digital domain)에서), 최종적으로 합쳐진 출력에서 더 정확한 잡음 성능을 측정할 수 있을 것이다. 불행하게도 출력이 합쳐지는 방식은 변조 방식에 달려있기 때문에 출력 SNR을 얻기 어렵게 만든다. 예를 들어, 4장에 기술한대로 FSK 수신기는 단순히 $Q$ 출력 데이터의 모서리(edge)에서 $I$ 출력의 이진 데이터를 추출하기 때문에 기저 직교신호는 비선형적으로 결합된다. 이러한 이유로 식 (6.5)에 의해 얻어진 잡음지수는 다른 쪽 출력의 신호 성분이 무시되었기 때문에 다소 정확하지 않다. 최종적으로 수신기의 민감도는 비트 오류율(bit error rate)로 나타나기 때문에 잡음지수의 모호함을 피할 수 있다.

## 예제 6.4

FF Microelecronics

그림 6.14(a)의 간단한 믹서를 고려하자. $R_L >> R_S$라고 가정하고 LO는 50%의 듀티 사이클(duty cycle)을 갖는다. $R_L$의 잡음을 무시했을 때 $R_S$에 의한 출력 잡음 스펙트럼을 구하라.

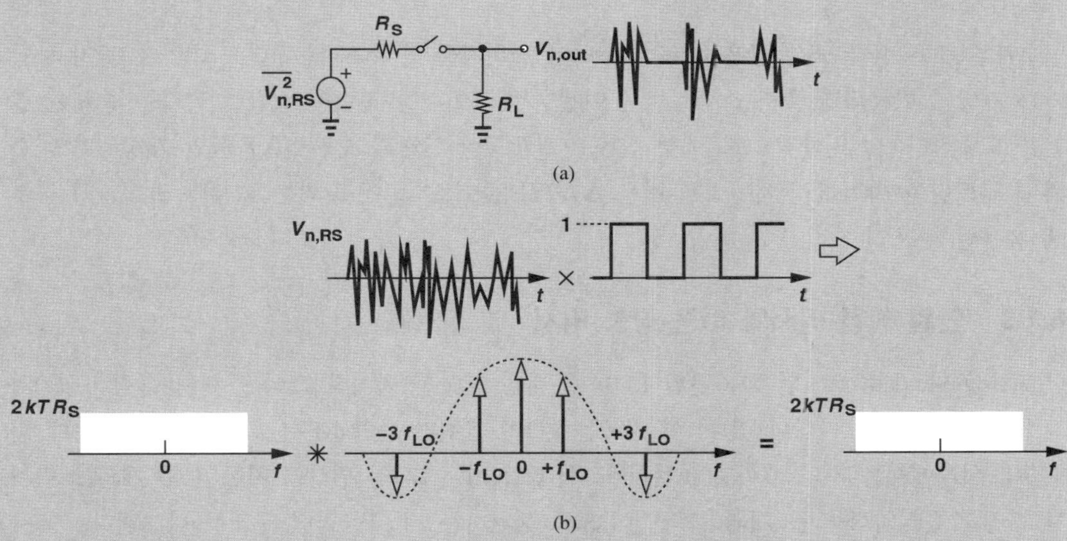


**그림 6.14** *(a) 수동 믹서, (b) 시간, 주파수 영역에서의 입출력 신호*

**풀이:**

$V_{out}$은 LO 주기의 절반 동안 $R_S$의 잡음과 같고 나머지 절반 동안 0이기 때문에 출력 전력밀도는 단순히 입력의 절반이라고 예상할 수 있다. 즉 $\overline{V_{n,out}^2} = 2kTR_S$이다. [이것은 *단방향*(*one-*

(계속)

**예제 6.4** (*계속*) RF Microelecronics

*sided*) 스펙트럼이다.] 이 예상을 증명하기 위해 $V_{n,out}(t)$를 $V_{n,RS}(t)$와 0과 1을 반복하는 구형파의 곱으로 생각한다. 그러면 출력 스펙트럼은 두 스펙트럼의 컨볼루션으로 얻을 수 있다[그림 6.14(b)]. 구형파의 *전력* 스펙트럼 밀도는 $\text{sinc}^2$의 포락선(envelope)을 가지며, $f = 0$에서의 임펄스(impulse)는 크기가 $0.5^2$, $f = \pm f_{LO}$에서의 임펄스는 크기가 $(1/\pi)^2$이다. 따라서 출력 스펙트럼은 (a) $2kTR_S \times 0.5^2$, (b) 오른쪽과 왼쪽으로 $\pm f_{LO}$만큼 이동한 $2kTR_S \times (1/\pi)^2$, (c) 오른쪽과 왼쪽으로 $\pm 3f_{LO}$만큼 이동한 $2kTR_S \times [1/(3\pi)]^2$ 등으로 이루어져 있다. 따라서

$$\overline{V_{n,out}^2} = 2kTR_S\left[\frac{1}{2^2} + \frac{2}{\pi^2} + \frac{2}{(3\pi)^2} + \frac{2}{(5\pi)^2} + \cdots\right] \tag{6.6}$$

$$= 2kTR_S\left[\frac{1}{2^2} + \frac{2}{\pi^2}\left(1 + \frac{1}{3^2} + \frac{1}{5^2} + \cdots\right)\right]. \tag{6.7}$$

$1^{-2} + 3^{-2} + 5^{-2} + \cdots = \pi^2/8$임을 증명할 수 있다. 따라서 *양방향*(*two-sided*) 출력 스펙트럼은 $kTR_S$가 되고 단방향 스펙트럼은 다음과 같다.

$$\overline{V_{n,out}^2} = 2kTR_S. \tag{6.8}$$

위 예제는 만약 백색 잡음(white noise)이 스위치를 통해 50% 듀티 사이클을 가지고 단락과 개방이 반복되면 출력 스펙트럼은 여전히 백색이지만 전력은 절반이 된다는 중요한 결론을 도출한다. 더 일반적으로, 백색 잡음이 $\Delta T$ 동안 단락되고 $T - \Delta T$ 동안 개방된다면 출력 스펙트럼은 여전히 백색이고 전력은 $\Delta T/T$로 줄어든다. 이 결과는 믹서와 발진기의 공부에 유용하게 쓰인다.

### 6.1.3 단일-평형 믹서와 이중-평형 믹서 Single-Balanced and Double-Balanced Mixers

단일(single-ended) RF 입력과 단일 LO를 가지는 간단한 믹서와 그의 구현이 그림 6.2(a)와 그림 6.3(b)에 각각 나타나 있다. 이 구조는 LO의 반주기 동안 RF 신호를 버리기 때문에 현대 RF 설계에서는 거의 쓰이지 않는다. 그림 6.15(a)는 LO의 위상이 차동인 두 개의 스위치를 가지고 RF 입력을 두 개의 출력 방향으로 전환하는 더 효율적인 구조를 나타낸다. 이 구조는 차동 LO 신호를 사용하기 때문에 '단일-평형(single-balanced)' 믹서라고 불리고 그림 6.2(a)의 믹서보다 변환 이득이 두 배이다(6.2.1절). 더욱이 회로가 단일 RF 입력에서 차동 출력을 생성하기 때문에 뒤에 오는 단의 설계를 용이하게 한다. 또한 그림 6.15(b)에서 볼 수 있듯이 회로가 대칭이라면 $\omega_{LO}$에서 LO-RF 피드스루가 사라진다.[1]

1. 비선형성 때문에 $2\omega_{LO}$ 성분은 여전히 입력으로 누설된다(문제 6.3).

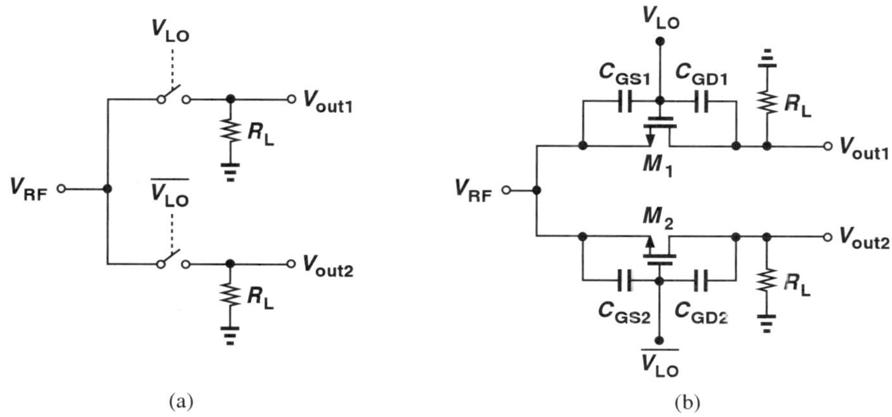


**그림 6.15** *(a) 단일-평형 수동 믹서, (b) (a)의 구현*

그러나 그림 6.15(b)의 단일-평형 믹서는 상당한 LO-IF 피드스루 문제가 있다. 특히 $V_{LO}$에서 $V_{out1}$으로의 커플링을 $+\alpha V_{LO}$라고 하면, $\overline{V_{LO}}$에서 $V_{out2}$로의 커플링은 $-\alpha V_{LO}$이므로 차동 출력 $V_{out1} - V_{out2}$는 $2\alpha\, V_{LO}$에 해당하는 LO 누설 신호를 포함하게 된다. 이 문제를 제거하기 위해, 출력 LO 피드스루는 제거하고 출력 신호는 제거되지 않도록 두 개의 단일-평형 믹서를 연결한다. 그림 6.16과 같은 구조는 각 출력에 $V_{LO}$와 $\overline{V_{LO}}$에서 기인한 반대되는 두 가지 피드스루가 생겨 제거된다. 출력신호는 $V_{LO}$가 하이(high)일 때 $V_{out1} = V_{RF}^{+}$, $V_{out2} = V_{RF}^{-}$이고 $\overline{V_{LO}}$가 하이일 때 $V_{out1} = V_{RF}^{-}$, $V_{out2} = V_{RF}^{+}$이므로 그대로 남아있게 된다. 즉 $V_{out1} - V_{out2}$는 LO가 하이일 때 $V_{RF}^{+} - V_{RF}^{-}$이고 LO가 로우(low)일 때 $V_{RF}^{-} - V_{RF}^{+}$가 된다.

그림 6.16의 회로는 LO와 RF에 대해 모두 차동 신호로 동작하므로 '이중-평형(double-balanced)' 믹서라 한다. 이 구조는 (만약 LNA가 단일 출력이라면) 다른 한쪽을 접지시켜 단

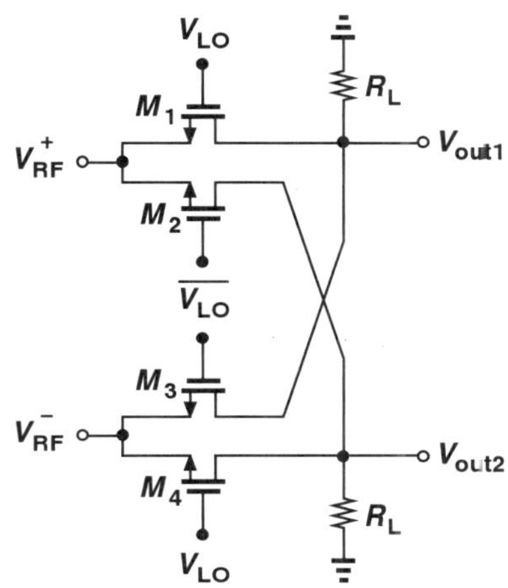


**그림 6.16** *이중-평형 수동 믹서*

일 RF 입력에도 적용할 수 있지만 입력측 변환 잡음(input-referred noise)이 높아진다.

**이상적인 LO 파형** 사인파와 구형파 중 어느 것이 이상적인 LO 파형일까? LO 신호는 RF 송수신기에서 믹서를 구동하기 때문에[2], 급격한 스위칭으로 변환 이득을 극대화 하려면 LO 파형은 구형파가 되어야 한다. 예를 들어 그림 6.16의 회로에서 만약 $V_{LO}$와 $\overline{V_{LO}}$가 점차적으로 변한다면, 그것들은 주기의 상당한 부분에서 근사적으로 같다(그림 6.17). 이 시간동안 네 개의 트랜지스터가 모두 켜지므로 $V_{RF}$를 공통 모드 이득으로 취급할 수 있다. 즉 각 주기의 $2\Delta T$의 시간동안 차동 성분이 생성되지 않으므로 입력 신호가 낭비된다. 나중이 설명하겠지만, 이러한 점차적인 변화는 또한 잡음지수를 증가시킨다.

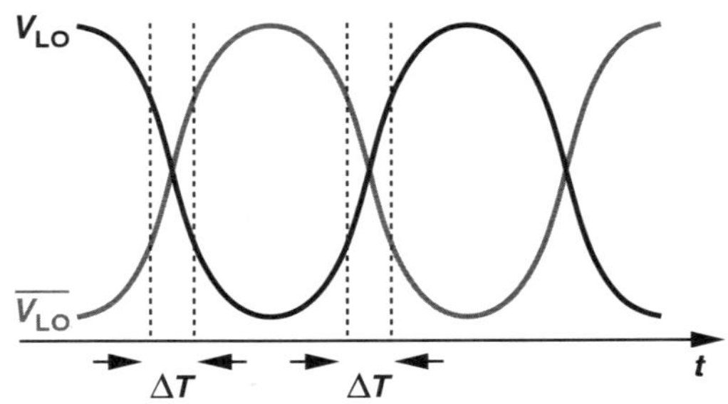


**그림 6.17** *스위치들이 동시에 켜졌을 때 LO 파형*

매우 높은 주파수에서 LO 파형은 필연적으로 사인파와 비슷하게 된다. 그러므로 상대적으로 높은 진폭을 채택하여 높은 슬루율(slew rate)을 얻고 겹치는 시간 $\Delta T$를 최소화해야 한다.

믹서는 등가적으로 RF 입력과 구형파를 곱하기 때문에 LO 고조파에 위치한 간섭 신호를 하향 변환 시킬 수 있으며, 이는 광대역 수신기에서 심각한 문제이다. 예를 들어, $3f_{LO}$에 위치한 간섭신호는 단지 10 dB 감쇄하여 기저대역에 나타난다.

**수동 믹서와 능동 믹서** 믹서는 넓은 의미로 '수동'과 '능동' 구조로 분류될 수 있고, 각각은 단일-평형 또는 이중-평형 회로로 구현될 수 있다. 이러한 유형을 다음 절에서 공부할 것이다.

## 6.2 수동 하향 변환 믹서 Passive Downconversion Mixers

그림 6.15와 6.16에 나타나있는 믹서는 트랜지스터가 증폭 소자로 작동하지 않는 수동 구조

2. 한 가지 예외는 인젝션-풀을 피하기 위해 LO가 주파수 분배기만을 구동하는 경우이다(4장).

의 예이다. 이 절에서는 특정한 수동 믹서의 변환 이득, 잡음지수, 입력 임피던스에 대해 알아볼 것이다. LO 신호는 50%의 듀티 사이클을 가지고 RF 입력은 전압원에 의해 공급된다고 가정한다.

### 6.2.1 이득 Gain

그림 6.18(a)에서 입력 신호는 0과 1이 반복되는 구형파와 곱해진다. 이 파형의 1차 고조파는 진폭이 $2/\pi$이고 $(2/\pi)\cos\omega_{LO}t$로 나타낼 수 있다. 주파수 영역에서, 이 고조파는 $\pm\omega_{LO}$에서 $1/\pi$의 크기를 갖는 두 개의 임펄스로 나타낼 수 있다. 따라서 그림 6.18(b)와 같이 RF 신호와 임펄스의 컨볼루션으로 이득이 $1/\pi(\approx -10$ dB)인 IF 신호를 얻을 수 있다. 그러므로 급격한 스위칭 조건에서 변환 이득은 $1/\pi$이다. 스위치가 개방되었을 때 출력이 0으로 떨어지므로 이러한 구조를 RZ(return-to-zero) 믹서라고 부른다.

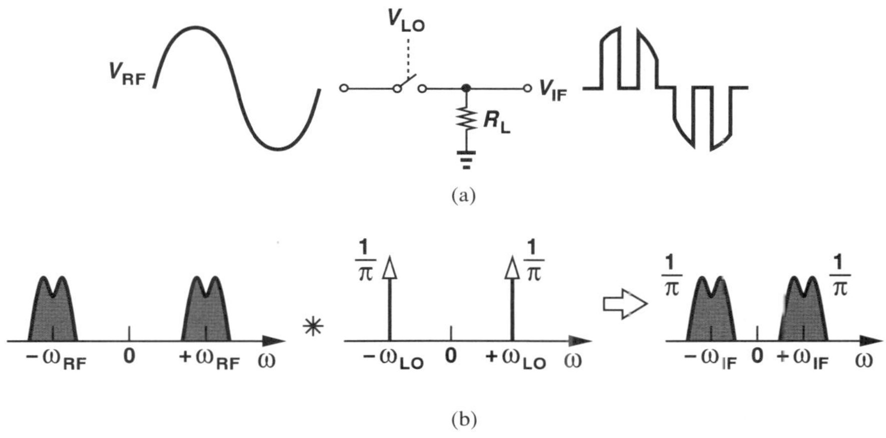


**그림 6.18** *(a) RZ 믹서의 입출력 파형, (b) 해당하는 스펙트럼*

**예제 6.5** RF Microelecronics

그림 6.18의 믹서는 왜 직접 변환 수신기에 적합하지 않은지 설명하라.

**풀이:**

0과 1을 반복하는 구형파는 평균적으로 0.5이기 때문에, $V_{RF}$ 그 자체도 또한 출력에 0.5의 변환 이득으로 나타난다. 그러므로 앞단의 우수 차수 왜곡에 의해 발생된 저주파의 비트 성분이 출력에 직접 나타나며, 이는 $IP_2$를 떨어뜨린다.

## 예제 6.6

RF Microelecronics

그림 6.18의 회로가 단일-평형 구조로 바뀌었을 때 변환 이득을 구하라.

**풀이:**

그림 6.19에 나와 있듯이 두 번째 출력은 첫 번째와 비슷하지만 180°의 위상차가 있다. 그러므로 차동 출력은 단일 출력의 두 배가 되어 변환 이득은 $2/\pi$ ($\approx -4$ dB)가 된다. 이 구조는 차동 출력과 두 배의 이득을 제공하므로 그림 6.18(a)의 단일-입출력(single-ended) 구조보다 우수하다.

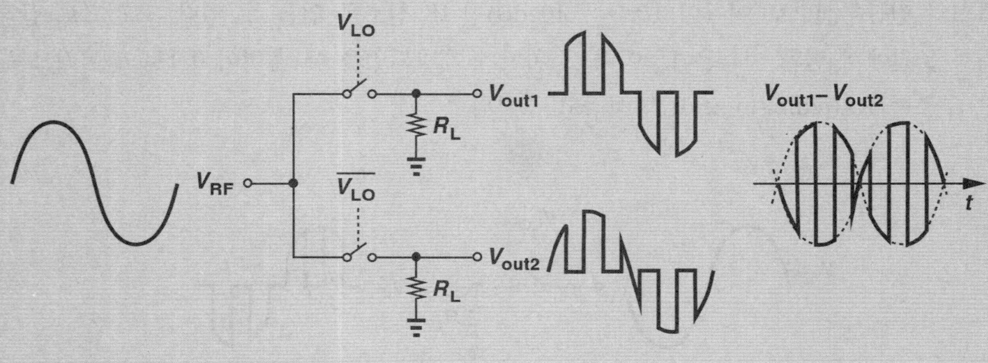


**그림 6.19** *수동 믹서의 이득 계산을 위한 파형*

## 예제 6.7

RF Microelecronics

위 구조를 이중-평형으로 구현했을 때 전압 변환 이득을 구하여라[그림 6.20(a)]. (차동 출력을 RZ 파형으로 분해하라.)

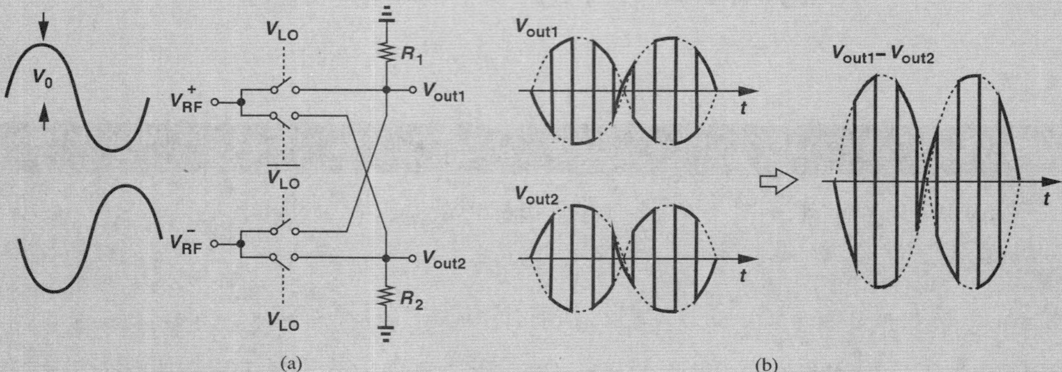


**그림 6.20** *(a) 이중-평형 수동 믹서, (b) 출력 파형*

**예제 6.7** (*계속*) RF Microelecronics

**풀이:**

이 경우 LO 주기의 절반 동안 $V_{out1}$은 $V_{RF}^{+}$이고, 나머지 절반 동안은 $V_{RF}^{-}$이다. 즉 출력이 고정되어 있기 때문에 $R_1$과 $R_2$는 생략될 수 있다. 그림 6.20(b)의 파형으로부터 $V_{out1} - V_{out2}$는 피크(peak) 진폭이 $2V_0$(왜?)인 두 개의 RZ 파형으로 분리될 수 있음을 알 수 있다. 각각의 파형은 $(1/\pi)2V_0$의 진폭을 갖는 IF를 생성하고 출력의 위상 차이가 180°이므로 $V_{out1} - V_{out2}$는 진폭이 $(1/\pi)4V_0$인 IF를 포함한다. 차동 입력의 진폭은 $2V_0$이므로 회로는 단일-평형 구조와 같은 $2/\pi$의 전압 변환 이득을 제공한다.

독자는 그림 6.18(a)의 회로에서 왜 $R_L$이 쓰였는지 궁금할 것이다. 만약 저항이 커패시터로, 즉 다음 단의 입력 커패시턴스로 바뀐다면 어떻게 될 것인가? 그림 6.21(a)의 믹서는 '샘플링(sampling)' 믹서 또는 'NRZ(non-return-to-zero)' 믹서로 불린다. 이런 구조는 샘플엔홀드(sample-and-hold) 회로처럼 동작하고, 스위치가 개방되었을 때 리셋(reset) 되기보다 유지되므로 더 큰 이득을 갖는다. 그림 6.21(a)의 출력 파형은 그림 6.21(b)와 같이 두 개로 분리될 수 있는데, $y_1(t)$는 그림 6.18(a)의 RZ 출력과 동일하고 $y_2(t)$는 $S_1$이 개방되었을 때 커패시터에 저장된 부가적인 출력이다. 그러면 전압 변환 이득을 계산해보자.

우선 아래 푸리에 변환 쌍을 생각해보자.

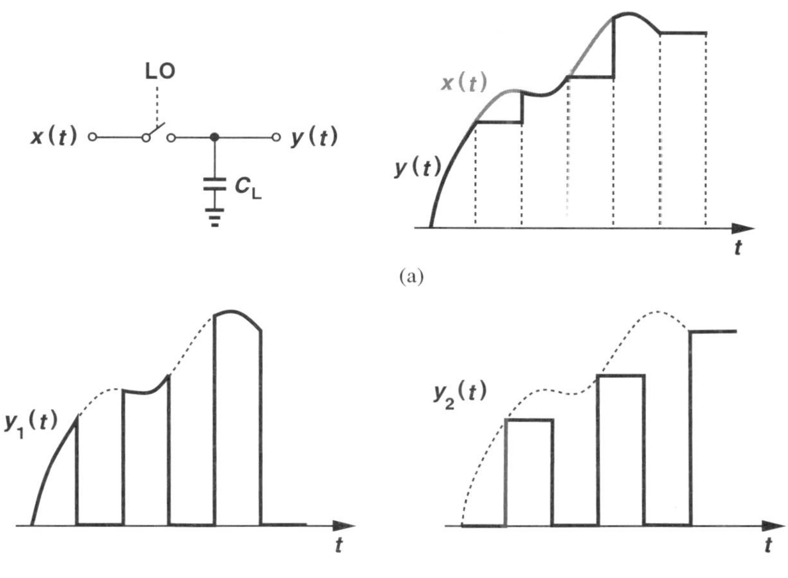


**그림 6.21** *(a) 샘플링 믹서, (b) 분리된 출력 파형*

$$\sum_{k=-\infty}^{+\infty} \delta(t-kT) \leftrightarrow \frac{1}{T}\sum_{k=-\infty}^{+\infty} \delta\left(f-\frac{k}{T}\right) \tag{6.9}$$

$$x(t-T) \leftrightarrow e^{-j\omega T}X(f) \tag{6.10}$$

$$\prod\left(\frac{t}{T/2}-\frac{1}{2}\right) \leftrightarrow \frac{1}{j\omega}\left(1-e^{-j\omega T/2}\right), \tag{6.11}$$

$\Pi[t/(T/2) - 1/2]$는 $t = 0$에서 $t = T/2$ 사이에서 진폭이 1이고 다른 곳에서는 0인 사각 펄스를 의미한다. 식 (6.11)의 우변은 또한 sinc 함수로 나타낼 수 있다. $y_1(t)$은 $x(t)$와 0과 1이 반복되는 구형파의 곱과 같고, 구형파는 사각 펄스와 임펄스 열(impulse train)의 컨볼루션(convolution)과 같기 때문에[그림 6.22(a)] 다음과 같이 쓸 수 있다.

$$y_1(t) = x(t)\left[\prod\left(\frac{t}{T_{LO}/2}-\frac{1}{2}\right) * \sum_{k=-\infty}^{+\infty} \delta(t-kT_{LO})\right], \tag{6.12}$$

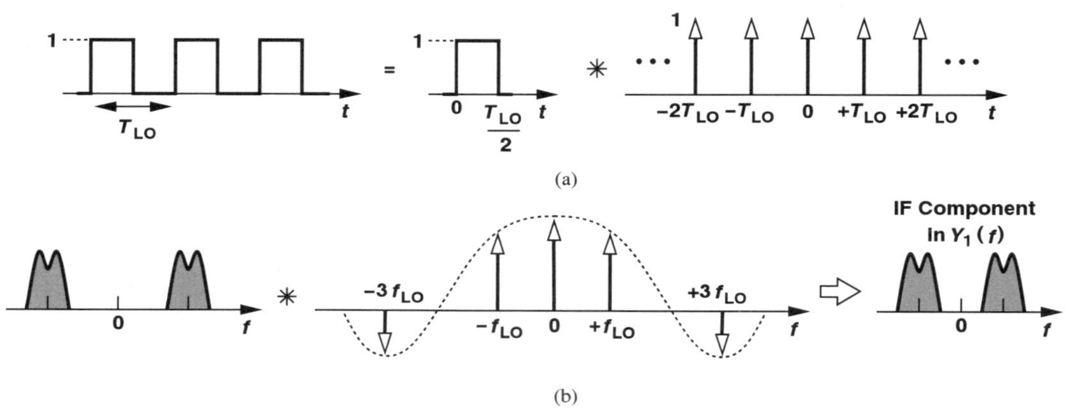


**그림** 6.22 *(a) 구형파의 분리, (b) $y_1(t)$의 입출력 스펙트럼*

$T_{LO}$는 LO 주기를 나타낸다. 식 (6.9)와 (6.11)로부터

$$Y_1(f) = X(f) * \left[\frac{1}{j\omega}\left(1-e^{-j\omega T_{LO}/2}\right)\frac{1}{T_{LO}}\sum_{k=-\infty}^{+\infty} \delta\left(f-\frac{k}{T_{LO}}\right)\right]. \tag{6.13}$$

그림 6.22(b)는 대응되는 스펙트럼을 나타낸다. $Y_1(f)$에서 관심 있는 것은 IF 성분이며, 이것은 $k$에 $\pm 1$을 대입하여 얻을 수 있다.

$$Y_1(f)|_{IF} = X(f) * \left[\frac{1}{j\omega}\left(1-e^{-j\omega T_{LO}/2}\right)\frac{1}{T_{LO}}\delta\left(f\pm\frac{1}{T_{LO}}\right)\right]. \tag{6.14}$$

$\pm 1/T_{LO}$에서 $[1/(j\omega)][1 - \exp(-j\omega T_{LO}/2)]$를 계산하면 $\pm T_{LO}/(j\pi)$이고, 이 결과를 $(1/T_{LO})\delta(f \pm 1/T_{LO})$와 곱한 후 $X(f)$와 컨볼루션하면 다음과 같다.

$$Y_1(f)|_{IF} = \frac{X(f - f_{LO})}{j\pi} - \frac{X(f + f_{LO})}{j\pi}. \tag{6.15}$$

예상한 바와 같이 $X(f)$에서 $Y_1(f)$로의 변환 이득은 $1/\pi$이지만, 90°의 위상 변이를 갖는다.

그림 6.21(b)의 $y_2(t)$는 입력을 샘플링한 임펄스 열과 사각 펄스의 컨볼루션으로 볼 수 있다[그림 6.23(a)]. 즉 다음과 같이 쓸 수 있다.

$$y_2(t) = \left[x(t)\sum_{k=-\infty}^{+\infty}\delta\left(t - kT_{LO} - \frac{T_{LO}}{2}\right)\right] * \prod\left(\frac{t}{T_{LO}/2} - \frac{1}{2}\right), \tag{6.16}$$

따라서

$$Y_2(f) = \left[X(f) * \frac{1}{T_{LO}}\sum_{k=-\infty}^{+\infty} e^{-j\omega T_{LO}/2}\delta\left(f - \frac{k}{T_{LO}}\right)\right] \cdot \frac{1}{j\omega}\left(1 - e^{-j\omega T_{LO}/2}\right). \tag{6.17}$$

그림 6.23(b)는 $X(f)$의 복제가 이동되고 sinc 포락선에 의해 곱해진 스펙트럼을 나타낸다. $Y_1(f)$와 $Y_2(f)$에는 미묘한 차이가 있는데, $Y_1(f)$는 각 $X(f)$의 복제가 특정 값의 비율인데 반해 $Y_2(f)$에서 각 $X(f)$의 복제는 sinc 포락선을 따라 변형된다. $Y_2(f)$에서 관심 있는 성분은 $k$에 ±1을 대입하여 얻을 수 있다.

$$Y_2(f)|_{IF} = \frac{1}{T_{LO}}[-X(f - f_{LO}) - X(f + f_{LO})]\left[\frac{1}{j\omega}\left(1 - e^{-j\omega T_{LO}/2}\right)\right]. \tag{6.18}$$

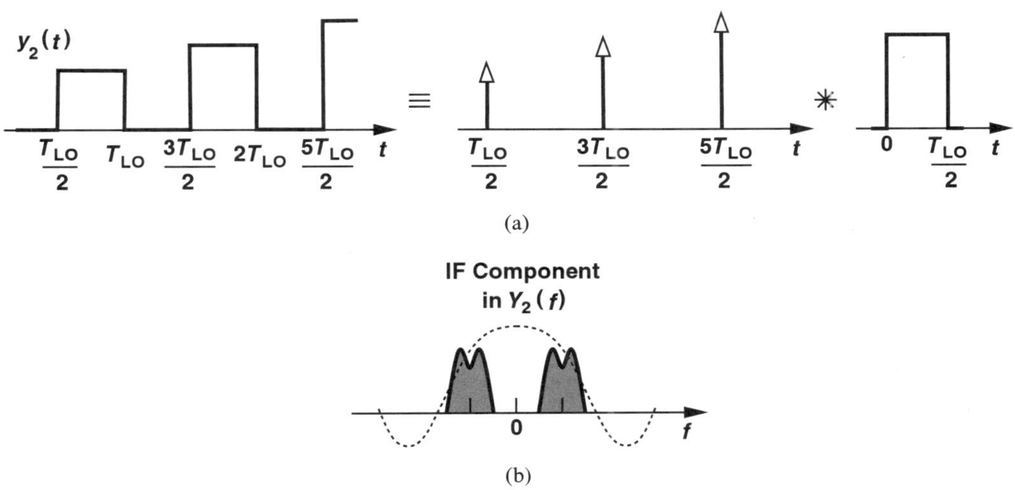


그림 6.23 *(a) $y_2(t)$의 분리, (b) 해당하는 스펙트럼*

두 번째 사각 괄호안의 식도 IF에서 계산되어야 한다. IF가 $2f_{LO}$보다 훨씬 작다면, $\exp(-j\omega_{IF}T_{LO}/2) \approx 1 - j\omega_{IF}T_{LO}/2$이므로

$$Y_2(f)|_{IF} \approx \frac{-X(f-f_{LO})-X(f+f_{LO})}{2}. \tag{6.19}$$

$Y_2(f)$에 $Y_1(f)$보다 IF 성분이 더 많이 포함되어 있다는 것은 주목할 만하다. 결과적으로 전체 출력 IF 성분은 다음과 같다.

$$|Y_1(f)+Y_2(f)|_{IF} = \sqrt{\frac{1}{\pi^2}+\frac{1}{4}}[|X(f-f_{LO})|+|X(f+f_{LO})|] \tag{6.20}$$

$$= 0.593[|X(f-f_{LO})|+|X(f+f_{LO})|]. \tag{6.21}$$

만약 그림 6.24와 같은 단일-평형 구조로 구현된다면, 회로의 이득은 이 값의 두 배가 되어 $1.186 \approx 1.48$ dB가 된다. 즉 샘플링 믹서는 RZ 믹서 보다 5.5 dB 큰 이득을 갖는다. 수동 회로임에도 불구하고 단일-입출력 샘플링 믹서의 전압 변환 이득이 1보다 크다는 것은 놀라운 일이고, 따라서 더욱 매력적인 선택이 된다. 현대의 RF 설계에서 RZ 믹서는 거의 쓰이지 않는다.

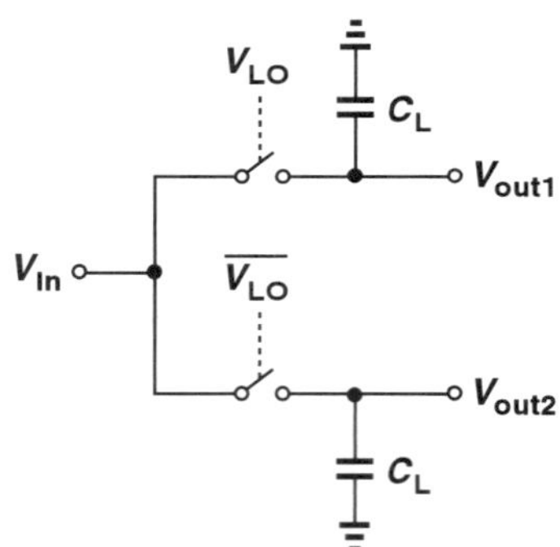


**그림 6.24** *단일-평형 샘플링 믹서*

## 예제 6.8

RF Microelecronics

이중-평형 샘플링 믹서의 전압 변환 이득을 구하라.

**풀이:**

그림 6.25의 구조는 그림 6.20(a)의 구조와 아주 동일하게 동작한다. 즉 각 출력은 모든 시점에서 두 입력 중 하나와 같기 때문에, 여기서 커패시터는 아무 역할도 하지 않는다. 따라서 변환 이득은 $2/\pi$이고, 그림 6.24의 단일-평형 구조보다 5.5 dB 낮다.

예제 6.8 (*계속*) RF Microelecronics

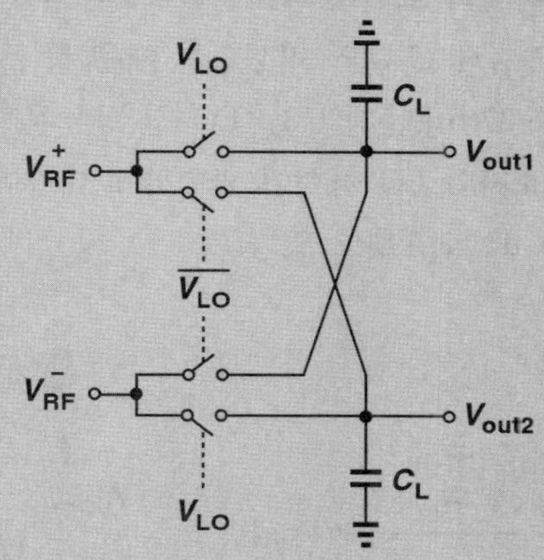


**그림 6.25** *이중-평형 샘플링 믹서*

위 예제는 이중-평형 샘플링 믹서의 사용을 배제하도록 할 수도 있다. 대부분 수신기 설계는 단일-입출력 LNA를 사용하기 때문에, 이것은 심각한 제약이 아니다. 그러나 필요하다면, 출력이 *전류 영역*(*current domain*)에서 합쳐지는 단일-평형 믹서 두 개를 이용하여 이중-평형 동작을 구현할 수 있다. 커패시터에 샘플을 유지하기 위해, $M_1 - M_4$를 이용하여 출력 전압을 전류로 변환하고, 각각의 전류를 더한 뒤에 부하 저항에 인가하여 출력 전압을 얻는 아이디어가 그림 6.26[1]에 개념적으로 나와 있다. 이 경우 믹서의 변환 이득은 1.48 dB와 같다.

## 6.2.2 LO 셀프-믹싱 LO self-mixing

4장에서 믹서의 입력으로 누설된 LO 파형이 RF 신호와 합쳐지고 LO와 혼합되어, 출력에 dc 오프셋을 생성했던 것을 상기하자. 지금부터 이 메커니즘이 단일-평형 샘플링 믹서에서 어떻

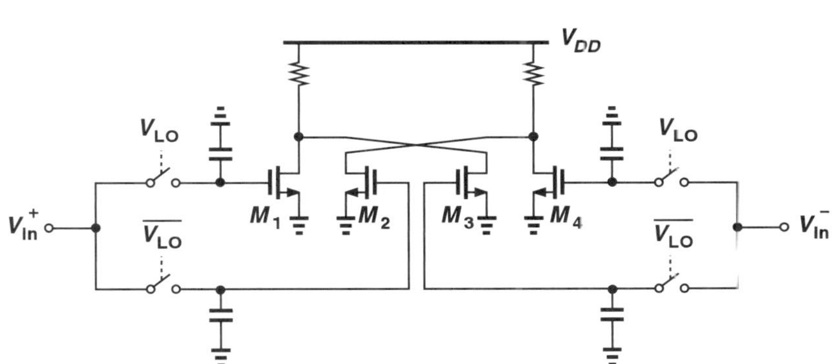


**그림 6.26** *전류 영역에서 두 단일-평형 믹서 출력의 결합*

게 될지 공부할 것이다. 그림 6.27(a)의 구조를 고려해보자. $R_S$는 이전 단(LNA)의 출력 임피던스를 나타낸다. 그리고 LO 파형과 트랜지스터가 완벽하게 대칭이라고 가정한다. 그러면 큰 LO 진폭으로부터 일어나는 $C_{GS1}$과 $C_{GS2}$의 비선형성 때문에, $V_P$는 LO의 두 배 주파수에서만 시간에 따라 변한다[그림 6.27(b)](문제 6.3). LO 신호와 혼합되면, 이 성분은 dc가 아닌 $f_{LO}$와 $3f_{LO}$으로 변환된다. 즉 소자와 LO 파형이 완벽하게 대칭이면, 믹서는 LO 셀프-믹싱이 일어나지 않으며 따라서 출력 dc 오프셋도 없다.

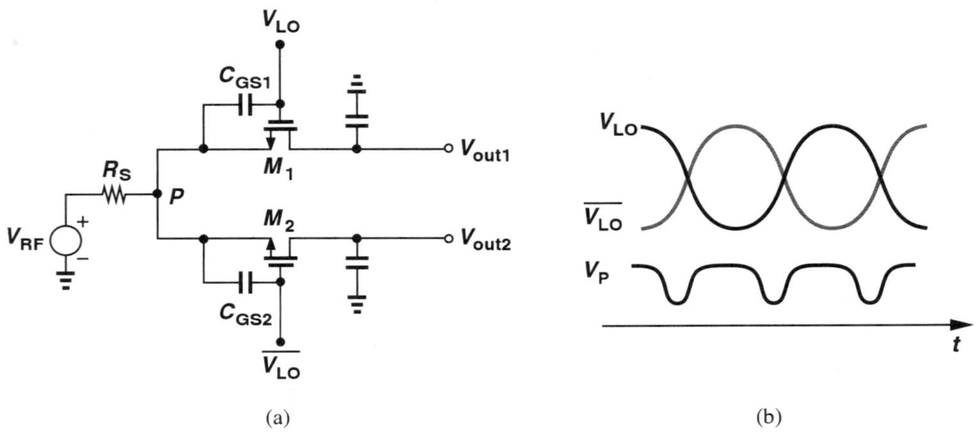


**그림 6.27** *(a) 샘플링 믹서에서 LO-RF 누설 경로, (b) LO와 누설 신호의 파형*

그러나 현실적으로 $M_1$과 $M_2$ 사이의 부정합과 발진기 회로 내부에서 노드 $P$에 LO 누설 신호를 발생시킨다. 결과적으로 나타나는 dc 오프셋은 비대칭을 만드는 다양한 트랜지스터나 커패시터, 인덕터 부정합에 대한 정보가 부족하여 정확한 계산이 어렵다. 대략적으로 dc 오프셋은 믹서의 출력에서 10 ~ 20 mV 정도이다.

### 6.2.3 잡음 Noise

이 절에서는, RZ와 샘플링 믹서의 잡음에 대해 알아보자. 출력 잡음 스펙트럼을 구하기 위해 IF 주변 1 Hz의 출력 잡음 전력을 계산하고, 결과를 변환 이득의 제곱으로 나누어 입력 기준 잡음을 얻는다.

그림 6.28의 RZ 믹서부터 시작하자. 여기서 $R_{on}$은 스위치가 단락되었을 때의 저항을 나타내며 LO의 듀티 사이클은 50%라고 가정한다. 출력 잡음은 $S_1$이 단락되었을 때 $4kT(R_{on} \| R_L)$이고, 개방되었을 때 $4kTR_L$이다. 예제 6.4에서와 같이, 평균적인 출력은 $4kT(R_{on} \| R_L)$의 절반과 $4kTR_L$의 절반으로 주어진다.

$$\overline{V_{n,out}^2} = 2kT[(R_{on}||R_L) + R_L]. \tag{6.22}$$

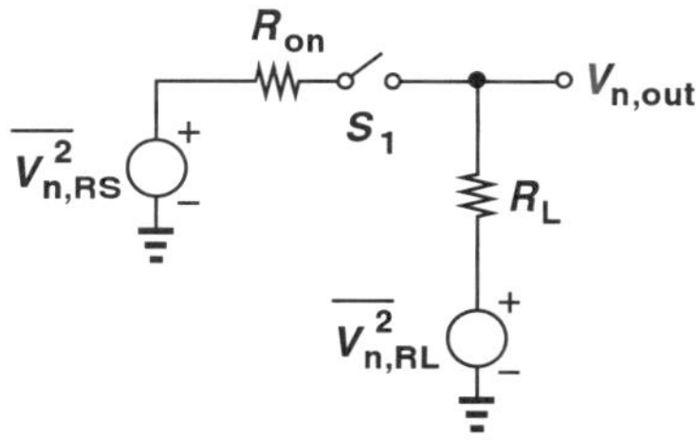


**그림 6.28** *잡음 계산을 위한 RZ 믹서*

만약 변환 손실(conversion loss)을 최소화하기 위해 $R_{on} << R_L$이 되도록 선택했다면,

$$\overline{V^2_{n,out}} \approx 2kTR_L. \tag{6.23}$$

이 값을 $1/\pi_2$으로 나누면 다음과 같이 입력 기준 잡음을 얻을 수 있다.

$$\overline{V^2_{n,in}} \approx 2\pi^2 kTR_L \tag{6.24}$$

$$\approx 20kTR_L. \tag{6.25}$$

즉 $R_L$의 잡음 전력( = $4kTR_L$=)은 입력을 기준으로 했을 때 5배 증폭되어 나타난다.

**예제 6.9** RF Microelecronics

$R_{on}$ = 100 Ω, $R_L$ = 1 kΩ일 때, 위 RZ 믹서의 입력 기준 잡음을 구하여라.

**풀이:**

$$\sqrt{\overline{V^2_{n,in}}} = 8.14\,\text{nV}/\sqrt{\text{Hz}}. \tag{6.26}$$

이 잡음은 50 Ω 시스템에서 10 log[1 + $(8.14/0.91)^2$] = 19 dB의 잡음지수를 갖는다.

독자는 $R_{on} << R_L$인 조건이 적절한 것인지 궁금할 것이다. 만약 $R_L$이 매우 크다면, 출력 잡음은 감소하지만 변환 이득 역시 감소한다. $R_{on} << R_L$인 가정을 제외하면 전압 변환 이득은 $(1/\pi)R_L/(R_{on} + R_L)$가 된다. 식 (6.22)를 이 값으로 나누면

$$\overline{V^2_{n,in}} = 2\pi^2 kT \frac{(R_{on} + R_L)(2R_{on} + R_L)}{R_L}. \tag{6.27}$$

이 함수 값은 $R_L = \sqrt{2}R_{on}$일 때 다음의 최소값을 갖는다.

$$\overline{V^2_{n,in,min}} = 2\pi^2(2\sqrt{2} + 3)kTR_{on} \tag{6.28}$$

$$\approx 117kTR_{on} \tag{6.29}$$

예를 들어 $R_{on} = 100\,\Omega$, $R_L = \sqrt{2} \times 100\,\Omega$이면, 입력 기준 잡음은 $6.96\,\text{nV}/\sqrt{\text{Hz}}$(50 Ω 시스템에서 잡음지수 17.7 dB)이다.

그러나 위와 같은 출력 잡음 계산은 현실적이지 않다. 왜냐하면 뒷단의 입력 커패시턴스가 잡음 대역폭을 제한하기 때문이다. 즉 더 이상 백색 잡음이 아니게 된다. 이 점은 샘플링 믹서를 공부할 때 더 명확해질 것이다.

이제 샘플링 믹서의 출력 잡음 스펙트럼을 계산해보자. IF에서 출력 잡음을 변환 이득으로 나누어 입력 기준 잡음을 구할 수 있다. 우선 세 가지 사항에 대해 고려해보자. 첫 번째로 그림 6.29(a)의 간단한 회로에서($R_1$은 스위치의 저항을 나타낸다.) 만약 $V_{in} = 0$이면,

$$\overline{V^2_{n,LPF}} = \overline{V^2_{nR1}} \frac{1}{1 + (R_1 C_1 \omega)^2}, \tag{6.30}$$

$\overline{V^2_{nR1}} = 2kTR_1$ $(-\infty < \omega < \infty)$이다. 따라서 잡음이 필터에 의해 변형되었다고 할 수 있다.[3] 두 번째로 그림 6.29(b)의 스위칭 회로에서 $S_1$이 도통되었을 때는 변형된 $R_1$의 잡음이 출력에 나타나고, 개방되었을 때 출력은 *샘플된* 상수 값이 된다. 세 번째로 그림 6.21의 이득 계산과 같은 방법으로 그림 6.29(c)와 같이 출력을 $V_{n1}$과 $V_{n2}$로 분리할 수 있다.

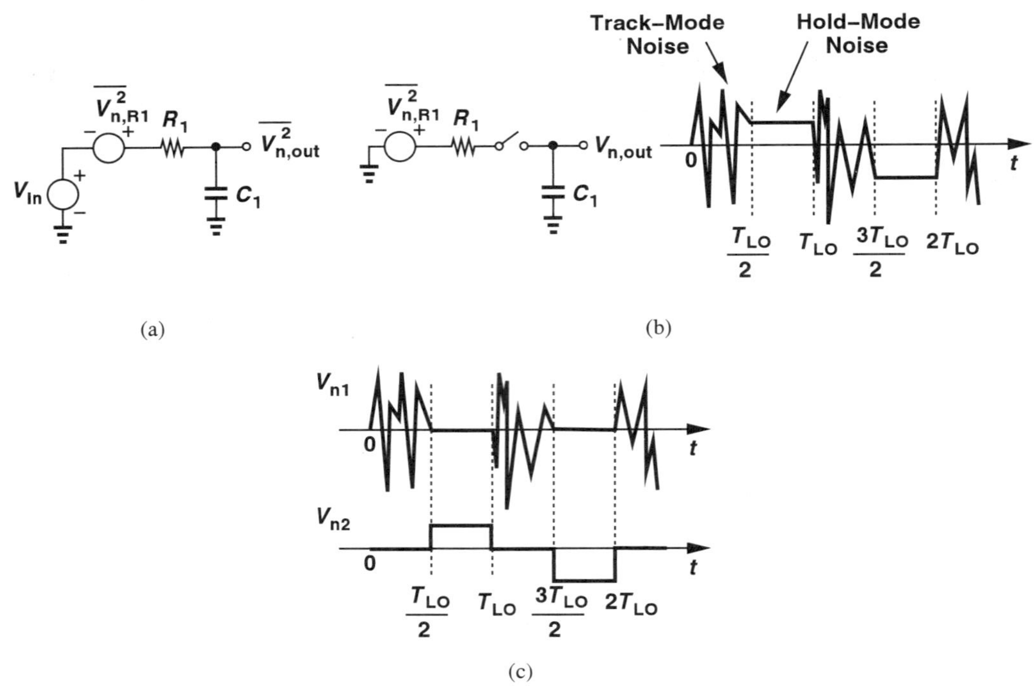


**그림 6.29** *(a) 잡음 계산을 위한 샘플링 믹서의 등가 회로, (b) 스위치 온과 오프 상태에서의 잡음, (c) 출력 파형의 분리*

3. 기본 아날로그 회로에서 이 출력 잡음을 0에서 ∞까지 적분한 값은 $kT/C_1$과 같다는 것을 상기하라.

따라서 전체 출력 스펙트럼을 $V_{n1}$과 $V_{n2}$의 스펙트럼의 합으로 생각할 수 있다. 그러나 아래의 설명과 같이, $R_1$에 의해 생성된 저주파 잡음 성분은 추적 모드(track-mode)와 고정 모드(hold-mode)의 잡음 파형 사이에 *상관관계*(*correlation*)를 만든다. 이러한 이유로 다음과 같이 진행한다. (1) $R_1$ 잡음의 저주파 성분을 제외했을 때 $V_{n1}$의 스펙트럼을 구한다. (2) $V_{n2}$의 스펙트럼도 같은 방법으로 구한다. (3) 최종 결과에 저주파 성분에 의한 효과를 추가한다. 그림 6.29의 $V_{n1}(t)$와 $V_{n2}(t)$는 $R_1$ 잡음의 저주파 성분에 영향을 받았더라도, 아래 유도 과정에서 처음 두 개는 단순히 $V_{n1}$과 $V_{n2}$의 스펙트럼을 나타낸다. 유사하게 저주파 성분이 제거되고 따로 고려되더라도 $\overline{V_{n,LPF}^2}(f)$라는 표기를 사용한다.

**$V_{n1}$의 스펙트럼** $V_{n1}$의 스펙트럼을 구하기 위해, 이 파형을 $V_{n,LPF}(t)$와 0과 1을 반복하는 구형파의 곱으로 생각한다. 그림 6.30과 같이, $V_{n1}$의 스펙트럼은 $\overline{V_{n,LPF}^2}(f)$와 구형파의 전력 스펙트럼 밀도($\text{sinc}^2$ 포락선을 갖는 임펄스)의 컨볼루션으로 주어진다. 실제로 믹서의 샘플링 대역폭은 $1/(R_1C_1)$으로 거의 $3\omega_{LO}$를 초과하지 않으므로

$$\overline{V_{n1}^2}(f) = 2 \times \left(\frac{1}{\pi^2} + \frac{1}{9\pi^2}\right) \frac{2kTR_1}{1 + (2\pi R_1 C_1 f)^2}, \tag{6.31}$$

오른쪽 항의 계수 2는 양의 주파수와 음의 주파수 성분을 고려한 것이다. 저주파 출력에서 이 식은 다음과 같이 간소화된다.

$$\overline{V_{n1}^2} = 0.226(2kTR_1). \tag{6.32}$$

이것은 $\overline{V_{n1}^2}$의 양방향 스펙트럼이다.

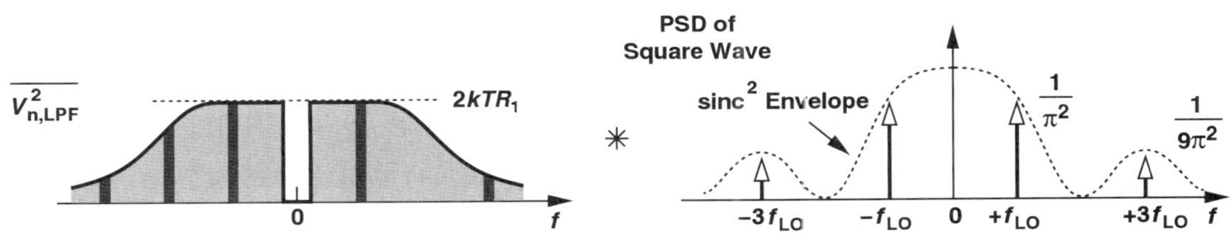


**그림 6.30** $V_{n1}$ *에서의 앨리어싱*(*aliasing*)

**$V_{n2}$의 스펙트럼** 그림 6.29(c)의 $V_{n2}$ 스펙트럼은 그림 6.21의 변환 이득을 구했던 접근방법을 이용해 구할 수 있다. 즉 $V_{n2}$는 $V_{n,LPF}$를 샘플링한 임펄스 열과 $\Pi[t/(2T_{LO}) - 1/2]$로 주어지는 사각 펄스의 컨볼루션과 같다. 따라서 $V_{n,LPF}$의 스펙트럼과 $T_{LO}^2$의 크기를 가지는 임펄스 열의 컨볼루션 결과를 $\text{sinc}^2$ 포락선과 곱한다. 그림 6.31과 같이 컨볼루션은 잡음 성분을 $\pm f_{LO}$, $\pm 2f_{LO}$ 등의 IF로 변환시킨다. 이러한 겹쳐진 성분들의 합은 다음과 같이 주어진다.

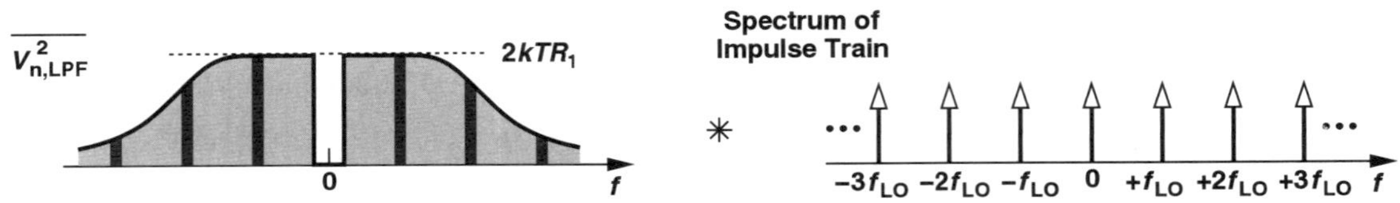


**그림 6.31** *$V_{n2}$에서의 앨리어싱(aliasing)*

$$\overline{V^2_{n,\mathrm{alias}}} = 2 \times \frac{2kTR_1}{T^2_{LO}}\left[\frac{1}{1+4\pi^2R_1^2C_1^2f^2_{LO}} + \frac{1}{1+4\pi^2R_1^2C_1^2\left(2f^2_{LO}\right)} + \cdots\right] \tag{6.33}$$

$$= 2 \times \frac{2kTR_1}{T^2_{LO}}\sum_{n=1}^{\infty}\frac{1}{1+a^2n^2}, \tag{6.34}$$

여기서 $a = 2\pi R_1C_1f_{LO}$이다. 식 (6.34)의 합을 계산하면

$$\sum_{n=1}^{\infty}\frac{1}{1+a^2n^2} = \frac{1}{2}\left(\frac{\pi}{a}\coth\frac{\pi}{a} - 1\right), \tag{6.35}$$

또한 일반적으로 $(2\pi R_1C_1)^{-1} > f_{LO}$이므로 $\coth(2R_1C_1f_{LO})^{-1} \approx 1$이다. 따라서

$$\overline{V^2_{n,\mathrm{alias}}} = \frac{kT}{T^2_{LO}}\left(\frac{1}{C_1f_{LO}} - 2R_1\right). \tag{6.36}$$

이 결과는 $\mathrm{sinc}^2$ 포락선인 $|(j\omega)^{-1}[1 - \exp(-j\omega T_{LO}/2)]|^2$과 곱해져야 한다. 이것은 저주파에서 $T^2_{LO}/4$의 크기를 갖는다. 그러므로 $V_{n2}$의 양방향 스펙트럼은 다음과 같다.

$$\overline{V^2_{n2}} = kT\left(\frac{1}{4C_1f_{LO}} - \frac{R_1}{2}\right). \tag{6.37}$$

**$V_{n1}$과 $V_{n2}$ 사이의 상관관계(correlation)** 이제 그림 6.29에서 $V_{n1}$과 $V_{n2}$ 사이의 상관관계를 알아보자. 상관관계는 두 가지 메커니즘에 의해 발생하는데, (1) 회로가 추적 모드로 바뀔 때, 이전에 샘플링된 값이 사라지는데 시간이 걸린다. (2) 회로가 고정 모드로 바뀔 때, 고정된 $V_{n2}$ 잡음 값은 부분적으로 $V_{n1}$과 상관관계가 있다. 앞의 메커니즘은 일반적으로 추적 시정수가 짧기 때문에 무시할 수 있다. 뒤의 메커니즘은 추적 모드나 고정 모드일 동안, $f_{LO}$보다 낮은 주파수의 잡음 성분이 상대적으로 일정하게 유지된다고 이해할 수 있다(그림 6.32). 변환 이득이 1이므로 그것은 zero-order hold와 같이 동작한다. 따라서 $2kTR_1$의 잡음 PSD와 더불어 0에서 대략 $f_{LO}/10$ 주파수까지의 $R_1$ 잡음 성분이 출력에 직접 나타난다.

$V_{n1}$과 $V_{n2}$의 *단방향* 스펙트럼과 저주파 성분의 기여, $4kTR_1$을 더하면 IF에서의 전체(단방향) 잡음은 다음과 같다.

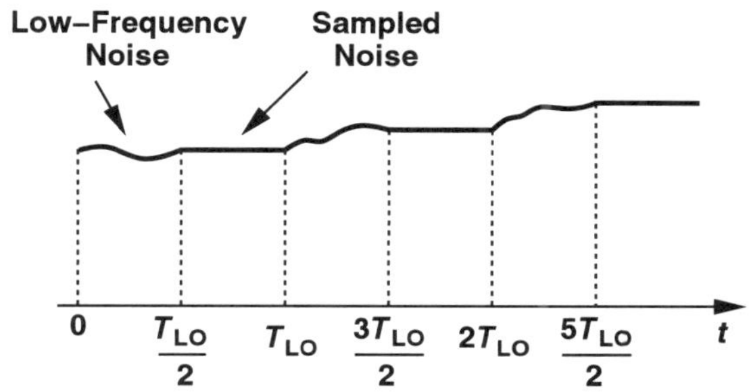


**그림 6.32** *획득(acquisition) 모드와 고정 모드의 잡음 성분 사이의 상관관계*

$$\overline{V^2_{n,out,IF}} = kT\left(3.9R_1 + \frac{1}{2C_1 f_{LO}}\right). \tag{6.38}$$

입력 기준 잡음은 이 결과를 $1/\pi^2 + 1/4$로 나누어 구할 수 있다.

$$\overline{V^2_{n,in}} = 2.85kT\left(3.9R_1 + \frac{1}{2C_1 f_{LO}}\right). \tag{6.39}$$

참고문헌 [2]와 [3]은 $R_1$이나 $C_1$에 대한 의존성은 예측하지 않았다.

단일-평형 구조에서 차동 출력 잡음 전력이 식 (6.38)의 두 배이지만, 전압 변환 이득 또한 두 배가 높다. 그러므로 단일-평형 수동 샘플링 믹서의 입력 기준 잡음은 다음과 같다.

$$\overline{V^2_{n,in,SB}} = \frac{kT}{2\left(\frac{1}{\pi^2} + \frac{1}{4}\right)}\left(3.9R_1 + \frac{1}{2C_1 f_{LO}}\right) \tag{6.40}$$

$$= 1.42kT\left(3.9R_1 + \frac{1}{2C_1 f_{LO}}\right). \tag{6.41}$$

이제 이중-평형 수동 믹서의 잡음에 대해 알아보자. 예제 6.8에서 언급한 것과 같이, 회로의 동작은 부하 커패시터의 유무에 크게 의존하지 않는다. 급격한 LO 스위칭이 일어날 때, 저항 $R_1$이 모든 시점에서 나타난다[그림 6.33(a)]. 그러므로 그림 6.33(b)에서 $\overline{V^2_{n\,out}} = 8kTR_1$

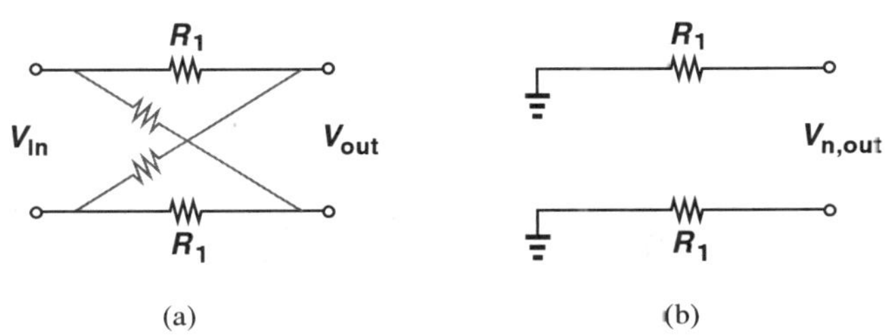


**그림 6.33** *(a) 이중-평형 수동 믹서의 등가 회로, (b) 간소화된 회로*

이고, 전압 변환 이득이 $2/\pi$이기 때문에,

$$\overline{V_{n,in}^2} = 2\pi^2 kTR_1. \tag{6.42}$$

수동 믹서의 낮은 이득은 다음 단의 잡음에 영향을 끼친다. 그림 6.34(a)는 전형적인 준-차동구조(5장)를 나타낸다. 이는 증폭기 동작을 제공하고 입력 커패시턴스가 믹서의 출력을 고정시킨다. 각각의 공통 소스단은 다음과 같은 입력 기준 잡음을 갖는다.

$$\overline{V_{n,CS}^2} = \frac{4kT\gamma}{g_m} + \frac{4kT}{g_m^2 R_D}. \tag{6.43}$$

이 전력은 이중-평형일 때 두 배가 되어야 하고 믹서의 출력 잡음 전력에 더해진다.

그림 6.34(a)의 회로는 어떻게 바이어스 되는가? 그림 6.34(b)에 예시가 나와 있다. 여기서 앞단(LNA)의 바이어스는 $C_1$에 의해 막아지고, $R_{REF}$와 $M_{REF}$, $I_{REF}$로 구성된 네트워크는 $M_1$과 $M_2$의 바이어스 전류를 정의한다. 5장에서 기술한 바와 같이, 저항 $R_{REF}$는 앞단의 출력 저항보다 더 크게 설정된다. 일반적으로 $I_{D1,2} \approx 5I_{REF}$가 되도록 $W_{REF} \approx 0.2\, W_{1,2}$로 설정한다.

그림 6.34(b)의 회로에서 노드 A와 B의 dc 전압은 LO 셀프-믹싱이 두 노드 사이에 dc 오프셋을 생성하지 않는 한 $V_P$와 같다. 독자는 그림 6.34(c)와 같이 바이어스 저항이 dc 오프셋을 제거하는 경로를 만들도록 회로가 재배열될 수 있는지 궁금할 것이다. 다음 예제에서 이 문제에 대해 설명할 것이다.

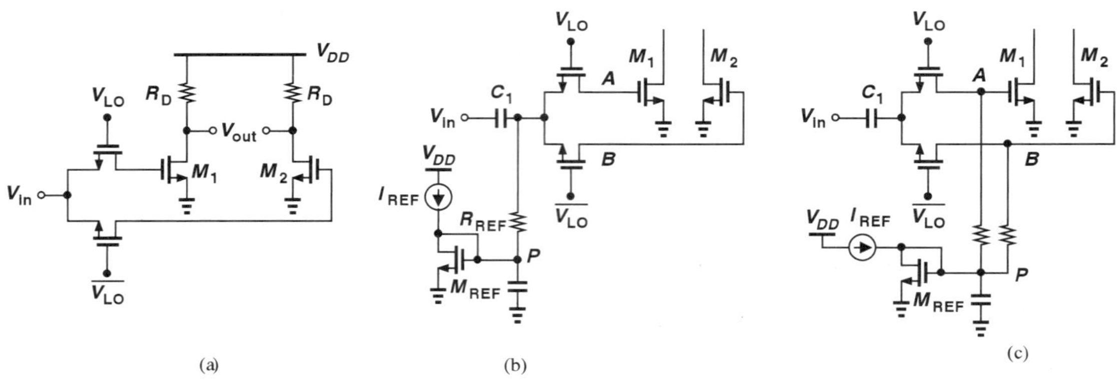


**그림 6.34** *(a) 이득 단이 뒤에 연결된 수동 믹서, (b) RF 입력의 바이어스 경로, (c) 기저대역 출력에서 바이어스 경로*

## 예제 6.10

RF Microelecronics

한 학생이 그림 6.35(a)의 구조에 대해 고찰해보았다. $V_{in}$은 입력으로의 LO 누설 전압을 나타낸다. 그 학생은 그림 6.35(b)의 구조는 dc 오프셋으로부터 자유롭다고 결론지었다. 출력에서

**예제 6.10** (*계속*) RF Microelecronics

양의 dc 전압 $V_{dc}$는 $R_L$에 dc 전류 $V_{dc}/R_L$를 흐르게 하고 같은 전류가 $R_S$이 흐르게 되는데, 이것은 노드 $X$에 음의 전압을 유발하므로 불가능하기 때문이다. 이 학생이 생각하는 것은 옳은가?

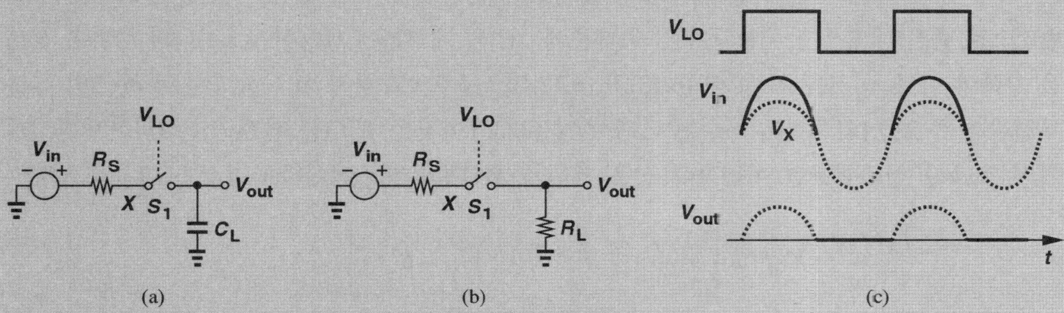


**그림 6.35** *(a) 샘플링 믹서, (b) RZ 믹서, (c) RZ 믹서 파형*

**풀이:**

노드 $X$의 평균 전압은 음이 될 수 있다. 그림 6.35(c)와 같이 $V_X$는 $S_1$ 단락되었을 때는 감쇄된 $V_{in}$의 형태를 띠며, $S_1$이 개방되었을 때는 $V_{in}$과 같다. 따라서 $R_L$에 유한한 평균 전류가 흐르는 동안 $V_X$의 평균값은 음수이다. 즉 그림 6.35(b)은 여전히 dc 오프셋 문제를 갖는다.

### 6.2.4 입력 임피던스 Input Impedance

수동 믹서는 LNA에 상당한 부하를 제공하는 경향이 있다. 그러므로 수동 샘플링 믹서의 입력 임피던스를 공식화 해볼 것이다.

그림 6.36의 그림을 고려해보자. 여기서 $S_1$은 이상적이라고 가정한다. 그림 6.21에서 출력 전압을 식 (6.12)와 식 (6.16)으로 각각 주어지는 두 파형 $y_1(t)$와 $y_2(t)$의 합으로 나타냈던 것을 상기해보자. 그림 6.36에서 $C_1$에 흐르는 전류는 다음과 같다.

$$i_{out}(t) = C_1 \frac{dy}{dt}. \tag{6.44}$$

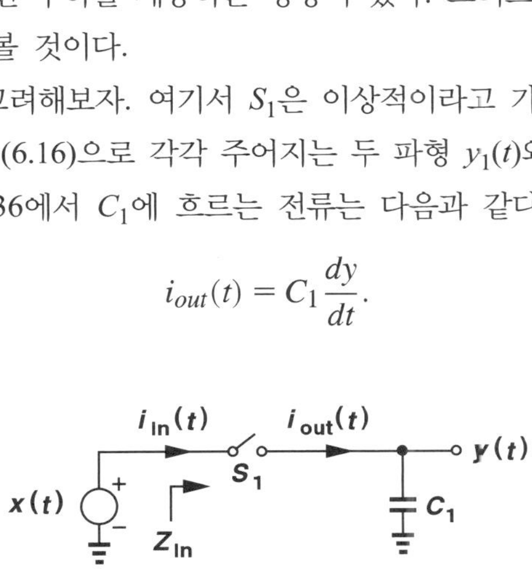


**그림 6.36** *샘플링 믹서의 입력 임피던스*

더욱이 $i_{in}(t) = i_{out}(t)$이다. 그러므로 푸리에 변환을 취하면

$$I_{in}(f) = C_1 j\omega Y(f), \tag{6.45}$$

여기서 $Y(f)$는 $Y_1(f)$와 $Y_2(f)$의 합과 같다.

그림 6.22와 6.23으로부터 분명한 것은, $Y(f)$는 많은 주파수 성분을 포함하고 있다는 것이다. 따라서 '입력 임피던스'의 의미에 대해 곰곰이 생각해봐야 한다. 입력 전압 신호 $x(t)$는 일반적으로 좁은 대역폭에 국한되어 있기 때문에, $x(t)$의 대역폭에 해당하는 $I_{in}(f)$의 주파수 성분을 구해야 한다. 이것을 위해, 식 (6.13)과 (6.17)의 $k$를 0으로 놓고 $X(f)$를 단순히 $\delta(f)$와 컨볼루션한다[즉 $X(f)$의 중심주파수는 바뀌지 않는다]. (이것은 $X(f)$를 관심 있는 IF로 변환시키기 위해 $k$를 선택했었던 이득이나 잡음 계산을 할 때와 대조적이다.) 그것은 다음과 같다.

$$\frac{I_{in}(f)}{C_1 j\omega} = X(f) * \left[\frac{1}{j\omega}\left(1 - e^{-j\omega T_{LO}/2}\right)\frac{1}{T_{LO}}\delta(f)\right] + \left\{X(f) * \left[\frac{1}{T_{LO}} e^{-j\omega T_{LO}/2}\delta(f)\right]\right\}\frac{1}{j\omega}\left(1 - e^{-j\omega T_{LO}/2}\right). \tag{6.46}$$

첫 번째 항의 사각 괄호에서, $\omega$는 $f = 0$에서의 임펄스를 구하기 위해 0이 되어야 한다. 그러므로 첫 번째 항은 $(1/2)X(f)$로 줄어든다. 두 번째 항에서 사각 괄호의 지수 함수 또한 $\omega$ = 0에서 계산 되어야 한다. 결과적으로 두 번째 항은 $(1/T_{LO})X(f)[1/(j\omega)][1 - \exp(-j\omega T_{LO}/2)]$로 간소화된다. 그러므로 입력 어드미턴스의 표현식은 다음과 같다.

$$\frac{I_{in}(f)}{X(f)} = jC_1\omega\left[\frac{1}{2} + \frac{1}{j\omega T_{LO}}\left(1 - e^{-j\omega T_{LO}/2}\right)\right]. \tag{6.47}$$

스위치의 온 저항은 단순히 식 (6.47)의 역수와 직렬로 연결된다.

식 (6.47)을 몇 가지 특별한 경우에 대해 조사해보는 것은 도움이 된다. 만약 입력 주파수 $\omega$가 $\omega_{LO}$보다 훨씬 작다면, 사각 괄호안의 두 번째 항은 1/2이 되므로

$$\frac{I_{in}(f)}{X(f)} = jC_1\omega. \tag{6.48}$$

즉 입력으로 커패시턴스만이 보이게 된다[그림 6.37(a)]. 만약 w $\approx 2\pi f_{LO}$(직접 변환 수신기에서와 같이)이면, 두 번째 항은 $1/(j\pi)$가 되어

$$\frac{I_{in}(f)}{X(f)} = \frac{jC_1\omega}{2} + 2fC_1. \tag{6.49}$$

그러므로 입력 임피던스는 $1/(2fC_1)$인 병렬 저항 성분을 포함하고 있다[그림 6.37(b)]. 마지막으로 만약 $\omega >> 2\pi f_{LO}$이면, 두 번째 항은 첫 번째 항보다 훨씬 작아지므로

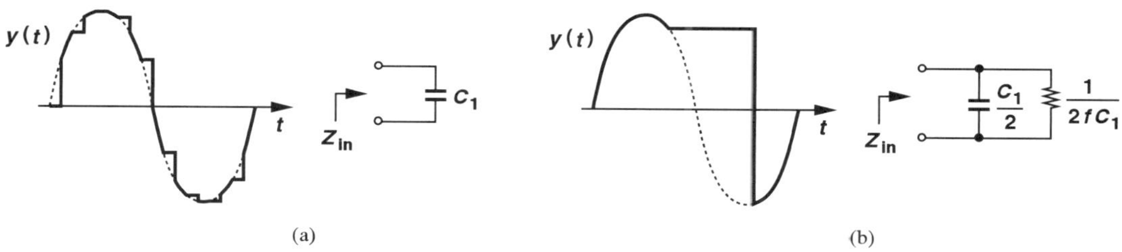


**그림 6.37** *수동 믹서의 입력 임피던스 (a) $\omega << \omega_{LO}$일 때, (b) $\omega \approx \omega_{LO}$일 때*

$$\frac{I_{in}(f)}{X(f)} = \frac{jC_1\omega}{2}. \tag{6.50}$$

단일-평형 믹서의 입력 임피던스는 식 (6.47)의 역수에 스위치의 온 저항 $R_1$을 추가한 결과를 반으로 나누어 구할 수 있다. 만약 $\omega \approx \omega_{LO}$이면

$$Z_{in,SB} = \frac{1}{2}\left[R_1 + \frac{1}{\dfrac{jC_1\omega}{2} + 2fC_1}\right]. \tag{6.51}$$

**플리커 잡음(flicker noise)** 수동 믹서가 대응하는 능동 믹서에 비해 갖는 중요한 이점은 출력 플리커 잡음이 훨씬 적다는 것이다. 이 특성은 기저대역에서 $1/f$ 잡음이 하향 변환된 채널을 심각하게 훼손하는 협대역 응용에서 특히 중요하다.

만약 MOSFET에 낮은 전류가 흐른다면 플리커 잡음 수준은 낮다[4]. 수동 샘플링 믹서에서는 만약 부하 커패시턴스가 상대적으로 작다면 플리커 잡음이 작다. 그러나 수동 믹서의 낮은 이득은 다음 단 $1/f$ 잡음의 영향을 크게 한다. 그러므로 믹서 *다음의* 기저대역 증폭기는 크기가 큰 트랜지스터를 사용해야 하는데 이는 믹서에 큰 부하 커패시턴스가 생기게 한다(그림 6.38). 위에 설명한 바와 같이, $C_{BB}$는 명백히 믹서의 입력 임피던스 $Z_{mix}$ 그 자체이다. 따라서 LNA의 부하가 된다.

**LO 스윙** 수동 MOS 믹서는 매우 큰 (rail-to-rail) LO 스윙이 필요하며, 이는 능동 믹서에 비해 갖는 단점이다. 따라서 LC 발진기는 큰 스윙을 발생해야 하며 이것은 적당한 주파수 (5

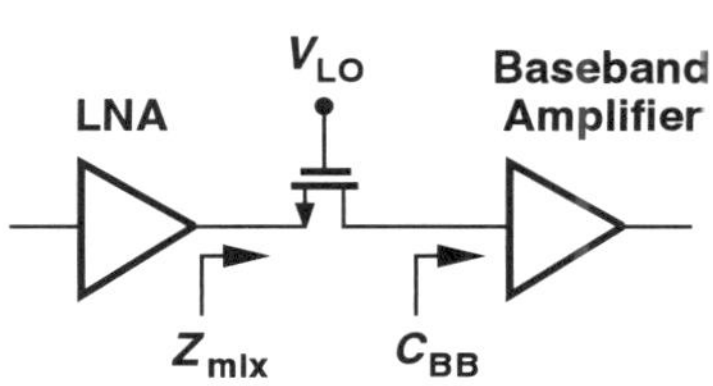


**그림 6.38** *기저대역 입력 임피던스*

또는 10 GHz까지)에서는 심각한 결점은 아니다.

13장에서 11a/g 응용을 위해 뒷단에 기저대역 증폭기가 달린 수동 믹서 설계를 살펴볼 것이다.

### 6.2.5 전류로 구동되는 수동 믹서 Current-Driven Passive Mixers

이전 절에서 수행한 이득, 잡음, 입력 임피던스의 분석은 수동 믹서의 RF 입력이 전압원에 의해 구동된다고 가정했을 경우이다. 만약 믹서가 전류원에 의해 구동된다면, 다른 특성을 보이게 된다. 그림 6.39(a)는 LNA가 상대적으로 큰 출력 임피던스를 가져 근사적으로 전류원이라고 볼 수 있는 개념적인 구조를 나타낸다. 수동 믹서는 작은 플리커 잡음을 달성하기 위해 여전히 바이어스 전류가 없고, 임피던스 $Z_{BB}$를 구동한다. 수동 믹서를 전압으로 구동하느냐 전류로 구동하느냐 사이에는 많은 흥미로운 차이가 있다.

첫 번째로 그림 6.39에서 전류로 구동되는 믹서의 입력 임피던스는 대응되는 전압으로 구동되는 믹서와 상당히 다르다. 독자는 이상한 점을 발견할지도 모른다. 사실 친숙한 회로들은 공급원의 임피던스와 무관한 입력 임피던스를 갖는다. 우리는 입력 포트에 전압이나 전류원을 가하여 LNA의 입력 임피던스를 계산할 수 있었다. 반면에 수동 믹서는 *시변(time-*

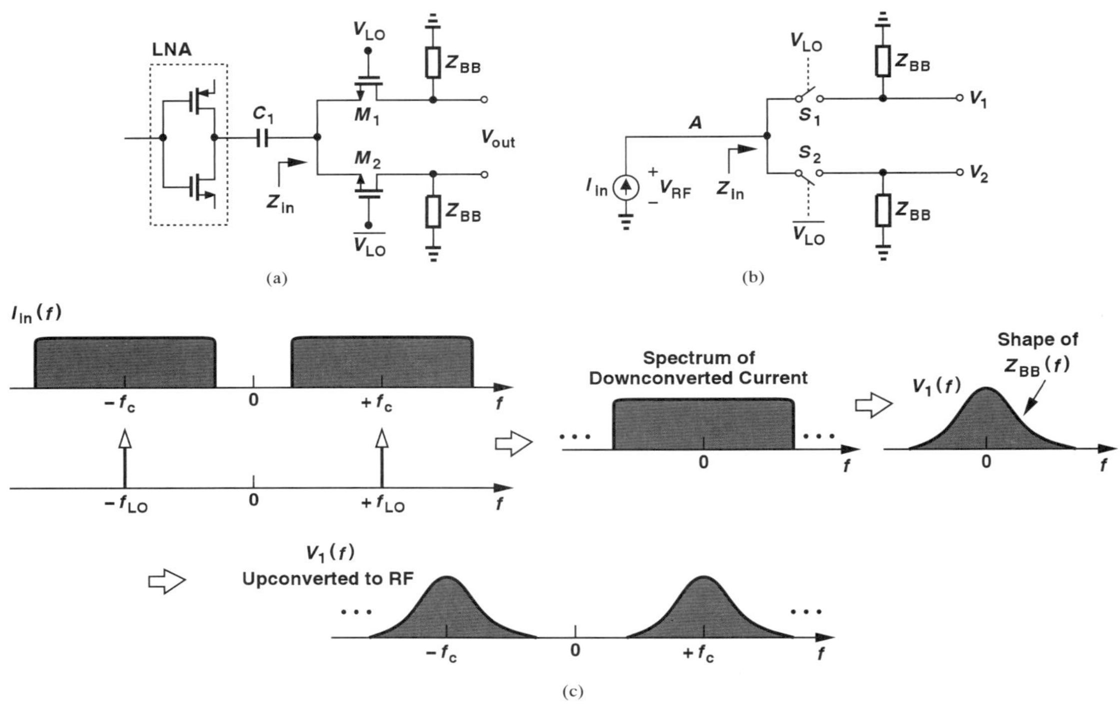


**그림 6.39** *(a) 전류로 구동되는 수동 믹서, (b) 입력 임피던스 계산을 위해 간략화된 모델, (c) 입력과 출력의 스펙트럼*

*variant*) 회로이기 때문에 이런 직관이 더 이상 통하지 않는다. 전류로 구동되는 단일-평형 믹서의 입력 임피던스를 구하기 위해, 그림 6.39(b)의 단순화된 구조를 고려해보자. 여기서 스위치의 온 저항은 무시되었다. LO가 50%의 듀티 사이클을 갖는다고 가정하고, LO와 근접한 주파수에서 $Z_{in}(f) = V_{RF}(f)/I_{in}(f)$을 계산해보자.

입력 전류는 50%의 시간동안 $Z_{BB}$를 통해 위쪽 경로로 흐른다. 시간 영역에서는[5],

$$V_1(t) = [i_{in}(t) \times S(t)] * h(t), \tag{6.52}$$

여기서 $S(t)$는 0과 1을 반복하는 구형파를 나타내고, $h(t)$는 $Z_{BB}$의 임펄스 응답을 나타낸다. 주파수 영역에서 표시하면

$$V_1(f) = [I_{in}(f) * S(f)] \cdot Z_{BB}(f), \tag{6.53}$$

여기서 $S(f)$는 구형파의 스펙트럼을 나타낸다. 예상한 바와 같이, $S(f)$의 1차 고조파와 $I(f)$와의 컨볼루션은 기저대역으로 변환 되고나서 $Z_{BB}(f)$의 주파수 응답에 영향을 받는다. 아래쪽 경로로 흐른 전류에서도 비슷한 현상이 일어난다.

우리는 이제 중요한 관찰을 한다 [5]: 그림 6.39(b)의 스위치는 또한 *기저대역* 파형을 LO와 혼합하여 노드 $A$에 *상향 변환된* 전압을 인가한다. 따라서 $V_1(t)$는 입력으로 돌아가면서 $S(t)$와 곱해지고, 스펙트럼은 RF로 변환된다. $V_2(t)$의 스펙트럼 또한 상향 변환되어 이 결과에 더해진다.

그림 6.39(c)는 우리의 관찰을 요약해 주는데, $I_{in}(f)$의 하향 변환된 스펙트럼이 $Z_{BB}$의 주파수 응답에 의해 형태가 만들어지고, 그 결과가 믹서를 통해 돌아가서 그 스펙트럼의 모양은 유지하면서 $f_c$ 근처로 상향 변환된다. 즉 $I_{in}(f)$ 스펙트럼의 응답으로 RF 전압 스펙트럼이 기저대역 임피던스에 의해 모양이 변화된 형태로 입력에 나타난다. 이것은 $f_c$ 근처의 입력 임피던스와 $Z_{BB}(f)$가 주파수 변환된 형태가 비슷하다는 것을 함축한다. 예를 들어 만약 $Z_{BB}(f)$가 저역 통과 임피던스를 갖는다면, $Z_{in}(f)$는 대역 통과 특성을 갖는다[5].

전류로 구동되는 수동 믹서의 두 번째 특성은 잡음과 비선형 특성이 줄어든다는 것이다[6]. 왜냐하면 이상적으로 *전류원*과 직렬 연결된 소자는 흐르는 전류의 값을 바꿀 수 없기 때문이다.

수동 믹서의 LO는 50%의 듀티 사이클을 가질 필요가 없다. 사실 전압 구동과 전류 구동 모두 25%의 듀티 사이클을 사용할 때 가장 큰 이득을 얻을 수 있다. 그림 6.40은 이에 따른 직교 위상 LO 파형을 나타낸다. 듀티 사이클 $d$를 갖는 LO 파형을 푸리에 급수로 나타내면 독자는 각 스위치에 인가되는 RF 전류가 다음과 같이 주어지는 IF 전류를 생성함을 볼 수 있다[6].

$$I_{IF}(t) = \frac{2}{\pi} \frac{\sin \pi d}{2d} I_{RF0} \cos \omega_{IF} t, \tag{6.54}$$

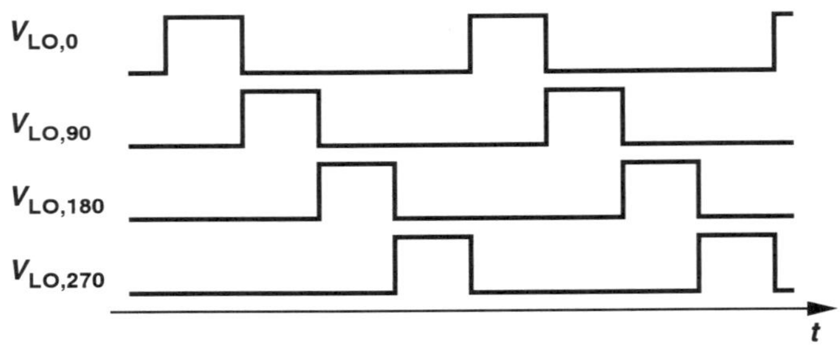


**그림 6.40** *25% 듀티 사이클을 갖는 직교 위상(quadrature) LO 파형*

여기서 $I_{RF0}$는 RF 전류의 진폭을 나타낸다. 예상한 바와 같이, $d$ = 0.5일 때 $2/\pi$의 이득이 나온다. 더 중요한 것은 $d$ = 0.25일 때 3 dB 높은 $2\sqrt{2}/\pi$를 얻을 수 있다. 물론 매우 높은 주파수에서 이런 파형을 생성하기는 어렵다. [이상적으로, 이 이득을 1로 증가시키기 위해서 $d \approx 0$(임펄스 샘플링)을 선택할 수 있다.]

그림 6.40에서 25% 듀티 사이클의 다른 유용한 특성은 $LO_0$와 $LO_{180}$(또는 $LO_{90}$과 $LO_{270}$)로 구동되는 믹서의 스위치는 동시에 켜지는 구간이 없다는 것이다. 결과적으로 믹서의 잡음과 비선형성이 줄어든다[6].

## 6.3 능동 하향 변환 모드 믹서 Active Downconversion Mixers

믹서는 변환 이득을 한 단에서 얻도록 구현될 수 있다. 능동(active) 믹서라고 불리는 구조들은 3가지 기능을 수행한다. 능동 믹서는 RF 전압을 전류로 바꾸고, LO에 의해 RF 전류의 방향을 바꾸며, IF 전류를 전압으로 변환한다. 이러한 동작들은 그림 6.41에 묘사되어 있다. 수

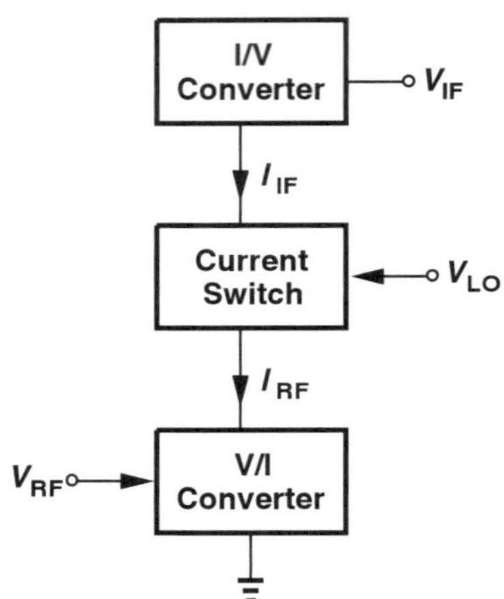


**그림 6.41** *V/I 컨버터, 전류 스위치, I/V 컨버터로 보이는 능동 믹서*

동 믹서와 능동 믹서는 모두 주파수 변환을 수행하는 반면, 능동 믹서는 전압-전류(V/I) 변환과 전류-전압(I/V) 변환이 각각 앞에 위치하고, 뒤에 따른다. 입력 변환 트랜스컨덕턴스 $V_{RF}/I_{RF}$와 출력 트랜스저항인 $V_{IF}/I_{IF}$를 원칙적으로 임의의 큰 값으로 가정하면 마음대로 높은 이득을 얻는다는 것을 직관적으로 관찰할 수 있다.

그림 6.42는 전형적인 단일-평형 구성을 묘사하고 있다. 여기에서, $M_1$은 입력 RF 전압을 전류로 바꾼다. [그리고 이런 이유로 '트랜스컨덕터(transconductor, 전달컨덕터)'로 불린다.] 차동 입력단인 $M_2 - M_3$은 이 전류를 왼쪽으로, 오른쪽으로 방향을 전환한다. 그리고 $R_1$과 $R_2$는 출력 흐름을 전압으로 변환한다. 이러한 $M_2$와 $M_3$를 '스위칭 쌍'라고 부른다. 6.2에서의 수동 믹서 연구와 마찬가지로, 이득, 잡음, 회로의 비선형성을 정량화하기를 원한다. 스위칭 쌍은 rail-to-rail LO 스윙을 필요로 하지 않는다는 것을 알아두자. 뒤에 설명하겠지만, 이러한 스윙은 선형성을 저하시킨다.

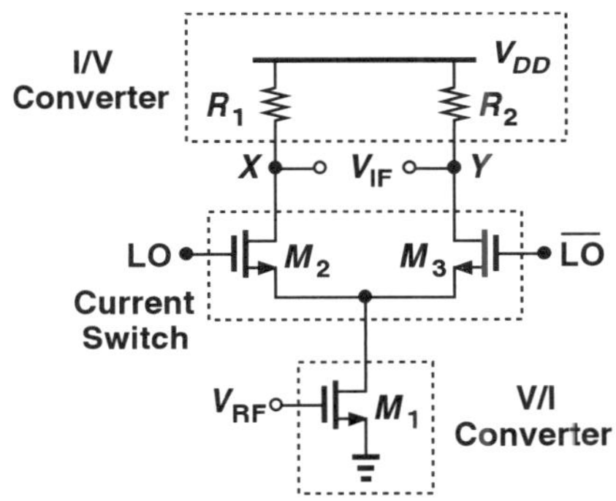


그림 6.42 *단일-평형 능동 믹서*

**이중-평형 구조(Double-Balanced Topology)** 만일 RF 입력이 차동 형태가 가능하다면, 예를 들어 LNA가 차동 출력을 제공한다면, 그림 6.42의 능동 믹서가 그에 따라 수정되어야 한다. 우선 그림 6.43(a)에 있는 회로를 복제하는 것으로 시작한다. $V_{RF}^+$와 $V_{RF}^-$가 RF 입력의 차동 위상을 나타낸다. 각각의 회로 절반 부분이 RF전류를 IF출력으로 방향을 바꾼다. $V_{RF}^+ = -V_{RF}^-$이기 때문에, $X_1$과 $Y_1$에서의 소신호 IF 구성요소들은 각각 $X_2$와 $Y_2$에서의 음의 값과 같다. 즉, $V_{X1} = -V_{Y1} = -V_{X2} = V_{Y2}$이므로 $X_1$에서 $Y_2$로, 그리고 $X_2$에서 $Y_1$르 연결을 시킬 수 있게 되어 그림 6.43(b)에서의 부하 저항이 $R_D/2$인 더블-평형 믹서에 이르게 된다. 우리는 종종 조밀하게 표현하기 위해 그림 6.43(c)에서와 같은 회로로 그린다. 트랜지스터 $M_2$, $M_3$, $M_5$, 그리고 $M_6$는 '스위칭 쿼드(switching quad)'라고 한다. 다음 섹션에서 이 기법의 장점과 단점에 대해 다룰 것이다.

단일-평형에 비하여 이중-평형 믹서의 장점 중 하나는 LO 파형에서 진폭 잡음을 제거하는 것이다. 6.3.2절에서 이러한 속성을 다룰 것이다.

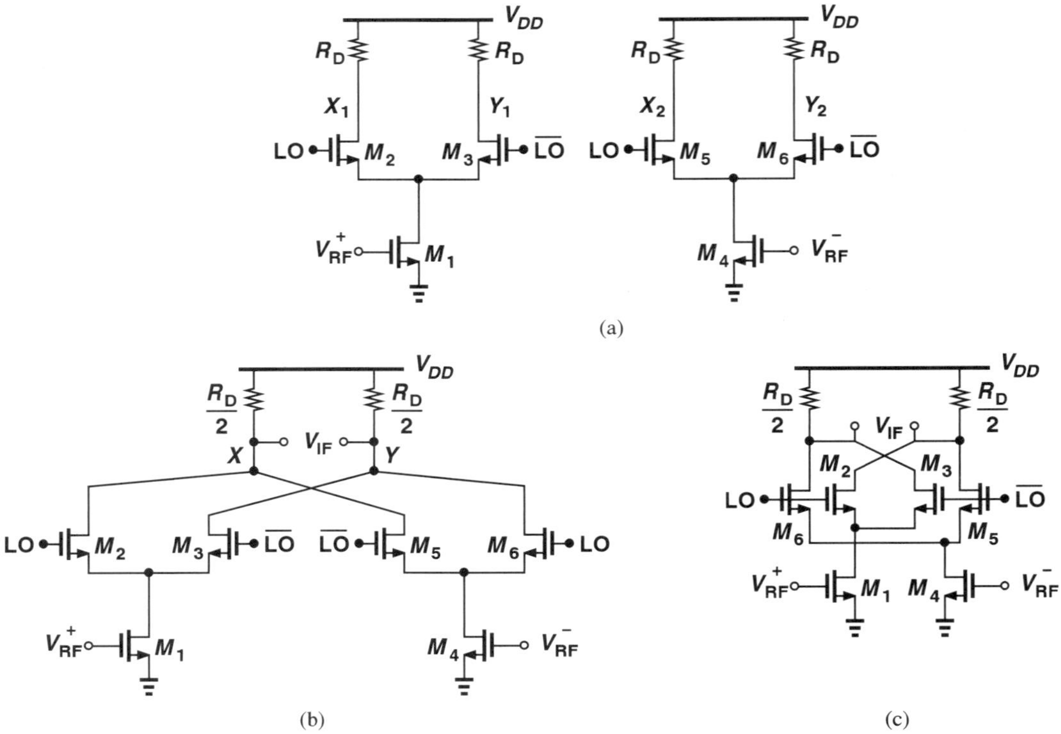


**그림 6.43** *(a) 차동 RF 입력을 감지하는 두 개의 단일-평형 믹서, (b) 출력 전류의 합, (c) 회로의 압축 그림*

**예제 6.11** RF Microelecronics

그림 6.43(b)의 회로에서 부하 저항은 이득을 두 배로 늘리기 위해 $R_D$와 같아질 수 있는가?

**풀이:**

그럴 수 없다. 전체적인 바이어스 전류가 각각의 저항이 배가 되며 통과하므로, $R_D$는 전압 헤드룸을 만족하기 위해 절반값이 되어야 한다.

## 6.3.1 변환 이득 Conversion Gain

그림 6.42의 회로에서, 트렌지스터 $M_1$은 $g_{m1}V_{RF}$과 동등한 소신호 드레인 전류를 생성한다. 급격한 LO 스위칭시에, 회로는 그림 6.44(a)에서 보이는 것처럼 표현되는데, 여기서 $M_2$는 0과 1을 반복하는 사각파에 의해 $I_{RF}$와 곱해지고, LO와 $\overline{LO}$가 상보적이기 때문에 $M_3$는 $S(t - T_{LO}/2)$에 의해 $I_{RF}$와 곱해진다. 따라서,

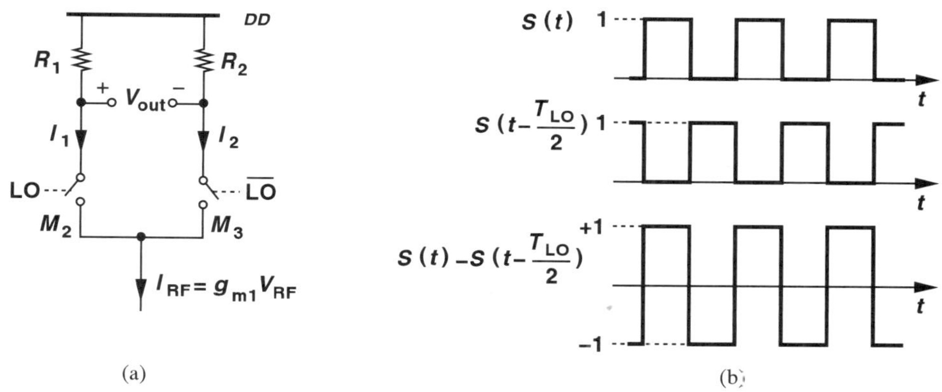


**그림 6.44** *(a) 능동 믹서의 등가 회로, (b) 스위칭 파형*

$$I_1 = I_{RF} \cdot S(t) \tag{6.55}$$

$$I_2 = I_{RF} \cdot S\left(t - \frac{T_{LO}}{2}\right). \tag{6.56}$$

$V_{out} = V_{DD} - I_1R_1 - (V_{DD} - I_2R_2)$이므로, $R_1 = R_2 = R_D$일 때 다음을 얻는다.

$$V_{out}(t) = I_{RF}R_D\left[S\left(t - \frac{T_{LO}}{2}\right) - S(t)\right]. \tag{6.57}$$

그림 6.44(b)로부터 식 (6.57)의 스위칭 동작은 $I_{RF}$를 −1과 +1 사이를 반복하는 사각파와 곱하는 것과 같다. 이러한 파형은 기본파 진폭이 $4/\pi$로[4] 나타나고, 다음의 출력 파형을 만든다.

$$V_{out}(t) = I_{RF}(t)R_D \cdot \frac{4}{\pi}\cos\omega_{LO}t + \cdots. \tag{6.58}$$

만약 $I_{RF}(t) = g_{m1}V_{RF}\cos\omega_{RF}t$라면, $\omega_{RF} - \omega_{LO}$에서의 IF 성분은 다음과 같다.

$$V_{IF}(t) = \frac{2}{\pi}g_{m1}R_DV_{RF}\cos(\omega_{RF} - \omega_{LO})t. \tag{6.59}$$

따라서 전압 변환 이득은 다음과 같다.

$$\frac{V_{IF,p}}{V_{RF,p}} = \frac{2}{\pi}g_{m1}R_D. \tag{6.60}$$

변환이득을 제한하는 요인은 무엇인가? 우리는 주어진 전력 버짓(power budget, 각 블록의 입출입 전력을 할당하는 작업), 즉 특정한 바이어스 전류를 가정하고, 이득은 선형성과 전

---

4. 사각파의 첫 번째 하모닉의 피크 진폭이 사각파의 피크 진폭보다 *더 크다*는 사실을 기억하는 것이 유용하다.

압 헤드룸과의 절충이 된다는 것을 보여준다. 입력 트랜지스터는 요구되는 $IP_3$를 결정하는 오버드라이브(overdrive) 전압 $V_{GS1}-V_{TH1}$에 따라 사이즈가 결정된다(5장). 그러므로 $V_{DS1,min}=V_{GS1}-V_{TH1}$이다. $M_1$의 트랜스컨덕턴스는 전류 버젯과 $IP_3$에 의해 제한되고, $g_{m1}=2I_{D1}/(V_{GS1}-V_{TH1})$[또는 포화 속도를 가지는 소자에서 $I_{D1}/(V_{GS1}-V_{TH1})$]로 표현된다. 또한, $R_D$의 값은 양단에 허용 가능한 최대 dc 전압에 의해 제한된다. 즉, 그림 6.42의 $V_X$와 $V_Y$ 최소 허용치를 계산해야 한다. 6.3.3절에서 설명했던 것처럼 선형성 요구 조건은 $M_2$와 $M_3$ 모두 전류를 흘리기 위해 트라이오드(triode) 영역에 들어가지 않도록 강요한다.

그림 6.42의 $M_2$와 $M_3$의 게이트 전압이 차동 LO 파형 $V_{CM,LO}$의 공통-모드 레벨에 고정되어 있다고 가정하자[그림 6.45(a)]. 만약 $M_1$이 포화영역의 모서리에 있다면, $V_N \geq V_{GS1}-V_{TH1}$이 된다:

$$V_{CM,LO}-V_{GS2,3} \geq V_{GS1}-V_{TH1}. \tag{6.61}$$

이제 $M_2$와 $M_3$의 게이트 전압이 $V_{CM,LO}+V_0$와 $V_{CM,LO}-V_0$에 각각 도달하는 순간을 고려해 보자. 여기에서 $V_0=\sqrt{2}(V_{GS2,3}-V_{TH2})/2$이며, 이 값은 $M_3$를 꺼지게 할 만큼 충분히 높다[그림 6.45(b)]. 이 지점까지 $M_2$가 포화 영역에 남아 있도록 하기 위해, 이것의 드레인 전압은 $V_{CM,LO}+\sqrt{2}(V_{GS2,3}-V_{TH2})/2-V_{TH2}$ 아래로 떨어져서는 안 된다:

$$V_{X,min}=V_{CM,LO}+\frac{\sqrt{2}}{2}(V_{GS2,3}-V_{TH2})-V_{TH2}, \tag{6.62}$$

식 (6.61)으로부터, 다음과 같이 정리된다.

$$V_{X,min}=V_{GS1}-V_{TH1}+\left(1+\frac{\sqrt{2}}{2}\right)(V_{GS2,3}-V_{TH2}). \tag{6.63}$$

그러므로 $V_{X,min}$은 $M_1$의 오버드라이브와 각 스위칭 트랜지스터들의 '평형' 오버드라이브

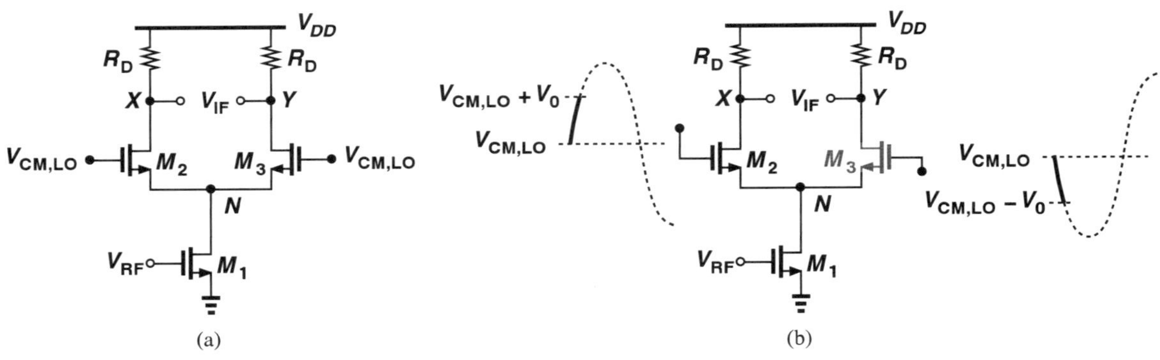


**그림 6.45** *(a) CM 레벨의 LO를 가지는 능동 믹서, (b) 한 소자를 끄기 위해 필요한 스윙*

의 약 1.7배 정도를 위해 수용해야 한다. 각각의 부하 저항 양단의 최대 허용 가능한 dc 전압은 다음과 같다.

$$V_{R,max} = V_{DD} - \left[V_{GS1} - V_{TH1} + \left(1 + \frac{\sqrt{2}}{2}\right)(V_{GS2,3} - V_{TH2})\right]. \tag{6.64}$$

각각의 저항이 $I_{D1}$의 절반의 전류를 흘린다면,

$$R_{D,max} = \frac{2V_{R,max}}{I_{D1}}. \tag{6.65}$$

식 (6.64)와 식 (6.65)로부터, 최대 전압 변환 이득을 다음과 같이 얻을 수 있다.

$$A_{V,max} = \frac{2}{\pi} g_{m1} R_{D,max} \tag{6.66}$$

$$= \frac{8}{\pi} \frac{V_{R,max}}{V_{GS1} - V_{TH1}}. \tag{6.67}$$

그러므로 낮은 공급 전압이 능동 믹서의 이득을 상당히 제한한다고 결론을 내리게 된다.

**예제 6.12** RF Microelecronics

단일-평형 능동 믹서는 입력 V/I 변환기 트랜지스터에서 300 mV의 오버드라이브 전압을 필요로 한다. 만약 각각의 스위칭 트랜지스터가 150 mV인 평형 상태의 오버드라이브를 가지고, 피크 LO 스윙이 300 mV라면, 1-V 공급전압에서 얼마나 큰 변환 이득을 얻을 수 있는가?

**풀이:**

식 (6.64)로부터, $V_{R,max}$ = 444 mV이고, 그러므로

$$A_{V,max} = 3.77 \tag{6.68}$$

$$\approx 11.5\text{ dB}. \tag{6.69}$$

상대적으로 낮은 변환 이득 때문에, 부하 저항과 다음 단에 의해 발생하는 잡음이 중요해질 수 있다.

얼마나 더 개선될 여지가 있을까? 주어진 $IP_3$ 요구사양에서, 선행하는 LNA의 이득을 감소시킬 수 없다면 입력 트랜지스터의 오버드라이브는 바꿀 수 있는 여지가 거의 없다. 6.3.2절에서 설명했던 것처럼, 만일 믹서의 잡음지수가 또한 낮아지는 것이 가능하다면, 믹서의 전력 소모 및 입력 커패시턴스와 절충이 된다. 스위칭 트랜지스터의 평형 오버드라이브는 두 트랜지스터의 크기를 더 넓게 만들어서 (LO 포트에서 보이는 커패시턴스는 증가시키면서)

감소시킬 수 있다.

LO 스윙이 작아지면, 변환 이득 또한 감소할 수 있다. 그림 6.46에 묘사된 것과 같이, $M_2$와 $M_3$이 평형 상태 근처에 있는 동안, $M_1$에 의해 생성된 RF 전류는 둘 사이에 거의 균등하게 분할된다. 따라서 그 기간 동안 공통-모드의 전류로 나타나고 거의 전압 이득이 없게 된다. LO 스윙의 감소는 이러한 시간을 증가시키고, (LO가 사각파가 아니라면) 이득은 감소시키는 경향이 있다.

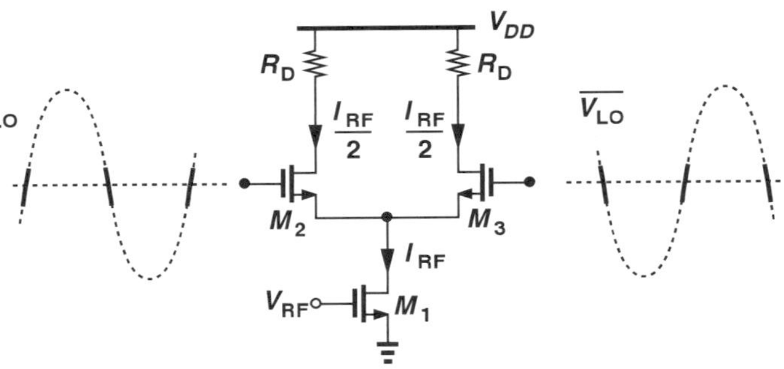


**그림 6.46** *LO 제로 교차 근처에서의 CM 성분으로서의 RF 전류*

## 예제 6.13

RF Microelecronics

그림 6.47은 $M_1$와 $M_2$가 2개의 게이트와 한 개의 트랜지스터로 보일 수 있는 '듀얼-게이트 믹서'에 대해 보여주고 있다. 이 회로의 단점을 파악하라.

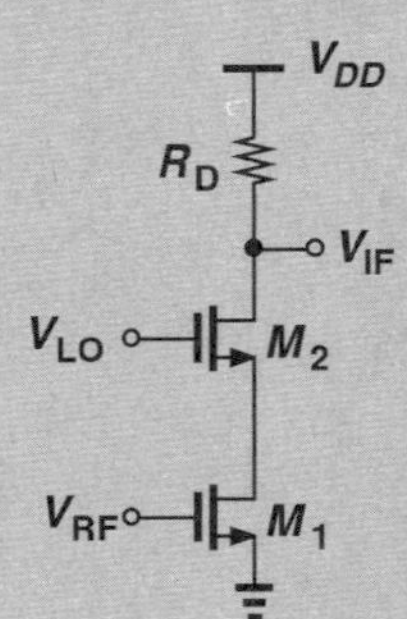


**그림 6.47** *듀얼-게이트 믹서*

**풀이:**

$M_2$가 스위치로써 작용하기 위해서, 이것의 게이트 전압은 두 트랜지스터의 오버드라이브 전압에 관계없이 0 이상의 $V_{TH2}$로 떨어져야 한다(왜 그럴까?). 그렇기 때문에, 듀얼-게이트 믹서는 일반적으로 단일-평형 능동 구조보다 더 큰 LO 스윙을 요구한다. 뿐만 아니라, $M_1$의 RF전류는 0과 1 사이의 사각파에 의해 증가되어, 전환 이득이 절반이 된다:

**예제 6.13** (계속) **RF Microelecronics**

$$A_V = \frac{1}{\pi} g_{m1} R_D. \tag{6.70}$$

게다가, $M_1$에 의해 생산된 모든 주파수 성분들은 사각파의 평균값인 1/2과 곱해지기 때문에 변환 없이 출력으로 나타난다. 그러므로 고주파 소자로서 크기가 작은 $M_1$의 플리커(flicker) 잡음의 절반이 IF로 나타난다. 또한, $M_1$에서 우수 차수 왜곡(4장)으로부터 발생하는 저주파 비트 성분은 낮은 $IP_2$를 만든다. 듀얼-게이트 믹서는 차동 LO 파형을 필요로 하지 않지만, 사소한 장점이다. 이러한 이유로, 이 기법은 현대의 RF 설계에 거의 사용되지 않는다.

사인파 LO를 가지면, 스위칭 소자의 드레인 전류는 사각파의 경우와 달라지고, 각각의 절반 주기의 일부분 $\Delta T$ 동안 거의 같게 된다[그림 6.48(a)]. 앞에서 언급한 대로, 회로는 이 구간 동안 거의 변환 이득이 없는 것으로 나타난다. 이제 이득의 감소를 추정하기를 원한다.

$(V_{GS} - V_{TH})_{eq}$의 평형 상태의 오버드라이브를 가지고 있는 차동 쌍은 제곱법칙 소자에서 차동입력 전압 $\Delta V_{in}$으로 대부분의 테일 전류를 조정한다. 우리는 드레인 전류는 대략 $\Delta V_{in} \le (V_{GS} - V_{TH})_{eq}/5$와 같다고 가정하고 $\Delta T$의 해당 값을 계산한다. 그림 6.48(b)로부터 각각의 단일 LO 파형이 $V_{p,LO}$의 피크 진폭을 가진다고 하면, LO와 $\overline{LO}$가 약 $\Delta T/2 = (V_{GS} - V_{TH})_{eq}/5/(2V_{p,LO}\omega_{LO})$초 안의 $(V_{GS} - V_{TH})_{eq}/5$의 차이에 도달한다. 상승 및 하강 경계의 전체 시간을 고려하기 위하여 이 결과에 4를 곱해 주고, LO 주기에 대해 정규화를 하면, 전체 믹서의 이득이 다음과 같이 감소된다고 추측할 수 있다.

$$A_V = \frac{2}{\pi} g_{m1} R_D \left(1 - \frac{2\Delta T}{T_{LO}}\right) \tag{6.71}$$

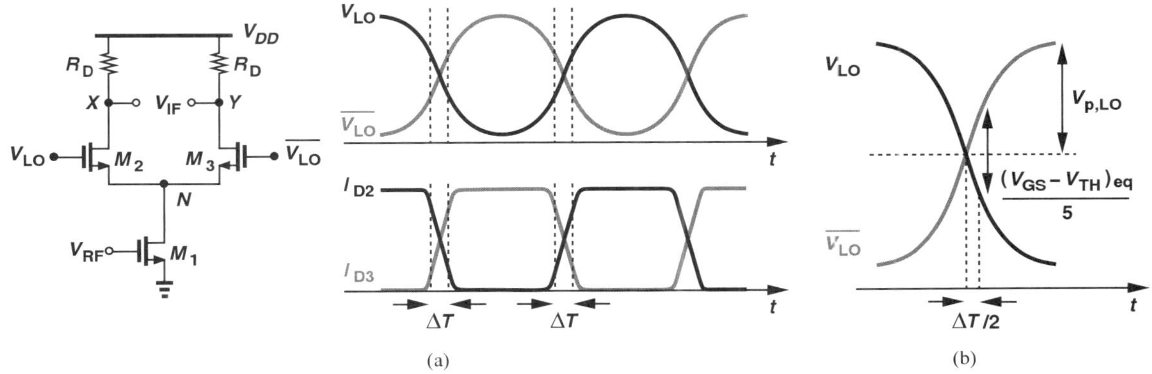


그림 6.48 *(a) 점진적인 LO 전환 효과, (b) 확대된 LO 파형들*

$$= \frac{2}{\pi} g_{m1} R_D \left[ 1 - \frac{(V_{GS} - V_{TH})_{eq}}{5\pi V_{p,LO}} \right]. \tag{6.72}$$

**예제 6.14** RF Microelecronics

예제 6.12를 점진적인 LO 모서리를 고려했을 경우로 다시 검토하라.

**풀이:**

식 (6.68)으로 실현된 이득을 1 - 0.0318 ≈ 0.97로 곱해야 한다.

$$A_{V,max} \approx 3.66 \tag{6.73}$$

$$\approx 11.3\,\text{dB}. \tag{6.74}$$

따라서 점진적 LO 전환이 이득을 0.2dB 정도 낮춘다.

이득을 낮추는 두 번째 현상은 입력 트랜지스터의 드레인에서 보이는 전체 커패시턴스와 관련 있다. LO 주기의 절반 주기에서 능동 믹서를 고려하자(그림 6.49). 급격한 LO 경계에서, $M_2$는 켜지고, $M_3$는 꺼지며, 노드 $P$에서 총 커패시턴스는 다음과 같다.

$$C_P = C_{DB1} + C_{GS2} + C_{GS3} + C_{SB2} + C_{SB3}. \tag{6.75}$$

이 단계에서 $C_{GS3}$는 $C_{GS2}$보다 상당히 작다는 것을 알아두자(왜?). $M_1$에 의해 생성된 RF전류는 $C_P$와 (바디 효과가 무시되는 경우) $M_2$의 소스에서 보이는 저항 $1/g_{m2}$ 사이에서 나뉘게 된다. 따라서 전압 변환 이득은 $g_{m2}/(sC_P + g_{m2})$의 비율로 감소된다. 예를 들어, 식 (6.72)는 다음과 같이 수정되어야 한다.

$$A_{V,max} = \frac{2}{\pi} g_{m1} R_D \left[ 1 - \frac{2(V_{GS} - V_{TH})_{eq}}{5\pi V_{P,LO}} \right] \frac{g_{m2}}{\sqrt{C_P^2 \omega^2 + g_{m2}^2}}. \tag{6.76}$$

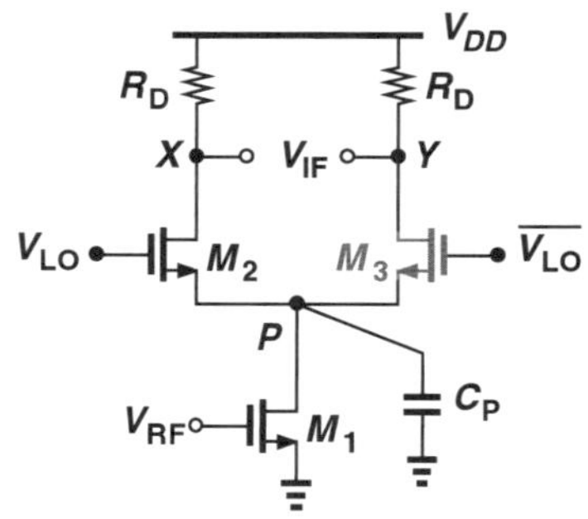


**그림 6.49** $C_P$를 통해 그라운드로 이어지는 RF 전류의 손실

이 전류의 분할이 얼마나 중요할까? 다시 말해, 위의 표현에서 $C_P^2\omega^2$를 $g_{m2}^2$와 어떻게 비교할 수 있을까? $g_{m2}/C_P$이 $M_2$의 최대 $f_T$ 값보다 상당히 아래에 있는데, 이유는 (a) $C_{DB1}$, $C_{SB2}$, $C_{SB3}$, $C_{GS3}$의 합계가 $C_{GS2}$보다 비슷하거나 크기 때문이고, (b) (헤드룸과 이득 필요조건에 의해 제한된) $M_2$의 낮은 오버드라이브 전압 또한 낮은 $f_T$를 만들기 때문이다. 그러므로 $C_P$의 효과가 트랜지스터의 $f_T$ 최대값의 10분의 1정도보다 높은 주파수에서 중요해질 수 있다는 것을 관찰할 수 있다.

## 예제 6.15

RF Microelecronics

만일 그림 6.49의 $M_2$의 출력저항이 무시되지 않는다면, 이것이 어떻게 계산과정에 포함되어야 할까?

**풀이:**

믹서의 출력 주파수가 입력 주파수와 LO 주파수보다 훨씬 낮기 때문에, 원하지 않는 성분을 제거해 주기 위해 커패시터가 보통 각각의 출력 노드에서 그라운드로 연결된다(그림 6.50). 결과적으로, 그림 6.50에서 출력 커패시터가 입력 주파수에서 $M_2$의 드레인을 ac 그라운드로 만들기 때문에 $M_2$의 소스에서 보이는 저항은 $(1/g_{m2}) \parallel r_{02}$과 같다.

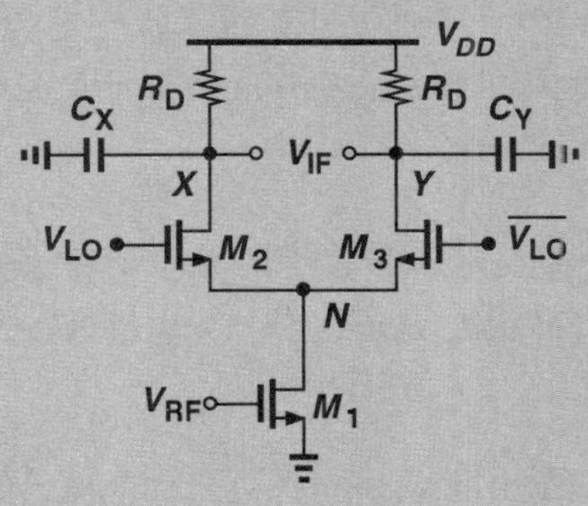


**그림 6.50** *대역폭을 제한하기 위해 출력 노드에 연결된 커패시터들*

## 예제 6.16

RF Microelecronics

단일-평형 믹서의 전압 변환 이득과 이중-평형 믹서의 전압 변환 이득을 비교하라.

**풀이:**

그림 6.43(a)에서, $(V_{X1} - V_{Y1})/V_{RF}^+$가 단일-평형 믹서의 전환 변환 이득과 같다고 다루었다. 또한, $V_{X1} = V_{Y2}$이고 만약 $V_{RF}^- = -V_{RF}^+$라면 $V_{Y1} = V_{X2}$이다. 그러므로, 만약 $Y_2$가 $X_1$에 단락

(계속)

예제 6.16 (계속) RF Microelecronics

된다면, 그리고 $X_2$가 $Y_1$에 단락된다면, 이 노드의 전압은 변경되지 않는다. 즉, 그림 6.43(b)의 $V_X - V_Y$가 그림 6.43(a)의 $V_{X1} - V_{Y1}$와 같다는 것이다. 이중-평형 구조의 차동 전압 변환 이득은 따라서 다음과 같이 주어진다.

$$\frac{V_X - V_Y}{V_{RF}^+ - V_{RF}^-} = \frac{V_{X1} - V_{Y1}}{2V_{RF}^+}, \tag{6.77}$$

이는 단일-평형 대응값의 절반이다. 이러한 감소가 발생하는 것은 제한된 전압 헤드룸에 의해 그림 6.43(b)에서 $R_D$의 부하 저항을 사용할 수 없기 때문이다(예제 6.11).

### 6.3.2 능동 믹서에서의 잡음 Noise in Active Mixers

능동 믹서에서 잡음의 분석은 수동 믹서에 대해 6.3.2절에서 다룬 것과 다소 차이가 있다. 그림 6.51에서 개념적으로 설명 되어 있듯이 관심 있는 잡음 성분은 하향 변환 이전에 RF 범위 안에 있고 하향 변환 이후에 IF 범위에 있다. 스위칭 소자에 의한 RF 잡음의 주파수 변환은 회로 시뮬레이션에서 (LNA에서 수행된 것처럼) 소신호 ac와 잡음 분석을 직접적으로 사용할 수 없게 만들고, 시간 영역에서의 시뮬레이션을 필요로 하게 만든다. 게다가 스위칭 소자에 의해 더해진 잡음은 시간에 따른 변화(time-varying) 통계를 보여주기 때문에 분석을 복잡하게 한다.

**정성적 분석** 능동 믹서의 잡음에 대한 통찰력을 얻기 위해 우리는 정성적 분석으로 시작한다. 우선 급격한 LO 전환을 가정하고, LO 주기의 절반 동안을 묘사한 그림 6.52(a)를 고려해 보자. 여기에서,

$$C_P = C_{GD1} + C_{DB1} + C_{SB2} + C_{SB3} + C_{GS3}. \tag{6.78}$$

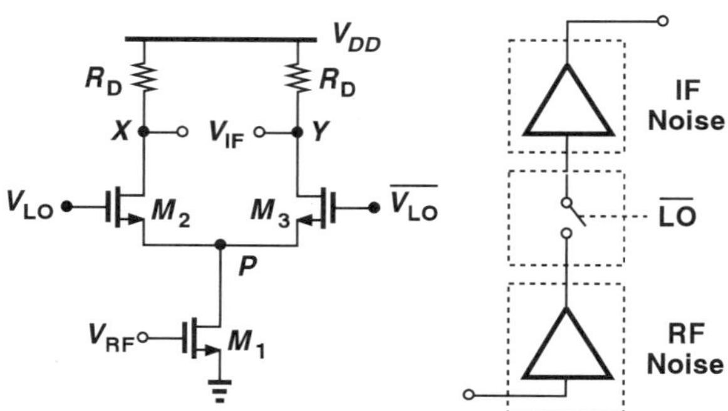


그림 6.51 잡음 분석을 위한 능동 믹서의 분리

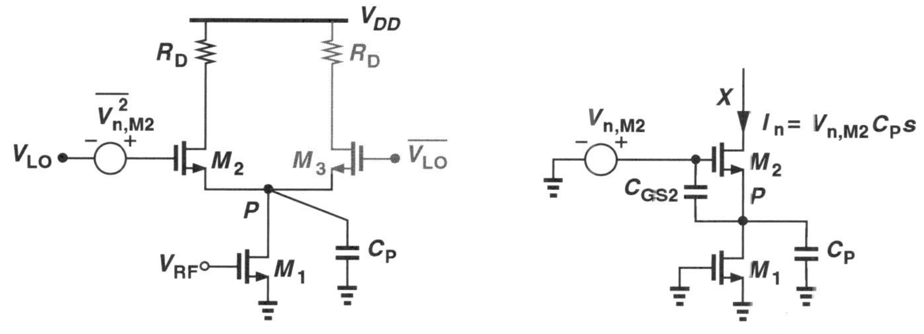


**그림 6.52** *(a) 한 개의 트랜지스터가 꺼져있을 때 잡음의 효과, (b) (a)의 등가 회로*

이 단계에서는 회로가 캐스코드 구조로 정리되는데, $M_2$가 노드 $P$의 커패시턴스 때문에 약간의 잡음을 기여한다(5장). 5장에서 캐스코드 LNA의 분석을 도돌아 보면, $f_T$ 보다 상당히 낮은 주파수에서 $M_2$에 의한 출력 잡음 전류는 $V_{n,M2}C_Ps$와 같다[그림 6.52(b)]. 이 잡음과 (가장 주요한) $M_1$의 잡음 전류는 0과 1을 토글링 하는 사각파와 곱해진다. 트랜지스터 $M_3$은 LO의 다음 반주기에서 동일한 역할을 한다.

이제 LO가 급격히 변하지 않아서, $M_2$와 $M_3$가 주기의 일부분 동안 동시에 존재하는 좀 더 실제적인 경우를 고려해 보자. 그림 6.53에 나와 있듯이 평형 상태 근처에서 회로는 이제 $M_2$와 $M_3$의 잡음을 증폭하는 차동 쌍과 비슷하다. 반면에 $M_1$의 잡음은 공통모드 방해로 작동하면서 출력에 거의 영향을 주고 있지 않다.

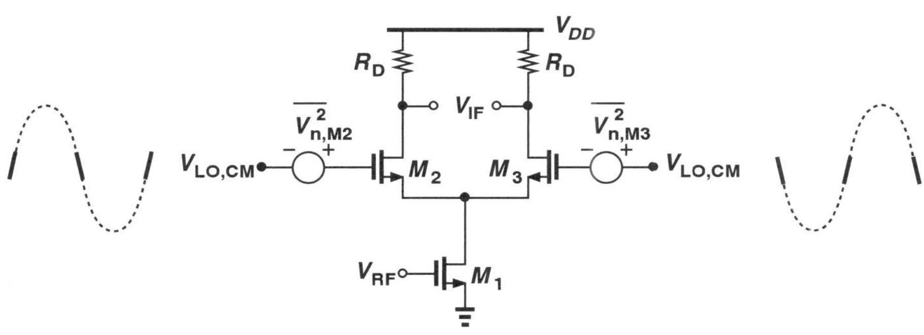


**그림 6.53** *평형 상태 근처에서의 $M_2$와 $M_3$ 잡음의 효과*

## 예제 6.17

RF Microelecronics

잡음 동작과 관련하여 단일-평형과 이중-평형 능동 믹서를 비교하라. 이중-평형 믹서의 전체 바이어스 전류가 단일-평형 믹서의 두 배임을 가정하라.

(계속)

## 예제 6.17 (계속)



**풀이:**

우선 믹서의 출력 잡음 전류를 살펴보자[그림 6.54(a)]. 만약 단일-평형 구조의 전체 차동 출력 잡음 전력이 $\overline{I^2_{n,sing}}$ 라면, 이중-평형 회로는 $\overline{I^2_{n,doub}} = 2\overline{I^2_{n,sing}}$와 같다(왜 그런가?). 다음으로 부하 저항이 2의 인자만큼 다르다는 것을 상기하고 출력 잡음전압을 결정한다[그림 6.54(b)].

$$\overline{V^2_{n,out,sing}} = \overline{I^2_{n,sing}}(R_D)^2 \tag{6.79}$$

$$\overline{V^2_{n,out,doub}} = \overline{I^2_{n,doub}}\left(\frac{R_D}{2}\right)^2. \tag{6.80}$$

그러나 예제 6.16을 보면, 이중-평형 믹서의 전압 변환 이득은 단일-평형 구조의 절반이다. 그러므로 두 회로의 입력측 변환 잡음 전압은 다음에 관련되어 있다.

$$\overline{V^2_{n,in,sing}} = \frac{1}{2}\overline{V^2_{n,in,doub}}. \tag{6.81}$$

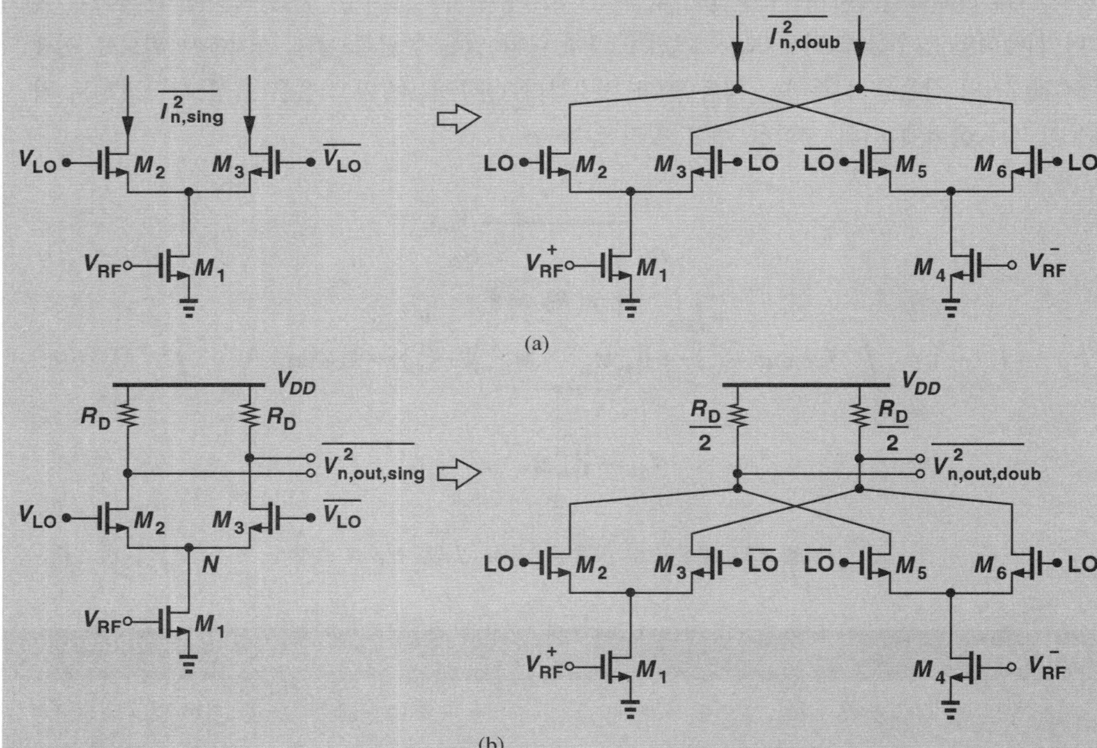


**그림 6.54** *(a) 단일-평형과 이중-평형 믹서의 출력 잡음전류, (b) 이에 따른 출력 잡음전압*

**예제 6.17** (*계속*) RF Microelecronics

이 유도에서 부하 저항의 잡음을 포함시키지 않았다. 독자들은 식 (6.81)이 그 잡음을 고려하더라도 마찬가지로 타당함을 보일 수 있다. 그러므로 단일-평형 믹서는 더 작은 입력 잡음을 보여주고 더 적은 전력을 소비한다.

그림 6.53의 믹서에 대해 관찰하는 것은 중요하다. $M_2$와 $M_3$의 두 트랜지스터가 평형에 있을 때 LO와 버퍼에 의해 생성된 잡음은 $M_2$와 $M_3$에 의한 잡음과 구분할 수 없게 된다. 그림 6.55에 설명된 바와 같이 LO 버퍼로서 동작하고 있는 차동 쌍은 $M_2$와 $M_3$의 잡음보다 훨씬 더 큰 출력 잡음을 생성할지도 모른다. 그러므로 LO 회로와 함께 믹서의 잡음 동작을 시뮬레이션 하는 것이 필요하다.

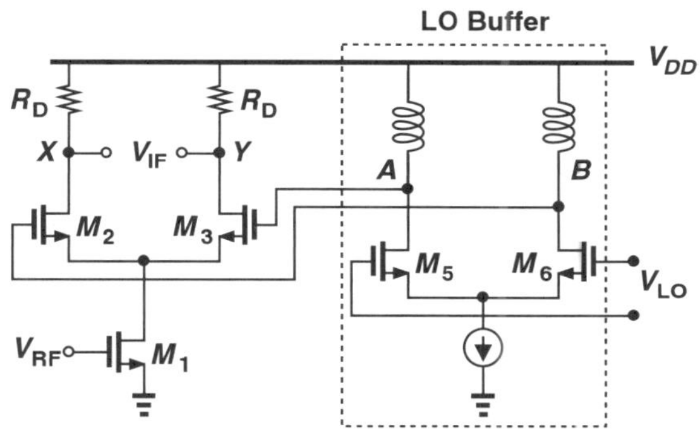


**그림 6.55** *단일-평형 믹서에서 LO 버퍼 잡음의 효과*

**예제 6.18** RF Microelecronics

이중-평형 능동 믹서의 동작에서 LO 잡음이 성능에 미치는 효과를 생각해보라.

**풀이:**

그림 6.56에서 보여 지는 회로를 그리면서 우리는 LO 잡음 전압이 각각의 스위칭 쌍에 의해 전류로 변환되고 *반대 극성*으로 더해진다는 것을 주목하라. 따라서 이중평형 구조는 훨씬 더 LO 잡음에 영향을 덜 받게 된다.—이는 식 (6.81)에 의해 표현된 3-dB 잡음 증가와 더 높은 전력 소비로 인해 얻어진 유용한 특성이다. 여기에서 우리는 LO와 $\overline{LO}$에서의 잡음 성분이 *차동*이라고 가정했다. 우리는 문제 6.6에서 이 가정이 준차동 회로에서는 아니지만, 완전 차동 버퍼에서는 합리적이라고 결론내릴 수 있다.

(*계속*)

예제 6.18 (계속)

RF Microelecronics

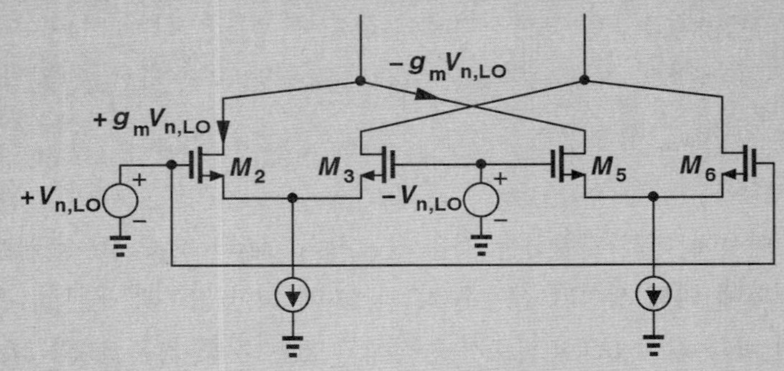


그림 6.56 *이중-평형 믹서에서 잡음의 효과*

**정량적 분석** 그림 6.51에서 설명한 단일-평형 믹서를 생각해보자. 정성적 분석에서 우리는 회로를 RF부, 시변(스위칭)부, IF부의 세부분으로 나누었다. 입력측 변환 잡음(input-referred noise) 전압을 알아보기 위해서 다음의 절차를 적용한다. (1) 각각의 잡음 전원에 대한 IF 출력에서 '변환 이득'을 결정한다. (2) 각 잡음의 진폭을 이에 따른 이득과 곱하고 결과로 나타나는 모든 전력을 더한다. 이로부터 IF 출력에서의 전체 잡음을 얻는다. (3) 입력측 변환 값을 구하기 위해 믹서의 출력 잡음을 믹서의 전체 변환 이득으로 나눈다.

50% 듀티 사이클을 가지는 사각파 LO 파형을 가정하여 분석해 보자. LO의 각 반 주기에서 회로는 그림 6.57과 비슷해진다. 즉 $M_1(I_{n1,M1})$과 각 스위칭 소자들의 잡음이 0과 1을 토글링하는 사각파와 곱해진다. 예제 6.4에서 만약 백색 잡음이 50% 주기로 켜지고 꺼지면 이에 따른 결과 스펙트럼은 전력의 반을 가지지만, 여전히 백색 잡음이라는 것을 보았다. 그러므로 $M_1$과 $M_2$의 잡음 전력의 반(전류량의 제곱)이 $(1/2)(\overline{I^2_{n,M1}} + \overline{V^2_{n,M2}}C_P^2\omega^2)R_D^2$의 출력 잡음 스펙트럼 밀도를 만들면서 노드 $X$로 인가된다. 여기서 $\overline{V^2_{n,M2}}C_P^2\omega^2$는 $M_2$에 의해 노드 $X$로 인가되는 전류를 나타낸다. 그러므로 노드 $X$에서 전체 잡음은 다음과 같다.

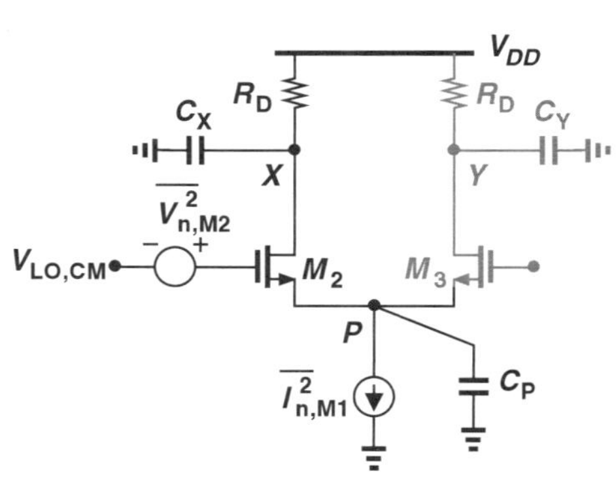


그림 6.57 *능동 믹서에서 입력 소자와 하나의 스위칭 소자의 잡음*

$$\overline{V_{n,X}^2} = \frac{1}{2}\left(\overline{I_{n,M1}^2} + \overline{V_{n,M2}^2}C_P^2\omega^2\right)R_D^2 + 4kTR_D. \tag{6.82}$$

잡음 전력은 노드 $Y$에서 잡음을 고려하면 두 배가 되어야 하고 그 다음에 변환 이득의 제곱으로 나누어진다. 식 (6.76)으로부터 노드 $P$의 커패시턴스가 존재할 때의 변환 이득은 급격한 LO 경계(즉, 만약 $V_{P,LO} \to \infty$)에서 $(2/\pi)g_{m1}R_D g_{m2}\sqrt{C_P^2\omega^2 + g_{m2}^2}$과 같다. $C_P$는 $M_2$의 잡음 기여를 위해 사용 되었고 이득 계산은 식 (6.75)와 (6.78)에 각각 주어지는데, 이 두 값은 약간 다르다는 것을 주목하라. 그럼에도 불구하고, 우리는 그들이 대략적으로 같다고 가정한다. 따라서 입력측 변환 잡음 전압은 다음과 같이 주어진다.

$$\overline{V_{n,in}^2} = \frac{\left(4kT\gamma g_{m1} + \dfrac{4kT\gamma}{g_{m2}}C_P^2\omega^2\right)R_D^2 + 8kTR_D}{\dfrac{4}{\pi^2}g_{m1}^2R_D^2\dfrac{g_{m2}^2}{C_P^2\omega^2 + g_{m2}^2}} \tag{6.83}$$

$$= \pi^2\left(\frac{C_P^2\omega^2}{g_{m2}^2} + 1\right)kT\left(\frac{\gamma}{g_{m1}} + \frac{\gamma C_P^2\omega^2}{g_{m2}g_{m1}^2} + \frac{2}{g_{m1}^2R_D}\right). \tag{6.84}$$

만약 $C_P$의 효과가 무시된다면,

$$\overline{V_{n,in}^2} = \pi^2 kT\left(\frac{\gamma}{g_{m1}} + \frac{2}{g_{m1}^2R_D}\right). \tag{6.85}$$

**예제 6.19** RF Microelecronics

동일한 트랜스컨덕턴스와 부하저항을 가지는 공통-소스단의 입력측 변환 잡음 전압과 식 (6.85)을 비교하라.

**풀이:**

CS 단에서,

$$\overline{V_{n,in,CS}^2} = 4kT\left(\frac{\gamma}{g_{m1}} + \frac{1}{g_{m1}^2R_D}\right). \tag{6.86}$$

따라서, 괄호 안의 두 번째 항을 무시할 경우에도 믹서는 3.92 dB의 높은 잡음 전력을 보인다. 유한한 $C_P$와 LO 전환 시간에 의해 이 차이는 더욱 커진다.

식 (6.85)의 $\pi^2 kT\gamma/g_{m1}$ 부분은 $M_1$의 입력측 변환 잡음 기여를 나타낸다. 이것은 혼돈스

러운 것처럼 보인다: 이 값이 왜 $4kT\gamma/g_{m1}$인 $M_1$의 게이트-기준 잡음과 단순히 같지 않을까? 문제 6.7에서 이를 짚고 넘어갈 것이다.

이제 사각파가 아닌 점진적인(gradual) LO 파형이 잡음 특성에 미치는 효과를 고려할 것이다. 6.3.1절에서의 이득 계산과 비슷하게, 불연속 선형 근사를 이용(그림 6.58)한다: 스위칭 트랜지스터들은 LO 주기마다 $2\Delta T = 2(V_{GS} - V_{TH})_{eq}/(5V_{P,LO}\,\omega_{LO})$초 동안 평형 상태로 고려되고, 차동 쌍으로 출력에 잡음을 주입한다. 이 주기 동안 $M_1$은 공통-모드 잡음을 대부분 기여하며 출력 잡음은 $g_{m2} \approx g_{m3}$라는 가정 하에 다음과 같이 표현할 수 있다.

$$\overline{V_{n,diff}^2} = 2(4kT\gamma g_{m2}R_D^2 + 4kTR_D), \tag{6.87}$$

이 잡음 전력은 $2\Delta T/T_{LO}$의 비율로 가중되어야하며 식 (6.83)의 분자는 $1 - 2\Delta T/T_{LO}$배 만큼 가중되어야 한다.

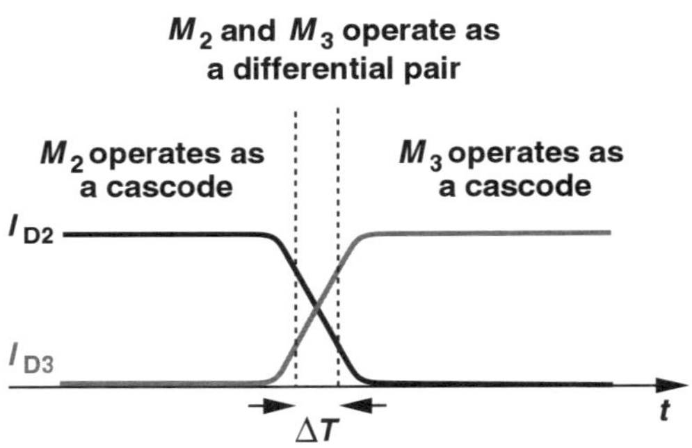


**그림 6.58** *믹서 잡음 계산을 위한 부분-선형 파형*

이 가중 잡음 전력은 입력측 변환으로 표현하기 위해 식 (6.76)의 제곱에 의해 나누어져야 한다. 따라서 입력측 변환 잡음은 다음과 같이 주어진다.

$$\overline{V_{n,in}^2} = \frac{8kT(\gamma g_{m2}R_D^2 + R_D)\dfrac{2\Delta T}{T_{LO}} + \left[4kT\gamma\left(g_{m1} + \dfrac{C_P^2\omega^2}{g_{m2}}\right)R_D^2 + 8kTR_D\right]\left(1 - \dfrac{2\Delta T}{T_{LO}}\right)}{\dfrac{4}{\pi^2}g_{m1}^2R_D^2\dfrac{g_{m2}^2}{C_P^2\omega^2 + g_{m2}^2}\left(1 - \dfrac{2\Delta T}{T_{LO}}\right)^2}. \tag{6.88}$$

식 (6.88)은 스위칭 소자의 평형 오버드라이브 전압이 여기에서 복잡한 역할을 담당하는 것을 나타낸다: (1) 분자의 첫 번째 항에서 (주어진 바이어스 전류에 대해) $g_{m2} \propto (V_{GS} - V_{TH})_{eq}^{-1}$이고, 반면 $\Delta T \propto (V_{GS} - V_{TH})_{eq}$이다; (2) 분자의 두 번째 항으로 표현된 잡음전력은 $1 - 2\Delta T/T_{LO}$와 비례하는 반면 분모의 제곱 이득은 $(1 - 2\Delta T/T_{LO})^2$에 비례하여 변하므로, $\Delta T$는 최소화되어야 한다는 것을 권고한다.

## 예제 6.20



단일-평형 믹서는 특정 $IP_3$, 바이어스 전류, LO 스윙 및 공급 전압을 위해 설계되었다. 잡음의 계산에 있어 우리는 그 잡음이 지나치게 높은 것을 찾을 수 있다. 소음을 낮추기 위해 무엇을 할 수 있는가?

**풀이:**

오버드라이브 전압과 부하저항 양단의 dc 전압 강하는 거의 여유가 없다. 따라서 설계에서 크기를 직접 스케일링하여 잡음 특성을 위해 전력 소모를 희생해야 한다. 그림 6.59에 나타난 것과 같이 트랜지스터의 넓이와 전류에 $\alpha$값을 곱하고 부하저항은 $1/\alpha$로 나누어준다. 따라서 모든 전압은 바뀌지 않고 그대로 남아 있지만 입력측 변환 잡음 전압 $\sqrt{\overline{V^2_{n,in}}}$는 $\sqrt{\alpha}$ 배만큼 감소한다. 불행히도 이러한 스케일링은 RF와 LO 포트에서 보이는 커패시턴스도 스케일링하여 LNA와 LO 버퍼 설계를 힘들게 하거나 전력 소모를 늘리게 된다.

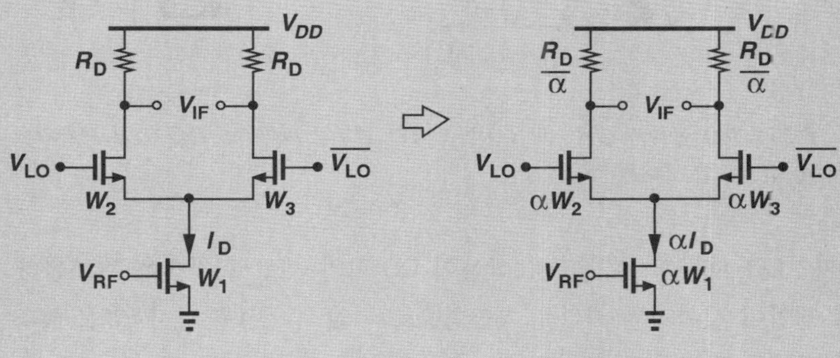


**그림 6.59** *스케일링의 잡음에 대한 효과*

**플리커 잡음(Flicker Noise)** 수동 믹서와는 달리 능동 믹서는 출력에서 상당한 프리커 잡음에 의해 영향을 받으며, IF 신호가 제로 주파수 근처에 위치하고 좁은 대역폭을 가지게 되면 매우 심각한 문제가 된다.

그림 6.60(a)의 그림을 고려해 보자. 완전히 대칭일 때, $I_{SS}$의 플리커 잡음은 $\omega_{LO}$와 (그리고 고조파 성분들과) 믹싱되기 때문에 출력에 나타나지 않는다. 따라서 오직 $M_2$와 $M_3$의 플리커 잡음만이 고려된다. $M_2$의 잡음인 $\overline{V^2_{n2}}$는 출력으로 전파될 때 차동 쌍의 이득을 겪는다. 다행히 큰 LO 스윙은 대부분의 시간동안 차동 쌍을 포화시키기(감도를 덜어뜨리기) 때문에 $\overline{V^2_{n2}}$에 보이는 이득이 낮아진다.

그림 6.60(a)에서 $V_{n2}$가 겪게 되는 이득을 계산하기 위해, 우리는 사인 LO 신호를 가정하지만 또한 LO와 $\overline{LO}$의 제로 교차점에서 $I_{SS}$가 한 쪽에서 다른 쪽으르 거의 즉각적으로 변환되도록 작은 스위칭 시간을 가진다고 가정한다[그림 6.60(b)]. 어떻게 $V_{n2}$은 이러한 동작을

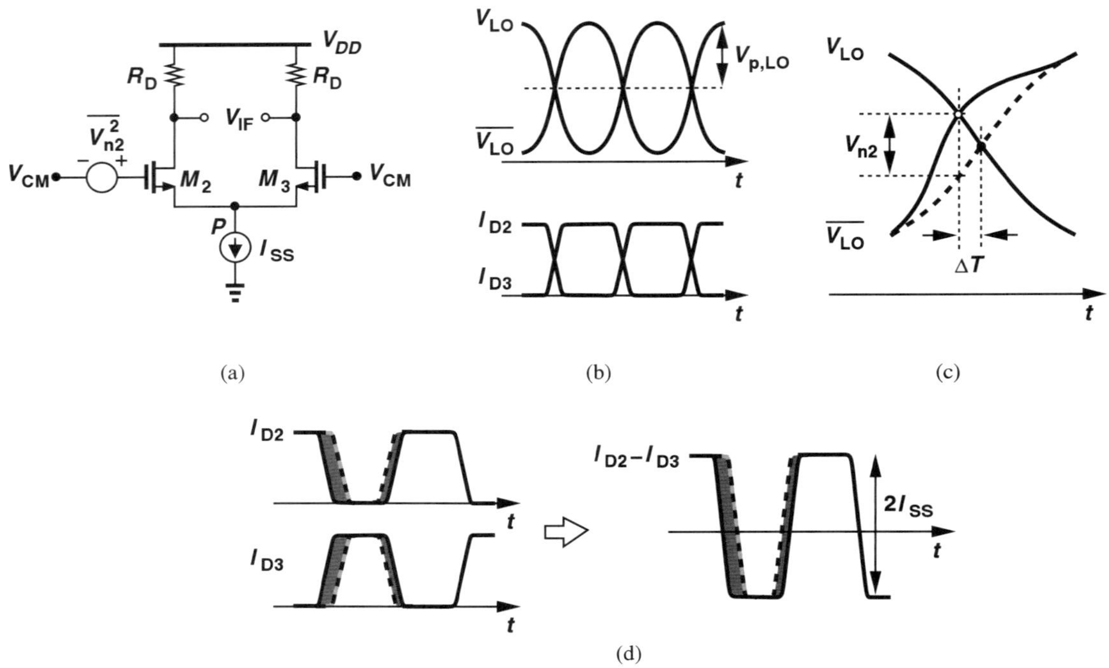


**그림 6.60** *(a) 스위칭 소자의 플리커 잡음, (b) LO와 드레인 전류의 파형, (c) 플리커 잡음에 의한 제로 교차점의 변조, (d) 등가적인 펄스폭 변조*

바꾸게 되는가? LO 파형에 추가되면, 잡음이 LO[7]의 제로 교차점을 변조한다. 이는 $M_1$과 $M_2$의 게이트 전압이 같아지는 시간을 계산함으로써 알 수 있다. 다시 말해, $M_2$와 $M_3$의 순간적인 게이트 전압을 갖도록 한다.

$$V_{CM} + V_{p,LO}\sin\omega_{LO}t + V_{n2}(t) = V_{CM} - V_{p,LO}\sin\omega_{LO}t, \tag{6.89}$$

다음을 얻는다.

$$2V_{p,LO}\sin\omega_{LO}t = -V_{n2}(t). \tag{6.90}$$

$t = 0$ 부근에서 다음과 같다.

$$2V_{p,LO}\omega_{LO}t \approx -V_{n2}(t). \tag{6.91}$$

LO와 $\overline{\text{LO}}$의 교차는 $\Delta T$의 양에 의해 이상적인 지점으로부터 바뀌게 된다($\omega_{LO}\Delta T >> 1$ rad) [그림 6.60(c)]:

$$2V_{p,LO}\omega_{LO}\Delta T \approx -V_{n2}(t). \tag{6.92}$$

즉,

$$|\Delta T| = \frac{|V_{n2}(t)|}{2V_{p,LO}\omega_{LO}}. \tag{6.93}$$

$2V_{p,LO}\omega_{LO}$는 차동 LO 파형[5] $S_{LO}$의 기울기라는 점에 주목하라. 이런 이유로 $|\Delta T| = |V_{n2}(t)| / S_{LO}$이다.

우리는 $M_2$와 $M_3$에 대해 거의 급격한 드레인 전류 스위칭을 가정하고 전류의 펄스폭 변조에 따른 제로 교차점 변화를 고려한다[그림 6.60(d)]. 그림 6.60(d)에서와 같이 차동 출력 전류를 그리면서 우리는 변조된 출력은 이상적인 출력 펄스에 $2I_{SS}$의 높이와 너비 $\Delta T$의 너비를 갖는 좁은 펄스열로 구성되고 주기마다 두 번씩 발생하는 잡음 파형이 더해진 것과 같다는 것을 주목한다[7]. 만약 각각의 좁은 펄스가 임펄스에 의해 근사화된다면 $I_{D2} - I_{D3}$에서 잡음 파형은 다음과 같이 표현된다.

$$I_{n,out}(t) = \sum_{k=-\infty}^{+\infty} \frac{2I_{SS}V_{n2}(t)}{S_{LO}} \delta\left(t - k\frac{T_{LO}}{2}\right). \tag{6.94}$$

주파수 영역에서 식 (6.9)로부터,

$$I_{n,out}(f) = \frac{4I_{SS}}{T_{LO}S_{LO}} \sum_{k=-\infty}^{+\infty} V_{n2}(f)\delta(t - 2kf_{LO}). \tag{6.95}$$

기저대역 성분은 $k = 0$인 경우 얻어진다. 왜냐하면 $V_{n2}(f)$가 저주파 통과 스펙트럼을 가지기 때문이다. 이는 다음을 따른다.

$$I_{n,out}(f)|_{k=0} = \frac{I_{SS}}{\pi V_{p,LO}} V_{n2}(f), \tag{6.96}$$

이런 이유로,

$$V_{n,out}(f)|_{k=0} = \frac{I_{SS}R_D}{\pi V_{p,LO}} V_{n2}(f). \tag{6.97}$$

즉, 각 트랜지스터의 플리커 잡음은 출력에서 나타날 때, $I_{SS}R_D/(\pi V_{p,LO})$의 인자만큼 곱해진다. 그러므로 스위칭 소자의 바이어스 전류를 최소화하는 것은 바람직하다. 이 양은 또한 $M_3$의 플리커 잡음을 설명하기 위해 $\sqrt{2}$만큼 곱해져야 한다.

**예제 6.21** RF Microelecronics

위에서 찾은 잡음을 믹서의 입력에 표현하라.

(계속)

---

5. $V_{LO}$와 $\overline{V_{LO}}$차이는 $\Delta T$ 안에 0에 도달해야 하기 때문이다.

**예제 6.21** (*계속*) RF Microelecronics

**풀이:**

$M_3$의 잡음을 생각하기 위해 $\sqrt{2}$만큼의 잡음을 곱하고 변환 이득 $(2/\pi)g_{m1}R_D$ 만큼 나누면, 다음을 얻는다.

$$V_{n,in}(f)|_{k=0} = \frac{\sqrt{2}I_{SS}}{2g_{m1}V_{p,LO}}V_{n2}(f) \tag{6.98}$$

$$= \frac{\sqrt{2}(V_{GS}-V_{TH})_1}{4V_{p,LO}}V_{n2}(f). \tag{6.99}$$

예를 들어 만약 $(V_{GS} - V_{TH})_1 = 250$ mV이고, $V_{p,LO} = 330$ mV라면 $V_{n2}(f)$는 입력 기준으로 표현할 때 약 3.4의 인자만큼 줄어든다. 그러나 (1) $M_2$와 $M_3$가 상대적으로 작기 때문에 $V_{n2}(f)$가 일반적으로 매우 크다는 것과, (2) 위에서 구한 잡음 전압이 $M_3$의 잡음을 설명하기 위해 $\sqrt{2}$만큼 곱해져야 함에 주목하라.

위의 연구는 또한 수동 믹서의 낮은 $1/f$ 잡음을 설명한다. 수동 구조에서 $I_{SS} = 0$이기 때문에 게이트에 연결된 잡음 전원은 출력으로 나타날 때 높은 감쇄를 경험한다. (부가적으로 무시할만한 전류가 흐르는 MOSFET은 무시할만한 플리커 잡음을 생성한다.)

독자들은 위의 결과를 $M_2$와 $M_3$의 열잡음에도 마찬가지로 적용되는지 궁금해 할지 모른다. 사실, 분석은 동일하고[7] $V_{n2}(f)$가 $4kT\gamma/g_{m2}$로 대체된 같은 결과를 얻는다. 만약 $\pi V_{p,LO} \approx 5(V_{GS} - V_{TH})_{eq2,3}$이라면 독자들은 이 방법과 이전의 열잡음 분석이 대략적으로 동일한 결과를 낸다는 것을 보일 수 있다.

능동 믹서에서 또 다른 플리커 잡음 메커니즘은 그림 6.60(a)의 노드 $P$에서의 유한한 커패시턴스로부터 발생한다. 이 경우에 차동 출력 전류가 다음과 같이 주어진 플리커 잡음을 포함하는 것으로 보일 수 있다.

$$I_{n,out}(f) = 2f_{LO}C_PV_{n2}(f). \tag{6.100}$$

그러므로 더 큰 테일 커패시턴스 또는 LO 주파수는 이 효과를 더 크게 나타나게 한다. 그럼에도 불구하고 첫 번째 메커니즘이 저주파와 중간 정도의 주파수에서 주요한 원인으로 기여한다.

### 6.3.3 선형성 Linearity

능동 믹서의 선형성은 주로 입력 트랜지스터의 오버드라이브 전압에 의해 결정된다. 5장에서 설명한 것처럼, 공통-소스 트랜지스터의 $IP_3$는 오버드라이브에 따라 증가하게 되고, 결국에는 비교적 일정한 값에 도달한다.

입력 트랜지스터의 비선형 특성과 잡음은 서로 상충 관계에 있다.

$$IP_3 \propto V_{GS} - V_{TH} \tag{6.101}$$

$$\overline{V_{n,in}^2} = \frac{4kT\gamma}{g_m} = \frac{4kT\gamma}{2I_D}(V_{GS} - V_{TH}). \tag{6.102}$$

우리는 또한 입력 트랜지스터에 의해 소모되는 헤드룸, $V_{GS} - V_{TH}$은 변환 이득을 낮춘다는 것을 6.3.1절에서 알게 되었다. 위의 예제와 함께, 우리가 능동 믹서에서 자세히 봐야 할 것은 믹서의 잡음, 비선형성, 이득, 그리고 전력 소모 사이의 상충 관계이다.

스위칭 트랜지스터가 트라이오드 구간에 들어가게 되면 능동 믹서의 선형성은 저하된다. 이러한 현상을 이해하기 위해, 그림 6.61을 고려하자. 여기에서 $M_2$ 트랜지스터가 트라이오드 구간에 있는 동안 여전히 $M_3$ 트랜지스터는 여전히 켜져 있으며 포화구간에 있다. (1) 부하 저항 및 커패시터는 IF 신호에 상응하는 출력 대역폭을 설정하고, (2) IF 신호는 LO 파형과 상관관계가 없음을 유의하라. 만약 $M_2$와 $M_3$ 트랜지스터가 도두 포화 영역에서 동작하면, 두 트랜지스터간의 $I_{RF}$는 각 트랜지스터의 트랜스컨덕턴스에 의해 정해지며 각 트랜지스터의 드레인 전압과는 무관하다.[6] 반면에 $M_2$가 트라이오드 구간에서 동작한다면 $I_{D2}$는 $X$ 노드 전압의 함수이며 이는 $M_2$와 $M_3$ 간에 *신호에 종속되는* 전류의 분할을 야기한다. 이러한 비선형성을 피하기 위해, $M_2$는 $M_3$가 켜져 있는 동안에 트라이오드 구간으로 들어가지 않아야 하며, 그 반대의 경우도 마찬가지다. 따라서, LO 스윙은 임의적으로 클 수 없다.

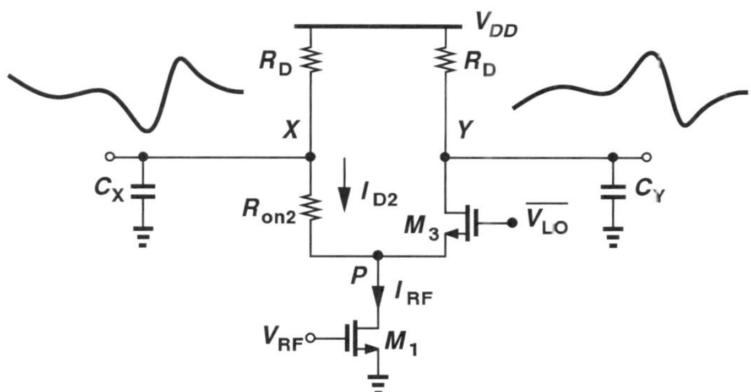


**그림 6.61** *하나의 소자가 트라이오드 구간에서 동작할 때 출력 과형이 전류 방향에 미치는 영향*

6. 채널-길이 효과는 무시한다.

**압축(Compression)** 우리는 이제 능동 믹서의 이득 압축에 대해 공부해 보자. 위의 효과는 회로가 이득 압축점까지 접근할 때 명확히 나타날 수 있다. 출력 스윙이 지나치게 커질 경우, 회로는 입력보다 출력에서 압축이 시작되는데, 이것에 의해 우리는 입력 트랜지스터가 압축점에 도달하지 않은 상태에서 스위칭 소자가 비선형성 및 압축을 만드는 것으로 생각한다. 능동 믹서의 이득이 상대적으로 높은 경우 이러한 현상이 발생하는 경향이 있다.

**예제 6.22** RF Microelecronics

능동 믹서는 10 dB의 전압 변환 이득 및 355 $mV_{pp}$ (= −5 dBm)의 입력 1-dB 압축점을 보이고 있다. 스위칭 장치는 압축에 기여할 수 있는가?

**풀이:**

−5 dBm의 입력에서 믹서의 이득은 9 dB로 감소하고 이는 355 $mV_{pp} \times 2.82 \approx 1\ V_{pp}$의 출력 차동 스윙 전압을 만들어낸다. 따라서 각 출력 노드에서는 250 mV의 *피크* 스윙이 발생한다; 즉, 그림 6.61의 $X$ 노드는 바이어스 지점 아래로 250 mV 만큼 떨어진다. 만약 LO 드라이브가 충분히 클 경우, 스위칭 장치는 선형 구간에서 동작하게 되고 이득을 압축하게 된다.

입력 트랜지스터는 장채널(long-channel) MOSFET의 이차 특성을 만족하는 경우에도 압축을 야기할 수 있다. 왜냐하면, 큰 입력 레벨과 함께 드레인 전압이 하강하는 동안 게이트 전압이 상승하고, 그로 인해 소자를 트라이오드 구간으로 동작하도록 할 수 있다. 그림 6.51로부터 우리는 $P$ 노드의 RF 전압 스윙을 다음과 같이 표현할 수 있다.

$$V_P \approx -g_{m1}R_PV_{RF}, \tag{6.103}$$

여기서 $R_P$는 $M_2$와 $M_3$의 공통 소스 노드에서 보이는 '평균 저항'을 나타낸다.[7] 여기서 $R_P$는 $(1/g_{m2}) \| (1/g_{m3})$로 간략히 할 수 있으며, $g_{m2}$와 $g_{m3}$는 각각 $M_2$와 $M_3$의 평형상태의 트랜스컨덕턴스를 나타낸다. 일반적인 설계에서 $g_{m1}R_P$는 1에 가깝다. 그러므로 위의 예에서 입력은 바이어스 값으로부터 33 mV/2 = 178 mV 만큼 증가하고, 입력단의 드레인 전압은 33 mV/2 = 178 mV 만큼 떨어지게 된다. $M_1$이 트라이오드 구간으로 들어가지 않아야 한다면, $M_1$에 할당된 드레인-소스 헤드룸은 바이어스의 오버드라이브 전압보다 355 mV 만큼 커야 한다. 예제 6.12에서 여분의 드레인 전압 스윙을 고려하지 않았다는 것을 유의하라. 만약 이를 고려한다면, 변환 이득은 더 낮아질 것이다.

능동 믹서의 $IP_2$ 또한 매우 흥미롭다. 우리는 6.4.3절에서 $IP_2$를 계산할 것이다.

7. $R_P$가 $2\omega_{LO}$에 해당하는 주파수를 가지고 주기적으로 변하기 때문에, 우리는 푸리에 시리즈에 의해 그 값을 표현할 수 있으며 첫 번째 항을 평균 저항으로 고려할 수 있다.

RF Microelecronics

## 예제 6.23

65-nm 기술로 1.2-V 공급전압, 2 mA 바이어스 전류 조건을 이용하여 중심주파수가 6-GHz인 능동 믹서를 설계하라. 400 mV의 단일 사인파 LO 스윙 피크 전압을 가지는 직접 하향 변환으로 가정하자.

**풀이:**

믹서의 설계는 한정된 전압 헤드 룸에 의해 제한된다. 우리는 입력 트랜지스터인 $M_1$에 300 mV, 스위칭 소자인 (평형 상태의) $M_2$와 $M_3$(그림 6.62) 트랜지스터에 150 mV의 오버드라이브 전압을 할당하는 것으로 시작한다. 식 (6.64)로부터 우리는 각각의 부하저항인 $R_D$의 대략적인 최대 dc 전압 강하가 600 mV인 것을 알 수 있다. 우리는 2 mA의 총 바이어스 전류를 고려하여 $R_D$ = 500 Ω으로 선택한다. LO 스윙은 $M_2$와 $M_3$가 스위칭 하는 데 필요한 전압을 충분히 초과하게 하여, 약 5 ps 내에 $I_{D2}$ 또는 $I_{D3}$ 전류를 2 mA에서 0으로 만들게 하는 것을 기억하라.

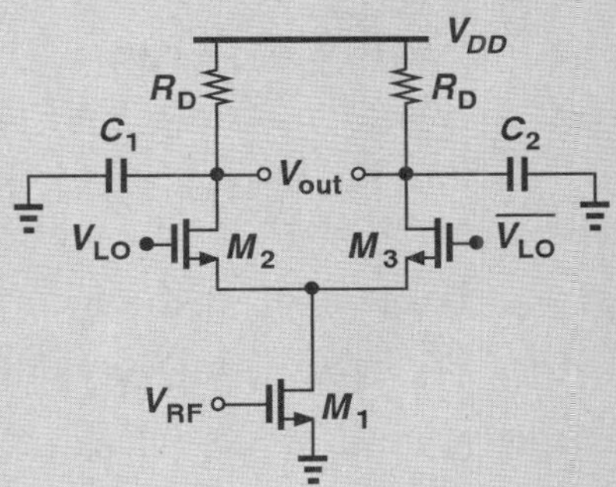


**그림 6.62** *6-GHz 밴드용 능동 믹서 설계*

앞서 선택한 오버드라이브 전압들로부터 $W_1$ = 15 $\mu$m, $W_{2,3}$ = 20 $\mu$m가 됨을 알 수 있다. $W$ = 10 $\mu$m에 대해 5장에서 그렸던 $g_m - I_D$ 특성에 따르면, $g_m$은 $I_D$ = 2 mA × (10/15) = 1.33 mA 전류 조건에서 약 8.5 mS가 된다. 그러므로 $W_1$ = 15 $\mu$m와 $I_D$ = 2 mA일 때, $g_{m1}$ = 8.5 mS × 1.5 = 12.75 mS = $(78.4\,\Omega)^{-1}$이 된다. 커패시터 $C_1$과 $C_2$는 출력에서 LO 성분을 억제하기 위해 2 pF 정도의 값을 가진다. (그렇지 않으면 이 성분은 출력에서 믹서를 압축하도록 만든다.)

우리는 이제 믹서의 전압 변환 이득과 잡음지수를 유추할 수 있다.

$$A_v = \frac{2}{\pi} g_{m1} R_D \tag{6.104}$$

$$= 4.1\ (= 12.3\,\text{dB}). \tag{6.105}$$

(계속)

**예제 6.23** (*계속*) RF Microelecronics

열잡음으로 인한 잡음지수를 계산하기 위해, 우리는 처음으로 다음과 같은 입력측 변환 잡음 전압을 구할 수 있다.

$$\overline{V_{n,in}^2} = \pi^2 kT \left( \frac{\gamma}{g_{m1}} + \frac{2}{g_{m1}^2 R_D} \right) \tag{6.106}$$

$$= 4.21 \times 10^{-18}\ \mathrm{V^2/Hz}, \tag{6.107}$$

여기서 $\gamma \approx 1$이다. IF $\neq 0$ 일 때, 신호 대역과 이미지 대역 양쪽으로부터 얻은 이 잡음의 결과는 궁극적으로 단측(single-sideband) 잡음지수라는 것을 주의하라. $R_S = 50\ \Omega$에 대한 잡음지수를 아래와 같이 쓸 수 있다.

$$\mathrm{NF}_{SSB} = 1 + \frac{\overline{V_{n,in}^2}}{4kTR_S} \tag{6.108}$$

$$= 6.1 (= 7.84\ \mathrm{dB}). \tag{6.109}$$

양측(double-sideband) 잡음지수는 3 dB만큼 작다.

믹서 시뮬레이션에서 우리는 직접 변환 수신기에서도 0이 아닌 베이스밴드 주파수를 고려한다. RF 신호는 유한한 대역폭을 가지고 있고, 결국 하향 변환을 할 때, 0이 아닌 IF 성분이 존재하게 된다. 그 예로 20-MHz 11a 채널은 베이스밴드에서 ±10 MHz의 대역폭을 차지한다. 따라서 시뮬레이션은 6GHz의 LO 주파수인 $f_{LO}$와 6.01 GHz의 입력주파수 $f_{RF}$로 가정한다. 시간영역 시뮬레이션은 정확한 고속 푸리에 변환(Fast Fourier Transform, FFT)을 위해 IF 주기를 충분한 수만큼 캡처할 수 있도록 충분히 길어야 한다. 믹서 출력에서의 가능한 대역폭 범위 안에서, 더 빠른 시뮬레이션을 위해 더 높은 IF 주파수를 설정할 수 있다.

그림 6.63은 믹서의 피크 입력 전압 $V_{in,p}$에 대해 시뮬레이션된 변환 이득을 나타낸 그림이다. 여기에서, $f_{LO}$ = 6 GHz, $f_{in}$ = 5.95 GHz이고, $V_{in,p}$는 각 시뮬레이션에서 증가하게 된다. 압축되지 않은 이득은 추정한 값보다 2 dB 가량 작은 10.3 dB로 $V_{in,p}$ = 170 mV( = −5.28 dBm)에서 1 dB 감소한다. LO 피드스루 및 신호 왜곡으로 인해 시간 영역에서 50-MHz의 IF 진폭을 측정하는 것이 어렵다는 것을 유의하라. 이러한 이유로 변환 이득을 측정하기 위하여 입력과 출력의 FFT를 살펴본다.

이 믹서는 입력이나 출력 어디에서 먼저 압축이 될까? 시험 삼아 비례적으로 출력 전압 스윙의 크기를 조정, 부하 저항을 1/5로 감소시키고 다시 위의 시뮬레이션을 수행해보자. 우리는 $V_{in,p}$ = 170 mV에서 이득이 단지 0.5 dB 만큼 떨어지는 것을 볼 수 있다. 따라서 출력단, 즉 스위칭 트랜지스터가 먼저 압축점에 도달한다.

## 예제 6.23 (계속)



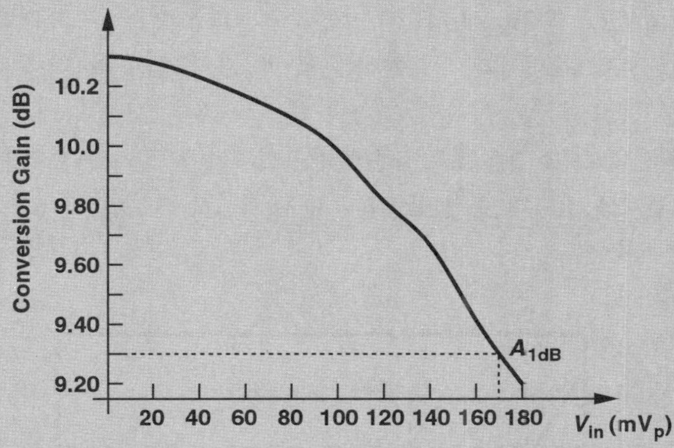


**그림 6.63** *6-GHz 믹서의 압축 특성*

믹서의 입력 $IP_3$를 측정하기 위해 입력에 직렬로 5.945 GHz 및 5.967 GHz의 동일한 주파수의 사인파 전압을 인가한다. 각 톤의 피크 진폭은 몇 번의 반복 후에 선택된다: 만약 너무 작으면 출력 $IM_3$ 성분이 FFT 잡음에 의해 손상되고, 너무 크면 회로에서 고차 비선형성이 발생할 수 있다. 우리는 40 mV의 피크 진폭을 선택한다. 그림 6.64는 하향 변환된 스펙트럼을 나타내는데, 기준 성분과 $IM_3$ 성분 간의 차이 $\Delta P$ = 50 dB가 됨을 보여준다. 이 값을 $10^{\Delta P/40}$ = 17.8의 식과 같이 2로 나누고 다시 20으로 나누고 입력 피크 전압에 의한 결과를

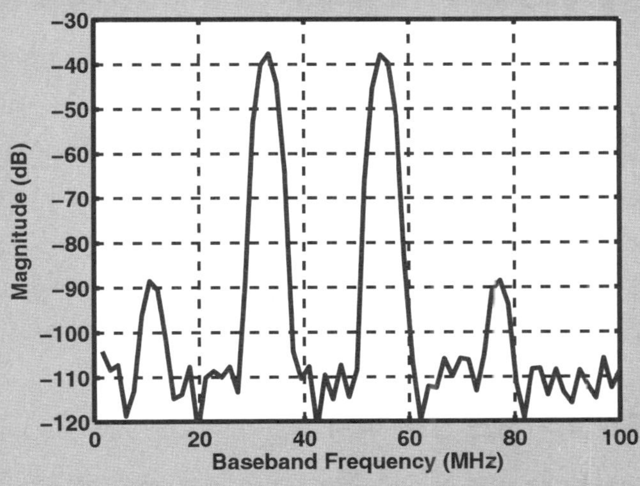


**그림 6.64** *6-GHz 믹서의 투톤(two-tone) 시험*

(계속)

**예제 6.23** *(계속)* RF Microelecronics

곱하면 $IIP_3$ = 771 $mV_p$( = 7 dBm, 50-Ω 시스템)을 얻는다. $IIP_3$는 이 회로의 입력 $P_{1dB}$ 보다 12.3 dB 더 크다. – 아마도 믹서가 $P_{1dB}$에 접근할 때 고차 항의 비선형성을 가지기 때문일 것이다.

그림 6.65는 믹서의 DSB 잡음지수 시뮬레이션 결과이다. 플리커 잡음은 크게는 수 MHz까지 베이스밴드 신호를 심각히 손상시킨다. 100 MHz에서 잡음지수는 약 5.5 dB로 우리의 예측보다 0.7 dB 가량 높다.

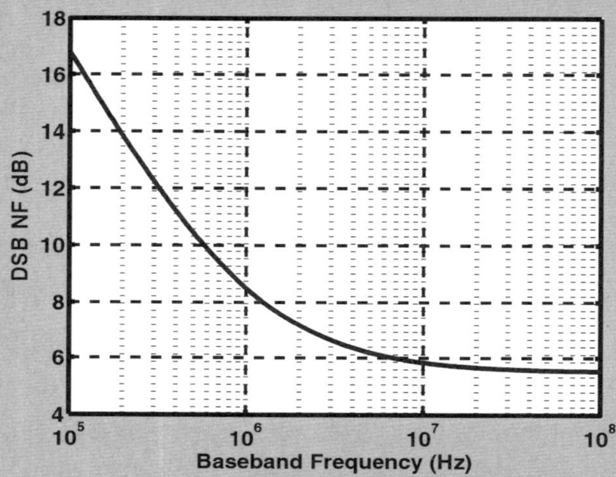


**그림 6.65** *6-GHz 믹서의 잡음지수*

## 6.4 개선된 믹서 구조 Improved Mixer Topologies

잡음, 비선형성, 이득, 전력 소모, 그리고 전압 헤드룸에 의해 정의된 믹서의 성능 한계는 종종 이 장에서 지금까지 공부했던 일반적인 방법들을 넘어서도록 요구받는다. 이러한 이유로, 많은 회로 기술들이 믹서, 특히 능동 구조의 성능을 향상시키기 위해 소개되어 왔다. 이러한 기술 중 몇 가지를 제시한다.

### 6.4.1 보조 전류원을 가지는 능동 믹서 Active Mixers with Current-Source Helpers

능동 믹서의 설계에서 주된 어려움은 입력 트랜지스터 전류(이는 잡음과 선형성 사양을 만족시키기 위해 충분이 커야 한다)와 부하 저항 전류(이는 큰 저항과 그에 따른 높은 이득을 허용하기 위해 충분히 낮아야 된다) 사이의 서로 상반된 요구조건으로부터 발생한다. 따라서

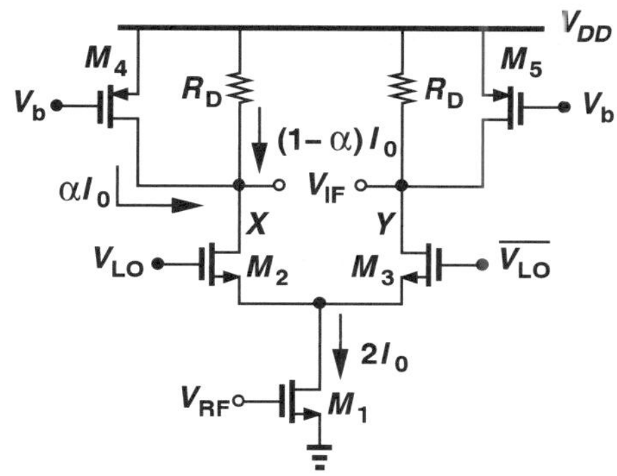


**그림 6.66** *헤드룸 제한을 완화시키기 위한 부하 전류원 추가*

부하 저항(그림 6.66)과 병렬로 전류원을 추가하는 것이 큰 부하 저항값을 감당할 수 있게 함으로써 이러한 모순을 완화시킬 수 있을 것으로 예측된다. 만약 $I_{D1} = 2I_0$이고 각각의 전류원이 일부 전류 $\alpha I_0$ 를 흘린다면, $R_D$ 양단의 최대 허용 가능한 전압강하값이 $V_0$라고 할 때 $R_D$는 [식 (6.64)에 공식화된 것처럼] $V_0/[(1-\alpha)I_0]$만큼 커질 수 있다. 따라서 α가 증가할수록 전압 변환 이득은 증가한다. 더 큰 $R_D$는 또한 입력측 변환 잡음 기여를 줄여준다[식 (6.85)].

그러나 $M_4$와 $M_5$에 의해 기여되는 잡음은 어떠할까? 이 소자들이 포화 영역의 경계에 바이어스되어 있다고 가정하면, 즉 $|V_{GS} - V_{TH}|_{4,5} = V_0$이면, 각각의 잡음 전류는 $4kT\gamma g_m = 4kT\gamma(2\alpha I_0)/V_0$로 쓸 수 있고, 각 출력 노드[8]에서 (제곱의) 잡음 전압을 얻기 위하여 그것에 $R_D^2$를 곱하고 그 결과와 $R_D$ 자체의 잡음을 더한다.

$$\overline{V_{n,X}^2} = 4kT\gamma\frac{2\alpha I_0}{V_0}R_D^2 + 4kTR_D, \tag{6.110}$$

여기서 믹서의 다른 부분에 의한 잡음은 제외되었다. 전압 변환 이득은 $R_D$에 비례하기 때문에, 위의 잡음 전력은 $R_D^2$에 관해 정규화하여야 한다. 따라서 다음과 같이 쓴다.

$$\frac{\overline{V_{n,X}^2}}{R_D^2} = 4kT\gamma\frac{2\alpha I_0}{V_0} + \frac{4kT}{R_D} \tag{6.111}$$

$$= 4kT\frac{I_0}{V_0}(2\alpha\gamma + 1 - \alpha) \tag{6.112}$$

$$= 4kT\frac{I_0}{V_0}[(2\gamma - 1)\alpha + 1]. \tag{6.113}$$

흥미롭게도, 각 보조 전류 소스와 그에 해당하는 부하 저항에 의해 전체 잡음은 α 만큼 *증가*하게 되고, $\alpha = 0$일 때 $4kTI_0/V_0$로 시작해서, $\alpha = 1$일 때 $(4kTI_0/V_0)(2\gamma)$까지 증가한다.

8. $M_4$와 $M_5$의 출력 저항은 이 계산에서 $R_D$에 포함될 수 있다.

RF Microelecronics

**예제 6.24**

그림 6.66에서 $M_4$와 $M_5$에 의해 기여되는 플리커 잡음을 조사하라.

**풀이:**

게이트-기준 전압 $\overline{V_{n,1/f}^2}$로 모델링된 각 소자의 플리커 잡음은 출력에서 나타날 때 $g_{m4,5}^2 R_D^2$와 곱해진다. 위의 유도과정에 따라, 이 결과를 $R_D^2$으로 정규화한다:

$$\frac{V_{n,X}^2}{R_D^2} = \overline{V_{n,1/f}^2}\left(\frac{2\alpha I_0}{V_0}\right)^2. \tag{6.114}$$

전압 헤드룸 $V_0$는 일반적으로 수 백 밀리볼트로 제한되기 때문에, 부가 트랜지스터는 상당한 $1/f$ 잡음을 출력에 기여하는 경향이 있는데, 직접 변환 수신기에서는 심각한 문제가 된다.

그림 6.66의 보조 전류원을 더하는 것은 또한 선형성을 저하시킨다. 식 (6.114)을 유도하는 계산에서 보조부의 트랜스컨덕턴스를 *최소화*하고 그래서 잡음전류를 최소화하기 위해 보조부가 포화 영역의 경계에서 동작한다고 가정했다. 그러나 이 바이어스 조건은 신호가 존재할 때 보조부를 트라이오드 영역으로 유도하기 쉽다. 그래서 입력보다 출력에서 회로가 포화되기 쉽다.

## 6.4.2 높은 트랜스컨덕턴스를 갖는 능동 믹서

Active Mixers with Enhanced Transconductance

앞에서 말한 고찰 과정을 따라서, 우리는 전류-소스 보조부를 IF 경로보다 RF 경로에 삽입할 수 있다. 그림 6.67에서 묘사된 것처럼, 이 아이디어는 $M_4$에 의해 $M_1$의 대부분 바이어스 전류를 제공하는 것으로, 부하 저항(그리고 스위칭 트랜지스터)에 흐르는 전류를 줄일 수 있다.

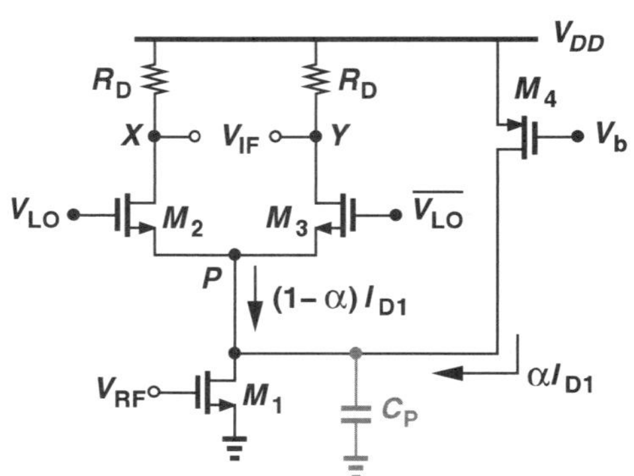


**그림 6.67** *스위칭 쌍의 테일에 전류 소스 추가*

예를 들면, 만약 $|I_{D4}| = 0.75I_{D1}$이면, $R_D$와 이득이 4배가 될 수 있다. 게다가 $M_2$와 $M_3$에 의해 스위치되는 바이어스 전류가 감소하는 것은 낮은 구동 전압과 더 급격한 스위칭으로 이어진다. 그래서 그림 6.48(a)와 6.58에서의 $\Delta T$가 줄어들고, 식 (6.72)와 식 (6.88)에 의해 표현된 이득과 잡음 효과를 줄인다. 결국, 출력 플리커 잡음이 감소한다(문제 6.5).

위의 접근방법은 그러나 2가지 문제에 직면한다. 첫째, 트랜지스터 $M_4$가 노드 $P$에 부가적인 커패시턴스를 발생시켜, 앞에서 언급했던 문제점을 악화시킨다. $M_2$와 $M_3$에 더 작은 바이어스 전류를 할당할 때, 소스에서 보는 임피던스를 증가시키고, $M_1$에 의해 발생된 RF 전류의 많은 부분이 $C_P$로 흘러가게 되며, 이득을 감소시키게 된다. 둘째로, $M_4$의 잡음 전류가 RF 신호에 직접 더해지게 된다. $M_1$과 $M_4$의 잡음 전류를 표현하면 다음과 같다.

$$\overline{I_{n,M1}^2} + \overline{I_{n,M4}^2} = 4kT\gamma g_{m1} + 4kT\gamma g_{m4} \tag{6.115}$$

$$= 4kT\gamma\left[\frac{2I_{D1}}{(V_{GS}-V_{TH})_1} + \frac{2\alpha I_{D1}}{|V_{GS}-V_{TH}|_2}\right]. \tag{6.116}$$

## 예제 6.25

RF Microelecronics

위의 식에서 $M_4$의 잡음을 줄이고 싶은 한 학생이 $V_{DD} = 1$ V에서 $|V_{GS} - V_{TH}|_2 = 0.75$ V로 선택한다. 여기에서 어려움을 설명하라.

**풀이:**

$M_4$의 바이어스 전류는 $M_1$의 바이어스 전류를 따를 수 있도록 주의하여 정의되어야 한다. 잘못된 매칭은 $M_2$와 $M_3$의 전류를 '고갈'시킬 수 있다. 즉, 그들의 바이어스 전류를 상당히 감소시켜, 노드 $P$에서 큰 임피던스를 생성하고 이로 인해 RF 전류를 $C_P$로 흘러가게 만든다. 이제 그림 6.68의 간단한 전류 미러를 고려하자. 만약 $|V_{GS} - V_{TH}|_4 = 0.75$ V이면, $|V_{GS4}|$가 $V_{DD} = 1$ V를 *초과*할 수 있어, $I_{REF}$를 위한 헤드룸이 없어진다. 즉, $|V_{GS} - V_{TH}|_4$가 $V_{DD}$ −

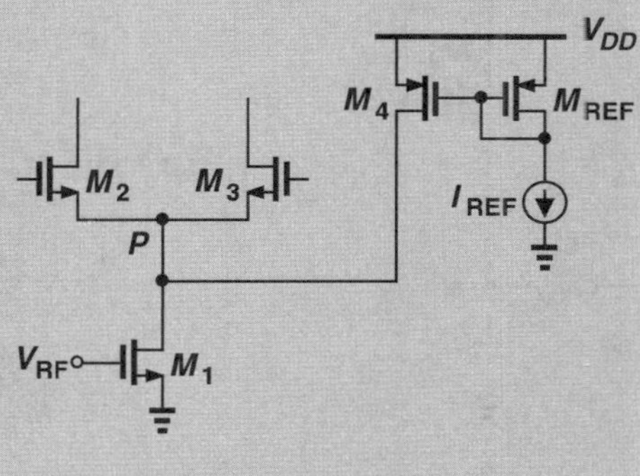


**그림 6.68** *전류 미러 전압 제한*

(*계속*)

**예제 6.25** *(계속)* RF Microelecronics

$|V_{GS4}| - V_{IREF}$ 보다 작도로 선택되어야 한다. 이 때, $V_{IREF}$는 $I_{REF}$ 양단의 최소 허용 전압을 나타낸다.

그림 6.68에서 커패시턴스를 줄이고 $M_4$의 잡음 기여를 낮추기 위해서, 인덕터가 드레인에 직렬로 연결될 수 있다. 그림 6.69(a)가 보여주는 것처럼 [9], 이러한 구성은 입력 트랜스컨덕턴스를 증가시킬 뿐만 아니라 인덕터를 $C_P$와 공진하게 한다. 부가적으로 커패시터 $C_1$은 RF에서 단락으로 작동하여 잡음 전류를 $M_4$에서 그라운드로 단락시킨다. 그 결과로, $M_1$에 의해 발생된 대부분의 RF 전류가 $M_2$와 $M_3$로 전달되며, (더 급격한 스위칭이 이루어지기 때문에) $M_2$와 $M_3$에 의해 주입된 잡음도 또한 감소한다.

그림 6.69(a)의 회로에서, 인덕터 기생성분들을 주의하여 다루어야 한다. 첫째, $L_1$이 노드 $P$에 커패시턴스에 기여하여, $C_P$를 증가시킨다. 둘째, $L_1$의 손실은 병렬 저항으로 변환되어, RF 전류를 '소모'하고 잡음을 증가시킨다. 그림 6.69(b)에 묘사된 것처럼 이 저항 $R_1$은 RF 전류의 단락을 무시할 수 있을 정도가 되도록 $1/(2g_{m2,3})$에 비해 상당히 크게 유지되어야 한다. 또한, 그것의 잡음 전류가 $M_1$의 잡음보다 매우 작아야 한다. 따라서, 인덕터의 선택은 다음 조건들에 의해 좌우된다.

$$L_1 C_{P,tot} = \frac{1}{\omega_{RF}^2} \tag{6.117}$$

$$R_1 = QL_1\omega_{RF} \gg \frac{1}{g_{m2,3}} \tag{6.118}$$

$$\frac{4kT}{R_1} = \frac{4kT}{QL_1\omega_{RF}} \ll 4kT\gamma g_{m1}, \tag{6.119}$$

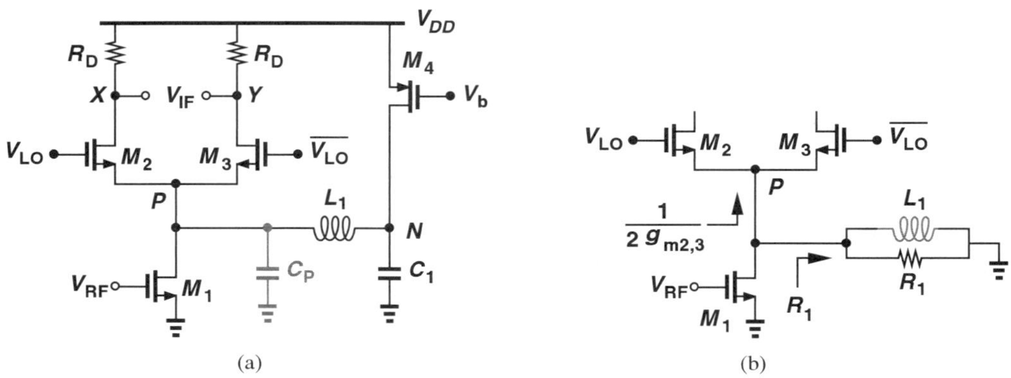


**그림 6.69** *(a) 보조 전류원을 가지는 테일에서의 인덕터 공진 사용, (b) 인덕터의 등가 회로*

이 때, $C_{P,tot}$은 $L_1$의 커패시턴스를 포함한다.

그림 6.67과 6.69는 서브마이크론이하(deep-submicron) 기술에서 단점이 발생한다: 왜냐하면 $M_1$은 일반적으로 작은 트랜지스터기 때문에, $M_4$에 전류를 흘려주는 전류 미러 배열과 열악한 정합을 하게 된다. 그 결과로, 스위칭 쌍을 통해 흐르는 전류가 상당히 변동이 심하게 된다.

그림 6.70은 커패시터 커플링이 입력 트랜지스터와 스위칭 쌍의 독립적인 바이어스 전류를 가능하게 하는 다른 구조를 보여준다 [10]. 여기에서, $C_1$은 RF에서 단락회로로 동작하고, $L_1$은 노드 $P$와 $N$의 기생성분과 공진한다. 게다가, $M_1$에 가능한 전압 헤드룸이 더 이상 $(V_{GS} - V_{TH})_{2,3}$와 부하 저항의 전압강하에 의해 제한되지 않는다. 일반적인 설계에서, $I_{D1}/I_0$는 최적 성능을 위해 3 ~ 5 정도의 범위를 가질 수 있다. 만약 $I_0$가 과도하게 낮으면, 스위칭 쌍은 RF 전류를 모두 받아들이지 못한다. 다른 중요한 속성은 식 (6.97)에서 공식화된 것처럼 작은 $I_0$ 전류는 출력에서 낮은 플리커 잡음을 출력한다.

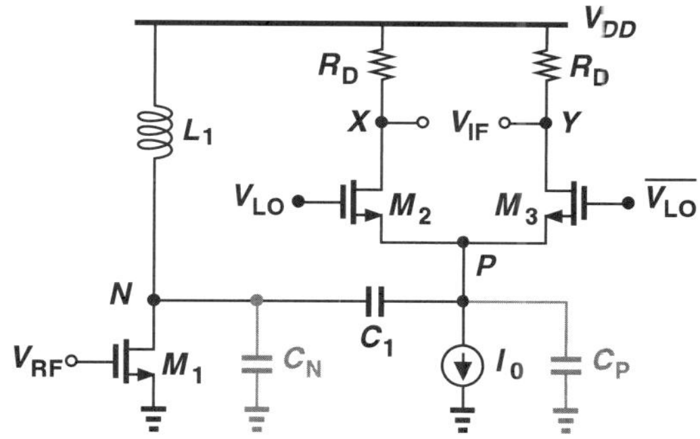


**그림 6.70** *공진 커패시터 커플링을 사용한 능동 믹서*

### 6.4.3 높은 $IP_2$를 가지는 능동 믹서 Active Mixers with High $IP_2$

4장에서 설명된 것과 같이, 직접 변환 및 낮은-IF(low-IF) 수신기에서는 2차 교차점(intercept point)이 두 간섭신호의 혼합 또는 한 간섭신호의 포락선 변조(envelope demodulation)에 의해 발생하는 신호 열화를 의미하기 때문에 매우 중요해진다. LNA와 믹서간의 커패시터 커플링은 저주파수 비트를 제거해 주기 때문에 믹서가 병목현상(bottleneck)을 만든다. 따라서, 높은 $IP_2$의 믹서를 만들기 위해 많은 노력을 기울여왔다.

비대칭성이 존재하는 단일-평형(single-balanced) 믹서에서 $IP_2$를 계산하는 것은 유익하다. (4장에서 대칭의 믹서는 무한대의 $IP_2$를 가지는 것을 기억하자.) 그림 6.71(a)의 회로에서 논의를 시작해보자. 그림에서, $V_{OS}$는 $M_2$ 및 $M_3$와 연관된 오프셋 전압을 나타낸다. 우리는 주파수 변환 없이 출력으로 흘러가는 $I_{SS}$의 일부분을 계산하기를 원한다. 6.3.2절의 플리커

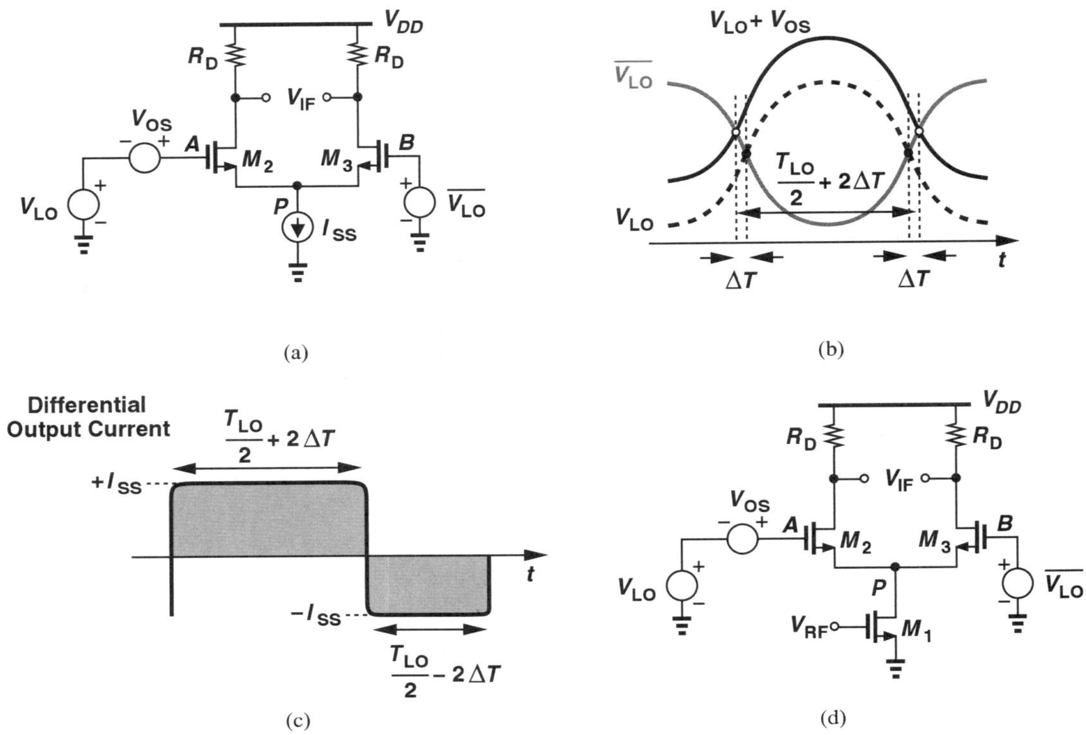


**그림 6.71** *(a) 오프셋 전압을 가지는 능동 믹서, (b) 오프셋이 LO 파형에 미치는 영향, (c) 드레인 전류의 듀티 사이클 왜곡, (d) $IP_2$ 계산을 위한 회로*

잡음 계산에서처럼, LO와 $\overline{\mathrm{LO}}$는 유한한 기울기를 가지고 있지만 $M_2$와 $M_3$는 순간적으로 전환한다고 가정하자. 즉, $V_A - V_B$의 부호에 따라 테일 전류를 전환한다.

그림 6.71(b)에서 보여주는 것처럼, $V_{LO}$의 수직 이동은 연속되는 LO와 $\overline{\mathrm{LO}}$의 교차점을 $\pm\Delta T$만큼 이동시킨다. 이때, $\Delta T = V_{OS}/S_{LO}$이고, $S_{LO}$는 LO의 차동 기울기$(= 2V_{p,LO}\,\omega_{LO})$를 나타낸다. 이것은 $T_{LO}/2 + 2\Delta T$ 초 동안 $M_2$가 on이 되도록 하고, $T_{LO}/2 - 2\Delta T$ 초 동안 $M_3$가 on이 되도록 한다. 그림 6.71(c)로부터 차동 출력 전류 $I_{D2} - I_{D3}$는 $(4\Delta T/T_{LO})I_{SS} = V_{OS}I_{SS}/(\pi V_{p,LO})$의 dc 성분을 포함하며, 차동 출력 전압은 $V_{OS}I_{SS}R_D/(\pi V_{p,LO})$의 dc 성분을 가지는 것을 알 수 있다. 예상했던 대로, 오프셋은 매우 느린 잡음 성분으로 고려될 수 있기 때문에 이 결과는 식 (6.97)과 일치한다.

출력 $1/f$ 잡음과 오프셋 식에 의해 제시되는 흥미로운 점은 다음과 같다. 만약 스위칭 쌍의 바이어스 전류가 줄어드는 반면 입력 트랜스컨덕터의 전류는 그렇지 않다면, 이득은 변하지 않고 출력의 $1/f$ 잡음과 오프셋은 떨어지기 때문에 성능이 개선된다. 예를 들면, 앞 절에서 설명되었던 보조 전류원은 여기에서 유용한 것으로 증명된다.

이제 $I_{SS}$를 그림 6.71(d)에 묘사된 트랜스컨덕터 소자로 바꾸고, 다음을 가정한다.

$$V_{RF} = V_m \cos\omega_1 t + V_m \cos\omega_2 t + V_{GS0}, \tag{6.120}$$

여기서 $V_{GS0}$는 $M_1$의 게이트-소스 바이어스 전압이다. 제곱법칙(square-law) 소자에서 $IM_2$는 $M_1$의 전류로부터 다음과 같이 표현된다.

$$I_{IM2} = \frac{1}{2}\mu_n C_{ox}\frac{W}{L}V_m^2 \cos(\omega_1 - \omega_2)t. \tag{6.121}$$

이것에 $V_{OS}R_D/(\pi V_{p,LO})$를 곱하면 출력으로 직접 나가는 피드스루를 얻는다.

$$V_{IM2,out} = \left[\frac{1}{2}\mu_n C_{ox}\frac{W}{L}V_m^2 \cos(\omega_1 - \omega_2)t\right]\frac{V_{OS}R_D}{\pi V_{p,LO}}. \tag{6.122}$$

$IP_2$를 계산하기 위해서, $V_m$의 값을 $V_{IM2,out}$의 크기가 주 *하향 변환* 성분의 크기와 같아질 때까지 증가시켜야 한다. 이 크기는 간단히 $(2/\pi)g_{m1}R_D V_m$으로 주어진다. 따라서,

$$\frac{1}{2}\mu_n C_{ox}\frac{W}{L}V_{IIP2}^2\frac{V_{OS}R_D}{\pi V_{p,LO}} = \frac{2}{\pi}g_{m1}R_D V_{IIP2}. \tag{6.123}$$

$g_{m1}$을 $\mu_n C_{ox}(W/L)(V_{GS} - V_{TH})_1$으로 쓰면, 최종적으로 다음 결과를 얻는다.

$$V_{IIP2} = 4(V_{GS} - V_{TH})_1\frac{V_{p,LO}}{V_{OS}}. \tag{6.124}$$

예를 들면, 만약 $(V_{GS} - V_{TH})_1$ = 250 mV, $V_{p,LO}$ = 300 mV, $V_{OS}$ = 10 mV이면, $V_{IIP2}$ = 30 $V_P$(= 50-Ω 시스템에서 39.5 dBm)이다. 다른 $IP_2$ 메커니즘은 [12]에 설명되어 있다.

앞에서의 분석은 LO 회로 및 버퍼내의 부정합으로 인해서 발생하는 LO 파형의 비대칭성에도 또한 적용할 수 있다. 만약 듀티 사이클이 $(T_{LO}/2 - \Delta T)/T_{LO}$ (즉, 48%)로 나타난다면, $I_{D1} - I_{D2}$의 dc 성분은 $(2\Delta T/T_{LO})I_{SS}$와 같으며 출력에서 $(2\Delta T/T_{LO})I_{SS}R_D$의 평균값을 만든다. 따라서 $I_{SS}$를 식 (6.121)에서 주어진 $IM_2$ 식으로 바꾸면 다음과 같다.

$$V_{IM2,out} = \left[\frac{1}{2}\mu_n C_{ox}\frac{W}{L}V_m^2 \cos(\omega_1 - \omega_2)t\right]\frac{2\Delta T}{T_{LO}}R_D. \tag{6.125}$$

이 성분의 크기를 $(2/\pi)g_{m1}R_D V_m$와 같다고 두고, $g_{m1}$을 $\mu_n C_{ox}(W/L)(V_{GS} - V_{TH})_1$으로 대체하면, 다음을 얻는다.

$$V_{IIP2} = \frac{2T_{LO}}{\pi\Delta T}(V_{GS} - V_{TH})_1. \tag{6.126}$$

예를 들면, 48%의 듀티 사이클을 가지고 $(V_{GS} - V_{TH})_1$ = 250 mV 이면 $V_{IIP2}$ = 7.96 $V_P$(= 50-Ω 시스템에서 28 dBm)이다.

$IP_2$를 증가시키기 위해서, 능동 믹서의 입력 트랜스컨덕터는 차동 형태로 구현될 수 있으

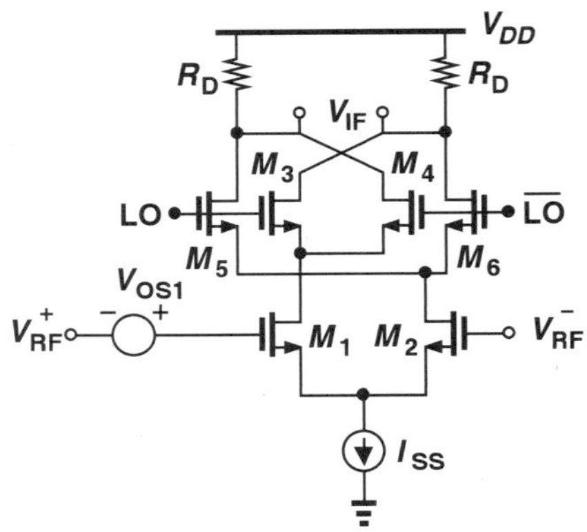


**그림 6.72** *이중-평형(double-balanced) 믹서의 입력 오프셋*

며, 이중-평형 구조가 된다. 그림 6.72처럼, 이 회로는 $M_1$과 $M_2$ 사이의 부정합에 의해서만 발생하는 유한한 $IM_2$ 값을 만든다. 우리는 다음 예제에서 이 효과를 정량화한다. 기존의 이중-평형 믹서와는 다르게 이 회로는 테일 전류원을 도입하였다는 것을 주목하자.

**예제 6.26** RF Microelecronics

제곱법칙 소자를 가정할 때, 그림 6.72의 $M_1$과 $M_2$가 $V_{OS1}$의 오프셋 전압이 있다면, 이 두 트랜지스터에 의해 발생하는 $IM_2$ 성분을 결정하라.

**풀이:**

RF 차동 전압 $\Delta V_{in}$에 대해, 차동 출력 전류는 다음과 같이 표현될 수 있다.

$$I_{D1} - I_{D2} = \frac{1}{2}\mu_n C_{ox}\frac{W}{L}(\Delta V_{in} - V_{OS1})\sqrt{\frac{4I_{SS}}{\mu_n C_{ox}(W/L)} - (\Delta V_{in} - V_{OS1})^2}. \quad (6.127)$$

제곱근 안의 두 번째 항이 첫 번째 항에 비해 매우 작다고 가정하면, 우리는 $\sqrt{1-\varepsilon} \approx 1 - \varepsilon/2 \approx 1$로 쓸 수 있다:

$$I_{D1} - I_{D2} \approx \sqrt{\mu_n C_{ox}\frac{W}{L}I_{SS}}\left[\Delta V_{in} - V_{OS1} - \frac{\mu_n C_{ox}(W/L)}{8I_{SS}}(\Delta V_{in} - V_{OS1})^3\right]. \quad (6.128)$$

만약 $\Delta V_{in} = V_m\cos\omega_1 t + V_m\cos\omega_2 t$이면 $3V_{in}^2 V_{OS1}$ 항이 두 사인파의 교차곱을 만들기 때문에 대괄호 안의 세제곱 항이 $IM_2$ 성분을 생성한다.

$$V_{IM2} = \frac{3[\mu_n C_{ox}(W/L)]^{3/2}}{8\sqrt{I_{SS}}}V_m^2 V_{OS1}\cos(\omega_1 - \omega_2)t \quad (6.129)$$

**예제 6.26** (*계속*) RF Microelecronics

$$= \frac{3I_{SS}}{8(V_{GS} - V_{TH})_{eq}^3} V_m^2 V_{OS1} \cos(\omega_1 - \omega_2)t, \tag{6.130}$$

여기서 $(V_{GS} - V_{TH})_{eq}$는 각 트랜지스터의 평균 오버드라이브 전압을 나타낸다. 물론 이 성분의 작은 부분만이 믹서의 출력으로 나타난다. 예를 들면, 스위칭 쿼드의 오프셋 $V_{OS2}$만 고려된다면,[9] $IM_2$의 크기는 $V_{OS2}R_D/(\pi V_{p,LO})$ 만큼 곱해져야 하고 $IIP_2$는 다음과 같이 얻는다.

$$V_{IIP2} = \frac{16(V_{GS} - V_{TH})_{eq}^2 V_{p,LO}}{3V_{OS1}V_{OS2}}. \tag{6.131}$$

예를 들면, 만약 $(V_{GS} - V_{TH})_{eq} = 250$ mV, $V_{p,LO} = 300$ mV, $V_{OS1} = V_{OS2} = 10$ mV이면, $V_{IIP2} = 1000$ $V_p$ (= 50-Ω 시스템에서 +70 dBm) 이다.

$IP_2$를 상당히 증가시키는 반면에, 그림 6.72의 차동증폭기를 사용하면 $IP_3$ 성능을 *저하*시킨다. 5장의 수식 유도로 알 수 있듯이, 준-차동증폭단(소스가 ac 그라운드에 묶여 있음)은 높은 $IP_3$를 나타낸다. 우리는 이제 식 (6.131)을 유도하는 계산을 이 믹서(그림 6.73)에 다시 반복한다. 입력 쌍이 이제 열화된 공통-모드 제거 특성을 가진다는 것을 주목하자. $V_{RF}^+ = V_m \cos\omega_1 t + V_m \cos\omega_2 t + V_{GS0}$와 $V_{RF}^- = -V_m \cos\omega_1 t - V_m \cos\omega_2 t + V_{GS0}$를 인가하면, 다음을 얻는다.

$$I_{D1} = \frac{1}{2}\mu_n C_{ox}\left(\frac{W}{L}\right)_1 (V_m \cos\omega_1 t + V_m \cos\omega_2 t + V_{OS1} + V_{GS0} - V_{TH})^2 \tag{6.132}$$

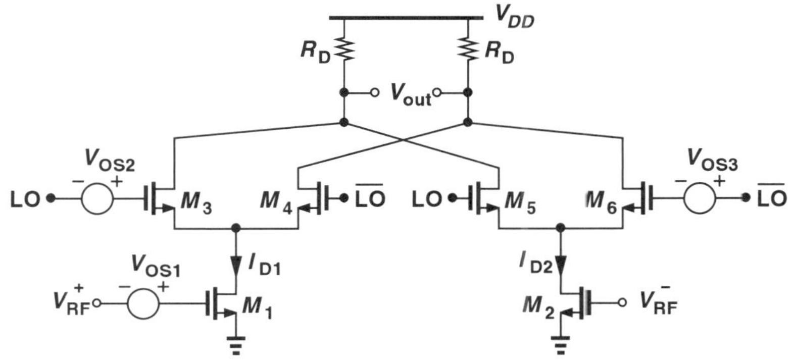


**그림 6.73** *준-차동 입력 쌍을 가지는 이중-평형 믹서에서의 오프셋의 영향*

9 이 경우, $V_{OS}$는 $M_3 - M_4$와 $M_5 - M_6$의 오프셋 사이의 차이를 나타낸다.

$$I_{D2} = \frac{1}{2}\mu_n C_{ox}\left(\frac{W}{L}\right)_2 (V_m \cos\omega_1 t + V_m \cos\omega_2 t + V_{GS0} - V_{TH})^2. \tag{6.133}$$

$V_{OS1}$에 *무관한* 반면, $I_{D1}$의 저주파 비트는 $V_{OS2}\,R_D/(\pi V_{p,LO})$인자만큼 곱해지고, $I_{D2}$의 경우는 $V_{OS3}R_D/(\pi V_{p,LO})$ 만큼 곱해진다. 여기에서, $V_{OS2}$와 $V_{OS3}$는 각각 $M_3 - M_4$와 $M_5 - M_6$의 오프셋을 나타낸다. 따라서 출력의 $IM_2$ 성분은 다음과 같이 주어진다.

$$V_{IM2,out} = \left[\frac{1}{2}\mu_n C_{ox}\frac{W}{L}V_m^2\cos(\omega_1 - \omega_2)t\right]\frac{R_D}{\pi V_{p,LO}}(V_{OS2} + V_{OS3}). \tag{6.134}$$

각 기본주파수(fundamental)의 출력 크기는 $(2/\pi)2V_m g_{m1} R_D$와 같으며, $g_{m1} = \mu_n C_{ox}(W/L)_1 (V_{GS0} - V_{TH})$라는 것을 주목하면, 다음 식을 얻는다.

$$V_{IIP2} = \frac{8(V_{GS0} - V_{TH})}{V_{OS2} + V_{OS3}}V_{p,LO}. \tag{6.135}$$

예를 들면, 만약 $V_{GS} - V_{TH} = 250$ mV, $V_{p,LO} = 300$ mV, $V_{OS2} = V_{OS3} = 10$ mV이면, $V_{IIP2} = 30\ V_p$(= 50-Ω 시스템에서 39.5 dBm)이다. 차동 믹서와 준-차동 믹서에서 얻을 수 있는 $IIP_2$의 비교는 후자의 경우가 훨씬 열등하기 때문에, $IP_2$와 $IP_3$ 간에 타협을 보여준다.

우리는 지금까지 유한한 $IP_2$를 만드는 하나의 메커니즘을 고려해 왔다: 그것은 믹서의 스위칭 소자들을 통한 저주파 비트 성분의 통과이다. 반면, 트랜스컨덕터에서 우수 차수(even-order) 왜곡이 없는 경우에도, 만약 (a) 스위칭 소자(또는 LO 파형)에서 비대칭이 있는 경우와 (b) 스위칭 소자들의 공통 소스 노드에서 유한한 커패시턴스가 보일 경우에 출력에서 여전히 유한한 저주파 비트를 볼 수 있다[11, 12]. 이 경우에 공통 소스 노드에 도달한 두 간섭 신호들 $V_m\cos\omega_1 t + V_m\cos\omega_2 t$은 비선형과 LO 하모닉들과의 믹싱을 겪으며, 하향 변환 후에 $\omega_1 - \omega_2$ 성분을 발생시킨다. 이 메커니즘의 상세한 내용은 [11, 12]에 기술되어 있다.

잡음과 이득 최적화를 이유로 착안되었지만, 그림 6.70의 믹서 구조는 또한 높은 $IP_2$를 보여준다. $L_1$, $C_1$과 노드 $P$에서 보이는 저항으로 구성된 고주파 통과 필터가 $M_1$의 even-order 왜곡에 의해 발생된 저주파 비트를 억제시킨다. 그림 6.74에서 보여주는 등가 회로로부터, 다음을 얻을 수 있다.

$$\frac{I_m}{I_{beat}} = \frac{L_1 s}{L_1 s + \dfrac{1}{C_1 s} + \dfrac{1}{2g_m}} \tag{6.136}$$

$$= \frac{L_1 C_1 s^2}{L_1 C_1 s^2 + \dfrac{C_1 s}{2g_m} + 1}. \tag{6.137}$$

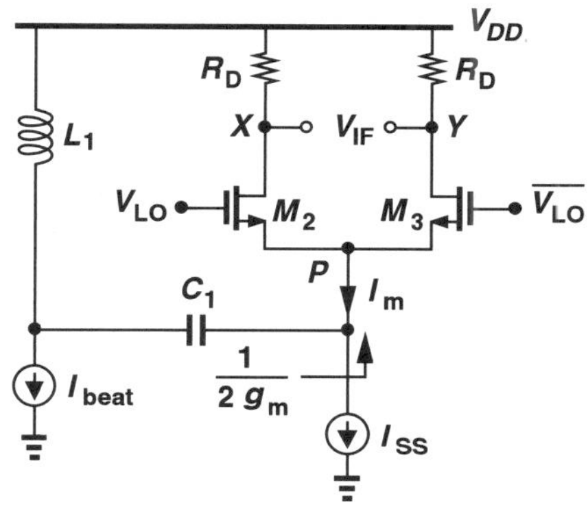


**그림 6.74** *커패시터 커플링과 공진을 사용한 믹서에서의 저주파 비트의 영향*

저주파에서, 이 결과는 다음과 같이 간략화 될 수 있으며, 높은 감쇄를 보여준다.

$$\frac{I_m}{I_{beat}} \approx L_1 C_1 s^2, \tag{6.138}$$

$IP_2$를 높이기 위한 다른 접근방법은 트랜스컨덕터를 커패시터로 축퇴시키는 것이다. 그림 6.75에서 보여주는 것처럼 [10], 축퇴 커패시터 $C_d$는 RF에서 단락 회로로 동작하지만 저주파 비트 성분에 대해 개방 회로로 동작한다. 입력단의 트랜스컨덕턴스를 표현하면 다음과 같다.

$$G_m = \frac{g_{m1}}{1 + \frac{g_{m1}}{C_d s}} \tag{6.139}$$

$$= \frac{g_{m1} C_d s}{C_d s + g_{m1}}, \tag{6.140}$$

우리는 저주파 이득이 $C_d s$에 비례하여 떨어지게 되고, 이것은 $M_1$이 2차 상호변조 성분을 생성하지 *않도록* 하는 것을 알 수 있다.

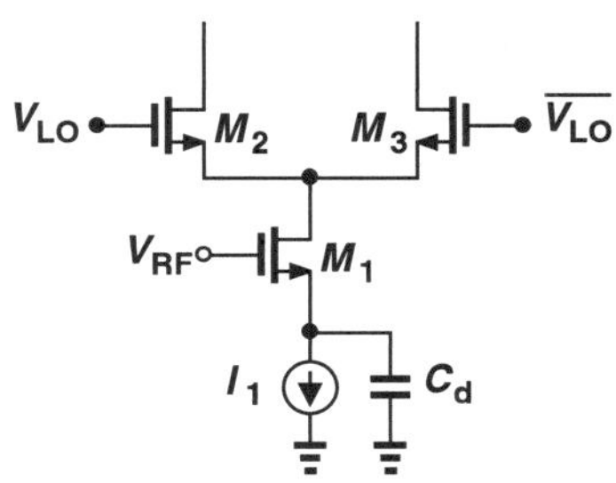


**그림 6.75** *커패시터 축퇴가 $IP_2$에 미치는 영향*

### 예제 6.27

RF Microelecronics

그림 6.75의 믹서가 900-MHz GSM 시스템용으로 설계된다. $M_1$에 의해 생성되는 $IM_2$ 성분에 대해 커패시터 축퇴에 의해 최악의 경우에 감쇄되는 양은 얼마인가? 낮은-IF 수신기를 가정한다(4장).

**풀이:**

우리는 먼저 최악의 경우를 결정해야 한다. 가장 높은 비트 주파수가 최소의 감쇄를 겪게 되어, 그것 때문에 가장 큰 $IM_2$ 성분을 생성할 것이라고 추측할 수 있다. 그림 6.76(a)에 묘사된 것처럼, 만약 두 간섭신호가 GSM 대역 안에 위치해 있으나 (프론트-엔드 필터에 의해 감쇄되지 않도록) 가능한 한 서로 멀리 떨어져 있는 경우, 즉 25 MHz 주파수 차이가 있는 경우, 이러한 상황이 발생한다. 이제 pole 주파수 $g_m/C_d$는 900 MHz 근처에 있다고 가정하자. 따라서 $IM_2$ 출력은 25 MHz에 떨어지게 되고, 따라서 커패시터 축퇴에 의해 대략 900 MHz/25 MHz = 36 (≈31 dB)의 감쇄를 겪게 된다. 그러나, low-IF 수신기에서는, 하향 변환된 200-kHz GSM 채널은 제로 주파수 근처에 위치하게 된다. 그래서 이 경우는 무관한 것으로 입증된다.

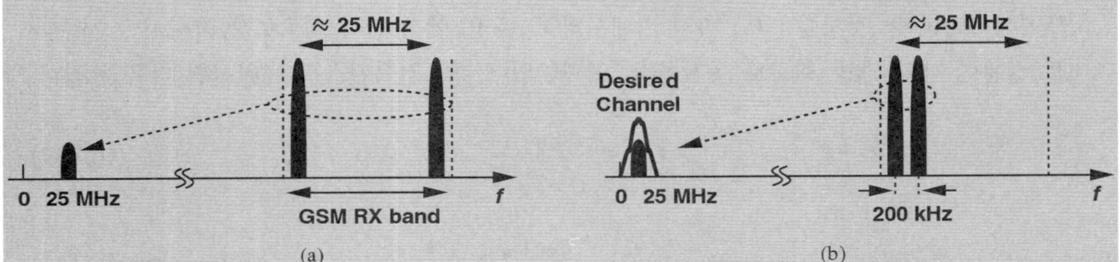


그림 6.76 *(a) GSM 밴드의 가장자리 근처의 두 blocker, (b) GSM 밴드에서 가까이 위치한 두 간섭파(blocker)에 의한 비트 생성*

위의 학습으로부터, 우리는 200 kHz (즉, 인접 채널)의 주파수 차이를 가지고 있는 두 간섭 신호를 모색한다. 그림 6.76(b)에서 보여주는 것과 같이, 우리는 GSM 대역의 가장 자리에 인접 간섭 신호들을 둔다. 200 kHz의 중심 주파수에 위치하는 비트는 대략 935 MHz/200 kHz = 4,675 ≈ 73 dB의 감쇄를 겪는다. Low-IF 900-MHz GSM 수신기는 매우 높은 $IP_2$를 얻을 수 있다는 결론이 나온다.

앞에서 언급한대로 전달컨덕터단과 스위칭 소자 사이의 커패시터 커플링이 있다고 하더라도 (만약 스위칭 쌍의 오프셋이 고려된다면) 스위칭 쌍의 공통 소스 노드에서의 커패시턴스는 궁극적으로 $IP_2$를 제한하게 된다. 따라서 우리는 만약 인덕터가 이 커패시턴스와 공진을 하게 되면 더 높은 $IP_2$를 기대할 수 있다. 그림 6.77은 커패시터 축퇴와 공진을 같이 사용하여 +78 dBm의 $IP_2$를 달성한 이중-평형 믹서 구조를 보여준다.

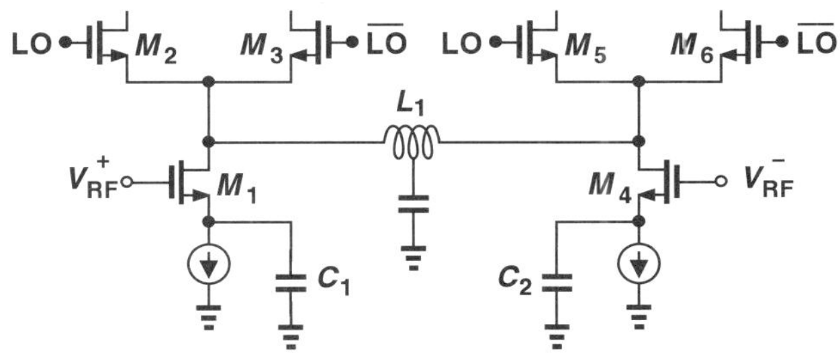


**그림 6.77** *$IP_2$를 증가시키기 위한 스위칭 쿼드 소스에서의 인덕터 사용*

## 6.4.4 낮은 플리커 잡음을 갖는 능동 믹서 Active Mixers with Low Flicker Noise

6.3.2절에의 잡음에 관한 학습은 하향변환된 스위칭 소자의 플리커 잡음이 바이어스 전류와 스위칭 소자들의 공통 소스 노드 기생 커패시턴스에 비례하는 것을 드러낸다. 이러한 경향은 또한 능동 믹서의 $IP_2$에도 유지되기 때문에, 6.4.3절에서 $IP_2$를 증가시키기 위해 설명되었던 기술들이 또한 플리커 잡음을 낮출 것이라고 가정한다. 특히, 그림 6.69와 6.74의 회로 구조는 스위칭 쌍의 바이어스 전류를 낮추어 주고, 인덕터에 의해 테일 커패시턴스를 상쇄시킨다. 그러나 이 접근방법은 (각각의 직교 위상 믹서에 하나씩) 두 개의 인덕터를 필요로 하기 때문에 레이아웃과 라우팅을 복잡하게 한다.

그림 6.67의 보조 트랜지스터 아이디어로 다시 돌아가서, 보조 트랜지스터를 필요로 할 때만 켤 수 있는 것이 가능한지 질문해 보자. 다른 말로, 스위칭 소자의 바이어스 전류를 낮추고, 따라서 플리커 잡음의 효과를 낮추기 위해 PMOS 전류 소스를 LO의 제로 교차점에서만 켜지도록 할 수 있는가[13]? 그러한 개념에서, 보조 트랜지스터가 스위칭 쌍이 평형상태에 있을 때만 켜지기 때문에 보조 트랜지스터 자체로 *공통-모드* 잡음만을 인가하려고 한다.

그림 6.78은 이 개념을 구현하기 위한 첫 번째 시도를 보여준다. 큰 LO 스윙은 노드 $P$에

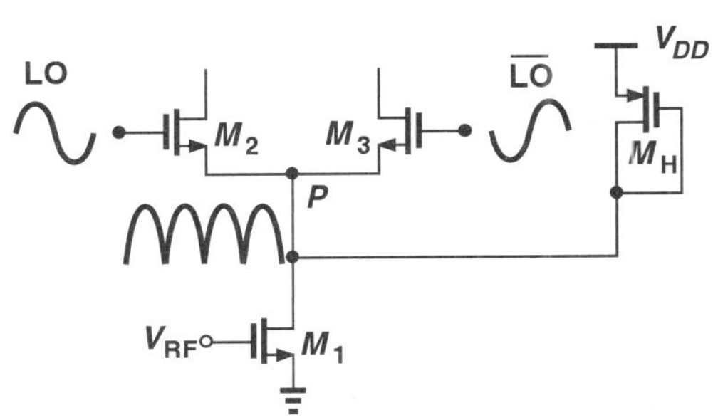


**그림 6.78** *스위칭 쌍의 전류를 줄이기 위한 다이오드 연결 소자의 사용*

서 적절한 수준의 $2\omega_{LO}$ 전압 스윙을 만들어내기 때문에, LO와 $\overline{\text{LO}}$가 교차하고 $V_P$가 떨어질 때, 다이오드-연결 트랜지스터가 켜지도록 한다. LO 또는 $\overline{\text{LO}}$가 증가할 때, $V_P$도 증가하므로 $M_H$가 꺼지게 한다. 따라서 $M_H$는 LO와 $\overline{\text{LO}}$의 교차점 근처에서 $M_1$의 바이어스 전류의 대부분을 제공할 수 있는 반면 나머지 주기 구간 동안에는 최소한의 잡음을 인가하게 된다.

불행하게도, 그림 6.78의 다이오드-연결 트랜지스터는 LO와 $\overline{\text{LO}}$가 교차점을 떠날 때 급격히 꺼지지 않는다. 그 결과로, $M_H$는 노드 $P$에서 낮은 임피던스로 계속 보이게 되어 RF 전류를 ac 그라운드로 단락시킨다. 이 문제는 이중-평형 믹서에서 다이오드-연결 소자 구성을 *상호-결합*(*cross-coupled*) 쌍으로 재구성함으로써 해결할 수 있다[13]. 그림 6.79 [13]에서 그려져 있는 것처럼, $M_{H1}$과 $M_{H2}$는 $V_P$와 $V_Q$가 똑같이 변하기 때문에 마치 $M_{H1}$과 $M_{H2}$가 다이오드-연결 소자인 것처럼, 동시에 켜지고 꺼진다. 따라서 이 두 트랜지스터는 LO와 $\overline{\text{LO}}$의 교차점에서 $M_1$과 $M_4$의 바이어스 전류의 대부분을 제공한다. 반면에 $M_1$과 $M_4$의 *차동* RF 전류가 영향을 미치는 한, 상호-결합 쌍은 *부성*(*negative*) 저항 (8장)으로 동작하기 때문에, 스위칭 쌍의 $P$와 $Q$ 지점에서 양의 저항을 부분적으로 상쇄시킨다. 따라서 $M_{H1}$과 $M_{H2}$는 RF 전류를 단락시키지 않는다.

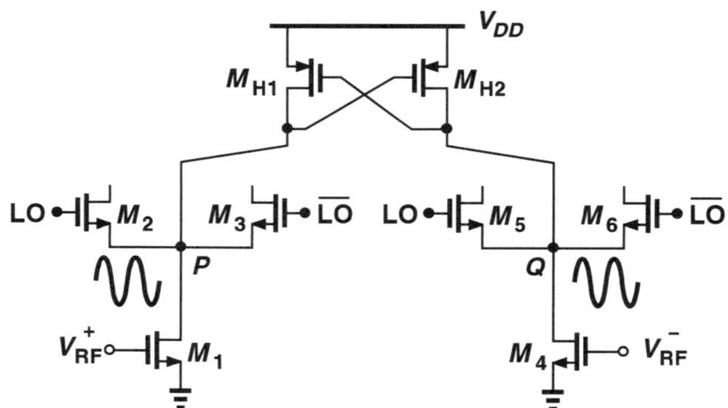


**그림 6.79** *스위칭 쿼드의 전류를 줄이기 위한 상호-결합 쌍의 사용*

그럼에도 불구하고 그림 6.79의 회로는 $V_P$와 $V_Q$가 급격히 증가하고 충분히 $M_{H1}$과 $M_{H2}$를 켜지도록 하는 것을 보장하기 위하여 큰 LO 스윙을 요구한다.[10] 그렇지 않으면, 이 두 소자는 주기의 일부동안 차동 잡음을 지속적으로 주입하게 된다. 이 기술의 다른 단점은 단일-평형 구조에는 적용할 수 없다는 점이다.

10. $M_{H1}$과 $M_{H2}$는 $P$와 $Q$ 노드에서의 $2\omega_{LO}$ 파형이 (차동이 아니라) 동일하기 때문에 차동 쌍을 스위칭하는 데 도움이 되지 않는다.

## 예제 6.28

RF Microelecronics

그림 6.79의 $M_{H1}$과 $M_{H2}$를 둘러싸는 양의 피드백은 래치업(latchup)을 발생시킬 수 있다. 즉, 두 사이드 간에 약간의 불균형이 $P$(또는 $Q$)를 $V_{DD}$로 잡아당길 수 있어, $M_{H2}$(또는 $M_{H1}$)을 끄게 만든다. 래치업을 방지하는 데 필요한 조건을 유도하라.

**풀이:**

스위칭 쌍에 의해 $P$와 $Q$ 노드에 나타나는 임피던스는 각 차동 쌍에서 둘 중 하나의 트랜지스터가 꺼져 있을 때 가장 큰 값을 갖는다(왜?). 그림 6.80에서 보여주는 것은 결과로 나타나는 최악의 경우이다. 대칭 회로에 대해, $g_{mH}$는 $M_{H1}$과 $M_{H2}$의 트랜스컨덕턴스를 나타낼 때, 루프 이득은 $(g_{mH}/g_{m2,5})^2$과 같다. 래치업을 방지하기 위해서 우리는 다음 조건을 만족하여야 한다.

$$\left(\frac{g_{mH}}{g_{m2}}\right)^2 < 1. \tag{6.141}$$

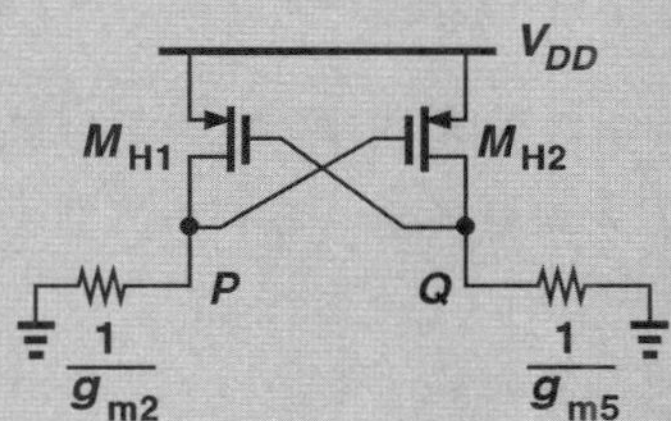


**그림 6.80** *래치업 계산을 위한 등가 회로*

LO와 $\overline{\text{LO}}$의 교차점에서 스위칭 소자를 통하는 전류를 줄이기 위한 개념은 *트랜스컨덕터*를 순간적으로 끄게 함으로써 다른 방법으로 구현될 수 있다 [14]. 그림 6.81(a)에서 보여주는 회로를 고려해 보자. 여기서 스위치 $S_1$은 $2f_{LO}$ 주파수와 80%의 듀티 사이클을 가지는 파형에 의해 구동된다. 그림 6.81(b)에서 묘사된 것처럼, $S_1$은 간단히 LO 주기 동안 *두 번씩* 트랜스컨덕터를 켠다. 따라서 $I_P$가 0이 되는 시간에 LO와 $\overline{\text{LO}}$의 교차점이 떨어지도록 선택된다면, $M_2$와 $M_3$의 플리커 잡음은 크게 감쇄된다. 게다가, $M_2$와 $M_3$는 평형 상태 부근에서 출력에 열잡음을 전혀 인가하지 않는다. 이 개념은 직교 위상(quadrature) 이중-평형 믹서의 경우에도 확장될 수 있다[14]. 문제 6.12에서 이 회로를 또한 $2f_{LO}$의 주기로 전류가 변조되는 (chopped) 차동 쌍으로 볼 수 있는지를 결정한다.

위의 접근 방법은 몇 가지 문제점을 수반한다. 첫째, 트랜스컨덕터의 턴 오프 타임이 충분히 길어야 하고 LO 전환을 *포함하기* 위해서 LO와 $\overline{\text{LO}}$에 관해 적절히 *위상*배열되어 있어야 한다. 둘째, 고주파에서는 짧은 펄스를 가지는 $2f_{LO}$ 신호를 만들기가 어려워진다; 따라서

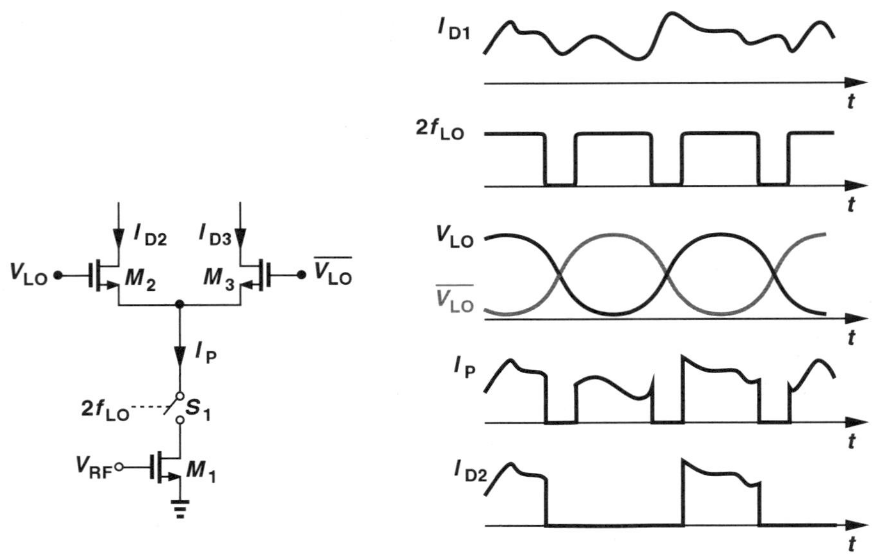


**그림 6.81** *(a) LO 제로 교차점 근처에서 스위칭 쌍을 끄기 위한 스위치의 사용, (b) 회로 파형*

주기의 많은 부분에서 트랜스컨덕터가 꺼져 있기 때문에 변환 이득을 얻기가 어렵다. 셋째로, 그림 6.81의 스위치 $S_1$은 그것의 커패시턴스를 무시한다고 한다면, 얼마간의 전압 헤드룸을 소모한다.

## 6.5 상향 변환 믹서 Upconversion Mixers

4장에서 다룬 송신기 구조는 하나 또는 두 개의 단계를 거쳐 기저대역 스펙트럼을 반송파 주파수로 변환하기 위한 상향 변환 믹서를 사용한다. 이번 절에서는 이러한 믹서의 설계에 관한 내용을 다룬다.

### 6.5.1 요구 사양 Performance Requirements

그림 6.82에 나와 있는 일반적인 송신기 구조를 보라. 송신기 회로의 설계는 일반적으로 전력 증폭기(PA)로 시작하고 반대방향으로 진행한다. 전력 증폭기는 명시된 전력을 특정 선형 요구조건(인접 채널 전력 또는 1-dB 이득 압축점)을 만족시키며 안테나로 전달하기 위해 설계된다. 그러므로 전력 증폭기는 그것의 적당한 이득 때문에 특정 입력 커패시턴스를 나타내고, 특정 입력 스윙을 요구한다. 따라서, 상향 변환 믹서(하향 변환 믹서와 달리)는 충분한 이득을 제공하며 기저대역 스펙트럼을 높은 출력 주파수로 바꿔주어야만 하고(1), 전력 증폭기의 입력 커패시턴스를 구동해야 하고(2), 전력 증폭기 입력에 충분한 스윙을 전달해야 하며(3), 송신

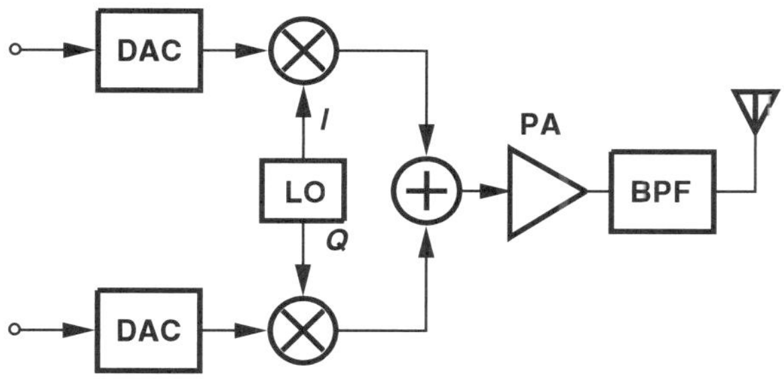


**그림 6.82** *일반적인 송신기*

기의 선형성을 제한하지 않아야 한다(4). 게다가, 4장에서 다룬 바와 같이, 상향 변환 믹서에서 직류 성분은 캐리어 피드스루(feedthrough)로 변환되고 최소화되어야 한다.

**예제 6.29** RF Microelecronics

그림 6.82에 있는 전력 증폭기 이전에 버퍼를 장착하는 것의 장점과 단점에 대해서 설명하라.

**풀이:**

버퍼는 상향 변환기의 구동과 출력 스윙 요구조건을 완화시킨다. 그러나 그것은 상당한 비선형성에 기여를 한다. 이러한 이유로 믹서와 안테나 사이의 단의 수를 최소화 하는 것이 바람직하다.

믹서와 전력 증폭기 사이의 인터페이스는 또 다른 중요한 문제를 수반한다. 기저대역과 믹서 회로는 일반적으로 차동 형태로 구성되고, 안테나는 일반적으로 싱글엔드(single-ended)로 구성되기 때문에, 설계자는 반드시 어떤 지점을 결정해야 하고, 어떻게 믹서의 차동 출력이 단일 구조 신호로 변환되어야 하는가를 결정해야 한다. 5장에서 설명된 바와 같이, 이런 동작은 많은 어려움을 가진다.

상향 변환 믹서의 잡음 요구조건은 일반적으로 하향 변환 믹서보다 훨씬 더 완화되어 있다. 문제 6.13과 같이, 이것은 증폭된 상향 변환 믹서의 잡음이 수신 대역에서 특정 요구 조건을 만족시켜야하는 GSM의 경우에서도 또한 사실이다(4장).

그림 6.82에서 기저대역 디지털 아날로그 변환기(DACs)와 상향 변환기 사이의 인터페이스는 설계상의 또 다른 제약을 가진다. 4장의 내용에서 기저대역 신호를 고주파 통과 필터로 걸러내는 과정은 심볼간 간섭(inter-symbol interference)을 유발한다. 따라서 신호 스펙트럼에서 노치(notch)를 막기 위해 DAC이 직접 믹서로 커플링되어야 한다.[11] 아래 보이는 바와 같

11. 실제, 각 DAC 다음에 DAC의 고주파 출력 성분을 억제하기 위해 저역통과필터가 오게 된다.

이, 이 문제는 상향 변환 믹서에서 바이어스 조건이 DAC의 출력 공통 모드 레벨에 상대적으로 무관하도록 영향을 준다.

### 6.5.2 상향 변환 믹서 구조 Upconversion Mixer Topologies

**수동 믹서** 수동 믹서의 우월한 선형성은 또한 그것들의 상향 변환을 수월하게 해 준다. 우리는 수동 믹서를 사용하여 직각 상향 변환기를 구성하는 것을 원한다.

우리의 하향 변환 믹서 연구는 단일-평형 샘플링(single-balanced sampling) 구조가 대응하는 영복귀(return-to-zero) 구조보다 약 5.5 dB 더 높은 변환 이득을 제공한다고 증명했다. 이것이 상향 변환기에도 역시 사실인가? 저주파 기저대역 사인파가 적용된 샘플링 믹서(그림 6.83)를 생각해보자. 출력은 대부분 입력 파형과, *약간의* 고주파 에너지를 담고 있는 것으로 보인다. 우리의 직관을 증명하기 위해, $x(t)$가 기저대역 신호라 가정하고 상향 변환을 위해 다시 식 (6.12)와 (6.16)에 각각 주어진 대로 구성 파형 $y_1(t)$와 $y_2(t)$로 돌아가 보자. $Y_1(f)$에서 관심 있는 성분은 $k = \pm 1$에서 여전히 발생하고 다음과 같이 주어진다.

$$Y_1(f)|_{k=\pm 1} = \frac{X(f-f_{LO})}{j\pi} - \frac{X(f+f_{LO})}{j\pi}. \tag{6.142}$$

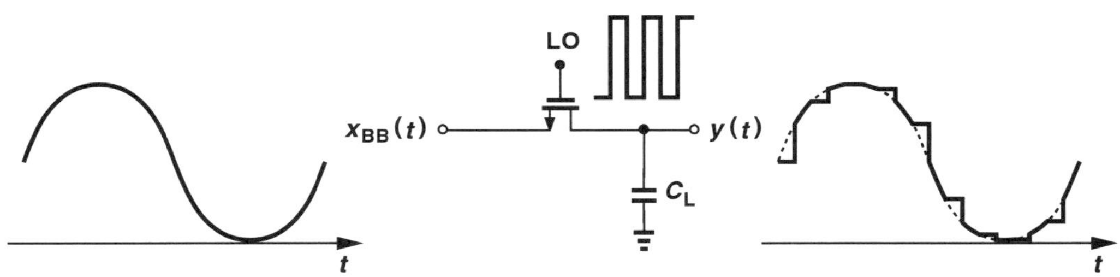


**그림 6.83** *상향 변환을 위한 샘플링 믹서*

$Y_2(f)$에서 우리는 또한 $k$를 $\pm 1$로 설정해야 한다:

$$Y_2(f)|_{k=\pm 1} = \frac{1}{T_{LO}}[-X(f-f_{LO}) + X(f+f_{LO})]\left[\frac{1}{j\omega}(1-e^{-j\omega T_{LO}/2})\right]. \tag{6.143}$$

그러나, 두 번째 괄호 안의 항은 *상향 변환*된 주파수로 평가되어야 한다. 만약 $\omega_{BB}$는 기저대역 주파수를 나타내고, $\omega = \omega_{LO} + \omega_{BB}$라 하면, $\exp(-j\omega T_{LO}/2) = \exp(-j\pi)\exp(-j\omega_{BB}T_{LO}/2)$ 이다. 여기서 $\omega_{BB} << 2f_{LO}$라면, 식은 $-(1 - j\omega_{BB}T_{LO}/2)$로 간단해진다. 비슷한 방법으로, 만약 $\omega = -\omega_{LO} - \omega_{BB}$라 하면, $\exp(-j\omega T_{LO}/2) \approx -(1 + J\omega_{BB}T_{LO}/2)$가 된다. $Y_1(f)$와 $Y_2(f)$를 더하면 다음과 같다.

$$[Y_1(f) + Y_2(f)]_{k=\pm1} \approx \frac{\omega_{BB}}{\omega_{LO} + \omega_{BB}} \left[ \left( \frac{1}{j\pi} + \frac{1}{2} \right) X(f - f_{LO}) + \left( -\frac{1}{j\pi} + \frac{1}{2} \right) X(f + f_{LO}) \right], \tag{6 144}$$

이는 상향 변환된 출력의 진폭이 $\omega_{BB}/(\omega_{LO} + \omega_{BB}) \approx \omega_{BB}/\omega_{LO}$에 비례함을 의미한다. 따라서, 이러한 믹서는 상향 변환에 적합하지 않다.

문제 6.14에서, 우리는 상향 변환을 위한 *영복귀*(*return-to-zero*) 믹서를 공부하고 이의 변환 이득이 (단일-평형 구조에서) 여전히 $2/\pi$와 같음을 보인다. 유사하게, 예제 6.8에서 이중-평형 수동 믹서는 $2/\pi$의 이득을 보인다. 그림 6.84(a)에서와 같이, 이러한 구조는 기저대역 파형이 일반적으로 차동 구조에서 가능하기 때문에 단일-평형 구조보다 송신기 구조에 더욱 적합하다. 따라서 우리는 여기서 이중-평형 믹서에 초점을 맞춘다.

단순하고 꽤 선형적인 반면에 그림 6.84(a)의 회로는 많은 문제들을 다루어야 한다. 첫 번째로, 노드 $X$와 $Y$에서 대역폭은 부가적인 손실을 막기 위해 상향 변환된 신호 주파수를 수용해야 한다. 이 대역폭은 스위치의 ON 저항($R_{on}$)에 의해 결정되고, 그것의 커패시턴스는 출력 노드와 다음 단의 입력 커패시턴스($C_{in}$)에 기인한다. 더 넓은 스위치는 그것의 커패시턴스가 $C_{in}$을 넘어가는 지점까지는 대역폭을 증가시키지만 그러나 또한 LO포트에서 더 큰 커패시턴스를 나타낸다.

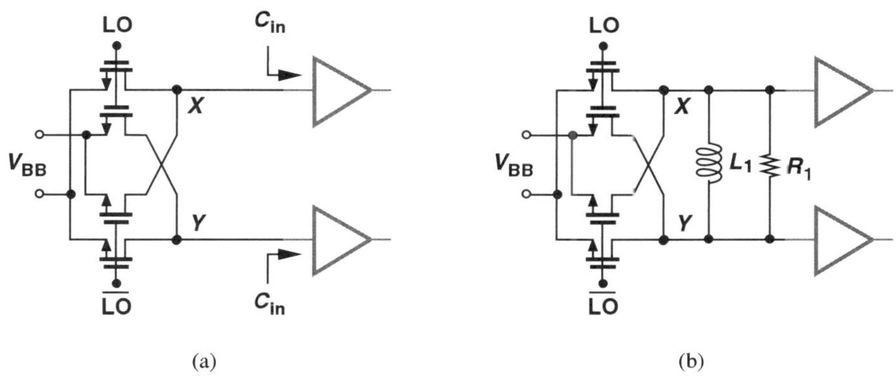


**그림 6.84** *(a) 이중-평형 상향 변환 수동 믹서, (b) 대역폭을 늘리기 위한 공진의 이용*

공진을 이용하여 $X$와 $Y$ 노드에서 커패시턴스를 상쇄시키는 것은 가능하다. 그림 6.84(b)[15]에서 설명된 바와 같이, 인덕터 $L_1$은 $X$와 $Y$ 노드에서 전체 커패시턴스로 공진하고, 그것의 값은 다음과 같은 값을 따른다.

$$\omega_{IF} = \frac{1}{\sqrt{\frac{L_1}{2}(C_{X,Y} + C_{in})}}, \tag{6.145}$$

여기서 $C_{X,Y}$는 스위치 $X$ 또는 $Y$에 의한 커패시턴스이다. 공진점에서 믹서는 인덕터의 병렬 등가 저항 $R_1 = QL_1\omega_{IF}$에 의해 구동된다. 그러므로 우리는 부가적인 손실을 막기 위해 $2R_{on} << R_1$을 필요로 한다. 이런 기술은 예를 들면 50 GHz와 그 이상에서와 같이 매우 높은 주파수에서 필요하게 된다.

두 번째 문제는 두 믹서의 출력이 더해져야 하는 직교 위상 상향 변환기에서 수동 믹서의 사용과 관련된다. 불행하게도 수동 믹서는 *전압*을 감지하고 발생시키기 때문에, 직접 더하기가 어렵다. 그러므로 우리는 각각의 출력을 전류로 변환하여, 전류를 더하고, 그 결과를 전압으로 바꾼다. 그림 6.85(a)는 이러한 과정을 나타낸다. 여기에 준차동 쌍 $M_1$ - $M_2$와 $M_3$ - $M_4$는 V/I 변환을 수행하고, 부하 저항은 I/V변환을 수행한다. 이 회로는 자체적으로 낮은 공급 전압으로 이득을 제공한다. $M_1$ - $M_4$의 접지된 소스 노드는 또한 상대적으로 높은 선형성을 만든다.[12]

위 기술의 결점은 이것의 바이어스 지점이 입력 공통모드 레벨(예를 들어 앞에 있는 DAC의 출력 CM 레벨)에 민감하다는 점이다. 그림 6.85(b)에 나타난 바와 같이, $I_{D1}$은 $V_{BB}$에 종속적이고 공정과 온도에 상당히 민감하다. 이러한 이유로 우리는 믹서와 V/I 변환기 사이의 교류 커플링을 도입하고 후자의 바이어스를 전류 미러로 정의 한다. 대안으로, 우리는 ac 그라운드에 있는 공통 소스 노드를 가지는 진짜 차동 쌍에 의존할 수 있다(그림 6.86). 테일

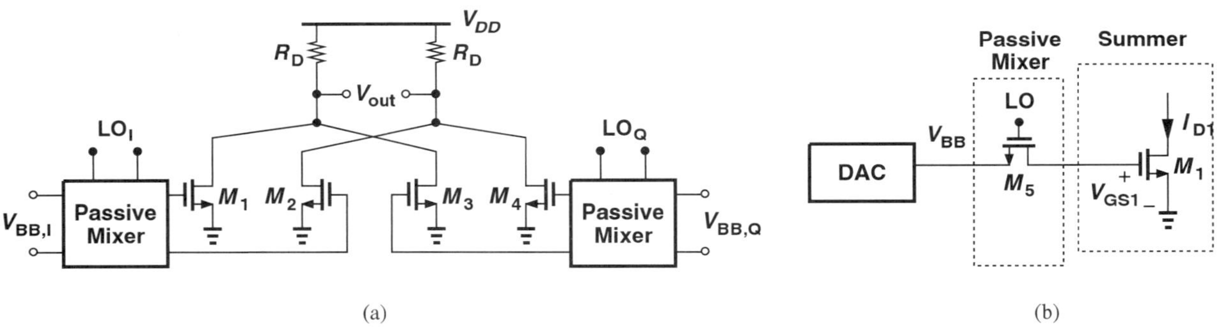


**그림 6.85** *(a) 직교 위상 출력의 합, (b) 바이어스 정의 문제*

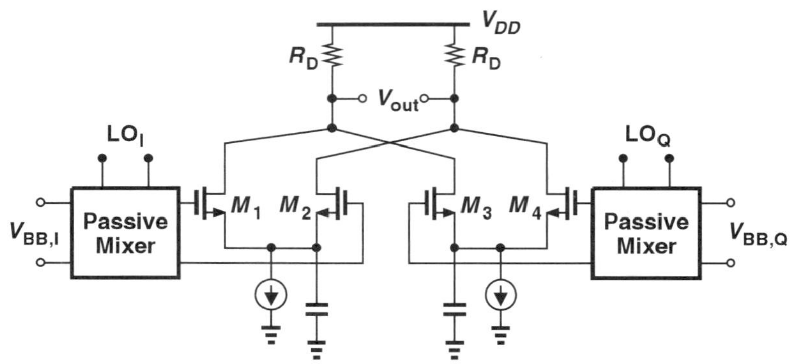


**그림 6.86** *상향 변환 V/I 변환기의 바이어스를 정의하기 위한 테일 전류의 추가*

12. 소스 노드의 교류 접지는 3차 비선형성을 줄인다(5장).

전류(tail current)에 의해 정의된 바이어스 조건은 상대적으로 입력 공통모드 레벨에 영향을 받지 않으나, 각 테일 전류원은 전압 헤드룸을 소모한다.

## 예제 6.30

RF Microelecronics

특히 $M_1$ - $M_4$가 대신호 상에서 그들의 선형성을 유지하기 위해 트라이오드 영역에서 여유를 가지고 바이어스가 설정되어야하기 때문에 그림 6.85(a)에서 $R_D$를 통한 전압강하와 전압 이득 사이의 상충 관계는 바람직하지 않음이 드러난다. 어떻게 이런 상충 관계가 피해질 수 있는지 설명하라.

**풀이:**

상향 변환기의 출력 중심 주파수가 일반적으로 GHz 범위 안에 있기 때문에 저항이 인덕터로 대체될 수 있다. 그림 6.87에 설명된 바와 같이 이러한 기술은 매우 작은 헤드룸을 소모한다. (왜냐하면 인덕터를 통한 직류 전압 강하는 작기 때문이다.) 그리고 공진에 의해 출력에서의 전체 커패시턴스를 상쇄시킨다.

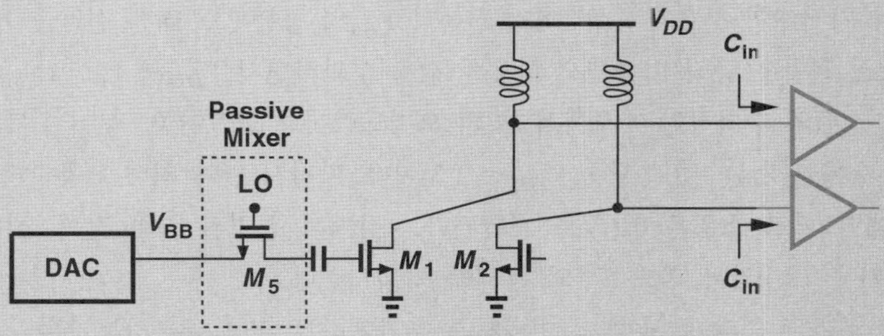


**그림 6.87** *상향 변환 믹서 헤드룸 제한을 완화시키기 위한 인덕터 부하*

세 번째 문제는 그림 6.85(b)에 특히 심각한 문제인 믹서 스위치에서 가능한 오버드라이브 전압에 관한 것이다. 우리는 $M_5$가 $M_1$과 ac 커플링 될 수 있다는 점에 주의 한다. 그러나 여전히 $V_{TH5} + V_{GS1} + V_{BB}$의 게이트 전압은 커져 있도록 요구된다. 그러므로 만약 LO 레벨 정점이 $V_{DD}$와 같다면 스위치는 단지 $V_{DD} - (V_{TH5} + V_{BB})$의 오버드라이브를 가지게 될 것이고, 그것에 의해 온-저항과 커패시턴스의 까다로운 타협이 문제가 된다. 적은 오버드라이브 전압은 또한 스위치의 선형성을 떨어뜨린다. 예를 들면 만약 $V_{DD} = 1$ V, $V_{TH5} = 0.3$ V, 그리고 $V_{BB} = 0.5$ V라 하면 오버드라이브 전압은 0.2 V와 같다. 그림 6.87의 인덕터의 사용이 $V_{DD}$로부터 $R_D$ 그리고 $M_!$을 통한 헤드룸 소비를 완화시키지만 $V_{DD}$, $V_{GS5}$, $V_{BB}$로 구성되는 경로에서 헤드룸 제한은 여전히 계속된다.

만약 피크 LO 레벨이 $V_{DD}$를 넘는다면 앞서 말한 어려움은 완화될 수 있다. 이것은 만약 LO 버퍼가 $V_{DD}$에 연결된 인덕터 부하를 가지고 있다면 가능할 수 있다(그림 6.88).

지금 LO의 직류 레벨은 피크 값이 $V_{DD}+V_0$까지 다다르며 거의 $V_{DD}$와 같다. 예를 들면, 만약 $V_{DD}=1$ V, $V_{TH5}=0.3$ V , $V_{BB}=0.5$ V, $V_0=0.5$ V 라면, $M_5$의 오버드라이브 전압은 0.7 V까지 증가된다.

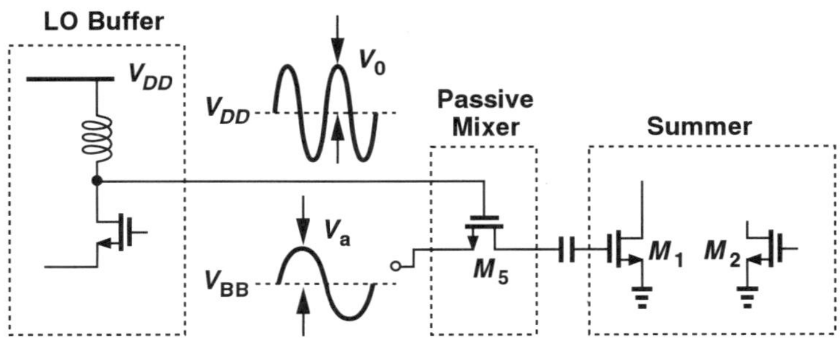


**그림 6.88** *믹서 헤드룸 고려*

그림 6.88에서 $V_{DD}$ 이상의 스윙은 소자의 전압 충격과 신뢰도와 관련된 문제를 증가시킨다. 특히 만약 기저대역 신호가 $V_a$의 피크 진폭과 $V_{BB}$의 공통모드 레벨 전압을 가진다면, $M_5$의 게이트-소스 전압은 공정 기술에서 허용된 값을 초과하면서 $V_{DD}+V_0-(V_{BB}-V_a)$의 최대값을 가진다. 위의 수치적인 예시에서 $M_5$의 오버드라이브 전압이 0.7 V이기 때문에 기저대역 신호의 부재에서 $V_{GS5}=0.7$ V + $V_{TH5}=1$ V이다. 따라서 만약 최대 허용 가능 $V_{GS}$가 1.2 V라면 기저대역 피크 스윙은 0.2 V로 제한된다. 4장에서 설명된 바와 같이, 적은 기저대역 스윙은 송신기에서 캐리어 피드스루의 문제를 악화시킨다.

지금까지 우리는 회로에 몇 개의 인덕터를 추가했다는 것을 주목하는 것이 중요하다: 하나는 그림 6.84(b)에서 대역폭 개선을 위해, 또 다른 하나는 그림 6.87에서 전압 헤드룸을 지켜내기 위해, 마지막 하나는 그림 6.88에서 스위치의 오버드라이브 전압을 증가시키기 위함이다. 그러므로 직교 위상 상향 변환기는 많은 수의 인덕터를 요구한다. 그림 6.88의 LO 버퍼는 만약 LO 신호가 $M_5$의 게이트에 커패시터 커플링되어 있고 $V_{DD}$에 바이어스되어 있으면 생략될 수 있다.

**캐리어 피드스루(Carrier Feedthrough)** 수동 믹서를 사용한 송신기에서 캐리어 피드스루의 원천을 연구하는 것은 유익하다. DAC 출력이 $V_a$의 피크 신호 스윙과 $V_{OS,DAC}$의 전압 오프셋을 포함하는 그림 6.89에 보여주는 기저대역 인터페이스를 생각해 보자. 이상적인 이중-평형 수동 믹서는 그것의 고주파(또는 중간주파수) 신호 그리고 반송파(LO) 성분을 출력하면서 신호와 오프셋 모두를 상향 변환한다. 만약 곱셈기로 모델링 된다면 믹서는 다음과 같은 출력을 가진다.

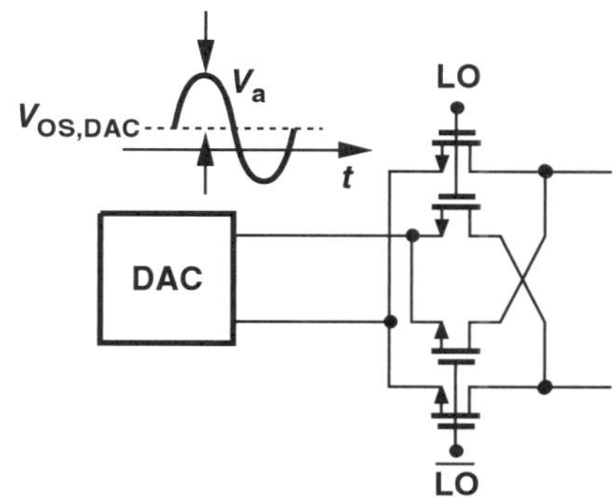


**그림 6.89** *상향 변환 믹서에서 기저대역 오프셋의 효과*

$$V_{out}(t) = \alpha(V_a \cos \omega_{BB}t + V_{OS,DAC}) \cos \omega_{LO}t, \tag{6.146}$$

여기서 α는 변환 이득과 관련 있다. 위 식의 우변을 정리하면,

$$V_{out}(t) = \frac{\alpha V_a}{2} \cos(\omega_{LO} + \omega_{BB})t + \frac{\alpha V_a}{2} \cos(\omega_{LO} - \omega_{BB})t + \alpha V_{OS,DAC} \cos \omega_{LO}t. \tag{6.147}$$

이중-평형 믹서에서 $\alpha/2 = 2/\pi$이기 때문에 캐리어 피드스루는 $\alpha V_{OS,DAC} = (4/\pi)V_{OS,DAC}$의 피크 진폭을 가진다. 그 대신에 우리는 상대적인 캐리어 피드스루가 $\alpha V_{OS,DAC}/(\alpha V_a/2) = 2V_{OS,DAC}/V_a$와 같음을 인지한다. 예를 들면 만약 $V_{OS,DAC}/V_a = 10$ mV이고 $V_a = 0.1$ V라면 피드스루는 −34 dB와 같다.

이제 스위치 자체에서 문턱 전압 부정합 효과를 생각해보자. 그림 6.90(a)에 설명된 바와

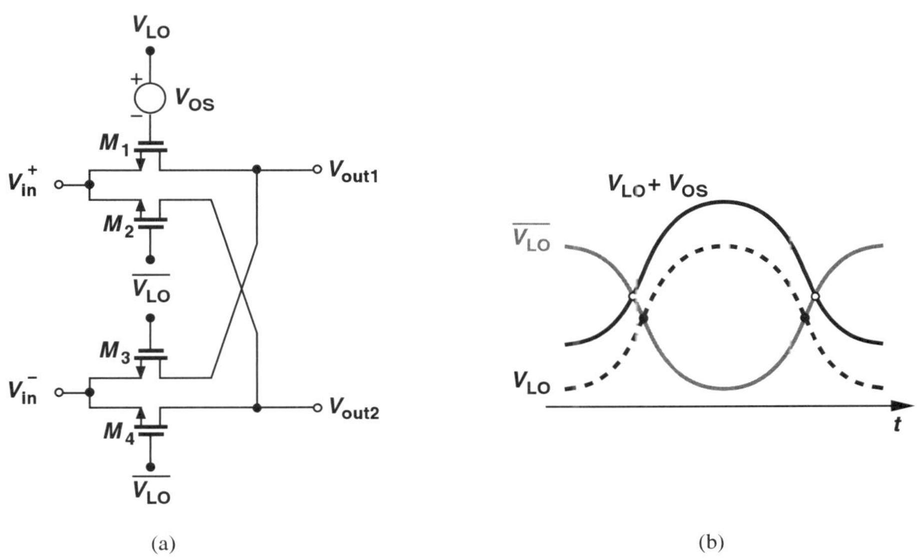


**그림 6.90** *(a) 수동 상향 변환 믹서의 오프셋, (b) LO 파형에서 효과*

같이 한 쌍의 문턱 전압 부정합은 주기를 왜곡하며 LO 파형을 수직으로 이동시킨다. 즉, $V_{in}^+$가 그림 6.90(b)에 나와 있는 등가 파형과 곱해진다. 이 연산이 $f_{LO}$에서 출력 성분을 생성하는가? 아니다, 캐리어 피드스루는 기저대역에서 직류 성분이 기본 LO주파수와 곱해졌을 때에만 일어난다. 그러므로 우리는 수동 믹서 내에서 문턱 전압 부정합은 캐리어 피드스루를 이끌어낼 수 없다고 결론지을 수 있다.[13]

**예제 6.31** RF Microelecronics

만약 LO 회로에서의 비대칭이 듀티 사이클을 왜곡한다면 수동 믹서는 캐리어 피드스루를 보이는가?

**풀이:**

이 경우에, 그림 6.90(a)의 두 스위치 쌍이 같은 듀티 사이클 왜곡을 가진다. 위의 분석은 각각의 쌍이 피드스루로부터 자유롭고, 그러므로 전체 믹서 또한 그렇다는 것을 의미한다.

수동 상향 변환 믹서에서 캐리어 피드스루는 원초적으로 스위치의 게이트-드레인 커패시턴스 사이에서 발생한다. 그림 6.91에서와 같이 $X$에서 측정된 LO 피드스루는 다음과 같다.

$$V_X = V_{LO}\frac{C_{GD1} - C_{GD3}}{C_{GD1} + C_{GD3} + C_X}, \tag{6.148}$$

여기서 $C_X$는 $X$로부터 접지까지의 전체 커패시턴스이다(뒷단의 입력 커패시턴스 포함).

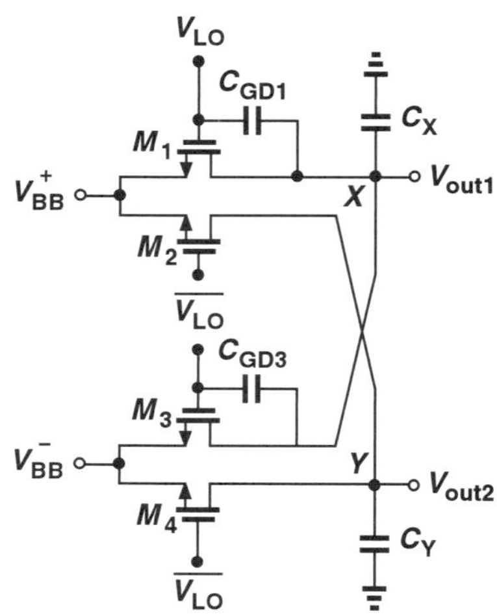


**그림 6.91** *수동 믹서에서 LO 피드스루 경로*

13. 문턱 전압 부정합은 사실 스위치들간의 전하 주입 부정합과 LO 주파수에서 출력에서의 약간의 변동을 만든다.

**예제 6.32** RF Microelecronics

5%의 $C_{GD}$ 부정합, $C_X \approx 10C_{GD}$, 0.5 V의 피크 LO 스윙, 그리고 0.1 V의 피크 기저대역 스윙에서 상대적인 캐리어 피드스루를 구하라.

**풀이:**

출력에서 LO 피드스루는 식 (6.148)에 의해 주어지고, 약 $(5\%/12)V_{LO}$ = 2.1 mV와 같다. 상향 변환된 신호는 0.1 V × $(2/\pi)$ = 63.7 mV의 피크 진폭을 가진다. 그러므로 캐리어 피드스루는 −29.6 dB와 같다.

**능동 믹서** 송신기에서 상향 변환은 능동 믹서에 의해 수행될 수 있는데, 수동 믹서와는 다른 이슈를 가진다. 우리는 준차동쌍(그림 6.92)을 도입하여 이중 평형 구조로 시작한다. 인덕터 부하는 두 가지 목적을 제공하는데, 즉 전압 헤드룸 문제를 완화시켜주고 출력 노드에서 커패시턴스를 상쇄시켜 변환 이득(그리고 또한 출력 스윙)을 증가시킨다. 6.3절에 있는 능동 하향 변환 믹서와 함께 전압 변환 이득은 다음과 같이 표현된다.

$$A_V = \frac{2}{\pi} g_{m1,2} R_p, \tag{6.149}$$

여기서 $R_p$는 공진에서 각 인덕터의 등가 병렬 저항이다.

그림 6.92의 회로는 하향 변환 믹서와는 대조적으로 $M_1$과 $M_2$의 게이트와 드레인에서 저주파 성분들만 존재하기 때문에 노드 $P$와 $Q$에서의 커패시턴스에 강인하다. 그러나 트랜지스터를 겹쳐 쌓아 올린 구조는 전압 헤드룸을 제한한다. 6.3절의 하향 변환 믹서 계산을 다시 상기했을 때, 인덕터를 통한 직류 전압 강하가 무시된다면 $X$(또는 $Y$)에서 허용 가능한 전압

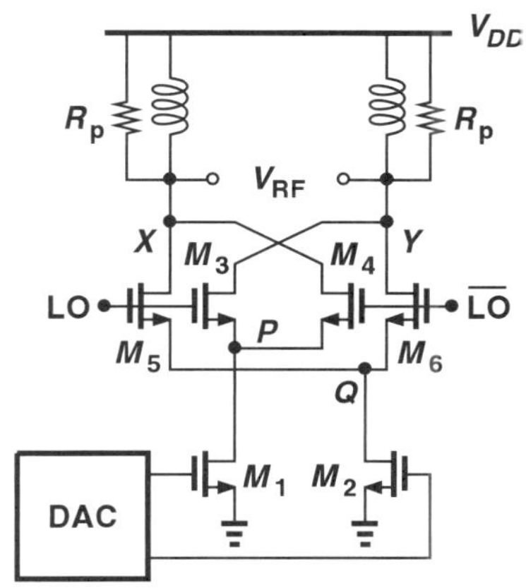


그림 6.92 *능동 상향 변환 믹서*

은 다음과 같이 주어진다.

$$V_{X,min} = V_{GS1} - V_{TH1} + \left(1 + \frac{\sqrt{2}}{2}\right)(V_{GS3} - V_{TH3}), \tag{6.150}$$

예를 들면, 만약 $V_{GS1} - V_{TH1} = 300$ mV이고 $V_{GS3} - V_{TH3} = 200$ mV라 하면, $V_{DD} = 1$ V일 때 $X$에서 $V_{DD} - V_{X,min} = 360$ mV의 피크 스윙을 허용하며 $V_{X,min} = 640$ mV가 된다. 이 값은 적절하다.

**예제 6.33** RF Microelecronics

식 (6.150)은 입력 트랜지스터의 드레인-소스 전압을 그들의 오버드라이브 전압과 같도록 할당시킨다. 왜 이것이 부적절한지 설명하라.

**풀이:**

각각의 입력으로부터 대응되는 트랜지스터의 드레인까지 전압 이득은 약 −1이다. 그러므로 그림 6.93과 같이 게이트 전압이 $V_a$까지 올라갈 때, 그에 따른 드레인은 대략 $V_a$만큼 떨어지고, $2V_a$에 의해 트랜지스터를 트라이오드 영역으로 이끈다. 즉, 신호가 없는 상황에서 입력 장치의 $V_{DS}$는 적어도 그들의 오버드라이브 전압 더하기 $2V_a$와 같아야 하며, 더 나아가 식 (6.150)을 다음과 같이 제한한다.

$$V_{X,min} = V_{GS1} - V_{TH1} + 2V_a + \left(1 + \frac{\sqrt{2}}{2}\right)(V_{GS3} - V_{TH3}). \tag{6.151}$$

그러므로 출력 스윙은 작다. 만약 $V_a = 100$ mV라면 위의 예는 160 mV의 피크 출력 스윙을 나타낸다.

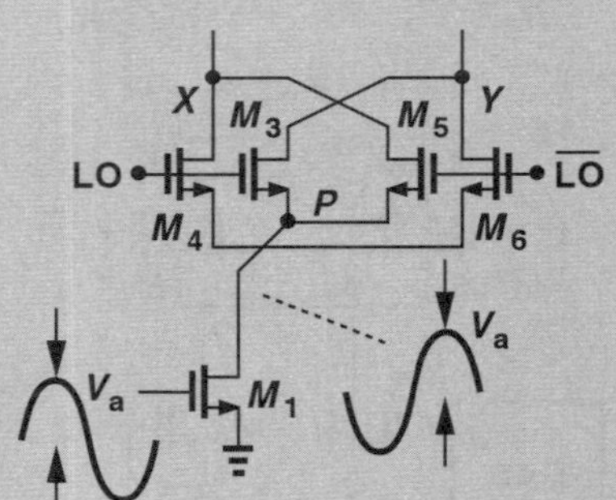


**그림 6.93** *능동 상향 변환 믹서의 전압 진폭*

불행하게도 그림 6.92의 회로의 바이어스 조건은 디지털 아날로그 변환기의 출력 공통모드 레벨에 의존한다. 따라서 우리는 그림 6.86과 같이 수정된 회로를 적용하여, 그림 6.94(a)(길버트 셀)의 구조에 이른다. 이 회로는 두 가지 문제점에 직면한다. 첫 번째로, 전류원이 부가적인 전압 헤드룸을 소비한다. 두 번째로, 노드 $A$가 낮은 기저대역 주파수에서 커패시터에 의해 교류 접지되지 않기 때문에 비선형성이 더욱 두드러진다. 그러므로 우리는 이러한 문제를 완화시키기 위해 입력 경로를 접고 차동쌍을 축퇴시킨다[그림 6.94(b)].

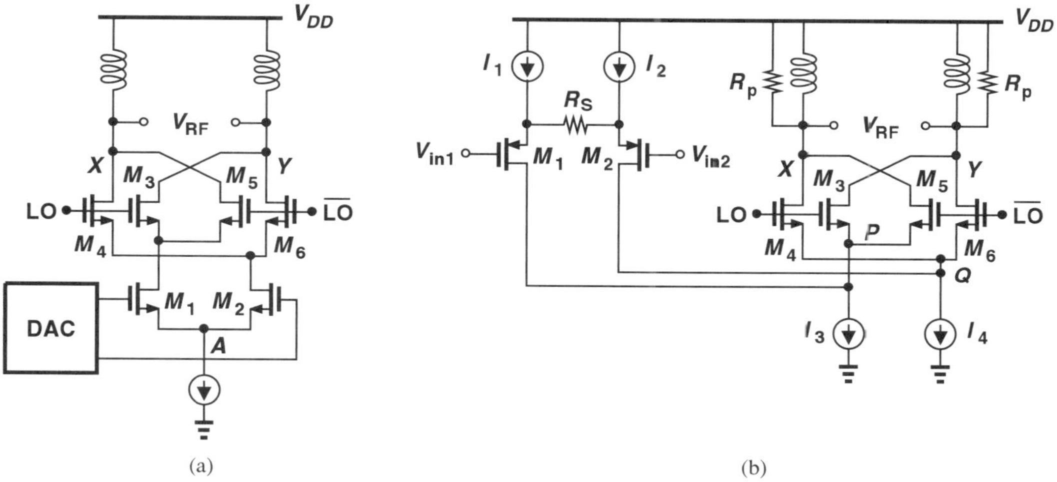


**그림 6.94** *(a) 상향 변환 믹서로서의 길버트 셀, (b) 접힌 입력단을 가진 믹서*

## 예제 6.34

RF Microelecronics

그림 6.94(b)의 회로에서 허용 가능한 입력과 출력의 최대 스윙을 결정하라.

**풀이:**

그림 6.95와 같이 간략화 된 구조를 생각해보자 신호가 없을 때, $M_1$의 접지에 대한 최대 게이트 전압은 $V_{DD} - |V_{GS1}| - |V_{I1}|$과 같다. 여기서 $|V_{I1}|$은 $I_1$을 통한 최소 허용 가능 전압을 나타낸다. 또한 $V_P = V_{I3}$이다. 소스 축퇴 때문에 기저대역 입력에서 $P$까지 전압 이득은 1보다 상당히 작다는 점에 주목하라. 그러므로 우리는 노드 $P$에서 기저대역 스윙을 무시한다. $M_1$이 그것의 게이트가 $V_a$ V까지 떨어질 때 포화 영역에서 남아있기 위해,

$$V_{DD} - |V_{GS1}| - |V_{I1}| - V_a + |V_{TH1}| \geq V_P \quad (6.152)$$

따라서

$$V_a \leq V_{DD} - |V_{GS1} - V_{TH1}| - |V_{I1}| - |V_{I3}|. \quad (6.153)$$

(계속)

예제 6.34 (계속)

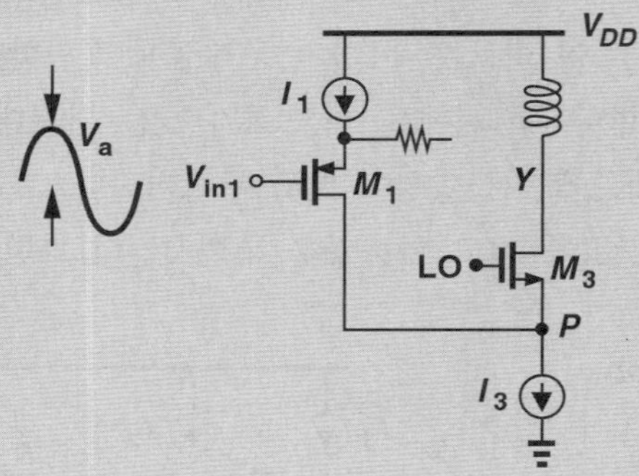


**그림 6.95** *간소화된 접힌 믹서 다이어그램*

출력 스윙에서 식 (6.150)은 다음과 같이 수정된다.

$$V_{X,min} = \left(1 + \frac{\sqrt{2}}{2}\right)(V_{GS3} - V_{TH3}) + V_{I3}. \tag{6.154}$$

허용 가능한 출력 스윙은 따라서 접히지 않은 회로보다 더 크다.

축퇴에도 불구하고 그림 6.94(b)의 회로는 만약 기저대역 전압 스윙이 특정 값을 넘어가면 상당한 비선형성을 가지게 될 것이다. 우리는 만약 $V_{in1} - V_{in2}$가 충분히 음수가 되면 $M_3$와 $M_5$를 고갈시키면서 $|I_{D1}|$이 $I_3$로 접근하는 것을 안다. 지금 만약 차동 입력이 더욱 음수가 되면 큰 비선형성을 나타내면서 $M_1$과 $I_3$는 노드 $P$에서 키르히호프의 전류 법칙을 만족하기 위해 트라이오드 영역에 들어가야 한다. 랜덤 기저대역 신호는 가끔씩 큰 전압 진폭을 가정하기 때문에 만약 축퇴(예, $R_S$)의 양이 믹서 이득과 출력 스윙이 큰 경우 상당히 크게 선택되지 않으면 이 효과는 피하기 어렵다.

위의 관측은 상향 변환 가능한 전류와 고주파 스윙이 대략 $I_1$과 $I_3$ 사이의 차이(또는 $I_2$와 $I_4$ 사이)와 같음을 의미한다. 따라서 최대 기저대역 피크 단평형 전압 스윙은 다음과 같이 주어진다.

$$V_{a,max} = \frac{|I_1 - I_3|}{G_m} \tag{6.155}$$

$$= |I_1 - I_3|\left(\frac{1}{g_{m1,2}} + \frac{R_S}{2}\right). \tag{6.156}$$

**믹서 캐리어 피드스루** 능동 상향 변환 믹서를 이용한 송신기는 잠재적으로 수동 구조를 포한한 구조보다 더 높은 주파수의 피드스루를 보인다. 이것은 왜냐하면, 기저대역 디지털 아날로그 변환기 오프셋에 더하여 믹서는 그 자체로 상당한 오프셋을 가지고 있기 때문이다. 예를 들어 그림 6.92와 6.94(a)의 회로에서 트랜지스터의 기저대역 입력은 그들의 문턱전압 및 다른 파라미터 사이의 부정합으로 어려움을 겪는다. 훨씬 더 확연한 것은 다음 예제에 계산될 그림 6.94(b)의 접힌 믹서의 오프셋이다.

## 예제 6.35

RF Microelecronics

그림 6.96(a)는 조금 더 자세한 접힌 믹서의 구현을 보여준다. 트랜지스터 쌍의 문턱전압 부정합에 관해 입력측 환산 오프셋을 결정하라. 채널길이 변조와 바디 효과는 무시한다.

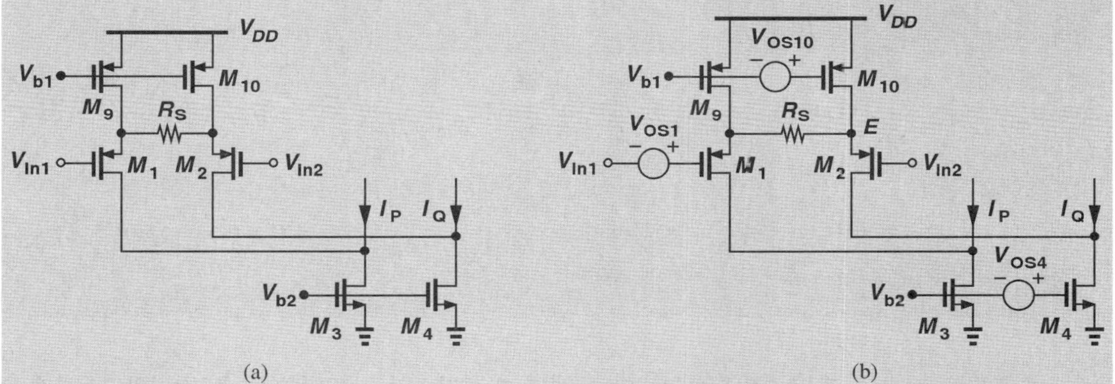


**그림 6.96** *(a) 접힌 믹서에서 바이어스 전류의 역할, (b) 오프셋의 효과*

**풀이:**

그림 6.96(b)와 같이 우리는 문턱전압 부정합을 넣고 $I_P$와 $I_Q$ 사이의 전체 부정합을 찾는다. $V_{OS10}$의 효과를 얻기 위해 우리는 우선 그것이 $M_{10}$에서 $g_{m10}V_{OS10}$의 부가적인 전류를 만들어 냄을 인지한다. 이 전류는 노드 $E$에서 보이는 소신호 임피던스에 따라 $M_2$와 $M_1$ 사이를 나눈다. 즉,

$$|I_{D2}|_{VOS10} = g_{m10}V_{OS10}\frac{R_S + \dfrac{1}{g_{m1}}}{R_S + \dfrac{1}{g_{m1}} + \dfrac{1}{g_{m2}}} \tag{6.157}$$

$$|I_{D1}|_{VOS10} = g_{m10}V_{OS10}\frac{\dfrac{1}{g_{m2}}}{R_S + \dfrac{1}{g_{m1}} + \dfrac{1}{g_{m2}}}. \tag{6.158}$$

(계속)

**예제 6.35** (*계속*) RF Microelecronics

$I_P$와 $I_Q$ 사이의 결과적인 부정합은 이 두 전류 사이의 차이에 의해 주어진다.

$$|I_P - I_Q|_{VOS10} = g_{m10}V_{OS10}\frac{R_S}{R_S + \dfrac{2}{g_{m1,2}}}, \tag{6.159}$$

여기서 $g_{m1,2} = g_{m1} = g_{m2}$이다. 이런 기여는 $R_S >> 2/g_{m1,2}$인 조건에서 $g_{m10}V_{OS10}$에 접근하면서 퇴화가 증가함에 따라 더욱 상당해진다는 점에 주목하라.

$M_3$와 $M_4$가 단순히 $g_{m4}V_{OS4}$의 전류 부정합으로 바꾼다. 이 성분을 식 (6.159)에 더하고 결과를 입력 쌍의 트랜스컨덕턴스인 $(R_S/2 + 1/g_{m1,2})^{-1}$로 나누고 $V_{OS1}$을 더하면서 우리는 입력 참조 오프셋에 도달한다:

$$V_{OS,in} = g_{m10}R_SV_{OS10} + g_{m4}V_{OS4}\left(\frac{R_S}{2} + \frac{1}{g_{m1,2}}\right) + V_{OS1}. \tag{6.160}$$

이 표현은 입력 $M_9$ - $M_{10}$과 $M_3$ - $M_4$에 할당된 오프셋과 오버드라이브 전압 사이의 상충관계를 암시한다: 주어진 전류 $g_m = 2I_D/(V_{GS} - V_{TH})$는 $V_{OS,in}$을 증가시키면서 오버드라이브 전압이 감소하면서 증가한다.

오프셋에 덧붙여 그림 6.96(a)에서 여섯 개의 트랜지스터는 또한 잡음을 기여하고, 잠재적으로 GSM 송신기에서 문제가 된다.[14] LO 주기 왜곡은 이중-평형 능동 믹서에서 캐리어 피드스루를 발생시키지 않는다는 사실에 주목하는 것은 흥미롭다. 이것은 문제 6.15에서 다루어진다.

능동 믹서에서 그들의 출력은 전류 영역에서 더해질 수 있기 때문에 직교 위상 상향 변환에 그 자체로 사용될 수 있다. 그림 6.97은 접힌 믹서를 도입한 예를 보여준다.

**설계 절차** 6.1절에서 언급하였듯이, 상향 변환 믹서의 설계는 일반적으로 전력 증폭기의 설계를 따른다. 전력 증폭기(또는 전력 증폭 드라이버)의 내부 커패시턴스와 함께 그림 6.97에서 $L_1$과 $L_2$의 알려진 믹서 출력 인덕터가 관심 있는 주파수에서 공진하도록 설계된다. 이 지점에서 직각 스위칭에 의해 기여된 커패시턴스 $C_q$는 알려지지 않고 예측되어야 한다. 그러므로,

$$L_1 = L_2 = \frac{1}{\omega_0^2(C_q + C_L)}, \tag{6.161}$$

14. 4장에서 설명되었던 것과 같이, GSM 송신기에 의해 수신 대역에서 발생된 잡음은 매우 작아야 한다.

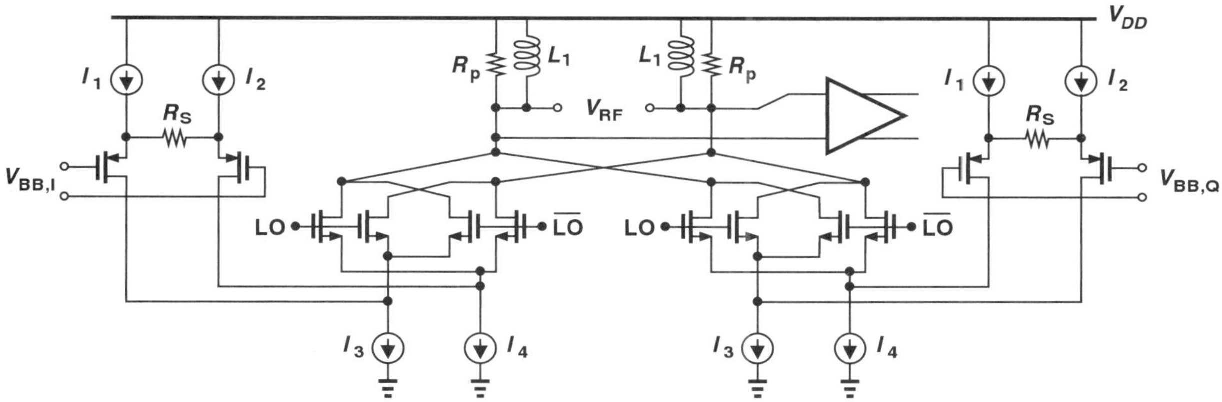


**그림 6.97** *직교 위상 출력의 합*

여기서 $C_L$은 다음 단의 입력 커패시턴스와 $L_1$ 또는 $L_2$의 기생 커패시턴스를 포함한다. 또한 인덕터의 유한한 $Q$값은 다음과 같이 주어진 등가 병렬 저항을 나타낸다.

$$R_p = \frac{Q}{\omega_0(C_q + C_L)}. \tag{6.162}$$

만약 $V_a$의 피크 싱글엔드(single-ended) 스윙과 함께 감지하는 직교 위상 기저대역을 입력한다면 그림 6.97의 회로는 다음과 같은 출력 스윙을 만들어 낸다.

$$V_{p,out} = \sqrt{2}\frac{2}{\pi}\frac{R_p}{\dfrac{R_S}{2} + \dfrac{1}{g_{mp}}}(2V_a), \tag{6.163}$$

여기서 $\sqrt{2}$의 인자는 직교 위상 신호의 합으로부터 나왔고, $2V_a$는 각각의 입력에서 피크 차동 스윙을, $g_{mp}$는 입력 PMOS의 트랜스컨덕턴스이다. 따라서 $R_S$, $g_{mp}$, 그리고 $V_a$는 요구되는 출력 스윙과 적절한 선형성을 내기 위해 선택되어져야 한다.

우리가 어떻게 바이어스 전류를 선택할까? 우리는 우선 다음의 예제를 고려해야 한다.

### 예제 6.36

RF Microelecronics

그림 6.98의 꼬리 전류는 시간에 따라 $I_{SS} = I_0 + I_0 \cos\omega_{BB}t$와 같이 변한다. 상향 변환된 신호의 전압 스윙을 계산하라.

**풀이:**

우리는 $I_{SS}$가 상향 변환 될 때 $(2/\pi)R_p$ 만큼 곱해짐을 안다. 그러므로 $\omega_{LO} - \omega_{BB}$ 또는 $\omega_{LO}$

(계속)

**예제 6.36** (*계속*) RF Microelecronics

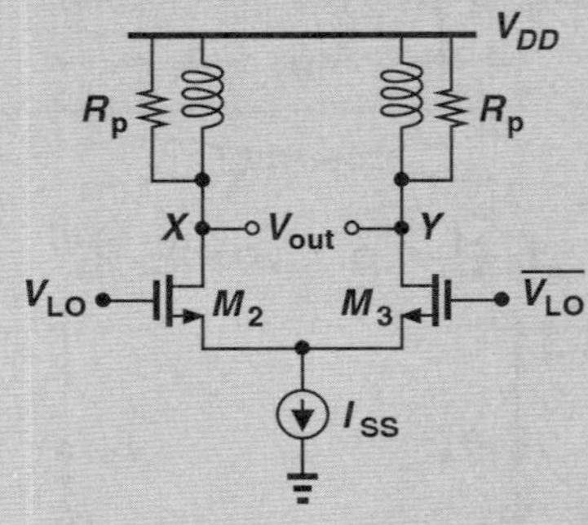


**그림 6.98** *스윙 계산을 위해 간소화된 단*

$+ \omega_{BB}$에서의 출력 스윙은 $(2/\pi)I_0R_p$와 같다. 우리는 $I_{SS}$가 0과 $2I_0$ 사이를 스윙한다고 가정하지만, 이러한 큰 전류 변화를 경험하는 입력 트랜지스터는 상당히 비선형적으로 될 수 있다.

위의 예제는 요구되는 출력 스윙을 내기 위해 $I_0$가 충분히 커야 한다고 제안한다. 즉, 알려진 $R_p$를 알면 함께 $I_0$는 계산될 수 있다. 회로의 이중-평형 버전은 출력 스윙의 두 배를 생성한다. 그리고 직교 위상 구조(그림 6.97)는 결과를 또 다른 $\sqrt{2}$배의 인자까지 올리며, $(4\sqrt{2}/\pi)I_0R_p$의 피크 출력 스윙을 전달한다. 알고 있는 $I_0(= I_3/2 = I_4/4$, 그림 6.97) 에서, 우리는 $I_1 = I_2 = I_3/2 = I_4/2$를 선택한다.

우리는 어떻게 트랜지스터 크기를 선택할까? 우선 그림 6.97에서 각각의 스위칭 쌍이 기저대역 스윙의 극한에서 거의 $I_3(= I_4)$의 전류를 전달함을 기억하면서 스위칭 소자를 생각해보자. 따라서 이런 트랜지스터는 $I_3$와 $I_4$를 위한 충분한 전압 헤드룸을 남기면서 $I_3$의 전류를 흘리기 위해(1), 그리고 그들의 꼬리 전류를 주어진 LO 스윙으로 거의 완벽히 스위치하기 위해(2) 크기를 충분히 넓게 선택되어야 한다.

다음으로, $I_3$와 $I_4$를 구현하는 트랜지스터는 그들의 허용 가능한 전압 헤드룸에 따라 크기가 조절된다. 마지막으로, 입력 차동 쌍과 $I_1$과 $I_2$를 구현하는 트랜지스터의 크기가 선택된다. 이러한 선택과 함께 입력측 환산 오프셋[식 (6.160)]을 확인해야 한다.

**예제 6.37** RF Microelecronics

설계자가 주어진 출력 주파수와 출력 스윙, 부하 커패시턴스 $C_L$에서 직교위상 상향 변환 믹서를 설계한다. 이후에 설계자의 관리자는 $C_L$을 $2C_L$로 올린다. 왜냐하면 뒤따르는 전력 증폭기가 더 높은 출력 전력을 위해 재설계되어야 하기 때문이다. 만약 상향 변환기의 출력 스윙이 같게 유지되어야 한다면 설계자가 $2C_L$을 만들기 위해 어떻게 수정되어야 하는가?

**예제 6.37** (*계속*) RF Microelecronics

**풀이:**

이전에 요구된 계산을 따라 우리는 부하 인덕턴스를 측정하고, 이런 이유로 $R_p$는 반이 되어야 한다. 따라서 모든 바이어스 전류와 트랜지스터 폭은 출력 전압 스윙 유지를 위해 두 배가 되어야 한다. 이것은 차례로 LO에서 보이는 부하 커패시턴스를 더 크게 변환시킨다. 즉, 더 큰 전력 증폭기 입력 커패시턴스는 LO 포트로 '전달된다' 이제 LO를 설계하는 설계자가 어려움에 처하게 된다.

## 참고문헌


[1] B. Razavi, 'A Millimeter-Wave Circuit Technique,' *IEEE J. of Solid-State Circuits*, vol. 43, pp. 2090–2098, Sept. 2008.

[2] P. Eriksson and H. Tenhunen, 'The Noise Figure of A Sampling Mixer: Theory and Measurement,' *IEEE Int. Conf. Electronics, Circuits, and Systems*, pp. 899–902, Sept. 1999.

[3] S. Zhou and M. C. F. Chang, 'A CMOS Passive Mixer with Low Flicker Noise for Low-Power Direct-Conversion Receivers,' *IEEE J. of Solid-State Circuits*, vol. 40, pp. 1084, 1093, May 2005.

[4] D. Leenaerts and W. Readman-White, '1/f Noise in Passive CMOS Mixers for Low and Zero IF Integrated Receivers,' *Proc. ESSCIRC*, pp. 41–44, Sept. 2001.

[5] A. Mirzaei et al., 'Analysis and Optimization of Current-Driven Passive Mixers in Narrowband Direct-Conversion Receivers,' *IEEE J. of Solid-State Circuits*, vol. 44, pp. 2678–2688, Oct. 2009.

[6] D. Kaczman et al., 'A Single-Chip 10-Band WCDMA/HSDPA 4-Band GSM/EDGE SAWless CMOS Receiver with DigRF 3G Interface and 190-dBm IIP2,' *IEEE J. Solid-State Circuits*, vol. 44, pp. 718–739, March 2009.

[7] H. Darabi and A. A. Abidi, 'Noise in RF-CMOS Mixers: A Simple Physical Model,' *IEEE J. of Solid-State Circuits*, vol. 35, pp. 15–25, Jan. 2000.

[8] W. H. Sansen and R. G. Meyer, 'Distortion in Bipolar Transistor Variable-Gain Amplifiers,' *IEEE Journal of Solid-State Circuits*, vol. 8, pp. 275–282, Aug. 1973.

[9] B. Razavi, 'A 60-GHz CMOS Receiver Front-End,' *IEEE J. of Solid-State Circuits*, vol. 41, pp. 17–22, Jan. 2006.

[10] B. Razavi, 'A 900-MHz CMOS Direct-Conversion Receiver,' *Dig. of Symposium on VLSI Circuits*, pp. 113–114, June 1997.

[11] M. Brandolini et al., 'A 178-dBm IIP2 CMOS Direct Downconversion Mixer for Fully-Integrated UMTS Receivers,' *IEEE J. Solid-State Circuits*, vol. 41, pp. 552–559, March 2006.

[12] D. Manstretta, M. Brandolini, and F. Svelto, 'Second-Order Intermodulation Mechanisms in CMOS Downconverters,' *IEEE J. Solid-State Circuits*, vol. 38, pp. 394–406, March 2003.

[13] H. Darabi and J. Chiu, 'A Noise Cancellation Technique in Active RF-CMOS Mixers,' *IEEE J. of Solid-State Circuits*, vol. 40, pp. 2628–2632, Dec. 2005.

[14] R. S. Pullela, T. Sowlati, and D. Rozenblit, 'Low Flicker Noise Quadrature Mixer Topology,' *ISSCC Dig. Tech. Papers*, pp. 76–77, Feb. 2006.

[15] B. Razavi, 'CMOS Transceivers for the 60-GHz Band,' *IEEE Radio Frequency Integrated Circuits Symposium*, pp. 231-234, June 2006.

## 연습문제

6.1. 그림 6.13의 그림에서 LNA는 $A_0$의 전압 이득을 갖고 믹서는 높은 입력 임피던스를 갖는다고 가정하자. 출력 $I$와 $Q$가 단순히 더해질 때, 전체 잡음지수를 LNA의 잡음지수와 믹서의 입력 기준 잡음으로 나타내어라.

6.2. 위 문제와 같은 가정을 했을 때, 하틀리(Hartley) 수신기의 잡음지수를 구하라. 90° 위상 변환 회로와 출력 덧셈기의 잡음은 무시한다.

6.3. 그림 6.99의 회로에서 $C_1$과 $C_2$는 동일하며, 그림 6.15(b)에서의 게이트-소스 커패시턴스를 나타낸다. $V_1 = -V_2 = V_0 \cos\omega_{LO}t$라고 가정한다.

(a) $V$는 각 커패시터에 걸리는 전압을 나타내고 $C_1 = C_2 = C_0(1 + \alpha_1 V)$라고 할 때, $V_{out}$에서 LO 피드스루 성분(s)을 구하라. ($\alpha_1 V \ll 1$)

(b) $C_1 = C_2 = C_0(1 + \alpha_1 V + \alpha_2 V^2)$일 때, (a)를 반복하라.

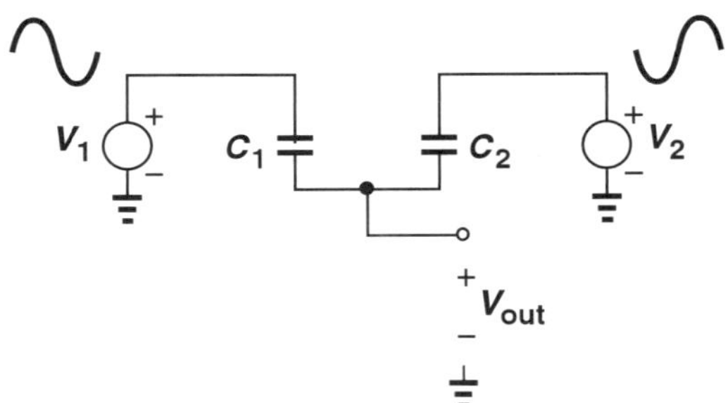


**그림 6.99** *차동 파형이 가해지는 커패시터*

6.4. 그림 6.29(c)의 그림에서 $V_{n1}$은 저항의 변형된 잡음 전압과 0과 1이 반복되는 구형파의 곱으로 나타낼 수 있었다. $V_{n1}$의 스펙트럼이 식 (6.31)로 주어짐을 증명하라.

6.5. 샘플링 믹서에서 LO 펄스의 폭이 0에 가깝게 될 때(즉, 홀드 타임이 LO 주기와 가까워질 때), 전압 변환 이득은 6 dB에 가까워짐을 증명하라.

6.6. 그림 6.55의 LO 버퍼를 고려해보자. $M_5$와 $M_6$의 잡음이 노드 $A$와 $B$에 차동으로 나타남을 증명하라(반면 탱크의 손실에 의한 잡음은 그렇지 않음).

6.7. 그림 6.57의 능동 믹서에서 $I_{n,M1}$는 모든 주파수 성분을 포함한다. 이 성분들과 LO 고조파의 컨볼루션이 본질적으로 $4kT\gamma/g_m$과 $\pi^2/4$의 곱임을 증명하라.

6.8. 그림 6.60(a)의 트랜지스터 $M_2$와 $M_3$에서 문턱 전압의 부정합이 $V_{OS}$일 때, $I_{SS}$의 플리커 잡음에 의한 출력 플리커 잡음을 구하라.

6.9. 그림 6.100은 1.8-GHz 수신기의 프런트 엔드를 나타낸다. LO 주파수는 900 MHz이고 부하 인덕터와 커패시턴스는 IF에서 Q의 양호도(quality factor)를 가지고 공진한다. $M_1$은 전류 $I_1$으로 바이어스 되어있고 믹서와 LO는 완벽하게 대칭이라고 가정한다.

(a) $M_2$와 $M_3$가 이상적인 스위치라고 가정할 때, LO-IF 피드스루를 계산하라. 즉 RF 신호가 없을 때 900-MHz 출력 성분을 구하라.

(b) 여기서 왜 $M_1$의 플리커 잡음이 중요한지 설명하라.

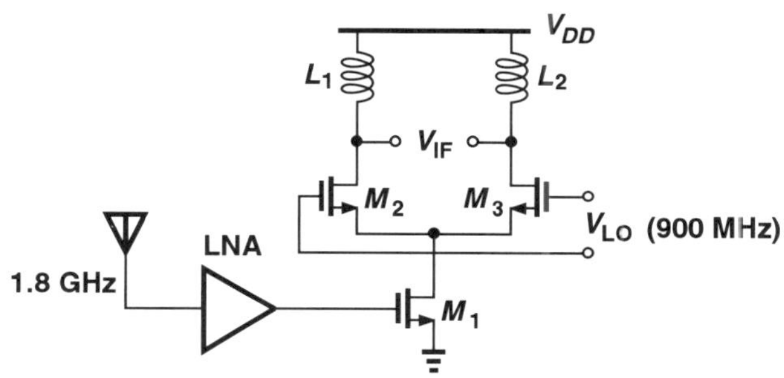


**그림 6.100** *1.8-GHz 수신기의 프런트 엔드*

6.10. 그림 6.67의 전류 소스 보조부가 스위칭 쌍의 바이어스 전류를 반으로 감소시킨다고 가정할 때, 입력 기준 플리커 잡음은 얼마만큼 감소하는가?

6.11. 그림 6.67의 회로에서 $M_4$의 소스에 직렬로 병렬 RLC 탱크를 연결하면 공진점에서 $M_4$의 잡음 기여도가 감소한다. 탱크의 등가 병렬 저항이 $R_P$라고 할 때, 식 (6.116)을 재검토하라. ($R_P$ 자체가 잡음을 생성함을 유념하라.)

6.12. 그림 6.81(a)의 회로를 꼬리 전류가 $2f_{LO}$의 비율로 변조된 차동 쌍으로 볼 수 있는가? 분석을 수행하고 결과를 설명하라.

6.13. GSM 송신기에서 직교 상향 변환 믹서가 0.3 V의 최대 기저대역 스윙을 가지고 동작한다고 가정한다. 만약 송신기가 1 W의 출력 전력을 내보낸다면, GSM 수신대역에서 송신된 잡음이 −155 dBm을 넘지 않도록 하는 믹서의 최대 허용 가능한 입력 기준 잡음을 구하라.

6.14. 단일-평형 RZ 믹서의 전압 변환 이득이 상향 변환에서도 $2/\pi$임을 증명하라.

6.15. 이중-평형 능동 믹서에서 LO 듀티 사이클의 왜곡은 캐리어 피드스루를 유발하지 않음을 증명하라.

6.16. 그림 6.101의 회로는 전통적인 마이크로파 설계에서 쓰였던 이중 게이트 믹서이다. $M_1$이 단락되었을 때 온 저항이 $R_{on1}$이라고 가정한다. 또한 LO 신호는 급격한 스위칭이 이루어지고 50%의 듀티 사이클을 가지며 채널길이 변조와 바디효과를 무시한다.

(a) 회로의 전압 변환 이득을 계산하라. $M_2$는 트라이오드 영역에 들어가지 않는다고 가정하며, 트랜스컨덕턴스는 $g_{m2}$이다.

(b) $R_{on1}$이 매우 작을 때 회로의 $IP_2$를 구하라. $M_2$는 단락되었을 때 신호 없이 $V_{GS0} - V_{TH}$의 오버드라이브를 갖는다고 가정한다.

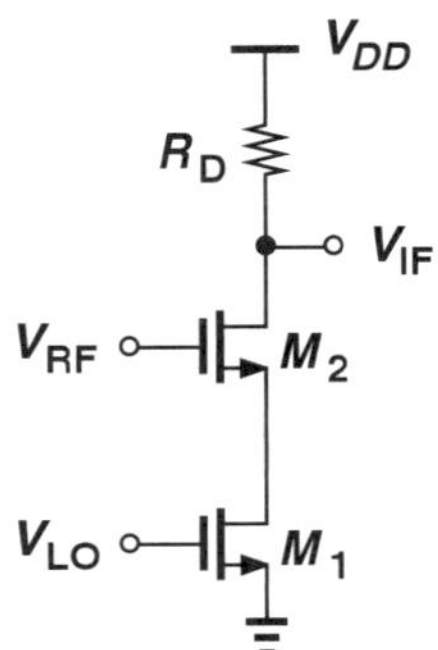


그림 6.101 이중 게이트 믹서

6.17. 그림 6.102의 능동 믹서에서 LO 신호는 급격하게 스위칭되고 50%의 듀티 사이클을 갖는다. 또한 채널길이 변조와 바디효과가 무시된다. 부하 저항에 부정합이 있지만 나머지 회로는 대칭적이다. $M_1$에 $I_{SS}$의 바이어스 전류가 흐른다고 가정한다.

(a) 출력 오프셋 전압을 구하라.

(b) 회로의 $IP_2$를 $M_1$의 오버드라이브와 바이어스 전류로 나타내어라.

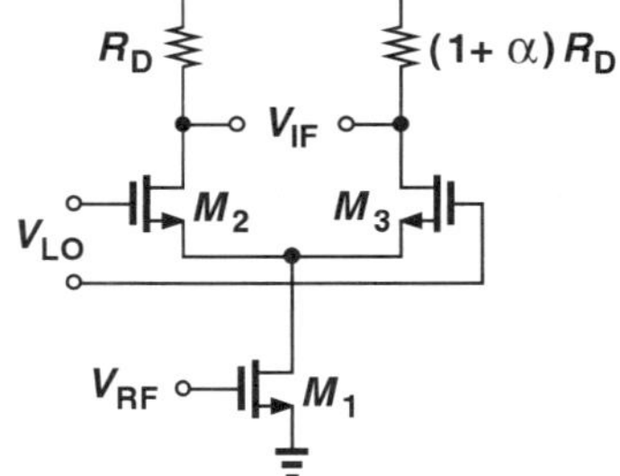


그림 6.102 부하에 부정합이 있는 능동 믹서

CHAPTER 07

# 수동 소자

Passive Devices

다수의 온칩(on-chip) 수동 소자(passive devices)를 통합해 오프칩(off-chip) 소자의 개수를 감소시키는 능력은 오늘날 RF 집적회로의 성공에 핵심적인 요소가 되었다. 물론 몇몇의 집적 수동 소자들은, 특히 CMOS 기술에 있어서, 외부 소자들에 비해 낮은 성능을 보이고 있다. 하지만 이 책을 통해서 본 것처럼, 우리는 이제 통상적으로 수백 개의 소자들을 RF 송수신기(transceiver) 설계에 사용하고 있다–만약 오프칩으로 구현 된다면 실용적인 패러다임(paradigm)이 아니다.

이 장에서는 집적 인덕터(inductor), 트랜스포머(transformer), 바랙터(varactor), 고정 커패시터(constant capacitor)의 분석과 설계를 다룬다. 이 장의 개요는 아래와 같다.

| 인덕터 | 인덕터 구조 | 트랜스포머 | 바랙터 |
|---|---|---|---|
| ■ 기본 구조 | ■ 대칭 인덕터 | ■ 구조 | ■ PN 접합 |
| ■ 인덕턴스 공식 | ■ 접지 차폐의 효과 | ■ 결합 커패시턴스의 효과 | ■ MOS 바랙터 |
| ■ 기생 커패시턴스 | ■ 적층 나선 | ■ 트랜스포머 모델링 | ■ 바랙터 모델링 |
| ■ 손실 메커니즘 | | | |
| ■ 인덕터 모델링 | | | |

## 7.1 일반적 고찰 General Considerations

아날로그 집적회로(analog integrated circuits)가 일반적으로 저항과 커패시터를 사용하는 데 반해 RF 설계는 인덕터, 트랜스포머, 전송선로, 바랙터와 같은 부가적인 수동 소자를 요구한다. 우리는 왜 이러한 소자들을 칩(chip)에 집적하려고 하는 것일까? 만약 전체 송수신기가 하나 혹은 두 개의 인덕터만을 필요로 한다면, 왜 본드 와이어(bond wire)나 외부 소자를 사용하지 않는 것일까? 이 질문들을 주의 깊게 고찰해 보자.

최근 RF 설계는 *많은* 수의 인덕터를 필요로 한다. 이 점을 이해하기 위하여 그림 7.1(a)의 단순한 공통소스 단(common-source stage)을 고려해 보자. 이 구조는 두 가지 심각한 단점을 가지고 있다: (a) 노드 $X$의 대역폭(bandwidth)이 $1/[(R_D \| r_{O1})C_D]$로 제한되고, (b) 전압

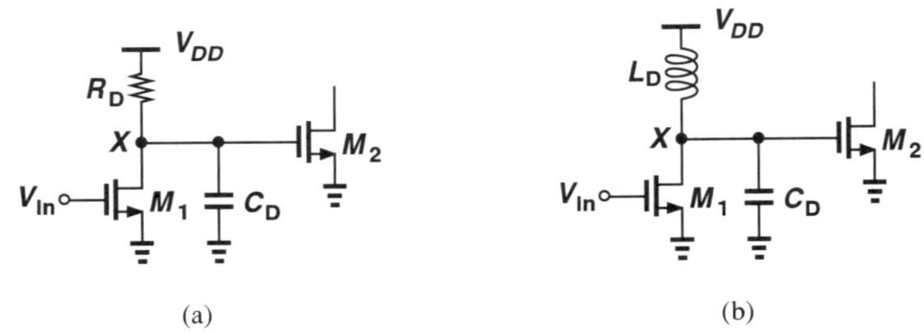


**그림 7.1** *(a) 저항성(resistive) 및 (b) 유도성(inductive) 부하를 가진 CS 단(stage)*

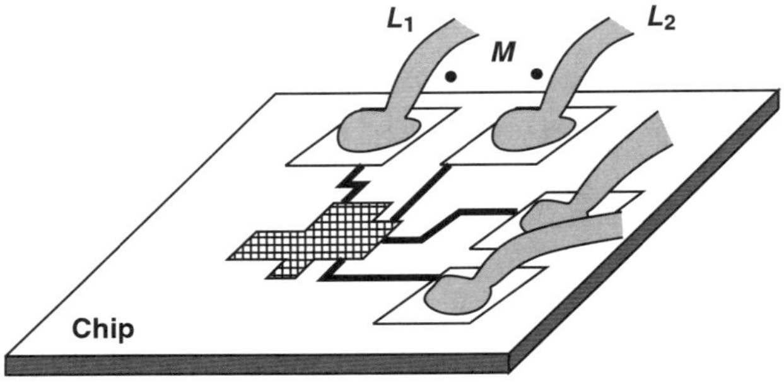


**그림 7.2** *본드 와이어(bond wire) 사이의 결합(coupling)*

헤드룸(headroom)이 전압 이득 $g_{m1}(R_D \| R_{O1})$과 절충관계에 있다. CMOS 기술의 스케일링(scaling)은 후자를 희생시켜 전자를 향상시킨다. 예를 들어, 전원(supply) 전압이 1-V인 65-nm 공정(technology)에서 회로는 수 GHz의 대역폭을 제공하지만 전압 이득(voltage gain)은 3 ~ 4 정도이다.

이제 그림 7.1(b)의 유도성 부하 단(inductively-loaded stage)을 고려해 보자. 여기서 $L_D$가 $C_D$와 공진하면서(resonate) 훨씬 더 높은 주파수(좁은 주파수 대역)에서 동작이 가능하게 된다. 게다가 $L_D$에서 전압 강하가 거의 발생하기 않기 때문에 회로는 안정하게 낮은 전원 전압에서 적절한 전압 이득을 제공하면서 동작한다(예를 들어, 10). 이 두 가지 중요한 특성으로 인덕터는 RF 송수신기에 널리 사용된다. 사실 인덕터의 집적화(integration)로 RF 설계자들은 다른 소자인 저항이나 커패시터만큼 인덕터를 광범위하게 사용하게 되었다.

오프칩 소자의 사용은 비용적인 불이익 외에도 다른 복잡한 문제를 수반한다. 첫째로, 칩을 외부로 연결하는 본드 와이어(bond wire)와 패키지 핀(package pin) 사이에 심각한 결합(coupling)이 발생해(그림 7.2) 송수신기의 다른 부분 사이에 혼선(crosstalk)을 유발하게 된다.

**예제 7.1** RF Microelecronics

LO 인덕터가 오프칩으로 구현될 경우, 두 가지 바람직하지 않은 결합 메커니즘(mechanism)

**예제 7.1** (*계속*) RF Microelecronics

을 제시하라.

**풀이:**

그림 7.3에 보인 것처럼 인덕터로 연결된 본드 와이어는 LNA 입력 본드 와이어와 결합(coupling) 되어 LO 방사(emission)와 기저대역(baseband)에 큰 dc 오프셋(offset)을 유발한다. 게다가 PA의 출력 본드 와이어와 결합으로 인한 심각한 LO 인입(pulling)이 유발될 수 있다.

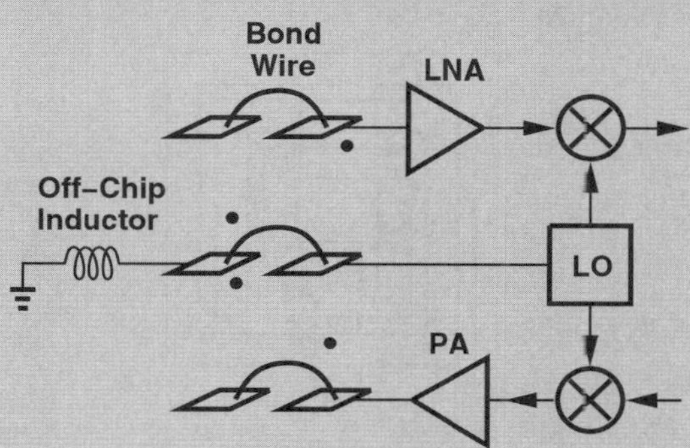


**그림 7.3** *오프칩(off-chip) 인덕터를 사용한 가상의 송수신기(transceiver)*

둘째로, 외부 연결은 고주파수에서 중요해지는 기생(parasitic) 성분을 발생시킨다. 예를 들어, 1-nH의 본드 와이어는 기가헤르츠(gigahertz) 회로의 동작을 크게 변화시킨다. 셋째로, 본드 와이어의 길이를 정확히 제어하기 어렵기 때문에 외부 부하(external load)를 가진 차동(differential) 회로를 구현하기 어렵다.

집적 소자가 주는 여러 이점에도 불구하고, 상대적으로 성능이 *낮은(poor)* 수동 소자를 이용해 고성능 회로를 설계하는 것은 RF 전자공학(RF microelectronics)에서 중요한 도전이었다. 예를 들어, 온칩(on-chip) 인덕터는 오프칩 인덕터에 비해 Q-팩터(quality factor)가 낮기 때문에, 발진기(oscillator)에서 높은 '위상 잡음(phase noise)'을 유발하게 된다(8장). 따라서 RF 설계자들은 보통의 인덕터 $Q$에 대해서도 낮은 위상 잡음을 유발하는 새로운 발진기 구조를 찾아야 한다.

**모델링 이슈(Modeling Issues)** 몇 개의 파라미터(parameter)로 표현되는 집적 저항이나 평행판(parallel-plate) 커패시터와 달리, 인덕터와 몇몇 다른 소자들의 모델링은 훨씬 까다롭다. 사실, 모델링(modeling)에 요구되는 노력은 RF 설계의 높은 진입 장벽을 잘 보여준다: 정확한 모델 없이 인덕터를 회로에 사용할 수 없고, 그 모델은 그 모양과 레이아웃(layout) 및 공정의 (가장 두꺼운) 금속층(metal layer)에 크게 의존한다.

이러한 고찰을 위해 이 장에서는 수동 소자의 분석과 설계를 다룬다.

## 7.2 인덕터 Inductors

### 7.2.1 기본 구조 Basic Structure

집적 인덕터는 일반적으로 금속 나선(metal spiral) 구조로 구현된다(그림 7.4). 각 턴(turn) 사이의 상호 결합(mutual coupling)으로 인해 나선은 같은 길이의 직선 도선(line)에 비해 큰 인덕턴스를 가진다. 직렬 저항과 기생 커패시턴스를 최소화하기 위해 나선은 (가장 두꺼운) 최상부 금속층(top metal layer)으로 구현된다.

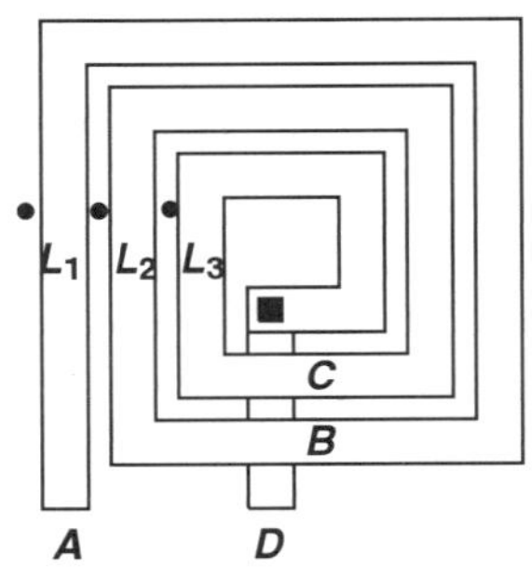


**그림 7.4** *단순한 나선형 인덕터(spiral inductor)*

**예제 7.2** RF Microelecronics

그림 7.4의 3-턴 나선의 전체 인덕턴스(inductance)를 결정하라.

**풀이:**

3-턴을 $AB$, $BC$, $CD$로 구분하고 각각의 인덕턴스를 $L_1$, $L_2$, $L_3$로 표시하자. 또한 $L_1$과 $L_2$ 사이의 상호 인덕턴스(mutual inductance)를 $M_{12}$로 정의하자($M_{23}$, $M_{13}$도 같은 방법으로 정의). 따라서 전체 인덕턴스는 다음과 같이 주어진다.

$$L_{tot} = L_1 + L_2 + L_3 + M_{12} + M_{13} + M_{23}. \tag{7.1}$$

식 (7.1)은 전체 인덕턴스가 턴수(number of turns)의 *제곱(square)*에 비례하는 것을 보여준다. 사실 문제 7.1에서 $N$-턴 인덕터의 인덕턴스가 $N(N + 1)/2$ 항을 포함하는 것을 증명하게 된다. 그러나 두 가지 요소가 $N$의 함수인 증가 비율을 제한한다: (a) 기하구조(geometry)의 평면적 특성에 의하여 안쪽(inner) 턴은 작기 때문에 낮은 인덕턴스를 가지며, (b) 인접(adjacent) 턴에 대한 상호결합 계수(mutual coupling factor)는 0.7 정도이고, 비인접(non-adjacent) 턴에 대해서는 더 감소하게 된다. 예를 들어, 식 (7.1)에서 $L_3$는 $L_1$에 비해 크게 작고, $M_{13}$는 $M_{12}$에 비해 크게 작다. 이 사항은 예제 7.4에서 자세히 다루기로 한다.

이차원 정방형(square) 나선은 4개의 파라미터인 외부 치수(outer dimension) $D_{out}$, 선폭(line width) $W$, 선간격(line spacing) $S$, 턴수(number of turns) $N$에 의해 완전히 정의된다(그림 7.5).[1] 인덕턴스는 기본적으로 턴수와 각 턴의 지름(diameter)에 비례하지만, 선폭과 선간격은 두 파라미터에 간접적으로 영향을 준다.

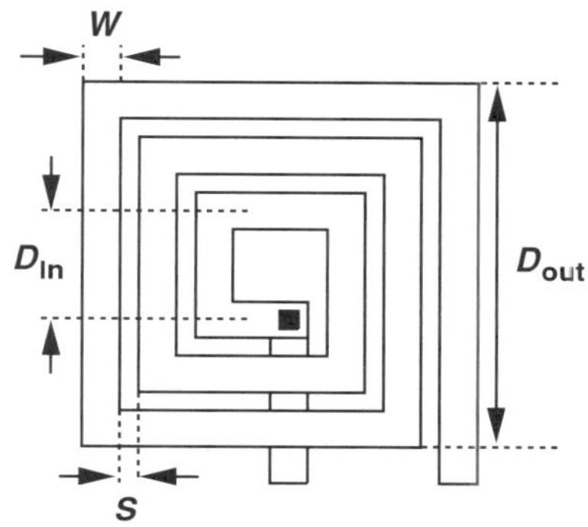


**그림 7.5** *나선형 인덕터의 다양한 치수(dimension)*

## 예제 7.3

RF Microelecronics

저항을 줄이기 위해 나선의 선폭을 두 배로 증가시켰다; $D_{out}$, $S$, $N$은 동일하다. 인덕턴스는 어떻게 변하는가?

**풀이:**

그림 7.6에 보인 것처럼 선폭이 두 배가 되면서 불가피하게 내부 턴의 지름이 감소하고, 결과

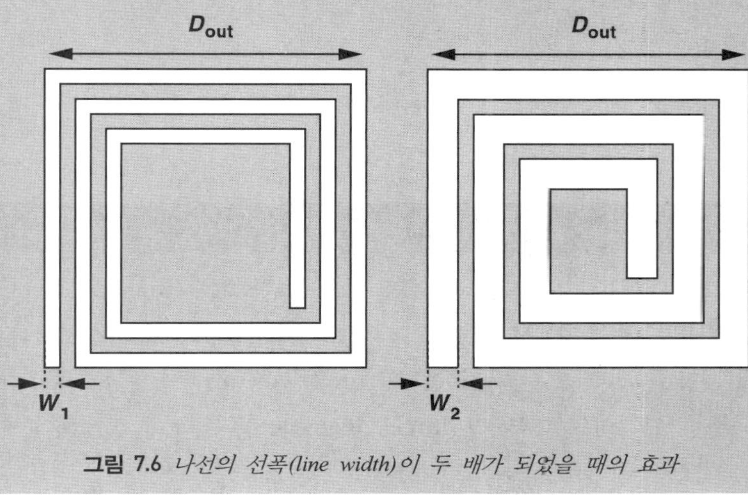


**그림 7.6** *나선의 선폭(line width)이 두 배가 되었을 때의 효과* (계속)

1. $D_{out}$ 혹은 $N$ 대신 내부 개구(opening) 치수인 $D_{in}$을 사용하는 경우도 있다.

## 예제 7.3 (계속) RF Microelecronics

적으로 인덕턴스가 감소하게 된다. 또한 다리(leg) 사이의 큰 간격은 상호결합을 감소시킨다. $W$를 더 증가시키면 턴수가 *감소*하며 인덕턴스가 감소하는 것을 알 수 있다.

트랜지스터 및 저항과 비교할 때, 인덕터는 일반적으로 치수(dimension, 'foot print')가 훨씬 커서 칩 면적을 증가시키고 블록 사이를 오가는 상호연결(interconnect)의 길이를 증가시킨다. 따라서 인덕터의 외부 치수(outer dimension)를 최소화 하는 것이 바람직하다. 이것은 주어진 인덕턴스에 대해서 (a) $W$를 감소시키거나[그림 7.7(a)] (b) $N$을 증가시켜[그림 7.7(b)] 달성될 수 있다. 전자의 경우는 도선의 저항이 증가해 인덕터의 성능(quality)이 열화 된다. 후자의 경우는 가장 안쪽 턴의 변(side) 사이의 상호결합으로 인덕턴스가 *감소*되는데, 이는 마주보는 변에 반대 방향의 전류가 흐르기 때문이다. 그림 7.7(b)에 보인 것처럼 제일 안쪽 턴의 두 개의 마주보는 다리는 반대 방향의 자기장을 형성해 부분적으로 서로의 인덕턴스를 상쇄시킨다.

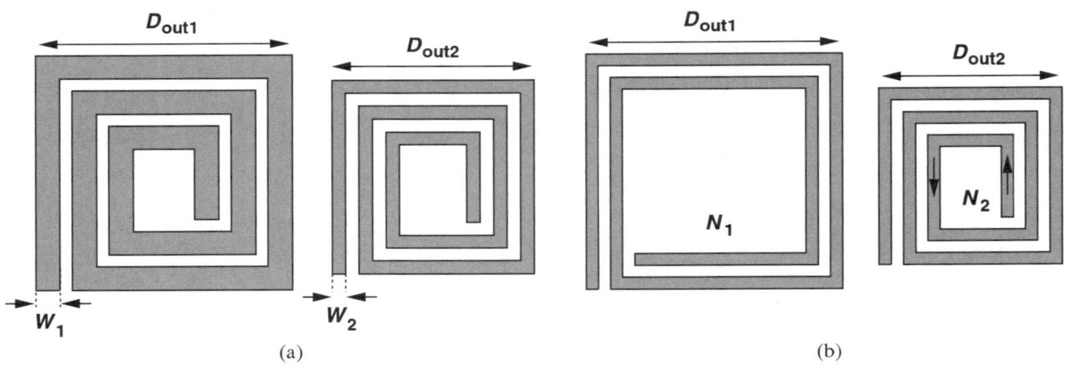


**그림 7.7** *(a) 외부 치수(outer dimension)와 선폭(line width)이 감소한 효과 및 (b) 외부 치수가 감소하고 턴수가 증가한 효과*

## 예제 7.4 RF Microelecronics

그림 7.8은 두 개의 직선 금속 도선 사이의 자기 결합 계수(coupling factor)를 정규화된(normalized) 간격($S/W$)에 대해 나타내었다. 전자기장 시뮬레이션에 의해 얻어진 그림은 다음 두 개의 경우에 해당한다: 각 도선의 길이는 20 μm와 100 μm이다. (선폭은 4 μm이다.) 이 그림에 의하면 나선형 인덕터의 내부 직경(inner diameter)을 어떻게 설계해야 하는가?

**풀이:**

우리는 제일 안쪽 턴의 맞은 편 사이의 결합을 최소화 시키려고 한다. 20 μm 길이 도선에 대

**예제 7.4** (*계속*) RF Microelecronics

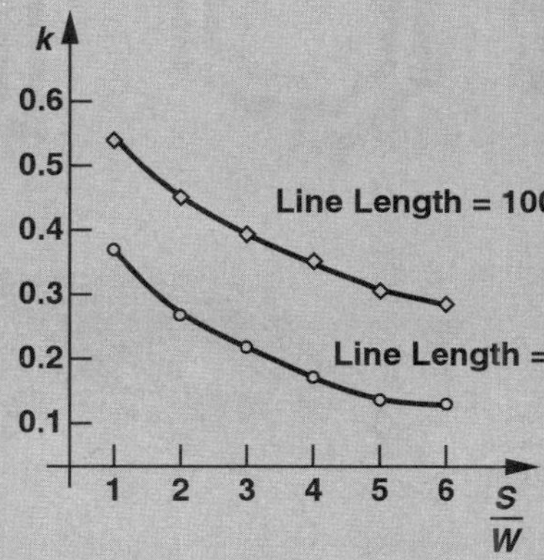


**그림 7.8** *정규화된 간격에 대한 두 개의 직선 도선 사이의 결합 계수(coupling factor)*

한 일반적인 인덕터 설계에 관한 그림은, 결합을 무시하기 위해 내부 개구(opening)의 직경이 $W$의 5 ~ 6배로 설계 되어야 함을 나타낸다. 이 경험 법칙(rule of thumb)을 기억해 두면 도움이 될 것이다.

우리는 그림 7.5의 기본 인덕터 구조에 대한 많은 질문에 답할 수 있어야 한다: (1) 인덕턴스, Q-팩터(quality factor, 양호도), 기생(parasitic) 커패시턴스는 어떻게 계산되는가? (2) 이 값들을 선택할 때 어떤 절충관계(trade-off)가 발생하는가? (3) 공정과 인덕터 파라미터가 양질 계수에 어떤 영향을 주는가? 이 질문들에 대한 해답은 7.2.6절의 인덕터 모델링에서 찾을 수 있다.

### 7.2.2 인덕터의 기하구조 Inductor Geometries

나선형 인덕터에 대한 정성적인(qualitative) 학습은 특히 턴수와 외부 치수의 설계에 다소 자유도(degrees of freedom)가 있음을 알려준다. 그러나 많은 다양한 구조의 인덕터가 설계 공간(design space)에 추가될 수 있다.

그림 7.9는 RF IC 설계에서 사용 되는 인덕터 구조들을 보여준다. 이 장의 끝부분에서 이 구조들의 특징을 살펴본다. 독자들은 지금 시점에서 다음 사실을 관찰할 수 있다: (1) 그림 7.9(a)와 (b)의 구조는 정방형 모양과 차이가 있고, (2) 그림 7.9(c)의 나선은 *대칭(symmetric)*이고, (3) 그림 7.9(d)의 '적층(stacked)' 구조는 두 개 혹은 그 이상의 나선이 *직렬(series)* 연결된 구조를 가지고, (4) 그림 7.9(e)의 구조는 인덕터 아래에 접지 '차폐(shield)'를 가지고, (5) 그림 7.9(f)는 두 개 혹은 그 이상의 나선을 *병렬(parallel)*로 배치하고 있다.[2]

2. 나선은 서로 비아(via)로 단락(short)되어 있지만, 비아가 반드시 필요한 것은 아니다.

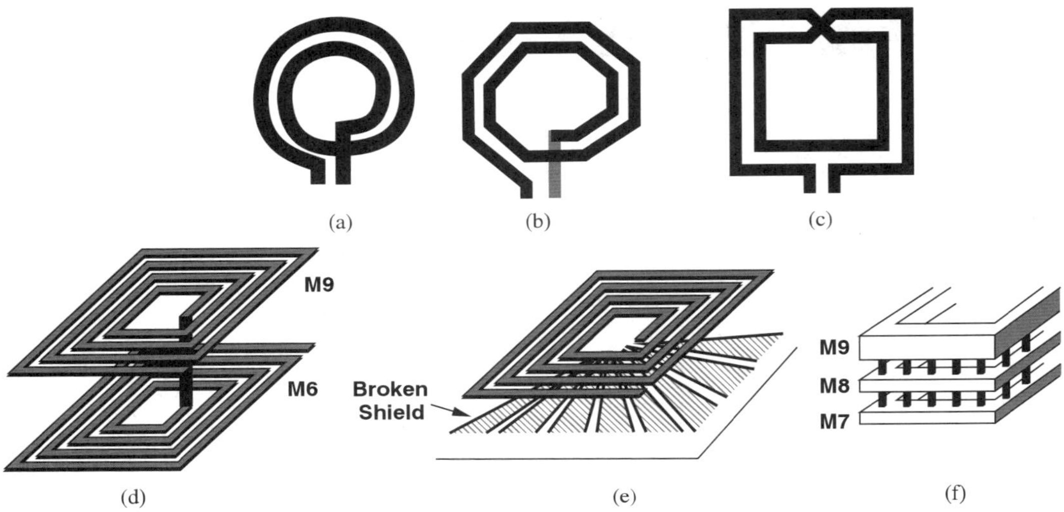


**그림 7.9** *다양한 인덕터 구조: (a) 원형(circular), (b) 팔각형(octagonal), (c) 대칭형(symmetric), (d) 적층형 (stacked), (e) 접지 차폐(grounded shield), (f) 병렬 나선(parallel spiral)*

물론 이중 많은 개념들을 결합할 수 있다. 예를 들어, 그림 7.9(f)의 병렬구조에 대칭 나선이나 접지 차폐 구조를 사용할 수 있다.

왜 이렇게 많은 다른 인덕터 구조가 개발된 것일까? 이들 구조들은 인덕터 설계에 있어서 구체적으로 $Q$-팩터(quality factor)와 커패시턴스 혹은 인덕턴스와 치수(dimensions) 사이의 절충관계를 향상시키려는 엄청난 노력의 결과이다.

다양한 인덕터 구조가 추가적인 자유도를 제공하지만, 특히 이론적인 모델을 미세조정(fine-tuning) 하기 위한 실험실 *측정(measurement)*이 필요하다면, 모델링 작업이 복잡해지는 문제가 발생한다. 얼마나 많은 형태의 인덕터와 다른 값들이 연구 되어야 할까? 주어진 회로 응용에서 어떤 구조가 더 적합할까? 실제로는 시간적 제약으로, 설계자들은 대개 몇 개의 구조를 선택하고, 설계 회로와 관심 주파수에 대해 최적화(optimization) 시킨다.

### 7.2.3 인덕턴스 공식 Inductance Equations

일반적인 송수신기에 사용되는 다수의 인덕터를 고려할 때, 나선의 기하구조적(geometric) 특성의 관점에서 인덕턴스 값을 제공하는 폐쇄형(closed-form) 공식이 있다면 유용할 것이다. 실제로 다양한 인덕턴스 표현식이 문헌에 보고되고 있다[1-3]. 몇몇은 커브 피팅(curve fitting)에 기반하며, 몇몇은 인덕터의 물리적 성질에 기반하고 있다. 예를 들어, 참고문헌[1]에 주어진 5 ~ 50 nH 영역에서 10% 이하의 오차를 갖는 실험식(empirical formula)은 정방형(square) 나선에 대해 다음 형태로 근사될 수 있다.

$$L \approx 1.3 \times 10^{-7} \frac{A_m^{5/3}}{A_{tot}^{1/6} W^{1.75} (W+S)^{0.25}}, \tag{7.2}$$

여기서 $A_m$은 금속 면적(그림 7.5에서 어두운 영역)이고, $A_{tot}$는 전체 인덕터 면적(그림 7.5에서 $\approx D_{out}^2$)이다. 모든 단위는 미터법(metric)을 따른다.

### 예제 7.5

RF Microelecronics

다른 기하구조적 특성의 관점에서 인덕터의 금속 면적을 계산하라.

**풀이:**

그림 7.10에 보인 구조를 고찰해 보자. 4개의 변 각각은 세 개의 완전한 다리(leg)를 포함하고 있기 때문에, 이 나선의 턴수는 3이 된다. 금속 면적을 결정하기 위해 나선의 전체 길이 $l_{tot}$을 계산해 $W$를 곱한다. $A \sim B$ 사이의 거리는 $D_{out}$이고, $B \sim C$ 사이의 거리는 $D_{out} - W$, 등 이다. 즉,

$$l_{AB} = D_{out} \tag{7.3}$$
$$l_{BC} = l_{CD} = D_{out} - W \tag{7.4}$$
$$l_{DE} = l_{EF} = D_{out} - (2W + S) \tag{7.5}$$
$$l_{FG} = l_{GH} = D_{out} - (3W + 2S) \tag{7.6}$$
$$l_{HI} = l_{IJ} = D_{out} - (4W + 3S) \tag{7.7}$$
$$l_{JK} = l_{KL} = D_{out} - (5W + 4S) \tag{7.8}$$
$$l_{LM} = D_{out} - (6W + 5S). \tag{7.9}$$

이 길이들을 더하고 결과를 $N$에 대해 일반화 하면,

$$\begin{aligned} l_{tot} &= 4ND_{out} - 2W[1 + 2 + \cdots + (2N-1)] - 2NW \\ &\quad - 2S[1 + 2 + \cdots + (2N-2)] - (2N-1)S \qquad (7.10) \\ &= 4ND_{out} - 4N^2W - (2N-1)^2S. \qquad (7.11) \end{aligned}$$

$l_{tot} >> S$이므로 표현을 단순화 하기위해 우변에 $S$를 더한다:

$$l_{tot} \approx 4N[D_{out} - W - (N-1)(W+S)]. \tag{7.12}$$

금속 면적은 다음과 같이 계산될 수 있다.

$$\begin{aligned} A_m &= W[4ND_{out} - 4N^2W - (2N-1)^2S] \qquad (7.13) \\ &\approx 4NW[D_{out} - W - (N-1)(W+S)]. \qquad (7.14) \end{aligned}$$

(계속)

예제 7.5 (계속) RF Microelecronics

이 공식은 또한 나선의 커패시턴스의 계산에 사용될 수 있다.

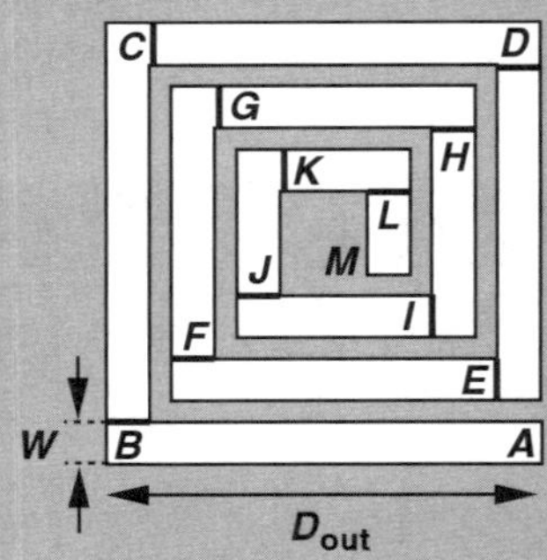


그림 7.10 도선 길이 계산을 위한 나선형 인덕터

인덕터의 흥미로운 성질은 주어진 도선의 길이, 폭, 간격에 대해 인덕턴스가 턴수에 크게 의존하지 않는다는 것이다. 이것은 식 (7.12)에서 $D_{out}$을 찾고, $A_{tot} \approx D_{out}^2$를 이용해 식 (7.2)를 다음과 같이 정리하면 알 수 있다:

$$L \approx 1.3 \times 10^{-7} \frac{l_{tot}^{5/3}}{\left[\frac{l_{tot}}{4N} + W + (N-1)(W+S)\right]^{1/3} W^{0.083}(W+S)^{0.25}}. \tag{7.15}$$

$N$은 분모의 괄호 안의 두 항에만 나타나며, 각 항은 반대 방향으로 변하고 결과는 1/3승으로 증가한다. 예를 들어, $l_{tot}$ = 2000 μm, $W$ = 4 μm, $S$ = 0.5 μm이고, $N$이 2, 3, 4, 5로 증가하면 인덕턴스는 각각 3.96 nH, 4.47 nH, 4.83 nH, 4.96 nH로 증가한다. 즉 주어진 도선 길이에 대해서 '감는' 방법에 상관없이 대략 일정한 인덕턴스를 갖는다.[3] 여기서 핵심은 이 길이에 대해 (저주파수에서) 직렬 저항이 주어지기 때문에, $N$의 선택은 $Q$에 크게 영향을 미치지 않는다는 것이다(하지만 면적을 줄일 수 있다).

그림 7.11은 (아래에 기술된) 시뮬레이터 ASITIC에 의해 예측된 인덕턴스를 보여준다. $N$은 2에서 6으로 변하지만 전체 도선 길이는 2000 μm으로 일정하다.[4] $N$ > 3에 대해 $L$이 상대적으로 일정한 것을 알 수 있다. 또한 ASITIC에 의해 계산된 값들은 식 (7.15)에 비해 낮은 경향을 보인다.

나선형 인덕턴스 계산을 위해 많은 다른 표현식이 제안되었다. 예를 들어,

3. 그러나 상호결합(mutual coupling)이 일어나기 위해서 턴수는 적어도 2 이상 이어야 한다.
4. 이 실험에서 외부 치수(outer dimension)는 260 μm에서 110 μm로 변한다.

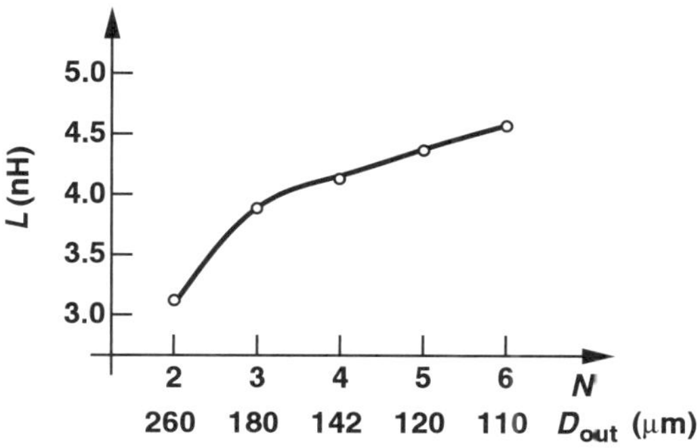


**그림 7.11** *도선의 길이가 주어진 경우 턴수(number of turns)에 따른 인덕턴스*

$$L = \frac{\mu_0 N^2 D_{avg} \alpha_1}{2} \left( \ln \frac{\alpha_2}{\rho} + \alpha_3 \rho + \alpha_4 \rho^2 \right), \tag{7.16}$$

그림 7.5에서 $D_{avg} = (D_{out} + D_{in})/2$이고 '충진 계수(fill factor)' $\rho$는 $(D_{out} - D_{in})/(D_{out} + D_{in})$으로 주어진다[3]. α 계수는 다음과 같이 선택된다[3]:

$$\alpha_1 = 1.27,\ \alpha_2 = 2.07,\ \alpha_3 = 0.18,\ \alpha_4 = 0.13 \text{ for square shape} \tag{7.17}$$

$$\alpha_1 = 1.07,\ \alpha_2 = 2.29,\ \alpha_3 = 0,\ \alpha_4 = 0.19 \text{ for octagonal shape.} \tag{7.18}$$

다른 실험식(empirical expression)은 다음과 같이 주어진다[3].

$$L = 1.62 \times 10^{-3} D_{out}^{-1.21} W^{-0.147} D_{avg}^{2.4} N^{1.78} S^{-0.03} \text{ for square shape} \tag{7.19}$$

$$L = 1.33 \times 10^{-3} D_{out}^{-1.21} W^{-0.163} D_{avg}^{2.43} N^{1.75} S^{-0.049} \text{ for octagonal shape.} \tag{7.20}$$

**정확도 고찰(Accuracy Considerations)** 위의 인덕턴스 공식은 다른 모양에 대해 다른 정확도 수준을 보인다. 예를 들어, 참고문헌[3]에서 수십 개의 인덕터에 대한 측정 결과는 식 (7.19)와 (7.20)이 20%의 인덕터에 대해서 8%의 오차를 유발하고, 50%의 인덕터에 대해 4%의 오차를 유발하는 것을 보여준다. 이제 우리는 이러한 의문을 갖게 된다: 인덕턴스 계산에서 얼마나 큰 오차가 허용 가능한 것인가? 이 책을 통해 관찰되고 그림 7.1(b)에서 보인 것처럼, 인덕터는 일반적으로 주변의 커패시턴스와 원하는 주파수에서 공진하게 된다. $\Delta L/L$의 작은 오차는 공진 주파수 $\omega_0$를 약 $\Delta L/(2L)$ 만큼 천이 시키고(왜?), 우리는 $\omega_0$의 허용 오차(tolerable error)를 결정해야만 한다.

증폭기와 발진기에 있어서 공진 주파수의 오차는 매우 중요하며, 특히 발진기에 있어서 더욱 그렇다. 8장에서 충분히 설명하겠지만, LC 발진기의 '튜닝 범위(tuning range)'와 다른 파라미터는 서로 팽팽한 절충관계에 있다. 튜닝 범위는 $\omega_0$의 오차를 포함해야만 하기 때문에, 오차가 커지면 더 넓은 튜닝 범위가 요구된다. 따라서 발진기의 다른 성능을 열화 시킨다. 실제적으로 고성능 LC 발진기의 튜닝 범위는 ±10% 넘는 경우가 없다. 커패시턴스와 인덕턴스 오차는 이 값 보다 작은 수 퍼센트 정도 이다. 따라서 기술된 인덕턴스 표현식은 발진기 설계에 요구되는 충분한 정확도를 제공하지 못할 수도 있다.

인덕턴스 공식과 관련된 또 다른 이슈는 제한된 모양에 대해서만 공식을 적용할 수 있다는 것이다. 그림 7.9에 보인 구조 중 몇 개에 대해서만 공식을 적용할 수 있다. 예를 들어, 그림 7.9(b)와 (c) 혹은 그림 7.9(f)의 나선의 병렬 조합의 경우 구조의 작은 차이가 수 퍼센트의 인덕턴스 오차를 유발할 수 있다.

또 다른 어려움은 인덕턴스 값이 (약하긴 하지만) 동작 주파수에 의존한다는 것이다. 문헌에서 보고된 대부분의 공식은 저주파수의 인덕턴스를 예측하고 있다. 이 의존성에 대해 7.2.6절에서 자세히 살펴보기로 한다.

**전자기장 시뮬레이션(Field Simulation)** 이러한 오차의 원인을 유념하고, 실제로 어떻게 인덕턴스를 계산할 수 있을까? 표준 구조들에 대한 위의 근사식으로 시작할 수 있지만, 궁극적으로 표준 및 비표준 구조에 대해 전자기장 시뮬레이션(field simulation)을 수행해야 한다. 전자기장 시뮬레이터는 정상상태(steady-state)에서 맥스웰 방정식(Maxwell's equations)을 풀기 위해 유한요소법(finite-element analysis)을 사용하고 주어진 주파수에서 전기적인 특성을 계산한다.

ASITIC(Analysis and Simulation of Spiral Inductors and Transformers)은 인덕터와 트랜스포머 해석을 위해 개발된 공개 전자기장 시뮬레이터(field simulator) 이다[4]. 이 툴(tool)은 주어진 구조를 해석하고 그 등가 회로 성분을 계산한다. 단순하고 효율적이지만 위의 공식들과 유사한 부정확도를 보인다[3, 5].[5]

공식과 ASITIC을 이용해 대략적인 값을 예측한 후에, 우리는 범용(versatile) 전자기장 시뮬레이터를 이용하여 구조를 분석해야만 한다. Agilent사의 'ADS'나 Sonnet Software사의 'Sonnet', 그리고 Ansoft사의 'HFSS'를 예로 들 수 있다. 흥미로운 것은, 이 시뮬레이터들이 부분적으로 다른 형태의 근사를 사용하기 때문에, 얻어진 결과값에 약간씩 차이가 있게 된다. 예를 들면, 어떤 시뮬레이터는 금속층의 두께(thickness)를 정확히 고려하지 않는다. 이러한 차이로 인해 RF 회로의 경우 첫 번째 제작에서 때때로 원하는 주파수를 얻지 못하게 되고, 미세 조정(slight adjustment)과 '반복 제작(silicon iteration)'을 필요로 한다. 이 문제를 해결하기 위해, 주의 깊게 측정되고 모델링된 인덕터 라이브러리(library)를 이용하면 되지만, 설계와 레이아웃(layout)의 유연성(flexibility)이 떨어지게 된다.

### 7.2.4 기생 커패시턴스 Parasitic Capacitances

평면 구조(planar structure)가 기판(substrate) 위에 만들어 지기 때문에, 나선형 인덕터는 기

5. 사실 식 (7.19)와 (7.20)은 ASITIC 시뮬레이션에 기반해 개발되었다.

생 커패시턴스로 어려움을 겪게 된다. 두 가지 형태를 살펴보기로 한다. (1) 인덕터를 형성하는 금속 도선은 기판에 대해 평행판(parallel-plate) 및 프린지(fringe) 커패시턴스를 보인다[그림 7.12(a)]. 만약 저항을 줄이기 위해 더 넓은 도선을 사용하면 평행판 성분이 증가한다. (2) 인접한 턴은 프린지 커패시턴스를 가지며, 등가적으로 각각의 세그먼트(segment)와 *병렬*(*parallel*)로 나타난다[그림 7.12(b)].

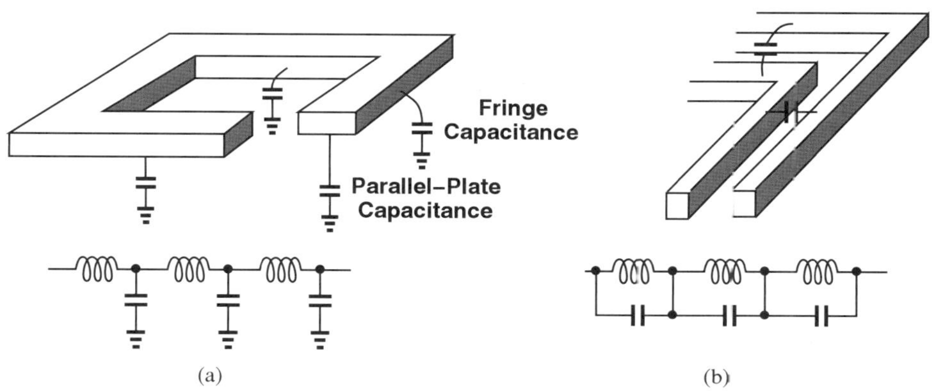


**그림 7.12** *인덕터의 (a) 바닥판(bottom-plate) 및 (b) 권선간(interwinding) 커패시턴스와 그 모델*

먼저 기판에 대한 커패시턴스의 효과를 살펴보자. 대부분의 회로에서 인덕터의 한쪽 단자는 ac 접지된다. 우리는 그림 7.13의 균일하게 분포된 등가 회로를 만들 수 있고, 여기서 각 세그먼트의 인덕턴스는 $L_u$이다. 우리의 목적은 이 네트워크(network)에 대한 *집중* 모델(*lumped* model)을 얻는 것이다. 해석을 단순화 하기위해 우리는 다음 두 가지 가정을 한다: (1) 두 개의 각 인덕터 세그먼트의 상호결합 계수 $M$이다: (2) 결합이 충분히 강해서 $M$은 $L_u$와 거의 동일한 것으로 가정할 수 있다. 이 가정은 검증되지 않았지만, 상대적으로 정확한 결과를 얻을 수 있다.

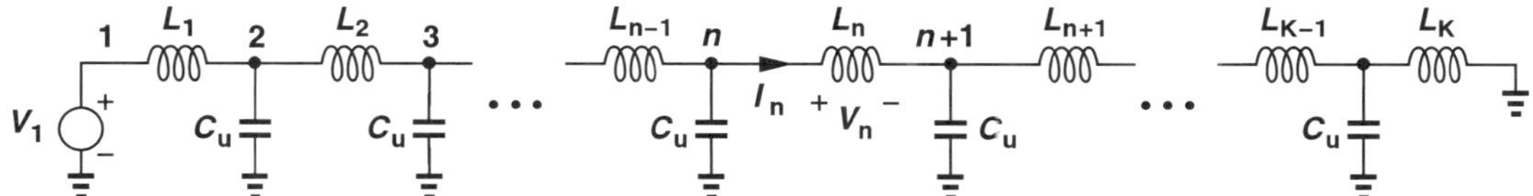


**그림 7.13** *접지에 대한 인덕터의 분포 커패시턴스(distributed capacitance) 모델*

각 인덕터 세그먼트에 걸리는 전압은 그 세그먼트를 통과하는 전류의 흐름과 다른 세그먼트를 통과하는 전류에 의해 발생한다. 즉,

$$V_n = j\omega L_n I_n + \sum_{m=1}^{n-1} j\omega I_m M + \sum_{m=n+1}^{K} j\omega I_m M. \tag{7.21}$$

만약 $M \approx L_u$이면,

$$V_n = j\omega \sum_{m=1}^{K} I_m L_m. \tag{7.22}$$

이 합은 $n$에 대해 독립적이므로, 모든 인덕터 세그먼트에 같은 전압이 걸리는 것을 알 수 있다[6]. 따라서 노드 $n$의 전압은 $(n/K)V_1$로 주어지며, 대응하는 노드 커패시턴스에 저장되는 전기 에너지(electric energy)는 다음과 같다.

$$E_u = \frac{1}{2} C_u \left(\frac{n}{K}\right)^2 V_1^2. \tag{7.23}$$

모든 단위(unit) 커패시터에 저장된 에너지를 더하면,

$$E_{tot} = \frac{1}{2} C_u \sum_{n=1}^{K} \left(\frac{n}{K}\right)^2 V_1^2 \tag{7.24}$$

$$= \frac{1}{2} C_u \frac{(K+1)(2K+1)}{6K} V_1^2. \tag{7.25}$$

만약 $K \rightarrow \infty$이고 $C_u \rightarrow 0$이면, 전체 도선의 커패시턴스($C_{tot}$)는 $KC_u$가 되고[6],

$$E_{tot} = \frac{1}{2} \frac{C_{tot}}{3} V_1^2, \tag{7.26}$$

(만약 한쪽 끝이 접지되어 있다면) 등가 나선의 집중 커패시턴스가 $C_{tot}/3$으로 주어지는 것을 알 수 있다.

이제 권선간(turn-to-turn, interwinding) 커패시턴스를 살펴보자. 그림 7.14에 보인 모델 ($C_1 = C_2 = \cdots = C_K = C_F$)을 이용하면, 식 (7.22)가 여전히 커패시턴스에 독립적으로 적용될 수 있음을 알 수 있다. 따라서 각각의 커패시턴스에 $V_1/K$의 전압이 걸리며 다음의 전기 에너지를 저장한다.

$$E_u = \frac{1}{2} C_F \left(\frac{1}{K} V_1\right)^2. \tag{7.27}$$

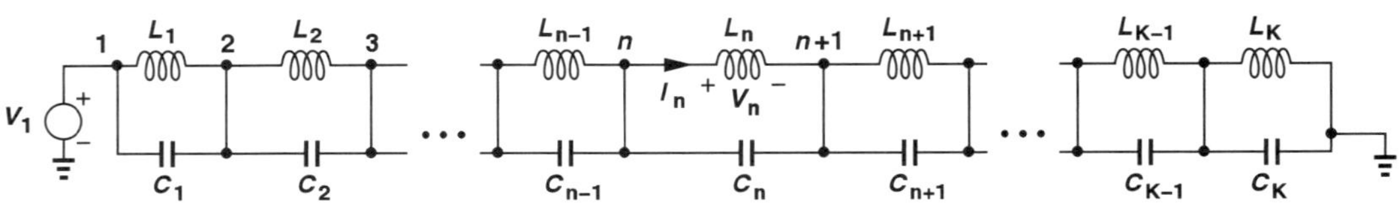


**그림 7.14** *인덕터의 권선간(turn-to-turn) 커패시턴스 모델*

저장된 전체 에너지는 다음과 같이 주어진다.

$$E_{tot} = KE_u \tag{7.28}$$

$$= \frac{1}{2K} C_F V_1^2. \tag{7.29}$$

흥미로운 것은, $K \rightarrow \infty$이고 $C_u \rightarrow 0$일 때, $E_{tot}$이 영으로 떨어진다는 것이다. 이것은 많은 수의 턴(turn)에 대해, 인접 턴과의 전압(potential) 차이가 매우 적게 되고, 결과적으로 $C_F$에 저장되는 전기 에너지가 적어지는 것으로 설명될 수 있다.

실제로 우리는 유한한 턴수(number of turns)에 대한 등가 커패시턴스를 계산하기 위해 식 (7.29)을 사용할 수 있다. 다음 예제는 이 점을 잘 설명하고 있다.

**예제 7.6** RF Microelecronics

그림 7.15(a)의 3-턴 나선의 등가 권선간(turn-to-turn) 커패시턴스를 계산하라.

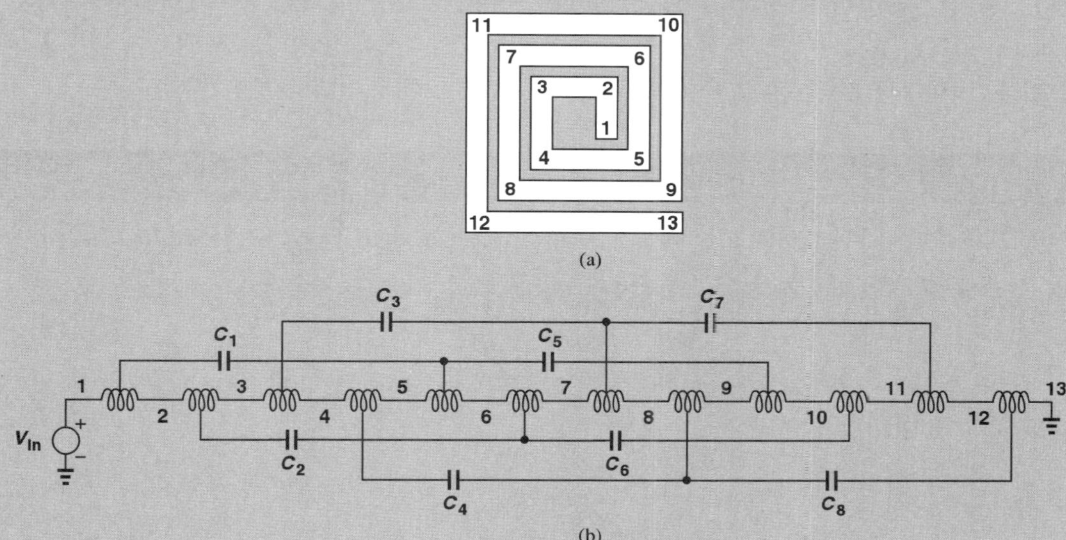


**그림 7.15** *(a) 권선간(turn-to-turn) 커패시턴스 계산을 위한 나선형 인덕터, (b) 회로모델*

**풀이:**

정확한 계산을 위해 구조를 '풀어서(unwind)' 각 턴의 각 다리(leg)를 인덕턴스로 모델링하고, 인접 다리 사이에 커패시턴스를 배치해야 한다[그림 7.15(b)]. 이 모델은 다리의 길이가 다르기 때문에, 동일하지 않은 인덕턴스와 커패시턴스를 수반하며 분석을 어렵게 만든다. *균일하게 분포된(uniformly-distributed)* 모델을 만들기 위해 $C_j$를 $C_1, \ldots, C_8$의 평균값으로, $L_j$를

(*계속*)

**예제 7.6** *(계속)* RF Microelecronics

전체 인덕턴스를 12로 나눈 값으로 선택한다. 따라서 식 (7.29)를 적용하면,

$$C_{eq} = \frac{1}{K}C_F \tag{7.30}$$

$$= \frac{1}{8}\frac{C_1 + \cdots + C_8}{8} \tag{7.31}$$

$$= \frac{C_1 + \cdots + C_8}{64}. \tag{7.32}$$

일반적으로 $N$-턴 나선에 대해서,

$$C_{eq} = \frac{C_1 + \cdots + C_{N^2-1}}{(N^2-1)^2}. \tag{7.33}$$

인덕터가 자신의 커패시턴스와 공진하는 주파수를 '자기 공진 주파수(self-resonance frequency)' ($f_{SR}$)라고 한다. 본질적으로 $f_{SR}$ 이상의 주파수에서 인덕터는 커패시터의 특성을 보인다. 이런 이유로 $f_{SR}$은 주어진 인덕터가 동작할 수 있는 최대 주파수가 된다.

**예제 7.7** RF Microelecronics

직렬 저항 $R_S$를 가진 인덕터 $L$에 대해 임피던스(impedance) $Z_1$의 $Q$는 $Q = L\omega/R_S$와 유사하게 다음과 같이 정의된다.

$$Q = \frac{Im\{Z_1\}}{Re\{Z_1\}}. \tag{7.34}$$

그림 7.16(a)의 병렬 인덕터 모델의 $Q$를 계산하라.

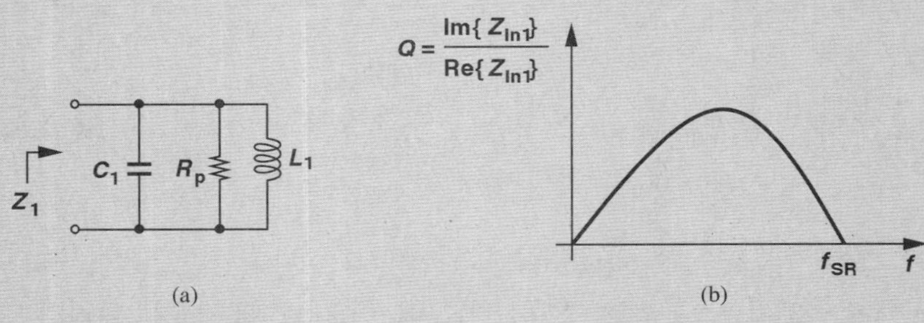


**그림 7.16** *(a) 단순 탱크(tank)와 (b) Q에 대한 한 정의(definition)의 거동*

**풀이:**

임피던스를 계산하면 다음과 같다.

**예제 7.7** *(계속)* RF Microelecronics

$$Z_1(s) = \frac{R_p L_1 s}{R_p L_1 C_1 s^2 + L_1 s + R_p}. \tag{7.35}$$

$s = j\omega$에서,

$$Z_1(j\omega) = \frac{[R_p(1 - L_1 C_1 \omega^2) - jL_1\omega] jR_p L_1 \omega}{R_p^2 (1 - L_1 C_1 \omega^2)^2 + L_1^2 \omega^2}. \tag{7.36}$$

따라서,

$$Q = \frac{R_p(1 - L_1 C_1 \omega^2)}{L_1 \omega} \tag{7.37}$$

$$= \frac{R_p}{L_1 \omega}\left(1 - \frac{\omega^2}{\omega_{SR}^2}\right), \tag{7.38}$$

여기서 $\omega_{SR} = 2\pi f_{SR} = 1/\sqrt{L_1 C_1}$ 이다. 주파수가 $\omega_{SR}$에 비해 많이 낮을 때 $Q \approx R_p/(L_1\omega)$가 되고, 2장의 정의와 일치하게 된다. 한편, 주파수가 $f_{SR}$에 접근하면서, 마치 탱크(tank)가 소용없는 것처럼 $Q$는 0으로 떨어지게 된다[그림 7.16(b)]. 이 정의는 (트랜지스터 등의 추가적인 커패시턴스를 포함한) 일반적인 임피던스는 공진 주파수에서 $Q$가 영이 됨을 암시한다. 물론 그림 7.16(a)의 탱크는 $Q$가 영이 아니라 $R_p/(L_1\omega_{SR})$가 되면서 $f_{SR}$에서 단순히 $R_p$가 된다. 공진 주파수 근처에서 이런 의미 없는 거동으로 식 (7.34)의 $Q$의 정의는 회로 설계와 무관하게 된다. 7.2.6절에서 이 문제를 다시 살펴보기로 한다.

**예제 7.8** RF Microelecronics

$L_1$ = 임피던스$/\omega$ = $(L_1\omega)/\omega$와 유사하게 구조의 등가 인덕턴스는 때때로 $Im\{Z_1(j\omega)\}/\omega$로 정의된다. 그림 7.16(a)의 병렬 탱크에 대해 주파수의 함수로 인덕턴스의 정의를 검토하라.

**풀이:**

식 (7.36)으로부터,

$$\frac{Im\{Z_1(j\omega)\}}{\omega} = \frac{R_p^2 L_1 (1 - L_1 C_1 \omega^2)}{R_p^2 (1 - L_1 C_1 \omega^2)^2 + L_1^2 \omega^2}. \tag{7.39}$$

이 표현식은 $f_{SR}$보다 충분히 낮은 주파수에서 $L_1$으로 근사되고, 공진 주파수에서는 영으로 떨

*(계속)*

**예제 7.8** (*계속*) RF Microelecronics

어진다! 그러나 실제의 인덕턴스는 주파수에 따라 단지 약간 변하게 된다. 따라서 인덕턴스의 정의는 무의미하다. 그럼에도 불구하고 이 값은 저주파수에서 인덕턴스를 예측하는데 도움을 준다.

## 7.2.5 손실 메커니즘 Loss Mechanism

인덕터의 $Q$-팩터는 다양한 RF 회로에서 중요한 역할을 한다. 예를 들어, 발진기의 위상 잡음은 $1/Q^2$에 비례하고(8장), '동조 증폭기(tuned amplifier)'[예를 들어, 그림 7.1(b)의 CS 단]의 전압 이득은 $Q$에 비례하게 된다. 일반적인 CMOS 공정에서 5 GHz 이상의 주파수에 대해 $Q$가 5이면 보통이고, $Q$가 10이면 높은 것으로 받아들여진다.

우리는 7.2.6절에서 $Q$를 정확히 정의한다. 그러나 당장은 $Q$를 인덕터에 정현파(sinusoidal) 전류가 흐를 때 얼마나 많은 에너지 *손실(lost)*이 발생하는지 나타내는 척도(measure)로 이해하기로 한다. *저항성* 요소만이 에너지를 소모(dissipation)하기 때문에, 인덕터의 손실 메커니즘은 인덕터에 전류가 흐를 때 구조물 안이나 주변의 다양한 저항에 발생하는 전류와 관련되어 있다.

이 절에서 우리는 인덕터의 손실 메커니즘을 검토한다. 앞으로 살펴보겠지만, 손실을 해석적으로 모델링하는 것은 쉽지 않다; 따라서 우리는 시뮬레이션과 측정에 의존해야 한다. 그럼에도 불구하고 손실 메커니즘에 대한 이해는 인덕터 모델링과 설계에 관한 지침(guideline)을 개발하는 데 도움이 된다.

**금속 저항(Metal Resistance)** 인덕터를 구성하는 금속 도선이 직렬 저항 $R_S$(그림 7.17)를 가진다고 가정하자. $Q$는 원하는 임피던스 $L_1\omega_0$와 원하지 않는 임피던스 $R_S$의 비로 다음과 같이 정의될 수 있다:

$$Q = \frac{L_1\omega_0}{R_S}. \tag{7.40}$$

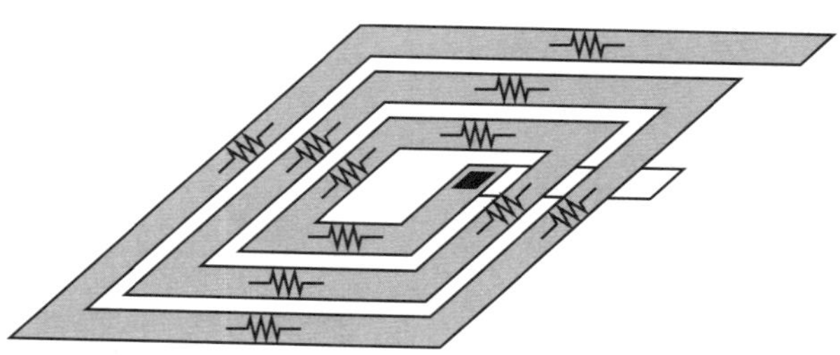

**그림 7.17** *나선형 인덕터의 금속 저항*

예를 들어, 5 GHz에서 동작하는 $R_S$가 15.7 Ω인 5-nH 인덕터의 $Q$는 10이 된다.

**예제 7.9** RF Microelecronics

면저항(sheet resistance)이 22 mΩ/□인 금속에 대해 $W$ = 4 μm, $S$ = 0.5 μm를 가정하면, 위의 값들이 구현 가능한지(feasible) 결정하라.

**풀이:**

7.2.3절의 추정으로부터, $N$ = 5턴이고 $S$ = 0.5 μm인 길이 2000-μm에 폭 4-μm의 도선은 약 4.96 nH의 인덕턴스를 가진다. 도선은 2000/4 = 500스퀘어(square)로 구성되며, 500 × 22 mΩ/□ = 11 Ω을 갖게 된다. 따라서 5 GHz에서 $Q$값 10은 구현 가능하다.

하지만 위 예제는 낙관적인 관점에서 결과를 예측하고 있다: $Q$는 (저주파수의) 직렬 저항뿐만 아니라, 몇몇 다른 메커니즘에 의해 제한된다. 즉 전체 $Q$는 10에 크게 못 미칠 수 있다. 경험 법칙(rule of thumb)에 따라, 우리는 다른 메커니즘에 의해 $Q$가 반으로 줄어드는 것을 고려하여, 저주파수 금속 저항에 의한 $Q$가 원하는 값의 약 *두 배*가 되도록 인덕터를 설계한다.

주어진 인덕턴스에 대해서 어떻게 금속 dc 저항을 줄일 수 있을까? 7.2.3절에 설명되어 있는 대로 금속 도선의 전체 길이와 인덕턴스는 밀접하게 연결되어 있다. 즉 $W$와 $S$, 선 길이가 주어졌을 때, 인덕턴스는 $N$에 대해 약한 의존성을 갖는다. 따라서 $W$와 $S$가 주어지면, 원하는 인덕턴스 값은 N의 선택에 거의 상관없이 일정 길이와 dc 저항으로 변환된다. 그림 7.18은 $N$ = 2 ~ 6, $W$ = 4 μm, $S$ = 0.5 μm을 갖는 5-nH 인덕터의 도선 저항을 도시하고 있다. 그림 7.11의 편평 효과(flattening effect)와 유사하게 $N$ > 3에 대해 $R_S$는 비교적 일정한 값을 갖는다.

이상의 논의에서 $D_{out}$, $S$, $N$, $W$ 중에서 $W$가 저항에 큰 영향을 미치는 유일한 파라미터임

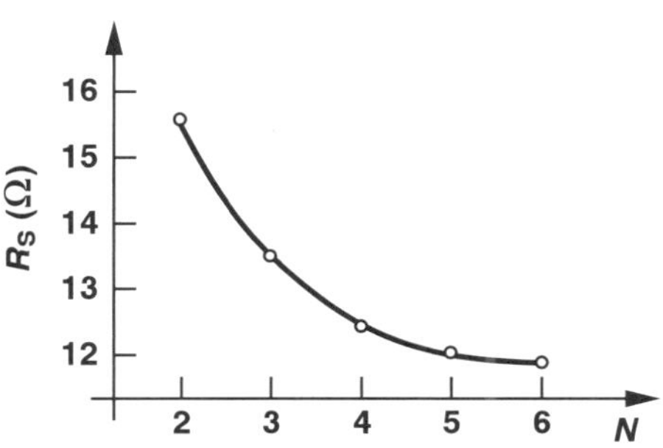


**그림 7.18** *턴수에 따른 인덕터 금속 저항의 변화*

을 알 수 있다. 물론 더 넓은 금속 도선은 적은 저항을 갖지만 기판에 대해 더 큰 커패시턴스를 가지게 된다. 따라서 나선형 인덕터의 $Q$와 기생 커패시턴스는 절충관계에 있다. 이 커패시턴스에 의해 유발되는 회로 설계의 한계점을 5장과 8장에서 자세히 살펴보기로 한다.

예제 7.3에서 설명한 대로 만약 $S$, $D_{out}$, $N$이 일정하다면 넓은 금속 도선이 더 *작은* 인덕턴스 값을 가진다. 바꿔 말하면, W가 증가하면서 동일한 인덕턴스 값을 유지하기 위해 $D_{out}$(혹은 $N$)의 증가를 피할 수 없고, 따라서 길이가 증가되어 도선 폭의 증가에 의한 저항의 감소 효과가 상쇄된다. 이 효과를 보이기 위해, 주어진 (동일한) 인덕턴스에 대해 다른 선폭을 가지는 나선형 인덕터를 설계한 후 그 저항을 검토해 볼 수 있다. 그림 7.19는 턴수가 4 혹은 5인 2-nH 인덕터의 $W$에 따른 $R_S$를 그린 것이다. $W$가 3 μm에서 5 μm으로 증가하면서 $R_S$가 급격히 감소하는 것을 관찰할 수 있다. 바꿔 말하면, 이 예제에서 $W > 5$ μm를 선택하는 것은 저항을 줄이는데 거의 도움을 주지 못하고, 기생 커패시턴스가 비례해서 증가하게 된다.

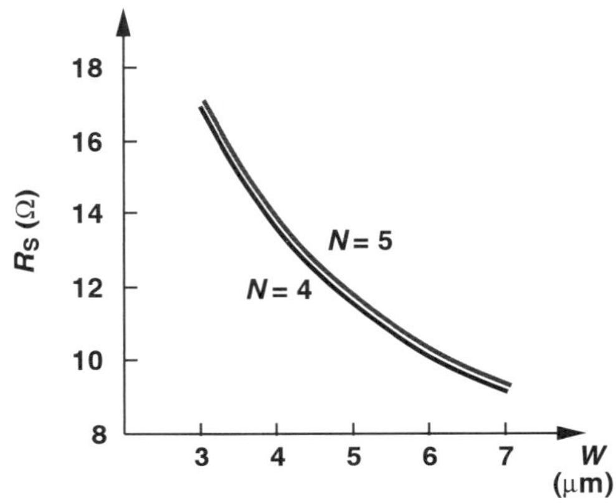


**그림 7.19** *다른 턴수를 가지는 인덕터의 선폭에 따른 금속 저항*

요약하면, 주어진 인덕턴스 값에 대해서 $N$의 선택은 $R_S$에 거의 영향을 주지 않는다. 그리고 어느 정도 까지 $W$가 커지면 $R_S$가 감소하지만, 커패시턴스가 증가하게 된다. 다음 예제는 *낮은* 주파수에서 이러한 한계를 잘 보여준다.

## 예제 7.10

RF Microelecronics

900-MHz GSM 시스템을 위한 인덕터를 설계하려고 한다. 예제 7.9에서 고려된 5-nH 구조는 이 응용에 적합한가? 어떤 다른 선택이 가능한가?

**풀이:**

$Q = L_1\omega_0/R_S$이므로 주파수가 5 GHz에서 900 MHz로 감소한다면 $Q$는 10에서 1.8로 감소된

**예제 7.10** (*계속*) RF Microelecronics

다.[6] 따라서 5 nH는 900-MHz 응용에 적합하지 않다.

$Q = L_1\omega_0/R_S$에서 $L_1$이 $R_S$에 비해 더 빠르게 증가한다는 가정 하에 인덕턴스를 증가시켜 보자. 실제로 식 (7.15)에서 $L_1 \propto l_{tot}^{5/3}$인 반면에 $R_S \propto l_{tot}$이다. 예를 들어, $l_{tot}$ = 8 mm, $N$ = 10, $W$ = 6 μm, $S$ = 0.5 μm인 경우, 식 (7.15)에 의해 $L \approx$ 35 nH가 된다. 22 mΩ/□의 면저항에 대해 $R_S$ = (8000 μm/6 μm) × 22 mΩ/□ = 29.3 Ω이다. 따라서 900 MHz에서 (dc 저항에 의해) $Q$는 6.75에 달하게 된다. 그러나 이 구조가 더 큰 면적을 차지하는 것에 유의해야 한다. 독자들은 나선의 외부 치수(outer dimension)가 약 265 μm임을 쉽게 보일 수 있다.

도선 저항을 줄이기 위한 또 다른 방법은, 그림 7.9(f)와 같이 두 개 혹은 그 이상의 금속층을 병렬로 배치하는 것이다. 예를 들어, 일반적으로 금속-7과 금속-8은 금속-9 두께의 반 정도 이므로 금속-7과 금속-8의 나선을 금속-9 구조와 합해서 저항을 거의 반으로 줄일 수 있다. 그러나 금속-7이 기판에 더 근접 하면서 기생 커패시턴스가 다소 증가하게 된다.

**예제 7.11** RF Microelecronics

한 학생이 $m$개의 인덕터를 병렬로 연결하면, 인덕턴스는 1/m로 *감소*하지만, 저항은 그 만큼 감소하지 않기 때문으로 실제로 $Q$가 감소한다고 추론 하였다. 이 추론의 오류를 설명하라.

**풀이:**

나선 사이의 수직 간격이 수평 치수에 비해 훨씬 작기 때문에, 두 개의 인덕터 사이에 강한 상호결합이 발생하게 된다(그림 7.20). 만약 $L_1 = L_2 = L_3 = L$이고 $M \approx L$이면, 전체 인덕턴스는 $L$이 된다(왜?).

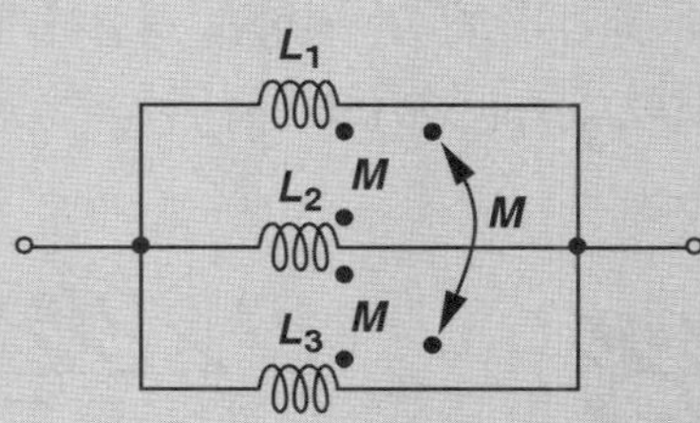


**그림 7.20** *강하게 결합된 인덕터의 병렬연결 효과*

단층(single layer) 금속 도선의 폭을 증가시키는 것과 다층(multiple layers)을 병렬로 배치하는 것 중 어느 것이 더 바람직한 저항-커패시턴스 사이의 절충관계를 보일까? 우리는 후

6. 실제의 $Q$는 다른 손실 때문에 더 낮을 수 있다.

자라고 추측할 수 있다. 만약 $W$가 두 배가 되면 단일 나선의 커패시턴스 증가는 적어도 두 배가 된다. 그러나 금속-7과 금속-8 구조가 금속-9와 병렬로 배치되면 커패시턴스는 50%만 증가하게 된다. 예를 들어, 금속-9-기판과 금속-7-기판의 커패시턴스는 각각 약 4 aF/$\mu$m$^2$와 6aF/$\mu$m$^2$가 된다. 다음 예제는 이 사실을 잘 보여준다.

### 예제 7.12

RF Microelecronics

금속-7, 8, 9를 병렬로 사용하여 $W = 3\ \mu$m, $S = 0.5\ \mu$m, $N = 10$인 예제 7.10의 인덕터를 설계하라.

**풀이:**

$W$가 6 μm에서 3 μm으로 감소되었기 때문에 식 (7.15) 분모의 $(W + S)^{0.25}$항은 1.17배 만큼 줄어들고, $L \approx 35$ nH를 얻기 위해 분자의 $l_{tot}^{5/3}$도 비슷한 비율로 줄어들어야 한다. 반복계산(iteration)을 통해 $l_{tot} \approx 6800\ \mu$m을 얻을 수 있다. 폭이 좁은 금속 도선은 더 조밀하게 배치될 수 있기 때문에 길이와 외부 치수는 더 작게 된다. 세 개의 금속층을 병렬로 배치할 경우 면저항을 약 11 mΩ /□로 가정하면 $R_S = 25\ \Omega$이 되고, $Q$는 (dc 저항 때문에) 7.9가 된다. 따라서 병렬 조합에서 더 높은 $Q$를 얻을 수 있다.

예제 7.10의 금속-9 나선과 이 다층 구조의 커패시턴스를 비교해 보는 것은 유익하다. 전자는 전체 금속 면적이 $l_{tot} \cdot W = 48{,}000\ \mu\text{m}^2$이고, 커패시턴스는 $(4\ \text{aF}/\mu\text{m}^2) \times 48{,}000\ \mu\text{m}^2 = 192$ fF가 된다.[7] 후자는 면적이 20,400 μm$^2$이고, 커패시턴스는 122.4 fF가 된다.

**표피 효과(Skin Effect)** 도체를 통과하는 고주파 전류는 표면으로 흐르는 성질이 있다. 만약 전체 전류를 많은 병렬 전류 요소(component)의 합으로 본다면, 각 요소는 서로 밀치며 사이의 거리를 최대로 만들기 위해 멀어지게 된다. 그림 7.21은 이러한 경향을 도시하고 있다. 작은 단면적을 통해 흐르는 고주파 전류는 더 큰 저항을 경험하게 된다. 실제 전류 분포는 도체 표면에서 안쪽으로 가면서 $J(s) = J_0 \exp(-x/\delta)$의 지수 함수적 감쇠를 보인다. 여기서 $J_0$는 표

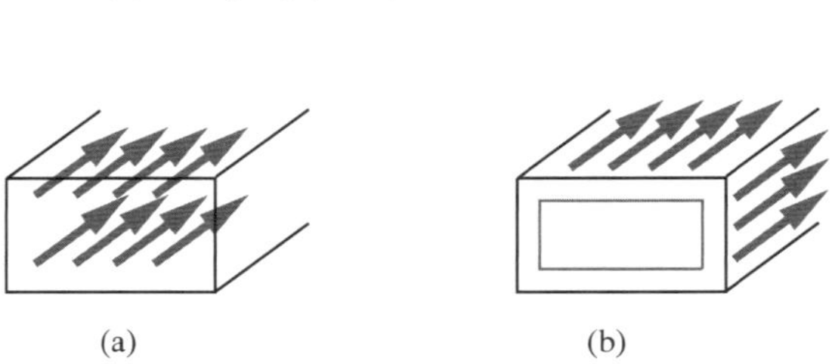

(a) (b)

**그림 7.21** *(a) 저주파와 (b) 고주파에서 전류 분포(current distribution)*

7. 인덕터의 등가(lumped) 커패시턴스는 이 값보다 작다(7.2.4절)

면의 전류밀도(A/m$^2$), $\delta$는 '표피 깊이(skin depth)'이다. $\delta$는 다음과 같이 주어진다.

$$\delta = \frac{1}{\sqrt{\pi f \mu \sigma}}, \tag{7.41}$$

$f$는 주파수, $\mu$는 투자율(permeability), $\sigma$는 전도도(conductivity)이다. 예를 들어, 알루미늄(aluminum)의 경우 10 GHz에서 $\delta \approx 1.4\,\mu\text{m}$이다. 표피 효과에 의한 부가 저항(extra resistance)은 다음과 같다.

$$R_{skin} = \frac{1}{\sigma\delta}. \tag{7.42}$$

평행 나선에서 만약 표피 깊이가 금속 도선 두께의 *합* 보다 크다면 이 저항을 줄일 수 있다.

나선형 인덕터에서, 인접 턴의 근접(proximity)은 복잡한 전류 분포를 유발하게 된다. 그림 7.22(a)에서 보인 것처럼 전류는 도선의 가장자리(edge) 근처에 집중하게 된다. 이 '전류 밀집(current crowding)' 효과를 이해하기 위해, 그림 7.22(b)의 각 턴에 전류 $I(t)$가 흐르는 좀 더 자세한 다이어그램을 고려해 보자[7, 8]. 한 턴의 전류는 시간에 따라 변하는 자기장 $B$를 생성하고, 다른 턴을 통과하며 전류 루프(loop)를 발생시킨다.[8] '와류 전류(eddy current)'로 불리는 이 성분은 도선의 한쪽 가장자리에서 $I(t)$에 *더해지고*, 다른 쪽 가장자리에서는 *빼지게* 된다. 유기된(induced) 전압은 주파수에 따라 증가하기 때문에 와류 전류와 불균일한 전류의 분포는 고주파수에서 더 두드러지게 나타난다.

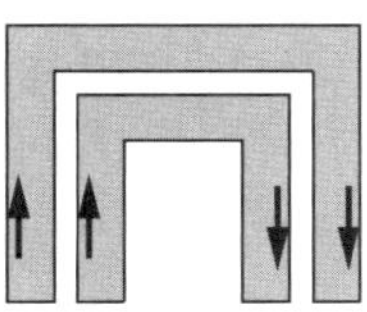

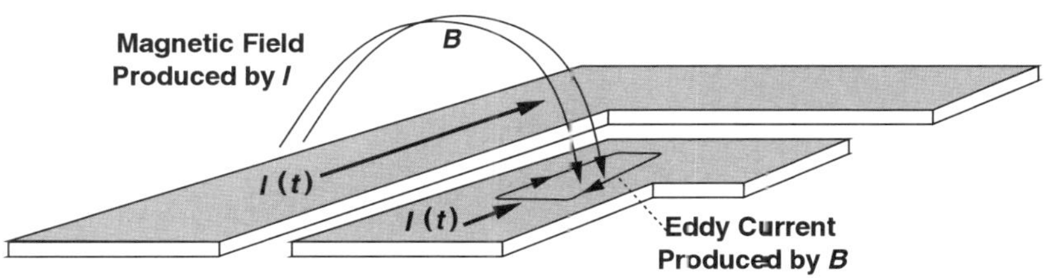


(a) (b)

**그림 7.22** *(a) 인접 턴의 전류 분포, (b) (a)의 상세 다이어그램*

이러한 관찰에 기반해, 나선형 인덕터의 저항에 대한 식은 참고문헌[7, 8]에서 다음과 같이 유도된다:

$$R_{\text{eff}} \approx R_0 \left[ 1 + \frac{1}{10} \left( \frac{f}{f_{crit}} \right)^2 \right], \tag{7.43}$$

8. 패러데이 법칙(Faraday's law)은 도체 회로에 유기된 전압은 자기장의 시간에 따른 변화에 비례한다고 기술한다.

$R_0$는 dc 저항이며, 주파수 $f_{crit}$는 전류 밀집이 시작되는 주파수로 다음과 같이 주어진다.

$$f_{crit} \approx \frac{3.1}{2\pi\mu}\frac{W+S}{W^2}R_{\square}. \tag{7.44}$$

이 식에서 $R_{\square}$는 금속의 dc 면저항을 나타낸다.

**예제 7.13** RF Microelecronics

900 MHz에서 예제 7.9와 7.12에서 학습한 30-nH 인덕터의 직렬 저항을 계산하라. $\mu = 4\pi \times 10^{-7}$ H/m를 가정하라.

**풀이:**

단층 나선에 대해서 $R_{\square} = 22$ m$\Omega/\square$, $W = 6$μm, $S = 0.5$μm이며 $f_{crit} = 1.56$ GHz가 된다. 따라서 $R_{eff} = 1.03R_0 = 30.3\ \Omega$이 된다. 다층 나선에 대해서 $R_{\square} = 11$ m$\Omega/\square$, $W = 3$ μm, $S = 0.5$ μm이고 $f_{crit} = 1.68$ GHz가 된다. 따라서 $R_{eff} = 1.03R_0 = 26\ \Omega$이 된다.

전류 밀집은 또한 나선 기하구조(geometry)의 인덕턴스와 커패시턴스를 변화시킨다. 전류가 도선의 가장자리로 밀리기 때문에 각 턴의 등가 직경이 경미하게 변하게 되어, 고주파수 인덕턴스 값은 저주파수 값과 차이가 나게 된다. 마찬가지로 그림 7.23(a)에 보인 것처럼, 만약 전류가 도체의 가장자리(edge) 근처로 흐르면 가운데 부분이 '제거(carved out)'되어도 전류와 전압이 변하지 않기 때문에, 이 부분의 커패시턴스 $C_m$은 중요하지 않다는 것을 의미한다. 다른 관점에서 $C_m$은 변위 전류(displacement current)가 흐를 때에만 뚜렷하게 나타나고, 가운데 부분에 전류가 흐르지 않는다면 나타날 수 없다. 이 관찰에 기반해 참고문헌[7, 8]은 전체 커패시턴스 $C_{tot}$를 도선 저항에 반비례하도록 근사한다:

$$C_{tot} \approx \frac{R_0}{R_{\rm eff}}C_0, \tag{7.45}$$

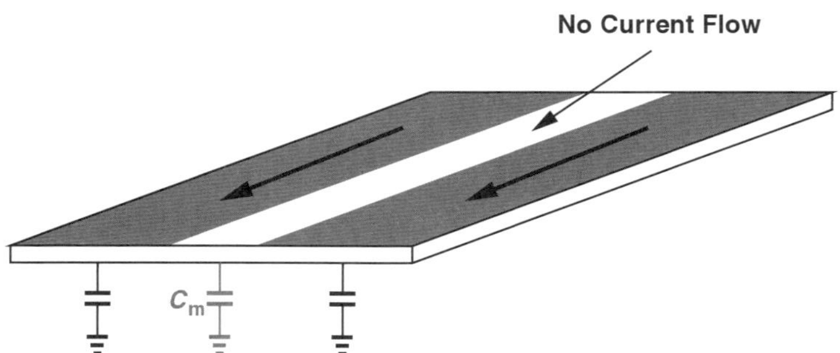


**그림 7.23** *전류 밀집(current crowding)에 의한 기판에 대한 커패시턴스의 감소*

여기서 $C_0$는 저주파수 커패시턴스이다.

**기판에 대한 용량성 결합(Capacitive Coupling to Substrate)** 우리는 나선이 기판에 대해 커패시턴스를 보이는 것을 학습하였다. 나선에서 각 지점의 전압이 시간에 따라 변하면서 커패시턴스와 기판을 통해 흐르는 변위 전류(displacement current)가 생성된다(그림 7.24). 기판의 저항이 영 혹은 무한대가 아니기 때문에, 이 전류의 흐름은 각 동작 주기에서 손실로 변환 되고 $Q$를 감소시킨다.

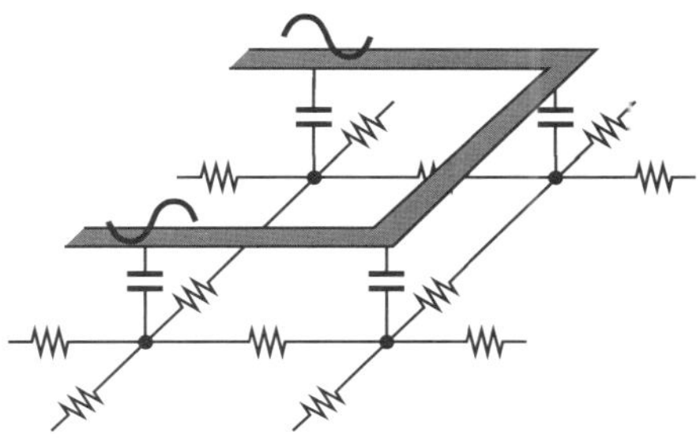

**그림 7.24** *용량성 결합(capacitive coupling)에 의한 기판 손실(substrate loss)*

**예제 7.14** RF Microelecronics

나선형 인덕터의 분포 모델(distributed model)을 사용해 기판에서 손실된 전력을 예측하라.

**풀이:**

구조물은 그림 7.25(a)와 같이 $K$ 개의 섹션(section)으로 모델링 될 수 있다. 여기서 각 섹션은 $L_{tot}/K$의 인덕턴스와 $C_{tot}/K$의 커패시턴스와 $KR_{sub}$의 기판 저항을 갖는다. (여기서 다른 손실 메커니즘은 무시 되었다.) $KR_{sub}$의 계수 $K$는 다음과 같이 설명될 수 있다: 주어진 인덕터 기하구조에 대해서 $K$를 증가시키면(즉 분포 모델이 실제 구조에 가까워지면), 각 섹션은 나선의 기판을 바라보는 더 작은 세그먼트와 더 작은 단면적을 표현하게 된다[그림 7.25(b)]. 결과적으로 등가 저항은 비례해서 증가한다.

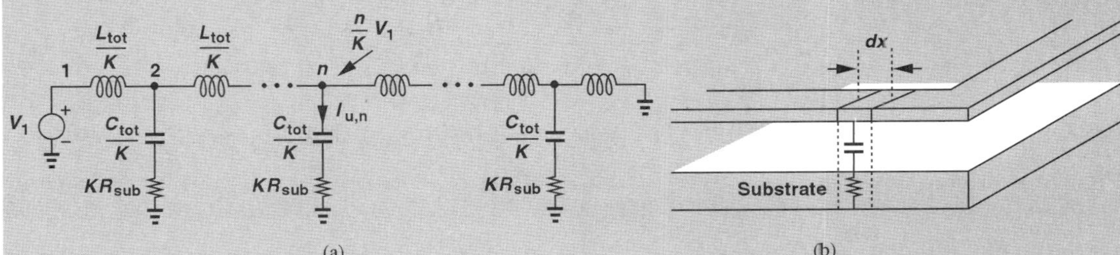


**그림 7.25** *(a) 기판에 대한 용량성 결합의 분포 모델, (b) 미소 섹션(infinitesimal section)의 다이어그램*

*(계속)*

**예제 7.14** (계속) RF Microelecronics

만약 우리가 모든 두 개의 인덕터 세그먼트 사이의 완벽한 결합을 가정한다면, 각각의 세그먼트에서 발생하는 전압 강하는 식 (7.22)로 주어진다:

$$V_u = \sum_{m=1}^{K} j\omega I_m L_m, \tag{7.46}$$

여기서 $I_m$은 세그먼트 $L_m$을 통과하는 전류를 나타낸다. 흥미로운 것은 균일한 분포의 가정으로 모든 세그먼트에 커패시턴스와 저항의 분포에 무관하게 동일한 전압이 걸린다는 것이다. 따라서 노드 $n$의 전압은 $(n/K)V_1$으로 주어지고, 해당하는 RC 분기를 통해 흐르는 전류는 다음과 같이 주어진다.

$$I_{u,n} = \frac{n}{K} \frac{V_1}{KR_{sub} + \left(j\dfrac{C_{tot}}{K}\omega\right)^{-1}}. \tag{7.47}$$

저항 $KR_{sub}$에서 손실되는 평균 전력은 $|I_{u,n}|^2 R_{sub}$이고, 나선의 전체 손실 전력은 다음과 같이 주어진다.

$$P_{tot} = \sum_{n=1}^{K} |I_{u,n}|^2 KR_{sub} \tag{7.48}$$

$$= \sum_{n=1}^{K} \frac{V_1^2 KR_{sub}}{K^2 R_{sub}^2 + \left(\dfrac{C_{tot}}{K}\omega\right)^{-2}} \frac{n^2}{K^2} \tag{7.49}$$

$$= \frac{V_1^2 KR_{sub}}{K^2 R_{sub}^2 + \left(\dfrac{C_{tot}}{K}\omega\right)^{-2}} \frac{K(K+1)(2K+1)}{6K^2}. \tag{7.50}$$

$K$가 무한대로 가면,

$$P_{tot} = \frac{V_1^2}{R_{sub}^2 + (C_{tot}^2\omega^2)^{-1}} \frac{R_{sub}}{3}. \tag{7.51}$$

예를 들어, $R_{sub}^2 \ll (C_{tot}^2\omega^2)^{-1}$이면 $P_{tot} \approx V_1^2 R_{sub} C_{tot}^2 \omega^2/3$이다. 반대로 $R_{sub}^2 \gg (C_{tot}^2\omega^2)^{-1}$이면 $P_{tot} \approx V_1^2/(3R_{sub})$가 된다.

우리는 앞의 예제에서 기판에 대한 용량성 결합에 의해 발생하는 전력 손실에 대한 직관(insight)을 얻을 수 있었다. 그러나 기판의 분포 모델은 정확하지 않다. 그림 7.26(a)에서 기

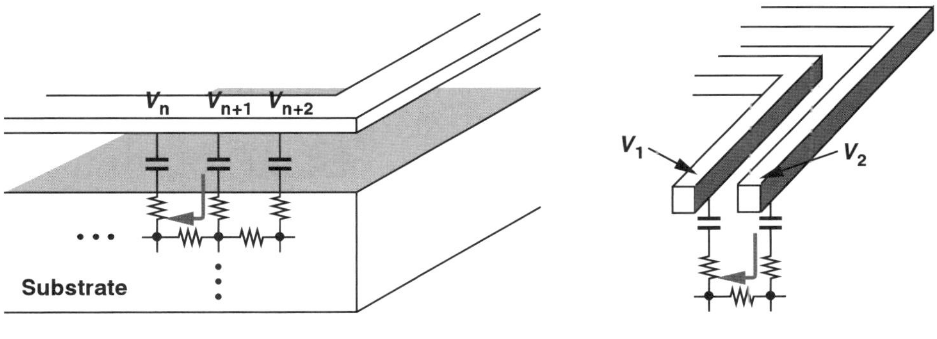


(a) (b)

**그림 7.26** *(a) 분기(branch) 아래와 (b) 두 분기 사이의 기판에 흐르는 측방향(lateral) 전류*

판의 접지에 대한 연결은 물리적으로 멀리 떨어져 있기 때문에, 변위 전류의 일부는 기판에서 *측방향(lateral)으로* 흐르게 된다. 그림 7.26(b)에서 전압차 $V_1 - V_2$가 그림 7.26(a)의 증분(incremental) 전압 강하 $V_{n+1} - V_n$ 보다 크기 때문에, 인접 턴 사이에서는 측방향 기판 전류가 더 뚜렷하게 나타난다[그림 7.26(b)]. 여기서 요점은 인덕터-기판의 상호작용은 3차원 모델을 이용하면 정확히 정량화 될 수 있지만, 실제로는 거의 사용되지 않는다는 것이다.

**기판에 대한 자기 결합(Magnetic Coupling to Substrate)** 기본적인 전자기 법칙(electromagnetic laws)의 도움으로, 하나의 인덕터에 대한 기판의 자기 결합(magnetic coupling)을 이해할 수 있다: (1) 암페어의 법칙(Ampere's law)에 의하면, 도체를 통과하는 전류는 도체 주변에 자기장을 만든다; (2) 페러데이의 법칙(Faraday's law)에 의하면, 시간에 대한 자기장의 변화가 전압을 유도하고, 전도성(conductive) 물질을 가로질러 전압이 나타나면 전류가 유도 된다; (3) 렌츠의 법칙(Lenz's law)에 의하면, 자기장에 의한 전류는 원래 자기장과 반대 방향의 자기장을 만든다.

암페어의 법칙과 페러데이의 법칙은 인덕터를 통과하는 시간에 따라 변하는 전류가 기판에 와류 전류(eddy current)를 생성하는 것을 잘 보여준다(그림 7.27). 렌츠의 법칙은 반대 방

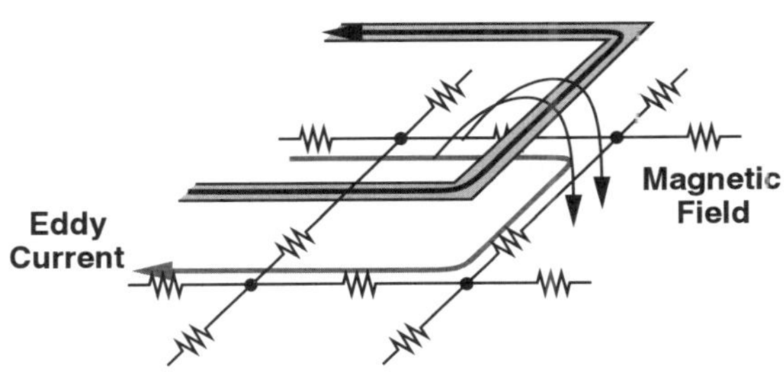


**그림 7.27** *기판에 대한 자기 결합(magnetic coupling)*

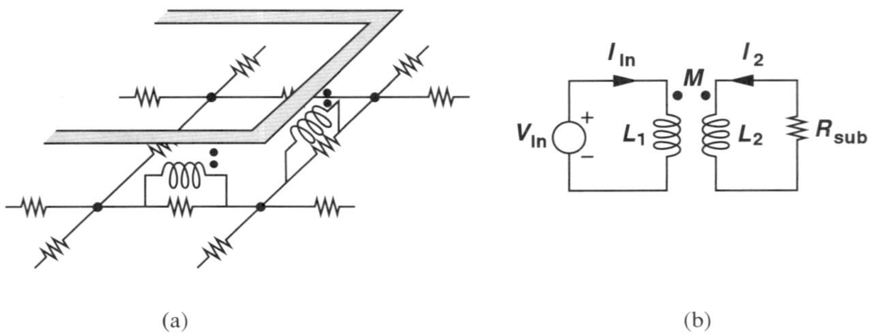


**그림 7.28** *(a) 트랜스포머에 의한 자기 결합(magnetic coupling) 모델링, (b) (a)의 집중 모델(lumped model)*

향의 전류 흐름을 암시한다. 물론 기판의 저항이 무한대라면 전류가 흐르지 않고 손실이 발생하지 않는다.

기판에 유도(induction)되는 와류 전류는 또한 트랜스포머 결합의 관점에서 볼 수 있다. 그림 7.28(a)에서 인덕터와 기판은 각각 1차와 2차 코일처럼 작용한다. 전체 시스템의 집중 모델(lumped model)은 그림 7.28(b)와 같고, 여기서 $L_1$은 나선, $M$은 자기 결합, $L_2$와 $R_{sub}$는 기판을 나타낸다. 모델은 다음 식을 따른다.

$$V_{in} = L_1 sI_{in} + MsI_2 \tag{7.52}$$

$$-R_{sub}I_2 = I_2L_2s + MsI_{in}. \tag{7.53}$$

따라서,

$$\frac{V_{in}}{I_{in}} = L_1s - \frac{M^2s^2}{R_{sub} + L_2s}. \tag{7.54}$$

$s = j\omega$에 대해서,

$$\frac{V_{in}}{I_{in}} = \frac{M^2\omega^2R_{sub}}{R_{sub}^2 + L_2^2\omega^2} + \left(L_1 - \frac{M^2\omega^2L_2}{R_{sub}^2 + L_2^2\omega^2}\right)j\omega, \tag{7.55}$$

$R_{sub}$가 $M^2\omega^2/(R_{sub}^2 + L_2^2\omega^2)$배로 변환되고, 인덕턴스가 $M^2\omega^2L_2/(R_{sub}^2 + L_2^2\omega^2)$ 만큼 감소한다.

**예제 7.15** RF Microelecronics

한 학생이 나선 아래에 접지된 도체판(grounded conductive plate)을 두면 기판(substrate)에 대한 전기적(electric) 결합과 자기적(magnetic) 결합이 제거된다는 결론을 내렸다(그림 7.29). 이 접근방식(approach)의 장점과 단점을 설명하라.

## 예제 7.15 (계속)

RF Microelecronics

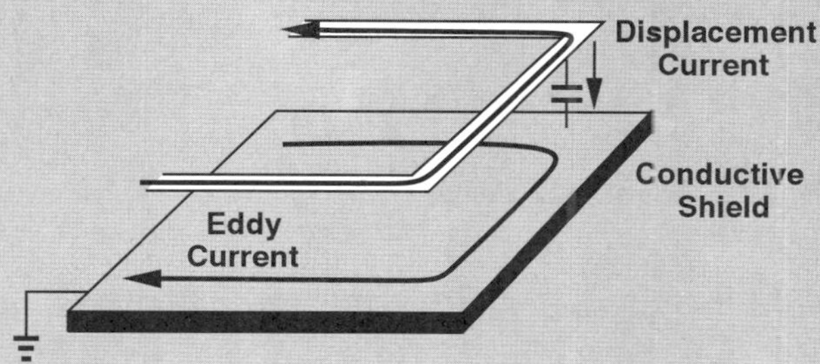


**그림 7.29** *연속된 차폐판(continuous shield)을 갖는 인덕터*

**풀이:**

이 방법은 실제로 변위 전류(displacement current)와 와류 전류(eddy current)가 바라보는 경로(path) 저항을 감소시킨다. 그러나 식 (7.55)는 $R_{sub}$와 함께 등가 인덕턴스가 감소하는 것을 보여준다. $R_{sub} = 0$에 대해서,

$$L_{eq} = L_1 - \frac{M^2}{L_2}. \tag{7.56}$$

나선과 도체판 사이의 수직 간격($\approx 5\ \mu$m)은 수평 치수에 비해 훨씬 작기 때문에 $M \approx L_2 \approx L_1$이 되고, $L_{eq}$는 매우 작은 값이 된다. 바꿔 말하면, 기판의 손실은 감소되었지만 등가 인덕턴스가 크게 감소하여, 나선의 저항에 의해 $Q$는 여전히 낮게 된다.

식 (7.54)에 대해, 몇 가지 특별한 경우를 고려해 보는 것은 유익하다. 만약 $L_1 = L_2 = M$이면,

$$\frac{V_{in}}{I_{in}} = L_1 s || R_{sub}, \tag{7.57}$$

$R_{sub}$는 $L_1$과 병렬 연결 되어 $Q$가 감소하게 된다.

## 예제 7.16

RF Microelecronics

주어진 인덕터의 $Q$를 주파수의 함수로 스케치 하라.

**풀이:**

낮은 주파수에서 $Q$는 나선의 dc 저항($R_S$)에 의해 주어진다. 주파수가 올라가면서, $Q = L_1\omega/R_S$는 표피 효과가 주요하게 나타날 때까지 선형적으로 증가 한다[그림 7.30(a)]. 이후 $Q$

(계속)

**예제 7.16** *(계속)* RF Microelecronics

는 $\sqrt{f}$에 비례해서 증가하게 된다. 높은 주파수에서 $L_1\omega \gg R_S$이고, 식 (7.57)은 $R_{sub}$가 인덕터와 병렬로 연결되며 $Q$를 다음 값으로 제한하는 것을 보여준다.

$$Q \approx \frac{R_{sub}}{L_1\omega}, \tag{7.58}$$

이 식에서 $Q$는 주파수가 증가함에 따라 *감소한다.* $Q$의 거동은 그림 7.30(b)와 같다.

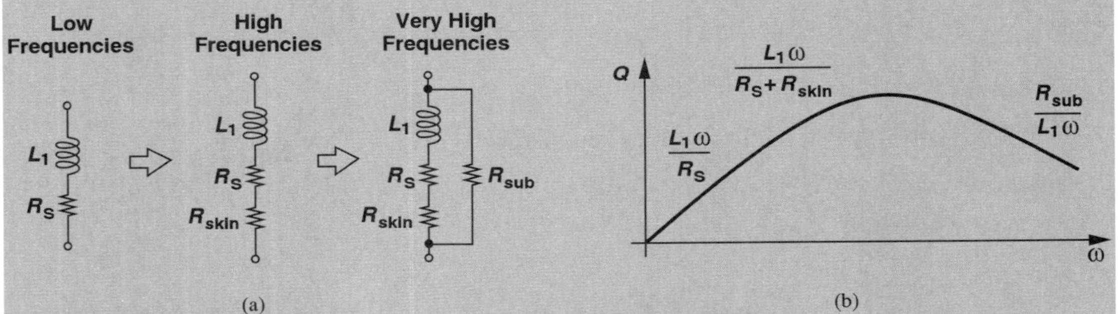


**그림 7.30** *(a) 다른 주파수에서 손실을 반영하는 인덕터 모델, (b) 대응하는 Q의 거동*

다른 특별한 경우로, $R_{sub} \ll |L_2 s|$를 가정하자. 식 (7.54)에서 $L_2 s$를 인수(factor)로 분리하면 다음과 같이 결과를 근사할 수 있다.

$$\frac{V_{in}}{I_{in}} = \left(L_1 - \frac{M^2}{L_2}\right)s + \frac{M^2}{L_2^2}R_{sub}. \tag{7.59}$$

따라서 예제 7.15에서 예측된 것처럼, 인덕턴스는 $M^2/L_2$ 만큼 작아진다. 게다가 기판 저항은 $M^2/L_2^2$ 배로 변환되고, 전체 인덕턴스와 *직렬로* 나타난다.

### 7.2.6 인덕터 모델링 Inductor Modeling

우리는 시뮬레이션에 사용될 수 있는 회로 모델 개발을 위해, 나선형 인덕터의 다양한 효과에 대해 학습하였다. 이상적으로는, 물리적인 직관을 포함하고 간단하면서 동시에 정확한 모델을 얻기를 원한다. 실제로는 어느 정도의 절충이 필요하다.

(1) 나선과 기판 모두 3차원의 분포된 구조물이고, 근사를 위해 2차원 집중 모델만을 사용할 수 있다; (2) 표피 효과, 전류밀집 효과, 와류 전류 효과 때문에 일부 인덕터 파라미터는 주파수에 따라서 변하게 되고, 넓은 주파수 대역에 대해 모델을 맞추는 작업(fitting)이 어려워진다.

## 예제 7.17 RF Microelecronics

만약 RF 설계가 대부분 협대역(narrowband) 시스템을 다루더라도, 광대역(broadband) 모델이 필요한 이유는 무엇인가?

**풀이:**

실용적인 관점에서, 주어진 인덕터 구조에 대해 다수의 설계자가 다른 주파수에서 매번 모델링을 반복할 필요 없이 사용할 수 있도록 하는 것이 바람직하다. 나아가 UWB(ultrawide band)와 무선 인지 라디오(cognitive radio) 같은 RF 시스템은 넓은 대역에서 동작하여 광대역 모델을 필요로 한다.

금속 손실을 포함하는 모델로 시작해 보자. 그림 7.31(a)에서, 직렬 저항은 저주파수 저항과 표피 저항을 포함한다. 이 모델은 $R_S$가 상수일 때 특정 주파수에 범위에서 유효하다. 2장에서 설명한 대로 손실은 병렬 저항으로 모델링 될 수 있지만[그림 7.31(b)], $R_p$가 상수(constant)라면 여전히 좁은 범위에 대해서만 유효하다.

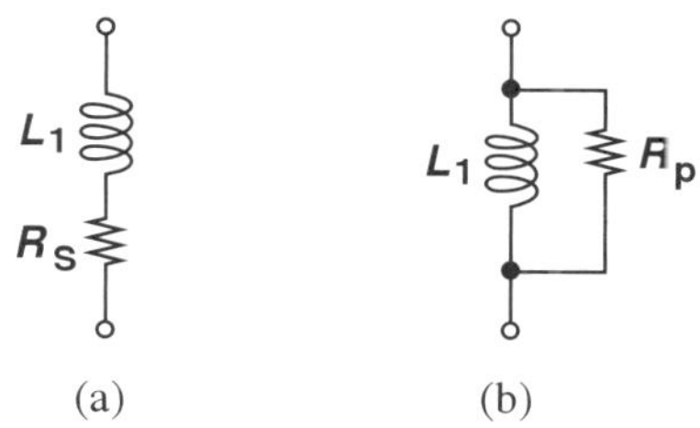


**그림 7.31** *(a) 직렬 혹은 (b) 병렬 저항에 의한 손실 모델링*

흥미로운 사실은 그림 7.31(a)와 (b)를 결합할 수 있고, 따라서 유효한 대역폭(bandwidth)을 넓힐 수 있다는 것이다. 다음 예제로 시작해 보자.

## 예제 7.18 RF Microelecronics

만약 그림 7.31의 인덕턴스와 저항값이 주파수에 독립적이라면 두 모델에 의한 $Q$의 거동을 설명하라.

**풀이:**

그림 7.31(a)에서 $Q = L_1\omega/R_S$이고, 반면 그림 7.31(b)에서 $Q = R_p/(L_1\omega)$가 된다; 즉 두 모델은 주파수에 따라 반대의 경향을 예측한다. (예제 7.16에서도 이 효과를 볼 수 있었다.)

위의 예제는 두 모델을 조합해 $Q$의 주파수 의존성을 나타낼 수 있다는 것을 암시한다. 그림 7.32(a)에 보인 것처럼, 이러한 모델은 전체 손실을 직렬 저항과 병렬 저항에 각각 배분한다. 단순한 모델로 대역의 중심 주파수에서 각 저항에 손실의 반을 할당하는 방법이 있다:

$$R_S' = \frac{L_1\omega}{2Q} \tag{7.60}$$

$$R_p' = 2QL_1\omega. \tag{7.61}$$

문제 7.2에서 $Im\{Z_1\}/Re\{Z_1\}$로 정의된 전체 $Q$는 다음과 같다.

$$Q = \frac{L_1\omega R_p'}{L_1^2\omega^2 + R_S'(R_S' + R_p')}. \tag{7.62}$$

여기서 회로가 어떤 주파수에서도 공진하지 않기 때문에 $Q$의 정의는 의미가 있다. 그림 7.32(b)에서 보인 것처럼, $Q$는 $\omega_0 = \sqrt{R_S'R_p'/L_1}$에서 최대값 $2\sqrt{R_p'/R_S'}$를 가진다. 따라서 $R_S'$과 $R_p'$의 선택에 의해 특정 주파수 범위에 대한 정확한 변화를 얻을 수 있다.

그림 7.33의 좀 더 일반적인 표피 효과(skin effect) 모델이 참고문헌[9]에서 제안되었다.

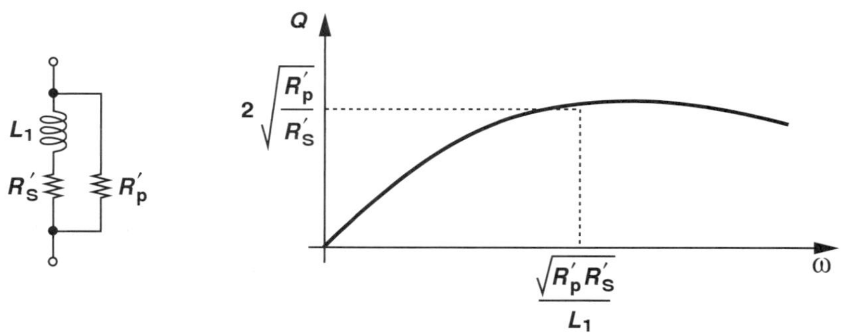


(a) (b)

**그림 7.32** *(a) 직렬 및 병렬 저항을 사용한 손실 모델링, (b) 결과적인 $Q$의 거동*

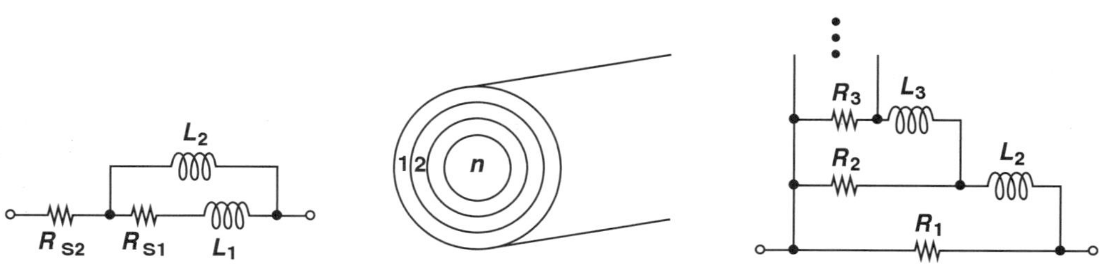


(a) (b) (c)

**그림 7.33** *(a) 인덕터의 광대역(broadband) 모델, (b) 동심 원통(concentric cylinder) 관점에서 본 도체, (c) 광대역 표피 효과(skin effect) 모델*

모델이 dc와 고주파수에서만 유효하다고 가정하자. 그림 7.33(a)에 보인 것처럼 표피 효과를 고려하기 위해 직렬 저항 $R_{S1}$을 선택하고, $R_{S1}$과 $L_1$의 조합을 큰 인덕터 $L_2$와 션트(shunt) 시킨다. 도선의 저주파 저항을 모델링하기 위하여 $R_{S2}$를 직렬로 추가한다. 높은 주파수에서 $L_2$는 개방되고 $R_{S1} + R_{S2}$는 전체 손실을 포함 한다; 저주파수에서 네트워크는 $R_{S2}$로 근사될 수 있다.

위의 원리는 표피 효과의 광대역 모델링으로 확장될 수 있다. 참고문헌[9]는 그림 7.33(b)에 그려진 원기둥 도선을 각각이 약간의 저주파 저항과 인덕턴스를 가진 동심 원통의 조합(set)으로 보고, 분포 모델의 한 섹션에 대해 그림 7.33(c)의 회로를 유도하였다. 여기서 $R_j$와 $L_j$로 구성된 분기(branch)는 $j$번 원통의 임피던스를 나타낸다. 저주파수에서 전류는 도체 전체에 균일하게 분포하고 모델은 $R_1 \| R_2 \| \cdots \| R_n$으로 단순화 된다[9]. 주파수가 올라가면서, 전류는 안쪽 원통에서 바깥쪽으로 이동하고, 각 분기에서 인덕터의 임피던스가 올라가는 것으로 모델링 된다. 참고문헌[9]에서 상수비 $R_j/R_{j+1}$은 모델을 단순화하기 위해 일정하게 유지된다. 우리는 이 절의 끝에서 이 모델을 다시 이용하게 된다.

이제 기판에 대한 용량성 결합(capacitive coupling)의 효과를 추가해 보자. 그림 7.34(a)는 1차원의 균일하게 분포된(uniformly-distributed) 모델을 보여준다. 여기서 전체 인덕턴스와 직렬 저항이 $n$개의 동일한 세그먼트(segment)로 분해되고, $L_1 + L_2 + \cdots + L_n = L_{tot}$와

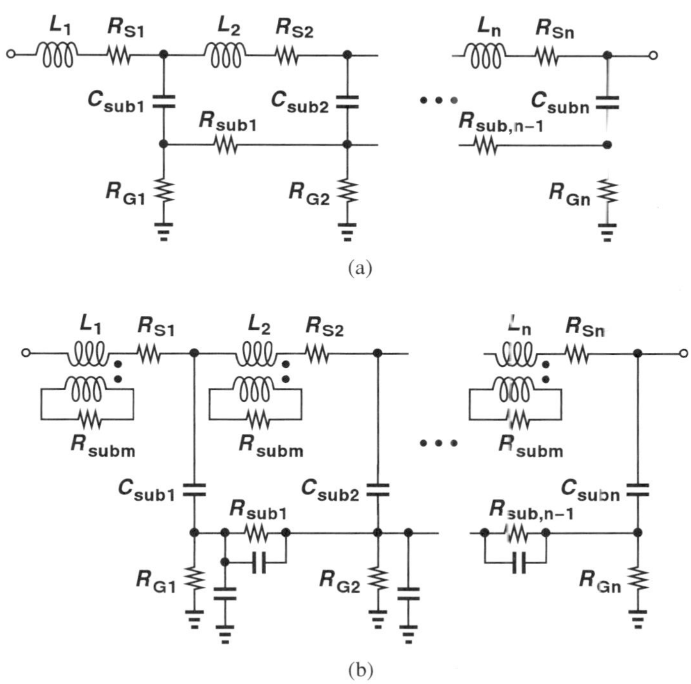


**그림 7.34** *기판에 대한 (a) 용량성(capacitive) 결합 및 (b) 자기(magnetic) 결합을 가진 분포 인덕터 모델*

$R_{S1} + R_{S2} + \cdots + R_{Sn} = R_{S,tot}$가 된다.[9] 기판의 노드는 $R_{sub1}$, ⋯, $R_{sub,n-1}$를 통해 서로 연결되고, $R_{G1}$, ⋯, $R_{Gn}$에 의해 접지로 연결되어 있다. 나선과 기판 사이의 전체 커패시턴스는 $C_{sub1}$, ⋯, $C_{subn}$으로 분해된다.

기판에 대한 자기 결합(magnetic coupling)을 포함시켜 더 향상된 모델을 얻을 수 있다. 그림 7.34(b)에 보인 것처럼, 각각의 인덕터 세그먼트는 트랜스포머를 통해서 기판과 결합된다. 상호결합과 $R_{subm}$을 적절하게 선택하면 이러한 형태의 손실을 정확히 표현할 수 있다. 이 모델은 기판과 노드 사이의 커패시턴스를 포함한다.

그림 7.34(b)의 모델이 인덕터의 물리적 특징을 잘 포착하고 있지만, 실제로 사용하기에 너무 복잡하다는 문제를 안고 있다. 주요한 이슈는 많은 파라미터로 인해 모델을 측정 데이터에 맞추기 어렵다는 것이다. 따라서 파라미터 추출과 피팅(fitting)에 쉽게 사용될 수 있는 좀 더 간소한 모델을 찾아야 한다. 첫 번째 단계로, 집중 소자 모델(lumped model)을 살펴보자. 단순한 예제로, 그림 7.32(a)의 병렬-직렬 조합으로 돌아가 기판에 커패시턴스를 추가하자[그림 7.35(a)]. $R_S'$와 $R_p'$가 물리적으로 기판 손실을 반영하지 못하지만, *모든* 손실을 나타낼 수 있다고 가정하자. 또한 7.2.4절을 상기하면, 두 단자 사이에 등가 집중 커패시턴스 $C_F$가 나타나게 된다. 소자 값들이 상수인 경우, 이 모델은 중심 주파수 주변으로 약 ±20% 대역에 대해 정확성을 보인다.

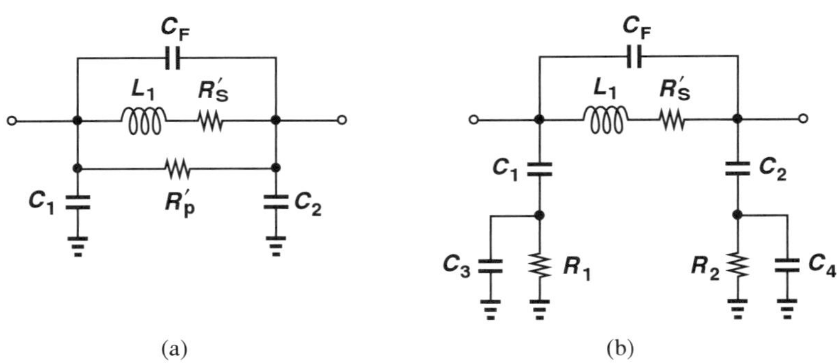


**그림 7.35** *(a) 간소화된 인덕터 모델(compact inductor model), (b) 대체 토폴로지(alternative topology)*

위의 집중 모델에는 흥미로운 딜레마(dilemma)가 있다. 우리는 $C_1$과 $C_2$를 기판에 대한 전체 커패시턴스의 반으로 선택할 수 있다. 그러나 7.2.4절의 분석은 한쪽 단자가 접지되면 등가 커패시턴스가 전체 값의 *1/3*이 되는 것을 암시한다. 이것은 집중 모델의 단점이다.

그림 7.35(b)는 상대적으로 정확한 것으로 입증된 또 다른 모델을 보여준다. 여기서 $R_1$과 $R_2$는 그림 7.35(a)의 $R_p$와 유사한 역할을 한다. 두 모델 모두 기판에 대한 자기 결합은 포함하고 있지 않다. 여기서 세 개의 저항이 적절한 대역폭에 대해 모든 손실을 잘 나타낸다고 가

9. 더 정확한 모델은 $L_{tot} = L_1 + \cdots + L_n + nM$ 처럼 상호결합(mutual coupling)을 포함하게 된다.

정 한다(예를 들어, 소자값이 계산된 주파수 주변 ±20%). 더 많은 광대역 모델이 참고문헌 [10]에 기술되어 있다.

**$Q$의 정의** 이 책에서 인덕터의 $Q$는 다음과 같이 몇 가지로 정의된다:

$$Q_1 = \frac{L\omega}{R_S} \tag{7.63}$$

$$Q_2 = \frac{R_p}{L\omega} \tag{7.64}$$

$$Q_3 = \frac{Im\{Z\}}{Re\{Z\}}. \tag{7.65}$$

기초 물리에서 손실이 있는 진동 시스템(oscillatory system)의 $Q$는 다음과 같이 정의된다.

$$Q_4 = 2\pi \frac{\text{Energy Stored}}{\text{Energy Dissipated per Cycle}}. \tag{7.66}$$

또한, 2차 탱크에 대해서 $Q$는 공진 주파수($\omega_0$)와 −3-dB 대역폭($\omega_{BW}$)의 관점에서 정의될 수 있다.

$$Q_5 = \frac{\omega_0}{\omega_{BW}}. \tag{7.67}$$

주파수 $\omega_0$에서 개루프(open-loop) 시스템의 $Q$는 다음과 같이 좀 더 복잡한 형태로 정의된다.

$$Q_6 = \frac{\omega_0}{2}\frac{d\phi}{d\omega}, \tag{7.68}$$

여기서 $\phi$는 시스템 전달 함수의 위상을 나타낸다(8장).

위의 정의 중 어느 것이 RF 설계에 관련되어 있을까? 2장에서 $Q_1$과 $Q_2$는 손실을 하나의 저항으로 모델링 했고, 협대역(narrow bandwidth)에 대해 둘은 동일하게 된다. 또한 예제 7.7로부터 $Q_3$는 가장 중요한 곳에서 맞지 않기 때문에 제외 한다: 대부분의 RF 회로에서 인덕터는 $Q_3$ = 0인 (인덕터와 다른 회로의 커패시턴스에 의한) 공진점에서 동작한다. 나머지 $Q_4$, $Q_5$, $Q_6$는 공진 주파수 주변에서 2차 탱크에 대해 동일한 값을 갖는다.

$Q$에 대한 정의의 범위를 더 축소하기 전에, 일반적으로 회로의 분석은 구성소자의 $Q$에 대한 정보를 요구하지 *않는다는* 것에 유의해야 한다. 예를 들어, 그림 7.34(b)의 인덕터 모델은 소자의 특성을 완전하게 표현한다. 따라서 $Q$의 개념은 주로 직관을 제공하기 위해 개발되었고, 경험 법칙(rules of thumb)과 검사(inspection)에 의한 분석을 가능하게 하였다.

이 책에서 우리는 대부분 위의 정의 중 $Q_2$만을 다룬다. 우리는 임의의 공진 회로의 모든 손실을 단일 병렬 저항 $R_p$에 집중(lumping)시켜 병렬 RLC 탱크(tank)로 단순화 하고, $Q_2$ =

$R_p/(L\omega_0)$를 정의한다. 그림 7.1(b)에 보인 것처럼 공진에서 전압 이득 $-g_m(r_O \| R_p)$을 손쉽게 얻을 수 있다. 주어진 설계에 대해 *다른* 주파수에서 $Q$의 계산을 원한다면, 각각의 주파수에서 공진을 형성하기 위해 충분한 병렬 커패시턴스를 더하거나 빼서 $Q_2$를 결정할 수 있다.

2차 병렬 탱크에 대해 다음의 흥미로운 등가성을 볼 수 있다: $Q_2$와 $Q_3$는 다음과 같이 표현될 수 있다.

$$Q_2 = 2\pi \frac{\text{Peak Magnetic Energy}}{\text{Energy Lost per Cycle}} \tag{7.69}$$

$$Q_3 = 2\pi \frac{\text{Peak Magnetic Energy} - \text{Peak Electric Energy}}{\text{Energy Lost per Cycle}}. \tag{7.70}$$

### 7.2.7 대체 인덕터 구조 Alternative Inductor Structures

그림 7.9에서 개념적으로 보인 것처럼, 잠재적으로 $Q$를 올리거나, 기생 커패시턴스를 낮추거나, 혹은 측방향 치수를 줄이기 위한 다양한 형태의 나선 인덕터가 존재할 수 있다. 예를 들어, 병렬 연결된 나선은 금속 저항을 낮추는 데 도움이 된다. 이 절에서 우리는 몇 가지 인덕터 기하구조(geometry)를 다룬다.

**대칭 인덕터(Symmetric Inductor)** 차동 회로(differential circuits)에서 두 개의 (비대칭) 나선 대신 하나의 대칭 인덕터를 사용할 수 있다(그림 7.36). (차동 신호에 의해 구동되는) 차동 구조를 이용하면, 면적을 절약할 수 있을 뿐만 아니라 더 높은 $Q$를 얻을 수 있다[11]. 이러한 특징에 대한 이해를 돕기 위해, 싱글엔드형(single-ended)과 차동 신호원(stimuli)을 가진 그림 7.35(b)의 모델을 이용하기로 한다(그림 7.37). 그림 7.37(a)에서 $C_3$을 무시하고 $C_1$은 낮은 임피던스를 가진다고 가정하면, 고주파수에서 인덕터를 션트(shunt)시키는 저항은 대략 $R_1$이 된다. 즉 회로는 그림 7.37(b)와 같이 단순화 될 수 있다.

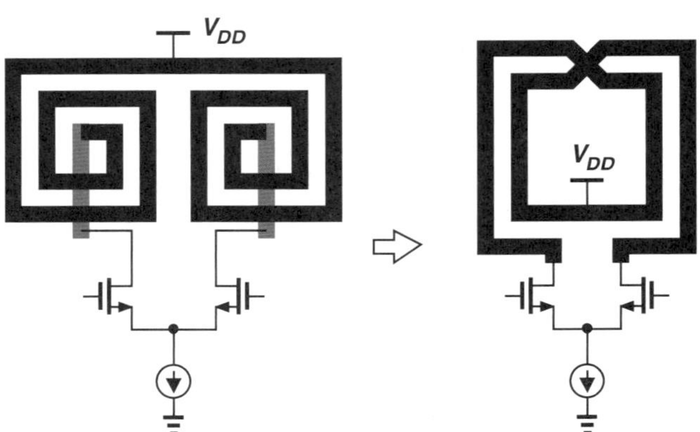


**그림 7.36** *차동 회로에 사용된 대칭 인덕터(symmetric inductor)*

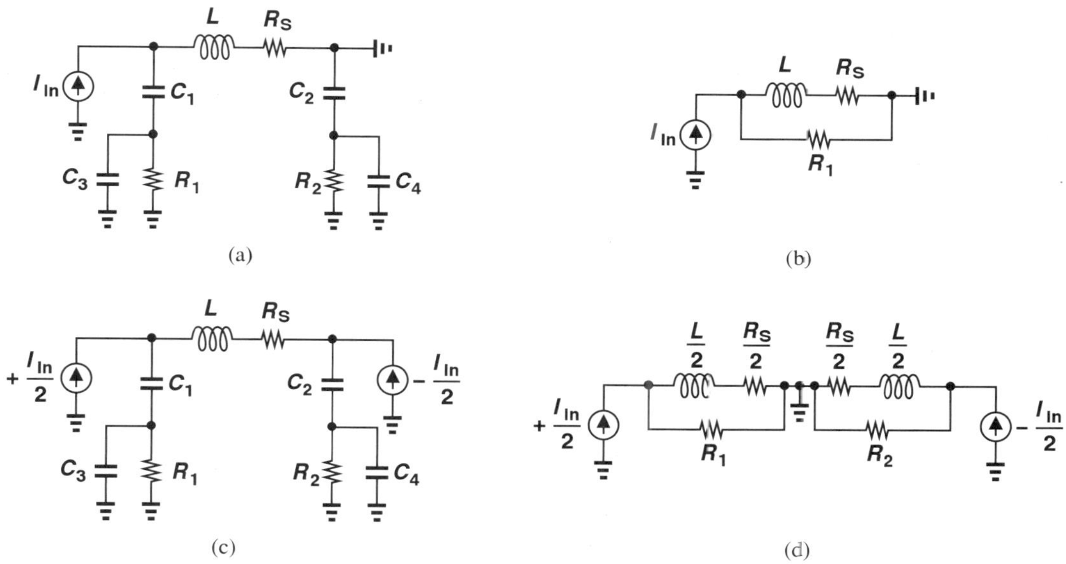

**그림 7.37** *(a) 싱글엔드형(single-ended) 입력에 의해 구동되는 인덕터, (b) (a)의 단순화된 모델, (c) 차동(differential) 입력에 의해 구동되는 대칭 인덕터, (d) (c)의 단순화된 모델*

이제 그림 7.37(c)에 보인 차동구조를 고려해 보자. 회로는 두 개의 대칭적인 반쪽(half) 회로로 분해될 수 있다. $R_1$(혹은 $R_2$)은 인덕턴스 $L/2$과 병렬로 나타나고[그림 7.37(d)], $Q$에 영향을 덜 주게 된다[11]. 문제 7.4에서 식 (7.62)를 사용하여 두 경우의 $Q$를 비교한다. 5 GHz 이상의 주파수에서 차동 나선은 8 혹은 그 이상의 $Q$를 가지며, 싱글엔드형 구조는 5에서 6을 갖는다.

대칭 인덕터(symmetric inductor)의 주요한 단점은 식 (7.29)에 의해 예측된 경향과는 대조적으로 큰 권선간(interwinding) 커패시턴스를 갖는다. 그림 7.38(a)에 보인 구조를 고려해

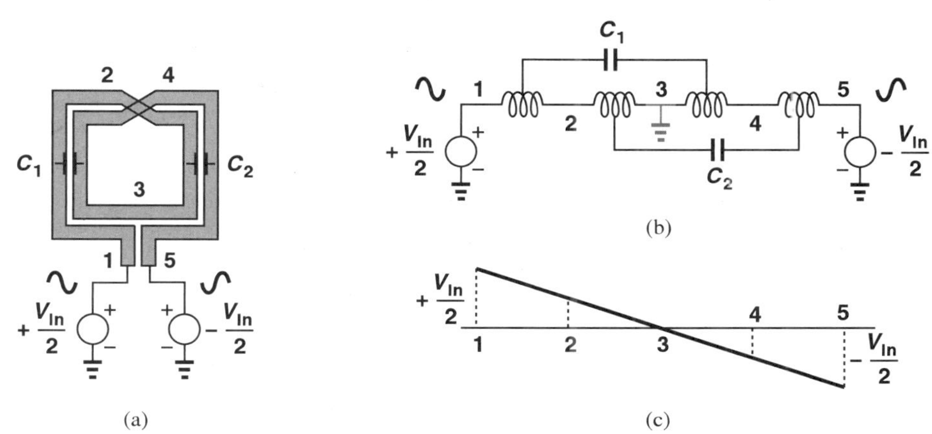

**그림 7.38** *(a) 대칭 인덕터(symmetric inductor), (b) 등가 회로, (c) 인덕터 위치에 따른 전압 프로파일(profile)*

보자. 여기서 인덕터는 차동 전압에 의해 구동되고, 4개의 세그먼트가 직렬로 연결된 구조로 볼 수 있다. 각각의 세그먼트를 인덕터로 모델링하고, 세그먼트 사이의 프린지(fringe) 커패시턴스를 포함시키면, 그림 7.38(b)에 보인 네트워크를 얻을 수 있다. 대칭성에 의해 노드 3은 가상 접지(virtual ground)가 된다. 이 모델은, 만약 노드 1에서 노드 5로 가면서 전압 프로파일(profile)이 선형적으로 변한다고 가정하면, $C_1$과 $C_2$에 가령 $V_{in}/2$ 정도의 큰 전압이 걸리는 것을 암시한다[그림 7.38(c)].

## 예제 7.19

RF Microelecronics

그림 7.39(a)에 보인 3-턴 나선의 권선간(interwinding) 커패시턴스를 예측하라.

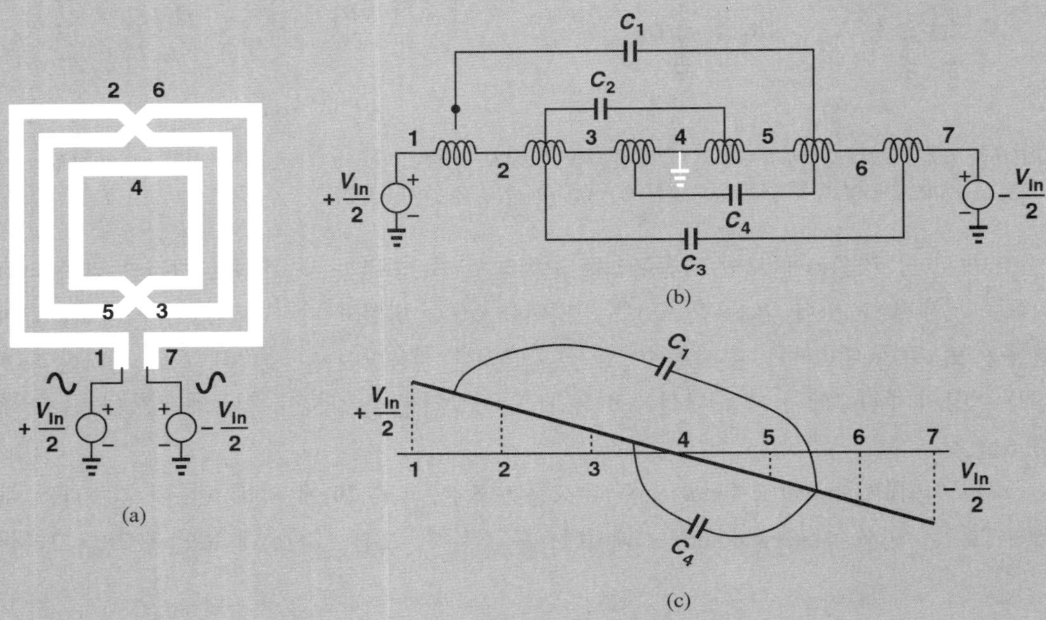


**그림 7.39** *(a) 3-턴 대칭 인덕터, (b) 등가 회로, (c) 사다리(ladder)의 위치에 따른 전압 프로파일(profile)*

**풀이:**

그림 7.39(b)에 보인 것처럼 나선을 풀어서(unwind), 근사적으로 모든 단위 인덕턴스가 동일하고, 모든 단위 커패시턴스도 동일하다고 가정하자. 나아가 한쪽 끝에서 다른 쪽 끝으로 전압 프로파일이 선형적으로 변한다고 가정하자[그림 7.39(c)]. 따라서 $C_1$에 $4V_{in}/6$이 걸리게 되고, $C_3$에도 동일한 전압이 걸린다. 유사하게 $C_2$와 $C_4$에 각각 $2V_{in}/6$의 전압이 걸리게 된다. 4개의 커패시터에 저장된 전기에너지는 다음과 같다.

$$E_{tot} = 2\left[\frac{1}{2}C\left(\frac{2}{3}V_{in}\right)^2 + \frac{1}{2}C\left(\frac{1}{3}V_{in}\right)^2\right], \tag{7.71}$$

**예제 7.19** (*계속*) RF Microelecronics

여기서 $C = C_1 = \cdots = C_4$이다. $C_1 + C_2 + C_3 + C_4$를 $C_{tot}$로 나타내면,

$$E_{tot} = \frac{5}{9}\frac{C_{tot}}{4}V_{in}^2, \tag{7.72}$$

따라서 등가 집중 커패시턴스는,

$$C_{eq} = \frac{5}{18}C_{tot}. \tag{7.73}$$

싱글엔드형 인덕터 경우에 대한 식 (7.32)와 비교하면, 이 값은 160/9 ≈ 18배 큰 값을 가진다. 사실 차동 인덕터(differential inductor)의 등가적인 권선간 커패시턴스는 일반적으로 기판에 대한 커패시턴스에 비해 *꽤 큰* 값을 가지며, 자기 공진 주파수(SRF)에 큰 영향을 미친다.

권선간 커패시턴스(interwinding capacitance)를 어떻게 낮출 수 있을까? 선간(line-to-line) 간격 S를 증가시킬 수 있다. 그러나 주어진 외부 치수에 대해 내부 턴(inner turn)이 줄어들어 인덕턴스가 감소하게 된다. 사실 식 (7.15)는 $S$가 증가하고 $l_{tot}$이 상수로 유지되는 될 때, $L$이 감소하는 것을 나타내며 결과적으로 $Q$가 감소하게 된다. 경험 법칙(rule of thumb)에 따라, 최소 허용치의 약 3배의 간격이 사용 된다.[10] $S$를 더 증가시키면 프린지(fringe) 커패시턴스는 약간 감소하지만 $Q$가 낮아진다.

높은 $Q$ 때문에 차동 인덕터(differential inductor)는 $Q$ 특성이 매우 중요한 발진기 설계에 흔히 사용된다. 일반적으로 팔각형(octagon) 구조로 만들어 지는데[그림 7.9(b)의 대칭 버전], 이것은 주어진 인덕턴스에 대해 팔각형 구조가 정방형 기하구조 보다 길이가 짧아 직렬 저항이 더 작기 때문이다. (수직한 세그먼트 사이의 상호결합은 매우 작다.) 이러한 구조는 다른 차동 회로에서도 사용될 수 있지만, 라우팅(routing)이 복잡한 단점을 가진다. 그림 7.40

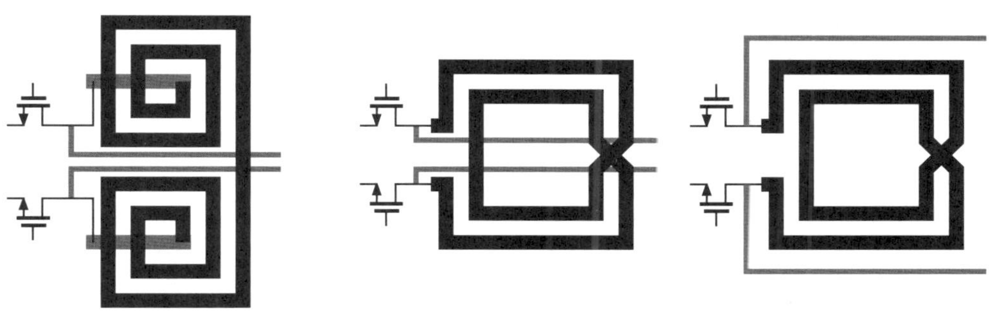

(a) (b)

**그림 7.40** *(a) 싱글엔드형 인덕터와 (b) 대칭 인덕터를 이용한 다음 단으로의 신호선 라우팅(routing)*

10. 그러나 공정에 따라서 긴 도선은 짧은 선보다 더 넓은 간격을 필요로 하며, 이 경우 최소 $S$는 1에서 1.5 μm이 된다.

은 2단(two stages) 캐스케이드(cascade)에 대해 이 사실을 잘 보여주고 있다. 각 단에 싱글엔드형 인덕터를 연결되고, 다음 단으로 이어지는 도선은 인덕터 *사이를* 통과하게 된다[그림 7.40(a)]. 물론 원치 않는 결합을 최소화하기 위해서 도선과 인덕터 사이에 적절한 간격이 필요하다. 한편, 도선은 차동 구조로 인덕터를 *통과 하거나 돌아서* 이동해야 하며[그림 7.40(b)], 앞의 경우에 비해 더 큰 결합이 발생하게 된다.

## 예제 7.20

RF Microelecronics

차동 회로의 부하로 사용된 싱글엔드형 인덕터는 '거울 대칭(mirror symmetry)'[그림 7.41(a)] 혹은 '스텝 대칭(step symmetry)'의 형태로 그려진다[그림 7.41(b)]. 각 레이아웃(layout) 형태의 장단점을 설명하라.

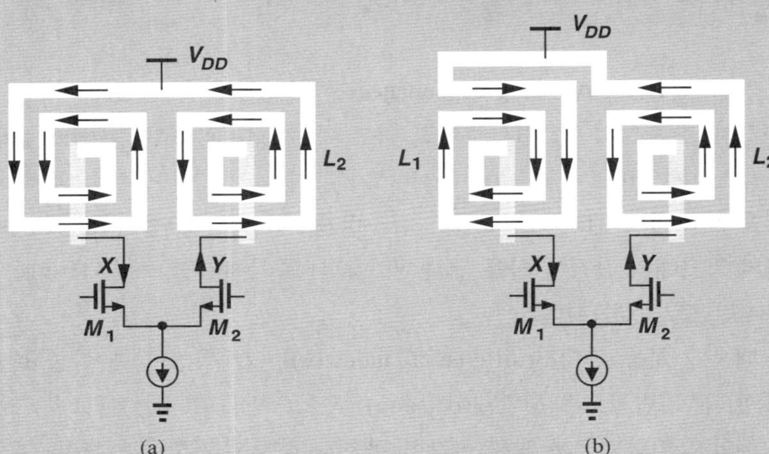


**그림 7.41** *차동 쌍(differential pair)에 연결된 (a) 거울 대칭(mirror symmetry) 및 (b) 스텝 대칭(step symmetry) 형태의 부하 인덕터*

**풀이:**

그림 7.41(a)의 회로는 상대적으로 대칭적이지만, $L_1$과 $L_2$ 사이의 원치 않는 상호결합으로 어려움을 겪게 된다. $M_1$과 $M_2$에 의해 생성된 차동 전류는 나선에서 *반대* 방향으로 흐르기 때문에, $X$와 $Y$ 사이에서 바라본 등가 인덕턴스는 다음과 같다.

$$L_{eq} = L_1 + L_2 - 2M, \tag{7.74}$$

여기서 $M$은 $L_1$과 $L_2$의 결합을 나타낸다. 나선 사이의 작은 간격으로 상호결합계수 $k$는 약 0.25가 되며, $L_1 = L_2 = L$인 경우 $M = k\sqrt{L_1 L_2} = 0.25L$이 된다. 즉, $L_{eq}$는 $L_1 + L_2$ 보다 25% 작게 되고, $Q$가 감소하게 된다. $k$가 몇 % 수준으로 낮아지기 위해서, $L_1$과 $L_2$의 간격은 각각의 외부 치수의 대략 반을 넘어야 한다.

**예제 7.20** *(계속)* RF Microelecronics

그림 7.41(b)의 구조에서, 전류의 방향을 고려하면 다음과 같이 나타나고, $Q$가 증가하게 된다.

$$L_{eq} = L_1 + L_2 + 2M, \tag{7.75}$$

그러나 회로의 대칭성이 떨어지는 단점이 있다. 따라서 만약 대칭성이 중요하다면 [예를 들어, 직접변환(direct-conversion) 수신기의 LO 버퍼(buffer) (4장)], $L_1$과 $L_2$ 사이에 약간의 간격을 둔 첫 번째 구조를 사용한다. 아니면 두 번째 구조를 택한다.

두 개의 싱글엔드형 인덕터와 하나의 차동 인덕터의 또 다른 중요한 차이는 가해지거나(inflict) 발생하는(incur) 신호 결합의 양이다. 그림 7.42(a)의 구조와 대칭축(axis of symmetry) 상의 점 $P$를 고려하자. 오른손 법칙(right-hand rule)을 사용하면, $L_1$에 의해 $P$에서 지면으로 들어가는 방향의 자기장과, $L_2$에 의해 지면으로부터 나오는 자기장을 관찰할 수 있다. 따라서 두 개의 자기장은 대칭축을 따라서 상쇄된다. 대조적으로 그림 7.42(b)는 $P$에서 단일 자기장을 생성해 대칭선상의 다른 소자들과 결합이 발생하게 된다.[11] 이 이슈는 특히 발진기에서 문제가 된다: 대칭 인덕터를 사용하면 더 높은 $Q$를 얻을 수 있지만, 회로가 전력 증폭기(power amplifier)에 의한 주입인입(injection-pulling)에 더 민감해 지는 문제가 발생한다.

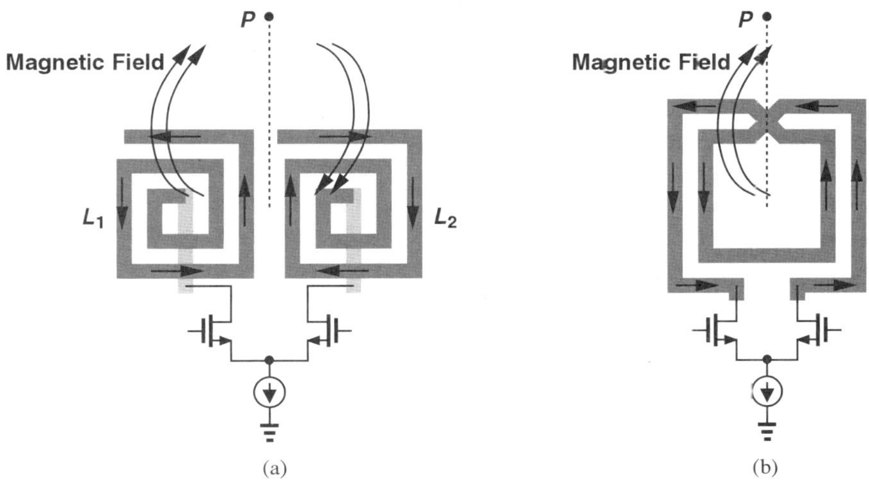


**그림 7.42** *(a) 싱글엔드형 인덕터와 (b) 대칭 인덕터의 대칭축을 따른 자기 결합*

11. 단일 나선형 인덕터를 루프 안테나(loop antenna)로 볼 수도 있다.

**예제 7.21** RF Microelecronics

그림 7.43의 구조는 작은 결합(coupling)을 갖는 후보(candidate)로 고려될 수 있다. 이 구조의 장단점을 설명하라.

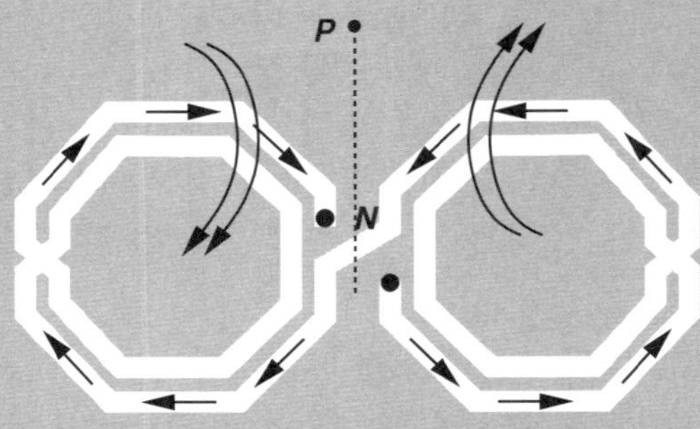


**그림 7.43** *대칭축을 따라 낮은 자기 결합을 갖는 인덕터.*

**풀이:**

노드 $N$이 가상 접지이기 때문에 구조는 실제로 두 개의 싱글엔드형 인덕터로 구성되어 있다. 대칭축에서 두 개의 반쪽(halves)에 의한 자기장은 실제로 상쇄된다. 이 구조는 그림 7.42(a)의 스텝 대칭 싱글엔드형 나선 보다 더 대칭적이다. 그러나 반쪽 각각에서 기판 손실이 발생하기 때문에, 이 구조는 대칭 인덕터보다 낮은 $Q$를 갖게 된다; 즉 이 경우는 그림 7.37에서 관찰된 기판의 션트(shunt) 저항이 두 배로 되는 현상은 발생하지 않는다. 변형된 구조(variant)가 참고문헌[12]에 기술되어 있다.

**접지 차폐를 가진 인덕터(Inductors with Ground Shield)** 기판 손실에 관해 7.2.5절에서 우리는 인덕터 아래에 접지 차폐(grounded shield)를 사용하는 것을 고려했다. 목표는 변위 전류(displacement current)를 낮은 저항을 통해 접지로 흐르게 하여, 기판에 대한 전기적인 결합으로 인한 손실을 피하는 것이었다. 그러나 연속된 차폐판(shield)은 인덕턴스와 $Q$를 크게 감소시킨다.

차폐판이 연속이 *아닌* 경우도 전기장 선속(electric field line)을 낮은 저항(low-resistance)으로 종단(termination)시킬 수 있다. 그림 7.44[13]에 보인 것처럼, 와류 전류의 흐름에 수직 방향으로 주기적으로 쪼개진 평판 구조인 '패턴(patterned)' 차폐판은 인덕터를 감소시키지 않으면서 대부분의 전기장을 흡수할 수 있다. 적은 양의 전기장이 차폐판의 간극(gap)을 통과해서 스며들어 손실이 있는 기판에서 종단된다. 따라서 간극의 폭은 최소화 되어야 한다.

패턴 접지 차폐(patterned ground shield)가 기판에 대한 용량성 결합만을 감소시킨다는 점을 유의해야 한다. 패러데이와 렌츠가 기술한대로 자기 결합에 의한 와류 전류(eddy current)

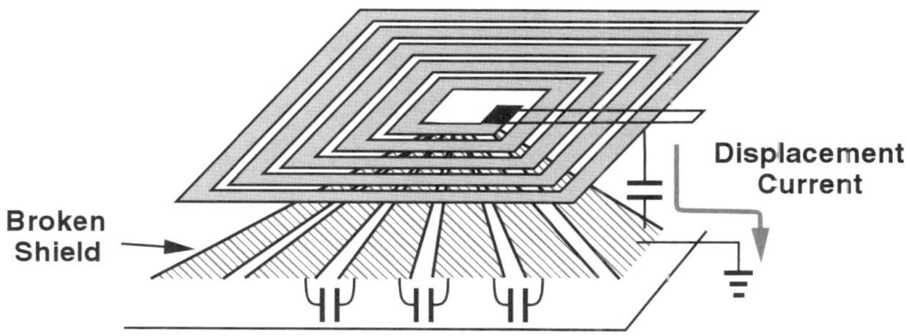


**그림 7.44** *패턴 접지 차폐(patterned ground shield)를 가진 인덕터*

는 기판을 통해 계속 흐르게 된다.

**예제 7.22** RF Microelecronics

패턴 접지 차폐를 설계하는 한 학생이, 간극의 폭을 최소화 하는 것은 차폐판 각 섹션 사이의 커패시턴스를 증가시켜, 잠재적으로 차폐판에 큰 와류 전류(eddy current)를 유발할 수 있기 때문에 좋은 아이디어가 아니라고 결정했다. 이 학생의 결정은 옳은가?

**풀이:**

간극 커패시턴스(gap capacitance)가 커지는 것은 사실이지만, 모든 간극 커패시턴스가 와류 전류의 경로를 따라 *직렬* 연결되어 있는 것을 유념해야 한다. 따라서 전체 등가 커패시턴스는 매우 작으며, 와류전류에 대한 임피던스는 매우 크게 나타난다.

패턴 차폐를 사용하면 $Q$가 10 ~ 15% 증가할 수 있지만[13], 이것은 여러 가지 요인에 의존하기 때문에 문헌마다 서로 다른 결과를 보고하고 있다[14]. 싱글엔드형 대비 차동 동작, 금속의 두께, 기판의 저항 등이 요인이 될 수 있다. 커패시턴스의 증가를 희생하면 향상이 가능하다. 예를 들어, 만약 인덕터가 금속-9로 차폐판이 금속-1로 구현된다면 커패시턴스는 15% 가량 증가하게 된다. 이러한 커패시턴스 증가를 막기 위해 기판상에 $n^+$ 영역을 패턴(pattern)할 수 있지만 일관성 없는 측정 결과가 보고되었다.

패턴 차폐(patterned shield)의 또 다른 어려운 점은 추가적으로 레이아웃과 모델링을 복잡하게 만든다는 것이다. 또한 차폐판에 대한 커패시턴스와 다양한 손실 때문에 전자기 시뮬레이션에 오랜 시간이 소요된다.

**적층 인덕터(Stacked Inductor)** 약 5 GHz의 주파수까지, 실제 사용되는 인덕터 값은 5에서 수십 nH 범위에서 변하게 된다. 만약 단일 나선으로 구현된다면, 그러한 인덕터는 큰 면적을 차지하고 회로 블록들 사이에 긴 상호연결(interconnect)을 필요로 한다. 이 이슈는 제3의 차

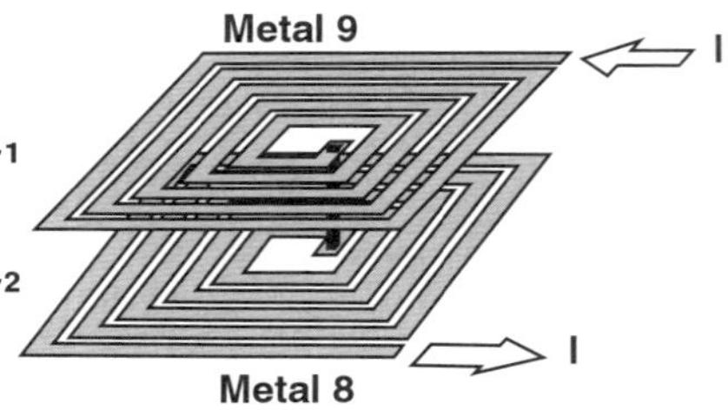


**그림 7.45** *적층 나선 구조*

원을 이용해, 즉 나선을 쌓아서 해결할 수 있다. 아이디어는 그림 7.45에 보인 것처럼 둘 혹은 그 이상의 나선을 직렬로 배치해 직렬연결뿐만 아니라 강한 상호결합으로부터 높은 인덕턴스를 얻는 것이다. 예를 들어, 그림 7.45의 전체 인덕턴스는 다음과 같이 주어진다.

$$L_{tot} = L_1 + L_2 + 2M. \tag{7.76}$$

$L_1$과 $L_2$의 수평 치수는 수직 간극(separation)에 비해 훨씬 크기 때문에, $L_1$과 $L_2$는 거의 완벽한 결합을 보이며, 즉 $M \approx L_1 = L_2$ 및 $L_{tot} \approx 4L_1$의 관계를 가진다. 유사하게 직렬로 연결된 $n$개의 적층 나선의 전체 인덕턴스는 대략 $n^2$로 증가된다.

**예제 7.23** RF Microelecronics

7.2.3절의 식 (7.15)로부터 얻어진 5-턴의 4.96-nH 인덕터가 다음의 외부 치수(outer dimension)를 가진다.

$$D_{out} = \frac{l_{tot}}{4N} + W + (N-1)(W+S) \tag{7.77}$$

$$= 122\ \mu\text{m} \tag{7 78}$$

단일 나선의 인덕턴스에 대한 식 (7.15)를 사용해 동일한 $W$와 $S$를 가지는 4-턴 적층 구조의 외부 치수를 결정하라. 두 개의 나선이 적층되었다고 가정하라.

**풀이:**

각각의 나선은 4.96 nH/4 = 1.24 nH를 제공해야 한다. 식 (7.15)에서 $N = 4$, $W = 4\ \mu\text{m}$, $S = 0.5\ \mu\text{m}$로 놓고 반복계산(iteration) 하면 $l_{tot} \approx 780\ \mu\text{m}$과 $D_{out} = 66.25\ \mu\text{m}$를 얻는다. 따라서 이 경우 적층에 의해 외부 치수를 반으로 줄일 수 있다.

실제로는 한 인덕터의 다리(leg)가 다른 인덕터의 다리에 수직인 경우 상호결합이 발생하지 않기 때문에, 적층 정방형 인덕터의 증배 계수(multiplication factor)는 $n^2$ 보다 작게 된다. 예를 들면, 두 나선의 적층을 통해 인덕턴스를 3.5배 만큼 증가시킬 수 있다[6]. 증배 계수는 팔각형 나선에 대해서 $n^2$에 가깝고, 원형 구조에 대해서는 거의 $n^2$가 된다.

적층 인덕터는 기판에 대한 커패시턴스와 선간 커패시턴스 외에 추가적으로 나선 *사이에* 커패시턴스를 갖게 된다[그림 7.46(a)].

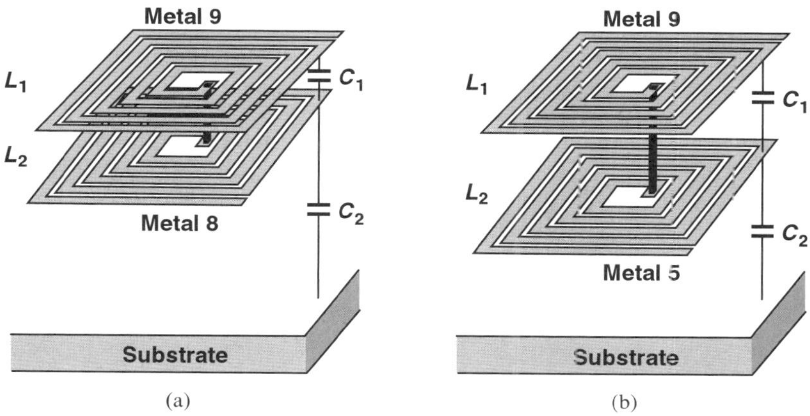


**그림 7.46** *(a) 금속-9와 금속-8, 혹은 (b) 금속-9와 금속-5 나선형 인덕터의 등가 커패시턴스*

**예제 7.24** RF Microelecronics

대부분의 회로에서 인덕터의 한쪽 단자는 ac 접지 되어 있다. 그림 7.46(a)에서 어느 단자가 접지 되어야 하는가?

**풀이:**

기판에 대해 $L_2$가 $L_1$보다 훨씬 큰 커패시턴스를 갖기 때문에, $L_2$의 단자가 접지 되어야 한다. 이것은 적층 인덕터를 사용할 경우 핵심적인 사항이다.

7.2.4절에서 다룬 내용과 유사한 에너지에 기반한 분석을 사용하여, 참고문헌[6]은 그림 7.46(a)에서 $L_2$의 자유 단자가 ac 접지될 경우 인덕터의 등가 집중 커패시턴스가 다음과 같음을 증명하였다.[12]

$$C_{eq} = \frac{4C_1 + C_2}{12}, \tag{7.79}$$

여기서 흥미로운 것은 나선 사이의 커패시턴스가 기판에 대한 커패시턴스 보다 더 큰 가중 인자(weighting factor)를 가진다는 것이다. 이런 이유로 낮은 금속층으로 $L_2$를 구현할 경우, $C_2$는 증가하지만 $C_{eq}$는 감소하게 된다[그림 7.46(b)]. 수평 치수가 $L_1$과 $L_2$의 수직 간격보다

12. 만약 $L_1$의 자유 단자(free terminal)가 접지되면 등가 커패시턴스는 상당히 증가하게 된다.

훨씬 크다면, 전체 커패시턴스는 대략 일정하게 유지된다.

**예제 7.25** RF Microelecronics

예제 7.23에서 학습한 4.96-nH의 단층 및 적층 인덕터의 등가 집중 커패시턴스를 비교하라. 하부 나선은 금속-5로 구현 되었다고 가정하고 표 7.1의 커패시턴스 값을 사용하라.

**표 7.1** *금속 커패시턴스 표* ($aF/\mu m^2$)

| | Metal 8 | Metal 7 | Metal 6 | Metal 5 | Substrate |
|---|---|---|---|---|---|
| Metal 9 | 52 | 16 | 12 | 9.5 | 4.4 |
| Metal 8 | | 52 | 24 | 16 | 5.4 |
| Metal 7 | | | 88 | 28 | 6.1 |
| Metal 6 | | | | 88 | 7.1 |
| Metal 5 | | | | | 8.6 |

**풀이:**

단일 금속-9 층에 대해서, 전체 면적은 $2000\ \mu m \times 4\ \mu m = 8000\ \mu m^2$와 같고, 전체 커패시턴스 35.2 fF를 얻을 수 있다. 식 (7.26)이 암시하는 것처럼, 등가 집중 커패시턴스는 이 값의 1/3인 11.73 fF가 된다. 적층 구조에서 각 나선은 $780\ \mu m \times 4\ \mu m = 3120\ \mu m^2$의 면적을 가진다. 따라서 $C_1 = 29.64$ fF와 $C_2 = 26.83$ fF가 되고, 결과적인 등가 커패시턴스는 다음과 같다.

$$C_{eq} = 12.1\ \text{fF}. \tag{7.80}$$

따라서 적층을 이용하면 비슷한 커패시턴스가 발생한다.[13] 만약 금속-4 혹은 금속-3을 이용해 $L_2$를 구현하면 적층 구조의 커패시턴스는 더 감소하게 된다.

$n$개의 적층 나선에 대해서 다음을 증명할 수 있다.

$$C_{eq} = \frac{4\sum_{m=1}^{n-1} C_m + C_{sub}}{3n^2}, \tag{7.81}$$

여기서 $C_m$은 각각의 나선 사이의 커패시턴스를 나타낸다[6].

적층은 $Q$에 어떤 영향을 미칠까? 우리는 나선 사이의 '저항이 없는(resistance-free)' 결합 $M$이 저항을 증가시키지 않고 인덕터를 증가시킬 수 있다고 추정할 수 있다. 그러나 $M$은 큰 단일 나선의 턴 사이에도 존재한다. 좀 더 근본적으로, 주어진 인덕턴스에 대해서 권선 방식과 무관하게 상대적으로 전체 도선의 길이는 일정하게 된다. 예를 들어, 위에서 학습한 단일

13. 단순화를 위해 프린지 성분(fringe component)을 무시한다.

나선 4.96-nH의 인덕터는 전체 길이가 2000 μm이고, 예제 7.23의 이중 나선(double-spiral) 적층 구조의 경우는 1560 μm이 된다. 그러나 두 개의 적층된 나선의 인덕턴스에 대한 좀 더 실질적인 증배 계수(multiplication factor)는 3.5이고, 전체 길이는 약 1800 μm로 증가하게 된다. 일반적으로 최상부(top) 금속층이 하부 층들에 비해 두껍고, 적층은 직렬 저항을 *증가*시켜 $Q$를 감소시킨다. 이 이슈는 두 개나 그 이상의 하부 나선을 *병렬*로 연결하면 해결될 수 있다. 그림 7.47은 병렬 연결된 금속-6과 금속-5 나선이 금속-9 나선과 직렬로 연결된 예시를 보여준다. 물론 고주파수에서 복잡한 전류 밀집(current crowding) 효과로 인해, 전자기장 시뮬레이션을 통해 $Q$를 결정해야 한다.

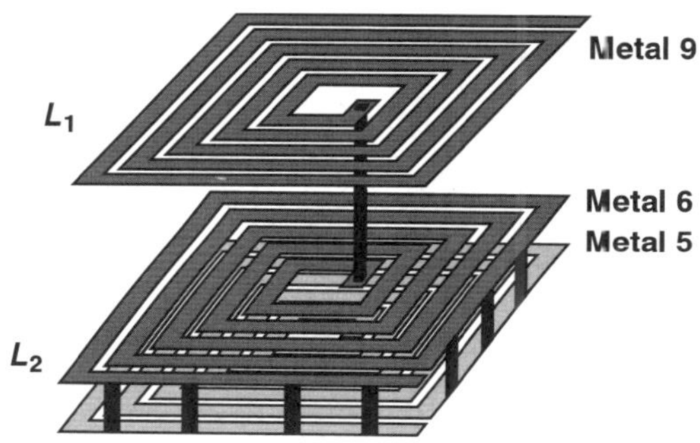


**그림 7.47** *두 개의 금속-6과 금속-7 인덕터가 병렬 연결된 적층 인덕터*

## 7.3 트랜스포머 Transformers

집적 트랜스포머(transformer)는 RF 설계에서 많은 유용한 기능을 수행할 수 있다:(1) 임피던스 매칭(matching), (2) 양 혹은 음의 극성으로 피드백(feedback) 혹은 피드포워드(feedforward), (3) 싱글엔드형의 차동 구조 변환 혹은 반대 변환, (4) 단(stage) 사이의 ac 결합(coupling). 그러나 트랜스포머는 인덕터보다 모델링과 설계가 더 어렵다.

잘 설계된 트랜스포머는 다음 특성을 갖는다: (1) 1차와 2차 권선에 작은 직렬 저항, (2) 1차와 2차 사이의 강한 자기 결합(magnetic coupling), (3) 1차와 2차 사이의 약한 용량성 결합, (4) 기판에 대한 작은 기생 커패시턴스. 일부 절충관계는 인덕터와 유사하다.

### 7.3.1 트랜스포머 구조 Transformer Structures

집적 트랜스포머는 일반적으로 강한 자기 결합을 갖는 두 개의 인덕터로 구성되어 있다. '평면(planar)' 구조를 위해 우리는 대칭 인덕터에서 시작하고 대칭점(point of symmetry)에서 이것을 분리한다(그림 7.48). 세그먼트 $AB$와 $CD$는 이제 상호결합된 인덕터와 같은 거동을 보인다. 이 구조는 1차(primary)와 2차(secondary)가 동일하기 때문에 1:1 트랜스포머가 된다.

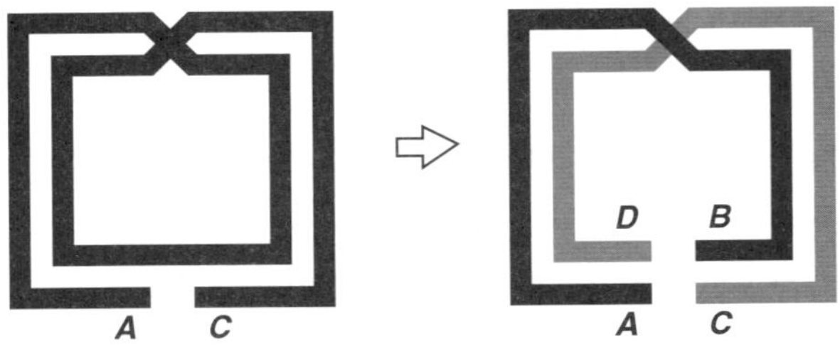


그림 7.48 *대칭 인덕터로부터 유도된 트랜스포머*

**예제 7.26** RF Microelecronics

그림 7.48의 대칭 인덕터의 인덕턴스와 결과적인 트랜스포머의 인덕턴스의 관계는 어떻게 되는가?

**풀이:**

$$L_{AC} = L_{AB} + L_{CD} + 2M, \tag{7.82}$$

여기서 각각의 $L$은 끝점 사이의 인덕턴스이고, $M$은 $L_{AB}$와 $L_{DC}$ 사이의 상호결합이다. $L_{AB} = L_{CD}$이므로,

$$L_{AC} = 2L_{AB} + 2M. \tag{7.83}$$

만약 $L_{AC}$와 $M$을 알고 있다면, 1차와 2차 인덕턴스를 결정할 수 있다.

그림 7.48의 트랜스포머 구조는 낮은 자기 결합(magnetic coupling), 비대칭 1차 코일(asymmetric primary), 비대칭 2차 코일(asymmetric secondary)로 인해 어려움을 겪게 된다. 첫 번째 문제를 해결하기 위해 턴수를 증가시킬 수 있지만[그림 7.49(a)], 이는 높은 용량 결

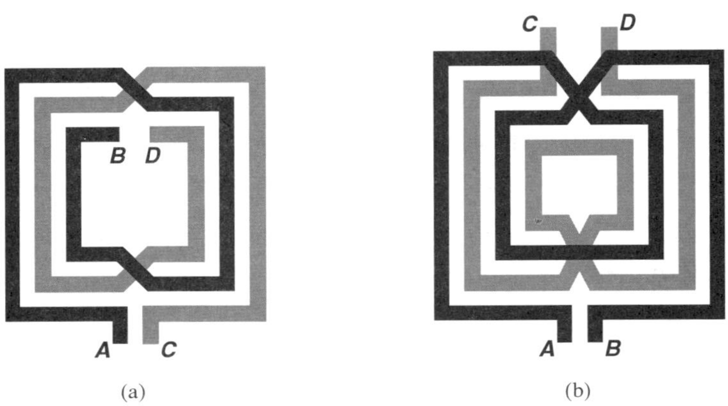


그림 7.49 *(a) 3-턴 인덕터로부터 유도된 트랜스포머, (b) 두 개의 임베드 대칭(embedded symmetric) 인덕터로 구성된 트랜스포머*

합을 유발한다. 두 번째 문제를 해결하기 위해 두 개의 대칭 나선을 그림 7.49와 같이 임베드(embed) 할 수 있지만, 1차와 2차 인덕턴스에 약간의 차이가 있게 된다. 모든 위의 구조에서 결합 계수는 일반적으로 0.8보다 작다. 다음 예제에서 이러한 단점의 결과를 살펴보기로 하자.

## 예제 7.27

RF Microelecronics

그림 7.50의 회로를 고려해 보자. 여기서 $C_F$는 1차와 2차 사이의 등가 집중 커패시턴스를 모델링 한다. 전달 함수(transfer function) $V_{out}/V_{in}$을 결정하고 1 미만인(sub-unity) 결합 계수의 효과를 논하라.

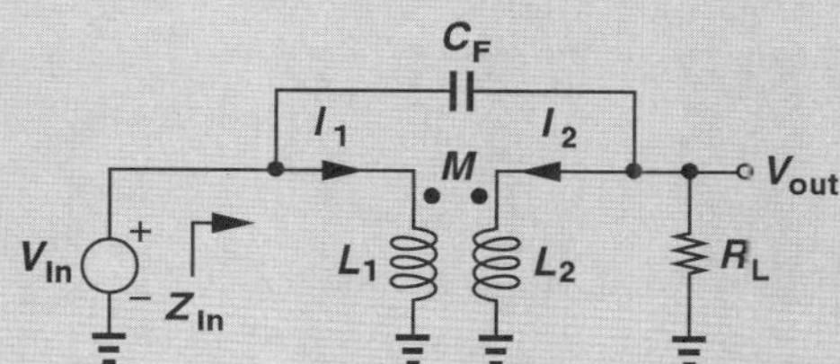


**그림 7.50** *단순화된 트랜스포머 모델*

**풀이:**

트랜스포머 동작으로부터 다음 식을 얻을 수 있다.

$$V_{in} = L_1 s I_1 + M s I_2 \tag{7.84}$$

$$V_{out} = L_2 s I_2 + M s I_1. \tag{7.85}$$

식 (7.84)에서 $I_1$을 찾고 결과를 식 (7.85)에 대입하면,

$$I_2 = \frac{V_{out}}{L_2 s} - \frac{M(V_{in} - M s I_2)}{L_1 L_2 s}. \tag{7.86}$$

또한, 출력 노드에 KCL을 적용하면,

$$(V_{in} - V_{out}) C_F s - I_2 = \frac{V_{out}}{R_L} \tag{7.87}$$

식 (7.86)에서 $I_2$를 대체하고 결과를 정리하면,

$$\frac{V_{out}}{V_{in}}(s) = \frac{L_1 L_2 \left(1 - \frac{M^2}{L_1 L_2}\right) C_F s^2 + M}{L_1 L_2 \left(1 - \frac{M^2}{L_1 L_2}\right) C_F s^2 + \frac{L_1 L_2}{R_L}\left(1 - \frac{M^2}{L_1 L_2}\right) s + L_1}. \tag{7.88}$$

(계속)

**예제 7.27** (*계속*) RF Microelecronics

몇 가지 특수한 경우에 대해서 전달 함수를 살펴보는 것은 유익하다. 첫째, 만약 $C_F = 0$이면,

$$\frac{V_{out}}{V_{in}} = \frac{M}{\frac{L_1L_2}{R_L}\left(1 - \frac{M^2}{L_1L_2}\right)s + L_1}, \tag{7.89}$$

$k = M/\sqrt{L_1L_2} < 1$이므로, 이것은 트랜스포머가 다음의 실수 극점(pole)을 가지며 저대역 통과(low-pass) 응답을 보이는 것을 암시한다.

$$\omega_p = \frac{-R_L}{L_2\left(1 - \frac{M^2}{L_1L_2}\right)}. \tag{7.90}$$

예를 들어, 만약 $k = 0.7$이면 $\omega_p = -1.96R_L/L_2$가 된다. 이 극점은 동작주파수 보다 훨씬 높은 곳에 위치해야 한다.

둘째로, $C_F > 0$이고 $M = L_1 = L_2$인 경우 $C_F$와 $R_L$ 값에 관계없이 $V_{out}/V_{in} = M/L_1 = 1$이 된다. 따라서 $C_F$는 1 보다 작은 $k$ 때문에 드러나게 된다. 일반적으로 $L_1 = L_2 = L$이므로 식 (7.88)의 극점을 다음과 같이 나타낼 수 있다.

$$\omega_{p1,2} = \frac{1}{2R_LC_F}\left[-1 \pm \sqrt{1 - \frac{4R_L^2C_F}{L(1 - k^2)}}\right]. \tag{7.91}$$

식 (7.88)은 $k$를 일정하게 유지하면서 $L_1$과 $L_2$를 낮추는 것이 유리하다는 것을 암시 한다; $L_1$과 $L_2$가 영에 접근하면서($M = k\sqrt{L_1L_2}$),

$$\frac{V_{out}}{V_{in}}(s) \approx \frac{M}{L_1}, \tag{7.92}$$

즉, $L_1 = L_2$인 경우 $k$가 되어 주파수에 무관하게 된다. 그러나 $L_1$과 $L_2$의 감소는 그림 7.50의 입력 임피던스 $Z_{in}$을 감소시킨다. 예를 들어, $C_F = 0$이면 식 (7.54)로부터,

$$Z_{in} = L_1s - \frac{M^2s^2}{R_L + L_2s}. \tag{7.93}$$

따라서 관심 주파수에서 $Z_{in}$이 충분히 큰 값을 갖도록 1차와 2차의 권선수를 선택해야 한다.

권선비(turns ratio)가 1 보다 큰 트랜스포머를 만드는 것이 가능한가? 그림 7.51(a)는 $AB$가 약 1턴을 가지고 $CD$가 약 2턴을 가지는 예를 보여준다. 그러나 $CD$의 작은 직경 때문에

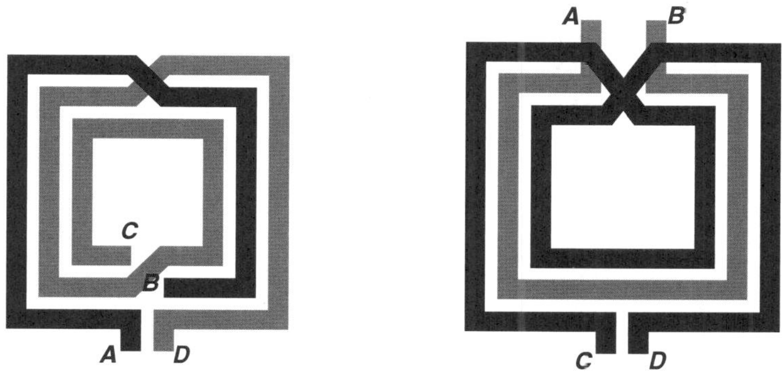


(a) (b)

**그림 7.51** *(a) 대칭 인덕터로부터 유도된 트랜스포머, (b) 두 개의 대칭 인덕터로 이루어진 1:2 (one-to-two) 트랜스포머*

*AB*와 *CD* 내부 턴 사이의 상호결합은 상대적으로 약하다. 그림 7.51(b)는 더 강한 결합 계수를 갖는 다른 1:2 예시를 보여준다. 적절한 입력 임피던스를 얻기 위해 실제로 1차와 2차는 많은 턴수를 필요로 한다.

그림 7.52는 두 개의 다른 평면 트랜스포머의 예시를 보여준다. 여기서 두 개의 비대칭 나선은 높은 결합 계수를 얻기 위하여 상호권상(interwound) 된다. 그림 7.52(a)의 구조는 턴으로 감겨있는 두 개의 평행한 도체로 볼 수 있다. 다른 길이 때문에 1차와 2차는 다른 인덕턴스를 가지며, 권선비가 1이 아니다[16]. 반면에 그림 7.52(b) 구조의 권선비는 정확히 1이 된다[16].

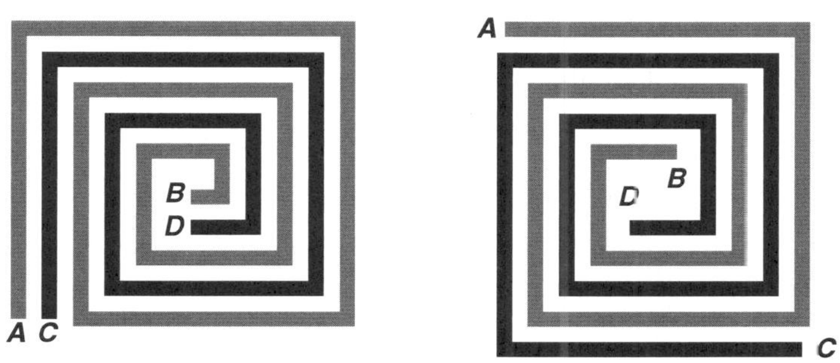


(a) (b)

**그림 7.52** *(a) 두 개의 도선이 함께 감긴 형태의 트랜스포머, (b) 1차(primary)와 2차(secondary)의 길이가 동일한 대체 구조(alternative structure)*

트랜스포머는 또한 3차원 구조로 구현될 수 있다. 7.2.7절에서 학습한 적층 인덕터와 유사하게, 1차와 2차에 적층 나선(stacked spiral)을 사용해 트랜스포머를 구현할 수 있다[6]. 그림 7.53(a)는 1:1(1-to-1)의 예를 보여준다. 다음 특징을 유념해야 한다: (1) 1차와 2차 권선을 정렬(align)하면, 그림 7.49와 그림 7.51의 평면 트랜스포머 보다 약간 높은 자기 결합 계수(magnetic coupling factor)를 얻을 수 있다; (2) 평면 구조와는 달리, 1차와 2차가 (커패시턴스의 차이를 제외하면) 대칭이고 동일할 수 있다; (3) 3D 트랜스포머의 전체 면적은 평면 트랜스포머 보다 작다.

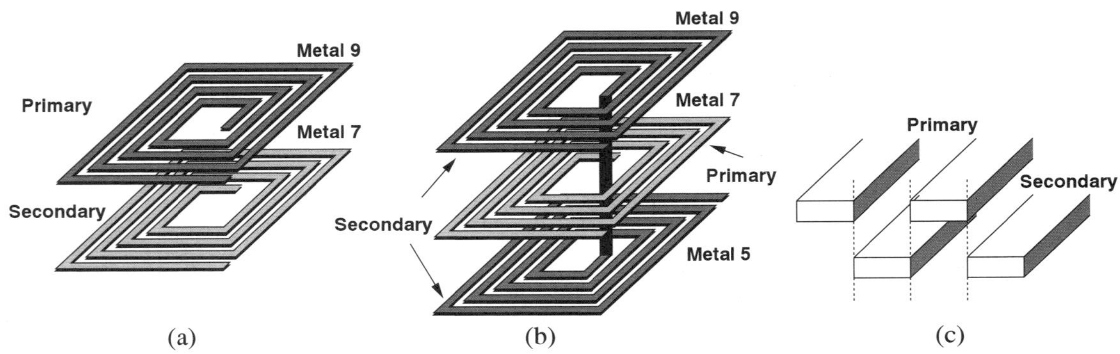


**그림 7.53** *(a) 1:1 적층 트랜스포머, (b) 1:2 트랜스포머, (c) 결합 커패시턴스 저감을 위한 턴의 엇갈림(staggering)*

적층 트랜스포머의 또 다른 장점은 손쉽게 1보다 큰 권선비를 제공할 수 있다는 것이다[6]. 그림 7.53(b)에 보인 것처럼, 1차와 2차를 형성하기 위해 다수의 나선을 직렬로 연결하는 아이디어이다. 따라서 9-금속 공정의 경우는 1:8 트랜스포머를 만들 수 있다! 참고문헌[6]에 따르면 적층 인덕터는 실제로 기가헤르츠 주파수에서 중요한 전압 혹은 전류 이득을 제공한다. 이 '공짜(free)' 이득은 체인(chain)에서 단(stage) 사이에 사용될 수 있다.

그러나 적층 트랜스포머에서 발생할 수 있는 다음 두 가지 이슈에 대한 대처가 요구된다. 첫째로, 하부의 나선이 얇은 금속에 의한 높은 저항으로 어려움을 겪게 된다. 둘째로, 1차와 2차 사이의 커패시턴스는 평면 커패시턴스 보다 큰 값을 갖는다(왜?). 이 커패시턴스를 줄이기 위해, 1차와 2차 턴을 '엇갈리게 배치해(staggered)' 오버랩(overlap)을 최소화 할 수 있다[그림 7.53(c)][6]. 그러나 인덕터의 인접 턴 사이에 상대적으로 큰 간격이 요구 되어 인덕턴스가 감소하게 된다.

### 7.3.2 결합 커패시턴스의 영향 Effect of Coupling Capacitance

1차와 2차 사이의 결합 커패시턴스는 음과 양의 상호 자기 결합 계수(mutual magnetic coupling factor)에 따라 다른 형태의 거동을 보인다. 이것을 이해하기 위하여 식 (7.88)의 전달 함수로 돌아가면, $s = j\omega$에 대해 분자는 다음과 같이 단순화 된다.

$$N(j\omega) = -L_1L_2\left(1 - \frac{M^2}{L_1L_2}\right)C_F\omega^2 + M. \tag{7.94}$$

첫 번째 항은 항상 음이지만 두 번째 항의 부호는 상호결합을 위해 선택된 방향에 의해 결정된다. 따라서 만약 $M > 0$이면 $N(j\omega)$는 다음 주파수에서 영으로 떨어진다.

$$\omega_z = \sqrt{\frac{M}{L_1L_2\left(1 - \frac{M^2}{L_1L_2}\right)C_F}}, \tag{7.95}$$

즉, 주파수 응답은 $\omega_z$에서 노치(notch) 특성을 보여준다. 반면에 만약 $M < 0$이면 그러한 노치가 존재하지 않고, 트랜스포머는 더 높은 주파수에서 동작하게 된다. 따라서 '비반전(non-inverting)' 트랜스포머는 '반전(inverting)' 트랜스포머에 비해 속도가 낮은 단점을 가지게 된다[16].

위의 현상은 직관적으로 설명될 수 있다: $C_F$를 통한 피드포워드(feedforward) 신호는 $L_1$에서 $L_2$로 결합된 신호를 상쇄 시킬 수 있다. 구체적으로, 그림 7.50에서 $L_2$에 걸린 전압은 두 개의 항 $L_2j\omega I_2$와 $Mj\omega I_1$을 포함하고 있다. 만약 어떤 주파수에서 $I_2$가 전적으로 $C_F$에 의해 공급된다면, 첫째 항은 둘째 항을 상쇄시킬 수 있고, 출력 전압은 영이 된다.

### 7.3.3 트랜스포머 모델링 Transformer Modeling

집적 트랜스포머는 자기(magnetic) 및 용량(capacitive) 결합을 가진 두 개의 인덕터로 볼 수 있다. 따라서 7.2.6절에 기술되어 있는 인덕터 모델은 여기에 바로 적용될 수 있다. 그림 7.54는 예를 보여주는데, 그림 7.35(b)의 간소화된 인덕터 모델을 사용해 1차와 2차를 나타내고, 결합 계수 $M$과 결합 커패시턴스 $C_F$가 추가되었다. 더 자세한 트랜스포머 모델링은 참고문헌 [16]과 [17]에서 찾을 수 있다. 이 모델의 복잡함 때문에 전체 구조에 대한 $S$-나 $Y$-파라미터

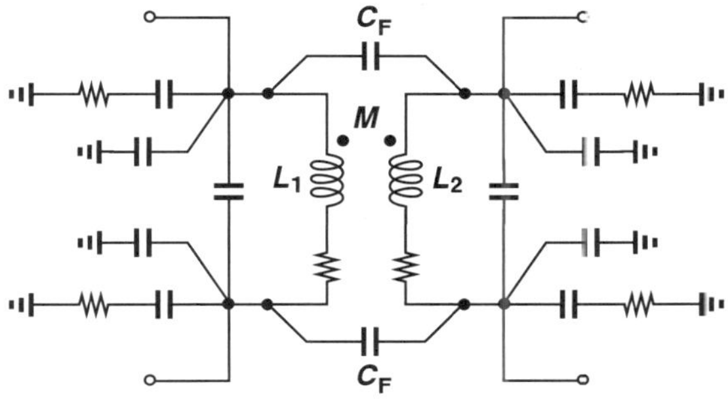


그림 7.54 트랜스포머 모델

만을 제공하는 측정이나 전자기장 시뮬레이션을 통해 각 성분의 값은 찾는 것은 어렵다. 실제로 트랜스포머의 한계에 관한 직관을 얻기 위해 이러한 형태의 모델링에 대한 상당한 노력이 있었지만, 정확한 표현을 위해서는 설계자가 *S*-혹은 *Y*-파라미터를 직접 이용해 회로 시뮬레이션을 수행해야 한다. 그러나 이 파라미터를 사용할 경우 회로 시뮬레이터는 때때로 수렴(convergence)에 어려움을 겪는다.

## 7.4 전송선로 Transmission Lines

집적 전송선로(transmission line, T-line)는 RF 설계에 종종 사용된다. T-line 응용의 몇 가지 예를 살펴보는 것은 유익하다. 고주파수 신호가 하나의 회로 블록(block)에서 다른 블록으로 긴 도선을 통해 전달된다고 가정하자(그림 7.55). 이 도선은 인덕턴스, 커패시턴스, 저항으로 인해 어려움을 겪는다. 인덕턴스와 직렬 저항을 줄이기 위해 도선의 폭을 증가시키면, 기판에 대한 커패시턴스가 증가한다. 이 기생 성분에 의해 주파수가 수 기가헤르츠를 넘을 경우 신호가 상당히 열화 될 수 있다.

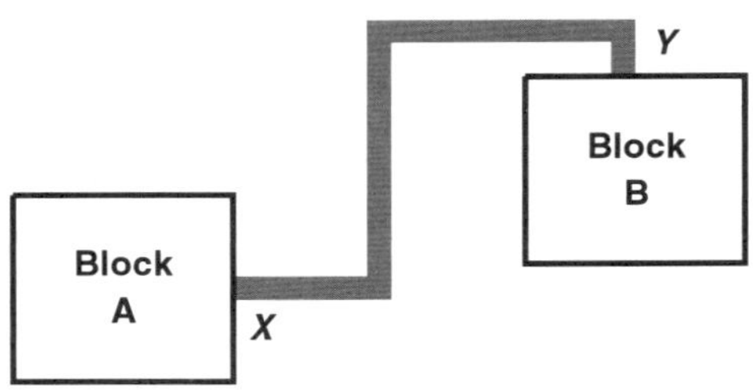


**그림 7.55** *긴 도선에 의해 연결된 두 개의 회로 블록*

**예제 7.28** RF Microelecronics

그림 7.55에 보인 도선에 대해 전류의 '귀환 경로(return path)'가 적절히 정의되지 않았다고 말한다. 그 특징과 결과를 설명하라.

**풀이:**

이상적인 상황에서, 신호 전류는 도선을 통해서 블록 *A*에서 블록 *B*로 흐르고 접지면(ground plane)을 통해서 돌아오게 된다[그림 7.56(a)]. 그러나 실제로 도선의 기생 성분과 이상적이지 않은 두 블록 사이의 접지 연결로 인해 신호 전류의 일부는 기판을 통해 흐르게 된다[그림 7.56(b)]. 복잡한 귀환 경로는 고주파에서 도선의 거동을 정확하게 예측하는 것을 어렵게 만든다. 또한 기판을 통한 결합으로 칩의 다른 부분으로 신호가 새게 된다.

예제 7.28 (계속) RF Microelecronics

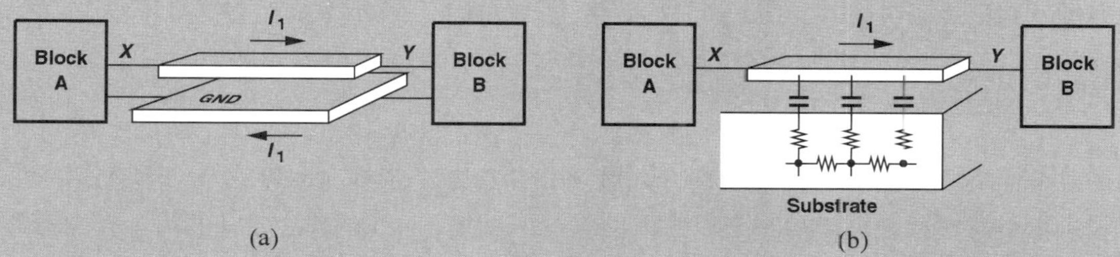


**그림 7.56** *(a) 접지면을 통한 전류 귀환 경로, (b) 불량한 전류 귀환 경로의 정의*

만약 그림 7.55의 긴 도선이 전송선로로 대체되고 블록 *B*의 입력 포트가 전송선로에 맞게 수정된다면, 위의 이슈를 완화시킬 수 있다. 그림 7.57에 보인 것처럼 신호는 도선의 인덕턴스와 커패시턴스에 의해 더 이상 열화 되지 않고, 전송선로의 접지면은 귀환 전류에 대해 낮은 임피던스를 제공할 뿐만 아니라 신호와 기판의 상호작용을 최소화 시킨다. 도선의 저항 또한 낮아 질 수 있지만 절충관계에 있다(7.4.1절).

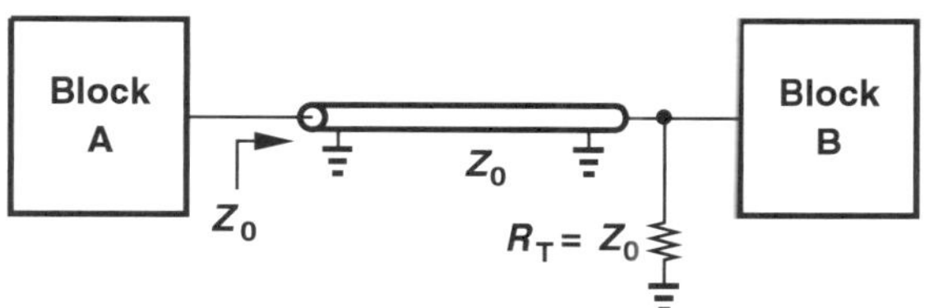


**그림 7.57** *전송선로에 의해 연결된 두 개의 회로 블록*

전송선로 응용의 또 다른 예로 2장에서 학습한 것처럼, 단락회로로 종단된 파장에 비해 크게 짧은 전송선로는 인덕터로 동작한다. 따라서 전송선로는 유도성 부하로 사용될 수 있다(그림 7.58).

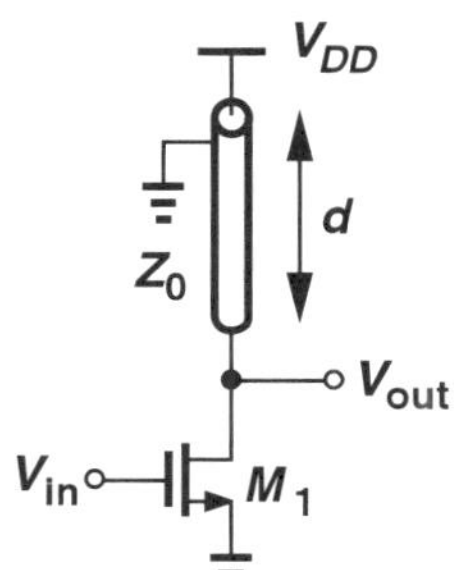


**그림 7.58** *부하 인덕터로 사용된 전송선로*

예제 7.29 RF Microelecronics

그림 7.58의 전송선로를 통과해 흐르는 신호 전류에 대해 귀환 경로를 찾아라.

**풀이:**

신호 전류가 $V_{DD}$ 라인에 도달하기 때문에, $V_{DD}$와 접지 사이에 바이패스(bypass) 커패시터가 위치해야 한다. 그림 7.59에서 보인 것처럼 이러한 구조는 귀환 경로의 기생 성분을 최소화 시켜야 한다. 임의의 고주파 싱글엔드형 단은 낮은 임피던스의 귀환 경로와 바이패스 커패시터를 필요로 한다.

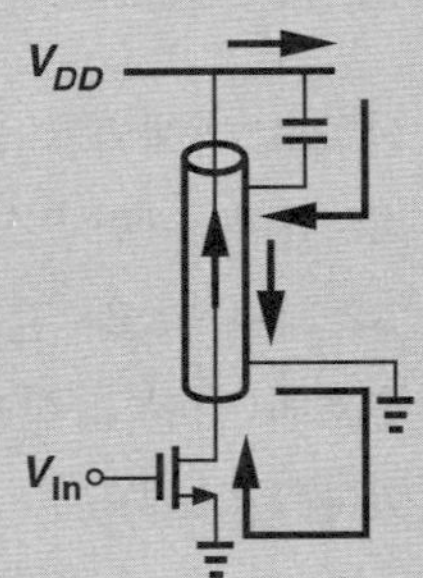


**그림 7.59** *CS 단의 전송선로 주변의 귀환 경로*

전송선로의 $Q$를 나선 인덕터와 비교하면 어떨까? 수십 기가헤르츠의 높은 주파수에서 인덕터가 선간 상호결합으로 더 높은 $Q$를 가지게 된다. 높은 주파수에 대해 전송선로가 나을 것으로 기대되지만 적어도 CMOS 공정에서는 이러한 예측을 뒷받침 하는 측정 데이터는 보고되지 않고 있다.

전송선로는 또한 임피던스를 변환시킬 수 있다. 2장에서 언급한 것처럼, 임피던스 $Z_L$로 종단(termination)된 길이 $d$의 도선은 다음의 입력 임피던스를 가진다.

$$Z_{in}(d) = \frac{Z_L + jZ_0 \tan(\beta d)}{Z_0 + jZ_L \tan(\beta d)}, \tag{7.96}$$

여기서 $\beta = 2\pi/\lambda$이고 $Z_0$는 전송선로의 특성 임피던스(characteristic impedance)이다. 예를 들어, $d = \lambda/4$이면 $Z_{in} = Z_0^2/Z_L$이 되어 용량성 부하를 유도성 부하로 변환할 수 있다. 물론 요구되는 1/4 파장(quarter-wave) 길이를 고려하면, 밀리미터파(millimeter-wave) 주파수 이상의 대역에서 동작하는 집적회로에 대해서만 현실적으로 적용이 가능하다.

### 7.4.1 전송선 구조 T-Line Structures

마이크로파(microwave) 분야에서 개발된 다양한 전송선 중에서 일부만이 집적회로에 적합한 구조를 가진다. 구조를 선택할 때 RF IC 설계자는 다음 파라미터를 고려해야 한다: 손실(loss), 특성 임피던스(characteristic impedance), 속도(velocity), 크기(size).

전송선로 구조를 학습하기 전에 CMOS 공정의 후공정(back end) 구조를 살펴보기로 하자. 그림 7.60에 보인 것처럼, 일반적인 공정은 실리사이드 폴리 실리콘(silicided poly silicon) 층과 약 9개의 금속층으로 구성 되어 있다. 폴리(poly)는 면저항 $R_{sh}(10 \sim 20\ \Omega/\square)$가 높은 불량한 도체이다. 각각의 하부 금속층은 약 0.3 μm의 두께에 60 ~ 70 mΩ/□의 $R_{sh}$를 갖는다. 최상부 층은 약 0.7 ~ 0.8 μm이고 25 – 30 mΩ/□의 $R_{sh}$를 갖는다. 두 개의 연속된 금속층 사이에 $\varepsilon_r \approx 3.5$인 0.7-μm 층과 $\varepsilon_r \approx 7$인 0.1-μm 층으로 구성된 *두 개의* 유전체 층(dielectric layer)이 형성된다.

**마이크로스트립(microstrip)** 집적 전송선로의 자연스러운 후보로 '마이크로스트립(microstrip)' 구조를 들 수 있다. 그림 7.61에 보인 것처럼, 이것은 최상부 금속층으로 구현된 신호

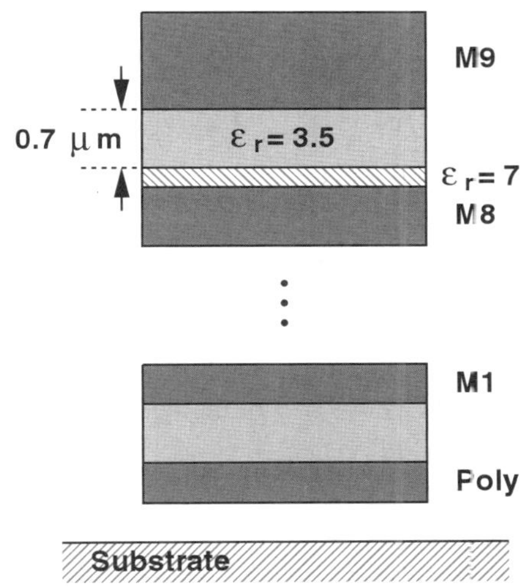


**그림 7.60** *CMOS 공정의 일반적인 후공정*

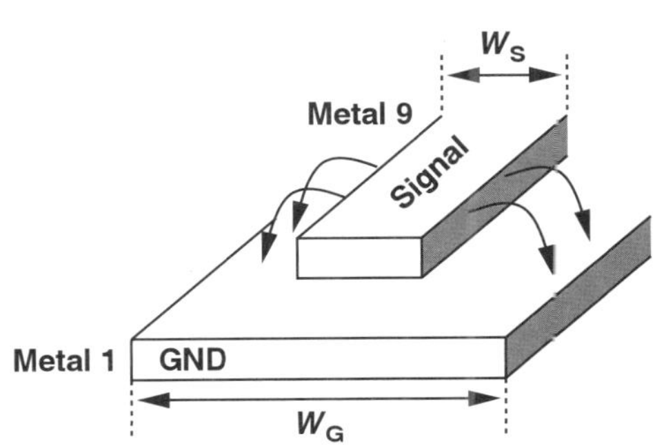


**그림 7.61** *마이크로스트립(microstrip) 구조*

선(signal line)과 하부 금속층의 접지면(ground plane)으로 구성된다. 이 구조의 중요한 특징은 신호선과 기판의 상호작용(interaction)을 최소화 할 수 있다는 것이다. 이것은 접지면이 충분히 넓어서 신호선에서 발산되는 대부분의 전기장 선속(electric field lines)을 포함할 수 있다면 가능하다. 전자기장 밀폐(confinement)와 전송선로 크기를 절충해, $W_G \approx 3W_S$로 선택된다.

마이크로스트립의 특성 임피던스를 표현하기 위하여 많은 표현식이 마이크로파 분야에서 개발 되었다. 예를 들어, 만약 접지면에 대해 신호선의 두께가 $t$이고 높이가 $h$이면,

$$Z_0 = \frac{377}{\sqrt{\epsilon_r}}\frac{h}{W_S}\frac{1}{1+1.735\epsilon_r^{-0.0724}(W_e/h)^{-0.836}}, \tag{7.97}$$

여기서,

$$W_e = W_S + \frac{t}{\pi}\left(1+\ln\frac{2h}{t}\right). \tag{7.98}$$

예를 들어, $h$ = 7 μm, $t$ = 0.8 μm, $\varepsilon_r$ = 4, $WS$ = 4 μm의 경우 $Z_0 \approx 86\ \Omega$이 된다. 그러나 이 공식은 10% 까지 오차가 있을 수 있다. 실제로 $Z_0$을 계산하기 위한 자세한 후공정(back end)을 고려한 전자기장 시뮬레이션이 필요하다.

**예제 7.30** RF Microelecronics

짧은 마이크로스트립이 회로에서 트랜지스터의 커패시터와 공진하는 인덕터로 사용되었다. 만약 선로의 특성 임피던스가 10% 오차를 가질 때 공진 주파수 $\omega_{res}$의 오차를 결정하라.

**풀이:**

식 (7.96)에서 $Z_L$ = 0이고 $2\pi d \ll \lambda$인 전송선로는 다음의 입력 임피던스를 가진다.

$$Z_{in} = jZ_0\tan(\beta d) \tag{7.99}$$

$$\approx jZ_0\left(2\pi\frac{d}{\lambda}\right) \tag{7.100}$$

$$\approx j\omega\frac{Z_0 d}{v}, \tag{7.101}$$

즉 인덕턴스는 $L_{eq} = Z_0 d/v = L_u d$가 되며, 여기서 $v$는 파속(wave velocity)을, $L_u$는 단위 길이 당 인덕턴스를 나타낸다. $\omega_{res}$는 $\sqrt{L_{eq}}$에 반비례하기 때문에 $\sqrt{L_{eq}}$의 10% 오차는 $\omega_{res}$의 5% 오차로 반영된다.

마이크로스트립의 손실은 신호선과 접지면의 저항에 의해 발생한다. 현대의 CMOS 공정

에서, 금속-1은 상위 층 보다 두께가 얇고, 신호선 손실 수준의 접지면 손실이 발생한다.

선로가 단순히 두 블록을 연결한다면 전송선로의 손실은 신호 감쇠(혹은 대역폭 감소)로 나타난다. 수십 기가헤르츠의 주파수에서 0.5 dB/mm 이하의 손실을 갖는 마이크로스트립은 이러한 목적에 잘 부합한다. 한편, 만약 전송선로가 $Q$가 중요한 유도성 부하로 동작한다면 훨씬 작은 손실이 요구된다. 손실과 $Q$는 손쉽게 연결될 수 있다. 단위 길이 당 $R_u$를 갖는 전송선로를 가정하자. 그림 7.62에 보인 것처럼,

$$\frac{V_{out}}{V_{in}} \approx \frac{R_L}{R_S + R_u + R_L} \tag{7.102}$$

$$\approx \frac{Z_0}{2Z_0 + R_u}. \tag{7.103}$$

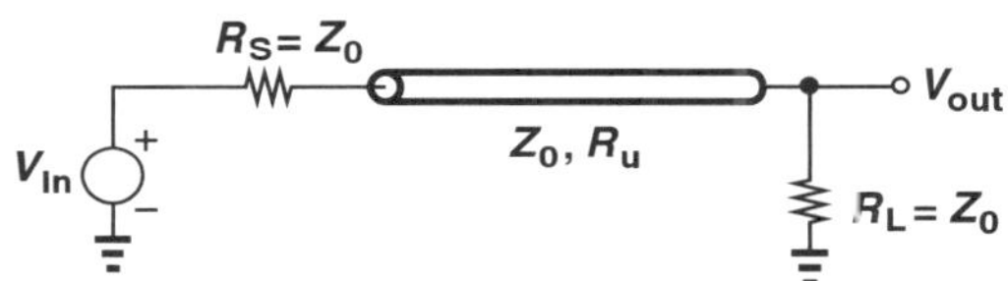


**그림 7.62** *손실이 있는 전송선로(lossy transmission line)*

이 결과와 이상적인 값의 차이를 찾아서 1/2로 정규화하면, $R_u \ll 2Z_0$에 대해 다음 식을 얻을 수 있다.

$$\text{Loss} \approx \frac{R_u}{2Z_0 + R_u} \tag{7.104}$$

$$\approx \frac{R_u}{2Z_0}, \tag{7.105}$$

이 값을 데시벨(decibel)로 변환하면, 20log(1-Loss)로 표현되고 결과는 음(*negative*)이 된다. 단위 길이의 전송선은 아래의 $Q$를 갖는다.

$$Q = \frac{L_u\omega}{R_u} \tag{7.106}$$

$$= \frac{L_u\omega}{2Z_0 \cdot \text{Loss}}. \tag{7.107}$$

**예제 7.31** RF Microelecronics

$Z_0 = 100\ \Omega$이고 $L = 1$ nH인 1000-μm 길이의 마이크로스트립 선로를 고려하라. 신호선의 폭이 4 μm이고 면저항이 25 mΩ/□인 경우, 5 GHz에서 손실과 $Q$를 결정하라. 표피 효과와 접

(*계속*)

**예제 7.31** (*계속*) **RF Microelecronics**

지면의 손실은 무시하라.

**풀이:**

신호선의 저주파수 저항은 6.25 Ω이고 식 (7.104)로부터 손실은 0.031 ≡ −0.276 dB가 된다. $Q$는 식 (7.107)로부터,

$$Q = 5.03. \tag{7.108}$$

마이크로스트립의 손실을 감소시키기 위해 신호선의 폭을 증가시킬 수 있다(비례해서 접지면의 폭도 증가해야 한다). 그러나 그러한 증가는 (1) (다중 신호선이 병렬로 배치된 것처럼) 단위 길이 당 인덕턴스를 감소시키고, (2) 접지면에 대한 커패시턴스를 증가시킨다. 두 효과 모두 특성 임피던스($Z_0 = \sqrt{L_u/C_u}$)를 감소시키는 결과를 가져온다. 예를 들어, 신호선의 폭을 두 배로 하면 $Z_0$이 대략 반으로 줄게 된다.[14] 식 (7.97)은 또한 이러한 대략적인 의존성을 보여준다.

신호선의 폭을 키운 결과, 특성 임피던스(characteristic impedance)가 감소되고, 이것은 회로 설계를 더욱 어렵게 만든다. 그림 7.57에 보인 것처럼 적절하게 종단된 전송선로에 의해 구동단(블록 $A$)에 저항 $Z_0$의 부하가 걸리게 된다. 따라서 $Z_0$이 감소하면 블록 $A$의 이득도 감소하게 된다. 즉, 회로와 선로가 하나의 개체(entity)로 설계되어야 하므로, 블록 $A$의 이득과 전송선로 손실의 역수의 *곱(product)*이 최대가 되어야 한다.

마이크로스트립의 저항은 금속층을 적층하여 감소시킬 수 있다. 그림 7.63에서 보인 것처럼 이 구조는 손실과 특성 임피던스 사이의 절충관계를 완화시킨다. 또한 적층을 이용하면

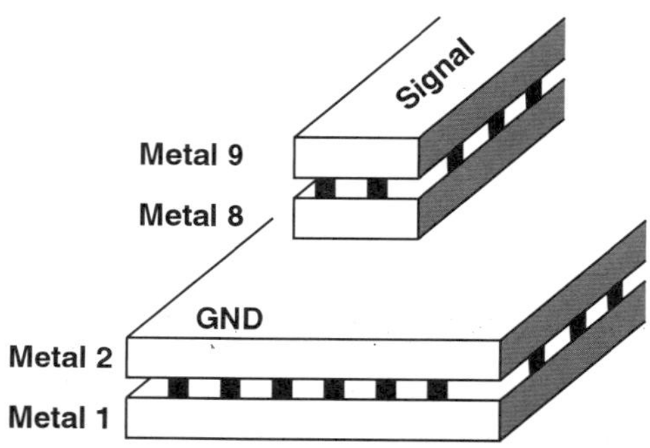


**그림 7.63** *손실을 줄이기 위해 평행 금속층(parallel metal layer)을 사용한 마이크로스트립(microstrip)*

14. 결합된 두 개의 *도선*을 병렬 연결해도 인덕턴스가 반으로 감소시키지 않는 것처럼, 폭이 두 배로 증가해도 $L_u$가 반으로 감소하지 않는다.

전송선로의 면적이 감소해, 라우팅(routing)과 레이아웃(layout)을 단순화시킬 수 있다.

**예제 7.32** RF Microelecronics

임피던스 변환을 위해 사용되는 전송선로는 수십 기가헤르츠에서 조차도 긴 길이로 인해 사용이 어렵다. 하지만, 관계식 $v = 1/\sqrt{L_u C_u}$에서, 만약 $C_u$가 을라가면 파속(wave velocity)과 $\lambda = v/f$가 감소하게 된다. 이 아이디어의 실용성(practicality)을 설명하라.

**풀이:**

$C_u$가 높아지면 $Z_0$이 낮아지는 이슈가 있다. 따라서 선로는 짧아질 수 있지만 더 큰 구동 능력(drive capability)이 요구된다. 게다가 임피던스 변환이 더 어렵게 된다. 예를 들어, $Z_L$을 $Z_0^2/Z_L$로 *증가*시키기 위해 $\lambda/4$ 선로를 사용한다고 가정하자. 이것은 $Z_0 > Z_L$일 때만 가능하다.

**코플래너 선로(Coplanar Lines)** 집적 전송선로를 위한 또 다른 후보는 '코플래너(coplanar)' 구조이다. 그림 7.64에 보인 것처럼, 이 구조는 가령 금속-9와 같은 *한 평면에* 신호선과 접지선을 구현한다. 코플래너 선로의 특성 임피던스는 마이크로스트립 보다 크게 되는데, 이것은 (1) 그림 7.64에서 보인 것처럼 신호선과 접지선의 두께가 얇고, (2) 두 도선간의 간격을 키워 커패시턴스를 더 감소시킬 수 있기 때문이다. 물론 $S$가 $h$와 비슷하기 때문에, 더 많은 신호선에서 발산된 전기장이 기판으로 종단되면서 더 많은 손실이 발생한다. 또한 신호선의 양쪽을 접지선(ground line)으로 둘러쌀 수 있다. 일반적으로 코플래너 선로의 특성은 전자기장 시뮬레이션을 통해 얻어진다.

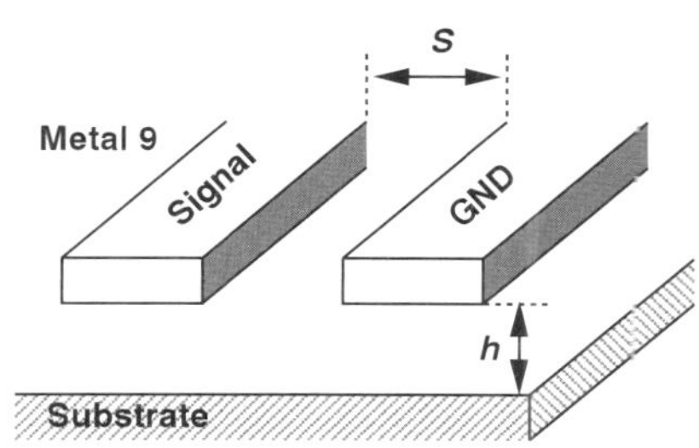


**그림 7.64** *코플래너 구조*

위에서 기술된 마이크로스트립을 위한 손실 감소 기법은 코플러너 선로에도 적용될 수 있으며, 유사한 절충관계를 수반한다. 그러나 코플래너 선로는 측방향(lateral)으로 퍼져 큰 면적을 차지하기 때문에 레이아웃이 어려운 단점을 가진다.

**스트립라인(Stripline)** '스트립라인(stripline)'은 접지면으로 *둘러싸인*(*surrounded*) 신호선으로 구성되기 때문에 주변으로 전자기장의 누설(leakage)이 거의 발생하지 않는다. 예를 들어,

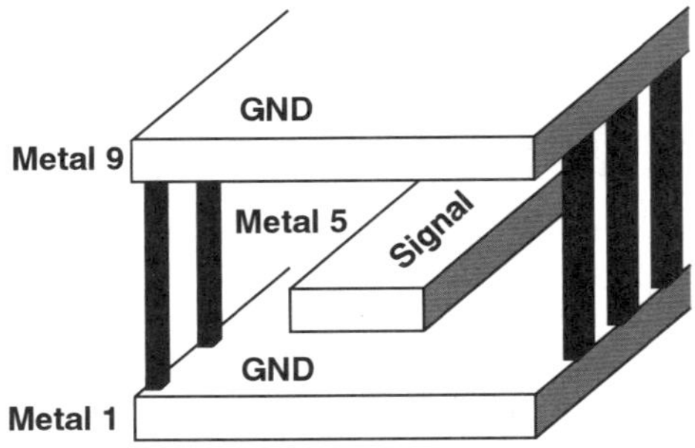


**그림 7.65** *스트립라인 구조*

금속-5 신호선을 금속-1 및 금속-9 평면과 두 평면을 연결하는 비아(via)로 둘러쌀 수 있다(그림 7.65). 만약 비아가 촘촘하게 위치한다면 신호선은 네 방향으로 모두 차폐된다.

스트립라인은 마이크로스트립이나 코플래너 구조에 비해 더 작은 특성 임피던스를 가진다. 따라서 전자기장의 밀폐(field confinement)가 중요한 경우에만 사용된다.

## 7.5 바랙터 Varactors

8장에 기술된 것처럼, '바랙터(varactor)'는 LC VCO의 핵심 부품(component)이다. 바랙터는 협대역(narrowband) 증폭기의 공진 주파수를 튜닝(tuning)할 때에도 자주 사용된다.

바랙터는 전압에 의존하는 커패시터이다. 바랙터는 발진기(oscillator) 설계에 있어서 매우 중요한 다음 두 가지 특징을 가진다: (1) 커패시턴스 범위, 즉 바랙터의 최대와 최소 커패시턴스의 비율과 (2) 구조 내부의 기생(parasitic) 직렬 저항에 의해 제한되는 바랙터의 $Q$-팩터(quality factor). 흥미로운 것은, 이 두 개의 파라미터가 많은 경우 서로 절충관계에 있다는 것이다.

구세대 RF IC의 경우, 역방향(reverse) 바이어스가 걸린 $pn$ 접합(junction)을 이용해 바랙터를 구현하였다. 그림 7.66(a)는 하나의 예를 보여주는데, 양극(anode)은 $p$-기판으로, 음극(cathode)은 $n^+$ 콘택(contact)으로 형성 되었다. ($p^+$ 콘택을 통해 저저항(low-resistance)으로 기판에 연결될 수 있다.) 이 경우 양극이 접지로 '고정배선(hard-wired)' 되어 설계의 유연성이 제한된다. '부동(floating)' $pn$ 접합은 그림 7.66(b)와 같이 구현될 수 있는데, 여기서 $n$-웰($n$-well)은 다이오드를 기판으로부터 격리시키고 음극 역할을 한다.

$pn$ 접합의 커패시턴스 범위와 $Q$를 살펴보자. 역 바이어스 $V_D$가 걸렸을 때, 접합 커패시턴스 $C_j$는 다음과 같이 주어진다.

$$C_j = \frac{C_{j0}}{\left(1 + \dfrac{V_D}{V_0}\right)^m}, \tag{7.109}$$

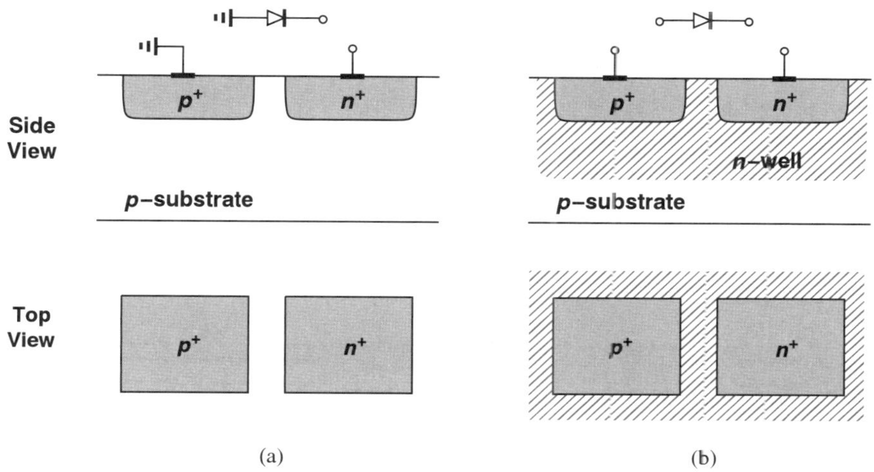


**그림 7.66** *(a) 한 단자가 접지된, (b) 양 단자가 부동된(floating) PN 접합 바랙터*

여기서 $C_{j0}$는 영 바이어스에서 커패시턴스, $V_0$는 빌트인 전위(built-in potential), 지수 $m$은 집적 구조에서 약 0.3이다. $C_j$가 $V_D$에 대해 약한 의존성을 보이고 있다. $V_0 \approx 0.7 \sim 0.8$ V이고 $V_D$는 최근 공정의 전원 전압인 1 V 이하가 되어, $1 + V_D/V_0$는 대략 1과 2 사이에서 변하게 된다. 게다가 약 0.3인 $m$은 이 변화를 약화시켜, 약 1.23의 커패시턴스 범위($C_{j,max}/C_{j,min}$)를 얻을 수 있다. 실제로 바랙터에 약간의 순방향(forward) 바이어스(0.2 - 0.3V)를 걸면 다소 큰 범위를 얻을 수 있다.

$pn$ 접합 바랙터의 $Q$는 구조의 전체 직렬 저항에 의해 주어진다. 그림 7.66(b)의 부동 다이오드에서 저항은 주로 $n$-웰($n$-well)에 의해 발생하며, $n^+$와 $p^+$ 콘택 사이에 최소 간격을 사용하여 최소화 시킬 수 있다. 나아가 그림 7.67에서 보인 것처럼, 이차원적으로 저항을 감소시키기 위해 $n^+$ 링(ring)을 이용해 각각의 $p^+$ 영역을 둘러쌀 수 있다.

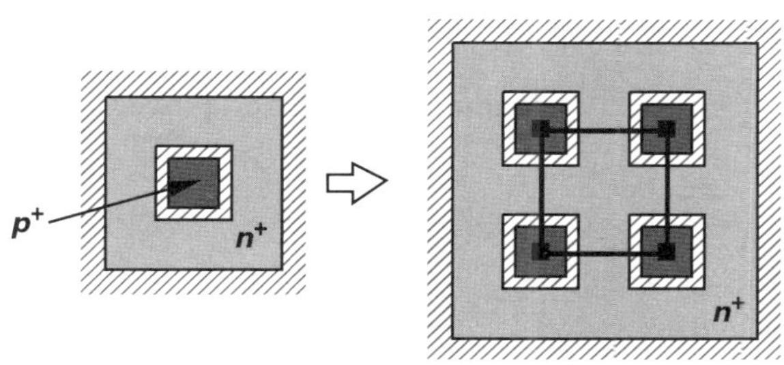


**그림 7.67** *바랙터 저항을 감소시키기 위한 $n^+$ 링(ring)의 사용*

인덕터, 트랜스포머, 전송선로와 달리 바랙터는 특히 $Q$의 계산을 위한 시뮬레이션과 모델링이 어렵다. 그림 7.68(a)에 그려진 변위 전류를 고려해 보자. 전류의 2차원적인 특성 때문에 구조의 등가 직렬 저항을 결정하거나 계산하는 것은 쉽지 않다. 이 이슈는 부분적으로 파운드리(foundry)에서 *n*-웰의 깊이 보다 큰 간격을 갖는 콘택을 이용해 *n*-웰의 면저항을 일반적으로 측정하기 때문에 발생하게 된다[그림 7.68(b)]. 이 경우 전류 경로가 그림 7.68(a)와 다르기 때문에, *n*-웰 면저항은 바랙터의 직렬 저항 계산에 직접적으로 적용될 수 없다. 이런 이유로 바랙터의 *Q*는 제작된 구조의 측정을 통해 얻어진다.[15]

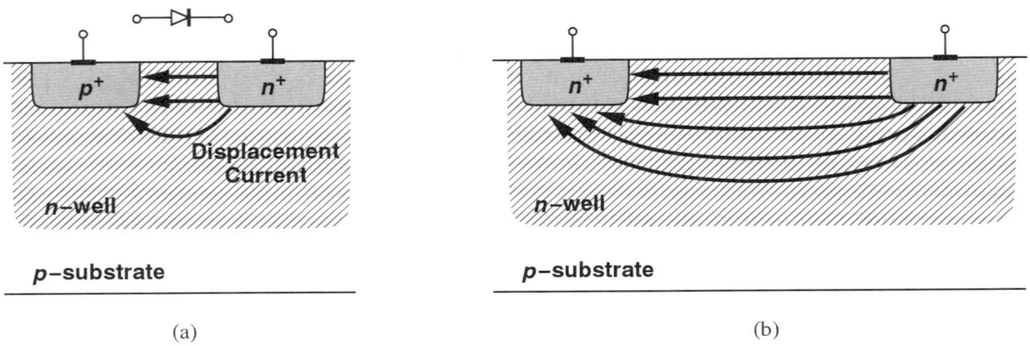


그림 7.68 *(a) 바랙터와 (b) 일반적인 시험 구조에서 전류 분포*

현대의 RF IC 설계에서, *pn*-접합 바랙터는 MOS 바랙터로 대체되었다. 일반적인 MOSFET에서 게이트 커패시턴스는 전압에 의존하지만(그림 7.69), 비단조적(nonmonotonic) 거동은 설계의 유연성(flexibility)을 제한한다. 예를 들어, 이러한 바랙터를 사용한 전압제어발진기(voltage-controlled oscillator, VCO)는 (평균) $V_{GS}$가 음에서 양의 값으로 변할 경우 출력 주파수가 증가하다 감소하게 된다. 이러한 비단조적 주파수 튜닝(tuning) 거동은 위상고정 루프(phase-locked loop)의 설계에서 문제가 된다(9장).

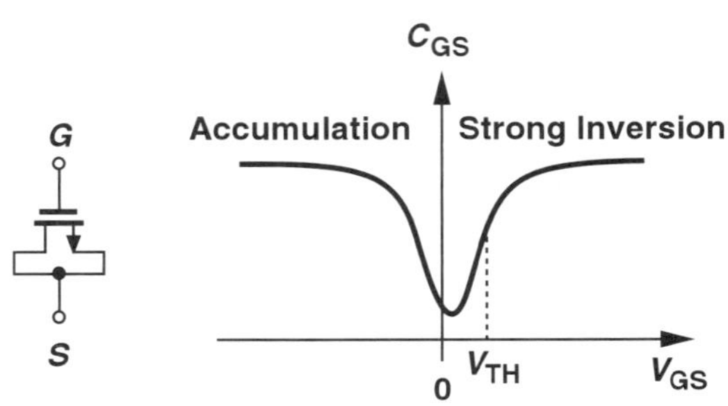


그림 7.69 $V_{GS}$*에 따른 게이트 커패시턴스의 변화*

15. 물론 여기서 만약 도핑 레벨(doping level)과 접합 깊이(junction depth)가 알려져 있다면 반도체 소자 시뮬레이터를 사용할 수 있다.

MOS 소자의 간단한 수정으로 위의 이슈를 피할 수 있다. 그림 7.70(a)의 '축적 모드(accumulation-mode) MOS 바랙터'라고 불리는 이 구조는 *n*-웰 내부에 NMOS 트랜지스터를 배치해 얻을 수 있다. 만약 $V_G < V_S$이면, *n*-웰의 전자는 실리콘/산화막 경계면(silicon/oxide interface)에서 밀려나고 공핍 영역(depletion region)이 형성된다[그림 7.70(b)]. 이 조건하에서 등가 커패시턴스는 산화막(oxide)과 공핍층(depletion) 커패시턴스의 직렬 결합에 의해 주어진다. $V_G$가 $V_S$ 보다 커지면서, 경계면(interface)은 $n^+$ 소스/드레인(source/drain) 단자에서 전자를 끌어 당겨 채널(channel)을 형성한다[그림 7.70(c)]. 따라서 전체 커패시턴스는 산화막(oxide)의 커패시턴스만큼 올라가게 되고, 그림 7.70(d)와 같이 거동하게 된다. [게이트 아래의 물질이 *n*-형 실리콘이므로 강한 반전(strong inversion)의 개념은 여기서 적용되지 않는다.]

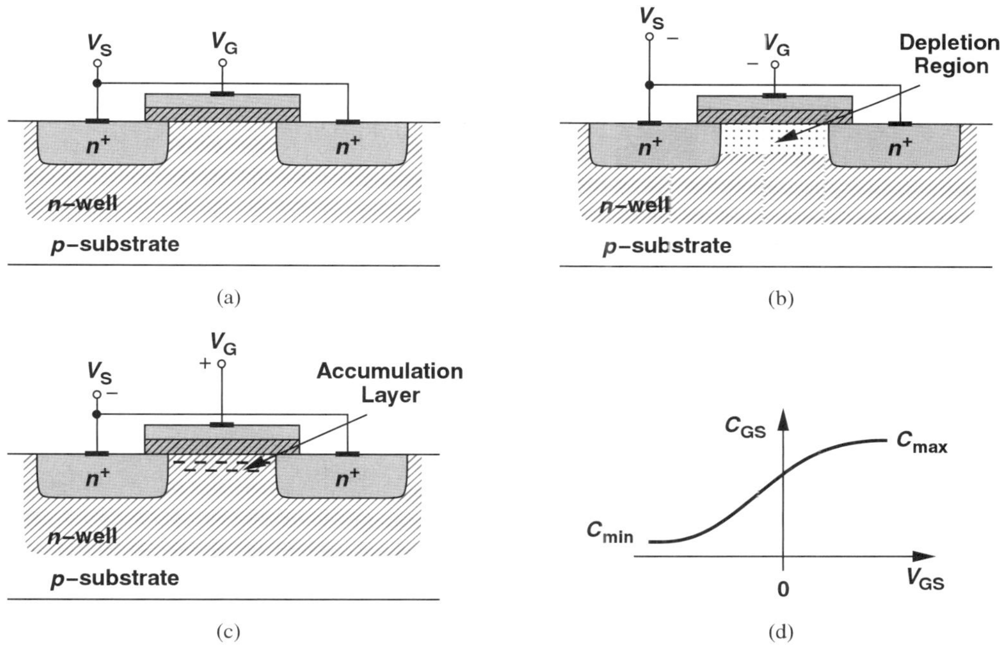


**그림 7.70** *(a) MOS 바랙터, (b) 음의 게이트-소스 전압에 대한 동작, (c) 양의 게이트-소스 전압에 대한 동작, (d) 결과적인 C/V 특성*

MOS 바랙터의 C/V 특성은 CMOS의 기술 세대(technology generation)에 따라 잘 스케일링(scaling)되어 왔고, 65-nm 소자의 경우 $V_{GS} \approx \pm 0.5$ V에서 $C_{max}$와 $C_{min}$의 포화(saturation) 수준에 근접하게 된다. 따라서 이 바랙터는 *pn*-접합 구조에 비해 저전압 동작에 더 적합하다.

축적모드 MOS 바랙터의 또 다른 장점은 *pn* 접합과는 달리 양과 음의 전압이 모두 허용된다는 것이다. 사실 그림 7.70(d)의 특성은 MOS 바랙터가 최대 튜닝 범위를 제공하기 위해 *반드시* 양과 음의 바이어스에서 동작해야 함을 암시한다. 이 부분은 8장의 VCO 설계에서 상세히 다루기로 한다.

회로 시뮬레이션은 그림 7.70(d)의 바랙터 C/V 특성을 포함해야 한다. 실제로, 이 특성은 제작된 소자에서 측정되며, 표 형태의 이산(discrete) 값으로 나타난다. 그러나 이러한 표는 특성의 *도함수(derivative)*에 불연속(discontinuity)을 유발해, 시뮬레이션에서 바람직하지 않은 결과[예를 들어, 높은 바닥 잡음(noise floor)]가 발생할 수 있다. 따라서 양호한 거동을 보이는(well-behaved) 함수를 이용해 C/V 특성을 근사(approximation)하는 것이 바람직하다. 포화 거동(saturation behavior)을 보이며 연속적인 도함수를 갖는 쌍곡 탄젠트(hyperbolic tangent)가 여기에 유용한 것으로 입증 되었다. tanh(±∞) = ±1이므로, 그림 7.70(d)는 다음과 같이 근사될 수 있다.

$$C_{var}(V_{GS}) = \frac{C_{max} - C_{min}}{2}\tanh\left(a + \frac{V_{GS}}{V_0}\right) + \frac{C_{max} + C_{min}}{2}. \tag{7.110}$$

여기서 $a$와 $V_0$를 조정해 각각 교차점(intercept)과 기울기(slope)를 피팅할 수 있으며, $C_{min}$과 $C_{max}$는 게이트-드레인과 게이트-소스의 오버랩(overlap) 커패시턴스를 포함한다.

위의 바랙터 모델은 회로 시뮬레이터에 따라 다른 특성을 보인다! 예를 들어, 발진기에서 HSPICE는 Cadence에 비해 더 좁은 튜닝 범위를 예측한다. 전압과 전류의 관점에서 회로를 해석하는 시뮬레이션 도구(예: HSPICE)는 비선형 커패시턴스 공식을 정확히 해석할 수 있다. 한편, *전하 방정식(charge equation)으로* 커패시터의 거동을 표현하는 프로그램(예: Cadence 사의 Spectre)의 경우 모델을 Q/V 관계로 변환해야 한다. 이를 위해 $dQ = C(V)dV$로부터 일반적인 커패시턴스의 정의를 상기하면,

$$Q_{var} = \int C_{var}dV_{GS} \tag{7.111}$$

$$= \frac{C_{max} - C_{min}}{2}V_0 \ln\left[\cosh\left(a + \frac{V_{GS}}{V_0}\right)\right] + \frac{C_{max} + C_{min}}{2}V_{GS}. \tag{7.112}$$

바꿔 말하면, 바랙터는 전하와 전압이 식 (7.112)의 관계를 가지는 2단자 소자로 나타낼 수 있다. 따라서 바랙터를 통해 흐르는 전류는 시뮬레이션 프로그램에 의해 다음과 같이 계산된다.

$$I_{var} = \frac{dQ_{var}}{dt}. \tag{7.113}$$

MOS 바랙터의 $Q$는 소스와 드레인 사이의 저항에 의해 결정된다.[16] 그림 7.71(a)에 보인 것처럼, 이 저항과 커패시턴스는 소스에서 드레인으로 가면서 분포되어 있고, 그림 7.71(b)에 나와 있는 집중 모델(lumped model)로 근사될 수 있다.

16. 적절한 레이아웃에 의해 게이트 커패시턴스가 최소가 된다고 가정한다.

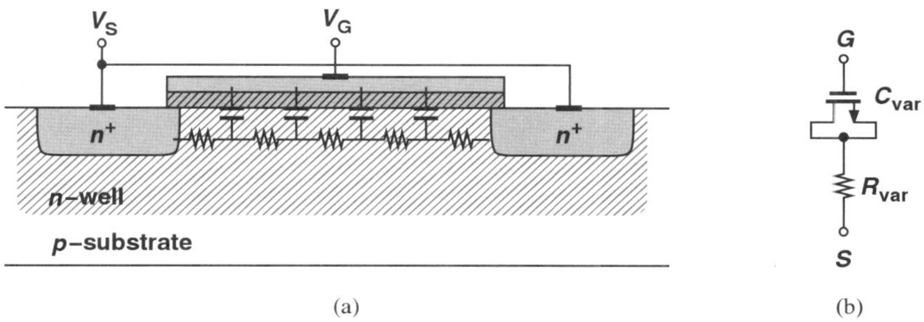


**그림 7.71** *(a) 바랙터의 분포 저항(distributed resistance), (b) 집중 모델(lumped model)*

## 예제 7.33

RF Microelecronics

그림 7.71(b)의 집중 모델(lumped model)에서 등가 저항과 커패시턴스를 결정하라.

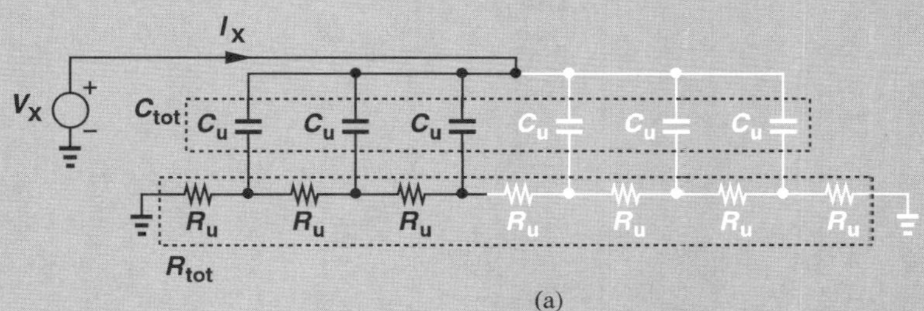


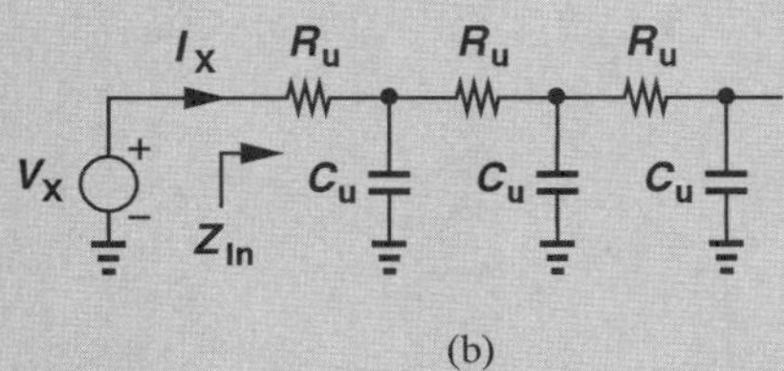


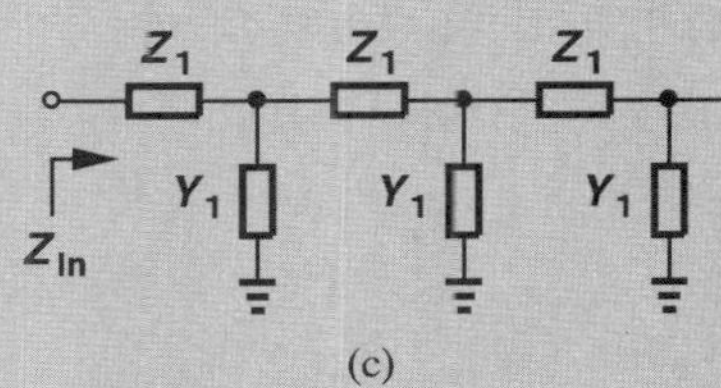


**그림 7.72** *(a) 바랙터의 분포 모델(distributed model), (b) 구조의 반쪽에 대한 등가 회로, (c) 표준(canonical) 전송 선로 구조*

**풀이:**

먼저 그림 7.72(a)의 구조의 반쪽을 고려하자. 여기서 단위 커패시턴스는 더해져 전체 분포 커패시턴스인 $C_{tot}$이 되고, 단위 저항은 더해져 전체 분포 저항인 $R_{tot}$이 된다. 회로를 아래 위로 돌리면, 그림 7.72(b)의 익숙한 구조를 얻을 수 있다. 이제 회로는 직렬 저항과 병렬 커패시턴스로 구성된 전송선로와 유사한 구조를 가진다. 그림 7.72(c)의 일반 전송선로에 대해 입력 임피던스 $Z_{in}$은 다음과 같이 주어진다[18].

$$Z_{in} = \sqrt{\frac{Z_1}{Y_1}} \frac{1}{\tanh(\sqrt{Z_1 Y_1} d)}, \tag{7.114}$$

(계속)

**예제 7.33** (*계속*) **RF Microelecronics**

여기서 $Z_1$과 $Y_1$은 단위 길이에 대해 정의되고, $d$는 선로의 길이이다. 그림 7.72(b)에서 $Z_1d = R_{tot}$이고 $Y_1d = C_{tot}s$로 주어진다; 따라서,

$$Z_{in} = \sqrt{\frac{R_{tot}}{C_{tot}s}\frac{1}{\tanh(\sqrt{R_{tot}C_{tot}s/4})}}. \quad (7.115)$$

$1/(R_{tot}C_{tot}/4)$ 보다 크게 낮은 주파수에서, tanh의 인수(argument)는 1보다 크게 작게 되고 다음과 같이 근사될 수 있다.

$$\tanh\epsilon \approx \epsilon - \frac{\epsilon^3}{3} \quad (7.116)$$

$$\approx \frac{\epsilon}{1+\frac{\epsilon^2}{3}}. \quad (7.117)$$

따라서,

$$Z_{in} \approx \frac{1}{C_{tot}s/2} + \frac{R_{tot}/2}{3}. \quad (7.118)$$

즉 반쪽 구조의 집중 모델은 분포 커패시턴스와 분포 저항의 1/3로 구성되어 있다. 그림 7.72(b)의 나머지 회색 반쪽을 고려하면,

$$Z_{in,tot} \approx \frac{1}{C_{tot}s} + \frac{R_{tot}}{12}. \quad (7.119)$$

($n$-웰 내부에 배치된) MOS 바랙터의 $Q$를 계산할 때 주요한 어려움으로, 소스와 드레인 사이의 저항이 MOS 트랜지스터의 특성으로부터 바로 계산될 수 없다는 것을 들 수 있다. $pn$ 접합의 경우처럼, MOS 바랙터의 $Q$는 일반적으로 실험적 측정(measurement)을 통해 얻어진다.

MOS 바랙터의 $Q$는 커패시턴스에 따라 어떻게 변할까? 그림 7.70(d)의 특성에서 시작점인 $C_{min}$에서 커패시턴스는 적고 ($n$-웰의) 저항은 다소 크게 나타난다. 반면에 $C_{max}$로 접근하면서 커패시턴스가 증가하고 저항은 감소된다. 결과적으로 식 $Q = 1/(RC\omega)$는 $Q$가 상대적으로 일정하다는 것을 암시한다. 그러나 실제로 $Q$는 $C_{GS}$가 $C_{min}$에서 $C_{max}$로 변할 때 감소되고, 이것은 상대적인 커패시턴스의 증가가 상대적인 저항의 감소 보다 크다는 것을 나타낸다(그림 7.73).

8장에 설명되어 있는 대로, 발진기 설계에서 바랙터의 $Q$를 최대화 하는 것이 바람직하

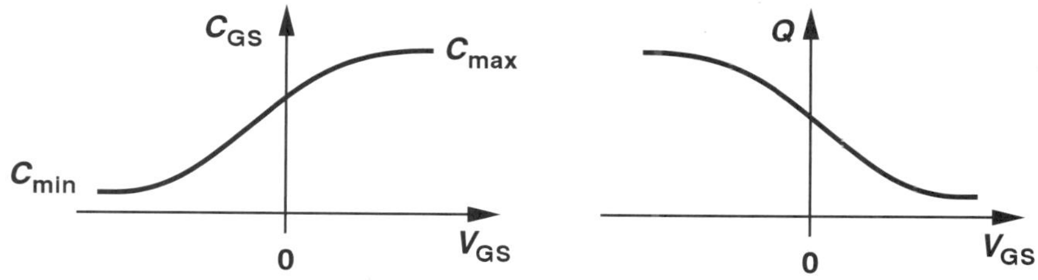


**그림 7.73** *커패시턴스에 따른 바랙터 Q의 변화*

다. MOS 바랙터에 관한 지금까지의 학습을 통해, 소자의 길이(소스와 드레인 사이의 거리)가 최소가 되어야만 한다는 결론을 내릴 수 있다. 그러나 최소 채널(channel) 길이에 대해, 게이트와 소스/드레인 단자 사이의 오버랩(overlap) 커패시턴스가 전체 커패시턴스 중 상당 부분을 차지하게 되고, 커패시턴스의 범위를 제한하게 된다. 그림 7.74에서 보인 것처럼, (상대적으로 전압에 무관한) 오버랩 커패시턴스는 C/V 특성을 위로 이동시키며, 튜닝 비율은 $(C_{max} + 2WC_{ov})/(C_{min} + 2WC_{ov})$가 된다. 여기서 $C_{max}$와 $C_{min}$은 오버랩 효과가 없을 때의 '고유(intrinsic)' 값이다. 최소 채널 길이에 대해, $2WC_{ov}$는 $C_{min}$ 보다 더 커질 수 있고, 이 경우 커패시턴스 비율이 상당히 감소하게 된다.

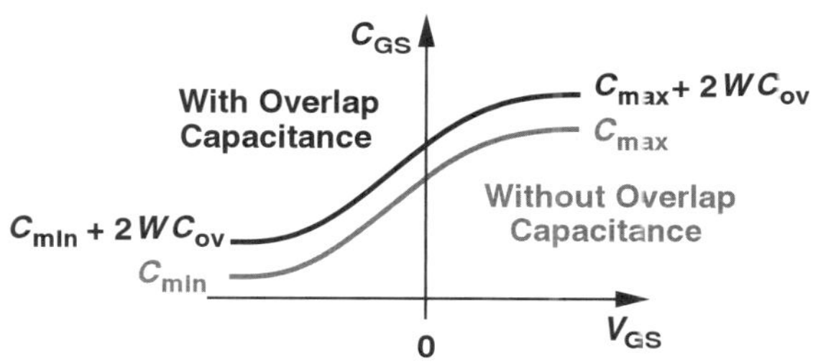


**그림 7.74** *바랙터 커패시턴스 범위에 대한 오버랩 커패시턴스의 효과*

### 예제 7.34

RF Microelecronics

65-nm 공정에서 구현된 MOS 바랙터는 50 nm의 실효(effective) 길이와 0.09 fF/μm의 $C_{ov}$를 가진다. $C_{ox}$ = 17 fF/μm$^2$인 경우, 바랙터가 제공할 수 있는 최대 커패시턴스 범위를 구하라.

**풀이:**

소자에 대해서 1 μm의 폭을 가정하면, $2WC_{ov}$ = 0.18 fF이고 게이트 산화각 커패시턴스는 17 fF/μm$^2$ × 1 μm × 50 nm = 0.85 fF가 된다. 따라서 (만약 직렬 연결된 산화막과 공핍층 커패시턴스가 무시된다면) 최소 커패시턴스는 0.18 fF이고, 최대 커패시턴스는 0.85 fF + 0.18 fF

(계속)

예제 7.34 (계속)

= 1.03 fF가 된다. 따라서 최대 커패시턴스 비는 5.72가 된다. 실제로, 직렬 연결된 산화막과 공핍층 커패시턴스는 $2WC_{ov}$와 비슷한 값을 가지므로 이 비율은 약 2.5로 감소하게 된다.

큰 커패시턴스 범위를 얻기 위해, MOS 바랙터의 길이를 증가시킬 수 있다. 위의 예제에서, 만약 채널 길이의 실효치가 100 nm로 커지면 커패시턴스 비율은 (1.7 fF + 0.18 fF)/(0.18 fF) = 10.4가 된다. 그러나 큰 소스-드레인 저항은 $Q$를 감소시킨다. 최대 커패시턴스가 1.03 fF에서 1.88 fF로 변하면서 채널 저항이 두 배로 증가되기 때문에 $Q[=1/(RC\omega)]$는 3.65배로 감소하게 된다. 바꿔 말하면, 채널 길이가 $m$배가 되면 $Q$는 약 $1/m^2$로 감소하게 된다.

바랙터 커패시턴스 범위와 $Q$의 절충관계는 궁극적으로 LC VCO의 튜닝 범위와 위상 잡음 사이의 또 다른 절충관계로 이어진다. 우리는 이 이슈를 8장에서 학습하게 된다. 약 10 GHz 주파수 까지는, 인덕터의 $Q$ 보다 훨씬 높은 $Q$ 값을 유지하며 커패시턴스 범위를 증가시키기 위해 최소 채널 길이의 두 배를 선택한다.

## 7.6 고정 커패시터 Constant Capacitors

RF 회로에서, 예를 들어 (1) LC 탱크의 공진 주파수 조정, (2) 단(stage) 사이의 ac 결합, (3) 전원 레일(supply rail)의 접지 바이패스(bypass)와 같은 다양한 목적을 위해 고정 커패시터(constant capacitor)를 사용한다. RFIC에서 사용되는 중요한 파라미터에는 커패시턴스 밀도(capacitance density, 칩에서 단위 면적당 커패시턴스), 기생(parasitic) 커패시턴스, $Q$가 있다.

### 7.6.1 MOS 커패시터 MOS Capacitors

CMOS 공정에서 $C_{ox}$가 다른 커패시턴스 보다 크기 때문에, MOSFET을 이용한 커패시터는 가장 높은 커패시턴스 밀도를 제공한다. 그러나 MOS 커패시터는 두 가지 이슈를 가지고 있다. 첫째로, 최대의 커패시턴스를 제공하기 위해 문턱 전압(threshold voltage) 보다 높은 $V_{GS}$가 요구된다(그림 7.69). MOS 바랙터가 최대의 커패시턴스를 제공하기 위해 필요한 '바이어스(bias)' 조건과 유사하다. 둘째로, 높은 주파수에서 채널 저항(channel resistance)에 의해 MOS 커패시터의 $Q$가 제한된다. 식 (7.119)로부터 집중 모델에서 채널 저항은 12로 나눠지고,

$$Q=\frac{12}{R_{tot}C_{tot}\omega}. \tag{7.120}$$

위의 두 가지 이슈로 MOS 커패시터는 중간단 결합(interstage coupling)에 적합하지 않다.

그림 7.75(a)에 보인 것처럼 $M_3$에 약 $V_{DD} - V_{GS2}$의 바이어스 게이트-소스 전압이 걸린다(왜?). $V_{DD}$ = 1 V, $V_{GS}$ = 0.5 V의 일반적인 조건에 대해, $M_3$는 작은 과구동(overdrive) 전압과 높은 채널 저항으로 어려움을 겪는다. 게다가 만약 회로가 큰 간섭원(interferer)을 감지하면 $M_3$의 비선형성(nonlinearity)이 드러나게 된다. 이런 이유로 MOS 커패시터는 결합 소자로 거의 사용되지 않는다.

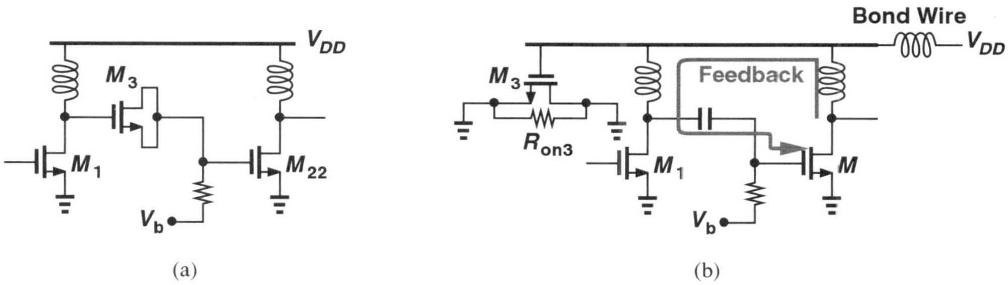


**그림 7.75** *(a) 결합(coupling) 소자 및 (b) 바이패스(bypass) 소자로 사용된 MOS 커패시터*

MOS 커패시터의 응용 중의 하나는 전원 바이패스(supply bypass)이다. 그림 7.75(b)에 보인 것처럼 전원 선로(supply line)는 상당한 본드 와이어(bond wire) 인덕턴스를 포함하게 된다. 높은 주파수에서 두 번째 단에서 첫 번째 단으로 *피드백(feedback, 궤환)*이 발생할 수 있다. 바이패스 커패시터 $M_3$는 전원과 접지 사이에 낮은 임피던스를 만들어 피드백을 억제한다. 이 경우 $M_3$의 $Q$는 여전히 중요하다: 만약 소자의 등가 저항이 커패시턴스의 리액턴스(reactance)와 비슷한 경우 바이패스(bypass) 임피던스는 피드백을 억제할 만큼 충분히 낮지 않을 수 있다.

만약 소스와 드레인이 단락될 경우, 일반적인 MOS 모델은 채널 저항($R_{on}$)을 포함하지 않는다는 것에 유의해야 한다. $M_3$에 대해 그림 7.75(b)에 보인 것처럼 $R_{on3}$는 두 단자 사이의 단일 집중 소자로 나타나고, 회로 시뮬레이터에 의해 '단락 된다(shorted cut)'. 이런 이유로, 설계자는 I/V 특성으로부터 $R_{on}$을 계산하고, 12로 나눈 다음, 결과를 MOS 커패시터와 직렬로 연결해야 한다.

## 예제 7.35

RF Microelecronics

MOS 커패시터는 길이가 $L$인 하나의 트랜지스터나, 각각의 길이가 $L/N$인 병렬 연결된 $N$개의 트랜지스터로 구현 될 수 있다[그림 7.76(a)]. 두 구조의 $Q$를 비교하라. 단순화를 위해, 실효 채널 길이를 각각 $L$ 및 $L/N$으로 가정하라.

**풀이:**

그림 7.76(a)는 채널 저항은 다음과 같다.

(계속)

**예제 7.35** (*계속*) RF Microelecronics

$$R_{on,a} = \frac{1}{\mu_n C_{ox} \frac{W}{L}(V_{GS} - V_{TH})}, \tag{7.121}$$

그림 7.76(b)의 각 핑거(finger)의 채널 저항은 다음과 같다.

$$R_{on,u} = \frac{1}{\mu_n C_{ox} \frac{W}{L/N}(V_{GS} - V_{TH})}, \tag{7.122}$$

$N$ 핑거가 병렬로 연결되어 있으므로, $R_{on,b} = R_{on,u}/N = R_{on,a}/N^2$가 된다. 즉 소자를 $N$개의 병렬 핑거로 분해하면 저항은 $1/N^2$로 감소하게 된다.

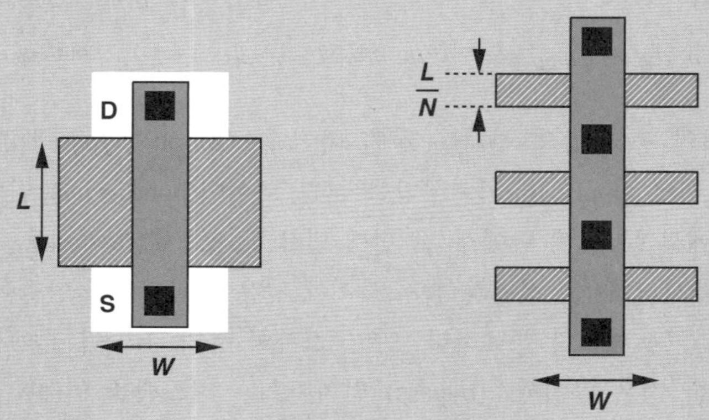


(a) (b)

**그림 7.76** *(a) 하나의 긴 핑거(finger) 및 (b) 복수의 짧은 핑거로 구현된 MOS 커패시터*

위의 분해(decomposition)를 이용하면 수십 기가헤르츠까지의 주파수에 대해서 적절한 $Q$(예를 들어, 5 ~ 10)를 갖는 MOS 커패시터를 얻을 수 있으며, 이것은 전원 바이패스로 사용될 수 있다.

독자들은 특히 매우 큰 MOS 커패시터의 경우 $V_{GS}$가 $V_{DD}$에 근접하면서 상당한 게이트 누설 전류(leakage current)로 어려움을 겪는다는 것에 유의해야 한다. 이 전류는 시스템이 저전력(대기) 모드로 들어가면서 뚜렷이 나타난다: $V_{DD}$가 가해지는 한 누설은 계속 지속되며 배터리(battery)를 방전시킨다.

### 7.6.2 금속판 커패시터 Metal-Plate Capacitors

만약 MOS 커패시터의 선형성이 충분하지 않으면, 대신 금속판 커패시터가 사용될 수 있다.

그림 7.77에 보인 것처럼 '평행판(parallel-plate)' 구조는 다른 금속층 평면을 사용한다. 커패시턴스 밀도를 최대화하기 위해 폴리 층(poly layer) 까지도 포함한 전체 금속층이 사용될 수 있다.

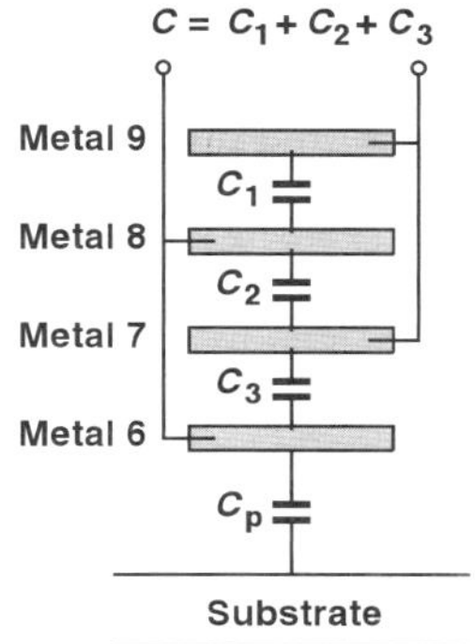


**그림 7.77** *평행판(parallel-plate) 커패시터*

## 예제 7.36

RF Microelecronics

그림 7.77에 보인 금속층 사이에 필요한 실제의 연결을 보여라.

**풀이:**

짝수(even-numbered) 금속층 끼리 서로 연결 되어야 하고, 홀수(odd-numbered) 금속층도 마찬가지이다. 그림 7.78에 보인 것처럼, 이 연결은 비아(via)에 의해 만들어 진다. 실제로, 직렬 저항을 줄이기 위해 (지면에 수직 방향으로 배열된) 비아 행(raw)을 이용해 금속층을 연결한다.

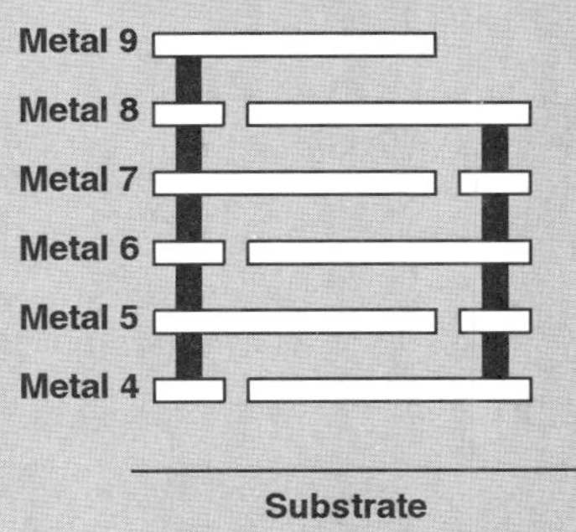


**그림 7.78** *평행판(parallel-plate) 커패시터의 자세한 구조*

잘 설계된 평판 커패시터의 $Q$와 선형성은 일반적으로 대우 높아서 고려할 필요가 없다. 그러나 모두 금속층과 폴리층을 이용한 평행판 구조는 MOSFET 보다 낮은 커패시턴스 밀도를 갖는다. 예를 들어, 9개의 금속층을 가진 65-nm 공정에서 전자는 약 1.4 fF/μm$^2$를 후자는 17 fF/μm$^2$의 커패시턴스 밀도를 가진다.

평행판 구조는 기판에 대한 기생(parasitic) 커패시턴스로 어려움을 겪는다. 그림 7.79에 보인 것처럼 커패시턴스 $C_{AB} = C_1 + \cdots + C_9$에 대한, 가장 하부 평판과 기판 사이의 커패시턴스 $C_p$의 비율은 기생 성분의 심각도(severity)를 나타낸다. 일반적인 공정에서, 이 값은 10%에 달하며, 회로 설계를 매우 어렵게 만든다.

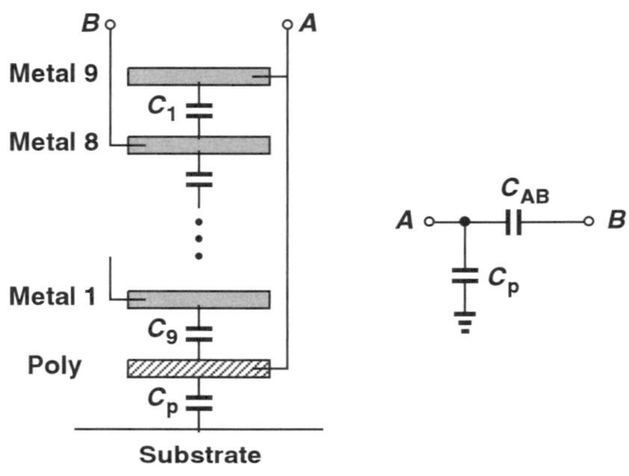


**그림 7.79** *바닥 평판(bottom-plate)의 기생(parasitic) 커패시턴스*

## 예제 7.37

RF Microelecronics

입력 커패시턴스 $C_{in}$을 갖는 단(stage)의 입력에 용량성 결합(capacitive coupling)을 사용하려고 한다(그림 7.80). 결합 커패시터에 의한 추가적인 입력 커패시턴스를 결정하라. $C_p = 0.1C_c$를 가정하라.

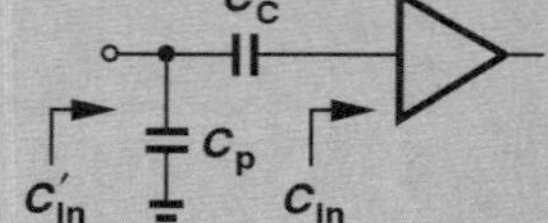


**그림 7.80** *입력 결합 커패시턴스 값의 선택*

**풀이:**

신호의 감쇠를 최소화하기 위해, $C_c$는 $C_{in}$에 비해 가령 $C_c \approx 5C_{in}$ 정도로 훨씬 커야 한다. 따라서 $C_p = 0.5C_{in}$이면,

$$C'_{in} = \frac{C_c C_{in}}{C_c + C_{in}} + 0.5C_{in} \tag{7.123}$$

예제 7.37 (계속) RF Microelecronics

$$= \frac{4}{3}C_{in}. \tag{7.124}$$

따라서 입력 커패시턴스가 30% 이상 증가하게 된다.

몇 개의 상부 금속층만을 사용한다면 위의 이슈를 완화시킬 수 있다. 예를 들면, 금속-9 ~ 금속-4로 구성된 구조는 660 aF/$\mu$m$^2$의 밀도를 가지며, 기생성분은 18 aF/$\mu$m$^2$로 2.7%에 해당된다. 물론 낮은 밀도로 인해 면적이 커지고 신호선의 라우팅(routing)이 복잡해진다.

대안으로 인접 금속 선로 사이의 측방향 전기장을 이용해 높은 커패시턴스 밀도를 얻는 구조를 생각해 볼 수 있다. 그림 7.81에 보인, 이 '프린지(fringe)' 커패시터는 최소 허용 간격을 가진 좁은 금속 도선으로 구성되어 있다. 이 구조는 8장에 기술되어 있다.

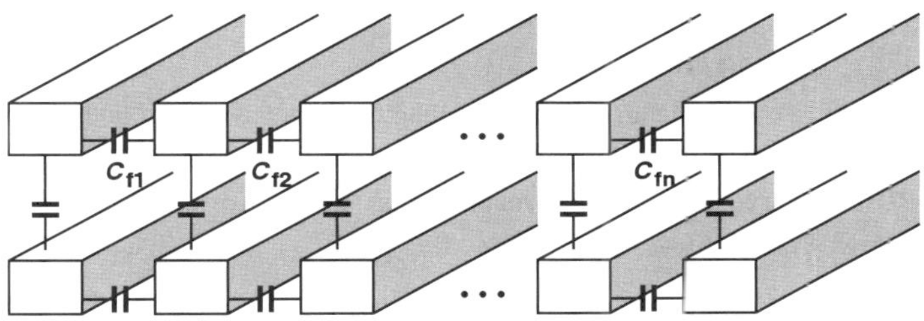


**그림 7.81** *프린지(fringe) 커패시터 구조*

# 참고문헌


[1] J. Craninckx and M. S. J. Steyaert, "A 1.8 GHz CMOS Low Phase Noise Voltage-Controlled Oscillator with Prescaler," *IEEE Journal of Solid-State Circuits*, vol. 30, pp. 1474.1482, Dec. 1995.

[2] S. Jenei, B. K. J. C. Nauwelaers, and S. Decoutere, "Physics-Based Closed-Form Inductance Expressions for Compact Modeling of Integrated Spiral Inductors," *IEEE Journal of Solid-State Circuits*, vol. 37, pp. 77.80, Jan. 2002.

[3] S. S. Mohan et al., "Simple Accurate Expressions for Planar Spiral Inductances." *IEEE J. Solid-State Circuits*, vol. 34, pp. 1419.1424, Oct. 1999.

[4] A. Niknejad and R. G. Meyer, "Analysis, Design, and Optimization of Spiral Inductors and Transformers for Si RF ICs," *IEEE J. Solid-State Circuits*, vol. 33, pp. 1470.1481, Oct. 1998.

[5] M. Kraemer, D. Dragomirescu, and R. Plana, "Accurate Electromagnetic Simulation and Measurement of Millimeter-Wave Inductors in Bulk CMOS Technology," *IEEE Topical Meeting on Silison Monolithic Integrated Circuits in RF Systems*, pp. 61.64, Jan. 2010.

[6] A. Zolfaghari, A. Y. Chan, and B. Razavi, "Stacked Inductors and 1-to-2 Transformers in CMOS Technology," *IEEE Journal of Solid-State Circuits*, vol. 36, pp. 620.628, April 2001.

[7] W. B. Kuhn, "Approximate Analytical Modeling of Current Crowding Effects in Multi-Turn Spiral Inductors," *IEEE RFIC Symp. Dig. Tech. Papers*, pp. 271.274, June 2000.
[8] W. B. Kuhn and N. M. Ibrahim, "Analysis of Current Crowding Effects in Multiturn Spiral Inductors," *IEEE Tran. MTT*, vol. 49, pp. 31.39, Jan. 2001.
[9] C. S. Yen, Z. Fazarinc, and R. Wheeler, "Time-Domain Skin-Effect Model for Transient Analysis of Lossy Transmission Lines," *Proc. of IEEE*, vol. 70, pp. 750.757, July 1982.
[10] Y. Cao et al., "Frequency-Independent Equivalent Circuit Model of On-Chip Spiral Inductors," *Proc. CICC*, pp. 217.220, May 2002.
[11] M. Danesh et al., "A Q-Factor Enhancement Technique for MMIC Inductors," *Proc. IEEE Radio Frequency Integrated Circuits Symp.*, pp. 217.220, April 1998.
[12] N. M. Neihart et al., "Twisted Inductors for Low Coupling Mixed-signal and RF Applications," *Proc. CICC*, pp. 575.578, Sept. 2008.
[13] C. P. Yue and S. S. Wong, "On-Chip Spiral Inductors with Patterned Ground Shields for Si-Based RF ICs," *IEEE J. Solid-State Circuits*, vol. 33, pp. 743.751, May 1998.
[14] S.-M. Yim, T. Chen, and K. K. O, "The Effects of a Ground Shield on the Characteristics and Performance of Spiral Inductors," *IEEE J. Solid-State Circuits*, vol. 37, pp. 237.245, Feb. 2002.
[15] Y. E. Chen et al., "Q-Enhancement of Spiral Inductor with N1-Diffusion Patterned Ground Shields," *IEEE MTT Symp. Dig. Tech. Papers*, pp. 1289.1292, 2001.
[16] J. R. Long, "Monolithic Transformers for Silicon RF IC Design," *IEEE J. Solid-State Circuits*, vol. 35, pp. 1368.1383, Sept. 2000.
[17] J. R. Long and M. A. Copeland, "The Modeling, Characterization, and Design of Monolithic Inductors for Silicon RF ICs," *IEEE J. Solid-State Circuits*, vol. 32, pp. 357.369, March 1997.
[18] S. Ramo, J. R. Whinnery, and T. Van Duzer, *Fields and Waves in Communication Electronics*, Third Edition, New York: Wiley, 1994.

## 연습문제

7.1. 식 (7.1)을 $N$-턴 나선에 대해 전개하고 $L_{tot}$이 $N(N+1)/2$항을 포함하는 것을 보여라.

7.2. 그림 7.32(a)에 보인 회로의 $Q$가 식 (7.62)로 주어짐을 증명하라.

7.3. $N$-턴 나선에 대해 등가 권선간 커패시턴스가 다음과 같이 주어짐을 증명하라.

$$C_{eq} = \frac{C_1 + \cdots + C_{N^2-1}}{(N^2-1)^2}. \tag{7.125}$$

7.4. 식 (7.62)를 사용하여 그림 7.37(b)와 (d)에 보인 회로의 $Q$를 비교하라.

7.5. 그림 7.41의 인덕터에 의해 생성된 자기장(magnetic field)을 고려하라. 회로에서 멀리 떨어진 대칭선 상에 있는 지점에 대해, 어느 구조가 더 작은 총(net) 자기장을 생성하는가?

7.6. 선폭 5 μm, 선간격 0.5 μm, 4-턴을 사용한 5-nH 인덕터에 대해 예제 7.13을 반복하라. 결과가 외경(outer diameter)에 크게 의존하는가?

7.7. 그림 7.28(a)의 회로에 대해 $Y_{11}$을 계산하고 병렬 등가 저항을 계산하라. 결과가 식 (7.55)에서 보인 것과 동일한가?

7.8. 4-턴에 대해서 예제 7.19를 반복하라. *N*-턴에 대한 표현식을 찾을 수 있는가?

7.9. 그림 7.50에서 입력 임피던스($Z_{in}$)을 찾아라.

7.10. 표 7.1의 커패시턴스 데이터를 사용해서 4개의 금속층을 적층한 인덕터에 대해 예제 7.25를 반복하라. 인덕턴스는 단일 나선의 3.5배로 가정하라.

7.11. LC VCO (8장)이 *pn*-접합 바랙터를 사용한다고 가정하라. 만약 바럭터가 역바이어스(reverse-bias)를 유지해야 한다면, 제어전압과 출력 스윙의 범위를 결정하라.

CHAPTER 08

# 발진기

Oscillators

4장에서 공부한 RF 송수신기에서 송수신 경로 모두에 발진기를 많이 사용하고 있는 것을 보았다. 흥미로운 것은 대부분의 시스템에서 모든 믹서의 한쪽 입력은 발진기의 주기적인 신호에 의해 구동된다는 것이다. 이 장은 발진기의 분석과 설계를 다룬다. 개요는 아래와 같다.

| 일반 원리 | 전압제어 발진기 | 위상 잡음 | 직교신호 VCO |
|---|---|---|---|
| ■ 피드백 관점 | ■ 튜닝 한계 | ■ 위상 잡음의 영향 | ■ 발진기 결합 |
| ■ 1단자 관점 | ■ 바랙터 Q의 영향 | ■ 분석 접근법 I | ■ 기본 구조 |
| ■ 상호결합 발진기 | ■ 넓은 튜닝 범위를 갖는 VCO | ■ 분석 접근법 II | ■ 직교 위상 발진기의 특성 |
| ■ 3점 발진기 | | ■ 바이어스 전류의 잡음 | ■ 향상된 구조 |
| | | ■ 저잡음 VCO | |

## 8.1 성능 파라미터 Performance Parameters

RF 송수신기에 사용되는 RF 수신기는 다음 두 가지 요구조건을 만족 시켜야 한다: (1) 동작 주파수와 출력 신호의 '순도(purity)'와 같은 시스템 규격(specification) (2) 구동 능력과 출력 스윙(swing)과 같은 '인터페이스(interface)' 규격. 이 절에서는 발진기 성능 파라미터와 전체 시스템에서 역할을 살펴보기로 한다.

**주파수 범위(Frequency Range)** RF 발진기의 발진 주파수는 원하는 범위 내에서 변화될 수 있도록 설계 되어야 한다. 이 범위는 다음 두 가지 요소를 포함한다: (1) 시스템 요구사항; 예를 들어, 900-MHz GSM 직접변환(direct-conversion) 수신기의 LO는 935 MHz에서 960 MHz까지 튜닝(tuning) 되어야 한다; (2) 공정 및 온도의 변화와 모델링의 부정확성을 고려한 추가적인 여유(margin). 두 번째 요소는 일반적으로 수 퍼센트 수준이다.

**예제 8.1** RF Microelecronics

직접변환 송수신기가 2.4-GHz와 5-GHz 무선 대역에 대해 설계 되었다. 만약 단일 LO가 두

(계속)

**예제 8.1** (*계속*) RF Microelecronics

대역을 모두 커버(cover)해야 한다면, 최소 허용 튜닝 범위는 어떻게 되는가?

**풀이:**

그림 8.1은 두 대역을 커버할 수 있는 구성을 보여 준다. 낮은 주파수에 대해 4.8 GHz $\le f_{LO} \le$ 4.96 GHz이다. 따라서 전체 튜닝 범위는 4.8 ~ 5.8 GHz로 약 20%가 된다. 상대적으로 LC 발진기에서 이런 넓은 튜닝 범위를 얻기는 쉽지 않다.

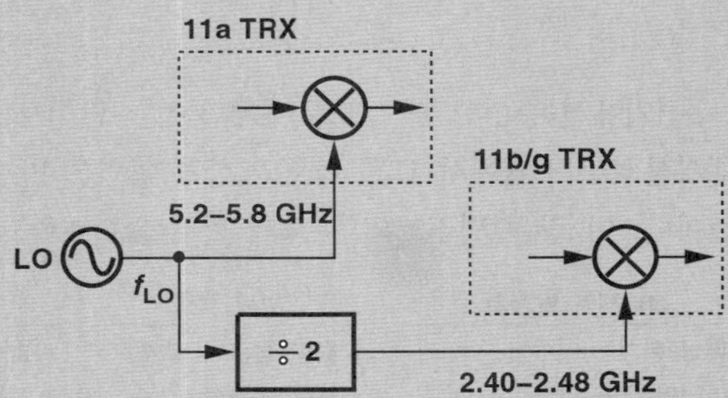


**그림 8.1** *이중 대역(dual-band) 송수신기의 LO 경로*

발진기의 실제 주파수 범위는 직교 위상(quadrature) 출력의 유무, 그리고/혹은 주입 인입(injection pulling)의 고려 여부에 또한 의존하게 된다(4장). 직접변환 송수신기는 직교 위상의 반송파(carrier)를 사용하며, 발진기가 직접적으로 직교 위상 출력을 발생하거나, 요구되는 주파수의 2배에서 동작하면서 ÷2 단이 직교 위상 출력을 발생하게 된다. 예를 들어, 그림 8.1의 하이브리드(hybrid) 구조에서 LO는 5-GHz 범위에서 여전히 직교 위상을 공급해야 한다－그러나 PA 출력에 의한 주입 인입에 취약한 단점을 갖는다. 직교 위상 발생의 문제점은 8.11절에서 다루기로 한다.

CMOS 발진기의 주파수는 얼마까지 올라 갈 수 있을까? 300 GHz의 발진 주파수가 보고되었지만[1], 실제로 높은 주파수에서 많은 심각한 절충관계(trade-off)가 더욱 두드러지게 나타난다. 이 장의 후반부에서 이러한 절충관계를 분석하게 된다.

**출력 전압 스윙(Swing)** 그림 8.1의 구조에서 예시된 것처럼, RF 시스템에서 발진기는 믹서와 주파수 분주기(frequency divider)를 구동한다. 따라서 뒤따르는 단(stage)에서 거의 완벽한 트랜지스터의 스위칭을 보장하기 위하여 충분히 큰 출력 스윙이 요구된다. 나아가 8.7절에 따르면, 극도로 낮은 출력 스윙은 발진기 내부 잡음의 영향을 악화시킨다. 1-V 공급 전압으로, 일반적인 싱글엔드형 스윙은 0.6 ~ 0.8 $V_{pp}$가 된다. 스윙을 증폭하거나 뒤따르는 단을 구동하기 위해 버퍼가 연결된다.

**구동 능력(Drive Capability)** 발진기가 큰 부하 커패시턴스를 구동해야 하는 경우가 있다. 그림 8.2는 수신기 경로의 일반적인 구조를 보여준다. 발진기는 하향 변환 믹서뿐만 아니라 $\div N$로 표시된 주파수 분주기를 구동해야 한다. 이것은 '주파수 합성기(frequency synthesizer)' 루프가 주파수 분주기를 필요로 하는 발진기의 주파수를 정밀하게 제어해야 하기 때문이다(10장). 즉, LO는 적어도 하나의 믹서와 하나의 분주기 입력 커패시턴스를 구동해야 한다.

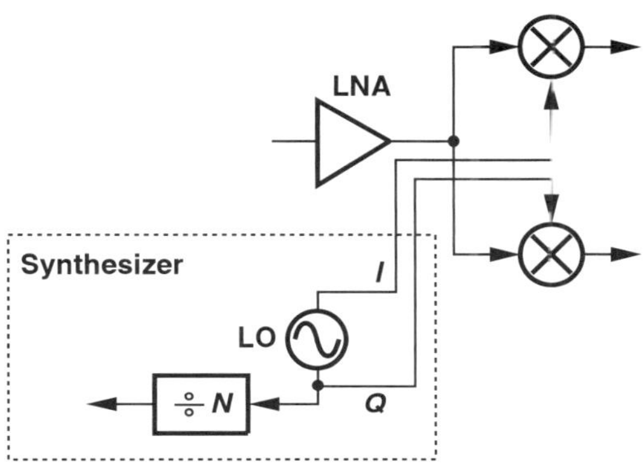


**그림 8.2** *LO 부하 회로*

여기서 흥미로운 사실은 일반적인 믹서와 분주기의 적절한 동작에 필요한 최소 LO 스윙과 LO 단자에 걸리는 커패시턴스 사이에 절충관계가 있다는 것이다. 이것은 그림 8.3(a)의 전형적인 믹서 단에서 볼 수 있는데, 여기서 가능한 급격하게(abruptly) $M_1$과 $M_2$를 스위칭하는 것이 바람직하다(6장). 이를 위해 $V_{GS1} - V_{GS2}$가 한쪽 트랜지스터를 끌 수 있는 큰 값에 빨리 도달할 수 있도록 큰 LO 스윙을 선택할 수 있다[그림 8.3(b)]. 반대로 작은 LO 스윙을 사용할 경우, *더 넓은* 트랜지스터를 사용해 작은 차동 입력으로 전류를 조향(steering)할 수 있다.

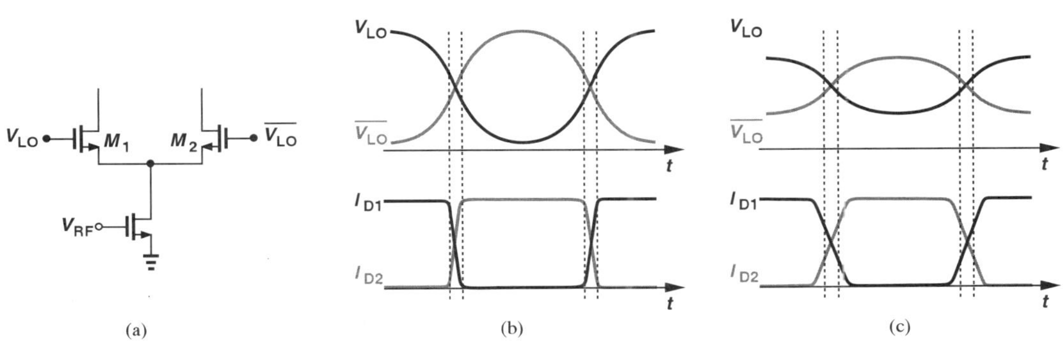


**그림 8.3** *(a) 전형적인 믹서와 분주기의 LO 경로, (b) 큰 LO 스윙에 의한 전류 조향, (c) 작은 LO 스윙과 넓은 트랜지스터에 의한 전류 조향*

용량성 부하의 이슈는 송신기에서 더 심각해진다. 예제 6.37에 설명한 대로, PA 입력 커패시턴스는 상향 변환 믹서의 LO 단자로 '전파(propagation)'된다.

믹서와 분주기에 의한 부하(loading)를 경감 시키고 스윙을 증폭하기 위하여, 가령 LO에 차동쌍(differential pair) 버퍼를 연결할 수 있다. 그림 8.2에서 직교 위상을 위해 *두 개의* 버퍼가 필요하다. 버퍼는 속도의 한계나 전원 전압 보다 높은 스윙 때문에 추가적인 전력을 소모하고 유도성 부하를 필요로 하는 경우도 있다(6장). 추가적인 인덕터는 레이아웃과 고주파 신호의 라우팅(routing)을 복잡하게 만든다.

## 예제 8.2

RF Microelecronics

하향 변환 믹서의 LO 단자는 대부분 용량성 임피던스인 반면, 상향 변환 믹서는 저항성 요소를 포함하고 있음을 증명하라.

**풀이:**

그림 8.4의 단순화된 모델을 고려하자. 여기서 $R_p$는 하향 변환 믹서의 물리적인 부하 저항을 나타내며, $C_L$과 함께 저역통과필터(low-pass filter)를 형성하고 있다. 반면에 상향 변환 믹서에서는 $R_p$는 공진 주파수에서 부하 인덕터의 등가 병렬 저항을 모델링 한다. 문제 8.1에서 회로의 입력 어드미턴스를 계산하면, 실수부는 다음과 같이 정리된다:

$$Re\{Y_{in}\} = \frac{[(1 + g_m R_p)C_{GD} + g_m R_p C_L] R_p C_{GD}\omega^2}{1 + R_p^2(C_{GD} + C_L)^2\omega^2}. \tag{8.1}$$

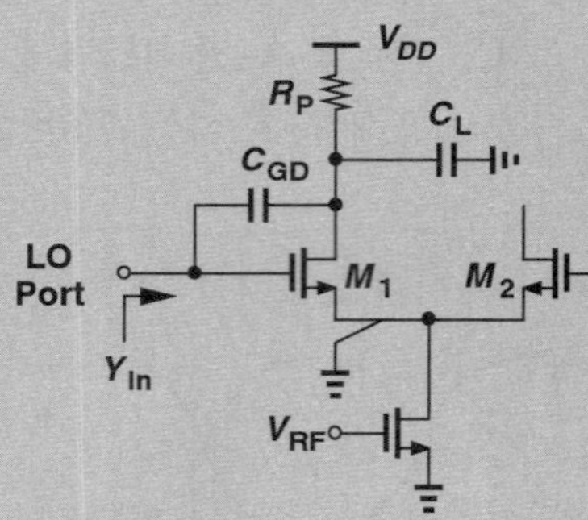


**그림 8.4** *차동쌍의 입력 어드미턴스*

하향 변환 믹서에서 출력 노드(node)의 −3 dB 대역폭은 *채널(channel)* 대역폭에 비례해 매우 작게 된다. 즉, $R_pC_L$이 매우 크다고 가정할 수 있고, 식 (8.1)을 정리하면,

$$Re\{Y_{in}\} \approx \frac{g_m C_{GD} C_L}{(C_{GD} + C_L)^2}. \tag{8.2}$$

**예제 8.2** (*계속*) RF Microelecronics

하향 변환 믹서에서 $C_L >> C_{GD}$로 가정하는 것은 적절하며, 입력에서 보았을 때 다음과 같은 *병렬* 저항성 요소를 얻을 수 있다:

$$R_{in} \approx \frac{1}{g_m}\frac{C_L}{C_{GD}}. \tag{8.3}$$

이것은 단지 주기의 일부분에 대해 $M_1$과 $M_2$가 평형(equilibrium) 근처일 때 입력과 병렬로 연결된 저항이다. 예를 들어, 만약 $1/g_m \approx 100\ \Omega$, $C_L = 1$ pF, $C_{GD} = 5$ fF이면 $R_{in} = 20$ kΩ이 되어 상대적으로 큰 값을 갖게 된다.

상향 변환 믹서에 대해 식 (8.1)로부터 상당히 낮은 입력 저항을 얻을 수 있다. 예를 들어, $g_mR_p = 2$, $R_p = 200\ \Omega$, $C_{GD} = 5$ fF, $C_L = 20$ fF, $\omega = 2\pi \times (10\ \text{GHz})$인 경우 $R_{in} = 5.06$ kΩ이 된다. (실제로는, $C_L$은 부하 인덕터에 의해 상쇄된다.) 이 저항성 요소에 의해 LO에 부하가 걸려 성능이 열화된다.

**위상 잡음(Phase Noise)** 이상적인 임펄스(impulse)와 달리 실제 발진기의 스펙트럼은 구성 소자들의 잡음 때문에 '퍼지게 된다(brodened)'. '위상 잡음(phase noise)'으로 불리는 이 현상은 RF 송신기와 수신기에 큰 영향을 미친다(8.7절). 위상 잡음은 튜닝 범위 및 발진기의 전력 소모와 절충관계에 있다. LC 발진기의 위상 잡음은 탱크(tank)의 $Q$에 반비례하기 때문에 특히 $Q$를 열화 시키는 요소들에 주목해야 한다.

**출력 파형(Output Waveform)** RF 발진기의 바람직한 출력 파형은 무엇인가? 6장에서 다룬 믹서의 분석을 상기하면, *급격한*(*abrupt*) LO 천이(transition)는 잡음을 감소시키고 변환 이득을 증가시킨다. 나아가 LO 신호가 50%의 듀티 사이클(duty cycle)을 가지면 직접적인 피드쓰루(direct feedthrough)와 같은 효과는 억제된다. 급격한 천이는 또한 주파수 배분기(frequency divider)의 성능을 향상시킨다(10장). 따라서 대부분의 경우 이상적인 LO 파형은 사각파(square wave, 구형파)가 된다.

실제로 사각 LO 파형을 발생하는 것은 어렵다. 이것은 LO 회로 자체와 연결된 버퍼가 주원인으로, 고조파를 감쇠시키기 위해 일반적으로 버퍼에 (협대역) 공진브하가 사용된다. 이러한 이유로, 그림 8.3에 보인 것처럼 급격한 전류 스위칭을 근사하기 위하여 LO는 크게, 그리고/혹은 스위칭 트랜지스터는 넓게 설계된다.

*차동* LO 파형에 대한 여러 가지 사항을 고려해야 한다. 첫째로, 6장에서 살펴본 것처럼 *평형*(*balanced*) 믹서는 이득, 잡음, DC 오프셋(offset) 면에서 불평형 (unbalanced) 구조에 비해 우수한 성능을 보인다. 둘째로, 일반적으로 차동 파형의 경우 LO에서 입력단으로 더 작은 누설(leakage)이 발생하게 된다.

**전원 민감도(Supply Sensitivity)** 발진기의 주파수는 공급 전압에 따라 변하는데, 이것은 전원 잡음이 주파수 (그리고 위상) 잡음으로 변환되는 바람직하지 않은 효과이다. 예를 들어, 외부 혹은 내부 전압 레귤레이터에서 심각한 플리커 잡음(flicker noise)이 발생할 수 있는데, 이것은 저주파수 성분으로 바이패스 커패시터에 의해 쉽게 제거되지 않는다. 따라서 이 잡음은 발진 주파수를 변조(modulation)하게 된다(그림 8.5).

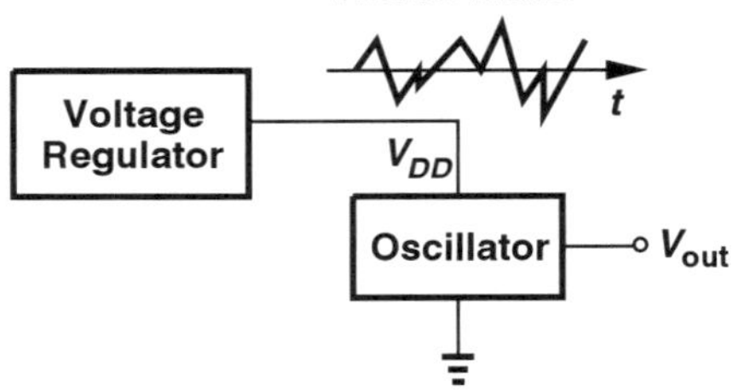


**그림 8.5** *발진기에 대한 레귤레이터 잡음의 영향*

**전력 소모(Power Dissipation)** LO와 버퍼에 의해 소모되는 전력은 위상 잡음 및 튜닝 범위와 절충관계에 있기 때문에 많은 응용에서 중요한 것으로 밝혀졌다. 따라서 주어진 소모 전력에 대해 위상 잡음을 줄이기 위한 많은 기법이 소개되었다.

## 8.2 기본적인 원리 Basic Principles

발진기는 주기적인 출력을 발생한다. 회로는 자신의 잡음을 키워서 궁극적으로 주기적인 신호가 되는 자기유지(self-sustaining) 메커니즘에 의해 동작하게 된다.

### 8.2.1 피드백 관점의 발진기 Feedback View of Oscillators

발진기는 '잘못 설계된' 부궤환 증폭기(negative-feedback amplifier)로 볼 수 있다－너무 잘못 설계 되어서 영 혹은 음의 위상 여유(phase margin)를 가진다. 발진기 설계의 예술(art)은 불안정한 증폭기 보다 훨씬 더 많은 것을 수반 하지만, 이 관점은 학습의 좋은 출발점이 된다. 그림 8.6에 보인 단순한 선형 부궤환(negative-feedback) 시스템을 고려해 보자.

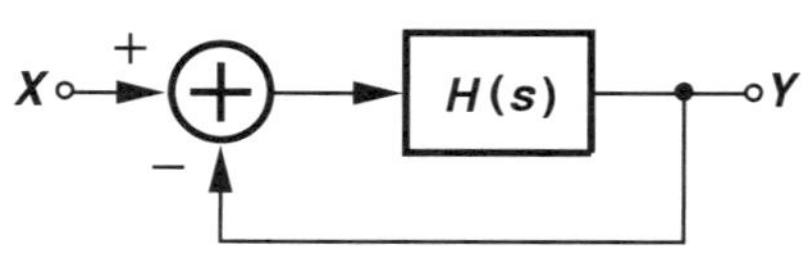


**그림 8.6** *부궤환(negative feedback) 시스템*

여기서,

$$\frac{Y}{X}(s) = \frac{H(s)}{1 + H(s)}. \tag{8.4}$$

만약 정현파 주파수 $\omega_1$에서 $H(s = j\omega_1)$이 −1이 되면 어떤 일이 일어날까? 입력에서 출력으로 이득은 무한대로 가고, 회로는 $\omega_1$에서의 잡음을 무한대로 증폭하게 된다. 즉, 회로는 $\omega_1$에서 출력을 유지할 수 있다. 다른 관점에서, 폐루프(closed-loop) 시스템은 두 개의 허수 극점(pole) $\pm j\omega_1$을 가진다.

## 예제 8.3

RF Microelecronics

위의 시스템이 발진하기 위해, $\omega_1$에서 잡음이 입력에 나타나야만 하는가?

**풀이:**

아니다, 잡음은 루프의 어디에도 있을 수 있다. 예를 들어, 잡음 $N$이 피드백 경로에 나타나는 그림 8.7의 시스템을 고려하자. 여기서,

$$Y(s) = \frac{H_1(s)}{1 + H_1(s)H_2(s)H_3(s)}X(s) + \frac{H_1(s)H_3(s)}{1 + H_1(s)H_2(s)H_3(s)}N(s). \tag{8.5}$$

따라서 만약 $\omega_1$에서 루프 이득(loop transmission) $H_1H_2H_3$가 −1로 접근할 때 $N$은 무한대로 증폭된다.

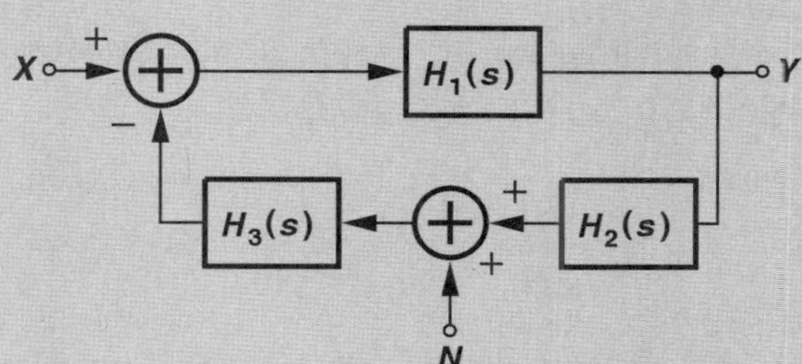


**그림 8.7** *두 개의 주입점(injection point)을 가진 부궤환 시스템*

위의 예제를 통해 아주 중요한 해석적 요점(analytical point)을 알 수 있다: 발진기의 소신호(small-signal) 모델에서 신호 경로상의 *임의의(any)* (한쪽이 접지가 되지 않은) 두 노드 사이에서 바라본 임피던스는 발진 주파수 $\omega_1$에서 무한대로 접근하는데, 이것은 이 두 노드 사이에 유입된 $\omega_1$에서 잡음 전류가 무한대로 큰 스윙을 만들어 내기 때문이다. 이러한 관찰은 발진 조건과 주파수를 결정하는데 사용될 수 있다.

**예제 8.4**

$H(j\omega_1) = -1$인 경우 $\omega = \omega_1$ 주변에서 그림 8.6의 표현식 $Y/X$를 유도하라.

**풀이:**

만약 $\omega = \omega_1 + \Delta\omega$이면 $H(j\omega)$는 테일러 급수(Taylor series)의 처음 두 항에 의해:

$$H[j(\omega_1 + \Delta\omega)] \approx H(j\omega_1) + \Delta\omega \frac{dH(j\omega_1)}{d\omega}. \tag{8.6}$$

$H(j\omega_1) = -1$이므로,

$$\frac{Y}{X}[j(\omega_1 + \Delta\omega)] = \frac{H(j\omega_1) + \Delta\omega \dfrac{dH(j\omega_1)}{d\omega}}{\Delta\omega \dfrac{dH(j\omega_1)}{d\omega}} \tag{8.7}$$

$$\approx \frac{H(j\omega_1)}{\Delta\omega \dfrac{dH(j\omega_1)}{d\omega}} \tag{8.8}$$

$$\approx \frac{-1}{\Delta\omega \dfrac{dH(j\omega_1)}{d\omega}}. \tag{8.9}$$

예상대로 $\Delta\omega \to 0$ 하면서 $Y/X \to \infty$ 하게 되고, $dH/d\omega$에 비례하는 '첨예도(sharpness)'를 갖는다.

$H(s)$는 복소수 함수이므로 $H(j\omega_1) = -1$ 조건은 발진을 위한 '바크하우젠 판별식(Barkhausen's criteria)'으로 불리는 다음식과 같이 표현될 수 있다.

$$|H(s = j\omega_1)| = 1 \tag{8.10}$$

$$\angle H(s = j\omega_1) = 180^\circ, \tag{8.11}$$

더 많은 직관을 얻기 위해 이 두 가지 조건을 시험해 보자. $\omega_1$에서 신호는 $H(s)$를 통과하면서 1의 이득이 180°의 위상 천이(phase shift)를 경험하게 된다[그림 8.8(a)]. 원래 시스템이 *부*궤환을 갖도록 설계 되었다는 것을 유념하면 [입력 감산기(subtractor)에 의해 표시된 것처럼] $\omega_1$에서 신호가 루프를 따라서 *전체* 360°의 위상 천이가 일어난다고 결론 내릴 수 있다[그림 8.8(b)]. 이것은 물론 예상된 결과이다: 회로가 정상상태에 도달하기 위해, $A$로 돌아간 신호는 정확히 A에서 시작한 신호와 동일해야 한다. $\angle H(s)$는 부궤환에 의한 180° 위상과 구분하기 위하여 '주파수 의존적인(frequency-dependent)' 위상 천이라고 불린다.

위의 사항은 또한 다음과 같은 관점에서 볼 수 있다. 비록 시스템이 원래는 부궤환을

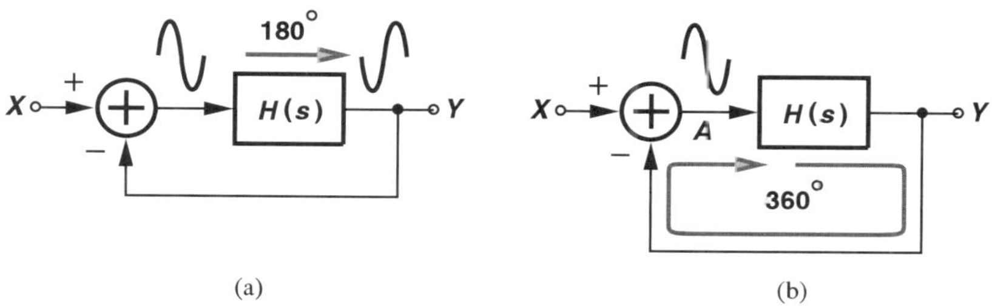


**그림 8.8** *바크하우젠(Barkhausen)의 위상 천이(phase shift) 기준에서 바라본 (a) H(s)에 의한 주파수 의존적인 180° 위상 천이, (b) 360° 전체 위상 천이*

갖도록 구성되었지만, $H(s)$가 매우 '느려서(sluggish)' 추가적인 180°의 위상 천이가 발생하게 되고, 이 주파수에서 *정궤환(positive* feedback)이 발생하게 된다.

왜 $|H(j\omega_1)| = 1$가 중요한 것일까? $\omega_1$에서 잡음성분이 정궤환 루프를 돌면서 '증강(build-up)' 되기 위해서 루프 이득은 적어도 1이 되어야 한다. 그림 8.9는 $|H(j\omega_1)| = 1$이고 $\angle H(j\omega_1) = 180°$일 때, 발진기의 '시동(startup)'을 보여준다. $\omega_1$에서 입력은 $H(s)$를 통해 전파되며, 감쇠되지 않고 반전되어 나타난다. 결과를 입력에서 *빼면* 크기가 입력의 두 배인 파형을 얻을 수 있다. 이러한 성장(growth)은 시간에 따라 지속된다. $|H(j\omega_1)| = 1$은 '시동' 조건으로 불린다.

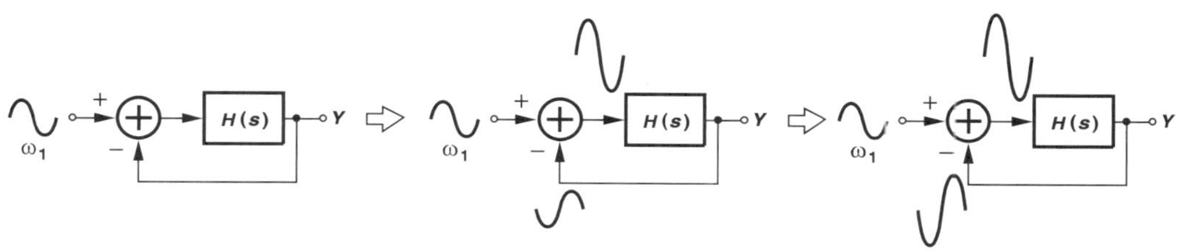


**그림 8.9** *시동(startup) 중인 발진기에 대한 연속적인 스냅샷*

만약 $|H(j\omega_1)| > 1$이고, $\angle H(j\omega_1) = 180°$이면 어떻게 될까? 그림 8.9에 보인 성장은 더 빠른 속도로 일어나게 되는데, 이는 되돌아온 파형이 루프에 의해 증폭되기 때문이다. 이 때 폐루프의 극점(pole)은 우반면(right half plane)에 있게 된다. 진폭의 성장은 회로의 비선형성 때문에 궁극적으로 멈추게 된다. 이 사항에 대해서 이 장의 후반부에서 자세히 살펴보기로 한다.

**예제 8.5** RF Microelecronics

2개의 극점(pole)을 가진 시스템이 발진할 수 있는가?

(*계속*)

## 예제 8.5 (*계속*)

**풀이:**

시스템이 $\omega_p$에 두 개의 동일한 극점을 가지고 있다고 가정하자. 그림 8.10(a)는 예제를 보여주는데, 두 개의 연속된 공통 소스(common-source) 단이 $H(s)$를 구성하고, $\omega_p = (R_1C_1)^{-1}$이다. 이 시스템은 바크하우젠 판별식을 만족시키지 못하는데, $\omega = \infty$일 때 각 단의 위상 천이가 90°가 되지만 $|H(\infty)| = 0$이기 때문이다. 그림 8.10(b)는 주파수의 함수로 $|H|$와 $\angle H$를 도시하고 있는데, 어떤 주파수에서도 두 조건이 만족될 수 없음을 보이고 있다. 따라서 회로는 발진할 수 없다.

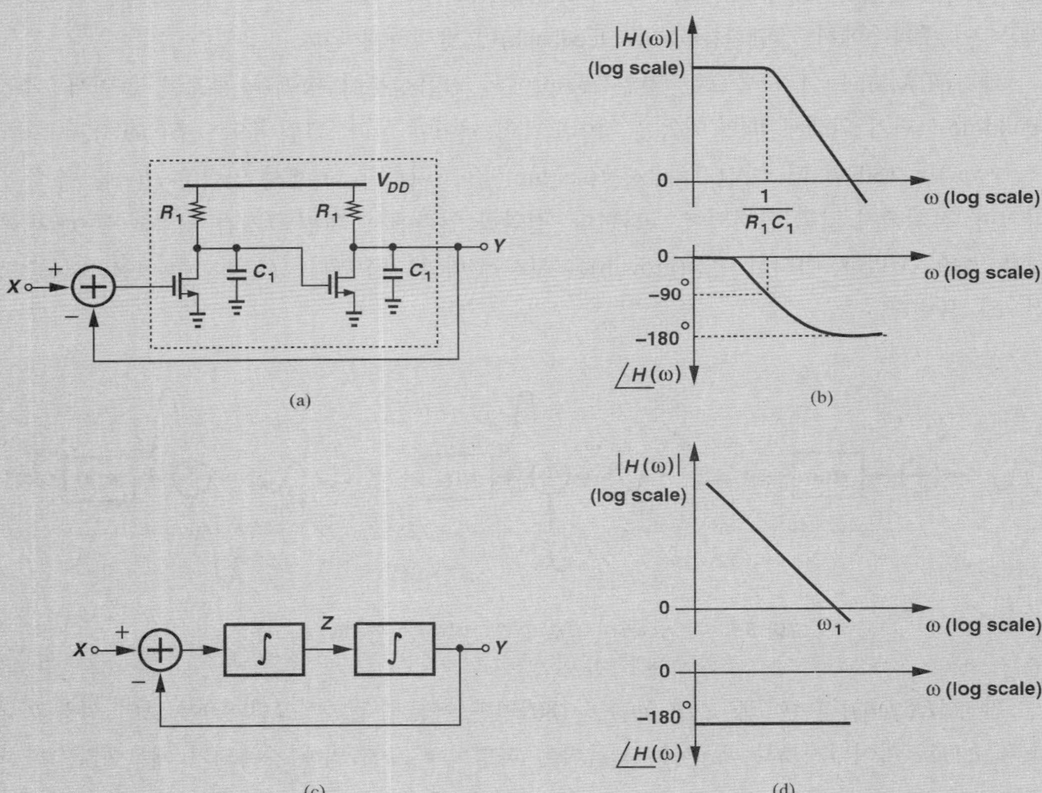


**그림 8.10** *(a) 피드백 내의 두 개의 CS 단, (b) 루프 이득(loop transmission) 응답, (c) 피드백 내의 두 개의 적분기, (d) 루프 이득 응답*

그러나 만약 두 극점이 *원점*(*origin*)에 놓여 있다면 어떻게 될까? 두 개의 루프 내의 이상적인 적분기로 구성된 회로는 각각의 적분기가 영이 아닌 특정 주파수에서 −90°의 위상 천이를 가지기 때문에 발진하게 된다. 이 시스템에 대한 $|H|$와 $\angle H$가 그림 8.10(d)에 도시되어 있다.

우리는 지금까지의 학습을 통해 발진 주파수를 예측할 수 있게 되었다: 루프를 돌면서 전체 위상 천이가 360°인 주파수를 찾고, 루프 이득이 이 주파수에서 1인지 결정한다. (아래 예제에 예외가 기술되어 있다.) 그러나 이 계산으로 발진 *진폭*(*amplitude*)을 예측할 수는 없다. 만약 완벽하게 선형적인 루프에서 발진 주파수에서 루프 이득이 1이면 발진 진폭은 단순히 저장 요소(storage element)의 초기 조건(initial conditions)에 의해 결정된다. 다음 예제는 이 사항을 설명하고 있다.

**예제 8.6** RF Microelecronics

그림 8.10(c)의 피드백 루프는 $t = 0$에서 두 적분기의 출력의 초기 조건은 $z_0$와 $y_0$이고, $x(t) = 0$ 상태에서 릴리스(release) 되었다. 발진기의 주파수와 진폭을 결정하라.

**풀이:**

각 적분기의 전달 함수를 $K/s$로 표현하면,

$$\frac{Y}{X}(s) = \frac{K^2}{s^2 + K^2}. \tag{8.12}$$

따라서 시간영역에서,

$$\frac{d^2y}{dt^2} + K^2y = K^2x(t). \tag{8.13}$$

$x(t) = 0$이면, $y(t)$는 $A\cos(\omega_1 t + \phi_1)$의 형태를 갖는다. 식 (8.13)에 대입하면,

$$-A\omega_1^2\cos(\omega_1 t + \phi_1) + K^2A\cos(\omega_1 t - \phi_1) = 0 \tag{8.14}$$

따라서,

$$\omega_1 = K. \tag{8.15}$$

흥미로운 것은 회로가 루프 이득 $K^2/\omega^2$이 1이 되는 주파수를 자동적으로 찾는다는 것 이다. 발진 진폭을 얻기 위하여, $t = 0$의 초기 조건을 적용한다:

$$y(0) = A\cos\phi_1 = y_0, \tag{8.16}$$

그리고,

$$z(0) = \frac{1}{K}\frac{dy}{dt}|_{t=0} \tag{8.17}$$

$$= -A\sin\phi_1 = z_0. \tag{8.18}$$

(계속)

**예제 8.6** *(계속)* RF Microelecronics

식 (8.16)과 (8.18)로부터,

$$\tan\phi_0 = -\frac{z_0}{y_0} \tag{8.19}$$

$$A = \sqrt{z_0^2 + y_0^2}. \tag{8.20}$$

이 회로는 왜 $\omega_1 = K$ 보다 *낮은* 주파수에서 발진하지 않는 것일까? 이 주파수에서 루프는 충분한 이득을 가지고 180°의 위상 천이를 가진다. 앞서 언급한 대로 발진 생성은 폐루프(closed loop) 시스템이 우반면(right half plane)에 극점(pole)을 가진 경우에만 루프 이득이 1보다 커지면서 발생하게 된다. 이것은 두 개의 적분기를 가진 루프에 대해서는 성립하지 않는다: $Y/X$는 오직 허수축에 극점을 가질 수 있으며, 만약 $s = j\omega \neq jK$이면 발진할 수 없다.

다른 발진기는 두 개의 적분기를 포함한 루프와 다른 거동을 보인다: 루프 이득이 1보다 *큰* 주파수에서 발진하기 시작하고, 출력 진폭이 지수 함수적으로 증가하게 된다. 실제 회로에서, 성장(growth)은 루프 내 증폭기의 포화 거동(saturation behavior)에 의해 궁극적으로 멈추게 된다. 예를 들어, 그림 8.11의 '링 발진기(ring oscillator)'라고 하는 CMOS 인버터(inverter)의 종속연결(cascade)을 고려해 보자. 만약 인덕터의 트립 포인트(trip point)가 $X$, $Y$, $Z$인 상태에서 회로가 릴리스(release) 되면, 각 단이 증폭기로 작용해 발진 주파수에서 각 인버터는 60°의 주파수에 의존하는 위상 천이에 기여하게 된다. [세 개의 반전으로 저주파수에서 부궤환 루프(negative-feedback loop)가 형성된다.] 루프 이득이 매우 높을 때, 트랜지스터가 피크에서 트라이오드(triode) 영역으로 들어가 이득이 떨어 질 때 까지, 발진 진폭은 지수 함수적으로 커진다. 정상 상태(steady state)에서 각 인버터의 출력은 거의 영에서 $V_{DD}$까지 스윙한다.

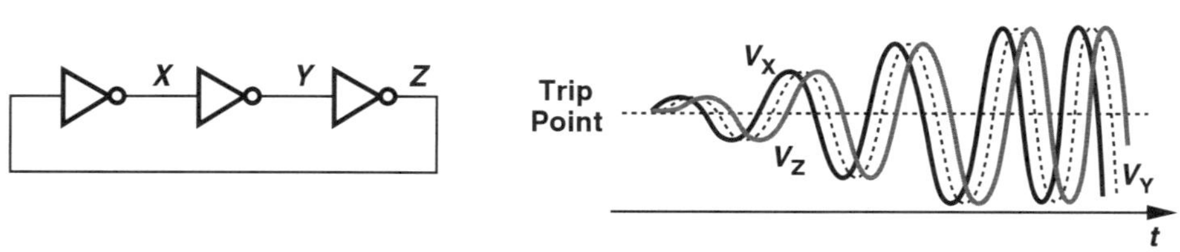


**그림 8.11** *링 발진기(ring oscillator)와 파형*

우리가 관심을 갖는 대부분의 발진기에서 구조에서, 전압 스윙은 차동쌍의 포화 거동에 의해 정의된다. 다음 예제는 이 점을 상세히 설명하고 있다.

## 예제 8.7

RF Microelecronics

그림 8.12(a)의 유도성 부하를 가진 차동쌍은 $\omega_0 = \sqrt{L_1C_1}$에서 큰 입력 정현파(sinusoid)로 구동되고 있다. 출력 파형을 그리고 출력 스윙을 결정하라.

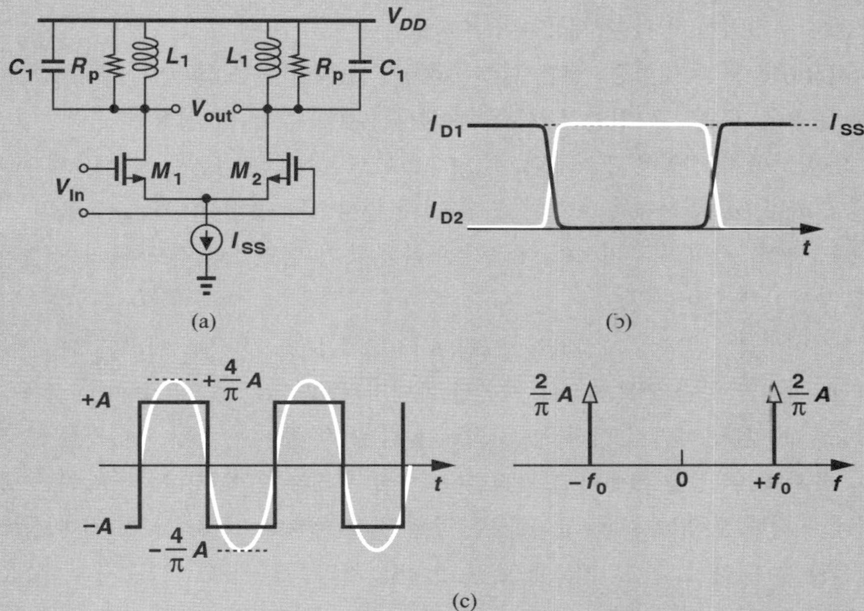


**그림 8.12** *(a) 탱크 부하를 가진 차동쌍, (b) 드레인 전류, (c) 사각파의 1차 고조파*

**풀이:**

큰 입력 스윙에 대해 $M_1$과 $M_2$는 짧은 천이 시간 내에 완전한 스위칭을 경험하게 되고, 탱크에는 거의 사각 전류파가 주입 된다[그림 8.12(b)]. 각 드레인 전류 파형은 $I_{SS}/2$의 평균값과 $I_{SS}/2$의 최대 진폭을 가진다. 전류의 첫 번째 고조파는 $R_p$와 곱해지는 반면 고조파는 탱크 선택도(selectivity)에 의해 감쇠된다. (50%의 듀티 사이클을 갖는) 최대 진폭이 $A$인 사각파의 푸리에(Fourier) 전개를 상기하면, 첫 번째 고조파는 (A 보다 약간 큰) $(4/\pi)A$의 최대 진폭을 가진다[그림 8.12(c)]. 따라서 최대 싱글엔드형 출력 스윙은 $(4/\pi)(I_{SS}/2)R_p = 2I_{SS}R_p/\pi$가 되고 최대 차동 출력 스윙은 다음과 같다.

$$V_{out} = \frac{4}{\pi} I_{SS} R_p. \tag{8.21}$$

만약 주파수 영역에서 이 계산의 수행에 관심이 있다면, 독자들은 두 개의 첫 번째 고조파의 스펙트럼이 두 개의 임펄스를 포함하며 각각의 면적이 [$(4/\pi)A$가 아니라] $(2/\pi)A$임에 유의해야 한다[그림 8.12(c)].

### 8.2.2 1단자 관점의 발진기 One-Port View of Oscillators

지금까지 우리는 발진기를 일부 주파수에서 충분한 정궤환(positive feedback)을 겪는 부궤환(negative feedback) 시스템으로 고려했다. 또 다른 관점으로 발진기를 두 개의 1단자 요소(one-port component)인 손실이 있는 공진기와 그 손실을 상쇄시키는 능동 회로로 볼 수 있다. 이 관점은 추가적인 직관을 제공하며, 이 절에서 기술된다.

그림 8.13(a)에 보인 것처럼, 전류 펄스 $I_0\delta(t)$가 손실이 없는 탱크에 가해진다. 임펄스는 $C_1$에 의해 완전히 흡수되고 전압 $I_0/C_1$을 발생시킨다(왜?). $C_1$에 저장된 전하는 $L_1$을 통해 흐르기 시작하고 출력 전압은 떨어진다. $V_{out}$이 0에 도달했을 때 $C_1$에 저장된 에너지는 없지만, $L_1$에는 $L_1 dV_{out}/dt$의 전류가 흐르며 $C_1$을 반대 방향으로 충전시켜 $V_{out}$을 음의 피크로 구동한다. 이 $C_1$과 $L_1$ 사이의 주기적인 에너지 교환은 초기 임펄스의 강도에 의해 결정된 진폭을 가지고 끊임없이 일어난다.

이제 손실이 있는 탱크를 가정하자. 그림 8.13(b)에 보인 것처럼, 이러한 회로는 $R_p$로 전류가 흘러 매 사이클 마다 커패시터에 저장된 에너지의 일부를 '태우는(burn)' 것을 제외하면 유사한 거동을 보인다. 따라서 만약 능동 회로가 각 주기 동안 손실된 에너지를 보충해 준다면, 발진이 유지될 수 있을 것이라고 가정한다. 사실 우리는 입력 저항이 $-R_p$인 능동 회로를 탱크 사이에 연결해 $R_p$의 효과를 상쇄할 수 있는 것을 예측해 그림 8.13(a)의 이상적인 시나리오를 재현할 수 있다. 그림 8.13(c)에 보인 것처럼, 결과적인 구조는 '1단자 발진기(one-port oscillator)'로 불린다.

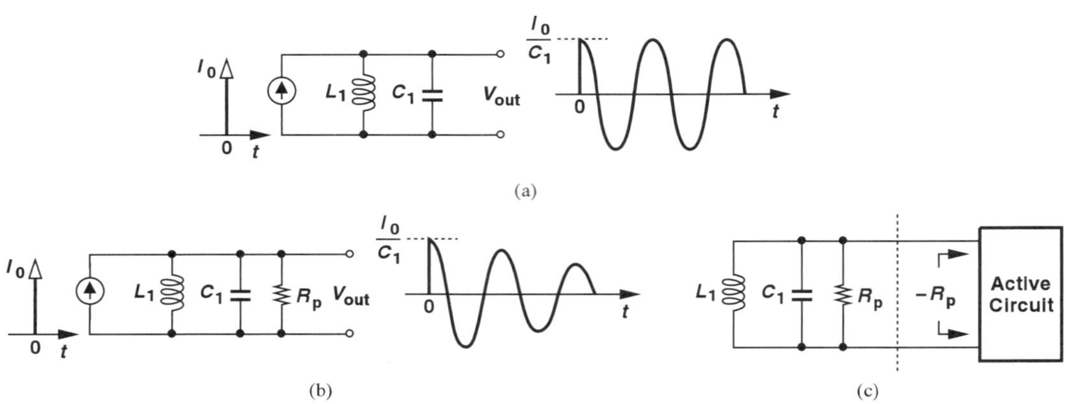


**그림 8.13** *(a) 이상적인 탱크의 임펄스에 대한 응답, (b) 손실이 있는 탱크의 임펄스에 대한 응답, (c) 부성 저항(negative resistance)에 의한 손실의 상쇄*

**예제 8.8** RF Microelecronics

탱크의 손실이 잡음을 유발한다는 것을 기억하고 있는 학생이, 만약 그림 8.13(c)의 회로가

**예제 8.8** (계속) RF Microelecronics

이상적인 손실이 없는 구조와 유사하다면 회로에 잡음이 없어야만 한다고 추론했다. 이것은 사실인가?

**풀이:**

아니다. 저항 $R_p$와 능동 회로가 여전히 상관관계가 없는(uncorrelated) 잡음을 발생시킨다. 8.7절에서 좀 더 자세히 살펴보기로 하자.

회로가 어떻게 음의(negative) (소신호) 입력 저항을 나타낼 수 있을까? 그림 8.14(a)는 두 개의 커패시터가 트랜지스터의 게이트와 드레인에서 소스로 연결되어 있는 예를 보여준다. $C_1$에 $-I_x$가 흐르면 게이트-소스 전압 $-I_x/(C_1s)$가 발생하고 이로 인해 드레인 전류 $-I_xg_m/(C_1s)$가 발생하는 것을 알 수 있으며, 이것을 이용해 임피던스 $Z_{in}$을 구할 수 있다. $I_x$와 드레인 전류의 차이는 $C_2$를 통해 흐르며, $[I_x + I_xg_m/(C_1s)]/(C_2s)$의 전압을 발생시킨다. 이 전압은 $V_{GS} + V_X$가 된다:

$$-\frac{I_X}{C_1s} + V_X = \left(I_X + I_X\frac{g_m}{C_1s}\right)\frac{1}{C_2s}. \tag{8.22}$$

따라서,

$$\frac{V_X}{I_X}(s) = \frac{1}{C_1s} + \frac{1}{C_2s} + \frac{g_m}{C_1C_2s^2}. \tag{8.23}$$

정현파 입력에 대해 $s = j\omega$이고,

$$\frac{V_X}{I_X}(j\omega) = \frac{1}{jC_1\omega} + \frac{1}{jC_2\omega} - \frac{g_m}{C_1C_2\omega^2}. \tag{8.24}$$

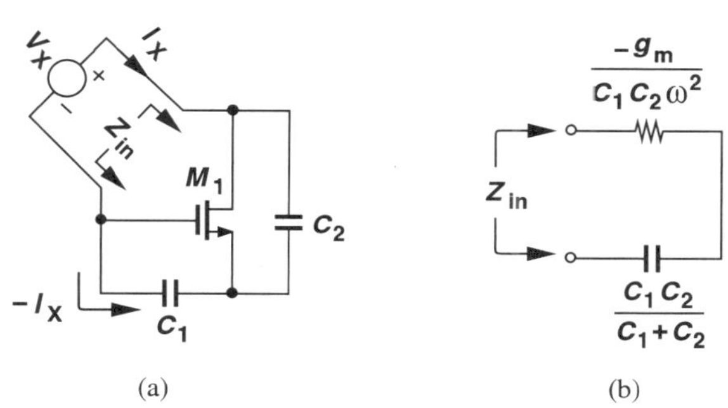


**그림 8.14** *(a) 부성 저항(negative resistance)을 갖는 회로, (b) 등가 회로*

따라서 입력 임피던스는 $C_1$, $C_2$, *부성* 저항 $-g_m/(C_1C_2\omega^2)$의 직렬 조합으로 볼 수 있다[그림 8.14(b)]. 흥미로운 것은 주파수에 따라서 부성 저항이 *변한다*는 것이다.

이제 우리는 발진기를 구현하기 위해 손실이 있는 탱크에 앞에서 구한 부성 저항을 연결한다. 식 (8.24)의 용량성(capacitive) 성분은 탱크의 일부분이 될 수 있고, 인덕터를 부성 저항 단자(그림 8.15)에 단순히 연결해 발진을 위한 조건을 찾는다. 이 경우 인덕터의 손실을 직렬 저항($R_S$)으로 모델링 하는 것이 더 간단하다. 아래 조건을 만족하면 회로는 발진하게 된다.

$$R_S = \frac{g_m}{C_1C_2\omega^2}. \tag{8.25}$$

이 조건하에서 회로는 $L_1$과 $C_1$ 및 $C_2$의 직렬 조합으로 단순화 되고, 발진 주파수는 다음과 같다.

$$\omega_{osc} = \frac{1}{\sqrt{L_1\dfrac{C_1C_2}{C_1+C_2}}}. \tag{8.26}$$

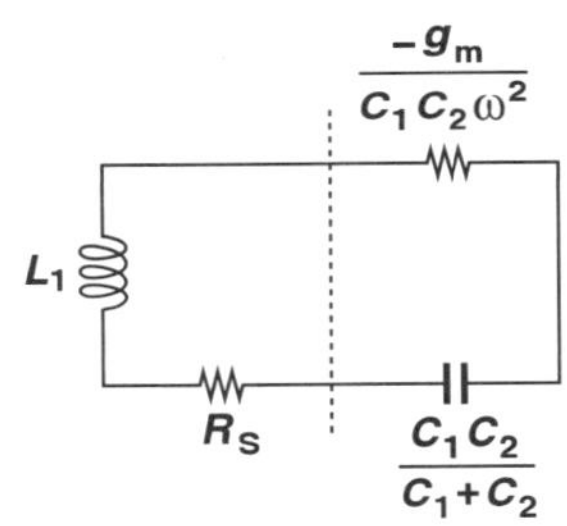


**그림 8.15** *손실이 있는 인덕터와 부성 저항 회로의 연결*

**예제 8.9** RF Microelecronics

$R_S$ 대신 인덕터의 병렬 등가 저항($R_p$) 관점에서 발진 조건을 표현하라.

**풀이:**

2장에서 만약 $Q > 3$이면 직렬 조합은 병렬 조합으로 변환될 수 있고, $R_S$와 $R_p$의 관계는 다음과 같다.

$$\frac{L_1\omega}{R_S} \approx \frac{R_p}{L_1\omega}. \tag{8.27}$$

따라서,

$$\frac{L_1^2\omega^2}{R_p} = \frac{g_m}{C_1C_2\omega^2}. \tag{8.28}$$

**예제 8.9** (계속) RF Microelecronics

$\omega^2$를 식 (8.26)에 의해 주어진 값으로 바꾸면 다음의 시동 조건을 얻을 수 있다:

$$g_m R_p = \frac{(C_1 + C_2)^2}{C_1 C_2} \tag{8.29}$$

$$= \frac{C_1}{C_2} + \frac{C_2}{C_1} + 2. \tag{8.30}$$

예상대로 발진이 일어나기 위해 그림 8.14(a)의 트랜지스터는 충분한 '세기'의 트랜스컨덕턴스(transconductance, 전달컨덕턴스)를 제공해야 한다. 사실 식 (8.30)은 $C_1 = C_2$일 때 최소의 허용되는 $g_m$을 얻을 수 있는 것을 암시한다. 그것은 $g_m R_p \geq 4$이다.

## 8.3 상호결합 발진기 Cross-coupled Oscillator

이 절에서는 강인한(robust) 동작 때문에 RF 응용에서 널리 사용되고 있는 LC 발진기 구조를 학습한다. 피드백 시스템에서 출발해 전개해 나가지만, 그 결과는 8.2.2절에서 기술한 1단자(one-port) 관점으로 설명될 수 있음을 알 수 있다.

우리는 'LC 동조(LC-tuned)' 증폭기 단을 이용하여 부궤환 발진 시스템을 만들고자 한다. 그림 8.16(a)는 예를 보여주며, 여기서 $C_1$은 출력 노드에서 바라본 전체 커패시턴스를, $R_p$는 공진 주파수에서 탱크의 등가 병렬 저항을 나타낸다. 여기서 $C_{GD}$는 무시되었지만, 최종 발진기 구조에 쉽게 포함될 수 있다.

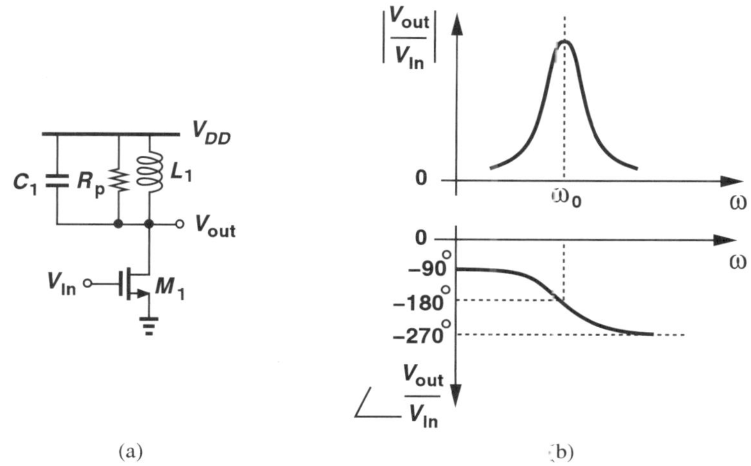


그림 8.16 (a) 동조 증폭기(tuned amplifier), (b) 주파수 응답

회로의 주파수 응답을 살펴보자. 아주 낮은 주파수에서는 $L_1$이 부하를 결정하고,

$$\frac{V_{out}}{V_{in}} \approx -g_m L_1 s. \tag{8.31}$$

즉 $|V_{out}/V_{in}|$은 매우 작고 $\angle(V_{out}/V_{in})$은 −90° 부근의 값을 갖는다[그림 8.16(b)]. 공진 주파수($\omega_0$)에서 탱크는 $R_p$로 단순화되고,

$$\frac{V_{out}}{V_{in}} = -g_m R_p. \tag{8.32}$$

따라서 입력에서 출력으로 위상 천이는 −180°가 된다. 아주 높은 주파수에서는 $C_1$이 부하를 결정하고,

$$\frac{V_{out}}{V_{in}} \approx -g_m \frac{1}{C_1 s}. \tag{8.33}$$

따라서 $|V_{out}/V_{in}|$는 감소하고 $\angle(V_{out}/V_{in})$는 90°( = −270°)에 접근하게 된다.

만약 그림 8.16(a)의 회로에서 입력과 출력이 연결 되면 발진할 수 있을까? 그림 8.16(b)의 개루프의 크기와 위상은 어떤 주파수에서도 바크하우젠 판별식을 만족시킬 수 없음을 나타낸다; 전체 위상 천이는 어떤 주파수에서도 360°에 이를 수 없다.

좀 더 자세히 관찰하면, 회로가 $\omega_0$에서 적절한 이득($g_m R_p$) 가지고 180°의 위상 천이를 제공하는 것을 알 수 있다. 루프에 추가적인 단을 삽입해 위상 천이를 360°로 증가시켜야 한다. 그림 8.17(a)에 보인 것처럼, 두 개의 동일한 LC로 동조된(LC-tuned) 단을 연결하면 공진에서 루프를 따라서 전체 위상 천이는 360°가 된다. 만약 루프 이득이 1과 같거나 크면 회로는 발진하게 된다:

$$(g_m R_p)^2 \geq 1. \tag{8.34}$$

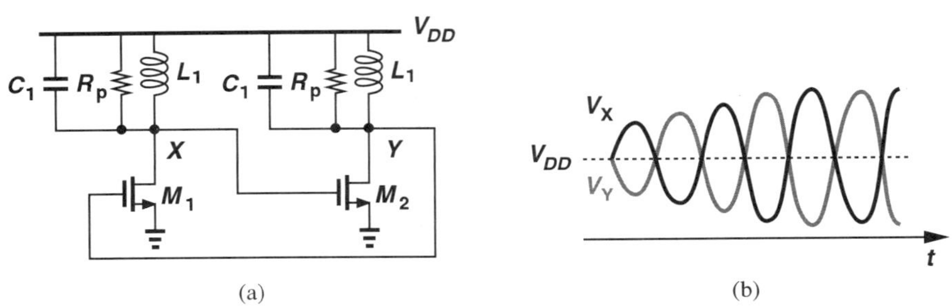


**그림 8.17** *피드백 루프 내의 종속연결된(cascaded) 두 개의 동조 증폭기(tuned amplifier)*

## 예제 8.10 RF Microelecronics

그림 8.17(a)의 회로가 발진한다고 가정할 때, $X$와 $Y$의 전압 파형을 그려라.

**풀이:**

$t = 0$에서 $V_X = V_Y = V_{DD}$이다. $\omega_0$에서 잡음 성분이 증폭되고 루프를 돌면서, $V_X$와 $V_Y$는 180° 위상차를 유지하면서 성장하기 시작한다[그림 8.17(b)]. 유도성 부하는 공급 전압 보다 큰 전압을 공급할 수 있는 특성을 갖는다.[1] $M_1$과 $M_2$가 일부 주기 동안 트라이오드(triode) 영역에 들어가면서 $V_X$와 $V_Y$는 증가를 멈추게 된다.

위의 회로는 그림 8.18(a)로 다시 그릴 수 있으며, $M_1$과 $M_2$의 연결 때문에 '상호결합(cross-coupled)' 발진기로 불린다. 실제로 사용되는 대부분의 RF 발진기의 코어(core)를 구성하는 이 구조는 많은 흥미로운 특징을 가지며, 다각적인 관점으로 이 장에서 학습할 것이다.

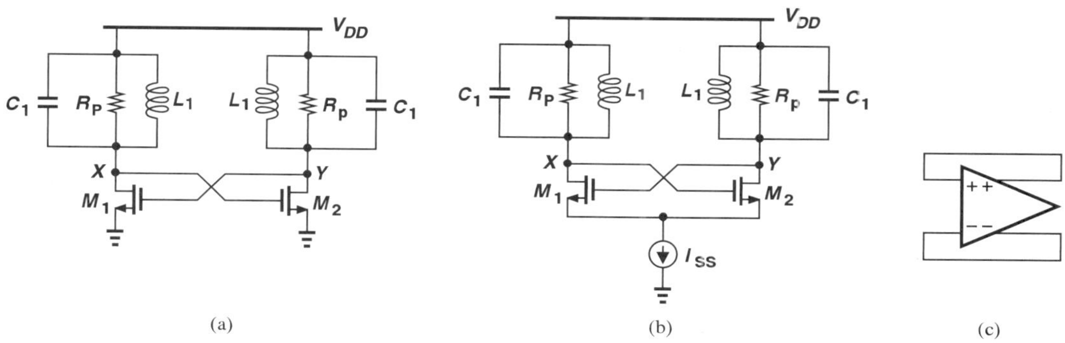


**그림 8.18** *(a) 단순한 상호결합 발진기, (b) 테일(tail) 전류원의 추가, (c) 피드백이 걸려있는 차동쌍과 등가성*

회로의 발진 주파수를 계산해 보자. $X$에서 커패시턴스는 $C_{GS2}$, $C_{DB1}$ 및 $C_{GD1}$과 $C_{GD2}$의 효과를 포함한다. (a) $C_{GD1}$과 $C_{GD2}$는 병렬이고, (b) $C_{GD1} + C_{DG2}$에 걸리는 전체 전압은 $X$(혹은 $Y$)의 전압 변화의 두 배와 같게 되는데, 이것은 $V_X$와 $V_Y$가 차동적으로 움직이기 때문이다. 따라서,

$$\omega_{osc} = \frac{1}{\sqrt{L_1(C_{GS2} + C_{DB1} + 4C_{GD} + C_1)}}. \tag{8.35}$$

여기서, $C_1$은 $L_1$의 기생(parasitic) 커패시턴스와 다음 단의 입력 커패시턴스의 합을 나타낸다.

1. 만약 $L_1$이 직렬 저항을 가지고 있지 않다면, 평균 전압 강하는 0이 되어야 한다; 따라서 $V_X$와 $V_Y$는 $V_{DD}$ 보다 크거나 작게 된다.

그림 8.18(a)의 발진기는 바이어스 전류가 제대로 정의되어 있지 않은 문제를 가지고 있다. 평균 $V_{GS}$가 $V_{DD}$이므로, 전류는 이동도(mobility), 문턱전압(threshold voltage), 온도에 강하게 의존하게 된다. $V_X$와 $V_Y$가 차동이므로 테일(tail) 전류원에 연결되며 $M_1$과 $M_2$는 차동쌍으로 작동할 수 있음을 추측할 수 있다. 그림 8.18(b)의 결과적인 회로는 더 강인한 유도성 부하(inductive load)를 가진 정궤환 차동쌍으로 볼 수 있다[그림 8.18(c)]. 발진 진폭은 차동쌍이 포화를 경험할 때 까지 증가하게 된다. 때때로 우리는 이 회로를 다른 상호결합 구조와 구분하기 위하여 '테일 바이어스(tail-biased) 발진기'라고 부른다.

**예제 8.11** RF Microelecronics

그림 8.18(b)의 회로에서 $M_1$과 $M_2$에 완전한 전류 스위칭이 급격한 엣지(abrupt edge)를 가지며 발생할 때, 전압 스윙을 계산하라.

**풀이:**

예제 8.7로부터 각 트랜지스터의 드레인 전류는 0과 $I_{SS}$ 사이를 스윙하며, 최대 차동 출력 스윙은 다음과 같다.

$$V_{XY} \approx \frac{4}{\pi} I_{SS} R_p. \tag{8.36}$$

트랜지스터 신뢰성(reliability)의 관점에서, 그림 8.18(b)의 상호결합 발진기에서 발생할 수 있는 전원 전압 보다 높은 스윙에 유의해야 한다. $M_1$ 혹은 $M_2$의 임의의 두 단자 사이의 순간적인 전압차이는 공정에 의해 허용되는 최대값 보다 작아야 한다. 그림 8.19는 $M_1$이 꺼

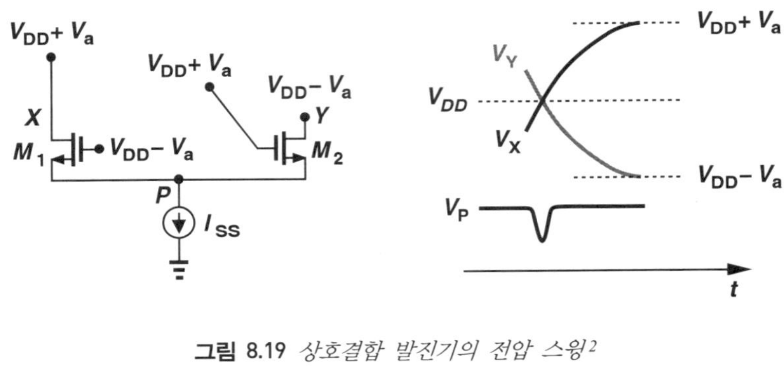


**그림 8.19** *상호결합 발진기의 전압 스윙*[2]

2. 만약 $M_1$과 $M_2$가 어느 시점에서 트라이오드(triode) 영역으로 들어오지 않으면, 노드 $P$의 전압은 $V_X$와 $V_Y$가 교차할 때 *떨어지게* 된다. 한편 각 트랜지스터가 반주기 동안 깊은 트라이오드(deep triode) 영역으로 들어가면 $V_p$는 대부분의 시간동안 로(low) 상태가 되고 $V_X$와 $V_Y$가 교차할 때 *증가*하게 된다.

지고 $M_2$가 켜진 경우, 회로의 '스냅샷(snapshot)'을 보여준다. 각 트랜지스터는 다음 조건에서 스트레스(stress, 피로도)를 겪을 수 있다: (1) 드레인이 $V_{DD} + V_a$에 도달해, $V_a$는 싱글엔드형 스윙의 피크치 $(2/\pi)I_{SS}R_p$가 되고, 반면 게이트는 $V_{DD} - V_a$로 떨어진다. 트랜지스터가 오프(off) 상태를 유지하지만, 드레인-게이트 전압이 $2V_a$가 되고 드레인-소스 전압은 $2V_a$ 보다 커지게 된다(왜?). (2) 드레인은 $V_{DD} - V_a$로 떨어지고, 반면에 게이트는 $V_{DD} + V_a$로 올라간다. 따라서 게이트-드레인 전압이 $2V_a$에 도달하고 게이트-소스 전압이 $2V_a$를 넘게 된다. $V_{DS1}$과 $V_{GS2}$ 모두 과도하게 큰 값을 가지게 된다. $V_a$, $I_{SS}$, 소자의 치수(dimension)를 적절하게 선택하면 트랜지스터에 가해지는 스트레스를 피할 수 있다.

독자들은 상호결합 발진기에서 인덕턴스의 값과 소자의 치수가 어떻게 선택되는지 궁금할 것이다(8.8절에서). 전압제어 발진기와 위상 잡음을 학습한 후, 설계 과정을 살펴보기로 한다.

**예제 8.12** RF Microelecronics

한 학생이 그림 8.18(b)에서 테일 전류원이 이상적이라면, 상호결합 발진기에서 전원 민감도(supply sensitivity)가 관찰되지 않는다고 주장한다. 사실인가?

**풀이:**

아니다. 각 트랜지스터의 드레인-기판 커패시턴스에 걸리는 평균 전압은 $V_{DD}$로 유지된다(그림 8.20). 따라서 공급 전압 변동이 이 커패시턴스와 발진 주파수를 변조하게 된다.

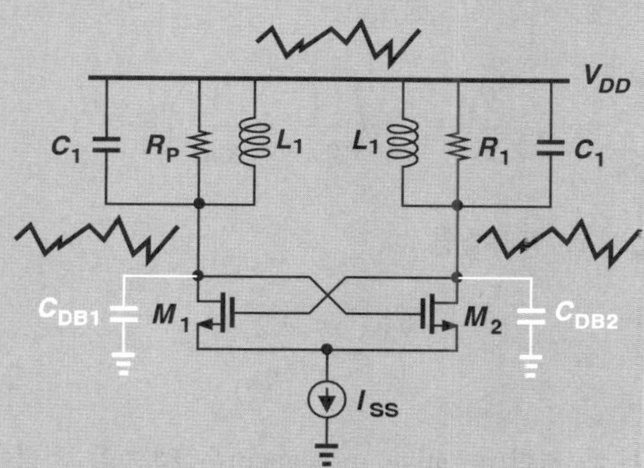


**그림 8.20** $V_{DD}$에 의한 드레인 접합(junction) 커패시턴스의 변조

피드백 시스템으로 볼 수 있는 상호결합 발진기는 8.2.2절에 기술되어 있는 1단자 관점으로도 설명될 수 있다. 먼저 회로를 그림 8.21(a)처럼 다시 그리면, $X$와 $Y$의 작은 차동 파형에 대해, $V_N$이 $V_{DD}$에 연결되어 있지 않아도 변하지 않는 것을 알 수 있다. (소신호 분석만을 위

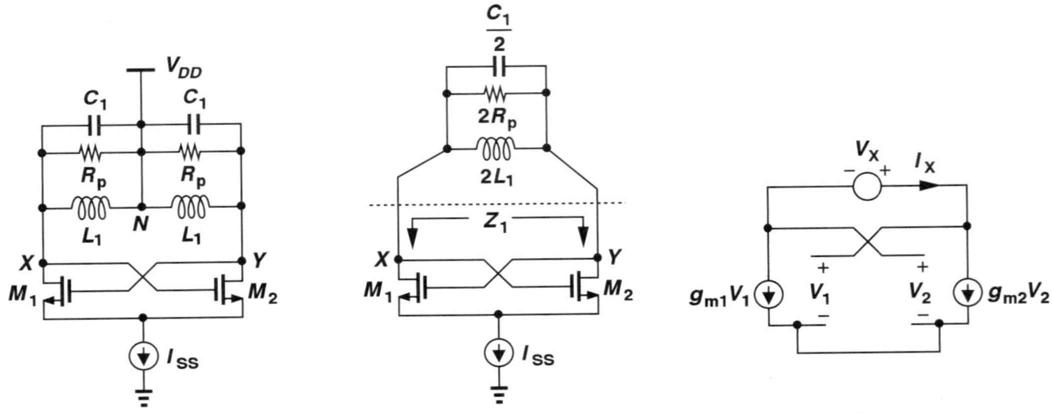


**그림 8.21** *(a) 다시 그려진 상호결합 발진기, (b) 부하 탱크의 병합, (c) 상호결합 쌍의 등가 회로*

해) 이 노드를 $V_{DD}$에서 분리하고 두 동일한 탱크의 직렬 조합을 하나의 탱크로 나타내면, 그림 8.21(b)의 회로를 얻을 수 있다. 이제 발진기를 능동 회로($M_1$, $M_2$, $I_{SS}$)의 한 단자가 연결된 손실이 있는 공진기($2L_1$, $C_1/2$, $2R_p$)로 볼 수 있으며, 능동회로는 공진기의 에너지 손실을 보충하는 역할을 한다. 즉, $Z_1$은 부성 저항을 포함해야만 한다. 이것은 그림 8.21(c)의 등가 회로에서 보일 수 있는데, 여기서 $V_1 - V_2 = V_X$이고,

$$I_X = -g_{m1}V_1 = g_{m2}V_2. \tag{8.37}$$

따라서,

$$\frac{V_X}{I_X} = -\left(\frac{1}{g_{m1}} + \frac{1}{g_{m2}}\right), \tag{8.38}$$

여기서 $g_{m1} = g_{m2} = g_m$이고 정리하면,

$$\frac{V_X}{I_X} = -\frac{2}{g_m}. \tag{8.39}$$

발진이 일어나기 위해 부성 저항(negative resistance)은 탱크의 손실을 상쇄시켜야만 한다:

$$\frac{2}{g_m} \leq 2R_p \tag{8.40}$$

따라서,

$$g_mR_p \geq 1. \tag{8.41}$$

예상대로 이 조건은 식 (8.34)와 동일하다.[3]

**$g_m$의 선택** 지금까지 학습은 그림 8.18(b)의 상호결합 트랜지스터의 $g_m$을 탱크의 $R_p$ 보다 조금만 크게 선택하면 발진이 보장되는 것을 암시한다. 그러나 이러한 선택은 작은 전압 스윙을 유발한다; 만약 스윙이 크다면, 예를 들어, $M_1$과 $M_2$가 완전히 스위칭을 한다면, $g_m$은 주기의 일부분에서 $1/R_p$ 이하로 떨어지고, 발진을 유지하지 못하게 된다. (즉, $g_m \approx 1/R_p$이면 $M_1$과 $M_2$는 압축(compression)을 피하기 위하기 위해 선형성을 유지해야 한다.) 따라서 실제로는 $M_1$과 $M_2$ 사이에 거의 완벽한 전류 조향(steering)이 일어나도록 회로를 설계하며, $1/R_p$ 보다 훨씬 큰 $g_m$을 선택해야 한다.

## 8.4 3점 발진기 Three-point Oscillator

8.2.2절에서 관찰한 것처럼, 그림 8.14(a)의 회로는 발진기를 형성하기 위하여 인덕터에 연결될 수 있다. 임피던스 $Z_{in}$을 유도하기 위해 어떤 단자가 접지 되었다고 가정할 필요는 없다. 따라서 각 트랜지스터 단자를 접지 시켜, 세 가지 종류의 다른 발진기 구조를 얻을 수 있다. 그림 8.22(a), (b), (c)는 소스, 게이트, 드레인이 각각 (ac) 접지된 경우의 결과적인 회로를 나타낸다. 각각의 경우, 트랜지스터의 바이어스 전류는 전류원에 의해 정의된다. [그림 8.22(b)에서 $M_1$의 게이트와 그림 8.22(c)에서 $L_1$의 왼쪽 단자는 적절한 전압(예를 들어, $V_b - V_{DD}$)에 연결 되어야 한다.]

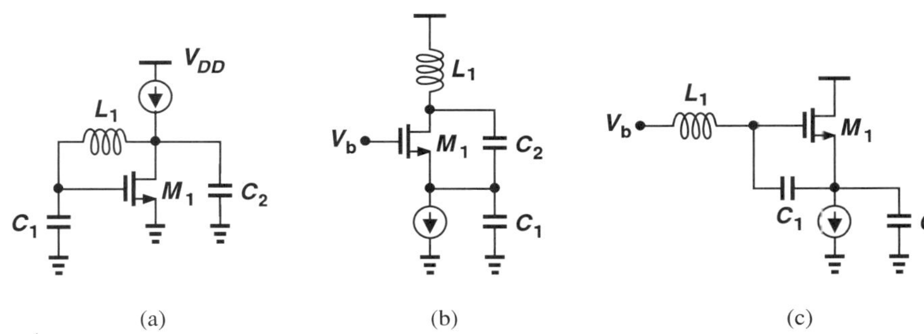


**그림 8.22** *3점 발진기의 변형, (a) 소스 접지, (b) 게이트 접지-콜피츠(Colpitts) 발진기, (c) 드레인 접지-클랩(Clapp) 발진기*

그림 8.22의 세 개의 발진기의 동작 주파수와 시동 조건이 각각 식 (8.26)과 (8.30)으로 주어진다는 것을 유념해야 한다. 구체적으로 $C_1 = C_2$일 때 트랜지스터는 다음을 만족하는 충분한 트랜스컨덕턴스를 제공해야 한다.

---

3. 이 구조는 '부성-$G_m$ 발진기'로 불린다. 그러나 발진기가 부성 *트랜스컨덕턴스*(*transconductance*)가 아니라 부성 컨덕턴스(conductance)를 포함하고 있기 때문에 이것은 정확한 표현은 아니다.

$$g_m R_p \geq 4 \tag{8.42}$$

이 조건은 상호결합 발진기에 대한 식 (8.34) 보다 더 엄격하다. 그림 8.22의 회로는 인덕터의 $Q$가 높지 않으면 발진할 수 없음을 암시한다. 이것은 이 발진기들의 주요한 단점이며, 이로 인해 상대적으로 인기가 적다.

그림 8.22에 보인 발진기의 또 다른 단점은, 오직 싱글엔드형 신호만 발생한다는 것이다. 두 개의 동일한 발진기가 차동적으로 동작하도록 결합할 수 있다. 그림 8.23은 그 예시를 보여 주는데, 그림 8.22(c)의 발진기의 두 개의 인스턴스(instance)를 노드 $P$에서 결합하였다. 저항 $R_1$에 의해 $P$와 $M_1$과 $M_2$의 게이트의 DC 전압은 $V_{DD}$로 설정된다. 더 중요한 것은, 이 저항을 적절하게 선택해 공통모드 발진(common-mode oscillation)을 *막게 된다*. 이것을 이해하기 위해 $X$와 $Y$가 동일 위상으로 스윙하고, $A$와 $B$도 마찬가지로 스윙하면서 $L_1$과 $L_2$를 통과하는 동일 위상의 전류를 생성한다고 가정하자. 두 개의 반쪽 회로는 하나가 되고, $R_1$은 $L_1$과 $L_2$의 병렬 조합에 대해 *직렬로* 나타나게 되어 인덕터의 $Q$를 떨어뜨린다. $R_1$이 충분히 크다면 CM 발진이 일어날 수 없다. 한편 차동 신호에 대해서 $L_1$과 $L_2$를 통해 같은 크기의 반대 전류가 흐르며, $P$는 ac 접지가 된다.

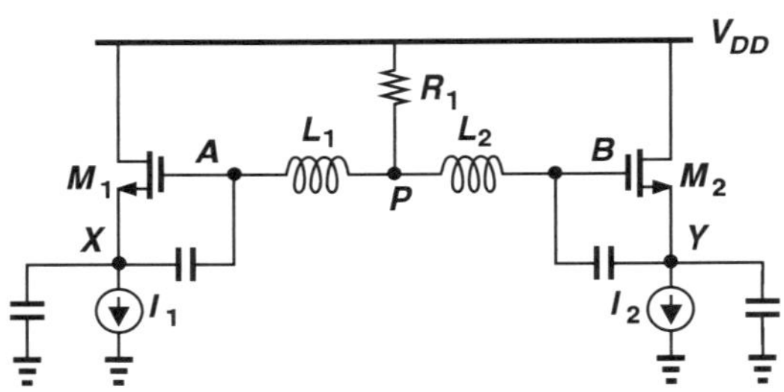


**그림 8.23** *3점(three-point) 발진기의 차동 버전*

차동 출력에도 불구하고 그림 8.23의 회로는 그림 8.18(b)의 상호결합 발진기에 비해 낮은 성능을 보인다−더 엄격한 시동 조건뿐만 아니라 $I_1$과 $I_2$의 잡음이 직접적으로 발진을 오염시키기 때문이다. 그럼에도 불구하고 이 회로는 많은 설계에 사용되어 왔다.

## 8.5 전압제어 발진기 Voltage-Controlled Oscillators

대부분의 발진기는 특정 주파수 범위에 대해 튜닝(tuning) 되어야 한다. 따라서 전기적으로 주파수를 변화 시킬 수 있는 발진기를 만들기를 원한다. '전압제어 발진기(Voltage-controlled Oscillator, VCO)'가 그러한 회로의 예이다.

그림 8.24는 원하는 VCO의 거동을 개념적으로 보여주고 있다. 제어전압($V_{cont}$)이 $V_1$에서

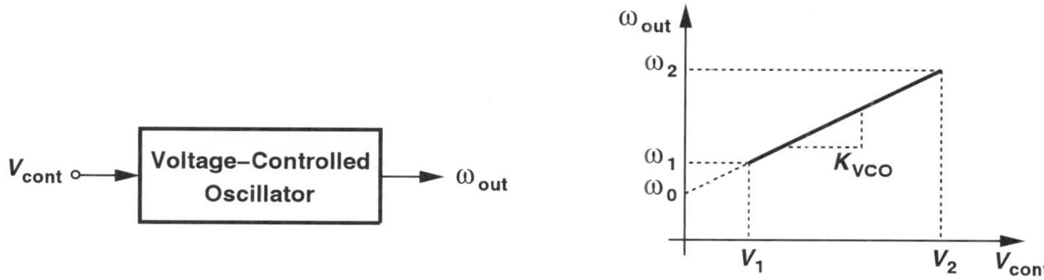


그림 8.24 *VCO 특성*

$V_2$로 변할 때, 출력 주파수는 (원하는 튜닝 범위인) $\omega_1$에서 $\omega_2$로 변한다. 특성 곡선의 기울기 ($K_{VCO}$)는 VCO의 '이득(gain)' 혹은 '민감도(sensitivity)'라고 불리고, rad/Hz/V로 표현된다. 이 특성은 다음과 같이 공식화된다.

$$\omega_{out} = K_{VCO}V_{cont} + \omega_0, \tag{8.43}$$

여기서 $\omega_0$는 세로축 상의 교차점이다. 9장에 설명되어 있는 대로 상대적으로 선형적인 특성을 갖는 것이 바람직하다, 즉, $K_{VCO}$가 튜닝 범위 내에서 크게 변하지 않아야 한다.

## 예제 8.13

RF Microelecronics

예제 8.12에 설명된 것처럼 상호결합 발진기는 $V_{DD}$에 대해 민감한 특성을 나타낸다. $V_{DD}$를 '제어전압(control voltage)'으로 볼 때 이득을 결정하라.

**풀이:**

$$\omega_{osc} = \frac{1}{\sqrt{L_1(C_1 + C_{DB})}}, \tag{8.44}$$

여기서 $C_1$은 $C_{DB}$를 제외한 모든 회로의 커패시턴스를 포함한다. 따라서,

$$K_{VCO} = \frac{\partial \omega_{out}}{\partial V_{DD}} \tag{8.45}$$

$$= \frac{\partial \omega_{osc}}{\partial C_{DB}} \cdot \frac{\partial C_{DB}}{\partial V_{DD}}. \tag{8.46}$$

접합 커패시턴스($C_{DB}$)는 다음과 같이 근사될 수 있다.

$$C_{DB} = \frac{C_{DB0}}{\left(1 + \frac{V_{DD}}{\phi_B}\right)^m}, \tag{8.47}$$

(계속)

**예제 8.13** *(계속)* RF Microelecronics

여기서 $\phi_B$는 접합의 빌트인 포텐셜(built-in potential)을 나타내고, $m$은 약 0.3 ~ 0.4이다. 식 (8.46)과 (8.47)로부터,

$$K_{VCO} = \frac{-1}{2\sqrt{L_1}} \cdot \frac{1}{\sqrt{C_1 + C_{DB}}(C_1 + C_{DB})} \cdot \frac{-mC_{DB0}}{\phi_B \left(1 + \frac{V_{DD}}{\phi_B}\right)^{m+1}} \tag{8.48}$$

$$= \frac{C_{DB}}{C_1 + C_{DB}} \cdot \frac{m}{2\phi_B + 2V_{DD}} \omega_{osc}. \tag{8.49}$$

LC 발진기의 주파수를 변화시키기 위해 탱크의 공진 주파수가 변해야만 한다. 전기적으로 인덕턴스를 바꾸기 어렵기 때문에, 바랙터(varactor)를 이용하여 커패시턴스를 변화시킨다. 7장에서 설명한 것처럼, 특히 저전압 설계에서 일반적으로 $pn$ 접합(junction)에 비해 MOS 바랙터가 더 많이 사용된다. 따라서 우리의 첫 번째 VCO를 그림 8.25(a)와 같이 구성하였고, 여기서 (만약 $V_{cont}$이 이상적인 전압원에 의해 공급된다면) 바랙터 $M_{V1}$과 $M_{V2}$는 탱크에 *병렬로* 연결된다. 바랙터의 게이트가 발진기 노드에 소스/드레인/$n$-웰($n$-well) 단자가 $V_{cont}$에 연결되어 있는 것에 유의해야 한다. 이것은 $n$-웰과 기판 사이의 커패시턴스가 $X$와 $Y$에 걸리는 것을 피하기 위함이다.

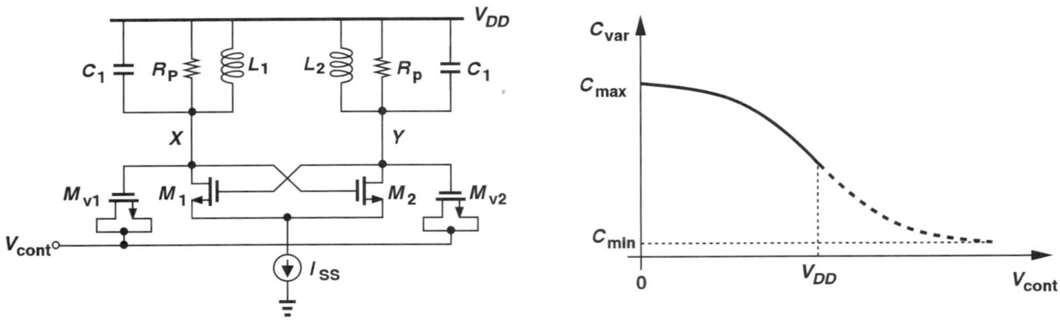


**그림 8.25** *(a) MOS 바랙터를 이용한 VCO, (b) (a)에 사용된 바랙터 커패시턴스의 범위*

$M_{V1}$과 $M_{V2}$의 게이트에 걸리는 평균 전압은 $V_{DD}$와 같고, 게이트-소스 전압은 양의 값을 가지며 $V_{cont}$이 영에서 $V_{DD}$로 증가하면서 커패시턴스는 *감소하게* 된다[그림 8.25(b)]. 이 거동은 $X$와 $Y$, 즉 $M_{V1}$과 $M_{V2}$에 큰 전압 스윙이 나타나더라도 지속된다. 여기서 핵심은 $V_{cont}$이 영에서 $V_{DD}$로 증가할 때 각 바랙터에 걸리는 *평균* 전압이 $V_{DD}$에서 영으로 감소하여, 커패시턴스가 단조(monotonic) 감소하게 된다는 것이다. 따라서 발진 주파수는 다음과 같이 표현될

수 있다.

$$\omega_{osc} = \frac{1}{\sqrt{L_1(C_1 + C_{var})}}, \tag{8.50}$$

여기서 $C_{var}$은 바랙터의 평균 커패시턴스를 나타낸다.

독자들은 그림 8.25(a)의 발진기에 왜 $C_1$이 포함되었는지 궁금할 것이다. $C_1$이 없다면 바랙터가 주파수를 더 큰 범위로 변화시켜 더 큰 튜닝 범위를 얻을 수 있을 것이다. 이것은 실제로 사실이고, 의도적으로 고정 커패시턴스를 탱크(tank)에 추가하는 경우는 없다. 바꿔 말하면, $C_1$은 단순히 $X$와 $Y$에 나타나는 피할 수 없는 다음의 커패시턴스를 모델링(modeling)한 것이다: (1) $M_1$과 $M_2$의 $C_{GS}$, $C_{GD}$(밀러 증배 계수(Miller multiplication factor)는 2이다), $C_{DB}$, (2) 각 인덕터의 기생 커패시턴스, (3) (버퍼, 주파수 분주기(frequency divider), 혹은 믹서와 같은) 다음 단의 입력 커패시턴스. 4장에서 언급한 대로 PA 입력에서 상향 변환 믹서의 입력으로 커패시턴스가 '전파(propagation)'되면서 마지막 요소는 송신단에서 특히 중요하게 된다.

위의 VCO 구조에서 두 가지 특징을 가진다. 첫째로, 만약 $V_{cont}$가 접지에 가깝고 $V_X$(혹은 $V_Y$)가 $V_{DD}$ 보다 상당히 상승하게 되면 주기의 일부분에서 바랙터가 스트레스를 받게 된다. 둘째로, 그림 8.25(b)에 그려진 것처럼, $C_{max} - C_{min}$의 절반만이 튜닝에 사용된다. 이 이슈는 이 장의 후반부에서 살펴보기로 한다.

7장에 설명되어 있는 대로, 차동 파형에 의해 구동되는 대칭 나선 인덕터(symmetric spiral inductor)는 싱글엔드형 인덕터 보다 높은 $Q$를 갖는다. 이런 이유로 일반적으로 그림 8.25의 $L_1$과 $L_2$는 단일 대칭 인덕터로 구현된다. 그림 8.26은 아이디어와 회로를 보여준다.

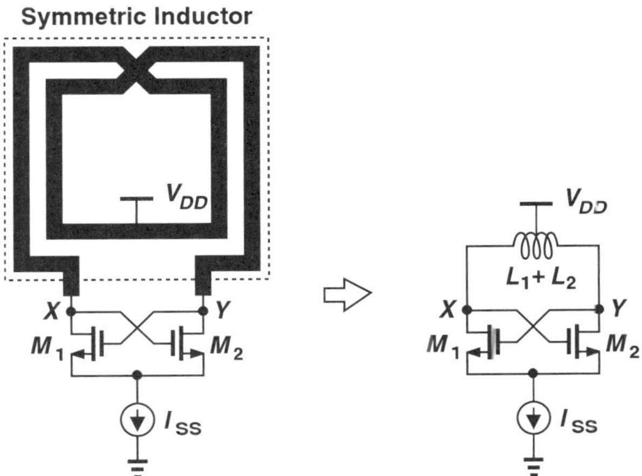


**그림 8.26** *대칭 인덕터를 사용한 발진기*

인덕터의 대칭 지점['중간 탭(center tap)']은 $V_{DD}$에 연결된다. 일부 분석에서 단순화를 위해 중간 탭의 연결을 생략하는 경우가 있다.

**예제 8.14** RF Microelecronics

그림 8.26의 인덕터는 10 GHz에서 인덕턴스가 2 nH이고 $Q$가 10이다. 시동을 보장하기 위해 요구되는 $M_1$과 $M_2$의 최소 트랜스컨덕턴스는 얼마인가?

**풀이:**

$L_1 + L_2 = 2$ nH의 등가 병렬저항은 $Q(L_1 + L_2)\omega = 1.26\ \text{k}\Omega$이 된다. 식 (8.40)으로부터,

$$g_{m1,2} \geq (630\ \Omega)^{-1}. \tag{8.51}$$

또 다른 방법으로, 인덕터를 $L_1$과 $L_2$로 분해하면 그림 8.18(b)로 돌아가게 된다. 이 경우 $R_p = QL_1\omega = QL_2\omega = 630\ \Omega$이고 $g_{m1,2}R_p \geq 1$이 된다. 따라서 $g_{m1,2} \geq (630\ \Omega)^{-1}$이 된다. 여기서 핵심은 주파수와 시동 조건의 계산을 위해, $L_1 + L_2$를 하나의 인덕터로 본 1-단자(one-port) 모델이나 $L_1$과 $L_2$가 두 단에 포함된 피드백 모델을 모두 이용할 수 있다는 것이다.

그림 8.25(a)의 VCO는 $V_{DD}$에 가까운 출력 CM 전압을 가지는데, 이것은 다음 단에 따라 장점 혹은 단점이 될 수 있다(8.9절).

### 8.5.1 튜닝 범위의 한계 Tuning Range Limitation

그림 8.25(a)의 상호결합 VCO는 강인하고 용도가 다양한 구조이지만, 튜닝 범위가 좁은 단점을 가진다. 위에서 언급한대로 $C_1$을 구성하는 세 개의 요소는 바랙터 커패시턴스의 변화를 제한하게 된다. 식 (8.50)에서 $C_{var}$은 전체 커패시턴스의 작은 부분을 차지하며, $C_{var} \ll C_1$으로 근사하면 다음과 같다.

$$\omega_{osc} \approx \frac{1}{\sqrt{L_1 C_1}}\left(1 - \frac{C_{var}}{2C_1}\right). \tag{8.52}$$

만약 바랙터의 커패시턴스가 $C_{var1}$에서 $C_{var2}$로 변하면, 튜닝 범위는 다음과 같이 주어진다.

$$\Delta\omega_{osc} \approx \frac{1}{\sqrt{L_1 C_1}} \frac{C_{var2} - C_{var1}}{2C_1}. \tag{8.53}$$

예를 들어, 만약 $C_{var2} - C_{var1} = 20\%C_1$이면, 튜닝 범위는 중심 주파수 주변 약 ±5%가 된다.

무엇이 바랙터의 커패시턴스 범위($C_{var2} - C_{var1}$)를 제한하는가? 7장에서 $C_{var2} - C_{var1}$이 바랙터의 $Q$와 절충관계에 있는 것을 보았다: 채널이 긴 경우 게이트-드레인과 게이트-소스

오버랩 커패시턴스의 상대적으로 영향을 덜 받으며 범위가 넓어지지만 $Q$는 떨어지게 된다. 따라서 튜닝 범위는 탱크의 전체 $Q$와 (또한 위상 잡음과) 절충관계를 갖게 된다.

또 다른 $C_{var2} - C_{var1}$의 한계는 그림 8.25(a)의 가용한 발진기 제어전압($V_{cont}$)의 범위에 의해 발생한다. 이 전압은 (9장에서 다룰) '전하 펌프(charge pump)'에 의해 공급되며, 다른 아날로그 회로처럼 제한된 출력 전압으로 어려움을 겪는다. 예를 들어, 1-V 공급 전원에서 동작하는 전하 펌프는 0.1 V 이하나 0.9 V 이상의 전압을 공급하지 못한다. 따라서 그림 8.25(b)의 특성은 그림 8.27과 같이 정리될 수 있다.

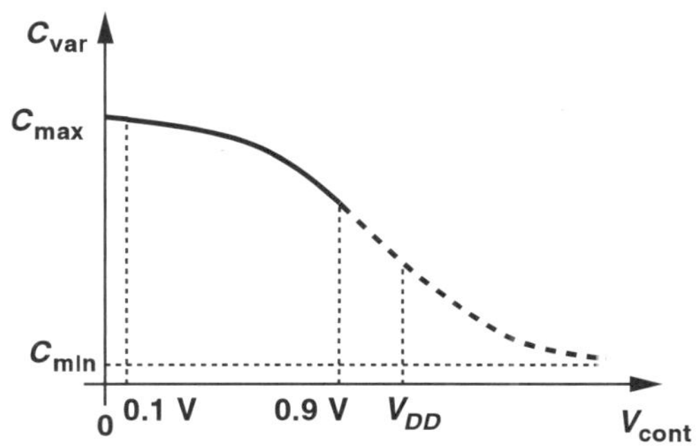


**그림 8.27** *0.1 V와 0.9 V 사이의 입력에 대한 바랙터 범위*

이러한 튜닝의 한계는 LC VCO 설계에 있어서 심각한 문제이다. 8.6절에서는 (다른 성능을 희생해) 더 넓은 튜닝 범위를 제공하는 다양한 발진기 구조를 소개한다.

### 8.5.2 바랙터 $Q$의 영향 Effect of Varactor $Q$

앞에서 살펴본 것처럼 바랙터의 커패시턴스는 전체 탱크(tank) 커패시턴스의 작은 부분을 차지한다. 따라서 바랙터의 저항성 손실이 탱크의 전체 $Q$를 어느 정도 열화시키는 것을 추측할 수 있다. 기본적인 관찰에서 출발해 보자.

**예제 8.15** RF Microelecronics

손실이 있는 인덕터와 커패시터가 병렬 탱크를 구성하고 있다. 각각의 양질 계수(quality factor)에 대하여 전체 $Q$를 결정하라.

**풀이:**

인덕터 혹은 커패시터의 손실은 (좁은 주파수에 대해) 병렬 저항으로 모델링될 수 있다. 따라서 그림 8.28과 같이 탱크를 만들 수 있다.

(*계속*)

예제 8.15 (계속) RF Microelecronics

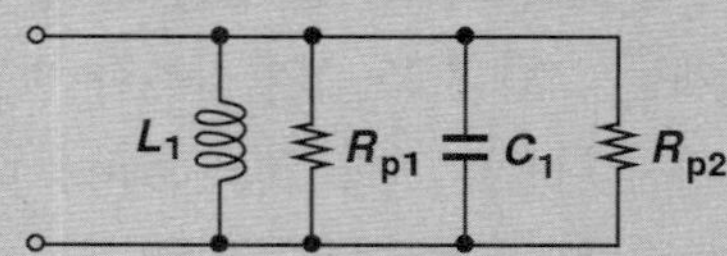


**그림 8.28** *손실이 있는 인덕터 및 커패시터로 구성된 탱크*

인덕터와 커패시터의 $Q$는 다음과 같이 주어진다.

$$Q_L = \frac{R_{p1}}{L_1\omega} \tag{8.54}$$

$$Q_C = R_{p2}C_1\omega. \tag{8.55}$$

공진 부근에서 $L_1\omega = (C_1\omega)^{-1}$가 된다. $R_{p1}$과 $R_{p2}$를 합하면 전체 $Q$는 다음과 같다:

$$Q_{tot} = \frac{R_{p1}R_{p2}}{R_{p1}+R_{p2}} \cdot \frac{1}{L_1\omega} \tag{8.56}$$

$$= \frac{1}{\dfrac{L_1\omega}{R_{p1}} + \dfrac{L_1\omega}{R_{p2}}} \tag{8.57}$$

$$= \frac{1}{\dfrac{L_1\omega}{R_{p1}} + \dfrac{1}{R_{p2}C_1\omega}}. \tag{8.58}$$

따라서,

$$\frac{1}{Q_{tot}} = \frac{1}{Q_L} + \frac{1}{Q_C}. \tag{8.59}$$

바랙터의 손실을 정량화하기 위해 그림 8.29(a)의 탱크를 고려하자. 여기서 $R_{p1}$은 인덕터의 손실을 $R_{var}$는 바랙터의 등가 직렬 저항을 모델링 한다. 우리는 탱크의 $Q$를 계산하고자 한다. 직렬 연결된 $C_{var}$과 $R_{var}$을 병렬 조합[그림 8.29(b)]으로 바꾸면 2장으로부터,

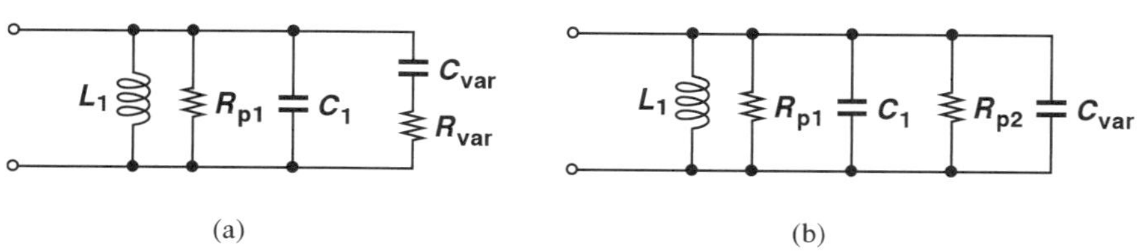


**그림 8.29** *(a) 손실이 있는 바랙터를 가진 탱크, (b) 등가 회로*

$$R_{p2} = \frac{1}{C_{var}^2 \omega^2 R_{var}}. \tag{8.60}$$

앞의 결과를 사용하기 위해 $C_1$과 $C_{var}$를 결합한다. $C_1 + C_{var}$의 $Q$는 다음과 같다.

$$Q_C = R_{P2}(C_1 + C_{var})\omega \tag{8.61}$$

$$= \frac{C_1 + C_{var}}{C_{var}^2 \omega R_{var}}. \tag{8.62}$$

여기서 $Q_{var} = (C_{var}\omega R_{var})^{-1}$이고,

$$Q_C = \left(1 + \frac{C_1}{C_{var}}\right) Q_{var}. \tag{8.63}$$

바꿔 말하면, 바랙터의 $Q$는 $1 + C_1/C_{var}$ 배만큼 높아지게 된다. 따라서 전체 탱크의 $Q$는 다음과 같이 주어진다.

$$\frac{1}{Q_{tot}} = \frac{1}{Q_L} + \frac{1}{\left(1 + \dfrac{C_1}{C_{var}}\right) Q_{var}}. \tag{8.64}$$

(바랙터에 사용된 채널의 길이가 크지 않다면) 식 (8.64)는 수십 GHz의 주파수 까지 첫 번째 항에 의해 결정된다.

만약 탱크가 이상적인 커패시터 $C_1$과 직렬 저항이 각각 $R_2 - R_n$인 손실이 있는 커패시터 $C_2 - C_n$으로 구성되어 있다면, 식 (8.64)는 일반화 될 수 있다. 독자들은 다음 식을 증명할 수 있을 것이다.

$$\frac{1}{Q_{tot}} = \frac{1}{Q_L} + \frac{C_2}{C_{tot}}\frac{1}{Q_2} + \cdots + \frac{C_n}{C_{tot}}\frac{1}{Q_n}, \tag{8.65}$$

여기서 $C_{tot} = C_1 + \cdots + C_n$이고 $Q_j = (R_j C_j \omega)^{-1}$이다.

## 8.6 넓은 튜닝 범위를 갖는 LC VCO LC VCOs with Wide Tuning Range

### 8.6.1 연속 튜닝을 갖는 VCO VCOs with Continuous Tuning

그림 8.27에 그려진 C-V 특성에서 매우 좁은 튜닝 범위를 얻게 되는데, 이것은 특히 음의 $V_{GS}$에 대응하는($V_{cont} > V_{DD}$) 커패시턴스 범위가 사용되지 않기 때문이다. 따라서 $C_{min}$과 $C_{max}$ 사이의 대부분의 영역을 사용하기 위해 바랙터 사이에 양과 음의 (평균) 전압이 걸리는 발진기 구조를 찾아야 한다.

그림 8.30(a)는 한 예를 보여준다. 이 회로에서 $M_1$과 $M_2$의 바이어스 전류는 탑(*top*) 전류원 $I_{DD}$에 의해 정의된다. 먼저 출력 공통모드 레벨(common-mode level)의 계산으로 회로의 분석을 시작해 보자. 발진이 없다면 회로는 그림 8.30(b)로 나타나며 여기서 $\mathrm{M}_1$과 $\mathrm{M}_2$에 $I_{DD}$가 동일하게 나뉘어 흐르고 다이오드 결선(diode-connected) 구조를 가진다. 따라서 CM 레벨은 $I_{DD}/2$의 전류가 흐르는 다이오드 결선 트랜지스터의 게이트-소스 전압에 의해서 단순하게 주어진다.[4] 예를 들어, 제곱법칙(square-law) 소자에 대해,

$$V_{GS1,2} = \sqrt{\frac{I_{DD}}{\mu_n C_{ox}(W/L)}} + V_{TH}. \tag{8.66}$$

CM 레벨이 대략 $V_{DD}/2$인 트랜지스터 크기를 선택한다. 결과적으로 $V_{cont}$가 0에서 $V_{DD}$로 변하면서 바랙터의 게이트-소스 전압 $V_{GS,var}$은 $+V_{DD}/2$에서 $-V_{DD}/2$로 변하게 되고, $C_{min}$에서 $C_{max}$까지 거의 모든 커패시턴스 범위를 스윕(sweep) 한다[그림 8.30(c)]. 실제로 (전하 펌프) 회로에서 발생하는 $V_{cont}$의 전압 범위는 $V_1 - V_2$이며, 이 경우 커패시턴스 범위는 $C_{var1} - C_{var2}$가 된다.

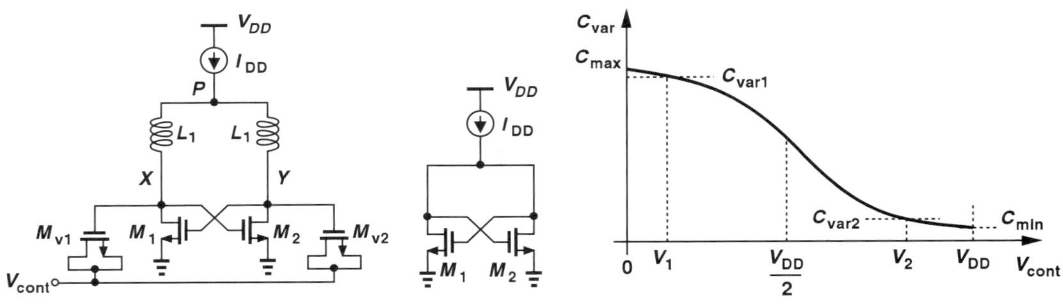


**그림 8.30** *(a) 탑 바이어스(top-biased) VCO, (b) CM 계산을 위한 등가 회로, (c) 사용된 바랙터 범위*

그림 8.30(a)의 발진기의 시동(startup) 조건, 발진 주파수, 출력 스윙은 그림 8.18(b)의 테일 바이어스 회로와 유사하다. 또한 높은 $Q$를 얻기 위하여 $L_1$과 $L_2$는 단일 대칭 인덕터로 구현된다; 인덕터의 중간 탭은 $I_{DD}$에 연결된다.

그림 8.30(a)의 구조는 테일 전류를 이용한 발진기에 비해 더 넓은 튜닝 범위를 제공하지만 높은 위상 잡음으로 어려움을 겪는다. 8.7절에서 살펴보겠지만 이 단점(penalty)은 식 (8.66)이 나타내는 것처럼, $I_{DD}$의 잡음 전류에 의한 출력 CM 레벨의 변조(modulation)가 주

---

4. 대신호(large-signal) 발진에서 $M_1$과 $M_2$의 비선형은 출력 CM의 레벨(level)을 약간 이동(shift)시키지만 우리는 여기서 이 효과를 무시하기로 한다.

요한 원인이다. 이 효과는 인덕터의 낮은 dc 저항 때문에 출력의 CM 레벨이 $V_{DD}$에 '고정된(pinned)' 테일 바이어스 발진기에서는 나타나지 않는다. 다음의 예제는 이 차이를 보여준다.

### 예제 8.16 RF Microelecronics

위의 발진기에서 테일(tail) 혹은 탑(top) 바이어스 전류가 ΔI 만큼 변했다. 바랙터에 걸리는 전압의 변화를 결정하라.

**풀이:**

그림 8.31(a)의 테일 바이어스 구조에서 보인 것처럼 각각의 인덕터는 (일반적으로 10 Ω 이하인) 작은 저주파수 저항 $r_s$를 포함한다. 만약 $I_{SS}$가 $\Delta I$ 만큼 변한다면 출력 CM 레벨은 $\Delta V_{CM} = (\Delta I/2)r_s$ 만큼 변하고 각 바랙터에 걸리는 전압도 마찬가지이다. 한편, 그림 8.31(b)의 탑 바이어스 회로에서 ΔI의 변화는 출력 CM 레벨을 $\Delta V_{CM} = (\Delta I/2)(1/g_m)$ 만큼 변화시키며 두 개의 다이오드 결선 트랜지스터를 통해 흐른다. $1/g_m$은 일반적으로 수백 옴의 범위이고 탑 바이어스 구조가 훨씬 큰 바랙터 전압 변조를 겪는다.

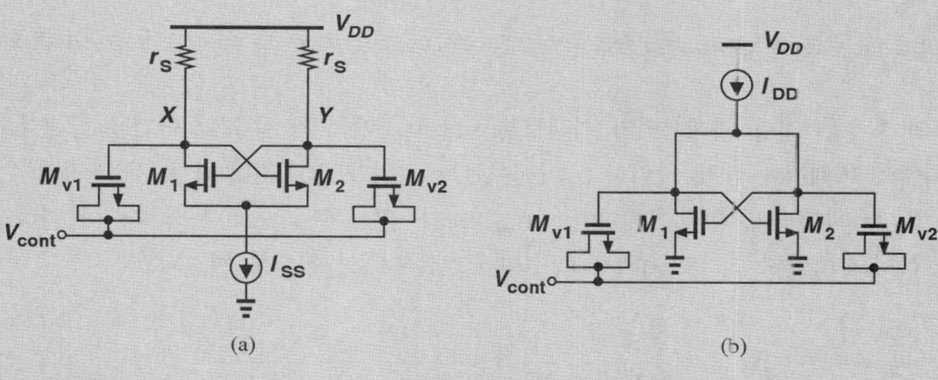


**그림 8.31** *(a) 테일 바이어스와 (b) 탑 바이어스 발진기에서 출력 CM의 바이어스 전류의 영향*

### 예제 8.17 RF Microelecronics

위의 예제에서 발진 주파수의 변화는 얼마인가?

**풀이:**

$X$와 $Y$에서 CM의 변화는 $V_{cont}$의 변화와 동일하기 때문에,

$$\Delta\omega = K_{VCO}\Delta V_{CM} \tag{8.67}$$

$$= K_{VCO}\frac{\Delta I}{2}r_s \quad \text{or} \quad K_{VCO}\frac{\Delta I}{2}\frac{1}{g_m}. \tag{8.68}$$

바이어스 전류원의 잡음에 의한 바랙터 변조를 피하기 위해서 테일 바이어스 구조로 돌아와 바랙터와 코어(core) 사이에 *ac 결합*(*ac coupling*)을 사용해 바랙터에 양과 음의 전압이 걸릴 수 있도록 한다. 그림 8.32(a)에 보인 것처럼, 아이디어는 게이트에 걸리는 전압을 $V_{DD}$가 아닌 $V_b(\approx V_{DD}/2)$로 정의하는 것이다. 그림 8.30(c)의 거동과 유사하게 $V_{cont}$가 0에서 $V_{DD}$로 변하면, 각 바랙터에 걸리는 전압은 $-V_{DD}/2$에서 $+V_{DD}/2$로 변하며 튜닝 범위가 최대화 된다.

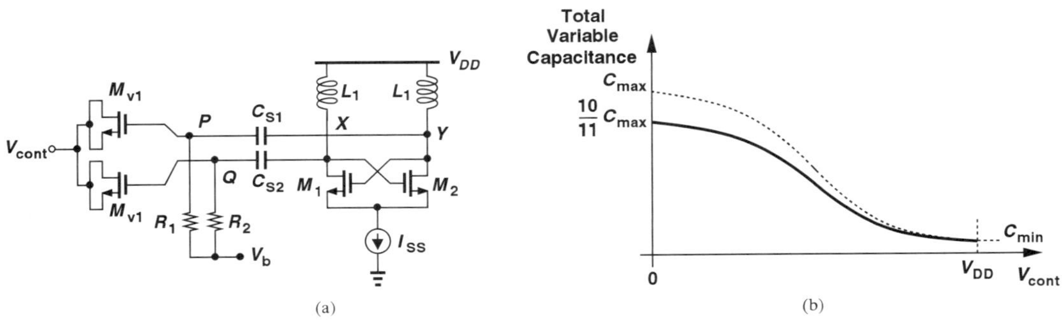


**그림 8.32** *(a) 커패시터 결합을 통해 바랙터가 연결된 VCO, (b) 유한한 $C_{S1}$과 $C_{S2}$에 의한 튜닝 범위의 감소*

위의 회로는 결합 커패시터의 기생성분(parasitics)에 의해 주요한 단점을 갖는다. 그림 8.32(a)에서 바랙터에 의해 나타나는 커패시턴스 범위가 크게 감소하는 것을 막기 위해서 $C_{S1}$과 $C_{S2}$는 바랙터의 최대 커패시턴스 $C_{max}$ 보다 *훨씬 큰* 값으로 선택 되어야 한다. 만약 $C_{S1} = C_{S2} = C_S$이면 식 (8.53)에서 $C_{var2}$와 $C_{var1}$은 $C_S$와 직렬로 연결되고,

$$\Delta\omega_{os} \approx \frac{1}{\sqrt{L_1C_1}} \cdot \frac{1}{2C_1} \cdot \frac{C_S^2(C_{var2} - C_{var1})}{(C_S + C_{var2})(C_S + C_{var1})}. \tag{8.69}$$

예를 들어, 만약 $C_S = 10C_{max}$이면, 직렬 연결에 의한 최대 커패시턴스는 $(10C_{max} \cdot C_{max})/(11C_{max}) = (10/11)C_{max}$가 되어 $C_{max}$에 비해 약 10% 작은 값을 가진다. 따라서 그림 8.32(b)에 보인 것처럼 커패시턴스 범위는 약 10% 줄게 된다. 등가적으로 최대/최소(maximum-to-minimum) 커패시턴스 비는 $C_{max}/C_{min}$에서 $(10C_{max} + C_{min})/(11C_{min}) \approx (10/11)(C_{max}/C_{min})$으로 감소하게 된다.

$C_S = 10C_{max}$로 선택하면 커패시턴스의 범위는 10% 줄게 되지만, $X$와 $Y$ 혹은 $P$와 $Q$에 상당한 기생 커패시턴스를 유발하게 된다. 이것은 집적 커패시터가 기판에 대한 기생 커패시턴스로 어려움을 겪기 때문이다. 그림 8.33(a)는 그 예를 보여 주는데, 금속-6에서 금속-9로 이루어진 금속층 샌드위치(sandwich) 구조로 노드 $A$와 $B$ 사이의 원하는 커패시턴스를 형성하고, 바닥층(bottom layer)과 기판사이의 커패시턴스 $C_b$가 노드 $A$와 접지사이에 나타나게

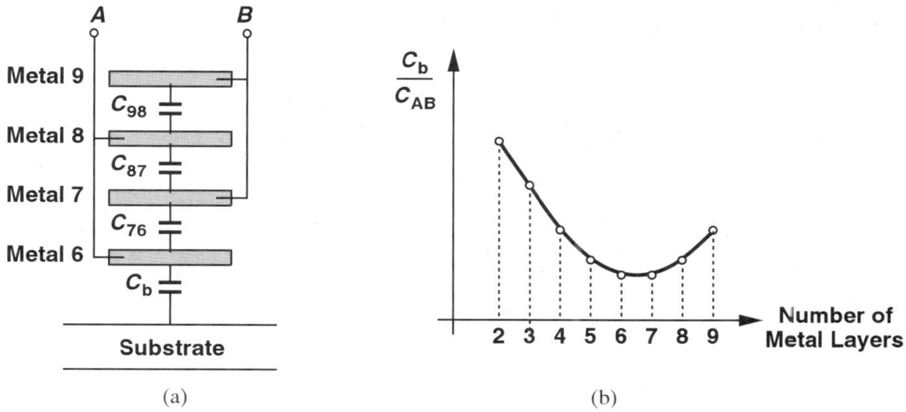


**그림** 8.33 *(a) 평행 금속판으로 구성된 커패시터, (b) 금속층의 개수에 따른 상대적인 기생 커패시턴스*

된다. 따라서 $C_b/C_{AB}$를 최소화 할 수 있는 샌드위치 구조의 금속층 개수를 선택해야 한다. 이 비율을 최상층(top layer)으로부터 금속층 개수의 함수로 그리면 그림 8.33(b)와 같다. 금속-9와 금속-8에 대해서만 $C_b$가 작지만, $C_{AB}$도 작게 된다. 더 많은 금속층이 적층될수록 $C_b$는 $C_{AB}$ 보다 천천히 증가되어 비율을 감소시킨다. 바닥층이 기판에 접근하면서 $C_b$는 $C_{AB}$ 보다 더 빨리 증가하며, 그림 8.33(b)에 보인 최소점을 만들어 낸다. 바꿔 말하면, 일반적으로 $C_b/C_{AB}$는 5%를 넘는다.

이제 그림 8.32(a)의 $C_{S1}$과 $C_{S2}$의 영향에 대해 학습해 보자. 식 (8.53)으로부터 $C_1$이 커지면서 튜닝 범위가 제한되는 것을 알 수 있다. 바꿔 말하면, 식 (8.53)의 분모는 $C_S$의 직렬 효과에 의해 *감소*되고 분자는 $C_S$의 기생성분에 의해 *증가*하게 된다. 이 한계를 공식화하기 위해 일반적인 경우인 $C_{max} \approx 2C_{min}$, $C_{var2} \approx C_{max}$, $C_{var1} \approx C_{min}$, $C_S = 10C_{max}$, $C_b = 0.05\ C_S = 0.5C_{max}$를 가정하자. 식 (8.69)를 정리하면,

$$\Delta\omega_{osc} \approx \frac{1}{\sqrt{L_1(C_1+0.5C_{max})}} \times \frac{1}{2(C_1+0.5C_{max})} \times \frac{C_S^2(C_{max}-0.5C_{max})}{(10C_{max}+C_{max})(10C_{max}+0.5C_{max})} \quad (8.70)$$

$$\approx \frac{1}{\sqrt{L_1(C_1+0.5C_{max})}} \times \frac{0.43C_{max}}{2(C_1+0.5C_{max})}. \quad (8.71)$$

**예제 8.18** RF Microelecronics

그림 8.32(a)의 VCO는 $C_S$의 직렬 효과와 $C_b$의 병렬효과를 고려하지 않고 10%의 튜닝 범위를 갖도록 설계되었다. $C_S = 10C_{max}$, $C_{max} = 2C_{min}$, $C_b = 0.05C_S$인 경우, 실제 튜닝 범위를

(계속)

**예제 8.18** (*계속*) RF Microelecronics

결정하라.

**풀이:**

$C_S$와 $C_b$의 영향을 무시하고 식 (8.53)을 적용하면:

$$\Delta\omega_{osc} \approx \frac{1}{\sqrt{L_1C_1}}\frac{0.5C_{max}}{2C_1}. \tag{8.72}$$

이 범위가 중심 주파수의 10%가 되기 위해서,

$$C_{max} = \frac{2}{5}C_1. \tag{8.73}$$

$C_S$와 $C_b$의 영향을 고려해 식 (8.71)을 정리하면,

$$\Delta\omega_{osc} \approx \frac{1}{\sqrt{L_1(1.2C_1)}} \times \frac{0.43}{6} \tag{8.74}$$

$$\approx \frac{7.2\%}{\sqrt{1.2L_1C_1}}. \tag{8.75}$$

따라서 튜닝 범위는 7.2%로 떨어진다($\sqrt{1.2L_1C_1}^{-1}$ 부근).

위에서 우리는 $C_b$가 그림 8.32(a)의 노드 $X$와 $Y$에 나타난다고 가정했다. 만약 그렇지 않다면, $C_b$는 노드 $P$와 $Q$에 존재하게 된다. 우리는 문제 8.8에서 이 경우에 대해 학습하게 되는데, 유사한 튜닝 범위를 얻을 수 있다.

그림 8.34(a)는 그림 8.33(a)의 금속 샌드위치 구조 보다 적은 기생성분을 갖는 커패시터를 보여준다. 이 구조는 '프린지(fringe)' 혹은 '측방향 전계(lateral-filed)' 커패시터로 불리며, 폭이 좁은 금속 도선을 근접하게 배치하여 프린지(fringe) 커패시턴스를 최대화 하였다. 금속 샌드위치에 비해 단위 부피당 더 큰 커패시턴스와 더 작은 기생성분을 갖는다.

**예제 8.19** RF Microelecronics

프린지(fringe) 구조가 단위 부피당 큰 커패시턴스를 갖는 이유를 설명하라.

**풀이:**

2층(two-layer) 금속 샌드위치 커패시터를 작은 단위(unit) 커패시터의 합으로 볼 수 있다고 가정하자[그림 8.34(b)]. 수직 간극이 $h$인 두 판사이의 커패시턴스는 $C_{p1} + \cdots + C_{pn}$과 같다.

**예제 8.19** (*계속*) RF Microelecronics

이제 각 판을 공정이 허용하는 가장 작은 간극 $S_{min}$을 갖는 좁은 라인으로 분해한다[그림 8.34(a)]. 예를 들어, $S_{min} = 0.15\ \mu m$이고 $h = 0.5\ \mu m$이다. 약간의 평행판 커패시턴스 $C_{pj}$가 생략 되었지만, 이제 약 두 배의 프린지 커패시턴스 $C_{fj}$가 추가 되었다. 또한 $S_{min} < h$, $C_{fj} > C_{pj}$이므로 전체 커패시턴스는 상당히 증가하게 된다.

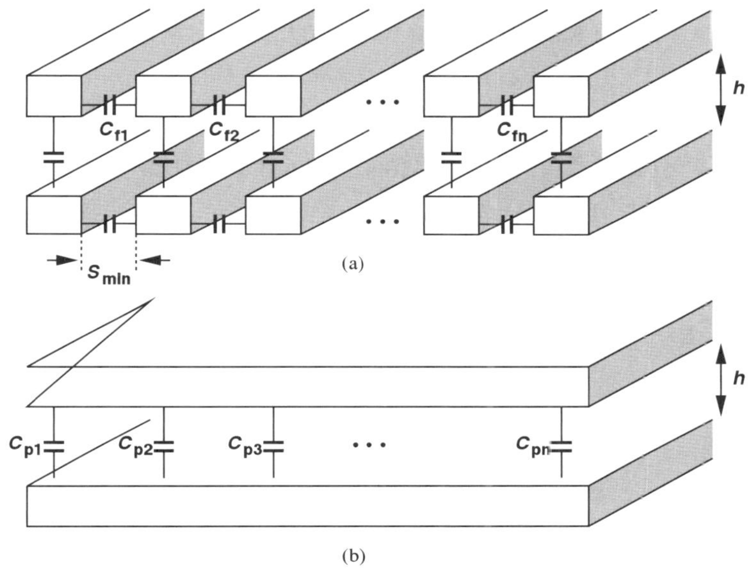


**그림 8.34** *(a) 프린지 커패시터, (b) 분포적인 관점의 평행판 커패시터*

그림 8.32(a)에서 세 가지 다른 이슈에 대한 고찰이 필요하다. 첫째로, $R_1$과 $R_2$가 탱크에 거의 병렬로 연결되어 있으므로, $R_p$에 비해 훨씬 큰 값을 선택해야 한다. (심지어 10배인 경우도 10% 가량 $Q$가 감소되어 충분하지 않은 것으로 입증되었다.) 둘째로, 공급 전압 중앙의 바이어스 $V_b$의 잡음이 바랙터를 직접 변조하기 때문에 최소화 되어야 한다. 셋째로, 13장의 송수신기 설계에서 학습한 것처럼 $R_1$과 $R_2$의 잡음이 바랙터를 변조해 상당한 위상 잡음을 유발한다.

그림 8.35는 자연적으로 출력 CM 레벨이 약 $V_{DD}/2$인 또 다른 VCO 구조를 보여준다. NMOS 소자의 소스가 테일 전류에 연결되어 있는 것을 제외하면, 회로는 두 개의 백투백(back-to-back) CMOS 인버터 혹은 동일한 바이어스 전류를 공유하는 상호결합 NMOS 쌍과 상호결합 PMOS 쌍으로 볼 수 있다. 소자 크기와 $I_{SS}$를 적절히 선택하면 $X$와 $Y$에서 $V_{DD}/2$ 부근의 CM 레벨을 얻을 수 있고 결과적으로 튜닝 범위를 최대화할 수 있다.

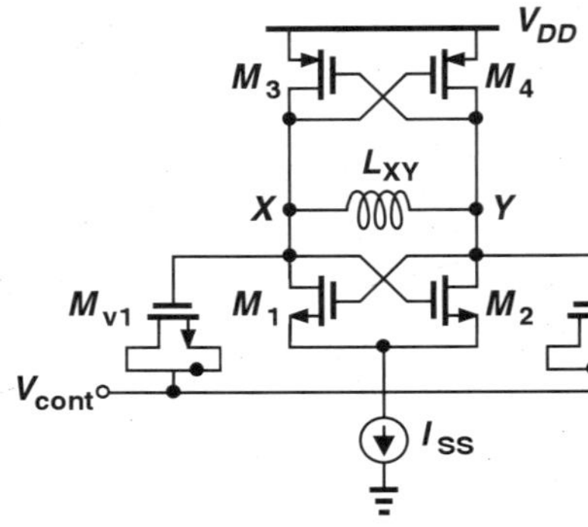


**그림 8.35** *NMOS와 PMOS 상호결합 쌍을 사용한 VCO*

이 회로에서 바이어스 전류는 PMOS 소자에 의해 '재사용(reuse)' 되며, 더 큰 트랜스컨덕턴스를 제공한다. 그러나 그림 8.25(a), 8.30(a), 8.32(a)에 비해 더 중요한 위 구조의 장점은 주어진 바이어스 전류와 인덕터 설계에 대해서 *두 배의* 전압 스윙이 발생한다는 것이다. 이 점을 이해하기 위하여 상보 구조(complementary topology)의 $L_{XY}$가 이전 회로의 $L_1 + L_2$와 동일하다고 가정하자. 따라서 $L_{XY}$는 등가적인 병렬저항 $2R_p$를 나타낸다. 그림 8.36과 같이 각 반주기에 대해 회로를 그리면, 각 탱크의 전류가 $+I_{SS}$와 $-I_{SS}$ 사이를 스윙하는 반면 이전의 구조는 $I_{SS}$와 영 사이를 스윙한다. 따라서 출력 전압 스윙은 두 배가 된다.

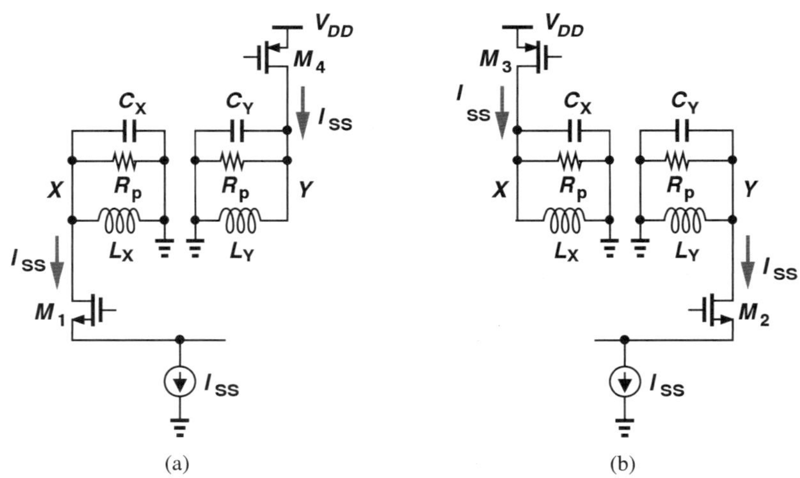


**그림 8.36** *(a) $M_1$과 $M_4$가 온(on)인 경우와 (b) $M_2$와 $M_3$가 온인 경우 부동 공진기(floating resonator)를 통한 전류 흐름*

그러나 그림 8.35 회로는 두 가지 단점으로 어려움을 겪는다. 첫째는, $|V_{GS2}| + V_{GS1} + V_{ISS}$와 $V_{DD}$가 동일하기 위해 일반적으로 PMOS 트랜지스터가 매우 넓어야 하고, 이 때문에

유발된 상당한 커패시턴스가 튜닝 범위를 제한하게 된다. 이것은 특히 작은 인덕터가 필요하고, 또 위에서 언급한 스윙의 장점이 약화되는 높은 주파수에서 문제가 된다. 둘째로, 그림 8.30(a)의 회로처럼 바이어스 전류원의 잡음 전류는 출력 CM 레벨과 바랙터의 커패시턴스를 변조시켜 주파수와 위상 잡음을 유발한다. 다음 예제 8.17에서 독자들은 $I_{SS}$에 $\Delta I$의 변화가 각 바랙터에 걸리는 전압에 $(\Delta I/2)/g_{m3,4}$ 만큼, 따라서 주파수에 $K_{VCO}(\Delta I)/g_{m3,4}$ 만큼 변화를 유발하는 것을 보일 수 있다. $I_{SS}$에 허용되는 헤드룸(headroom)이 크지 않기 때문에, $4kT\gamma g_m$로 주어지는 $I_{SS}$의 잡음 전류는 큰 경향이 있다.

**예제 8.20** RF Microelecronics

한 학생이 단순히 테일(tail) 전류원을 제거해 잡음을 제거하려고 한다. 이러한 구조의 장단점을 설명하라(그림 8.37).

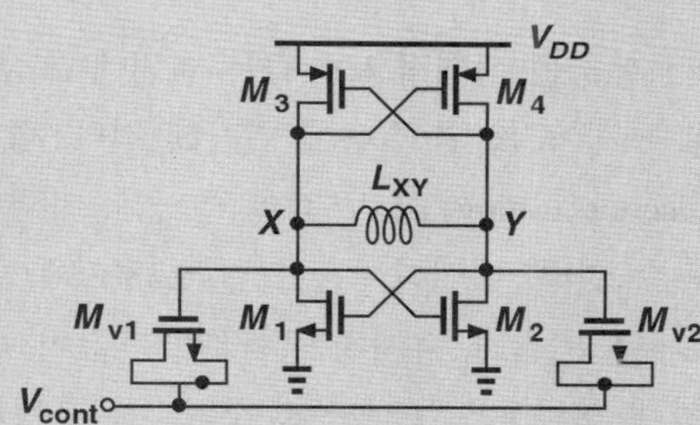


**그림 8.37** *바이어스 전류원이 없는 VCO*

**풀이:**

이 회로는 실제로 테일 전류원에 의한 주파수 변조를 피할 수 있다. 나아가 테일 전류원과 관련된 헤드룸을 절약할 수 있다. 그러나 회로는 이제 공급 전원에 매우 민감하게 된다. 예를 들어, $V_{DD}$를 공급하는 전압 레귤레이터에 상당한 플리커 잡음이 발생하면 (CM 레벨이 변조되어) 주파수가 변조된다. 더 나아가, 회로의 바이어스 전류는 공정과 온도에 따라 상당히 변하게 된다.

### 8.6.2 주파수 튜닝에 따른 진폭의 변화

Amplitude Variation with Frequency Tuning

좁은 바랙터 커패시턴스 범위와 함께, 발진 진폭의 변화는 *유용한(useful)* 튜닝 범위를 제한하는 또 다른 요소 이다. 탱크에 연결된 커패시턴스가 증가할수록 진폭은 감소하는 경향이 있다. 이 효과를 공식화하기 위해 [금속 저항과 표피 효과(skin effect)에 의한] *직렬* 저항 $R_S$

만을 포함한 탱크 인덕턴스를 가정하자. 2장을 상기하면 좁은 주파수 범위에서 $Q$가 3보다 클 때,

$$Q = \frac{L_1\omega}{R_S} = \frac{R_p}{L_1\omega} \tag{8.76}$$

이고 따라서,

$$R_p = \frac{L_1^2\omega^2}{R_S}. \tag{8.77}$$

따라서 탱크의 커패시턴스가 커지면 $R_p$는 $\omega^2$에 비례해서 떨어지게 된다.[5] 예를 들어, $\omega$가 10% 변할 때 진폭은 20% 변화하게 된다.

### 8.6.3 이산 튜닝 Discrete Tuning

예제 8.18에서 학습한 바랙터 튜닝은 상대적으로 좁은 범위에 초점을 맞추었다. 큰 바랙터를 사용하면 $K_{VCO}$가 커져 회로가 제어전압의 잡음에 민감해 진다. 상당히 넓은 튜닝 범위가 필요한 응용에서 '이산 튜닝(discrete tuning)'을 VCO에 추가해, 바랙터의 $C_{max}/C_{min}$ 보다 훨씬 큰 커패시턴스 범위를 얻을 수 있다. 아이디어는 그림 8.38(a)에 보인 것처럼 5장의 LNA에 대해 기술되어 있는 이산 튜닝 기술과 유사하게, 각각의 값이 $C_u$인 작은 커패시터 뱅크(bank)를 탱크와 병렬로 연결해 스위칭을 통해 공진 주파수를 조정하는 것이다. $V_{cont}$을 '미세 제어(fine control)'로, 커패시터 뱅크에 가해지는 디지털 입력을 '조대 제어(coarse control)'로 볼 수 있다. 그림 8.38(b)는 VCO의 튜닝 거동을 두 제어의 함수로 보여준다. 미세 제어는 연속적이지만 좁은 범위를 제공하는 반면, 조대 제어는 연속적인 특성곡선을 위 아래로 이동(shift)시킨다.

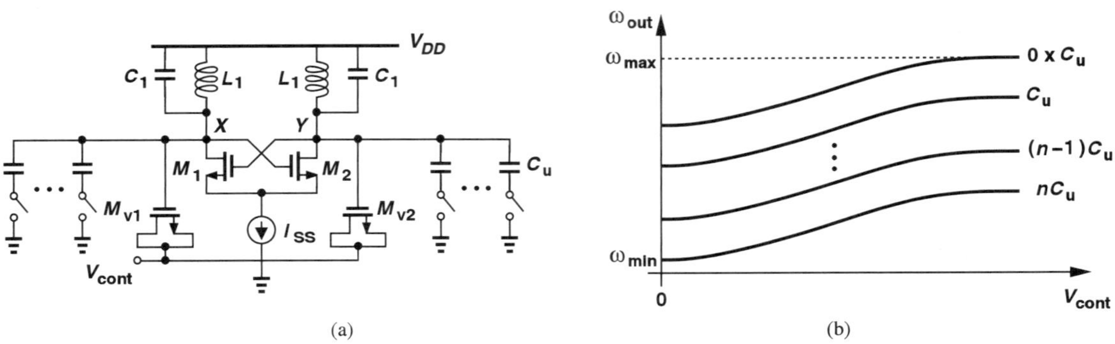


**그림 8.38** *(a) 스위치 커패시터(switched capacitor)를 이용한 이산 튜닝, (b) 결과적인 특성 곡선*

5. 저항 $R_S$는 저주파수 성분과 $\sqrt{\omega}$에 따라 변하는 표피 효과 성분의 합으로 구성되기 때문에 $\omega$에 따라 약간 증가한다.

전체적인 튜닝 범위는 다음과 같이 계산될 수 있다. 이상적인 스위치와 단위 커패시터로, 모든 커패시터가 스위치 인(switched in) 되어 바랙터는 최대값인 $C_{max}$를 가질 때 가장 낮은 주파수를 얻을 수 있다:

$$\omega_{min} = \frac{1}{\sqrt{L_1(C_1 + C_{max} + nC_u)}}. \tag{8.78}$$

단위 커패시터가 스위치 아웃(swtiched out) 되어 바랙터가 최소값 $C_{min}$을 가질 때 가장 높은 주파수를 얻을 수 있다:

$$\omega_{max} = \frac{1}{\sqrt{L_1(C_1 + C_{min})}}. \tag{8.79}$$

물론 식 (8.77)이 나타내는 것처럼 이 범위 내에서 발진 진폭은 상당히 변할 수 있기 때문에, $\omega_{min}$에서 적절한 스윙을 얻기 위해서는 $\omega_{max}$에서 '과설계(overdesign)'(또는 교정)가 요구된다.

### 예제 8.21

RF Microelecronics

그림 8.38(b)의 특성을 좀 더 자세히 고려해 보자(그림 8.39). 연속 튜닝 범위가 전체 이산 튜닝 범위에 대해 동일한가? 즉, $\Delta\omega_{osc1} \approx \Delta\omega_{osc2}$라고 할 수 있는가?

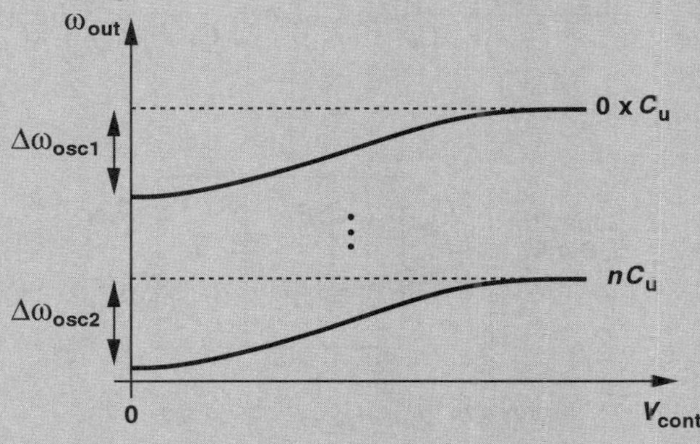


**그림 8.39** *미세(fine) 튜닝 범위의 변화.*

**풀이:**

스위치에 의해 $nC_u$가 탱크에 연결되면 바랙터는 더 큰 고정 커패시턴스를 바라보게 되어 $\Delta\omega_{osc1}$가 $\Delta\omega_{osc2}$ 보다 클 것으로 예상된다. 실제로 식 (8.53)으로부터,

$$\Delta\omega_{osc1} \approx \frac{1}{\sqrt{L_1 C_1}} \frac{C_{max} - C_{min}}{2C_1}, \tag{8.80}$$

(계속)

**예제 8.21** *(계속)* RF Microelecronics

이고,

$$\Delta\omega_{osc2} \approx \frac{1}{\sqrt{L_1(C_1+nC_u)}}\frac{C_{max}-C_{min}}{2(C_1+nC_u)}. \tag{8.81}$$

이로부터,

$$\frac{\Delta\omega_{osc1}}{\Delta\omega_{osc2}} = \left(1+\frac{nC_u}{C_1}\right)^{3/2}. \tag{8.82}$$

이러한 $K_{VCO}$의 변화는 PLL 설계에 바람직하지 않다.

그림 8.38(a)에 보인 이산 튜닝 기술은 몇 가지 어려운 이슈를 수반 한다. 첫째로, 단위 커패시터를 제어하는 스위치의 온 저항 $R_{on}$이 탱크의 $Q$를 떨어뜨린다. 식 (8.65)를 그림 8.40에 보인 병렬 조합에 적용하고 $[(R_{on}/n)(nC_u)\omega]^{-1}$를 $Q_{bank}$로 나타내면,

$$\frac{1}{Q_{tot}} = \frac{1}{Q_L} + \frac{C_{var}}{C_1+C_{var}+nC_u}\frac{1}{Q_{var}} + \frac{nC_u}{C_1+C_{var}+nC_u}\frac{1}{Q_{bank}} \tag{8.83}$$

$$= \frac{R_S}{L_1\omega} + \frac{C_{var}}{C_1+C_{var}+nC_u}R_{var}C_{var}\omega + \frac{nC_u}{C_1+C_{var}+nC_u}R_{on}C_u\omega. \tag{8.84}$$

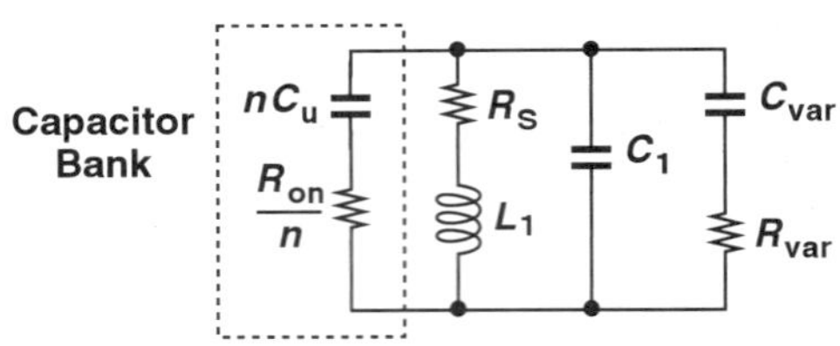


**그림 8.40** *Q 계산을 위한 등가 회로*

$R_{on}$의 영향을 최소화 하기위해 단순히 그림 8.38(a)의 스위치 트랜지스터의 폭을 증가시키면 어떨까? 그러나 더 넓은 스위치에 의해 단위 커패시터의 바닥판과 접지 사이의 커패시턴스가 증가해 스위치가 꺼졌을 때에도 탱크에 상당히 큰 커패시턴스가 나타나게 된다. 그림 8.41에 보인 것처럼, 만약 $C_u \gg C_{GD} + C_{DB}$이면 뱅크의 각 분기(branch)에 의해 탱크에 $C_{GD}+C_{DB}$의 커패시턴스가 나타난다. $n$개의 분기(branch)에 대해 $C_1$이 $n(C_{GB}+C_{DB})$의 추가적인 고정 성분을 유발하고, 나아가 미세 튜닝의 범위를 제한한다. 예를 들어, 식 (8.80)의 $\Delta\omega_{osc1}$는 다음 식으로 다시 표현될 수 있다.

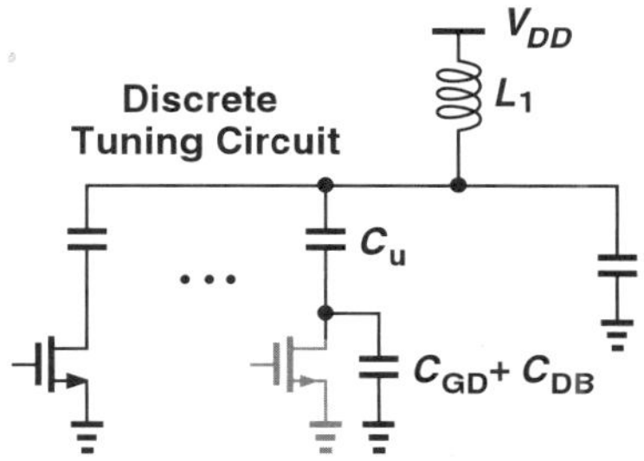


**그림 8.41** *스위치 기생 커패시턴스의 영향*

$$\Delta\omega_{osc1} \approx \frac{1}{\sqrt{L_1(C_1 + nC_{GD} + nC_{DB})}} \frac{C_{max} - C_{min}}{2(C_1 + nC_{GD} + nC_{DB})}. \tag{8.85}$$

$Q$와 튜닝 범위 사이의 절충관계로 이산 튜닝의 사용이 제한된다.

스위치의 온 저항의 문제는 발진기의 차동 동작(differential operation)을 이용하여 완화시킬 수 있다. 그림 8.42(a)에 보인 것처럼 노드 $A$와 $B$ 사이에 주(main) 스위치 $S_1$을 배치하면 노드의 차동 스윙에 의하여 $R_{on1}$의 *절반만이* 각 단위 커패시터와 직렬로 나타나게 된다[그림 8.42(b)]. 이것을 이용하면 주어진 저항에 대해 스위치 폭을 반으로 줄일 수 있다. 스위치 $S_2$와 $S_3$는 최소 크기의 소자로 단순히 $A$와 $B$의 CM 레벨을 정의한다.

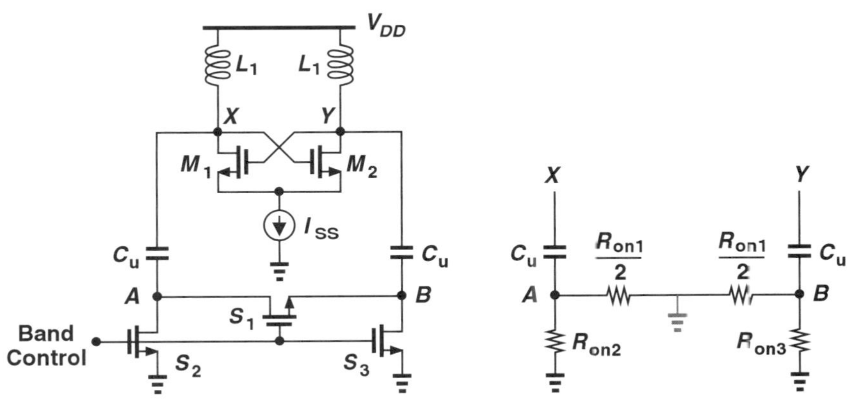


**그림 8.42** *(a) 부동(floating) 스위치의 이용, (b) 등가 회로*

이산 튜닝의 두 번째 이슈는 잠재적인 '사각' 영역('blind' zone)과 연관된다. 그림 8.43(a)와 같이 $j$번 단위 커패시터가 스위치 아웃(switch out) 되면, $\omega_4 - \omega_2 \approx \omega_3 - \omega_1$의 주파수 변화가 발생하지만, 바랙터에 의해 제공되는 미세 튜닝 범위 $\omega_4 - \omega_3$는 $\omega_4 - \omega_2$ 보다 *작게* 된다. 따라서 발진기는 어떤 미세 및 조대 제어 조합에 대해서도 $\omega_2$와 $\omega_3$ 범위를 커버

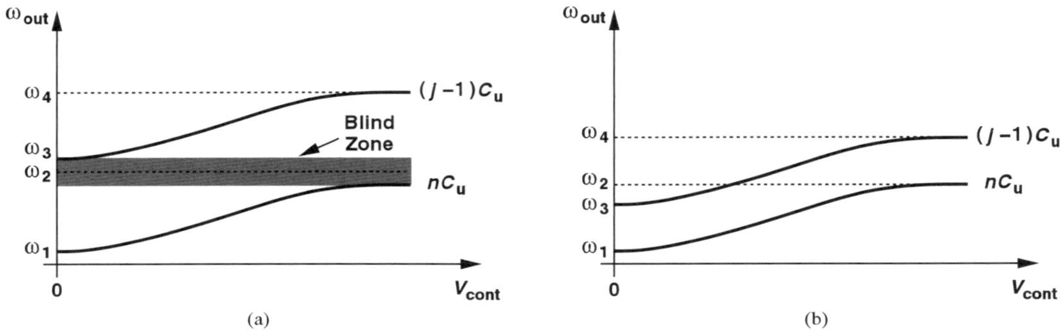


그림 8.43 *(a) 이산 튜닝에서 사각 영역(blind zone), (b) 사각 영역을 피하기 위한 연속적인 특성곡선 사이의 오버랩(overlap)*

(cover)하지 못한다.

사각 영역을 피하기 위해서 각각의 연속된 튜닝 범위 곡선은 약간의 오버랩(overlap)을 가져야 한다. 그림 8.43(b)에 보인 해결책(precaution)은 단위 커패시터의 크기를 줄이는 것인데, 개수가 증가해 레이아웃이 복잡하게 된다. 이 이슈를 완화시키기 위해, 3장에 설명되어 있는 대로 동일하지 않은 크기의 단위 커패시터를 사용할 수 있다. 또한 각 튜닝 곡선의 끝 부부에서 발생하는 $K_{VCO}$의 과도한 변화를 피하기 위해서도 오버랩은 필요하다. 예를 들어, 그림 8.43(b)에서 $\omega_2$ 부근에서 아래의 튜닝 곡선은 평평해 지기 때문에 위의 곡선이 사용되어야 한다.

최근 많은 경우 이산 튜닝만을 이용해 설계가 진행된다. '디지털 제어 발진기(digitally-controlled oscillator, DCO)'로 불리는 회로는 매우 미세한 주파수 스텝(step)을 사용한다. 참고문헌[2]에 사례가 기술되어 있다.

13장에서는 11a/g 응용을 위한 연속 및 이산 튜닝을 사용한 VCO를 설계하고 시뮬레이션을 수행한다.

## 8.7 위상 잡음 Phase Noise

VCO의 설계를 위해 튜닝 범위, 위상 잡음, 전력 소모 사이의 절충관계를 조절해야 한다. 우리는 지금 까지 튜닝 작업의 학습에 초점을 맞추어 왔다. 이제 관심을 돌려 위상 잡음(phase noise)을 살펴보기로 한다.

### 8.7.1 기본 개념 Basic Concepts

이상적인 발진기는 완벽하게 주기적인 출력 형태인 $x(t) = A\cos\omega_c t$를 발생한다. 정확히 $T_c = 2\pi/\omega_c$의 정수배에서 영점 교차(zero crossing)하게 된다. 그러나 실제로 발진기 소자의 잡

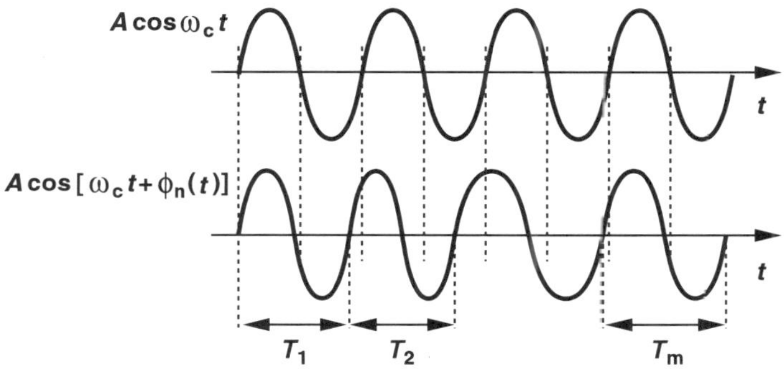


**그림 8.44** *이상적인 발진기와 잡음이 있는 발진기의 출력 파형*

음은 영점 교차를 랜덤하게 교란(perturbation)시킨다. 이 교란을 모델링하기 위해 $x(t) = A \cos[\omega_c t + \phi_n(t)]$로 나타낼 수 있으며, 여기서 $\phi_n(t)$는 작은 랜덤 위상 양(random phase quantity)으로 영점 교차를 $T_c$의 정수배에서 이탈하게 한다. 그림 8.44는 시간영역에서 두 개의 파형을 보여준다. 여기서 $\phi_n(t)$항을 '위상 잡음(phase noise)'이라고 부른다.

그림 8.44의 파형은 또한 조금 다른 관점에서 볼 수 있다. 만약 $x(t) = A\cos\omega_c t$이면 *주기*(*period*)가 일정하다고 이야기할 수 있지만, $x(t) = A\cos[\omega_c t + \phi_n(t)]$인 경우 (그림 8.44에서 $T_1, ..., T_m$으로 표시된 것처럼) 주기가 랜덤하게(randomly) 변한다고 말할 수 있다. 바꿔 말하면, 전자의 경우는 파형의 *주파수가* 일정하고, 후자의 경우는 랜덤하게 변하게 된다. 이러한 관찰은 발진기 출력 스펙트럼(spectrum)으로 이어진다. $x(t) = A\cos\omega_c t$에 대해 스펙트럼은 $\omega_c$에서 단일 임펄스(impulse)로 구성되고[그림 8.45(a)], 반면 $x(t) = A\cos[\omega_c t + \phi_n(t)]$에 대해 주파수는 랜덤한 변화를 겪게 되어 종종 $\omega_c$에서 벗어나게 된다. 결과적으로 임펄스는 이 랜덤한 이탈(departure)을 나타내기 위해 '퍼지게 된다(broadened)'[그림 8.45(b)].

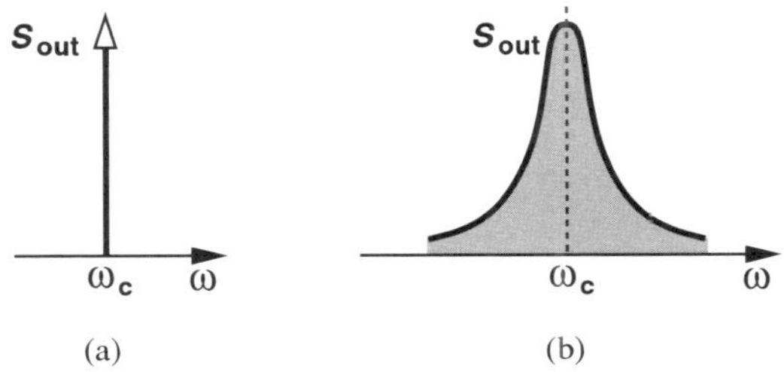


**그림 8.45** *(a) 이상적인 발진기와 (b) 잡음이 있는 발진기의 출력 스펙트럼*

**예제 8.22** RF Microelecronics

왜 퍼진 임펄스(broadened impulse)가 그림 8.46에 보인 모양을 가질 수 없는지 설명하라.

(*계속*)

## 예제 8.22 (*계속*)

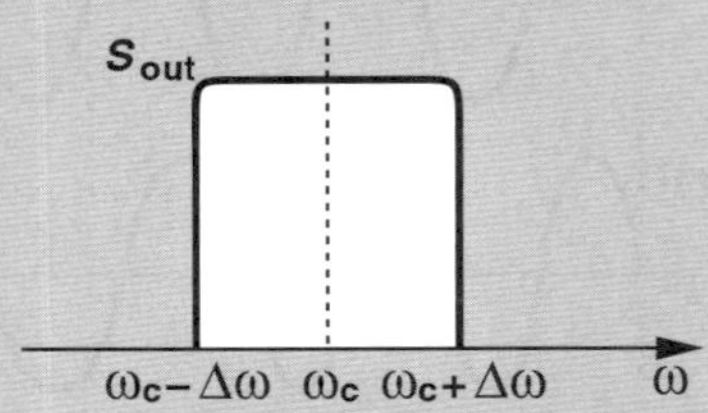


**그림 8.46** *발진 주파수 부근의 평평한 스펙트럼*

**풀이:**

만약 발진기 주파수가 $\omega_c - \Delta\omega$과 $\omega_c + \Delta\omega$ 사이에서 *동일한* 확률(probability)로 나타난다면 주어진 스펙트럼을 얻을 수 있다. 그러나 직관적으로 발진기가 다른 주파수 보다 $\omega_c$를 선호해 $\omega_c$에서 떨어진 주파수에서 더 적은 시간을 보낼 것으로 예상된다. 이것은 그림 8.45(b)의 감소하는 위상 잡음의 '스커트(skirt)'를 설명한다.

진폭(amplitude) 잡음이 발진기를 뒤따르는 단의 하드 스위칭(hard switching)에 의해 제거될 것이라는 가정에 기반해, 진폭 잡음 보다 영점 교차(zero crossing) 잡음에 초점을 두기로 한다. 예를 들어, 능동 믹서의 스위칭 트랜지스터는 평형(equilibrium) 부근에서 거의 시간을 보내지 않고, 나머지 시간동안 대부분의 LO 진폭 잡음을 '마스킹(masking)' 한다.

그림 8.45의 스펙트럼은 시간영역 표현과 연결 될 수 있다. $\phi_n(t) \ll 1$ rad이므로,

$$x(t) = A\cos[\omega_c t + \phi_n(t)] \tag{8.86}$$

$$\approx A\cos\omega_c t - A\sin\omega_c t\sin[\phi_n(t)] \tag{8.87}$$

$$\approx A\cos\omega_c t - A\phi_n(t)\sin\omega_c t. \tag{8.88}$$

즉, $x(t)$의 스펙트럼은 $\omega_c$의 임펄스와 중심 주파수 $\omega_c$로 *변환된* $\phi_n(t)$의 스펙트럼으로 구성된다. 따라서 그림 8.45(b)의 감쇠하는 스커트는 사실 주파수 영역에서 $\phi_n(t)$의 거동을 나타낸다.

위상 잡음을 계산할 때, 많은 경우 계수 2나 4가 여러 단계에서 나타나며 주의 깊게 고려되어야 한다. 예를 들어, 그림 8.47에 보인 것처럼, (1) 식 (8.88)에서 $\phi_n(t)$에 $\sin\omega_c t$를 곱하면 *전력* 스펙트럼 밀도(power spectral density) $S_{fn}$이 $\pm\omega_c$로 변환되면서 1/4이 곱해진다; (2) 결과적인 스펙트럼을 측정하는 스펙트럼 분석기(spectrum analyzer)는 음의 주파수 스펙트럼을 양의 주파수 스펙트럼 위로 접어서 스펙트럼 밀도를 2배로 증가시킨다.

위상 잡음은 어떻게 정량화 될까? 위상 잡음은 $\omega_c$에서 멀리 떨어진 주파수에 위치하기 때문에 어떤 '주파수 오프셋(offset)', 즉, $\omega_c$를 기준으로 어떤 차이에서 정의되어야 한다. 그

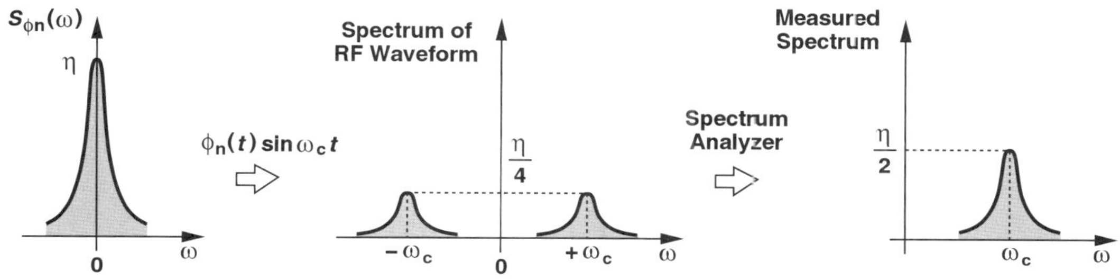


그림 8.47 *잡음이 위상 잡음으로 변환될 때 나타나는 다양한 계수 4와 2*

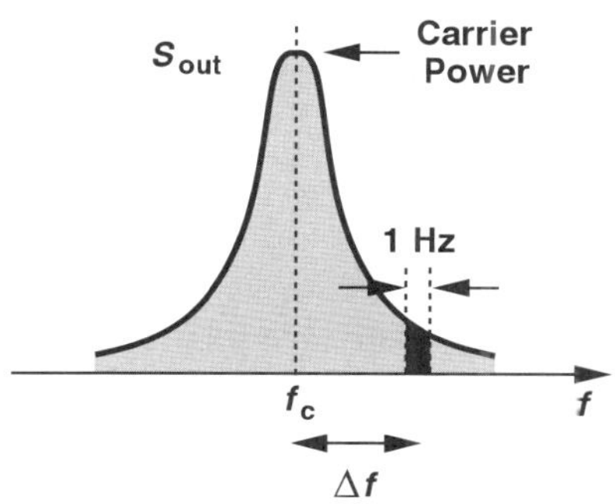


그림 8.48 *위상 잡음(phase noise)의 정의*

림 8.48에서 $\Delta f$의 오프셋에서 스펙트럼의 1-Hz의 대역폭을 고려하고, 이 대역에서 전력을 측정하여 결과를 '캐리어 전력(carrier power)'에 대해 정규화(normalization) 한다. 캐리어 전력은 스펙트럼의 최대치나 (좀 더 엄밀하게) 식 (8.86)에 의해 주어진 전력 $A^2/2$로 볼 수 있다. 예를 들어, GSM 응용에서 발진기의 위상 잡음은 600-kHz 오프셋에서 −115 dBc/Hz 이하로 떨어져야 한다. '캐리어 관점에서의 dB'로 불리는 dBc는 캐리어 전력에 대해 정규화된 잡음 전력을 의미한다.

## 예제 8.23

RF Microelecronics

높은 캐리어 주파수에서 1-Hz 대역폭에서 잡음 전력을 측정하기 어렵다. 스펙트럼 분석기를 이용해 1-MHz 오프셋(offset) 및 1-kHz 대역폭에서 −70 dBm의 잡음 전력을 측정했다고 가정하자. 만약 발진기의 평균 출력 전력이 −2 dBm이면, 이 오프셋에서 위상 잡음은 얼마인가?

**풀이:**

1-kHz 대역폭은 1-Hz 대역폭에 비해 log(1000 Hz) = 30 dB 높은 잡음을 포함하기 때문에 1 Hz당 잡음 전력은 −100 dBm으로 결론 내릴 수 있다. 캐리어 전력에 대해 정규화 하면 이 값은 −98 dBc/Hz의 위상 잡음으로 변환된다.

실제로 (수 MHz 이상의) 큰 주파수 오프셋에서 위상 잡음은 일정한 바닥(floor)에 도달하게 된다(그림 8.49). 캐리어(carrier) 부근과 멀리 떨어진 영역을 각각 '인접(close-in)'과 '원격(far-out)' 위상 잡음이라고 부르며, 둘 사이의 경계는 뚜렷하지 않다.

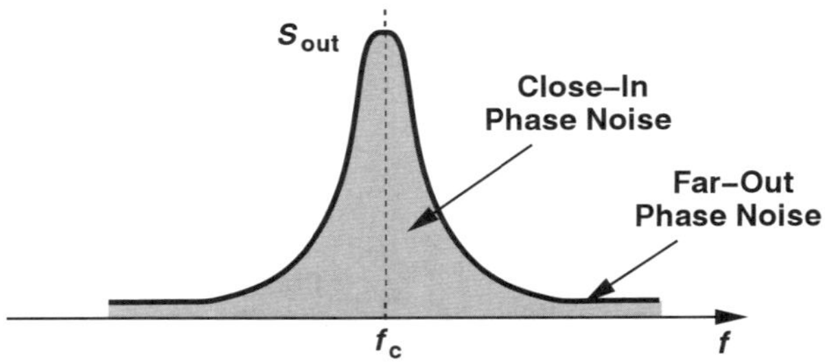


**그림 8.49** *인접(close-in) 및 원격(far-out) 위상 잡음*

## 8.7.2 위상 잡음의 영향 Effect of Phase Noise

RF 시스템에서 위상 잡음의 영향을 이해하기 위해, 그림 8.50(a)에 보인 수신기 전치단(front-end)을 고려하고 하향 변환된 스펙트럼을 학습해 보자. 그림 8.50(b)의 이상적인 경우를 참고 하면, 원하는 채널과 $\omega_{LO}$에서의 임펄스의 컨볼루션(convolution)에 의해 $\omega_{IF} = \omega_{in} - \omega_{LO}$에서 IF 신호가 생성된다. 이제 LO가 위상 잡음으로 어려움을 겪게 되고, 원하는 신호가 큰 간섭원(interferer)을 동반한다고 가정하자. 그림 8.50(c)에 보인 것처럼 원하는 신호 및 간섭원과 잡음이 있는 LO 스펙트럼의 컨볼루션에 의해 *퍼진(broadened)* 하향 변환 간섭원(downconverted interferer)이 발생하고, 그 잡음 스커트(skirt)가 원하는 IF 신호를 손상 시키게 된다. 이 현상을 '상호 혼합(reciprocal mixing)'이라고 부른다.

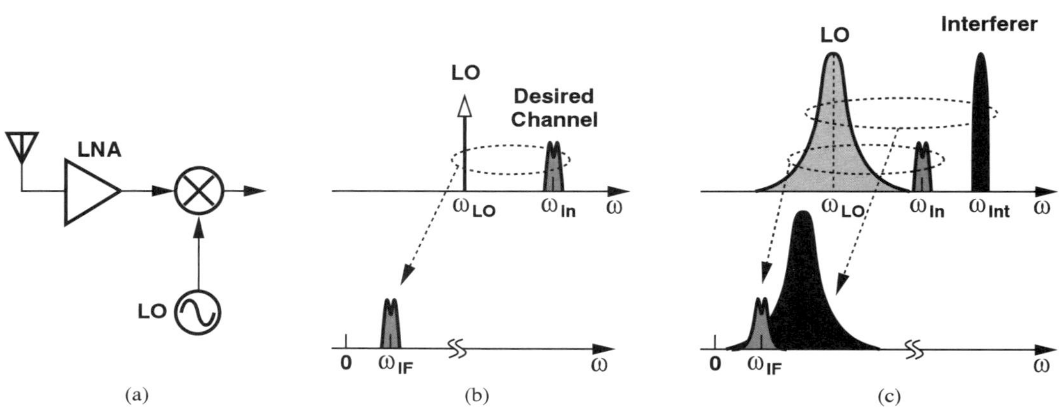


**그림 8.50** *(a) 수신기 전치단, (b) 이상적인 LO에 의한 하향 변환, (c) 잡음이 있는 LO에 의한 하향 변환-상호 혼합(reciprocal mixing)*

상호 혼합은 큰 간섭원을 감지할 수 있는 수신기에서 매우 중요하다. 따라서 LO의 위상 잡음은 매우 적어서 원하는 채널에 간섭원이 포함되었을 때 신호의 손상을 무시할 수 있을 정도로 작아야 한다.

## 예제 8.24

RF Microelecronics

GSM 수신기는 원하는 채널에서 3채널의 45 dB 높은 간섭원을 견뎌야 한다. 만약 상호 혼합에 의한 손상(corruption)이 원하는 신호에 비해 15 dB 이하로 유지되어야 한다면 LO가 견딜 수 있는 최대 잡음을 예측하라.

**풀이:**

그림 8.51은 하향 변환된 스펙트럼을 보여준다. 원하는 채널내의 간섭원에 의한 전체 잡음 전력은 다음과 같다.

$$P_{n,tot} = \int_{f_L}^{f_H} S_n(f)df, \tag{8.89}$$

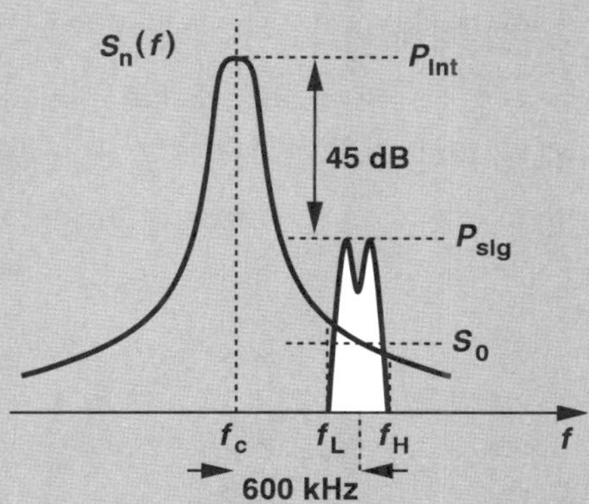


**그림 8.51** *상호 혼합의 예시*

여기서 $S_n(f)$는 간섭원의 광대역 스펙트럼을 나타내고 $f_L$과 $f_H$는 각각 원하는 채널의 상한과 하한 주파수이다. 단순화를 위하여, $S_n(f)$이 이 대역에서 상대적으로 평평하고 $S_0$의 값을 가진다고 가정하면 $P_{n,tot} = S_0(f_H - f_L)$을 얻을 수 있다. 따라서,

$$\text{SNR} = \frac{P_{sig}}{S_0(f_H - f_L)}, \tag{8.90}$$

이것은 적어도 15 dB가 되어야 한다. 바꿔 말하면,

(계속)

**예제 8.24** (*계속*) RF Microelecronics

$$10\log\frac{S_0}{P_{sig}} = -15\text{ dB} - 10\log(f_H - f_L). \tag{8.91}$$

이 식은 간섭원과 LO 위상 잡음($S_0$)의 컨볼루션을 위해 $P_{int}$에 대해 정규화 되어야 한다. $10\log(P_{int}/P_{sig}) = 45$ dB 이므로 식 (8.91)을 다시 쓰면,

$$10\log\frac{S_0}{P_{int}} = -15\text{ dB} - 10\log(f_H - f_L) - 45\text{ dB}. \tag{8.92}$$

만약 $f_H - f_L = 200$ kHz이면,

$$10\log\frac{S_0}{P_{int}} = -113\text{ dBc/Hz at } 600\text{−kHz offset}. \tag{8.93}$$

실제로 위상 잡음 스커트는 $f_L$과 $f_H$ 사이에서 일정하지 않고 더 정확한 계산이 필요하다. 더 정확한 분석은 13장에서 다루기로 한다.

위상 잡음은 송신기에서도 분명하게 나타난다. 그림 8.52는 두 사용자가 가까이 위치하고 사용자 1(user 1)이 $f_1$에서 높은 전력의 신호를 보내고 사용자 2(user 2)가 이 신호와 약한 신호를 받고 있는 시나리오를 나타낸다. 만약 $f_1$과 $f_2$가 몇 채널만 떨어져 있다면, 위상 잡음 스커트가 사용자 #2가 받은 신호를 덮어서 하향 변환이 일어나기 *전에* 신호가 크게 손상 된다.

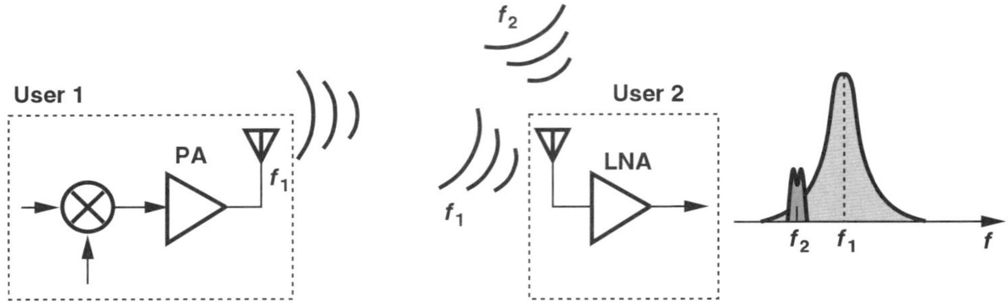


**그림 8.52** *원치 않는 신호의 위상 잡음에 의해 수신된 잡음*

**예제 8.25** RF Microelecronics

한 학생이 만약 그림 8.52에서 $f_1$에서 간섭원이 매우 커서, 위상 잡음이 사용자 2(user 2)의

**예제 8.25** (*계속*) RF Microelecronics

수신 신호를 손상시킨다면 사용자 2의 수신기가 크게 *압축(compression)* 된다고 추론했다. 이것은 사실인가?

**풀이:**

반드시 그런 것은 아니다. 예제 8.24에서 보인 것처럼 가령 원하는 신호보다 50 dB 높은 간섭원에 의해 유발된 위상 잡음은 무시될 수 없다. 예를 들어, 원하는 신호가 −90 dBm 수준이면 간섭원은 −40 dBm이 된다. 대부분의 수신기의 1-dB 압축점(compression point)이 −40 dBm 보다 높기 때문에, 사용자 2의 수신기는 둔감화(desensitization)를 경험하지 않지만 그림 8.52의 현상은 여전히 매우 중요하다.

LO의 위상 잡음은 또한 상향 변환과 하향 변환 과정에서 위상 변조 신호를 손상시킨다. 위상 잡음은 위상 (혹은 주파수) 변조와 구분되지 않기 때문에, 신호와 TX 혹은 RX 경로의 잡음이 있는 LO와 믹싱은 신호에 실린 정보를 오염시킨다. 예를 들어 위상 잡음을 가진 QPSK 신호는 다음과 같이 표현되고,

$$x_{QPSK}(t) = A\cos\left[\omega_c t + (2k+1)\frac{\pi}{4} + \phi_n(t)\right] \quad k = 0, \cdots, 3 \tag{8.94}$$

여기서 진폭은 위상 잡음의 영향을 받지 않는 것을 보여준다. 따라서 성상점(constellation point)은 원점 주위로 랜덤 회전만을 경험하게 된다(그림 8.53). 위상 잡음과 다른 비선형성이 충분히 크다면 성상점이 다른 사분면(quadrant)으로 이동해 오류를 유발할 수 있다.

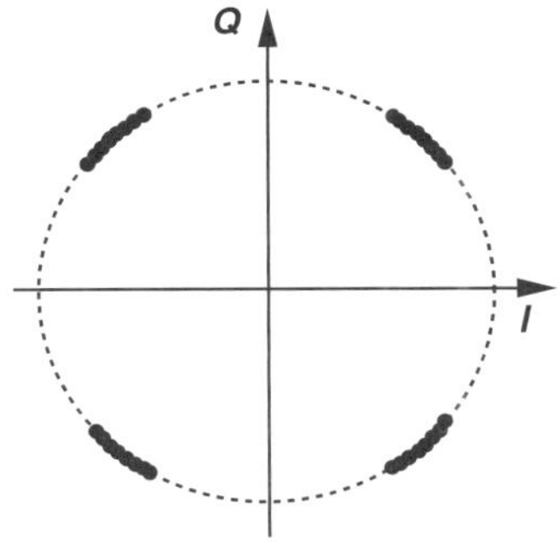


**그림 8.53** *위상 잡음에 의한 QPSK 신호의 손상*

**예제 8.26** RF Microelecronics

16-QAM 성상(constellation)에서 어느 점이 위상 잡음에 가장 민감한가?

(*계속*)

예제 8.26 (*계속*) RF Microelecronics

**풀이:**
우측 상부 사분면(quadrant)의 4점을 고려하자(그림 8.54). $B$점과 $C$점은 이웃한 사분면(quadrant)으로 넘어가기 전에 45°의 회전을 허용(tolerate)할 수 있다. 반면에 $A$점과 $D$점은 $\theta = \tan^{-1}(1/3) = 18.4°$만 회전이 가능하다. 따라서 $I$와 $Q$축 근처의 8개의 바깥쪽 점들이 더 위상 잡음에 민감하게 된다.

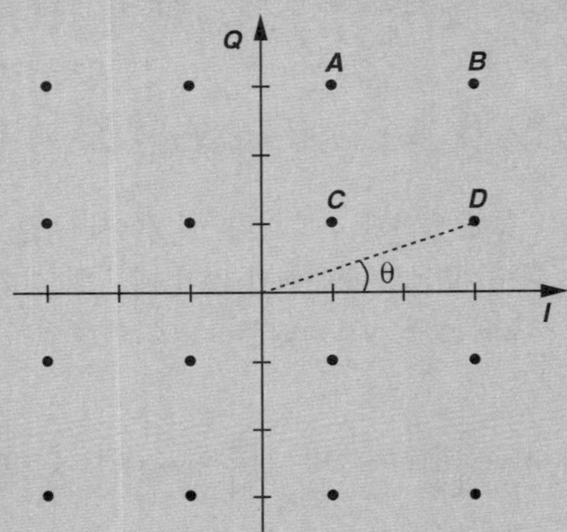


**그림 8.54** *위상 잡음의 영향을 분석하기 위한 16-QAM 성상(constellation)*

### 8.7.3 위상 잡음의 분석: 접근방법 I Analysis of Phase Noise: Approach I

발진기의 위상 잡음은 수십 년 동안 연구되어 왔으며[3]–[17], 주파수와 위상 영역에서 수많은 분석 기법이 소개되었다. 여전히 위상 잡음의 수계산(hand calculation)은 지루하지만, Cadence사의 SpectreRF와 같은 시뮬레이션 도구는 작업을 크게 단순화 시켰다. 그럼에도 불구하고 위상 잡음을 유발하는 메커니즘에 대한 정확한 이해는 발진기 설계에 필수적이다. 이 절에서 우리는 이 메커니즘을 분석한다. 특히 다음 두 가지 중요한 질문에 대한 해답을 찾아야 한다: (1) 발진 주기 중 어느 점에서 각 소자가 얼마나 많은 잡음을 '주입(inject)'하는가? (2) 주입된 잡음이 어떻게 출력 파형에 위상 잡음을 유발하는가?

**발진기의 $Q$** 2장과 7장에서 LC 탱크의 $Q$에 대해서 다양한 표현식을 유도하였다. 우리는 직관적으로 높은 $Q$가 더 첨예한 공진, 즉 높은 선택도(selectivity)를 보여주는 것을 알고 있다. 특히 그림 8.55에 발진기에 적합한 또 다른 $Q$의 정의가 나타나 있다. 여기서 회로를 피드백 시스템으로 볼 수 있고, *개루프(open-loop)* 전달 함수(transfer function)의 *위상* $\phi(\omega)$는 공진

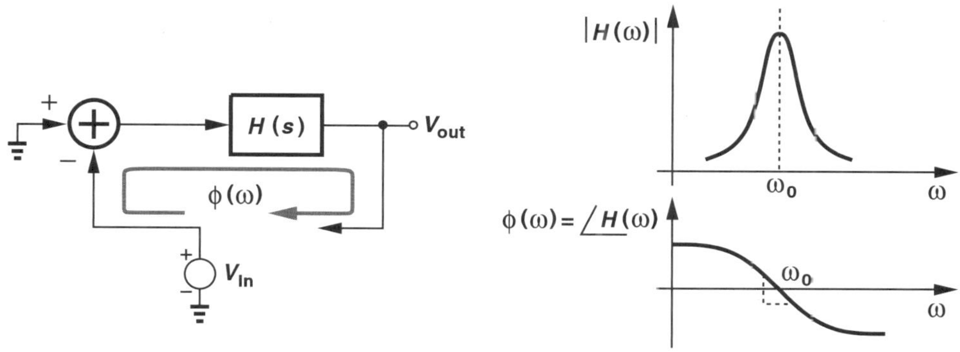


**그림 8.55** *개루프(open-loop) Q의 정의*

주파수 $\omega_0$에서 분석 된다. '개루프' $Q$는 다음과 같이 정의된다.

$$Q = \frac{\omega_0}{2}\left|\frac{d\phi}{d\omega}\right|. \tag{8.95}$$

정상(steady) 발진에서 루프 둘레의 전체 위상 천이가 360°(혹은 영)가 되어야만 한다는 것을 상기하면, 이 정의로부터 흥미로운 직관을 얻을 수 있다. 소자에 의해 주입된 잡음이 주파수를 $\omega_0$에서 편이(deviation)시킨다고 가정하자. 그림 8.55로부터 이러한 이탈은 루프 둘레의 전체 위상 천이의 변동으로 변환되며, 발진기는 바크하우젠 판별식을 만족하지 못하고 주파수를 $\omega_0$로 복귀시키려고 한다. $\phi(j\omega)$의 기울기가 클수록 더 큰 복원력을 가진다; 즉 높은 개루프 $Q$를 가진 발진기는 $\omega_0$ 이외의 주파수에서 적은 시간을 보내려는 경향을 가진다. 문제 8.10에서 부하가 2차 탱크인 CS 단에서 이 정의가 원래의 정의인 $Q = R_p/(L\omega)$와 일치하는 것을 증명하게 된다.

## 예제 8.27

RF Microelecronics

상호결합 LC 발진기의 개루프 $Q$를 계산하라.

**풀이:**

그림 8.56과 보인 것처럼 개루프 회로를 구성할 수 있고, 여기서 $V_{out}/V_X = V_X/V_{in}$이므로 $H(s) = V_{out}/V_{in} = (V_X/V_{in})^2$가 된다. 따라서 $V_{out}/V_{in}$의 위상은 $V_X/V_{in}$의 위상의 두 배와 같다. $s = j\omega$이므로,

$$\frac{V_X}{V_{in}}(j\omega) = \frac{-jg_mR_pL_1\omega}{R_p(1 - L_1C_1\omega^2) + jL_1\omega}, \tag{8.96}$$

(계속)

**예제 8.27** (계속) RF Microelecronics

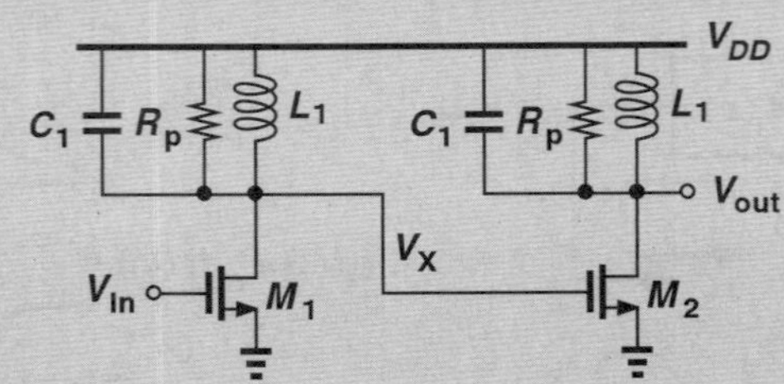


**그림 8.56** *상호결합 발진기의 개루프 모델*

따라서,

$$\angle H(j\omega) = 2\left[-\frac{\pi}{2} - \tan^{-1}\frac{L_1\omega}{R_p(1-L_1C_1\omega^2)}\right]. \tag{8.97}$$

$\omega$에 대해 양변을 미분하고, $\omega_0 = (\sqrt{L_1C_1})^{-1}$에서 결과를 계산한 후, $\omega_0/2$을 곱하면 다음 식을 얻는다.

$$\left|\frac{\omega_0}{2}\frac{d\angle H(j\omega)}{d\omega}\right|\bigg|_{\omega 0} = 2R_pC_1\omega_0 \tag{8.98}$$

$$= 2Q_{tank}, \tag{8.99}$$

여기서 $Q_{tank}$는 각 탱크의 $Q$를 나타낸다. 결과는 예상과 동일하다: 종속연결(cascade) 형태의 주파수 선택 단(frequency-selective stages)이 단일 단에 비해 더 첨예한 위상 천이(phase transition)를 보여 준다.

개루프 $Q$는 얼마나 많은 잡음을 발진기가 '저지(reject)'할 수 있는지를 나타내지만, 위상 잡음은 다른 세 가지 요소에 또한 의존한다: (1) 다른 소자에서 주입되는 잡음의 양(*amount*), (2) 사이클에서 소자에 의해 잡음이 주입되는 시점(파형의 어떤 부분은 다른 부분에 비해 더 민감하다), (3) 출력 전압의 스윙(캐리어 전력). 위상 잡음을 분석하면서 요소들을 자세하게 설명할 것이다.

**발진기의 잡음 성형(Noise Shaping)** 위상 잡음을 공식화하는 첫 번째 단계로서 잡음이 발진 회로에 주입 되었을 때 어떤 현상이 일어나는지 이해하고자 한다. 피드백 모델을 이용하면, 잡음을 추가적인 항으로 나타낼 수 있고[그림 8.57(a)] 다음과 같이 쓸 수 있다.

$$\frac{Y(s)}{X(s)} = \frac{H(s)}{1+H(s)}. \tag{8.100}$$

발진 주파수 부근인 $\omega = \omega_0 + \Delta\omega$에서 $H(j\omega)$는 테일러 급수(Taylor series)의 처음 두 항으

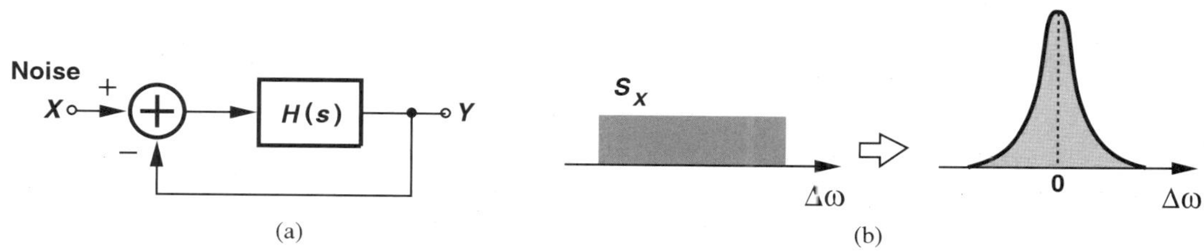


**그림 8.57** *(a) 발진기 모델, (b) 발진기의 잡음성형(shaping)*

로 근사될 수 있다:

$$H(j\omega) \approx H(j\omega_0) + \Delta\omega \frac{dH}{d\omega}. \tag{8.101}$$

만약 $H(j\omega_0) = -1$이고 $\Delta\omega dH/d\omega \ll 1$이면, 식 (8.100)은 다음과 같이 정리된다.

$$\frac{Y}{X}(j\omega_0 + j\Delta\omega) \approx \frac{-1}{\Delta\omega \dfrac{dH}{d\omega}}. \tag{8.102}$$

바꿔 말하면, 그림 8.57(b)에 보인 것처럼 잡음 스펙트럼은 다음 식에 의해 '성형(shapping)' 된다.

$$\left|\frac{Y}{X}(j\omega_0 + j\Delta\omega)\right|^2 = \frac{1}{\Delta\omega^2 \left|\dfrac{dH}{d\omega}\right|^2}. \tag{8.103}$$

$|dH/d\omega|^2$의 모양을 결정하기 위하여, $H(j\omega)$를 극좌표 형태인 $H(j\omega) = |H|\exp(j\phi)$로 나타내고 $\omega$에 대해 미분하면,

$$\frac{dH}{d\omega} = \left(\frac{d|H|}{d\omega} + j|H|\frac{d\phi}{d\omega}\right)\exp(j\phi). \tag{8.104}$$

따라서,

$$\left|\frac{dH}{d\omega}\right|^2 = \left|\frac{d|H|}{d\omega}\right|^2 + \left|\frac{d\phi}{d\omega}\right|^2 |H|^2. \tag{8.105}$$

이 식으로부터 $Q$의 일반적인 정의가 유도되지만[4], 여기서는 학습의 범위를 단순한 LC 발진기로 한정하도록 한다. (a) LC 발진기의 공진 주파수 부근에서 $|d|H|/d\omega|^2$항이 $|d\phi/d\omega|^2$에 비해 훨씬 작게 되고, (b) $|H|$는 정상 발진을 위해서 1에 가까운 값을 갖는 것을 알 수 있다. 따라서 식 (8.105)의 우변은 $|d\phi/d\omega|^2$가 되고, 다음 식을 얻을 수 있다.

$$\left|\frac{Y}{X}(j\omega_0 + j\Delta\omega)\right|^2 = \frac{1}{\frac{\omega_0^2}{4}\left|\frac{d\phi}{d\omega}\right|^2}\frac{\omega_0^2}{4\Delta\omega^2}. \tag{8.106}$$

식 (8.95)로부터,

$$\left|\frac{Y}{X}(j\omega_0 + j\Delta\omega)\right|^2 = \frac{1}{4Q^2}\left(\frac{\omega_0}{\Delta\omega}\right)^2. \tag{8.107}$$

'리슨 식(Leeson's equation)'[3]으로 알려진 이 결과로부터, 개루프 $Q$가 발진기의 잡음 저지(rejection) 능력을 나타낸다는 통찰을 다시 확인할 수 있다.

**예제 8.28** RF Microelecronics

한 학생이 $2/g_m = 2R_p$인 그림 8.58의 상호결합 발진기를 설계하면서, 이제 탱크의 $Q$가 무한대이고 따라서 발진기는 위상 잡음을 발생하지 않는다고 추론하였다![6] 이 주장의 오류를 설명하라. (이 회로는 그림 8.21(b)와 유사하지만 탱크 소자들의 이름이 바뀌었다.)

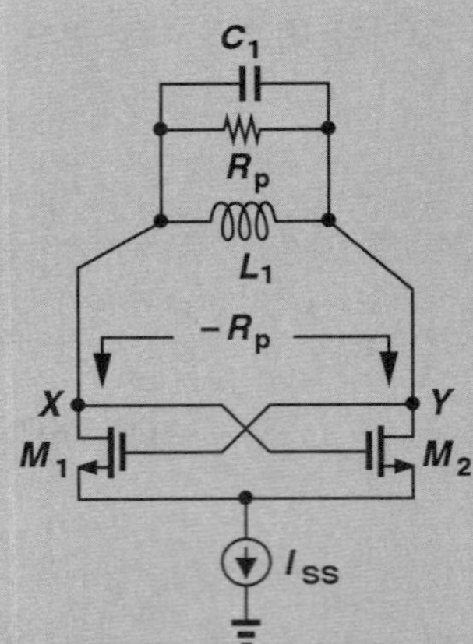


**그림 8.58** *Q가 무한대인 발진기*

**풀이:**

식 (8.107)의 $Q$는 개루프 $Q$로, 예제 8.27에서 계산된 *개루프* 전달 함수 위상의 기울기에 $\omega_0$/2를 곱한 값이다. '폐루프' $Q$는 큰 의미를 갖지 않는다.

문제 8.11에서 만약 피드백 경로가 전달 함수 $G(s)$를 가지면(그림 8.59),

6. $L_1$의 중간 탭(center tap)은 $V_{DD}$에 연결되어 있지만 그림에 나타내지 않았다.

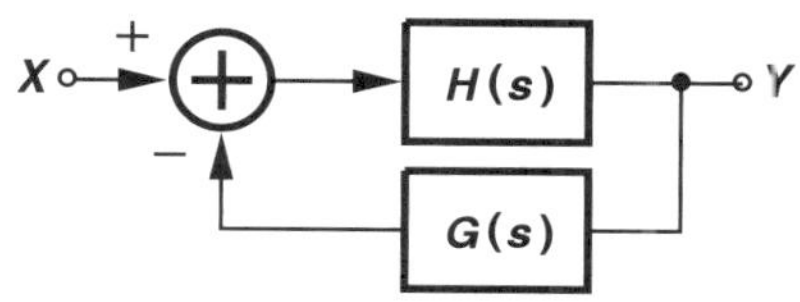


**그림 8.59** *일반적인 발진기에서 잡음성형*

$$\left|\frac{Y}{X}(j\omega_0 + j\Delta\omega)\right|^2 = \frac{1}{4Q^2}\left(\frac{\omega_0}{\Delta\omega}\right)^2\left|\frac{1}{G(j\omega_0)}\right|^2, \tag{8.108}$$

여기서 개루프의 $Q$는 다음과 같이 주어진다.

$$Q = \frac{\omega_0}{2}\left|\frac{d(GH)}{d\omega}\right|. \tag{8.109}$$

**선형 모델(Linear Model)** 지금까지의 전개는 식 (8.107)과 유사한 많은 전달함수에 의해 발진기 출력의 전체 잡음을 얻을 수 있다는 것을 암시한다. 이러한 접근방식은 소신호(small-signal 혹은 선형) 모델에서 출발하고 약간의 비선형성을 고려할 수 있다[4]. 그러나 소신호 모델은 가령 테일(tail) 전류원의 잡음과 같은 몇몇 중요한 효과를 무시하거나 다른 어려움을 겪게 된다. 다음 예제는 이 점을 잘 보여준다.

**예제 8.29** RF Microelecronics

트랜지스터가 평형상태(equilibrium)에 있을 때 상호결합 발진기의 차동 출력에 주입되는 전체 잡음을 계산하라. 드레인 전류의 *양측(two-sided)* 스펙트럼 밀도(spectral density)는 $\overline{I_n^2} = 2kT\gamma g_m$과 같이 나타난다.

**풀이:**

먼저 상호결합 쌍의 노턴(Norton) 등가 회로를 결정하자. 그림 8.60(a)로부터, 독자들은 단락(short) 회로의 출력 전류 $I_X$가 각 트랜지스터의 잡음 전류의 반인 $I_X = (I_{n2} - I_{n1})/2$와 같음을 보일 수 있다. 따라서 그림 8.60(b)에 보인 것처럼 다음과 같이 출력 잡음을 얻을 수 있다.

$$\overline{V_{n,out}^2} = \left(\overline{I_X^2} + \frac{2kT}{R_p}\right)\frac{R^2L_1^2\omega^2}{R^2(1 - L_1C_1\omega^2)^2 + L_1^2\omega^2}, \tag{8.110}$$

여기서 $R = (-2/g_m) \parallel R_p$이다. $I_{n1}$과 $I_{n2}$ 사이에 상관관계가 없기 때문에, $\overline{I_X^2} = \left(\overline{I_{n1}^2} + \overline{I_{n2}^2}\right)/4 = kT\gamma g_m$이고, 따라서,

(계속)

**예제 8.29** (*계속*) RF Microelecronics

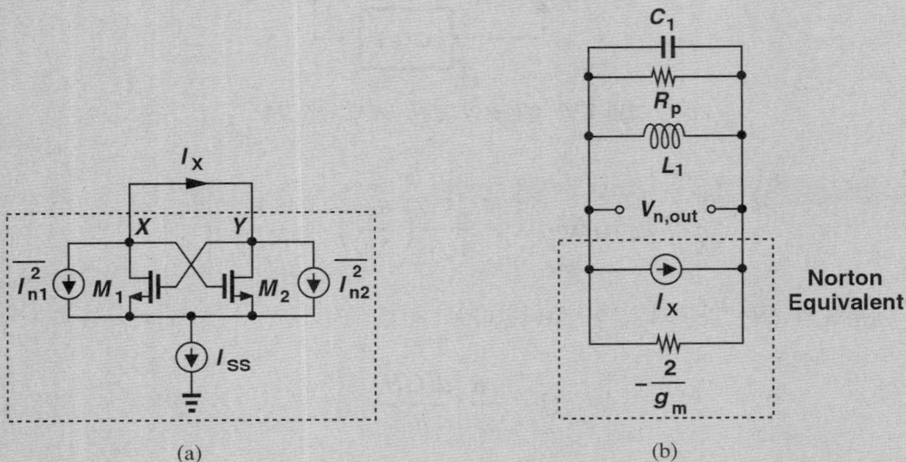


**그림 8.60** *(a) 상호결합 쌍의 노턴 등가 잡음을 찾기 위한 회로, (b) 전체 발진기 모델*

$$\overline{V_{n,out}^2} = \left(kT\gamma g_m + \frac{2kT}{R_p}\right) \frac{R^2 L_1^2 \omega^2}{R^2(1 - L_1 C_1 \omega^2)^2 + L_1^2 \omega^2}. \tag{8.111}$$

그림 8.61은 $\overline{V_{n,out}^2}$의 스펙트럼을 보여준다. 그러나 이 결과는 리슨 식과 충돌하게 된다. 8.3절에 설명한 대로, $g_m$은 일반적으로 $2/R_p$에 비해 매우 크기 때문에 $R \neq \infty$이다. 따라서 $\omega \rightarrow \omega_0$에 따라 $\overline{V_{n,out}^2}$는 무한대로 가지 않는다. 이것은 선형모델에서 발생하는 또 다른 어려움이다.

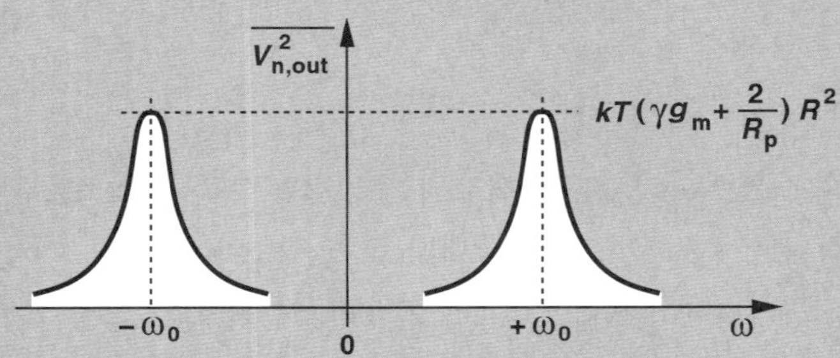


**그림 8.61** *트랜지스터 잡음 전류에 의한 출력 스펙트럼*

**부가 잡음(additive noise)의 위상 잡음 변환** 식 (8.107)의 표현과 식 (8.111)의 예시 결과로부터 출력에서 발진 파형에 *추가된* 전체 잡음을 구할 수 있다. 이제 부가 잡음(additive noise)이 *위상을* 어떻게 얼마나 오염시키는지 계산해야 한다.

그림 8.62(a)의 단순한 예로부터 살펴보자. 캐리어가 $\omega_0$에서 나타나고 중심 주파수가 $\omega_0 + \Delta\omega$인 1-Hz 대역폭의 부가 잡음이 임펄스(impulse)로 모델링 된다. 시간 영역에서 전체 파형은 $x(t) = A\cos\omega_0 t + a\cos(\omega_0 + \Delta\omega)t$가 되고, 여기서 $a \ll A$이다. 직관적으로, 부가 잡음이 진폭과 위상 변조를 모두 유발할 것으로 예상된다. 이것을 이해하기 위해 캐리어를 크기가 $A$이고 $\omega_0$로 회전하고 있는 페이저(phasor)로 표현한다[그림 8.62(b)]. $\omega_0 + \Delta\omega$에서의 성분은 *벡터적으로(vectorically)* 캐리어에 더해진다. 즉, 캐리어 페이저의 끝부분에 작은 페이저 형태로 나타나 $\omega_0 + \Delta\omega$의 속도로 회전한다. 어떤 시점에서, 작은 페이저는 $A$와 나란한 방향 및 수직 방향의 두 개의 다른 페이저의 합으로 표현될 수 있다. 전자는 진폭을 변조하고 후자는 위상을 변조하게 된다. 그림 8.62(c)는 시간 영역에서 거동을 보여준다.

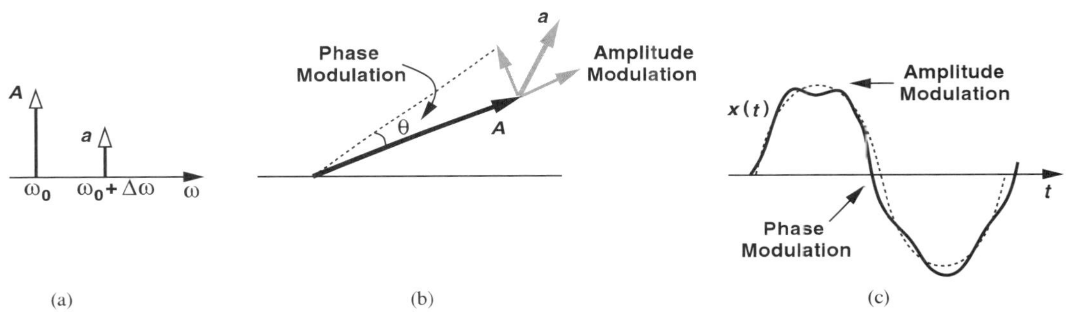


**그림 8.62** *(a) 정현파에 작은 측대파(sideband)의 추가, (b) AM과 PM을 모두 보여주는 페이저 다이어그램, (c) 시간 영역의 파형*

$\omega_0 + \Delta\omega$에서의 작은 정현파에 의한 위상 변조를 계산하기 위해 두 가지 중요한 관찰을 한다. 첫째로, 3장에 기술된 것처럼 그림 8.62(a)의 스펙트럼은 AM 신호와 FM 신호의 합으로 표현될 수 있다. 둘째로, 전체 신호의 위상은 진폭을 클립(clip)하여 AM을 제거하는 회로인 하드 리미터(hard limiter)에 복합(composite) 신호를 인가해 얻을 수 있다. 3장으로부터 리미터의 출력은 다음과 같이 표현될 수 있다.

$$x_{lim}(t) = \frac{A}{2}\cos\omega_0 t - \frac{a}{2}\cos(\omega_0 + \Delta\omega)t + \frac{a}{2}\cos(\omega_0 - \Delta\omega)t \tag{8.112}$$

$$\approx \frac{A}{2}\cos\left(\omega_0 t - \frac{2a}{A}\sin\Delta\omega t\right). \tag{8.113}$$

$\omega_0 + \Delta\omega$에서의 원래의 부가 성분을 의미하는 $(2a/A)\sin\Delta\omega t$의 위상 성분은 $\omega_0$만큼 하향 변환 후 90°만큼 천이된 다음 $A/2$로 정규화된다. 따라서 $\omega_0$ 근방의 협대역 랜덤 부가 잡음은 부가 잡음과 *동일한* 모양의 $\omega_0$만큼 천이되고 $A/2$로 정규화된 위상 스펙트럼으로 나타날 것으로 예상된다.

이러한 추측은 해석적으로(analytically) 증명될 수 있다. $x(t) = A\cos\omega_0 t + n(t)$로 표현되고, 여기서 $n(t)$는 협대역 부가 잡음(전압 혹은 전류)을 나타낸다. $\omega_0$ 부근의 협대역 잡음은 *직교(quadrature)* 성분의 관점에서 표현될 수 있다[9]:

$$n(t) = n_I(t)\cos\omega_0 t - n_Q(t)\sin\omega_0 t, \tag{8.114}$$

여기서 $N_I(t)$와 $n_Q(t)$는 동일한 스펙트럼을 가지는데, 그 모양은 $n(t)$와 동일하고, $\omega_0$만큼 하향 변환되고(그림 8.63) 스펙트럼 밀도(spectral density)는 두 배가 된다. 따라서,

$$x(t) = [A + n_I(t)]\cos\omega_0 t - n_Q(t)\sin\omega_0 t. \tag{8.115}$$

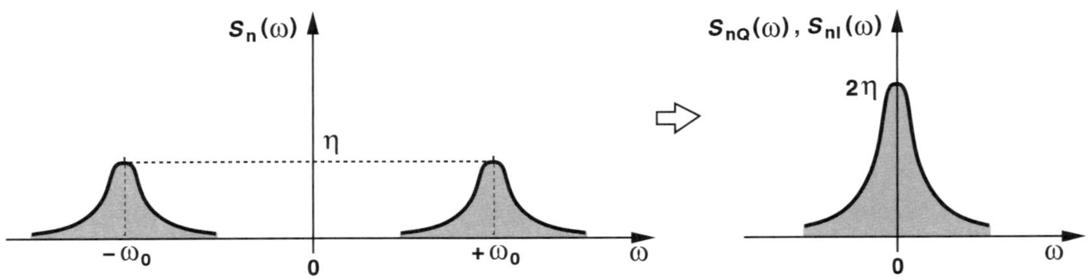


**그림 8.63** *협대역(narrowband) 잡음과 직교 성분(quadrature component)의 스펙트럼*

식 (8.115)를 극좌표 형태로 나타내면,

$$x(t) = \sqrt{[A + n_I(t)]^2 + n_Q^2(t)}\cos\left[\omega_0 t + \tan^{-1}\frac{n_Q(t)}{A + n_I(t)}\right]. \tag{8.116}$$

$N_I(t)$, $n_Q(t) \ll A$이므로, 위상 성분은 이전에 추론한 것처럼 다음과 같다.

$$\phi_n(t) \approx \frac{n_Q(t)}{A}, \tag{8.117}$$

따라서,

$$S_{\phi n}(\omega) = \frac{S_{nQ}(\omega)}{A^2}. \tag{8.118}$$

$A$가 캐리어의 (rms가 아니라) 피크 진폭임에 유의하라. 문제 8.12에서 잡음 전력의 반은 AM 측대파(sideband)에 의해, 나머지 반은 PM 측대파(sideband)에 의해 전송됨을 증명한다.

궁극적으로 RF 파형 $x(t)$의 스펙트럼에 관심이 있지만 AM 잡음은 제외한다. 식 (8.116)을 정리하면,

$$x(t) \approx A\cos\left[\omega_0 t + \frac{n_Q(t)}{A}\right] \tag{8.119}$$

$$\approx A\cos\omega_0 t - n_Q(t)\sin\omega_0 t. \tag{8.120}$$

따라서 $x(t)$의 전력 스펙트럼 밀도는 $\pm\omega_0$에서 두 개의 임펄스로 구성되며, 각각은 $\pm\omega_0$를 중심으로 $A^2/4$과 $S_{nQ}/4$ 전력을 가진다. 그림 8.64에 보인 것처럼, 스펙트럼 분석기는 음과 양의 주파수에 대한 스펙트럼을 접는다. 접은 후에 위상 잡음을 전체 캐리어 파워 $A^2/2$에 대해 정규화 한다.

지금까지 전개한 것을 요약하면 다음과 같다(그림 8.64). 최대치가 $\eta$인 양측 스펙트럼 밀도(two-sided spectral density)를 가진 $\pm\omega_0$ 주변의 부가 잡음은, 최대치가 $2\eta/A^2$인 정규화된 단측(single-side) 스펙트럼 밀도를 가진 $\omega_0$ 주변의 위상 잡음 스펙트럼으로 나타나게 되며, 여기서 $A$는 캐리어의 *피크*(*peak*) 진폭이다.

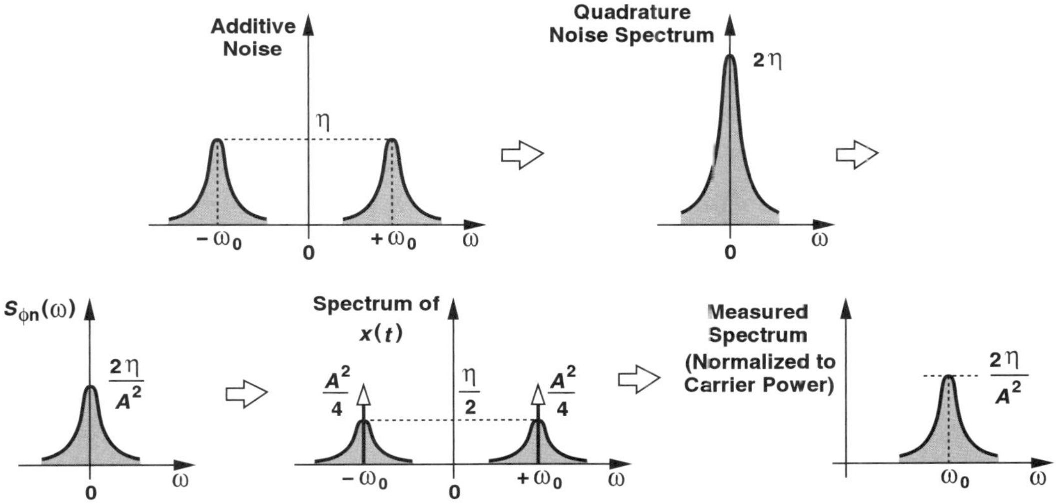


**그림 8.64** *부가 잡음(additive noise)의 위상 잡음 변환 요약*

**주기정상적(Cyclostationary) 잡음** 식 (8.111)을 유도하기 위해 각 트랜지스터의 잡음은 *일정한*(*constant*) 스펙트럼 밀도로 나타난다고 가정했다; 그러나 트랜지스터에 대신호가 걸리면서 트랜스컨덕턴스와 잡음 전력이 변하게 된다. 발진기가 이 잡음 변조를 주기적으로 수행하기 때문에 스펙트럼이 주기적으로 변하고, 그러한 잡음원을 '주기정상적(cyclostationary)'이라고 말한다. 6장에서 학습한 주기정상적 백색 잡음(white noise)에 대한 관찰로부터 분석을 시작하자: 시간 영역에서 주기적인 포락선(envelope)이 곱해진 백색 잡음은 여전히 백색이다. 예를 들어, 만약 백색 잡음이 50%의 듀티비(duty ratio)를 가지고 스위칭(on/off) 된다면 결과는 여전히 백색이고 스펙트럼(spectral) 밀도는 절반이 될 것이다.

주기정상성 잡음의 효과를 학습하기 위해 원래의 상호결합 발진기로 돌아가면 그림

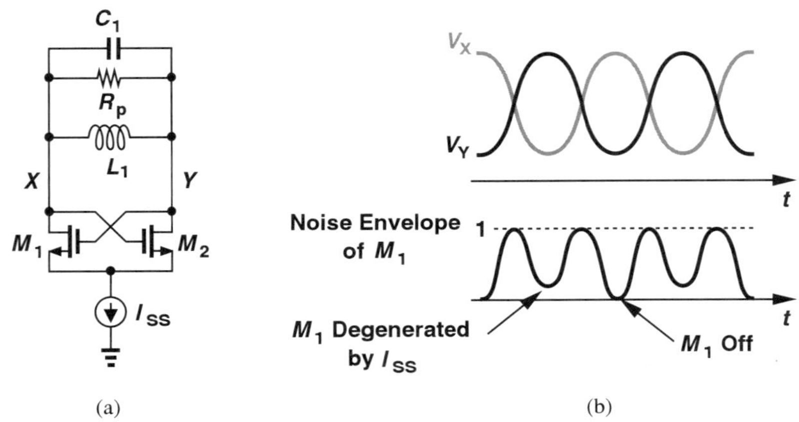


**그림 8.65** *(a) 일반적인 상호결합 발진기, (b) 트랜지스터 잡음 파형의 포락선*

8.65(a)로부터 다음을 알 수 있다: (1) $V_X$가 최대일 때 $V_Y$는 최소가 되고 $M_1$은 꺼지면서 잡음을 주입하지 않는다; (2) $M_1$과 $M_2$가 평형에 가까울 때 최대의 잡음 전류가 유입되며, 이 경우 전체 양측 스펙트럼(two-sided spectral) 밀도는 $kT\gamma g_m$이다. 여기서 $g_m$은 평형에서 트랜스컨덕턴스 이다; (3) $V_X$가 최소이고 $V_Y$가 최대일 때 $M_1$은 켜지지만 ($M_2$가 꺼져 있는 동안) 테일(tail) 전류에 의해 축퇴(degenerated) 되면서 출력에 잡음이 거의 주입되지 않는다. 따라서 잡음 전류의 포락선은 발진 주파수의 *두 배의* 주파수를 가지며 0과 1 사이를 스윙한다고 결론내릴 수 있다[그림 8.65(b)].

잡음 포락선의 파형은 시뮬레이션에 의해 결정될 수 있지만, 포락선을 정현파를 이용해 $0.5\cos 2\omega_0 t + 0.5$로 근사해 보자. 독자들은 이 포락선에 의해 곱해진 백색 잡음은 스펙트럼 밀도의 3/8이 된다는 것을 증명할 수 있다. 따라서 $M_1$과 $M_2$의 잡음 기여 $kT\gamma g_m$에 단순히 3/8을 곱한다.

탱크의 잡음은 어떠한가? 그림 8.58에서 $R_p$의 잡음은 정상적인(stationary) 것을 관찰했다. 바꿔 말하면, 양측(two-sided) 탱크 잡음의 기여도는 $2kT/R_p$이다(그러나 이 값의 반만이 위상 잡음으로 변환된다).

**시변 저항(Time-Varying Resistance)** 주기정상적 잡음에 추가해 상호결합 쌍에 의해 발생하는 저항의 변화 또한 분석을 복잡하게 한다. 그러나 우리는 주기정상적 잡음을 거시적으로 보고 등가 백색 잡음으로 모델링했기 때문에 저항에 대해서도 *시간에 대한 평균(time average)*으로 고려한다.

그림 8.65(a)에서 $M_1$과 $M_2$의 드레인 사이의 저항이 $-2/g_m$과 거의 무한대 사이를 주기적으로 변하는 것을 알고 있다. 대응하는 컨덕턴스 G는 $-g_m/2$와 거의 영 사이를 스윙하며(그림 8.66) 그 평균값은 $-G_{avg}$이다. $-G_{avg}$ 값은 컨덕턴스 파형의 푸리에 전개(Fourier expansion)의

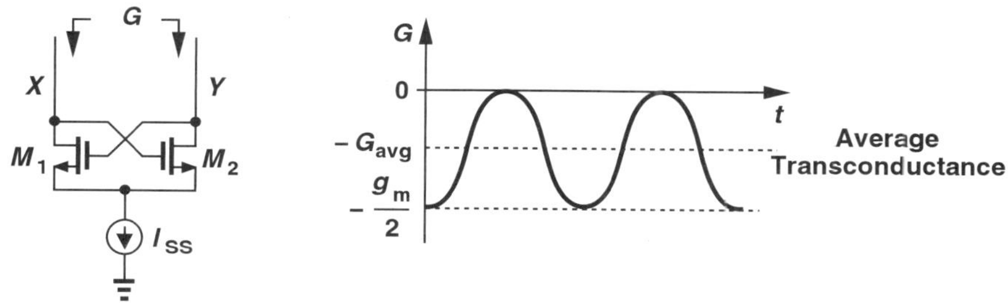


**그림 8.66** *상호결합 쌍에서 컨덕턴스(conductance)의 시간에 따른 변화*

첫 항으로부터 얻을 수 있다.

$-G_{avg}$에 대해 무엇을 말할 수 있을까? 만약 $-G_{avg}$이 탱크의 손실 $R_p$를 보상하기에 충분하지 않다면 발진은 감쇠한다. 반대로 만약 $-G_{avg}$가 충분히 크다면 발진 진폭은 증가하게 된다. 따라서 정상상태에서 $G_{avg} = 1/R_p$가 된다. 이로부터 다음의 중요한 관계를 관찰할 수 있다: 트랜지스터의 크기와 테일(tail) 전류에 상관없이 $G_{avg}$는 $R_p$와 동일해야 한다.

## 예제 8.30

RF Microelecronics

만약 테일 전류가 증가하면 컨덕턴스 파형과 $G_{avg}$는 어떻게 변하는가?

**풀이:**

$G_{avg}$는 $1/R_p$와 동일하게 유지 되어야 하기 때문에, 파형은 모양을 바꾸어 더 큰 변화를 보이지만 여전히 동일한 평균값을 갖는다. 그림 8.67(a)에 보인 것처럼, 더 큰 테일 전류에 의해

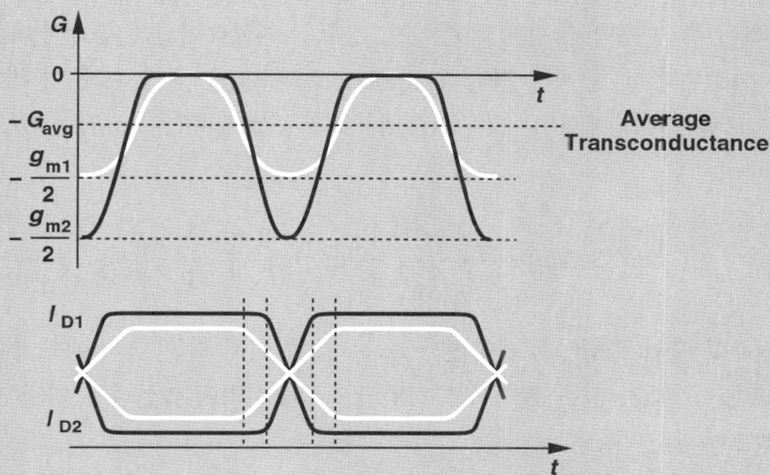


**그림 8.67** *증가된 전류가 (a) 트랜스컨덕턴스와 (b) 발진기 파형에 미치는 영향*

(계속)

**예제 8.30** (*계속*) RF Microelecronics

최대 컨덕턴스(conductance)가 $-g_{m2}/\omega$로 더 커지지만 트랜스컨덕턴스가 거의 영인 시간이 증가하면서 평균은 동일하게 된다. 즉 트랜지스터가 더 짧은 시간동안 평형 상태에 머무르게 된다[그림 8.67(b)].

**위상 잡음 계산** 이제 (a) 부가 잡음의 위상 잡음 변환, (b) 주기정상적 잡음, (c) 시변 저항에 관한 공식을 통합해 보자. 다음과 같이 분석을 진행할 수 있다:

1. 상호결합 쌍에 의해 주입된 잡음 전류의 스펙트럼 밀도를 계산한다. 만약 정현파 포락선을 가정하면 양측 스펙트럼 밀도는 $kT\gamma g_m \times (3/8)$이 되며, 여기서 $g_m$은 각 트랜지스터의 평형 트랜스컨덕턴스를 나타낸다.
2. $R_p$의 잡음 전류를 더하면, $(3/8)kT\gamma g_m + 2kT/R_p$를 얻는다.
3. 위의 스펙트럼 밀도에 출력 노드에서 바라본 전체 임피던스 크기의 제곱을 곱한다. $G_{avg} = 1/R_p$는 *무한대* 이므로 그림 8.65(a)의 $L_1$과 $C_1$만 남게 된다. 즉,

$$\overline{V_{n,out}^2} = kT\left(\frac{3}{8}\gamma g_m + \frac{2}{R_p}\right)\ \frac{L_1^2\omega^2}{(1-L_1C_1\omega^2)^2}, \tag{8.121}$$

   $\omega = \omega_0 + \Delta\omega$이고 $\Delta\omega \ll \omega_0$일 때,

$$\overline{V_{n,out}^2} = kT\left(\frac{3}{8}\gamma g_m + \frac{2}{R_p}\right)\ \frac{1}{4C_1^2\Delta\omega^2}. \tag{8.122}$$

   계수 3/8은 잡음 포락 파형에 의존하며, 정확한 시뮬레이션을 통해서 찾아야 한다.
4. 그림 8.64로부터 $\omega_0$ 근처의 단측 위상 잡음 스펙트럼을 얻기 위해 이 결과를 $A^2/2$로 나눈다. 그림 8.65(a)에서 $A = (4/\pi)(I_{SS}R_p/2) = (2/\pi)I_{SS}/R_p$이고 $R_p = QL_1\omega_0$이다.[7] 따라서

$$S(\Delta\omega) = \frac{\pi^2}{2}\frac{kT}{I_{SS}^2}\left(\frac{3}{8}\gamma g_m + \frac{2}{R_p}\right)\ \frac{\omega_0^2}{4Q^2\Delta\omega^2}. \tag{8.123}$$

   테일 전류와 출력 스윙이 증가하면서 $I_{SS}^2$는 $g_m$에 비해 훨씬 더 첨예하게 증가하며, 따라서 (트랜지스터가 깊은 트라이오드 영역으로 들어가지 않는다는 가정하에) 위상 잡음이 감소하게 된다.

7. 차동 저항 $R_p$는 $V_{DD}$에 연결된 $R_p/2$의 값을 갖는 두 개의 저항으로 볼 수 있다. 따라서 최대 싱글엔드형 스윙은 $(2/\pi)(R_p/2)I_{SS}$와 같다.

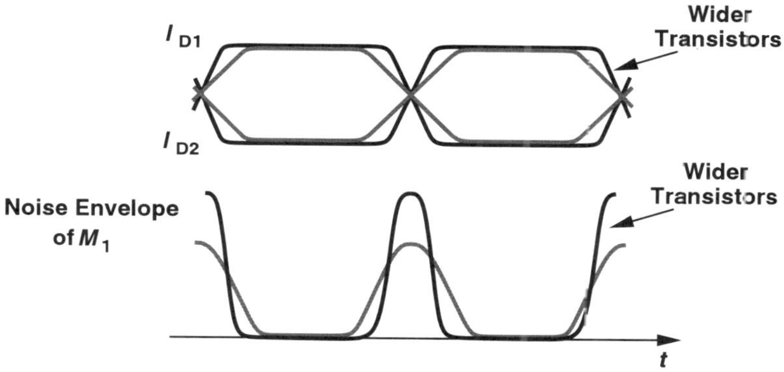


**그림 8.68** *다른 트랜지스터 폭에 대한 발진기 파형*

상호결합 발진기에 대한 자세한 분석은 사실은 위상 잡음이 트랜지스터의 트랜스컨덕턴스에 무관하다는 것을 보여준다[10, 11, 17]. 이것은 다음과 같이 정성적으로 설명 될 수 있다. 출력 전압의 스윙과 주파수를 일정하게 유지하면서 두 트랜지스터의 폭이 증가했다고 가정하자. 이제 트랜지스터는 적은 전압 스윙으로 테일 전류를 조향할 수 있으며 따라서 더 날카로운 전류 스위칭(절환)을 경험하게 된다(그림 8.68). 즉 $M_1$과 $M_2$는 더 짧은 시간동안 탱크에 잡음을 주입하게 된다. 그러나 잡음 포락선이 분명히 보여 주는 것처럼, 큰 트랜스컨덕턴스로 인해 더 많은 양의 잡음이 주입 된다. 잡음 포락선 펄스의 폭이 감소하고 높이가 증가해 서로 상쇄되고, 위의 공식에서 $g_m$은 단순히 $2/R_p$로 대체될 수 있다[10, 11, 17]:

$$S(\Delta\omega) = \frac{\pi^2}{R_p}\frac{kT}{I_{SS}^2}\left(\frac{3}{8}\gamma + 1\right)\ \frac{\omega_0^2}{4Q^2\Delta\omega^2}. \tag{8.124}$$

**테일(Tail) 커패시턴스의 문제** 만약 트랜지스터 중 하나가 깊은 트라이오드 영역으로 들어가면 어떻게 될까? 그림 8.69에서 대응하는 탱크는 일시적으로 온 저항을 통해서 테일 커패

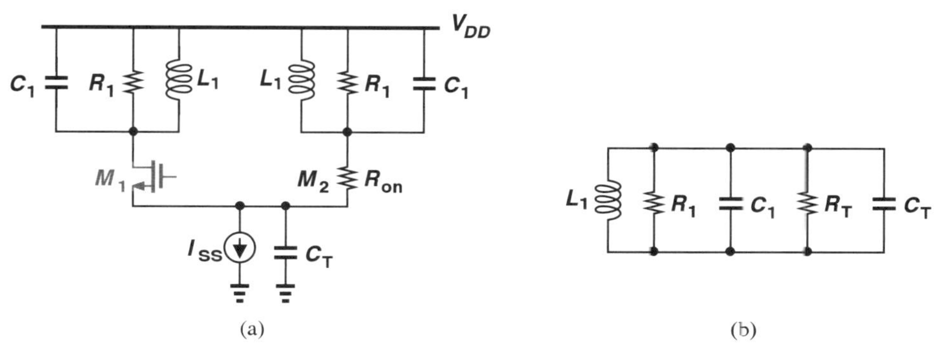


**그림 8.69** *(a) 한 트랜지스터가 깊은 트라이오드(deep triode) 영역에 있는 발진기, (b) 탱크의 등가 회로*

시턴스에 연결되어 $Q$가 감소된다. $R_{on}$과 $C_T$의 직렬 조합을 병렬 조합으로 변환하면 그림 8.69(b)의 등가 네트워크를 얻을 수 있고, 여기서 $R_T = (R_{on}C_T^2\omega_0^2)^{-1}$이다. 만약 $R_T$가 $R_1$과 비슷하고 각 트랜지스터가 주기의 상당 부분 동안 깊은 트라이오드 영역에 머무르게 된다면, $Q$는 심각하게 감소하게 된다. 등가적으로 $M_2$에 의해 주입되는 잡음은 상당이 증가하게 된다[17].

여기서 핵심적인 결과는 테일 전류가 증가하면서 트랜지스터가 트라이오드 영역으로 들어가는 지점까지 (상대적인) 위상 잡음이 계속 감소한다는 것이다. 이 지점을 지나면서, 더 큰 테일 전류에 의해 출력 스윙은 점진적으로 증가하지만 전체 탱크의 $Q$는 감소하기 시작하고 위상 잡음이 더 이상 개선되지 않는다. 물론 이러한 경향은 $C_T$의 값에 의존하고 일부 설계에서만 나타날 수 있다. 이 커패시턴스는 $I_{SS}$의 기생성분 때문에 큰 값을 가질 수 있으며, $I_{SS}$의 잡음을 접지로 흐르게 하기 위해 의도적으로 추가하는 경우도 있다(8.7.5절).

**예제 8.31** RF Microelecronics

그림 8.30(a)의 탑-바이어스(top-bias) 구조에서 위의 현상은 어떻게 나타나는가?

**풀이:**

이 경우는 깊은 트라이오드 영역으로 들어가는 트랜지스터는 저항을 통해 접지로 직접 연결된다. 노드 $P$가 (ac) 접지 이므로, 탱크의 $Q$가 심각하게 떨어지게 된다. 따라서 만약 $M_1$ 혹은 $M_2$가 깊은 트라이오드 영역으로 들어갈 경우 이 구조가 더 심각하게 어려움을 겪게 된다.

### 8.7.4 위상 잡음 분석: 접근 방식 II Analysis of Phase Noise: Approach II

이 절에서 기술된 설명 방식은 참고문헌[6]을 따르고 있다. 초기 조건 때문에 정현파 출력을 발생하는 이상적인 LC 탱크를 고려하자[그림 8.70(a)]. 발진 동안, $L_1$과 $C_1$은 초기 에너지를 교환하며, 전자는 영점 교차(zero crossing)에서 후자는 피크(peak)에서 전체 에너지를 저장한다. 커패시터에 전압 $V_0$인 상태에서 회로가 시작되었다고 가정하자. 이제 전류 임펄스가 출력 전압이 최고치일 때 주입되어[그림 8.70(b)], $C_1$에 전압 스텝(step)이 발생한다고 가정하자. 만약[8]

$$I_{in}(t) = I_1\delta(t - t_1), \tag{8.125}$$

추가적인 에너지에 의해 발진 진폭은 더 커지게 된다:

8. 이 공식의 $I_1$은 임펄스의 면적을 나타내기 때문에 사실은 전하량이 된다.

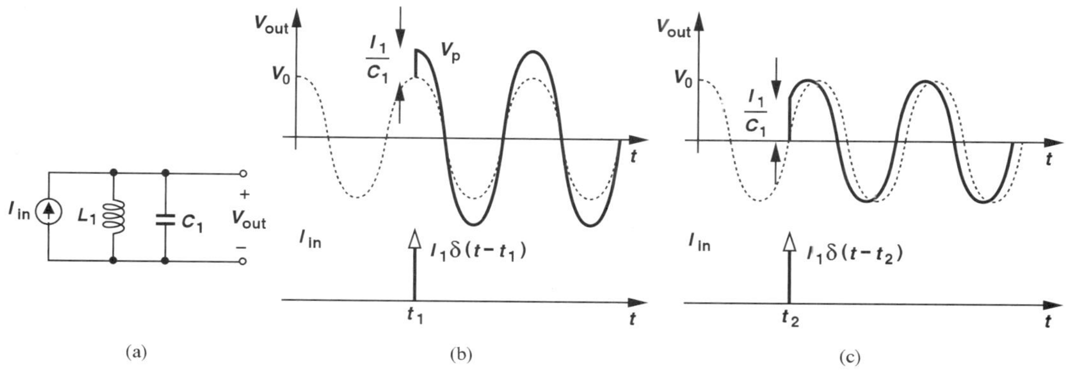


**그림 8.70** *(a) 전류 임펄스를 가진 이상적인 탱크, (b) 파형의 최고치에서 임펄스 주입의 효과, (c) 파형의 영점 교차(zero-crossing)에서 임펄스 주입의 효과*

$$V_p = V_0 + \frac{I_1}{C_1}. \tag{8.126}$$

여기서 핵심은 (아래 예제에서 보인 것처럼) 피크에서 주입은 발진의 위상을 교란하지 않는다는 것이다.

다음으로 영점 교차점에서 전류 임펄스가 주입된다고 가정하자. 마찬가지로 전압 스텝이 생성되고 *위상* 도약(jump)이 일어난다[그림 8.70(c)]. 0에서 $I_1/C_1$로 전압이 도약해, $\sin^{-1}[I_1/(C_1V_0)]$ 만큼 위상에 교란이 발생하게 된다. 따라서 잡음이 최고치에서 주입되면 진폭 변조만 발생하고, 영점 교차에서 주입되면 위상 변조만 발생한다고 결론 내릴 수 있다.

## 예제 8.32 RF Microelecronics

전류 임펄스의 효과가 해석적으로 어떻게 결정될 수 있는지 설명하라.

**풀이:**

탱크의 선형성으로 주입 전류(입력)와 전압 파형(출력)에 대해 중첩을 사용할 수 있다. 출력 파형은 두 개의 정현파 성분으로 구성되어 있으며, 하나는 초기조건[9] (발진 파형)에 의한 것이고 나머지는 임펄스에 의한 것이다. 그림 8.71은 두 가지 경우에 대한 이들 성분을 보여준다: 만약 $t_1$에서 임펄스가 주입되면, 원래의 성분과 정확히 위상이 동일한 정현파가 발생하게 되고, 만약 $t_2$에서 주입되면 원래의 성분과 90° 위상차가 있는 정현파가 발생한다. 전자는 경우는, 영점 교차에 영향을 주지 않으며, 후자의 경우는 피크에 영향을 주지 않는다.

(*계속*)

9. 탱크의 초기 조건은 또한 전류 임펄스에 의해 만들어 질 수 있고, 따라서 시스템을 선형성을 유지한다.

예제 8.32 (계속) RF Microelecronics

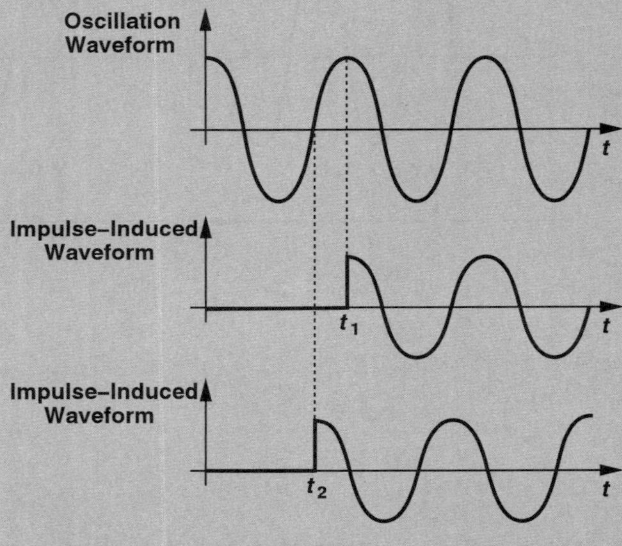


**그림 8.71** *중첩을 이용한 임펄스 응답의 계산*

이상의 관찰은 발진기내의 각 잡음원의 시기와 방법에 따른 출력 파형 '타격(hit)'에 대한 영향을 정량화하는 방법이 필요함을 암시한다. 트랜지스터가 켜지고 꺼지는 동안, 잡음원이 출력파형의 피크 부근에만 나타난다면 위상 잡음에 거의 기여하지 않을 것이며, 반면에 영점 교차 때를 타격하면 상당한 위상 잡음이 유발 된다. 이런 목적으로 각각의 잡음원에서 출력 위상으로 선형 *시변(time-variant)* 시스템을 정의한다. 잡음 레벨이 매우 낮기 때문에 선형성은 정당화 될 수 있고, 잡음이 나타나는 시점의 효과를 수집하기 위해서 시변성(time variance)이 요구된다.

선형 시변 시스템에 대해 컨볼루션(convolution) 특성은 유지되지만, 임펄스 응답은 시간에 따라 변한다. 따라서 잡음 $n(t)$에 대한 출력 위상은 다음과 같이 주어진다.

$$\phi(t) = h(t, \tau) * n(t), \tag{8.127}$$

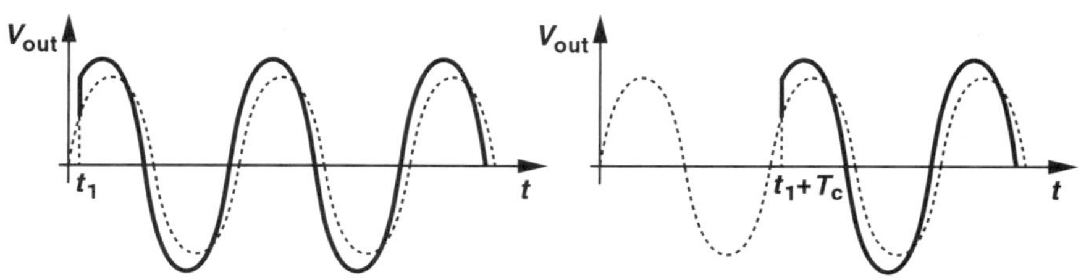


**그림 8.72** *발진기의 주기적인 임펄스 응답*

여기서 $h(t, \tau)$는 $n(t)$에서 $\phi(t)$로의 시변 임펄스 응답이다. 발진기에서 $h(t, \tau)$는 *주기적으로* 변한다: 그림 8.72에서 $t = t_1$ 혹은 이후 주기의 정수배에 주입된 잡음 임펄스는 동일한 위상 변화를 유발한다. 이제 출력 위상 잡음을 계산하는 일은 각 잡음원에 대해서 $h(t, \tau)$를 계산하는 일과 잡음 파형과의 컨볼루션을 수행하는 것으로 구성된다. 임펄스 응답 $h(t, \tau)$는 '임펄스 민감도 함수(impulse sensitivity function, ISF)'로 불린다[6].

### 예제 8.33

RF Microelecronics

그림 8.70(a)의 인덕터와 커패시터의 값이 일정한 LC 탱크가 어떻게 시변 특성을 가지는지 설명하라.

**풀이:**

시변 특성은 (가령 $C_1$에 걸린 초기 전압과 같은) 유한한 *초기 조건(initial condition)*에 기인한다. 초기 조건이 영이면 회로는 출력은 영에서 시작하며, 입력에 대해 시불변(time-invariant) 응답을 보인다.

### 예제 8.34

RF Microelecronics

그림 8.70(a)의 무손실(lossless) LC 탱크의 위상 임펄스 응답을 구하라.

**풀이:**

예제 8.32의 중첩의 관점을 상기하면, 임의의 시간 $t_1$에서 전류 임펄스에 의한 위상 변화(그림 8.73)를 계산하고자 한다. 전체 출력 전압을 다음과 같이 표현된다.

$$V_{out}(t) = V_0 \cos \omega_0 t + \Delta V[\cos \omega_0 (t - t_1)]u(t - t_1), \tag{8.128}$$

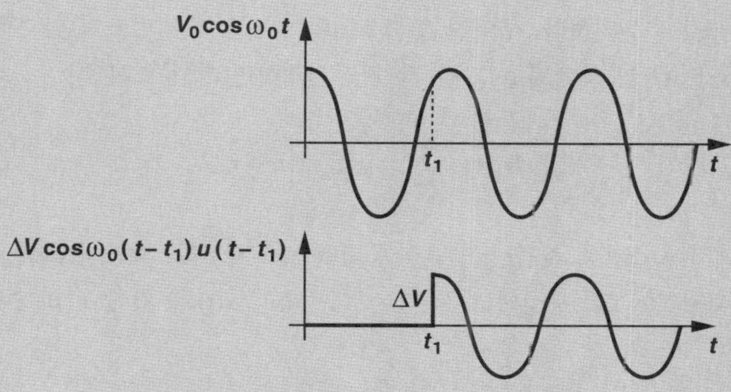


**그림 8.73** *탱크의 위상 임펄스 응답 계산을 위한 파형*

(계속)

**예제 8.34** (*계속*) **RF Microelecronics**

여기서 $\Delta V$는 임펄스의 면적(그림 8.70의 $I_1$)을 $C_1$으로 나눈 값으로 주어진다. $t \ge t_1$에 대해 $V_{out}$은 두 정현파의 합이 된다:

$$V_{out}(t) = V_0 \cos \omega_0 t + \Delta V \cos \omega_0 (t - t_1) \quad t \ge t_1 \tag{8.129}$$

여기서 두 번째 항을 전개하고 다시 묶어서 정리하면,

$$V_{out}(t) = (V_0 + \Delta V \cos \omega_0 t_1) \cos \omega_0 t + \Delta V \sin \omega_0 t_1 \sin \omega_0 t \quad t \ge t_1. \tag{8.130}$$

따라서, 출력의 위상은 다음과 같다.

$$\phi_{out} = \tan^{-1} \frac{\Delta V \sin \omega_0 t_1}{V_0 + \Delta V \cos \omega_0 t_1} \quad t \ge t_1. \tag{8.131}$$

흥미로운 것은 일반적으로 $\phi_{out}$이 $\Delta V$의 선형함수가 아니라는 것이다. 그러나 만약 $\Delta V \ll V_0$이면,

$$\phi_{out} \approx \frac{\Delta V}{V_0} \sin \omega_0 t_1 \quad t \ge t_1. \tag{8.132}$$

입력 임펄스의 면적(I1)으로 정규화 하면, 이 결과로부터 임펄스 응답은 다음과 같다:

$$h(t, t_1) = \frac{1}{C_1 V_0} \sin \omega_0 t_1 u(t - t_1). \tag{8.133}$$

예상대로 $h(t, t_1)$은 ($V_0 \cos\omega_0 t$가 최고치인) $t_1 = 0$에서 영이고, ($V_0 \cos\omega_0 t$가 영점교차 하는) $t_1 = \pi/(2\omega_0)$에서 최대가 된다.

이제 식 (8.127)로 돌아가서 컨볼루션이 어떻게 수행 되는지 결정하자. 선형 시불변 시스템으로 시작하는 것은 유익하다. 주어진 입력 $x(t)$는 시간영역 임펄스의 급수로 근사될 수 있고, 짧은 시간동안 $x(t)$의 에너지를 가진 각각을 전개하면[그림 8.74(a)]:

$$x(t) \approx \sum_{n=-\infty}^{+\infty} x(t_n)\delta(t - t_n). \tag{8.134}$$

각 임펄스는 $t_n$에서 시스템의 시불변 임펄스 응답을 발생시킨다. 따라서 $y(t)$는 시간적으로 천이된 $h(t)$의 복제(replica)로 구성되고, 각각은 대응되는 $x(t)$의 값에 따라 크기가 스케일링(scaling)된다:

$$y(t) \approx \sum_{n=-\infty}^{+\infty} x(t_n)h(t - t_n) \tag{8.135}$$

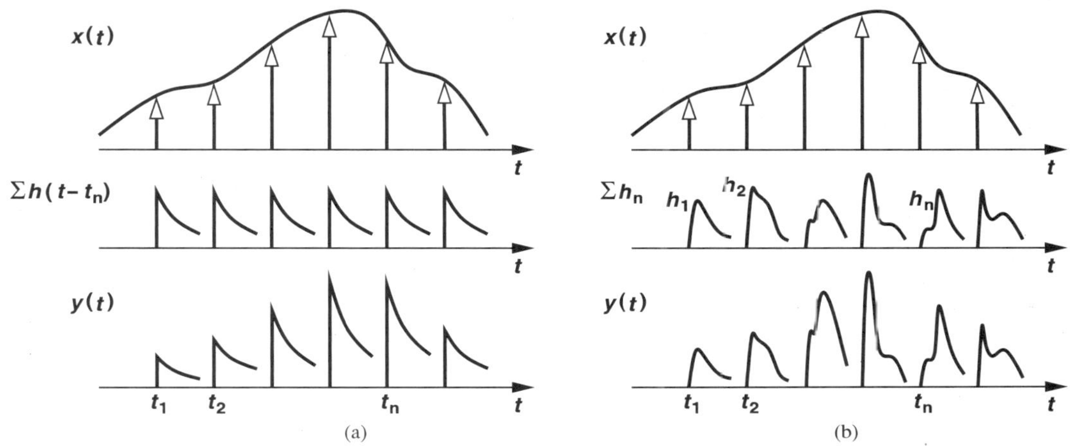


**그림 8.74** *(a) 시불변(time-invariant), (b) 시변(time-variant) 선형 시스템의 컨볼루션*

$$y(t) \approx \sum_{n=-\infty}^{+\infty} x(t_n)h(t-t_n) \tag{8.135}$$

$$= \int_{-\infty}^{+\infty} x(\tau)h(t-\tau)d\tau. \tag{8.136}$$

이제 그림 8.74(b)의 시변 시스템을 고려해보자. 이 경우 $h(t)$의 시간 천이된 버전은 다르게 되고, $h_j(t)$를 $t_j$ 근처의 임펄스 응답으로 이해하면, $h_1(t)$, $h_2(t)$, ..., $h_n(t)$로 나타낼 수 있다. 따라서,

$$y(t) \approx \sum_{n=-\infty}^{+\infty} x(t_n)h_n(t). \tag{8.137}$$

이 임펄스 응답을 어떻게 연속 시간 함수로 표현할 것인가? 응답은 단순히 $h(t,\tau)$로 표현되며, 여기서 $\tau$는 특정한 시간 천이이다. 예를 들어, $h_1(t) = h(t, 1\text{ ns})$, $h_2(t) = h(t, 2\text{ ns})$ 등이 된다. 따라서,

$$y(t) = \int_{-\infty}^{+\infty} x(\tau)h(t,\tau)d\tau. \tag{8.138}$$

**예제 8.35** RF Microelecronics

그림 8.70(a)에 주입되는 백색(white) 스펙트럼 $S_i(f)$를 갖는 전류 $i_n(t)$에 의한 위상 잡음을 결정하라.

(계속)

## 예제 8.35 (*계속*)

**풀이:**

식 (8.133)과 (8.138)로부터,

$$\phi_n(t) = \int_{-\infty}^{+\infty} i_n(\tau)\frac{1}{C_1V_0}\sin\omega_0\tau u(t-\tau)d\tau \tag{8.139}$$

$$= \frac{1}{C_1V_0}\int_{-\infty}^{t} i_n(\tau)\sin\omega_0\tau d\tau. \tag{8.140}$$

만약 $i_n(t)$가 백색이면, $g(t) = i_n(t)\sin\omega_0 t$도 백색이 되지만(왜?), $i_n(t)$의 스펙트럼 밀도의 *절반*이 된다:

$$S_g(f) = \frac{1}{2}S_i(f). \tag{8.141}$$

따라서 이 문제는 그림 8.75(a)의 시스템 전달 함수를 찾는 것으로 축소된다. 이를 위해 (1) 이 시스템의 임펄스 응답은 $(C_1V_0)^{-1}u(t)$이고 (2) $u(t)$의 푸리에 변환은 $(j\omega)^{-1} + \pi\delta(\omega)$로 주어진다. $\pi\delta(\omega)$는 $\omega = 0$에서만 에너지를 가지기 때문에 무시하면,

$$S_{\phi n}(f) = |H(j\omega)|^2S_g(f) \tag{8.142}$$

$$= \frac{1}{C_1^2V_0^2}\frac{1}{(2\pi f)^2}\frac{S_i(f)}{2}. \tag{8.143}$$

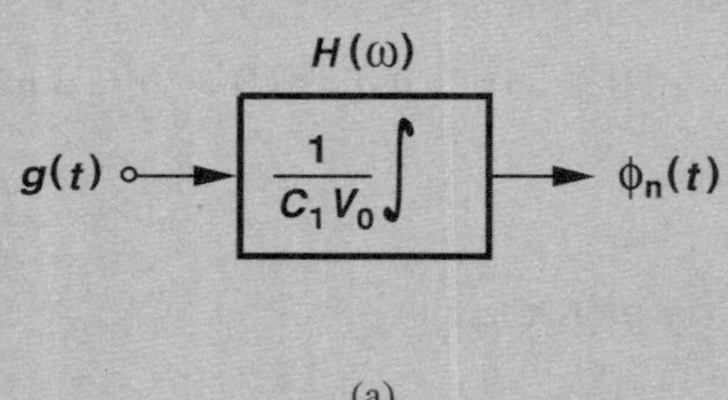


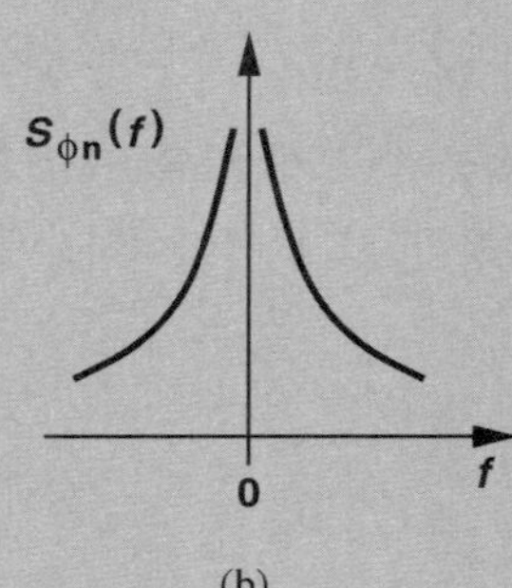


**그림 8.75** *(a) $g(t)$를 $\phi_n(t)$로 변환하기 위한 등가 시스템, (b) 결과적인 위상 잡음 스펙트럼*

예상대로 상대적인 위상 잡음은 발진기 최대 진폭 $V_0$에 반비례한다. 그림 8.75(b)에 그려진 이 공식은 8.7.3절에 기술되어 있는 잡음성형(noise shaping)의 개념과 잘 부합한다: $A\cos[\omega_0 t + \phi_n(t)]$의 스펙트럼이 $S_{fn}(f)$를 포함하고, 중심 주파수가 $\pm\omega_0$로 천이된다. 그림 8.76

**예제 8.35** (*계속*) RF Microelecronics

은 주입된 잡음 전류를 위상 잡음으로 바꾸는 메커니즘을 요약하고 있다. 혼돈을 막기 위해 $\pm\omega_0$ 근처의 백색 잡음은 세 개의 협대역 세그먼트(segment)로 표시되어 있다.

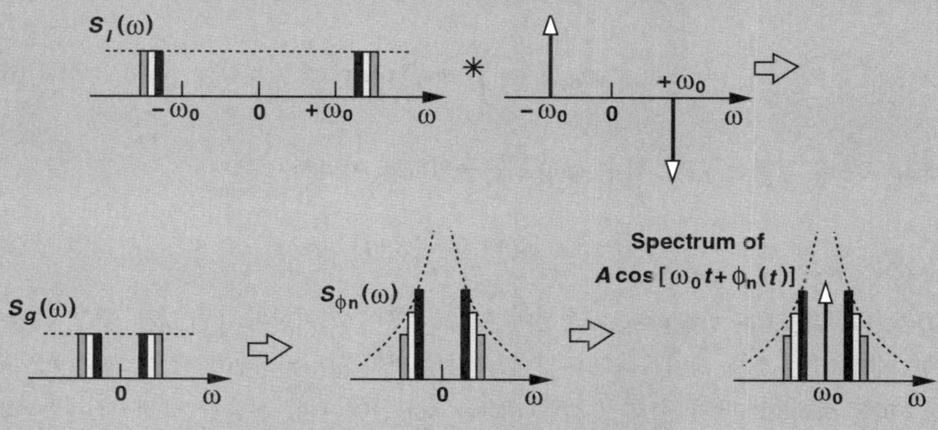


**그림 8.76** *주입된 잡음에 의한 캐리어 주변의 위상 잡음*

앞의 예제는 독자들에게 혼란을 줄 수 있다: 만약 영이 아닌 초기 조건을 가진 무손실 탱크를 무한대의 $Q$를 가진 발진기로 본다면, 왜 위상 잡음이 *영(zero)*이 아닐까? 이러한 혼란은 $Q \to \infty$일 때 발진을 유지하기 위한 트랜지스터의 폭과 바이어스가 무한이 작아지는 것을 고려하면 해결될 수 있다. 따라서 트랜지스터는 잡음을 거의 주입하지 않는다; 즉, 만약 $i_n(t)$가 트랜지스터의 잡음을 표현한다면, $S_i(f)$는 영으로 접근하게 된다.

**예제 8.36** RF Microelecronics

위의 예제에서 $i_n(t)$의 어느 주파수 성분이 주요 위상 잡음에 기여하는가?

**풀이:**

$i_n(t)$가 $\sin\omega_0 t$에 의해 곱해져, $\omega_0$ 근처의 잡음 성분이 영 주파수 근처로 천이 되고 결과적으로 식 (8.143)에 나타나게 된다(그림 8.76). 따라서 정현파 위상 임펄스 응답(ISF)에 대해 $\omega_0$ 주변의 잡음만이 주요 위상 잡음에 기여한다. 독자들에게 $S_i(\omega)$의 저주파수 성분에 대해 그림 8.76의 천이를 반복해 볼 것을 권한다.

**플리커(flicker) 잡음의 영향** 주기적인 특성 때문에 발진기의 임펄스 응답은 푸리에 급수로 표현된다:

$$h(t,\tau)=[a_0+a_1\cos(\omega_0 t+\phi_1)+a_2\cos(2\omega_0 t+\phi_2)+\cdots]u(t-\tau),\tag{8.144}$$

여기서 $a_0$는 $h(t, \tau)$의 평균값(혹은 dc)이다. 위에서 학습한 LC 탱크에서 모든 $j \neq 1$에 대해서 $a_j = 0$이지만, 이것은 일반적으로 사실이 아닐 수 있다. 특히 $a_0 \neq 0$를 가정하자. 그러면 주입 잡음 $i_n(t)$에 대응하는 위상 잡음은 다음과 같다.

$$\phi_{n,a0}=\int_{-\infty}^{t}a_0 i_n(\tau)d\tau.\tag{8.145}$$

예제 8.35로부터 적분은 전달 함수 $(j\omega)^{-1}$과 동일하고 따라서,

$$S_{\phi n,a0}(f)=\frac{a_0^2}{\omega^2}S_i(f).\tag{8.146}$$

즉 $i_n(t)$의 *저주파수(low-frequency)* 성분이 위상 잡음에 기여한다. ($S_{fn,a0}$가 중심 주파수 $\omega_0$로 상향 변환 되는 것을 상기하라.) 여기서 핵심은 만약 $h(t, \tau)$의 'dc' 값이 영이 아니면, 발진기의 MOS 트랜지스터의 *플리커 잡음(flicker noise)*이 위상 잡음을 발생시킨다는 것이다. 플리커 잡음에 대해서 $S_v(f) = [K/(WLC_{ox})]/f$로 주어지는 게이트 참조(gate-referred) 잡음 전압을 사용하면,

$$S_{\phi n,a0}(f)=\frac{a_0^2}{4\pi^2}\frac{K}{WLC_{ox}}\frac{1}{f^3}.\tag{8.147}$$

여기서 $a_0$는 트랜지스터의 *게이트 전압에서* 출력 위상으로의 임펄스 응답의 dc항을 나타낸다. $a_0$는 $h(t, \tau)$의 대칭성에 관련이 있기 때문에, $1/f$ 잡음의 상향 변환을 줄이기 위해서 $h(t, \tau)$가 기대칭(odd-symmetric) 모양을 갖도록 회로를 설계해야 한다[6]. 그러나 회로에서 다른 트랜지스터의 $1/f$ 잡음은 다른 임펄스 응답을 갖게 되고, 따라서 *모든* $1/f$ 잡음원의 상향 변환을 최소화 하는 것은 불가능할지도 모른다. 예를 들어, 그림 8.35의 회로에서 $M_1$ – $M_4$의 게이트에서 출력으로 $h(t, \tau)$를 대칭으로 만들 수 있지만, 테일 전류원에서 출력으로는 대칭으로 만들 수 없다. $I_{SS}$가 천천히 변동(fluctuation)하면서 출력 CM 레벨과 발진 주파수도 변동하게 된다. 일반적으로 위상 잡음은 그림 8.77의 모양을 갖는 것으로 가정한다.

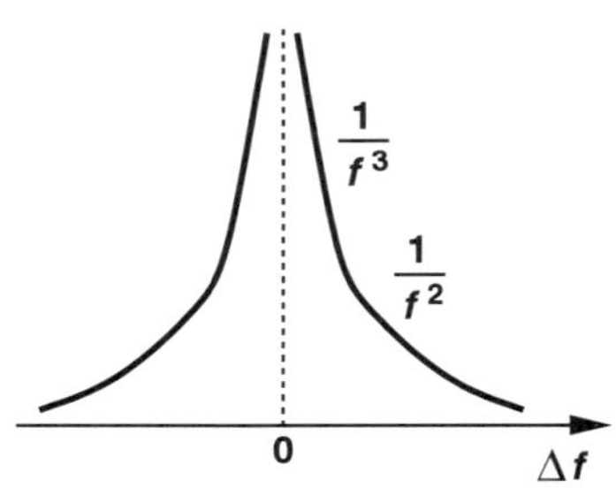


**그림 8.77** *플리커 잡음과 백색 잡음(white noise)에 의해 형성된 영역을 보여주는 위상 잡음 모양*

**잡음과 고차 고조파(Higher Harmonics)** 이제 식 (8.144)의 남은 항을 살펴보기로 하자. 예제 8.35에서 언급한 것처럼, $a_1\cos(\omega_0 t + \phi_1)$에 의해 $\omega_0$ 부근의 잡음이 영 근처로 천이 되어, 위상 잡음으로 변환된다. 마찬가지로 $a_m\cos(m\omega_0 t + \phi_j)$는 $m\omega_0$ 부근의 $i_n(t)$의 잡음 성분을 위상 잡음으로 변환시킨다. 그림 8.78은 변환과정을 보여준다[6].

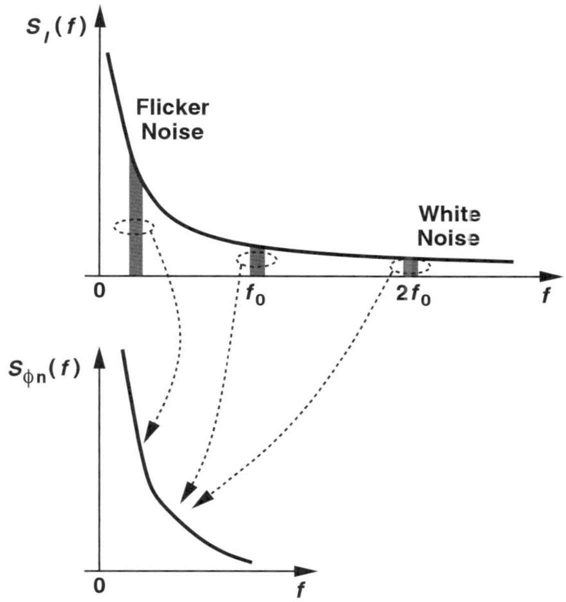


**그림 8.78** *다양한 잡음 성분의 위상 잡음 변환*

**주기정상성 잡음(Cyclostationary Noise)** 주기정상성 잡음의 효과가 또한 포함되어야 한다. 8.7.3절에 설명되어 있는 대로, 그러한 잡음은 정상 잡음 $n(t)$로 볼 수 있으며 주기전인 포락선 $e(t)$와 곱해진다. 따라서 식 (8.138)을 다음과 같이 쓸 수 있다.

$$y(t) = \int_{-\infty}^{+\infty} n(\tau)e(\tau)h(t, \tau)d\tau, \tag{8.148}$$

이 식은 $e(t)h(t, \tau)$를 '유효(effective)' 임펄스 응답으로 볼 수 있음을 암시한다[6]. 바꿔 말하면, 위상 잡음에 대한 $n(t)$의 영향은 궁극적으로 주기정상 잡음 포락선과 $h(t, \tau)$의 *곱*(*product*)에 의존한다.

위상 잡음 분석에 대한 이러한 접근은 일반적으로 잡음 포락선과 임펄스 응답이 각 소자에 대한 다수의 시뮬레이션에 의해 결정된다. 따라서 설계 최적화 과정에 긴 시간이 소요된다.

지금까지 기술된 두 가지 분석 접근 방식 각각으로부터 직관(insight)을 얻을 수 있으며,

회로 설계에서 각자의 유용성을 가진다. 그러나 다른 분석 기법을 통해 더 잘 설명될 수 있는 다른 위상 잡음 메커니즘이 있다. 다음 절은 그 예를 보여준다.

### 8.7.5 바이어스 전류원의 잡음 Noise of Bias Current Source

일반적으로 발진기는 공급 전원과 그 잡음의 영향을 최소화하기 위해 바이어스 전류원을 사용한다. 우리는 이 전류원에 의한 위상 잡음을 학습하려고 한다. 그림 8.79는 여기서 학습할 테일에 관련된 잡음 메커니즘을 요약하고 있다.

그림 8.80(a)의 구조를 고려해 보자. 여기서 $I_n$은 영 주파수 근처의 플리커 잡음, 발진 주파수 $\omega_0$ 주변의 열잡음(thermal noise), $2\omega_0$ 주변의 열잡음 등을 포함하는 $I_{SS}$의 잡음을 모델링한다. $M_1$과 $M_2$는 주기적으로 켜지고 꺼지면서, $I_{SS}+I_n$을 조향(steering, commutating)하는

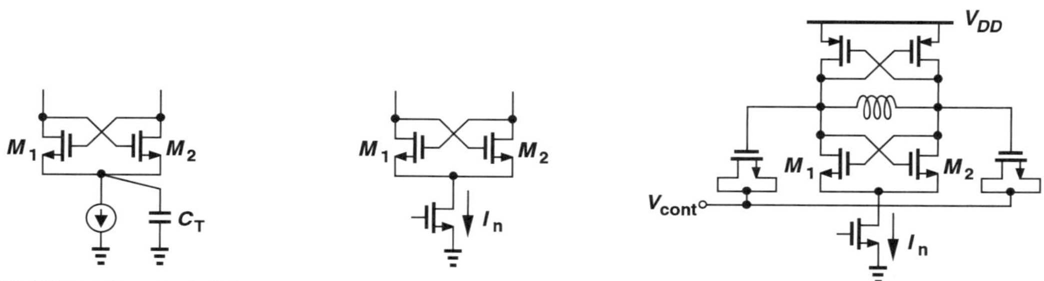


| Cross-coupled transistors enter triode region and | Tail current source has noise at $2\omega_0$. | Tail current source has flicker noise and |
|---|---|---|
| Tail has large capacitance. | | Output CM level is modulated by flicker noise or |
| | | Varactors have even-order voltage dependence. |

**그림 8.79** *상호결합 발진기에서 테일 잡음(tail noise) 메커니즘*

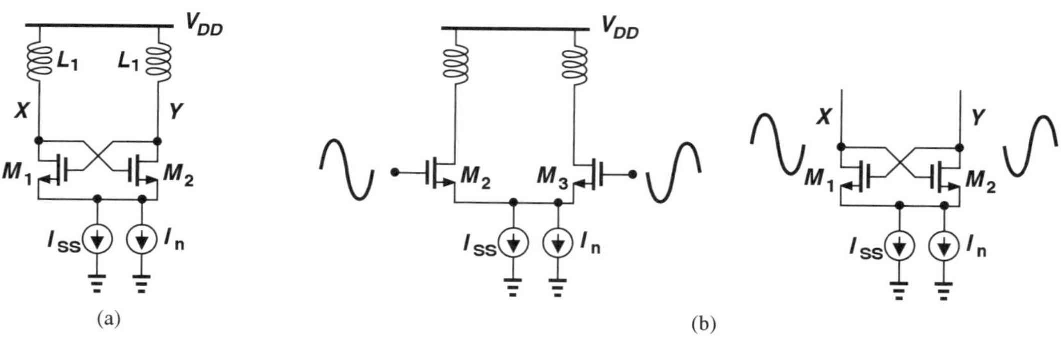


**그림 8.80** *(a) 잡음이 있는 테일 전류원을 가진 발진기, (b) 믹서 관점의 회로*

*믹서*(*mixer*)로 동작하게 된다. 바꿔 말하면, 그림 8.80(b)의 두 회로는 유사하고, (스윙이 충분히 클 때) $M_1$과 $M_2$에 의해 탱크로 주입된 차동 전류는 $I_{SS} + I_n$과 −1과 +1 사이를 토글링(toggling) 하는 사각파의 곱으로 볼 수 있다.

이제 그림 8.80(a)에서 다른 잡음 주파수가 발진기의 성능에 미치는 영향을 살펴보자. $I_n$의 플리커 잡음은 천천히 바이어스 전류를 변화 시키고, 따라서 출력 전압 스윙($4I_{SS}R_p/\pi$)를 변화 시키며 진폭 변조를 유발한다. 따라서 플리커 잡음은 위상 잡음을 거의 유발하지 않는다고 추론할 수 있다. 나중에 설명하겠지만, 이것은 전압에 의존하는 커패시턴스(예를 들어, 바랙터)가 출력 노드에 있을 때 성립하지 않지만 우선은 플리커 잡음을 무시하기로 하자.

$\omega_0$ 주변의 잡음은 어떠한가? 이 잡음 성분은 사각파의 고조파 $\omega_0$, $3\omega_0$, $5\omega_0$, …와 혼합(mixing)되어 0, $2\omega_0$, $4\omega_0$, …에 떨어지게 된다. 따라서 이 성분은 무시될 수 있다.

한편, $2\omega_0$ 부근의 잡음은 성능에 현저한 영향을 미친다[12, 7]. 그림 8.81(a)에서 $2\omega_0$ 조금 아래쪽에 위치한 잡음 성분은 사각파의 1차 및 3차 고조파와 혼합되어 $\omega_0$의 조금 아래쪽과 위쪽에 *다른* 크기와 극성을 가지고 위치하게 된다. 이 성분이 AM 혹은 FM을 유발하는지 결정하기 위해, 발진기의 출력을 $\cos\omega_0 t$로, 3차 고조파를 $(-1/3)\cos(3\omega_0 t)$로 표현하자. 테일 전류 잡음 성분 $I_0\cos(2\omega_0 - \Delta\omega)t$에 대해, $M_1$과 $M_2$의 차동 출력 전류는 다음과 같이 나타난다.

$$I_{out} \propto \cos\omega_0 t I_0 \cos(2\omega_0 - \Delta\omega)t + \frac{-1}{3}\cos(3\omega_0 t) I_0 \cos(2\omega_0 - \Delta\omega)t \quad (8.149)$$

$$\propto \frac{I_0}{2}\cos(\omega_0 - \Delta\omega)t - \frac{I_0}{6}\cos(\omega_0 + \Delta\omega)t + \dots \quad (8.150)$$

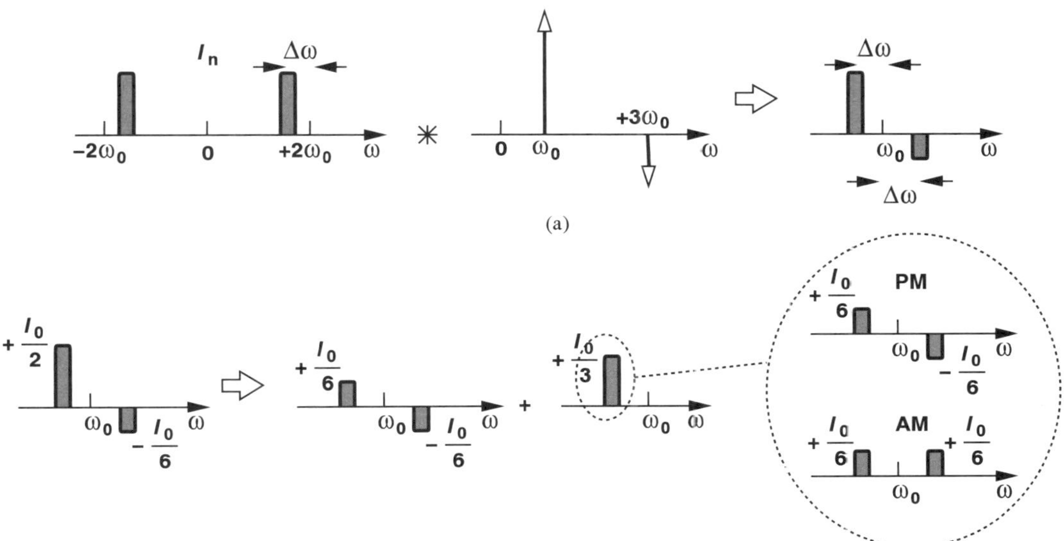


그림 8.81 *(a) $2\omega_0$ 주변 테일 잡음의 $\omega_0$ 주변 측대파(sideband)로의 천이, (b) PM과 AM 성분의 분리*

3장에서 설명한 것처럼, 코사인 캐리어를 둘러싼 반대 부호를 가진 두 개의 동일한 측대파(sidebands)는 FM을 나타낸다. 그러나 위의 공식에서 두 측대파는 다른 크기를 가지며, 약간의 AM 또한 발생하게 된다. $(I_0/2)\cos(\omega_0 - \Delta\omega)t = (I_0/6)\cos(\omega_0 - \Delta\omega)t + (I_0/3)\cos(\omega_0 - \Delta\omega)t$로 정리 후, 두 번째 항으로부터 PM 성분 $(I_0/6)\cos(\omega_0 - \Delta\omega)t - (I_0/6)\cos(\omega_0 + \Delta\omega)t$를 추출하면[그림 8.81(b)], 다음과 같은 PM 측대파를 얻을 수 있다:

$$I_{out} \propto \frac{I_0}{3}\cos(\omega_0 + \Delta\omega)t - \frac{I_0}{3}\cos(\omega_0 - \Delta\omega)t + \dots. \tag{8.151}$$

비례 계수는 다음 예제에서 보인 것처럼, 믹싱(mixing) 동작의 변환 이득과 관련된다.

### 예제 8.37

RF Microelecronics

그림 8.80(a)에서 $I_n = I_0\cos(2\omega_0 + \Delta\omega)$의 테일 잡음에 대해, 차동 출력 전류에 포함된 FM 측대파의 크기를 결정하라.

**풀이:**

주파수 영역에서 $2\omega_0$ 근처의 각 임펄스는 $I_0/2$의 크기를 가진다. 사각파의 첫 번째 고조파와 혼합되면서 $2\omega_0 + \Delta\omega$의 임펄스가 $(2/\pi)(I_0/2)$의 높이로 $\omega_0 + \Delta\omega$에 나타난다. 유사하게 3차 고조파와 혼합되어 $\omega_0 - \Delta\omega$에서 $-(1/3)(2/\pi)(I_0/2)$ 높이의 임펄스가 $\omega_0 + \Delta\omega$에 나타나게 된다. 앞에서 설명한 것처럼 AM 성분을 분리하면,

$$I_{out} = \frac{1}{3}\frac{4}{\pi}I_0\cos(\omega_0 + \Delta\omega)t - \frac{1}{3}\frac{4}{\pi}I_0\cos(\omega_0 - \Delta\omega)t + \dots. \tag{8.152}$$

출력 *전압*에서 위상 잡음을 얻기 위해, (1) 위의 예제에서 계산된 전류 측대파를 주파수 오프셋 $\pm\Delta\omega$에서 탱크의 임피던스와 곱하고, (2) 결과를 발진 진폭에 대해 정규화 해야 한다. $M_1$과 $M_2$에 의한 평균 부성 컨덕턴스(negative conductance) 때문에 일단 출력 노드로 주입된 전류 성분은 탱크의 *무손실(lossless)* 임피던스를 바라보게 된다. 이 임피던스는 $\Delta\omega \ll \omega_0$일 때 $-j/(2C_1\Delta\omega)$로 주어진다. 따라서 상대 위상 잡음은 다음과 같이 표현된다.

$$S(\Delta\omega) = \frac{\dfrac{16\overline{I_n^2}}{9\pi^2}\left(\dfrac{1}{2C\Delta\omega}\right)^2}{\dfrac{4}{\pi^2}I_{SS}^2R_p^2} = \frac{4\overline{I_n^2}}{9I_{SS}^2}\left(\frac{\omega_0}{2Q\Delta\omega}\right)^2. \tag{8.153}$$

$\omega_0$의 고차 짝수(even) 고조파에 가까운 열잡음은 유사한 역할을 하며, $\omega_0$ 주변에 FM 측대파를 유발한다. 모든 측대파 전력의 합이 테일 전류원에 의한 다음 위상 잡음 표현식이 됨을 보일 수 있다[8, 10]:

$$S(\Delta\omega) = \frac{\pi^2 \overline{I_n^2}}{16 I_{SS}^2} \left( \frac{\omega_0}{2Q\Delta\omega} \right)^2. \tag{8.154}$$

그림 8.30(a)의 탑 전류원의 잡음을 고려해 보자. 이 잡음에 의한 주파수 변조를 공식화 해보자. $I_{DD}$가 잡음 전류 $i_n(t)$를 포함한다고 가정하자. 예제 8.16에서 계산한 것처럼, $i_n(t)$는 다음의 공통모드 전압 변화를 유발하게 된다.

$$\Delta V = \frac{1}{g_m} \frac{i_n(t)}{2}. \tag{8.155}$$

이 변화는 제어전압 $V_{cont}$의 동일한 크기의 반대 변화와 구분되지 않는다. 8.10절에서 설명한 것처럼 출력 파형은 다음과 같이 표현된다.

$$V_{out}(t) = V_0 \cos \left[ \omega_0 t + \int K_{VCO} \frac{i_n(t)}{2g_m} dt \right], \tag{8.156}$$

여기서 괄호안의 두 번째 항은 결과적인 위상 잡음 $\phi_n(t)$이다. 만약 $\phi_n(t) \ll 1$ rad이면,

$$V_{out}(t) \approx V_0 \cos \omega_0 t - V_0 \frac{K_{VCO}}{2g_m} \left[ \int i_n(t) dt \right] \sin \omega_0 t. \tag{8.157}$$

여기서 $i_n(t)$의 *저주파수* 성분이 $\omega_0$ 주변으로 상향 변환 됨을 알 수 있다. 특히 그림 8.82에서 보인 것처럼, $i_n(t)$의 $1/f$ 잡음 성분은 전달함수 $[K_{VCO}/(2g_m)](1/s)$에 의해 다음 위상 잡음으로 변환된다.

$$S_{\phi n}(f) = \left( \frac{K_{VCO}}{2g_m} \frac{1}{2\pi f} \right)^2 \frac{\alpha}{f}. \tag{8.158}$$

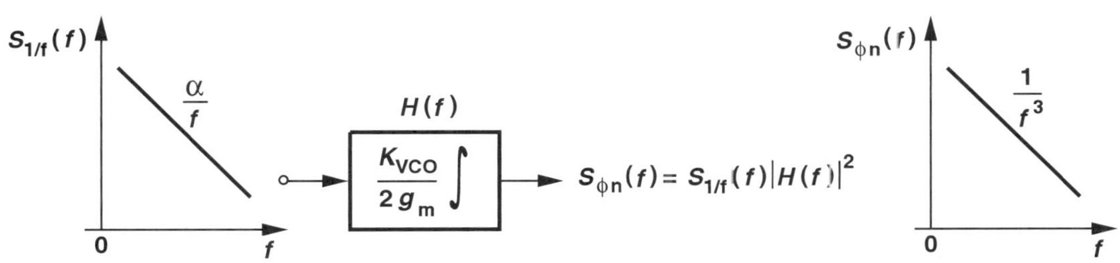


**그림 8.82** *바이어스 전류의 위상 잡음 변환에 대한 등가 전달 함수*

**AM/PM 변환** 지금까지 우리가 살펴본 것을 요약해 보자. 테일 바이어스 발진기에서(그리고 탑 바이어스 발진기에서), 영 주파수 부근의 잡음은 진폭 변조를 유발하고 $\omega_0$의 짝수차 고조파 근처의 잡음은 위상 잡음을 유발시킨다. [탑 바이어스 발진기에서는 전류원의 저주파 잡

음이 또한 출력 CM 레벨을 변조시키며 위상 잡음을 유발한다(예제 8.16).]

바이어스 전류 잡음에 의한 진폭 변조는 탱크의 비선형 커패시턴스에 의해 위상 잡음으로 변환된다[13, 14]. 이해를 돕기 위해 2장에서 학습한 AM/PM 변조로 돌아가서 다음을 살펴보자. 바랙터 커패시턴스가 시간에 따라 주기적으로 변하기 때문에 푸리에 급수로 표현될 수 있다:

$$C_{var} = C_{avg} + \sum_{n=1}^{\infty} a_n \cos n\omega_0 t + \sum_{n=1}^{\infty} b_n \sin n\omega_0 t, \tag{8.159}$$

여기서 $C_{avg}$는 'dc' 값을 나타낸다. 만약 회로의 잡음이 $C_{avg}$를 변조 한다면, 발진 주파수와 위상 또한 변조된다. 따라서 어떤 조건에서 테일 잡음, 즉 출력 AM 잡음이 $C_{avg}$를 변조하는지 결정해야 한다.

그림 8.83(a)의 탱크를 고려하고, 먼저 $C_1$의 전압에 따른 특성이 수직축에 대해 기대칭성(odd-symmetric)을 가진다고 가정하자[예를 들어, $C_1 = C_0(1 + \alpha V)$]. 이 경우 커패시턴스가 $C_0$의 위와 아래에서 동일한 시간을 보내기 때문에 $C_{avg}$는 신호의 진폭에 무관하다[그림 8.83(b)]. 따라서 평균 탱크 공진 주파수는 일정하고 위상 변조가 일어나지 않는다.

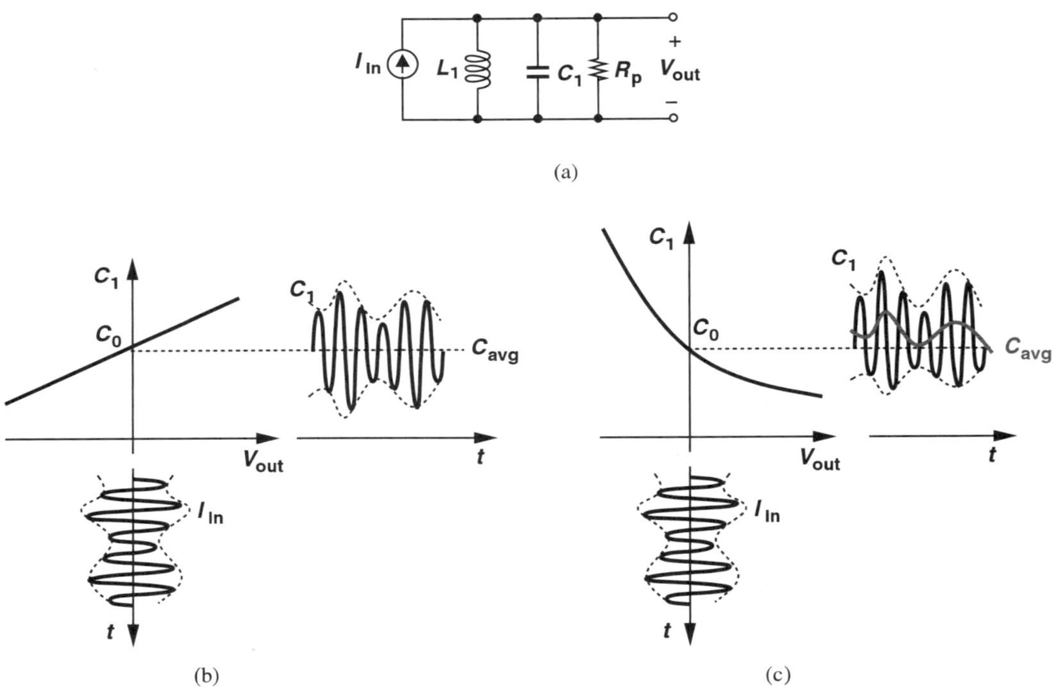


**그림 8.83** *(a) RF 전류원에 의해 구동되는 탱크, (b) 수직축 주위로 대칭인 C/V 특성에서 평균 커패시턴스에 대한 AM의 영향, (c) 수직축 주위로 비대칭인 C/V 특성에서 평균 커패시턴스에 대한 AM의 영향*

만약 $C_1$이 *우수 차수*(*even-order*) 전압 의존성(예를 들어 $C_1 = C_C(1 + \alpha_1 V + \alpha_2 V^2)$을 보일 경우 다른 결과를 얻게 된다. 이제 양이나 음의 전압에 대해 커패시턴스는 더 급격하게 변하게 되고, 평균값은 전류 진폭에 의존하게 된다[그림 8.83(c)]. 따라서 이러한 탱크를 사용한 발진기에서, 느린 진폭 변조는 탱크의 공진 주파수와 발진 주파수를 변화시킨다. 참고문헌 [13]은 저주파수 바이어스 전류 잡음에 의한 위상 잡음의 계산을 보여준다. 단순화된 경우에 대해 문제 8.13에서 살펴보기로 한다.

그림 8.35의 테일 전류는 다음 세 가지 개별적인 메커니즘을 통해 위상 잡음을 유발한다: (1) 플리커 잡음이 출력 CM 레벨과 바랙터를 변조한다; (2) 플리커 잡음이 출력에 AM을 유발하고 AM/PM 변환에 의해 위상 잡음이 유발된다; (3) $2\omega_0$의 열잡음은 위상 잡음을 유발한다.

### 8.7.6 VCO의 성능지수 Figures of Merit of VCOs

이 장에서 우리는 VCO의 위상 잡음, 전력 소모, 튜닝 범위 사이의 절충관계를 중점적으로 학습하고 있다. 예를 들어, 7장에서 설명한 것처럼, 바랙터는 커패시턴스와 $Q$ 사이의 절충관계로 어려움을 겪게 된다. 리슨의 공식 (8.107)로부터, 만약 $Q$가 비례해서 증가하지 않으면 위상 잡음은 주파수에 따라 증가하게 된다.

이 절충관계를 요약하는 성능지수(figure of merit, FOM)는 다음과 같이 정의된다.

$$\mathrm{FOM}_1 = \frac{(\text{Oscillation Frequency})^2}{\text{Power Dissipation} \times \text{Phase Noise} \times (\text{Offset Frequency})^2}, \tag{8.160}$$

여기서 측정 오프셋 주파수의 제곱을 곱해 위상 잡음을 정규화를 하였다. 이 표현식의 위상 잡음(캐리어 전력에 정규화 된 잡음 전력) 단위에 주의해야 한다. 소모 전력과 위상 잡음의 곱의 단위는 W/Hz가 된다. 추가적으로 튜닝 범위와의 절충 관계를 포함하는 또 다른 FOM은 다음과 같다.

$$\mathrm{FOM}_2 = \frac{(\text{Oscillation Frequency})^2}{\text{Power Dissipation} \times \text{Phase Noise} \times (\text{Offset Frequency})^2} \times \left(\frac{\text{Tuning Range}}{\text{Oscillation Frequency}}\right)^2. \tag{8.161}$$

최고 수준의 수 GHz 범위의 CMOS VCO의 경우 190 dB 부근의 $\mathrm{FOM}_2$를 갖는다. 일반적으로 위 표현식에서 위상 잡음은 최악의 경우값을 사용하는데, 보통 가장 높은 주파수에서 발생하게 된다. FOM은 VCO가 구동하는 부하를 고려하지 않는다.

## 8.8 설계 절차 Design Procedure

튜닝 기법과 위상 잡음의 학습에 이어서, 이제 LC VCO 설계과정을 기술해 보자. 그림 8.25(a)의 구조에 초점을 맞추고, 다음 파라미터가 주어졌다고 가정하자: 중심 주파수 $\omega_0$, 출력 전압 스윙, 전력 소모, 부하 커패시턴스 $C_L$. 이 중 일부 파라미터를 알 수 없다면 적절한 값을 선정한 후, 필요하다면 반복(iteration)하는 것이 도움이 된다. 물론 출력 스윙은 트랜지스터에 스트레스를 가하지 않도록 선정되어야 한다.

설계 과정은 6단계로 구성된다:

1. 소모 전력 버짓(budget)과 최대 허용 $I_{SS}$에 기반해, 요구되는 전압 스윙 $(4/\pi)I_{SS}R_p$를 얻을 수 있도록 탱크 병렬 저항 $R_p$를 선정한다.
2. $\omega_0$에서 $R_p$를 얻기 위한 *최소의*(*smallest*) 인덕터를 선정한다. 즉 $Q = R_p/(L\omega_0)$가 최대인 인덕터를 찾는다. 물론 이것은 사용 공정의 구체적인 인덕터의 모델링과 특성에 의존하게 된다(7장). 인덕터에 의해 각 노드에 $C_p$의 커패시턴스가 추가된다.
3. 주어진 전압 스윙에서 $M_1$과 $M_2$가 거의 완전히 스위칭 될 수 있도록 그 크기를 결정하라. 커패시턴스의 영향을 최소화하기 위하여 트랜지스터의 채널 길이는 최소로 한다.
4. 각 출력 노드에서 트랜지스터, 인덕터, 부하 커패시턴스를 합하면 $C_{GS} + 4C_{GD} + C_{DB} + C_p + C_L$이 된다. 튜닝 범위의 하한 주파수 $\omega_{min}$(예를 들면, $\omega_{min} = 0.9\omega_0$)를 얻기 위한 *최대* 바랙터 커패시턴스를 계산한다.

$$\frac{1}{\sqrt{L_0(C_{GS} + 4C_{GD} + C_{DB} + C_p + C_L + C_{var,max})}} \approx 0.9\omega_0. \tag{8.162}$$

5. 적절한 바랙터 모델을 사용하여 바랙터의 최소 커패시턴스 $C_{var,min}$을 결정하고 튜닝 범위의 상한을 계산한다.

$$\omega_{max} = \frac{1}{\sqrt{L_0(C_{GS} + 4C_{GD} + C_{DB} + C_p + C_L + C_{var,min})}}. \tag{8.163}$$

6. 만약 $\omega_{max}$가 필요 이상으로 높다면 식 (8.162)의 $C_{var,max}$를 증가시켜 튜닝 범위의 중심을 $\omega_0$ 주변으로 맞춘다.

위의 과정을 통해 주어진 $\omega_0$, 출력 스윙, 소모 전력, $C_L$에 대해서 *최대* 튜닝 범위를 갖는 설계를 얻을 수 있다. 만약 바랙터의 $Q$가 충분히 크다면 탱크의 $Q$도 큰 값을 갖게 된다. 이 시점에서 튜닝 범위내의 다른 주파수에 대한 위상 잡음을 계산하거나 시뮬레이션을 수행한다. 만약 $\omega_{min}$ 혹은 $\omega_{max}$에서 위상 잡음이 크게 증가한다면, 튜닝 범위를 줄여야 하고, 여전히 과도하게 크다면 소모 전력 버짓을 증가시켜 계산을 반복해야 한다. 낮은 위상 잡음이 요구되는 응용에서, 원하는 성능을 얻기 위해, 많은 다른 종류의 VCO 구조를 설계하고 시뮬레이션을 수행해야 한다.

우리는 13장에서 11a/g 응용을 위한 12-GHz VCO의 상세한 설계를 수행한다.

**예제 8.38** RF Microelecronics

만약 그림 8.25(a)의 VCO 구조에 대해 허용되는 소모 전력이 두 배로 증가된다면, 위상 잡음은 얼마나 감소하게 되는가?

**풀이:**

파워 버짓을 두 배로 증가시키는 것은 (a) 두 개의 발진기를 병렬로 연결하거나 [그림 8.84(a)] 혹은 (b) 발진기의 모든 성분을 두 배로 스케일링 하는 것으로 볼 수 있다. 이 시나리오에서 출력 전압의 스윙과 튜닝 범위는 변하지 않지만(왜?), 위상 잡음 전력은 반으로 (3dB) 떨어지게 된다. 이것은 식 (8.124)에서 $R_p$가 2배가 되고 $I_{SS}^2$가 4배가 되었기 때문이다.

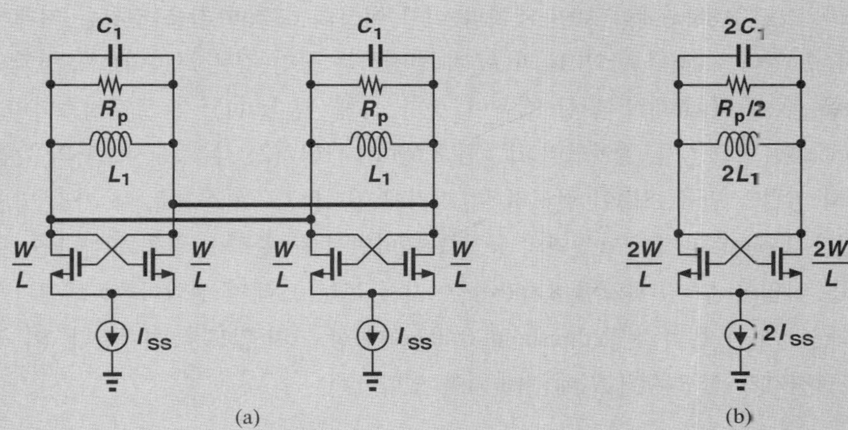


**그림 8.84** *(a) 두 개의 인스턴스(instance)의 병렬 배치와 (b) 각 성분의 스케일링(scaling)에 의한 발진기의 스케일링*

## 8.8.1 저잡음 VCO Low-Noise VCOs

지금까지 우리는 위상 잡음, 전력 소모, 튜닝 범위 사이의 절충관계를 완화시키기 위해 많은 노력을 기울였다. 이 절에서 우리는 몇 가지 예시를 학습한다.

플리커 잡음으로 인한 위상 잡음을 낮추기 위해 NMOS 소자 대신 PMOS 소자를 사용해 일반적인 상호결합 발진기를 구현할 수 있다. 그림 8.25(a)와 8.30(a)의 회로를 PMOS로 구현하면 그림 8.85와 같다. PMOS 소자의 경우 플리커 잡음이 상당히 작기 때문에, 인접(close-in) 위상 잡음은 일반적으로 5 ~ 10 dB 낮게 된다. 이 구조는 속도가 제한되는 주요한 단점을 가지고 있지만, 수 십 GHz 이상의 주파수에서만 문제가 된다.

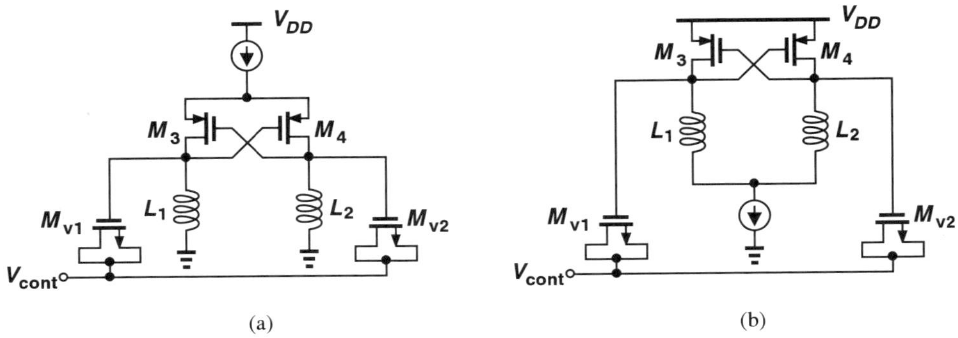


**그림 8.85** *(a) 테일 바이어스(tail-bias)와 (b) 바텀 바이어스(bottom-bias)를 가진 PMOS 발진기*

8.7.5절에서 설명한 것처럼 $2\omega_0$에서 테일 전류원의 잡음 전류는 $\omega_0$ 주변의 위상 잡음으로 천이된다. 그림 8.86(a)에서 보인 것처럼 이차 이상의 고조파 잡음 전류는 커패시터에 의해 제거 될 수 있다. 그러나 만약 $M_1$과 $M_2$가 발진하는 동안 깊은 트라이오드 영역으로 들어간다면 다음 두 가지 효과로 위상 잡음이 증가 하게 된다: (1) 각 트랜지스터의 온 저항(on-resistance)이 탱크 $Q$를 떨어뜨리고[그림 8.69(a)] [16], (2) 각 트랜지스터의 잡음에 대한 출력 위상의 임펄스 반응(ISF)이 현저히 더 커지게 된다[17]. 이 문제는 두 가지 방법으로 해결될 수 있다. 만약 트라이오드 영역의 동작을 피하면서 큰 출력 스윙을 원한다면, 루프에 용량성 결합을 삽입할 수 있다[그림 8.86(b)]. 여기서 $V_b$는 드레인 전압이 각 트랜지스터 게이트의 피크 전압 보다 문턱 전압(threshold voltage) 이상 크지 않도록 선택된다. 이 구조와 유사한 C급 발진기가 참고문헌[17]에 기술되어 있다.

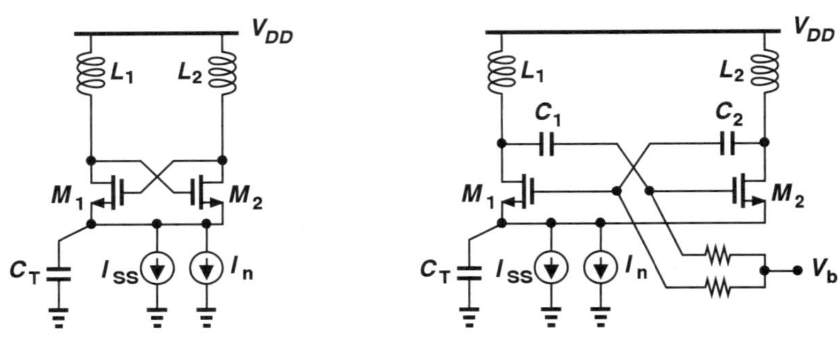


**그림 8.86** *(a) 커패시터를 이용한 테일 잡음의 션트(shunt), (b) 깊은 트라이오드 영역의 동작을 막기 위한 ac 결합 사용*

### 예제 8.39

RF Microelecronics

만약 트랜지스터의 커패시턴스와 함께 $C_1$과 $C_2$가 스윙을 절반으로 감쇠시킨다면 트랜지스터가 포화영역에서 동작하기 위해 필요한 $V_b$의 값을 결정하라.

**풀이:**

그림 8.87은 게이트와 드레인 파형을 보여 준다. 트랜지스터가 포화 영역에서 동작하기 위해서,

$$\frac{V_p}{2} + V_b - (V_{DD} - V_p) \leq V_{TH} \tag{8.164}$$

따라서,

$$V_b \leq V_{DD} - \frac{3V_p}{2} + V_{TH}. \tag{8.165}$$

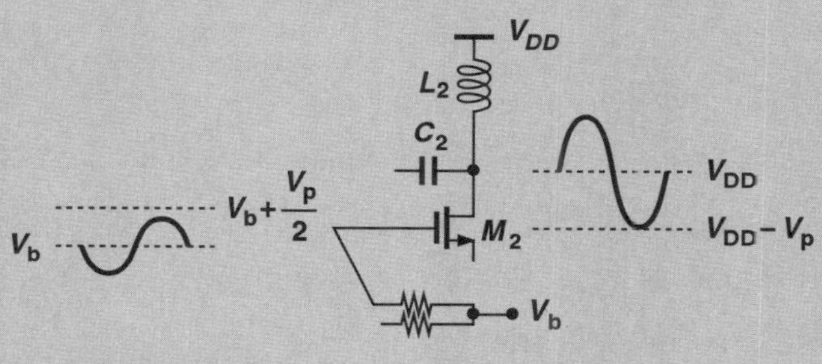


**그림 8.87** *용량성 결합에 의한 게이트와 드레인의 스윙*

그림 8.86(b)에서 바이어스 전압 $V_b$는 상호결합 트랜지스터에 충분한 $V_{GS}$를 공급하고 테일 전류원에 대해 헤드룸(headroom)을 가질 수 있도록 충분히 높아야 한다. 결과적으로 출력 스윙은 여전히 심각하게 제한된다. 문제 8.14에서 우리는 피크 스윙이 대략 $V_{DD} - 2(V_{GS} - V_{TH})$를 넘지 않는 것을 보인다. 이것은 용량성 감쇠가 매우 커서 게이트 스윙을 무시할 수 있을 때 성립하며 큰 $g_m$이 요구된다.

두 번째 접근 방식은 그림 8.86(a)의 $M_1$과 $M_2$가 트라이오드 영역에 들어가는 것을 허용하지만 $2\omega_0$에서 테일 커패시턴스의 영향을 제거한다. 그림 8.88[16]에서 보인 것처럼, 아이디어는 테일 노드와 직렬로 인덕터 $L_T$를 삽입하고, $C_B$와 $2\omega_0$에서 공진할 수 있도록 그 값을 선택하는 것이다. 그림 8.86(b)와 비교할 때 이 구조는 스윙이 크다는 장점을 가진다. 단점은 추가적인 인덕터가 필요하다는 것과 광대역(broadband) 동작에 대한 테일 튜닝이 필요하다는 것이다.

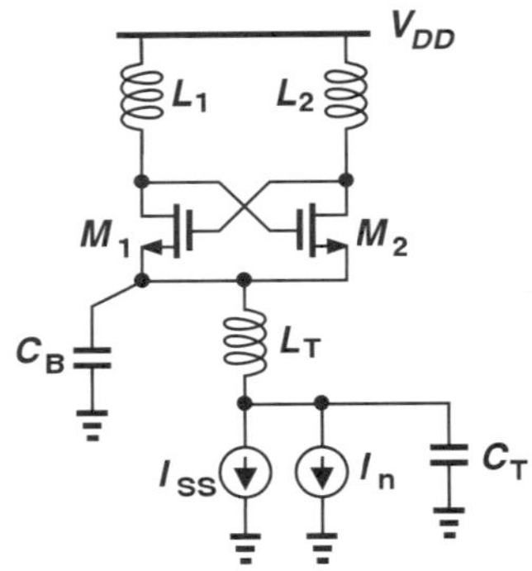


**그림 8.88** *깊은 트라이오드(deep triode) 영역에서 Q의 열화를 피하기 위한 테일 공진의 이용*

**예제 8.40** RF Microelecronics

만약 공급 전원이 고주파 잡음을 포함하고 있다면, 그림 8.88에 보인 회로의 동작을 설명하라.

**풀이:**

커패시터 $C_B$는 회로의 고주파 공통모드 제거(common-mode rejection) 특성을 열화 시킨다. 이 이슈는 $C_B$를 $V_{DD}$에 연결하면 부분적으로 해결될 수 있다(그림 8.89). 이제 고주파수에서 노드 $P$가 $C_B$에 의해 $V_{DD}$로 부트스트랩핑(bootstrapping) 된다. 물론 $C_B$가 테일 노드의 기생 성분에 의해 발생한 것이라면 이 방법을 적용할 수 없다.

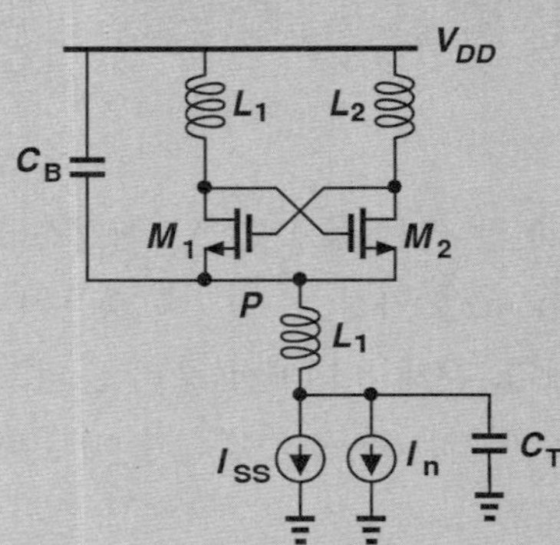


**그림 8.89** *공급 전원 잡음 제거 특성 향상을 위한 커패시터의 연결*

## 8.9 LO 인터페이스 LO Interface

일반적으로 RF 시스템에서 각각의 발진기는 믹서와 주파수 분주기(frequency divider)에 연결되어, 그 입력 커패시턴스를 구동하게 된다. 또한 LO 출력의 공통모드 레벨은 이 회로들의 입력 CM 레벨과 일치해야 한다. 여기서는 이러한 일치성(compatibility)에 대해 살펴보기로 하자.

이 장에서 학습한 발진기의 출력 CM 레벨은 대략 $V_{DD}$, $V_{DD}/2$, 혹은 0[그림 8.85(a)의 PMOS 발진기] 근처이다. 한편 6장에서 학습한 믹서의 CM 레벨은 능동 NMOS 구조의 경우 $V_{DD}/2$ 보다 다소 높고 수동 NMOS(PMOS) 구조의 경우 $V_{DD}$(영) 부근의 값을 갖는다. 그림 8.90은 몇몇 LO/믹서 조합을 보여주며, 이중 일부에서만 DC 결합이 가능한 것을 알 수 있다.

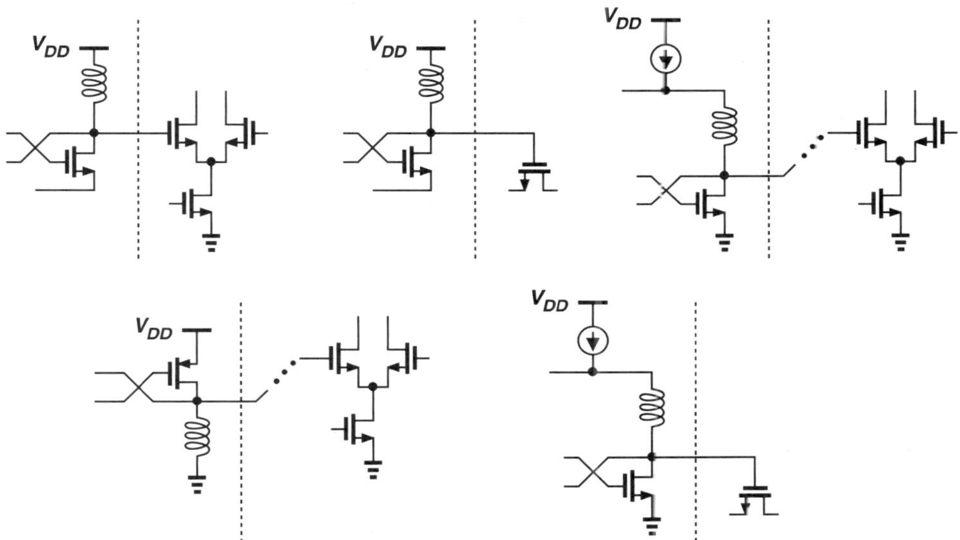


**그림 8.90** *LO/믹서 인터페이스의 예*

CM 일치를 위한 두 가지 접근 방식을 고려해 보자. 그림 8.91(a)의 첫 번째 방식은 용량성 결합을 사용하고, $M_1$과 $M_2$가 LO 스윙의 피크에서 트라이오드 영역으로 들어가지 않도록 $V_b$를 선택한다. 저항 $R_1$은 발진기 탱크의 $Q$에 거의 영향을 주지 않도록 충분히 커야 한다. 커패시터 $C_1$은 현저한 LO 감쇠를 피하기 위해 $C_{in}$의 5 ~ 10배로 선택된다. 능동 믹서는 일반적으로 큰 LO 스윙을 필요로 하지 않는 반면 발진기의 출력은 위상 잡음을 감소시키기 위해 매우 커야 한다. 따라서 $C_1$을 조정해 LO의 진폭을 *감쇠*(*attenuate*)시킬 수 있다. 예를 들어, 만약 $C_1 = C_{in}$이면 감쇠 계수는 2가 *되고* LO에 걸리는 커패시턴스는 $C_1C_{in}/(C_1 + C_{in}) = C_{in}/2$로 줄게 된다. 이것은 능동 믹서(active mixer)의 유용한 특징이다.

두 번째 접근 방식에서는 LO와 믹서 사이에 버퍼(buffer)를 넣어서 CM 레벨을 일치시킨다. 실제로 믹서의 입력 커패시턴스로 인해 LO에 과도하게 부하가 걸리거나, 레이아웃(layout)에 긴 손실이 있는 상호연결(interconnect)이 LO와 믹서 사이에 위치하는 경우 버퍼는

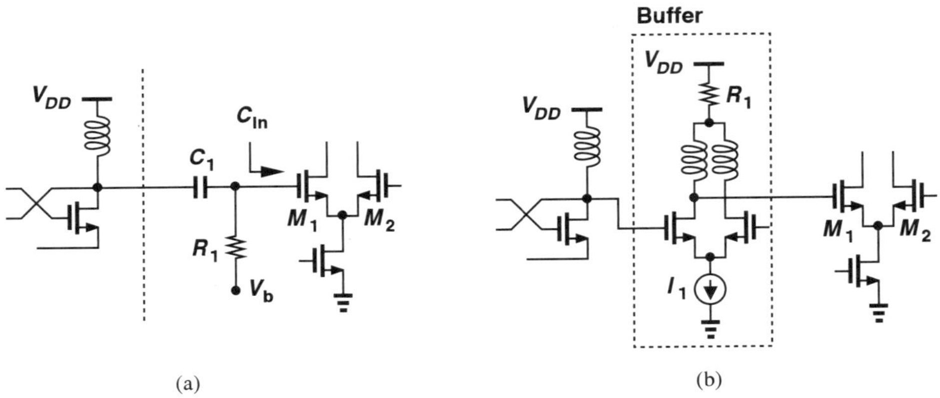


**그림 8.91** *(a) 용량성 결합, (b) LO와 믹서 사이의 버퍼*

필수적이다. 그림 8.91(b)은 예시를 보여 주는데, 유도부하를 가진 차동쌍이 버퍼로 동작하며 CM 레벨은 $V_{DD} - I_1R_1$이다. 믹서의 LO 단자에 맞게 이 값을 선택할 수 있다. 이 방법은 추가적인 인덕터가 요구되는 단점을 가지며, 결과적으로 레이아웃이 복잡해진다.

발진기와 주파수 분주기 사이의 인터페이스에 유사한 고찰을 적용할 수 있다. 예를 들어, 그림 8.92(a)에서 전류 조향 트랜지스터 $M_1$과 $M_2$가 깊은 트라이오드 영역에 들어가는 것을 막기 위해서 분주기의 입력 CM 레벨은 $V_{DD}$ 이하로 유지되어야 한다(10장). 다른 예로, 일부 분주기의 경우 레일투레일(rail-to-rail) 입력[그림 8.92(b)]과 용량성 결합이 사용된다.

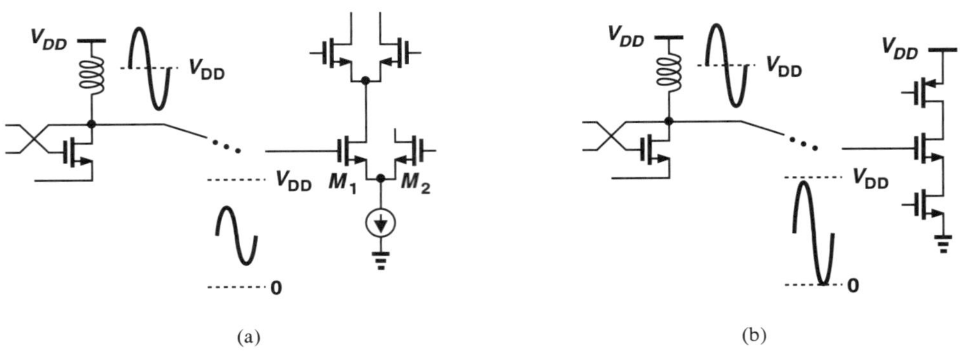


**그림 8.92** *(a) 전류 조향(current-steering)과 (b) 레일투레일(rail-to-rail) 동작을 위한 LO/분주기 인터페이스*

## 8.10 VCO의 수학적 모델 Mathematical Model of VCOs

8.5절의 전압제어 발진기의 정의에 의하면 출력 주파수와 제어전압의 관계는 선형 정적식(linear static equation) $\omega_{out} = \omega_0 + K_{VCO}V_{cont}$에 의해 정의된다. 그러나 시간 영역에서 출력

을 어떻게 표현할 수 있을까? 이를 위해 주파수와 위상에 대한 이해를 다시 한 번 점검해 보기로 한다.

### 예제 8.41

RF Microelecronics

$V_1(t) = V_0 \sin\omega_1 t$와 $V_2(t) = V_0 \sin(at^2)$에 대한 파형을 도시하라.

**풀이:**

파형을 정확히 그리기 위해 사인(sine) 함수의 인자(argument)가 $\pi$의 정수배가 되는 순간을 결정해야 한다. $V_1(t)$에 대해서 인자 $\omega_1 t$는 시간적으로 선형으로 증가하고 $t = \pi k/\omega_1$에서 $k\pi$를 지난다[그림 8.93(a)]. 한편 $V_2$의 경우 인자는 시간에 대해 더 빨리 증가하며, $k\pi$를 더 빈번하게 지나게 된다. 따라서 $V_2(t)$는 그림 8.93(b)와 같이 나타난다.

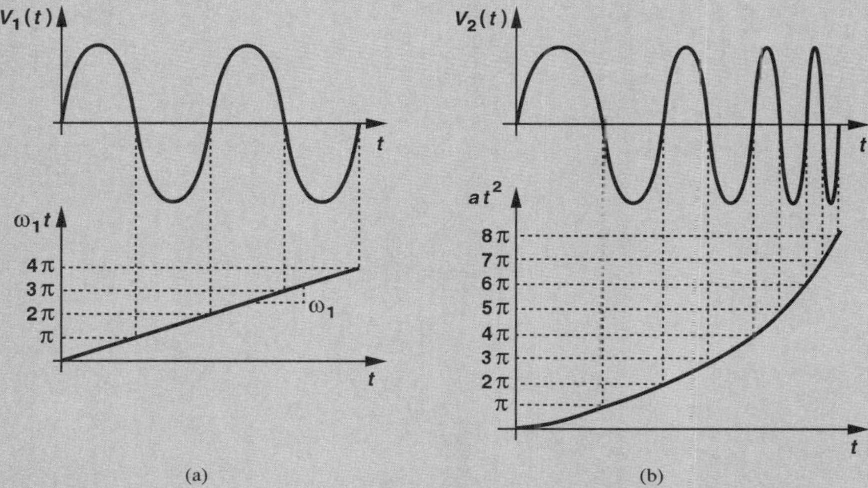


**그림 8.93** *시간에 따른 위상의 (a) 선형(linear) 및 (b) 이차 성장(quadratic growth)*

### 예제 8.42

RF Microelecronics

한 학생이 고정 주파수 $\omega_1$의 정현파는 $V_0\cos\omega_1 t$로 표현되기 때문에 VCO의 출력 파형은 다음과 같이 표현된다고 추측했다.

$$V_{out}(t) = V_0 \cos \omega_{out} t \tag{8.166}$$

$$= V_0 \cos(\omega_0 + K_{VCO}V_{cont})t. \tag{8.167}$$

왜 이것이 틀렸는지 설명하라.

(*계속*)

## 예제 8.42 (계속)

RF Microelecronics

**풀이:**

예를 들어, $V_{cont} = V_m \sin\omega_m t$, 즉 발진기의 주파수가 주기적으로 변조된다고 가정하자. 직관적으로 그림 8.94(a)의 주파수가 $\omega_0 + K_{VCO}V_m$과 $\omega_0 - K_{VCO}V_m$ 사이를 주기적으로 스윙하는, 즉, '피크 편차(peak deviation)'가 $\pm K_{VCO}V_m$인 출력 파형을 예상할 수 있다. 그러나 학생의 표현식에 의하면,

$$V_{out}(t) = V_0 \cos[\omega_0 t + K_{VCO}V_m(\sin\omega_m t)t]. \tag{8.168}$$

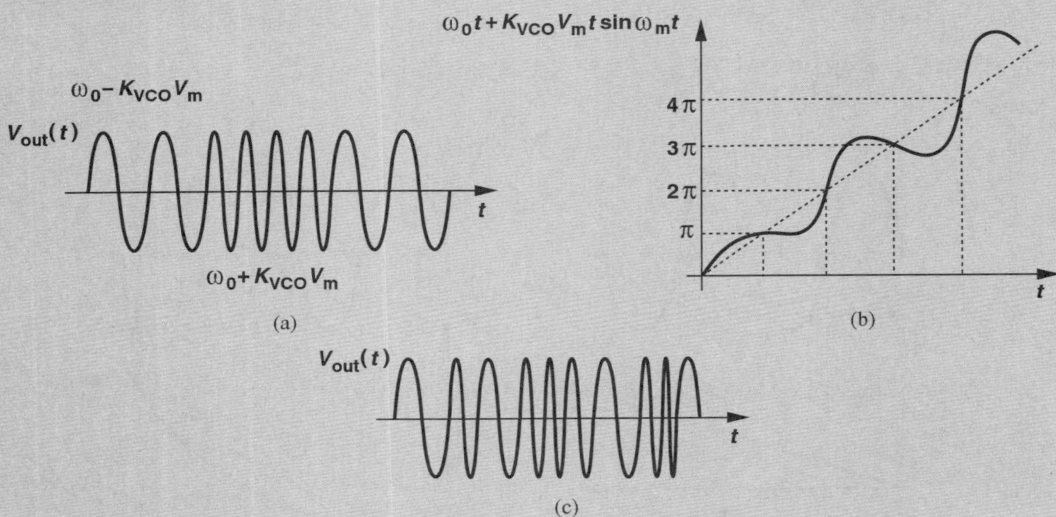


**그림 8.94** *(a) 주파수 변조 정현파, (b) 잘못된 위상의 정의, (c) 대응되는 출력 파형*

이 파형을 그려 보자. 예제 8.41과 마찬가지로 인자가 $\pi$의 정수배를 통과하는 시점을 찾아야 한다. 인자의 두 번째 항은 성장하는 진폭을 나타내며, 전체 인자는 그림 8.94(b)와 같고 수평선들은 $k\pi$에 대응한다. 위상 선도에서 각 수평선의 교차점은 $V_{out}(t)$의 영점 교차점을 나타내고 있다. 따라서 $V_{out}(t)$는 그림 8.94(c)와 같다. 여기서 핵심은 VCO 주파수가 주기적으로 변조되지 않는다는 것이다.

이제 변조되지 않은 정현파 $V_1(t) = V_0 \sin\omega_1 t$를 고려해 보자. '전체 위상'으로 불리는 정현파의 인자 $\omega_1$t는 이 경우 시간에 따라 선형적으로 변하며 $\omega_1$의 기울기를 가진다[그림 8.93(a)]. 우리는 위상이 $\omega_1$의 비율로 '축적(accumulation)' 된다고 이야기 한다. 바꿔 말하면, 만약 $\omega_1$이 $\omega_2$로 증가 된다면 위상이 더 빨리 축적되고 $\pi$의 정수배를 지나는 비율이 증가하게 된다. 따라서 주파수를 위상의 미분으로 정의하는 것은 타당하다:

$$\omega = \frac{d\phi}{dt}. \tag{8.169}$$

다시 쓰면,

$$\phi = \int \omega dt + \phi_0. \tag{8.170}$$

일반적으로 초기 위상 $\phi_0$는 중요하지 않으며 지금부터 0으로 가정한다. VCO의 출력 주파수는 $\omega_0 + K_{VCO}V_{cont}$로 주어지기 때문에 출력 파형은 다음과 같다.

$$V_{out}(t) = V_0 \cos\left(\int \omega_{out} dt\right) \tag{8.171}$$

$$= V_0 \cos\left(\omega_0 t + K_{VCO}\int V_{cont} dt\right). \tag{8.172}$$

이 결과를 3장의 결과와 비교하면 VCO는 단순히 주파수 변조기 임을 알 수 있다. 예를 들어, 협대역 FM 근사는 여기서도 성립한다. 식 (8.167)과 (8.172)의 차이에 유의하라.

### 예제 8.43

RF Microelecronics

VCO의 제어전압에 작은 사각파 왜란(disturbance)이 가해지고 있다. 출력 스펙트럼을 결정하라.

**풀이:**

만약 사각파가 $-a$와 $+a$ 사이를 토글(toggle) 한다면 주파수는 $\omega_0 - K_{VCO}a$와 $\omega_0 + K_{VCO}a$ [그림 8.95(a)] 사이를 토글 하게 된다. 스펙트럼을 계산하기 위하여 사각파를 푸리에 급수로 전개하면,

$$V_{cont}(t) = a\left(\frac{4}{\pi}\cos\omega_m t - \frac{1}{3}\frac{4}{\pi}\cos 3\omega_m t + \cdots\right), \tag{8.173}$$

따라서,

$$V_{out}(t) = V_0 \cos\left[\omega_0 t - K_{VCO}a\left(\frac{1}{\omega_m}\frac{4}{\pi}\sin\omega_m t - \frac{1}{9\omega_m}\frac{4}{\pi}\sin 3\omega_m t + \cdots\right)\right]. \tag{8.174}$$

만약 $4K_{VCO}a/(\pi\omega_m) \ll 1$이면 협대역 FM 근사를 적용할 수 있다:

$$V_{out}(t) \approx V_0 \cos\omega_0 t + \left[K_{VCO}a\left(\frac{1}{\omega_m}\frac{4}{\pi}\sin\omega_m t - \frac{1}{9\omega_m}\frac{4}{\pi}\sin 3\omega_m t + \cdots\right)\right] V_0 \sin\omega_0 t. \tag{8.175}$$

(계속)

예제 8.43 (계속) RF Microelecronics

그림 8.95(b)에 그려진 스펙트럼은 $\omega_0$에 캐리어를, $\omega_0 \pm \omega_m$, $\omega_0 \pm 3\omega_m$ 등에서 측대파(sideband)를 갖는다.

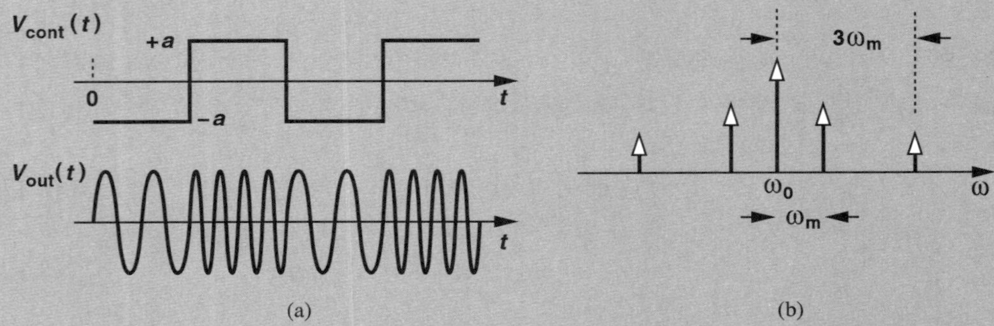


**그림 8.95** *(a) 사각파에 의한 주파수 변조, (b) 결과 스펙트럼*

위상 동기 주파수 합성기의 분석에서(10장), 우리는 식 (8.172)의 두 번째 항만을 고려한다. '초과 위상(excess phase, 또는 과도 위상)'로 불리는 이 항은 VCO의 *적분기(integrator)* 동작을 나타낸다. 바꿔 말하면, VCO의 출력에서 초과 위상 $\phi_{ex}$는 다음과 같이 표현될 수 있다.

$$\phi_{ex} = K_{VCO} \int V_{cont} dt \tag{8.176}$$

따라서,

$$\frac{\phi_{ex}}{V_{cont}}(s) = \frac{K_{VCO}}{s}. \tag{8.177}$$

여기서 VCO의 출력 *주파수*는 $V_{cont}$에 변화에 의해 (거의) 순간적으로 변하는 반면 VCO의 출력 *위상*은 변하는 데 시간이 걸리며 과거를 '기억한다(remember)'.

## 8.11 직교신호 발진기 Quadrature Oscillators

4장에서 학습한 송수신기 구조에서, 하향 변환과 상향 변환을 위해 직교 LO 위상이 필요한 것을 알 수 있었다. 플립플롭(flip-flop)에 기반한 2분배(divide-by-two) 회로도 직교 위상을 발생할 수 있지만, 최대 LO 주파수에 제한이 있다. 분주기가 충분한 속도를 제공하지 못하는 응용의 경우, 대신 다상필터(polyphase filter)나 직교신호 발진기(quadrature oscillator)를 사용할 수 있다. 이 절에서는 우리는 직교신호 발진기를 학습하게 된다.

### 8.11.1 기본 개념 Basic Concepts

두 개의 동일한 발진기는 직교 위상차를 갖도록 '결합(coupling)'될 수 있다. 다라서 발진기에 신호를 결합[혹은 주입(injection)]시키는 개념으로부터 학습을 시작해 보자. 그림 8.96은 예를 보여 주는데, 입력 전압이 전류로 변환되어 발진기로 주입된다. 상호결합 쌍은 탱크로 들어가는 전류를 조향(steering)하고 주입하는 회로로 볼 수 있기 때문에 차동쌍은 결합(coupling)을 위한 자연스러운 방법이 된다. 만약 두 쌍이 각각의 테일 전류를 완전히 조향(steering) 한다면, '결합 계수(coupling factor)'는 $I_1/I_{SS}$가 된다.[10] 또한 이 구조는 아주 작은 발진기 신호가 입력으로 결합되기 때문에 '단방향(unilateral)' 결합의 전형적인 예를 보여준다. 반대로 $V_{in}$과 발진기 노드 사이에 커패시터가 연결되면 '양방향(bilateral)' 결합이 된다.

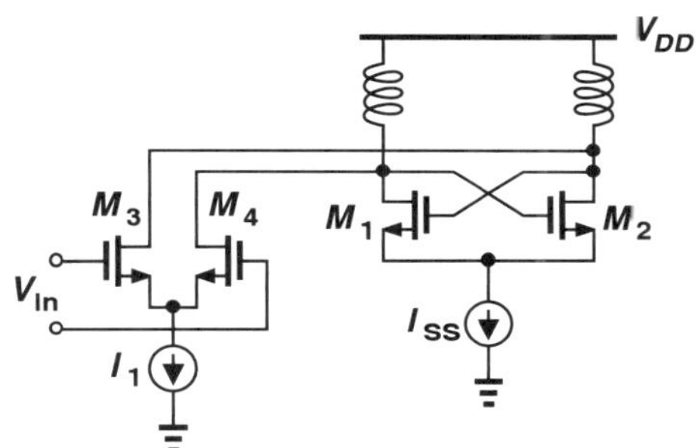


**그림 8.96** *발진기로의 단방향 주입(unilateral injection)*

이제 단방향으로 결합된 두 개의 동일한 발진기를 고려해 보자. 그림 8.97은 '동위상(in-phase)'과 '역위상(anti-phase)'의 두 가지 가능한 결합을 보여준다. 전자는 동일 부호의 결합 계수를 가지며, 후자는 반대 부호를 갖는다. 우리는 발진기의 피드백 모델과 1단자 모델을 모두 사용하여 이 구조를 분석한다. 이 장의 전반부에서 기술한 튜닝 기법은 이 구조에도 적용될 수 있다.

**피드백 모델(Feedback Model)** 그림 8.97의 회로는 그림 8.98의 두 결합된 피드백 발진기로 매핑(mapping)될 수 있다. 여기서 $|\alpha_1| = |\alpha_2|$이고 $\alpha_1\alpha_2$의 부호가 동위상(in-phase) 혹은 역위상(anti-phase) 결합을 결정한다[18]. 위쪽 가산기의 출력은 $\alpha_1 Y - X$가 되고, 따라서,

$$X = (\alpha_1 Y - X)H(s). \tag{8.178}$$

유사하게 아래쪽 발진기에 대해,

$$Y = (\alpha_2 X - Y)H(s). \tag{8.179}$$

10. 이 회로에서 우리는 일반적으로 트랜지스터 폭을 바이어스 전류에 비례하도록 스케일링(scaling)한다; 따라서 $g_{m3,4}/g_{m1,2} = I_1/I_{SS}$가 된다. 소신호 분석에 대해서, 결합 계수는 $g_{m3,4}/g_{m1,2}$와 같다.

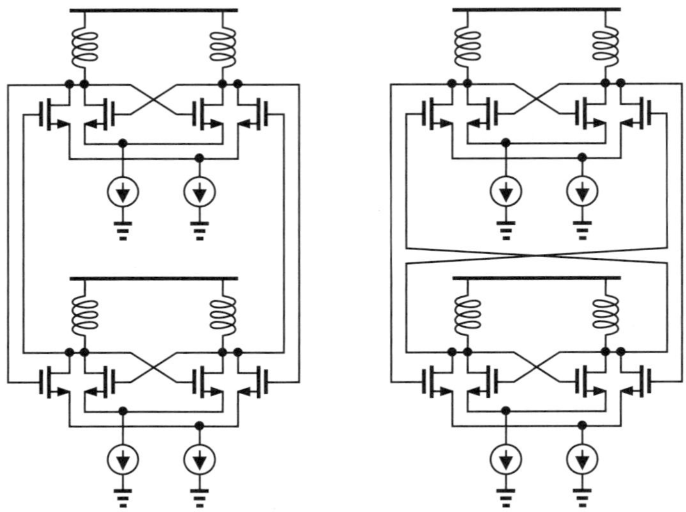

(a) (b)

**그림 8.97** *두 발진기의 동위상(in-phase) 및 역위상(anti-phase) 결합*

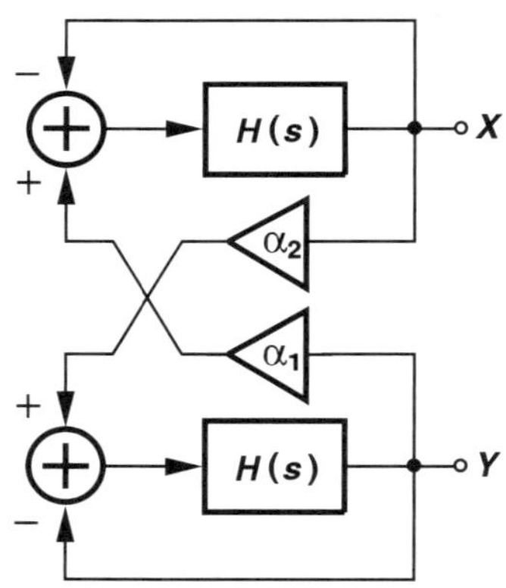


**그림 8.98** *직교신호 발진기의 피드백 모델*

식 (8.178)의 양변에 $\alpha_2 X$를, 식 (8.179)의 양변에 $\alpha_1 Y$를 곱해서 그 결과를 빼면 다음 식을 얻는다.

$$\left(\alpha_2 X^2 - \alpha_1 Y^2\right)[1 + H(s)] = 0. \tag{8.180}$$

아래에서 설명에 따르면 발진 주파수에서 $1 + H(s) \neq 0$이고, 따라서,

$$\alpha_2 X^2 = \alpha_1 Y^2. \tag{8.181}$$

만약 $\alpha_1 = \alpha_2$(동위상 결합)이면 $X = \pm Y$가 되어 두 발진기는 영 혹은 180° 위상차로 동작하

게 된다.

## 예제 8.44

RF Microelecronics

$\alpha_1 = \alpha_2$인 경우 바크하우젠 판별식을 적용하면 왜 발진 주파수에서 $1 + H(s) \neq 0$이 성립하는지 설명하라.

**풀이:**

각각의 발진기는 다른 발진기로부터 추가적인 신호를 받게 되므로, 발진 시동 조건(startup condition)을 다시 따져 보아야 한다. 회로의 절반을 다시 그리면 그림 8.99(a)와 같고, 입력 경로를 피드백 경로와 합치면 그림 8.99(b)와 같이 나타낼 수 있다. 따라서 등가 루프 이득(equivalent loop transmission)은 $-(1 \pm \alpha_1)H(s)$와 같고, 바크하우젠 판별식에 의해 1이 되어야 한다:

$$-(1 \pm \alpha_1)H(s = j\omega_0) = 1. \tag{8.182}$$

따라서,

$$H(j\omega_0) = \frac{-1}{1 \pm \alpha_1}. \tag{8.183}$$

이 식이 발진기의 시동 조건이 된다.

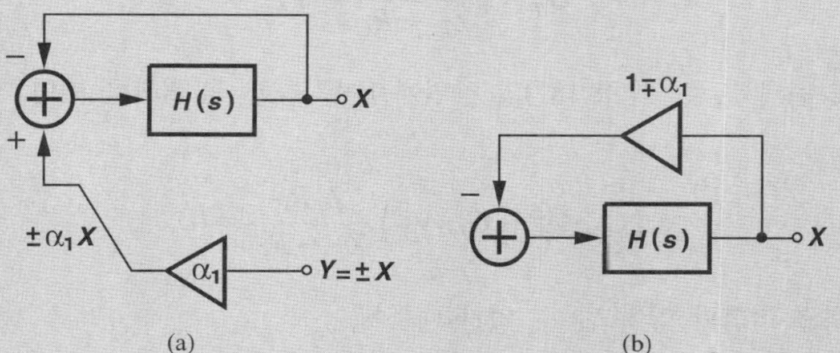


**그림 8.99** *(a) 결합 발진기(coupled oscillator)의 단순화된 모델, (b) 등가 시스템*

동위상 동작은 두 개의 발진기가 하나로 합쳐지는 것으로 특별히 유용한 것은 아니다(그림 8.84 참조). 반면에 만약 $\alpha_1 = -\alpha_2$(역위상 결합)이면 식 (8.181)은 다음과 같다.

$$X = \pm jY; \tag{8.184}$$

즉, 출력에 +90° 혹은 −90°의 위상차가 발생하게 된다. 이 경우, 식 (8.182)는 다음과 같이 바뀌게 된다.

$$-(1 \pm j\alpha_1)H(s = j\omega_0) = 1. \tag{8.185}$$

**1단자 모델(One-Port Model)** 각각의 발진기에 대해 1단자 모델을 사용해 추가적인 직관(insight)을 얻을 수 있다. 단방향 결합을 포함한 단일 발진기는 그림 8.100(a)와 같이 나타나며, 여기서 $G_m$은 결합 차동쌍(그림 8.96의 $M_3$와 $M_4$)의 트랜스컨덕턴스를, $Z_T$는 탱크 임피던스를, $-R_C$는 상호결합 쌍에 의한 부성 저항을 각각 나타낸다. 따라서 두 개의 동일한 결합 발진기는 그림 8.100(b)와 같이 모델링 되고, 여기서 $G_{m1}G_{m2}$의 부호가 동위상 혹은 역위상 결합을 결정한다.

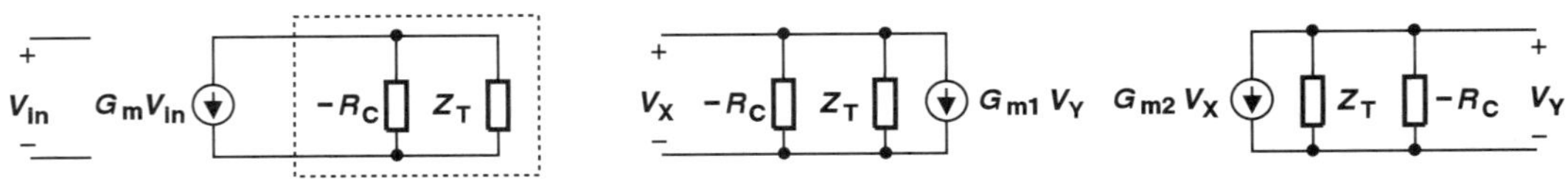


**그림 8.100** *(a) 주입(injection)이 있는 1단자 발진기, (b) 결합 발진기(coupled oscillator)의 모델*

$Z_T$와 $-R_C$의 병렬 결합은 $-Z_TR_C/(Z_T - R_C)$로 주어지고,

$$G_{m2}V_X\frac{Z_TR_C}{Z_T - R_C} = V_Y \tag{8.186}$$

$$G_{m1}V_Y\frac{Z_TR_C}{Z_T - R_C} = V_X. \tag{8.187}$$

식 (8.186)의 양변에 $V_X$를, 식 (8.187)의 양변에 $V_Y$를 곱한 후 결과를 빼면 다음 식을 얻을 수 있다.

$$\left(G_{m2}V_X^2 - G_{m1}V_Y^2\right)\frac{Z_TR_C}{Z_T - R_C} = 0. \tag{8.188}$$

$Z_T$와 $-R_C$의 병렬 결합이 영이 될 수 없기 때문에,

$$G_{m2}V_X^2 = G_{m1}V_Y^2, \tag{8.189}$$

만약 $G_{m1} = -G_{m2}$이면 두 발진기는 직교신호를 발생한다. 각 발진기는 다른 발진기에서 에너지를 받기 때문에, $Z_T(s = \omega_0) = R_C$ 만큼 엄격한 시동 조건이 요구되진 않는다(문제 8.15).

## 8.11.2 결합 발진기의 특성 Properties of Coupled Oscillators

단방향 결합(Unilaterally-coupled) 발진기는 흥미로운 특징을 보인다. 출발점으로 동위상 결합(in-phase coupling)의 경우를 고려해 보자. 그림 8.101은 회로 전압과 전류의 위상 다이어

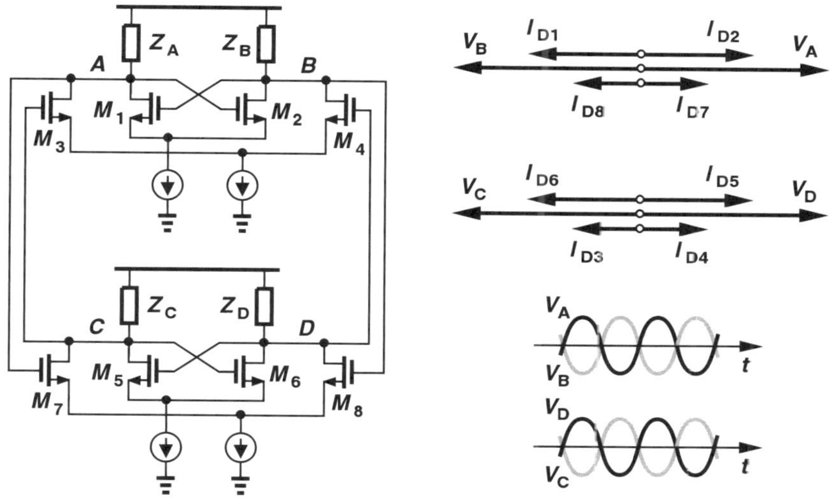


**그림 8.101** *동위상(in-phase) 결합에 대한 페이저(phasor) 다이어그램*

그램을 보여 준다. (1) $V_A$와 $V_B$는 180° 위상차가 나며 $V_C$와 $V_D$도 마찬가지이고, (2) 각 트랜지스터의 드레인 전류는 게이트 전압 페이저(phasor)와 정렬하게 된다. 따라서 $Z_A$를 통과하는 전체 전류는 $I_{D1}$과 $I_{D3}$ 페이저의 합으로 나타나며, 식 (8.182)에 의해 시동 조건이 변화된다.

회로에서 $I_{D3}$와 $I_{D1}$이 *반대* 방향으로, 즉 $V_C = -V_B$와 $V_D = -V_A$로 동작할 수 있는가? 바꿔 말하면, 회로가 식 (8.181)의 해 $X = +Y$ 혹은 $X = -Y$ 중에서 어느 것을 선택하게 되는가? 식 (8.182)에서 $V_C = -V_B$의 경우 낮은 루프 이득을 갖게 되고, 진폭이 더 느리게 증가한다. 회로는 $I_{D1}$을 *증가*시키는 $I_{D3}$로 시작하는 것을 선호하지만(그림 8.101), 위상의 모호성(ambiguity)은 여전히 존재하게 된다.

이제 역위상 결합의 경우를 살펴보자. 두 개의 차동 발진기가 직교 위상으로 동작하기 때문에, 전압과 전류는 그림 8.102와 같이 나타나고, 각 트랜지스터의 드레인 전류는 여전히 게이트 전압 페이저(phasor)와 정렬하게 된다. 이 경우 각 탱크를 통해 흐르는 전체 전류는 두 개의 *직교*(*orthogonal*) 페이저로 구성된다; 즉 $I_{D1}$과 $I_{D3}$가 $Z_A$에 흐르게 된다.

어떻게 벡터 합 $I_{D1} + I_{D3}$에 의해 $V_A$가 생성될 수 있을까? 그림 8.103(a)에 그려진 결과적인 $I_{ZA}$는 $I_{D1}$에 대해 $\theta$의 각도를 가진다. 바꿔 말하면, 탱크에 의해 전압이 전류로 변환될 때 탱크는 $I_{ZA}$를 시계방향으로 $\theta$만큼 *회전*시켜야 한다. 이것은 발진 주파수가 탱크의 공진 주파수에서 이탈해(depart) 있을 때에만 가능하다. 그림 8.103(b)에 보인 것처럼 발진은 탱크의 위상 천이가 $\theta$인 주파수 $\omega_{osc1}$에서 일어난다. 그림 8.103(a)에서 탱크는 $I_{ZA}$를 다음 각도만큼 회전시켜야 한다.

$$\angle Z_A = -\tan^{-1}\frac{I_{D3}}{I_{D1}}, \tag{8.190}$$

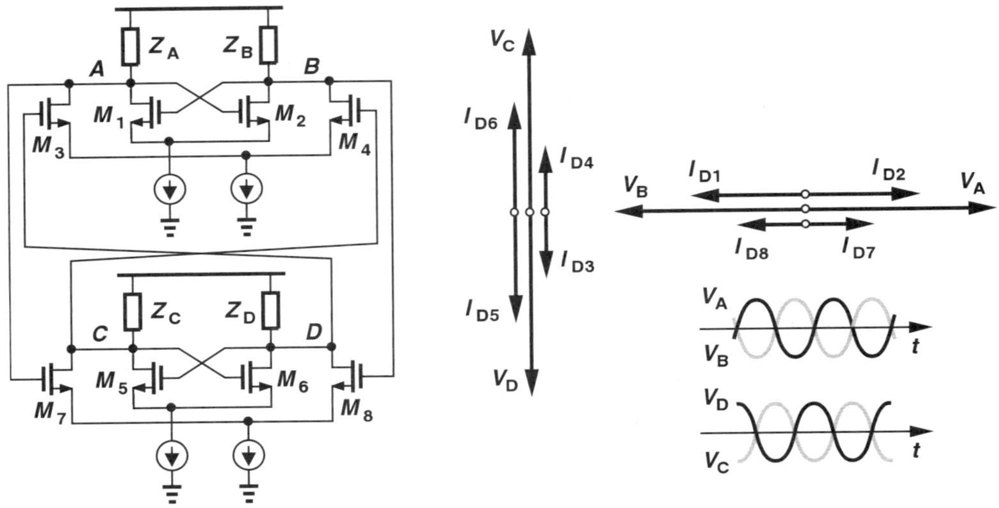


**그림 8.102** *역위상(anti-phase) 결합에 대한 페이저 다이어그램*

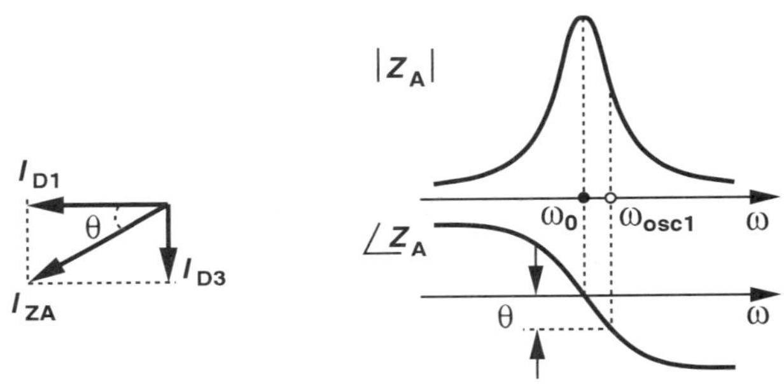


(a) (b)

**그림 8.103** *(a) 코어(core)와 결합 전류의 벡터합, (b) 결과적인 공진으로부터의 이탈(departure)*

즉, 필요한 회전은 결합 계수에 의해 결정된다. 만약 $Z_A = (L_1 s) \| (C_1 s)^{-1} \| R_p$이면 $\omega_{osc1}$를 얻기 위한 $Z_A$의 위상 천이는 $-\tan^{-1}(I_{D3}/I_{D1})$로 결정된다:

$$\frac{\pi}{2} - \tan^{-1}\frac{L_1\omega_{osc1}}{R_p(1 - L_1 C_1 \omega_{osc1}^2)} = -\tan^{-1}\frac{I_{D3}}{I_{D1}}. \tag{8.191}$$

$\omega_{osc1} - \omega_0 = \Delta\omega \ll \omega_0$이므로 좌변의 $\tan^{-1}$의 인자에서 분자의 $\omega_{osc1} \approx \omega_0$와 분모의 $\omega_{osc1}^2 \approx \omega_0^2 + 2\Delta\omega \cdot \omega_0$를 근사하면 다음과 같이 단순화된다:

$$\frac{\pi}{2} - \tan^{-1}\frac{1}{-2R_p C_1 \Delta\omega} = -\tan^{-1}\frac{I_{D3}}{I_{D1}}. \tag{8.192}$$

또한 $a >> 1$일 때 $\tan^{-1} a \approx \pi/2 - 1/a$이고 이것을 좌변에 적용하면 다음과 같다:

$$-2R_pC_1\Delta\omega = -\tan^{-1}\frac{I_{D3}}{I_{D1}}. \tag{8.193}$$

$2R_pC_1\omega_0 = 2Q_{tank}$이므로,

$$\Delta\omega = \frac{\omega_0}{2Q_{tank}}\tan^{-1}\frac{I_{D3}}{I_{D1}}. \tag{8.194}$$

식 (8.95)로부터 동일한 결과를 얻을 수 있다.

## 예제 8.45

RF Microelecronics

그림 8.102의 페이저 다이어그램에서 $V_C$가 $V_A$ 보다 90° *앞선다고(ahead)* 가정하자. $V_C$를 $V_A$보다 90° *뒤지게(behind)* 하는 것이 가능한가?

**풀이:**

가능하다. 그림 8.14(a)의 페이저 다이어그램에서 $I_{D3}$는 위쪽을 향하게 된다. 그림 8.104(b)에서 이제 결과적인 $I_{D1}$과 $I_{D3}$는 탱크에 의해 *반시계 방향으로(counterclockwise)* 회전해야 하고, 발진 주파수는 $\omega_0$ *아래로(below)* 떨어지게 된다[그림 8.104(c)]. 이 경우,

$$\Delta\omega = -\frac{\omega_0}{2Q_{tank}}\tan^{-1}\frac{I_{D3}}{I_{D1}}. \tag{8.195}$$

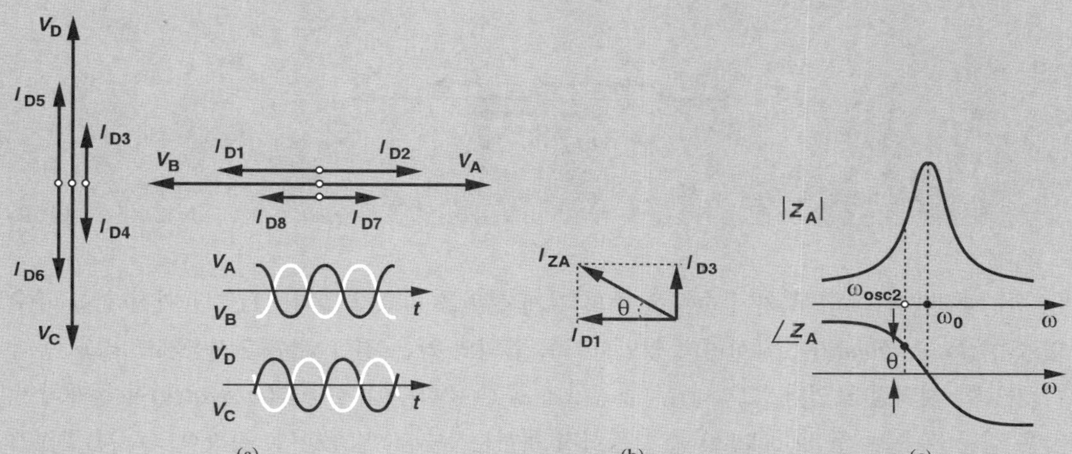


**그림 8.104** *(a) 직교신호 발진기의 또 다른 가능한 모드에 대한 페이저, (b) 코어 및 결합 전류의 벡터 합(vector summation), (c) 결과적인 공진에서 이탈(departure)*

위의 예제는 직교신호 발진기가 $\omega_0$ 위나 아래의 두 주파수 중 하나에서 동작할 수 있음을 암시한다. 사실 식 (8.185)로부터 같은 결과를 예측할 수 있다: $H(j\omega)$이 *복소수(complex number*)이므로 발진은 공진에서 벗어나게 되고, $1 + j\alpha_1$와 $1 - j\alpha_1$ 모두 가능하기 때문에 공진 위와 아래에서 두 개의 해가 존재하게 된다. 실제로 관찰되는 이러한 성질은 심각한 단점임이 입증되었다[19]. 과도 회로 *시뮬레이션*에서 발진기는 일반적으로 $\omega_{osc2}$에서 동작하며, 초기 조건이 달라져도 높은 모드에서 시작하는 경향은 거의 보이지 않는다. 그럼에도 불구하고 시뮬레이션을 통해 두 주파수에서 발진 가능성을 보일 수 있다. 이것은 부록 A에 설명되어 있다.

**예제 8.46** RF Microelecronics

왜 그림 8.102의 결합 발진기가 동위상(in-phase)으로 동작할 수 없는지 직관적으로 설명하라.

**풀이:**

만약 동위상으로 동작한다면 전압과 전류 페이저는 그림 8.105와 같이 나타난다. $I_{D3}$와 $I_{D1}$과 반대이고, 반면에 $I_{D7}$은 $I_{D5}$를 증가시켜 아래쪽 발진기의 출력 스윙이 위쪽보다 커지게 된다. 그러나 전체 회로의 대칭성으로 이러한 불균형은 발생할 수 없다. 같은 이유로 90° 이외의 위상차를 가지고 동작할 수 없다.

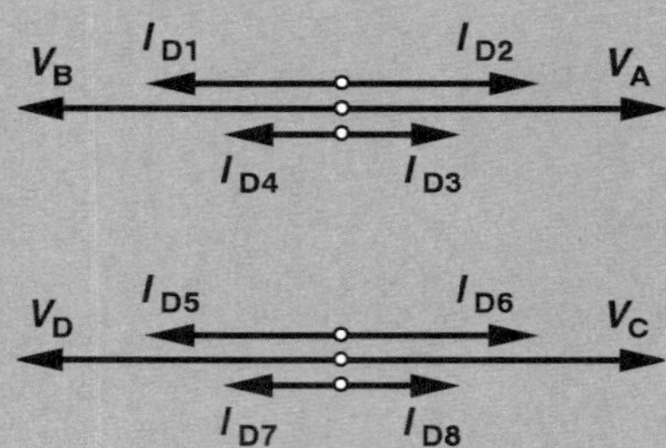


**그림 8.105** *직교신호 발진기의 가상적인 동위상(in-phase) 발진에 대한 다이어그램*

이 시점에서 다음 두 가지 사항을 주의 깊게 살펴볼 필요가 있다. (1) 지금까지 결합 계수의 *하한(lower bound)*을 제한하지 않았다. 즉, 임의의 작은 결합 계수를 사용해도 직교 동작이 가능한 것처럼 보인다. 그러나 두 발진기의 공진 주파수에 *부정합(mismatch)*이 존재하면, 작은 결합 계수는 '동기(locking)'를 보장하지 못하는 문제가 발생한다. 결과적으로 각 발진기는 각각의 $\omega_0$로 동작하며 상대 발진기에 의해 '인입(pulling)'이 발생하게 된다. 상호 주입 인입(injection pulling) 거동에 의해 전체 회로에 불요파(spur) 성분이 나타난다(그림 8.106) [20]. 이 현상을 피하기 위해 결합 계수는 적어도 다음 값을 가져야 한다[20].

$$\alpha = Q\frac{\omega_1 - \omega_2}{(\omega_1 + \omega_2)/2}. \tag{8.196}$$

일반적으로 0.2 ~ 0.25 범위의 α가 사용된다. (2) 결합 계수가 증가하면서 다음 두 가지 이슈가 더욱 심각해진다: (a) $\omega_{osc1}$과 $\omega_{osc2}$의 차이가 커지면서 두 모드가 모두 발생한다면 원하는 주파수 범위에 맞추기 어렵게 된다; (b) 작은 주파수 오프셋에서 심각하게 영향을 주는 결합 트랜지스터의 플리커 잡음에 의해 회로의 위상 잡음이 증가한다[21, 27]. 이것은 식 (8.194)에서 $\Delta\omega$가 결합 계수 $I_{D3}/I_{D1}$의 함수이고, 결합 트랜지스터와 테일 전류의 플리커 잡음에 따라 천천히 변화 되는 것으로 설명될 수 있다[21] (문제 8.16). 결합 계수의 선택을 위해 적절한 스퓨리어스(spurious)가 없는 동작과 위상 잡음 사이의 절충관계(trade-off)를 고려해야 한다. 주어진 소모 전력에 대해, 직교신호 발진기의 위상 잡음은 일반적으로 단일 발진기에 비해 3 ~ 5 dB 높게 나타난다[23].

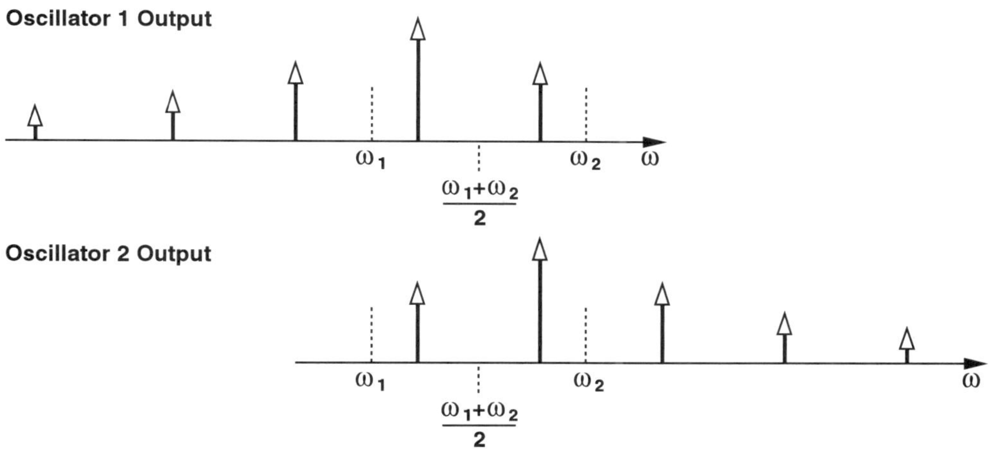


**그림 8.106** *두 발진기 사이의 상호 주입 인입(mutual injection pulling)*

두 발진기 코어와 결합 쌍 사이의 부정합은 직교 출력 사이의 위상 및 진폭의 부정합을 유발한다. 이 효과는 참고문헌[22, 24]에서 연구 되었다.

### 8.11.3 향상된 직교신호 발진기 Improved Quadrature Oscillators

위에서 언급한 절충관계를 완화시키기 위한 많은 직교신호 발진기 구조가 제안되었다. 지금까지 연구된 일반적인 구조의 주요한 단점은 결합 쌍이 상당한 위상 잡음을 유발한다는 것이다. 따라서 만약 두 코어 발진기의 직교 관계를 다른 방법으로 설정한다면 위상 잡음을 감소시킬 수 있다.

그림 8.107(a)에서 두 발진기가 $\omega_{osc}$에서 직교 동작을 유지한다고 가정하자. 따라서 테일 노드 $A$와 $B$에서 주파수가 $2\omega_{osc}$이고 180° 위상차가 나는 파형이 발생된다. 역으로, 만약 추가적인 회로가 $A$와 $B$의 위상차를 180°로 유지한다면 두 발진기는 직교 관계로 동작하게 된

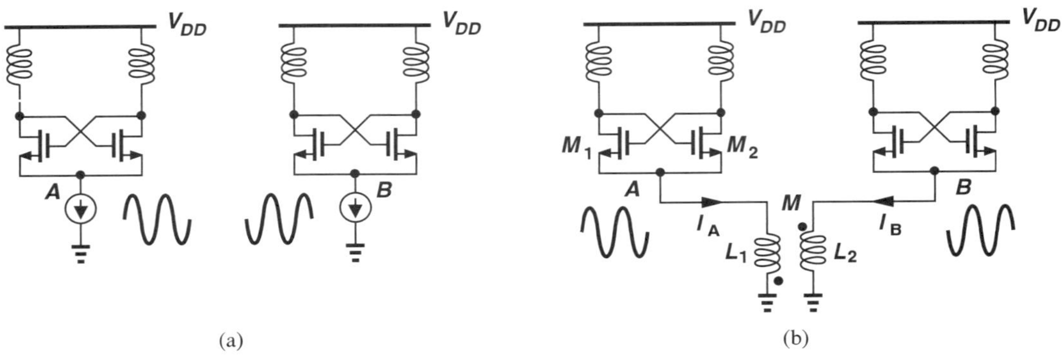


**그림 8.107** *(a) 직교 동작하는 두 개의 차동 발진기, (b) 직교 동작을 위한 테일을 통한 결합*

다. 그림 8.107(b)의 회로는 $V_A$를 $V_B$로, 그리고 반대 방향으로, 1대 1 결합하는 단순한 트랜스포머(transformer)로 구현될 수 있다. 결합 극성은 트랜스포머가 각 노드의 전압을 반전시켜 다른 노드에 인가하도록 선택된다.

### 예제 8.47

RF Microelecronics

왜 그림 8.107(b)의 두 코어 발진기가 동위상(in-phase)으로 동작할 수 없는지 설명하라. $L_1 = L_2$를 가정하라.

**풀이:**

$L_1$과 $L_2$ 사이의 상호결합 계수 $M$을 가정하면, 일반적인 경우,

$$I_A L_1 s - I_B M s = V_A \tag{8.197}$$

$$I_B L_2 s - I_A M s = V_B. \tag{8.198}$$

만약 두 발진기가 직교 관계로 동작한다면, $V_A = -V_B$ 및 $I_A = -I_B$가 되어 테일 임피던스는 다음과 같이 주어진다.

$$\frac{V_A}{I_A} = L_1 s + M s. \tag{8.199}$$

등가 인덕턱스 $L_1 + M$은 $2\omega_{osc}$에서 테일 노드와 공진하도록 선택되어, 높은 임피던스를 형성해 A와 B가 자유롭게 스윙하게 된다. 반면, 만약 발진기가 동위상으로 동작한다면, $V_A = V_B$ 및 $I_A = I_B$가 되어 테일 임피던스는 다음과 같이 주어진다.

$$\frac{V_A}{I_A} = L_1 s - M s. \tag{8.200}$$

만약 $L_1$과 $L_2$가 가깝게 결합되면 $L_1 \approx M$가 되고, 식 (8.200)은 노드 $A$와 $B$가 공통모드 스윙

**예제 8.47** (*계속*) RF Microelecronics

에 대해 거의 접지로 단락되는 것을 보여준다. 따라서 전체 회로에서 동위상이 발생되는 경향은 나타나지 않는다.

그림 8.107(b)의 구조는 몇 가지 장점을 가진다. 첫째로, 그림 8.97의 일반적인 회로에 결합 쌍이 사용되지 않기 때문에 추가적인 위상 천이가 요구되지 않는다. 따라서 두 코어는 탱크의 공진 주파수를 벗어나지 않고 $\omega_{osc}$에서 동작하게 된다. 이것은 중요한 특성으로, 이 접근방식을 이용하면 식 (8.194)와 (8.195)가 암시하는 주파수의 모호성(ambiguity)을 피할 수 있다는 것을 의미한다. 게다가 위상 잡음도 향상 된다. 둘째로, 그림 8.88에 보인 것과 유사한 방법으로, $2\omega_{osc}$에서 $L_1 + M$과 테일 커패시턴스의 공진은 위상 잡음을 또한 향상시킨다[25]. 셋째로, 회로는 탱크 인덕터와 함께 트랜스포머가 필요하기 때문에 레이아웃이 복잡해지는 단점을 가진다. 그림 8.108은 가능한 소자의 배치를 보여 주는데, $T_1$은 $2\omega_{osc}$ 신호의 누설을 최소화하기 위해 인덕터에서 상대적으로 멀리 위치되어야 한다. 이러한 누설은 출력의 듀티 사이클(duty cycle)을 왜곡시키고, 이 신호에 의해 구동되는 믹서의 $IP_2$는 열화된다.

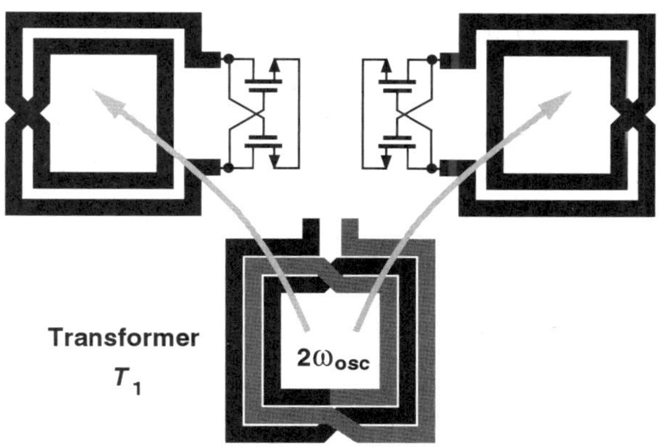


**그림 8.108** *테일 트랜스포머(tail transformer)와 코어 발진기(core oscillator) 사이의 결합*

그림 8.107(b)에서 코어 발진기 사이에 부정합이 있을 때, 동기(lock)를 보장하기 위해 $A$와 $B$의 전압 스윙과 $L_1$과 $L_2$ 사이의 상호결합은 모두 어떤 최소값 보다 커야 한다. $I_A$는 $M_1$과 $M_2$에 의해 절환(commutation)되고, 변환 이득은 $2/\pi$이다.

위의 예를 통해 공진 주파수로부터 발진 주파수의 편차를 줄이는 기법이 또한 결합 트랜지스터에 의한 잡음을 저감시키는 것을 알 수 있다. 구체적으로, 식 (8.194)와 (8.195)의 $\Delta\omega$를 영으로 만들기 위해 수동 소자를 이용해 결합 네트워크에 추가적인 위상 천이를 포함시키는

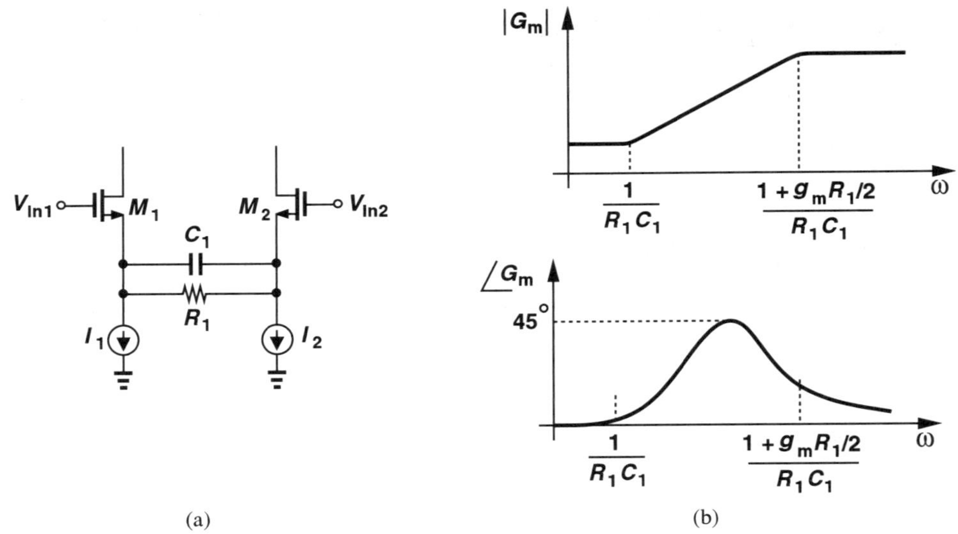


**그림 8.109** *용량성 축퇴(capacitively-degenerated) 차동쌍을 이용한 위상 천이*

것이 가능하다. 그림 8.109(a)는 축퇴(degeneration) 네트워크의 예를 보여주는데, 전체 트랜스컨덕턴스는 다음과 같다.

$$G_m(s) = \frac{g_m(R_1C_1s+1)}{R_1C_1s+1+g_mR_1/2}. \tag{8.201}$$

그림 8.109(b)에서 위상은 영점(zero)과 극점(pole) 주파수 사이에서 수 십도에 이르게 된다. 그러나 축퇴는 결합 계수를 감소시키며 더 큰 트랜지스터와 바이어스를 필요로 한다.

결합 소자의 플리커 잡음을 피하기 위해, 주(main) 트랜지스터의 *벌크(bulk)*를 이용해 결합을 구현할 수 있다. 그림 8.110[26]의 아이디어는 한 발진기의 차동 출력을 다른 발진기의 상호결합 트랜지스터의 *n*-웰(*n*-well)에 인가하는 것이다.[11] 큰 저항값을 갖는 $R_1$과 $R_2$에 의해

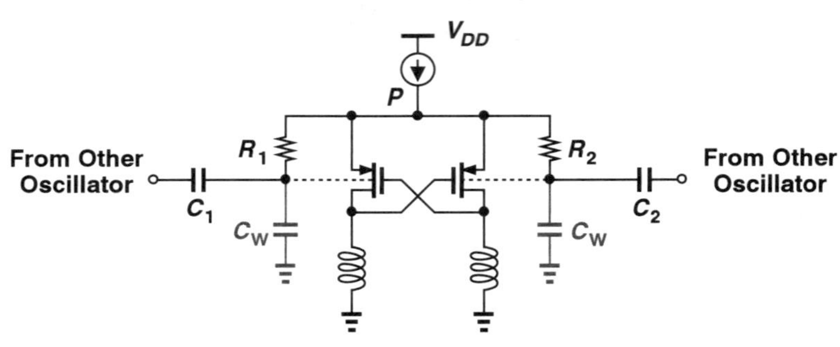


**그림 8.110** *플리커 잡음의 상향 변환을 피하기 위한 n-웰을 통한 PMOS 소자의 결합*

11. 참고문헌[26]에서 트랜지스터는 NMOS 소자이며 벌크(bulk)가 분리되어 있다.

$n$-웰의 바이어스 전압이 $V_P$로 설정된다. 또한, $C_1$과 $C_2$는, $n$-웰-기판 커패시턴스 $C_W$를 고려할 때, 결합 계수가 약 0.25가 되도록 충분히 작아야 한다. 이 기법도 여전히 두 개의 발진 주파수가 발생하는 것에 유의해야 한다.

## 8.12 부록 A: 직교신호 발진기의 시뮬레이션
### Appendix A: Simulation of Quadrature Oscillators

$\omega_0$ 위와 아래의 주파수에서 동작하는 직교신호 발진기의 특성을 살펴보기 위해[그림 8.103(b)와 8.104(c)], 다음과 같이 회로에 대한 시뮬레이션을 수행한다. 첫째로, 회로가 *동위상*으로 $\omega_0$에서 동작하도록 회로를 재구성 한다. 이 시뮬레이션을 통해 모든 커패시턴스를 고려한 정확한 $\omega_0$를 구할 수 있다.

다음은, 역위상 결합을 적용해 회로에 대한 시뮬레이션을 수행하면 정확한 $\omega_{osc2}$(혹은 발진기가 높은 모드를 선호할 경우 $\omega_{osc1}$)를 얻을 수 있다. $\omega_0 - \omega_{osc2} \approx \omega_{osc1} - \omega_0$이므로 이제 상대적으로 정확한 $\omega_{osc1}$ 값을 얻게 된다.

마지막으로, 주파수가 $\omega_{osc1}$인 정현파 전류 $I_{inj} = I_0 \cos\omega_{osc1} t$를 발진기에 *주입*하고 (그림 8.111) 회로를 수백 사이클 동안 동작시킨다. 만약 $I_0$가 충분히 크다면 (예를 들어, $0.2I_{SS}$), 회로는 $\omega_{osc1}$에 '동기(lock)'된다. 동기 상태가 되면 $I_{inj}$을 끄고 발진기가 $\omega_{osc1}$에서 계속 동작하는지 관찰한다. 만약 그렇다면, $\omega_{osc1}$은 가능한 해이다.

또한 직교신호 발진기의 적절한 시뮬레이션을 위해 실제적인 인덕터 모델은 필수적이다. 다양한 손실을 모델링 하는 병렬 혹은 직렬 저항이 없다면(7장), 회로는 시뮬레이션에서 비정상적으로 동작할 수 있다.

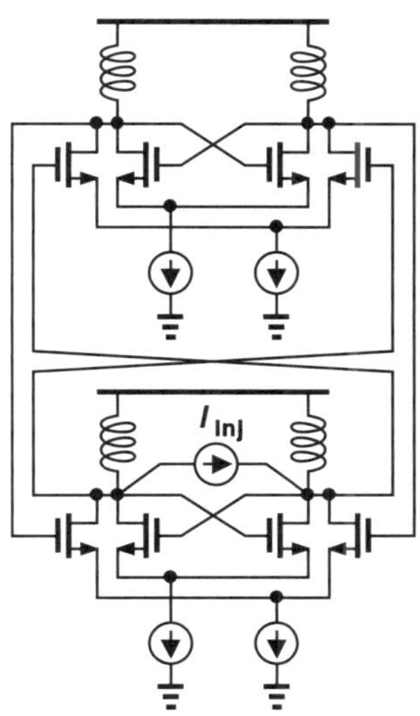


**그림 8.111** *외부 전류원에 의한 주입 동기(injection locking)의 예*

# 참고문헌


[1] B. Razavi, 'A 300-GHz Fundamental Oscillator in 65-nm CMOS Technology,' *Symposium on VLSI Circuits Dig. Of Tech. Papers*, pp. 113–114, June 2010.

[2] R. B. Staszewski et al., 'All-Digital PLL and GSM/EDGE Transmitter in 90-nm CMOS,' *ISSCC Dig. Tech. Papers*, pp. 316–317, Feb. 2005.

[3] D. B. Leeson, 'A Simple Model of Feedback Oscillator Noise Spectrum,' *Proc. IEEE*, vol. 54, pp. 329–330, Feb. 1966.

[4] B. Razavi, 'A Study of Phase Noise in CMOS Oscillators,' *IEEE Journal of Solid-State Circuits*, vol. 31, pp. 331–343, March 1996.

[5] J. Craninckx and M. Steyaert, 'Low-Noise Voltage-Controlled Oscillators Using Enhanced LC Tanks,' *IEEE Tran. Circuits and Systems, II*, vol. 42, pp. 794–804, Dec. 1995.

[6] A. Hajimiri and T. H. Lee, 'A General Theory of Phase Noise in Electrical Oscillators,' *IEEE J. of Solid-State Circuits*, vol. 33, pp. 179–194, Feb. 1998.

[7] J. J. Rael and A. A. Abidi, 'Physical Processes of Phase Noise in Differential LC Oscillators,' *Proc. CICC*, pp. 569–572, May 2000.

[8] J. J. Rael, *Phase Noise in Oscillators*, PhD Dissertation, University of California, Los Angeles, 2007.

[9] L. W. Couch, *Digital and Analog Communication Systems*, Fourth Edition, New York: Macmillan Co., 1993.

[10] P. Andreani et al., 'A Study of Phase Noise in Colpitts and LC-Tank CMOS Oscillators,' *IEEE J. Solid-State Circuits*, vol. 40, pp. 1107–1118, May 2005.

[11] P. Andreani and A. Fard, 'More on the 1/f Phase Noise Performance of CMOS Differential-Pair LC-Tank Oscillators,' *IEEE J. Solid-State Circuits*, vol. 41, pp. 2703–2712, Dec. 2006.

[12] C. Samori et al., 'Spectrum Folding and Phase Noise in LC Tuned Oscillators,' *IEEE Tran. Circuits and Systems, II*, vol. 45, pp. 781–791, July 1998.

[13] S. Levantino et al., 'AM-to-PM Conversion in Varactor-Tuned Oscillators,' *IEEE Tran. Circuits and Systems, II*, vol. 49, pp. 509–513, July 2002.

[14] A. Bonfanti et al., 'A Varactor Configuration Minimizing the Amplitude-to-Phase Noise Conversion,' *IEEE Tran. Circuits and Systems, II*, vol. 53, pp. 481–488, March 2006.

[15] B. De Muer et al., 'A 2-GHz Low-Phase-Noise Integrated LC-VCO Set with Flicker-Noise Upconversion Minimization,' *IEEE J. of Solid-State Circuits*, vol. 35, pp. 1034–1038, July 2000.

[16] E. Hegazi, H. Sjoland, and A. A. Abidi, 'A Filtering Technique to Lower LC Oscillator Phase Noise,' *IEEE J. Solid-State Circuits*, vol. 36, pp. 1921–1930, Dec. 2001.

[17] A. Mazzanti and P. Andreani, 'Class-C Harmonic CMOS VCOs, with a General Result on Phase Noise,' *IEEE J. Solid-State Circuits*, vol. 43, no. 12, pp. 2716–2729, Dec. 2008.

[18] T. P. Liu, 'A 6.5-GHz Monolithic CMOS Voltage-Controlled Oscillator,' *ISSCC Dig. Tech. Papers*, pp. 404–405, Feb. 1999.

[19] S. Li, I. Kipnis, and M. Ismail, 'A 10-GHz CMOS Quadrature LC-VCO for Multirate Optical Applications,' *IEEE J. Solid-State Circuits*, vol. 38, pp. 1626–1634, Oct. 2003.

[20] B. Razavi, 'Mutual Injection Pulling Between Oscillators,' *Proc. CICC*, pp. 675.678, Sept. 2006.

[21] P. Andreani et al., 'Analysis and Design of a 1.8-GHz CMOS LC Quadrature VCO,' *IEEE J. Solid-State Circuits*, vol. 37, pp. 1737–1747, Dec. 2002.

[22] L. Romano et al., 'Phase Noise and Accuracy in Quadrature Oscillators,' *Proc. ISCAS*, pp. 161–164, May 2004.

[23] B. Razavi, 'Design of Millimeter-Wave CMOS Radios: A Tutorial,' *IEEE Trans. Circuits and*

Systems, I, vol. 56, pp. 4-16, Jan. 2009.
[24] A Mazzanti, F. Svelto, and P. Andreani, 'On the Amplitude and Phase Errors of Quadrature LC-Tank CMOS Oscillators,' *IEEE J. Solid-State Circuits*, vol. 41, pp. 1305-1313, June 2006.
[25] S. Gierkink et al., 'A Low-Phase-Noise 5-GHz Quadrature CMOS VCO Using Common-Mode Inductive Coupling,' *Proc. ESSCIRC*, pp. 539-542, Sept. 2002.
[26] H. R. Kim et al., 'A Very Low-Power Quadrature VCO with Back-Gated Coupling,' *IEEE J. Solid-State Circuits*, vol. 39, pp. 952-955, June 2004.
[27] A. Mazzanti and P. Andreani, 'A Time-Variant Analysis of Fundamental 1/f 3 Phase Noise in CMOS Parallel LC-Tank Quadrature Oscillator,' *IEEE Tran. Circuits and Systems*, I, vol. 56, pp. 2173-2181, Oct. 2009.
[28] B. Razavi, 'Cognitive Radio Design Challenges and Techniques,' *IEEE Journal of Solid-State Circuits*, vol. 45, pp. 1542-1553, Aug. 2010.

## 연습문제

8.1. 그림 8.4에서 회로의 입력 어드미턴스(admittance)를 결정하고 그 실수부를 찾아라.

8.2. 그림 8.6의 $H(s)$가 주파수 $\omega_1$에서 다음 식을 만족한다고 가정하자: $|H(j\omega_1)| = 1$이고 $\angle H(j\omega_1) = 170°$이다. 어떤 결과가 발생하는지 설명하라.

8.3. 만약 $|H(j\omega_1)| < 1$이고 $\angle H(j\omega_1) = 170°$인 경우 위의 문제를 반복하라.

8.4. 그림 8.15(b)에서 만약 $C_{GD}$를 무시할 수 없다면 발진기를 분석하라.

8.5. 손실이 있는 공진기를 사용한 임의의 피드백 발진기를 그림 8.13(c)의 1단자 시스템으로 볼 수 있는가?

8.6. 그림 8.17(a)의 발진기 인덕터가 $\Delta L$의 부정합을 보인다고 가정하자. 루프를 따라서 전체 위상 천이가 360°인 주파수를 계산해 발진 주파수를 결정하라.

8.7. 그림 8.21(a)에 보인 두 탱크의 직렬 결합이 그림 8.21(b)에 보인 하나의 탱크로 대체될 수 있음을 증명하라.

8.8. 만약 $C_b$가 그림 8.32(a)의 노드 $P$와 $Q$에 위치한다면, 예제 8.18에서 튜닝 범위를 계산하라.

8.9. 왜 그림 8.36의 PMOS 소자에 전류 $I_{SS}$가 흐르는가?

8.10. 2차 병렬 RLC 탱크가 부하로 연결된 CS 단에서, $R_p/(L\omega_0) = (\omega_0/2)d\phi/d\omega$임을 증명하라.

8.11. 그림 8.59에 보인 잡음성형(noise shaping)은 식 (8.108)로 주어지는 것을 증명하라.

8.12. $x(t) = A\cos\omega_0 t + n(t) = A\cos\omega_0 t + n_I(t)\cos\omega_0 t - n_Q(t)\sin\omega_0 t$를 가정하면 AM 측대파

에 의해 전송되는 전력은 PM 측대파에 의해 전송되는 전력과 같으며 $n(t)$ 전력의 절반이 되는 것을 증명하라.

8.13. 그림 8.25(a)의 발진기가 커패시턴스가 $C_{var} = C_0(1 + \alpha_1 V + \alpha_2 V^2)$로 주어지는 바랙터를 사용한다고 가정하자. 여기서, $V$는 게이트-소스 전압을 나타낸다. 완전한 전류 조향(current steering)과 $I_{SS}$의 저주파 잡음 전류 $I_n = I_m \cos\omega_m t$를 가정하라.

(a) $I_n$에 의해 유발된 AM 잡음을 결정하라.

(b) 바랙터 커패시턴의 평균값이 $I_n$에 따라 어떻게 변하는지 결정하라.

(c) 탱크 공진 주파수 변조에 의한 위상 변조를 계산하라.

8.14. 그림 8.86(b)의 피크 드레인 전압 스윙이 대략 $V_{DD} - 2(V_{GS} - V_{TH})$를 넘지 않음을 증명하라. 이 값에 근접하기 위해서 용량성 감쇠(attenuation)가 게이트 전압 스윙을 최소화해야 한다.

8.15. 그림 8.100에서 $Z_T = (L_1 s)\|(C_1 s)^{-1}\|R_p$를 가정하고, 시동 조건을 결정하라.

8.16. 소신호 동작에 대해 식 (8.194)는 다음과 같이 표현된다.

$$\Delta\omega = \frac{\omega_0}{2Q_{tank}} \tan^{-1}\frac{g_{m3}}{g_{m1}}. \tag{8.202}$$

이제 결합 트랜지스터의 테일 전류 $I_{T1}$이 플리커 잡음 성분 $I_n \ll I_{T1}$을 포함하고 있다고 가정하자. $g_{m3} = \sqrt{2\mu_n C_{ox}(W/L)_3(I_{T1}+I_n)/2}$로 쓸 때, $\Delta\omega$를 $I_n$의 선형적인 함수로 표현하고 대응되는 '이득(gain)' $K_{VCO} = \partial(\Delta\omega)/\partial I_n$를 구하라.

8.17. 그림 8.112의 VCO 회로에서, 각 바랙터의 전압 의존성은 $C_{var} = C_0(1 + \alpha_1 V_{var})$로 표현될 수 있고, 여기서 $V_{var}$는 바랙터에 걸리는 평균 전압을 나타낸다. 이 문제에서

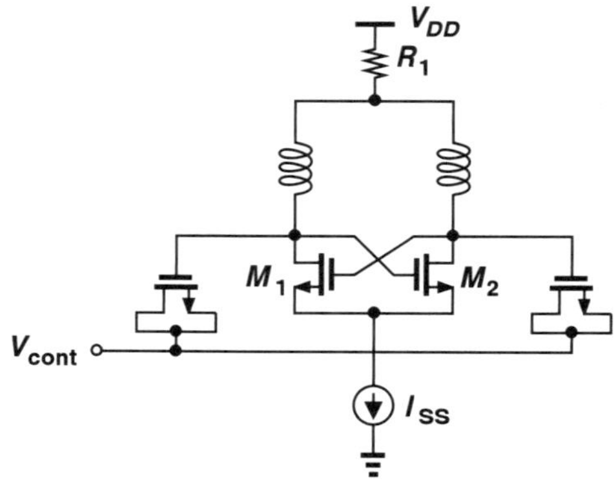


**그림 8.112** *레벨 이동(level-shift) 저항을 가진 VCO*

협대역 FM 근사를 사용하라. 또한 모든 다른 커패시턴스를 무시하고 회로가 주어진 $V_{cont}$에 대해 $\omega_0$에서 발진한다고 가정하라. 인덕터에 의한 dc 전압강하는 무시할 수 있다.

(a) $I_{SS}$ 대한 출력 주파수 $\omega_{\text{out}}$의 '이득'을 계산하라. 즉, $I_{SS}$가 미세하게 변한다고 가정하고 바랙터에 걸리는 전압의 변화와 출력 주파수의 변화를 계산하라.

(b) $I_{SS}$가 $I_n \cos\omega_n t$로 표현되는 잡음 성분을 가지고 있다고 가정하자. (a)의 결과를 이용하여, 주파수와 발진기의 결과적인 출력 측대파의 상대적인 크기를 결정하라.

8.18. 그림 8.113에 보인 회로는 '이중 모드(dual mode)' 발진기의 단순화된 모델이다. 전압의존 전류원(voltage-dependent current source)은 트랜지스터를 모델링 한 것이다. $s = j\omega$에 대해 $Z_{in}$이 무한대로 가면 회로는 발진하게 된다.

(a) 입력 임피던스 $Z_{in}$을 결정하라.

(b) $Z_{in}$의 분모를 영으로 놓고 시동 조건과 두 개의 발진 주파수를 구하라.

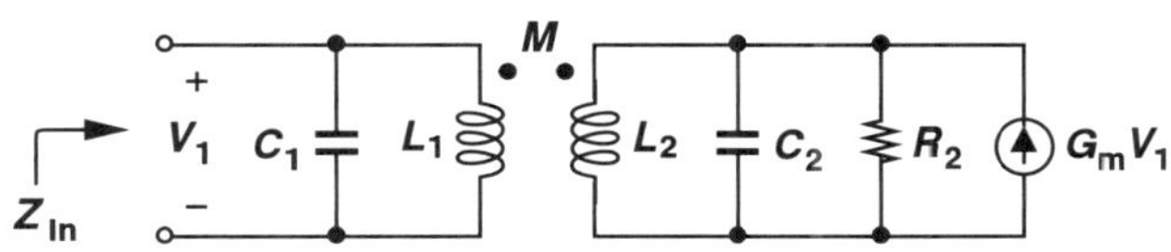


**그림 8.113** *이중 모드(dual mode) 발진기의 단순화된 모델*

CHAPTER 09

# 위상고정 루프

Phase Locked Loops

대부분의 주파수 합성기들은 주파수 정확도를 확보하기 위해 '위상 동기(phase-locking)' 기술을 이용한다. 이번 장은 위상고정 루프(PLL)에 대해 학습하기로 한다. PLL만 다루는 데에도 책 한권이 필요하겠지만, 여기서는 PLL 기반 RF 주파수 합성기의 해석 및 설계를 위한 기초 지식에 중점을 두어 설명하려 한다. 아래는 본 장의 개략적 내용이다. 본 장의 이해를 위해 8장에서 다룬 VCO의 수학적 모델을 다시 학습하기 바란다.

| Type-I PLL | Type-II PLL | PLL의 비이상적 특성 |
|---|---|---|
| ■ VCO 위상 정렬 | ■ 위상/주파수 검출기 | ■ PFD/CP 비선형성 |
| ■ Type-I PLL의 동작특성 | ■ 전하펌프 | ■ 회로 기술 |
| ■ 주파수 체배 | ■ 전하펌프 PLL | ■ VCO 위상 잡음 |
| ■ Type-I PLL의 단점 | | ■ 기준클록 위상 잡음 |

## 9.1 기본 개념 Basic Concepts

PLL을 가장 간단히 설명하면, PLL은 VCO와 위상검출기 (Phase Detector, PD)로 구성된 부궤환 루프이다. 따라서, PD를 먼저 이해하고 전체 루프 구성에 대해 알아보자.

### 9.1.1 위상 검출기 Phase Detector, PD

PD는 두 개의 주기 신호를 받아 그 *위상* 차이에 비례하는 출력신호를 발성(또는 출력신호의 평균값에 비례하는 신호를 발생)시키는 회로이다. 그림 9.1에 보이듯, 이상적인 PD의 입출력 관계 특성은 선형적이고, 그 기울기를 '이득(gain)'이라 하며, $K_{PD}$로 표시한다. 출력신호가 전압인 경우에 $K_{PD}$는 V/rad의 단위를 갖는다. 실제의 경우 PD의 입출력 관계 특성은 선형적이지 않을 수 있고, 경우에 따라서는 단조(monotonic) 특성을 갖지 않을 수도 있다.

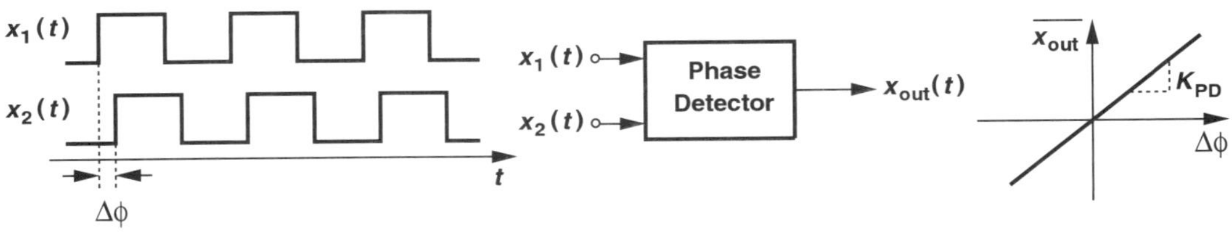


**그림 9.1** *위상 검출기와 입출력 특성*

## 예제 9.1

RF Microelecronics

PD에 입력되는 두 주기 입력 신호는 반드시 동일한 주파수 이어야 하는가?

**풀이:**

그럴 필요는 없다. 하지만, 주파수가 다를 경우 두 입력의 위상차이가 시간에 따라 변하게 된다. 그림 9.2에서 이 상황을 예를 들어 설명하였다. 여기서 주파수가 높은 입력 $x_2(t)$는 $x_1(t)$에 비해 위상이 빠르게 변한다. 따라서 위상차 $\Delta\phi$도 변하게 된다. $\Delta\phi$가 180°에 이를 때까지 PD 출력 펄스폭이 계속 증가하다가, 180°를 지나서는 다시 펄스폭이 0으로 감소한다. 즉, 출력 파형이 두 입력 주파수 차이의 주파수로 '비트(beat, 맥놀이)'하는 현상을 보인다. 이 경우, 위상차이의 평균값과 출력파형의 평균 값 모두 0이 됨을 알 수 있다.

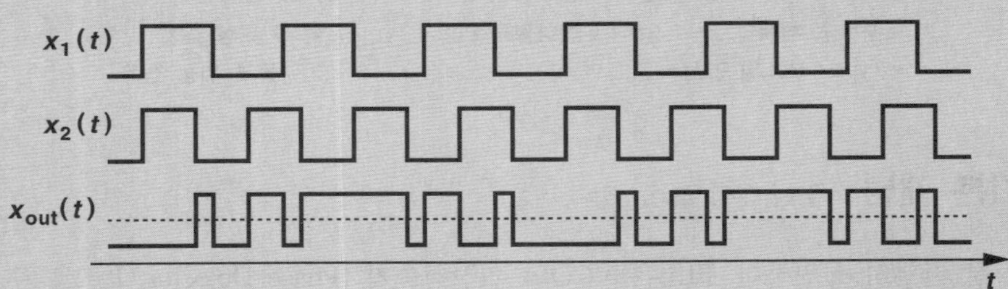


**그림 9.2** *상이한 주파수를 갖는 두 개 입력 신호의 비트(beat) 현상*

위상검출기는 어떻게 구현되는가? 평균출력값이 입력 위상차이에 비례하는 회로가 있다면 가능하다. 예를 들어, Exclusive-OR (XOR) 논리 게이트가 이렇게 동작한다. 그림 9.3과 같이, XOR 게이트는 $\Delta\phi$에 해당하는 폭을 갖는 펄스를 발생시킨다. 이 회로는 입력의 상승 엣지와 하강 엣지 모두에서 펄스를 발생시킨다.

## 예제 9.2

RF Microelecronics

XOR 위상검출기의 입출력 특성을 다음의 두 경우에 대해서 그려보라. (a) XOR 출력이 0에서 $V_{DD}$까지의 Single-Ended 신호일 때, (b) XOR 출력이 $-V_0$에서 $+V_0$까지 스윙하는 차동 신호일 때

## 예제 9.2 (계속)

RF Microelecronics

**풀이:**

(a) 그림 9.3과 같이 출력신호가 $V_{DD}$ 진폭을 가질 때, 출력 평균값은 $\Delta\phi = 0°$일 때 0이고, $\Delta\phi$ 가 180°에 가까워질 때 $V_{DD}$가 된다. $\Delta\phi$가 180°를 넘어서면, 출력 평균값은 다시 감소하여, $\Delta\phi = 360°$일 때 0이 된다. 이 특성이 그림 9.4(a)이다. 입출력 관계 특성이 주기적이고 단조(monotonic) 특성을 갖지 않음을 알 수 있다.

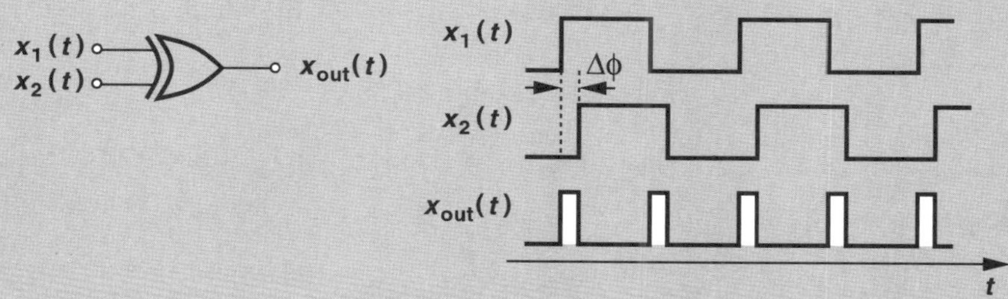


**그림 9.3** *위상검출기로서의 XOR 게이트*

(b) 그림 9.4(b)와 같이, 두 입력의 위상차가 작을 때, 출력은 대부분 $-V_0$이고 작은 영역에서만 좁은 펄스가 발생한다. 따라서 평균값은 거의 $-V_0$가 된다. $\Delta\phi$가 증가함에 따라, 출력 파형은 좀 더 넓은 영역에서 $+V_0$가 되고, $\Delta\phi = 90°$일 때 *0*이 되며, $\Delta\phi = 180°$일 때 $+V_0$가 된다. 이 특성이 그림 9.4(c)이다. $\Delta\phi = 270°$일 때, 다시 0이 되고, $\Delta\phi = 360°$일 때 $-V_0$가 됨을 알 수 있다.

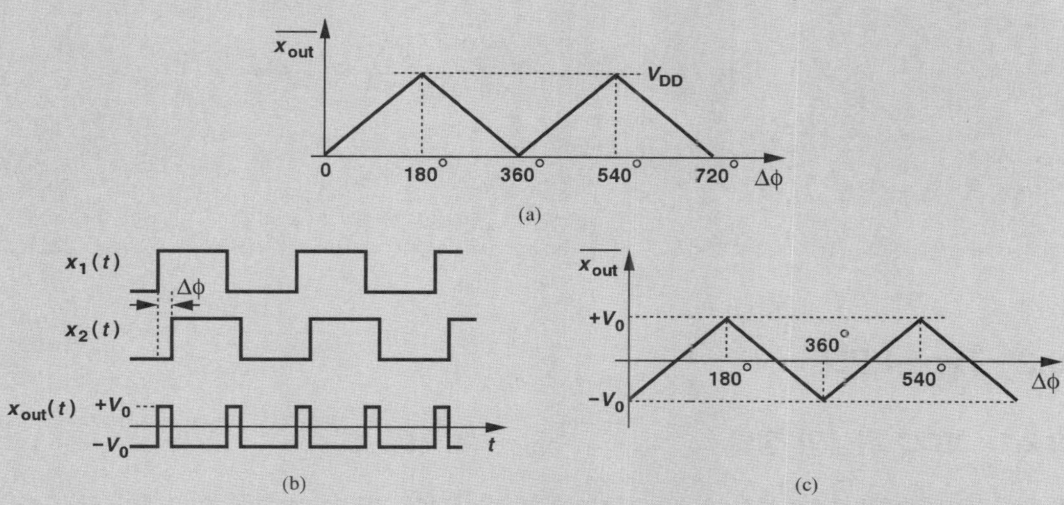


**그림 9.4** *(a) XOR 위상검출기에서 출력 스윙이 0-$V_{DD}$일 때의 입출력 관계 특성, (b) 스윙이 $-V_0$에서 $+V_0$일 때의 입출력 파형, (c) 위의 (b) 경우에서 입출력 관계 특성*

예제 9.3

한 개의 MOS 스위치는 부족하지만 위상검출기로도 사용될 수 있다. 어떻게 가능한지 설명하라.

**풀이:**

6장에서 살펴본 믹서에서 MOS 스위치가 리턴투제로(return-to-zero) 또는 샘플링(sampling) 믹서로 동작함을 알 수 있다. 두 개의 신호가 각각 $x_1(t) = A_1\cos\omega_1 t$, $x_2(t) = A_2\cos(\omega_2 t + \phi)$ 일 때, 믹서의 변환이득이 α이고, 고조파 성분은 무시할 때, 믹서 출력은 다음과 같다.

$$x_{out}(t) = \alpha A_1 \cos\omega_1 t \cdot A_2\cos(\omega_2 t + \Delta\phi), \tag{9.1}$$

그림 9.2에 나타내었듯, 두 입력 주파수가 다를 때, 출력은 $\omega_1 - \omega_2$ 주파수에 해당하는 비트를 포함하게 된다. 한편, 두 입력 주파수가 같다면, 출력 평균값은 다음과 같다.

$$\overline{x_{out}(t)} = \frac{\alpha A_1 A_2}{2}\cos\Delta\phi. \tag{9.2}$$

그림 9.5와 같이, 9.4(c)의 특성곡선에서 모서리가 없어지고 부드럽게 변한 곡선과 같다. 이 위상검출기의 이득은 $\Delta\phi$에 따라 변하게 되고, 그 최대값이 $\Delta\phi$가 $\pi/2$의 홀수 배에서 $\alpha A_1 A_2/2$가 된다.

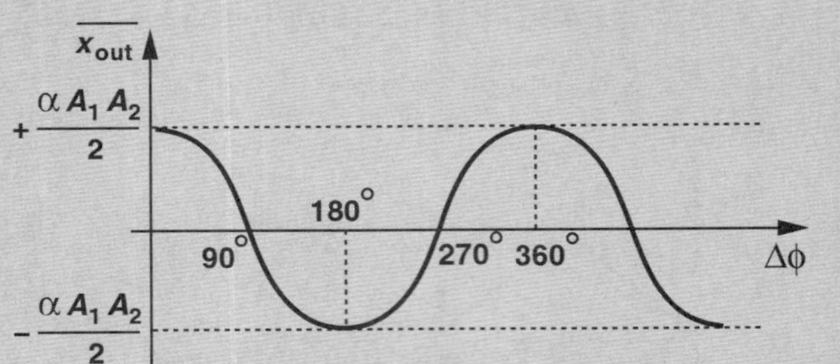


**그림 9.5** *MOS 스위치를 믹서로 사용할 때의 입출력 관계 특성*

## 9.2 Type-I PLL

### 9.2.1 VCO 위상의 정렬 Alignment of a VCO's Phase

8장 VCO의 수학적 모델에서, VCO 제어전압에 이상적인 임펄스 파형이 인가되지 않는 한, VCO의 출력 위상이 순간적으로 변할 수 없음을 배웠다. 이제, VCO가 이상적인 기준파형과 동일한 주파수를 갖지만 다른 위상으로 동작한다고 가정하자(그림 9.6). 우리는 VCO의 위상

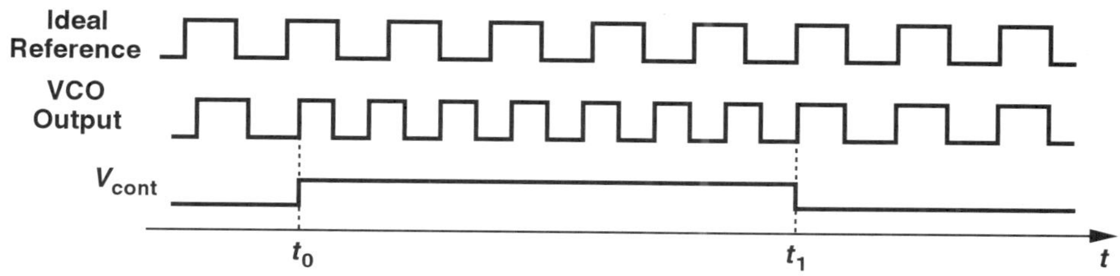


**그림 9.6** *VCO 주파수를 변화시킴에 의한 출력 위상 정렬*

을 조정하여 이 위상차이를 없애고 싶다. VCO 제어전압이 유일한 입력신호이고 VCO 위상이 순간적으로 변할 수 없음을 고려할 때, (1) VCO의 *주파수*를 변화시켜서, (2) VCO 출력신호의 위상이 좀 더 빠르게 변화하여 기준신호와의 위상차이를 없애고, (3) VCO 주파수를 원상 회복시켜야만 한다. 다시 말해, 그림 9.6과 같이, $V_{cont}$를 $t = t_0$에서 증가시켜서 $t = t_1$까지 유지하다가, 위상차이가 사라졌을 때 다시 $V_{cont}$를 원래 값으로 되돌려야 한다. 이렇게 함으로써, 두 신호가 위상차이가 없는 동일 주파수의 신호가 된다.

그림 9.6에서와 같이 어떻게 위상차이가 사라지는 순간을 알 수 있을까? VCO 위상과 기준신호 위상을 비교하는 위상검출기가 이 동작을 수행할 수 있다. 그림 9.7(a)와 같이 위상검출기와 VCO를 부궤환 루프로 연결하면 된다. 만약 '루프이득'이 충분히 크다면, 이 회로는 (일반적인 부궤환 시스템이 그러하듯이), 입력 신호의 차이를 최소화하려는 경향을 보일 것이다. 여기서 입력 신호가 전압이나 전류가 아닌 신호의 위상임을 주의하라.

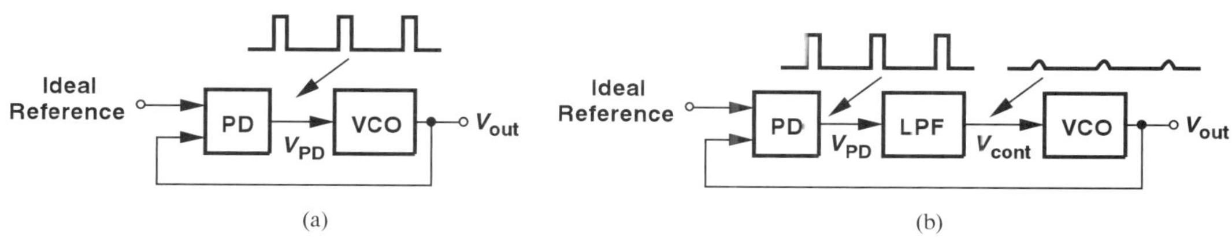


**그림 9.7** *(a) 간단한 PLL, (b) 위상검출기 출력신호의 고주파 성분 제거를 위해 저대역필터(LPF)를 삽입한 경우*

그림 9.7(a) 회로는 심각한 문제가 있다. 위상검출기가 반복적인 펄스를 출력으로 발생한다는 것이다. 반복적인 펄스는 VCO 주파수를 변조시켜서, 큰 측대파(sideband)를 발생시키게 된다. 따라서, 루프필터라 불리는 저대역필터(Low Pass Filter, LPF)를 위상검출기와 VCO 사이에 삽입하여 이러한 반복적인 펄스를 감소시킨다[그림 9.7(b)].

**예제 9.4** RF Microelecronics

부궤환 시스템으로 인해 위상 차이가 제거되면, PD는 아무런 출력 펄스도 발생시키지 않을

(*계속*)

**예제 9.4** (*계속*) RF Microelecronics

것이며, 따라서 VCO 출력신호도 영향을 받지 *않을 것*이다. 그렇다면, 왜 LPF가 필요한가?

**풀이:**

뒤에 다시 설명하겠지만, 이 부궤환 시스템은 루프이득이 무한대가 아니고 따라서 정상상태에서 어느 정도의 유한한 위상차이가 존재한다. 설사, PLL의 루프이득이 무한대 이더라도 회로상의 비이상적 특성으로 인해 $V_{cont}$ 전압이 어느 정도는 흔들리게 된다.

## 9.2.2 간단한 PLL Simple PLL

그림 9.7(b)의 회로가 간단한 PLL이다. 이 회로의 특성을 자세히 알아보자. 우선 '위상이 동기되었다' 또는 '위상을 동기시킨다'는 의미를 먼저 해석해 보자.

우선, 우리가 좀 더 익숙한 그림 9.8(a)와 같이 전압신호를 처리하는 회로를 생각해 보자. 만약, 이득이 1(unity-gain)인 버퍼 증폭기의 개루프 이득이 비교적 크다면, 출력 전압은 입력 전압을 그대로 따라 갈 것이다. 비슷한 방식으로 그림 9.8(b)의 PLL은 출력 위상 $\phi_{out}(t)$가 입력위상 $\phi_{in}(t)$를 따라가도록 동작한다. $\phi_{out}(t) - \phi_{in}(t)$가 시간에 대해 일정할 때 (0이 아님) 루프가 '동기' 되었다고 하거나, 출력 위상이 입력 위상에 '동기'되었다고 한다.

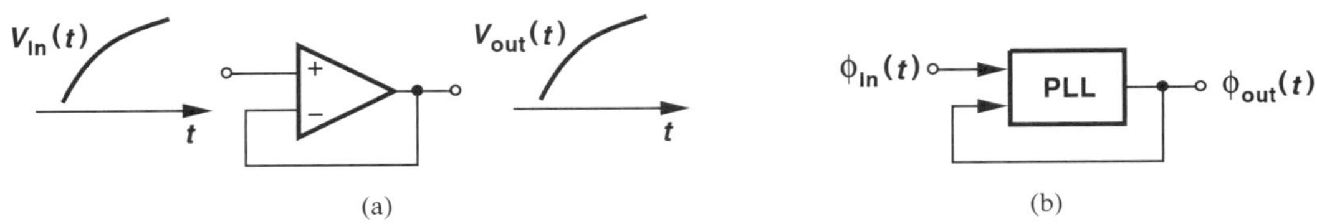


**그림 9.8** *(a) 출력이 입력을 그대로 따라가는 이득이 1인(unity-gain) 버퍼 증폭기, (b) 출력이 입력을 그대로 따라가는 PLL*

위상 동기의 고유한 결과는 PLL 입력과 출력 주파수가 *정확히* 같게 된다는 것이다. 이는 다음과 같이 표현 가능하다.

$$\phi_{out}(t) - \phi_{in}(t) = \text{constant}, \tag{9.3}$$

여기서 양변을 미분하면(역자 주: 위상을 미분하면 주파수가 되므로 식 (9.4)는 $f_{out}(t) = f_{in}(t)$와 같음),

$$\frac{d\phi_{out}}{dt} = \frac{d\phi_{in}}{dt}. \tag{9.4}$$

이 특성이 PLL 시스템과 RF 주파수 합성기의 중요한 특징이다.

**예제 9.5** RF Microelecronics

그림 9.7(b)의 위상검출기가 주파수검출기(Frequency Detector, FD)로 대치되어도 입출력 주파수가 같아지지 않는가? 그렇게 했을 경우 발생하는 문제는 무엇인가?

**풀이:**

그림 9.9가 PD대신 FD를 사용하는 경우이고, 이를 '주파수 동기 루프(Frequency-Locked Loop, FLL)'라 부를 수 있다. 부궤환 시스템은 $f_{in}$과 $f_{out}$의 차이를 최소화하는 방향으로 동작할 것이다. 하지만 이 차이가 0이 될 수 있는가? 이 회로는 그림 9.8(a)의 이득이 1인 버퍼와 유사하다. 여기서 개루프 이득이 *무한하지 않고*, op-amp에 존재하는 *오프셋(offset)으로* 인해 입출력 신호가 완전히 동일할 수 는 없다. 여기의 FLL도 같은 문제를 갖게 된다. [비슷한 이유로, 그림 9.7(b)의 PLL도 $\phi_{out}(t) = \phi_{in}(t)$이 되지 않을 수는 있다. 하지만, $f_{out} = f_{in}$은 언제나 보장된다.]

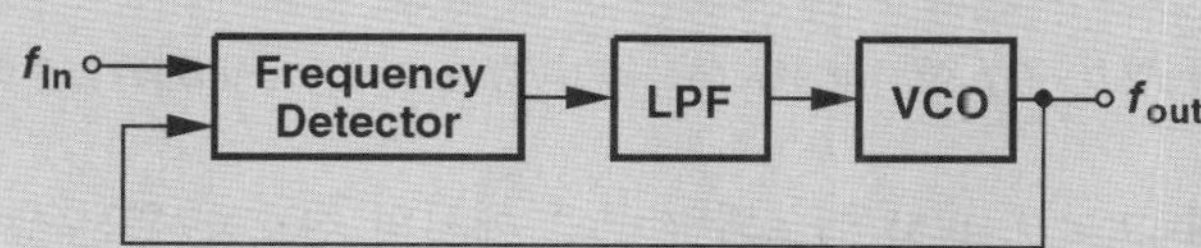


**그림 9.9** *주파수 동기 루프*

두 주기신호가 위상차이가 일정하면 서로 다른 주파수를 가질 수 있을까? 만약 위상차이를 두 연속된 영-교차(zero-crossing) 점 사이의 시간으로 정의한다면, 이는 불가능하다. 즉 위상이 동기되면 주파수는 자연히 같아져야 한다.

### 9.2.3 간단한 PLL 해석 Analysis of Simple PLL

그림 9.10(a)는 XOR 게이트와 LC VCO를 이용하여 PLL 회로를 구현한 예이다. LPF는 $R_1$, $C_1$으로 구성된다. 루프가 동기되었을 경우, 입출력 신호의 주파수는 동일하고, PD는 반복적으로 펄스를 발생하고, 루프필터는 그 평균값을 추출하고, VCO는 이 값을 받아서 필요한 주파수로 발진하게 된다. 주의할 점은 PLL 각 부분 마다 주의해서 봐야 할 신호의 종류가 바뀐다는 것이다. PD 입력은 위상, PD 출력과 LPF 출력은 전압, VCO 출력은 다시 위상이다. 반면에, 그림 9.8(a)의 이득이 1인 버퍼는 전압 또는 전류만으로 신호가 전달된다.

위에서 살펴본 바에 따라 우리는 다음과 같은 의문을 가질 수 있다. (1) PLL이 어떻게 동기상태에 이르는가? (2) PLL은 언제나 동기상태에 이르게 되는가? (3) 동기상태에서 루프내의 전압, 위상을 어떻게 계산해 낼 수 있는가? (4) 입력이 변할 때 PLL이 어떻게 반응하는가? 여기서는 이러한 질문에 대한 답을 알아보기로 한다.

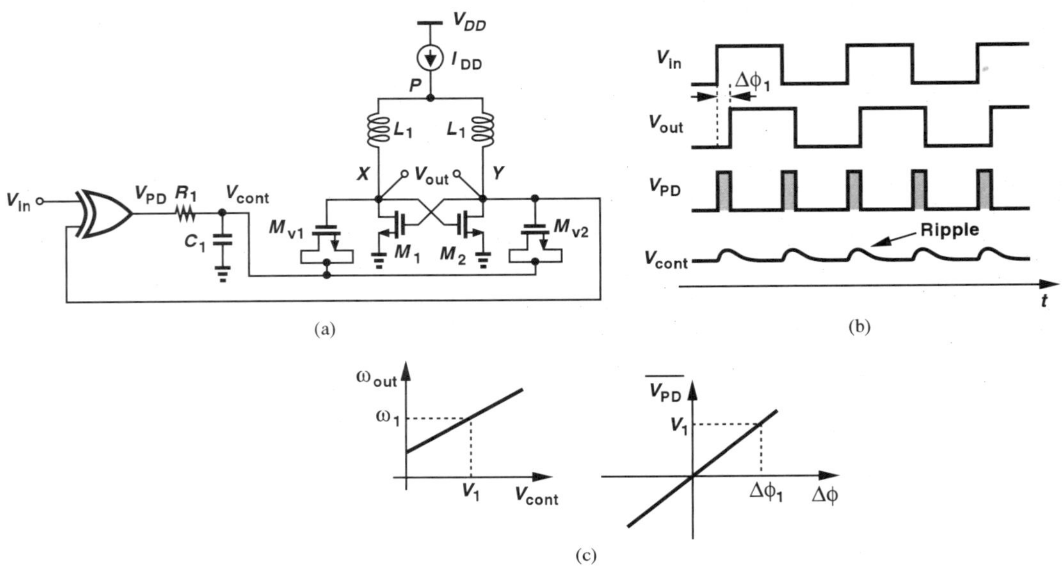


**그림 9.10** *(a) PLL 구현 예, (b) 주요 노드의 파형, (c) VCO와 PD의 입출력 관계 특성*

PLL 해석을 위해 그림 9.10(a) 회로의 각 노드에서의 신호를 우선 생각해보자. 그림 9.10(b)는 루프가 동기되었을 때 파형이다. 입출력 신호가 동일한 주파수를 갖고, 일정한 위상차 $\Delta\phi_1$을 갖는다. 그리고, PD는 폭이 $\Delta\phi_1$인 펄스를 발생한다. 이 펄스가 저대역 필터를 통과하여 dc 값으로 변환되고, 이 값이 $V_{cont}$로 전해져서 VCO가 입력 주파수 $\omega_1$과 동일한 주파수로 발진하게 된다. $V_{cont}$에 남아있는 약간의 전압신호의 흔들림을 '리플(ripple)'이라 한다. 루프필터의 대역폭을 더 작게 하면 리플을 더 감소시킬 수 있으나, 다른 성능은 나빠질 수 있다. 이 점은 뒤에 다시 알아보자.

VCO와 PD의 특성을 알고 있을 때, VCO 제어전압과 위상차이를 계산할 수 있다. 그림 9.10(c)와 같이, $V_{cont} = V_1$일 때 VCO는 $\omega_1$ 주파수로 발진하고 PD는 $\Delta\phi = \Delta\phi_1$일 때 $V_1$의 dc 값을 발생한다. 이 $\Delta\phi_1$ 값을 '고정 위상차'라 한다.

## 예제 9.6

RF Microelecronics

입력 주파수가 $\Delta\omega$ 변할 때, 위상차이는 얼마나 변하는가? 루프는 동기되어 있다고 가정하라.

**풀이:**

그림 9.11에 보이듯, $\Delta\omega$ 변화를 위해서 $V_{cont}$은 $\Delta\omega/K_{VCO}$ 만큼 변해야 한다. 이를 위해서는 위상차이는 다음과 같이 변하게 된다.

$$\Delta\phi_2 - \Delta\phi_1 = \frac{\Delta\omega}{K_{PD}K_{VCO}}. \tag{9.5}$$

## 예제 9.6 (계속)

RF Microelecronics

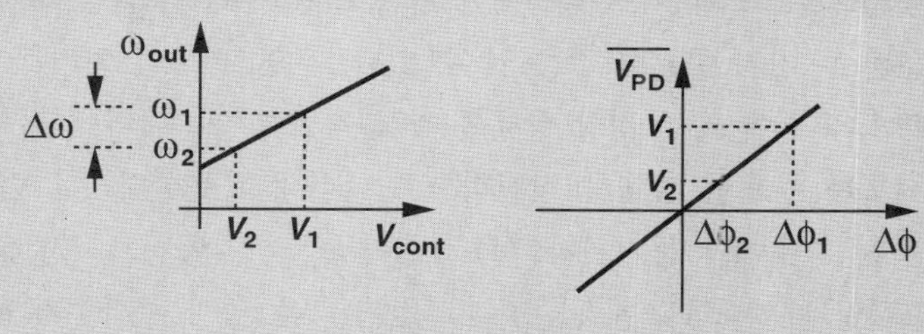


**그림 9.11** *입력주파수 변화에 따른 위상차이의 변화*

여기서 매우 중요한 점은 위상차이가 주파수에 따라 변한다는 것이다. 이 변화를 최소화하기 위해서는 $K_{PD}K_{VCO}$를 최대로 크게 해야 한다. 이 양은 비록 단위가 존재하긴 하지만 '루프이득'으로 명칭되곤 한다.

이제 $t < t_0$일 때 PLL이 동기되어 있고, $t = t_0$에서 입력 주파수가 $\Delta\omega$ 만큼 변할 때, PLL의 응답을 정성적으로 살펴보자(그림 9.12). 예제 9.6에서 살펴본 바와 같이 루프의 최종 상태를 예측할 수 있다. 하지만, 여기서는 최종 상태까지의 천이과정을 살펴보고자 한다. 입력 주파수 $\omega_{in}$이 출력 주파수 $\omega_{out}$보다 순간적으로 커졌으므르, $V_{in}$의 위상이 더 빨리 변하게 된다, 즉 위상차이가 증가하게 된다. 따라서, PD 출력 펄스가 넓어지고, LPF 출력의 dc 전압이 증가하게 되어, 결과적으로 VCO 주파수가 증가하게 된다. $\omega_{out}$과 $\omega_{in}$의 차이가 감소

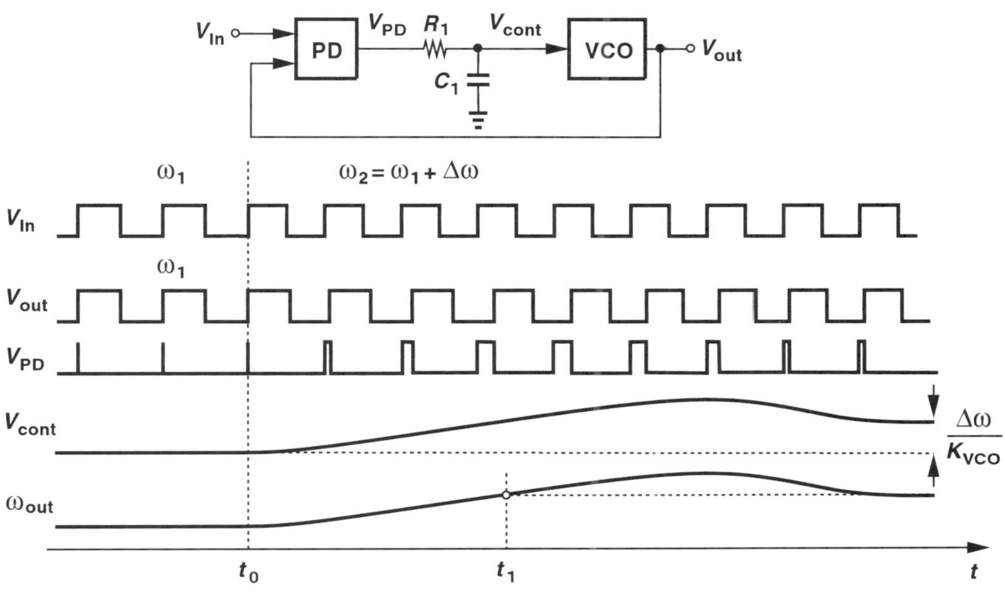


**그림 9.12** *입력 주파수 스텝(step)에 대한 PLL의 응답*

하면서, PD 출력 펄스폭도 감소하게 되고, 최종적으로 $V_{ont}$ 위상이 시작 값보다 $\Delta\omega/(K_{PD}K_{VCO})$만큼 큰 값으로 도달하게 된다. 또한 $V_{cont}$도 $\Delta\omega/K_{VCO}$ 만큼 증가한 상태가 된다.

위의 사실을 통해 두 가지 중요한 점을 알 수 있다. 우선, PLL의 여러 노드 가운데, VCO 제어전압 노드가 PLL의 천이 또는 정상 상태를 가장 직접적으로 나타낸다는 것이다. 반면에, VCO나 PD 출력신호는 루프의 상태를 직접적으로 나타내지 못한다. 두 번째는, 루프는 두 가지 조건이 만족하는 경우에만 동기된다: (1) $\omega_{out}$이 $\omega_{in}$과 같아지고, (2) $\phi_{in}$과 $\phi_{out}$의 차이가 적절한 값에 도달할 때이다[1]. 예를 들어, 그림 9.11은 입력 주파수가 $\omega_1 + \Delta\omega$로 변할 때 출력주파수도 $\omega_1 + \Delta\omega$로 변해야 하며 위상차이도 $\Delta\phi_2$로 변해야 함을 보이고 있다. 또한, 그림 9.12와 같이, $V_{cont}$이 $t = t_1$에서 목표값에 도달함을 알 수 있다(즉, 이 순간은 $\omega_{out} = \omega_{in}$이 되는 지점이다). 하지만, 위상차이가 목표값에 도달하지 않았기 때문에 루프 상태는 계속적으로 변하게 된다. 다시 말해, '주파수'와 '위상'이 동시에 목표값에 도달해야만 루프가 정상상태에 도달하는 것이다.

### 예제 9.7

RF Microelecronics

FSK 파형이 PLL에 인가될 때, 시간에 따른 제어전압의 파형을 그려라.

**풀이:**

입력주파수가 두 값 사이에서 반복적으로 변할 때 출력주파수도 동일하게 변할 것이다. 이때 제어전압도 두 값 사이를 반복적으로 변해야 한다. 제어전압의 파형은 그림 9.13과 같을 것이며, 이는 디지털 데이터 비트에 해당한다. 즉, $V_{cont}$를 출력으로 볼 때 PLL이 FSK (좀 더 일반적으로는 FM) 복조기로 동작할 수 있음을 알 수 있다.

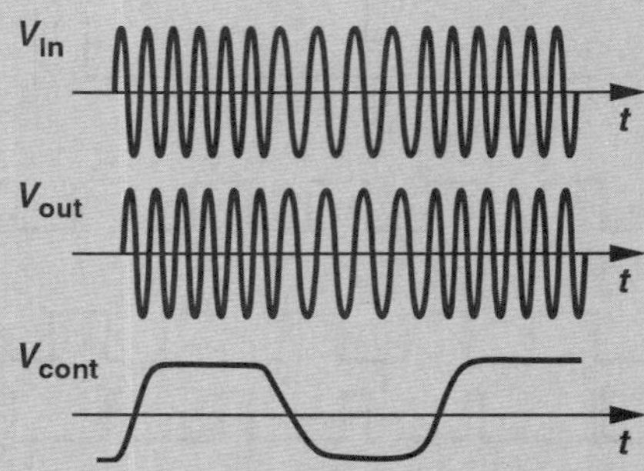


**그림 9.13** *FSK 복조기로서의 PLL*

### 예제 9.8

RF Microelecronics

지금까지의 내용으로 볼 때, FSK 복조기를 제외하고는, 출력주파수를 입력주파수와 같게 만

**예제 9.8** *(계속)* RF Microelecronics

드는 *단순 연결선*과 같은 역할을 하는 PLL이 무슨 필요가 있는가 생각될 수 있다. 이러한 생각은 무엇이 잘못 되었는가?

**풀이:**

위상 동기의 유용성은 본 장의 뒷부분에 좀 더 상세히 설명될 것이다. 그럼에도, 루프의 *동적* 특성은 매우 유용한 특성을 내포한다는 것을 알 수 있다. 예제 9.7에서 입력 주파수가, PLL이 따라가기에 벅찰 정도로 비교적 빠른 속도록 변한다고 가정해보자. 그림 9.14에 나타내었듯이, 입력 주파수가 변할 때, 제어전압이 따라서 변하려고 하나, 정상상태에 도달하기에는 시간이 부족하다. 다시 말해, 출력주파수는 입력주파수의 변화량 보다 *적게* 변하게 된다. 이 경우, PLL은 입력주파수 변화에 대해 *저역통과필터(LPF)*처럼 동작하는 것이다. 이는 마치 그림 9.8(a)의 *이득*이 1인 버퍼가 op-amp의 대역폭이 충분치 않을 때 입력 전압 신호에 대해 LPF로 작동하는 것과 같은 원리이다. 사실, PLL의 많은 응용 분야는 이와 같이 PLL의 LPF 특성을 이용하여 신호의 주파수나 위상 잡음을 감소시키는 역할을 기반으로 한다.

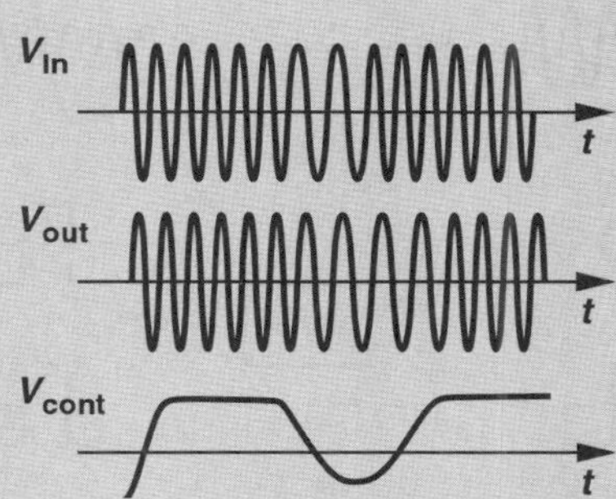


**그림 9.14** *PLL 대역폭의 제한으로 인해 왜곡된 FSK 복조 신호*

만약 PLL의 입/출력 위상차이가 시간에 따라 변한다면, 루프는 비동기 상태(unlocked, 또는 동기에서 풀린 상태)가 된 것으로 볼 수 있다. 이는 출력신호가 입력신호와 상관없이 변하게 되므로 원치 않는 상태이다. 예를 들어, 회로가 처음 시작할 때, VCO 주파수가 입력주파수와 너무 많이 차이가 난다면, 루프는 절대 동기 되지 않을 수도 있다. 비동기 상태에서의 PLL의 동작이 중요하지 않지만, PLL이 궁극적으로 동기될 수 있는지, 어떻게 동기되는지는 매우 중요한 사항이다. 여기서 살펴보는 PLL에서 동기를 보장하는 방법에 대해서도 알아 볼 것이다.

### 9.2.4 루프의 동적 특성 Loop Dynamics

일반적으로 PLL의 과도응답(transient response) 특성은 수식화 할 수 없는 비선형적 현상이다. 그럼에도, 선형적 근사 기법을 이용하면, PLL 동작의 직관적 이해와 설계의 중요한 요소들간의 상관관계를 파악하는 데 매우 유용하다. 우선 전달함수를 살펴보고, 이를 이용한 시간 영역의 동작 특성을 살펴보자.

PLL의 '전달함수(transfer function)'라는 용어의 의미를 먼저 살펴보자. 우리가 익숙한 전압영역 회로의 경우(예를 들어, 그림 9.15(a)의 이득이 1인 버퍼), 전달함수는 정현파 입력 *전압이* 출력에 어떻게 전달되는가를 나타낸다.[1] 예를 들어, 저주파 입력 신호는 감쇄가 작고, 고주파 입력신호는 출력에서 작은 전압 파형으로 나타난다. 이러한 개념을 *위상* 영역에 어떻게 적용할 수 있나? PLL 전달함수는 입력 (*초과*) *위상의* 느리거나 빠른 변화가 어떻게 출력에 전달되는지를 나타낸다. 그림 9.15(a)는 입력위상의 느리고 빠른 변화를 예시하고 있다. 예제 9.7로부터, PLL의 저역통과 특성이 빠른 입력 위상 변화를 감쇄시킬 것이라는 것을 예측할 수 있다. 즉, 입력위상이 느리게 변할 때만 출력위상이 입력위상을 근접해서 따라 가는 것이다.

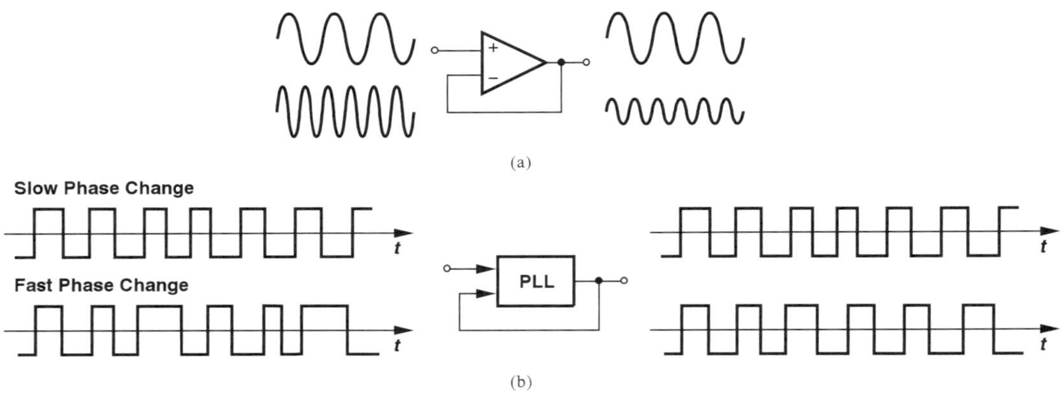


**그림 9.15** *(a) unity-gain 버퍼에서 저주파와 고주파 입력신호에 대한 응답, (b) 입력위상이 빠르게 변할 때와 느리게 변할 때의 PLL 응답*

이제 PLL의 '위상영역 모델'을 구성해 보자. 위상검출기는 단순히 입력위상에서 출력위상을 *빼서* 그 결과값을 $K_{PD}$로 곱해서 평균 전압을 생성한다. 그림 9.16에 보이듯, 이 *전압이* LPF와 VCO로 순차적으로 인가된다. 위상검출기는 위상만을 입력으로 받으므로, VCO는 입력이 전압이고 출력이 위상인 회로로 모델링 되어야 한다. 8장에서 제시됐던 VCO 모델에 따라, VCO의 전달함수는 $K_{VCO}/s$로 표시될 수 있다. 이때, PLL의 개루프 전달함수는 $[K_{PD}/(R_1C_1s + 1)](K_{VCO}/s)$가 되고, 최종적인 폐루프 전달함수는 다음과 같이 된다.

$$H(s) = \frac{\phi_{out}}{\phi_{in}}(s) = \frac{K_{PD}K_{VCO}}{R_1C_1s^2 + s + K_{PD}K_{VCO}}. \tag{9.6}$$

1. 전달함수는 물론 비정현파 입력에 대한 응답도 포함한다.

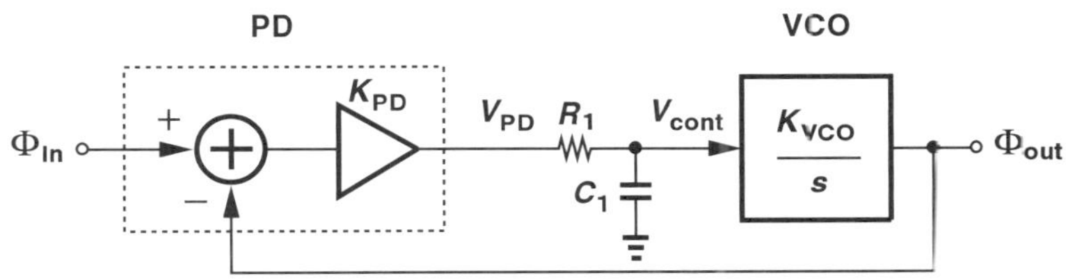


**그림 9.16** *Type-I PLL의 위상영역 모델*

개루프 전달함수가 원점에 하나의 극점(VCO에서 발생함)만 포함하므로(즉, 이상적인 적분기), 이 시스템은 'Type-I PLL'이라 부른다. 입력위상의 느린 변화($s \approx 0$)에 대해, $H(s) \approx 1$, 즉, 출력 위상이 입력 위상을 그대로 따라가게 됨을 알 수 있다.

**예제 9.9** RF Microelecronics

그림 9.10에 나타낸 해석은 루프가 *일정한* 위상차를 가지면서 동기됨을 보이고 있다. 반면, 식 (9.6)은 느린 위상변화에 대해 $\phi_{out} = \phi_{in}$을 보이고 있다. 이것은 일관된 결과인가?

**풀이:**

그렇다. 모든 전달함수가 그렇듯이, 식 (9.6)은 입/출력위상 값에 대한 것이 아니라, 그 변화량에 대한 것이다. (역자 주: 전압 증폭기의 전달함수는 입출력 전압의 주파수에 대한 함수인 것과 같은 원리) 다시 말해, 식 (9.6)은 입력에서 위상변화가 $\Delta\phi$일 때 출력위상도 같은 양만큼 변함을 나타내며, 정상상태에서의 위상오차에 대한 정보는 주지 못한다.

식 (9.6)의 이차 전달함수는 과제동(overdamped), 임계제동(critically-damped), 부족제동(underdamped) 특성으로 분류할 수 있다. 각 조건을 유도하기 위해, 분모를 제어이론에서 자주 사용되는 형식($s^2 + 2\zeta\omega_n s + \omega_n^2$)으로 나타내 보자. 여기서, $\zeta$는 제동계수(damping factor), $\omega_n$은 고유주파수(natural frequency)이다.

$$H(s) = \frac{\omega_n^2}{s^2 + 2\zeta\omega_n s + \omega_n^2}, \tag{9.7}$$

여기서

$$\zeta = \frac{1}{2}\sqrt{\frac{\omega_{LPF}}{K_{PD}K_{VCO}}} \tag{9.8}$$

$$\omega_n = \sqrt{K_{PD}K_{VCO}\omega_{LPF}}, \tag{9.9}$$

그리고, $\omega_{LPF} = 1/(R_1C_1)$이다. 제동계수가 $\sqrt{2}/2$ 또는 그 이상일 때, PLL은 임계제동 또는

과제동의 적절한 응답을 보이게 된다.

**예제 9.10** RF Microelecronics

개루프 시스템의 보드플롯(bode plot)을 이용하여 제동계수 $\zeta$가 $K_{VCO}$에 반비례함을 보여라.

**풀이:**

그림 9.17은 개루프 전달함수 $H_{open}$에 대한 $K_{VCO}$의 영향을 보이고 있다. $K_{VCO}$가 증가하면, 단위이득(unity-gain) 주파수가 증가하고, 위상마진(phase margin, PM)이 감소한다. 이는 일반적인 전압 (또는 전류) 부궤환 증폭기에서, 루프 이득이 증가하면 안정성이 감소되는 경향과 동일하다.

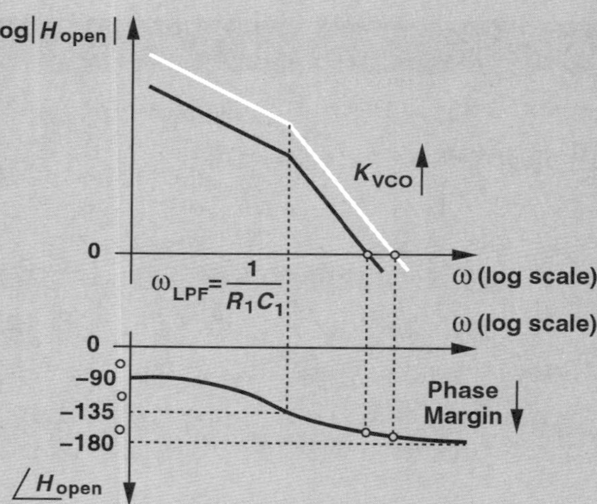


**그림 9.17** *Type-I PLL에서 KVCO 증가가 미치는 영향을 보여주는 보드플롯*

위상과 주파수는 상호 선형적 시불변(linear time-invariant) 연관성이 있으므로, 식 (9.6)은 주파수에도 동일하게 적용된다. 예를 들어, 입력 주파수가 느리게 변하면, 출력 주파수는 거의 그대로 따라가게 된다.

**예제 9.11** RF Microelecronics

그림 9.10에 구현된 연결이 부궤환임을 어떻게 보장하는가?

**풀이:**

그림 9.4(a)에서 볼 수 있듯이, 위상 검출기의 이득은 양수 또는 음수가 될 수 있다. 따라서, 루프는 자동적으로 부궤환인 상태로 동기된다.

### 9.2.5 주파수 체배 Frequency Multiplication

PLL의 매우 유용한 특징 중 하나가 주파수 체배, 즉 출력 주파수를 입력 주파수의 배수로 발생시킬 수 있다는 것이다. PLL이 어떻게 주파수를 '증폭'시킬 수 있는가? 그림 9.8(a)의 전압 증폭기를 다시 한 번 살펴보자. 이 회로는 출력신호를 입력으로 연결하기 전에 출력신호를 *감소시킴으로써* 신호의 증폭을 얻을 수 있다[그림 9.18(a)]. 비슷한 방식으로, PLL의 출력주파수를 감소 (분주)시켜 입력 단자로 궤환시킬 수 있다[그림 9.18(b)]. '$\div M$ 회로'는 입력 펄스 $M$개당 한 개의 출력 펄스를 생성하는 주파수 분주기이다(10장 참조). 다른 관점에서 볼 때, 동기된 상태에서 $\omega_F = \omega_{in}$이고, 따라서 $\omega_{out} = M\omega_{in}$이다. 여기서, 분주비 $M$은 '모듈러스 (modulus)'라 부르기도 한다.

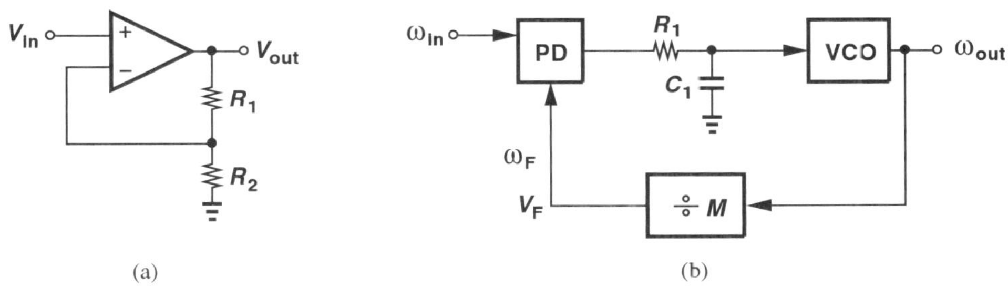


**그림 9.18** *(a) 전압 증폭, (b) 주파수 체배*

**예제 9.12** RF Microelecronics

그림 9.18(b)의 제어전압이 주파수 $\omega_{in}$에서 진폭이 $V_m$인 작은 리플을 갖는다고 하자. VCO와 주파수 분주기의 출력 스펙트럼을 그려라.

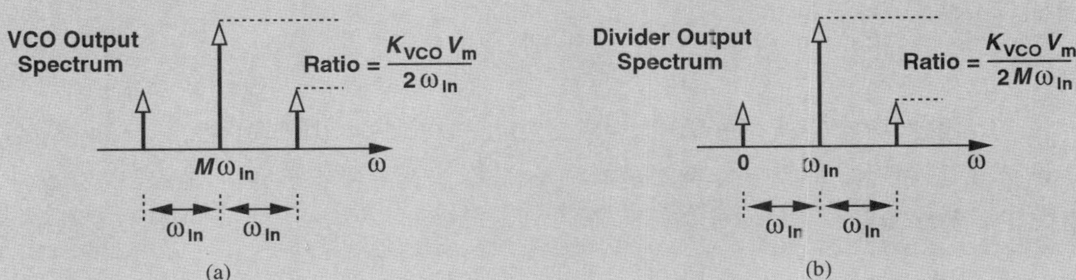


**그림 9.19** *(a) VCO 출력 스펙트럼, (b) 분주기 출력 스펙트럼*

**풀이:**

협대역 FM 근사방법에 따르면, VCO 출력이 $M\omega_{in} \pm \omega_{in}$에 두 개의 측대역 성분을 가지게

(계속)

**예제 9.12** (*계속*) RF Microelecronics

된다[그림 9.19(a)]. 이 경우 주파수 분주기 출력은 어떻게 되는가? 주파수 분주기는 단순히 입력 주파수 또는 위상을 분주하기 때문에, $V_F$는 다음과 같이 된다.

$$V_F(t) = V_0 \cos\left[\frac{1}{M}(M\omega_{in}t + K_{VCO}\int V_m \sin\omega_{in}t dt)\right] \tag{9.10}$$

$$\approx V_0 \cos\omega_{in}t - \frac{K_{VCO}V_m}{2M\omega_{in}} V_0 \cos(\omega_{in} + \omega_{in})t + \frac{K_{VCO}V_m}{2M\omega_{in}} V_0 \cos(\omega_{in} - \omega_{in})t. \tag{9.11}$$

즉, 주파수 분주기 이후에도 측대역 성분의 주파수는 변하지 않고, 다만 중심주파수 성분에 대한 상대적 크기가 $M$배 만큼 *감소*하게 된다. 그림 9.19(b)는 그 결과이다.

그림 9.18(b)의 PLL은 주파수를 *합성할* 수도 있다: 주파수 분주비가 1씩 변하면 출력주파수가 $\omega_{in}$만큼씩 변하게 된다. 이것이 10장에서 살펴볼 주파수 합성기의 기본 원리이다.

주파수 분주기가 존재하므로 인해 PLL의 동작 역학에 어떤 변화를 주는가? 그림 9.18(a)의 op-amp 회로에서와 유사하게, 루프이득이 약하면 느린 응답과 큰 위상차를 예상할 수 있다. 응답속도에 대한 것은 문제 9.2에서 다루고 있고, 위상오차에 대해서는 다음 예제를 참조하라.

**예제 9.13** RF Microelecronics

그림 9.18(a)의 PLL에 대해 그림 9.11 해석을 다시 한 번 수행 하고, 정상상태에서의 위상 오차를 계산하라.

**풀이:**

$\omega_{in}$이 $\Delta\omega$ 만큼 변하면, $\omega_{out}$은 $M\Delta\omega$ 만큼 변한다. 이 변화로 인해 제어전압은 $M\Delta\omega/K_{VCO}$ 만큼 변하고 결과적으로 위상 오차는 $M\Delta\omega/(K_{VCO}K_{PD})$ 만큼 변하게 된다. 예상대로 이 오차는 $M$배 만큼 크다.

### 9.2.6 단순 PLL의 단점 Drawbacks of Simple PLL

지금까지 살펴보았던 단순 PLL은 최근의 RF 주파수 합성기에는 잘 사용되지 않는다. 이는 두 가지 이유 때문이다. 첫째, 식 (9.8)은 루프 안정도와 LPF 코너-주파수(corner frequency)

간의 긴밀한 상관관계를 보여준다. 예제 9.12에서 보였듯, VCO의 제어전압에 존재하는 작은 흔들림이 VCO 주파주를 변조하기 때문에, 이러한 전압의 흔들림을 억제하기 위해 $\omega_{LPF}$를 낮게 해야 한다. 하지만, 낮은 $\omega_{LPF}$은 루프의 안정성을 저하시킨다. 따라서, 이러한 상충적인 관계가 발생하지 않는 다른 구조의 PLL이 필요하게 된다.

둘째, 단순 PLL은 주파수 획득 범위가 상당히 제한된다. 예를 들어, VCO의 주파수와 입력 주파수의 값이 초기에 많이 다르면, 루프는 결코 원하는 주파수에 '동기(locking)'되지 않는다[2]. 따라서, 이러한 문제를 완전히 피할 수 있는 언제나 '동기'되는 PLL이 필요하다.

RF 주파수 합성기와 직접적인 관련은 없지만, 단순 PLL에서 동기되었을 때의 입력주파수에 따라 변하는 유한한 위상오차[식 (9.5)] 또한 일부 응용에서는 바람직하지 않다. 이 위상오차는 루프 이득을 무한대로 설정함으로써 제거 될 수 있다. 이에 대한 설명이 다음에 이어진다.

## 9.3 TYPE-II PLL

위에서 언급한 두 번째 문제, 즉 제한된 주파수 획득범위부터 살펴보자. 이 책의 범위를 넘어서긴 하지만, 이러한 문제는 *위상* 검출기가 서로 다른 주파수의 입력 신호에 대해 의미 있는 정보를 거의 발생시키지 못하기 때문이다. 따라서, 만약 *주파수* 검출기가 루프에 추가되면 주파수 획득범위가 넓어질 수 있다고 예상할 수 있다. 물론, 예제 9.5에서 언급했듯, 주파수 검출기만으로는 충분하지 않고 PLL은 반드시 위상으로 동기해야 한다. 그러므로, 입력 주파수가 동일하지 않을 때는 주파수 검출기로 동작하고, 입력 주파수가 동일할 때는 위상 검출기로 동작하는 회로가 있으면 바람직하다. 이러한 회로를 '위상/주파수 검출기'(phase/frequency detector, PFD)라고 부른다.

### 9.3.1 위상/주파수 검출기 Phase/Frequency Detectors

PFD 동작 개념을 그림 9.20에 보였다. 이 회로는 $Q_A$, $Q_B$ 두 개의 출력을 발생시키며, 다음의 원리로 동작한다: (1) A 상승 엣지에서 $Q_A$는 LOW에서 HIGH로 상승한다. (2) $B$ 상승 엣지에서 $Q_A$는 HIGH에서 LOW로 리셋된다. $Q_B$도 $B$의 상승 엣지에서 상승, $A$의 상승 엣지에서 리셋으로 동작한다. 그림 9.20(a)에서 $\omega_A > \omega_B$일 때 $Q_A$는 펄스를 계속 출력하고 $Q_B$는 LOW 상태를 유지한다. 반대로, $\omega_B > \omega_A$일 때는 $Q_B$에서 펄스가 계속 출력되고 $Q_A$는 LOW의 상태로 존재한다. 반면에, 그림 9.20(b)와 같이 $\omega_A = \omega_B$일 경우에는 $A$와 $B$의 위상차에 해

2. 예전의 PLL은 획득영역(acquisition range)',인입영역(pull-in range)', 캡쳐영역(capture range)', 동기영역(lock range)', 추적영역(tracking range)' 등으로 주파수 획득 범위를 여러 가지 상황에 따라 다르게 분류하였다. 하지만, 최근의 PLL은 이러한 구분이 하지 않는다.

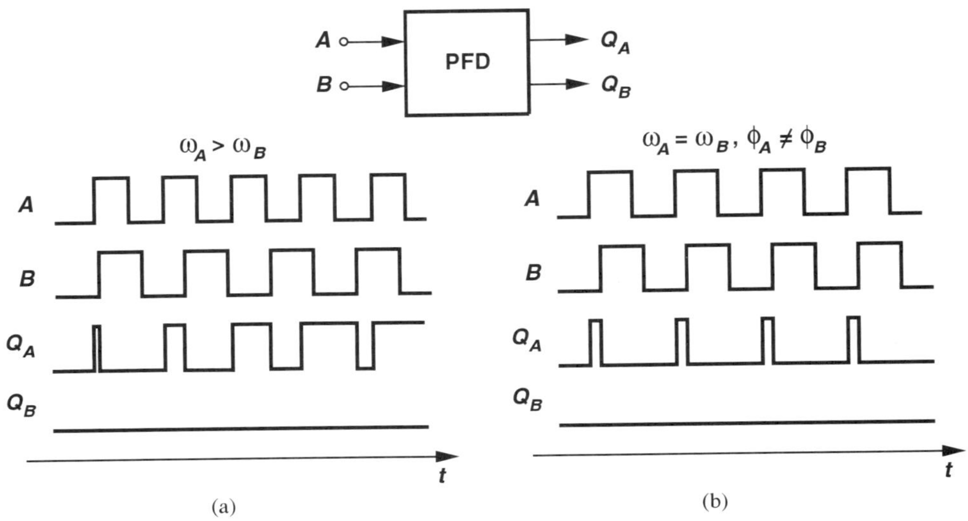


**그림 9.20** *서로 다른 (a) 주파수 및 (b) 위상을 갖는 입력신호에 대한 PFD의 응답*

당하는 폭을 갖는 펄스를 $Q_A$ 또는 $Q_B$에서 출력한다. 따라서, $Q_A - Q_B$ 평균값이 주파수 또는 위상 차이를 나타낸다고 할 수 있다.

위의 동작을 회로로 구현하기 위해서는 적어도 세 가지 경우의 논리상태가 정의되어야 한다: $Q_A = Q_B = 0$; $Q_A = 0$, $Q_B = 1$; $Q_A = 1$, $Q_B = 0$. 또한, 입력 신호 듀티 사이클에 대한 출력의 변화를 피하기 위해서, 엣지 트리거 순차 논리회로로 구현되어야 한다. 그림 9.21은 회로 동작의 상태도(State Diagram)이다. PFD는 State-0에서 $A$의 변화로 State-I로 이동한다. State-I는 $B$의 변화가 있기 전까지 유지되다가 B의 변화 시에 State-0로 돌아간다. State-0와 State-II 사이의 변화도 유사하게 이루어진다.

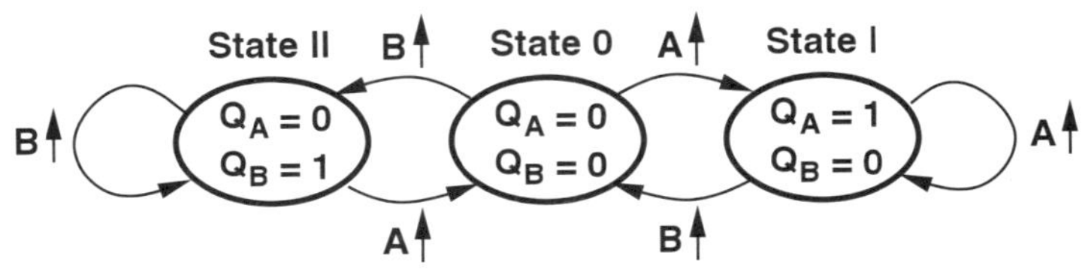


**그림 9.21** *PFD 동작의 상태도*

그림 9.22는 위에서 언급한 동작들을 논리회로로 구현한 것이다. 이 회로는 엣지 트리거이면서 리셋가능하고, 입력이 HIGH에 연결된 두 개의 D 플립플롭(DFF)으로 구성된다. $A$, $B$ 신호는 각각 $DFF_A$, $DFF_B$의 입력 클럭으로 인가된다. $Q_A = Q_B = 1$인 경우 AND 게이트를 통해 두 개의 DFF를 리셋시키게 된다. $A$의 상승으로, $D$ 입력, 즉 HIGH가 $Q_A$ 출력으로 전달된다. 이후 $A$의 변화는 더 이상의 영향을 주지 않는다. $B$가 상승하면 $Q_B$가 상승하고, 따라

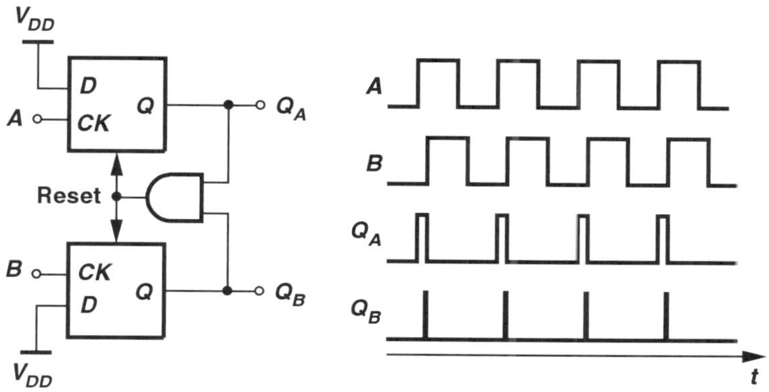


**그림 9.22** *PFD 구현*

서 플립플롭을 리셋하게 된다. 그러므로, AND 게이트와 플립플롭 리셋 경로에서 발생하는 지연시간동안, $Q_A$와 $Q_B$는 동시에 HIGH 상태를 가지게 된다. 만약 $A$와 $B$가 정확하게 동위상이라면, $Q_A$와 $Q_B$는 매우 좁은 '리셋 펄스'를 출력하게 될 것이다.

그림 9.22의 $Q_B$에서 출력되는 리셋펄스는 어떤 영향을 미치는가? $Q_A - Q_B$의 평균값 만이 중요하기 때문에, $Q_B$에서 발생되는 펄스는 정상 동작에 방해를 주지 않는다. 하지만, 9.4절에서 설명했듯이, 리셋펄스는 VCO 제어 전압의 출렁거림을 증가시키게 된다.

그림 9.22 D 플립플롭은 그림 9.23과 같이 구현될 수 있다(D 입력이 별도로 없는 것에 유의하라). 이 회로의 동작 속도는 비교적 낮지만, 주파수 체배 PLL에서 $\omega_{ir}$이 $\omega_{out}$에 비하여 매우 작기 때문에, 통상 큰 문제는 되지 않는다. $\omega_{in} = 2\pi \times (200\text{ kHz})$, $\omega_{out} = 2\pi \times (900\text{ MHz})$인 GSM 시스템을 예로 생각해 보자. 그림 9.22와 9.23을 보면, 리셋 펄스폭이 3개의 게이트와 AND 게이트 지연시간의 합과 같다는 것을 알 수 있다. 만약 AND 게이트가 NAND 게이트와 인버터로 구성된다면, 펄스폭은 5개의 게이트에서 발생하는 지연시간과 비

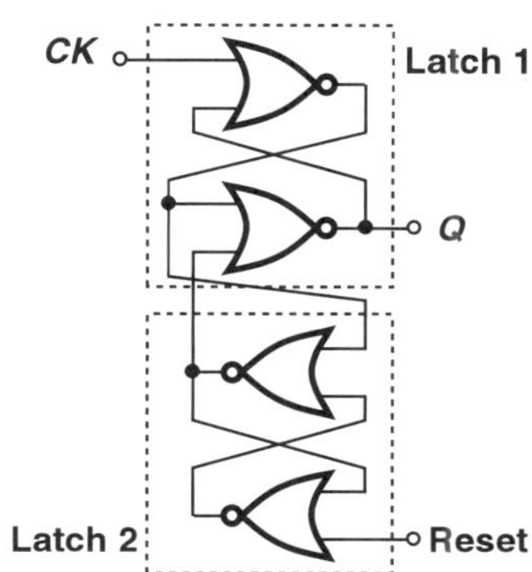


**그림 9.23** *리셋 가능한 D 플립플롭의 논리 회로 구현*

슷할 것이다. 따라서, 이제 부터는 동위상 입력 신호가 인가되었을 때 리셋 펄스 폭이 5개 게이트 지연시간이라고 가정할 것이다.

PLL에서 PFD의 적용으로 제한된 주파수 획득 범위의 문제를 해결할 수 있다. 그림 9.24는 PFD를 적용한 PLL의 개념도이다. 저역필터와 $A_1$ 증폭기는 $Q_A - Q_B$의 dc 성분을 추출한다. PLL이 시작되면 PFD는 주파수 검출기로써 동작하여 VCO 주파수를 입력 주파수 방향으로 이동시킨다. 두 주파수가 충분히 가까워지면, PFD는 위상 검출기로 동작하게 되고, 이를 통해 루프의 위상고정을 이루게 된다. 여기서 피드백 루프가 부궤환으로 구성되는 것이 중요하다[단순 PLL의 경우는 그렇지 않다(예제 9.11)].

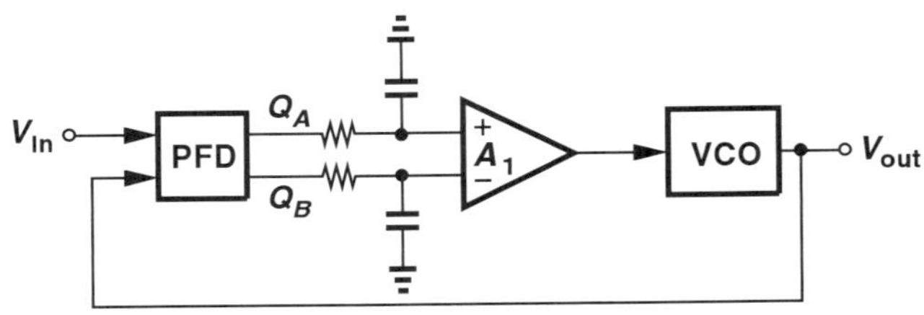


**그림 9.24** *type-I PLL에서 PFD의 적용*

다음으로 루프의 제동계수(damping factor)와 루프필터의 코너주파수(corner frequency) 사이의 상충 관계[식 (9.8)]를 해결해야 한다. 이 문제는 루프에 전하펌프(charge pump)를 도입하여 해결된다.

## 9.3.2 전하펌프 Charge Pumps

전하펌프는 정해진 시간 동안 전류를 주입하거나 방출한다. 그림 9.25를 예로 들어서 살펴보면, 스위치 $S_1$은 입력신호 'UP'으로 스위치 $S_2$는 입력신호 'DOWN'으로 각각 제어된다. UP

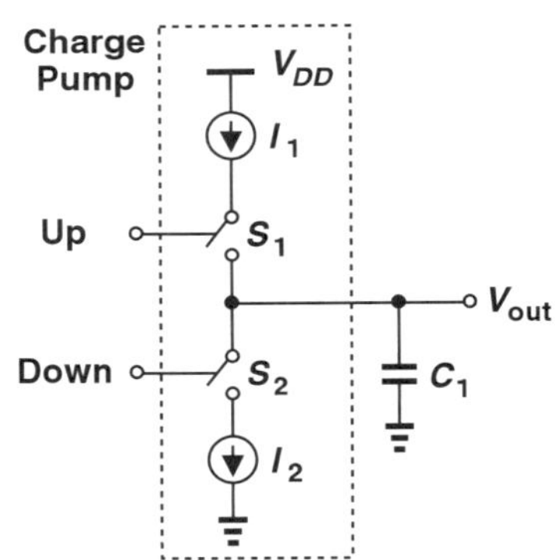


**그림 9.25** *전하펌프*

을 통해서 들어오는 $\Delta T$의 폭을 가지는 펄스는 $S_1$을 $\Delta T$ 동안 단락시키고, 이때 전류 $I_1$이 $C_1$으로 충전된다. 따라서, $V_{out}$은 $\Delta T \cdot I_1 / C_1$ 만큼 증가한다. 비슷한 방식으로 DOWN을 통해서 들어오는 펄스는 $V_{out}$을 감소시킨다. 대개, $I_1 = I_2 = I_p$이다. 그래서, 만약 UP과 DOWN이 동시에 인가되면, $I_1$은 $V_{out}$에 변화를 주지 않고 $S_1$과 $S_2$를 거쳐서 $I_2$로 흐르게 된다.

그림 9.25의 회로 앞에 PFD를 연결하여 생각해보자(그림 9.26). 예를 들어서, $A$가 $B$보다 앞서면 $Q_A$에서 펄스가 발생하고 $V_{out}$은 지속적으로 증가한다. 중요한 점은 $A$와 $B$ 사이의 매우 작지만 일정한 위상 차이가 존재하더라도 둘 중에 하나의 스위치는 단락 되고, 그렇기 때문에 $C_1$은 충전 또는 방전을 하게 되고, 결국 $V_{out}$을 $+\infty$나 $-\infty$로 단들게 된다. 다시 말해, 이 회로의 이득을 $V_{out}$의 최종값을 입력 위상 차이로 나눈 값으로 정의한다면, 그림 9.26의 회로는 무한대의 이득을 갖는 것 이다. 또 다른 관점에서 살펴보면, PFD/CP/$C_1$의 직렬 연결은 일정한 위상 차이에 대하여 램프 함수의 출력 특성을 나타낸다. 이것은 적분기의 동작과 유사하다.

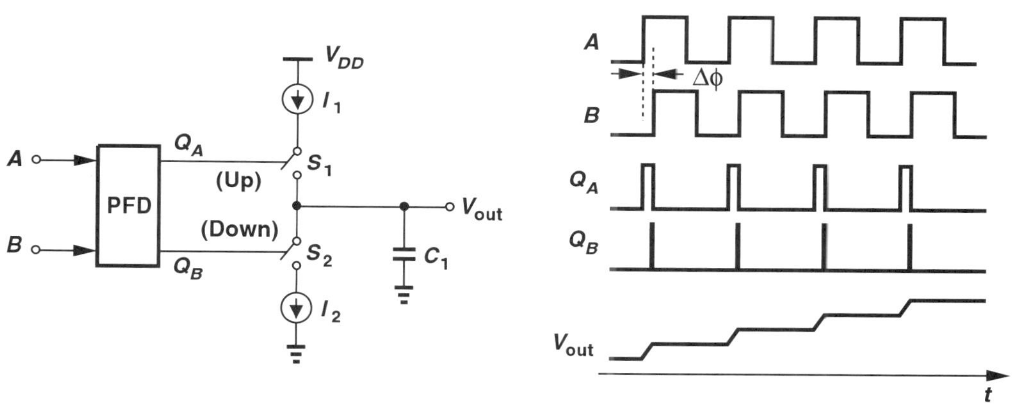


**그림 9.26** *PFD/CP 종속단의 동작*

## 예제 9.14

RF Microelecronics

그림 9.26의 PFD/CP회로를 $C_1$을 구동하기 위한 전류원으로 생각할 수 있다. 전류원의 평균값과 입력 주기 $T_{in}$에 대한 출력 값 기울기의 평균값을 계산라.

**풀이:**

입력위상차이가 $\Delta\phi$ rad $= [\Delta\phi/(2\pi)] \times T_{in}$ (sec)일 때, 평균전류값은 $I_p\Delta\phi/(2\pi)$이고 평균기울기는 $I_p\Delta\phi/(2\pi)/C_1$이다.

### 9.3.3 전하펌프 PLL Charge-Pump PLLs

이제 그림 9.26의 회로를 사용하여 PLL을 구성하자. 그림 9.27의 루프는 이상적으로 입력단의 위상 오차를 '0'으로 만든다. 앞 절에서 언급했듯이, 일정한 양의 위상오차는 $V_{cont}$을 *무한대*로 만들 것이기 때문이다. 이러한 동작을 정량화하기 위해서, $\phi_{in}$에서 $\phi_{out}$으로의 전달함수를 구할 필요가 있다. 우선, PFD/CP/$C_1$의 연결 구조에 대한 전달함수를 구해 보자.

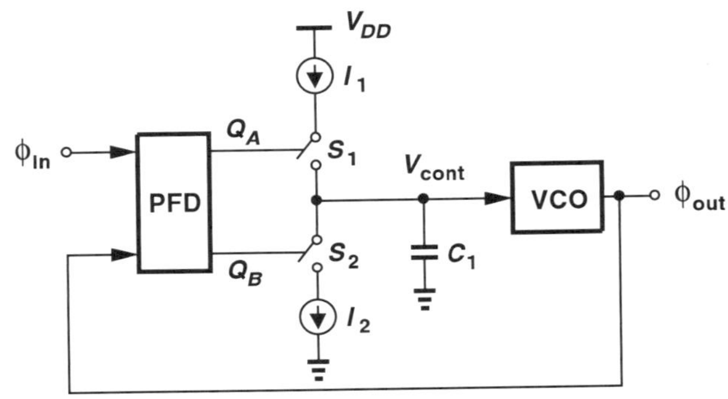


**그림 9.27** *전하펌프 PLL을 구성하기 위한 첫 번째 시도*

이 전달함수를 어떻게 계산할까? 입력단에 위상계단함수를 인가하고, 시간영역 출력을 유도하고, 이를 미분하여, 라플라스 변환하면 될 것이다[2]. 위상계단함수란 제로(0) 교차점의 변화를 의미한다. 그림 9.28에서 보이듯이, 하나의 입력단에서의 $\Delta$만큼의 위상변화는 $S_1$ 또는 $S_2$를 계속적으로 단락시키게 되고, 이로 인해 출력 전압을 증가시키게 된다.

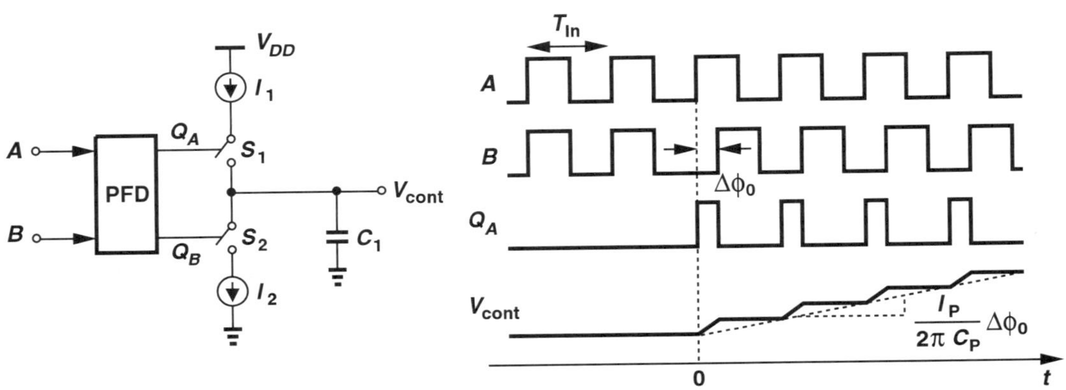


**그림 9.28** *PFD/CP/$C_1$ 연결 구조에서 위상 계단 입력에 대한 응답*

이 동작은 적분기와 비슷하다. 그러나 선형적 적분기와 다르게 이 시스템은 비선형 시스템이다. 즉, 만약 $\Delta\phi$가 두 배가 되면, 출력 전압($V_{out}$)이 충전되고 유지되는 구간 전체가 두 배 상승하지는 않는다(왜 그럴까?). 하지만 다행이도 전하펌프가 *지속적으로* 전류를 $C_1$으로 공급해 준다고 가정한다면(예제 9.14), 우리는 이러한 출력 전압 파형을 램프함수로 근사화할 수 있다. 우리는 이것을 '연속시간 근사화(Continuous-Time Approximation)'라고 한다. 매 주기 마다 $V_{cont}$의 변화는 다음과 같다.

$$\Delta V_{cont} = \frac{\Delta\phi_0}{2\pi} T_{in} \frac{I_p}{C_1}, \tag{9.12}$$

여기서, $[\Delta\phi/2\pi]T_{in}$은 $I_p = I_1 = I_2$일 때 초당 위상변화이다. 램프함수(ramp)의 기울기는 $\Delta V_{cont}/T_{in}$가 되고 따라서 다음과 같다.

$$V_{cont}(t) \approx \frac{\Delta\phi_0}{2\pi} \frac{I_p}{C_1} tu(t). \tag{9.13}$$

식 (9.13)을 시간에 대해 미분하고, $\Delta\phi_0$로 나누어서, 라플라스 변환을 하면 아래 식을 얻게 된다.

$$\frac{V_{cont}}{\Delta\phi}(s) = \frac{I_p}{2\pi C_1} \frac{1}{s}. \tag{9.14}$$

앞에서 예측했듯이, PFD/CP/$C_1$의 연결구조는 적분기로 동작함을 확인할 수 있다.

## 예제 9.15

RF Microelecronics

그림 9.28에 나오는 $V_{cont}$과 이의 램프함수 근사 파형의 미분값을 그리고, 두 미분값이 비슷하려면 어떠한 조건이 필요한지 설명하라.

**풀이:**

그림 9.29는 두 파형의 미분값이다. $V_{cont}$와 같이 반복되는 펄스를 램프함수 미분값과 같이 하나의 계단함수로 근사화 할 수 는 없을 것이다. 실제로도, $f(x)$가 $g(x)$로 근사화 할 수 있다고 해서, 반드시 $f(x)$의 미분이 $g(x)$의 미분으로 근사화 될 수 있는 것은 아니다. 그럼에도 불구하고, 동작 주기보다 훨씬 넓은 시간 영역으로 본다면 반복되는 펄스의 평균치를 하나의 계단함수로 볼 수 도 있을 것이다. 따라서, 계단함수의 높이는 $(I_p/C_1)(\Delta\phi_0/2\pi)$가 된다.

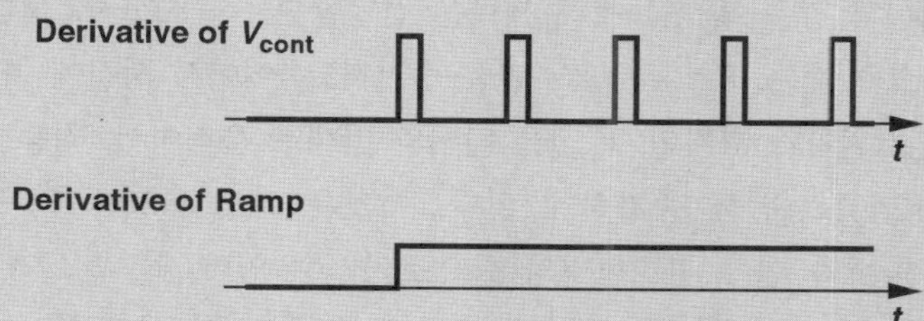


**그림 9.29** *PFD/CP/capacitor의 실제 계단함수 응답과 램프 근사함수의 미분 값 비교*

식 (9.14)로부터 그림 9.27 PLL의 폐루프 전달함수를 다음과 같이 표현할 수 있다.

$$H(s) = \frac{\dfrac{I_p}{2\pi C_1 s} \cdot \dfrac{K_{VCO}}{s}}{1 + \dfrac{I_p}{2\pi C_1 s} \cdot \dfrac{K_{VCO}}{s}} \tag{9.15}$$

$$= \frac{I_p K_{VCO}}{2\pi C_1 s^2 + I_p K_{VCO}}. \tag{9.16}$$

이 PLL의 개루프 전달함수는 원점에서 두 개의 극점(pole)을 가지고 있는데(즉, 두 개의 이상적인 적분기), 이 때문에 이러한 PLL을 Type-II PLL이라 부른다.

식 (9.16)에서 $j\omega$ 축에 두 개의 극점이 있음을 볼 수 있는데, 이는 발진기에 해당한다. 루프내에 존재하는 두 개의 손실 없는 이상적인 적분기에 관한 예제 8.5로부터, 이 회로가 불안정함을 예측할 수 있다. 따라서 만약 적분기중 하나가 *손실*을 가지고 있다면, 이 시스템은 안정화될 것이라고 생각할 수 있다. 이러한 효과를 $C_1$에 직렬로 저항을 연결함으로써 실현할 수 있다(그림 9.30). 이렇게 구현된 회로를 '전하펌프 PLL(Charge-pump PLL, CPPLL)'이라 한다.

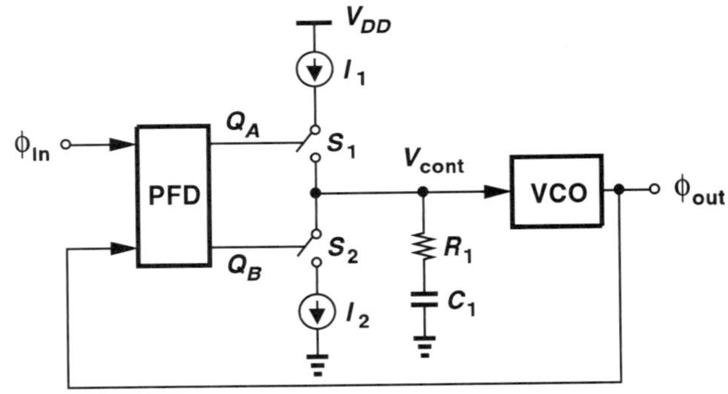


**그림 9.30** *전하펌프 PLL*

그림 9.28(a)에서와 같은 해석을 통해 새로운 전달함수를 구해보자. 그림 9.31과 같이, 스위치 $S_1$과 $S_2$가 켜졌을 때는, $V_{cont}$은 $I_pR_1$ 만큼 증가하고, 이어서 시간에 따라 선형적으로 증가 또는 감소한다. 스위치가 꺼지면, $V_{cont}$은 앞서와 반대로 움직여서, 최종적으로 초기상태보다 $(I_p/C_1)[\Delta\phi_0/(2\pi)]T_{in}$만큼 증가하게 된다. 이것은 그림 9.28(b)의 원래의 충전-유지(charge-and-hold) 파형과 연속 펄스파형의 합으로 볼 수 있다. 각 펄스의 면적은 약 $(I_pR_1)[\Delta\phi_0/(2\pi)]T_{in}$이 된다. 예제 9.15에서와 같이, $T_{in}$보다 매우 긴 시간 동안을 본다면, 연속된 펄스를 높이가 $(I_pR_1)[\Delta\phi_0/(2\pi)]$인 계단함수로 근사화할 수 있게 된다.

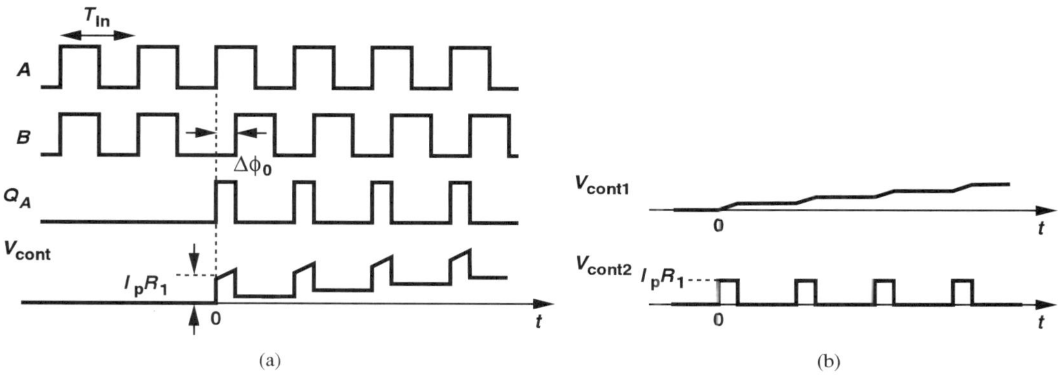


**그림** 9.31 *(a) PFD/CP/LPF의 위상 계단 응답, (b) 출력파형을 두 개의 파형으로 분리*

$$V_{cont}(t) = \frac{\Delta\phi_0}{2\pi}\frac{I_p}{C_1}tu(t) + \frac{\Delta\phi_0}{2\pi}I_pR_1u(t). \tag{9.17}$$

그러므로, PFD/CP/filter의 연결구조의 전달함수는 다음과 같다.

$$\frac{V_{cont}}{\Delta\phi}(s) = \frac{I_p}{2\pi}\left(\frac{1}{C_1s} + R_1\right). \tag{9.18}$$

식 (9.18)을 이용해서 그림 9.30 PLL의 폐루프 전달함수를 다음과 같이 구할 수 있다.

$$H(s) = \frac{\dfrac{I_pK_{VCO}}{2\pi C_1}(R_1C_1s + 1)}{s^2 + \dfrac{I_p}{2\pi}K_{VCO}R_1s + \dfrac{I_p}{2\pi C_1}K_{VCO}}. \tag{9.19}$$

9.2절 type-I PLL에서와 마찬가지로, 식 (9.19)의 분모를 $s^2 + 2\zeta\omega_ns + \omega_n^2$로 쓰면, $\zeta$과 $\omega_n$은 다음과 같다.

$$\zeta = \frac{R_1}{2}\sqrt{\frac{I_pC_1K_{VCO}}{2\pi}} \tag{9.20}$$

$$\omega_n = \sqrt{\frac{I_pK_{VCO}}{2\pi C_1}}. \tag{9.21}$$

흥미로운 사실은, $C_1$이 증가하면(컨트롤 전압의 리플을 감소하고), $\zeta$도 증가한다. 이는 type-I PLLs에서와 반대이다. 이로 인해 루프 안정성과 리플 진폭 사이의 상충관계를 해소할 수 있게 되었다. 폐루프의 극점은 다음과 같다.

$$\omega_{p1,2} = [-\zeta \pm \sqrt{\zeta^2 - 1}]\omega_n. \tag{9.22}$$

식 (9.19)에서 폐루프 영점(zero)이 $-\omega_n/(2\zeta)$에 있음도 알 수 있다.

**예제 9.16** RF Microelecronics

그림 9.22의 PFD 구현회로는 $A$와 $B$의 위상차가 존재하지 않는다면, 좁은 펄스폭을 가지는 $Q_A$와 $Q_B$를 만들어내게 된다. 그러므로 $S_1$과 $S_2$가 짧은 시간동안 동시에 켜지고, $I_1$이 $I_2$로 흐르게 된다. 그렇다면 그림 9.30 CPPLL은 리플 전압이 없을까?

**풀이:**

그렇지 않다. 실제로 $I_1$과 $I_2$ 사이의 부정합과 UP/DOWN 펄스 폭의 부정합, 그리고 그 외 여러 가지 회로내 부정합으로 어느 정도의 리플이 발생하게 된다. 9.4절에서 이에 대해 자세히 다룰 것이다.

식 (9.18) 전달함수을 보면 두 개 적분기 루프의 안정화(주파수 보상)에 대한 또 다른 면을 볼 수 있다. 식 (9.18)을 다음과 같이 쓰면

$$\frac{V_{cont}}{\Delta\phi}(s) = \frac{I_p}{2\pi}\left(\frac{R_1C_1s + 1}{C_1s}\right), \tag{9.23}$$

좌반면(left-half-plane) 실수축에 존재하는 영점($\omega_z = -1/(R_1C_1)$이 개루프 전달함수에 추가되어서, PLL이 안정화 되었다고 볼 수 있다. 이것은 보상전후 루프의 보드플롯을 비교해 보면 이해할 수 있다. 그림 9.32와 같이, 두 개의 이상적 적분기를 갖는 시스템은 위상마진이 없다. 반면, 영점이 추가되면 크기와 위상 그래프가 위로 굽어지면서 위상마진을 갖게 된다.

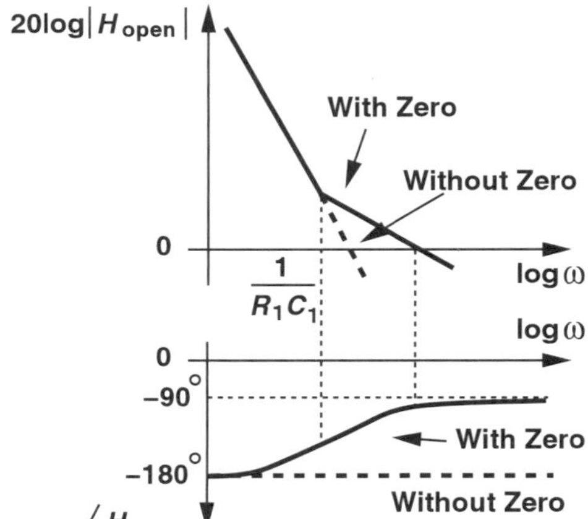


**그림** 9.32 *영점 유무에 대한 개루프 전하펌프 PLL의 보드플롯*

그림 9.32는 또한 $K_{vco}$에 대한 $\zeta$의 의존성도 보여준다[식 (9.20)]. $K_{vco}$가 감소할 때, 크기 그래프는 하향 이동하고, 위상 그래프는 변화가 없게 된다. 그러므로 단일-이득(unity-gain) 주파수가 좀 더 −180° 쪽으로 가까워지며, 이로 인해 위상 여유는 감소하게 된다. 이러한 경향은 예제 9.10의 type-I PLL과 대조적인 경향이다.

PLL이 동기를 하는 동안, 어느 시점에서의 위상차이가 0이 아니라고 가정해보자. 그러면, $I_p$라는 전류가 $R_1$을 통과하여 $I_pR_1$만큼의 전압 강하를 발생시킨다. 문제 9.10에서 이 전압 강하가 $1.6\pi V_{DD}$가 됨을 계산할 수 있다. (물론, 전하펌프가 그렇게 큰 출력을 발생시킬 수는 없다.) 중요한 점은 컨트롤 전압이 크게 변할 수 있다는 것이다. 이 점에 대해서는 9.3.7 절에서 다시 다룰 것이며, 이러한 전압 변화는 PLL 동기 상태에서도 발생하여 상당한 리플의 원인이 될 수 있다는 것이다.

### 9.3.4 과도 응답 Transient Response

식 (9.19)의 PLL 폐루프 전달함수로 과도 응답을 예측할 수 있다.

**예제 9.17** RF Microelecronics

$\zeta = 1$일 경우, 식 (9.19)의 크기를 $\omega$에 대해 그려라.

**풀이:**

폐루프는 $-\omega_n$ 지점에 두 개의 극점과 $-\omega_n/2$ 지점에 하나의 영점을 갖는다. 그림 9.33 에 보이듯, $|H|$는 $\omega = \omega_n/2$에서 1부터 증가하여, $\omega = \omega_n$ 지점에서 최고점을 거치고, $\omega = \sqrt{2}\omega_n$에서 다시 원래의 값 1로 돌아오고, 이후부터는 −20 dB/dec의 기울기로 계속 감소한다.

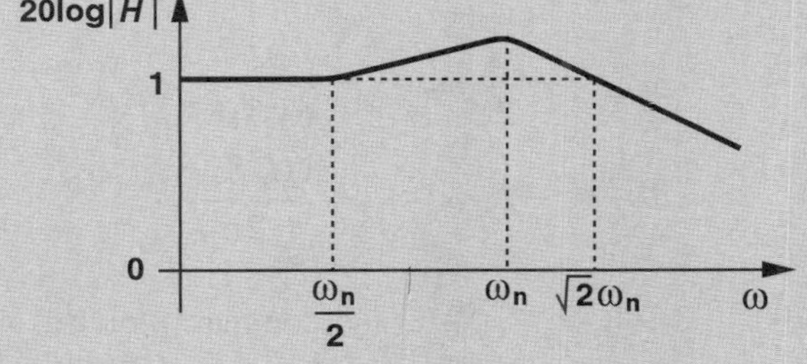


그림 9.33 두 개의 폐루프 극점이 있을 때 PLL 폐루프 주파수 응답

식 (9.19)를 역 라플라스 변환(inverse Laplace transform)하여, 입력이 $\Delta\omega_{in}$ 주파수 계단 함수일 때 출력 주파수 $\Delta\omega_{out}$의 시간 영역 함수를 구할 수 있다.

$$\Delta\omega_{out}(t) = \Delta\omega_{in}u(t) - \Delta\omega_{in}\left[\cos\left(\sqrt{1-\zeta^2}\omega_n t\right) - \frac{\zeta}{\sqrt{1-\zeta^2}}\sin\left(\sqrt{1-\zeta^2}\omega_n t\right)\right]e^{-\zeta\omega_n t}u(t) \quad \zeta < 1 \tag{9.24}$$

$$= \Delta\omega_{in}u(t) - \Delta\omega_{in}(1-\omega_n t)e^{-\zeta\omega_n t}u(t) \quad \zeta = 1 \tag{9.25}$$

$$= \Delta\omega_{in}u(t) - \Delta\omega_{in}\left[\cosh\left(\sqrt{\zeta^2-1}\omega_n t\right) - \frac{\zeta}{\sqrt{\zeta^2-1}}\sinh\left(\sqrt{\zeta^2-1}\omega_n t\right)\right]e^{-\zeta\omega_n t}u(t) \quad \zeta > 1. \tag{9.26}$$

출력 응답이 지수함수로 감소하기 때문에, $1/(\zeta\omega_n)$을 루프의 시상수로 볼 수 있기는 하지만 정확한 말은 아니다. $\zeta/\sqrt{1-\zeta^2} = \tan\psi$ (즉, $\zeta = \sin\psi$)이라고 가정하면, 식 (9.24)는 다음과 같이 간략화 될 수 있다.

$$\Delta\omega_{out}(t) = \Delta\omega_{in}u(t) - \frac{\Delta\omega_{in}}{\sqrt{1-\zeta^2}}\cos\left(\sqrt{1-\zeta^2}\omega_n t + \psi\right)e^{-\zeta\omega_n t}u(t) \quad \zeta < 1. \tag{9.27}$$

식 (9.20)과 식 (9.21)로부터, 루프의 시상수는 다음과 같이 표현될 수 있다.

$$\frac{1}{\zeta\omega_n} = \frac{4\pi}{R_1 I_p K_{VCO}}. \tag{9.28}$$

이 값(또는 이의 역수)은 $\zeta$가 1 근처일 때, 루프의 정착 속도를 평가하는 데 사용된다.

$\zeta$의 값이 1을 넘어서면 어떤 현상이 일어날까? 만약 $\zeta^2 \gg 1$이라면, $\sqrt{\zeta^2-1} \approx \zeta[1 - 1/(2\zeta^2)] = \zeta - 1/(2\zeta)$이 되어, 식 (9.22)는 다음으로 간략화 된다.

$$\omega_{p1} \approx -\frac{1}{2\zeta}\omega_n = -\frac{1}{R_1 C_1} \tag{9.29}$$

$$\omega_{p2} \approx -2\zeta\omega_n = -\frac{R_1 I_p K_{VCO}}{2\pi}. \tag{9.30}$$

$\omega_{p2}/\omega_{p1} \approx 4\zeta^2 \gg 1$인데, 그러면, $\omega_{p1}$가 주도극점(dominant pole)이 되는 것인가? 그렇지는 않다. 영점이 $-\omega_n/(2\zeta)$에 위치하고 있기 때문에 $\omega_{p1}$의 효과는 상쇄된다. 그러므로 $\zeta^2$이 매우 클 때, 루프는 $1/|\omega_{p2}| = 1/(2\zeta\omega_n)$의 시상수를 갖는 단일 극점 시스템(one-pole system)에 가까워진다. 그림 9.34는 $\zeta = 1.5$일 때 $|H|$ 그래프이다. 그림에서 볼 수 있듯 $\zeta = 1.5$ 정도만으로도 이미 $\omega_z$와 $\omega_{p1}$이 비교적 가까운 위치에 있기 때문에, 거의 단일 극점 시스템 특성을 보인다.

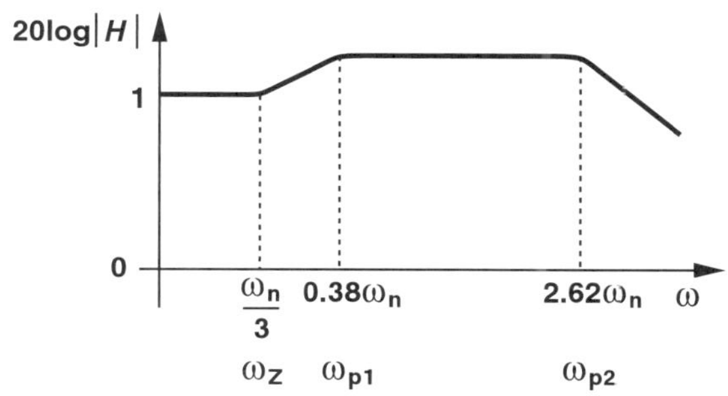


**그림 9.34** *ζ = 1.5일 때 PLL 폐루프 주파수 응답*

**예제 9.18** RF Microelecronics

앞에서 $\zeta^2 >> 1$일 때, 루프의 시상수가 근사치로 $1/(2\zeta\omega_n)$과 같다고 하였다. 그러나 식 (9.24)~식 (9.26)을 살펴보면 시상수는 분명히 $1/(\zeta\omega_n)$라는 것을 알 수 있다. 두 근사값의 사이에서 왜 이런 불일치가 일어나는지 설명하라.

**풀이:**

$\zeta^2 >> 1$일 경우에, $\zeta/\sqrt{\zeta^2-1} \approx 1$이라고 나타내었다. $\cosh x - \sinh x = e^{-x}$이기 때문에 식 (9.26)을 다음과 같이 다시 쓸 수 있다.

$$\Delta\omega_{out}(t) = \Delta\omega_{in}u(t) - N\Delta\omega_{in}(e^{-\zeta\omega_n t})e^{-\zeta\omega_n t}u(t) \quad \zeta^2 \gg 1. \tag{9.31}$$

따라서, 루프의 시상수는 실제로 $1/(2\zeta\omega_n)$가 된다. 좀 더 일반화하면, 대개 통상의 $\zeta$ 값에 대해, 루프 시상수는 $1/(\zeta\omega_n)$과 $1/(2\zeta\omega_n)$ 사이가 된다.

## 9.3.5 연속시간 근사법의 한계 Limitations of Continuous-Time Approximation

전하펌프 PLL은 동작중 일정 시간 동안 꺼져서 루프가 형성되지 않는 것이므로 본질적으로 이산시간(discrete-time, DT) 시스템이다. 전하펌프 PLL 전달함수의 유도에서, 두 번의 연속시간 근사화를 하였다: 그림 9.28의 전압의 충전-유지 파형을 램프 함수로 근사화했고, 9.31(b)의 펄스 파형을 계단 함수로 근사화 했다. 이러한 근사화는 원래의 파형의 시간축에서의 '조각'들이 우리가 바라보는 시간축에 비해 매우 작을 때에만 유효하다. 이를 좀 더 잘 이해하기 위해, 반대의 경우에 대해서 생각해보자. 즉, CT(continuous-time) 파형을 DT 파형으로 근사화 하는 경우이다. 그림 9.35에 보이듯, 한 클럭에서 다음 클럭으로 넘어갈 때 CT 파형에 거의 변화가 없으면 근사화가 유효하지만, CT 파형이 크게 변하면 근사화의 정확성이 떨어짐을 알 수 있다.

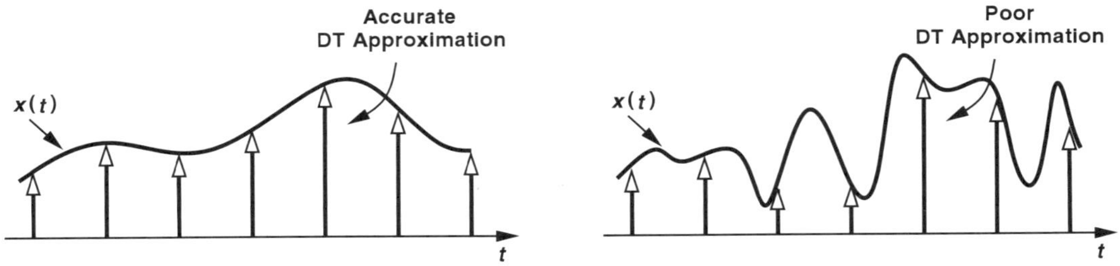


**그림 9.35** *(a) 정확한, (b) 부정확한 연속시간 파형에 대한 이산 시간 근사화*

따라서, 제어전압과 VCO 위상 같은 PLL 내부 신호가 입력 클록 신호 사이에 크게 변하지 않는다면, 전하펌프 PLL이 식 (9.19) 전달 함수에 따라 반응할 것이라는 것을 알 수 있다. 이는 루프의 시상수가 입력신호주기보다 훨씬 클 때 해당한다. 실제로 이 점은 PLL 설계 과정에 있어서 매우 중요하다(9.7절 참조). CPPLL의 이산 시간 분석을 참고문헌 [3]에서 찾을 수 있지만, 실제 경우에는 루프가 충분히 느리지 않으면 그 응답 특성이 심하게 요동치던지 동기를 하지 않게 된다. 따라서 CT 근사화가 대부분의 실제 경우에 대해서 충분히 적절한 근사화가 됨을 알 수 있다.

### 9.3.6 주파수 체배 CPPLL Frequency-Multiplying CPPLL

9.2.5절과 그림 9.18(b)에서 설명했듯이, 피드백 경로에 분주비 $M$의 분주기를 갖는 PLL은 입력 주파수를 $M$배 체배하게 된다. Type-II 주파수 체배 PLL의 동작특성을 해석해 보자. 식 (9.23)과 $K_{VCO}/s$의 곱을 주 전달함수라 하고, $1/M$을 피드백 전달함수라 하면, 다음의 전달함수를 얻는다.

$$H(s) = \frac{\dfrac{I_p K_{VCO}}{2\pi C_1}(R_1 C_1 s + 1)}{s^2 + \dfrac{I_p}{2\pi}\dfrac{K_{VCO}}{M} R_1 s + \dfrac{I_p}{2\pi C_1}\dfrac{K_{VCO}}{M}}. \tag{9.32}$$

분모는 $K_{VCO}$가 $M$으로 나누어진 것만 제외하면 식 (9.19)와 비슷하다. 따라서, 식 (9.20) ~ (9.21)을 다음과 같이 된다.

$$\zeta = \frac{R_1}{2}\sqrt{\frac{I_p C_1}{2\pi}\frac{K_{VCO}}{M}} \tag{9.33}$$

$$\omega_n = \sqrt{\frac{I_p}{2\pi C_1}\frac{K_{VCO}}{M}}. \tag{9.34}$$

그림 9.32와 같이 $K_{VCO}$를 $M$으로 나누는 것은 루프의 안정도를 떨어뜨리게 된다(왜 그럴

까?). 따라서 $I_p$ 및/또는 $C_1$이 더 커져야 한다. 식 (9.32)를 다음과 같이 다시 쓸 수 있다.

$$H(s) = M\frac{2\zeta\omega_n s + \omega_n^2}{s^2 + 2\zeta\omega_n s + \omega_n^2}. \tag{9.35}$$

## 예제 9.19

RF Microelecronics

주파수 체배 PLL의 입력이 매우 근접한 두 개의 FM 측대파(sideband)를 갖는 (즉, 비교적 작은 변조 주파수를 갖는) 정현파이다. PLL의 출력 스펙트럼을 구하라.

**풀이:**

입력 신호는 다음과 같이 표시할 수 있다.

$$V_{in}(t) = V_0\cos(\omega_{in}t + a\int\cos\omega_m t dt) \tag{9.36}$$

$$= V_0\cos\left(\omega_{in}t + \frac{a}{\omega_m}\sin\omega_m t\right). \tag{9.37}$$

측대파가 작으므로 협대역 FM 근사법(narrowband FM approximation)을 적용할 수 있고, 반송파 크기대비 입력 측대파의 크기는 $a/(2\omega_m)$이다. Sin $\omega_m t$가 입력을 느리게 변조하므로, (9.35)에서 $s \rightarrow 0$으로 하면,

$$\frac{\phi_{out}}{\phi_{in}}(s \approx 0) = M, \tag{9.38}$$

이는 예상된 결과로, 주파수 체배와 위상 체배는 동일하기 때문이다. 따라서, 출력 위상은 입력 위상의 $M$배로 변조된다.

$$V_{out}(t) = V_1\cos\left(M\omega_{in}t + \frac{Ma}{\omega_m}\sin\omega_m t\right). \tag{9.39}$$

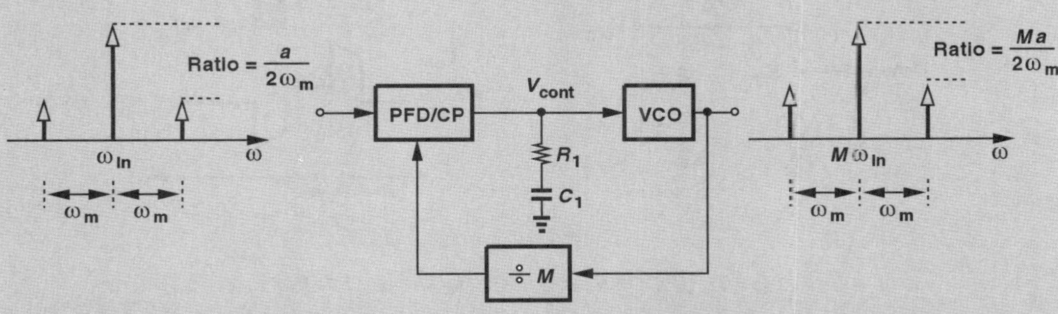


그림 9.36 *주파수 체배 PLL에서 측대파의 상승*

(계속)

**예제 9.19** *(계속)*

다시 말해, 측대파의 상대적 크기가 $M$배 증가하지만, 반송파로부터의 거리는 변하지 않는다(그림 9.36). 이러한 현상은 예제 9.12에서 봤던 주파수 분주의 경우 반대이다.

위의 예는 위상/주파수 변조가 매우 느리게 될 경우, 즉 출력이 입력을 그대로 따라가는 경우 에만 적용됨에 유의하라. 변조 속도가 빠르면 출력위상은 식 (9.32)와 같이 입력 위상이 감쇄된 형태로 나타나게 된다.

## 9.3.7 고차 루프 Higher-Order Loops

그림 9.30의 $R_1$, $C_1$으로 구성된 루프필터만으로는 충분치 않다. 그 이유는 PLL이 동기 상태에서 리플을 충분히 감쇄시키지 못하기 때문이다. 예를 들어, 동기된 상태에서, UP/DOWN 펄스가 $T_{in}$ 초 마다 매번 들어오고, PFD 회로의 부정합 문제로 그 두 개의 펄스가 약간의 시간 오차를 갖고 있다고 하자(그림 9.37). 즉, 두 개의 스위치가 약간의 시간차를 갖고 켜지는 것이다. 그러면 먼저 도달한 전류가 $R_1$을 통해 흘러 $I_pR_1$의 전압을 발생시키기고, 하강 엣지(falling edge)에서는 반대의 상황이 발생한다. 이러한 리플은 매 $T_{in}$ 초마다 $I_pR_1$ 크기의 양과 음의 펄스 쌍이 된다. $I_pR_1$이 꽤 크기 때문에(전원전압보다 클 수도 있다),[3] 이러한 리플을 감쇄시킬 방법이 필요하다.

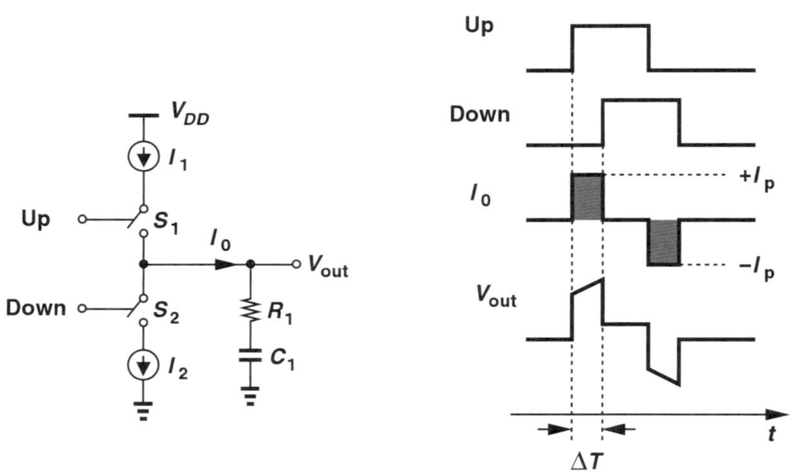


**그림 9.37** *UP/DOWN 펄스 도달 시간차이에 의한 효과*

3. 문제 9.3에서 $I_pR_1$로 어림한다.

리플을 줄이는 일반적인 방법은 제어전압 노드와 접지면 사이에 커패시터를 직접 연결하는 것이다. 그림 9.38에 보이듯, 이 방식은 원하지 않는 전하펌프 출력에 대해 낮은 임피던스 경로를 제공하는 것이다. 즉, CP에 의해 발생한 $\Delta T$ 폭의 전류 펄스가 초기에는 $C_2$를 통해 흘러서, $(I_p/C_2)\Delta T$의 전압변화를 발생시킨다. (일반적으로 $R_1C_2 >> \Delta T$이기 때문에, 이 전압 변화는 램프로 근사화 할 수 있다.) CP가 꺼진 후, $C_2$의 전압 변화는 $R_1$을 통해 $C_1$과 공유되어, $V_{cont}$ 전압이 $R_1C_{eq}$ 시정수를 가지고 지수함수적으로 감소를 하게 된다($C_{eq} = C_1C_2/(C_1 + C_2)$). 물론, $C_2$가 충분히 커서 리플 전압이 작아야 할 것이다.

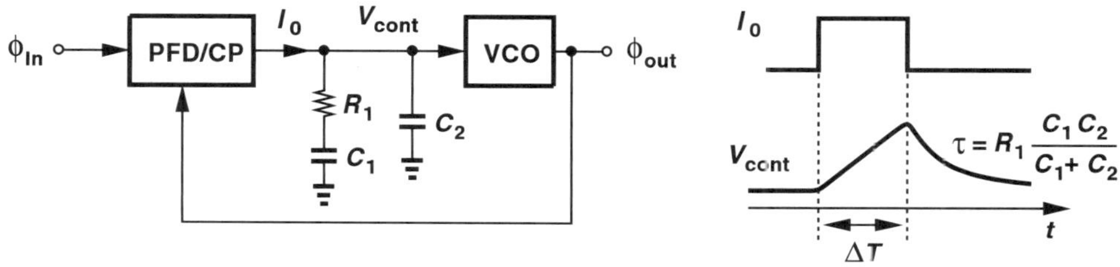


**그림 9.38** *루프필터에 두 번째 커패시터 추가*

그렇다면 $C_2$가 얼마나 커야 하는가? 루프필터의 임피던스는 $R_1 + (C_1s)^{-1}$에서 $[R_1 + (C_1s)^{-1}] \| (C_2s)^{-1}$로 변하였는데, 이로 인해 $(R_1C_{eq})^{-1}$에 극점이 추가되었고 루프 안정도가 떨어졌다. 따라서, $C_2$를 추가한 후의 위상마진을 계산해 봐야 한다. 부록 I에 유도한 바와 같이, 위상마진은 다음과 같이 주어진다.

$$\mathrm{PM} \approx \tan^{-1}(4\zeta^2) - \tan^{-1}\left(4\zeta^2\frac{C_{eq}}{C_1}\right), \tag{9.40}$$

여기서 $\zeta$는 위상마진을 최대로 하기 위해 $0.5\sqrt[4]{C_1/C_{eq}}$로 하였다. 예를 들어, $C_2 = 0.2C_1$일 때, $(R_1C_{eq})^{-1} = 6\omega_z$, $\zeta \approx 0.783$이고, 위상마진은 76°에서 46°로 떨어진다. 실제 PLL 시뮬레이션을 해보면, 이러한 계산은 조금 과장됨을 알 수 있고, $C_2 < 0.2C_1$으로 하는 것이 적절함을 알 수 있다. 따라서, 대개의 경우 $\zeta = 0.8\text{-}1$, $C_2 \approx 0.2C_1$으로 선택한다.[4]

$C_2$가 있을 때, $R_1$은 불행히도 무작정 크게 할 수 없다. 실제로, $R_1$이 매우 커서 $R_1$, $C_1$이 $C_2$에 비해 무시될 때, PLL은 그림 9.27 시스템처럼 되고, 식 (9.16)으로 동작한다. 부록 I에 $R_1$의 최대 값을 다음과 같이 유도하였다.

$$R_1^2 \le \frac{2\pi}{I_pK_{VCO}C_{eq}}. \tag{9.41}$$

4. $\zeta$가 원래의 이차 루프에서 감쇄계수임을 유의하라.

## 예제 9.20



그림 9.39의 두 개의 필터/VCO 구조에서, 전원 잡음 관점에서 어떤 구조가 더 유리한지 설명하라.

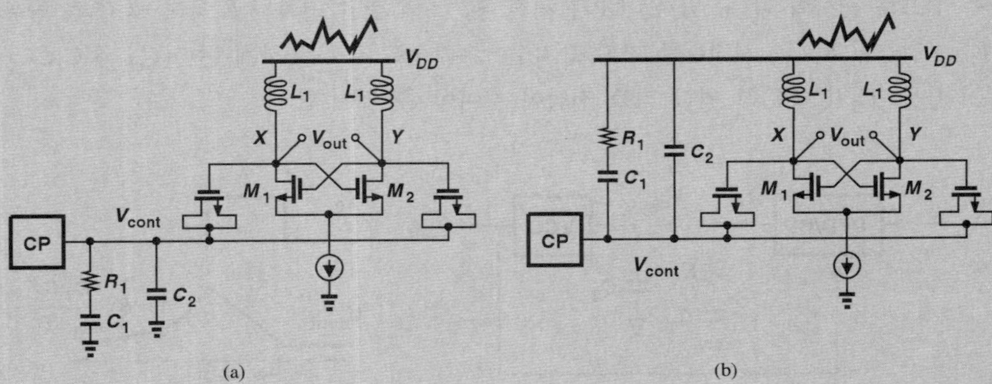


**그림 9.39** *루프필터의 연결. (a) 접지면 연결, (b) $V_{DD}$ 연결*

**풀이:**

그림 9.39(a)에서 루프필터는 접지면에 연결되어 있고, 반면 바랙터 전압은 $V_{DD}$로 연결되어 있다. $C_1$, $C_2$가 바랙터 커패시턴스 보다 훨씬 크기 때문에, $V_{cont}$는 비교적 변화가 없고, $V_{DD}$ 전원 잡음이 바랙터 값을 변화시키게 된다. 반면에, 그림 9.39(b)에서는, 루프필터와 바랙터가 같은 기준점, 즉 $V_{DD}$로 연결되어 있다. 따라서, $V_{DD}$의 전원 잡음으로 인한 바랙터 전압의 변화는 일어 않는다. 이것은 루프필터가 $V_{cont}$를 $V_{DD}$로 '부트스트랩(bootstrap)' 해서, 두 신호가 서로 따라 다니도록 하는 원리이다. 따라서, 이 구조가 더 유리하다. 이러한 원리는 어떤 PLL에서든 VCO와 루프필터의 연결 시에 고려되어야 한다.

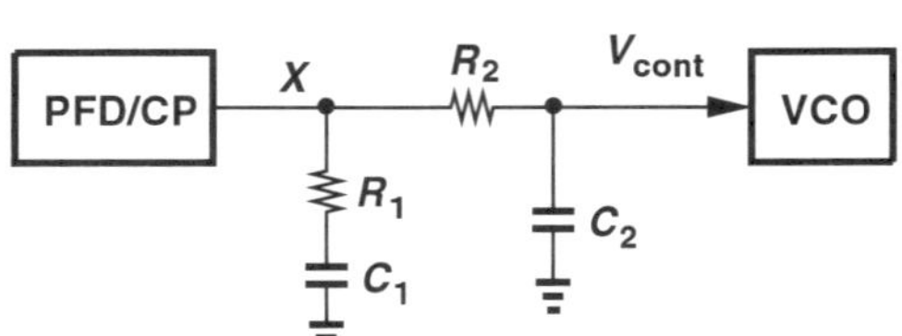


**그림 9.40** *2차 루프필터의 변형된 구조*

리플을 줄일 수 있는 또 다른 루프필터의 구조가 그림 9.40에 보였다. 여기서 노드 $X$에서의 리플은 클 수 있지만 이것이 $R_2$, $C_2$로 전달되면서 감소된다. 만약 $|R_2 + (C_2s)^{-1}| >>$

$|R_1 + (C_1 s)^{-1}|$이라면, 추가 극점은 $(R_2C_2)^{-1}$에 주어진다. 부록 I을 따르면 다음을 증명할 수 있다.

$$\mathrm{PM} \approx \tan^{-1}(4\zeta^2) - \tan^{-1}\left(4\zeta^2\frac{R_2C_2}{R_1C_1}\right). \tag{9.42}$$

따라서, $(R_2C_2)^{-1}$은 $\omega_z$보다 5내지 10배 커야지 어느 정도의 위상마진을 확보할 수 있다.

## 9.4 PFD/CP 비이상적 특성 PFD/CP Nonidealities

지금까지 PLL 해석을 통해 기본 동작에 대해 자세히 이해 할 수 있었지만, 많은 비이상적 특성들을 무시한 것이다. 이 절에서는 PFD/CP 연결 구조의 비상적 특성의 영향을 해석하려 한다. 또한 이러한 영향을 억제할 수 있는 회로 설계 기술에 대해서도 알아본다.

### 9.4.1 UP/DOWN 펄스의 스큐와 폭 부정합 Up and Down Skew and Width Mismatch

PFD에서 발생된 UP/DOWN 펄스의 도착시간이 다를 수 있다. 9.3.7절과 그림 9.37에서 설명했듯, 도착시간이 $\Delta T$일 때, 폭 $\Delta T$이고 크기 $I_p$인 두 개의 전류 펄스가 각 위상 비교 순간에 생성된다. 이 때 펄스 발생이 매우 짧은 시간에 일어나기 때문에, 그림 9.38의 $C_2$만이 저장 소자로 동작하고, 그림 9.41과 같이 $V_{cont}$의 변화를 일으킨다. 펄스 폭은 티셋 펄스 폭(그림 9.22 및 그림 9.33에서 약 5개 게이트 지연시간)과 $\Delta T$의 합과 동일하고, 펄스 크기는 $\Delta TI_p/C_2$와 동일하다.

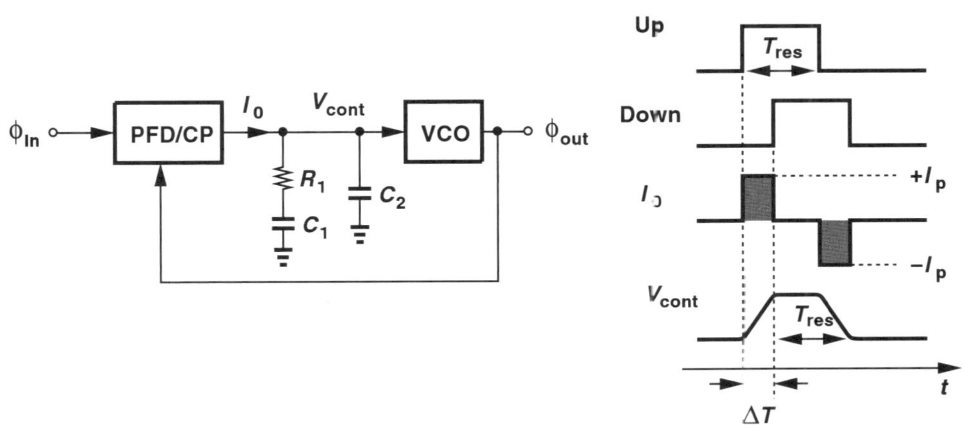


그림 9.41 *이차 필터의 $V_{cont}$에서 UP과 DOWN 스큐의 영향*

## 예제 9.21

RF Microelecronics

제어전압에 나타나는 펄스를 임펄스로 가정해서, VCO 출력에 나타나는 측대파의 크기를 구하라.

**풀이:**

각 펄스의 면적은 $T_{res} >> 2\Delta T$일 때 약 $(\Delta TI_p/C_2)T_{res}$가 된다. 따라서 펄스열의 푸리에 변환은 입력 주파수 $f_{in} = 1/T_{in}$의 배수에 크기가 $(\Delta TI_p/C_2)T_{res}/T_{in}$인 임펄스를 갖게 된다(그림 9.42). $\pm 1/T_{in}$에 위치한 두 개의 임펄스는 진폭 $2\Delta TI_pC_2T_{res}/T_{in}$인 정현파에 해당한다. 협대역 FM 근사법을 적용하면, VCO 출력에서 $f_c \pm f_{in}$에 위치한 측대파의 상대적 크기는 다음과 같이 주어진다.

$$\frac{A_{side}}{A_{carrier}} = \frac{1}{2\pi}\frac{\Delta TI_p}{C_2}T_{res}K_{VCO}. \tag{9.43}$$

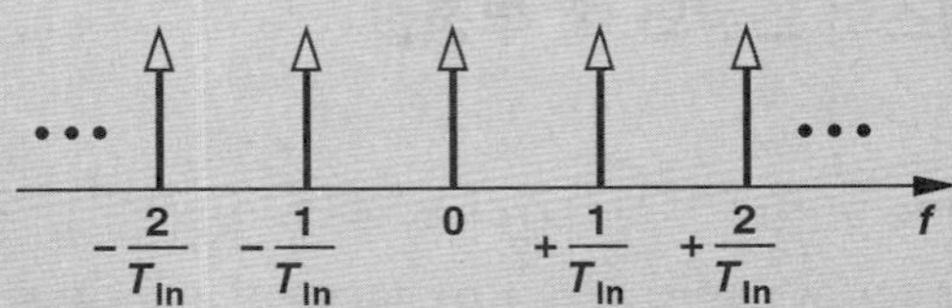


**그림 9.42** *제어전압에 존재하는 리플의 스펙트럼*

$f_c \pm nf_{in}$의 측대파는 $n$배로 작아진다. 여기서 흥미로운 사실은 식 (9.43)이 $f_{in}$에 관계없다는 것이다.

UP/DOWN 펄스의 도착시간이 어떻게 다를 수 있을까? PFD의 게이트 지연시간의 랜덤 부정합은 물론, PFD와 CP 사이의 연결 방식 또한 구조적인 스큐를 발생시킬 수 있다. 예를 들어, 그림 9.43(a)의 구조를 보자. 여기서 전하펌프는 $M_1$-$M_4$로 구현되었다. $S_1$이 PMOS이기 때문에, 여기로 연결되는 PFD 출력신호 $Q_A$는 반전해서 인가되야 한다. 따라서 추가된 인버터의 지연시간으로 UP/DOWN 펄스의 스큐(skew)가 발생된다. 이 문제를 해결하고자, *Down* 펄스 연결 시에 추가적인 전달 게이트를 삽입해서 인버터의 지연시간을 보상할 수 있다[그림 9.43(b)].[5]

그림 9.43(b)에서 UP/DOWN 펄스만 완벽히 정렬되면 충분한가? 반드시 그렇지는 않다. 전하펌프의 PMOS와 NMOS에서 발생하는 *전류는* 여전히 스큐를 가질 수 있을 것이다. 이는 $M_1$, $M_2$가 on-off되는 시간이 완전히 일치하지 않을 수 있기 때문이다. 다시 말해, 중요한 것

5. $Q_B$와 $Q_A$에서 보이는 커패시턴스가 완전히 같을 수 없기 때문에 스큐가 완전히 제거되지는 않는다.

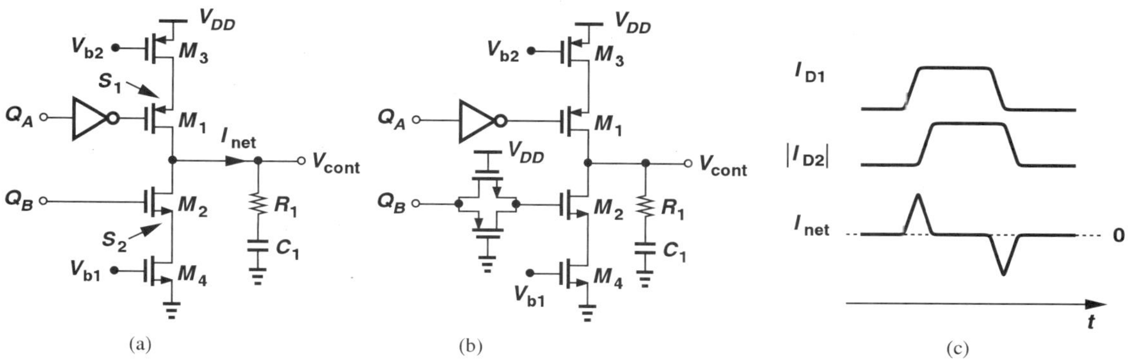


**그림 9.43** *(a) 추가적인 인버터로 인한 UP/DOWN 펄스의 스큐, (b) 전달 게이트를 이용한 스큐의 보상, (c) 전류 파형에 대한 스큐의 영향*

은 UP/DOWN *전류*, $I_{D1}$, $I_{D2}$ [그림 9.43(c)] 사이의 스큐, 또는 궁극적으로는 루프필터에 주입되는 실제 전류량 $I_{net} = I_{D1} - I_{D2}$인 것이다. PFD/CP 설계 시, $I_{net}$의 크기와 시간을 최소화해야 한다.

## 예제 9.22

RF Microelecronics

UP/DOWN 펄스 폭의 부정합이 미치는 영향은 무엇인가?

**풀이:**

그림 9.44(a)의 DOWN 펄스가 UP 펄스보다 좁은 경우, 매 위상 비교 순간에 전류가 루프필터로 주입될 것 이다. 그러나, 이러한 주기적인 전류 주입은 $V_{cont}$를 끝없이 계속해서 증가하게 할 것이다. 그래서, PLL은 그림 9.44(b)와 같이 위상 오차를 발생시켜서 DOWN 펄스가

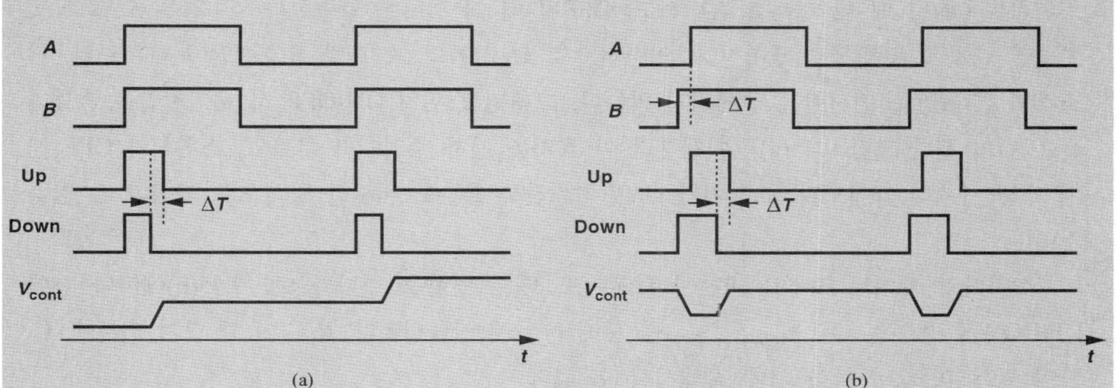


**그림 9.44** *UP/DOWN 펄스 폭 부정합의 영향: (a) 초기 응답, (b) 안정 상태의 응답*

(*계속*)

예제 9.22 (*계속*)

UP 펄스만큼 넓어지게 된다. 결과적으로 필터에 주입되는 실제 전류량은 두 개의 동일한 면적에 부호가 다른 펄스로 결정된다. 펄스폭이 원래 $\Delta T$ 만큼 다른 경우, 식 (9.43)이 여기서도 적용된다.

### 9.4.2 전압 범위 Voltage Compliance

8장에서, $K_{VCO}$를 적당한 값으로 유지하면 VCO의 주파수 조정범위를 최대로 해야 함을 살펴보았다. 따라서 전하펌프의 최대 출력 전압이 전원 전압에 가깝도록 설계하는 것이 바람직하다. 그림 9.43(b)의 간단한 전하펌프의 경우, 각 전류원 FET는 최소한의 드레인-소스 유효 전압(Overdrive Voltage or Effective Voltage)이 필요하고, 스위치도 어느 정도의 전압 강하가 존재한다. 따라서, 최대 출력 전압 범위는 $V_{DD}$에서 두 개의 유효전압과 두 개의 스위치 전압 강하를 뺀 만큼이 된다. 전압 범위를 최대화하기 위해서 FET의 게이트 폭을 증가시켜야 하지만, 그렇게 되면 뒤에 설명하는 다른 문제가 발생할 수 있게 된다.

### 9.4.3 전하 주입 및 클록 피드스루 Charge Injection and Clock Feedthrough

이제 부터는 전하 펌프의 문제점에 대해 살펴보자. 우선은 그림 9.43(b)의 단순한 CP 회로를 가정한다. 스위칭 트랜지스터 $M_1$, $M_2$는 ON 상태에서 채널에 어느 정도의 모바일 전하를 가지고 있다. 이 전하는 다음과 같이 표현된다.

$$|Q_{ch}| = WLC_{ox}|V_{GS} - V_{TH}|. \tag{9.44}$$

스위치는 ON될 때 이 전하를 흡수하고, OFF될 때 이 전하를 방출한다. 두 경우 모두 소스, 드레인 단자를 통해서 이루어진다. 일반적으로 $M_1$, $M_2$의 크기 및 유효전압이 다르므로, 각 소자의 흡수/방출 전하량은 상쇄되지 않는다. 그래서 스위치 ON-OFF 시 제어전압을 흔들리는 원인이 된다[그림 9.45(a)]. 이제부터 이 효과를 전하 주입이라 부르고, 스위치가 OFF 시에 대해 자세히 알아보자. 스위치가 ON될 때 전하 흡수도 비슷한 방식으로 해석할 수 있을 것이다.

스위치의 게이트-드레인 커패시턴스는 또 다른 영향을 준다. 그림 9.45(b)에서와 같이 UP/DOWN 펄스는 각각 $C_{GD1}$, $C_{GD2}$를 통해 $V_{cont}$에 커플링된다. $R_1C_1$이 꽤 크기 때문에, $C_2$만이 클록 피드스루를 초기에 감쇄시킬 수 있다.

$$\Delta V = \frac{C_{GD1} - C_{GD2}}{C_{GD1} + C_{GD2} + C_2} V_{DD}. \tag{9.45}$$

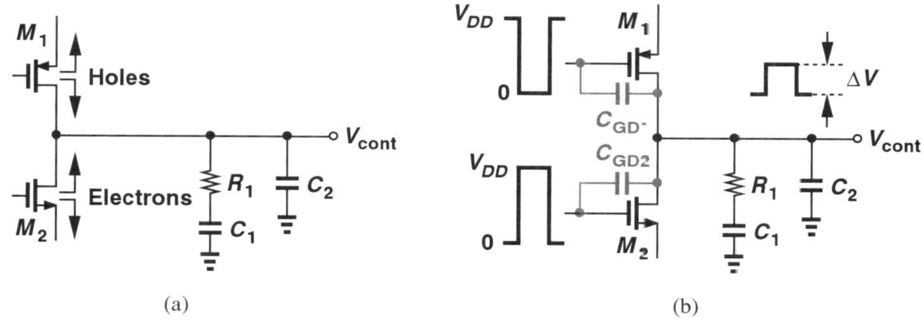


**그림 9.45** *전하펌프에서 (a) 채널 전하 주입, (b) 클록 피드스루*

전하펌프가 꺼진 후, $C_2$와 $C_1$ 사이의 전하가 공유됨으로 이 전압은 다음과 같이 된다.

$$\Delta V' = \frac{C_{GD1} - C_{GD2}}{C_{GD1} + C_{GD2} + C_2 + C_1} V_{DD}. \tag{9.46}$$

전하 주입 및 클록 피드스루 현상을 억제하기 위한 방법이 존재한다. 그림 9.46(b)와 같이, 스위치를 전원쪽에 가깝게 배치하여[4], $X$, $Y$ 노드에서 접지면까지 보이는 전체 커패시턴스에 의해 피드스루를 감소시키는 방식이다. 하지만, 여기서도 전하주입 현상은 여전히 존재하는데, 이는 $M_3$, $M_4$가 꺼질 때 반드시 전하를 방출해야 하기 때문이다. 이러한 방식을 스위치가 $M_3$, $M_4$의 소스와 연결되어 있기 때문에 '소스 스위칭(source switching)'이라 한다.

또 다른 방식은 더미 스위치를 적용하는 것이다[5]. 그림 9.46(b)와 같이, 커패시터로 작동하는 트랜지스터를 삽입하여 UP/DOWN 펄스의 반전 신호로 구동한다. $W_5 = 0.5W_1$이고,

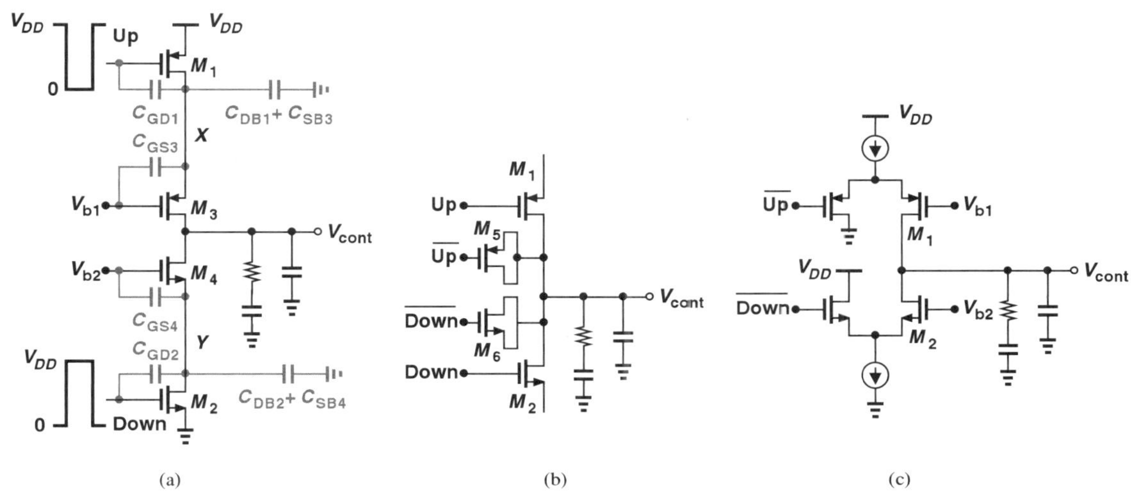


**그림 9.46** *개선된 전하펌프: (a) 소스 스위칭 전하펌프, (b) 더미 스위치 적용, (c) 차동 구조 적용*

$W_6 = 0.5W_2$이면, 각 스위치에서의 클록 피드스루는 상쇄됨을 알 수 있다. 또한, 각 스위치의 전하가 소스와 드레인으로 반반씩 분리 방출되면 전하주입 현상도 역시 상쇄됨을 알 수 있다. 하지만, 이러한 조건이 성립되기 어렵기 때문에 전하 주입 현상은 부분적으로 밖에 제거되지 않는다.

그림 9.46(c)는 또 다른 방식인데, UP/DOWN 전류를 차동 구조로 생성시키는 것 이다. $V_{b1}$, $V_{b2}$로 인해 $M_1$, $M_2$ 게이트를 교류접지(ac ground)로 보면, $\overline{\text{Up}}$과 $\overline{\text{Down}}$ 펄스에서 출력 쪽으로 클록 피드스루는 존재하지 않는다. 그러나, $M_1$, $M_2$ 사이의 전하 주입량은 여전히 다를 것 이다.

## 9.4.4 UP/DOWN 전류의 랜덤 부정합

Random Mismatch Between Up and Down Currents

전하 펌프에서 두 전류원 사이에는 반드시 랜덤 부정합이 존재한다. 그림 9.47(a)의 예에서, $I_{REF}$가 $M_4$, $M_6$로 복사되고, $I_{D6}$는 $M_3$로 복사된다. $M_4$, $M_6$ 사이의 부정합과 $M_3$, $M_5$ 사이의 부정합이 UP/DOWN 전류에 나타나게 된다. 이러한 부정합으로 PLL은 어떤 영향을 받을까? 그림 9.47(b)와 같이, UP/DOWN 전류가 정렬되어 있다면, 루프필터로 양(또는 음)의 전류가 주입되게 되고, 이로 인해 제어전압이 변하게 된다(예제 9.22와 유사함). 따라서, 루프는 자동적으로 작은 전류값이 좀 더 오래 공급되도록 위상 차이를 만들어 내게 된다[그림 9.47 (c)]. $\Delta I$ 만큼의 전류 차이가 있을 때, 다음과 같은 조건에서 순수 유입전류는 영이 된다.

$$I_p \cdot \Delta T = \Delta I \cdot T_{res}, \tag{9.47}$$

여기서 $I_p$는 평균전류이다. 따라서,

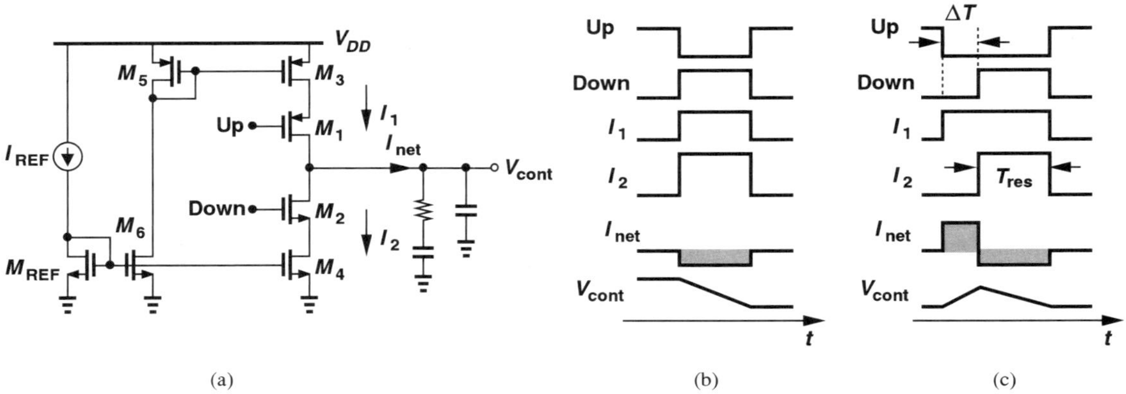


**그림 9.47** *(a) 간단한 전하펌프 회로, (b) UP/DOWN 전류 부정합에 의한 초기 응답, (c) UP/DOWN 전류 부정합에 의한 정상상태 응답*

$$\Delta T = T_{res}\frac{\Delta I}{I_p}. \quad (9.48)$$

리플 전압의 크기는 $\Delta T \cdot I_p / C_2 = T_{res}\Delta I / C_2$가 된다.

UP/DOWN 스큐에 의한 리플과 전류 부정합에 의한 리플을 비교하자. 앞서 유도 했듯이, 스큐에 의한 리플은 전체 전하 펌프 전류와 스큐의 곱에 비례하고, 전류 부정합에 의한 스큐는 전류 차이와 리셋 펄스 폭의 곱에 비례한다. 따라서 두 값은 서로 비슷할 수 있다.

UP/DOWN 전류 사이의 랜덤 부정합은 전류원 트랜지스터의 크기를 ㅋ움으로 감소시킬 수 있다. 소자의 크기가 커지면 랜덤 부정합이 줄어들기 때문이다. 예를 들어, 트랜지스터의 크기를 두 배하면—두 개의 트랜지스터를 병렬로 배치하는 것과 같음, 문턱전압 부정합이 $\sqrt{2}$만큼 줄어든다. 그러나, 트랜지스터의 크기가 크면 전하 주입과 클록 피드스루 문제는 심해질 것이다.

### 9.4.5 채널 길이 변조 효과 Channel Length Modulation

전류원 트랜지스터의 채널길이 변조효과로 인해서도 UP/DOWN 전류의 부정합이 발생한다; 즉 출력 전압이 변함에 따라 두 전류원 트랜지스터의 드레인-소스 간 전압이 반대로 변하고, 이로 인해 전류 차이가 커지게 된다.

채널길이 변조효과를 정량적으로 분석하기 위해 그림 9.48(a)와 같이 테스트 할 수 있다. 두 스위치 모두 ON상태에서 출력 전압을 동작범위 내에서 변화시킨다. ㅇ상적인 경우에 모든 출력 전압에 대해 $I_X = 0$이 될 것이다. 하지만, 실제로는 PMOS 또는 NMOS 전류원 중 한 전류원이 다른 쪽 보다 전류가 커지게 되므로 $I_X$는 그림 9.48(b)와 같이 변하게 된다. $I_X$의 최대 변화량 $I_{max}$를 $I_p$로 나눈 값이 채널변조효과의 정량적 효과로 볼 수 있다. 숏채널 소자의 경우 이 값은 30 ~ 48%에 이른다.

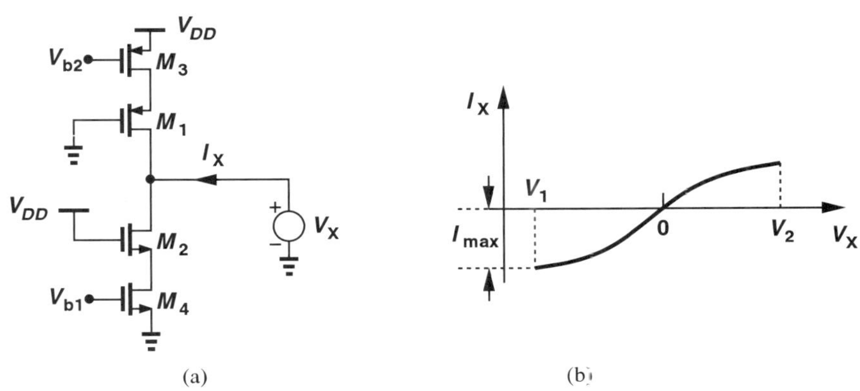


**그림 9.48** *(a) 전하펌프에서 채널길이변조 효과를 측정하기 위한 회로도, (b) $I_X$의 모습*

**예제 9.23**

CPPLL의 위상 오차는 출력 주파수에 따라 변한다. 왜 그런지 설명하라.

**풀이:**

출력 주파수에 따라 제어전압이 변하는데, 이때 채널길이변조효과로 UP/DOWN 전류의 부정합이 발생한다[그림 9.48(b)]. 식 (9.48)이 나타내듯, 이 부정합을 $I_p$로 나누고, $T_{res}$로 곱하면, 위상 오차가 된다. 이의 일반적인 모습은 그림 9.49와 같다.

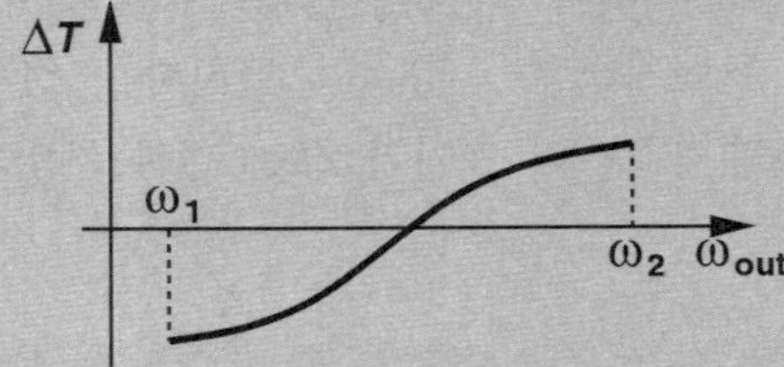


**그림 9.49** *주파수에 따른 위상 오차의 변화*

이러한 위상 오차 또는 이의 변화는 RF 주파수합성기에서 그렇게 중요하지 않더라도, 이로 인한 리플은 중요하다. 즉, 채널변조효과는 리플 크기( $= T_{res}\Delta I/C_2$)가 일정 수준 이하가 되도록 유지해야 한다. 트랜지스터의 게이트 길이를 키우면 이 효과를 억제 하는 효과가 있을 수 있으나, 실제로는 $\Delta I$를 충분히 작게 설계하는 것이 쉽지는 않다. 따라서, 이러한 문제를 해결하고자 하는 몇 가지 회로 기법들이 제안된 바 있다.

### 9.4.6 회로 설계 기법 Circuit Techniques

'RGC(Regulated Cascode)' 구조를 사용하여 전류원의 출력 임피던스를 증가시키는 것이 가능하다[6]. 그림 9.50(a)의 구조와 같이, 보조 증폭기 $A_0$가 $V_P$를 검출하여 이를 $V_b$와 최대한 일치 하도록 하고, 그 결과로 $R_S$를 통해 흐르는 전류 $I_X$를 일정하게 유지 하도록, $M_1$의 게이트 전압을 조정하게 된다. 결과적으로 출력 임피던스가 증가한다. 소신호 해석을 통해 다음을 증명할 수 있다.

$$\frac{V_X}{I_X} = (1 + A_0)g_m r_O R_S + r_O + R_S. \tag{9.49}$$

이 기법은 더 큰 전원전압을 필요로 하지 않는다는 면에서 장점이 있다.

그림 9.50(b)는 RGC 기법을 적용한 전하펌프이다. 스위치가 $M_3$, $M_4$ 소스 쪽으로 연결되어 있다. 보조 증폭기의 이득이 충분히 크다면, $M_3$, $M_4$가 약간 트라이오드 영역에 빠진다 해도, UP/DOWN 전류의 차이는 거의 없게 유지될 수 있다.

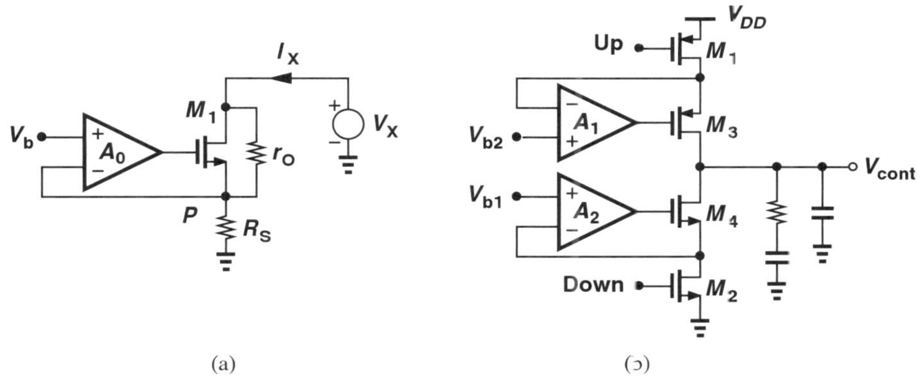


**그림 9.50** *(a) 출력 임피던스를 증가시키기 위해 증폭기를 사용하는 기법, (b) 이의 기법을 전하펌프에 적용함*

이 방식의 큰 단점은 보조 증폭기의 응답속도 한계에 있다. $M_1$, $M_2$가 꺼지면, $M_3$, $M_4$를 통한 피드백은 단절되고, $A_1$, $A_2$ 출력 전압이 전원전압에 가깝게 접근한다. 다음 위상 비교 순간에, 이 출력 전압들은 다시 원래의 값으로 복귀해야 한다. 하지만, 이러한 변화에 걸리는 시간은 UP/DOWN 펄스 폭(대략 5 게이트 지연시간)보다 훨씬 크게 된다. 다시 말해, $A_1$, $A_2$ 응답이 정상상태가 되어 식 (9.49)와 같이 출력 임피던스를 크게 할 수 있는 시간이 충분히 확보되지 않는다는 것이다.

그림 9.51은 또 다른 기법이다[7]. 여기서 $M_1$-$M_4$가 전하펌프의 부분이고, $M_5$-$M_8$은 이의 복제 부분이다. $M_{REF}$의 바이어스 전류가 $M_6$, $M_4$로 복사되고 $M_9$, $M_8$ 트랜지터가 ON상태의 $M_2$ 역할을 하고 있다. 랜덤 부정합을 무시하고 전하펌프 부분과 복제 부분의 크기가 같다고 가정할 때, 채널길이 변조에도 불구하고 UP 전류가 DOWN 전류와 같아진다는 것을 보일 수 있다. 우선 동기된 상태에서 루프필터는 큰 '저수지'의 역할을 해서 $V_{cont}$를 비교적 일정하게 유지하게 된다. 따라서, 채널변조효과가 매우 커도, ($V_{D6} \approx V_{D4}$이기 때문에) $I_{D6} \approx I_{D4}$이고,

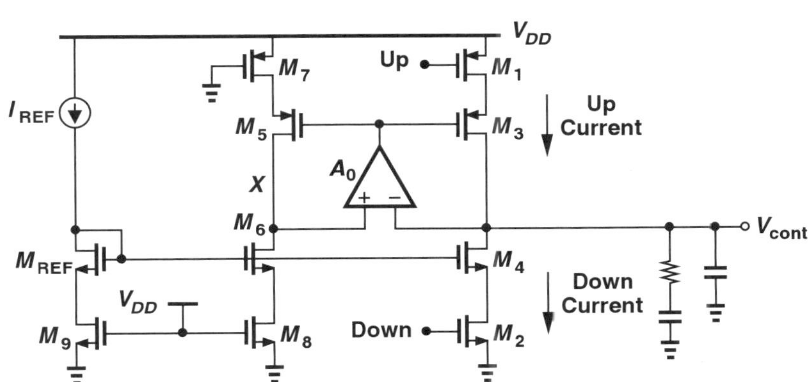


**그림 9.51** *채널길이 변조효과를 억제하기 위해 서보루프(servo loop)를 적용한 경우*

$I_{D5} \approx I_{D3}$가 된다. 또한, $|I_{D5}| = |I_{D6}|$이기 때문에, $|I_{D3}| = |I_{D4}|$가 된다. 즉, UP/DOWN 전류가 동일하게 된다. $A_0$의 이득이 충분히 크게 유지되어서 $V_X \approx V_{cont}$이 유지되면 출력 전압이 아무리 크게 변해도 전류 차이는 발생하지 않는다.

그림 9.50(b) 대비 이 구조의 가장 큰 장점은 $A_0$의 응답속도가 고속일 필요가 없다는 것이다. 이는 $M_1$, $M_2$가 꺼진 경우에도, $A_0$와 $M_5$로 이루어진 피드백 루프는 영향을 받지 않기 때문이다. 한편, $A_0$의 공통모드 입력 범위는 전하 펌프의 출력 전압 범위와 같아야 한다.

### 예제 9.24

RF Microelecronics

그림 9.51 회로는 $A_0$, $M_3$로 이루어진 또 다른 피드백 루프를 갖는다. 다시 말해, 두 루프중 하나는 양의 피드백인 것 이다. 어떻게 피드백 위상을 선택해야 하는지 설명하라.

**풀이:**

루프필터가 출력단에서 큰 부하로 보이기 때문에, $A_0$-$M_3$ 루프는 $A_0$-$M_5$ 루프에 비해 느리다. 따라서, $A_0$-$M_5$에는 음의 피드백을 선택하고 $A_0$-$M_3$는 양의 피드백을 선택한다.

그림 9.52(a)는 서보(servo) 증폭기의 또 다른 예이다[8]. 그림 9.51과 비슷하게, $A_0$는 $V_X$를 $V_{cont}$과 비슷하게 조정하여, (랜덤 부정합이 없을 때) $I_{D5} \approx I_{D4}$, $I_{D6} \approx I_{D3}$가 되도록 하고, 결과적으로 $|I_{D3}| \approx I_{D4}$가 되도록 한다. 그러나 이 회로는 $M_3$, $M_4$의 게이트를 통해 UP/DOWN 전류를 조정한다. 그래서 그림 9.51의 $M_1$, $M_2$에 필요한 전압 강하를 없앨 수 있다. 이 방식을 게이트 스위칭이라 부른다.

게이트 스위칭 방식은 UP/DOWN 펄스 도달시간의 부정합 문제를 더 크게 만든다. 이 문제를 이해하기 위해, 그림 9.52(b)의 회로를 보자. 여기서 UP/DOWN 펄스는 일정한 상승 및

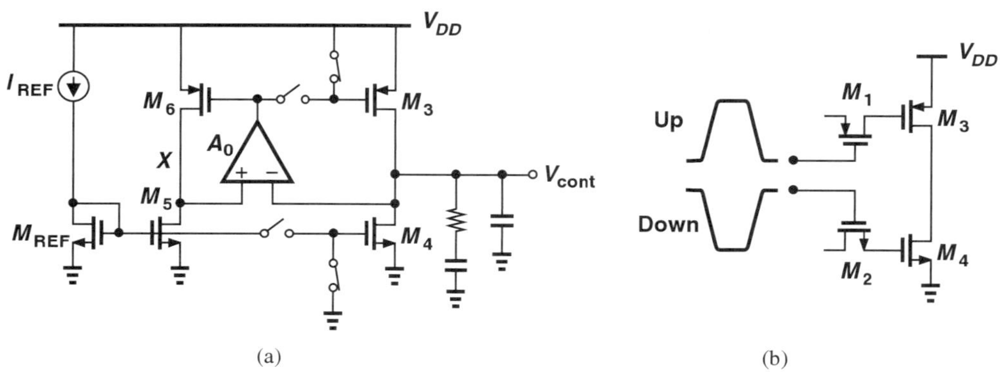


**그림 9.52** *(a) 게이트 스위칭 전하 펌프에서 서보루프를 사용하여 채널변조효과를 억제함, (b) 공정 변화에 의한 UP/DOWN 스큐의 영향*

하강 시간을 갖는다. Up 펄스가 $V_{DD} - |V_{GS3}| - |V_{TH1}|$에 도달하면 $M_1$이 스위칭 하는데, $M_2$는 DOWN 펄스가 $V_{GS4} + V_{TH2}$가 될 때 스위칭 한다. 그런데, 이 값들은 모두 공정이나 온도 변화에 따라 변하므로, UP/DOWN 펄스가 동시에 도달하도록 보장하는 것은 불가능하다. 또한 $A_0$의 공통모드 입력 신호 범위도 매우 커야 한다.

그림 9.53은 UP/DOWN 전류의 랜덤 부정합 및 시스템적 부정합을 없애는 또 하나의 예이다[9]. I1, M1, M2, I2로 이루어진 출력 경로 외에, M5, M6 스위치와 적분 커패시터 $C_X$, 증폭기 $A_0$가 추가 되었다. $\overline{\text{Up}}/\overline{\text{Down}}$ 펄스로 구동되는 추가 스위치로 인해, 위상 비교가 진행되지 않을 때 $I_1$에서 $I_2$로의 전류이동 경로를 만들어 준다. 따라서, $I_1$와 $I_2$의 *차이가* $C_X$로 흐르게 되고, $V_X$를 계속적으로 증가 또는 감소시킨다. 증폭기 $A_C$가 이 전압을 $V_{cont}$ 평균전압과 비교하여 $V_X$를 $V_{cont}$와 비슷해지도록 $I_2$ 값을 조정하게 된다. 다시 말해, 정상상태에서 $V_X$는 일정하게 유지되고, $I_1 = I_2$가 된다. 이 회로의 정밀도는 궁극적으로 전하주입과 클록 피드스루 부정합($M_1$-$M_5$, $M_2$-$M_6$ 사이의 부정합)에 의해 결정된다.

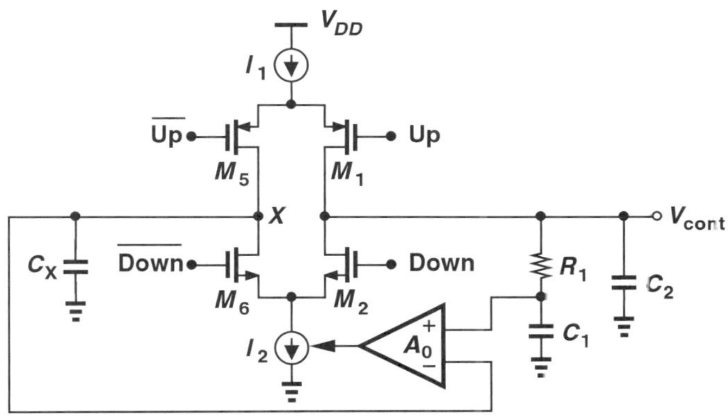


**그림 9.53** *랜덤 및 시스템적 부정합을 제거하기 위한 전하펌프내의 서보 루프*

## 예제 9.25

RF Microelecronics

기준 주파수 $f_{REF}$이고 분주비 $N$인 PLL의 출력 스펙트럼이 기준 주파수 떨어진 측대파 크기가 60 dBc이다. 기준주파수가 두 배되고, 분주비가 반이 되면, 기준주파수 측대파 크기는 어떻게 되는가? 전하펌프 비이상적 특성은 변함이 없고, 전하펌프 리셋 펄스 시간은 $T_{REF} = 1/f_{REF}$ 보다 매우 작다고 가정하라.

**풀이:**

첫 번째 경우의 제어전압의 시간 및 주파수 영역 파형을 그림 9.54(a)에 보였다. $\Delta T << T_{REF}$이기 때문에, 리플을 높이가 $V_0 \cdot \Delta T$의 임펄스로 근사화 할 수 있다. 따라서, 리플의 스펙트럼

(*계속*)

**예제 9.25** (계속) RF Microelecronics

은 $f_{REF}$ 고조파에서 $V_0 \cdot \Delta T/T_{REF}$의 크기를 갖는 임펄스가 된다. $\pm f_{REF}$의 임펄스는 시간영역에서 진폭이 $2V_0 \cdot \Delta T/T_{REF}$인 정현파로 볼 수 있고, 이는 캐리어에 대해 크기가 $(1/2)(2V_0 \cdot \Delta T/T_{REF})K_{VCO}/(2\pi f_{REF}) = (V_0 \cdot \Delta TK_{VCO})/(2\pi)$인 측대파가 된다.

두 번째 경우는 그림 9.54(b)와 같다. 리플 주기가 반이 되어, 주파수 영역에서 임펄스의 크기가 반이 된다. 따라서, 캐리어에 대한 측대파의 크기가 $(1/2)(4V_0 \cdot \Delta T/T_{REF})K_{VCO}/(4\pi f_{REF}) = (V_0 \cdot \Delta TK_{VCO})/(2\pi)$가 된다. 다시 말해, 측대파의 위치가 멀어지긴 했지만 크기는 변함이 없다.

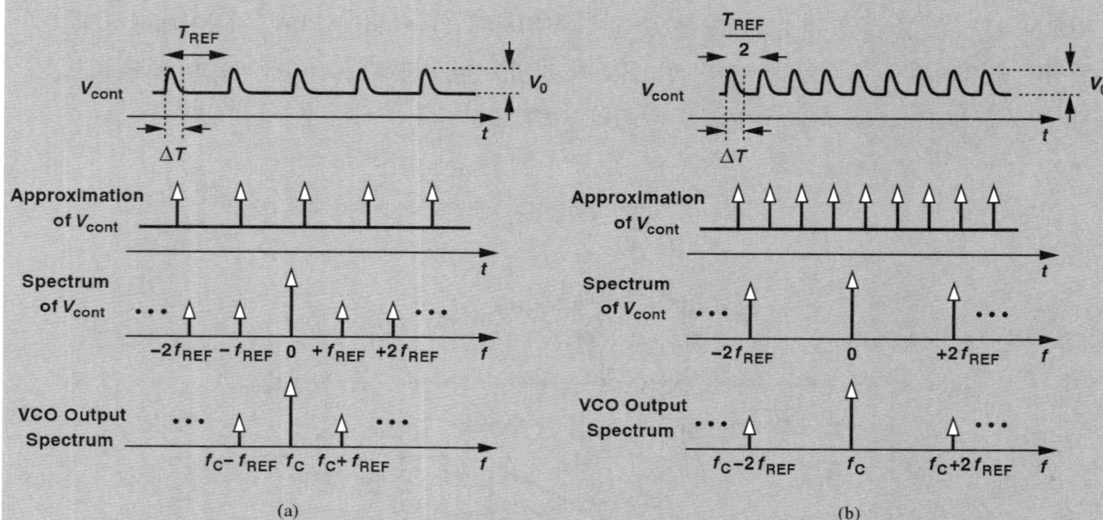


**그림 9.54** *기준 주파수 주기가 (a) $T_{REF}$, (b) $T_{REF}/2$일 때의, 파형 및 출력 스펙트럼*

## 9.5 PLL의 위상 잡음 Phase Noise in PLLS

8장 발진기에서, 소자의 잡음이 발진기의 위상 잡음으로 변환되는 원리를 살펴보았다. 발진기가 위상 동기 되었을 때, 출력 위상 잡음의 모습이 변한다. 또한 PLL 기준 주파수 입력 신호의 위상 잡음이 출력에 영향을 주게 된다. Type-II PLL에서 이러한 영향을 살펴보자.

### 9.5.1 VCO 위상 잡음 VCO Phase Noise

PLL에서 위상 동기란 출력 위상이 계속적으로 입력 위상을 따라가도록 만드는 것이다. 따라서 입력 기준 신호에 위상 잡음이 없다면, 비록 VCO가 자체 위상 잡음이 있어도, PLL은 출력 위상 잡음을 영으로 만들려고 할 것이다. 이를 또 다른 관점으로 보면, VCO 위상 잡음이 축적되어 어느 정도의 위상 오차가 만들어지면, 루프가 이 오차를 검출해서 전하펌프로 하여금 이를 보정하도록 하는 것이다. (루프가 개방되도 VCO 위상의 자체적인 흔들림이 없다면, VCO 는 일정한 주파수와 위상을 발생할 것이다.)

VCO 위상 잡음에 의한 PLL 출력 잡음을 수식화 하기 위해서, 우선 VCO 위상에 대한 PLL 출력위상의 전달함수를 유도 하자. 이를 위해 그림 9.55(a)와 같은 선형 위상 모델이 필요하다. 여기서 입력의 잉여 위상을 영으로 한 것은 입력 위상 잡음이 없음을 나타낸 것 이다. 출력 신호에 대하여 다음 식을 얻을 수 있다.

$$-\phi_{out}\left[\frac{I_p}{2\pi}\left(R_1+\frac{1}{C_1 s}\right)\right]\cdot\frac{K_{VCO}}{s}+\phi_{VCO}=\phi_{out}. \tag{9.50}$$

9.3.3절에서 유도된 $\zeta$, $\omega_n$식으로부터 다음을 얻을 수 있다.

$$\frac{\phi_{out}}{\phi_{VCO}}=\frac{s^2}{s^2+2\zeta\omega_n s+\omega_n^2}. \tag{9.51}$$

위의 전달함수는 예상대로 식 (9.19)와 같은 극점을 갖고 있고, 또한 원점에 두 개의 영점을 갖기 때문에, *고대역* 통과 특성을 보인다[그림 9.55(b)].

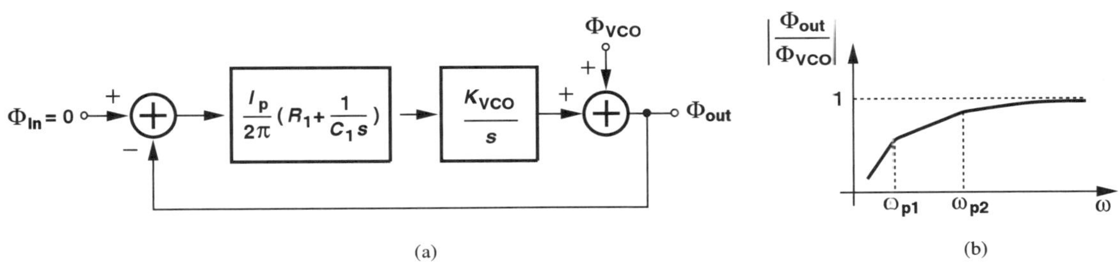


**그림 9.55** *(a) VCO 위상 잡음의 영향을 보기 위한 위상 영역 모델, (b) 고대역 통과 특성*

이 결과는 PLL이 VCO 위상의 *느린* 변화[그림 9.55(b)에서 $\omega$가 작을 대]는 억제하고, 빠른 변화는 그대로 통과시킴을 나타내고 있다. 동기 시에, VCO 위상이 입력 위상과 비교되어, 그 차이가 전류로 변환되어, 루프필터로 전달되어 제어 전압을 발생 시켜서, 최종적으로 VCO 위상 변화를 상쇄시키도록 동작한다. 전하펌프와 VCO는 느리게 변하는 신호에 대해 거의 무한대의 이득을 가지므로, 부궤환 루프는 느린 위상 변화에 대해 강력하게 작동한다. 한편, 빠른 위상 변화에 대해서는 루프이득이 떨어지고 피드백의 오차 보정 동작이 약해진다.

또 다른 관점으로 볼 때, 그림 9.55(a)는 그림 9.56(a)로 다시 그릴 수 있고, 이는 그림 9.56(b) 와 동일하다. $G(s)$ 시스템은 이상적인 적분기 두 개 직렬연결과 등가이고, 따라서, 입력 ($\phi_{out}$)에 대해 '가상 접지'로 보인다. $\phi_{VCO}$가 느리게 변할 때 $\phi_{out}$은 거의 영이지만, $\phi_{VCO}$가 빠르게 변할 때 $|G(s)|$는 작아지고 가상 접지에서의 신호의 스윙은 더 커지는 것이다.

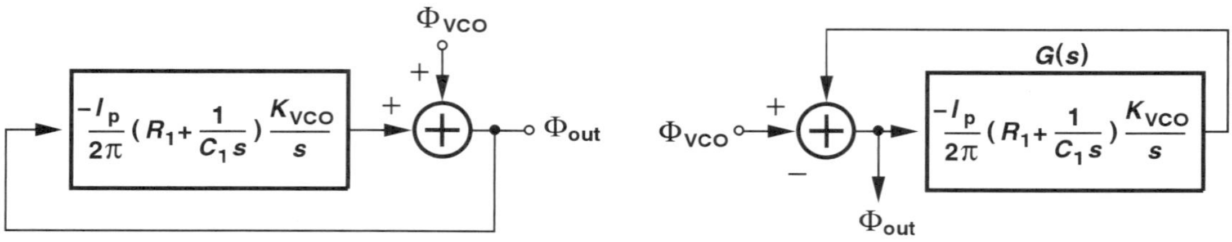


**그림 9.56** *VCO 위상 잡음 영향을 보기 위한 또 다른 위상 영역 모델*

## 예제 9.26 RF Microelecronics

$\zeta$가 변하지 않고 $\omega_n$이 $K$배 커지면 그림 9.55(b)의 주파수 응답은 어떻게 변하는가?

**풀이:**

식 (9.22)에서 두 극점이 $K$배 증가함을 볼 수 있다. $s \approx 0$일 때 $\phi_{out}/\phi_{VCO} \approx s^2/\omega_n{}^2$이기 때문에, $\omega$가 작을 때 그래프는 $K^2$배 만큼 아래로 이동한다. 그림 9.57과 같이, VCO 위상 잡음을 좀 더 크게 감쇄시킨다.

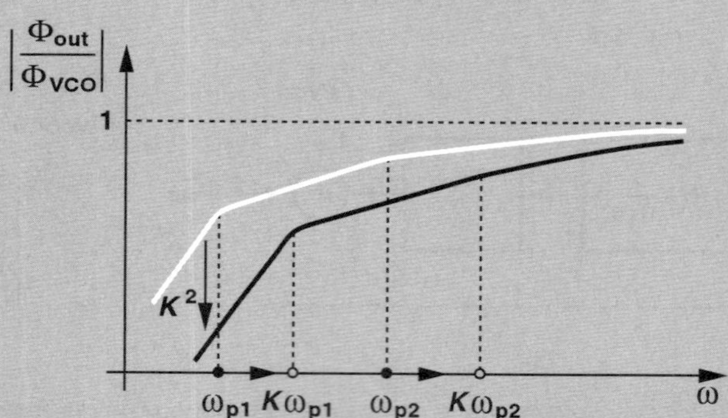


**그림 9.57** *$\omega_n$을 K배 증가시킬 때 VCO 위상 잡음에 미치는 영향*

## 예제 9.27 RF Microelecronics

피드백 분주비가 $N$인 PLL과 분주기가 없는 PLL의 위상 잡음 모습을 비교하라. 출력 주파수는 동일하다고 가정하라.

**풀이:**

그림 9.56(b)의 루프를 그림 9.58(a)와 같이 다시 그리면, 피드백이 $N$배 약해진 것임을 알 수 있다. 식 (9.51)에 주어진 전달함수가 그대로 적용될 수 있지만 $\zeta$와 $\omega_n$은 $\sqrt{N}$배 만큼 감소되어야 한다.

**예제 9.27** (*계속*) RF Microelecronics

그림 9.55(b) 그래프에서 크기가 어떻게 될까? 두 가지 사실을 알 수 있는데, (1) 똑 같은 시간 응답을 갖기 위해, $\zeta$는 일정해야 한다; 예를 들어, 전하펌프 전류가 $N$배 커져야 한다. 그래서, 식 (9.22) 극점은 $\sqrt{N}$배 감소한다. (2) $s \to 0$일 때, $\phi_{out}/\phi_{VCO} \approx s^2/\omega_n^2$ 이고, 이는 분주기 없는 루프 대비 $N$배 큰 것이다. 따라서, 전달 함수의 크기는 그림 9.58(b)와 같이 보이게 된다.

시간 영역 관점에서 출력 위상 잡음의 증가를 설명할 수 있다. 출력 주파수가 두 경우 모두 같다고 가정하면, 분주기 없는 루프가 위상 비교(즉, 위상 보정)를 분주기 있는 루프보다 $N$배 자주 수행함을 알 수 있다. 즉, 분주기가 있음으로, VCO는 아무런 교정 없이, 위상 잡음을 $N$ 사이클 동안 축적하게 된다. 그림 9.59는 이 두 경우를 설명하고 있다.

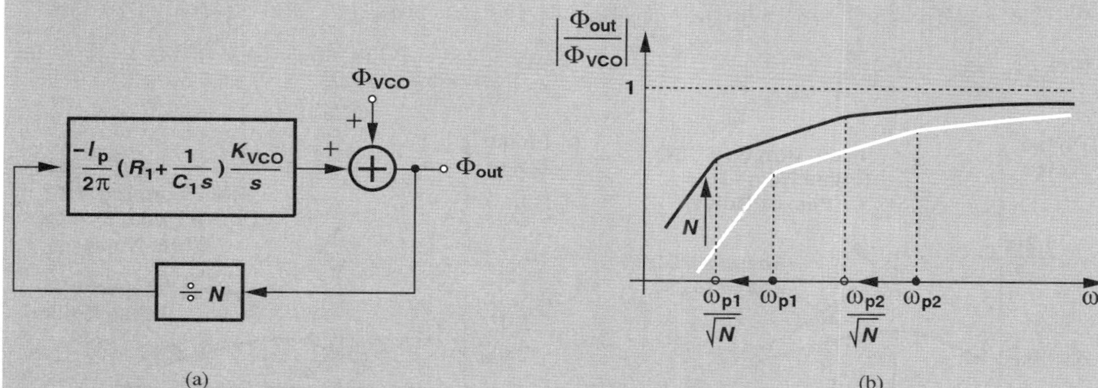


**그림 9.58** *피드백 분주기가 있는 경우, (a) 위상 영역 모델, (b) VCO 위상 잡음의 전달 함수*

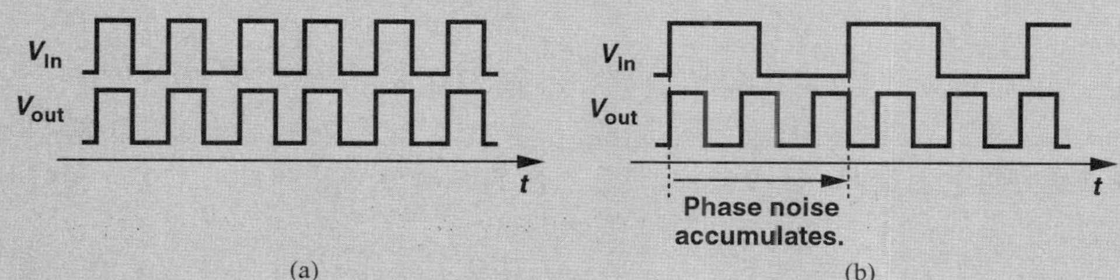


**그림 9.59** *PLL의 시간 영역 파형, (a) 입/출력 주파수가 같을 때, (b) 입력 주파수가 N 배 낮을 때*

VCO에 의한 PLL 출력 위상 잡음은 식 (9.51) 크기의 제곱에 VCO 위상 잡음을 곱한 값에 해당한다. 8장에서 살펴보았듯, 발진기 위상 잡음은 $(\alpha/\omega^3 + \beta/\omega^2)$으로 표현된다. 여기서 $\alpha$, $\beta$는 소자에서 발생하는 잡음 및 $Q$ 값 등 여러 인자를 포괄한 변수이고, $\omega$은 8장 $\Delta\omega$에 해당하는 캐리어로부터의 오프셋 주파수이다. 따라서,

$$\overline{\phi_{out}^2} = \frac{\omega^4}{(\omega^2 - \omega_n^2)^2 + 4\zeta^2\omega_n^2\omega^2}\left(\frac{\alpha}{\omega^3} + \frac{\beta}{\omega^2}\right). \tag{9.52}$$

이를 VCO 위상 잡음이 전달함수에 의해 변형되었다고 한다.

위의 위상 잡음을 오프셋 주파수에 따라 살펴보는 것이 도움이 될 것이다. 오프셋 주파수가 작을 때(VCO 위상이 느리게 변할 때), 플리커 잡음에 의한 항이 가장 커진다:

$$\overline{\phi_{out}^2}|_{\text{small }\omega} \approx \frac{\alpha\omega}{(\omega^2 - \omega_n^2)^2 + 4\zeta^2\omega_n^2\omega^2}. \tag{9.53}$$

사실 $\omega$가 충분히 작을 때, $\overline{\phi_{out}^2} \approx \alpha\omega/\omega_n^4$ 이 된다. 즉, 위상 잡음은 주파수에 대해 선형적으로 증가한다. $\zeta = 1$일 때, $\omega = \omega_n/\sqrt{3}$에서, 식 (9.53)의 최대값이 $9\alpha/(16\sqrt{3}\omega_n^3) \approx \alpha/(3.1\,\omega_n^3)$가 됨을 보일 수 있다. 그림 9.60(a)에서, 위상 동기된 VCO는 $\omega = \omega_n/\sqrt{3}$에서, 위상 잡음이 12 dB 낮아짐을 알 수 있다. $\omega$가 클 때는, 식 (9.51)이 거의 1이 되기 때문에 식 (9.53)이 $\alpha/\omega^3$가 됨을 볼 수 있다.

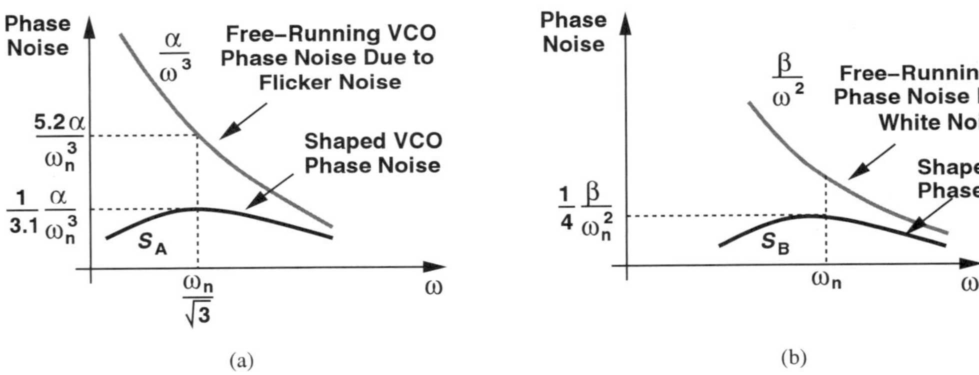


**그림 9.60** *(a) 플리커 잡음 및 (b) 백색 잡음에 의한 VCO 위상 잡음에 대한 PLL의 영향*

오프셋 주파수가 클 때, 식 (9.52)의 백색 잡음 관련 항이 가장 커지고, 다음과 같이 된다.

$$\overline{\phi_{out}^2}|_{\text{large }\omega} = \frac{\beta\omega^2}{(\omega^2 - \omega_n^2)^2 + 4\zeta^2\omega_n^2\omega^2}. \tag{9.54}$$

비슷한 식으로, $\omega$가 충분히 클 때 이 함수는 $\beta/\omega^2$가 된다. $\zeta = 1$일 때, $\omega = \omega_n$에서 식 (9.54)는 최대 값 $\beta/(4\omega_n^2)$ 이 됨을 보일 수 있다. 그림 9.60(b)에서, $\omega = \omega_n$에서 6 dB 떨어짐을 알 수 있다. 실제로, 전체 출력 위상 잡음은 이 두 결과의 합이 된다.

그림 9.61은 이 두 가지 사항을 요약해서 보여 주고 있다. 자유 발진하는 VCO 위상 잡음 외에, $\alpha/\omega^3$ 및 $\beta/\omega^2$에 해당하는 그래프도 함께 그렸다. 전체 PLL 출력 위상 잡음은 SA와

SB의 합과 같다. 하지만, 실제 모습은 두 가지 요인에 영향을 받는데, (1) $\alpha/\omega^3$와 $\beta/\omega^2$의 교차점, 및 (2) $\omega_n$의 값이다. 다음 예제에서 이러한 상관 관계를 살펴보자.

## 예제 9.28

RF Microelecronics

전체 출력 위상 잡음을 다음의 경우에 대해 그려라. (a) $\alpha/\omega^3$와 $\beta/\omega^2$의 교차점이 저주파수에 존재하고 $\omega_n$이 그보다 훨씬 클 때. (b) $\alpha/\omega^3$와 $\beta/\omega^2$의 교차점이 고주파수에 존재하고 $\omega_n$이 그보다 훨씬 작을 때. (이 두 가지 경우는 각각 위상 잡음에서의 열잡음의 비중이 높을 때와 낮을 때에 해당한다.)

**풀이:**

그림 9.62(a)와 같이, 첫 번째 경우는 $1/f$ 잡음 부분이 작아서, $S_{out}$의 위상 잡음이 오프셋 주파

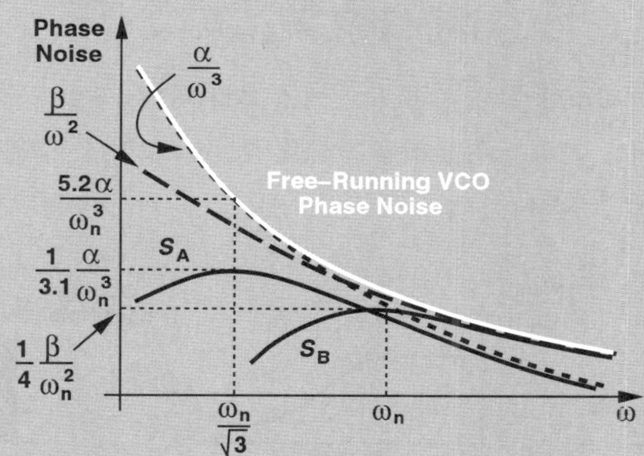


**그림 9.61** *VCO 위상 잡음 모습*

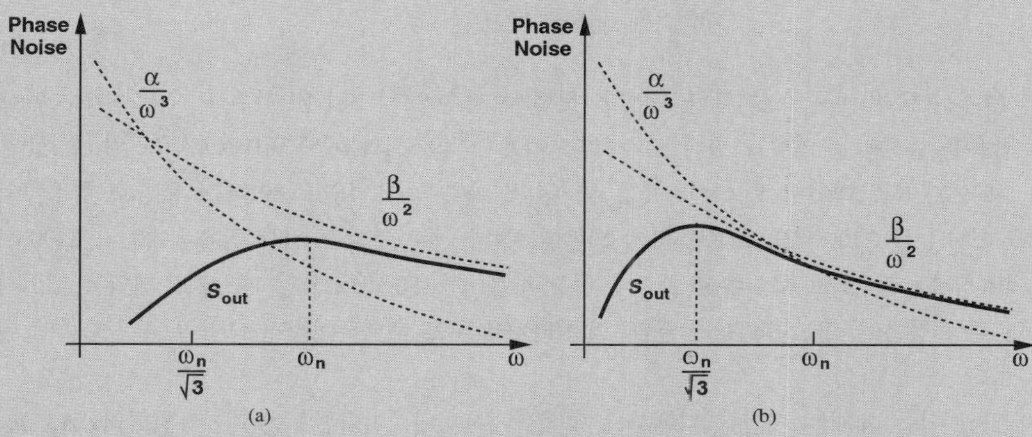


**그림 9.62** *VCO 위상 잡음: $\alpha/\omega^3$와 $\beta/\omega^2$의 교차 주파수가 (a) 작을 때, (b) 클 때*

(계속)

**예제 9.28** (*계속*) RF Microelecronics

수가 클 때 거의 $\beta/\omega^2$이 된다. 그림 9.62(b)의 두 번째 경우는 $1/f$ 잡음이 우세한 경우 인데 $\omega = \omega_n$을 넘어서는 거의 자유 발진 VCO 위상 잡음과 동일하다. 또한 두 번째 경우가 PLL 위상 잡음의 피킹이 더 큼을 볼 수 있다.

### 9.5.2 기준 주파수 위상 잡음 Reference Phase Noise

기준 주파수의 위상 잡음은 PLL의 입출력 전달함수에 의해 형성되어 나타난다. 식 (9.19)로부터 다음을 얻을 수 있다.

$$S_{out} = \frac{4\zeta^2\omega_n^2\omega^2 + \omega_n^4}{(\omega^2 - \omega_n^2)^2 + 4\zeta^2\omega_n^2\omega^2} S_{REF}, \tag{9.55}$$

여기서 $S_{REF}$는 기준 주파수의 위상 잡음이다. 기준 주파수로 사용되는 수정발진기는 일반적으로 수 kHz 이상에서는 *편평한* 위상 잡음 모습을 갖는다. 그래서 이 위상 잡음의 전체적인 모습은 그림 9.63과 같게 된다.

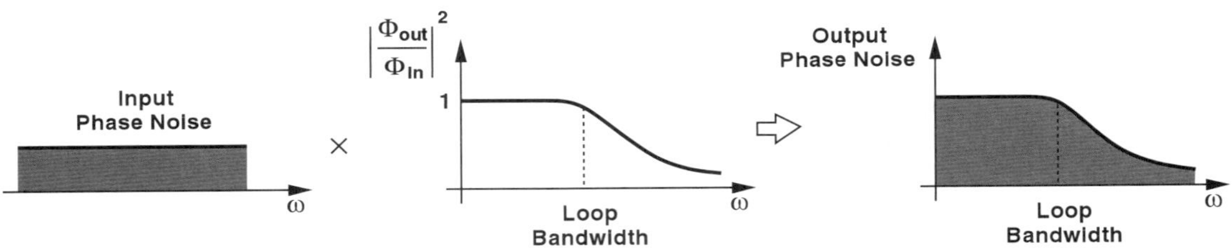


**그림 9.63** *기준 주파수 위상 잡음의 영향*

여기서 두 가지 중요한 사실이 있다. 첫째, 주파수 체배 PLL은 저주파 기준 주파수의 위상 잡음을 증폭하는 역할을 한다는 것이다. 이는 식 (9.35)와 예제 9.19로부터도 알 수 있다. 즉, 루프 대역폭 내에서 $S_{out} = M^2 S_{REF}$이 된다. 예를 들어, IEEE 802.11g 주파수 합성기의 경우 1 MHz를 2400 MHz로 증폭하게 되는데, 이때 기준 주파수 위상 잡음을 $20 \log 2400 \approx 68$ dB 상승시킨다. 보통의 수정 발진기 위상 잡음이 −150 dBc/Hz일 때, 루프 대역폭 내에서 출력 위상 잡음이 −82 dBc/Hz가 된다. 약 100 kHz 루프 대역폭이라면 그림 9.64의 모습이 될 것 이다.

위상 잡음 체배는 시간 영역에서도 해석할 수 있다: 입력신호 엣지가 (천천히) $\Delta T$ sec ($2\pi\Delta T/T_{REF}$ radians) 이격될 때, 출력신호 엣지도 역시 $\Delta T$ sec 변할 것이고, 이는 $2\pi\Delta T/(T_{REF}/N)$ radians에 해당한다. 이것이 $20 \log N$ 만큼 큰 위상 잡음이 되는 것이다.

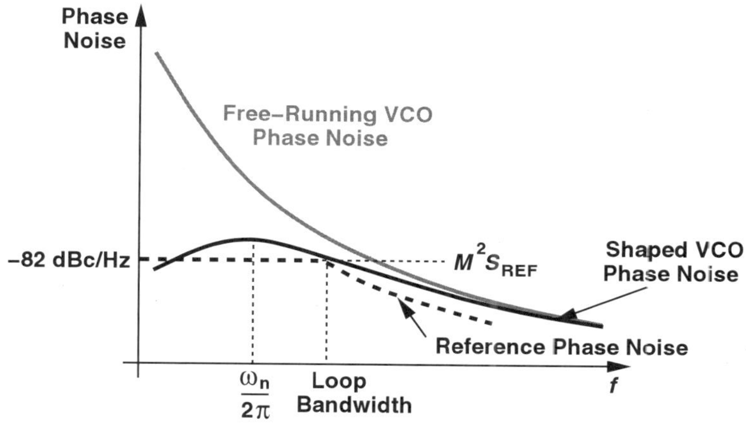


**그림 9.64** *PLL에서 기준 주파수와 VCO 위상 잡음의 나타나는 모습의 한 예*

둘째, 출력에서의 전체 위상 잡음(그림 9.63 위상 잡음 그래프 아래 면적)은 루프 대역폭에 따라 증가한다—VCO 위상 잡음에 대해 보았던 경향과 반대임. 다시 말해 루프 대역폭의 선택에 따라 기준 신호 위상 잡음과 VCO 위상 잡음의 상대적인 크기가 결정된다.

## 9.6 루프 대역폭 Loop Bandwidth

루프 대역폭은 PLL 전체 특성에 중요한 영향을 미친다. 지금까지 살펴본 바에 따르면, (1) 시간 영역 안정화 특성은, $\zeta$에 따라 대략 $1/(\zeta\omega_n)$에서 $1/(2\zeta\omega_n)$ 사이의 시상수로 결정되고(예제 9.18), (2) 연속 시간 근사화가 가능하려면 PLL의 시상수가 입력 주기보다 훨씬 길어야 하고, (3) 루프 대역폭이 증가하면, 기준 주파수 위상 잡음이 더 넓은 대역폭에 걸쳐 나오면서, VCO 위상 잡음은 더 크게 억제된다.

하지만 루프 대역폭은 어떻게 정의되는가? 단순히 -3 dB 대역폭을 정의할 수 있을 것이다. 식 (9.19)의 제곱이 1/2와 같다고 놓으면,

$$\frac{(2\zeta\omega_n\omega_{-3dB})^2 + \omega_n^4}{(\omega_{-3dB}^2 - \omega_n^2)^2 + (2\zeta\omega_n\omega_{-3dB})^2} = \frac{1}{2}. \tag{9.56}$$

이로부터 다음을 얻는다.

$$\omega_{-3dB}^2 = [1 + 2\zeta^2 + \sqrt{(1+2\zeta^2)^2 + 1}]\omega_n^2. \tag{9.57}$$

예를 들어, $\zeta$가 $\sqrt{2}/2$와 1 사이의 값일 때, $\omega_{-3dB}$는 $2.1\omega_n$에서 $2.5\omega_n$ 사이의 값이 된다. 또한, $2\zeta^2 >> 1$일 때, 9.3.4절에서 단일 극점 근사화를 통해 계산한 것과 같이, $\omega_{-3dB} \approx \zeta\omega_n$이 된다. 그림 9.65(a)는 $\zeta = 1$일 때 $|\phi_{out}/\phi_{in}|$과 $|\phi_{out}/\phi_{VCO}|$이다. 백색 잡음 영역에서 VCO

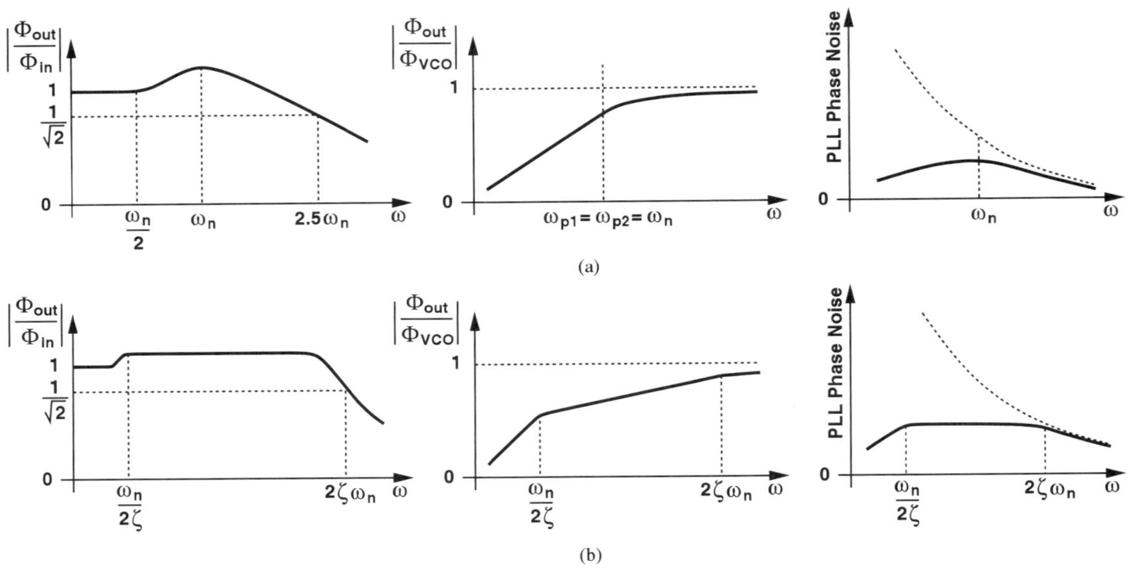


**그림 9.65** *PLL 주파수 응답과 VCO 위상 잡음의 변형. (a)* $\zeta = 1$*일 때, (b)* $\zeta^2 >> 1$*일 때*

위상 잡음의 모습도 함께 보이고 있다. 그림 9.65(b)는 $\zeta^2$ >> 1일 때의 그래프이다.

PLL 설계시, 루프 시상수가 입력 신호 주기 $T_{in}$ 보다 매우 크도록 한다. 즉, 루프 대역폭이 입력 신호 주파수 보다 매우 작도록 한다. 하지만 이 두 가지 조건이 항상 같은 결과로 이어지는 것은 아니다. 예를 들어, $\zeta$가 대략 1이면, 앞의 조건은

$$\frac{1}{\zeta\omega_n} \gg T_{in} \tag{9.58}$$

이 되지만, 두 번째 조건은

$$2.5\omega_n \ll \omega_{in}. \tag{9.59}$$

이 되기 때문이다. 식 (9.59)가 더 필수적인 요건으로 반드시 준수되어야 한다. 큰 $\zeta$ 값에 대해 루프 대역폭은 $2\zeta\omega_n$이 되고 대략 $\omega_{in}$의 1/10로 정해진다.

## 9.7 설계 방법 Design Procedure

PLL 설계는 구성회로 설계부터 시작된다: VCO를 8장에서 제시한 기준과 방식으로 설계 하고; 주파수 분주기를 원하는 분주비를 발생하면서 VCO의 최대 발진 주파수까지 동작 하도록 설계 하고(10장 참조); PFD는 특히 UP/DOWN 전류의 부정합을 최소화 하도록 설계하고; 전하펌프는 출력 범위가 크고 채널변조효과가 최소화되도록 설계한다. 다음 단계로, 루프 필터를 설계하고, 앞의 기초 회로를 모아서 PLL을 전체를 구성한다.

PLL을 제대로 설계하려면 전하 펌프 전류와 루프필터 부품 값을 적절히 결정해야 한다. 여기에는, 다음의 두 식이 중요하다.

$$\zeta = \frac{R_1}{2}\sqrt{\frac{I_p C_1 K_{VCO}}{2\pi M}} \tag{9.60}$$

$$\omega_n = \sqrt{\frac{I_p K_{VCO}}{2\pi C_1 M}}, \tag{9.61}$$

그리고, 다음과 같이 결정한다.

$$\zeta = 1 \tag{9.62}$$

$$2.5\omega_n = \frac{1}{10}\omega_{in}. \tag{9.63}$$

$K_{VCO}$는 VCO 설계로부터 결정되므로, 미지수 3개($I_p$, $C_1$, $R_1$)에 식 2개가 된다. 즉 해답이 유일하지 않다. 특히, 전하펌프 전류는 수십 μA부터 수 mA까지 가능하다. $I_p$가 결정되면, $C_1$을 식 (9.61), (9.63)으로부터 결정하고, $R_1$을 식 (9.60)으로부터 결정한다. 마지막으로 그림 9.38의 $C_2$ 커패시터를 $C_1$의 0.2배 정도로 결정한다. 13장에서 이런 한 설계 과정을 적용하여 주파수 합성기를 설계하게 될 것이다.

**예제 9.29** RF Microelecronics

기준주파수 1 MHz이고 출력주파수 2.4 GHz인 PLL을 설계해야 한다. $K_{VCO}$ = 300 MHz/V일 때, 그 외 루프 설계 변수들을 결정하라.

**풀이:**

우선, $\zeta = 1$, $2.5\omega_n = \omega_{in}/10$[즉, $\omega_n = 2\pi(40\text{ kHz})$], $I_p = 500\,\mu\text{A}$로 선택한다. 식 (9.61)에서 $K_{VCO} = 2\pi \times (300\text{ MHz/V})$일 때, $C_1 = 0.99\text{ nF}$을 얻는다. 값이 크기 때문에 외부 칩 부품을 사용해야 할 것이다. 다음 식 (9.60)으로부터 $R_1 = 8.04\text{ k}\Omega$이 되고, $C_2 = 0.2\text{ nF}$이 된다. 부록 I에서 설명하듯이, $\zeta = 1$과 $C_2 = 0.2C_1$을 선택함으로써, 식 (9.41) 조건이 자동으로 만족된다.

$C_1$이 매우 크기 때문에 $I_p$를 조정할 수 있다. 예를 들어, $I_p = 100\,\mu\text{A}$이면, 식 (9.61)로부터 $C_1 = 0.2\text{ nF}$이 된다(여전히 큰 값이긴 함). 하지만, $z = 1$일 때 $R_1$을 5배 증가시켜야 하므로 $R_1 = 40.2\text{ k}\Omega$이 되고, $C_2 = 40\text{ pF}$이 된다.

## 9.8 부록 I: Type-II PLL의 위상 마진

Appendix I: Phase Margin of Type-II PLLs

본 부록에서는 2차 및 3차 Type-II PLL의 위상마진를 유도하려 한다. 그림 9.66의 2차 PLL

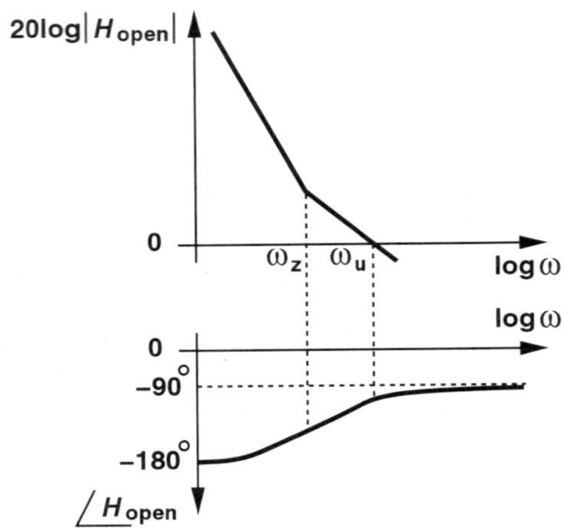


**그림 9.66** *Type-II PLL 개루프 전달함수의 크기 및 위상*

의 개루프 전달함수의 크기 및 위상을 살펴보자. 크기는 −40 dBc/dec의 기울기로 영점 주파수 $\omega_z = (R_1C_1)^{-1}$까지 떨어지고, 그 이후 기울기가 −20 dBc/dec로 변한다. 위상은 −180°에서 시작하여 영점 주파수에서 −135°가 된다. 위상마진을 알기 위해 크기가 1인 주파수 $\omega_u$에서 영점에 의한 위상 증가분을 계산해야 한다. 우선 $\omega_u$를 계산하면,

$$\left|\frac{I_p}{2\pi}\left(R_1+\frac{1}{C_1 s}\right)\frac{K_{VCO}}{s}\right|^2_{s=j\omega_u}=1 \tag{9.64}$$

따라서, 다음이 된다.

$$\left(\frac{I_pK_{VCO}}{2\pi}\right)^2\frac{R_1^2C_1^2\omega_u^2+1}{C_1^2\omega_u^4}=1. \tag{9.65}$$

식 (9.20), (9.21)을 이용하고, $R_1C_1\omega_n^2 = 2\zeta\omega_n$을 적용하면 다음을 얻을 수 있다.

$$-\omega_u^4+4\zeta^2\omega_n^2\omega_u^2+\omega_n^4=0, \tag{9.66}$$

그리고

$$\omega_u^2=\left(2\zeta^2+\sqrt{4\zeta^4+1}\right)\omega_n^2. \tag{9.67}$$

따라서, 위상마진은 다음과 같다.

$$PM=\tan^{-1}\frac{\omega_u}{\omega_z}=\tan^{-1}R_1C_1\omega_u \tag{9.68}$$

$$=\tan^{-1}\left(2\zeta\sqrt{2\zeta^2+\sqrt{4\zeta^4+1}}\right). \tag{9.69}$$

예를 들어, $\zeta = 1$이면, PM = 76°이고, $\omega_u/\omega_z \approx 4$가 된다. $\zeta = \sqrt{2}/2$이면, $PM$ = 65°이고, $\omega_u/\omega_z \approx 2.2$가 된다. $\zeta \geq \sqrt{2}/2$일 때는, $\sqrt{4\zeta^4+1} \approx 2\zeta^2 + 1/(4\zeta^2)$이므로 PM은 다음과 같다.

$$PM \approx \tan^{-1}\left(2\zeta\sqrt{4\zeta^2+\frac{1}{4\zeta^2}}\right) \tag{9.70}$$

$$\approx \tan^{-1}\left[4\zeta^2\left(1+\frac{1}{32\zeta^4}\right)\right]. \tag{9.71}$$

## 예제 9.30

RF Microelecronics

$R_1$, $C_1$을 변수로 하여 PLL의 개루프 전달함수를 간략히 그려라.

**풀이:**

$R_1$이 증가하면, $\omega_z$는 감소하고 $\omega_u$는 증가한다($|H_{open}|$의 기울기가 −20 dBc/Hz로 동일하기 때문이다[그림 9.67(a)]). 반면, $C_1$이 증가하면, $\omega_z$는 감소하고 $\omega_u$는 거의 변하지 않는다[그림 9.67(b)]. 이것은 $\zeta \geq \sqrt{2}/2$일 때 다음과 같기 때문이다.

$$\omega_u \approx \sqrt{4\zeta^2+\frac{1}{4\zeta^2}}\omega_n \tag{9.72}$$

$$\approx 2\zeta\left(1+\frac{1}{32\zeta^4}\right)\omega_n, \tag{9.73}$$

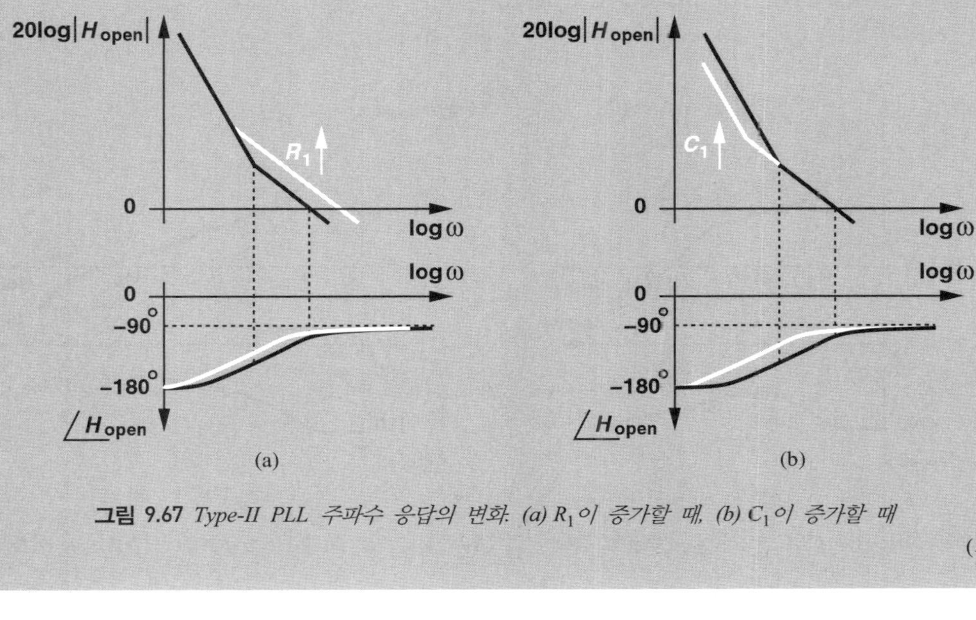


**그림 9.67** *Type-II PLL 주파수 응답의 변화. (a) $R_1$이 증가할 때, (b) $C_1$이 증가할 때*

(계속)

**예제 9.30** (계속) RF Microelecronics

위의 식은 대개의 경우 다음과 같이 된다.

$$\omega_u \approx 2\zeta\omega_n \tag{9.74}$$

$$\approx \frac{R_1 I_p K_{VCO}}{2\pi}. \tag{9.75}$$

그림 9.67에 표시된 두 가지 경우 또한 $\zeta$가 $C_1$ 보다는 $R_1$에 더 크게 영향을 받는다는 사실을 보여 준다. 즉, (a)에서는 $\omega_z$가 감소하고 $\omega_u$가 증가하므로 PM이 증가하지만, (b)에서는 $\omega_z$만 감소하므로 PM이 증가하고 있다.

이제 그림 9.38의 3차 루프를 살펴보자. PFD/CP/filter의 전달함수는 다음과 같다.

$$\frac{V_{cont}}{\Delta\phi}(s) = \frac{I_p}{2\pi} \cdot \frac{R_1 C_1 s + 1}{R_1 C_{eq} s + 1} \cdot \frac{1}{(C_1 + C_2)s}, \tag{9.76}$$

여기서 $C_{eq} = C_1C_2/(C_1 + C_2)$이다. 필터에 의한 극점 $\omega_{p2}$는 $-(R_1C_{eq})^{-1}$에 존재한다. 그림 9.68(a)에 예시된 그림에서 $C_2$에 의한 PM 감소를 보이고 있다.

그렇다면, $\omega_{p2}$는 어떻게 선택해야 하는가? $\omega_u$보다 작으면, PM이 45°보다 작아진다. 그림 9.68(a)의 위상에서 보면, $\omega_{p2}$에서 45° 감소되므로, $\omega_u$에서는 좀 더 작아지는 것이다. 이 때문에 $\omega_{p2}$는 $\omega_u$보다 크게 설정되어야 한다[그림 9.68(b)]. 중요한 것은 $\omega_u$는 $\omega_{p2}$가 있더라도 거의 변하지 않는 다는 것이다. 따라서, 식 (9.73)이 적용될 수 있다.

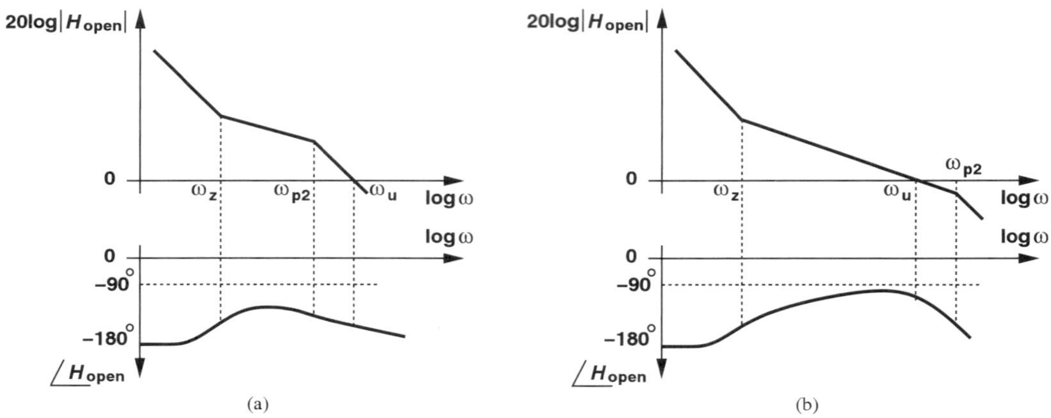


**그림 9.68** *(a)* $\omega_{p2} = (R_1C_{eq})^{-1} < \omega_u$ *인 경우, (b)* $\omega_{p2} = (R_1C_{eq})^{-1} > \omega_u$ *인 경우, 개방루프 응답에서 두 번째 커패시터의 영향*

그러면 위상마진은 다음과 같다.

$$PM = \tan^{-1}\frac{\omega_u}{\omega_z} - \tan^{-1}\frac{\omega_u}{\omega_{p2}} \tag{9.77}$$

$$= \tan^{-1}(R_1C_1\omega_u) - \tan^{-1}(R_1C_{eq}\omega_u) \tag{9.78}$$

$$= \tan^{-1}\left[4\zeta^2\left(1+\frac{1}{32\zeta^2}\right)\right] - \tan^{-1}\left[4\zeta^2\frac{C_{eq}}{C_1}\left(1+\frac{1}{32\zeta^2}\right)\right]. \tag{9.79}$$

대개의 경우 $32\zeta^2 >> 1$이므로, 다음과 같다.

$$PM \approx \tan^{-1}(4\zeta^2) - \tan^{-1}\left(4\zeta^2\frac{C_{eq}}{C_1}\right). \tag{9.80}$$

이 결과는 $\zeta \geq 1$이고, $\omega_{p2}$가 $\omega_u$보다 충분히 클 때만 성립함에 유의하라.

식 (9.78)의 PM을 최대화 할 수 있는 $\omega_u$ 값을 구할 수 있다[10]. 식 (9.78)을 미분하면,

$$\omega_u = \frac{1}{R_1C_1}\sqrt{1+\frac{C_1}{C_2}} \tag{9.81}$$

이 되고, 따라서, PM의 최대값은 다음과 같다.

$$PM_{max} = \tan^{-1}\left(\frac{C_1/C_2}{2\sqrt{1+C_1/C_2}}\right). \tag{9.82}$$

이때의 $\zeta$는 식 (9.80)을 미분하면 얻을 수 있다.

$$\zeta = \frac{1}{2}\sqrt[4]{\frac{C_1}{C_{eq}}}, \tag{9.83}$$

이는 $C_1 = 5C_2$일 때, 약 0.783이 된다.

지금까지 살펴본 바에 따르면 루프 변수를 결정함에 또 하나의 중요한 제한 사항이 있음을 알 수 있다. 즉, $C_2$가 있을 때, $R_1$이 무한히 크게 설정할 수 없다는 것이다. $R_1 \rightarrow \infty$가 되면, 결국은 $R_1$-$C_1$ 직렬연결은 사라지는 것이고, $C_2$만 남게 된다. 그러면, 루프에 두 개의 적분기만 존재하게 되는 것이다. 그렇다면, 설정 가능한 $R_1$의 최대값을 알아보는 것이 필요하다. $R_1$이 증가하면 $\omega_{p2}$가 $\omega_u$에 가까워지고 결국은 $\omega_u$보다 작아짐을 주목해야 한다(그림 9.69). $\omega_{p2} \approx \omega_u$일 때가 $\omega_{p2}$의 한계라고 한다면,

$$\frac{1}{R_1C_{eq}} \geq 2\zeta\omega_n \tag{9.84}$$

$$\geq \frac{R_1I_pK_{VCO}}{2\pi}. \tag{9.85}$$

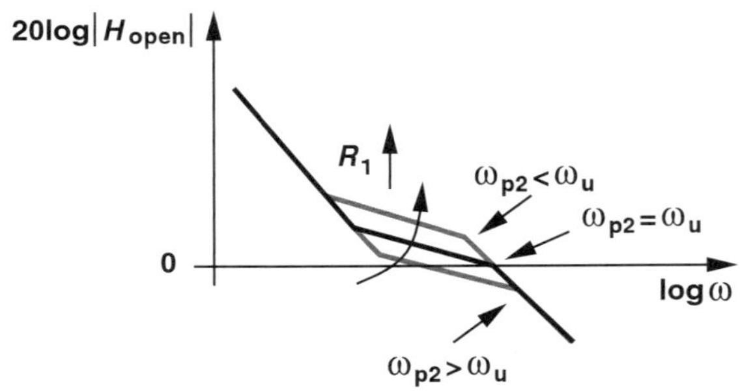


**그림 9.69** *$C_2$가 존재할 때 $R_1$이 증가함에 따른 PLL 주파수 응답의 변화*

이는 다음과 같고,

$$R_1^2 \leq \frac{2\pi}{I_p K_{VCO} C_{eq}}, \tag{9.86}$$

따라서,

$$\frac{C_2}{C_1 + C_2} \leq \frac{1}{4\zeta^2}. \tag{9.87}$$

$\zeta \approx 1$이고 $C_2 \approx 0.2C_1$일 때, 이 조건을 만족함을 알 수 있다.

## 참고문헌

[1] F. M. Gardner, *Phaselock Techniques*, Second Edition, New York: Wiley & Sons, 1979.
[2] B. Razavi, *Design of Analog CMOS Integrated Circuits,* Boston: McGraw-Hill, 2001.
[3] J. P. Hein and J. W. Scott, "z-Domain Model for Discrete-Time PLLs," *IEEE Trans. Circuits and Systems,* vol. 35, pp. 1393-1400, Nov. 1988.
[4] J. Alvarez et al., "AWide-Bandwidth Low-Voltage PLL for PowerPC Microprocessors," *IEEE J. of Solid-State Circuits,* vol. 30, pp. 383-391, April 1995.
[5] J. M. Ingino and V. R. von Kaenel, "A 4-GHz Clock System for a High-Performance Systemon-a-Chip Design," *IEEE J. of Solid-State Circuits,* vol. 36, pp. 1693-1699, Nov. 2001.
[6] B. J. Hosticka, "Improvement of the Gain of CMOS Amplifiers," *IEEE J. of Solid-State Circuits,* vol. 14, pp. 1111-1114, Dec. 1979.
[7] J.-S. Lee et al., "Charge Pump with Perfect Current Matching Characteristics in Phase-Locked Loops," *Electronics Letters,* vol. 36, pp. 1907-1908, Nov. 2000.
[8] M. Terrovitis et al., "A 3.2 to 4 GHz 0.25 μm CMOS Frequency Synthesizer for IEEE 802.11a/b/g WLAN," *ISSCC Dig. Tech. Papers,* pp. 98-99, Feb. 2004.
[9] M.Wakayam, "Low offset and low glitch energy charge pump and method of operating same," US Patent 7057465, April 2005.
[10] H. R. Rategh, H. Samavati, and T. H. Lee, "A CMOS Frequency Synthesizer with an Injection-

Locked Frequency Divider for a 5-GHz Wireless LAN Receiver," *IEEE J. of Solid-State Circuits,* vol. 5, pp. 780–788, May 2000.

## 연습문제

9.1. 그림 9.10(a) PLL에서 $K_{VCO}$가 매우 크고, PD가 그림 9.5의 특성을 가질 때, $\Delta\phi$의 값을 알 수 있나?

9.2. 그림 9.18(b)의 주파수 체배 PLL에 대해, 전달함수, $\zeta$, $\omega_n$을 구하라.

9.3 $\zeta = 1$이고, 루프대역폭이 $\omega_{in}/25$, 주파수 조정범위가 10%인 PLL을 가정하고, $V_{cont}$가 0에서 $V_{DD}$까지 변한다고 생각하자. 두 번째 커패시터가 없다면, 루프 필터 저항에 걸리는 전압이 대략 $1.6\pi V_{DD}$임을 증명하라.

9.4. 그림 9.70의 PLL에서, 증폭기 $A_1$이 필터와 VCO사이에 존재한다. 증폭기의 입력측 변환(Input-referred) 플리커 잡음 밀도가 $\alpha/f$로 주어질 때, PLL의 출력 위상 잡음을 구하라.

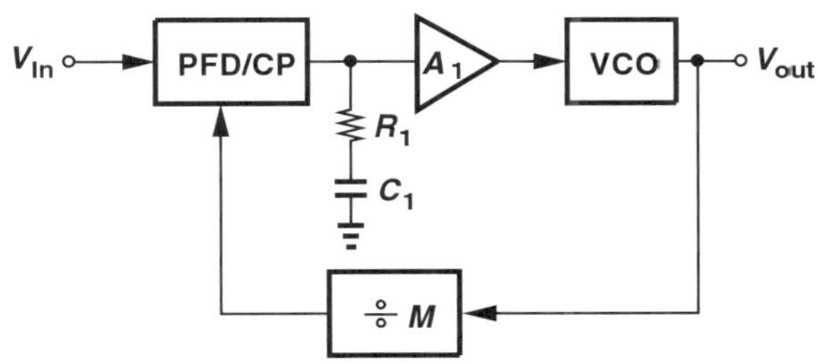


**그림 9.70** *루프 내에 증폭기를 포함한 PLL*

9.5. 그림 9.71 특성을 갖는 VCO를 포함하는 PLL이 있다. 전하펌프 전류를 제어전압의 함수로 변화시킴으로써 VCO 비선형성을 보상함으로써, 루프 동작 역학을 비교적 일정하게 유지시키는 것이 가능하다. 전하펌프전류의 변화를 대략 그려라.

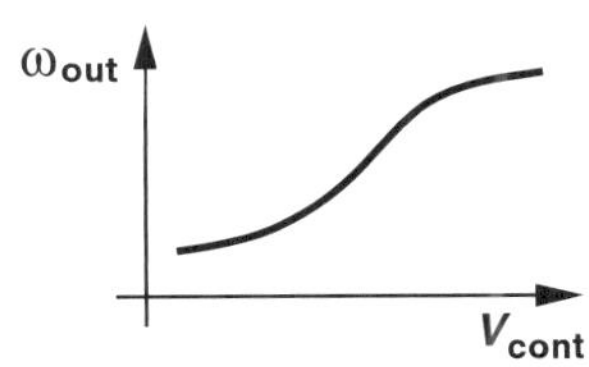


**그림 9.71** *VCO의 비선형 특성*

9.6. PLL의 입력 및 출력 주파수가 $f_1$으로 동일하다. 입력 주파수를 $f_1/2$로 변화시킴으로써,

출력주파수도 같이 변한다고 가정하자. 모든 루프 변수가 동일하고, 연속시간 근사화 문제를 무시할 수 있다고 할 때, 다음 중 어떤 것이 맞고, 다른 것은 틀리는지 설명하라.

(a) PFD가 주어진 시간 동안 위상비교를 절반만 수행하게 되고, 따라서, 루프필터에 절반의 전하만 공급하게 된다. 따라서, 루프는 덜 안정된다.

(b) 식 $\zeta = (R_p/2)\sqrt{(I_P K_{VCO} C_P)/(2\pi)}$에 의하면, ζ는 변함이 없고 루프도 동일하게 안정하다.

9.7. 그림 9.72의 루프에서, $V_{ex}$가 갑자기 $\Delta V$만큼 상승하였다. $V_{cont}$와 $V_{LPF}$의 파형을 그리고, $V_{cont}$, $V_{LPF}$, 출력 주파수, 입출력 위상 차이의 최종 변화량을 구하라.

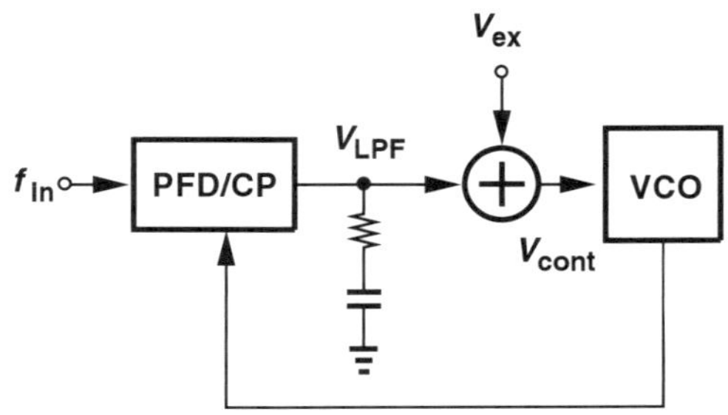


**그림 9.72** *제어전압에 계단전압이 인가되는 PLL*

9.8. 그림 9.73에 두 개의 PLL 구조가 있다. SSB 믹서는 입력주파수를 *더한다고* 가정하자. 또한, $f_1$은 $f_{REF}$보다 작고 외부에서 인가되는 고정된 주파수이다. 제어전압에는 $f_{REF}$ 주파수의 작은 정현파 리플이 존재한다. 두 개의 PLL 모두 동기된 상태이다.

(a) 두 PLL의 출력주파수를 구하라.

(b) *A*점에서 리플에 의한 스펙트럼을 구하라.

(c) *B*, *C* 점에서의 스펙트럼을 구하라.

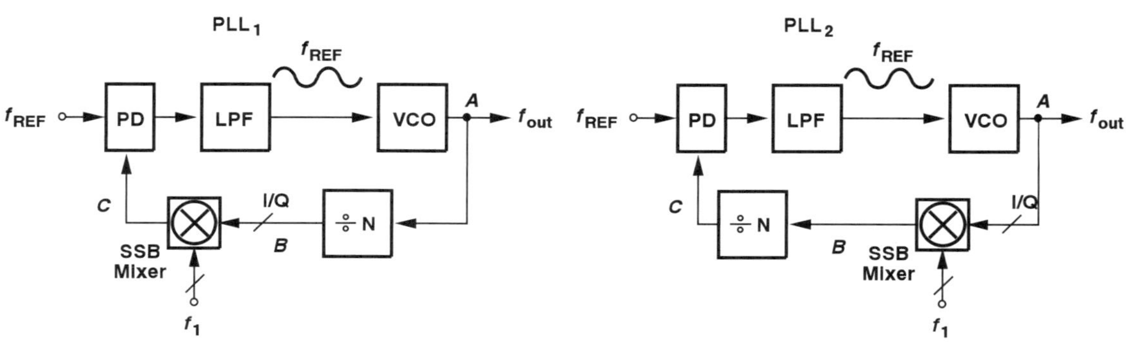


**그림 9.73** *두 개의 PLL 구조*

9.9. 초미세 서브마이크론 MOSFET은 상당한 양의 게이트 누설전류를 가지고 있다. 루프 필터의 두 개의 커패시터를 MOSFET으로 구현한 PLL을 가정하자. 게이트 누설전류를 이상적인 정전류원으로 모델링했을 때, PLL이 어떻게 동작하는지 설명하고 정상상태에서의 제어전압 파형을 그려라.

9.10. 본 장에서 기술된 PFD는 입력신호의 한 엣지만을 이용하여 입력 위상을 비교한다. 이에 반해, 만약 루프대역폭이 두 배가 될 수 있다면, 입력신호의 상승 및 하강 엣지 모두를 비교하여 동작하는 PFD를 설계하는 것도 가능할 것이다. 이 경우, 두 입력신호의 듀티 사이클이 정확히 일치하지 않는다면 어떤 일이 발생할지 설명하라.

9.11. PLL 루프필터의 저항은 열잡음을 발생시키고, 이는 VCO를 변조시키게 된다. 1차 루프필터에 대해 이 저항에 의한 PLL 출력 위상 잡음을 구하라. Type-II PLL을 가정하라.

9.12. 그림 9.74는 출력이 입력과 두 번 믹싱되는 '헤테로다인(heterodyne)' Type-I PLL 이다. $MX_1$ 출력에서 차의 주파수만 고려할 때, 락킹된 상태에서 $f_{out}$과 $f_{in}$ 사이의 관계식을 구하라.

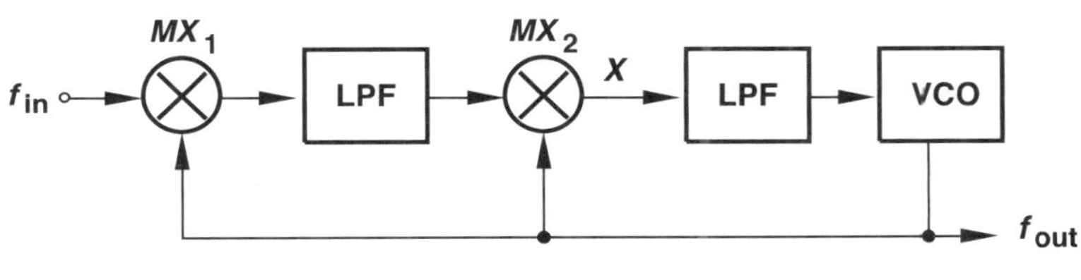


**그림 9.74** *헤테로다인 PLL*

9.13. 그림 9.75의 PLL에 대해서 위의 문제 9.12를 구하라.

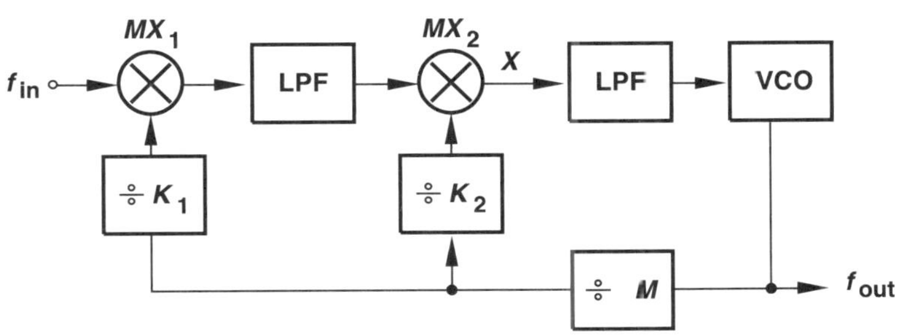


**그림 9.75** *일반적인 헤테로다인(heterodyne) PLL*

9.14. PLL이 아래 그림과 같이 단측대역(single-sideband) 믹서로 구동된다. SSB Mixer의 출력 주파수는 $f_1 + f_2$이다. 동시에, 믹서가 $f_1 - f_2$의 출력을 20 dB 작게 출력한다면, PLL

출력에서의 스퍼는 얼마나 크게 되는가?

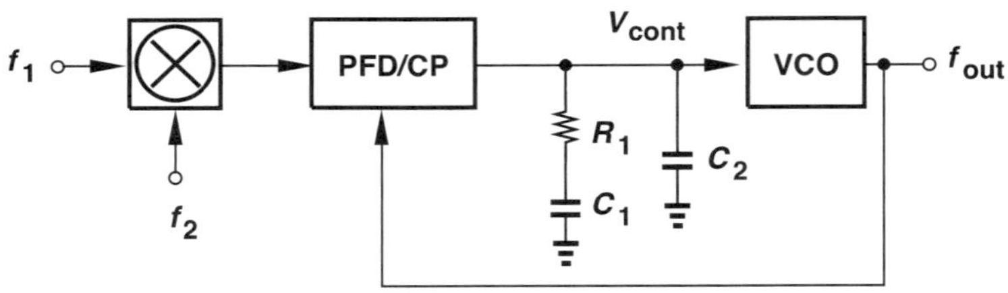


**그림 9.76** *SSB 믹서로 구동되는 PLL*

9.15. 피드백 분주비가 $N$인 PLL의 기준 입력 신호에 약간의 불요파 성분이 다음과 같이 포함되어 있다: $V_{REF}(f) = V_0 \cos\omega_{REF}t + v\cos(\omega_{REF} + \Delta\omega)t$. PLL의 출력 스펙트럼을 그리고 측대파의 상대적인 크기를 구하라.

9.16. PLL에서 VCO로부터의 피드백 신호가 PFD 리셋 펄스보다 좁은 펄스폭을 갖는다면, PFD는 올바르게 동작할 수 있는가?

CHAPTER 10

# 정수형 주파수 합성기

Integer-N Frequency Synthesizers

RF 송수신기에서 발진기는 대개 주파수 합성기 형태로 내장되어 원하는 출력 주파수를 정확히 생성시킬 수 있도록 한다. 지난 수십 년 간 주파수 합성기 설계는 쉽지 않은 것으로 알려져 있고, 따라서 수 백 가지의 설계 기술들이 고안되었다. RF 합성기는 일반적으로 위상고정 루프(PLL) 방식에 기반하기 때문에 9장에서 살펴본 PLL 설계 이슈들을 모두 적절히 대응해야 한다. 이 장에서는 '정수형 합성기(integer-N)'라 불리는 합성기의 한 종류를 살펴보려 한다. 이 장의 개요가 아래 표시되 있다. 본 장을 학습하기 위해서는 8장과 9장 학습이 선행되어야 한다.

| 기본적인 합성기 | PLL기반 변조기 | 분주기 설계 |
|---|---|---|
| ■ 안정화 특성 | ■ 루프내 변조 | ■ 펄스-스왈로우 분주기 |
| ■ 스퍼(spur) 감쇄 기술 | ■ Offset-PLL 송신기 | ■ 이중 분주비 분주기 |
| | | ■ CML과 TSPC 기술 |
| | | ■ Miller 분주기 및 주입동기식 분주기 |

## 10.1 일반적 고찰 General Considerations

3장에서 각 무선통신 규격은 이미 결정된 채널 주파수를 갖고 있음을 살펴보았다. 예를 들어, 블루투스(Bluetooth)는 2.400 GHz에서 2.480 GHz 사이에 80개의 1-MHz 채널을 갖는다. 통신이 시작되면 이 중 하나의 채널 $f_i$가 할당되는데, 이때 LO 주파수가 정확히 할당된 주파수로 설정되어야 한다(그림 10.1). 주파수 합성기가 이러한 정확한 주파수 설정을 하도록 한다.

주파수 합성기가 왜 필요할까? VCO 제어전압(control voltage)을 조정해서 원하는 LO 주파수를 발생시킬 수는 없을까? 8장에서 학습한 VCO는 '자유발진(free-running)'한다. 즉, 주어진 제어전압에서 출력 주파수는 회로나 소자의 변수에 따라 결정된다. 따라서, 이 주파수는 온도, 공정, 전압에 따라 변한다. 출력 주파수는 또한 저주파 성분의 잡음에 의해 시간에 따라서도 변하게 된다. 그러므로, VCO가 PLL에 의해 제어되어 출력 주파수가 정확한 기준 주파수(대개 수정발진기)에 동기되어 발생될 수 있도록 해야 한다.

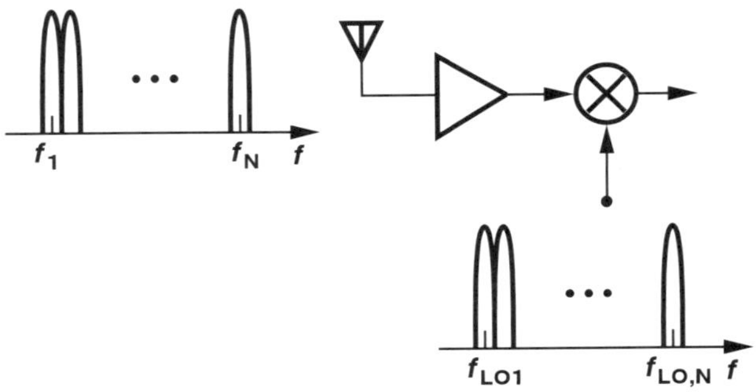


그림 10.1 *수신 채널에 따른 LO 주파수의 설정*

LO 주파수에 높은 정확도가 요구된다는 것은 그리 놀라운 사실은 아니다. 무선 통신 규격에 허용된 채널 주파수는 서로 좁은 간격으로 빼곡히 분포되어 있어서, 송수신 주파수 설정에서 큰 오차를 허용할 수 없다. 예를 들어, 그림 10.2와 같이, 주파수가 약간 이동하면 큰 크기의 원하지 않는 신호가 통신 채널로 파고들어 올 수 있다. 3장에서 살펴본 무선통신 규격에 의하면 채널 주파수가 수 GHz일 때 채널 간격이 30 kHz 만큼 작을 수도 있다.

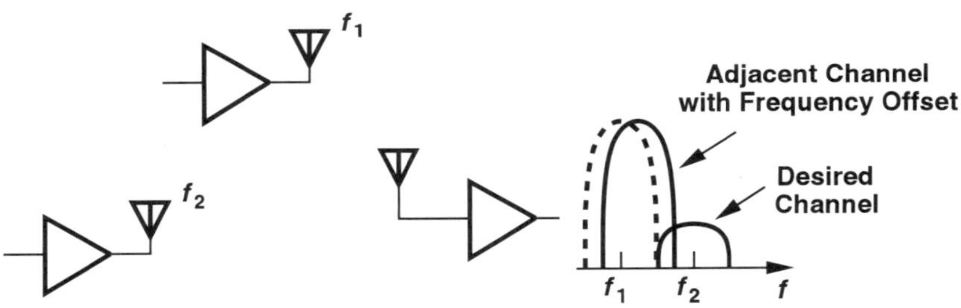


그림 10.2 *송신기에서 LO 주파수 오차의 영향*

그림 10.3은 일반적인 주파수 합성기의 개념도이다. 출력 주파수는 정밀한 기준 주파수 $f_{REF}$의 배수로 생성되고, 채널 설정 명령에 의해 이 배수가 변경되어 통신규격에서 요구되는 주파수로 발생되는 것이다.

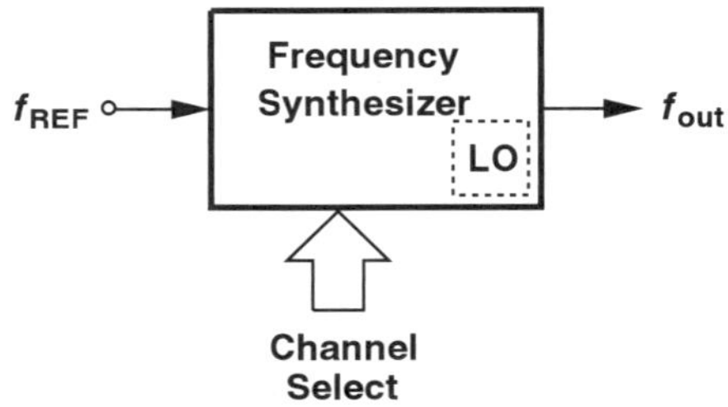


그림 10.3 *일반적인 주파수 합성기*

정밀도 및 채널 간격 외에도, 합성기의 몇 가지 변수들이 송수신기의 성능을 결정한다: 즉, 위상 잡음(phase noise), 측대파(sidebands), 동기시간(lock time)이다. 위상 잡음의 영향에 대해서는 8장에서 살펴보았고, 본 장에서는 측대파 및 동기시간에 더해 살펴보도록 하자. VCO 제어 전압이 주기적으로 흔들린다면 출력 스펙트럼은 중심주파수에서 양쪽 대칭의 측대파를 포함하게 된다는 것을 알고 있다. 실제로 이러한 현상은 VCO가 PLL 내에서 동작할 때, PFD와 CP의 비선형성에 의해 주로 발생하게 된다. 따라서, 우리는 그러한 측대파 (spur, 스퍼)의 영향을 이해해야 한다. 그림 10.4와 같이, 측대파는 특히 수신기에서 문제를 일으킨다. 합성기(LO) 출력이 $\omega_{LO}$에서의 출력과 $\omega_S$에서의 측대파로 이루어진다고 가정하고, 수신 신호는 $\omega_{int}$에 간섭신호와 같이 수신됐다고 가정하자. 주파수 하향 믹싱시에, 원하는 채널은 반송파와 믹싱되고, 간섭신호는 측대파와 믹싱된다. $\omega_{int} - \omega_S = \omega_0 - \omega_{LO}$ $(= \omega_{IF})$라면, 믹싱된 간섭신호가 원하는 신호와 같은 IF 주파수로 이동하게 됨을 볼 수 있다. 예를 들어, 간섭신호가 원하는 신호보다 60 dB 크고 측대파가 반송파보다 70 dB 작다면, IF 주파수에서 간섭신호는 원하는 신호보다 10 dB 작게 된다. 이는 어떤 통신규격에서는 허용하지 못할 만큼 큰 값일 수 있다.

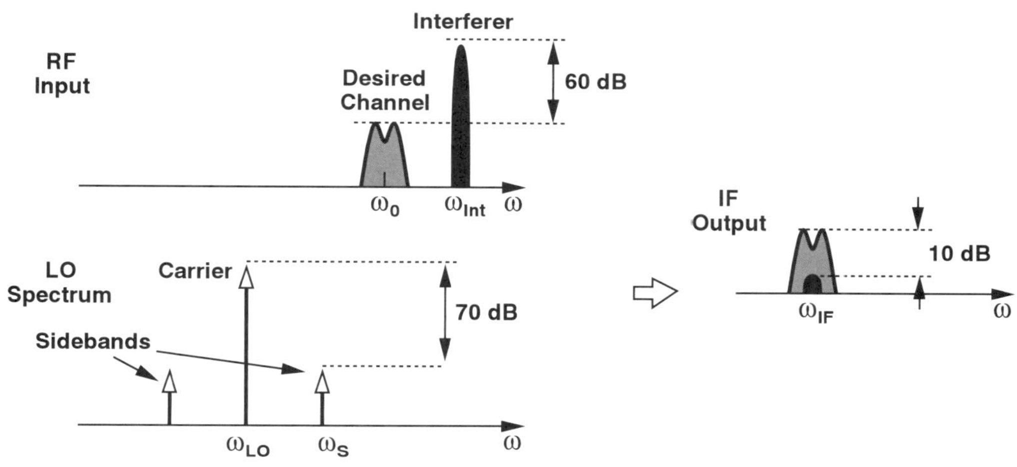


**그림 10.4** *상호 믹싱(reciprocal mixing)*

**예제 10.1** RF Microelecronics

$IIP_3$가 −15 dBm인 수신기에 원하는 신호와 두 개의 간섭 신호가 동시에 들어오고 있다(그림 10.5). 또한, LO는 $\omega_S$에 측대파를 갖고 있다. $IIP_3$에 의한 혼변조(intermodualtion)에 의한 채널내의 간섭신호와 같은 크기의 간섭신호를 발생시키기 위해서는 LO 측대파의 상대적인 크기는 얼마이어야 할까?

(*계속*)

### 예제 10.1 (*계속*)

RF Microelecronics

**풀이:**

혼변조에 의해 발생하는 수신 채널의 간섭신호를 알기 위해, 간섭신호와 3차 혼변조 신호 ($IM_3$) 차이를 계산하면 다음과 같다.

$$\Delta P = 2(IIP_3 - P_{in}) \tag{10.1}$$

$$= 50\text{ dB}. \tag{10.2}$$

(즉, $IM_3$는 −90 dBm이 된다.) 따라서, 측대파가 반송파보다 50 dB 작으면, 혼변조에 의한 간섭성분과 동일한 간섭신호를 채널에 발생하게 된다.

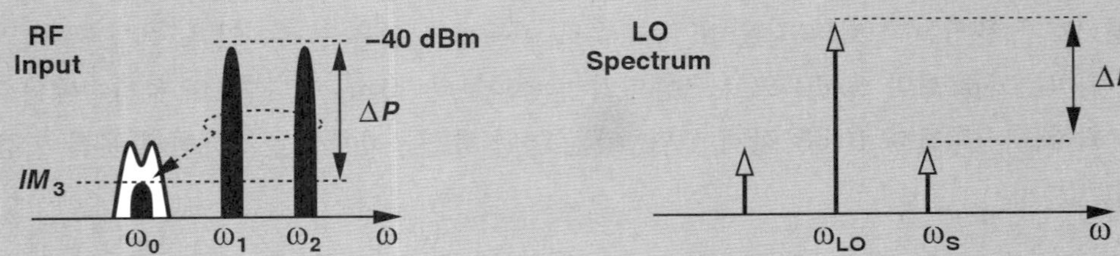


**그림 10.5** *수신기에서 혼변조와 상호믹싱*

그림 10.3에서 채널 설정 명령 값이 변경되면, 주파수 합성기는 일정한 시간 내에 새로운 주파수로 변경되어야 한다(그림 10.6). PLL 기반 주파수 합성기에서 동기시간으로 불리기도 하는 이러한 안정화 시간은 통신에 소요되는 시간의 필수적이 부분이 될 것이다. 다음 예제에서 이 점을 상세히 다루었다.

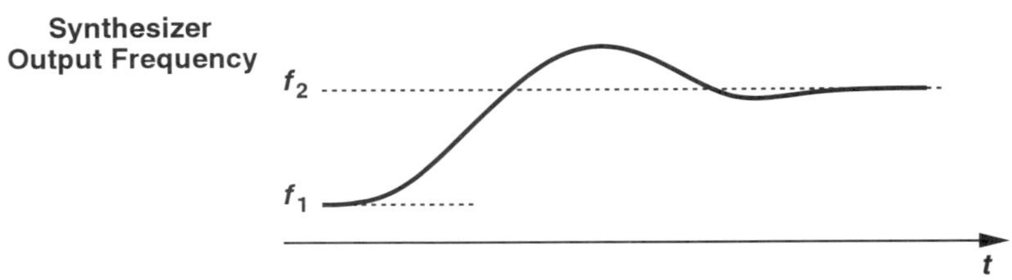


**그림 10.6** *주파수 합성기가 동기하는 동안 주파수의 안정화 모습*

### 예제 10.2

RF Microelecronics

주파수 안정화 시간 동안, 송신기의 전력 증폭기는 꺼져야 한다. 그 이유를 설명하라.

**풀이:**

전력 증폭기가 켜져 있다면, 안정화 시간 동안 LO 주파수 변동이 송신 주파수에 그대로 전달

**예제 10.2** (*계속*) RF Microelecronics

될 것이다. 그림 10.7처럼 이러한 현상은 다른 채널에서의 통신을 방해하게 된다.

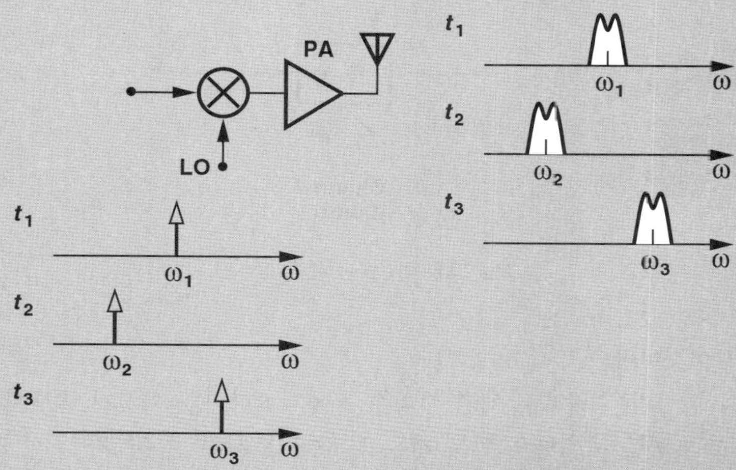


**그림 10.7** *주파수 합성기에서 주파수 변화 시에 반송주파수의 흔들림*

일반적인 RF 시스템에서 요구되는 동기시간은 수십 msec에서 수십 μsec가 될 수 있다. (UWB 시스템의 경우 10 ns 이하의 동기시간이 요구되는 예외적인 경우도 있다.) 하지만 이러한 동기시간이 어떻게 정의되는가? 그림 10.8처럼, 동기시간은 일반적으로 출력 주파수가 최종 값에 일정한 오차 범위(예를 들어, 100 ppm) 내로 도달할 때까지의 시간으로 정의된다.

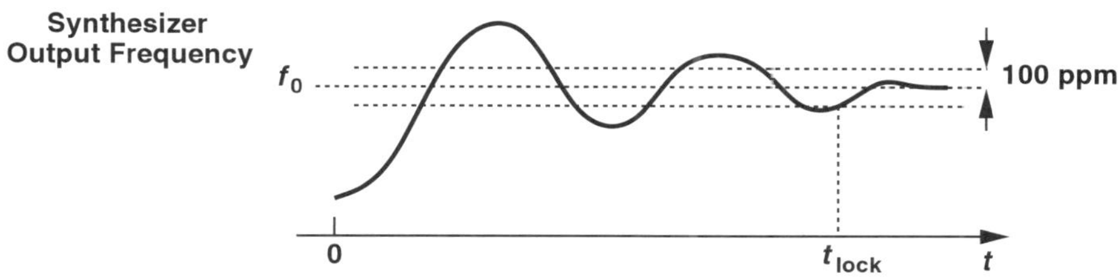


**그림 10.8** *주파수 합성기 동기 시간의 정의*

## 10.2 기본적인 정수형 합성기 Basic Integer-*N* Synthesizer

9장에서 분주비 *N*을 갖는 PLL은 입력 주파수를 *N*배하는 주파수 체배기임을 알 수 있었다. 같은 개념으로 정수형 주파수 합성기는 입력 기준 주파수의 *정수*배가 되는 출력주파수를 발생시키는 장치이다(그림 10.9). *N*이 1 증가하면 $f_{out}$이 $f_{REF}$ 간큼 증가한다. 즉, 최소 채널 간

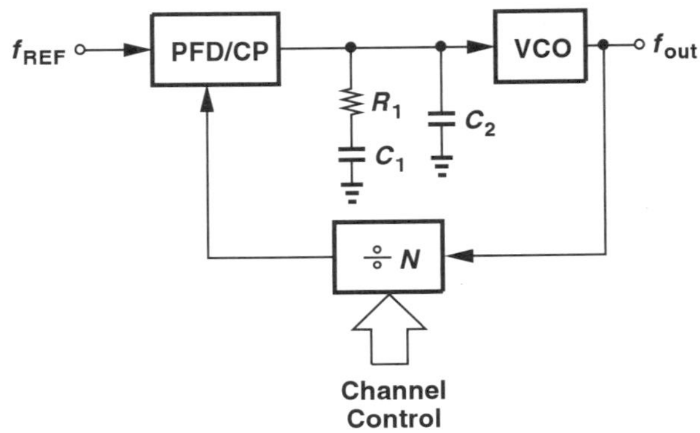


그림 10.9 *정수형 주파수 합성기*

격이 $f_{REF}$가 되는 것이다.

그림 10.9의 합성기는 원하는 채널 주파수 $f_1$에서 $f_2$까지를 어떻게 발생시킬 수 있을까? $N_1 f_{REF} = f_1$이고 $N_2 f_{REF} = f_2$가 되도록 하는 $N_1$부터 $N_2$까지 분주비가 조정 가능해야 한다. 여기서 $f_{REF}$에 대한 두 가지 조건을 알 수 있다: $f_{REF}$는 원하는 채널 간격과 같아야 하고, $f_1$과 $f_2$의 최대 공약수이어야 한다. 하지만 만약 두 가지 조건에 의해 필요한 값이 다르고, 두 값이 배수 관계이면, 두 값 중 작은 값으로 결정될 것이다.

## 예제 10.3

블루투스 수신기에 필요한 정수형 합성기에 대해 필요한 기준 주파수와 분주비의 범위를 계산하라. (a) 직접 변환 수신기와 (b) $f_{LO} = (2/3)f_{RF}$인 슬라이딩-IF(sliding-IF) 수신기의 경우에 대해 계산하라.

**풀이:**

(a) 그림 10.10(a)와 같이 LO의 범위는 1번 채널 *중심*주파수 2400.5 MHz에서 마지막 채널 2479.5 MHz이다. 따라서, 채널 간격이 1 MHz라 하더라도, $f_{REF}$는 500 kHz가 되어야 한다. 따라서, $N_1 = 4801$이고, $N_2 = 4959$이다.

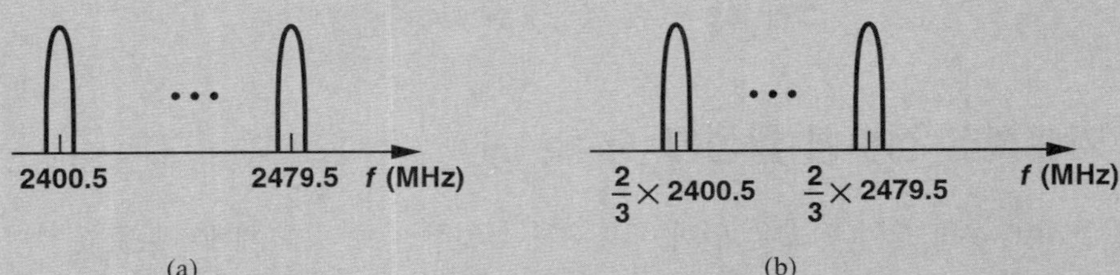


그림 10.10 *블루투스 LO 주파수 범위. (a) 직접 변환 수신기, (b) 슬라이딩-IF(sliding-IF) 수신기*

**예제 10.3** (*계속*) FF Microelecronics

(b) 그림 10.10(b)와 같이, 채널 간격 및 중심주파수가 2/3배가 된다. 따라서, $f_{REF}$ = 1/3 MHz, $N_1$ = 4801, $N_2$ = 4959가 된다.

정수형 주파수 합성기는 구조가 간단해서 많이 사용된다. 일반적인 PLL처럼 동작하기 때문에, 9장에서 제시한 모든 해석 및 분석이 적용된다. 특히 PFD/CP 비선형성 및 설계 기술은 그대로 적용 가능하다.

## 10.3 안정화 행태 Settling Behavior

9장의 PLL 해석에서 *입력* 신호의 주파수나 위상이 변하는 경우에 대해 다루었다. 하지만 이것은 RF 주파수 합성기에서는 거의 발생하지 않는 경우이다. 그 대신, 이제는 (1) 부궤환 분주비(divide ratio)의 변화, 즉, 주파수 합성기가 한 채널에서 다른 채널로 이동할 때, 또는 (b) 동작 시작 특성, 즉, 주파수 합성기의 전력 소모를 피하기 위해 꺼져 있다가, 필요에 의해 켜질 때의 특성에 대해 살펴보아야 한다.

채널 변화의 경우를 알아보자. 흥미로운 것은, PLL에서 $N$이 변할 때와 입력 주파수가 변할 때는 같은 반응을 보인다는 것이다. 이는 그림 10.11의 피드백 시스템 해석으로 증명될 수 있다. 여기서 피드백 계수 $A$가 $t$ = 0일 때 ε만큼 변하고 있다. $t$ = 0 이후의 출력은 다음과 같다.

$$Y(s) = \frac{H(s)}{1+(A+\epsilon)H(s)}X(s) \tag{10.3}$$

$$\approx \frac{H(s)}{1+AH(s)} \cdot \frac{1}{1+\epsilon/A}X(s) \tag{10.4}$$

$$\approx \frac{H(s)}{1+AH(s)}\left(1-\frac{\epsilon}{A}\right)X(s), \tag{10.5}$$

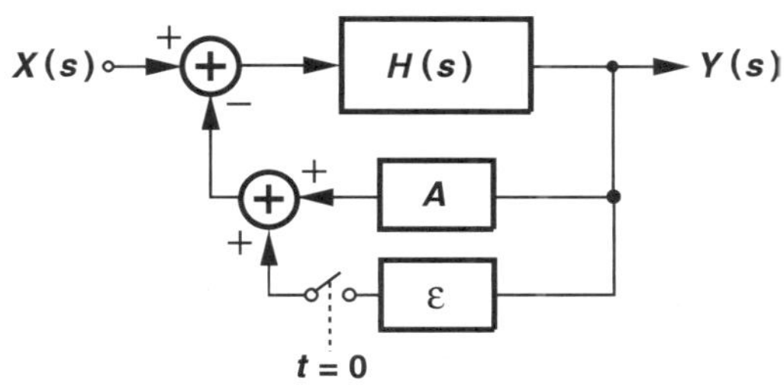


**그림 10.11** *피드백 계수 변화의 영향*

즉, 이 변화는 전달함수를 그대로 유지하면서 $X(s)$에 $(1 - \varepsilon/A)$를 곱한 것과 같다. 주파수 합성기 상황에서, 입력주파수 $x(t)$는 $t = 0$ 이전에 일정하다. 즉, $x(t) = f_0$이다. 따라서, $(1 - \varepsilon/A)$의 곱을 입력이 $f_0$에서 $f_0(1 - \varepsilon/A)$[1]로의 계단 함수로 볼 수 있다. 다시 말해 $-(\varepsilon/A)f_0$만큼의 주파수 변화이다.

이러한 해석에 의하면 분주비가 변할 때, 루프는 마치 입력 주파수가 계단 함수로 변하는 것처럼 반응한다는 사실을 알 수 있다. 따라서, 최종 목표 값에 일정한 오차범위 내로 접근하여 안정화되기 위해서는 일정한 시간이 필요할 것이다. 그림 10.12와 같이, 출력 주파수가 1번 채널 $N_1 f_{REF}$에서 마지막 채널 $N_2 f_{REF}$로 변할 때, 또는 그 반대가 최악의 상황이 된다.

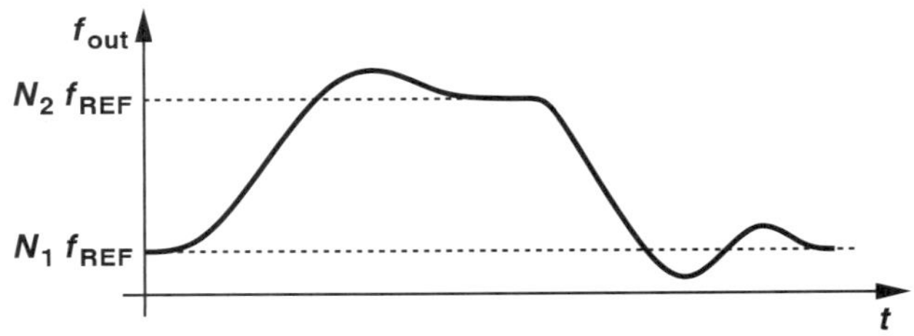


**그림 10.12** *주파수 합성기 채널 변화의 최악 상황*

## 예제 10.4

RF Microelecronics

합성기 주파수가 안정화 될 때 목표값 대비 주파수 오차 $\Delta\omega_{out}$가 중요하다. 입력 주파수에 대한 주파수 오차의 전달함수를 유도하라.

**풀이:**

이 오차는 $\omega_{in}[N - H(s)]$이다. 여기서 $H(s)$는 9장에서 유도했던 Type-II PLL의 전달함수이다. 따라서, 다음과 같다.

$$\frac{\Delta\omega_{out}}{\omega_{in}} = N\frac{s^2}{s^2 + 2\zeta\omega_n s + \omega_n^2}. \tag{10.6}$$

안정화 시간 (동기시간)을 계산하기 위해, 위의 결과와 9장에서 유도한 식들($N_2 - N_1 \ll N_1$인 가정에서)을 이용할 수 있다. 분주비가 $N_1$에서 $N_2$로 변하면, 이것은 입력 주파수가 $\Delta\omega_{in} = (N_2 - N_1)\omega_{REF}/N_1$만큼 변한 것과 같다.

또한, 다음 두 가지 사실을 유의해야 한다. (a) PLL 안정화 식을 주파수 합성기에 적용할

1. 식 (10.3) ~ (10.5)가 주파수에 대한 식 이지만, 위상에 대해서도 적용할 수 있다.

때는 분주비 $N_1(\approx N_2)$로 곱해야 한다. 또한 (b) 안정화 시간을 계산하려면, 안정화 식을 최종 목표 주파수 $N_2\omega_{REF}$로 정규화해서 계산해야 한다. 정규화된 오차가 일정한 값 α 이하가 되기 위해서는,

$$\left|1-\frac{N_1}{N_2}\right| g(t)u(t) \le \alpha, \tag{10.7}$$

이고, 여기서

$$g(t) = 1-\left[\cos\left(\sqrt{1-\zeta^2}\omega_n t\right)-\frac{\zeta}{\sqrt{1-\zeta^2}}\sin\left(\sqrt{1-\zeta^2}\omega_n t\right)\right]e^{-\zeta\omega_n t} \quad \zeta<1 \tag{10.8}$$

$$= 1-(1-\omega_n t)e^{-\zeta\omega_n t} \quad \zeta=1 \tag{10.9}$$

$$= 1-\left[\cosh\left(\sqrt{\zeta^2-1}\omega_n t\right)-\frac{\zeta}{\sqrt{\zeta^2-1}}\sinh\left(\sqrt{\zeta^2-1}\omega_n t\right)\right]e^{-\zeta\omega_n t} \quad \zeta>1. \tag{10.10}$$

이 된다. 예를 들어, $\zeta=\sqrt{2}/2$일 때, 식 (10.7)과 (10.8)은 다음과 같이 된다.

$$\left|1-\frac{N_1}{N_2}\right|\left(\cos\frac{\omega_n t_s}{\sqrt{2}}-\sin\frac{\omega_n t_s}{\sqrt{2}}\right)e^{-\omega_n t_s/\sqrt{2}}=\alpha, \tag{10.11}$$

여기서 $t_s$가 안정화 시간이다. 안정화의 충분 조건은 지수함수 부분이 오차 이내로 되는 것이다. 따라서,

$$\left|1-\frac{N_1}{N_2}\right|\sqrt{2}e^{-\omega_n t_s/\sqrt{2}}=\alpha, \tag{10.12}$$

여기서 상수 $\sqrt{2}$는 식 (10.11)에서 cosine과 sine 함수로부터 나온 것이다. 결론적으로 정규화된 오차 α를 만족하기 위한 안정화 시간은 다음과 같다.

$$t_s=\frac{\sqrt{2}}{\omega_n}\ln\left|\sqrt{2}\left(1-\frac{N_1}{N_2}\right)\frac{1}{\alpha}\right|. \tag{10.13}$$

**예제 10.5** RF Microelecronics

900-MHz GSM 주파수 합성기는 $f_{REF}$ = 200 kHz이고 128채널을 생성한다. $\zeta=\sqrt{2}/2$일 때, 주파수 오차가 10 ppm이기 위한 안정화 시간을 구하라.

**풀이:**

분주비는 약 4500이고 128만큼 변한다. 즉 $N_1\approx 4500$이고, $N_2-N_1=128$이다. 식 (10.13)에

(계속)

**예제 10.5** (*계속*) RF Microelecronics

의해

$$t_s \approx \sqrt{2}\frac{8.3}{\omega_n}, \tag{10.14}$$

또는,

$$t_s = \frac{8.3}{\zeta\omega_n}. \tag{10.15}$$

이다. 이 식이 $\zeta = \sqrt{2}/2$인 경우에 대해 유도되었지만, $\zeta$가 1 정도 까지 다른 값에 대해서 비교적 정확한 예측이 된다.

$\zeta\omega_n$ 값은 어떻게 결정되는가? 9장에서, 루프의 시정수는 대략 입력 주기의 1/10임을 보았다. 따라서, $(\zeta\omega_n)^{-1} \approx 10T_{REF}$이 되고, 최종적으로

$$t_s \approx 83T_{REF}. \tag{10.16}$$

이 된다. 실제 안정화 시간은 이 보다 더 길고, 대략적으로 기준 신호 주기의 100배 정도이다.

제9장 및 본 절에서 살펴본 바와 같이, 루프 대역폭은 안정화 시간 및 VCO 위상 잡음 억제 정도 등의 몇 가지 중요한 성능변수와 상충 관계에 있다. 루프 대역폭과 기준 주파수 스퍼의 크기도 서로 상충 관계에 있다. 동기된 상태에서, 전하펌프는 매 비교 순간 마다 언제나 제어 전압을 흔들게 되고, 이로 인해 VCO를 변조시킨다. 이러한 흔들림을 억제하기 위해 두 번째 커패시터 (그림 10.9의 $C_2$) 값을 증가시켜야 하고, $C_2 \leq 0.2C_1$을 만족하기 위해 $C_1$도 증가시켜야 한다.

정수형 주파수 합성기의 가장 큰 단점은 출력 채널 간격이 입력 기준 주파수와 같다는 것이다. 동기시간($\approx$ 100 입력 사이클)과 루프 대역폭($\approx$ 입력 주파수의 1/10) 모두 채널 간격과 밀접히 연관되어 있다는 점을 알아야 한다. 결과적으로 채널 간격이 좁은 통신 규격에 사용되는 주파수 합성기는 동기시간도 길어지고 VCO 위상 잡음 억제도 제한적일 수 밖에 없다.

## 10.4 스퍼 감쇄 기술 Spur Reduction Techniques

루프 대역폭과 기준 스퍼(reference spurs) 사이의 상충관계로 인해 대역폭을 손해 보지 않으면서 스퍼를 감쇄 시킬 수 있는 방안에 대한 연구가 많이 이루어졌다. 9장에서 소개된 전하 공유, 채널 길이 변조 효과, UP/DOWN 전류 부정합 문제를 해결하기 위한 방법들이 스퍼 감쇄 기술의 일종으로 볼 수 있다. 이 절에서는 제어전압에서의 리플을 감소시키기 위한 방법

들을 더 알아보도록 한다.

**예제 10.6** RF Microelecronics

전하펌프에서 트랜지스터 게이트 폭과 전류를 같은 비율로 줄이면 리플이 감소할 것이라 생각할 수 있다. 실제로 그런가?

**풀이:**

그렇다. 리플은 원하지 않는 전하 주입량의 *절대적인* 크기에 비례하므로 그렇게 될 것이다. 하지만, 이렇게 생각하는 것은 CP를 작게 만드는 것이 출력 스퍼를 줄일 수 있다고 생각하는 *오류로* 이어 질 수 있다. $I_p$를 줄이면 $\zeta$를 유지하기 위해서, $K_{VCO}$를 증가시켜야 하기 때문에 스퍼의 크기는 거의 변하지 않는다.

스퍼 감쇄 기법을 고안함에 있어서 가장 중요한 것은 제어 전압의 흔들림이 위상 비교 순간에만 발생한다는 것이다. 다시 말해, $V_{cont}$이 매우 짧은 시간만 흔들리고 나머지 대부분의 시간 동안은 비교적 조용히 일정 값을 유지한다는 것이다. 따라서, $V_{cont}$를 이 시간 동안 흔들림의 원인으로부터 격리시킨다면 출력 스퍼를 줄일 수 있을 것이다. 예를 들어, 그림 10.13(a)의 구조를 보자. 위상 비교가 시작되기 전에 $S_1$이 OFF되고, 흔들림이 끝난 직후에 다시 ON이 된다. 결과적으로, $C_2$는 $X$에서 안정화된 값을 검출하게 되고 $S_1$이 OFF된 상태에서 이 값을 유지하게 된다. ($S_1$에 의한 전하 주입과 클록 피드스루는 여전히 $V_{cont}$를 약간 흔들게 된다.)

불행하게도 그림 10.13(a) 구조의 PLL은 불안정해 진다. 이를 이해하기 위해, 우선 $V_{cont}$를 분리시키는 것이 또한 $R_1$의 역할도 제거한다는 사실을 알아야 한다. 전압 흔들림이 끝날

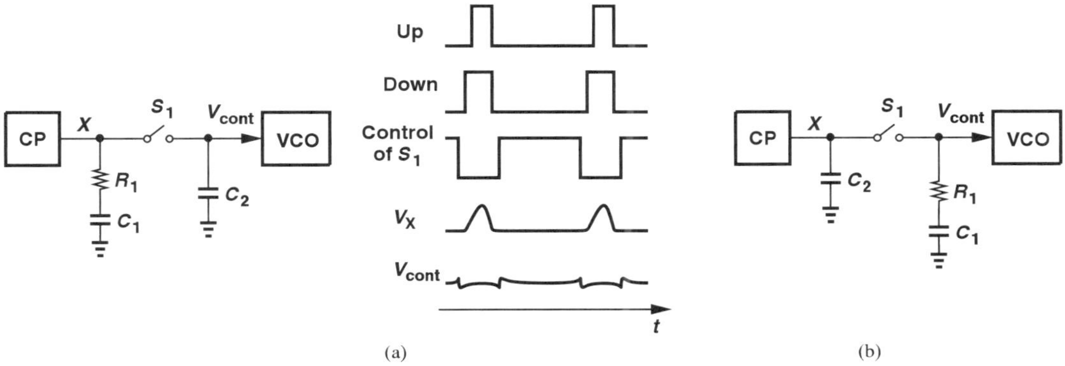


**그림 10.13** *스위치를 삽입함으로써 X 노드의 리플을 격리하는 방법. (a) 두 번째 커패시터를 $V_{cont}$에 연결함, (b) $R_1$-$C_1$을 $V_{cont}$에 연결함*

때까지 $S_1$을 OFF시키기 때문에, $S_1$이 ON상태에서 $C_2$에 의해 검출된 전압은 $R_1$값과 *무관하다*. 즉, 이 회로는 $R_1 = 0$일 때와 똑같다. (9장에서 설명했듯이, 영점을 만들기 위해서 $R_1$은 반드시, 위상 오차가 있을 때 마다, 제어전압에 약간의 전압 떨림을 발생시켜야 한다.)

이제 그림 10.13(b)와 같이 루프 필터의 두 부분을 서로 바꿔보자. 여기서 $S_1$은 그림 10.13(a) 파형과 같이 동작한다. 이 구조는 안정할까? 그렇다. 일정한 위상 오차에 의해 $X$ 노드에 전압의 흔들림이 발생하면, 이것이 $S_1$이 ON된 이후에 $V_{cont}$로 전달된다. 따라서, $R_1$의 역할이 유지되는 것이다. 반면에, PFD와 CP의 비선형성으로 인한 흔들림은 $S_1$에 의해 격리된다. 따라서, 출력의 스퍼가 줄어들 수 있다[1, 2]. 실제로 약 $C_2$의 반이 $V_{cont}$에 연결되어 $S_1$에 의한 전하 주입과 클록 피드스루를 감쇄시키도록 한다[1, 2]. 이러한 '샘플링 루프 필터'에서 $S_1$은 NFET과 PFET을 동시에 사용하는 패스게이트(pass-gate) 형태의 스위치를 사용해야 $V_{cont}$의 전압 범위를 크게 할 수 있다.

또 다른 스퍼 감쇄 기술을 알아보기 위해, Type-II 2차 PLL의 개루프 전달함수를 다시 살펴보자.

$$H_{open}(s) = \frac{I_P}{2\pi}\left(R_1 + \frac{1}{C_1 s}\right)\frac{K_{VCO}}{s} \tag{10.17}$$

여기서 $R_1$은 $H_{open}(s)$에 영점을 생성하기 위해 삽입되었음을 기억하라. 그렇다면, $1/(C_1 s)$ 대신 $K_{VCO}/s$에 상수를 추가해서 영점을 만들 수는 없을까? 즉, 영점을 생성하기 위해 다음은 불가능할까?

$$H_{open}(s) = \frac{I_P}{2\pi}\frac{1}{C_1 s}\left(\frac{K_{VCO}}{s} + K_1\right) \tag{10.18}$$

이렇게 되면 루프는 $K_{VCO}/K_1$에 영점을 갖게 된다. 이 영점은 원하는 감쇄계수를 얻을 수 있도록 적절히 결정되어야 한다.

감쇄계수를 계산하기 전에 식 (10.18)의 $K_1$의 의미를 생각해 보자. $K_1$이 단순히 VCO 출력 *위상*에 합산되고 있으므로, $K_1$을 VCO 이후의 일정한 시간 지연으로 생각할 수 있다. 하지만, 그러한 시간 지연 [$\exp(-K_1 s)$ 형태]의 전달 함수는 $K_{VCO}/s$에 *곱해질* 것이다. 이러한 혼란을 피하기 위해, 식 (10.18)에 해당하는 블록도를 구성해 보자[그림 10.14(a)]. 여기서 $K_{VCO}/s + K_1$은 사실 $V_{cont}$에서 $\phi_1$까지의 전달함수 이다. 즉,

$$\frac{\phi_1}{V_{cont}}(s) = \frac{K_{VCO}}{s} + K_1. \tag{10.19}$$

$K_1$은 $V_{cont}$에 의해 *제어되는* 블록인 것 이다. 다시 말해, $K_1$은 이득이 $K_1$인 *가변 지연* 소자[3]에 해당한다.

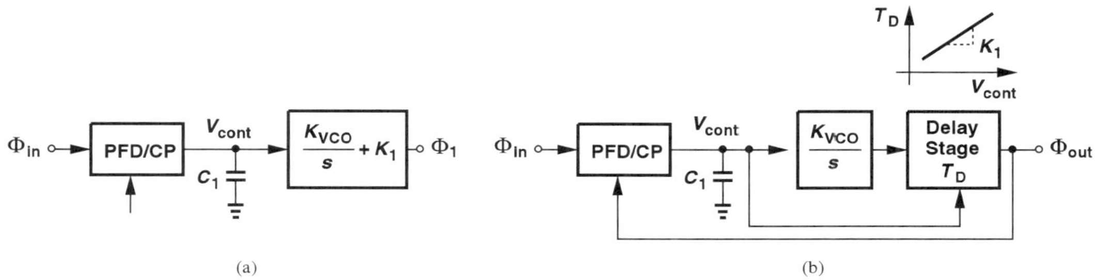


**그림 10.14** *(a) VCO 전달함수에 $K_1$을 합산함으로써 PLL을 안정화 하는 방법, (b) 가변 지연 소자를 이용한 구현*

$$K_1 = \frac{\Delta T_d}{\Delta V_{cont}}, \tag{10.20}$$

여기서 $T_d$가 지연소자의 지연시간을 나타낸다[그림 10.14(b)].

그림 10.14(b)의 구조가 일반적인 type-II PLL에 비해 좋은 점은, $C_1$에 직렬로 연결되는 $R_1$을 제거함으로써, $C_1$이 RFD/CP의 비선형성을 억제 할 수 있도록 한다는 것이다. 반면에, 일반적인 PLL에서는 작은 $C_2$ 커패시터만이 이 역할을 한다.

감쇄계수를 결정하기 위해 식 (10.18)을 이용해 폐루프 전달함수를 얻을 수 있다.

$$H_{closed}(s) = \frac{\dfrac{I_P}{2\pi C_1 s}\left(\dfrac{K_{VCO}}{s} + K_1\right)}{1 + \dfrac{I_P}{2\pi C_1 s}\left(\dfrac{K_{VCO}}{s} + K_1\right)} \tag{10.21}$$

$$= \frac{\dfrac{I_P K_1}{2\pi C_1}s + \dfrac{I_P K_{VCO}}{2\pi C_1}}{s^2 + \dfrac{I_P K_1}{2\pi C_1}s + \dfrac{I_P K_{VCO}}{2\pi C_1}}. \tag{10.22}$$

여기서 다음을 얻는다.

$$\zeta = \frac{K_1}{2}\sqrt{\frac{I_P}{2\pi C_1 K_{VCO}}} \tag{10.23}$$

$$\omega_n = \sqrt{\frac{I_P K_{VCO}}{2\pi C_1}}. \tag{10.24}$$

피드백 분주기가 있을 때 이 값들은 다음과 같이 될 것이다(문제 10.1).

$$\zeta = \frac{K_1}{2}\sqrt{\frac{I_P}{2\pi C_1 K_{VCO} N}} \tag{10.25}$$

$$\omega_n = \sqrt{\frac{I_P K_{VCO}}{2\pi C_1 N}}. \tag{10.26}$$

식 (10.25)를 보면, $\zeta$를 일정하게 유지하려면, $K_1$ 값을 $N$에 따라 변화시켜야 한다는 것을 알 수 있다. 하지만 이것은 매우 어려운 것으로, *고주파에서의* 지연소자는 지연시간이 매우 *짧기* 때문에 이를 가변시킨다는 것은 쉬운 것이 아니다. 따라서, 이 구조는 그림 10.15와 같이 가변 지연 소자를 분주기 *뒤에* 위치하는 식으로 변형될 수 있다[3]. 여기서 다음을 얻을 수 있다.

$$\zeta = \frac{K_1}{2}\sqrt{\frac{I_P N}{2\pi C_1 K_{VCO}}} \tag{10.27}$$

$$\omega_n = \sqrt{\frac{I_P K_{VCO}}{2\pi C_1 N}}. \tag{10.28}$$

지연 소자의 위상 잡음을 제거하기 위해 지연소자와 PFD 사이에 리타이밍(retiming) 플립플롭을 사용할 수 있다(10.6.7절 참조).

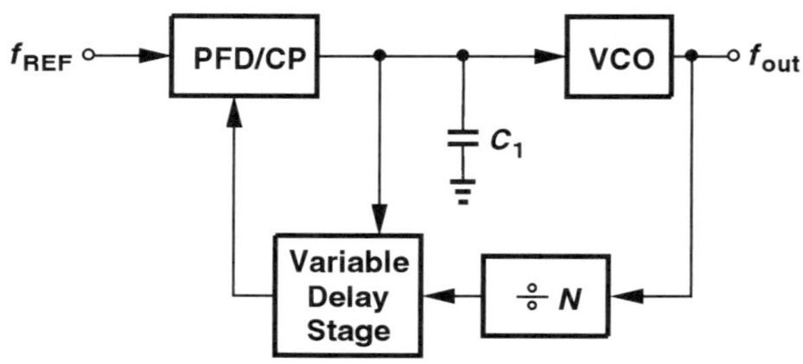


**그림 10.15** *정수형 주파수 합성기의 안정화*

## 10.5 PLL 기반 변조 PLL-Based Modulation

제4장에서 소개한 변조기와 송신기 외에도, 변조기와 주파수 합성기 기능을 합친 다른 구조가 가능하다. 이 절에서 두 가지 구조를 살펴보고 12장에서 그 외 구조를 살펴보도록 하자.

### 10.5.1 페루프 변조 PLL-Based Modulation

PLL은 주파수 합성외에도 주파수 변조가 가능하다. 3장의 FSK, GMSK 변조가 VCO 제어전압에 데이터를 인가하므로 가능하다는 것을 기억하라. 그림 10.16(a)는 이의 일반적인 구조인데, 여기서 필터는 입력 펄스를 어느 정도 부드럽게 만들어 변조 후 대역폭이[2] 너무 커지는 것을 방지하는 역할을 한다. 여기서 큰 문제는 반송주파수가 부정확 하다는 것이다: VCO 발

2. FSK 같은 간단한 변조에서도 대역폭을 줄이기 위해 간단한 아날로그 필터를 사용하는 것이 필요하기도 하다.

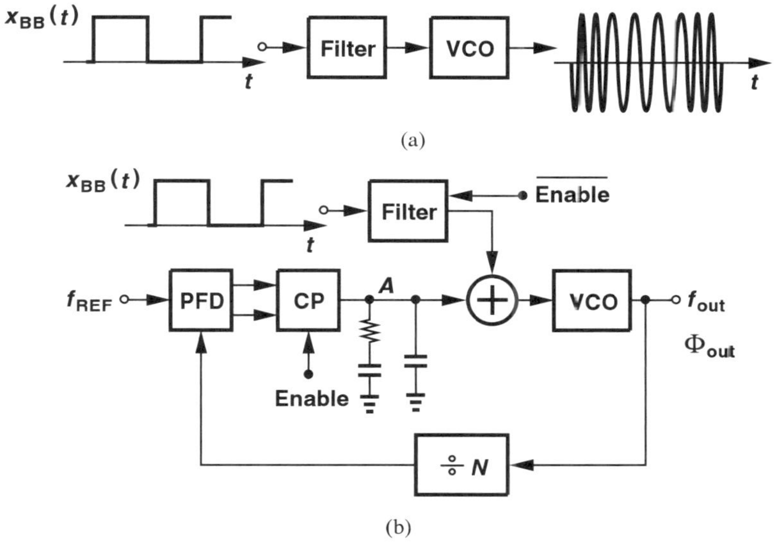


**그림 10.16** *(a) VCO의 개방루프 변조, (b) VCO의 폐루프 변조*

진 주파수는 시간과 온도에 따라 크게 변할 수 있다. 이에 대한 한 가지 해결책은 VCO를 주기적으로 일정한 기준 신호에 위상 동기 시켜서, 발진 주파수를 계속 보정하는 것이다. 그림 10.16(b)와 같은 시스템은 처음 기저대역 데이터를 인가하지 않고 PLL을 동작시켜서 $f_{out}$이 정확히 $Nf_{REF}$가 되도록 한다. 다음, PLL의 루프를 단절하고, $x_{BB}(t)$를 VCO에 인가한다.

그림 10.16(b) 시스템은 VCO 주파수 동기를 위해 주기적으로 데이터 전송을 하지 않는 '유휴 시간(idle time)'이 필요하다. 이는 매우 심각한 단점이다. 또한, 출력 신호의 대역폭이 $K_{VCO}$에 의해 결정되는데, $K_{VCO}$가 대개 정확하지 않다는 문제도 있다. 또한, 자유 발진 VCO의 주파수는 부하 커패시터나 전원 전압에 의해 $Nf_{REF}$에서 약간 바뀔 수도 있다. 예를 들어, 그림 10.17에 보인 바와 같이, 송신 시작 시 전력 증폭기가 서서히 ON되면, 입력 임피던스 $Z_{PA}$가 상당히 변하게 된다. 따라서, 버퍼 입력에서 보이는 커패시턴스가 상당히 변할 수 있다('로드 풀링, load pulling'). 또한, PA가 ON될 때 상당한 양의 전류를 끌어 쓰게 되는데,

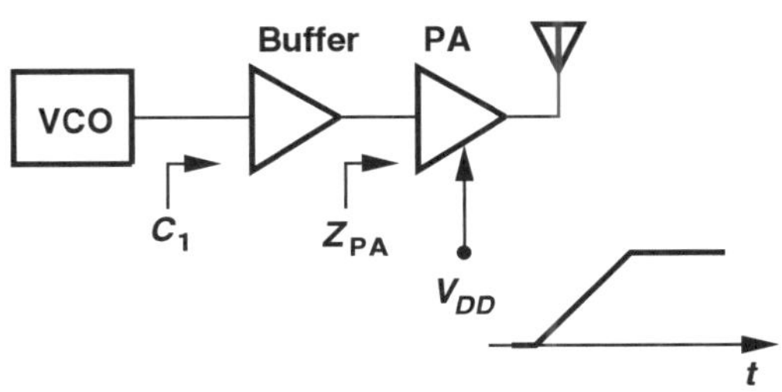


**그림 10.17** *PA가 서서히 켜질 때 버퍼 입력 임피던스의 변화*

이는 전원전압을 수십 또는 수백 mV 낮출 수 있고 이로 인해 VCO 주파수가 변할 수 있다('전원 푸싱, supply pushing').

이러한 문제를 해결하고자, 기저대역 데이터를 인가할 때도 PLL의 루프를 *단절시키지* 않고, VCO를 동기 상태로 유지할 수 있을 것이다. 즉, 그림 10.16(b) PLL이 VCO 출력 주파수를 계속 보정할 수 있도록 하는 것이다(즉, 전하펌프가 언제나 동작상태를 유지함). 물론, 데이터를 반송주파수로 문제없이 변조하기 위해서는, 동작 도중 VCO 출력이 PLL에 의해 교정되지 않을 정도로 루프가 매우 *느려야* 한다. 이를 폐루프 VCO 변조라 하자. 이 방식은 4장에서 다룬 직교 변조기에 비해 두 가지 장점이 있다. 우선 GMSK 직교 변조기에 비해 기저대역 데이터 처리가 매우 간단하다. 둘째로, LO 직교신호가 필요 없다. 물론 이 방식은 동일 포락선(constant envelope) 신호 변조에만 적용 가능하다.

## 예제 10.7

RF Microelecronics

그림 10.16(b)에서 데이터에 대한 PLL의 영향을 주파수 영역에서도 살펴보자. 데이터 경로의 필터의 효과는 무시하고, $x_{BB}(t)$에서 $\phi_{out}$으로의 전달함수를 구하라.

**풀이:**

출력신호로부터 PFD에 도달하는 피드백 신호가 $\phi_{out}/N$이고, 여기서 0(입력 신호)을 빼고, 여기에 $I_p/(2\pi)[R_1 + (C_1s)^{-1}]$을 곱하면, $A$에서의 신호가 된다. 여기에 $X_{BB}$를 더하고,[3] 여기에 $K_{VCO}/s$를 곱하면,

$$\left[-\frac{\phi_{out}}{N}\cdot\frac{I_P}{2\pi}\left(R_1+\frac{1}{C_1 s}\right)+X_{BB}\right]\frac{K_{VCO}}{s}=\phi_{out}. \tag{10.29}$$

이로부터 다음을 구할 수 있다.

$$\frac{\phi_{out}}{X_{BB}}(s)=\frac{K_{VCO}s}{s^2+\dfrac{I_P K_{VCO} R_1}{2\pi N}s+\dfrac{I_P K_{VCO}}{2\pi N C_1}}. \tag{10.30}$$

이는 9장의 VCO 위상 잡음 전달함수에 $K_{VCO}/s$를 곱한 것이다(왜 이렇게 될까?). $s$가 작을 때, 시스템은 고대역 통과 특성을 보이고, $X_{BB}$의 저주파 성분을 감쇄시킨다. $s$가 충분히 커서 분모를 $s^2$으로 근사화할 수 있게 되면, 이 전달함수는 우리가 원하는 $K_{VCO}/s$(주파수 변조기의 응답)가 된다. 그림 10.18은 이의 그래프이다. 이 전달함수의 최대값은 $\omega = \omega_n$에서 $K_{VCO}/(2\zeta\omega_n)$이다. 데이터가 고역통과 필터의 영향을 받지 않으려면, $\omega_n$이 데이터의 최저 주파수 성분보다 충분히 작아야 한다. 대략적인 계산으로 $\omega_n$이 비트율에 1/1000 정도이어야 한다.

3. 여기서 계산을 간단히 하기 위해 $X_{BB}$ 경로에 있는 필터의 영향은 무시한다.

**예제 10.7** (*계속*) RF Microelecronics

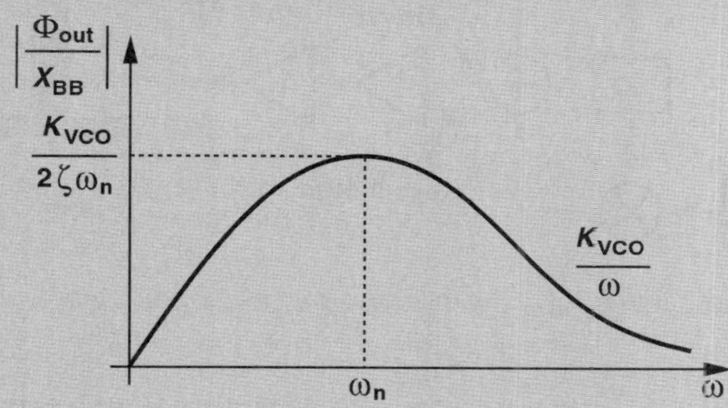


**그림 10.18** *폐루프 변조의 주파수 응답*

폐루프 변조는 두 가지 문제를 갖고 있다: (1) PLL 루프 대역폭이 매우 작기 때문에 VCO 위상 잡음은 거의 그대로 유지된다. (2) 변조 신호의 대역폭이 $K_{VCO}$의 함수인데, $K_{VCO}$는 공정이나 온도에 민감한 변수이다.

### 10.5.2 오프셋 PLL 변조 Modulation by Offset PLLs

GSM 송신기의 어려운 요구 조건을 만족하기 위해서 '오프셋 믹싱(offset mixing)' PLL 구조가 개발되어 사용되었다. 이 요구 조건은 GSM *송신기*가 방출하는 최대 잡음이 GSM 수신 대역에서의 −129 dBm/Hz 이하가 되어야 한다는 것이다. TX 잡음이 심각한 문제가 되는 경우를 그림 10.19에 보이고 있다: 사용자 B가 사용자 A로부터 $f_1$ 근방의 약한 신호를 받고 있고, B 근처에 있는 사용자 C가 $f_2$ 근처에서 강한 출력의 신호를 송출하고 있으며, 동시에 광대역의 잡음도 같이 내보내고 있다. 여기서 알 수 있듯, C로부터 송출된 잡음은 $f_1$의 원하는 신호를 손상시킨다.

광대역 잡음은 특히 직접변환 송신기에서 문제가 된다. 그림 10.20에 보이는 바와 기저대

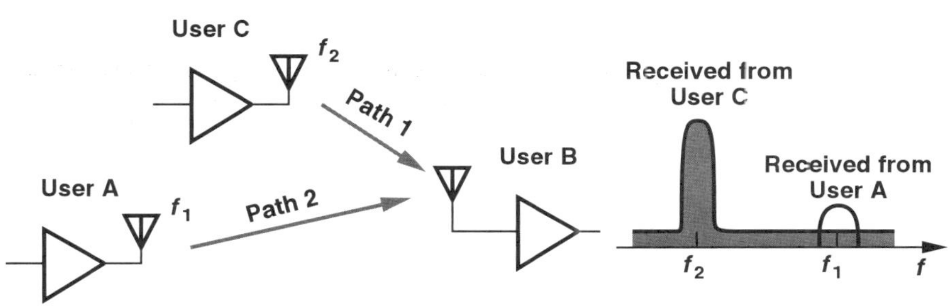


**그림 10.19** *수신 대역에 수신되는 송신기 잡음의 문제*

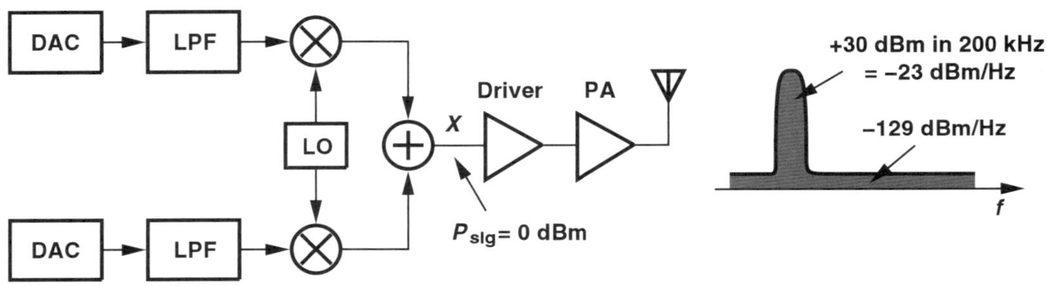


**그림** 10.20 *직접변환 송신기에서 잡음의 증폭(제시된 수치는 일반적인 값임)*

역 LPF가 DAC에서 발생하는 통신대역 밖의 잡음을 제거할 수 있다 해도, 그 뒤의 신호 경로 상의 각 회로가 잡음을 발생하기 때문에 RX 대역으로의 잡음 발생을 막을 수 없다. 문제 10.2에서, LO의 원거리 위상 잡음 또한 PA 출력에서 광대역 잡음으로 볼 수 있음을 알 수 있다.

### 예제 10.8

RF Microelecronics

그림 10.20에서 노드 $X$에서의 신호 크기가 약 632 $mV_{pp}$ (= 50 Ω 시스템에서 0 dBm)일 때, 이 노드에서 허용 가능한 최대 잡음 수준을 구하라. 그 뒤의 회로에서의 잡음은 없다고 가정하라.

**풀이:**

잡음 수준은 PA 출력에서의 잡음보다 30 dB 낮아야 한다. 즉, 50 Ω 시스템에서 −159 dBm/Hz(= 2.51 $nV_{rms}/\sqrt{Hz}$)이어야 한다. 이 정도의 낮은 값을 얻기 위해서는 상향 변환 믹서의 부하 저항이 매우 작아야 한다. 다시 말해, TX 회로 경로 상의 모든 노드에서 충분히 낮은 잡음 수준을 유지하는 것은 거의 불가능하다.

RX 대역에서의 TX 잡음을 줄이기 위해, 듀플렉서 필터를 안테나와 송수신기 사이에 넣을 수 있다. (이러한 잡음문제가 아니라면, 4장에서 살펴보았듯이, GSM은 TX와 RX가 동시에 동작하지 않기 때문에 듀플렉서 필터가 필요 없다.) 하지만, 듀플렉서 삽입 손실(2 ~ 3 dB)이 송신 출력을 낮추고 수신기 잡음지수를 높이는 영향이 있다.

또 다른 방식으로, 광대역 잡음 발생을 최소화 할 수 있도록 상향 변환 회로를 새롭게 구성할 수 있다. 예를 들어, 그림 10.21(a)의 구조를 살펴보자. 이것은, 기저대역 신호를 주파수 상향 변환 후 PLL에 인가한다. PLL 대역폭이 신호 대역폭 보다 약간 크다면 $x_{out}(t) \approx x_1(t)$가 된다. 하지만 안테나까지 전달되는 광대역 잡음은 VCO의 원거리 위상 잡음에서 주로 발생하게 된다. 즉, 그림 10.20의 TX 회로와 달리, 이 구조는 단지 한 회로의 광대역 잡음만 줄이면 된다. $x_1(t)$가 동일포락선(constant envelope) 신호임을 주목하라.

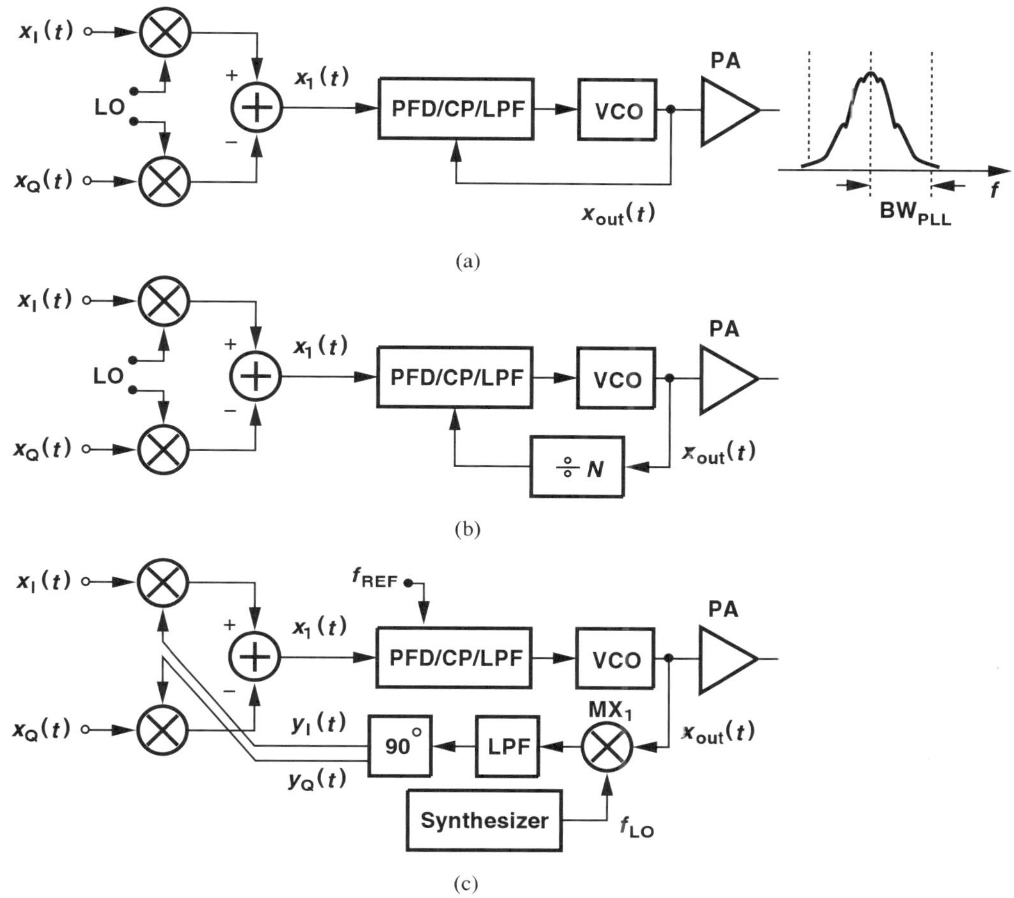


**그림 10.21** *(a) PLL을 이용한 잡음 필터링, (b) 피드백 경로에서 ÷N의 사용, (c) 오프셋 PLL 구조*

위의 구조는 PFD와 CP가 RF 반송 주파수에서 동작해야 하는데, 이는 매우 어려운 일이다. 따라서, PLL 피드백 경로에 주파수 분주기를 추가하여 $x_1(t)$의 반송 주파수를 그만큼 낮출 수 있다[그림 10.21(b)]. $x_1(t) = A_1 \cos[\omega_1 t + \phi(t)]$(여기서 $\phi(t)$는 GMSK 또는 다른 형태의 위상 또는 주파수 변조 신호를 의미)이고, PLL 대역폭이 충분히 크다면, 다음 식이 성립한다.

$$x_{out}(t) = A_2 \cos[N\omega_1 t + N\phi(t)]. \tag{10.31}$$

불행히도, PLL이 위상을 $N$배 체배시키기고 따라서 신호의 대역폭과 변조를 변경시킨다.

이제 이 구조를 그림 10.21(c) 구조로 변경하자[4]. 여기서 '오프셋 믹서(offset mixer)' $MX_1$은 출력주파수를 $f_{REF}$로 하향 변환하고, 그 출력이 I/Q 위상으로 변환되고, 기저대역 신호와 혼합되어 PFD로 전달된다.[4] 루프가 동기상태일 때, $x_1(t)$는 기준신호의 완벽한 복사본이

4. LPF가 $MX_1$ 출력에서 주파수 합의 성분은 제거한다.

어야 하고, 따라서 변조가 되지 *않는다*. 결과적으로, $y_I(t)$와 $y_Q(t)$가 기저대역 신호의 변조 정보를 '흡수'하게 된다. 이 구조를 '오프셋 PLL(offset PLL)' 송신기 또는 '트랜스레이션널(translational)' 루프라고 부른다.

**예제 10.9** RF Microelecronics

$x_I(t) = A\cos[\phi(t)]$이고 $x_Q(t) = A\sin[\phi(t)]$일 때, $y_I(t)$와 $y_Q(t)$ 식을 유도하라.

**풀이:**

중심 주파수가 $f_{REF}$인 $y_I$와 $y_Q$는 다음과 같이 표현된다.

$$y_I(t) = a\cos[\omega_{REF}t + \phi_y(t)] \tag{10.32}$$

$$y_Q(t) = a\sin[\omega_{REF}t + \phi_y(t)], \tag{10.33}$$

여기서 $\omega_{REF} = 2\pi f_{REF}$이고 $\phi_y(t)$는 위상 변조 정보를 의미한다. 직교 상향 변환을 하고 그 결과가 변조되지 않은 톤 $x_1(t) = A\cos\omega_{REF}t$와 같다고 놓으면, 다음을 얻을 수 있다.

$$A_1 a\cos[\phi(t)]\cos[\omega_{REF}t+\phi_y(t)] - A_1 a\sin[\phi(t)]\sin[\omega_{REF}t+\phi_y(t)] = A\cos\omega_{REF}t. \tag{10.34}$$

이것은 다음과 같이 되고,

$$A_1 a\cos[\omega_{REF}t + \phi(t) + \phi_y(t)] = A\cos\omega_{REF}t \tag{10.35}$$

따라서, 다음이 성립한다.

$$\phi_y(t) = -\phi(t). \tag{10.36}$$

$x_{out}(t)$ 역시 같은 위상 정보를 포함하게 된다.

그림 10.21(c)의 오프셋 믹서에 인가되는 LO 신호 파형은 당연히 또 다른 PLL을 이용하여 발생해야 한다. 하지만, 동일 칩 상에 두 개의 VCO가 있음으로 인해 상호 주입풀링(injection pulling) 문제가 발생할 수 있다. 두 주파수의 차이를 충분히 두기 위해, 오프셋 주파수 $f_{REF}$는 충분히 높아야 한다(예를 들어, $f_{LO}$의 20%). 이외에도 오프셋을 크게 해야 하는 이유가 더 있다: (1) $MX_1$ 뒤에 나오는 회로들이 전체 루프의 위상여유에 영향을 주지 말아야 하고, (2) 90° 위상 신호 발생 시의 위상 오차를 최소화하기 위해서는 중심주파수가 신호 대역폭보다 매우 커야 한다. 오프셋 PLL의 또 다른 변형은 믹서 출력을 직접 PFD로 인가하기도 한다[5].

**예제 10.10** RF Microelecronics

그림 10.21(c) 구조에서, PA 출력 스펙트럼은 VCO 중심주파수에 존재한다. PA에 의한 VCO의 주입풀링 문제는 없는가?

**풀이:**

일차적으로는, 그렇지 않다. 4장에서 공부한 TX 구조와 달리, 이 구조는 *똑같이* 변조된 신호가 VCO와 PA에 인가되기 때문이다(그림 10.22). 다시 말하면, PA의 순간 출력 저압은 VCO의 순간 출력 전압의 단순한 증폭된 복사본이기 때문이다 – 마치 VCO 출력의 일부가 VCO에 다시 인가되는 것으로 볼 수 있다. 실제로는, PA를 통과할 때의 지연시간이 일정한 위상 편차를 만들어내게 된다. 하지만 VCO에 대한 영향은 대체로 무시할 만하다.

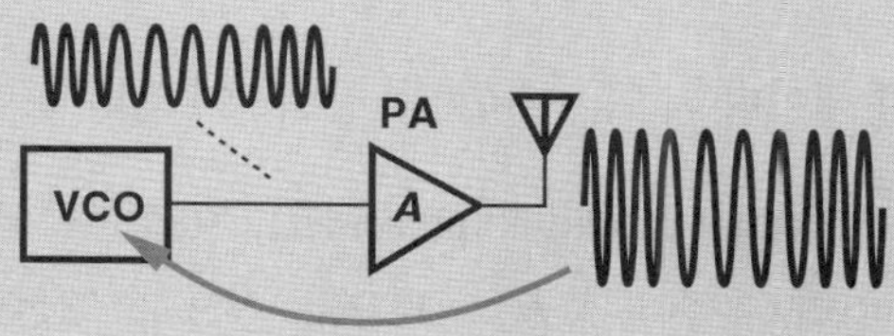


**그림 10.22** *오프셋 PLL 송신기에서 PA 출력의 VCO로의 결합*

## 10.6 분주기 설계 Divider Design

정수형 합성기의 피드백 경로에 사용되는 주파수 분주기 설계시 다음을 유의해야 한다: (1) 분주비 $N$은 1씩 변해야 한다, (2) 분주기의 초단은 VCO 주파수의 빠른 속도록 동작해야 한다, (3) 분주기 입력 커패시턴스와 최소 필요 스윙은 VCO 구동 능력에 적합해야 한다, (4) 분주기 전력소모가 작아야 하고, 가능하다면 VCO 전력소모보다 작은 것이 좋다. 이 절에서는 이러한 조건을 만족하는 분주기 설계에 대해 알아본다.

분주기 설계는 대개 VCO가 일정한 전압 스윙을 가지고 출력 구동 능력을 가지고 있다고 전제하고 시작된다. 따라서, 반드시 VCO 설계와 함께 진행되어야 한다. 그림 10.23은 주입풀링 문제를 회피하기 위해 VCO를 반송주파수의 두 배 주파수에서 동작시키고 그 뒤에 ÷2 분주기를 사용한 예이다. 이 분주기는 비교적 큰 부하 커패시턴스 $C_L$을 구동해야 할 것이다. 따라서, 트랜지스터의 크기가 커져야 하고, VCO에 대해서는 큰 커패시턴스 $C_{div}$로 보이게 된다. 이를 해결하기 위해 분주기 앞뒤에 버퍼를 삽입할 수 있지만, 전력소모가 증가하게 된다.

### 10.6.1 펄스 스왈로우 분주기 Pulse Swallow Divider

'펄스 스왈로우 분주기(Pulse Swallow Divider)'는 분주비를 '1'씩 변할 수 있게 하는 피드백

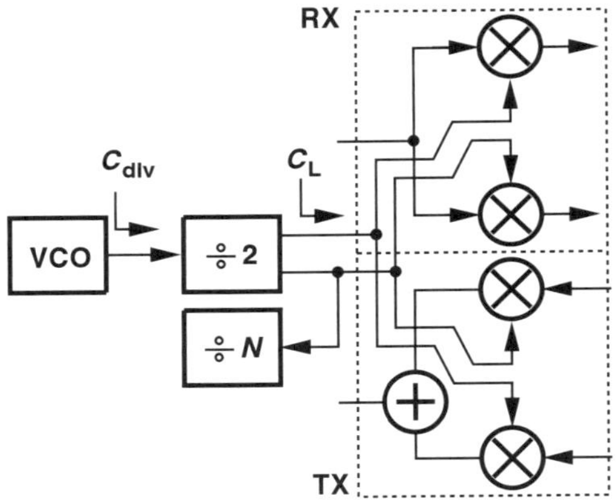


**그림 10.23** *송수신기에서 분주기로부터 보이는 부하*

분주기의 일반적인 구현 형태이다. 그림 10.24와 같이, 이 회로는 세 블록으로 구성된다:

1. 이중분주비 전치분주기(dual-modulus prescaler); 이것은 '분주비 조절(modulus control)' 입력 신호에 따라 분주비를 $N+1$ 또는 $N$으로 조정할 수 있다.
2. 스왈로우 카운터(swallow counter); 이는 입력신호를 $S$배 분주한다. 여기서, $S$는 1부터 그 이상의 값으로 1씩 조정하여 설정할 수 있다.[5] 이 분주기는 전치 분주기의 분주비를 제어하며, 리셋 입력을 갖는다.
3. 프로그램 카운터(program counter); 이는 일정한 분주비 $P$를 갖는다. 프로그램 카운터가 입력펄스를 $P$번 카운트 후 최종 상태에 도달하면, 스왈로우 카운터를 리셋한다.

이제 그림 10.24(a)의 펄스 스왈로우 분주기의 분주비가 $NP+S$로 결정됨을 알아보자.

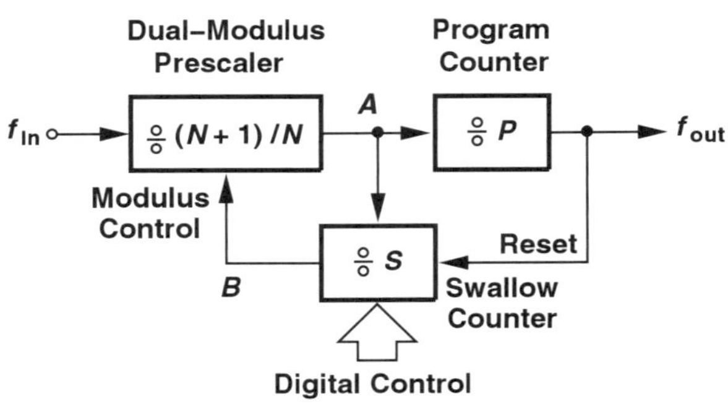


**그림 10.24** *펄스 스왈로우 분주기*

5. 전체 회로가 '펄스 스왈로우 분주기' 인데, 이 블록이 '스왈로우 카운터(분주기와 같은 개념임)'라 불리어서 혼동이 일 수 있음.

세 분주기(또는 카운터)가 모두 리셋 상태로 시작된다고 생각하자. 전치 분주기가 $N + 1$로 분주해서 입력의 매 $N + 1$ 펄스마다 스왈로우 카운터에 펄스를 전달한다($A$ 지점). 프로그램 카운터는 전치 분주기 전치분주기 출력 펄스를 카운트한다($A$ 지점). 이 동작은 스왈로우 카운터가 최종 상태, 즉 $S$개의 펄스를 받게 되면 끝이 난다. [따라서, 원래 입력은 $(N + 1)S$개의 펄스를 받게 되는 것이다.] 그러면, 스왈로우 카운터가 전치분주기의 분주비를 $N$으로 변경하고 다시 0부터 카운트를 시작한다. 여기까지, 프로그램 카운터는 $S$개 펄스를 카운트 한 것이다. 따라서, $(P - S)$개의 펄스가 추가로 입력되어야 카운트가 종료된다. 이제, 전치분주기가 $N$의 분주비로 $(P - S)$개의 펄스를 생성하고 프로그램 카운트는 종료된다. 이 두 모드에 대해 전치분주기의 입력 펄스를 모두 더하면, $(N + 1)S + N(P - S) = NP + S$가 된다. 즉, 입력에서 매 $NP + S$ 펄스마다, 프로그램 카운터가 출력으로 하나의 펄스를 발생시킨다. 이 동작은 스왈로우 카운터가 리셋되고 다시 반복된다. 여기서 $P$는 반드시 $S$보다 커야 한다.

전치분주기는 고주파수 입력을 받기 때문에 다른 두 블록에 비해 가장 설계가 어렵다. 때문에, 여러 가지 전치분주기 회로가 개발되었다. 다음절에서 그 중 몇 개를 살펴보도록 하자. 대체적으로, 이중분주비 전치분주기는 ÷2분주비에 비해 약 50%의 동작속도를 갖는다.

## 예제 10.11

RF Microelecronics

이중분주비 전치분주기의 동작속도 요구조건을 완화하기 위해서 펄스 스왈로우 분주기 앞에 ÷2회로를 배치할 수 있다[그림 10.25(a)]. 이것의 장단점을 설명하라.

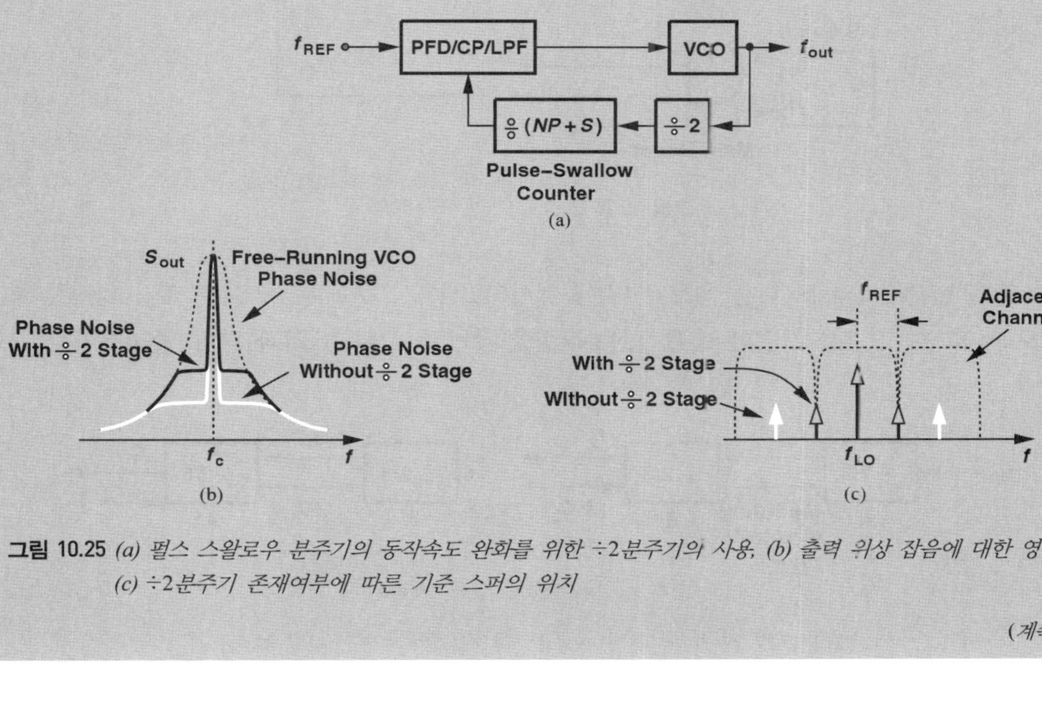


**그림 10.25** *(a) 펄스 스왈로우 분주기의 동작속도 완화를 위한 ÷2분주기의 사용, (b) 출력 위상 잡음에 대한 영향, (c) ÷2분주기 존재여부에 따른 기준 스퍼의 위치*

(*계속*)

**예제 10.11** *(계속)* RF Microelecronics

**풀이:**

$f_{out} = 2(NP + S)f_{REF}$이다. 따라서, 채널 간격 $f_{ch}$은 $f_{REF} = f_{ch}/2$이 된다. 동기 속도와 루프 대역폭은 절반으로 줄어들고, VCO 위상 잡음이 더욱 증가해서 보이게 된다[그림 10.25(b)]. 이 방식의 한 가지 장점은 기준 스퍼가 인접대역 중앙이 아니라 경계선에 위치하게 된다는 것이다[그림 10.25(c)]. 여러 가지 동작환경에 따라, 이 기준 스퍼는 일반적인 구조에서보다 더욱 커질 수 있다.

스왈로우 카운터는 대개 회로를 간단하게 하고 전력소모를 작게 하기 위해 비동기식으로 설계한다. 그림 10.26에 구현 예를 보이고 있다. 여기서 직렬연결된 ÷2회로가 입력을 카운트하고 NAND게이트가 그 값을 디지털 입력 $D_n D_{n-1} \cdots D_1$과 비교한다. 카운트 값이 디지털 입력값에 도달하면 $Y$가 높아지고, RS 래치를 셋(set)하게 된다. 그러면 래치 출력이 ÷2 회로를 중지시킨다. 이 상태는 (프로그램 카운터에 의해) 리셋(reset) 신호가 올 때까지 유지된다.

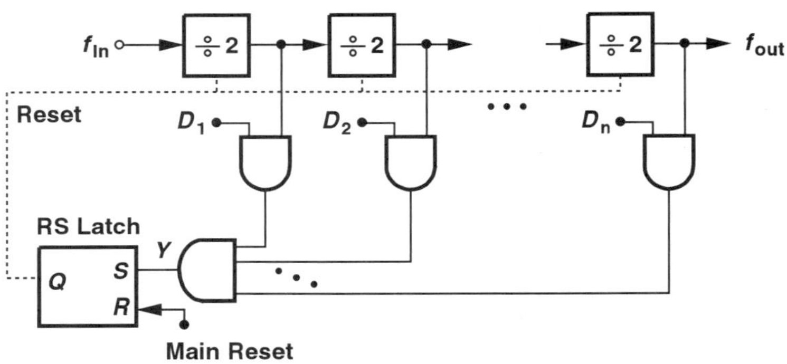


**그림 10.26** *스왈로우 카운터 구현*

피드백 분주기의 또 다른 회로가 [7]에 제시되었다. 이 구조는 ÷2/3분주기가 일정한 형태로 배열되어 설계를 간단히 할 수 있는 장점을 갖는다. 그림 10.27과 같이, 총 $n$개의 ÷2/3

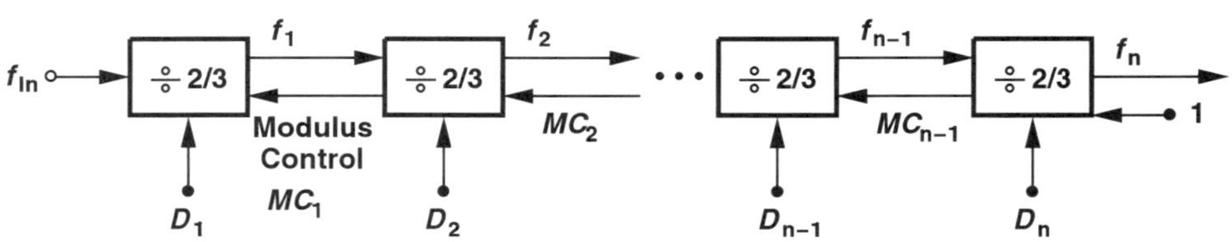


**그림 10.27** *다양한 분주비 구현을 위한 일정한 배열 형태의 분주기*

블록이 있고, 각각은 뒤에 있는 블록으로부터 분주비 제어 신호를 받는다(최종단 제외). 디지털 입력 신호에 따라 전체 분주비는 다음과 같이 결정된다.

$$N = 2^n + D_n 2^{n-1} + D_{n-1} 2^{n-2} + \cdots + 2D_2 + D_1. \quad (10.37)$$

### 10.6.2 이중 분주비 분주기 Dual-Modulus Dividers

앞서 언급했듯이 이중 분주비 분주기는 피드백 분주기 중에서 가장 설계가 어려운 블록이다. 또한 10.6.1절 펄스 스왈로우 분주기에서 살펴보았듯이, 분주비 변화가 *즉각적으로* 이루어져야 한다. 이는 설계에 따라 어려운 문제일 수 있다. 다음 절에서 설명하겠지만, 밀러 분주기나 주입동기식 분주기는 정상상태에 이르는데 입력신호의 몇 주기가 소요된다.

÷2/3분주기를 통해 이중분주비 전치분주기를 살펴보자. 4장에서 ÷2분주회로는 D-플립플롭에 피드백을 줌으로써 구현될 수 있음을 보았다. 반면 ÷3분주회로는 두 개의 플립플롭이 필요하다. 그림 10.28이 그 예다.[6] $Q_1 \cdot \overline{Q_2}$가 $FF_2$로 입력된다. 이 회로의 초기 상태가 $Q_1\overline{Q_2}$ = 00라고 가정하자. 첫 번째 클록 후에, $Q_1$은 $\overline{Q_2}(0)$가 되고 $\overline{Q_2}$는 $\overline{X}(1)$가 된다. 다음 세 클록에서, $Q_1\overline{Q_2}$는 10, 11, 01이 된다. $Q_1\overline{Q_2}$ = 00 상태는 존재하지 않음에 유의하라. $Q_1\overline{Q_2}$ = 00이 되려면, 그 이전 상태가 $\overline{Q_2}$ = 0이고 $X$ = 1이어야 하는데, 이는 AND 게이트 때문에 불가능하다.

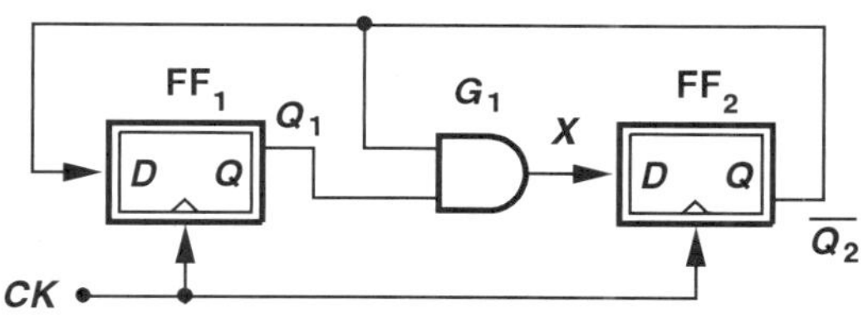


그림 10.28 *÷3분주회로*

**예제 10.12** RF Microelecronics

AND 게이트 대신 NOR 게이트를 사용하여 ÷3분주회로를 설계하라.

**풀이:**

그림 10.28 구조로부터 시작하자. $FF_2$의 $Q$ 출력을 받아서 반전시키자[그림 10.29(a)]. $FF_1$ 입력에서의 반전은 출력으로 이동시켜도 된다. 그러면 두 입력이 반전된 AND게이트가 된다[그림 10.29(b)]. 마지막으로, 반전 입력을 받는 AND게이트는 NOR게이트가 된다[그림 10.

*(계속)*

6. 이 책에서 래치는 단일선 사각형으로 플립플롭은 이중선 사각형으로 표시하였다.

## 예제 10.12 (계속)

RF Microelecronics

29(c)]. 이 회로의 동작 상태는 $Q_1Q_2$ = 00, 01, 10의 세 상태를 반복함을 보여라.

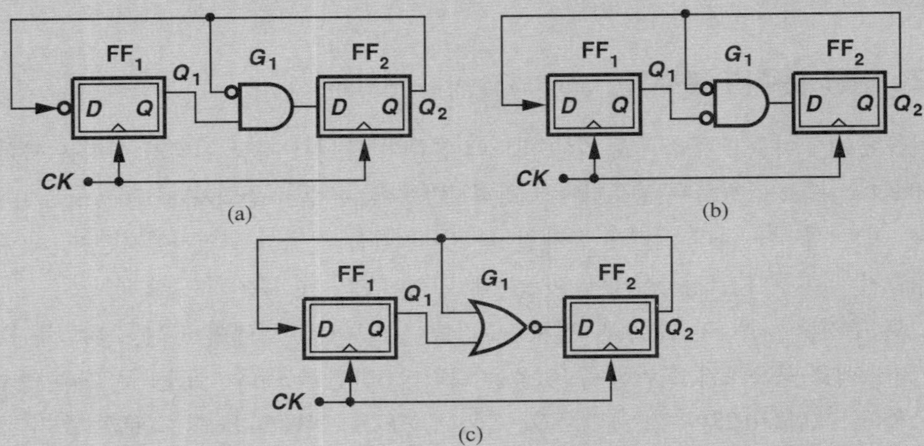


**그림 10.29** *NOR게이트를 이용한 ÷3 분주회로의 구현: (a) $Q_2$를 사용하고, NAND 및 $FF_1$ 입력에서 논리 반전 삽입, (b) 논리반전을 $FF_1$ 입력에서 출력으로 이동, (c) 최종 구현 회로*

## 예제 10.13

RF Microelecronics

그림 10.28 ÷3분주회로의 속도 한계를 분석하라.

**풀이:**

÷3 분주회로에서 $FF_2$ 내의 두 래치가 보이도록 그림 10.30(a)와 같이 회로도를 그리자. $CK$는 처음에 0이고, $L_1$은 차단상태(래치모드, latch mode), $L_2$는 통과상태(센스모드, sense mode)라 가정하자. 다시 말해 $\overline{Q_2}$가 이제 막 변한상태이다. $CK$가 1이 되고, $L_1$이 입력신호를 받아들이기 시작하면, $\overline{Q_2}$값은 $CK$가 다시 0이 되기 전에, $G_1$과 $L_1$을 통과해서 전달되어야 한다.

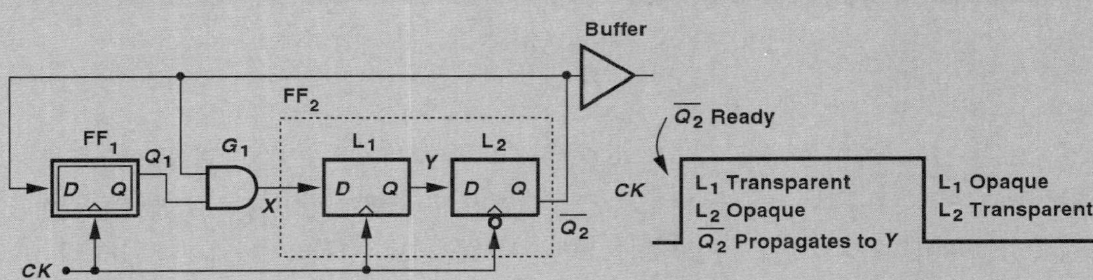


**그림 10.30** *÷3분주회로에서 타이밍과 임계경로*

**예제 10.13** (*계속*) RF Microelecronics

따라서, $G_1$의 지연시간이 임계경로(critical path)에 포함된다. 게다가, $L_2$는 $FF_1$, $G_1$, 그리고 출력 버퍼를 구동해야 한다. 이러한 것들이 동작속도를 상당히 감소시키고, $\overline{Q_2}$가 $Y$까지 전달되는 시간만큼 충분히 오랫동안 $CK$가 1상태를 유지해야 한다.

그림 10.28 회로를 두 분주비를 갖도록 변경할 수 있다. 그림 10.31에서와 같이, ÷2/3 회로는 $MC$가 0일 때 (왜 그럴까?) ÷3분주를 하고, $MC$가 1일 때 ÷3분주를 하기 위해서 OR게이트를 사용하였다. 후자의 경우, $FF_2$만이 클록을 2분주하고, $FF_1$은 아무 역할도 하지 않는다. 그래서, 출력이 $FF_2$만으로 발생하게 된다.

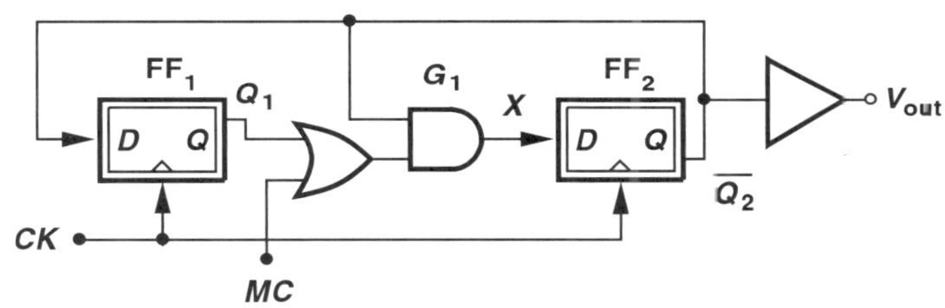


**그림 10.31** *나누기 2/3 분주회로*

**예제 10.14** RF Microelecronics

저전력 전치 분주기를 설계하고자, 그림 10.29회로에서 $MC$가 1일 때 $FF_1$ 전원을 차단하고자 생각할 수 있다. 이것은 좋은 생각일까?

**풀이:**

전력은 줄어들지만, $FF_1$을 끄게 되면, 다시 $FF_1$을 켰을 때 초기 상태가 정해지지 않아서 분주비의 값이 정해지지 않는다. 예를 들어, $Q_1\overline{Q_2}$ = 00에서 시작할 수 있다. 이를 해결하려면, 초기 상태를 설정하기 위한 추가적인 클록 사이클이 필요할 것이다.

÷2/3회로에서 $FF_2$의 부하를 줄이기 위해 약간의 변경을 할 수 있다. 그림 10.32와 같이 [6], 각 플립플롭 앞에 NOR게이트가 존재한다. $MC$가 0이면, $\overline{Q_1}$는 $G_2$에 의해 반전된다－마치 $FF_2$가 $FF_1$에 바로 연결된 것처럼. 이 회로는 따라서 그림 10.29(c)와 같은 ÷3회로가 된다. $MC$가 1이면, $Q_2$는 0상태로 있고, $G_1$과 $FF_1$으로 나누기2 동작을 한다. 이때 출력은 $FF_1$에서 얻을 수 있다. 이 회로는 그림 10.31에 비해 40% 빠른 속도를 보인다[6].

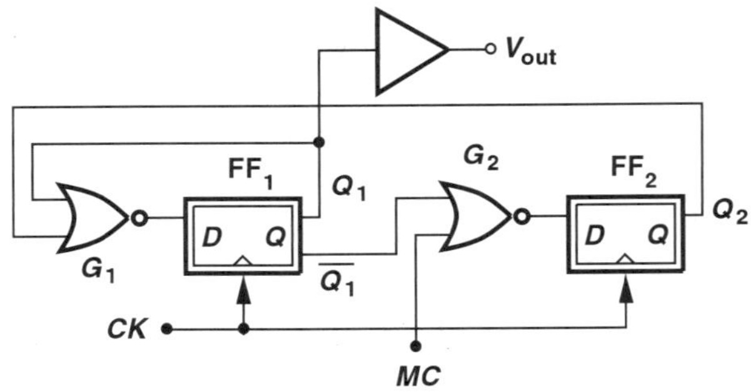


**그림** 10.32 *좀 더 높은 속도의 나누기-2/3 회로*

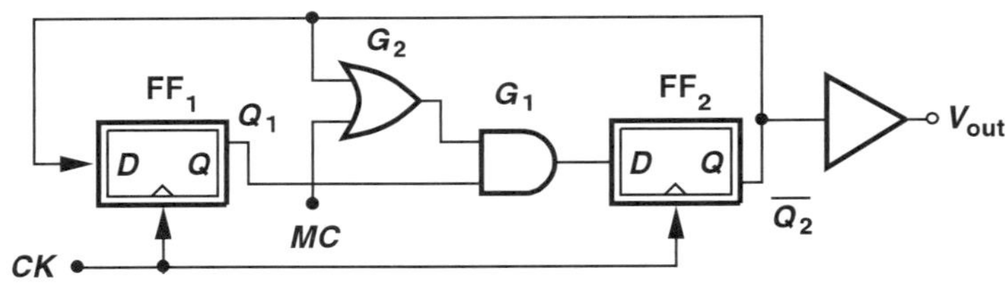


**그림** 10.33 *나누기-3/4 회로*

그림 10.33은 나누기-3/4 회로이다. $MC = 1$일 때, $G_2$는 1을 발생시키고, $G_1$은 $FF_1$출력을 $FF_2$입력으로 전달하게 된다. 따라서, 이것은 네 개의 래치가 루프를 형성하게 되고, 나누기 4를 수행한다. $MC = 0$일 때, $G_2$는 $\overline{Q_2}$를 $G_1$입력으로 전달하고, 따라서, 이 회로는 그림 10.28의 회로가 된다. 이 회로의 $FF_2$ 주변 임계경로 는 그림 10.28의 ÷3회로 보다 지연시간이 더 크게 됨을 알 수 있다. 이러한 분주기의 트랜지스터 수준의 회로설계는 13장에 설명되어 있다.

지금까지 살펴본 이중 분주비 분주기는 동기식 동작을 한다. 즉 모든 플립플롭이 동시에 같은 클록으로 동작하게 된다. 좀 더 높은 분주비를 위해서는, 작은 분주비를 갖는 동기식 회로부에 비동기식 분주기를 결합하게 된다. 한 예로 ÷8/9분주기를 그림 10.34에 보였다. 그림

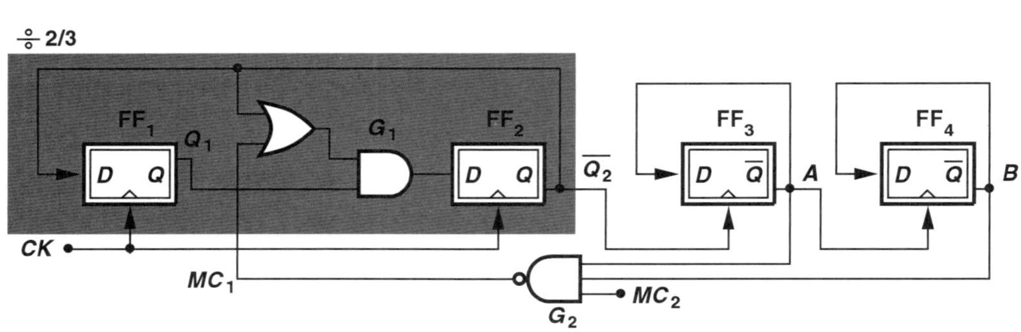


**그림** 10.34 *나누기-8/9 회로*

10.31의 ÷2/3회로 (D23) 뒤에 두 개의 비동기식 ÷2회로를 연결하고, $MC_1$을 분주비 제어 입력 $MC_2$와 각 비동기식 분주기 출력을 NAND처리해서 만들어 낸다. $MC_2$ = 0이고 $MC_1$ = 1이면, D23이 ÷2를 한다. 따라서 전체 회로가 ÷8로 동작한다. ÷8 동작은 $A$, $B$가 모두 1이 될 때까지 계속된다. $A$ = $B$ = 1이면, $MC_1$이 0이 되고, $A$, $B$가 0으로 되돌아가기 전 한 사이클 동안 D23은 나누기 3을 수행한다. 이때는 이 회로가 ÷9로 동작하는 것이다.

### 예제 10.15

RF Microelecronics

그림 10.33의 동기식 ÷3/4회로를 이용하여 ÷15/16회로를 설계하라.

**풀이:**

÷3/4회로 (D34)는 $MC$가 1일 때 나누기 4로 동작하기 때문에, 두 개의 ÷2회로만 추가하면 ÷16이 될 것이다. ÷15를 위해서는 D34 회로가 한 클록 동안 ÷3으로 동작하도록 해야 한다. 그림 10.35와 같이, 이 회로는 비동기식 ÷2 회로의 출력을 OR게이트를 통해 받아서, $AB$ = 00일 때 $MF$를 0으로 만든다. 따라서, $MC$가 1일 때, 이 회로는 나누기 16을 한다. $MC$가 0이고 ÷2회로가 11 상태로부터 시작하면, $MF$는 1로 유지되고 D34는 $AB$ = 00일 때까지 나누기-4를 한다. 이 순간, $A$가 다시 1이 되기 전까지 한 클록동안, $MF$는 0이 되고 D34는 나누기 3을 수행한다.

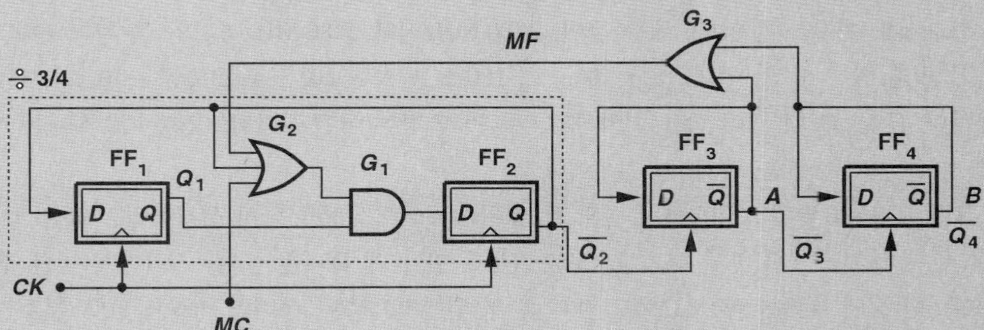


**그림 10.35** *나누기-15/16 회로*

그림 10.35에서 동기식 회로와 비동기식 회로가 동시에 사용될 때 중요한 문제는, 나누기 15 모드에서 '레이스(race)' 상황이 발생할 수 있다는 것이다. 이를 이해하기 위해서, 우선 $FF_3$와 $FF_4$가 클록의 상승 엣지(edge)에서 동작한다고 하자. $MC$가 0이면, 이 회로는 나누기 16으로 동작한다, 즉, $\overline{Q_3}$와 $\overline{Q_4}$가 0이 될 때까지, $Q_1\overline{Q_2}$는 01, 11, 10, 00의 상태를 반복한다. 그림 10.36(a)에 보인 바와 같이, $\overline{Q_3}$와 $\overline{Q_4}$가 0이 되면 $Q_1\overline{Q_2}$는 10 이후 00을 건너뛴다. $\overline{Q_3}$가 0이 되고 $Q_1\overline{Q_2}$가 00상태를 건너뛰는 시간까지 $CK_{in}$ 세 사이클이 지나가기 때문에, $FF_3$와

| | $Q_1$ | $\overline{Q_2}$ | $\overline{Q_3}$ | $\overline{Q_4}$ | |
|---|---|---|---|---|---|
| | 0 | 0 | 1 | 0 | ← Change in $\overline{Q_3}$ |
| | 0 | 1 | 0 | 0 | |
| | 1 | 1 | 0 | 0 | |
| Skip State → | 1 | 0 | 0 | 0 | |
| | 0 | 1 | 1 | 1 | |

(a)

| | $Q_1$ | $\overline{Q_2}$ | $\overline{Q_3}$ | $\overline{Q_4}$ | |
|---|---|---|---|---|---|
| | 0 | 0 | 1 | 1 | |
| | 0 | 1 | 1 | 1 | |
| | 1 | 1 | 1 | 1 | ← Change in $\overline{Q_3}$ and $\overline{Q_4}$ |
| Skip State → | 1 | 0 | 0 | 0 | |
| | 0 | 1 | 0 | 0 | |

(b)

**그림 10.36** ÷15/16*에서 지연시간 고려. (a)* $FF_3$, $FF_4$*가 상승 엣지에서 동작할 때, (b)* $FF_3$, $FF_4$*가 하강 엣지에서 동작할 때*

$G_3$를 통과하는 지연시간은 $CK_{in}$ 한 사이클 보다 작아서는 안 된다.

$FF_3$와 $FF_4$가 클록의 *하강* 엣지(edge)에서 동작할 때를 생각해 보자. 이때는, 그림 10.36(b)와 같이, $\overline{Q_3}\,\overline{Q_4}$가 00이 되자마자, ÷3/4회로는 00상태를 건너뛰게 되고, 이 때문에 $FF_3$, $FF_4$, $G_4$를 통과하는 지연시간이 $CK_{in}$ 사이클의 반 보다 작아야 한다. 통상 이것은 쉽지 않아서, 설계도 어렵고 전력소모도 커지게 되는 요인이 된다. 따라서 첫 번째 방식이 더 선호된다.

### 10.6.3 전치분주기에서 분주비의 선택 Choice of Prescaler Modulus

그림 10.24의 펄스 스왈로우 분주기의 분주비는 $NP + S$이므로, 세 개의 변수를 선택함에 있어 어느 정도 자유도가 있다. 예를 들어, 2400 MHz에서 2480 MHz까지의 블루투스 채널을 만들기 위해, $N = 4$, $P = 575$, $S = 100, \ldots, 180$ 또는 $N = 10$, $P = 235$, $S = 50, \ldots, 130$이 가능하다. ($P$는 $S$보다 커야 함을 기억하라.) 두 가지 경우 어떤 장단점이 있는가? 하나는 $N$을 크게, 다른 하나는 $N$을 작게 한 경우이다.

그림 10.35의 ÷15/16회로에서 살펴본 '레이스(race)' 상황을 다시 생각하면 다음을 알 수 있다. 클록 엣지를 적절하게 선택함으로써, $\overline{Q_3}$가 변할 때 D34는 ÷4를 시작해서 이를 입력 펄스 두 번 동안 계속한 후 ÷3으로 된다. 좀 더 일반적으로는, 동기식 $\div(N+1)/N$ 분주기에 비동기식 분주기가 연결된 경우, 클록 엣지를 적절히 선택함으로써, 분주회로는 $N-1$ 입력 사이클 동안 $N+1$로 분주하고, 이후 $N$ 분주로 바뀌게 된다. 이 원리는 펄스 스왈로우 분주기에도 동일하게 적용된다. 다만, 비동기식 회로부와 피드백 루프를 통한 긴 지연시간을 허용할 정도의 *큰* $N$ 값이 필요하다.

**예제 10.16** RF Microelecronics

그림 10.37의 펄스 스왈로우 분주기의 상세도를 보고, 스왈로우 카운터를 통한 임계경로(critical path)를 표시하라.

**예제 10.16** (*계속*)

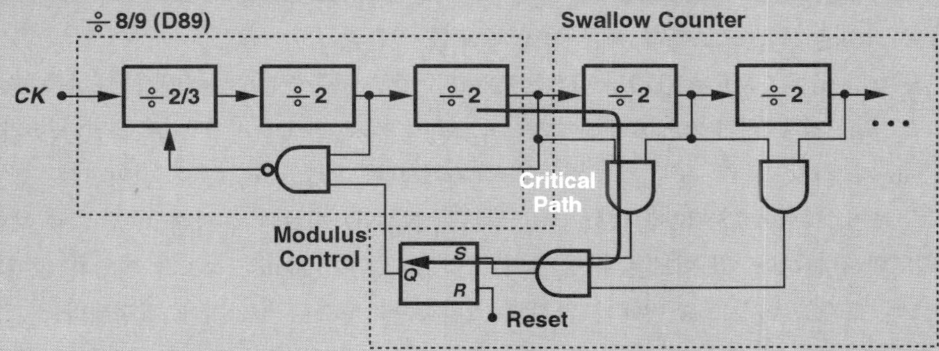


**그림 10.37** *펄스 스왈로우 분주기에서의 임계경로*

**풀이:**

전치분주기가 ÷9 동작을 시작하면, 이 회로는 7개의 입력 사이클 후에 분주비를 8로 바꾸게 된다. 따라서, 나누기 8 모드에서 ÷9 모드로 전환할 때 전치분주기가 발생한 최종 펄스는 7개의 입력 사이클 보다 짧은 시간 내에, 스왈로우 카운터의 첫 번째 ÷2 회로, 그 뒤의 논리 회로, 그리고 RS 래치를 통해 전달되어야 한다.

지금까지 살펴본 바에 의하면 전치분주기의 $N$값은 클수록 좋다. 반면에, 전치 분주기회로가 전류모드(10.6.4절)로 설계되었다면, 큰 분주비는 전력소모를 증가시킨다. 이 때문에, 전치분주기의 분주기는 여러 가지 시뮬레이션을 통해 결정되어야 한다. 그림 10.37의 RS 래치를 파이프라인 형태로 설계해서, $N$값을 작게 하고, 분주비 변화에 추가의 사이클이 소요되도록 하는 것도 가능하다[6].

### 10.6.4 분주기 논리 회로 형태 Divider Logic Styles

주파수 합성기 피드백 경로상의 분주기 회로는 여러 가지 논리 회로 형태로 구현된다. 분주기 구조의 결정은 몇 가지 요인에 의해 결정된다: 입력 스윙(즉, VCO로부터 가능한 입력스윙), 입력 커패시턴스(즉, VCO에 부하로 연결되는 커패시턴스), 최대 동작 속도, *출력* 스윙(이후 회로에서 필요로 하는 만큼의 출력 스윙), *최소* 속도(즉, 동적 로직 대 정적 로직), 전력 소모. 이 절에서는 논리 회로 형태 관점에서의 분주기 설계를 살펴보도록 한다.

**전류모드 회로(Current-Steering Circuits)** '전류모드 로직(current-mode logic, CML)' 또는 '전류조정 로직(current-steering logic)'은 가장 빠른 회로로 알려져 있으며 입출력 스윙이 크지 않은 상태로 동작한다. CML 회로는 차동 출력을 제공하므로 논리 반전을 쉽게 구현할 수 있다. 즉 하나의 회로로 NAND게이트와 AND게이트로의 동작이 가능하다. CML 회로는 기본적으로 차동쌍(differential pair)의 출력이 '꼬리 전류원(tail current source)'에 의해 빠르게 조정될 수 있다는 특성으로부터 빠른 동작 속도를 갖는다.

그림 10.38(a)는 CML AND/NAND게이트이다. 상부 차동쌍은 차동 입력 $A$, $\overline{A}$를 받으며, $M_3$, 즉 $B$, $\overline{B}$에 의해 제어된다. $B$가 1이면, $M_1$, $M_2$가 켜지고, $X = \overline{A}$, $Y = A$가 된다. $B$가 0이면, $M_1$, $M_2$가 꺼지고, $X$는 $V_{DD}$가 되고, $Y$는 $M_4$에 의해 $V_{DD} - R_D I_{SS}$로 떨어진다. 또 다른 관점으로 보면, 그림 10.38(b)에서 $M_1$, $M_3$ 부분이 NAND 회로와 유사하고, $M_2$, $M_4$ 부분은 NOR 회로와 유사하다. 이 회로는 대개 출력 스윙 $R_D I_{SS}$ = 300 mV 정도가 되도록 설계되며, 트랜지스터 크기도 이정도 스윙에서 완전히 스위칭 될 정도로 적당하게 결정된다.

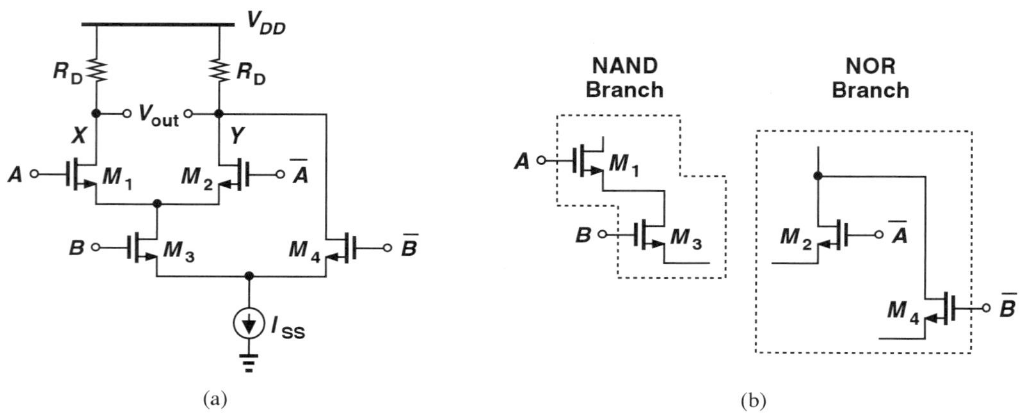


**그림 10.38** *(a) CML NAND 회로, (b) 이 회로에서 NAND와 NOR와의 유사 부분*

그림 10.38(a) 차동쌍이 그리 크지 않은 입력 스윙에 의해 스위치 되기 위해서는, 트랜지스터가 트라이오드 영역에 들어가지 말아야 한다. 예를 들어, $M_3$가 트라이오드 영역에 있다면, $B$와 $\overline{B}$에서의 스윙이 300 mV 보다 충분히 커야 $M_3$를 끄고 $M_4$를 켤 수 있다. 따라서, $B$와 $\overline{B}$ 공통모드 전압은 $A$와 $\overline{A}$ 공통모드 전압보다 최소한 $V_{ov}$ 만큼은 작아야 한다. 그런데, 이렇게 하려면 이 *앞의* 전단 회로 설계가 어려워진다. 그림 10.39에 한 예를 보이는데, 여기서 NAND게이트 앞에 두 개의 CML 회로가 있다. 여기서, $A$와 $\overline{A}$는 $V_{DD}$와 $V_{DD} - R_1 I_{SS1}$ 사이를 스윙한다. 반면에, 레벨 조정 저항 $R_T$ 때문에, $B$와 $\overline{B}$는 $V_{DD} - R_T I_{SS2}$와 $V_{DD} - R_T I_{SS2} - R_2 I_{SS2}$ 사이를 스윙한다. 즉, $R_T$가 $B$와 $\overline{B}$ 공통모드 전압을 $R_T I_{SS2}$ 만큼 떨어뜨린 것이다. $R_T$를 추가한 것이 간단해 보이지만, $M_5$, $M_6$가 트라이오드 영역에 들어가지 않기 위해서는 $F$와 $\overline{F}$의 로직 *high* 전압이 어느 정도 이상 될 수 없는 한계가 있다. 즉, $V_{DD} - R_T I_{SS2} - R_2 I_{SS2} + V_{TH}$ 이상 될 수 없다.

그림 10.38(a) NAND 게이트에서 차동쌍을 쌓은 구조는 저전압 동작에 적합하지 않다.

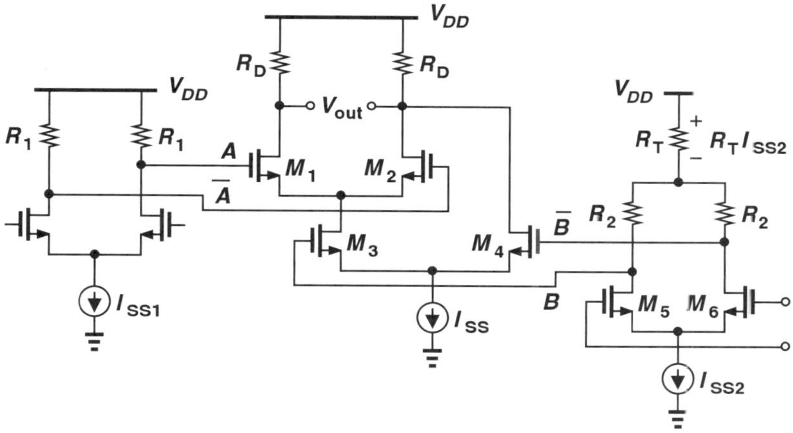


**그림 10.39** *NAND 입력에서 공통모드 전압의 호환 문제*

반면, CML NOR/OR 게이트 구조는 회로의 적층 구조가 없다. 그림 10.40(a)에 보이듯, 이 회로는 $A$ 또는 $B$가 1이면 꼬리(tail) 전류를 좌측으로 흐르게 해서, $X$에는 출력 0을 $Y$에는 출력 1을 발생시킨다. 하지만 불행히도, 이 회로는 싱글엔드(single-ended) 입력 신호가 필요하다. 그렇게 하려면 $A$와 $B$의 공통모드 전압이 매우 중요하고 $V_b$ 선택에 신중해야 한다. 다시 말해, $V_b$는 $A$와 $B$의 공통모드 전압에 따라 변하도록 설계 되어야 한다. 그림 10.40(b)에 보인 바와 같이, $V_b$는 $A$를 발생시키는 회로와 닮은 회로를 이용해서 생성된다. $A$의 공통모드 전압은 $V_{DD} - R_2 I_{SS2}/2$가 되고, $V_b$도 그렇게 된다. 고속 동작을 의해, 커패시터를 $V_b$에서 $V_{DD}$에 연결하여 $M_3$ 게이트의 전압이 교류 접지(ac ground)가 되도록 하였다.

전원전압이 낮을 때, 분주기의 논리 회로 부를 그림 10.38(a)의 NAND 회로 보다는 그림 10.40(a)의 NOR 회로가 사용되도록 설계해야 한다. 그림 10.32의 ÷2/3회로가 이 원리를 보여 주고 있다. NOR 회로에서 $M_1$-$M_3$의 완전한 스위칭을 보장하기 위해서 입력스윙은 앞서 얘기했던 대략 300 mV보다는 크거나 트랜지스터가 더 커야 한다.

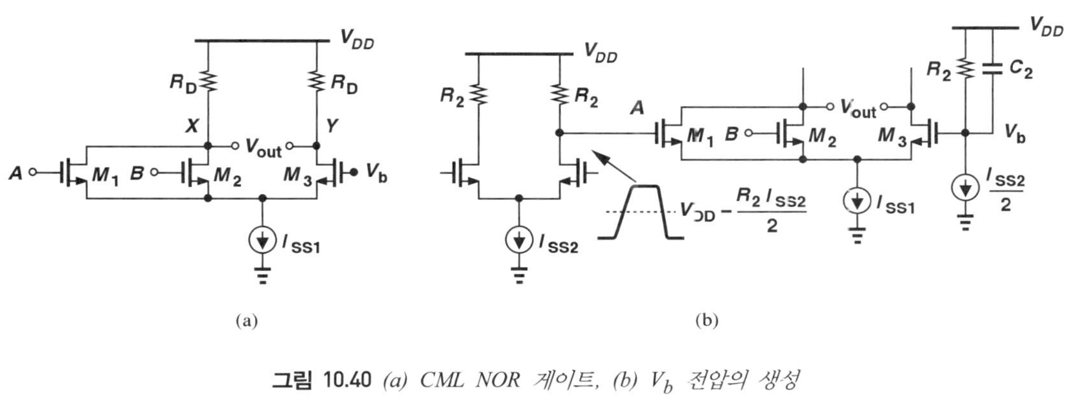


**그림 10.40** *(a) CML NOR 게이트, (b) $V_b$ 전압의 생성*

**예제 10.17** RF Microelecronics

그림 10.40(a)에서 $M_1$-$M_3$는 같은 게이트 폭을 가져야 하는가?

**풀이:**

$M_1$, $M_2$가 동시에 켜지면 그것들이 하나의 트랜지스터로 동작하고 $I_{SS1}$ 전체를 흡수할 것이라고 생각할 수 있다. 즉 '$W_1$과 $W_2$는 $W_3/2$를 넘지 않아야 한다'라고 생각할 수 있다. 하지만, 최악의 경우 $M_1$이나 $M_2$ 하나만 켜질 수 있다. 둘 중 하나의 트랜지스터가 $M_3$를 '극복'하기 위해서는 $W_1 = W_2 \geq W_3$이어야 한다.

많이 사용되는 또 다른 논리 게이트로 XOR회로가 있다(그림 10.41). 이 회로는 6장에서 공부한 길버트셀(Gilbert cell) 믹서와 동일한데, 단 트랜지스터의 스위칭을 위해 두 입력 모두 큰 신호로 구동되어야 한다는 점이 다르다. CML NAND 게이트와 같이, 이 회로는 $B$와 $\overline{B}$를 위한 적절한 공통모드 전압 조정이 필요하며 저전압 동작에 적합하지 않다.

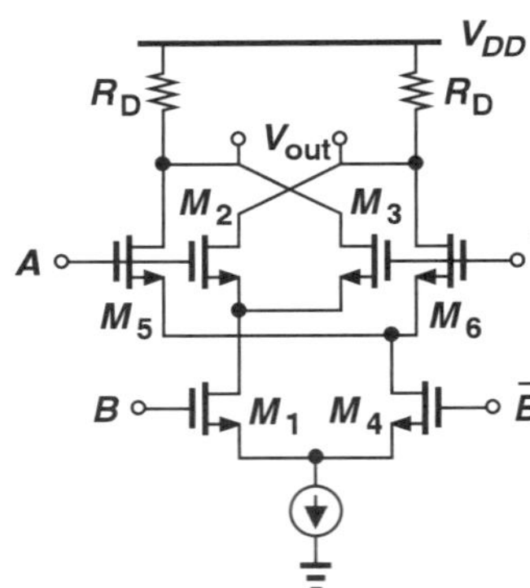


그림 10.41 *CML XOR 회로*

그림 10.42는 적층을 하지 않은 XOR 게이트이다[8]. $A$ 또는 $B$가 1이면, $M_3$가 꺼진다. 즉, $I_{D3} = \overline{A + B}$이다. 같은 식으로, $I_{D6} = \overline{\overline{A} + \overline{B}}$이 된다. 노드 $X$에서 $I_{D3}$와 $I_{D6}$의 합은 OR 신호에 해당하고, 이 합 전류가 $R_D$를 통과함에 따라 반전이 된다. 따라서, 다음과 같이 된다.

$$V_{out} = \overline{(\overline{A + B} + \overline{\overline{A} + \overline{B}})} \tag{10.38}$$

$$= \overline{A}B + A\overline{B}. \tag{10.39}$$

그림 10.41의 XOR 게이트에 반해, 이 회로는 $A$, $B$에 대해 완벽한 대칭성을 가지는데, 이는 일부 응용분야에서 매우 중요한 특성이다.

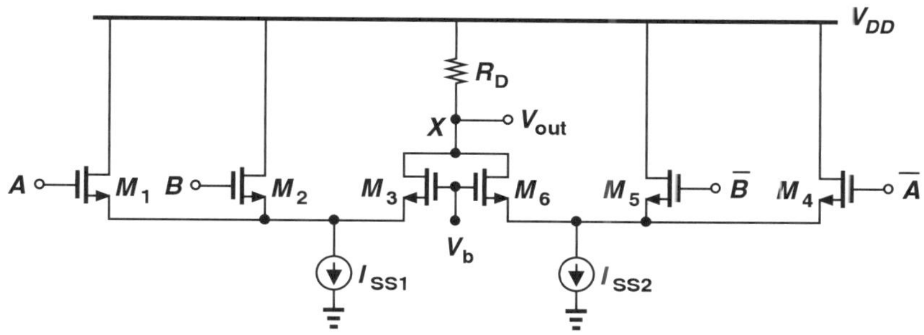


**그림 10.42** *대칭적이고 저전압 동작 가능한 XOR*

그림 10.42 XOR 구조는 저전압 동작이 가능하지만, 각 입력을 단일종료 신호로 받는다. 이로 인해 그림 10.40(a)의 NOR 게이트와 비슷한 문제를 갖는다. 다시 말해, $V_b$ 값을 신중히 선택해야 하고 입력 전압 스윙 및 트랜지스터 게이트 폭이 그림 10.41 XOR 게이트 보다 크게 결정되어야 한다. 또한, 차동출력을 발생하기 위해서는 같은 회로에 대해 $A$와 $\overline{A}$(또는 $B$와 $\overline{B}$)를 뒤바꿔서 입력하면 된다.

CML회로의 속도상 장점은 래치 회로에서 특히 우수하다. 그림 10.43(a)는 CML D 래치이다. 이회로는 입력 차동쌍 $M_1$-$M_2$, 래치 또는 '재생성(regenerative)' 쌍, 그리고, 클록 입력쌍 $M_5$-$M_6$로 이루어진다. '센스 모드'에서는, $CK$가 1이고, $M_5$가 켜지고, $M_1$-$M_2$가 $D$와 $\overline{D}$입력을 받아 그 차이를 증폭한다. 즉, $X$와 $Y$는 입력을 따라가게 된다. '래치모드'(또는 '재생성 모드')로 전환시에, $CK$는 0이 되고, $M_1$-$M_2$는 꺼지고, $\overline{CK}$가 상승하고, $M_3$-$M_4$가 켜진다. 그러면, 이 회로는 그림 10.43(b)와 같아져서, $M_3$, $M_4$에 인가된 양궤환(positive feedback)이 $V_X$와 $V_Y$ 사이의 차이를 재생성하여 증폭하게 된다. 루프 이득이 1보다 크면, 재생성 동작은 하나의 트랜지스터가 꺼질 때까지, 즉 $V_X$가 $V_{DD}$까지 증가하고 $V_Y$는 $V_{DD} - R_D I_{SS}$로 떨어질 때까지 계속된다. 이 상태가 $CK$가 변할 때 까지 유지되고, 다음 센스 모드가 시작된다.

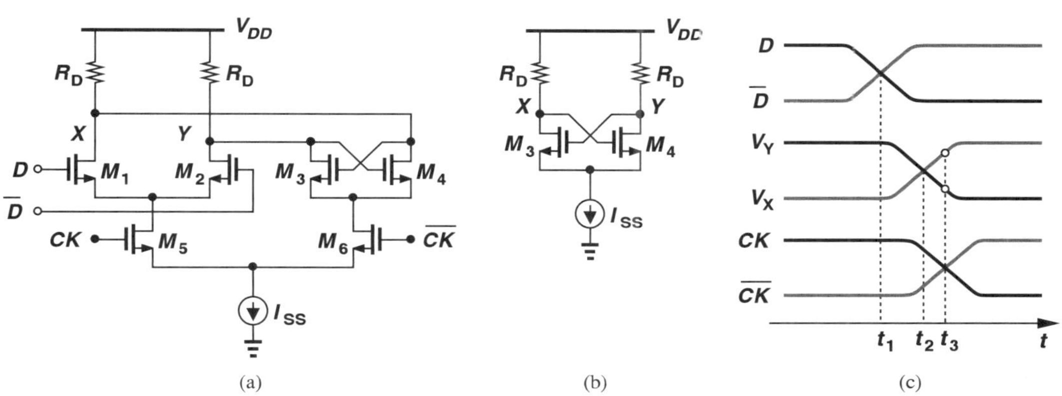


**그림 10.43** *(a) CML 래치, (b) 재생성 모드에서의 회로 구조, (c) 회로내 파형*

래치의 속도 특성을 이해하기 위해, 회로가 센스모드에서 래치모드로 전환될 때의 전압 파형을 살펴보자. 그림 10.43(c)에서와 같이, $t = t_1$에서 $D$와 $\overline{D}$가 교차하고, $t = t_2$에서 $V_X$와 $V_Y$가 교차한다. $V_X$와 $V_Y$가 $t = t_3$에서 완전히 최종값에 도달하지 않았어도, $t = t_3$에서 재생성 쌍이 계속적으로 증폭을 수행하고 있기 때문에 이 회로는 래치모드로 들어갈 수 있다. 물론 래치모드는 $V_X$와 $V_Y$가 최종값에 도달할 때까지 충분히 길어야 한다. 따라서, $X$와 $Y$에서 충분한 대역폭이 확보되지 않는다 하더라도 다음 조건을 만족하면 래치는 충분히 동작한다고 할 수 있다. 즉, (a) 센스모드에서 $V_X$와 $V_Y$가 완전히 안정된 값으로부터 시작하여 *교차*하고, (b) 래치모드에서 $V_X$와 $V_Y$의 초기 차이가 최종 값인 $I_{SS}R_D$로 증폭될 수 있으면 된다.

## 예제 10.18

RF Microelecronics

$V_X - V_Y$가 초기값 $V_{XY0}$에서 시작될 때 그림 10.43(b)의 재생성 증폭 동작을 수식화하라.

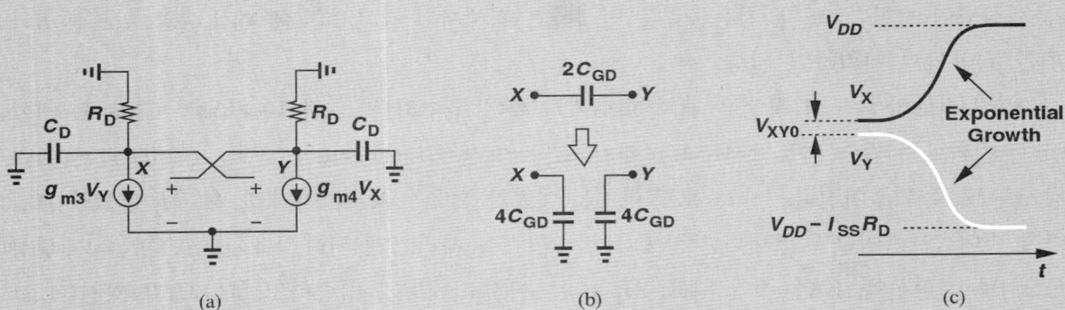


**그림 10.44** *(a) 재생성 모드에서의 CML 래치, (b) $C_{GD}$의 분리, (c) 회로의 파형*

**풀이:**

$V_{XY0}$가 작다면, $M_3$와 $M_4$는 거의 평형상태일 것이고, 따라서 소신호 등가 회로를 그림 10.44(a)와 같이 그릴 수 있다. 여기서, $C_D$는 $X$와 $Y$에서 접지면까지의 전체 커패시턴스이다. $C_{GD1} + C_{DB1} + C_{GS3} + C_{DB4} + 4C_{GD3}$와 다음 단의 입력 커패시턴스를 포함한다. 게이트-드레인 커패시턴스는 4배로 보이는데, 이는 $M_3$와 $M_4$ 모두에서 보이고 또한 차동 전압으로 구동되기 때문이다[그림 10.44(b)]. 노드 $X$에서 KCL 식을 쓰면

$$\frac{V_X}{R_D} + C_D\frac{dV_X}{dt} + g_{m3,4}V_Y = 0. \tag{10.40}$$

비슷한 식으로,

$$\frac{V_Y}{R_D} + C_D\frac{dV_Y}{dt} + g_{m3,4}V_X = 0. \tag{10.41}$$

(10.40)에서 (10.41)을 빼고 정리하면, 다음과 같다.

**예제 10.18** *(계속)* RF Microelecronics

$$-R_D C_D \frac{d(V_X - V_Y)}{dt} = (1 - g_{m3,4} R_D)(V_X - V_Y). \tag{10.42}$$

$V_X - V_Y$를 $V_{XY}$라 하고, 식 (10.42)의 양단을 $-R_D C_D V_{XY}$로 나누고, $dt$를 곱하고, 초기상태 $V_{XY}(t = 0) = V_{XY0}$로 하고 적분하면,

$$V_{XY} = V_{XY0} \exp \frac{(g_{m3,4} R_D - 1)t}{R_D C_D}. \tag{10.43}$$

재미있는 것은 $V_{XY}$가 시간에 따라 지수함수적으로 증가한다는 것이다[그림 10.44(c)]. 여기서 '재생성 시상수(regeneration time constant)'는 다음과 같다.

$$\tau_{reg} = \frac{R_D C_D}{g_{m3,4} R_D - 1}. \tag{10.44}$$

물론, $V_{XY}$가 증가하면, 하나의 트랜지스터는 꺼지기 시작하고, $g_m$이 0이 될 것이다. 만약, $g_{m3,4} R_D >> 1$이면, $\tau_{reg} \approx C_D / g_{m3,4}$이 된다.

**예제 10.19** RF Microelecronics

그림 10.43(a)의 $D$ 래치가 최소 클록 주기 $T_{ck}$로 동작해야 하고, 각 모드 별로 이 주기의 절반이 소요된다고 가정하자. 회로 변수와 $T_{ck}$간의 관계식을 유도하라. 래치 모드에서 스윙이 최종 값의 최소 90%에 이르러야 한다고 가정하라.

**풀이:**

재생성 모드에서부터 계산을 시작하자. 재생성 쌍이 $0.5T_{ck}$ 시간 안에 $V_{XY} = 0.9I_{SS}R_D$를 생성해야 하므로, 초기 전압 차이 $V_{XY0}$는 식 (10.43)으로부터 다음과 같음을 알 수 있다.

$$V_{XY0} = 0.9 I_{SS} R_D \exp \frac{0.5T_{ck}}{\tau_{reg}}. \tag{10.45}$$

이 최소 초기 전압은 센스모드[그림 10.43(c)의 $t = t_3$ 시간 직전]에서 입력 차동쌍으로부터 발생되어야 한다. 최악의 경우, 센스모드가 시작될 때, $V_X$와 $V_Y$가 서로 반대편 최대값으로부터 시작되어 $0.5T_{ck}$차 안에 서로 교차해서 $V_{XY0}$가 되어야 한다(그림 10.45). 예를 들어, $V_Y$가 $V_{DD}$에서 시작되어 다음 식에 따라 감소한다.

*(계속)*

**예제 10.19** (*계속*) RF Microelecronics

$$V_Y(t) = V_{DD} - I_{SS}R_D\left(1 - \exp\frac{-t}{R_DC_D}\right). \tag{10.46}$$

같은 방식으로,

$$V_X(t) = V_{DD} - I_{SS}R_D\exp\frac{-t}{R_DC_D}. \tag{10.47}$$

$V_X$ - $V_Y$가 $0.5T_{ck}$ 안에 식 (10.45)가 되어야 하므로, 다음이 성립한다.

$$-2I_{SS}R_D\exp\frac{-0.5T_{ck}}{R_DC_D} + I_{SS}R_D = 0.9I_{SS}R_D\exp\frac{-0.5T_{ck}}{\tau_{reg}}, \tag{10.48}$$

따라서, 다음과 같이 된다.

$$0.9\exp\frac{-0.5T_{ck}}{\tau_{reg}} + 2\exp\frac{-0.5T_{ck}}{R_DC_D} = 1. \tag{10.49}$$

$T_{ck}$이 주어졌을 때, 이 식은 $R_DC_D$값의 최대 허용 값과 $g_{m3,4}$의 최소 허용 값을 결정한다. 실제로, 클록의 유한한 상승/하강 시간 때문에 $0.5T_{ck}$ 보다 작은 시간이 남게 되고, 이 허용 값은 더 줄어든다.

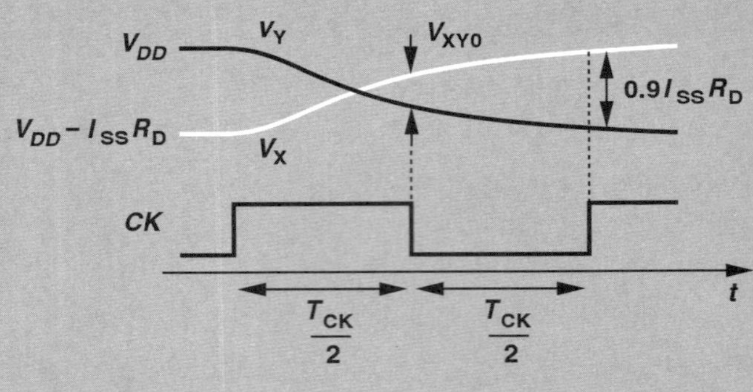


**그림 10.45** *정상 동작에 필요한 최소 시간을 보여주는 래치 파형*

래치와 논리회로를 통합하여 지연시간과 전력소모를 줄이는 것이 가능하다. 예를 들어, 그림 10.32에 표시된 NOR 게이트와 마스터 래치 $FF_1$은 그림 10.46과 같이 구현 가능하다. 이 회로는 센스모드에서 $A$, $B$에 대한 NOR/OR 동작을 하고 래치모드에서 그 결과를 저장하게 된다.

**설계 과정** 두 개의 $D$ 래치를 부궤환 루프로 연결하여 ÷2회로를 구성하자(그림 10.47). 클록 입력에서 보이는 전체 커패시턴스가 래치 하나일 때의 두 배가 됨에 유의하라. 이 회로의

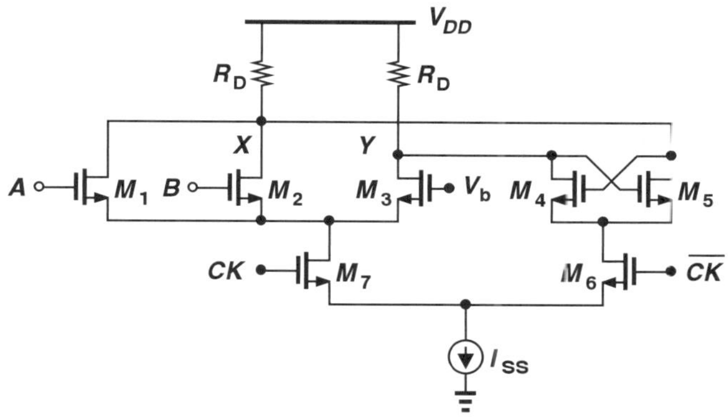


**그림 10.46** *NOR 게이트 기반의 CML 래치*

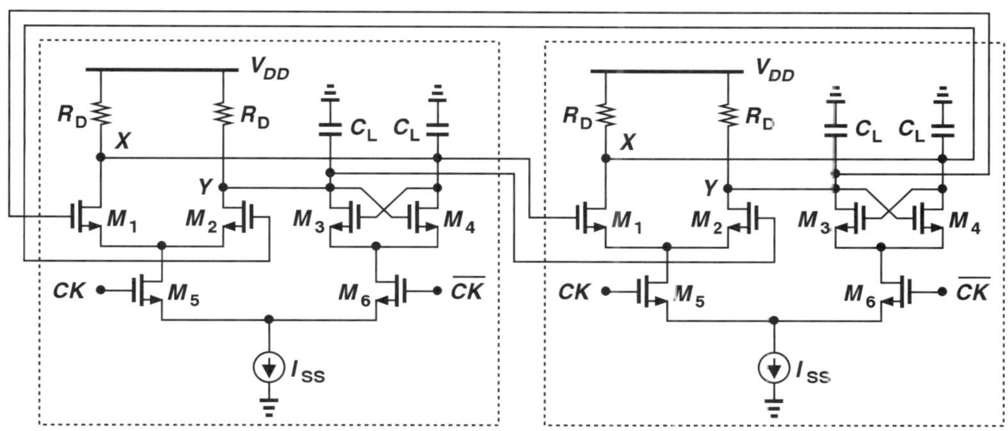


**그림 10.47** *두 개의 CML 래치가 부궤환 루프로 연결되어 구성된 2분주기 회로*

설계는 세 가지 변수가 주어짐으로부터 시작된다: 전력소모, 클록 스윙, 전체 커패시턴스(다음 단의 입력 커패시턴스). 그러면, 다음 세 단계를 따라 설계한다: (1) 전력소모 조건에 따라 $I_{SS}$를 결정한다: (2) $R_D I_{SS} \approx 300$ mV가 되도록 한다; (3) 차동쌍이 입력 전압 300 mV대해 완전한 스위칭이 되도록 $(W/L)_{1,2}$를 결정한다; (4) 부궤환 루프의 소신호 이득이 1을 넘도록 $(W/L)_{3,4}$를 결정한다; (5) 주어진 클록 스윙에 대해서 클록을 받는 차동쌍이 하단 전류를 완전히 스위칭 할 수 있도록 $(W/L)_{5,6}$을 결정한다. 피드백 루프가 부궤환(negative feedback)으로 연결되어야 하는 것이 중요하다(왜 그럴까?).

주어진 부하 커패시턴스를 가지고 대략 설계한 회로는 식 (10.49)로 표시된 속도보다 더 높은 속도로 동작할 것이다. 이유는 $X$, $Y$ 노드에서 각 모드에서의 전압 스윙이 $I_{SS}R_D$에 도달하지 않아도 올바르게 동작하기 때문이다. 다시 말해, 클록 주파수가 (10.49)에 주어진 한계에 도달함에 따라, 출력 스윙이 작아진다—그래서, 일정 시점에 $V_X$와 $V_Y$가 서로 교차할 충분한 시간이 없고 회로는 오동작하게 된다.

실제로, 게이트 폭은 위에서 얻은 값 보다는 더 커야 한다. 그 이유는 (a) $M_1$-$M_2$와 $M_3$-$M_4$의 소스 단 전압이 너무 낮아서, $M_5$-$M_6$를 트라이오드 영역에 빠트릴 수 있고, (b) $M_5$-$M_6$ 소스 단 전압이 너무 낮아서 $I_{SS}$ 전압 여유가 충분치 않고, (c) 고속에서, $X$, $Y$에서의 전압 스윙이 $R_DI_{SS}$에 이르지 못해서, 전류 스위칭을 위해서 더 큰 게이트 폭이 필요하게 되기 때문이다.

### 예제 10.20



고속 분주기의 성능은 일반적으로 클록 주파수에 따른 최소 클록 전압 스윙('민감도, sensitivity')으로 평가된다. 그림 10.47의 ÷2회로의 민감도를 그려라.

**풀이:**

이상적인 엣지(edge)를 갖는 클록에 대해서, 클록 스윙의 최소 필요 값은 거의 일정할 것이라 예상된다. 물론, 회로 내부의 시상수에 근접하면 최소 스윙이 커져야 할 것도 예상할 수 있다. 하지만, 전체적인 특성은 그림 10.48과 같다. 흥미로운 것은 최소 필요 스윙이 특정 주파수 $f_1$에서 0이 된다는 것이다. 입력스윙이 없을 때 $I_{SS}$는 단순히 그림 10.47의 $M_5$, $M_6$로 균등하게 나누어지고, 그러면 이 회로는 그림 10.49 회로와 같이 된다. 이 회로는 2단 *링 발진기*

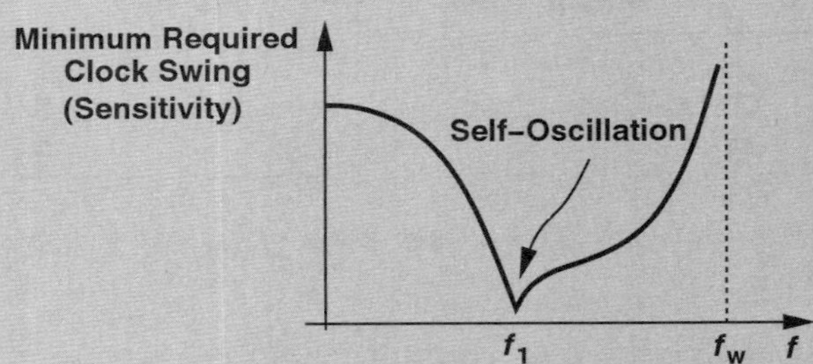


**그림 10.48** *분주기의 민감도*

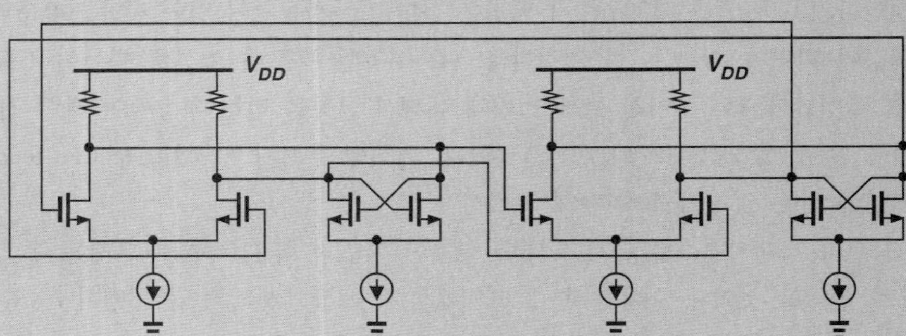


**그림 10.49** *링 발진기로 볼 수 있는 2분주기 회로*

**예제 10.20** (*계속*) RF Microelecronics

와 유사함을 알 수 있다. 다시 말해, 입력 클록이 없을 때, 이 회로는 $f_1/2$에서 발진하는 것이다. 이 사실로부터 분주회로의 또 다른 면을 알 수 있다: 이 회로는 입력 클록에 의해 주입동기 된 발진기로 볼 수 있는 것 이다(10.6.6절 참조). 이 관점은 또한 왜 클록 스윙이 저주파에서 너무 작으면 안 되는 이유도 설명할 수 있다. 사각형의 이상적인 클록 파형으로도, 스윙이 작으면 하단 전류를 충분히 좌우로 스위칭할 수 없다, 따라서 $M_2$-$M_3$와 $M_3$-$M_4$가 동시에 켜질 수 있다. 이 회로는 그러므로 $f_1/2$ 주파수에서 발진할 스 있다(또는 클록에 의해 주입풀링될 수도 있다).

이러한 분주기의 자체발진은 설계 시에 유용하게 이용될 수 있다: 자체 발진이 일어나지 않도록 소자의 크기가 결정되어 있다면, 이 분주기는 제대로 동작하지 않을 것이다. 따라서, 우리는 우선 입력 스윙이 없을 때 이 회로가 자체 발진하는지를 시험해 봐야 한다.

그림 10.43 및 10.47과 같이 클록을 받는 차동쌍 위에 차동쌍과 재생성쌍을 적층해서 배치하는 것은 저전압 동작에 적절치 않다. 이 문제는 하단 전류원을 제거하므로 해결할 수 있다. 하지만, 회로의 동작 전류가 정확히 결정되어야 하는 문제가 발생하게 된다. 그림 10.50은 이를 해결한 예이다[9]. 여기서 클록을 받는 차동쌍의 동작 전류는 전류원에 의해 결정되고 클록은 커패시터를 이용하여 교류결합(ac-coupling)되고 있다. 전류원이 없다면, 즉 $M_5$, $M_6$ 게이트가 앞 단과 직접 묶여 있다면, 바이어스 전류와 그에 따른 래치 출력 스윙은 공정, 온도, 전압에 따라 크게 변할 것 이다. 교류결합 커패시터는 $M_5$, $M_6$ 게이트 커패시턴스의 5 내지 10배 정도로 해야 클록 진폭의 감소를 최소화 할 수 있다. 저항 $R_{B1}$, $R_{B2}$는 $C_1$, $C_2$와 결합하여 클록 주기보다 훨씬 큰 시상수를 갖는다. 하단 전류원이 사용되는 회로에서도 교류결합 이 필요할 수 도 있다. 즉, VCO 출력의 공통모드 전압과 래치 입력의 공통모드 전압이 상이 하면 이를 조정하기 위해 필요하다(8장 참조).

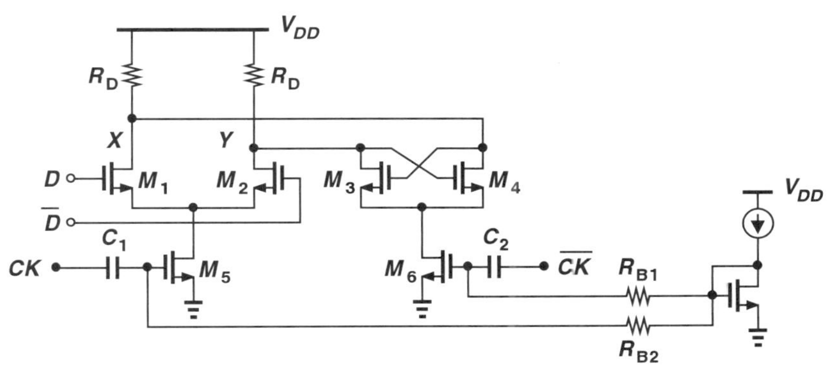


**그림 10.50** *Class-AB 래치*

위의 회로에서, 클록 스윙이 크면 $M_5$, $M_6$가 Class-AB 모드로 동작하게 된다. 즉, 이 트랜지스터의 최대 전류가 바이어스 전류를 넘어 서게 된다. 이 특징은 분주기의 속도를 증가시키는 데 도움이 된다[9].

### 예제 10.21

RF Microelecronics

위상 잡음을 최소화하기 위해 출력 스윙이 비교적 큰 VCO를 설계하였다. 또한 CML ÷2회로도 비교적 작은 입력 스윙에서 동작되도록 설계하였다. 결합 커패시터는 어떻게 결정해야 하는가?

**풀이:**

VCO 출력 스윙이 분주기에서 필요한 스윙의 두 배라고 가정하자. 그러면, 결합 커패시터를 분주기의 입력 커패시턴스와 *같게* 선택하면 된다(그림 10.51). 이것이 결합 커패시터 및 VCO에서 바라본 전체 부하 커패시턴스 값을 최소로 하게 하는 값이다. 또한, 분주기 커패시턴스의 변화에 따른 VCO에의 영향을 최소화할 수 있기도 하다.

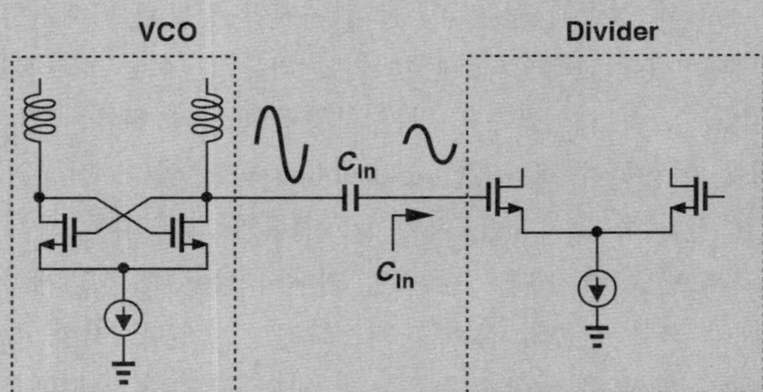


**그림 10.51** *결합 커패시터가 다음 단 입력 커패시턴스와 같을 경우*

4장에서 VCO와 ÷2분주기를 연결하면 LO의 I/Q 신호를 발생시키는데 유용하고 PA로부터의 주입 풀링을 피할 수 있음을 보았다. 하지만 이 구조는 VCO를 원하는 반송주파수의 두 배에서 동작시켜야 한다. ÷2회로가 고속 동작을 하기 위해서는 그림 10.43 또는 10.52의 $D$ 래치 속도가 최대로 되어야 한다. 예를 들어, 인덕티브 피킹(inductive peaking)이 출력단에서의 대역폭을 증가시킬 수 있다[그림 10.52(a)]. 소신호 관점에서 인덕터는 고주파에서 임피던스가 상승하므로 트랜지스터에서 발생한 전류 중 더 많은 부분이 커패시터를 통해 흐르게 되고 따라서 출력 스윙이 더 커지게 되는 것이다. 이 동작은 그림 10.52(b)의 등가 회로를 이용하여 다음과 같이 수식화할 수 있다.

$$\frac{V_{out}}{I_{in}} = \frac{L_D s + R_D}{L_D C_D s^2 + R_D C_D s + 1}. \tag{10.50}$$

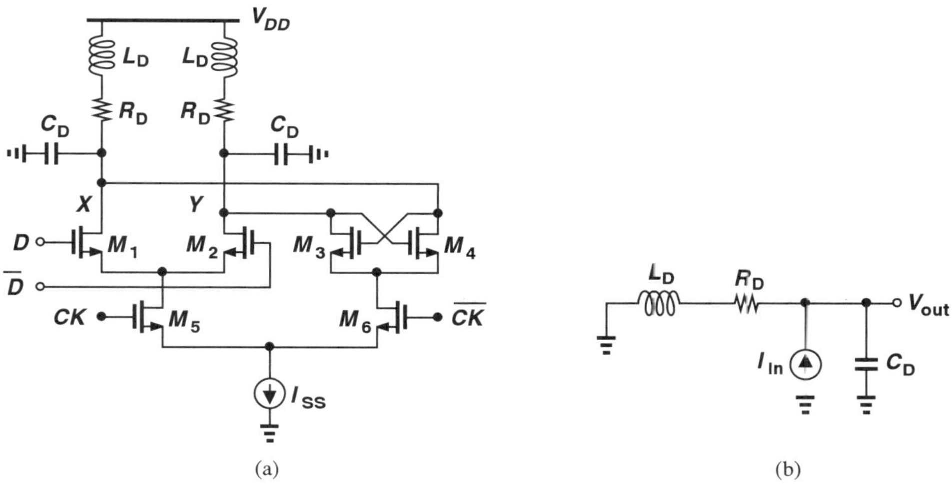


**그림 10.52** *(a) 인덕티브 피킹을 이용한 CML 래치, (b) 등가 회로*

이 전달 함수를 다시 쓰면,

$$\frac{V_{out}}{I_{in}} = \frac{s + 2\zeta\omega_n}{s^2 + 2\zeta\omega_n s + \omega_n^2} \cdot \frac{1}{C_D}, \tag{10.51}$$

여기서

$$\zeta = \frac{R_D}{2}\sqrt{\frac{C_D}{L_D}} \tag{10.52}$$

$\zeta$는 '감쇄 계수(damping factor)'이고,

$$\omega_n = \frac{1}{\sqrt{L_D C_D}} \tag{10.53}$$

$\omega_n$은 '고유 주파수(natural frequency)' 이다. −3 dB 대역폭을 알아내기 위해, 식 (10.51)의 크기의 제곱을 $(1/2)(2\zeta/\omega_n)^2(1/C_D)^2$와 같다고 놓으면,

$$\frac{\omega_{-3dB}^2 + 4\zeta^2\omega_n^2}{(\omega_{-3dB}^2 - \omega_n^2)^2 + 4\zeta^2\omega_n^2\omega_{-3dB}^2} = \frac{2\zeta^2}{\omega_n^2}. \tag{10.54}$$

그러면, 다음을 얻는다.

$$\omega_{-3dB}^2 = \left[-2\zeta^2 + 1 + \frac{1}{4\zeta^2} + \sqrt{\left(-2\zeta^2 + 1 + \frac{1}{4\zeta^2}\right)^2 + 1}\right]\omega_n^2. \tag{10.55}$$

예를 들어, $\omega_n = 2\zeta/(R_D C_D)$로부터, $\zeta = 1/\sqrt{2}$일 때 $\omega_{-3dB} \approx 1.8/(R_D C_D)$가 된다. 즉 대역폭이 80% 증가하는 것이다. 만약 $L_D$가 더 커져서 $\zeta = 1/\sqrt{3}$이 되면, $\omega_{-3dB} \approx 1.8/(R_D C_D)$가 된다. 반면에 $\zeta$를 약간 보수적으로 잡아 1이라면 $\omega_{-3dB} = 1.85/(R_D C_D)$가 된다.

### 예제 10.22

RF Microelecronics

주파수 응답에 피킹이 없도록 하기 위한 최소 $\zeta$ 값은 얼마인가?

**풀이:**

피킹은 전달함수의 크기가 특정 주파수에서 극대값이 될 때 발생한다. 식 (10.51)의 크기의 제곱을 $\omega$에 대해 미분하고 이를 0으로 놓으면 다음과 같다.

$$\omega^4 + 8\zeta^2\omega_n^2\omega^2 + [4\zeta^2(4\zeta^2 - 2) - 1]\omega_n^4 = 0. \tag{10.56}$$

이의 해가 존재하기 위해서는 아래 조건을 만족해야 한다.

$$-4\zeta^2 + \sqrt{8\zeta^2 + 1} \geq 0 \tag{10.57}$$

이는 다음과 동일하다.

$$\zeta \geq \sqrt{\frac{1+\sqrt{2}}{4}} \approx 0.78. \tag{10.58}$$

이러한 $\zeta$의 제한 조건은 다음으로 변환 가능하다.

$$\omega_{-3dB} \leq \frac{1.73}{R_D C_D}. \tag{10.59}$$

실제로 위에서 제시한 정도는 아니더라도 칩내 기생 인덕턴스 때문에 대역폭 증가가 발생한다. 그림 10.52에서 $R_D$와 $L_D$가 직렬로 연결되어 있으므로 인덕터의 $Q$가 중요치 않다고 생각할 수 있다. 그러나, $Q$는 인덕터의 기생 *커패시턴스*로 인해 중요한 역할을 한다. 이 때문에, $L_D$를 $V_{DD}$에 묶고 $R_D$를 출력노드에 묶는 것이 바람직하다. 그림 10.52(a) 회로에서 $L_D$의 기생 커패시턴스의 약 절반 정도는 $V_{DD}$에 흡수되기 때문이다.[7] 또한, 이렇게 연결하게 되면 좀 더 Q가 높은 대칭형 인덕터도 사용할 수 있는 장점이 있다.

그림 10.52(a) 구조를 '병렬 피킹(shunt peaking)'이라 한다. 이는 저항-인덕터 부분이 출력 포트에서 보기에 병렬로 연결되어 있기 때문이다. 마찬가지로 '직렬 피킹(series peaking)'

7. 사실은 기생 커패시턴스의 2/3가 교류접지(ac ground)로 흡수됨을 증명할 수 있다(7장 참조).

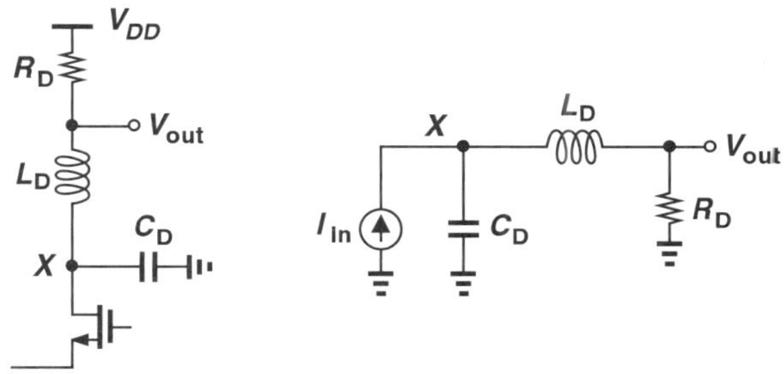


**그림 10.53** *직렬 피킹*

도 가능하다. 인덕터를 원하지 않는 커패시턴스와 직렬로 연결하면 된다. 그림 10.53과 같이, 이 회로는 다음의 전달함수를 갖는다.

$$\frac{V_{out}}{I_{in}}(s) = \frac{R_D}{L_D C_D s^2 + R_D C_D s + 1}, \tag{10.60}$$

이 식은 영점 유무를 제외하고 식 (10.50)과 유사하다. −3 dB 대역폭은 다음과 같이 계산된다.

$$\omega_{-3dB}^2 = [-(2\zeta^2 - 1) + \sqrt{(2\zeta^2 - 1)^2 + 1}]\omega_n^2, \tag{10.61}$$

여기서 $\zeta$와 $\omega_n$은 식 (10.52), (10.53)으로 주어진다. 예를 들어, $\zeta = 1/\sqrt{2}$이면, $\omega_{-3dB} = \omega_n = \sqrt{2}/(R_D C_D)$이 된다. 즉, 직렬 피킹이 대역폭을 약 40% 증가시킨 것이다. $\zeta < 1/\sqrt{2}$ 이하에서 주파수 응답은 피킹을 갖게 됨을 증명할 수 있다. $V_X/I_{in}$이 식 (10.50)의 병렬 피킹 전달함수를 만족함을 확인하라.

### 예제 10.23

RF Microelecronics

병렬피킹을 직관적으로 이해하고서, 우리는 직렬피킹이 대역폭을 *감소시킬* 것이라 유추할 수 있다. 왜냐하면, 고주파수에서 그림 10.53의 인덕터 $L_D$가 전류의 흐름을 억제하고 따라서 $I_{in}$의 더 많은 부분이 $C_D$로 흐를 것이라고 생각할 수 있기 때문이다. $L_D$와 $R_D$를 통해 흐르는 전류가 더 작아지기 때문에 고주파수에서 $V_{out}$은 감소하게 될 것이다. 이러한 생각에 어떤 오류가 있는가?

**풀이:**

$\omega_n = 1/\sqrt{L_D C_D}$에서 회로의 동작을 생각해보자. 그림 10.54(a)와 같이, $I_{in}$, $C_D$, $L_D$의 테브낭 등가 회로를 다음 사항에 유의해서 얻을 수 있다: (a) 개방 출력 전압이 $I_{in}/(C_D s)$와 같고, (b) $C_D$와 $L_D$가 $\omega_n$에서 공진하므로, 출력 임피던스($I_{in}$이 0일 때)는 영이 된다. 따라서, $\omega = \omega_n$에

*(계속)*

예제 10.23 (*계속*) RF Microelecronics

서 $V_{out} = I_{in}/(C_D s)$가 된다, 즉 회로가 마치 $I_{in}$과 $C_D$만으로 구성된 것처럼 보이는 것이다[그림 10.54(b)]. $I_{in}$이 모두 $C_D$를 통해 흘러들어가게 되므로, $C_D$와 $R_D$로 나누어져 흐를 때보다, $V_{out}$ 크기가 커지게 되는 것이다.

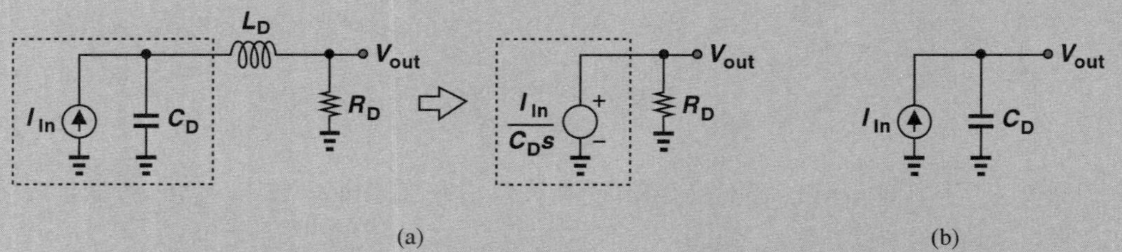


**그림 10.54** *(a) 공진 주파수에서의 테브난 등가 회로, (b) 간략화한 회로도*

직렬피킹을 사용한 회로는 일반적으로 그림 10.53에 보인 것 보다 좀 더 복잡하다. 좀 더 구체적으로 말하면, $I_{in}$을 생성하는 트랜지스터는 출력 커패시턴스가 존재하고 이는 $C_D$로 나타낼 수 있다. 그러나 다음 단 역시 입력 커패시턴스가 존재하는데, 그림 10.52(a)에서는 $C_D$의 일부로 표현되어 있지만 그림 10.53에는 포함되어 있지 않다. 좀 더 완전한 모델이 그림 10.55(a)이고, 직렬피킹이 사용된 두 가지 실제 회로 예를 그림 10.55(b)에 나타내었다. 그림 10.55(a) 회로의 전달함수는 3차여서 대역폭을 계산하기가 쉽지 않지만, 시뮬레이션을 통해 확인할 수는 있다. 병렬피킹과 비교해서, 직렬피킹은 일반적으로 더 작은 인덕터가 사용된다.

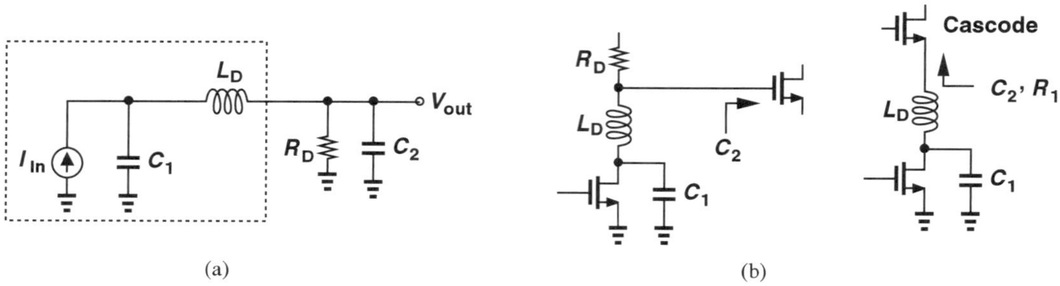


**그림 10.55** *(a) 부하 커패시턴스 $C_2$를 구동하는 직렬 피킹, (b) 이의 대표적인 예*

그림 10.52(a)에서 $L_D$가 0에서부터 증가함에 따라, 분주기의 최대 동작주파수는 증가한다. 물론 2분주기 회로에 최소 두 개의 (대칭형) 인덕터가 사용되어야 한다는 것이 레이아웃을 어렵게 할 수는 있다. 게다가, $L_D$값이 너무 커져서 $L_D\omega/R_D$(직렬부의 $Q$값)가 최대 동작주파수에서 1을 넘게 되면 동작주파수의 최소값이 커지게 된다. 즉, 이 회로가 *저주파수*에서

동작하지 않게 되는 것이다. 그림 10.56(a)에 표시했듯이, 이 회로가 입력 클록에 주입 동기된 직교 LC 발진기로 변함에 따라 이러한 현상이 나타나는 것이다. 그림 10.56(b)는 간략화한 회로를 보여주고 있는데, 8장에서 살펴본 직교 발진기 구조와 유사함을 알 수 있다. 탱크의 *Q*값이 1보다 크게 되면 회로의 주입 동기 범위가 더 작아지게 된다.

현재 서브마이크론 CMOS 공정을 이용한 CML 분주기는 매우 빠른 속도로 동작이 가능하다. 예를 들어, 인덕터 피킹과 Class-AB 동작을 이용한 ÷2회로의 경우 96GHz까지 동작한 바가 발표되었다[10].

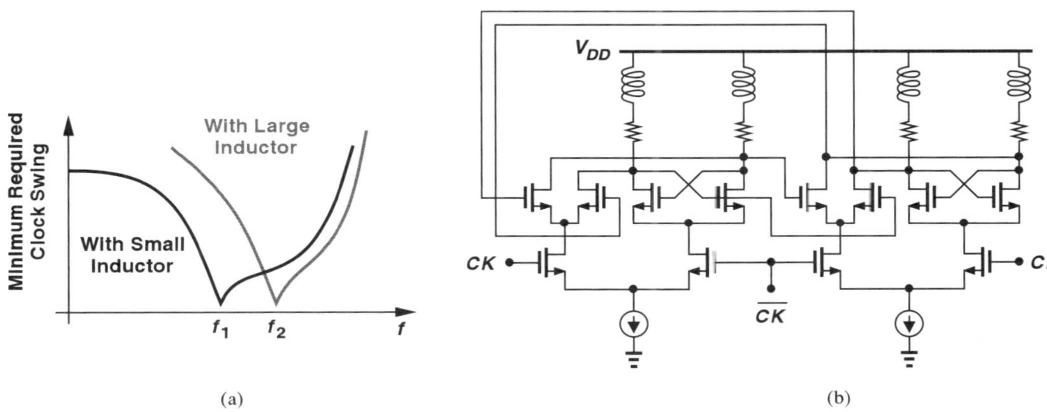


**그림 10.56** *(a) 부하 인덕터의 크기에 따른 민감도, (b) 인덕터를 이용한 피킹을 사용한 래치를 직교 발진기로 본 경우*

**단일위상클록킹(True Single-Phase Clocking)** 분주기 설계시 또 많이 사용되는 논리 회로 구조로 '단일위상클록킹(True Single-Phase Clocking, TSPC)'[11]이 있다. 그림 10.57(a)는 TSPC 플립플롭을 보이고 있다. 이 회로는 동적 논리(dynamic logic) 기반으로 다음과 같이 동작한다. *CK*가 1일 때, 첫 번째 단은 인버터로 동작해서 *A*와 *E*에 $\overline{D}$를 만들어낸다. *CK*가 0이 될 때, 첫 단은 꺼지고, 두 번째 단이 신호를 통과시키게 되어 $\overline{A}$를 *B*와 *C*에 기록하고

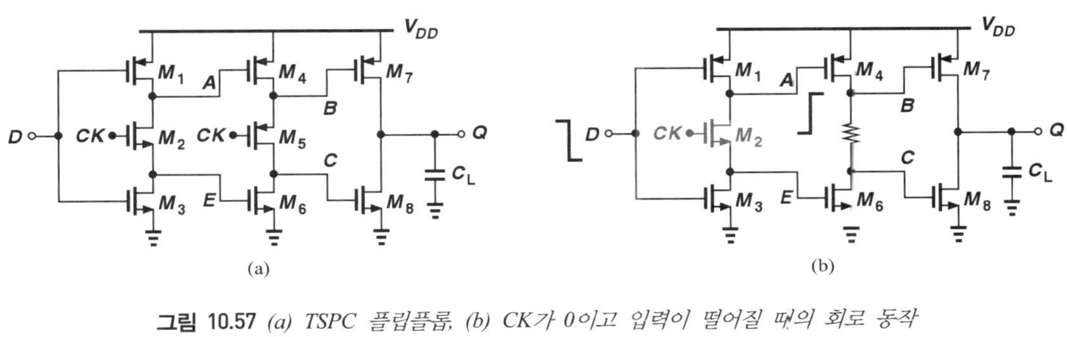


**그림 10.57** *(a) TSPC 플립플롭, (b) CK가 0이고 입력이 떨어질 때의 회로 동작*

따라서, $Q$를 $A$와 같게 만든다. $E$ 노드에서의 논리 1과 $B$ 노드에서의 논리 0은 삭제되지만, $A$와 $C$ 노드의 전압은 올바른 회로 동작에 관여한다.

클록이 처음 두 단을 완전히 차단하는가? $CK$가 0일 때를 생각해보자. $D$가 0에서 1이 되면, $A$는 변하지 않는다. 반면에 $D$가 떨어지면[그림 10.57(b)], $A$는 상승하나, $B$의 상태는 변하지 않는다($M_4$가 꺼지고, $M_6$는 꺼진 상태로 유지되기 때문에 그렇다. 전압 변화를 위해서는 트랜지스터가 켜져야 한다). 이제 $CK$가 1일 때를 생각해보자. 이때 $M_2$는 켜져 있고 $M_5$는 꺼져있다. $D$의 변화가 $Q$로 전달되는가? 예를 들어, $Q$가 1이고 $D$는 상승하면, $A$는 하강하고, $B$는 상승하여서, $M_7$은 *꺼진다*. 따라서, $Q$는 변하지 않게 된다.

그림 10.57의 플립플롭이 논리 반전을 포함하기 때문에, $Q$를 $D$에 연결하면 ÷2가 된다. 또 다른 ÷2 TSPC 회로를 그림 10.58에 보였다[11]. 이 구조는 저전력에서 비교적 고속 동작이 가능하다. 하지만, CML 분주기와 달리, 입력 스윙이 전원 전압만큼 거야 하는 단점이 있다. 또한, 이 구조는 I/Q 신호를 만들어 낼 수 없다. 이 회로는 (a) 정적 전류 소모가 없고,[8] (b) 동적 논리 구조로서 이 분주기는 트랜지스터 누설전류로 인해 매우 저주파수에서는 동작하지 않음을 유의해야 한다. 예를 들어, 주파수 합성기의 기준주파수가 1 MHz이면, 그림 10.24의 프로그램 카운터의 마지막 몇 단은 수 MHz에서 동작해야 하는데 이 경우 본 동적 논리 회로로는 트랜지스터 커패시턴스에 저장된 전압 상태를 유지하는 게 불가능할 수 있다.

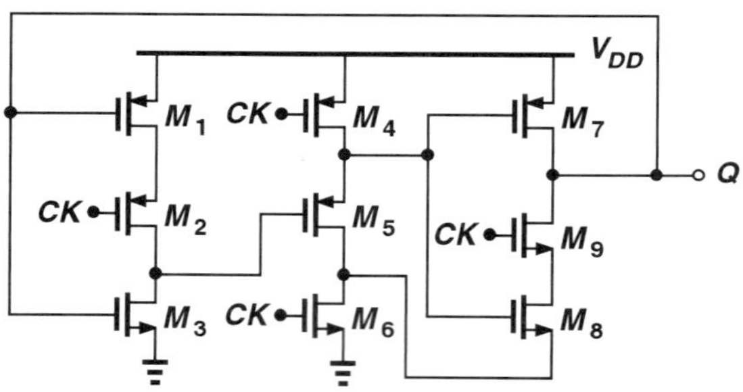


**그림 10.58** *TSPC 나누기-2 회로*

그림 10.57의 TSPC 플립플롭은 입력에 논리회로를 추가하기 쉽다. 예를 들어, 그림 10.59와 같이 NAND 게이트가 마스터 래치에 통합될 수 있다. 따라서, 그림 10.31과 같은 ÷3회로도 TSPC 회로로 쉽게 구현 가능하다. TSPC회로 설계시, 클록을 받는 소자[예를 들어, 그림 10.57(a)의 $M_2$, $M_5$]를 크게 하면 최대 동작속도가 증가하지만 앞 단[예를 들어 VCO]에 대한 부하 증가로 이어질 수 있다.

8. 트랜지스터의 문턱전압이하(subthreshold) 누설은 제외하는 경우

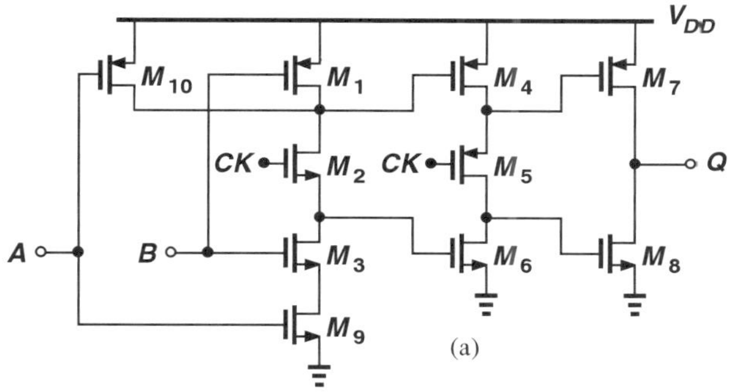


그림 10.59 *NAND 게이트를 통합한 TSPC 플립플롭*

TSPC 회로의 변형된 한 형태로 좀 더 고속동작이 가능한 회로가 그림 10.60이다[12]. 여기서, 첫 단은 마스터 D 래치로 동작하고 마지막 두 단은 슬레이브 D 래치로 동작한다. 슬레이브 래치는 '비율조정 논리(ratioed logic)' 회로로 설계 되었다, 즉, 두 개의 NMOS 소자가 $M_4$, $M_6$가 켜져 있을 때에도, $B$와 $Q$를 끌어 내릴 정도로 강하게 설계되었다. $CK$가 1일 때, 첫 단은 인버터가 되고, 둘째 단은 $B$를 0으로 만들고, 셋째 단은 저장 모드가 된다. $CK$가 떨어지면, $A$가 1이면 $B$는 0으로 유지되고 $A$가 0이면 $B$는 상승한다. 이때, $M_7$, $M_6$가 비율조정 인버터로 동작하므로 $Q$는 $B$를 따라가게 된다.

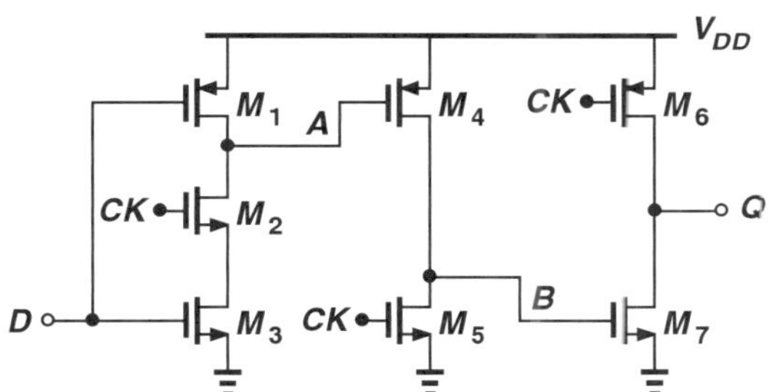


그림 10.60 *비율조정 논리를 사용한 TSPC*

**예제 10.24** RF Microelecronics

그림 10.60의 첫 단은 $CK$가 0일 때도 완전히 꺼지지 않는다. 이때 $D$가 변하면 어떻게 되는지 설명하라.

**풀이:**

$D$가 0에서 1이 되면 $A$는 변하지 않는다. $D$가 1에서 0이 되면, $A$는 상승한다. 하지만, $M_4$가 꺼지므로, $B$의 상태는 변화하지 않는다. 따라서, $D$는 슬레이브 래치에 저장된 상태를 변경시키지 않는다.

그림 10.60 회로의 둘째와 셋째 단은 클록을 받는 트랜지스터가 입력을 받는 소자와 충돌하게 되면 정적 전류를 소모하게 된다. 그러나, 고속에서는 동적 전류소모가 훨씬 커서, 이 문제가 그리 큰 문제는 아니다. 보통의 설계에서(PMOS 이동도가 NMOS 이동도의 절반 정도인데), 회로내 모든 트랜지스터가 같은 크기를 갖는다. 하지만 $W_5$만 다른 트랜지스터에 비해 두세 배 정도 커야 속도를 증가시킬 수 있다. 그림 10.59와 마찬가지로 입력단은 논리회로를 통합하는 게 가능하다. 이 기술로 65 nm CMOS 공정에서 ÷2 회로 속도는 약 10 GHz, ÷3회로는 약 6 GHz를 얻을 수 있다. 13장에서 ÷3/4회로 설계 시에 이 논리 회로 구조를 사용하였다.

TSPC 회로 및 이의 변형된 형태는 전원전압의 스윙으로 동작하고, 차동 출력이나 I/Q 출력은 생성하지 못한다. 이 문제를 해결하기 위한 상보적 논리 회로 구조가 13장에 설명되었다.

### 10.6.5 밀러 분주기 Miller Divider

10.6.4절에서 설명한 바와 같이, CML 분주기는 전류 흐름 조정 동작과 비교적 작은 전압 스윙 때문에 높은 동작속도를 갖는다. 만약 요구되는 동작속도가 CML 분주기로 감당할 수준을 넘어서게 되면, '동적 분주기'로 알려진 '밀러 분주기(Miller divider)'[13]를 사용할 수 있다.[9] 그림 10.61(a)에 그려진 밀러 분주회로는 분주비 2를 갖는데, 믹서와 저역통과 필터(LPF)로 이루어지고, 여기서 LPF 출력이 믹서에 피드백 되어 연결돼있다. 만약 회로가 정상적으로 동작한다면, $f_{out} = f_{in}/2$가 되어서, X 노드에서의 출력이 $3f_{in}/2$와 $f_{in}/2$의 두 가지 성분을 갖게 된다. 여기서 $3f_{in}/2$ 성분은 LPF에 의해 제거되고, $f_{in}/2$ 성분만 루프를 통과한다. 다시 말해, 이 회로가 제대로 동작하기 위해서는 $3f_{in}/2$ 주파수에서의 루프 이득은 매우 작아야 하고, $f_{in}/2$에서의 루프 이득은 1을 넘어야 한다.

밀러 분주기가 고속동작이 가능한 이유는 다음 두 가지 이다: (1) 저역통과 동작은 믹서 출력 노드에서의 자체 시정수에 의해 자연스럽게 구현된다. (2) 이 회로는 래치 동작이 없다.

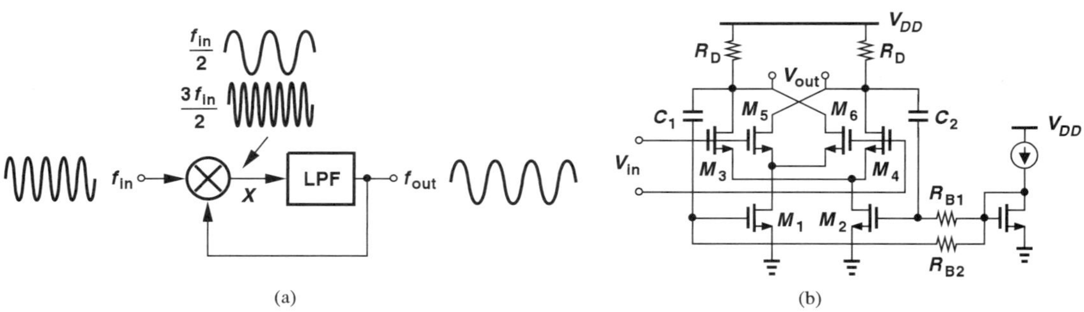


**그림 10.61** *(a) 밀러 분주기, (b) 회로 구현*

9. 동적 분주기(dynamic divider)라는 용어와 동적 논리(dynamic logic)라는 용어를 혼돈하지 마라.

따라서 플립플롭보다는 입력 주파수가 높아짐에 따라 회로의 오동작 가능성이 낮다. 그러나, 출력 값이 정상상태에 도달하려면 몇 주기가 소요되어야 한다. 즉 분주 동작이 입력이 인가되는 즉시 일어나지 않음을 유의해야 한다.

그림 10.61(b)는 밀러 분주기 구현의 한 예이다. 이중평형믹서가 LO 포트에서 입력을 받아들이고, $C_1$, $C_2$는 출력을 RF 포트로 보내는 역할을 한다.[10] 중간대역에서 루프이득은 $(2/\pi)g_{m1,2}R_D$가 되고, 1이상으로 유지되어야 한다(6장 참조). 이 회로의 최대 동작 속도는 대략 루프 이득이 1로 떨어지는 주파수로 결정된다. $R_D$와 출력 노드에서의 전체 커패시턴스값이 LPF의 대역폭을 결정하게 될 것이다. 물론, 높은 주파수에서 $M_1$, $M_2$ 드레인에서의 극점에 의한 이득 감소 또한 속도에 제한을 주게 된다.

## 예제 10.25

RF Microelecronics

출력을 믹서의 LO 포트로 연결해도 밀러 분주비가 되는가?

**풀이:**

그림 10.62에서 보듯, 이 구조는 믹서의 RF 포트에서 입력을 받는다. ($M_3$, $M_4$가 여기서는 다이오드 연결이 되어 있다.) 이 회로는 분주기로서 동작하지 않음을 아래에서 설명할 것이다.

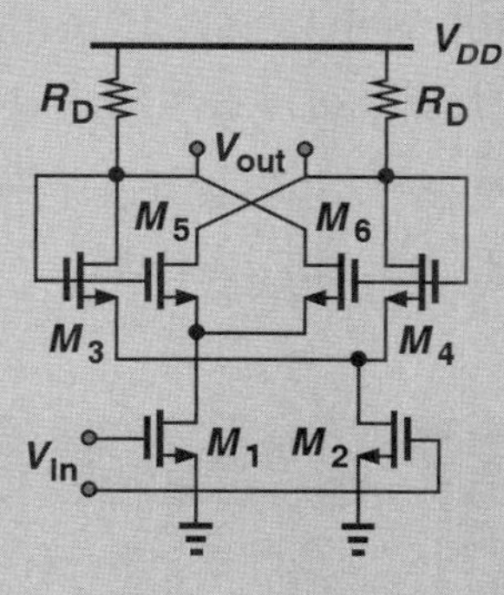


**그림 10.62** *4개의 스위칭 트랜지스터로 피드백 시킨 밀러 분주기*

위에서 $3f_{in}/2$ 성분이 왜 충분히 제거되어야 하는지 생각해보자. 이 성분은 결국 원하는 출력의 3차 고조파이고 출력 엣지를 좀 더 *날카롭게* 만들지는 않는가? 하지만 이 고조파는 사실 분주기 동작 주파수의 *최저* 값을 결정하고 있다. $f_{in}$이 감소되고 $3f_{in}/2$ 성분이 LPF의 대역폭 *이하로* 되는 경우, 이 회로는 분주 동작을 하지 못하게 된다. 이 점을 이해하기 위해서, 그림 10.63(a)와 같이 루프를 개방하고, 믹서 출력 식을 쓰면 다음과 같다.

10. 커패시터를 통한 연결로 인해 $M_1$, $M_2$가 포화 상태로 동작할 수 있다.

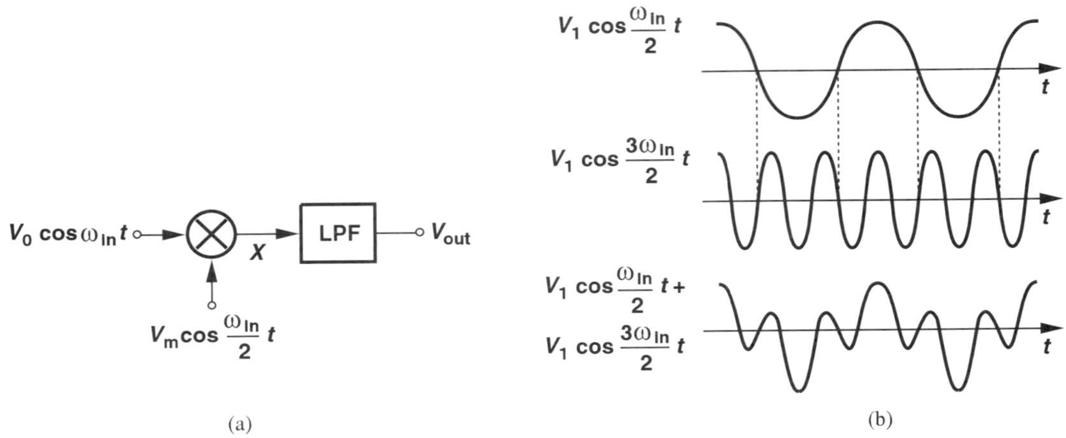


**그림** 10.63 *(a) 밀러 분주기의 개방 루프 등가 회로, (b) 회로의 파형*

$$V_X(t) = \alpha(V_0 \cos \omega_{in} t)\left(V_m \cos \frac{\omega_{in} t}{2}\right) \tag{10.62}$$

$$= \frac{\alpha V_0 V_m}{2}\left(\cos \frac{\omega_{in} t}{2} + \cos \frac{3\omega_{in} t}{2}\right), \tag{10.63}$$

여기서 α는 믹서 변환 이득에 관련된 항이다. 그림 10.63(b)에 표시했듯, 이 합의 성분은 영점 통과 지점을 추가로 생성한다. 그래서, 이게 LPF를 통과하며 제거되지 않으면 주파수 분주가 이루어지지 않는다[14]. 따라서, 3차 고조파 성분은 제거 되어야 한다−이러한 원하지 않는 영점 통과 점을 피하려면 최소 3배 정도로 감쇄되어야 한다[14].

## 예제 10.26

RF Microelecronics

그림 10.64의 회로는 분주기로서 동작하는가?

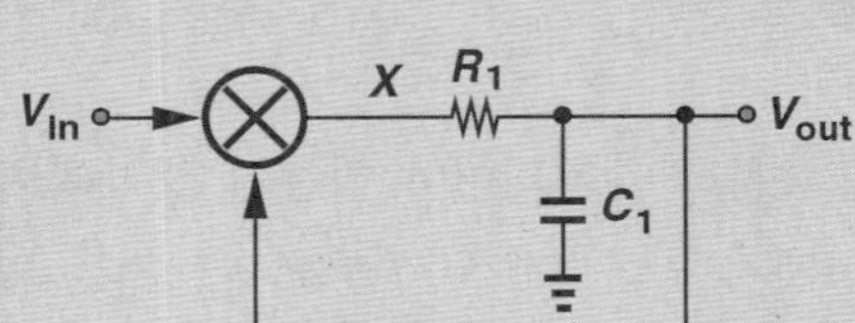


**그림** 10.64 *1차 저역통과 필터를 사용한 밀러 분주기*

**풀이:**

$R_1$에서의 전압강하가 $R_1C_1dV_{out}/dt$이므로, $V_X = R_1C_1dV_{out}/dt + V_{out}$이 된다. 또한, $V_X = \alpha V_{in}V_{out}$이다. $V_{in} = V_0 \cos\omega_{in} t$라면,

**예제 10.26** (*계속*) RF Microelecronics

$$R_1C_1\frac{dV_{out}}{dt}+V_{out}=\alpha(V_0\cos\omega_{in}t)V_{out}. \tag{10.64}$$

따라서,

$$R_1C_1\frac{dV_{out}}{V_{out}}=(\alpha V_0\cos\omega_{in}t-1)dt. \tag{10.65}$$

여기서 좌항을 $V_{out0}$(출력의 초기상태)에서 $V_{out}$까지 적분하고 우항을 0에서 $t$까지 적분하면,

$$R_1C_1\ln\frac{V_{out}}{V_{out0}}=\frac{1}{\omega_{in}}\alpha V_0\sin\omega_{in}t-t. \tag{10.66}$$

따라서, 다음과 같다.

$$V_{out}(t)=V_{out0}\exp\left(\frac{-t}{R_1C_1}+\frac{\alpha V_0}{R_1C_1\omega_{in}}\sin\omega_{in}t\right). \tag{10.67}$$

흥미로운 것은, 지수함수 항으로 인해 α나 $\omega_{in}$ 값에 상관없이 출력은 0이 된다는 것이다[14]. 이 회로는 단일 극점 필터가 3차 고조파 항을 충분히 감쇄시키지 못하므로 제대로 동작하지 못하게 된다. 이 해석에서 중요한 결론은 그림 10.62 회로는 주파수 분주를 할 수 없다는 것이다: 단일 극점 루프는 식 (10.67)을 따르게 되고 출력에서 3차고조파 항을 적절히 감쇄시키지 못하게 된다.

그림 10.63(b)에 보인 추가적인 영점 교차를 없애기 위하, $\cos(\omega_{in}t/2)$ 및/또는 $\cos(3\omega_{in}t/2)$에 *위상 천이*를 줄 수 있다. 예를 들어, $\cos(3\omega_{in}t/2)$가 2배 줄고 45° 위상이 이동하면, 두 성분은 그림 10.65 파형과 같이 상호 더해진다. 다시 말해, 3차고조파를 감쇄시키고 위상 이동시켜서 추가적인 영점 교차점을 없애 준다면, 밀러 분주기는 제대로 동작하게 된다[14]. 이러한 점 때문에 그림 10.61(b)의 구조가 제대로 분주 동작을 하려면 $M_1$, $M_2$ 드레인에서의 극점이 충분한 위상 천이를 생성할 때만 가능함을 알 수 있다. 하지만, 이는 매우 어려운 조건이다.

**인덕터 부하를 갖는 밀러 분주기** 그림 10.61(b)는 6장의 능동 믹서와 똑같이 이득과 전압 스윙여유 간의 상충적 관계를 갖는다. 부하 저항을 통한 전압강하가 제한될 수밖에 없음으로 인해서 변환 이득을 높이기 어렵게 된다. 입력 및 LO 신호를 받는 트랜지스터를 크게 하여 이 문제가 약간 해결될 수 는 있으나 동작 속도가 떨어지게 된다. 부하 저항이 인덕터로 대체되면 이득-전압 스윙 여유 및 이득-속도의 문제가 크게 완화된다. 하지만 동작 주파수 범위의

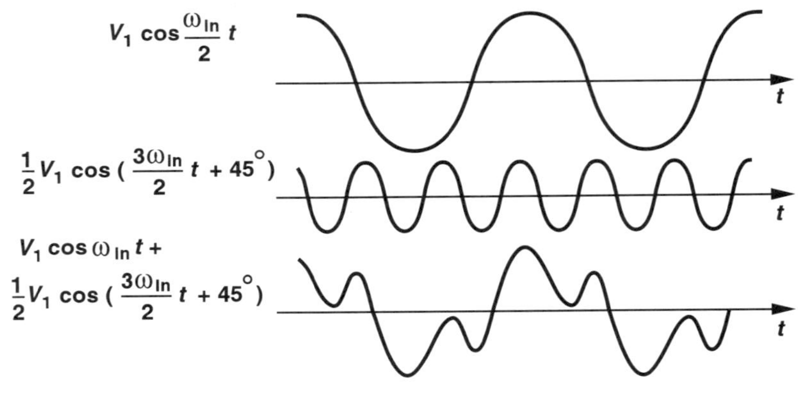


그림 10.65 *3차고조파 항이 반으로 줄고 45° 위상 천이 되었을 때 밀러 분주기가 올바르게 동작함을 보임*

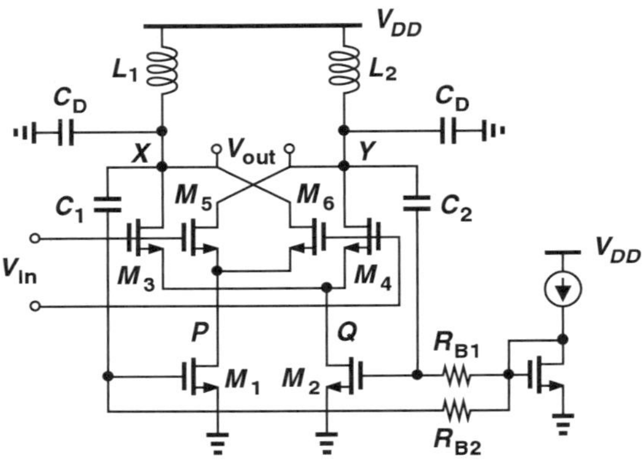


그림 10.66 *인덕터 부하를 사용한 밀러 분주기*

하단이 높아지게 된다. 또한, 인덕터로 인해 레이아웃이 어려워진다. 그림 10.66은 인덕터 부하를 사용한 밀러 분주기이다. 이 회로는 LC 탱크로 인해 출력신호 중 3차 고조파 성분이 충분히 감쇄하기 때문에 그림 10.61(b)의 구조 보다 더 안정된 동작을 할 수 있는 구조이다 [14].

이 회로의 설계 과정은 다음과 같다. LO 포트에서 적당한 커패시턴스와 출력 노드에서 적당한 부하 커패시턴스를 가정한다. $M_3$-$M_6$ 게이트 폭을 이에 따라 정한다. 그리고 LO 공통 모드 전압은 $M_1$, $M_2$의 스윙여유를 최대로 하기 위해 $V_{DD}$로 하는 게 좋다. 인덕터 $L_1$, $L_2$는 $X$, $Y$ 노드에서의 전체 커패시턴스와 입력주파수 중간 값의 *절반* 정도에서 공진하도록 해야 한다. 예를 들어, 입력 주파수 범위를 40 ~ 50 GHz로 하고 싶다면, 공진 주파수를 22.5 GHz로 해야 한다. 이 때, $M_1$, $M_2$의 커패시턴스는 알 수 없으므로 적절히 추측하고 반복적인 시뮬레이션을 통해 확인해야 한다. $L_1$, $L_2$값을 찾으면, 이의 등가 병렬 저항 $R_p$가 $M_1$, $M_2$ 와 같이 충분한 이득을 만들어 내야 한다. [믹서의 변환 이득이 $(2/\pi)g_{m1,2}R_p$임을 기억하라.] $M_1$,

$M_2$의 게이트 폭과 바이어스 전류는 이득을 최대화 하는 방향으로 결정돼야 한다. 물론 $V_P$, $V_Q$가 낮을 때 바이어스 전류가 너무 크면 $M_1$, $M_2$가 트라이오드 영역에 빠질 수 있다. 따라서, 적절히 조정하는 과정이 필요하다. 회로가 적절히 동작하는 입력주파수 범위가 다음과 같음을 증명할 수 있다.

$$\Delta\omega = \frac{2\omega_0}{Q}\left(\frac{2}{\pi}g_{m1,2}R_p\right)^2, \tag{10.68}$$

여기서 $\omega_0$ 및 $Q$는 탱크의 공진 주파수와 품질계수를 나타낸다[14].

## 예제 10.27

RF Microelecronics

그림 10.62 회로에서 부하 저항이 인덕터로 바뀌면 회로가 분주기로서 동작하는가?

**풀이:**

그림 10.67(a)에 보이듯, 이런 회로는 사실 *발진기*와 유사하다. 이 회로를 그림 10.67(b)와 같이 다시 그리면, $M_5$, $M_6$를 교차 결합된 트랜지스터 쌍으로, $M_3$, $M_4$를 다이오드 연결된 트랜지스터로 볼 수 있다. 다시 말해, $M_5$-$M_6$와 $L_1$-$L_2$로 이루어진 발진기가 $M_3$, $M_4$ 부하에 연결되어 있어서 발진을 하지 않고 있는 것이다(물론 탱크의 $Q$가 무한대이거나 $M_3$, $M_4$가 $M_5$, $M_6$보다 약하다면 발진할 것이다.) 이 구조는 발진기로 동작하긴 하지만 그림 10.66보다는 더 작은 입력 주파수 범위에서 동작한다.

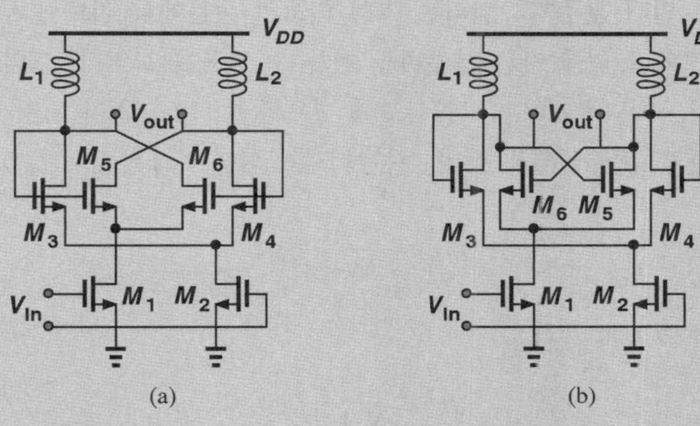


**그림 10.67** *(a) 스위칭 소자 4쌍으로 피드백 연결된 인덕터 부하의 밀러 분주기, (b) 같은 회로의 또 다른 모습*

수동형 믹서를 사용하여 밀러 분주기를 구성하는 것도 가능하다. 그림 10.68이 한 예인데, $M_1$-$M_4$가 수동형 믹서이고 $M_5$-$M_6$는 증폭기이다[16]. 출력 공통모드 전압이 거의 $V_{DD}$이기 때문에, 피드백 경로는 용량성 결합이고 따라서 $M_1$-$M_4$ 소스 및 드레인이 접지로부터 약 0.4 V 위에서 유지 된다. (6장에서 설명했듯이, LO 공통모드 전압은 $M_1$-$M_4$를 충분히 구동하기 위해 $V_{DD}$ 근처에 유지되어야 한다.) 부성 저항특성을 갖는 $M_7$-$M_8$ 교차 결합 쌍을 추가하여 이득을 높일 수 있다. 하지만, 이게 너무 강하면 이 쌍이 탱크와 같이 발진하여 입력 주파수 범위를 더 좁게 만들 수 있다(10.6.6 절 참조).

밀러 분주기는 CMOS 공정[16]에서 100 GHz를 넘는 동작이 가능하지만, I/Q 출력을 만들지 못하는 단점이 있다. 보통 RF 송수신기에서 발진기가 반송주파수의 두 배 주파수에서 동작하고 이를 분주하는 과정에서 $I/Q$ 위상을 만들어내는데, 이 때문에 불가능하게 되는 것이다.

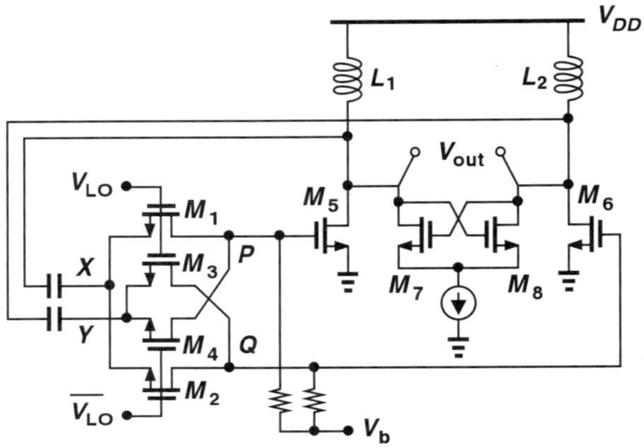


**그림 10.68** *수동형 믹서를 사용한 밀러 분주기*

**다른 분주비를 갖는 밀러 분주기** 밀러는 그의 최초의 논문에서 피드백 루프 내에 또 다른 분주기를 사용함으로써 2 외에 다른 분주비를 얻을 수 있음을 보였다. 그림 10.69에 그 예를 보이고 있다. 여기서, 피드백 경로에 ÷N회로를 넣으면 $f_b = f_{out}/N$이 되어서, 노드 $X$에서 $f_{in} \pm f_{out}/N$이 된다. 만약 LPF에 의해 합의 성분이 제거 되면, $f_{out} = f_{in} - f_{out}/_N$이 되고 따라서

$$f_{out} = \frac{N}{N+1} f_{in}. \tag{10.69}$$

또한,

$$f_b = \frac{1}{N+1} f_{in}. \tag{10.70}$$

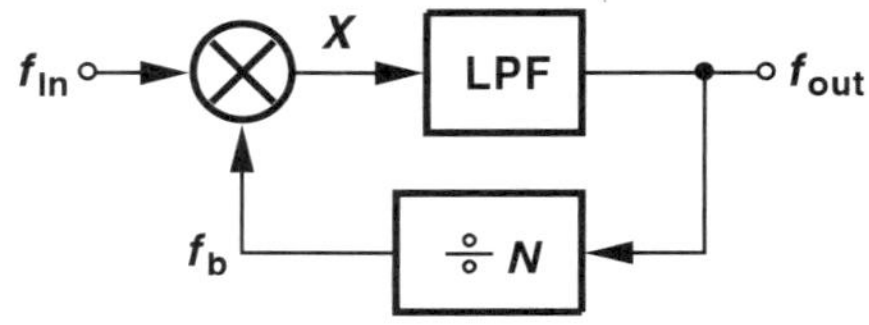


**그림 10.69** *피드백 경로에 또 다른 분주기를 삽입한 밀러 분주기*

이 된다. 예를 들어, $N = 2$이면 입력 주파수가 1.5 및 3으로 분주되게 된다. 이러한 분주비는 플립플롭 기반의 분주기에서는 고속에서 구현하기 어려운 분주비이다.

그림 10.69 구조의 또 다른 문제는 $N$이 커질수록, $X$에서의 합의 성분과 차의 성분이 가까워진다는 것이다. 따라서 LPF의 주파수 특성이 좀 더 급격해야 하는 문제를 일으킨다. 위의 예에서 이 두 성분은 $4f_{in}/3$과 $2f_{in}/3$에 존재하는데, 2배 차이 밖에 나지 않는다. 따라서, 이 회로는 주파수 범위가 좀 더 제한을 받게 된다.

그림 10.69의 또 다른 심각한 문제는 믹서의 포트간 피드스루와 연관되어있다. 다음 예제를 통해 이 문제를 알아보자.

## 예제 10.28

RF Microelecronics

그림 10.69에서 $N = 2$로 가정하고, 믹서의 각 입력 포트에서 출력 포트까지의 피드스루의 영향을 생각해보라.

**풀이:**

그림 10.70(a)가 회로이다. 주 입력 포트에서 노드 $X$까지의 피드스루에 의해 $f_{in}$ 성분의 스퍼가 발생한다. 비슷한 이유로 $Y$에서의 $X$로의 피드스루에 의해 $f_{in}/3$ 성분이 생성된다. 따라서 출력은 원하는 주성분 주변에 두 개의 스퍼를 포함하게 된다[그림 10.70(b)]. 흥미로운 것은 $Y$에서 신호는 스퍼가 없다: 그림 10.70(b) 스펙트럼이 분주기를 통과해 가면서, 주 주파수 성분은 분주가 되지만 스퍼의 위치는 반송파 대비 유지되기 때문이다(9장 참조). 그림 10.70(c)에 보인 바와 같이, $Y$에서의 스펙트럼은 고조파와 dc 오프셋만을 포함하고 있다. 어떠한 $N$값에 대해서도 이것이 성립함을 보여라.

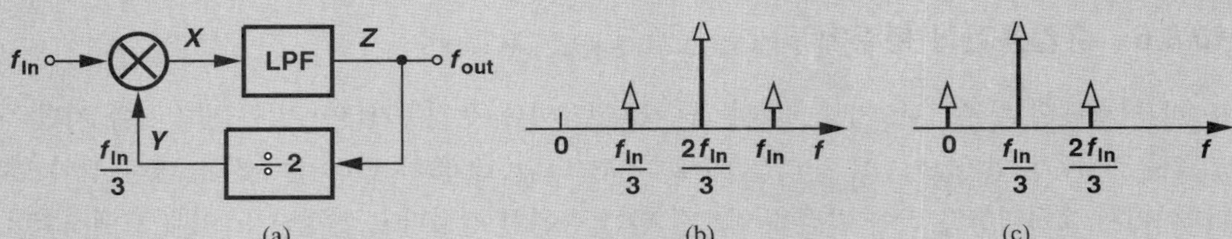


**그림 10.70** *(a) 피드백 경로에 ÷2를 갖는 밀러 분주기, (b) 출력 스펙트럼, (c) Y에서의 스펙트럼*

그림 10.61(a)의 원래 구조도 스퍼 문제가 있는가? 문제 10.17에서 그렇지 않음을 증명하라.

밀러 분주기의 주파수 범위는 단일측대역(Single Sideband, SSB) 믹서를 이용하여 확장될 수 있다. 그림 10.71(a)와 같이, 기본적으로 합의 성분을 필터를 통해 제거하는 대신 SSB 믹서를 통해 제거하는 방식이다. 따라서 그림 10.63에 보인 추가적인 영점 교차점 문제가 발생하지 않는다. 합의 성분이 없기 때문에 이 회로는 매우 낮은 주파수에서도 올바르게 분주

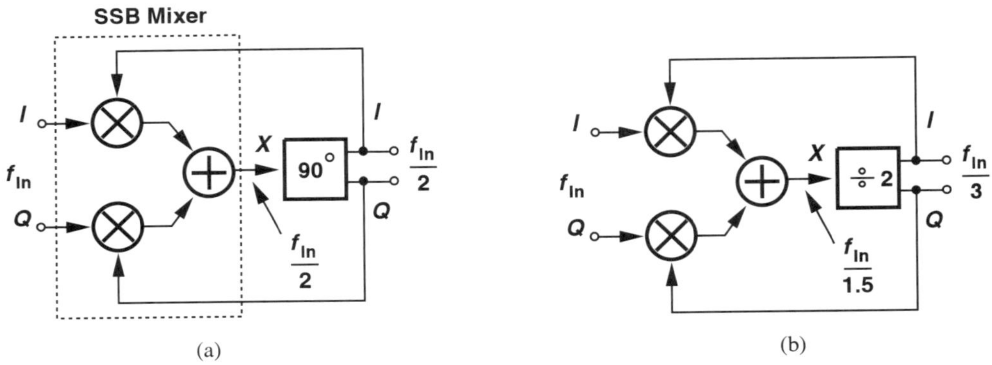


**그림 10.71** *(a) SSB 믹서를 이용한 밀러 분주기, (b) 나누기-3 회로 구현*

동작을 수행한다. 하지만 불행히도 이 방식은 광대역의 90° 위상 이동 회로를 필요로 하게 되는데, 이는 쉽지 않은 일이다.

그럼에도 불구하고, 만약 루프가 I/Q 신호를 발생하는 분주기를 포함하고 있다면 SSB 믹서를 적용한 밀러 분주기는 매우 유용할 것이다[17]. 그림 10.71(b)는 ÷2회로를 포함하고 출력에 $f_{in}/2$을 발생하는 예이다[17]. 이 회로는 주파수 범위가 넓고 I/Q 출력을 생성하기 때문에 다중대역 응용에 적합하다. 반면, 그림 10.28의 플립플롭 기반의 ÷3회로는 I/Q 출력을 발생시키지 못한다. 예제 10.28에서 $X$에서의 ÷1.5출력은 스퍼를 가지고 있기 때문에 실제 시스템 구현에는 사용되지 못한다.

그림 10.71(b) 회로 및 이에서 변형된 회로의 주된 단점은 LO의 I/Q 위상이 필요하다는 것이다. 8장에서 설명했듯이, 직교 발진기는 위상 잡음이 높고 두 개의 동작 모드를 갖는다.

### 10.6.6 주입동기식 분주기 Injection-Locked Dividers

또 다른 형태의 분주기로, 자체 발진주파수의 고조파에 주입동기되어 있는 발진기를 기반으로 하는 형태가 있다[15]. 이 원리를 이해하려면 그림 10.68의 밀러 분주기를 다시 봐야 한다. 여기서 교차결합된 쌍이 발진을 일으킬 만큼 충분히 강하다고 가정하자. 이때 트랜지스터 $M_5$, $M_6$는 믹서 출력을 발진기로 *결합시켜주는* 소자로 볼 수 있다.[11] 이제 전체 루프는 그림 10.72와 같이 모델링 될 수 있다. 여기서 $X$와 발진기 사이의 연결은 주파주 제어라기보다는 *주입* 동기를 나타낸다. 루프가 올바르게 동작하면 $f_{out} = f_{in}/2$가 되어서, $X$에서 $f_{in}/2$와 $3f_{in}/2$를 발생시킨다. 여기서 $f_{in}/2$는 발진기로 결합되어 동기시키게 되고, $3f_{in}/2$는 발진기의 선택특성에 의해 버려지게 된다. $f_{in}$이 주어진 '동기 범위(locking range)'내에서 변할 때, 발진기는 노드 $X$에서 $f_{out} - f_{in}$ 성분에 주입동기된 상태를 유지하게 된다. 한편, $f_{in}$이 동기범위를

11. 직교 발진기에서 신호결합 원리와 비슷한 방식(8장 참조)

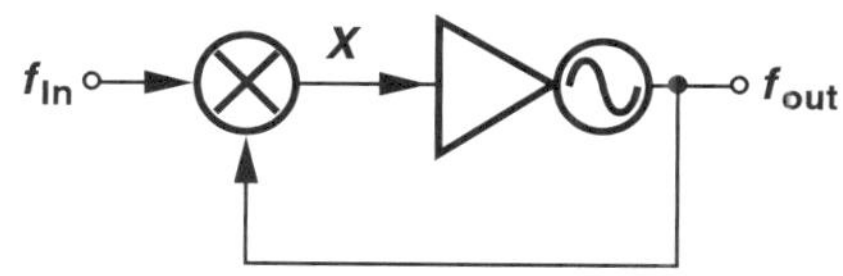

그림 10.72 *주입동기식 분주기*

벗어나면 발진기는 주입풀링되어 출력성분이 망가지게 된다.

**예제 10.29** RF Microelecronics

발진기가 동기되어있을 때 그림 10.73 구조의 분주비를 구하라.

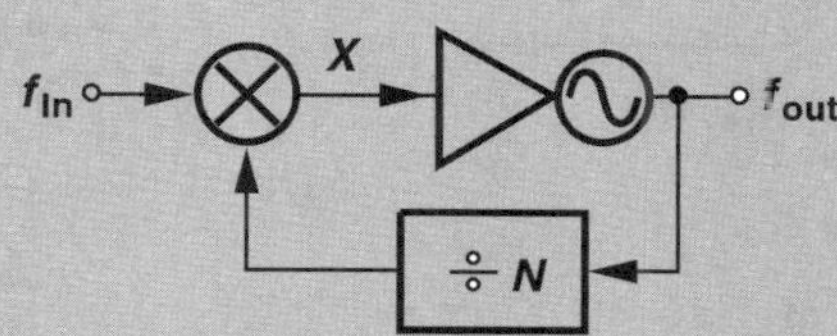

그림 10.73 *피드백 경로에 또 다른 분주기를 갖는 주입동기식 분주기*

**풀이:**

믹서는 노드 $X$에서 $f_{in} - f_{out}/N$과 $f_{in} + f_{out}/N$ 두 가지 성분을 생성한다. 발진기가 $f_{in} - f_{out} / N$ 성분에 동기되면, $f_{in} - f_{out}/N = f_{out}$이 되므로, 다음이 성립한다.

$$f_{out} = \frac{N}{N+1} f_{in}. \tag{10.71}$$

또한, 만약 발진기가 $f_{in} + f_{out}/N$에 동기되면, 다음이 성립한다.

$$f_{out} = \frac{N}{N-1} f_{in}. \tag{10.72}$$

따라서, 발진기 동기 범위는 둘 중 하나의 성분에만 동기 되도록 충분히 좁게 설계 되어야 한다.

그림 10.72의 주입동기식 분주기(injection-locked divider, ILD)와 그림 10.61(a)의 밀러 분주기가 어떤 면에서 다른 것인지 명확하지 않을 수 있다. 두 구조의 근본적인 차이점은 전자는 입력 신호 진폭이 0이어도 발진하지만, 후자는 그렇지 않다는 것이다. 이러한 이유로, ILD는 일반적으로 밀러 분주기보다 동작 주파수 범위가 더 좁다.

이제 ILD를 설계해 보자. 그림 10.72 구조도 가능하겠지만, 발진기내의 교차결합쌍이 *믹*

서로서도 동작할 수 있다는 사실을 이용하면 더 간단한 구조도 만들 수 있다. 실제로도 8장에서 이러한 특성을 하단 잡음 전류에 의한 위상 잡음에의 영향을 분석하는 데 사용하였다. 그림 10.72에 보인 루프는 하나의 교차결합쌍으로써 드레인에서 부성저항을 생성하고 하단 소스 노드에서 믹싱 입력을 제공하게 된다. 그림 10.74(a)가 그 결과의 회로도이다: $I_{in}$(= $g_{m3}V_{in}$)은 $M_1$, $M_2$에 의해 교차 스위칭되어서 $f_{out} \pm f_{in}$으로 주파수 변환되어 드레인 노드로 전달된다. 이 회로는 등가적으로 그림 10.74(b)와 같은데, 여기서 $I_{eq}$는 $f_{out} \pm f_{in}$에서의 전류 성분을 나타낸다. 각 전류 성분의 크기는 $I_{in}$에 $2/\pi$를 곱한 값으로 결정된다.[12]

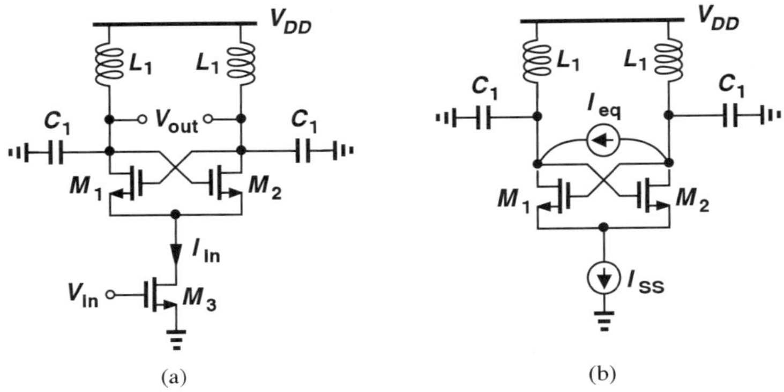


**그림 10.74** *(a) 주입동기식 분주기의 예, (b) 등가 회로*

합의 성분은 발진기에 의해 대부분 제거되므로, 차의 성분만을 발진기 입력으로 생각할 수 있다. 8장에서, *양측* 주입동기 범위는 $(\omega_0/Q)(I_{inj}/I_{osc})$로 주어지고, 여기서 $I_{inj} = (2/\pi)I_{in}$이다. 따라서, 동기상태를 유지하는 출력 주파수 범위는 다음과 같다[18].

$$\Delta\omega_{out} = \frac{\omega_0}{Q}\left(\frac{2}{\pi}\frac{I_{in}}{I_{osc}}\right). \tag{10.73}$$

*입력* 주파수 범위는 이의 두 배로 주어진다:

$$\Delta\omega_{in} = \frac{\omega_0}{Q}\left(\frac{4}{\pi}\frac{I_{in}}{I_{osc}}\right). \tag{10.74}$$

8장에서 설명했듯이, 주입동기식 발진기의 위상 잡음은 발진기가 동기 범위 가장자리에서 동기된 경우에는 동기되지 않을 때의 위상 잡음에 가까워진다. 따라서, 식 (10.74)는 동기 범위와 위상 잡음 간의 상충적 관계를 나타내고 있다. 즉, $Q$가 낮아지면 동기범위는 커지지만 위상 잡음은 악화된다.

10.6.4절에서 언급했듯이, 플립플롭기반 분주기는 주입동기식 링 발진기로 볼 수 있다.

12. $M_1$, $M_2$가 이상적인 스위칭을 한다고 가정한다.

이 분주기는 LC 발진기 기반 주입동기식 분주기 보다 훨씬 큰 동기 범위를 갖으며, 입력에 대한 강한 동기로 인해 낮은 위상 잡음을 갖는다. LC 발진기는 $Q$값에 비례하는 안정화 시간이 소요되는 주입동기 동작 특성을 갖는다는 것을 아는 것이 중요하다. 즉, 그러한 분주기는 즉각적으로 원하는 동작을 수행할 수 없다.

그러한 분주기를 PLL에 적용하게 되면, 동기범위가 VCO 주파수 조정범위보다는 커야 한다는 것도 중요하다. 동기가 진행되는 동안, VCO 주파수는 아래위토 흔들리게 되는데, 이 때 분주기가 동작하지 않는다면, PLL도 결국 동작하지 못하게 된다.

### 10.6.7 분주기의 지연시간과 위상 잡음 Divider Delay and Phase Noise

비동기식 논리회로를 사용한 분주기는 입력에서 출력이 나오는 데 까지 상당한 지연시간이 필요할 것이다. 예를 들어, 그림 10.24의 펄스 스왈로우 분주기에서, 세 개의 카운터는 모두 지연시간을 갖는다: 원래 입력 신호에 대해 처음 전치분주기가 $A$ 노드에서 신호를 주기 까지 약간의 지연시간을 가지게 되며, 이 지연시간은 프로그램 카운터를 통해 출력으로 전달된다.

정수형 합성기에서 분주기 지연시간은 어떤 영향을 미치는가? 일정한 지연시간 $\Delta T$를 갖는 시스템의 전달함수는 $\exp(-\Delta T \cdot s)$로 주어진다. 따라서, 전체 개루프 전달함수는 다음과 같다.

$$H_{open}(s) = \frac{I_P}{2\pi}\left(R_P + \frac{1}{C_1 s}\right)\frac{K_{VCO}}{NS}e^{-\Delta T \cdot s}. \tag{10.75}$$

지연시간이 주파수에 비해 상대적으로 작다면, $\exp(-\Delta T \cdot s) \approx 1 - \Delta T \cdot s$이 된다. 따라서, *우반면에* 영점을 생성하게 된다. 그러한 영점은 음의 위상이동, $-\tan^{-1}(\Delta T \cdot \omega)$을 만들어내서 루프를 불안정하게 만든다. 그림 10.75가 이경우의 개루프 주파수 응답특성을 보인 것이다. 여기서 영점이 만들어내는 두 가지의 안 좋은 영향을 볼 수 있다: 우선 이득 감쇄를 평탄하게 만들어서 이득이 0 dB가 되는 주파수를 *증가*시킨다(이론적으로는 무한대로 만든다). 또한, 위상 그래프를 아래로 굽게 만든다. 따라서, 이러한 영점은 루프의 원래의 단일이득 대역폭보다 훨씬 큰 곳에 위치해야 한다, 즉,

$$\frac{1}{\Delta T} \approx 5\omega_u \tag{10.76}$$

$$\approx 5(2\zeta^2 + \sqrt{4\zeta^4 + 1})\omega_n^2. \tag{10.77}$$

대부분의 실제 경우에, 분주기 지연시간은 위의 조건을 만족한다. 따라서 루프 동작 특성에 대한 영향은 무시할 만하다. 만약 그렇지 않은 경우라면 분주기를 등기식 논리회로로 구성하여 지연시간을 줄여야 한다.

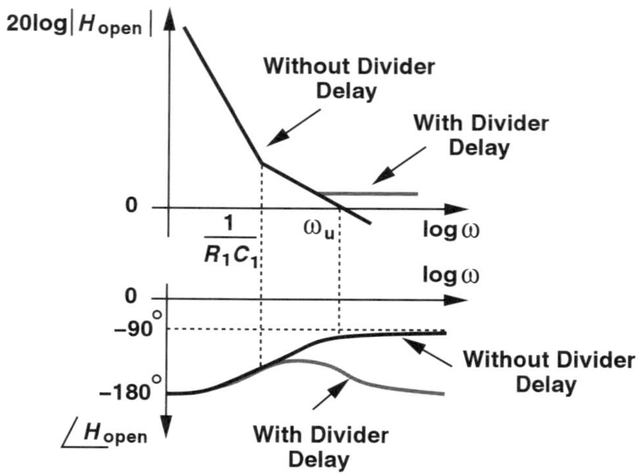


그림 10.75 *PLL 위상여유에 대한 분주기 지연시간의 영향*

분주기의 위상 잡음도 문제가 될 수 있다. 그림 10.76에 보이듯, 분주기의 출력 위상 잡음 $\phi_{n,div}$가 입력 위상 잡음 $\phi_{n,in}$에 직접 더해지기 때문에, 출력 $\phi_{out}$으로 전달되면서 입력과 똑같은 저역통과 특성을 통과하게 된다. 다시 말해, $\phi_{n,div}$ 또한 루프 대역폭 내에서 $N$배로 증가된다. 따라서, 분주기에 의한 위상 잡음을 무시할 수 있으려면, 다음 조건을 만족해야 한다.

$$\phi_{n,div} \ll \phi_{n,in}. \tag{10.78}$$

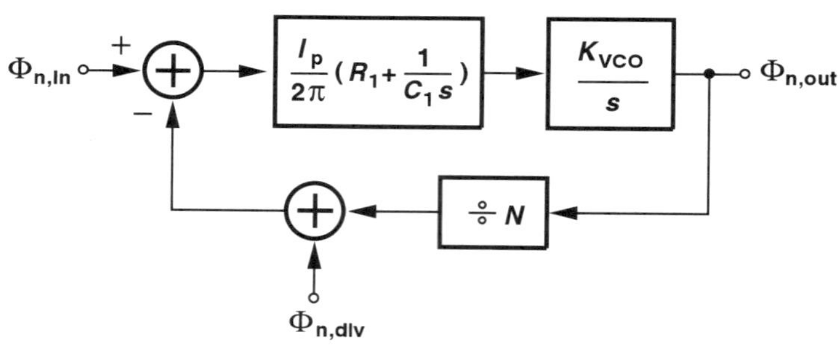


그림 10.76 *PLL에서 분주기 위상 잡음의 영향*

협대역 주파수합성기에서는, 출력 위상 잡음이 VCO에 의해 거의 결정된다. 그래서, $\phi_{n,in}$과 $\phi_{n,div}$는 상대적으로 덜 중요하다. 그럼에도 불구하고, 분주기 위상 잡음이 꽤 크다면, 재동기 플립플롭을 이용하여 이 영향을 감소시킬 수 있다. 그림 10.77(a)에 보인 바와 같이, 기본적인 아이디어는 분주기 출력을 VCO 출력으로 샘플링 해서, VCO 파형이 천이할 때만 PFD에 신호를 전달하도록 하는 것이다. 그림 10.77(b)에 나타낸 바와 같이, $V_Y$는 VCO 출력이 변할 때만 변하게 되어서, (지터가 $V_{out}$의 한주기 보다 작다면) $V_X$에서의 지터(또는 위상 잡음)를

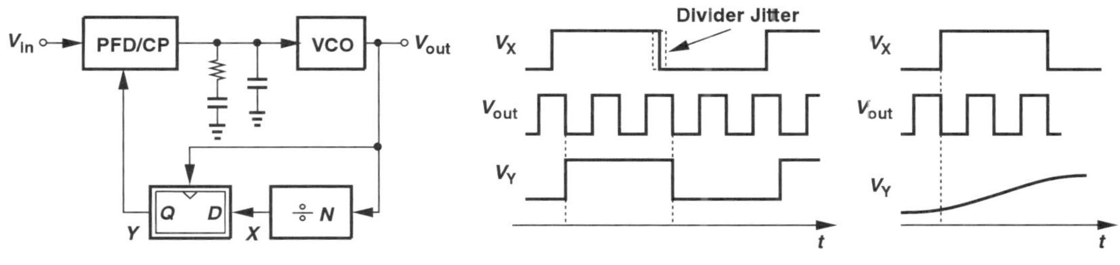


(a) (b) (c)

**그림 10.77** *(a) 분주기 위상 잡음을 제거하기 위해 재동기 플립플롭을 사용한 경우, (b) 재동기(retiming) 동작을 보여 주는 파형, (b) 불확정상태(metastability)의 문제점*

제거하게 된다. 근본적으로, 이 재동기 동작은 분주기에 의해 축적된 위상 잡음을 우회하여 회피하는 역할을 하는 것이다.

### 예제 10.30

RF Microelecronics

그림 10.77(a) 회로에서 분주기가 잡음이 없고 재동기 플립플롭도 없을 때 출력 위상 잡음을 비교하라. 입력 위상 잡음만 고려하라.

**풀이:**

위상 잡음은 비슷하게 나온다. 시간영역에서 생각해보면, 입력 엣지가 $\Delta T$ 만큼 이동하면 $Y$에서의 엣지도 같은 양만큼 이동해야 하고, 이는 VCO 엣지가 같은 양만큼 이동해야 만 가능한 것이다.

### 예제 10.31

RF Microelecronics

그림 10.77(a)의 재동기(retiming) 동작이 분주기 지연시간의 영향을 제거하는가?

**풀이:**

그렇지 않다. 분주기로 들어가는 엣지는 여전히 일정한 시간이 지나야 $X$ 및 $Y$에 나타나게 된다. 사실, 그림 10.77(b)는 $V_Y$가 $V_X$ 대비 최대 VCO 한주기 만큼 지연됨을 나타내고 있다. 즉, 이 경우 전체적인 피드백 지연시간이 약간 더 *길어지게* 되는 것이다.

그림 10.77(a)의 재동기 방법을 사용할 경우 VCO 출력 엣지가 $X$에서의 천이 시간 근처에서 발생하게 되면 문제가 된다. 이 상황에서 플립플롭은 불확실상태(metastable)가 된다. 즉, 출력 전압을 발생하기 까지 매우 긴 시간이 걸리게 된다. 그림 10.77(c)에 나타냈듯, 이 영향으로 $Y$에서 출력이 왜곡되고 따라서 PFD가 오동작할 수 있다. 따라서, 설계 시에 VCO

샘플링 엣지가 $X$ 노드에서의 천이 상태와 충분히 떨어져 있도록 보장하는 것이 중요하다. 분주기 지연시간이 공정/온도/전압에 따라 VCO 한주기 만큼 변하게 되면, 이러한 불확실상태를 피하는 것은 매우 중요해지는 것이다.

## 참고문헌


[1] S. E. Meninger and M. H. Perrott, "A 1-MHz Bandwidth 3.6-GHz 0.18-μm CMOS Fractional-N Synthesizer Utilizing a Hybrid PFD/DAC Structure for Reduced Broadband Phase Noise," *IEEE J. Solid-State Circuits,* vol. 41, pp. 966–981, April 2006.

[2] K. J. Wang, A. Swaminathan, and I. Galton, "Spurious Tone Suppression Techniques Applied to a Wide-Bandwidth 2.4 GHz Fractional-N PLL," *IEEE J. of Solid-State Circuits,* vol. 43, pp. 2787–2797, Dec. 2008.

[3] A. Zolfaghari, A. Y. Chan, and B. Razavi, "A 2.4-GHz 34-mW CMOS Transceiver for Frequency-Hopping and Direct-Sequence Applications," *ISSCC Dig. Tech. Papers,* pp. 418–419, Feb. 2001.

[4] G. Irvine et al., "An Upconversion Loop Transmitter IC for Digital Mobile Telephones," *ISSCC Dig. Tech. Papers,* pp. 364–365, Feb. 1998.

[5] T. Yamawaki et al., "A 2.7-V GSM RF Transceiver IC," *IEEE J. of Solid-State Circuits,* vol. 32, pp. 2089–2096, Dec. 1997.

[6] C. Lam and B. Razavi, "A 2.6-GHz/5.2-GHz Frequency Synthesizer in 0.4-μm CMOS Technology," *IEEE J. of Solid-State Circuits,* vol. 35, pp. 788–794, May 2000.

[7] C. S. Vaucher et al., "A Family of Low-Power Truly Modular Programmable Dividers in Standard 0.35-μm CMOS Technology," *IEEE J. of Solid-State Circuits,* vol. 35, pp. 1039–1045, July 2000.

[8] B. Razavi, Y. Ota, and R. G. Swartz, "Design Techniques for Low-Voltage High-Speed Digital Bipolar Circuits," *IEEE J. of Solid-State Circuits,* vol. 29, pp. 332–339, March 1994.

[9] J. Lee and B. Razavi, "A 40-Gb/s Clock and Data Recovery Circuit in 0.18-μm CMOS Technology," *IEEE J. of Solid-State Circuits,* vol. 38, pp. 2181–2190, Dec. 2003.

[10] D. D. Kim, K. Kim, and C. Cho, "A 94GHz Locking Hysteresis-Assisted and Tunable CML Static Divider in 65nm SOI CMOS," *ISSCC Dig. Tech. Papers,* pp. 460–461, Feb. 2008.

[11] J. Yuan and C. Svensson, "High-Speed CMOS Circuit Technique," *IEEE J. Solid-State Circuits,* vol. 24, pp. 62–70, Feb. 1989.

[12] B. Chang, J. Park, and W. Kim, "A 1.2-GHz CMOS Dual-Modulus Prescaler Using New Dynamic D-Type Flip-Flops," *IEEE J. Solid-State Circuits,* vol. 31, pp. 749–754, May 1996.

[13] R. L. Miller, "Fractional-Frequency Generators Utilizing Regenerative Modulation," *Proc. IRE,* vol. 27, pp. 446–456, July 1939.

[14] J. Lee and B. Razavi, "A 40-GHz Frequency Divider in 0.18-μm CMOS Technology," *IEEE J. of Solid-State Circuits,* vol. 39, pp. 594–601, Apr. 2004.

[15] H. R. Rategh and T. H. Lee, "Superharmonic Injection-Locked Frequency Dividers," *IEEE J. of Solid-State Circuits,* vol. 34, pp. 813–821, June 1999.

[16] B. Razavi, "A Millimeter-Wave CMOS Heterodyne Receiver with On-Chip LO and Divider," *IEEE J. of Solid-State Circuits,* vol. 43, pp. 477–485, Feb. 2008.

[17] C.-C. Lin and C.-K. Wang, "A Regenerative Semi-Dynamic Frequency Divider for Mode-1 MB-OFDM UWB Hopping Carrier Generation," *ISSCC Dig. Tech. Papers,* pp. 206–207, Feb. 2005.

[18] B. Razavi, "A Study of Injection Locking and Pulling in Oscillators," *IEEE J. of Solid-State Circuits,* vol. 39, pp. 1415–1424, Sep. 2004.

## 연습문제

10.1. 그림 10.14(b)에 피드백 분주기를 삽입하면 식 (10.25) 및 (10.26)이 됨을 증명하라.

10.2. 그림 10.20에서 LO의 원접(far-out) 위상 잡음이 수신대역내 잡음으로 나타날 수 있음을 증명하라. 다른 잡음은 무시하고, GSM 통신을 고려하여, 25 MHz 떨어진 곳에서의 위상 잡음을 결정하라.

10.3. 그림 10.13(b)에서 $S_1$의 전하 주입 및 클록 피드스루가, 루프가 동기된 이후, 제어전압에서 리플을 발생시키는지 설명하라.

10.4. 그림 10.78은 폐루프 변조 기법이다. 두 가지 경우를 생각해보자: 기저대역 비트 주기가 루프 시상수 보다, (I) 매우 작을 때, 또는 (II) 매우 클 때,

(a) 두 경우에 대해 VCO 출력 파형을 그려라.

(b) 두 경우에 대해 분주기 출력파형을 그려라.

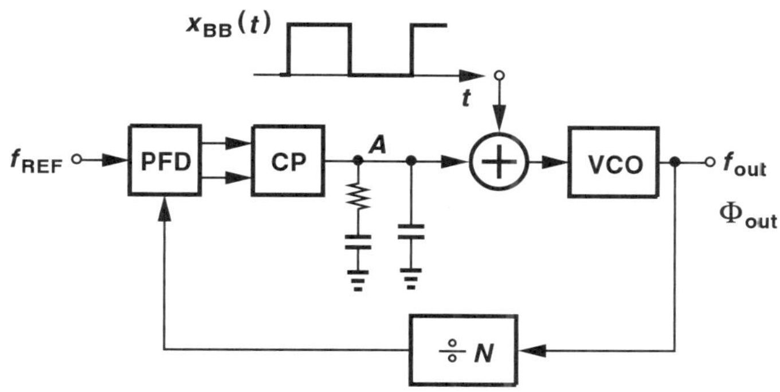


**그림 10.78** *폐루프 변조기능의 PLL*

10.5. 그림 10.79 PLL에서, 제어전압이 $f_{REF}$ 주기의 정현파 리플을 가지고 있다. $A$ 및 $B$에서의 스펙트럼을 그려라.

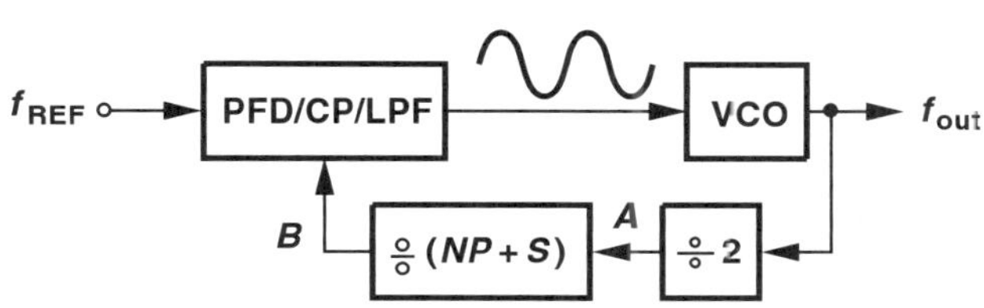


**그림 10.79** *이중분주비 전치분주기 앞에 2분주기가 있는 PLL*

10.6. 8장 발진기에서, 두 개의 극점을 갖는 루프는 (두 극점 모두 영점에 있지 않는 한) 발진할 수 없다고 하였다. 그렇다면, 그림 10.49 회로는 발진하는가?

10.7. 예제 10.18은 $\tau_{reg}$은 $g_{m3,4}R_D$ >> 1일 때 $R_D$에 무관함을 보이고 있다. 이 특성을 직관적으로 설명하라.

10.8. 그림 10.43(a)의 D 래치가 올바르게 동작하려면 클록 천이가 수직으로 이루어 져야 하는가? 클록 천이 시간이 (a) $X$와 $Y$에서의 시상수 정도일 때와, (b) 그보다 훨씬 길 때에 대해 생각해 보라.

10.9. 그림 10.68의 밀러분주기에서, 루프 이득을 구하라. $M_1$, $M_2$의 드레인에 있는 탱크는 공진시 일정한 저항 $R_p$로 대치될 수 있다. 모든 트랜지스터의 커패시턴스를 무시하고 $M_5$, $M_6$에 연결된 저항은 매우 크다고 가정하라.

10.10. 그림 10.61(a)의 밀러 분주기는 믹서가 포트간 피드스루가 존재한다 하더라도 출력에서 스퍼가 발생하지 않음을 증명하라.

10.11. 위의 문제에서 믹서 각 포트에서 비선형성이 존재한다면 어떻게 되는가?

10.12. 그림 10.69 밀러 분주기의 불요파 응답을 다음 두 경우에 대해 구하라. (a) 믹서의 포트간 피드스루가 존재할 때, (b) 믹서의 포트에 비선형성이 존재할 때.

10.13. 그림 10.80과 같이, VCO의 제어전압에서 주파수가 $\omega_m$이고 최대 진폭이 $A_m$인 작은 정현파 리플이 존재한다. VCO가 2분주기 회로를 구동할 때, I 출력에서의 측대파는 Q 출력에서의 측대파와 90° 차이가 존재하는가? 이유를 설명하라.

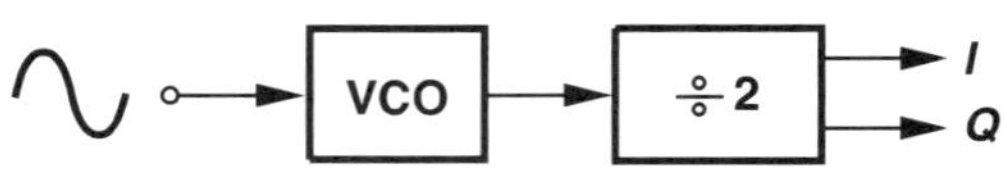


**그림 10.80** *VCO 및 2분주기 연결 회로*

10.14. 직접변환 송수신기에서 필요한 LO 주파수가 높은 주파수의 VCO를 분주해서 얻어야 한다고 가정하자. *홀수* 분주비 분주기 뒤에 뒤에 두 개의 ÷2회로가 연결되어야 하는 이유를 설명하라.

10.15. 그림 10.81은 양측대파 수동믹서와 인덕터 부하를 갖는 공통소스단으로 이루어진 밀러 분주기이다. 급격한 LO 엣지를 가정하고, 공진시 인덕터가 $R_p$ 저항으로 대체 될 수 있다면, 이때 루프 이득을 구하라.

10.16. Type-II 합성기에서 루프필터와 VCO사이에 증폭기가 삽입되었다고 가정하자. 이 증폭기의 입력 잡음으로부터 출력위상까지의 전달함수를 구하라. 증폭기의 플리커 잡음

이 중요한가?

10.17. 일부 응용에서, 두 개의 합성기를 직렬연결하는 것이 필요할 때가 있다. 즉, 한 PLL의 출력이 다른 PLL의 기준 입력으로 사용되는 경우이다. 첫 번째 합성기가 $f_{REF}$ = 1 MHz를 2.4 GHz로 체배하고, 두 번째 합성기는 2.4 GHz를 9.6 GHz로 체배한다고 가정하자. 각 PLL의 루프 대역폭이 입력 주파수의 10분의 1일 때, 두 출력에서의 위상 잡음을 그려라. (a) VCO 위상 잡음만 고려할 때, (b) $f_{REF}$에서의 위상 잡음만 고려할 때 구분하여 그려라.

10.18. 그림 10.82에서의 VCO는 Type-II PLL에 사용된다. 불행히도, $V_B$를 발생시키는 회로가 높은 플리커 잡음을 포함하고 있다. $V_B$에서 출력 위상까지의 전달함수를 구하라.

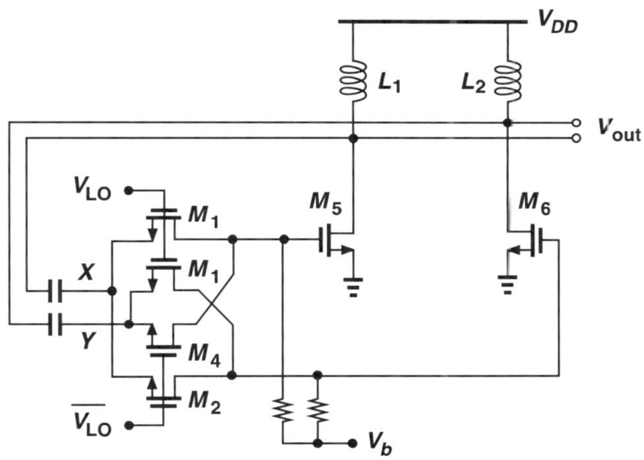


**그림 10.81** *수동 믹서를 사용한 밀러 분주기*

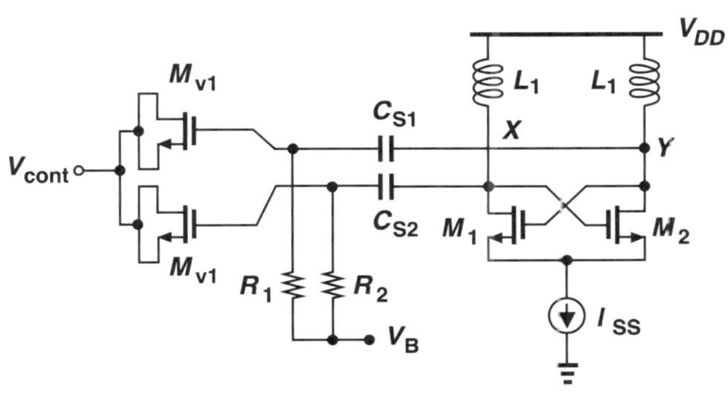


**그림 10.82** *잡음이 섞인 바이어스 전압을 갖는 VCO*

10.19. 그림 10.83 VCO의 바랙터는 $I_1$의 플리커 잡음에 의해 변조된다. 이에 대해 루프필터를 인덕터 중앙 지점에 연결하여, 바랙터에 인가되는 (저주파) 전압을 큰 커패시터 $C_1$

을 이용하여 일정하게 유지하면 어떤가? 이 주장의 오류는 무엇인가?

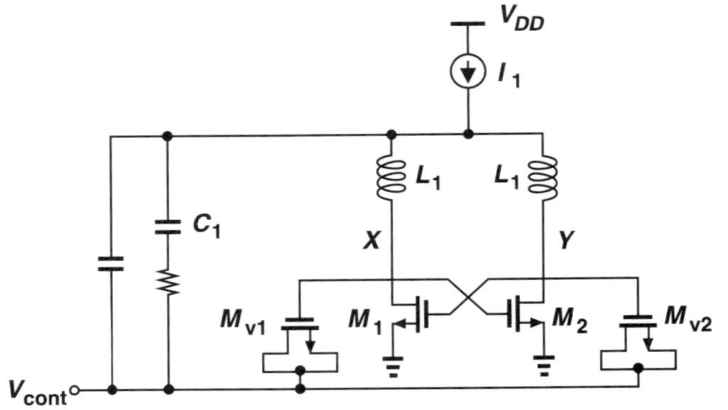


**그림** 10.83 *VCO 인덕터 중앙 지점으로 연결된 루프필터*

CHAPTER 11

# 분수형 주파수 합성기

Fractional-N Synthesizer

10장에서 살펴본 정수형 주파수 합성기는 근본적인 한계를 가지고 있다: 출력 채널 간격이 기준 주파수와 동일하기 때문에, 이로 인해 루프대역폭, 안정화 시간, VCO 위상 잡음의 억제 정도 등이 모두 제한된다. '분수형' 구조는 채널 간격과 기준주파수 간에 *분수형* 관계를 갖게 하여 위의 한계점들을 극복하게 된다.

이 장에서는 분수형 합성기(Fractional-*N* Synthesizers, FNS)의 해석과 설계에 대해 공부한다. 이 장의 개요는 다음과 같다.

| 불규칙화 및 잡음성형 | 양자화 잡음 감쇄 |
|---|---|
| ■ 분주비 불규칙화 | ■ DAC 피드포워드 |
| ■ 기본적인 잡음성형 | ■ 분수형 분주기 |
| ■ 고차 잡음성형 | ■ 기준주파수 두배화 |
| ■ 대역외 잡음 | ■ 다중위상 분주 |
| ■ 전하펌프 부정합 | |

## 11.1 기본 개념 Basic Concepts

피드백 경로에 $\div N$회로를 포함한 PLL은 기준 주파수를 $N$배르 체배시킨다. 만약 $N$이 시간에 따라 *일정하지* 않다면 어떻게 되는가? 예를 들어, 분주기가 절반의 시간 동안은 $N$으로 분주하고, 나머지 절반의 시간은 $N+1$로 분주하면 어떤 일이 발생하는가? 분주기의 '평균적인' 분주비가 $[N+(N+1)]/2 = N+0.5$가 될 것이라 생각할 수 있다. 즉, PLL은 평균적으로 기준주파수를 $N+0.5$배 체배한다고 볼 수 있다. 같은 식으로, 분주비가 $N$과 $N+1$에 할당되는 시간 비율을 조정함으로써 $N$에서 $N+1$ 사이의 임의의 다른 분수 분주비도 만들 수 있을 것이다.

예를 들어, 그림 11.1의 회로를 보자. 여기서 $f_{REF} = 1$ MHz이고 $N = 10$이다. 전치분주기가 90% 시간(기준주파수의 9주기)동안은 10으로 나누고, 나머지 10% 시간(기준주파수의 1

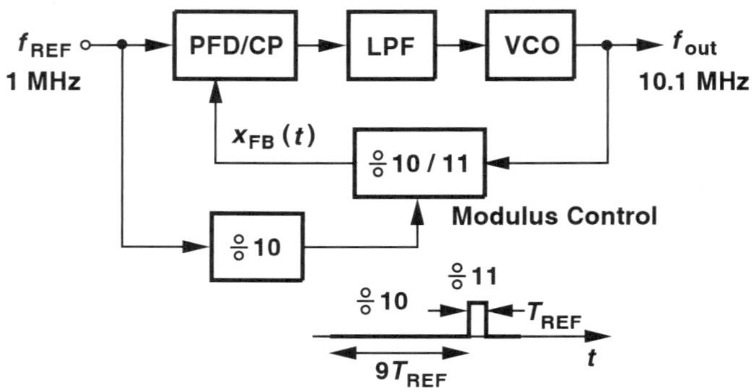


그림 11.1 *분수형 루프의 예*

주기) 동안은 11로 나눈다고 가정하자. 따라서, 매 10번의 기준 주기마다, 출력은 9 × 10 + 11 = 101개의 펄스를 생성하게 되고, 이는 평균 분주비 10.1에 해당하고 따라서, $f_{out}$ = 10.1 MHz가 된다. 원리상, 이 구조는 ÷$N$과 ÷$N$ + 1 모드의 시간을 미세하게 조정함으로써 *임의의* 미세한 주파수 변화를 만들어 낼 수 있다.

위의 예는 분수형 주파수 합성기가 비교적 높은 기준주파수를 사용하면서도 채널 간격을 작게 할 수 있다는 점에서 유용하다는 점을 보여 주고 있다. 정수형 합성기에 비해 루프 대역폭을 더 크게 할 수 있다는 점 외에도, 분수형 합성기는 $N(\approx f_{out}/f_{REF})$이 작기 때문에 '대역폭 내'에서 기준 신호 위상 잡음의 '증폭'을 감소시킬 수 있다(10장 참조). (위의 예에서, 정수형 루프는 기준 신호 위상 잡음을 100배 증폭시킬 것이다.)

FNS 설계에서 중요한 것은 '분수형 스퍼(fractional spurs)' 문제이다. 이 효과를 이해하기 위해 그림 11.1의 루프에서 시간 영역에서의 동작을 다시 살펴보자. 회로가 원하는 바대로 동작한다면, 출력 주기는 일정할 것이고 따라서 $(10.1\text{ MHz})^{-1} \approx 99$ ns가 될 것이다. 9개의 기준 주기 동안 이 출력 주기는 10배가 되고, 1개의 기준주기 동안 11배가 될 것이다. 그림 11.2와

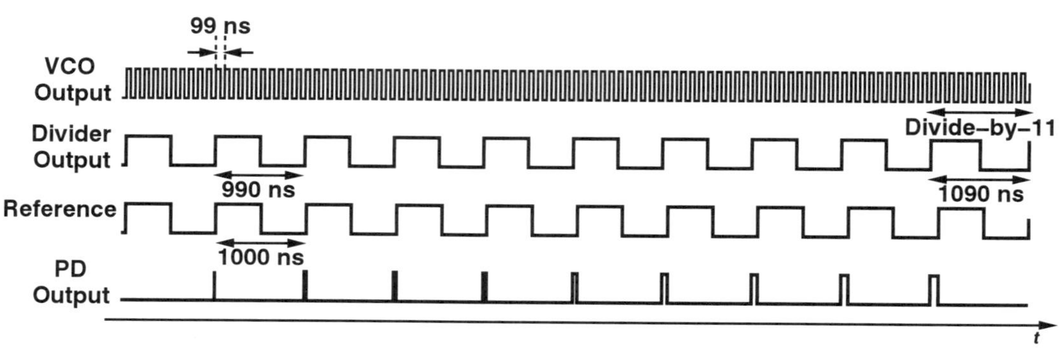


그림 11.2 *분수형 합성기 루프의 자세한 동작*

같이, 분주된 신호의 첫 9주기는 990 ns가 된다. 즉, 기준 주기보다 약간 *짧아진다*. 따라서, 기준 신호와 피드백된 신호의 위상차이가 $f_{REF}$ 각 주기마다 계속 증가하게 된다. 그러다가, 나누기 11이 되면 위상차이가 다시 영이 된다.[1] 따라서, 위상 검출기는 점차적으로 넓어지는 펄스를 발생하게 되고 LPF 출력에서 주기적인 파형이 나타나게 된다. 이 파형은 매 10개의 기준 주기 마다 반복되는데, 이는 VCO를 0.1 MHz 주기로 변조시키는 것이다. 결과적으로 10.1 MHz 주변에 $\pm n \times$ 0.1 MHz에서 측대파를 생성시키게 된다. 여기서 $n$은 고조파 차수이다. 이러한 측대파를 분수형 스퍼라 한다. 좀 더 일반적으로, 출력 주파수가 $(N + \alpha)f_{REF}$일 때, LPF 출력에는 $1/(\alpha f_{REF})$ 주기의 반복적인 파형이 출력된다.

분수형 스퍼 발생을 다른 관점으로 설명할 수 있다. 그림 11.3에 나타내었듯, 피드백 신호 $x_{FB}(t)$는 각 10,000 ns 마다 반복되는 두 파형의 합으로 나타낼 수 있다. 첫 번째 파형은 9개의 990 ns 주기로 이루어지고 나머지 1090 ns 동안은 사라지고, 두 번째 파형은 1090/2 ns의 폭을 갖는 펄스로 볼 수 있다. 각 파형이 매 10,000 ns마다 반복되기 때문에, 푸리에 급수(Fourier series)는 0.1 MHz, 0.2 MHz 등의 고조파로만 이루어진다. 위상 검출기를 믹서로 본다면, 이러한 고조파들이 위상검출기를 통과하면서 1 MHz 근방의 고조파가 기저대역으로 이동되고, 따라서 VCO를 변조시키는 것으로 볼 수 있다.

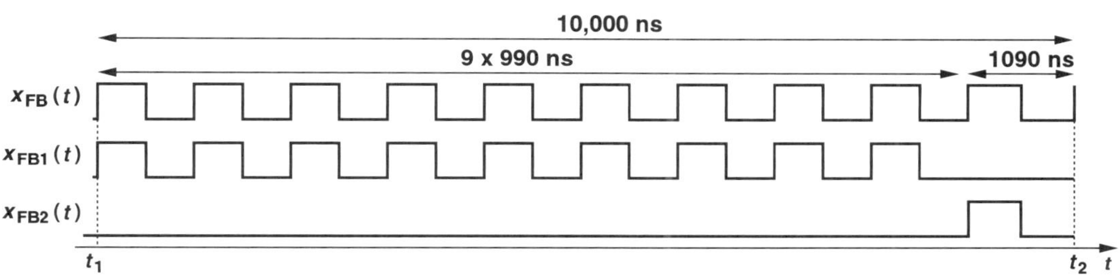


**그림 11.3** *분수형 합성기 루프에서의 주기적 특성*

## 예제 11.1

RF Microelecronics

그림 11.3의 $x_{FB1}(t)$의 스펙트럼을 보여라.

**풀이:**

우선 파형의 한 주기인 $t_1$에서 $t_2$까지 파형의 푸리에 변환(Fourier transform)을 알아보자. 이 파형은 9개의 990 ns 사이클로 이루어진다. 이것이 무한 반복된다면, 이의 푸리에 변환은 1.01

(*계속*)

1. 이는 매우 단순하게 생각한 것이다. Type-II PLL은 *평균적* 위상 오차를 영으로 만들기 때문에 위상 차이가 실제로는 양과 음의 값을 왔다 갔다 할 것이다.

예제 11.1 (계속) RF Microelecronics

MHz의 고조파 성분만으로 이루어 질 것이다. 9개의 사이클만으로는 에너지가 임펄스(impulse)에서 퍼져나간 형태가 되므로 그림 11.4(a)처럼 될 것이다. 이 파형이 매 10 μs마다 반복되면, 이의 푸리에 변환은 0.1 MHz의 정수배 마다 존재하는 임펄스 파형과 곱해지게 된다. 따라서, 최종 스펙트럼은 그림 11.4(b)와 같이 된다.

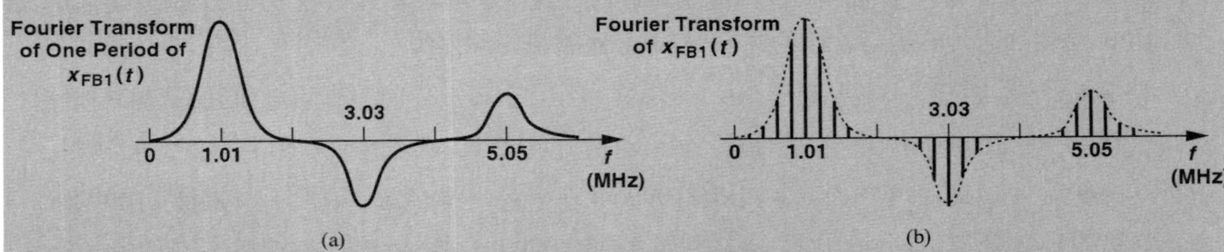


**그림 11.4** *(a) $x_{FB1}(t)$ 한 주기의 푸리에 변환, (b) $x_{FB1}(t)$의 스펙트럼*

피드백 신호를 1MHz 주기를 갖는 파형이라고 보면 (비록 이의 기본 주파수가 사실은 0.1 MHz라 하더라도), 이 신호는 0.1 MHz의 정수배 고조파마다 측대파를 포함하게 된다. 3장에서 설명처럼, 이 측대파는 FM(또는 AM) 성분으로 볼 수 있고, 주기적인 위상 변조를 일으킨다.

$$x_{FB}(t) \approx A\cos[\omega_{REF}t + \phi(t)]. \tag{11.1}$$

PFD는 $x_{FB}(t)$와 이상적인 $f_{REF}$를 비교하여서 $\phi(t)$에 비례하는 출력을 만들어내고, 이것은 0.1 MHz 주기로 루프필터로 들어간다. 이런 식으로 보면 PFD를 믹서로 생각할 필요는 없다.

요약하면, 위의 예에서 피드백 신호는 10 μs 주기를 갖고 있어 $n \times 0.1$ MHz에 고조파를 포함한다. 하지만 우리는 대략적으로 이 신호의 평균주파수가 1 MHz이고 측대파가 ±0.1 MHz에 있는 신호로 보는 것이다. 이러한 측대파는 PFD출력에서 $n \times 0.1$ MHz 성분을 발생시켜서, VCO를 변조하고 분수형 스퍼를 생성하는 것이다.

## 11.2 불규칙화 및 잡음성형 Randomization and Noise Shaping

분수형 스퍼는 매우 크기 때문에 '보상을 통한 상쇄(compensation)'가 필요하다. 분수형 합성기 분야에서는 지난 수십 년간 수백 가지의 보상 기법이 개발되었다. 이 중에서 CMOS 기술로 구현 가능해서 가장 많이 사용되는 기법이 '잡음성형(noise shaping)' 기법이다[1]. 이 장은 이러한 FNS에 대해서 다룰 것이다. 우선 '분주비 불규칙화(modulus randomization)'와 잡음성형 개념에 대해 알아보자.

### 11.2.1 분주비 불규칙화 Modulus Randomization

그림 11.1 합성기에 대한 해석을 통해서 루프의 동작상 주기가 10개의 기준 주파수 주기 (0.1 MHz)임을 알았다. 만약 분주기의 분주비가 10 또는 11로 *불규칙하게*(*randomly*) 변하지만, 그 *평균*값은 여전히 10.1이 되도록 하면 어떨까? 그림 11.5(a)와 같이, $x_{FB}(t)$는 990 ns와 1090 ns 주기가 불규칙하게 섞여 있다. 따라서, 그림 11.4(b)의 상황과 다르게, 여기서의 $x_{FB}(t)$는 불규칙적 위상변조를 포함하게 된다[그림 11.5(b)].

$$x_{FB}(t) = A\cos[\omega_{REF}t + \phi_n(t)], \tag{11.2}$$

따라서, PFD 출력에서 불규칙적 파형(즉, 잡음으로 볼 수 있음)으로 나타난다. 다시 말해, 분주비의 불규칙적 변화가 루프 동작에서의 주기성을 깨트리고, 이는 확정적으로 결정되어 있는 측대파를 *잡음으로* 변화시키는 것이다.

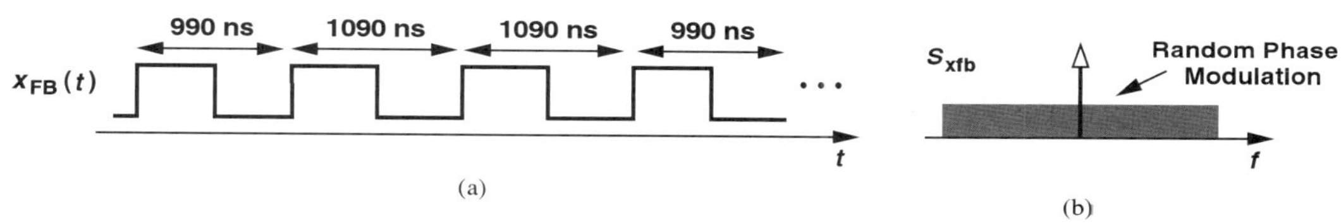


**그림 11.5** *(a) 분주비의 불규칙적 변화, (b) 피드백 신호 스펙트럼에 대한 영향*

이제 피드백 신호에서 잡음 $\phi_n(t)$를 계산해보자. 분주기가 두 개의 분주비, $N$과 $N+1$을 갖는다고 가정하고, 평균적으로 $N+\alpha$의 분주비를 발생해야 한다고 가정하자. 어느 한 순간의 분주비를 $N+b(t)$라고 하자. 여기서 $b(t)$는 0 또는 1 중에서 불규칙적으로 하나를 선택하게 되고, 그 평균값은 $\alpha$이다. 따라서, 피드백 신호의 어느 한 순간의 주파수는 다음과 같다.

$$f_{FB}(t) = \frac{f_{out}}{N+b(t)}, \tag{11.3}$$

여기서 $f_{out}$은 VCO 출력 주파수를 나타낸다. 이상적인 경우에, $b(t)$는 상수이고 $\alpha$ 와 같을 것이다. 하지만, 여기서는 $\alpha$를 이진수 열로 (즉, 1-bit 해상도로) 근사화 했다. 따라서, 상당한 잡음이 발생하게 된다. $b(t)$는 평균값이 0이 아닌 불규칙 변수이므로, 이를 평균값과 또 다른 불규칙 변수(이의 평균값은 0이어야 함)의 합으로 표현할 수 있다.

$$b(t) = \alpha + q(t). \tag{11.4}$$

여기서 $q(t)$는 $\alpha$값을 $b(t)$로 근사화 함에 따라 발생하는 오차이며 '양자화 잡음(quantization noise)'이라 한다. 문제 11.1에서, 이 결과를 $N=10$이고 $\alpha=0$이며 $b(t)$의 불규칙화가 없는 예로 그림 11.1에 적용할 것이다.

### 예제 11.2

RF Microelecronics

$b(t)$와 $q(t)$의 시간에 대한 파형을 그려라.

**풀이:**

$b(t)$는 평균이 $\alpha$인 간헐적 사각파 펄스열이다[그림 11.6(a)]. $b(t)$에서 $\alpha$를 빼면 $q(t)$ 파형을 얻을 수 있다[그림 11.6(b)].

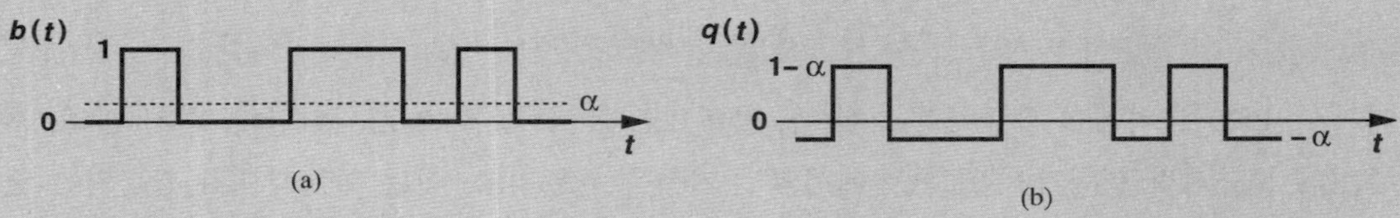


**그림 11.6** *(a) 평균값 α를 갖는 불규칙적 이진 사각파형, (b) 양자화 잡음 파형*

$q(t) << N + \alpha$이면, 다음과 같다.

$$f_{FB}(t) = \frac{f_{out}}{N + \alpha + q(t)} \tag{11.5}$$

$$\approx \frac{f_{out}}{N + \alpha}\left[1 - \frac{q(t)}{N + \alpha}\right] \tag{11.6}$$

$$\approx \frac{f_{out}}{N + \alpha} - \frac{f_{out}}{(N + \alpha)^2}q(t). \tag{11.7}$$

위상은 주파수의 시간에 따른 적분이므로, PFD에 도달하는 피드백 신호파형은 다음과 같이 표현할 수 있다.

$$V_{FB}(t) \approx V_0 \cos\left[\frac{2\pi f_{out}}{N + \alpha}t - \frac{2\pi f_{out}}{(N + \alpha)^2}\int q(t)dt\right], \tag{11.8}$$

예상한 바와 같이, 분주기 출력은 평균 주파수 $f_{out}/(N + \alpha)$를 갖고, 위상 잡음은 다음으로 주어진다.

$$\phi_{n,div}(t) = -\frac{2\pi f_{out}}{(N + \alpha)^2}\int q(t)dt. \tag{11.9}$$

문제 11.2에서, 그림 11.1 예에 대해 이 위상을 계산할 것이다.

### 예제 11.3

RF Microelecronics

식 (11.9) 위상 잡음을 시간에 대한 파형으로 그려라.

## 예제 11.3 (계속)

FF Microelecronics

**풀이:**

예제 11.2에서 구한 $q(t)$ 파형을 이용하면, 그림 11.7에 보이는 불규칙한 삼각파를 얻을 수 있다.

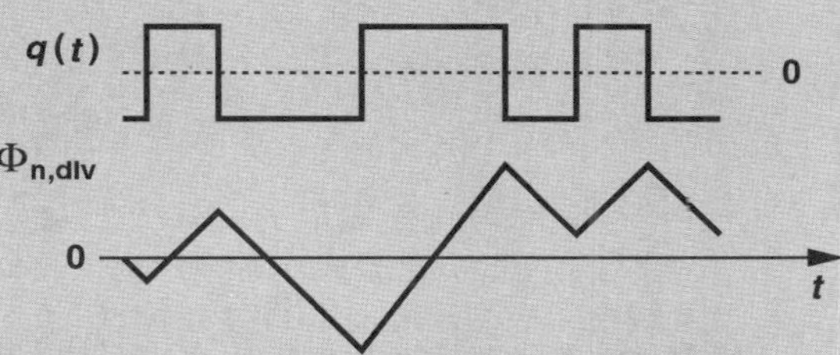


**그림 11.7** *양자화 잡음의 위상에 대한 영향*

## 예제 11.4

RF Microelecronics

식 (11.9)로부터 $\phi_{n,div}(t)$의 스펙트럼을 구하라.

**풀이:**

어떤 함수의 시간에 대한 적분은 주파수 영역에서는 $1/s$로 나타난다. 따라서, $q(t)$의 전력 스펙트럼 밀도(Power Spectral Density, PSD)는 $[2\pi f_{out}/(N + \alpha)^2/\omega]^2$로 곱해야 한다.

$$\overline{\phi^2_{n,div}}(f) = \frac{1}{(N+\alpha)^4}\left(\frac{f_{out}}{f}\right)^2 S_q(f), \tag{11.10}$$

여기서 $S_q(f)$는 양자화 잡음 $q(t)$의 스펙트럼이다. 이 잡음이 PFD의 입력으로 볼 수도 있음을 알아야 한다. 즉, 마치 이 잡음이 분주기 출력이 아니라 기준 신호에 이미 존재하는 것으로 볼 수 있는 것이다.

위의 결과로부터, 이제 루프 대역폭 내에서 주파수 합성기 출력 위상 잡음을 알 수 있다. 위상 잡음을 기준신호에 포함된 일부분이라 보면, 식 (11.10)을 평균 분주비 $N + \alpha$의 제곱으로 곱하면 된다.

$$\overline{\phi^2_{n,out}} = \left[\frac{f_{out}}{(N+\alpha)f}\right]^2 S_q(f). \tag{11.11}$$

또는, $f_{out} = (N + \alpha)f_{REF}$이므로,

$$\overline{\phi^2_{n,out}} = \left(\frac{f_{REF}}{f}\right)^2 S_q(f). \tag{11.12}$$

**예제 11.5** RF Microelecronics

$b(t)$가 펄스 폭이 $T_b$이고 $1/T_b$ 주기로 불규칙적으로 반복되는 사각펄스일 때 $S_q(f)$를 계산하라.

**풀이:**
우선 $b(t)$의 스펙트럼 $S_b(f)$를 구하자. 부록 I에 보였듯, $S_b(f)$는 다음과 같다.

$$S_b(f) = \frac{\alpha(1-\alpha)}{T_b}\left(\frac{\sin \pi T_b f}{\pi f}\right)^2 + \alpha^2\delta(f), \tag{11.13}$$

여기서 둘째 항은 dc 성분을 의미한다. 따라서, 다음을 얻을 수 있다.

$$S_q(f) = \frac{\alpha(1-\alpha)}{T_b}\left(\frac{\sin \pi T_b f}{\pi f}\right)^2. \tag{11.14}$$

그림 11.8은 스펙트럼 그림이다. 여기서 $f = 0$에서 $f = 1/T_b$ 사이의 주 봉우리가 있다. $T_b$가 감소하면 $S_q(f)$는 수직으로는 축소되고 수평적으로는 확장된다. 이때 $S_q(f)$ 아래 면적은 유지되어야 한다(왜 그럴까?). 문제 11.3에서, 이 스펙트럼을 합성기 루프 대역폭과 연관해서 볼 것이다.

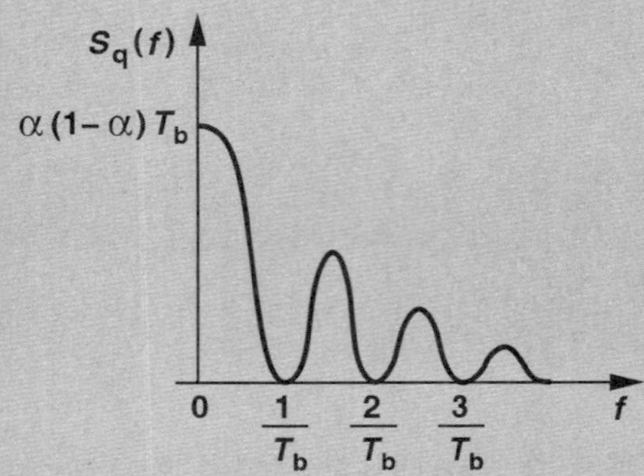


그림 11.8 *불규칙적 이진 파형의 스펙트럼*

## 11.2.2 기본적인 잡음성형 Basic Noise Shaping

분주비 불규칙화는 분수형 스퍼를 감쇄하지만 위상 잡음을 크게 상승시킨다. 이러한 큰 양자화 잡음은 α라는 정확한 값을 단지 두 개의 부정확한 값, 즉 0 또는 1로 근사화시킴에 따라 발생하는 것이다. 전치분주기 분주비는 $N$과 $N + 1$ 이외에 가질 수 없으므로, 해상도가 1 bit으로 한정되게 되고, 따라서 양자화 잡음을 줄일 수 없게 된다. 지금의 FNS는 이러한 문제를 불규칙화를 수행하면서 그에 따른 위상 잡음이 *고역통과* 스펙트럼 성향을 보이도록 만들어서 해결한다. 그림 11.9에 보였듯, 기본적인 아이디어는 피드백 신호 중심 주파수 근처에서 스펙트럼 밀도를 최소화하고, 합성기의 루프대역폭이 한정돼있음을 이용하여 중심주파수로부터 멀리 떨어진 곳의 잡음을 제거하는 방식이다. 고역통과 스펙트럼 모습을 보이도록 $b(t)$를 생성하는 것을 '잡음성형(noise shaping)'이라 한다.

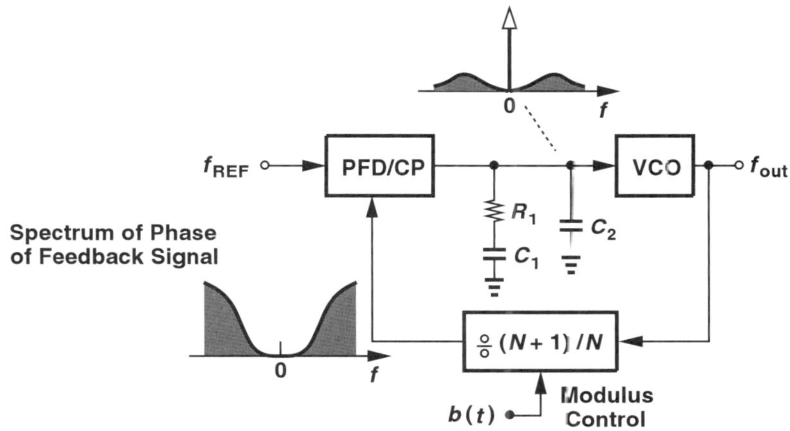


**그림 11.9** *분주비의 불규칙화를 수행하는 합성기*

지금까지의 생각을 정리해보자. 우리는 불규칙적인 이진수열 $b(t)$를 생성해서 분주기의 분주비를 $N$과 $N + 1$로 변화시킴으로써, (1) 수열의 평균값이 $\alpha$가 되게 하고, (2) 수열의 잡음이 고역통과 스펙트럼으로 보이도록 하길 원한다. 첫 번째 목표는 전체 수열의 개수 중 1이 되는 빈도를 $\alpha$로 맞추면 된다(긴 시간을 보고 평균을 내었을 때). 이제 두 번째 목표에 대해 생각해보자.

잡음성형을 이해하는 첫 번째 단계로서, 그림 11.10의 부궤환 시스템을 생각해보자. 여기서 $X(s)$는 주 입력신호이고 $Q(s)$는 두 번째 입력신호, 즉, 추가적인 잡음신호이다. $X(s)$가 0일

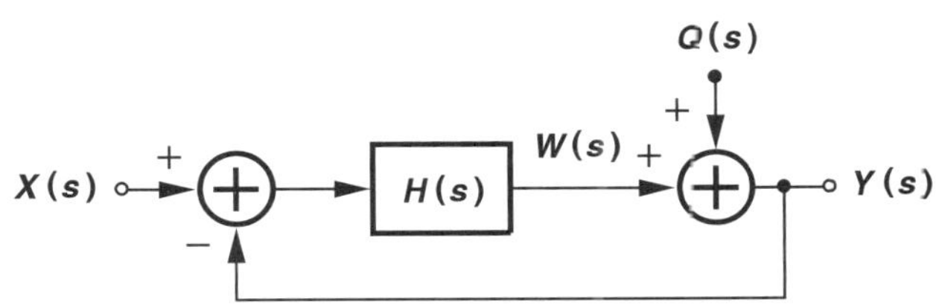


**그림 11.10** *잡음이 출력 근처에 인가되고 있는 피드백 시스템*

때 $Q(s)$에서 $Y(s)$까지의 전달함수는 다음과 같다.

$$\frac{Y(s)}{Q(s)} = \frac{1}{1 + H(s)}. \tag{11.15}$$

예를 들어, $H(s)$가 이상적인 적분기라면,

$$\frac{Y(s)}{Q(s)} = \frac{s}{s + 1}. \tag{11.16}$$

다시 말해, 적분기를 포함한 부궤환 루프는 출력 근처에 주입되는 잡음에 대해 *고역통과* 시스템으로 동작한다. 우리는 PLL에서 VCO 위상 잡음이 출력으로 전달되는 과정에서 같은 현상이 일어남을 알고 있다(9장 참조). $Q$가 시간에 대해 천천히 변하면, 루프 이득이 크므로 $W$는 $Q$와 거의 같게 되고, 따라서 $Y$는 작아진다. 또 다른 관점에서 보면, 적분기가 저주파에서 높은 이득을 가지므로, $Y$를 거의 $X$와 같게 만들게 되는 것이다. 이러한 결과는 시스템이 아날로그이던 디지털이던, 또는 그 둘의 혼합 시스템이던 모두 성립한다.

**예제 11.6** RF Microelecronics

그림 11.10 시스템을 $H$가 적분기로서 동작해야 할 때 이산신호(discrete-time) 시스템으로 구성하라.

**풀이:**

이산신호에서의 적분은 신호를 *지연시키고* 이를 자기 자신과 합하는 방식으로 구현될 수 있다[그림 11.11(a)]. 예를 들어, $A = 1$일 때, 출력은 매 클록마다 1씩 증가하게 될 것이다. 한 클록 지연의 $z$ 변환은 $z^{-1}$이므로, 적분기를 그림 11.11(b)로 할 수 있고, 이의 전달함수는 다음과 같다.

$$\frac{B}{A}(z) = \frac{z^{-1}}{1 - z^{-1}}. \tag{11.17}$$

따라서, 그림 11.10 시스템의 이산 신호 형태는 그림 11.11(c)와 같다. 여기서, $Q = 0$이면,

$$\frac{Y}{X}(z) = z^{-1}, \tag{11.18}$$

즉, 출력은 한 클록 지연시간을 가지면서 입력을 그대로 따라가는 것이다. 또한, $X = 0$이면,

$$\frac{Y}{Q}(z) = 1 - z^{-1}. \tag{11.19}$$

이는 고역통과 응답이다(미분기의 응답과 같음). 왜냐하면 그림 11.11(d)에 개념적으로 표시

**예제 11.6** (*계속*) RF Microelecronics

했듯이, 신호를 지연시켜서 현재의 신호에서 빼게 되면, 만약 그 신호가 거의 변하지 않았다면 출력신호는 매우 작을 것이기 때문이다.

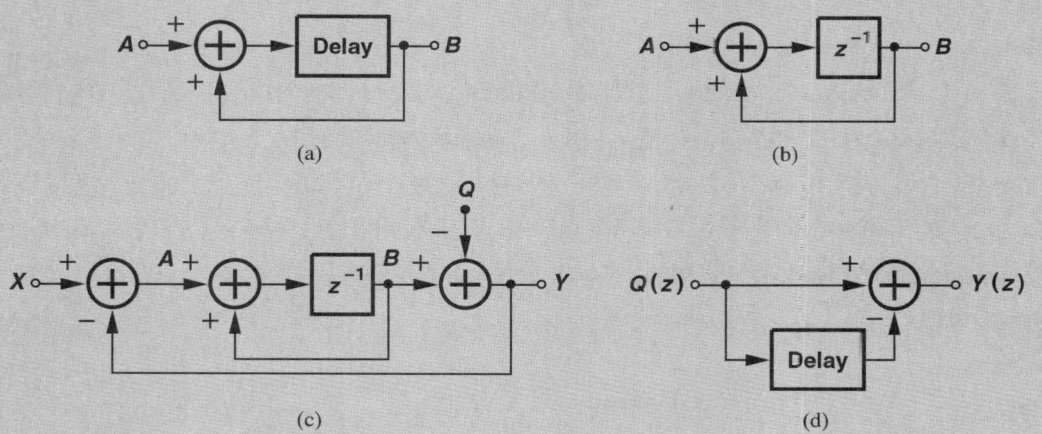


**그림 11.11** *(a) 이산신호 적분기, (b) 적분기의 z-영역 모델, (c) 피드백 루프에서 적분기를 사용함, (d) 피드백 루프의 단순 블록도*

위 예제에서 마지막 언급한 점을 더 생각해볼 필요가 있다. 그림 11.12에 $a(t)$를 지연한 것을 $a(t)$에서 빼주는 시스템을 보이고 있다. 지연시간은 한 클록 $T_{ck}$이다. 그림 11.12(a)는 $a(t)$가 한 클록 사이클 동안 많이 변하는 경우를 나타내는데, 따라서, 출력 $a_2 - a_1$은 비교적 큰 값이다. 또한, 만약 $a(t)$가 천천히 변하면 $g(t) \approx 0$이 된다. 클록 주파수가 증가하면[그림 11.12(b)], $a(t)$는 상대적으로 덜 변할 것이고, $a_1$과 $a_2$는 차이가 적을 것이다(즉, 서로 상관관계가 크다). 여기서 중요한 결론은 그림 11.11(c)와 (d) 시스템에서 지연소자의 클록이 빨라지

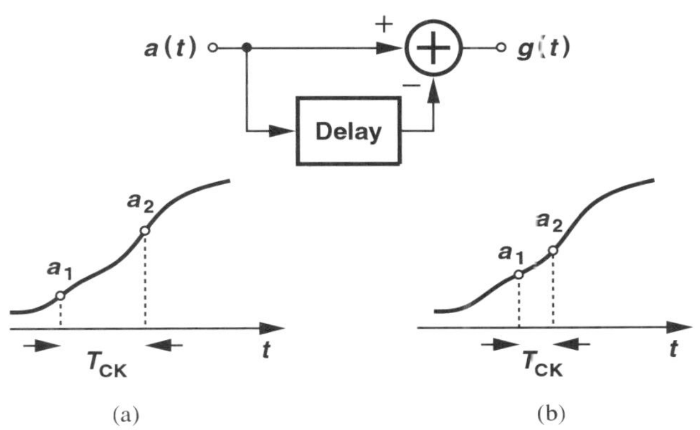


**그림 11.12** *자기 신호와 그의 지연된 신호를 더하기. (a) 클록이 느릴 때, (b) 클록이 빠를 때*

면 $Q$를 *더 크게* 제거하기 된다는 것이다.

**예제 11.7** RF Microelecronics

그림 11.11(c) 시스템을 $m$-bit 정확도(워드길이)의 디지털 영역으로 구현하라.

**풀이:**

그림 11.13에 보이듯, 이 시스템은 입력 가산기(#1)(실제로는 감산기)와, 디지털 가산기(#2)와 레지스터(지연소자)로 이루어진 적분기(accumulator)로 이루어진다. 첫 번째 가산기가 두 개의 $m$-bit 입력을 받아, $(m + 1)$-bit 출력을 발생한다. 같은 식으로, 적분기는 $(m + 2)$-bit 출력을 발생한다. 적분기 출력 값이 $Y$에서의 피드백 경로를 지나감에 따라 두 개의 LSB (Least Significant Bit)가 삭제되는데, 이를 양자화 잡음, 즉 $Q$로 모델링된 성분이 더해지는 것이라 할 수 있다.

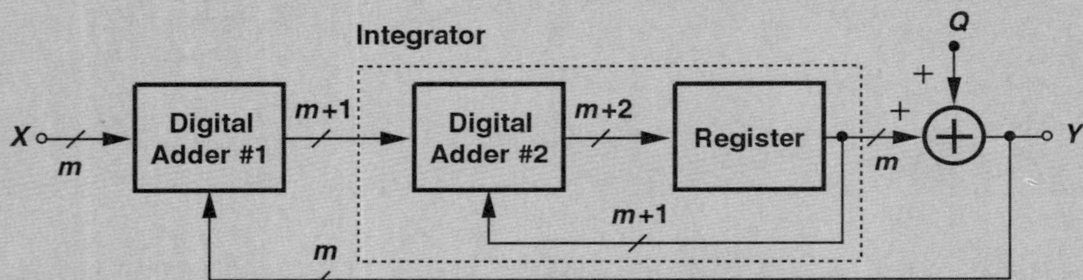


**그림 11.13** *m-bit 입력을 갖는 피드백 시스템*

그림 11.10 시스템에서 생각했던 것과 같은 식으로 보면, 적분기의 이득이 크면 저주파에서 $Y$는 $X$와 같을 것이다, 즉 $Y$의 평균값은 $X$의 평균값과 같게 될 것이다.

지금까지 설명한 개념들을 조합해서 평균값이 $\alpha$이고 잡음성형이 되는 이진 수열 출력을 발생시키는 시스템을 구성해보자. 그림 11.14와 같이, 정확도를 충분히 좋게 하기 위해 $\alpha$를 $m$-bit으로 표현한 경우부터 시작하자. 이 값을 그림 11.11(c)로부터 만들어낸 시스템에 인가하자. 단 여기서 적분기 출력이 플립플롭을 구동하게 하자(즉, 이것이 1-bit 양자화기이다).

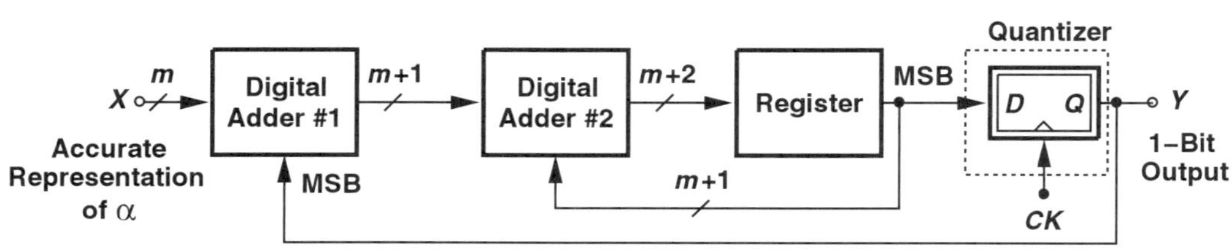


**그림 11.14** *1-bit 출력을 갖는 ΣΔ 변조기*

따라서, 출력에서 단일비트 출력이 발생하게 된다. ($m$ + 2) bit에서 1 bit로 양자화 하는 것은 잡음이 많이 추가 되는 것이다. 하지만, 피드백 루프가 이 잡음을 $(1 - z^{-1})$에 비례하여 성형시킨다. 예제 11.7에서 설명했듯이, 높은 적분기 이득으로 인해 출력의 평균이 $X$가 되도록 한다. 이러한 피드백 시스템을 'ΣΔ변조기(ΣΔ modulator)'라 한다. 그림 11.14에서 $m$은 합성기 출력 주파수에서 요구되는 정확도에 따라 결정돼야 한다. 예를 들어, 10 ppm 이내 주파수 오차를 얻으려면, $m \approx 17$ bits이 되어야 한다.

다음 단계로, $(1 - z^{-1})$의 주파수 영역에서의 모양을 알아보자. $z = \exp(j2\pi f T_{CK})$라는 $z$-변환의 정의를 이용하자(여기서 $T_{CK}$는 샘플링 또는 클록 주기이다). 그림 11.11(c)와 11.13 시스템에서,

$$\frac{Y}{Q}(z) = 1 - z^{-1} \tag{11.20}$$

$$= e^{-j\pi f T_{CK}}\left(e^{j\pi f T_{CK}} - e^{-j\pi f T_{CK}}\right) \tag{11.21}$$

$$= 2je^{-j\pi f T_{CK}} \sin(\pi f T_{CK}). \tag{11.22}$$

이는 다음과 같아진다.

$$S_y(f) = S_q(f)|2\sin(\pi f T_{CK})|^2 \tag{11.23}$$

$$= 2S_q(f)|1 - \cos(2\pi f T_{CK})|. \tag{11.24}$$

그림 11.15에 그린 것과 같이, 이 잡음성형 함수는 $f$ = 0에서 0으로부터 시작하여, $f$ = $(2TCK)^{-1}$에서 4까지 증가한다. 앞서 예상했듯이, 클록 주파수가 높아지면 이 함수는 수평으로 늘어나게 되어서, 저주파에서의 잡음 밀도가 감소하게 된다. 그림 11.14 시스템은 적분기를 하나만 포함하므로 '1차 1비트 ΣΔ 변조기'라 한다.

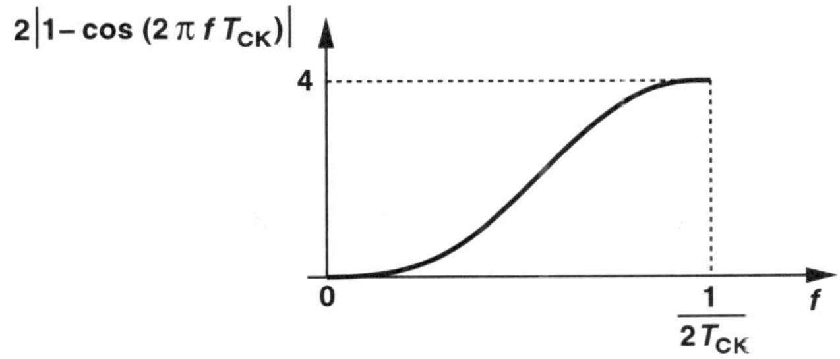


**그림 11.15** *1차 변조기의 잡음성형 함수*

$S_y(f)$의 모양은 어떻게 될까? 식 (11.14)로부터 다음을 얻을 수 있다.

$$S_y(f) = 2\frac{\alpha(1-\alpha)}{T_{CK}}\left(\frac{\sin \pi T_{CK} f}{\pi f}\right)^2 |1 - \cos(2\pi f T_{CK})|. \tag{11.25}$$

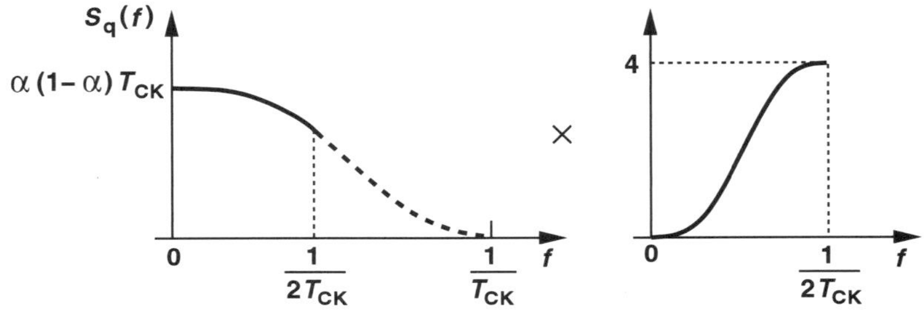


**그림 11.16** *이진수열 양자화 스펙트럼과 잡음성형 함수의 곱*

아래 설명했듯이, 클록 주파수 $f_{CK}$는 합성기 기준 주파수 $f_{REF}$와 같다. PLL 대역폭이 $f_{REF}$보다 매우 작으므로, $S_q(f)$는 우리가 관심을 갖는 주파수 영역에서는 거의 평평한 것으로 봐도 된다(그림 11.16). 따라서, 지금부터, $S_y(f)$의 모양은 잡음성형 함수의 모양과 거의 같다고 볼 것이다.

그림 11.17이 지금까지 논의한 분수형 합성기의 모습이다. 피드백 신호에 의해 클록을 받는 ΣΔ 변조기가 분주비를 $N$과 $N+1$ 사이에서 변하게 하여 평균 분주비를 $N+\alpha$로 만들어 준다.

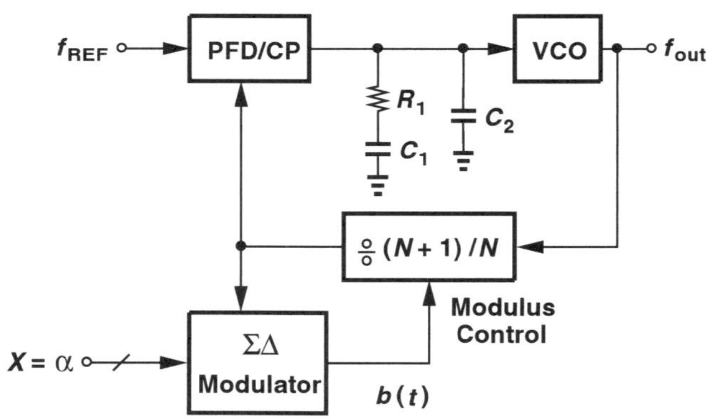


**그림 11.17** ΣΔ *변조기를 사용하여 불규칙한 분주비를 만들어내는 기본적인 분수형 합성기*

**톤 문제** ΣΔ 변조기의 출력 스펙트럼은 그림 11.15와 같은 성형된 잡음뿐 아니라, 몇 개의 톤을 포함한다. 그러한 톤이 저주파에 존재하면 PLL에 의해 제거될 수 없어서, 합성기 출력을 손상시킨다.

톤의 발생 원인을 이해하기 위해, 그림 11.4 변조기를 다시 보자. $X$가 상수일 때, 출력 이진 수열은 정말로 불규칙적일까? 시스템에 불규칙적인 입력이 없으므로, 출력도 완전히 불규칙적이 아닐 수 있을 것이다. 예를 들어, $X = 0.1$이라 가정하자. 그림 11.18과 같이, 출력은

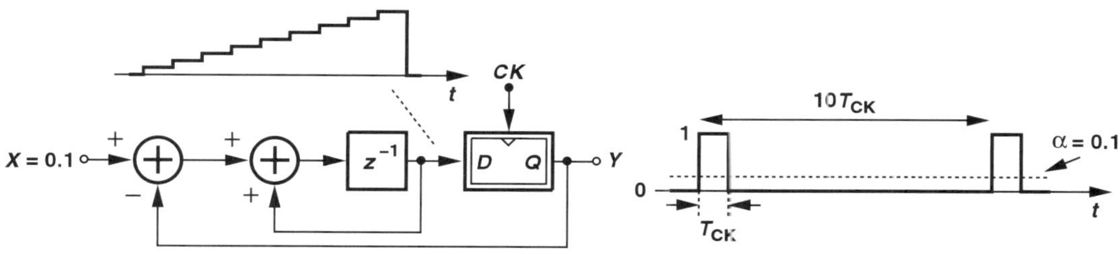


**그림 11.18** ΣΔ*루프에서 톤 발생 문제*

매 열 개의 클록마다 하나의 펄스를 갖게 된다. 실제로 매 출력 펄스 직후에, 적분기 출력은 0으로 떨어지고, 뒤이어 매 클록마다 0.1씩 증가하여 1에 도달하게 되면, 플립플롭 출력을 1로 만들게 된다. 다시 말해, 이 시스템은 *주기적* 특성('한정주기, limit cycle')을 보이게 된다. 매 10번의 클록마다 반복되는 그림 11.18의 출력 파형은 $f_{CK}/10$의 고조파 성분을 갖게 되고, 그 중 몇 개는 PLL 대역폭 내로 들어오게 되어 출력에서 스퍼로 나타나게 된다.

이러한 톤을 억제하려면, 시스템의 주기성이 깨져야 한다. 예를 들어, $X$의 LSB가 0과 1 사이에서 불규칙적으로 변하면, 그림 11.18 출력 파형의 펄스도 불규칙적으로 발생할 것이다. 그러면 스펙트럼에서 스퍼로 나타나는 톤은 전보다 작아질 것이다(하지만 전체적인 잡음 수준은 높아진다). '디더링(dithering)'이라 부르는 이러한 불규칙화는 반드시 적정한 속도로 수행되어야 한다: 만약 너무 느리면 주기성을 깨뜨리기에 충분치 않을 수 있다. (비선형 시스템에서 디더링을 해도 톤이 발생할 수도 있다.)

### 11.2.3 고차 잡음성형 Higher-Order Noise Shaping

식 (11.24)와 그림 11.15의 잡음성형 함수는 대역내 잡음을 제대로 억제하지 못한다. 이는 $f << (\pi T_{CK})^{-1}$에서 식 (11.23)이 다음과 같이 됨을 보면 알 수 있다.

$$S_y(f) = S_q(f)|2\pi f T_{CK}|^2; \tag{11.26}$$

즉, $f$가 0에 가까워지면 스펙트럼이 2차 감쇄를 보이고 있다.[2] 따라서, 2차 보다 좀 더 빠른 감쇄, 즉 출력 스펙트럼이 $f^n$ $(n > 2)$에 비례하는 시스템이 필요하다. 더 높은 차수의 잡음성형 시스템을 구현하기 위해서는 그림 11.19와 같은 '무지연(無遲延) 적분기(non-delaying integrator)'가 필요하다. 이의 전달함수는 다음과 같다.

$$\frac{B}{A}(z) = \frac{1}{1 - z^{-1}}. \tag{11.27}$$

고차 잡음성형을 갖는 시스템을 얻기 위해, 그림 11.14 시스템에서 양자화기(플립플롭)

2. 대역내 잡음은 $f_{CK}$를 증가시켜도 감소된다. 하지만 주파수 합성기에서 $f_{CK} = f_{REF}$로 고정된다.

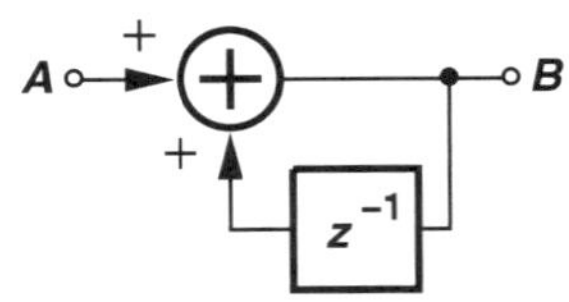


그림 11.19 *무지연(無遲延) 적분기*

자체의 해상도를 높이도록 해보자. 즉, 양자화기가 더 작은 양자화 잡음을 발생시키도록 해보자. 지금까지 우리는 ΣΔ 변조기가 저주파 대역에서 양자화 잡음을 감소시키므로 이러한 목표에 적합함을 알 수 있다. 따라서, 1-bit 양자화기를 ΣΔ 변조기로 바꾸자[그림 11.20(a)]. 잡음성형 함수를 결정하기 위해, 그림 11.20(b)의 등가모델로부터 다음을 얻을 수 있다.

$$\left(-Y\frac{z^{-1}}{1-z^{-1}} - Y\right)\frac{z^{-1}}{1-z^{-1}} + Q = Y. \tag{11.28}$$

이는 다음과 같다.

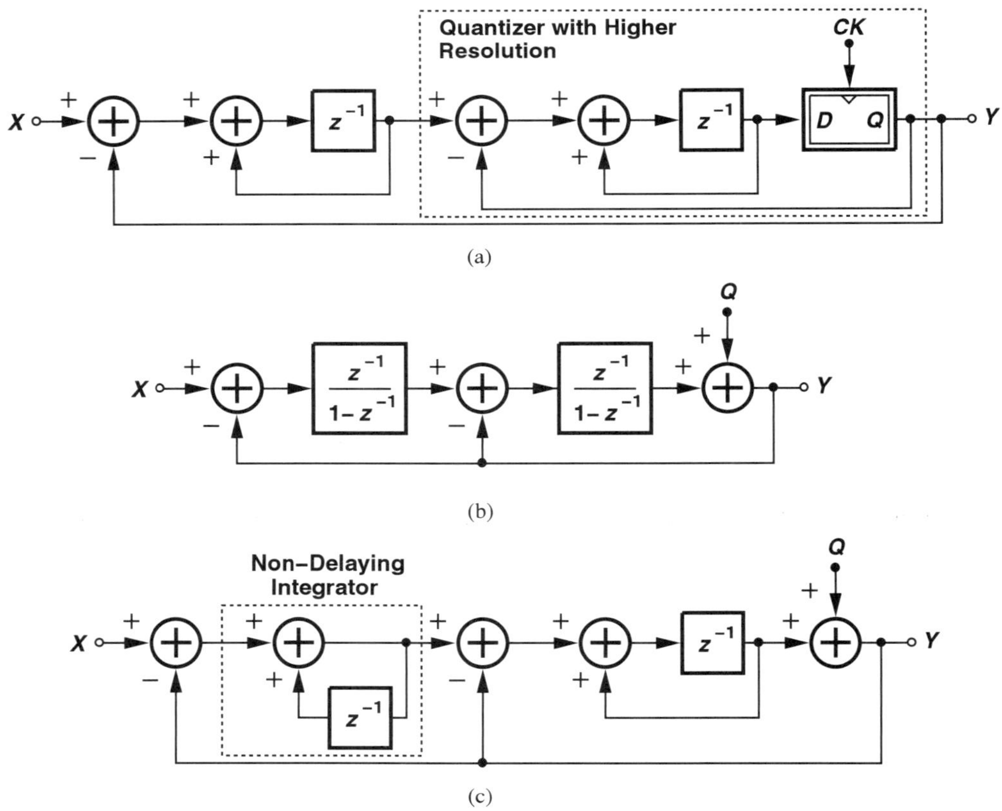


그림 11.20 *(a) ΣΔ 루프 내에서 ΣΔ 변조기를 양자화기로 사용함, (b) (a)의 단순화한 모델, (c) 무지연 적분기를 사용함*

$$\frac{Y}{Q}(z) = \frac{(1 - z^{-1})^2}{z^{-2} - z^{-1} + 1}. \tag{11.29}$$

분자를 보면 실제로 좀 더 강한 잡음성형이 일어남을 예상할 수 있다. 하지만 분모를 보면 극점이 두 개 있다. 첫 번째 적분기를 무지연 적분기로 변경하면[그림 11.20(c)], 다음과 같아진다.

$$\left(-Y\frac{1}{1 - z^{-1}} - Y\right)\frac{z^{-1}}{1 - z^{-1}} + Q = Y \tag{11.30}$$

따라서,

$$\frac{Y}{Q}(z) = (1 - z^{-1})^2. \tag{11.31}$$

식 (11.23)을 유도할 때와 같은 방식으로, 다음을 얻을 수 있다.

$$S_y(f) = S_q(f)|2\sin(\pi f T_{CK})|^4, \tag{11.32}$$

즉, 잡음성형이 $f$가 0근처에서 $f^4$으로 떨어지게 된다. 그림 11.20(c) 시스템을 '2차 1비트 ΣΔ 변조기'라 한다. 그림 11.21은 식 (11.23)과 (11.32)의 잡음성형 함수를 그린 것이다. 여기서 주파수가 $(6T_{CK})^{-1}$까지 후자가 전자보다 더 작음을 볼 수 있다.

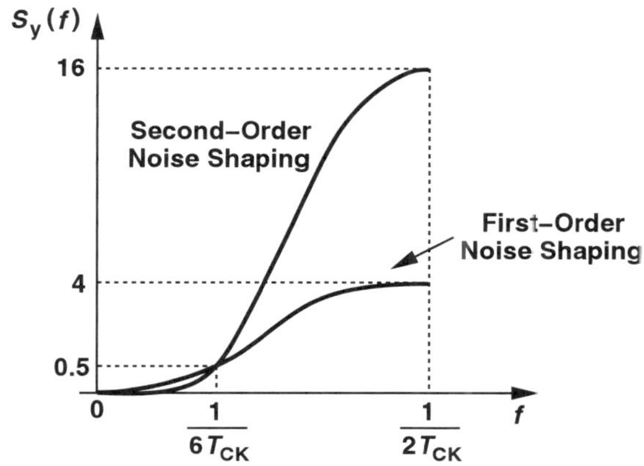


**그림 11.21** *1차와 2차 변조기의 잡음성형*

ΣΔ 변조기 루프의 차수를 좀 더 높여서 잡음성형 함수를 좀 더 급격하게 만드는 것은 가능한가? 그렇다. 루프 내에 적분기를 추가하면 좀 더 고차의 잡음성형이 될 것이다. 하지만, 피드백 루프에 두 개 이상의 적분기를 사용하는 것은 루프를 불안정하게 할 수 있으므로 여러 가지 안정화 기법이 필요하게 된다. 그 몇 가지 예가 [2]에 기술되어 있다.

고차 ΣΔ 변조기를 만드는 또 다른 방법으로 '직렬연결 루프(cascaded loops)'구조가 있다. 그림 11.22(a)의 1차 1비트 루프를 생각해보자. 여기서 차감기(subtractor)는 양자화기의 입력과 출력의 차이, 즉 양자화기에서 발생한 양자화 오차, $U = Y_1 - W = Q$를 발생시킨다. 이 오차를 $Y_1$으로부터 *빼면*, 그 값은 더 적은 양의 양자화 잡음을 가질 것이라 생각할 수 있다. 하지만, $U$는 $m$ 비트이다. 따라서, 우선 $U$를 적절한 정확도를 갖는 1비트로 표현해야 한다. 이 일은 ΣΔ 변조기를 이용하면 가능하다. 그림 11.22(b)와 같이, $U$가 두 번째 루프에 인가되어, 1비트 수열 $Y_2$를 만들어낸다. $M$ 비트 $U$값을 1비트 $Y_2$값으로 근사화하는 과정에서 발생된 양자화 잡음이 이 두 번째 루프에 의해 성형되기 때문에, $Y_2$가 $U$의 비교적 정확한 복사본이 된다. 마지막으로, $Y_2$를 $Y_1$과 결합하여 $X$의 좀 더 정확한 표현 값인 $Y_{out}$을 발생시킨다. 이러한 시스템을 각 루프가 1차임을 나타내어 '1-1 직렬연결구조(1-1 cascade)'라 부른다.

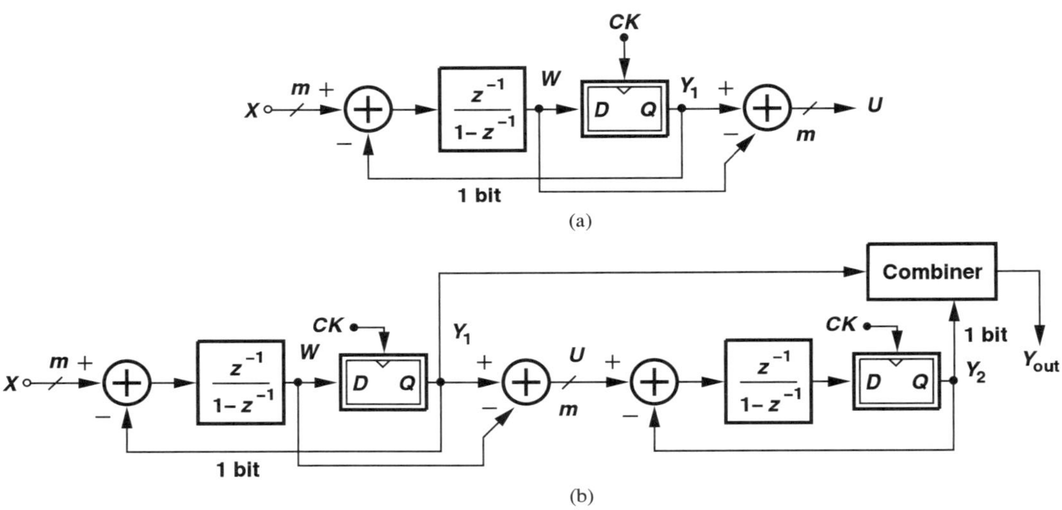


**그림 11.22** *(a) 양자화 잡음의 복원, (b) 직렬연결 변조기*

$Y_{out}$에 존재하는 양자화 잡음의 잔여 값을 계산해보자. 그림 11.22(b) 시스템을 그림 11.23과 같이 다시 그리자. 여기서 $Q'$은 두 번째 루프의 양자화로 발생하는 잡음을 나타낸다. 이 시스템에서 우리는 다음을 얻을 수 있다.

$$Y_1(z) = z^{-1}X(z) + (1 - z^{-1})Q(z), \tag{11.33}$$

그리고

$$Y_2(z) = z^{-1}U(z) + (1 - z^{-1})Q'(z) \tag{11.34}$$

$$= z^{-1}Q(z) + (1 - z^{-1})Q'(z). \tag{11.35}$$

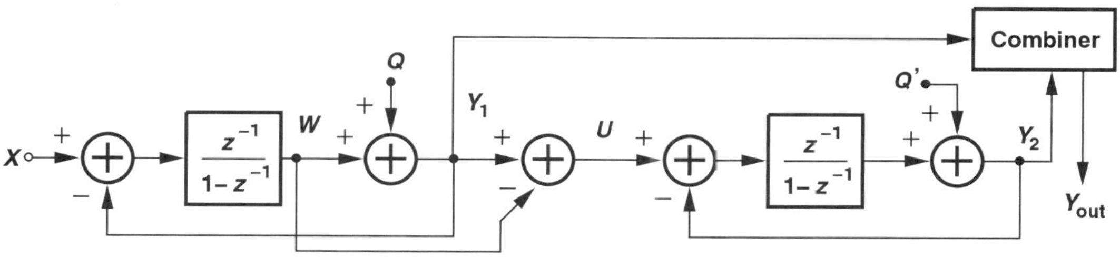


**그림 11.23** *양자화 잡음 성분을 표시한 직렬연결 변조기*

$Y_1(z)$와 $Y_2(z)$를 결합하여 $Q(z)$를 삭제하고 싶다. 이를 위해 '결합기(combiner)'에서 식 (11.33) 양단에 $z^{-1}$을 곱한 것에서 식 (11.35) 양단에 $(1 - z^{-1})$을 곱한 것을 빼면 다음을 얻는다.

$$Y_{out}(z) = z^{-1}Y_1(z) - (1 - z^{-1})Y_2(z) \tag{11.36}$$
$$= z^{-2}X(z) - (1 - z^{-1})^2 Q'(z). \tag{11.37}$$

흥미로운 사실은, 1-1 직렬연결루프가 그림 11.20(c)의 2차 변조기와 동일한 잡음성형 특성을 보이고 있다는 것이다.

**예제 11.8** RF Microelecronics

그림 11.23에 나타낸 결합 동작을 수행하는 회로를 구현하라.

**풀이:**

1비트 수열에 대해 $z^{-1}$을 곱하는 것은 플립플롭으로 구현된다. 따라서, 회로는 그림 11.24와 같다.

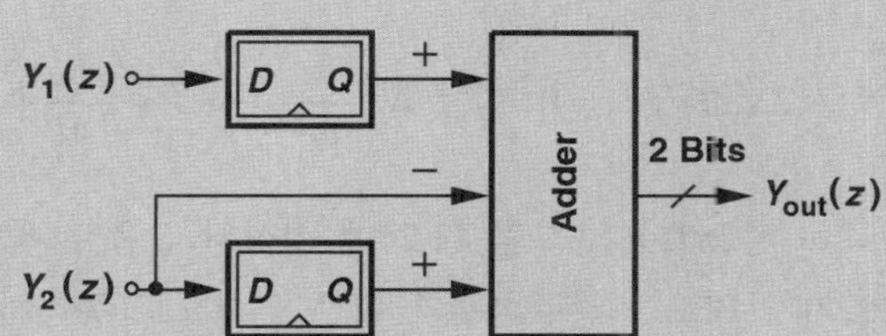


**그림 11.24** *직렬연결 루프에서 신호 결합회로*

직렬연결구조는 'MASH 구조(MASH architecture)'라고도 하는데, 고차의 단일루프 변조기에서 흔히 발생하는 불안정 문제를 갖지 않으면서 고차의 잡음성형을 할 수 있는 장점을 갖는다. 하지만, 위의 예에서 보았듯이, 직렬구조의 최종 출력은 1비트 이상의 값을 갖는다.

따라서, 분주기의 분주비가 여러 값을 변할 수 있는 다중-분주비 분주기가 필요하다. 예를 들어, $Y_{out}$의 값이 4종류이면, 분주기의 분주비가 $N-1$, $N$, $N+1$, $N+2$로 변해야 하는 것이다. 참고문헌[3, 4]에 다중-분주비 분주기가 나와 있다.

### 11.2.4 대역밖 잡음 문제 Problem of Out-or-Band Noise

그림 11.21에 표시된 경향을 보건 데 잡음성형의 차수를 높여서 대역내 양자화 잡음을 낮추는 것이 바람직하다. 하지만, 불행히도 고차 잡음성형을 하면 고주파에서의 양자화 잡음을 급격히 높이게 된다. 이러한 잡음 스펙트럼이 PLL을 통과할 때 단지 2차 저역통과 특성에 의해서만 억제되기 때문에, 이는 심각한 문제가 된다.

이 문제를 살펴보기 위해, 예를 들어, 식 (11.7)을 보면, 식 (11.32)로 표현된 성형된 잡음 스펙트럼은 실제로는 *주파수* 잡음이다(즉, 분주비의 변화에 해당하는 잡음). 이러한 위상 잡음 스펙트럼을 계산하려면, 양자화 잡음에서 주파수 잡음으로의 전달함수를 다시 보자:

$$Y(z) = (1 - z^{-1})^2 Q(z). \tag{11.38}$$

위상 잡음 $\Phi(z)$는 주파수 잡음의 시간상 적분 $\Phi(z) = Y(z)/(1 - z^{-1})$이므로,

$$\Phi(z) = (1 - z^{-1}) Q(z). \tag{11.39}$$

따라서, 위상 잡음 스펙트럼은 다음과 같다.

$$S_\Phi(f) = |1 - z^{-1}|^2 S_q(f) \tag{11.40}$$

$$= |2\sin(\pi f T_{CK})|^2 S_q(f). \tag{11.41}$$

이 위상 잡음 스펙트럼은 위상 검출기의 입력에 바로 나타나게 되므로 PLL 기준신호의 위상 잡음과 동일하게 보인다. 따라서, PLL의 저역통과 특성을 거쳐 출력에 나타나게 된다:

$$S_{out}(f) = |2\sin(\pi f T_{CK})|^2 S_q(f) N^2 \frac{4\zeta^2\omega_n^2\omega^2 + \omega_n^4}{(\omega^2 - \omega_n^2)^2 + 4\zeta^2\omega_n^2\omega^2}, \tag{11.42}$$

여기서, $N$은 분주비이고 $\omega = 2\pi f$이다. 그림 11.25에 성형된 잡음 스펙트럼과 PLL 전달함수를 표시하였다.[3] ΣΔ변조기가 PLL 기준주파수와 같은 클록으로 동작하면(대개 이렇게 동작함), 9장에서 살펴본 바와 같이, $f_{-3dB} \approx 0.1 f_{REF} \approx 1/(10T_{CK})$. 작은 $f$ 값에 대해, 식 (11.42)의 잡음성형 함수는 $4\pi^2 f^2 T_{CK}{}^2$으로 근사화될 수 있고, PLL 전달함수는 $N^2$이 된다. 따라서, 그의 곱 $S_{out}(f)$는 0에서 시작하여 어느 정도까지 증가하게 된다. 큰 $f$ 값에 대해서는, 잡음성형 함수의 $f_2$ 특성이 PLL 감쇄특성을 상쇄하여 비교적 일정한 높이의 언덕을 만든다. 이 언덕이

3. 식 (11.25)와 연결하여 설명한 바와 같이, $S_q(f)$는 관심 주파수 영역에서 비교적 편평하다.

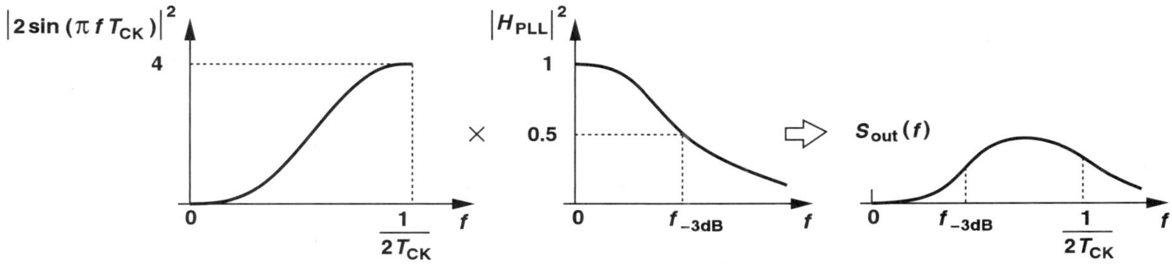


**그림 11.25** *합성기 출력에서의 양자화 잡음*

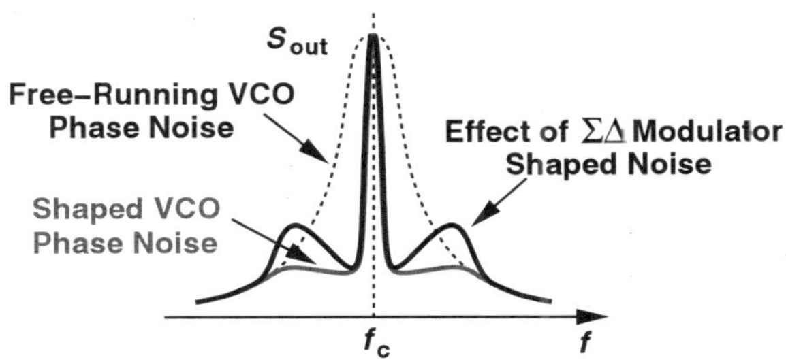


**그림 11.26** *분수형 합성기 출력에서 위상 잡음에 대한 영향*

VCO 위상 잡음과 비슷한 수준의 값이라면 문제가 된다. 그림 11.26에 합성기 출력에서의 위상 잡음에 대한 영향을 간단히 그림으로 표시하였다.

위에서 살펴본 바에 의하면 2차 이상 고차 ΣΔ 변조기를 사용할 때 PLL 대역폭을 충분히 감소시키지 않으면 PLL 출력에서의 위상 잡음이 상당히 커진다. 이는 분수형 합성기가 루프 대역폭을 크게 만들 수 있을 것이라는 가정을 위배하게 되는 것이다. 문제 11.4에서 3차 변조기에 대해 이 문제를 정량화 해 보았다.

### 11.2.5 전하펌프 부정합의 영향 Effect of Charge Pump Mismatch

9장에서 PFD/CP의 비이상성(nonideality)에 대해 자세히 살펴본 바에 의하면 발진기 제어 전압에서 리플을 발생시키고 그 결과로 출력에서 측대파가 발생하는 여러 가지 요인이 존재한다. 특히 불규칙효과 및 채널길이 변조효과에 의한 UP/DOWN 전류의 부정합이 매우 심각한 영향을 미친다. 이러한 부정합은 분수형 합성기에서 *또 다른* 문제의 원인이 된다[5].

전하펌프 부정합의 효과를 이해하기 위해서, 그림 11.27(a)의 PFD/CP/LPF를 살펴보자. 여기서 $C_1$으로 전달되는 순수 전하량을 입력 위상 차이 $\Delta T_{in}$에 대한 함수로 알아보자[5]. 전류원을 $I_1$, $I_2$라 하고 출력 노드에 도달하는 전류 파형을 $I_{Up}$, $I_{Down}$이라 하자. 또한, 순수하게 전달되는 전류를 $I_{net} = I_{Up} - I_{Down}$이라 하자. 그림 11.27(b)는 $A$가 $B$보다 $\Delta T_{in}$ 초 앞선 경우의 파형이다. Up 펄스가 먼저 올라가서, $I_1$ 전류를 집어넣는다. $\Delta T_{in}$ 초 후에 Down 펄스가 올라가고 $I_2$ 전류를 빼내게 되고, 이는 PFD 리셋 펄스폭(약 5개의 게이트 지연시간)인 $\Delta T_1$초 동안 지속된다. 따라서 순수 전류 $I_{net}$은 $\Delta T_{in}$ 초 동안은 $I_1$이고, $\Delta T_1$ 초 동안은 $I_1 - I_2$가 된다. 결과적으로, 루프필터에 전달되는 순수 전하량은 다음과 같다.

$$Q_{tot1} = I_1 \cdot \Delta T_{in} + (I_1 - I_2) \cdot \Delta T_1. \tag{11.43}$$

이제 반대로 B가 A보다 앞선 경우에 대해 살펴보자. 그림 11.27(c)와 같이, 먼저 Down 펄스가 올라가고, UP 펄스가 올라가기 전까지 $-I_2$의 순수 전류가 주입된다. 그 후에 $I_{net}$은 $I_1 - I_2$로 변한다. 이 경우에,

$$Q_{tot2} = I_2 \cdot \Delta T_{in} + (I_1 - I_2)\Delta T_1. \tag{11.44}$$

(여기서 $\Delta T_{in}$은 음수이다.) 여기서 중요한 사실은 $\Delta T_{in}$에 대한 $Q_{tot}$ 함수의 기울기가 $\Delta T_{in}$이 음수에서 양수로 변할 때 $I_2$에서 $I_1$으로 변한다는 것이다[그림 11.27(d)]. 다시 말해, PFD/CP 특성이 *비선형적*이다. 이러한 비선형 특성은 ΣΔ 변조기와 피드백 분주기에서 발생하는 넓은 대역의 잡음에 악영향을 미치게 된다.

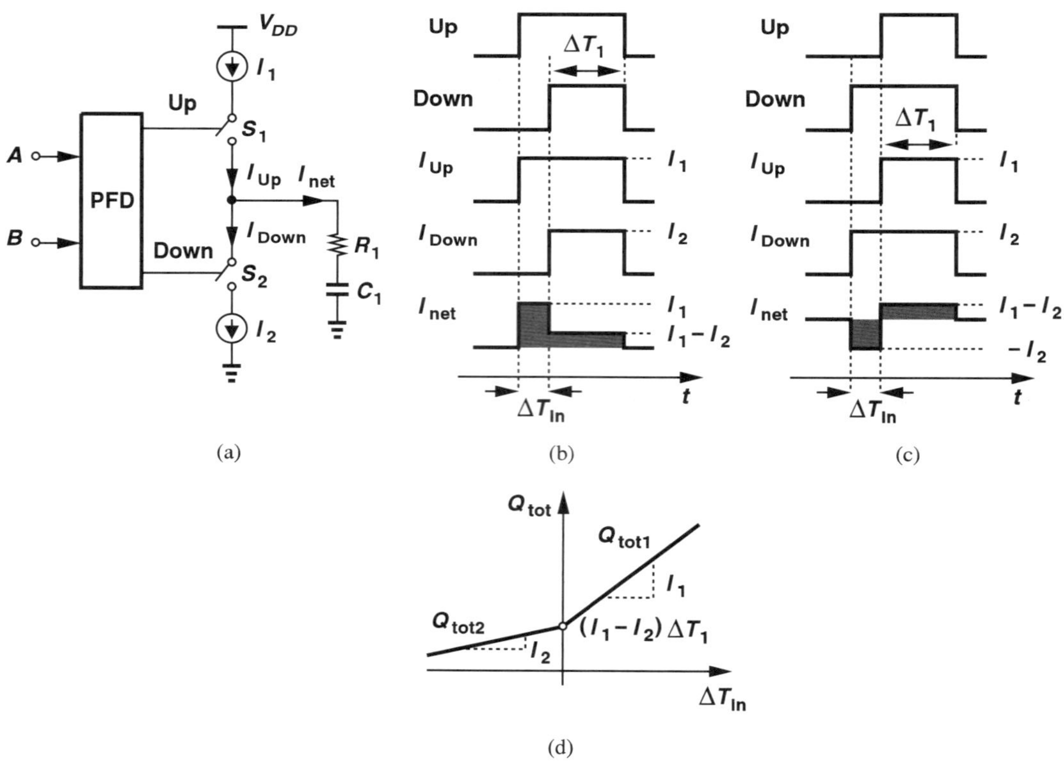


**그림 11.27** *(a) 전류 부정합을 갖는 PFD/CP, (b) Up이 Down보다 앞설 때, (c) Up이 Down보다 늦을 때, (d) 결과적인 특성*

### 예제 11.9

RF Microelecronics

위의 비선형성은 정수형 합성기에서도 영향을 미치는가?

**풀이:**

그렇지 않다. 9장으로부터 보면, $I_1$과 $I_2$ 사이의 부정합이 있을 경우, 정수형 PLL은 일정한 위상오차 $\Delta T_0$를 가진 상태로 동기(lock)된다. 여기서 $\Delta T_0$는 루프 필터로 주입되는 실제 전하량이 영이 되는 조건이 만족하도록 결정된다[그림 11.28(a)]. 여기서 분주기 출력 위상이 순간적으로 약간 증가한다고 가정하자(예를 들어, VCO 위상 잡음 때문에 그럴 수 있음) [그림 11.28(b)]. 이때 순수 전하량은 이에 비례하여 양의 값이 된다. 비슷한 방식으로, 순간적으로 출력위상이 약간 감소했다면, 순수 전하량은 그에 비례하여 음수가 된다[그림 11.28(c)]. 두 경우 모두 중요한 점은 전하량이 $I_1$에 비례하기 때문에 그림 11.28(d)와 같은 특성을 보인다는 것이다. 피드백 신호의 지터가 $\Delta T_0$ 이내로만 유지된다면 비선형성은 없다. (만약 $\Delta T_0$가 매우 작다면, $I_1$, $I_2$ 사이의 부정합 및 이로 인한 비선형성도 작을 것이다.)

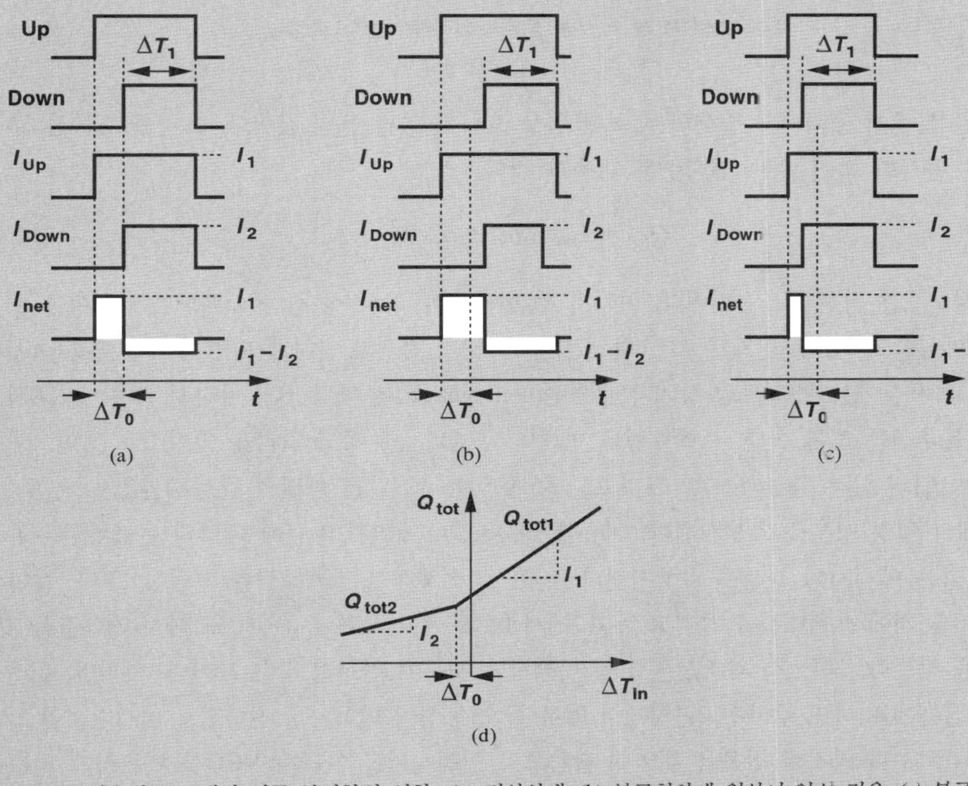


**그림 11.28** *정수형 루프에서 전류 부정합의 영향: (a) 정상상태, (b) 불규칙하게 위상이 앞선 경우, (c) 불규칙하게 위상이 뒤진 경우, (d) 결과적인 파형*

그림 11.27(d)에 묘사된 비선형성은 ΣΔ 분수형 합성기에서는 심각한 문제가 된다. 왜냐하면 분수형 합성기에서는 피드백 분주기 출력이 크고 불규칙한 위상 변화를 발생시키기 때문이다. PFD에 의해 감지된 위상 차이는 크게 양과 음의 값으로 흔들리기 때문에, 루프필터로 전달되는 전하도 불규칙하게 $I_1$ 또는 $I_2$에 비례하게 된다.

이러한 비선형성이 ΣΔ 분수형 합성기에 주는 영향은 무엇일까? 그림 11.27(d)의 특성을 두 가지 성분으로 분리해 보자: 양 끝점을 통과하는 직선과 그 잔여 오차 성분으로 분리 가능하다(그림 11.29).

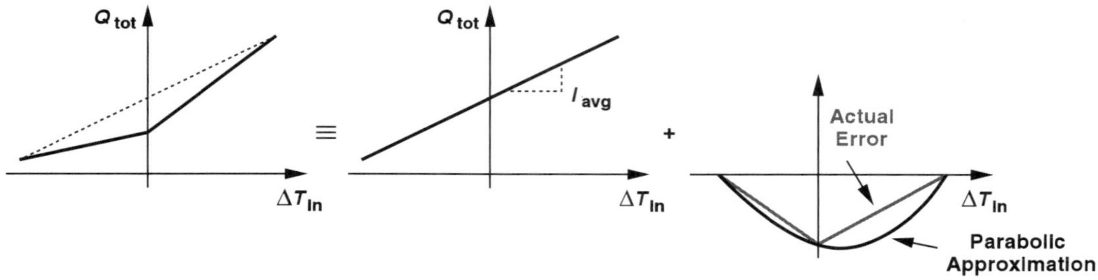


**그림 11.29** *비선형 성분과 및 선형 성분으로 분리*

끝점은 분주기 출력에서 발생하는 최대 위상 오차의 양과 음의 값이다. 오차를 포물선 $a\Delta T_{in}^2 - b$로 근사화 하면 순수 전하량은 다음과 같다.

$$Q_{tot} \approx I_{avg}\Delta T_{in} + a\Delta T_{in}^2 - b, \tag{11.45}$$

여기서 $I_{avg}$는 직선의 기울기이다. 여기서 두 번째 항이 ΣΔ위상 잡음 스펙트럼에 영향을 줄 것이라 예상할 수 있다. 실제로 $\Delta T_{in}$(위상 잡음)을 자기 자신과 곱하게 되면 주파수 혼합(mixing)의 효과와 같아서, 스펙트럼 상의 콘볼루션(convolution)에 해당한다. 따라서, 그림 11.30과 같은 콘볼루션을 해야 한다. 스펙트럼을 협대역 채널로 구분하고 각각을 임펄스로 보면, $+f_1$(그리고, $-f_1$)에 있는 채널과 $+f_2$ (그리고, $-f_2$)에 있는 또 다른 채널의 콘볼루션은 $f_2 - f_1$과 $f_2 + f_1$에서 일정 성분을 발생시킨다. 비슷한 이유로, $f_1$ 채널과 0 근처 채널의 콘볼루션은 $f_1$ 근처에 작은 에너지의 성분을 발생시킨다. 따라서, 전체적인 스펙트럼은 그림 11.30과 같이 주파수 0 근처에서 최대값을 가지고, $f_{CK}/2$에서 0으로 떨어지고, $f_{CK}$에서 또 다시 최대값을 갖는 모습을 갖는다. 물론 각 최대값은 $a^2$에 비례하기 때문에 비교적 작은 값이다. 하지만, 원래 성형된 잡음에 비하면 주파수 0근처에서 매우 클 가능성이 많다. 즉, 전하펌프 비선형성이 ΣΔ변조기의 고주파 양자화 잡음을 대역내 잡음으로 이동시키고 따라서 VCO를 변조하게 되는 것이다. 이러한 '잡음 접힘(noise folding)' 현상은 ΣΔ변조기의 차수가 증가하여 고주파 양자화 잡음이 커지면 더욱 커지게 됨을 알 수 있다. 비슷한 접힘 현상이 11.2.2절에 설명한 톤에

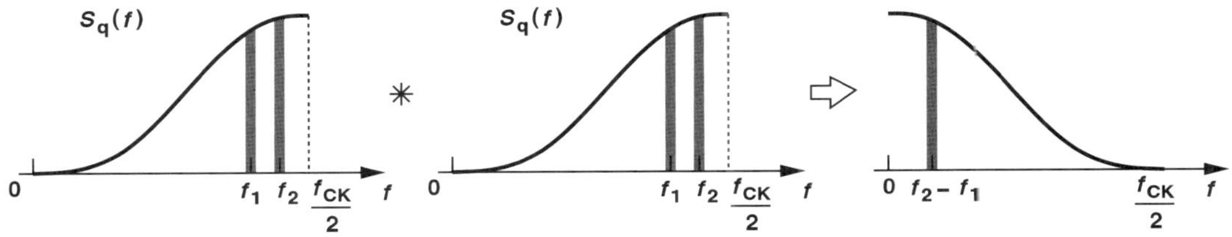


**그림 11.30** *CP 비선형성으로 인해 고주파 양자화 잡음이 하향 이동하는 현상*

대해서도 발생할 수 있다.

전하펌프 부정합 문제를 완화시키기 위해 9장에서 공부한 몇 가지 방법을 생각해 볼 수 있다. 예를 들어, 그림 9.53의 구조는 불규칙한 부정합 및 규정된 부정합 도두를 억제한다. 하지만, 이 방법은 레일투레일(rail-to-rail) 동상 입력 범위를 갖는 op-암프를 필요로 한다. 다른 방법으로, 예제 11.9에서 본 바와 같이, 정상상태의 위상 오차가 피드백 분주기에서 발생하는 위상 변화보다 크면 비선형성이 문제되지 않는 다는 사실을 이용할 수 있다. 다시 말해, 일부러 Up/Down 전류의 부정합을 만들어서 정상상태의 위상오차를 크게 만들면, 전달특성의 기울기는 영점근처에서 변하지 않게 된다. 그림 11.28(d)와 같이 $\Delta I = I_1 - I_2$의 부정합이 견딜 수 있는 최대 위상 변화는 다음과 같다.

$$\Delta T_0 = \frac{\Delta I}{I}\Delta T_1, \tag{11.46}$$

여기서 $I$는 $I_1$, $I_2$, 중에서 작은 값이고 $\Delta T_1$은 PFD 리셋 펄스의 폭이다. 불행히도 이 정도의 큰 부정합은 VCO 제어전압에서 큰 리플을 발생시키고 따라서 (전하펌프 전류가 좀 더 긴 시간동안 흐르기 때문에) 전하펌프 잡음이 커지게 된다.

정상상태의 위상오차를 만들 수 있는 또 다른 방법으로는 PFD 티셋 펄스를 그림 11.31(a)와 같이 분리시키는 것이다. [6]. FF1이 FF2보다 $T_D$ 만큼 늦게 리셋되기 때문에, Up 펄스는 Down 펄스보다 $T_D$ 이후에 떨어진다. PLL이 동기될 때 순수 전하값이 영이어야 하므로, 다음 상태에서 동기된다.

$$\Delta T_0 \cdot I_2 \approx T_D \cdot I_1. \tag{11.47}$$

이때 정상상태에서의 위상오차는 다음과 같다.

$$\Delta T_0 \approx T_D. \tag{11.48}$$

즉, $T_D$와 $\Delta T_0$가 충분히 클 때, 위상 떨림은 단지 $I_{net}$에서 음의 전류 펄스 폭 만을 변화시키기 때문에, $I_2$ 기울기가 된다. 불행히도 이 방법은 제어전압에 큰 리플 (최대 $I_2\Delta T_0$)을 발생시키는 문제를 갖는다.

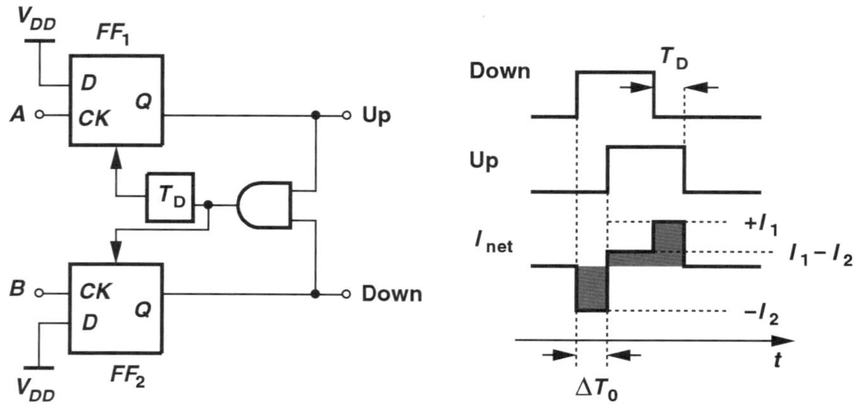


**그림 11.31** *기울기 변화를 없애기 위해 PFD에서 리셋 신호를 분리하기*

위의 두 가지 방법은 전하펌프 부정합 문제를 완화하지만 제어전압에 큰 리플을 발생시킨다. 10장에서 언급한 바와 같이, 다행히도 전하펌프와 루프 필터 사이에 샘플링 회로를 삽입하여 리플을 걸러내어, 발진기의 제어전압 쪽에서 볼 때 CP에 의해 발생된 전압의 *안정화*된 이후의 값만이 보이도록 할 수 있다(그림 11.32). 다시 말해, 인위적인 전류 차이 또는 Up/Down 펄스 부정합을 이용하여 전하펌프로부터의 비선형성 문제를 억제하고, 샘플링 회로를 이용하여 리플은 작게 할 수 있다.

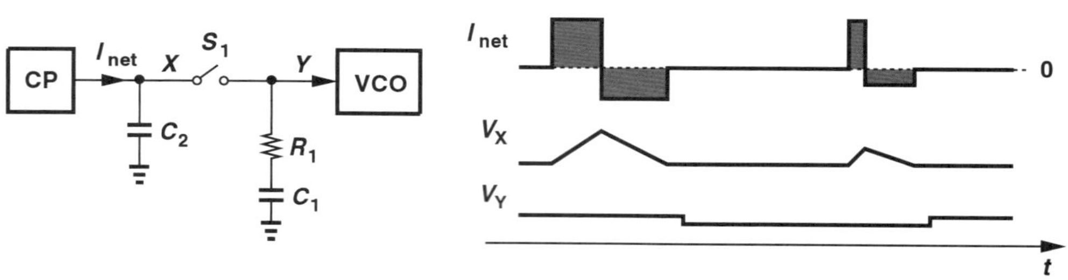


**그림 11.32** *샘플링 필터를 이용하여 전하펌프 동작에 의한 제어전압 리플을 걸러내기*

## 11.3 양자화 잡음 감소 기술 Quantization Noise Reduction Techniques

11.2.4절에서 보았듯이, ΣΔ 변조기의 양자화 잡음이 급격히 증가하면 주파수 합성기 출력에서의 위상 잡음도 증가하게 된다. 실제로 이러한 위상 잡음 증가분이 VCO 위상 잡음을 넘어서기도 한다. 이 문제는 PLL 대역폭을 감소시켜서 해결할 수도 있겠으나, 이는 분수형 주파수 합성기의 본래 장점, 즉 빠른 동기 시간과 넓은 대역에서 VCO 위상 잡음 억제라는 장점을 살리지 못하는 것이다. 이 절에서는 합성기의 대역폭을 줄이지 않으면서 ΣΔ변조기의 위

상 잡음을 낮추기 위한 몇 가지 방법을 살펴보도록 하자.

### 11.3.1 DAC 피드포워드 DAC Feedforward

ΣΔ변조기의 양자화 잡음을 다시 한 번 만들어보자. 그림 11.33에서 1차 1비트 변조기의 예를 보이고 있다. 여기서 변조기 출력은

$$Y(z) = z^{-1}X(z) + (1 - z^{-1})Q(z). \tag{11.49}$$

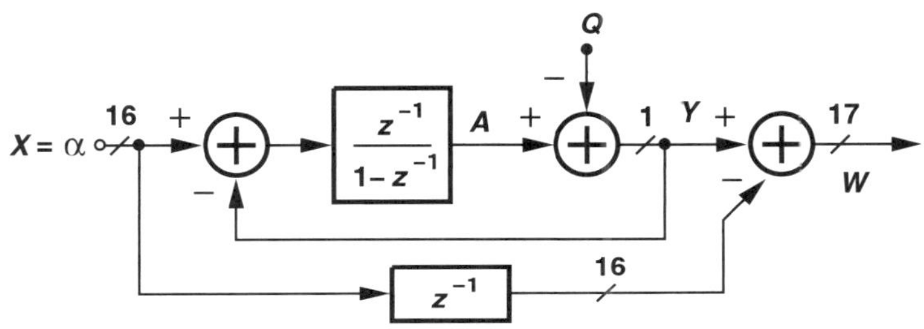


**그림 11.33** *양자화 잡음 복원*

$X(z)$를 한 클록 지연시켜서 $Y(z)$로부터 빼면 양자화 잡음을 얻게 된다:

$$W(z) = Y(z) - z^{-1}X(z) \tag{11.50}$$

$$= (1 - z^{-1})Q(z). \tag{11.51}$$

이 동작은 $Y(z)$에 포함된 전체 (성형된) 양자화 오차를 만들어낸다. 이 예에서 $W(z)$는 17비트이다.

이 동작을 직렬연결(cascaded) 변조기 구조에서의 양자화 오차 복원 동작과 혼동하지 말자. 여기서 $W$는 성형된 잡음이고, 직렬연결구조에서 $Q = Y - A$는 성형되지 않은 잡음이다.

이 복원된 오차를 가지고 무엇을 할 수 있을까? 이상적으로는 $Y(z)$에서 $W(z)$를 빼서 $Y(z)$를 깨끗하게 만들고 싶다. 하지만 그러한 뺄셈은 단순히 16비트의 $X = \alpha$를 만들어 낼 뿐이다. 따라서, $Y(z)$에서 $W(z)$를 뺄 수 있고, 그 결과가 다중 비트가 안되는 시스템의 다른 포인트를 찾아야 한다.

위의 생각에 따라, 그림 11.34(a)와 같이, W(z)를 아날로그 전하로 변환하고 이를 루프필터에 주입하되, 극성을 조정하여 ΣΔ변조기로부터 도달하는 $(1 - z^{-1})Q(z)$ 잡음의 효과를 상쇄할 수 있도록 한다. 아날로그 회로 및 시간상 부정합이 없다면, 분주기, PFD, 전하펌프를 통과하여 도달한 ΣΔ변조기 출력 펄스는 DAC에 의해 생성된 또 다른 펄스와 만나게 되어 완벽히 상쇄될 것이다. 이러한 방법을 'DAC 피드포워드 상쇄(DAC feedforward cancellation)' 기법이라 부른다.

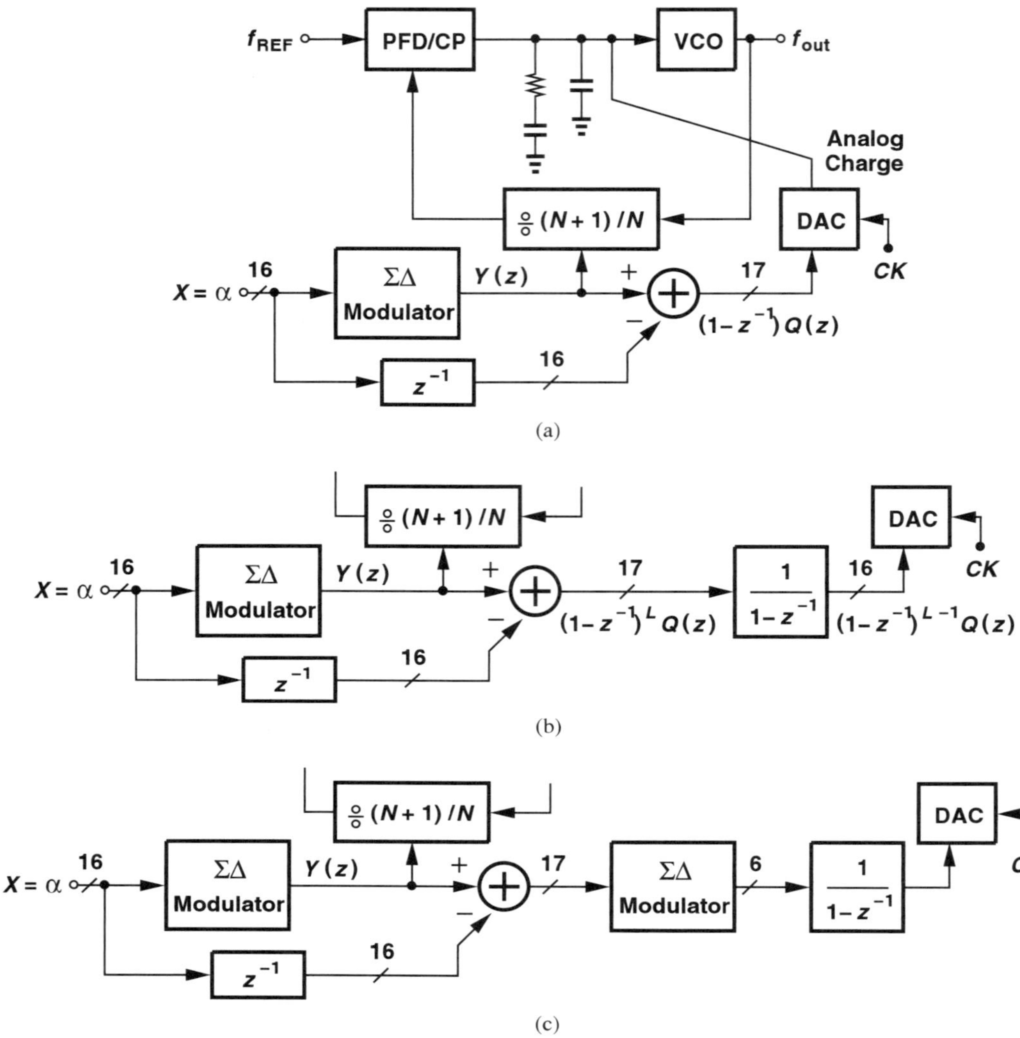


**그림 11.34** *(a) 기본적인 DAC 피드포워드, (b) DAC 경로상에 적분기 사용, (c) DAC 해상도를 낮추기 위해 또 다른 ΣΔG변조기 사용*

그림 11.34(a) 시스템은 몇 가지 문제가 있어 약간의 변경이 필요하다. 우선 PFD/CP는 분주기 출력의 *위상*, 즉 주파수의 적분량에 비례하는 전하를 생성한다. 따라서, 루프필터에 도달하는 양자화 잡음은 $(1 - z^{-1})Q(z)/(1 - z^{-1}) = Q(z)$의 형태이다. 반면 DAC 출력은 $(1 - z^{-1})Q(z)$ 형태이다. 따라서, 감산기와 DAC 사이에 적분기를 삽입해야 한다. 그림 11.34(b)는 차수가 $L$인 좀 더 일반적인 ΣΔ변조기를 포함한 결과를 보이고 있다.

두 번째 문제는 DAC에서 요구되는 정확도와 관련이 있다. 17-비트 DAC를 만드는 것이 매우 어렵기 때문에 DAC 입력 아래 부분을 잘라내서, 예를 들어 6비트로 만들고 싶을 수 있다. 하지만 그렇게 잘라내면 고주파영역의 양자화 잡음이 저주파수 대역으로 내려오게 된다 [5]. 이는 그림 11.30에 보인 콘볼루션과 같은 이유이다. 따라서, 또 다른 ΣΔ변조기를 사용하여 17-비트 수를 다시 한 번 양자화 할 필요가 있다. 그래서, 예를 들어 6-비트로 바꿨을 때 그의 양자화 잡음이 성형된 상태를 유지해야 한다[5] [그림 11.34(c)].

세 번째 문제는 두 경로를 통해 전달되는 펄스의 특성 때문에 발생한다. Up/Down 펄스는 기준 주기의 일부 시간 동안만 CP를 켜게 되고, 그래서 각 시간마다 일정한 높이를 갖는 전류 펄스를 발생시킨다. 반면 DAC는 일정한 폭을 갖는 전류 펄스를 발생한다. 그림 11.35와 같이, 이상적인 경우라면, CP와 DAC 펄스의 면적은 동일하겠지단, 그들의 도달시간과 폭은 같지 않다. 따라서, 제어전압상에 약간의 리플은 여전히 존재한다. 이 때문에, 리플을 차단할 수 있도록 그림 11.32의 샘플링 루프필터가 보통 사용된다.

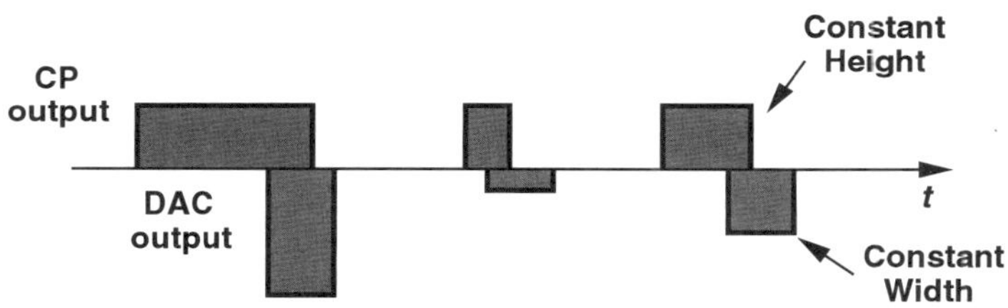


**그림** 11.35 *CP와 DAC 출력 전류 파형*

## 예제 11.10

RF Microelecronics

그림 11.34에서 전하펌프 전류와 DAC 전류 사이의 부정합이 있다면 그 영향은 어떠한가?

**풀이:**

CP와 DAC에 의한 전류 펄스의 서로 다른 면적은 양자화 잡음이 완전히 상쇄되지 않음을 의미한다. 예를 들어, 5% 부정합으로는 잡음 감쇄효과를 약 26 dB까지만 볼 수 있다.

위의 예에서 살펴본 부정합은 'DAC 이득 오차'라고 부르기도 한다. 그림 11.36(a)는 3-비트 DAC의 개념도이다. 그 출력 전류는 다음과 같다.

$$I_{out} = I_{REF}(4D_3 + 2D_2 + D_1), \qquad (11.52)$$

여기서 $D_3D_2D_1$은 이진수 입력이다. 그림 11.36(b)는 입출력 특성인데, $I_{REF}$의 오차가 *기울기* 오차, 즉 이득의 오차로 나타난다는 것을 보이고 있다. 전하펌프 전류와 DAC 전류 모두 전류 미러(mirror, 거울)로 정해지기 때문에, 전류 미러의 부정합은 양자화 잡음의 불완전 상쇄로 연결되는 것이다. DAC 이득 교정 방법은 [7]에 나와 있다.

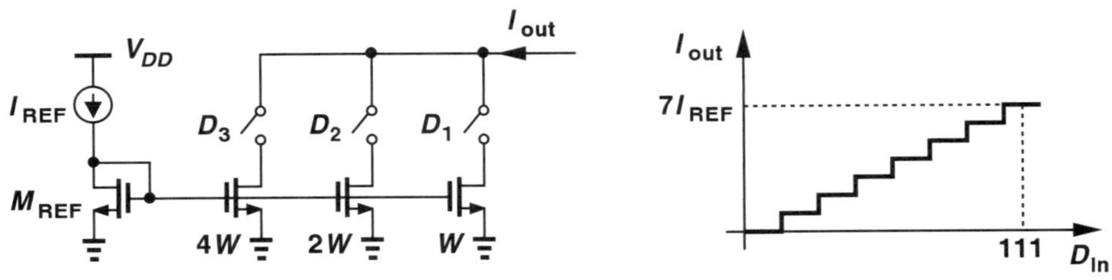

(a) (b)

**그림 11.36** *(a) 전류모드 DAC 회로, (b) 입출력 특성*

DAC의 전체 전류 범위(예를 들어, 위의 예에서는 $7I_{REF}$)를 어떻게 정해야 하는가? DAC이 생성하는 가장 큰 펄스가 CP가 만드는 가장 넓은 펄스(이는 피드백 분주기 출력에서 가장 큰 위상 변화가 있을 때에 해당함)를 상쇄 할 수 있어야 한다. 재미있는 것은, 분주비의 최대 변화는 ΣΔ변조기 차수에 의해 정해진다−2차 변조기에서는 3개의 VCO 사이클이 되고, 3차 변조기에서는 7개의 사이클이 된다. 이에 따라 DAC 전체 범위가 결정돼야 한다.

위에 설명된 피드포워드 방식에서 DAC 해상도는 5비트나 6비트를 넘을 필요는 없지만, *선형성*은 그보다 훨씬 높아야 한다[5]. 그림 11.37(a)에서처럼, DAC 특성이 약간 비선형적이라 하자. 이 특성과 끝점을 잇는 직선 특성의 차이를 구하면, 그림 11.37(b)에 표시된 비선형 특성 곡선을 얻을 수 있다. 11.2.5절의 전하펌프 비선형성에서 했던 것과 비슷한 방식으로, 이 특성 곡선을 다항식으로 근사화 할 수 있다. 이를 보면 DAC 입력이 2차, 3차, 또는 그 이상 고차로 제곱되는 것을 알 수 있다. 그 결과로 DAC에 인가되는 양자화 잡음에서 성형된 고주파 성분이 콘볼루션되어서, 저주파 대역으로 이동하게 되고, 따라서, 대역내 위상 잡음을 증가시키게 된다(그림 11.30). 이러한 이유로 DAC은 선형성을 높이기 위한 다양한 설계 방식을 채택해야 한다[5].

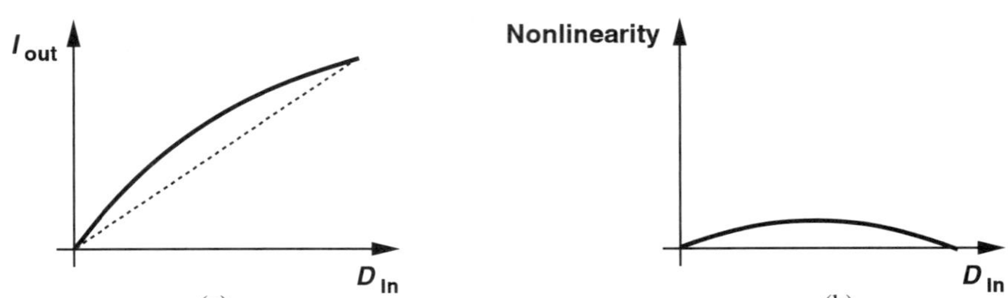

(a) (b)

**그림 11.37** *(a) DAC 특성, (b) 비선형 특성 곡선*

## 11.3.2 분수형 분주기 Fractional Divider

ΣΔ변조기의 양자화 잡음을 줄이는 또 다른 방법으로 분수형 분주기, 즉 입력 주파수를 1.5

또는 2.5 같은 비정수(noninteger)로 분주하는 회로를 사용할 수 있다. 예를 들어, 분주기가 2 또는 2.5로 분주할 수 있다면, 양자화 잡음은 절반이 되어서, 스펙트럼이 6 dB 낮춰질 것이다.[4] 하지만 어떻게 분주비를 예를 들면 1.5로 만들 수 있는가? 이 동작의 핵심은 '양 엣지 동작(double-edge-triggered, DET)' 플립플롭이다. 그림 11.38(a)와 같이 DET 플립플롭은 $CK$와 $\overline{CK}$로 동작하는 두 개의 D 래치와 멀티플렉서(multiplexer, MUX)로 이루어진다. $CK$가 1일 때, 위의 래치가 감지모드이고 아래 래치는 유지모드이다. $CK$가 0일 때는 그 반대이다. 또한 $CK$가 0이면 MUX는 A를 선택하고 $CK$가 1이면 MUX는 $B$를 선택한다.[5] 이 회로를 '반속도 클록 (half-rate clock)', 즉 입력 비트 주기의 두 배 주기를 갖는 클록으로 구동해보자. 그림 11.38(b)와 같이 반속도 클록에서도 $D_{out}$은 $D_{in}$을 따라간다. 다시 말해, 같은 클록 속도에 대해, DET 플립플롭의 입력 데이터는 '단일 엣지 동작 플립플롭'의 입력에 비해 두 배 빠를 수 있는 것이다. 그림 11.38(c)는 이 회로를 CML로 구현한 것이다.

이제 9장에서 학습한 ÷3회로에서 플립플롭을 그림 11.39(a)의 DET 회로로 바꿔보자.[6]

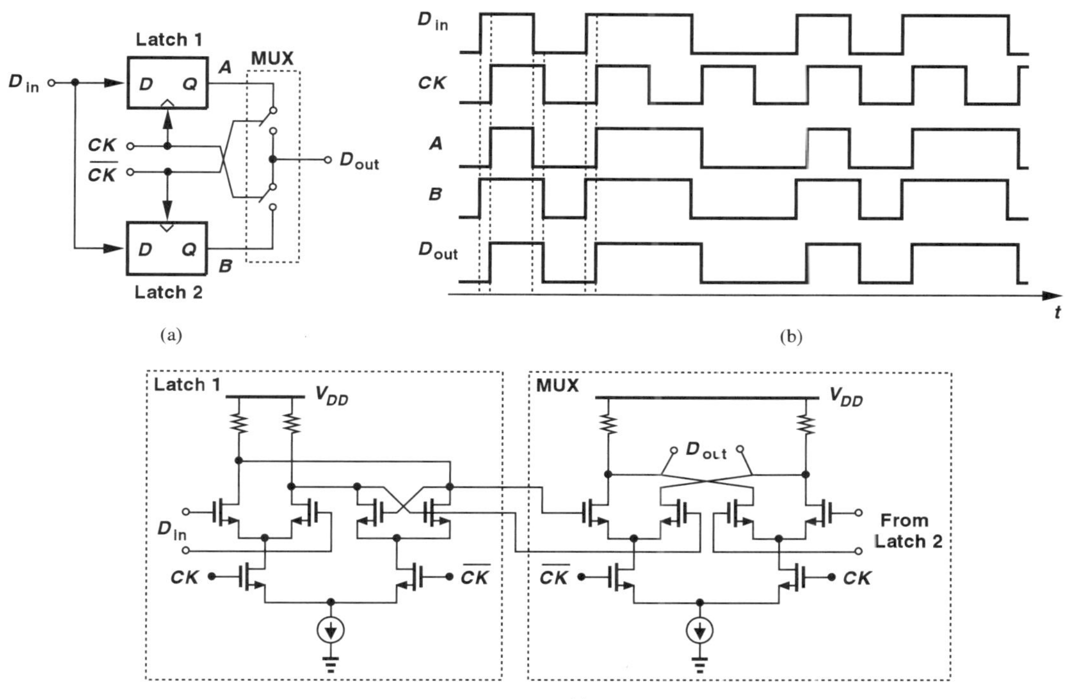


그림 11.38 *(a) 양 엣지 동작 플립플롭, (b) 입출력 파형, (c) CML 회로 구현*

4. 오차의 크기가 절반이 되므로, PSD는 3 dB가 아니라 6 dB 떨어진다.
5. 래치와 MUX에 대해 이러한 위상의 클록을 인가함으로써 각 래치와 MUX가 주-종(master-slave) 관계 동작을 하게 된다.
6. 클록 입력에 두겹의 삼각형표시가 양 엣지 동작을 나타낸다.

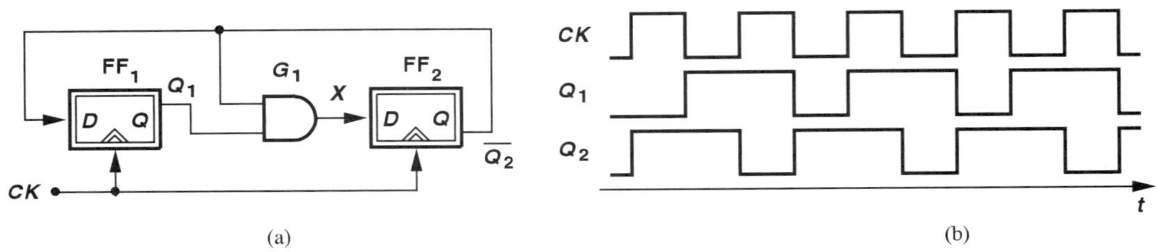


**그림 11.39** *(a) 나누기 1.5 회로, (b) 입출력 파형*

*CK*가 1일 때와 0일 때 모두 각 FF이 입력을 읽고 있음을 유의하라. $Q_1\overline{Q_2} = 00$일 때 보자. 클록이 처음 1일 때 ($\overline{Q_2}$가 0이었으므로) $Q_1$을 0으로 유지시키고, ($Q_1$이 0이었으므로) $\overline{Q_2}$는 1로 만든다[그림 11.39(b)]. *CK*가 떨어지면, 플립플롭은 다시 입력을 읽어 들여서, $Q_1 = 1$, $\overline{Q_2} = 1$을 만들어낸다. 최종적으로, *CK*가 다시 올라가면, $Q_1$은 1로 유지되고 $\overline{Q_2}$는 떨어진다. 따라서, 이 회로는 매 1.5 입력 주기마다 하나의 출력 주기를 만들어 낸다.

DET 플립플롭은 홀수 분주비를 갖는 다른 분주기에서도 분수 분주비를 만들어 내기 위해 사용될 수 있다. 예를 들어, ÷5회로는 쉽게 ÷2.5회로로 변경 가능하다. 하지만, DET 플립플롭은 입력 커패시턴스가 더 커지게 된다는 사실을 유의해야 한다. 또한 클록 듀티 사이클(duty cycle)의 변화가 곧 출력에서의 원치 않는 스퍼로 이어진다는 것도 알아야 한다.

### 11.3.3 기준주파수 2체배 Reference Doubling

11.2.2절의 잡음성형 함수 유도를 보면 이것이 클록 주파수에 직접 연관돼 있음을 보이고 있다. 사실 식 (11.26)을 보면, TCK가 절반이 되면 잡음전력이 6 dB 낮아져서 기준주파수를 가능한 한 높게 하는 것이 바람직함을 알 수 있다. 수정발진기에서 생성되는 기준주파수는 전력소모, 위상 잡음, 가격등을 고려할 때 대개 100 MHz 이하로 한정된다. 그렇다면, 만약 칩 내에서 PLL 입력전에 기준주파수를 배가할 수 있다면, ΣΔ변조기의 양자화 잡음으로 인한 위상 잡음이 (루프가 1차라면) 6 dB 떨어질 수 있을 것이다[8].

그림 11.40은 주파수 2체배회로다: 입력이 지연시키고 본래 입력과 XOR 시키면, $V_{in}(t)$와 $V_{in}(t - \Delta T)$가 다를 때 마다 출력펄스가 발생한다.

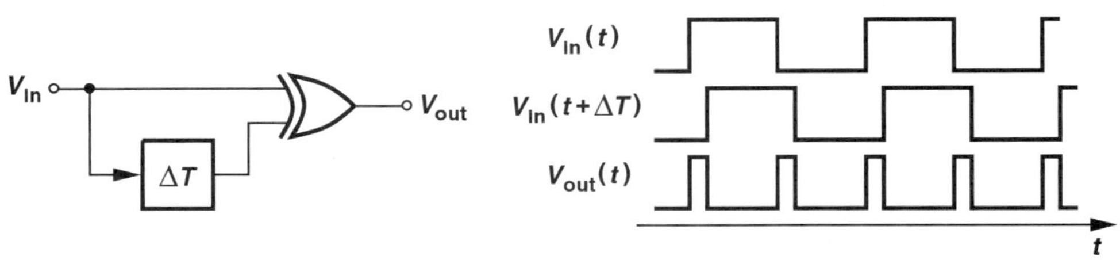


**그림 11.40** *주파수 배가회로*

## 예제 11.11

RF Microelecronics

그림 11.40의 $V_{out}(t)$를 두 개의 반속도 파형의 합으로 생각할 때(그림 11.41), $V_{out}(t)$의 푸리에 급수를 구하라.

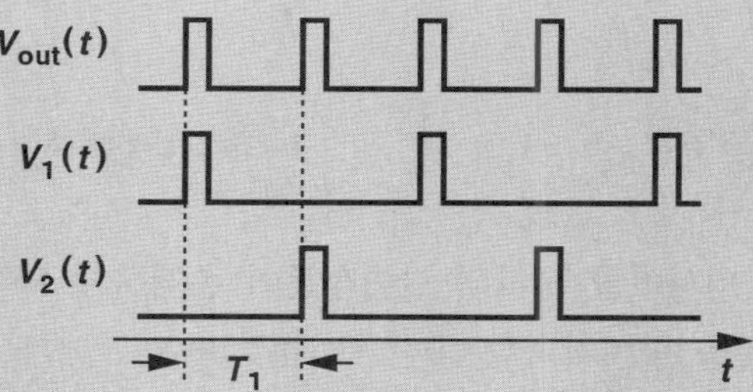


**그림 11.41** *배가회로 출력 성분의 분리*

**풀이:**

$V_1(t)$의 푸리에 급수는 다음과 같다.

$$V_1(t) = a_1 \cos(\omega_0 t + \phi_1) + a_2 \cos(2\omega_0 t + \phi_2) + a_3 \cos(3\omega_0 t + \phi_3) + \cdots, \tag{11.53}$$

여기서 $\omega_0 = 2\pi/(2T_1)$이다. 두 번째 파형 $V_2(t)$는 $V_1(t)$를 $T_1$만큼 이동 시켜 얻을 수 있다. 따라서, 첫 번째 고조파는 $\omega_0 T_1 = \pi$, 두 번째 고조파는 $2\omega_0 T_1 = 2\pi$와 같이 이동된다. 따라서,

$$V_2(t) = -a_1 \cos(\omega_0 t + \phi_1) + a_2 \cos(2\omega_0 t + \phi_2) - a_3 \cos(3\omega_0 t + \phi_3) + \cdots. \tag{11.54}$$

$V_1(t)$와 $V_2(t)$를 더하면, $\omega_0$의 모든 홀수 고조파는 사라지고, 기본주파수가 $2\omega_0$인 파형만 남게 된다.

그림 11.40 회로는 불행히도, 입력 듀티 사이클이 50%에서 벗어나면, 출력 펄스들의 간격이 고르지 않게 된다[그림 11.42(a)]. 위의 예제와 같이 [8], 출력을 $2T_1$주기를 갖는 두 개의 파형으로 분리하고 $V_1(t)$와 $V_2(t)$ 사이의 시간차 $\Delta T$가 이제 $T_1$이 아니게 된다. 이때, 홀수 고조파가 완전히 없어지지 않아서 $1/T_1$에서의 주 성분 옆으로 측대파로 나타나게 된다[그림 11.42(b)]. PLL 대역폭이 $1/T_1$의 약 10분의 1 정도이므로, 측대파가 어느 정도는 감쇄될 것이다. 문제 11.10에서 루프대역폭이 $2.5\omega_n = 0.1 \times (2\pi/T_1)$일 때 $1/(2T_1)$에서의 측대파의 크기가 16 dB 낮아짐을 증명하였다. 하지만, 측대파는 합성기 출력으로 진행됨에 따라 피드백 분주비만큼 증가한다.

앞선 해석에서 입력 파형의 듀티사이클이 매우 정밀하게 조정돼야 함을 알 수 있었다. [8]에 나와 있는 합성기는 듀티사이클 보정회로를 채택하였다. 이러한 회로도 회로 자체의 부

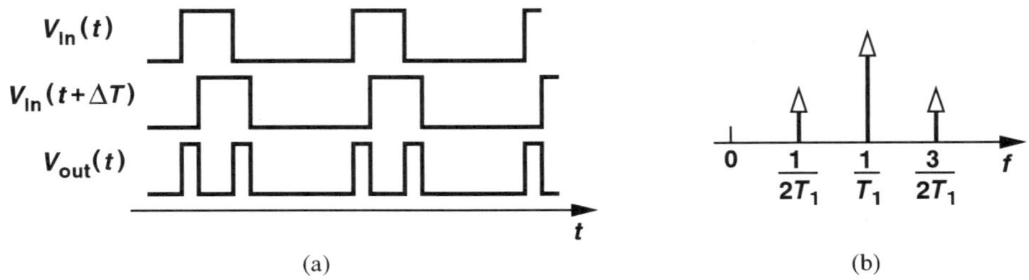


**그림 11.42** *(a) 입력 듀티사이클에 오차가 있는 경우의 2체배기 출력, (b) 스펙트럼 결과*

정합으로 인해 여전히 듀티사이클 오차의 잔여성분이 존재하게 되고, 경우에 따라서는 합성기 출력에서 – 루프대역폭을 줄이지 않는다면 – 기준주파수 스퍼가 너무 큰 경우가 생길 수 있다.

### 11.3.4 다중위상 주파수 분주 Multiphase Frequency Division

분주비에서 나타나는 양자화 오차는 다중위상 VCO를 사용하여 감소시킬 수 있다. 11.1절의 해석에서, 분주비가 $N$에서 $N+1$로 (또는 그 반대로) 변할 때, 분주기 출력 위상이 VCO 한주기 만큼 변한다는 것을 알고 있다(그림 11.43). 반면, VCO로부터 좀 더 세밀한 위상을 얻을 수 있다면, 위상 변화가 그에 비례하여 낮아질 수 있고, 따라서 양자화 잡음을 낮출 수 있다.

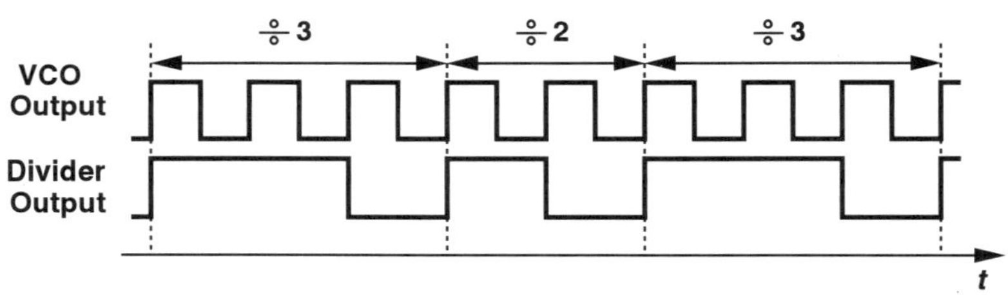


**그림 11.43** *이중분주비 분주기 출력에서 위상 변화*

다중위상 VCO와 멀티플렉서를 이용하여 분수 분주비를 만드는 것이 가능하다. VCO가 간격이 $2\pi/M$인 $M$개의 출력 위상을 만들어 내고, MUX가 매번 각각의 위상을 선택하여 다음의 출력을 만든다고 가정하자.

$$V_{MUX}(t) = V_0 \cos\left(\omega_c t - k\frac{2\pi}{M}\right), \tag{11.55}$$

여기서 $k$는 정수이다. 이제 $k$가 시간에 따라 $0, 1, \ldots, M-1, M, M+1, \ldots$와 같이 선형적으로 변한다고 가정하자. 즉, $k=\beta t$이고, $\beta$는 $k$의 변화율이다. 그러면,

$$V_{MUX}(t) = V_0 \cos\left[\left(\omega_c - \beta\frac{2\pi}{M}\right)t\right], \tag{11.56}$$

여기서 주파수는 $\omega_c - \beta(2\pi/M)$이다. 따라서 분주비는 $1 - (\beta/\omega_c)(2\pi/M)$이 된다.

예를 들어, 그림 11.44(a)의 회로를 보자. 이 회로는 VCO의 I/Q 위상 중에서 선택되어 출력으로 나간다. 처음, $V_I$가 선택되고 $t = t_1$까지 $V_{out}$이 $V_I$를 따라간다. 그리고, $V_Q$로 선택이 바뀐다. 마찬가지로, $t = t_2$까지 $V_{out}$이 $V_Q$를 따라간다. 그 다음은 $t = t_3$까지 $\overline{V_I}$를 선택하고, 같은 식으로 선택 위상이 변화한다. 따라서, 이러한 I/Q 위상을 주기적으로 바꿔가면서 선택하게 되면 출력의 주기가 $T_{in} + T_{in}/4 = 5T_{in}/4$가 된다. 즉, ÷1.25 동작이 되는 것이다. 다시 말해, 이 기술은 분주비 1과 1.25를 갖는 분주기를 가능하게 한다[10]. 분주비가 0.25 간격으로 조정가능하기 때문에, 양자화 잡음은 10 log 4 = 12 dB 떨어진다[10].

*직교*(*quadrature*) LO 위상을 사용한다는 것이 전체 시스템에서 추가적인 요건이 되지는 않는다. 왜냐하면, 직접변환 송수신기에서는 주파수 변환 시에 그러한 I/Q위상이 원래부터 사용되기 때문이다. 하지만, 분주비를 좀 더 세밀하게 증가시키려면 LO 위상이 더 세밀하게 필요하게 되어서, 발진기가 더 복잡해지고 전력소모가 커질 수 있다.

다중위상 분수형 분주기는 두 가지 문제를 잘 해결해야 한다. 우선, MUX의 선택신호(매 순간 마다 신호에 추가되는 위상을 결정함)의 생성이 쉽지 않다. 이는 MUX 출력에서 글리치(glitch)를 피하려면, MUX 입력이 변하지 않을 때만 선택신호가 변해야 하기 때문이다. 그림 11.44(a)의 MUX를 출력 노드가 공유되어 있고 하단 전류원이 순차적으로 켜지는 4개의 차동쌍으로 본다면, ÷1.25 회로의 입력 신호와 선택신호의 파형이 그림 11.45와 같다. 선택신호의 엣지는 입력 신호 엣지에 대해 여유가 작음을 알 수 있다. 또한 분주비가 1.25에서 1로 바뀌려면, 선택신호가 다르게 되어야 해서, 선택신호 발생 논리회로의 발생과 연결이 복

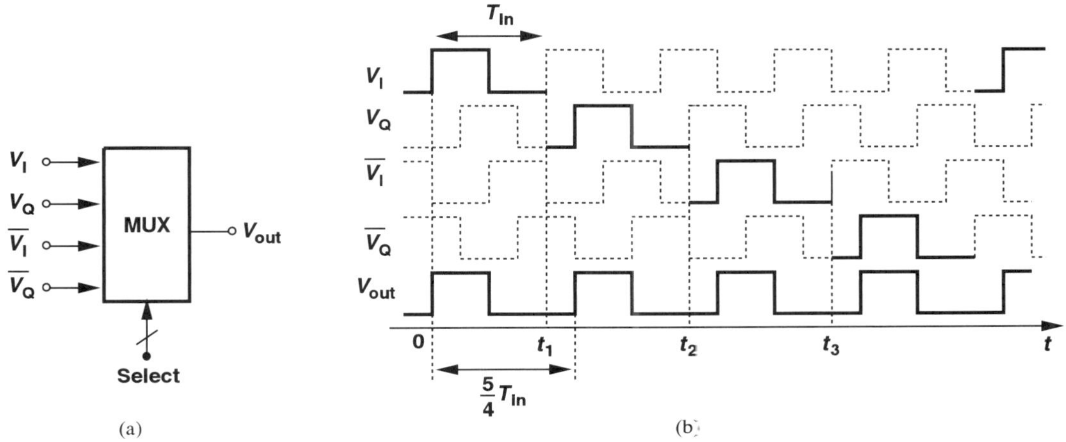


**그림 11.44** *(a) 다중화된 VCO 위상, (b) 나누기-1.25 동작을 보여주는 파형*

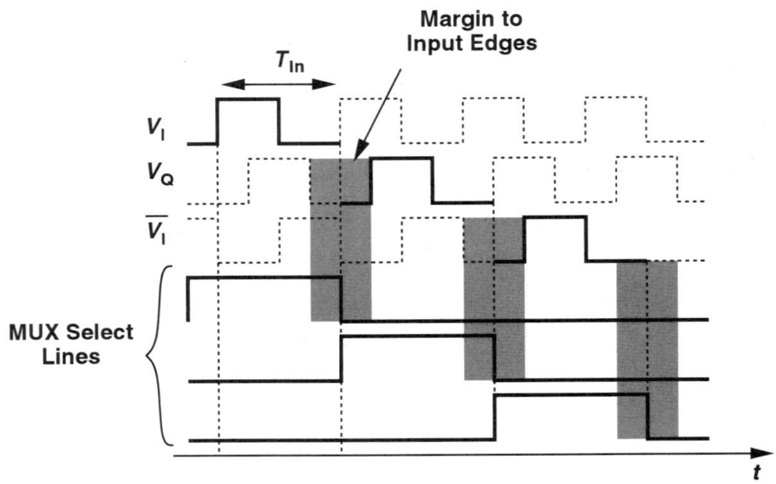


**그림** 11.45 *위상 선택 신호의 시간여유 문제*

잡하게 된다.

다중위상 분수형 분주기의 두 번째 문제는 위상 부정합과 관련된다. 예를 들어, 그림 11.44(a)회로에서, 직교 LO 위상과 MUX내 경로들이 정확히 동일하지 않기 때문에, 출력 위상이 이상적으로 정확한 시각에 변화하지는 않을 것이다. 그림 11.46(a)와 같이, 연속된 주기들이 달라진다. 엄밀히 말해서, 이 파형이 매 $4 \times 1.25T_{in} = 5T_{in}$ 시간마다 반복되는 것이기 때문에, $1/(5T_{in})$ 주파수에 고조파를 발생시키게 된다. 즉, 출력 스펙트럼은 $4/(5T_{in})$에서의

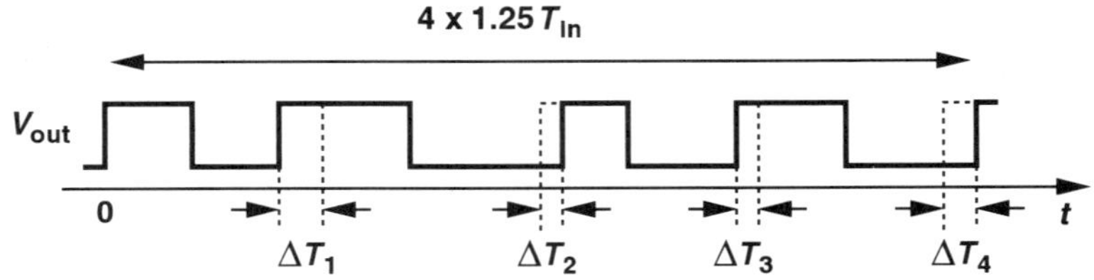


(a)

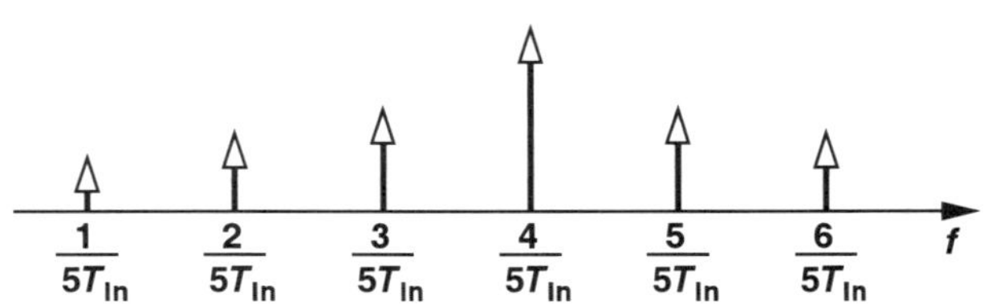


(b)

**그림** 11.46 *(a) VCO 위상 다중화에서 위상 부정합의 영향과 (b) 그 결과에 의한 출력 스펙트럼*

주성분과 $1/(5T_{in})$의 정수배 주파수에 '측대파'를 포함한다[그림 11.46(b)].

그림 11.44(a)에서 위상 선택을 불규칙화함으로써 측대파를 잡음으로 변환시킬 수 있다 [10]. 사실, 이러한 불규칙화에 잡음성형을 추가하여 그림 11.47 구조도 가능하다. 하지만, 첫 번째 문제, 즉 선택신호의 시간여유 문제는 여전히 남게 된다. 이 문제를 완화하기 위해, VCO 위상의 다중화를 피드백 분주기 뒤에서 수행할 수도 있다[9, 10].

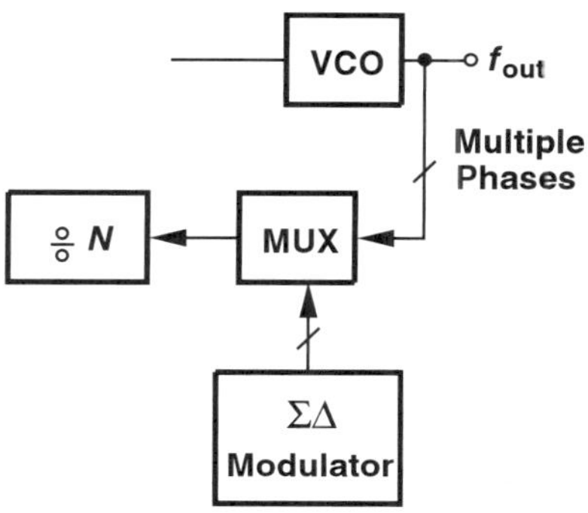


그림 11.47 ΣΔ 변조기를 사용하여 VCO 위상 선택을 불규칙하게 수행함

## 11.4 부록 I: 양자화 잡음의 스펙트럼

Appendix I: Spectrum of Quantization noise

그림 11.6(a)의 불규칙한 이진 수열 $b(t)$은 폭이 $T_b$이고 $1/T_b$로 주파수로 불규칙하게 반복되는 구형파(square) 펄스로 이루어진다. 일반적으로 펄스 $p(t)$가 $T_b$ 마다 불규칙하게 반복되면 그 스펙트럼은 다음과 같다[11]:

$$S(f) = \frac{\sigma^2}{T_b}|P(f)|^2 + \frac{m^2}{T_b^2}\sum_{k=-\infty}^{+\infty}\left|P\left(\frac{k}{T_b}\right)\right|^2 \delta\left(f - \frac{k}{T_b}\right), \tag{11.57}$$

여기서 $\sigma^2$는 데이터 펄스의 분산 (전력), $P(f)$는 $p(t)$의 푸리에 변환, $m$은 데이터 펄스의 평균 진폭을 나타낸다. 우리 경우에 $p(t)$는 0과 1을 같지 않은 확률로 반복하는 구형파 펄스이다: $p(t)$가 발생하는 확률이 원하는 평균 $\alpha$ (= $m$)이다. 불규칙변수 $x$의 분산은 다음과 같다.

$$\sigma_x^2 = \int_{-\infty}^{+\infty} (x - m)^2 g(x) dx, \tag{11.58}$$

여기서, $g(x)$는 $x$의 확률밀도함수이다. $b(t)$에 대해, $g(x)$는 0에서 높이 $1 - \alpha$인 임펄스와 1에서 높이 $\alpha$인 임펄스로 이루어진다(왜 그럴까?) (그림 11.48). 따라서,

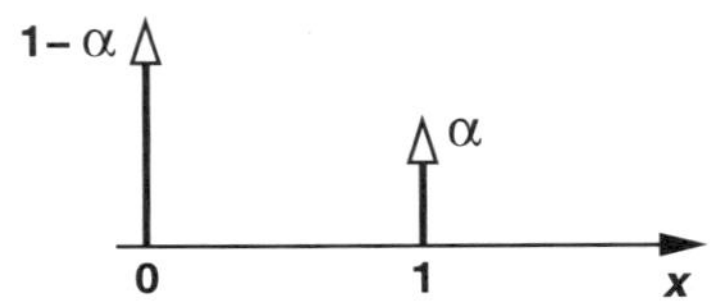


**그림 11.48** *평균값 α인 이진 수열의 확률밀도함수*

$$\sigma^2 = \int_{-\infty}^{+\infty} \left[(0-\alpha)^2(1-\alpha)\delta(0) + (1-\alpha)^2\alpha\delta(x-1)\right]dx \tag{11.59}$$

$$= \alpha(1-\alpha). \tag{11.60}$$

또한, $p(t)$의 푸리에 변환은 다음과 같다.

$$P(f) = \frac{\sin \pi f T_b}{\pi f}, \tag{11.61}$$

이는 $k \neq 0$일 때 $f = k/T_b$에서 0으로 떨어진다. 따라서, 식 (11.57)의 두 번째 항은 $(\alpha^2/T_b)^2 |P(0)|^2\delta(f) = \alpha^2\delta(f)$으로 된다. 이러한 유도를 통해 식 (11.13)을 얻을 수 있다.

## 참고문헌

[1] T. A. D. Riley, M. A. Copeland, and T. A. Kwasniewski, "Delta-SigmaModulation in Fractional-N Frequency Synthesis," *IEEE J. Solid-State Circuits,* vol. 28, pp. 553–559, May 1993.

[2] R. Schreier and G. C. Temes, *Understanding Delta-Sigma Data Converters,* New York: Wiley, 2004.

[3] P. Larsson, "High-Speed Architecture for a Programmable Frequency Divider and a Dual-Modulus Prescaler," *IEEE J. Solid-State Circuits,* vol. 31, pp. 744–748, May 1996.

[4] C. S. Vaucher et al., "A Family of Low-Power Truly Modular Programmable Dividers in Standard 0.35-μm CMOS Technology," *IEEEJ. Solid-State Circuits,* vol. 35, pp. 1039–1045, July 2000.

[5] S. Pamarti, L. Jansson, and I. Galton, "A Wideband 2.4 GHz Delta-Sigma Fractional-N PLL with 1 Mb/s In-Loop Modulation," *IEEE J. of Solid State Circuits,* vol. 39, pp. 49–62, January 2004.

[6] S. E. Meninger and M. H. Perrott, "A 1-MHz Bandwidth 3.6-GHz 0.18-μm CMOS Fractional-N Synthesizer Utilizing a Hybrid PFD/DAC Structure for Reduced Broadband Phase Noise," *IEEE J. Solid-State Circuits,* vol. 41, pp. 966–981, April 2006.

[7] M. Gupta and B.-S. Song, "A 1.8-GHz Spur-Cancelled Fractional-N Frequency Synthesizer with LMS-Based DAC Gain Calibration," *IEEE J. Solid-State Circuits, ISSCC Dig. Tech. Papers,* pp. 323–324, Feb. 2006.

[8] H. Huh et al., "A CMOS Dual-Band Fractional-N Synthesizer with Reference Doubler and Compensated Charge Pump," *ISSCC Dig. Tech. Papers,* pp. 186–187, Feb. 2004.

[9] C.-H. Park, O. Kim, and B. Kim, "A 1.8-GHz Self-Calibrated Phase-Locked Loop with Precise I/Q Matching," *IEEE J. Solid-State Circuits,* vol. 36, pp. 777–783, May 2001.

[10] C.-H. Heng and B.-S. Song, "A 1.8-GHz CMOS Fractional-N Frequency Synthesizer with Randomized Multiphase VCO," *IEEE J. Solid-State Circuits,* vol. 38, pp. 848–854, June 2003.
[11] L. W. Couch, *Digital and Analog Communication Systems,* Fourth Edition, New York: Macmillan Co., 1993.

## 연습문제

11.1. 그림 11.1 회로에서, $N = 10$이고, $b(t)$는 $\alpha = 0.1$인 주기함수이다. $f_{FB}(t) \approx (f_{out}/N)[1 - b(t)/N]$의 스펙트럼을 구하라. 또한 $q(t)$를 그려라.

11.2. 앞 문제의 결과로부터, 분주기의 출력위상을 시간의 함수로 표현하라.

11.3. 식 (11.14)에서 $T_b$가 PLL 입력 기준 주파수 주기와 같다고 가정하자. 루프대역폭이 기준주파수의 약 10분의1 이라면, 이는 $S_q(f)$의 중요 부분이 어떻다는 것을 의미하는가?

11.4. 식 (11.42)에 해당하는 해석을 3차 ΣΔ변조기에 대해 확장하고, 이 경우 대역외 잡음 문제를 생각해보라.

11.5. PFD/CP 조합에서 다음 두 가지 효과가 잡음 접힘(noise folding)을 유발하는가? (a) Up/Down 펄스의 도착시간간의 스큐, (b) 전하펌프 및 루프필터 커패시터 내부 노드 사이의 전하 공유.

11.6. 그림 11.42(b)에서 $1/(2T_1)$에서의 측대파는, $f_{out} = f_{in}$인 PLL에서 약 16 dB 감쇄됨을 보여라. 만약 $f_{out} = Nf_{in}$이라면 측대파 크기는 어떻게 되는가? ($\zeta$ 및 $\omega_n$은 변하지 않는다고 가정하라.)

11.7. ΣΔ분수형 합성기의 대역내 위상 잡음이 칩에 따라 너무 크게 변하고 있다. 이러한 변화의 가장 큰 원인은 무엇일까?

11.8. 분수형 합성기의 ΣΔ변조기의 클록은 입력 기준 신호보다는 피드백 신호가 더 적합한 이유를 설명하라.

11.9. 디지털 ΣΔ변조기의 양자화 잡음을 계산함에 있어서, 모든 레지스터가 주기신호 클록을 공급 받는 것으로 가정하였다. 하지만, 실제 합성기에서는 변조기의 클록이 되는 피드백 신호는 상당한 양의 위상 변화를 포함하고 있다. 그렇다면 우리가 계산한 양자화 잡음은 틀린 것일까?

11.10. 합성기의 ΣΔ변조기의 차수가 2에서 3으로 높아질 때, 합성기의 대역외 위상 잡음에 영향을 주지 않기 위해서는 루프 대역폭을 대략 얼마나 감소시켜야 하는지 구하라.

11.11. 그림 11.32의 샘플링 필터를 채택했지만 그림 11.31의 시간 오프셋은 없는 분수형 합성기가 있다. 여기서 샘플링 기술이 전하펌프 비선형성을 제거할 수 있는가?

11.12. 그림 11.20(c)에서, 두 번째 적분기도 무지연 구조로 바꾼다면, $Q$에서 $Y$까지의 전달함수를 구하라.

11.13. 2차 ΣΔ변조기의 잡음성형 값이 0.1이 되는 주파수는 얼마인가?

11.14. 3차 ΣΔ변조기에 대해 위의 문제를 반복하고 그 결과를 비교하라.

11.15. $\zeta >> 1$일 때, $s = j\omega$의 일정한 영역에서, PLL 전달함수의 분자 분모에 있는 $\omega_n^2$를 무시할 수 있다.

$$H(s) = \frac{2\zeta\omega_n s + \omega_n^2}{s^2 + 2\zeta\omega_n s + \omega_n^2} \tag{11.62}$$

$$\approx \frac{2\zeta\omega_n}{s + 2\zeta\omega_n}. \tag{11.63}$$

이러한 근사값을 이용하고 1차 ΣΔ변조기에 대해서, 출력 위상 잡음이 최대에 도달하는 주파수를 얻을 수 있는 식을 구하라. $S_q(f)$는 평평하다고 가정하라.

CHAPTER 12

# 전력 증폭기

Power Amplifiers

전력 증폭기(Power Amplifier, PA)는 RF 송수신기에서 전력 소모가 가장 크고 설계 또한 어려운 블록이다. 지난 십년 동안, PA 설계는 선형성과 효율 사이의 절충관계(trade-off)를 개선하기 위해 복잡한 송신기 구조로 발전해 왔다. 이 장에서는 송신부에서 PA에 의해 제한받고 있는 요소를 중점으로 PA의 분석과 설계를 다룬다. PA만으로도 책 한 권의 분량이 될 수 있으나, 여기에서는 기초를 다진다는 목적으로 다루었다. 독자는 [1, 2]에서 더 자세한 내용을 찾을 수 있을 것이다. 이 장에서 다루는 내용의 개요는 다음과 같다.

| 기본적인 PA 클래스 | 고효율 PA | 선형화 기술 | PA 설계 예제 |
|---|---|---|---|
| ■ A급 PA | ■ 하모닉 증강 기술이 적용된 A급 PA | ■ 피드프워드 | ■ 캐스코드 PA |
| ■ B급 PA | ■ E급 PA | ■ 카르테시안 피드백 | ■ 정궤환 PA |
| ■ C급 PA | ■ F급 PA | ■ 전치왜곡 | ■ 전력 덧셈기 PA |
| | | ■ 폴라 변조 | ■ 폴라 변조 PA |
| | | ■ 아웃페이징 | ■ 아웃페이징 PA |
| | | ■ 도허티 PA | |

## 12.1 일반적 고찰 General Considerations

가장 먼저 1 W(+30 dBm)의 전력을 50-Ω의 안테나에 전달하는 송신부를 생각해보자. 안테나에서 $V_{pp}$(최대-최소 전압)는 20 V에 이르고 부하에 들어가는 피크 전류는 200 mA가 된다. 부하를 구동하는 CS(또는 CE) 단은 그림 12.1(a)및 (b)와 같고 $V_{pp}$보다 높은 공급 전압을 요구한다. 하지만, 부하가 그림 12.1(c)와 같이 인덕터로 구현된다면, 드레인의 ac 전압은 $V_{DD}$를 *초과*할 수 있고 $2V_{DD}$ 또는 그 이상에 도달할 수 있다. 공급 전압을 낮게 유지하더라도 인덕터가 있는 부하는 트랜지스터의 전압 스트레스를 완화시켜주지 못 하고, 50-Ω 부하에 1 W를 전달한다면 $M_1$이 겪는 최대 드레인-소스 전압은 적어도 20 V(10 V 전원 +10 V)가 된다.

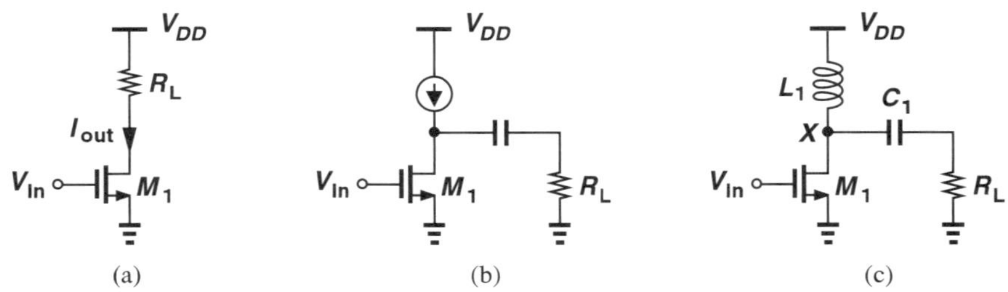


**그림** 12.1 *(a) 저항 부하가 달린 CS 단, (b) 전류원 부하가 달린 CS 단, (c) 인덕터 부하가 달린 CS 단*

위의 예는 PA 설계의 기본 이슈인 출력 전력과 트랜지스터의 전압 스윙 사이의 트레이드-오프를 설명해 준다. 실리콘 소자의 $f_T$와 항복 전압의 곱은 200 GHz · V가 된다고 알려져 있다[3]. 즉, 200 GHz $f_T$의 트랜지스터는 1 V 이하의 전압 스윙을 허용하게 된다.

## 예제 12.1

RF Microelecronics

그림 12.1(c)에서 $M_1$에 의해 흐르는 피크 전류는 얼마인가? $L_1$은 동작 주파수에서 ac 개방 회로로 보일 만큼 크다고 가정하며, 이는 'RF 초크(RF choke, RFC)'라고 불린다.

**풀이:**

$L_1$이 크다면 $I_{L1}$은 *정전류가* 된다(왜?). $M_1$이 꺼지기 시작하면 전류는 $R_L$로 흐르고 $I_{L1}R_L$의 양의 피크 전압을 만들게 된다[그림 12.2(a)]. 반대로, $M_1$이 완전히 켜지면 $M_1$은 인덕터 전류와 $R_L$로부터 나온 $I_{L1}$의 음의 방향 전류를 모두 빨아들이게 되며 $-I_{L1}R_L$이라는 피크 전압을 만들게 된다[그림 12.2(b)]. 따라서 출력 트랜지스터를 지나는 피크 전류는 400 mA가 된다.

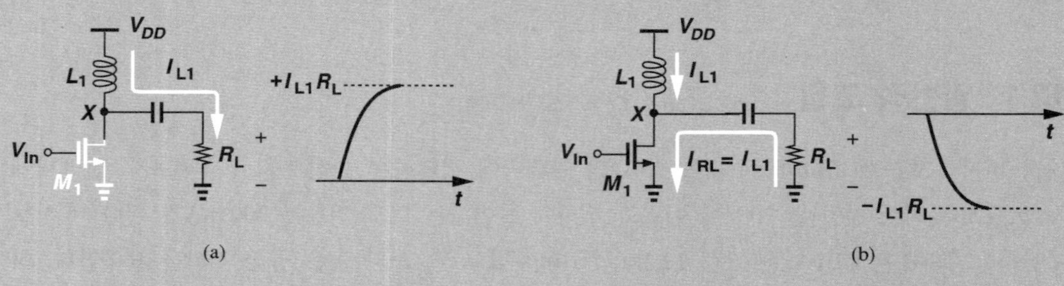


**그림** 12.2 *CS 단의 출력 전압 파형 (a) 인덕터로부터 $R_L$로 전류가 흐를 때, (b) $R_L$로부터 트랜지스터로 전류가 흐를 때*

출력 트랜지스터에 가해지는 피크 전압을 감소시키기 위해 매칭 회로가 PA와 부하 사이에 들어가게 된다[그림 12.3(a)]. 이 매칭 회로는 부하 저항을 *더 작은* 저항값인 $R_T$로 변환해 주기 때문에 더 작은 전압 스윙으로도 요구되는 출력을 만들어 줄 수 있다.

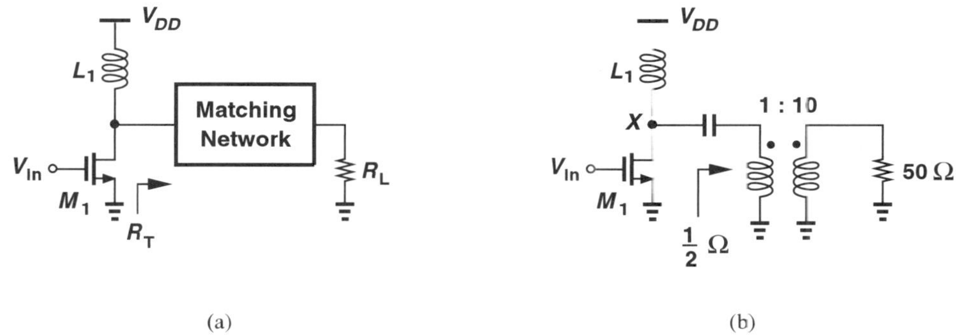


**그림** 12.3 *(a) 매칭 회로에 의한 임피던스 변환, (b) 트랜스포머에 의한 임피던스 변환*

### 예제 12.2

RF Microelecronics

그림 12.3(a)의 PA는 공급 전압 1 V에서 1 W를 $R_L$ = 50 Ω에 전달해야 한다. $R_T$의 값을 찾아라.

**풀이:**

$M_1$의 드레인에서 최대-최소 전압 $V_{pp}$는 약 2 V이다.

$$P_{out} = \frac{1}{2}\left(\frac{V_{pp}}{2}\right)^2 \frac{1}{R_T} \tag{12.1}$$

$$= 1\ \text{W}, \tag{12.2}$$

따라서 아래의 값을 얻게 된다.

$$R_T = \frac{1}{2}\ \Omega. \tag{12.3}$$

매칭 회로는 $R_L$을 100배 작은 값으로 변환한다. 예로서, 그림 12.3(b)는 손실 없는 1:10 트랜스포머를 사용해 $M_1$의 드레인에서 2-$V_{pp}$ 스윙을 $R_L$에서 20-$V_{pp}$ 스윙으로 변환해 준다.[1] 또 다른 관점으로 보면, 트랜스포머가 드레인 전압 스윙을 10배 키워줬다고 생각할 수 있다.

전압 스윙 크기의 변환은 출력 트랜지스터의 전류가 비례하여 커져야 함을 의미한다. 위의 예제에서, 트랜스포머 1차측의 피크 전류는 10 × 200 mA = 2 A가 된다. 트랜지스터 $M_1$은 인덕터 전류와 피크 부하 전류를 모두 흘려야 하므로 4 A가 된다!

1. 권수비가 1:$n$인 손실 없는 트랜스포머는 부하 저항을 $n^2$배 작게 변환 한다(이유?).

**예제 12.3** RF Microelecronics

그림 12.1(c)에서 $M_1$이 $V_X$를 0근처로 가져가고 충분한 전류를 흘릴 때, $V_X$와 $V_{out}$을 시간의 함수로 그려라. 정현파를 가정하라. 또한, $L_1$과 $C_1$은 이상적이고 매우 크다고 가정하라.

**풀이:**

신호가 없을 때, $V_X = V_{DD}$이고 $V_{out} = 0$이다. 또한, $C_1$ 양단의 전압은 $V_{DD}$와 같다. $L_1$이 이상적이고 $L_1$의 양단 전압은 평균 0 V를 유지해야 하기 때문에, 정상 상태(steady state)에서 $V_X$의 평균값은 $V_{DD}$와 같다. $V_X$가 $V_{DD}$에서 0근처로 내려간다면, $V_X$는 또한 $V_{DD}$에서 약 $2V_{DD}$까지 올라가야만 $V_X$의 평균값은 $V_{DD}$와 같아진다(그림 12.4). 출력 전압 파형은 단순히 $V_X$를 $V_{DD}$만큼 아래로 이동한 결과가 된다.

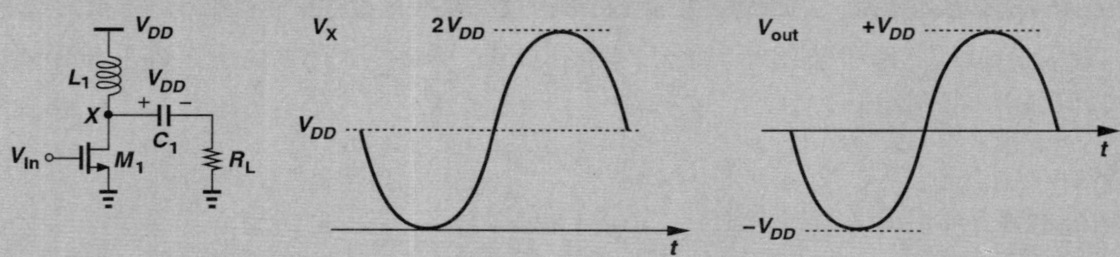


**그림 12.4** *인덕터 부하가 있는 CS 단의 드레인과 출력 전압*

## 12.1.1 고전류의 효과 Effect of High Currents

출력 소자와 매칭 회로를 지나가는 큰 전류는 PA와 PA 패키지 설계에서 어려운 점 중의 하나이다. 출력 트랜지스터가 큰 전류를 흘릴 만큼 충분히 크다면, *입력* 커패시턴스가 매우 커져서 *앞*단의 설계가 어려워진다. 그림 12.5와 같이, 출력단과 상향 변환(upconversion) 믹서 사이에 점점 작아지는 몇 개의 중간단들을 배치하는 이슈를 다루게 될 수 도 있다. 그러나, 4장에서 설명한 것처럼, 다단은 송신단 출력의 압축점을 제한하는 경향이 있다. 더구나 드라이버단의 전력 소모는 출력단의 전력 소모와 비교해볼 때 무시할 수 없다.

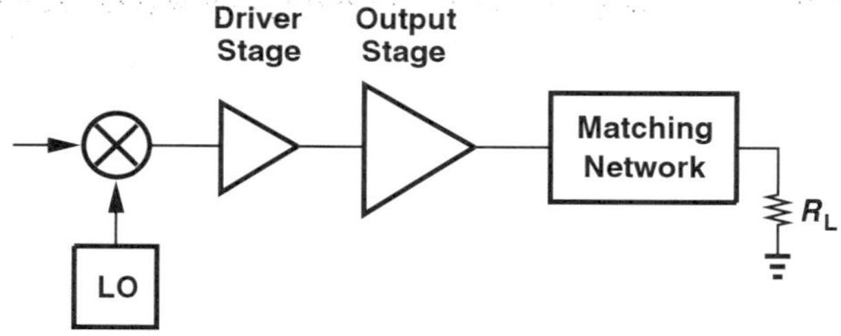


**그림 12.5** *TX 체인에서 입력으로 갈수록 점점 작아지는 중간단들*

PA의 높은 ac 전류와 관련된 또 다른 이슈는 패키지 기생성분이다. 다음 예제가 이것을 설명하고 있다.

**예제 12.4** RF Microelecronics

그림 12.3(b)에서 출력 트랜지스터는 1 GHz 주파수에서 0 ~ 4 A의 전류를 흘린다. 트랜지스터의 소스에 직렬로 연결된 본드 와이어의 최대 허용 인덕턴스는 얼마인가? 단, 본드 와이어의 양단 전압강하는 100 mV 이하로 유지되어야 한다.

**풀이:**

$M_1$의 드레인 전류는 대략 다음과 같다.

$$I_D(t) = I_0 \cos \omega_0 t + I_0, \tag{12.4}$$

$I_0 = 2$ A이고 $\omega_0 = 2\pi(1\ \text{GHz})$이다. 소스의 본드 와이어 인덕턴스 $L_S$의 전압강하는 다음과 같고 피크값은 $L_S \omega_0 I_0$가 된다.

$$V_{LS} = L_S \frac{dI_D}{dt}, \tag{12.5}$$

이 전압강하가 100 mV 이하가 되어야 하므로 다음과 같이 된다.

$$L_S < 7.96\ \text{pH}. \tag{12.6}$$

이것은 극단적으로 작은 인덕턴스이다. (하나의 본드 와이어는 일반적으로 1 nH가 넘는 인덕턴스를 갖고 있다.)

패키지 기생성분의 효과는 무엇인가? 소스의 직렬 인덕턴스는 트랜지스터를 축퇴(degeneration)시키고 출력 전력을 감소시킨다. 더욱이, 접지와 전원 쪽의 인덕턴스는 PA 체인의 출력에서 입력으로 피드백을 형성하고, 주파수 응답에서의 리플과 비안정성(instability)을 야기한다.

큰 전류는 또한 *매칭 회로에서* 큰 손실을 만들 수 있다. 네트워크를 구성하는 부품 중 인덕터는 기생 저항에 의해 신호 에너지를 열로 바꾼다. 이런 이유 때문에, 고출력용 매칭 회로는 보통 오프-칩 형태의 저손실 부품으로 구현된다.

### 12.1.2 효율 Efficiency

PA는 RF 송수신기에서 가장 전력 소모가 큰 블록이기에 효율(efficiency)이 중요하다. 50% 효율의 1-W PA는 배터리로부터 2 W를 끌어다 쓰고 있으며, 이것은 송수신기의 나머지 다른 블록이 소모하는 전력보다 훨씬 크다.

PA의 효율은 두 가지 척도로 정의한다. 드레인 효율(FET 경우) 또는 컬렉터 효율(BJT 경우)은 다음과 같이 정의된다.

$$\eta = \frac{P_L}{P_{supp}}, \tag{12.7}$$

여기에서 $P_L$은 부하에 전달되는 평균 전력이고 $P_{supp}$는 공급 전압으로부터 끌어온 평균 전력이다. 출력단이 상대적으로 *작은* 전력 이득, 예를 들어 3 dB 이득을 갖는 경우에는 큰 *입력* 전력이 필요하다. 이런 효과가 포함된 효율을 'PAE(power-added efficiency, 부가전력효율)'라고 부르고 다음 식으로 정의한다.

$$\text{PAE} = \frac{P_L - P_{in}}{P_{supp}}, \tag{12.8}$$

$P_{in}$은 평균 입력 전력이다.

**예제 12.5** RF Microelecronics

그림 12.3의 CS 단의 PAE에 대해 토의해보라.

**풀이:**

낮은 주파수에서 입력 임피던스는 용량성(capacitive)이고 평균 입력 전력은 0이 된다. (물론, 큰 커패시턴스를 구동하는 것은 어렵다.) 이 경우에는 PAE = $\eta$가 된다. 고주파에서 게이트-드레인 커패시턴스에 의한 피드백은 $Z_{in}$에서 실수항을 만들어 내고, 입력 포트가 어느 정도의 전력을 받을 수 있도록 해 준다.[2] 결과적으로, PAE < $\eta$가 된다. 단독으로 동작하는(stand-alone) PA는 50 Ω 입력 저항을 갖고 있고, PAE < $\eta$가 된다.

### 12.1.3 선형성 Linearity

3장에서 설명한 것처럼 PA의 선형성(linearity)은 변조 방식에 따라 중요해 진다. 특히 PA의 비선형성은 다음의 두 가지 효과를 가져 온다. (1) 스펙트럼 재성장(spectral regrowth)에 의한 높은 인접 채널 전력(adjacent channel power)과 (2) 진폭 압축(amplitude compression)이다. 예를 들어, 기저대역 펄스 성형(shaping)이 적용된 QPSK 변조는 스펙트럼 재성장이 문제가 될 수 있고, 16QAM은 진폭 압축이 문제가 될 수 있다. 어떤 경우에는 AM/PM 변환이 문제

2. 고주파에서는 게이트와 채널 저항도 실수항으로 나타난다.

가 되기도 한다.

사용할 변조(modulation) 방식을 적용하여 PA 비선형성의 특성을 파악해야 한다. ACPR을 보기 위해 실제 변조된 입력을 회로-수준 시뮬레이션(circuit-level simulation)에 적용하면 매우 오랜 시간이 걸린다(3장). 마찬가지로, 크기 포화 효과(amplitude compression, 예를 들어 비트 에러율)를 보는 회로-레벨 시뮬레이션 또한 시간이 오래 걸린다. 이런 이유로, PA 특성 파악은 변조되지 않은 신호를 기반으로 한 비선형 테스트인 상호변조(intermodulation)와 압축(compression) 테스트로 시작한다. 충분히 큰 두 개의 톤 신호를 이용하면, 상호변조로 ACPR을 예상할 수 있다. 각 톤의 크기는 최대 전력에서 6 dB 작은 출력이 나오도록 한다. 그러면 두 개의 톤 신호가 동위상[그림 12.6(a)]으로 더해질 때, 최대 출력 전압 스윙이 나타난다. 싱글 톤을 입력에 넣으면 압축 때문에, 크기가 점점 줄어서 출력 1-dB 압축점($P_{1dB}$)을 만나게 된다[그림 12.6(b)].

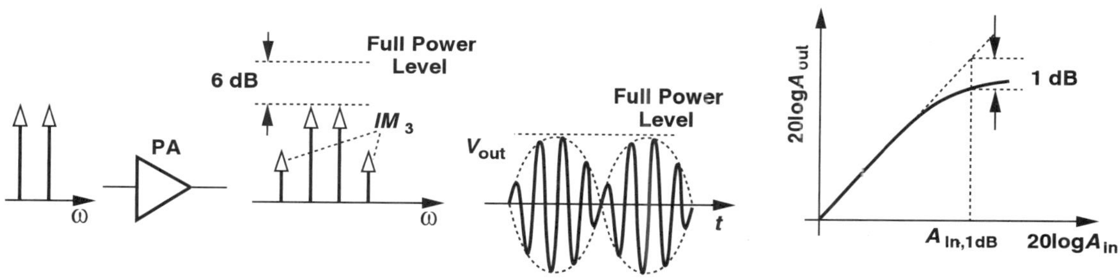


**그림 12.6** *(a) 투-톤 테스트에 의한 PA 특성, (b) 압축에 의한 PA 특성*

위의 테스트는 PA의 1차 비선형성을 예상한 것이다. 그러나 더 엄격한 특성 평가가 필요하다. PA는 여러 저장 소자(storage elements)를 갖고 있어서 비선형성을 단순한 다항식으로 나타낼 수 없다. 2장에서 설명한 것처럼, 볼테라 시리즈는 동적 비선형성(dynamic nonlinearity)을 표현할 수 있지만, 다소 복잡하다. 또 다른 접근 방법은 [4]에 나온 비선형성을 모델링하는 것이다. 변조된 입력이 다음의 형태라고 가정하자.

$$x(t) = a(t)\cos[\omega_0 t + \phi(t)]. \tag{12.9}$$

그러면, 출력은 크기 변조와 위상 변조를 포함하고 있고 다음과 같이 표현할 수 있다.

$$y(t) = A(t)\cos[\omega_0 t + \phi(t) + \Theta(t)]. \tag{12.10}$$

'준-정적(quasi-static)' 근사(approximation)를 해보자. 입력 신호 대역폭이 PA의 대역폭보다 훨씬 작다고 가정하면, 즉 PA가 신호의 변화를 가깝게 잘 따라갈 수 있다던, $A(t)$와 $\Theta(t)$는 입력 크기 $a(t)$만의 비선형 정적(static) 함수가 된다.

$$y(t) = A[a(t)]\cos\{\omega_0 t + \phi(t) + \Theta[a(t)]\}, \tag{12.11}$$

$A[a(t)]$와 $\Theta[a(t)]$는 각각 'AM/AM 변환'과 'AM/PM 변환'을 의미한다[4]. 예를 들어, $A$와 $\Theta$는 $\alpha_j$와 $\beta_j$라는 피팅(fitting) 파라미터를 사용하여 다음의 경험적인 식으로 표현할 수 있다 [4].

$$A(a) = \frac{\alpha_1 a}{1 + \beta_1 a^2} \tag{12.12}$$

$$\Theta(a) = \frac{\alpha_2 a^2}{1 + \beta_2 a^2}, \tag{12.13}$$

그림 12.7(a)에 묘사된 것처럼, $A(a)$는 그림 12.6(b)에 보이는 특성과 유사하다(그렇지만 큰 입력 레벨에서 음의 기울기를 갖는다). AM/PM 변환 함수는 PA 입력에 싱글 톤을 넣고 입력 크기에 대한 PA 위상 천이(phase shift)를 측정하면 쉽게 구할 수 있다.

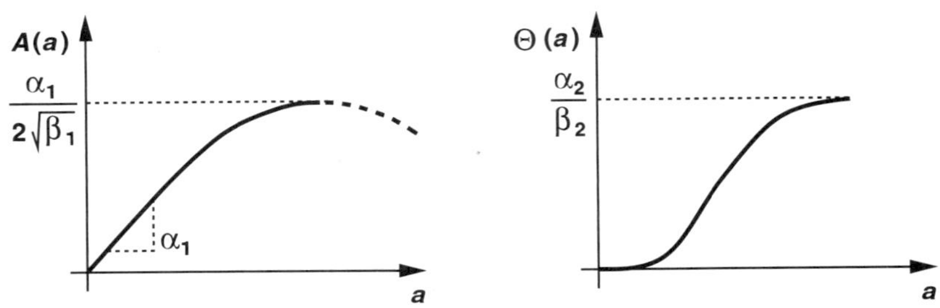


**그림 12.7** *AM/AM과 AM/PM 변환 특성*

독자는 앞에 기술한 모델이 왜 유효한지 궁금할 것이다. 사실, 이 모델을 검증하기 위한 어떤 증거도 제시된 적이 없다. 그럼에도 불구하고, 입력 신호의 대역폭이 PA 대역폭보다 훨씬 작은 경우에는 이 모델이 어느 정도 잘 맞는다는 것이 실험적으로 검증되었다. 캐스케이드 연결된 단들에 대해 전체 모델은 복잡해질 수 있고 $A$와 $\Theta$의 특성도 다소 달라질 수 있다.

회로 시뮬레이션에서 얻은 $A(a)$와 $\Theta(a)$를 이용해 PA를 식 (12.11)처럼 모델할 수 있고 MATLAB 같은 효과적인 행동 시뮬레이터(behavioral simulator)로 연구 할 수 있다. 그러므로 ACPR에 대한 PA 비선형성이나 OFDM 파형과 같은 신호의 퀄러티를 정량화 할 수 있다.

또 다른 PA 비선형성은 'Rapp 모델'[5]을 써서 다음처럼 나타낼 수 있다.

$$g(V_{in}) = \frac{\alpha V_{in}}{[1 + (\frac{V_{in}}{V_0})^{2m}]^{\frac{1}{2m}}}, \tag{12.14}$$

여기에서 $\alpha$는 $V_{in} = 0$ 근처에서의 소신호 이득이고 $V_0$와 $m$은 피팅 파라미터이다. 정적(static)

비선형성만을 가지고 있기 때문에, 이 모델은 집적회로 PA 설계에서 인기가 있다. 13장의 백-오프 계산에서 이 모델을 사용하게 될 것이다. 다른 PA 모델링 방법은 [6]에 나와 있다.

### 12.1.4 싱글-엔드와 차동 PA Single-Ended and Differential PAs

대부분의 단독으로 동작하는 PA는 싱글-엔드 단을 케스케이드한 형태로 설계 된다. 여기에 두 가지 중요한 이유가 있는데, 하나는 안테나가 일반적으로 싱글-엔드라는 것과, 싱글-엔드 RF 회로가 차동 구조보다 *테스트*하기가 훨씬 쉽다는 것이다.

그렇지만, 싱글-엔드 PA는 두 가지 단점이 있다. 첫째, PA가 상향 변환기(upconverter)의 한쪽 출력만 이용하기 때문에 송신부 전압 이득의 반을 못 쓰게 된다[그림 12.8(a)]. 이 이슈는 상향 변환기와 PA 사이에 발룬(balun)을 추가하면 해결 된다[그림 12.8(b)]. 그러나 발룬 자체도 손실이 있기 때문에, 특히 집적된 경우라면 전압 이득 증가는 수 dB정도로 제한된다(6 dB가 아니고).

싱글-엔드 PA의 두 번째 단점은 전원으로부터 접지까지 매우 큰 순간 전류를 당긴다는 것이다. 그림 12.9(a)에 보이는 것처럼, 전원의 본드 와이어 인덕턴스 $L_{B1}$이 $L_D$에 비교될 만큼 크다면, 출력단 네트워크의 공진이나 임피던스 변환 특성을 바꿔버리게 된다. 더욱이, $L_{B1}$

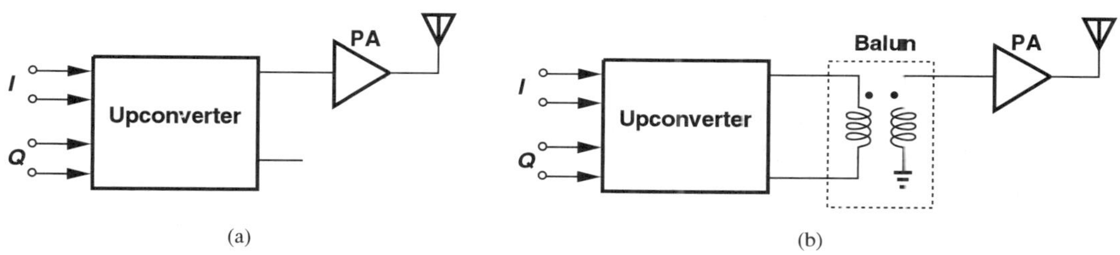


**그림 12.8** *상향 변환기와 PA 연결 (a) 싱글-엔드, (b) 발룬 연결*

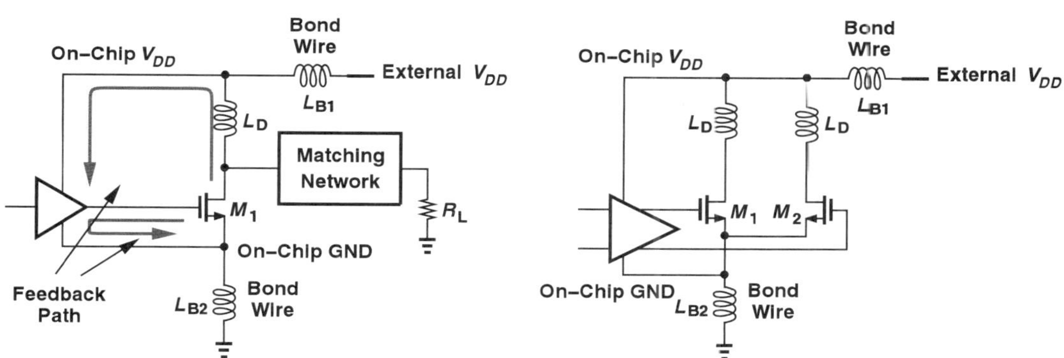


**그림 12.9** *(a) 본드 와이어에 의한 싱글-엔드 PA의 피드백, (b) 차동 PA에서는 크게 문제 되지 않음*

은 출력단의 신호가 $V_{DD}$ 라인을 통해 앞단으로 피드백되는 현상을 만들어 내고, 이것은 주파수 응답에서 리플(ripple)이나 비안정성을 일으킨다. 비슷하게, 접지 쪽 본드 와이어 인덕턴스 $L_{B2}$는 출력단을 축퇴(degeneration)시키고 피드백을 만든다.

반대로, 차동 구조는 위의 두 가지 이슈를 쉽게 해결한다. 그림 12.9(b)에 묘사된 것처럼, 차동 구조는 $V_{DD}$와 접지 라인으로부터 훨씬 작은 순간 전류를 끌어 들이기 때문에 $L_{B1}$과 $L_{B2}$에 덜 민감하고 피드백 효과도 작다. 예제 12.4의 축퇴(degeneration) 이슈도 상당히 완화된다.

차동 PA의 사용은 전압 이득과 패키지 기생 성분 이슈를 모두 개선하지만, 대부분의 경우에 PA는 싱글-엔드 안테나를 구동해야 한다. 그러려면 발룬이 PA와 안테나 사이에 들어가야 한다(그림 12.10).

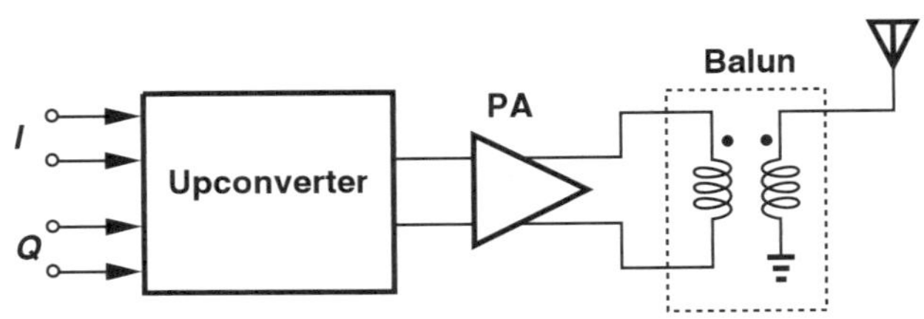


**그림** 12.10 *PA와 안테나 사이에 발룬을 사용*

## 예제 12.6

RF Microelecronics

주어진 발룬이 1.5 dB의 손실을 갖고 있다. 그림 12.8(b)와 12.10에 보이는 송신단 중에서 어느 것이 효율에 더 불리한 영향을 줄 것인가?

**풀이:**

그림 12.8(b)에서 발룬은 전압 이득을 1.5 dB 떨어뜨리지만, 큰 *전력*을 소모하지는 않는다. 예를 들어, 상향 변환기에서 PA로 전달된 전력이 대략 0 dBm이라면, 발룬의 1.5 dB 손실은 0.3 mW의 열방출로 변환된다. 반면에, 그림 12.10에서 PA로부터 부하로 전달되는 전체 전력이 발룬을 지나가는 경우에는 상당한 전력을 소모하게 된다. 예를 들어, PA 출력이 1 W라면 발룬의 1.5 dB 손실은 300 mW에 대응된다. TX 효율은 후자의 경우에 훨씬 더 나빠지게 된다.

차동 PA의 또 다른 유용한 특성은 LO로의 커플링이 작고 따라서 LO 풀링(pulling)도 감소된다는 것이다(4장). 신호가 대칭으로 LO에 전달되는 경우에, PA의 각 단에서 발생된 차동 파형은 상쇄된다. 물론, PA가 대칭 인덕터를 사용한다면 커플링 문제는 여전히 존재한다(7장).

싱글-엔드와 차동 PA의 선택과 관계된 트레이드-오프는 두 가지 고찰을 이끈다. 어떤 TX 설계는 출력 매칭 회로 앞의 온-칩 또는 오프-칩 발룬과 함께 완전-차동(fully-differential) 회로에 기반을 둔다. 반면에 다른 경우들은 상향 변환기 뒤에 발룬이 있든 없든 싱글-엔드 PA를 선택한다.

## 12.2 PA의 분류 Classification of Power Amplifiers

PA는 전통적으로 A, B, C, D, E, F 등의 많은 급으로 분류 된다. 고전 PA의 특성은 입력과 출력 파형을 정현파로 간주한다는 것이다. 12.3절에서 확인하겠지만, 이 가정을 피한다면 더 좋은 성능을 얻을 수 있다.

이 절에서는 A, B, C급을 설명하면서 집적회로 구현시 이들의 장점과 단점을 강조할 것이다.

### 12.2.1 A급 PA Class A Power Amplifiers

A급(Class-A) 증폭기는 트랜지스터가 켜져 있고 모든 입력과 출력 범위에서 선형적으로 동작하는 회로로 정의된다. 그림 12.11이 그 예이다. 트랜지스터의 바이어스 전류는 피크 신호 전류 $I_p$보다 크게 설정되고, 트랜지스터는 신호의 한주기 동안 어느 순간에도 OFF되지 않는다.

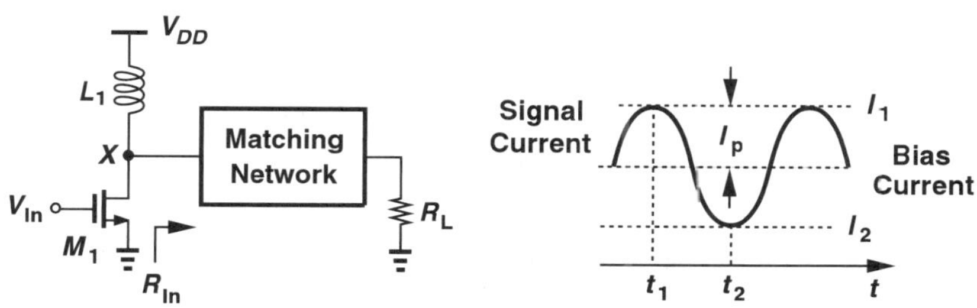


그림 12.11 *A급 증폭기*

독자는 여기에서 선형 동작을 어떻게 정의할 것인지 궁금할 수 있다. 무엇보다도, 트랜지스터가 항상 켜져 있다는 것이 PA가 충분히 선형적이라는 것을 반드시 의미하는 것은 아니기 때문이다. A급의 정의를 지킨다고 해도, 그림 12.11에서 $I_1 = 5I_2$라면 트랜지스터의 트랜스컨덕턴스는 $t_1$에서 $t_2$ 사이에서 크게 변하게 된다. 이런 것에서 A급의 정의가 모호해진다. 그럼에도 불구하고, 선형성이 요구된다면 A급 동작이 필요하다고 단언할 수 있다.

A급 증폭기의 최대 드레인(컬렉터) 효율을 계산해 보자. 최대 효율에 이르기 위해 그림 12.11의 $V_X$가 $2V_{DD}$와 0근처에 도달한다고 생각하자. 매칭 회로에 전달되는 전력은 대략

$(2V_{DD}/2)^2/(2R_{in}) = V_{DD}^2/(2R_{in})$이 되고, 매칭 회로가 무손실이라면 $R_L$에도 같은 전력이 전달된다. 예제 12.1을 복습하면, 인덕터 부하는 공급 전압으로부터 $V_{DD}/R_{in}$의 고정 전류를 흘린다. 즉,

$$\eta = \frac{V_{DD}^2/(2R_{in})}{V_{DD}^2/R_{in}} \tag{12.15}$$

$$= 50\%. \tag{12.16}$$

공급 전력의 다른 50%는 $M_1$ 자체에서 소모된다.

**예제 12.7** RF Microelecronics

앞에서 계산한 효율은 A급 증폭기의 선형성 가정과 일치하는가?

**풀이:**
그렇지 않다. 그림 12.11에서 정현파 입력 $V_X$는 오직 트랜지스터가 *OFF* 될 때만 $2V_{DD}$에 도달한다. 이것은 부하에 전달되는 전류 스윙이 반드시 0에서부터 바이어스 값의 두 배까지 간다는 것을 의미한다.

A급 증폭기가 효율 50%에 도달한다는 가정을 아는 것은 중요하다. (1) 드레인 (컬렉터)의 최대-최소 전압 스윙이 공급 전압의 두 배와 같다는 것은 트랜지스터가 신뢰성과 항복 전압의 이슈 없이 $2V_{DD}$의 드레인-소스(또는 컬렉터-이미터) 전압을 견딜 수 있다는 것이다.[3] (2) 트랜지스터가 간신히 OFF된다는 것은 소자 트랜스컨덕턴스에 의한 비선형성이 나쁘지 않다는 것이다. (3) 출력 트랜지스터와 안테나 사이에 놓인 매칭 회로는 손실이 없다.

**예제 12.8** RF Microelecronics

저이득 출력단이 더 심각한 효율-선형성 트레이드-오프를 겪는 이유를 설명하라.

**풀이:**
그림 12.12에서 보이는 두 개의 시나리오를 생각해 보자. 두 경우에 $M_1$은 $t = t_1$에서 포화상태에 놓이고, 드레인 전압은 $V_0 + V_{p,in} - V_{TH}$를 초과해야 한다. 그림 12.12(a)의 고이득 단에서 $V_{p,in}$은 작고, $V_X$는 그림 12.12(b)의 저이득 단에서 보다 0에 더 가까워진다.

3. 큰 전압 스윙이 있을 때, 트랜지스터는 상당한 비선형성을 보인다.

**예제 12.8** *(계속)* RF Microelecronics

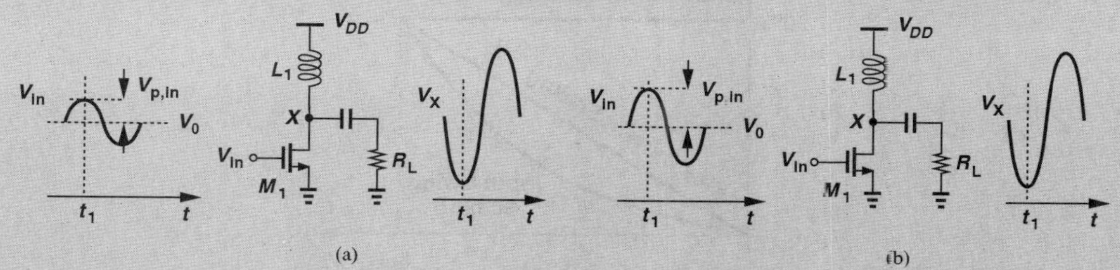


**그림 12.12** *(a) 고이득 단에서의 비선형성, (b) 저이득 단에서의 비선형성*

위의 예제는 최소 드레인 전압이 $V_{DD}$에 비해 무시할 수 *없고* 출력 스윙이 $2V_{DD}$보다 작다는 것을 의미한다. 따라서 저출력 신호 레벨에 대한 효율을 계산해봐야 한다. 그 결과는 출력 전력이 *변하는* 송신부에서 유용하다. 예를 들어, 4장에서 CDMA 네트워크는 기지국이 거의 일정한 레벨을 받도록 단말기가 연속적으로 송신 전력을 조정할 것을 요구한다.

그림 12.11에서 PA는 $V_p$의 피크 전압 스윙을 $R_{in}$에 전달해야 한다. 즉, 매칭 회로가 무손실이라면, $V_p^2/(2R_{in})$을 안테나에 전달해야 한다. 세 가지 경우를 생각할 수 있다. (1) 공급 전압과 바이어스 전류가 최대 출력 전력 $[V_{DD}^2/(2R_{in})]$에서 유지되고 입력 신호 스윙만 감소한다. (2) 공급 전압이 변하지 않지만 바이어스 전류가 출력 전압 스윙에 비례하여 감소한다. (3) 공급 전압과 바이어스 전류가 출력 전압 스윙에 비례해서 감소한다.

첫 번째 경우에서, 바이어스 전류는 $V_{DD}/R_{in}$이고 전력 $V_{DD}^2/R_{in}$은 배터리에서 끌어 온다. 결과적으로 효율은 다음과 같다.

$$\eta_1 = \frac{V_p^2/(2R_{in})}{V_{DD}^2/R_{in}} \tag{12.17}$$

$$= \frac{V_p^2}{2V_{DD}^2}. \tag{12.18}$$

따라서, 효율은 입력과 출력 전압 스윙이 감소하면 급격히 떨어진다.

두 번째 경우, 바이어스 전류는 피크 스윙 $V_p$에 따라 필요한 만큼으로 감소되어 $V_p/R_{in}$이 된다. 효율은 다음과 같다.

$$\eta_2 = \frac{V_p^2/(2R_{in})}{(V_p/R_{in})V_{DD}} \tag{12.19}$$

$$= \frac{V_p}{2V_{DD}}. \tag{12.20}$$

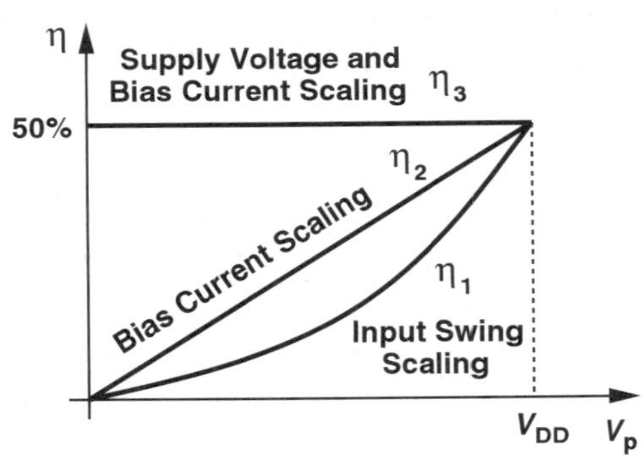


**그림 12.13** *전류와 전압 스케일링의 시나리오에 대한 피크 출력 전압 대 효율*

효율은 $V_p$가 감소하고 $V_{DD}$가 상수로 유지되는 한 선형적으로 떨어진다.

세 번째 경우, 공급 전압도 스케일 되면 이상적으로 $V_{DD} = V_p$의 관계를 따른다. 효율은 다음과 같다.

$$\eta_3 = 50\%. \tag{12.21}$$

이 경우가 가장 바람직하나, 가변 공급 전압이 있는 PA 단을 설계하는 것은 어렵다. 그림 12.13에서 이런 결과들을 요약하였다.

## 예제 12.9

RF Microelecronics

한 학생이 그림 12.14에 보이는 가변 공급 전압이 있는 출력단을 설계해보려 한다. 여기에서 $M_2$는 트라이오드 영역에서 동작하고 전압-제어 저항처럼 동작한다. $C_2$는 노드 $Y$에서 ac 접지를 형성한다. 이 회로가 50%의 효율을 달성할 수 있을까?

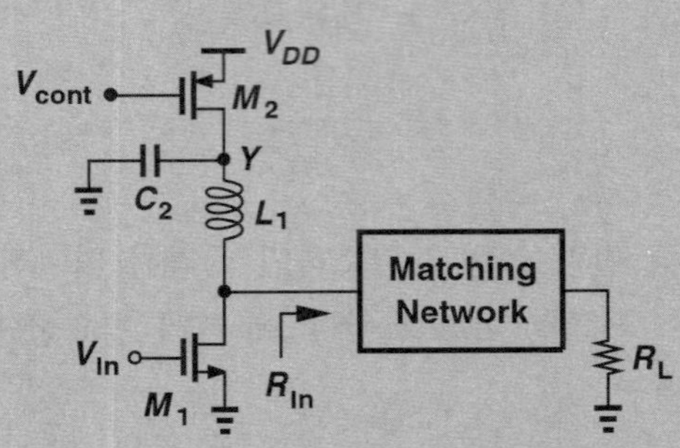


**그림 12.14** *가변 공급 전압이 있는 출력단*

**풀이:**

달성하지 못 한다. 불행히도 $M_2$ 자신도 전력을 소모한다. 바이어스 전류가 $V_p/R_{in}$과 같도록

**예제 12.9** (*계속*) RF Microelecronics

설정된다면 $V_{DD}$로부터 끌어온 전체 전력은 $M_2$의 온-저항을 무시하더라도 $(V_p/R_{in})V_{DD}$가 된다. $M_2$는 $(V_p/R_{in})R_{on2}$의 전력을 소모한다. 여기에서 $R_{on2}$는 온-저항이다.

**전도각(conduction angle)** 종종 출력 트랜지스터의 '전도각(conduction angle)'으로 PA의 급을 구분한다. 전도각은 신호의 주기에 대한 트랜지스터가 ON 되어 있는 각도의 %로 정의한다. A급 증폭기는 출력 트랜지스터가 항상 ON이므로 전도각이 360°이다.

### 12.2.2 B급 PA Class B Power Amplifiers

B급(Class-B)의 동작 정의는 계속 바뀌어 왔다. 전통적인 B급 PA는 두 개의 *병렬* 단으로 구성되고 각각은 180°의 전도각 동안만 동작하여 A급의 경우보다 높은 효율을 얻는다. 그림 12.15에서 $M_1$과 $M_2$의 드레인 전류는 트랜스포머 $T_1$에서 합쳐진다. 이 회로를 준차동 단으로 볼 수 있고 발룬이 싱글-엔드 부하를 구동하게 된다. 그러나 B급 동작은 각 트랜지스터가 반주기 동안 *꺼져야 한다*(즉, 전도각이 180°). 트랜지스터의 게이트 바이어스 전압은 대략 $V_{TH}$와 같은 값으로 선택된다.

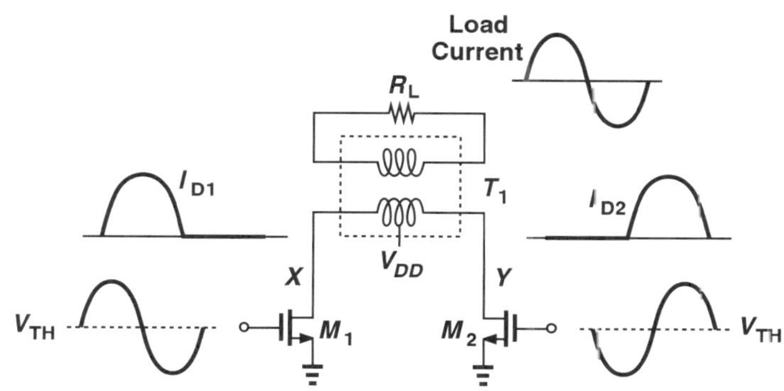


**그림 12.15** *B급 증폭기*

**예제 12.10** RF Microelecronics

$M_1$과 $M_2$가 생성한 반주기의 전류 파형을 $T_1$이 어떻게 합하는지 설명하라.

**풀이:**

중첩을 사용하여 그림 12.16처럼 두 번의 반주기 동안의 출력 회로를 그린다. $M_1$이 켜질 때,

(*계속*)

## 예제 12.10 (계속)

RF Microelecronics

노드 $X$로부터 $I_{D1}$이 흐르고, 이것은 2차측에 $R_L$로 흘러 *들어가는* 전류를 생성하고 양의 값의 $V_{out}$을 출력한다[그림 12.16(a)]. 반대로, $M_2$가 커질 때, 노드 $Y$에서 전류를 당기고, 2차측 전류는 $R_L$로부터 *흘러 나와* 음의 값의 $V_{out}$을 출력한다[그림 12.16(b)].

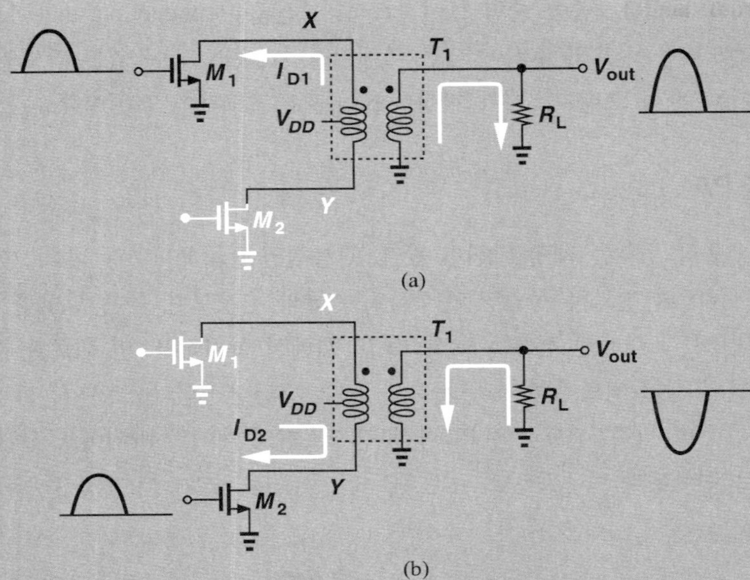


**그림 12.16** *(a) 양의 값의 출력 반주기 동안의 출력 회로의 전류, (b) 음의 값의 출력 반주기 동안의 출력 회로의 전류*

만약 기생 커패시턴스가 작고, 1차측과 2차측 인덕턴스가 크다면, 그림 12.15에서 $V_X$와 $V_Y$는 $V_{DD}$ 근처에서 스윙하는 반파 정류된 정현파가 된다(그림 12.17). 문제 12.3에서, $V_{DD}$보다 큰 스윙은 $V_{DD}$ 이하 스윙의 절반 정도이고, 이것은 저효율이라는 원하지 않는 결과를 낳는다. 이런 이유로 트랜스포머의 2차측(혹은 1차측)에 병렬 커패시터를 달고 값을 조정하여

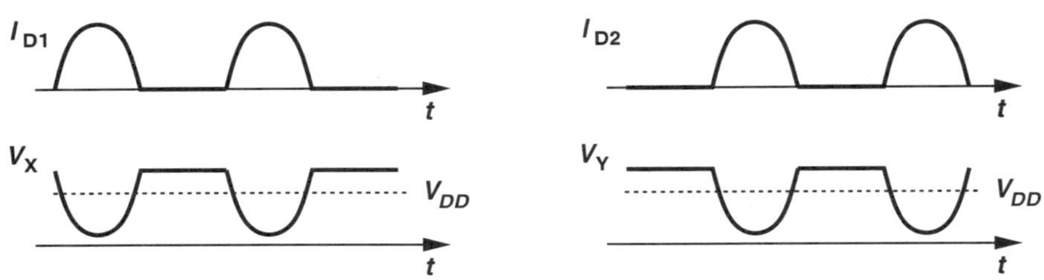


**그림 12.17** *B급 증폭기의 전류와 전압 파형*

$X$와 $Y$에서 반파 정류된 정현파의 고조파(harmonic)를 억제하여 $V_{DD}$ 이상과 이하의 스윙이 같도록 만들어 준다.

그림 12.15의 B급 증폭기의 효율을 계산해보자. 각 트랜지스터가 1차측으로부터 피크 전류 $I_p$를 당겨 쓴다고 가정하자. 예제 12.10에서 설명되는 것처럼, 이 전류는 1차측 권선의 *절반을* 흐른다(동시에 반대쪽 절반은 전류가 0이 된다). 그림 12.18에서 보여지는 권선비를 가정하면, 반주기의 정현파 전류 $I_{D1} = I_p \sin \omega_0 t$, $0 < t < \pi/\omega_0$가 되고, 2차측에 유사한 전류를 만들어 내지만 피크 전류값은 $(m/n)I_p$가 된다. 그러므로, 대 주기마다 $R_L$을 통과하는 전체 전류는 $I_L = (m/n)I_p \sin \omega_0 t$가 되고, 출력 전압과 평균 전력은 다음과 같다.

$$V_{out}(t) = \frac{m}{n} I_p R_L \sin \omega_0 t, \tag{12.22}$$

$$P_{out} = \left(\frac{m}{n}\right)^2 \frac{R_L I_p^2}{2}. \tag{12.23}$$

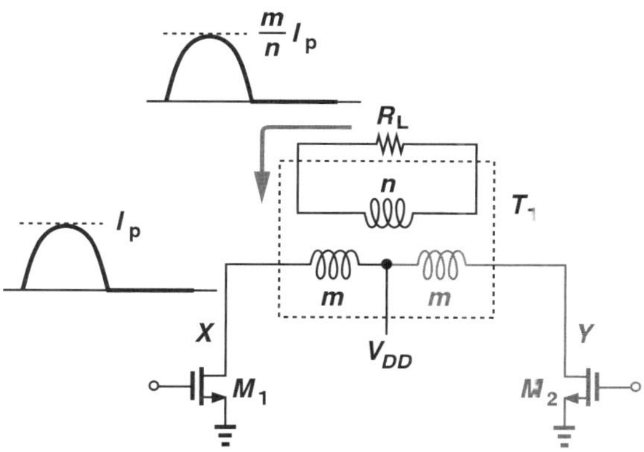


**그림 12.18** *효율 계산을 위한 B급 회로*

$V_{DD}$로부터 끌어온 평균 전력을 계산해봐야 한다. 각 트랜지스터에 의해 나온 반파 정류된 전류는 평균값 $I_p/\pi$가 된다(이유는?). 매 주기마다 앞에 설명한 두 개의 전류 파형이 $V_{DD}$로부터 흘러나오고, $V_{DD}$가 공급하는 평균 전력은 다음과 같다.

$$P_{supp} = 2\frac{I_p}{\pi} V_{DD}. \tag{12.24}$$

식 (12.23)을 (12.24)로 나누면 B급 증폭기의 드레인(컬렉터) 효율이 된다.

$$\eta = \frac{\pi}{4V_{DD}} \left(\frac{m}{n}\right)^2 I_p R_L. \tag{12.25}$$

예상대로, $\eta$은 $I_p$의 함수이다.

마지막 단계로, 2차측(또는 1차측)의 공진 부하가 있기 때문에 $X$와 $Y$에서 전압 스윙을 계산할 수 있다. 공진이 반파 정류 파의 고조파를 억제하기 때문에, $V_X$와 $V_Y$는 180° 위상차의 정현파를 닮고, $V_{DD}$의 dc 전압을 갖게 된다(그림 12.19). 즉, 다음과 같다.

$$V_X = V_p \sin\omega_0 t + V_{DD} \tag{12.26}$$

$$V_Y = -V_p \sin\omega_0 t + V_{DD}. \tag{12.27}$$

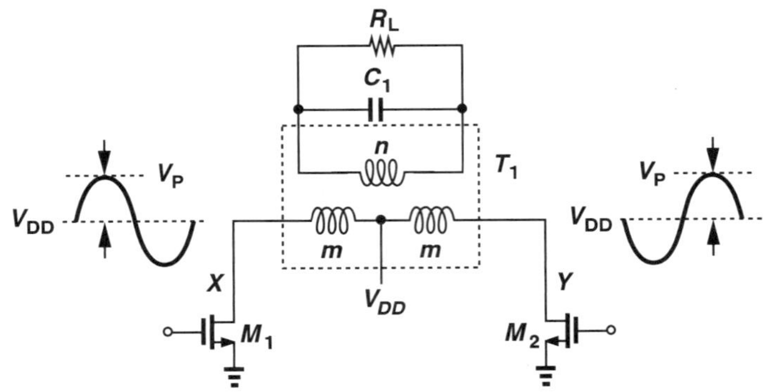


**그림 12.19** *2차측에 공진 회로가 있는 B급 회로*

트랜스포머의 1차측에는 다음의 전압 파형이 있게 된다.

$$V_{XY} = 2V_p \sin\omega_0 t, \tag{12.28}$$

$n/(2m)$의 비라면 출력 전압은 다음과 같다.

$$V_{out}(t) = \left(\frac{n}{2m}\right) 2V_p \sin\omega_0 t \tag{12.29}$$

$$= \frac{m}{n} I_p R_L \sin\omega_0 t. \tag{12.30}$$

따라서 다음의 식이 나온다.

$$V_p = \frac{m^2}{n^2} I_p R_L. \tag{12.31}$$

효율을 최대로 올리기 위해 $V_p = V_{DD}$로 놓고 식 (12.25)로부터 얻은 효율은 다음과 같다.

$$\eta = \frac{\pi}{4} \tag{12.32}$$

$$\approx 79\%. \tag{12.33}$$

최근의 RF 설계서에서는, B급 동작을 종종 그림 12.15와 12.18에 보이는 회로의 *절반으*

로 설명한다. 여기에서 트랜지스터는 반주기 동안만 전류를 흘린다. 당연히 이러한 회로는 상당히 비선형적이지만 $\pi/4$라는 최대 효율을 갖는다.

12.1.4절에서 언급한 대로, PA 출력단의 온-칩 발룬 사용은 효율을 저하시킨다. 약 100 mW 이상의 전력에 대해, 효율이 중요하다면 오프-칩 발룬을 쓸 수 있다.

**AB급 PA** 'AB급(Class-AB)' 용어는 종종 싱글-엔드 PA(예, CS 단)를 말한다. 이때 전도각은 180°에서 360° 사이가 되고, 출력 트랜지스터는 반주기 이하의 시간동안 꺼지게 된다. 또 다른 관점으로, AB급 PA는 A급 증폭기보다 덜 선형적이고 B급 증폭기보다는 선형적이다. 이것은 일반적으로 입력 전압 스윙을 줄이고 1 dB 압축점으로부터 백-오프(back-off)를 하여 얻어 지게 된다. 그럼에도 불구하고, AB급이란 용어는 여전히 모호하다.

### 12.2.3 C급 PA Class C Power Amplifiers

A급과 B급 증폭기에 대한 고찰은 전도각이 작을수록 효율이 높다는 것을 알려준다. C급(Class-C) 증폭기의 전도각은 좀 더 작아진다(그리고 회로는 더 비선형적이다).

그림 12.11의 A급의 구조를 C급으로 동작하도록 수정할 수 있다. 그림 12.20(a)에 묘사된 대로, 이 회로는 $V_{in}$의 피크 값이 $V_X$를 $V_{TH}$ 위로 올릴 때만 $M_1$이 켜지도록 바이어스 되어 있다. 그림 12.20(b)처럼 $V_X$는 한 주기의 일부 구간에서만 $V_{TH}$를 초과하고 $M_1$에 짧은 펄스가 들어간 것처럼 동작한다. 결과적으로 트랜지스터는 매주기마다 출력에 짧은 전류 펄스를 전달한다. 안테나에서 큰 고조파들을 없애기 위해서 매칭 회로는 필터 기능이 있어야 한다. 실제로, 매칭 회로의 입력 임피던스는 또한 동작 주파수에서 공진하도록 설계되어 *드레인 전압*을 정현파로 만들어 준다.

C급과 단일 트랜지스터 B급 증폭기 사이의 차이점은 전도각 $\theta$이다. $\theta$가 줄어들수록 트랜지스터는 한 주기에서 더 짧은 시간동안 켜지고, 전력 손실은 줄어든다. 같은 이유로 트랜지스터에서 부하로 전달되는 전력도 줄어든다.

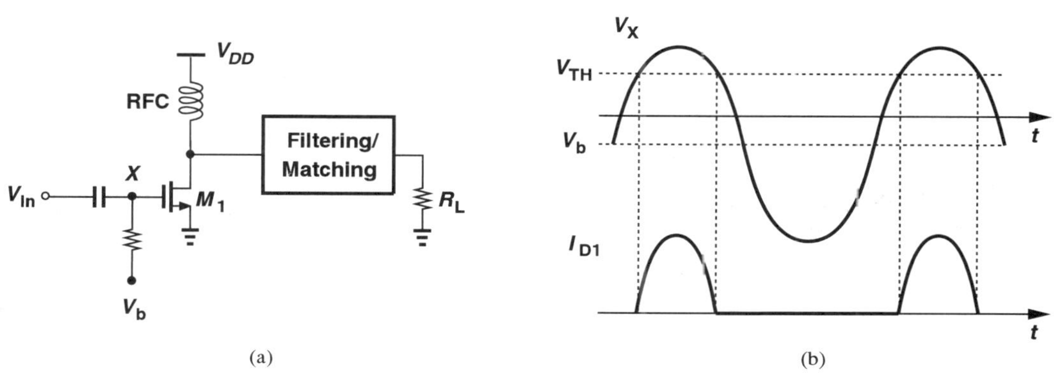


그림 12.20 *(a) C급 증폭기와 (b) 파형*

그림 12.20(a)에서 $M_1$의 드레인 전류가 정현파의 피크 부분에서만 흐르고 드레인 전압이 $V_{DD}$의 피크 값을 갖는 정현파라고 가정하면, 효율은 [7]에서 얻은바와 같이 다음과 같다.

$$\eta = \frac{1}{4}\frac{\theta - \sin\theta}{\sin(\theta/2) - (\theta/2)\cos(\theta/2)}. \tag{12.34}$$

그림 12.21(a)에 그려진 대로 이 관계는 $\theta$가 0으로 접근함에 따라 효율 100%에 도달한다.

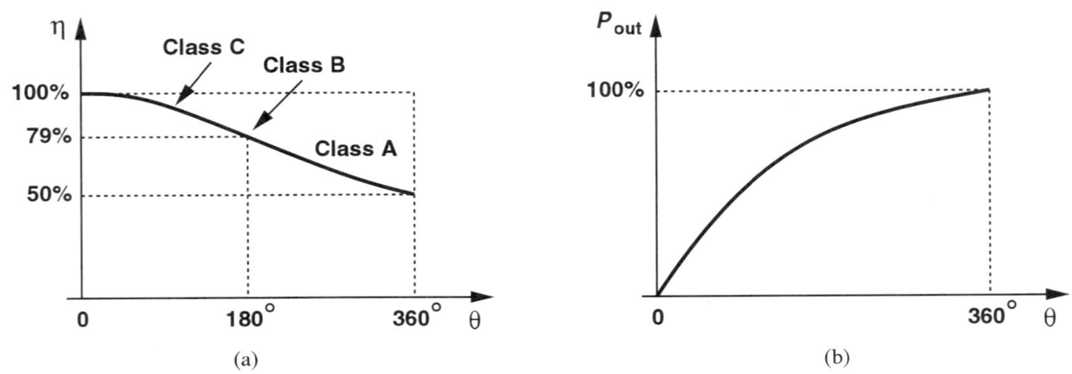


**그림 12.21** *(a) 전도각에 대한 효율과 (b) 출력 전력*

최대 효율 100%는 C급 증폭기의 유명한 특징이다. 그렇지만, 또 다른 특성인 부하로 전달되는 실제 전력을 설명할 필요가 있다. 전력은 [7]에서 다음과 같이 증명되었다.

$$P_{out} \propto \frac{\theta - \sin\theta}{1 - \cos(\theta/2)}. \tag{12.35}$$

로피탈의 정리(L'Hopital's rule)를 적용하면, $\theta$가 0으로 다가갈수록 $P_{out}$도 0으로 떨어진다는 것을 증명할 수 있다. 다시 말해서, C급 증폭기는 피크 출력 전력(A급 동작의 최대 전력)의 *일부를* 출력할 때만 고효율을 낸다.

C급 증폭기는 어떻게 A급에 맞먹는 출력 전력을 낼 수 있을까? 작은 전도각은 짧은 시간 동안 고전류를 흘릴 수 있도록 출력 트랜지스터가 *커야 한다*는 것을 의미한다. 다시 말해, 드레인 전류의 *1차* 고조파는 두 경우에서 동일해야 한다.

## 예제 12.11

RF Microelecronics

전도각 $\theta$에 대해 그림 12.20의 트랜지스터 드레인 전류의 1차 고조파의 크기를 결정하라.

**풀이:**

그림 12.22에서 전류 전도가 $A$ 점에서 시작하여 $B$ 점에서 끝나는 파형을 생각해보자. 정현파

**예제 12.11** (*계속*) RF Microelecronics

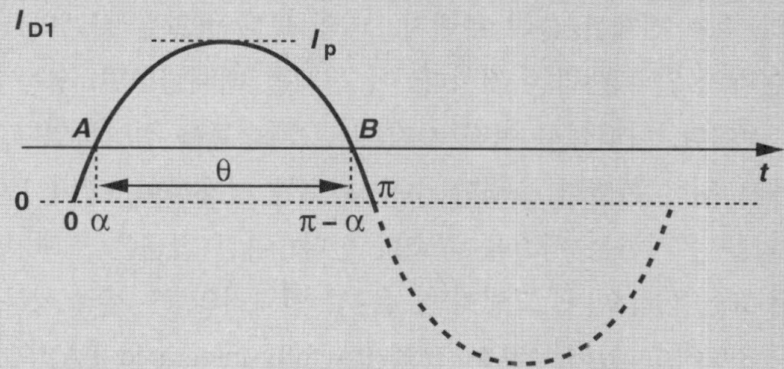


**그림 12.22** *고조파 계산을 위한 C급 증폭기의 파형*

의 각은 A에서 α이고 $B$에서 $\pi$ − α가 되어 $\pi$ − α − α = $\theta$가 되고 α = ($\pi$ − $\theta$)/2가 된다. 첫 번째 고조파의 푸리에 계수는 다음과 같다.

$$a_1 = \frac{2}{T_0} \int_{\alpha/\omega 0}^{(\pi-\alpha)/\omega 0} I_p \sin\omega_0 t \sin\omega_0 t dt \tag{12.36}$$

$$b_1 = \frac{2}{T_0} \int_{\alpha/\omega 0}^{(\pi-\alpha)/\omega 0} I_p \sin\omega_0 t \cos\omega_0 t dt, \tag{12.37}$$

여기에서 주기는 $T_0 = 2\pi/\omega_0$이다. 따라서 다음과 같다.

$$a_1 = I_p \frac{\pi - 2\alpha}{2\pi} + \frac{I_p}{2\pi}\sin 2\alpha \tag{12.38}$$

$$b_1 = 0 \tag{12.39}$$

1차 고조파는 다음과 같다.

$$I_{\omega 0}(t) = a_1 \sin\omega_0 t. \tag{12.40}$$

α → $\pi$/2라면 $a_1 \to 0$이다. 예컨대, α = $\pi$/4라면 $a_1 \approx 0.41 I_p$이고, 트랜지스터는 동일한 출력 전력의 A급 증폭기와 비교하여 약 2.4배 커야 한다. $R_{in}$이 작아지더라도, 고조파는 $2V_{DD}$에 가까운 드레인 전압 스윙을 만들어야 한다.

현대 RF 설계에서, C급 동작은 그렇게 큰 트랜지스터가 필요하지 않도록 다른 효율 좋은 증폭기 기술로 대체되고 있다.

## 12.3 고효율 PA High-Efficiency Power Amplifiers

A, B, C급 증폭기의 주요 전제는 출력 트랜지스터의 드레인(또는 컬렉터) 전류와 전압 파형이 정현파(또는 정현파의 일부분)라는 것이다. 이 전제를 배제한다면, 성능 향상을 위해 고조파를 써볼 수 있을 것이다. 아래에서 여러 가지 관련 기술들을 설명하였다. 다음의 구조들은 그러한 파형을 만들기 위한 특별한 출력단 수동 회로를 사용하며, 출력 트랜지스터가 큰 전류를 흘리고 큰 전압을 유지하는 시간을 최소화 한다. 이런 접근은 트랜지스터에 의해 소모되는 전력을 줄이고 효율을 높인다. 그렇지만, 온-칩 인덕터의 큰 기생 성분들은 매칭 회로를 외부에 구현하도록 유도하고 있어, '완전 집적 PA(fully-integrated PA)'의 의미를 무색하게 만들고 있다.

### 12.3.1 고조파가 증강된 A급 증폭기 Class A Stage with Harmonic Enhancement

그림 12.11의 A급 증폭기의 학습 내용인 최대 효율, 최대 크기의 트랜지스터 전류 스윙, 비선형 특성을 복습해 보자. 이와 같이, 전류는 상당한 2차/3차 고조파를 포함하고 있다. 매칭 회로의 입력 임피던스를 기본(fundamental) 주파수에서는 작고, 2차 고조파 주파수에서는 *크게* 설계했다고 가정하자. 그림 12.23에 그려진 대로, 결과적인 전압 파형의 합은 기본 주파수 파형보다 좁은 펄스가 되고 출력 트랜지스터의 전압과 전류 사이에 겹치는 시간이 줄어든다. 결과적으로, 출력 트랜지스터가 소모하는 평균 전력은 감소하고 효율은 증가한다.

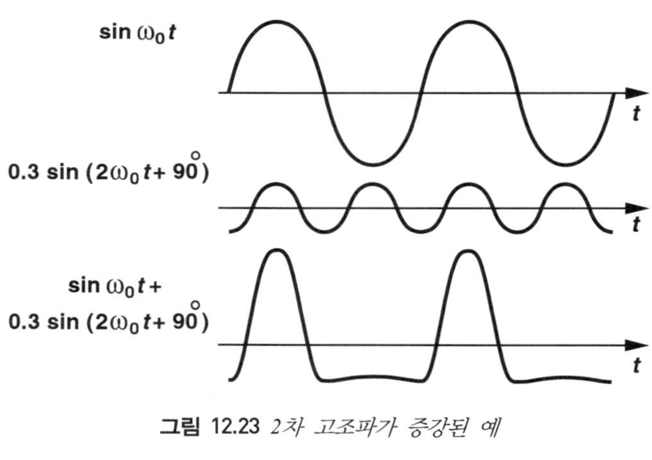


**그림 12.23** *2차 고조파가 증강된 예*

흥미로운 점은 위에서 파형을 변형시킨다고 해서 부하로 전달되는 신호 중 고조파 성분이 증가되는 것은 아니라는 것이다. 이 기술은 단순히 *드레인* 전압이 구형파가 되도록 각기 다른 고조파들이 각각의 종단 임피던스를 갖도록 해 준 것이다.

예를 들어 그림 12.24(a)의 A급 회로를 살펴보자. 여기에서 $L_1$, $C_1$, $C_2$는 50 Ω 부하를

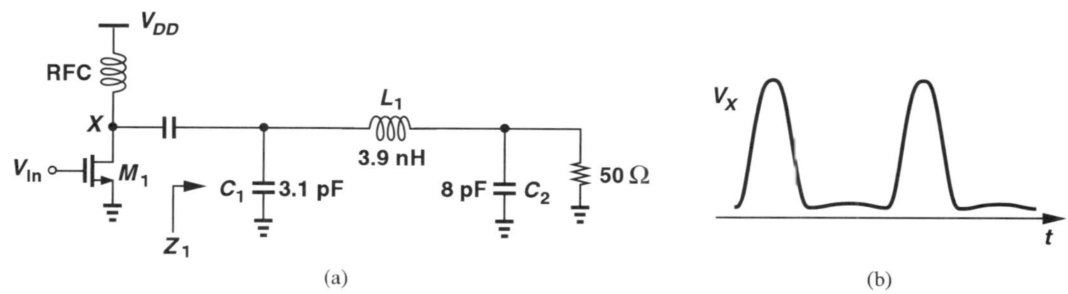


**그림 12.24** *(a) 고조파가 증강된 A급 증폭기, (b) 드레인 파형*

$f$ = 850 MHz에서 $Z_1$ = 9 Ω + $j$0로, $2f$ = 1.7 GHz에서 $Z_2$ = 330 Ω − $j$0으로 변환하는 매칭 회로이다[8]. 이 경우에, 이차 고조파는 37배 커지게 된다. 그림 12.24(b)는 드레인 전압을 보여준다. 이 회로는 73%의 효율로 2.9 W의 전력을 부하에 전달하고 3차 고조파는 −25 dBc이다[8]. 고조파 종단에 대한 다른 고려 사항들은 참고문헌[9]를 참고하다. 이런 개선 기술은 다른 급의 PA에도 적용될 수 있다.

### 12.3.2 E급 증폭기 Class E Stage

E급(Class-E) 증폭기는 소자가 낼 수 있는 *최대* 전력을 출력할 수 있으면서 100%의 효율을 얻을 수 있는 비선형 증폭기이다. 이 사항이 C급 보다 우수한 장점이다. E급 PA를 자세히 들여다보기 전에 먼저 그림 12.3(a)의 간단한 회로를 그림 12.25에서 다시 살펴보자.

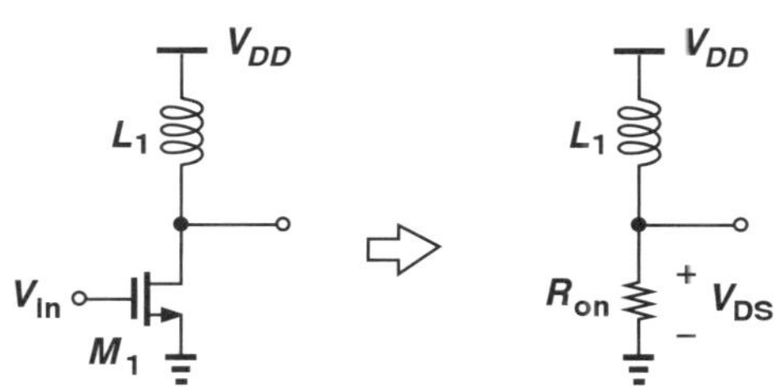


**그림 12.25** *스위칭 트랜지스터가 있는 출력단*

이 회로의 출력 트랜지스터는 전압 의존형 전류원이라기 보다는 스위치로서 동작하며 이상적인 동작으로 순간적으로 ON과 OFF를 전환한다고 가정하자. '스위칭 전력 증폭기(switching power amplifier)'라 불리는 토폴로지는 (1) $M_1$이 전류를 흘릴 때 낮은 전압을 유지하고, (2) $M_1$이 높은 전압을 유지할 때 작은 전류를 흘리고, (3) ON과 OFF 상태 사이의 변환 시간이 최소화 된다면 고효율을 가질 수 있다[10]. (1)부터 (3)에서 스위치의 온-저항이 매우 작아야 하고, $M_1$의 게이트에 인가되는 전압은 구형파에 가까운 파형이어야 한다는 결론을 낼 수 있다. 그렇지만, 이 두 가지 조건을 만족 할 지라도, $V_X$가 높을 때 $M_1$이 ON이 된다면 (2)는 위배 될 수 있다. 물론, 실제로 고주파에서 구형파 입력을 넣어주기는 어렵다.

앞에서 다룬 PA와 그림 12.25의 스위칭 PA 사이의 근본적인 차이를 이해할 필요가 있다. 전자는 출력 매칭 회로의 트랜지스터가 전류원으로 동작한다는 가정하에 설계가 되었고, 후자는 그런 가정이 필요하지 않다. 트랜지스터가 전류원이라면 드레인 전압의 최소값과 게이트 전압의 최대값은 트랜지스터가 트라이오드 영역에 들어가지 않도록 정확하게 제어되어야 한다. 필요한 최소 드레인-소스 전압은 모든 소자와 파형이 이상적일지라도 낮은 효율을 야기한다. 반면, 스위칭 증폭기의 드레인 전압은 0에 근접할 수 있다(또는 음의 값이 될 수도 있다).

비선형 PA 설계의 심각한 딜레마는 출력 트랜지스터의 게이트가 최대 효율을 갖도록 가능한 한 급격하게 스위칭 되어야 한다는 것이다[그림 12.26(a)]. 그러나 큰 출력 트랜지스터는 보통 게이트에 공진이 필요하고, 어쩔 수 없이 정현파에 가까운 파형을 받게 된다[그림 12.26(b)].

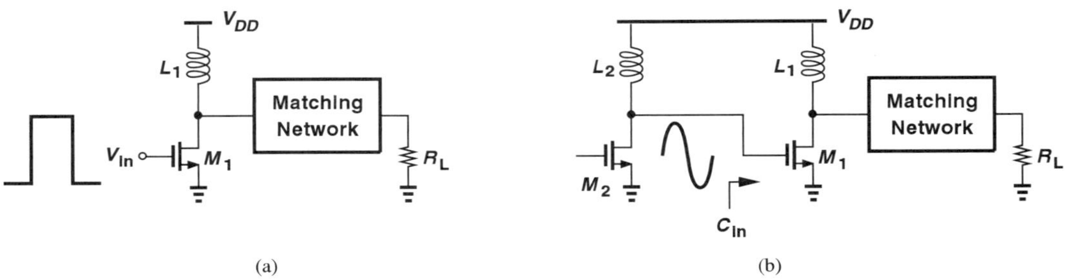


**그림 12.26** *(a) 구형파 입력이 들어오는 스위칭 증폭기, (b) 공진 때문에 완만하게 변한 파형이 들어오는 스위칭 증폭기*

E급 증폭기는 적절한 *부하* 설계에 의해 한정된(finite) 입력 출력 전환 시간을 조정할 수 있다. 그림 12.27(a)처럼 C급 증폭기는 출력 트랜지스터 $M_1$, 접지된 커패시터 $C_1$, 직렬 회로 $C_2$와 $L_1$으로 구성 된다[10]. $C_1$은 $M_1$의 접합(junction) 커패시터와 RFC의 기생 커패시턴스를 포함한다는 것에 주목하라. $C_1$, $C_2$, $L_1$, $R_L$의 값은 $V_X$가 다음의 세 가지 조건을 만족하도록 선택된다. (1) 스위치가 OFF될 때, $V_X$는 전류가 0으로 떨어지도록 충분히 오랫동안 낮은 값을 유지한다, 즉, $V_X$와 $I_{D1}$의 파형은 서로 겹치지 않는다[그림 12.27(b)]. (2) 스위치가 ON이 되기 전에 $V_X$가 0에 도달한다[그림 12.27(c)]. (3) 스위치가 ON이 될 때, $dV_X/dt$도 거의 0이 된다. 이 회로의 특성을 이해하기 위해 이러한 조건들을 살펴보자.

첫 번째 조건은 $M_1$의 *게이트에서* 하강하는데 걸리는 시간(역주: 순간 하강이 어려우므로)을 $C_1$을 조정하여 해결한다는 것이다. $C_1$이 없다면, $V_{in}$이 내려갈 때 $V_X$는 올라가고 $M_1$은

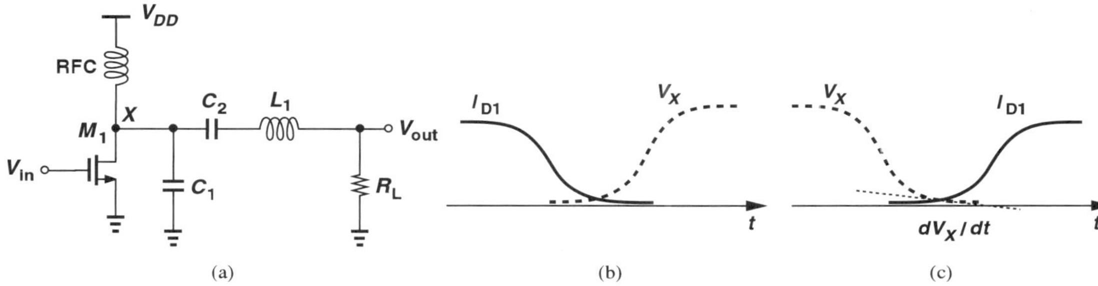


**그림 12.27** *(a) E급 증폭기, (b) 드레인 전류와 전압이 최소로 겹치는 조건, (c) 타이밍 에러에 둔감하게 되는 조건*

큰 전력을 손실하게 된다.

두 번째 조건은 스위칭 트랜지스터의 $V_{DS}$와 $I_D$가 턴-온(turn-on) 시점 근방에서 겹치지 않도록 해 준다. 이것은 한정된 입력 출력 변환 시간에도 불구하고 트랜지스터의 전력 손실을 최소로 줄여준다.

세 번째 조건은 두 번째 조건이 잘 맞지 않을 때에도 효율에 대한 민감도를 낮춰준다. 즉, 트랜지스터나 공급 전압의 변화가 전압과 전류 파형을 겹치게 만들지라도, 효율은 약간만 나빠지게 된다. 왜냐하면 $dV_X/dt = 0$은 턴-오프(turn-off) 시점 근방에서 $V_X$가 크게 변하지 않는 것을 의미하기 때문이다.

두 번째와 세 번째 조건을 구현하는 것은 간단하지 않다. 스위치가 꺼진 후에 부하 회로는 $C_1$, $C_2$, $L_1$의 초기 조건에 따른 2차 감쇠 시스템처럼 동작 한다(그림 12.28)[10]. 시간 응답은 부하 회로의 $Q$값에 따라, 그림 12.28에서처럼, 감쇠 제동(underdamped), 과제동(over-damped), 극제동(critically-damped) 조건이 나타난다. 마지막 경우에 $V_X$는 0의 기울기로 0 V에 다가가게 된다. 따라서, 이 시점에서 스위치가 ON이 되기 시작한다면, 두 번째와 세 번째 조건이 만족된다.

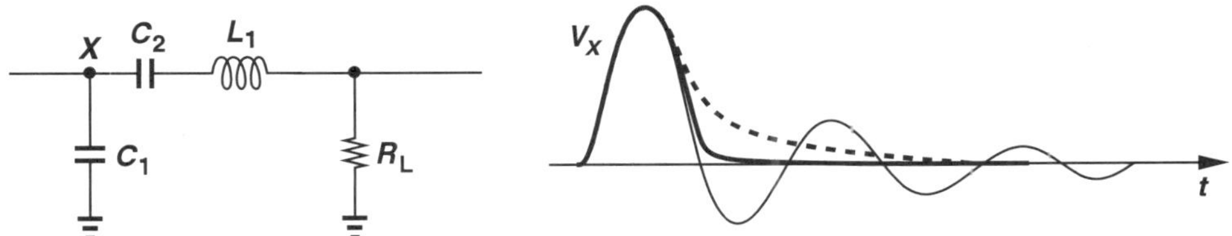


**그림 12.28** *제동(damped) 회로처럼 보이는 E급 매칭 회로*

## 예제 12.12

RF Microelecronics

그림 12.29(a)의 E급 증폭기를 모델링하고 회로의 전압과 전류를 그려라.

(계속)

## 예제 12.12 (*계속*)

RF Microelecronics

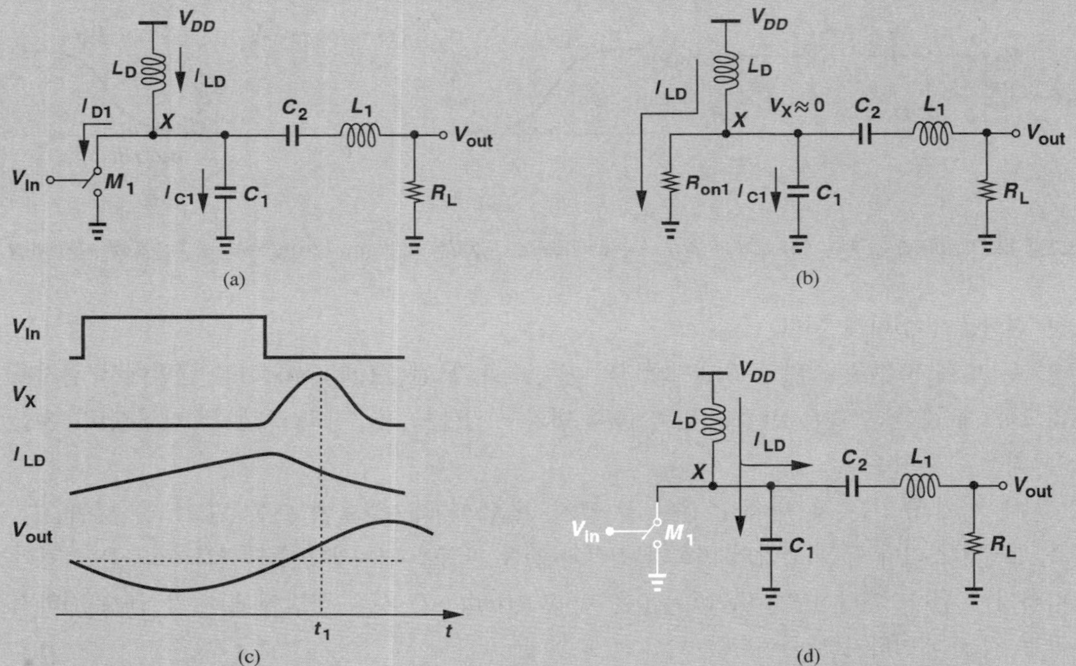


**그림 12.29** *(a) E급 증폭기의 모델, (b) 트랜지스터가 ON일 때의 간략화된 회로, (c) 전압과 전류 파형, (d) 트랜지스터가 OFF일 때의 간략화된 회로*

**풀이:**

$M_1$이 ON이 될 때, $M_1$은 절점 $X$를 접지와 연결시키지만, $V_X$가 이미 이 시점(앞에서 언급한 두 번째 조건)에서 0 V 근처이기 때문에 전류는 거의 흐르지 않는다[그림 12.29(b)]. $R_{on1}$이 작다면, $V_X$는 0 V 근처이고 $L_D$는 비교적 정전압을 유지하기 때문에 흐르는 전류는 다음과 같이 정리된다.

$$I_{LD} = \frac{1}{L_D}\int (V_{DD} - V_X)dt \tag{12.41}$$

$$\approx \frac{V_{DD} - V_X}{L_D}t. \tag{12.42}$$

다시 말하면, 첫 번째 반주기 동안은 $M_1$에 최소의 전압 강화로 $L_D$를 충전한다. $M_1$이 OFF될 때, 인덕터 전류는 $C_1$과 부하를 지나가기 시작하고 $V_X$를 상승시킨다[그림 12.29(d)]. 이 전압은 $t = t_1$에서 최대치에 도달하고 떨어지기 시작하여, 그로부터 두 번째 반주기의 끝에서 0의 기울기로 0 V에 접근하게 된다(앞에서 언급한 두 번째와 세 번째 조건). 매칭 회로는 $V_X$의 고차 고조파를 감쇠시키고 정현파에 가까운 출력을 만들어 낸다.

E급 증폭기는 매우 비선형적이고 효율과 출력 고조파 간에 트레이드-오프를 보여준다. 고조파를 낮추려면, 출력 회로의 $Q$값은 두 번째와 세 번째 조건이 일반적으로 요구하는 $Q$값보다 커야 한다. 대부분의 통신 표준에서, 반송파의 고조파가 다른 통신 밴드에 영향을 주지 않도록 충분히 작아야 한다. (고조파가 작다고 PA 자체가 선형적이라는 것은 아니다. 고조파가 작더라도 출력 트랜지스터는 여전히 스펙트럼 재성장(spectral regrowth)과 진폭 압축(amplitude compression)을 만들어 낼 수 있다.)

E급 증폭기의 또 다른 특성은 스위치의 OFF 상태에서 최대치 전압이 대략 $3.56V_{DD} - 2.56V_S$가 된다는 것이다. 여기에서 $V_S$는 트랜지스터의 최소 전압 강하이다[10]. $V_{DD}$ = 1 V이고 $V_S$ = 50 mV일 때, 최대치는 3 V를 넘어가고 심각한 소자 신뢰성 이슈나 항복(breakdown) 이슈를 낳는다.

E급 증폭기의 설계식은 이 책의 범위 밖이다. 독자는 [10]에서 자세한 내용을 찾아보기 바란다.

### 12.3.3 F급 전력 증폭기 Class F Power Amplifiers

12.3.1절에서 묘사된 고조파 종단에 대한 아이디어를 비선형 증폭기에도 확장할 수 있다. 그림 12.25의 일반적인 스위칭 증폭기에서 부하 회로가 2차와 3차 고조파에서 높은 종단 임피던스를 제공한다면, 스위치 양단의 전압 파형은 정현파보다 더 날카로운 엣지(edge)를 갖게 되어 트랜지스터의 전력 소모를 줄여준다. 이러한 회로를 F급(Class-F) 증폭기라고 부른다[11].

그림 12.30(a)는 F급 토폴로지의 예이다. $L_1$과 $C_1$으로 구성된 탱크 회로는 입력 주파수의 두 배와 세 배 주파수에서 공진하여 개방 회로로 근사할 수 있다. 그림 12.30(b)에서 묘사된 것처럼, $V_X$는 추가된 3차 고조파에 의해 구형파에 가까워진다.

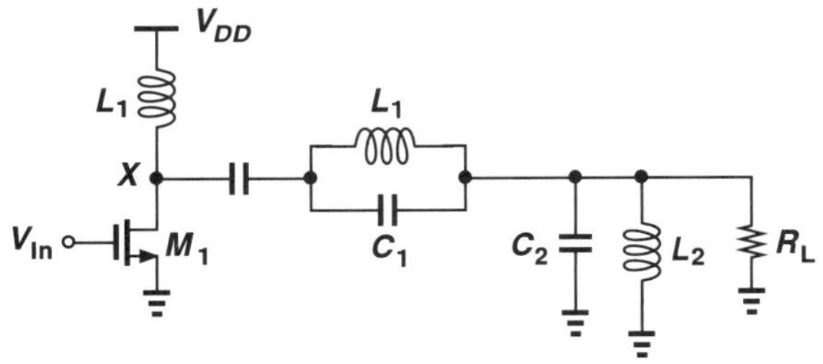


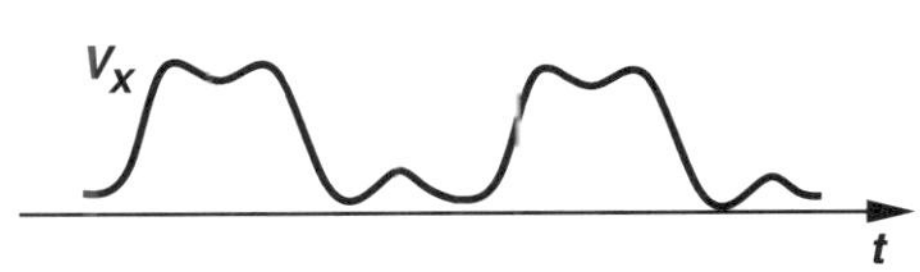


그림 12.30 *F급 증폭기의 예*

**예제 12.13** RF Microelecronics

B급 증폭기에 3차 고조파 피킹을 쓸 수 없는 이유를 설명하라.

**풀이:**

출력 트랜지스터의 반주기동안 전류를 흘린 다면, 결과적으로 반파 정류된 전류는 3차 고조파를 포함하지 *않는다*. 3차 고조파의 푸리에 계수는 다음과 같이 주어진다.

$$a_3 = \frac{1}{T_0}\int_0^{T_0/2} I_0 \sin\omega_0 t \sin 3\omega_0 t dt \tag{12.43}$$

$$= \frac{I_0}{2T_0}\int_0^{T_0/2} (\cos 2\omega_0 t - \cos 4\omega_0 t) dt \tag{12.44}$$

$$= 0 \tag{12.45}$$

그리고

$$b_3 = \frac{1}{T_0}\int_0^{T_0/2} I_0 \sin\omega_0 t \cos 3\omega_0 t dt \tag{12.46}$$

$$= \frac{I_0}{2T_0}\int_0^{T_0/2} (\sin 4\omega_0 t - \sin 2\omega_0 t) dt \tag{12.47}$$

$$= 0. \tag{12.48}$$

위의 예제는 출력 트랜지스터가 '하드(hard)' 스위칭 동작을 할 때만 3차 고조파 피킹이 실현 가능함을 보여준다. 즉, '하드' 스위칭은 출력 전류가 구형파를 닮을 경우를 말한다. 따라서, 상대적으로 날카로운 엣지를 갖는 신호가 게이트 (또는 베이스) 전압을 구동할 필요가 있다.

트랜지스터의 드레인 전류를 반파 정류된 정현파로 가정한다면, F급 증폭기의 최대 효율은 3차 고조파 피킹의 경우와 동일한 88%의 효율이 됨을 증명할 수 있다[11].

## 12.4 캐스코드 출력단 Cascode Output Stages

앞의 절들에서 다룬 PA들은 고효율을 얻기 위해 출력단이 $V_{DD}$ *이상으로* 스윙하는 파형을 만들어 내야했다. 예로, A급과 B급의 효율 계산에서 드레인 파형은 최대-최소치($V_{pp}$)의 스윙이 $2V_{DD}$에 가깝다고 가정했다. 그러나, $V_{DD}$가 트랜지스터의 권장 공급 전압으로 맞춰져 있다면, 출력 트랜지스터는 항복 현상이나 큰 스트레스를 받게 된다. $V_{DD}$를 트랜지스터가 견딜 수 있는 최대 전압의 절반으로 맞출 수 있지만, 두 가지 단점이 생긴다. (a) 낮은 전압 헤드룸(headroom)은 회로의 선형동작 전압 범위를 제한한다. (b) (주어진 출력 전력에 대해) 출력 전류에 비례한 큰 전류가 출력 매칭 회로에서 더 큰 손실을 일으키고, 효율을 감소시킨다.

캐스코드(cascode) 출력단은 어느 정도 위의 단점을 해소할 수 있다. 그림 12.31(a)에 보이는 것처럼, 캐스코드 소자는 $V_X$가 올라갈 때 $M_1$의 드레인-소스 전압이 $V_b - V_{TH2}$보다 작도록 유지하여(이유는?) 입력 트랜지스터를 '보호한다.' 그림 12.31(b)는 캐스코드 소자의 전형적인 파형이다. $V_X$는 약 $2V_{DD}$ 스윙하고 $V_Y$는 약 $V_b - V_{TH}$ (최소 드레인-소스 전압이 작다면) 만큼 스윙한다.

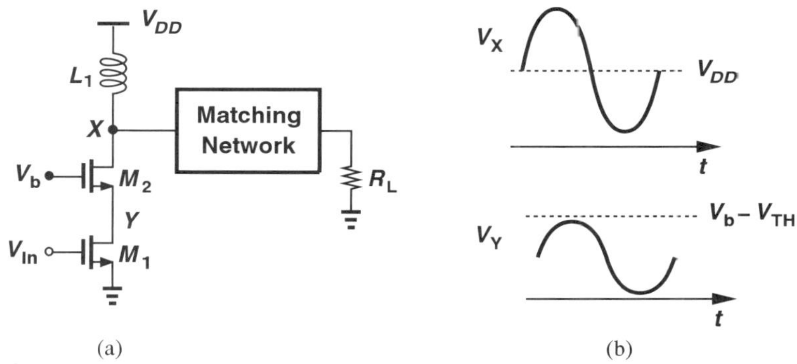


**그림 12.31** *(a) 캐스코드 PA, (b) 파형*

## 예제 12.14

RF Microelecronics

그림 12.31(a)에서 $M_1$과 $M_2$의 단자간 최대 전압 차이를 계산하라. $V_{in}$이 최대치 $V_0$와 dc 전압 $V_m$을 갖고 있다고 가정하고, $V_X$는 최대치 $V_p$(dc 전압은 $V_{DD}$)를 갖는다고 가정하라.

**풀이:**

트랜지스터 $M_1$은 $V_{in}$이 $V_m - V_0$로 떨어질 때 최대 $V_{DS}$를 경험한다. $M_1$이 거의 OFF가 되면, $V_{DS1} \approx V_b - V_{TH2}$가 되고, $V_{GS1} = V_m - V_0$, $V_{DG1} = V_b - V_{TH2} - (V_m - V_0)$가 된다. 동일한 입력 전압에 대해, $M_2$의 드레인 전압은 최대치 $V_{DD} + V_p$에 도달하고 $V_{DS2}$와 $V_{DG2}$는 다음과 같게 된다.

$$V_{DS2} = V_{DD} + V_p - (V_b - V_{TH2}), \tag{12.49}$$

그리고

(계속)

**예제 12.14** (*계속*) RF Microelecronics

$$V_{DG2} = V_{DD} + V_p - V_b. \tag{12.50}$$

또한, $M_2$의 드레인-벌크 전압은 $V_{DD} + V_p$에 도달한다.

그림 12.31(a)의 캐스코드 토폴로지에서, $V_b$와 $V_p$의 값은 $V_{DS2}$와 $V_{DG2}$가 항상 $V_{DD}$보다 작도록 선택되어야 한다. (드레인-벌크 전압은 일반적으로 $2V_{DD}$까지, 또는 신뢰성에 대한 문제가 없다면 $2V_{DD}$보다 더 높은 전압에 도달해도 된다.) (12.49)과 (12.50)의 식으로부터 다음을 유도할 수 있다.

$$V_{DD} + V_p - V_b + V_{TH2} \leq V_{DD} \tag{12.51}$$

$$V_{DD} + V_p - V_b \leq V_{DD}. \tag{12.52}$$

전자가 더 강력한 조건이고 다음과 같이 정리할 수 있다.

$$V_p \leq V_b - V_{TH2}. \tag{12.53}$$

예를 들어, $V_b = V_{DD}$라면 $V_p \leq V_{DD} - V_{TH2}$가 된다. 즉, $X$에서 $V_{pp}$(최대 - 최소치)는 $2V_{DD} - 2V_{TH2}$로 제한된다. 바디 효과를 고려하면, $V_{TH2}$는 90 nm와 65 nm 기술에서 0.5 V에 이를 수 있고 전체 스윙은 1 $V_{pp}$가 된다. 이는 캐스코드 아닌 공통-소스 증폭기의 전체 스윙과 같다! 따라서, 캐스코드 토폴로지는 낮은 공급 전압에서 최대 허용 전압 스윙을 약간 키워줄 수 있다.[4] $V_{DD}$라는 공급 전압을 갖는 캐스코드 토폴로지는 $V_{DD}/2$의 공급 전압을 갖는 공통-소스 증폭기의 출력 스윙과 거의 같은 출력 스윙을 갖고, 전자는 후자의 약 절반 효율을 갖는다. 즉 A급 동작에서 약 25%가 된다.

캐스코드와 CS 증폭기를 선형성 측면에서 비교해보자. 그림 12.32의 증폭기에 대해, $M_1$이 포화 영역의 가장자리에 있을 때 최대 출력 전압 스윙을 갖는다. 그림 12.32(a)로부터

$$V_{DD} - V_{p,cas} - V_{DS2} + V_{TH1} = V_0 + V_m, \tag{12.54}$$

그림 12.32(b)로부터

$$V_{DD} - V_{p,CS} + V_{TH1} = V_0 + V_m. \tag{12.55}$$

따라서 다음을 유도할 수 있다.

$$V_{p,CS} = V_{p,cas} + V_{DS2}. \tag{12.56}$$

4. 이 이슈는 $M_2$에 낮은 문턱전압(threshold) 트랜지스터를 사용하여 해결할 수 있다.

이와 같이, CS 증폭기는 캐스코드 회로보다 더 넓은 출력 전압 영역에서 선형적이다.

전술한 내용은 낮은 공급 전압에서 캐스코드 출력단이 CS 출력단보다 전압 스윙에 있어서 약간의 이점이 있다고 했지만, 효율과 선형성에서 손해를 본다. 그럼에도 불구하고, 높은 역방향 격리도(reverse isolation, 작은 $|S_{12}|$)를 갖고, 피드백이 적어서 안정도가 높다. 5장의 저잡음증폭기에서, 간단한 CS 증폭기는 음의 입력 저항을 갖는 문제가 생길 수 있다.

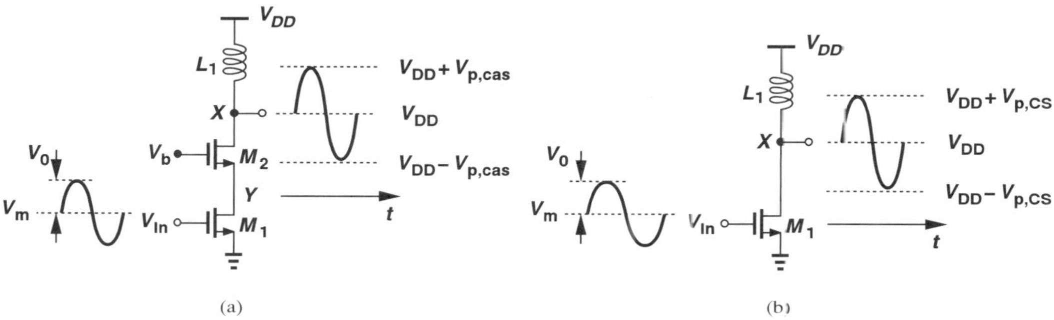


**그림 12.32** *선형성 분석을 위한 (a) 캐스코드 증폭기, (b) CS 증폭기*

## 예제 12.15

RF Microelecronics

그림 12.33(a)에 보이는 2단 PA를 생각해 보자. 출력단이 음의 입력 저항을 가질 때, 안정된 케스케이드(cascade) 증폭기는 어떻게 설계해야 할까?

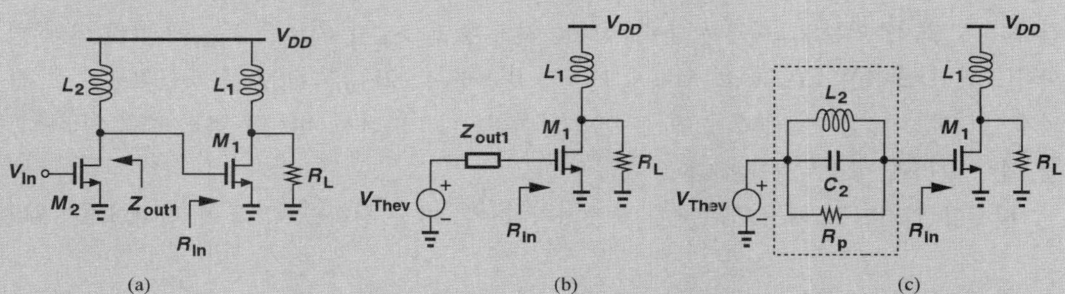


**그림 12.33** *(a) 두 개의 CS 증폭기로 구성된 케스케이드 증폭기, (b) (a)의 간략화된 모델, (c) 공진 임피던스로 첫 단을 표현*

**풀이:**

그림 12.33(b)의 첫 단의 테브냉 등가 회로를 그리고, $V_{Thev}$가 회로로부터 에너지를 흡수하지 않도록 다음 조건을 만족한다면 안정도를 만족할 수 있다.

$$Re\{Z_{out1}\} + R_{in} > 0 \tag{12.57}$$

(*계속*)

**예제 12.15** (*계속*) RF Microelecronics

$Z_{out}$은 그림 12.33(c)의 병렬 탱크 회로로 모델할 수 있다.

$$Re\{Z_{out1}\} = R_p. \tag{12.58}$$

정리하면,

$$R_p + R_{in} > 0. \tag{12.59}$$

당연히, 이 조건은 모든 주파수와 $R_{in}$의 정해진 영역에서 유효해야 한다. 예로, 셀룰러폰 사용자가 안테나 근처($R_L$)를 손으로 감싼다면, $R_{in}$이 변한다.

13장에서 6 GHz 캐스코드 PA의 트랜지스터 수준 설계를 해 볼 것이다. 회로의 효율은 압축점 근처에서 30%에 이르지만, 11a 요구사항을 만족하는 백-오프(back-off) 영역에서는 5%대로 떨어진다.

## 12.5 대신호 임피던스 매칭 Large-Signal Impedance Matching

PA 설계에서 출력 매칭 회로는 단순히 $R_L$을 작은 값으로 변환한다고 가정했었다. 출력 회로의 간단한 모델은 그림 12.34(a)와 같고, 여기에서 $M_1$은 이상적인 전류원으로 동작하고 $L_1$은 $C_{DB1}$과 공진하여 트랜지스터의 RF 전류가 $R_L$로 흘러 들어간다. 그러나, 실제 상황은 더 복잡하다. 트랜지스터는 $r_{O1}$이라는 출력 저항을 갖고 있고, $r_{O1}$과 $C_{DB1}$은 $V_{DS1}$에 따라 크게 변한다[그림 12.34(b)]. (고효율을 위해서 $V_{DS2}$가 0근처부터 $2V_{DD}$까지, $I_{D1}$은 0근처부터 큰 값까지 변하고, 이것은 $r_{O1}$과 $C_{DB1}$에 큰 변화를 야기한다.) 따라서, 비선형 복소 출력 임피던스를 선형 부하에 매칭시켜야 한다.

비선형 임피던스 매칭의 숙제를 해결하기 전에, 먼저 선형 저항 출력 임피던스 [그림

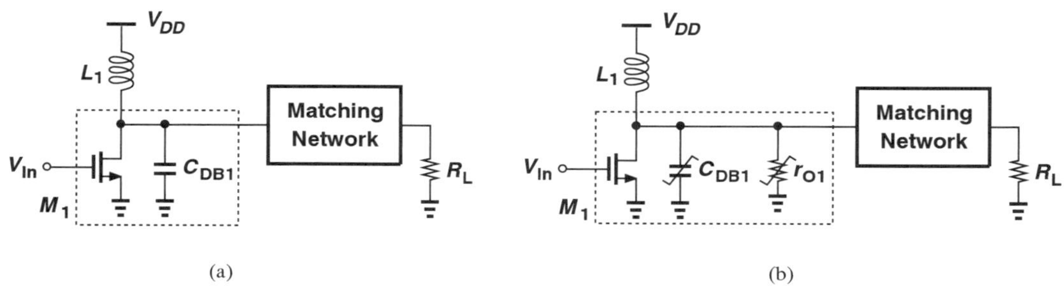


**그림 12.34** *(a) 선형 드레인 커패시턴스가 있는 CS 증폭기, (b) 비선형 드레인 커패시턴스와 저항이 있는 CS 증폭기*

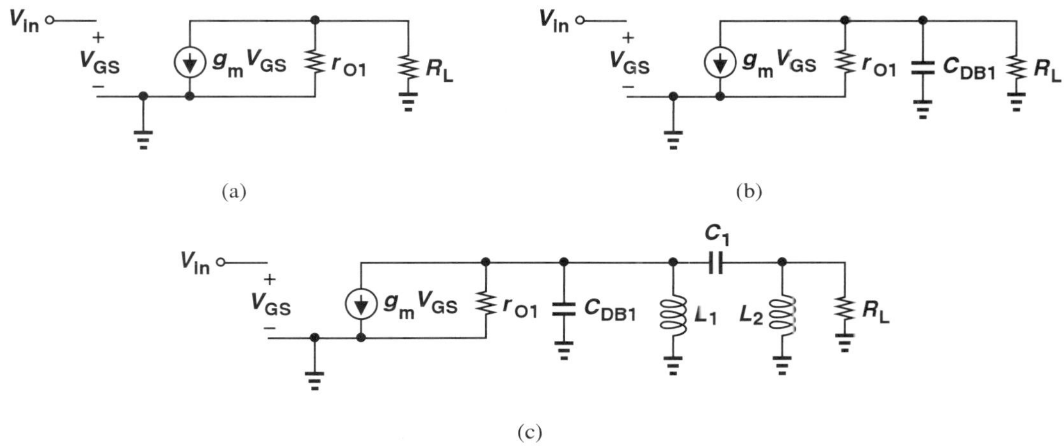


**그림 12.35** *(a) 간단한 트랜지스터 모델과의 임피던스 매칭, (b) $C_{DB}$가 포함된 트랜지스터 모델과의 임피던스 매칭, (c) LC 회로가 포함된 트랜지스터 모델과의 매칭*

12.35(a)]를 갖는 이상적인 전류원으로 동작하는 트랜지스터의 경우를 생각해 보자. 주어진 $r_{O1}$에 대해, $R_L$을 어떻게 선택할까? $M_1$에 의해 $R_L$에 전달되는 전력 $P_{RL}$과 트랜지스터 출력 저항에서 소모되는 $P_{ro1}$을 계산해 보자.

$$P_{RL} = \frac{I_p^2}{2}\frac{R_L r_{O1}^2}{(R_L + r_{O1})^2}, \tag{12.60}$$

여기에서 $I_p$는 트랜지스터의 RF 전류의 최대치를 의미한다. 유사하게,

$$P_{ro1} = \frac{I_p^2}{2}\frac{R_L^2 r_{O1}}{(R_L + r_{O1})^2}. \tag{12.61}$$

최대 전력 전달을 위해서, $R_L$은 $r_{O1}$과 같은 값이 되어야 하고 $P_{RL} = P_{ro1}$이 되어야 한다. 즉, 트랜지스터가 전력의 절반을 소모하여, 효율은 1/2로 떨어진다. 다르게 표현하면 다음과 같다.

$$\frac{P_{RL}}{P_{ro1}} = \frac{r_{O1}}{R_L}, \tag{12.62}$$

한편, $R_L$을 줄이는 것은 트랜지스터의 상대적인 소모 전력을 줄이는 것이기 때문에, 효율이 이론적인 최대치(즉, A급 증폭기에서 50%)에 이르도록 해 준다.[5] 여기에서 핵심은 최대 전력 전달은 최대 효율에 대응되는 게 아니라는 것이다. PA 설계에서 $R_L$은 $r_{O1}$보다 *훨씬 작은* 값으로 변환된다.[6]

---

5. 다른 관점에서, 전력이 전달되지 않는다면 전력이 소모될 필요도 없다.
6. 그렇지만, 안테나에서 보이는 PA 출력 임피던스는 어쨌든 50 Ω에 가까워야 하고 안테나로부터의 반사 전력을 흡수해야 한다. 즉, PA는 일반적으로 적당한 $|S_{22}|$를 갖아야 한다.

다음 단계로, 트랜지스터의 출력 커패시턴스가 포함된 그림 12.35(b)를 가정해 보자. $M_1$이 100 mW를 출력하는 수 mm의 게이트 폭을 갖는 트랜지스터라면 큰 커패시턴스가 있을 것이다. 매칭 회로는 $C_{DB1}$의 효과를 상쇄시키기 위해 리액티브 부품을 제공해야 한다. 그림 12.35(c)는 $L_1$이 $C_{DB1}$을 상쇄하고, $C_1$과 $L_2$가 $R_L$을 작은 값으로 변환하는 간단한 예이다.

*비선형* 복소 출력 임피던스의 일반적인 경우를 생각해 보자. 출력 전압과 전류의 중간값 영역에서 임피던스의 소신호 근사를 써서 매칭 회로 부품의 값을 대충 얻을 수 있다. 하지만, 최대의 대신호 효율을 위해서는 시행착오(trial and error)를 통해 이 값들을 바꿀 필요가 있다. 특히, 패키지 기생 성분이 들어가야 한다면 더욱 그러하다. 실제로는, '로드-풀 측정(load-pull measurement)'이라 불리는 시스템적인 접근을 쓴다.

**로드-풀 측정** 출력 트랜지스터와 부하 사이에 놓인 매칭 회로가 어떻게 설계되는지 상상해 보자. 그림 12.36(a)에서 개념적으로 보여준 무손실 가변형 수동 회로('튜너')는 $M_1$에 복소 부하 임피던스 $Z_1$을 제공한다. $Z_1$의 허수와 실수부는 외부에서 제어된다. $R_L$로 전달되는 전력이 일정한 $P_1$이 되도록 $Z_1$을 조정하면, 그림 12.36(b)에 보이는 등고선을 그릴 수 있다. 낮은 $P_1$은 더 넓은 $Re\{Z_1\}$과 $Im\{Z_1\}$에 대응하여 더 넓은 등고선이 된다. 다음, 더 큰 출력 전력 $P_2$에 대응하는 $Z_1$ 값을 찾으면 또 다른 등고선(아마 더 작은)에 도달한다. 이 '로드-풀(load-pull)' 측정법은 전력을 증가시키면서 반복해 볼 수 있고, 결과적으로 최대 출력 전력이 나오는 최적의 임피던스 $Z_{opt}$에 이를 수 있다. 전력 등고선은 $Z_1$ 선택 시에 발생할 수 있는 에러에 대한 $P_{out}$의 민감도를 의미한다.

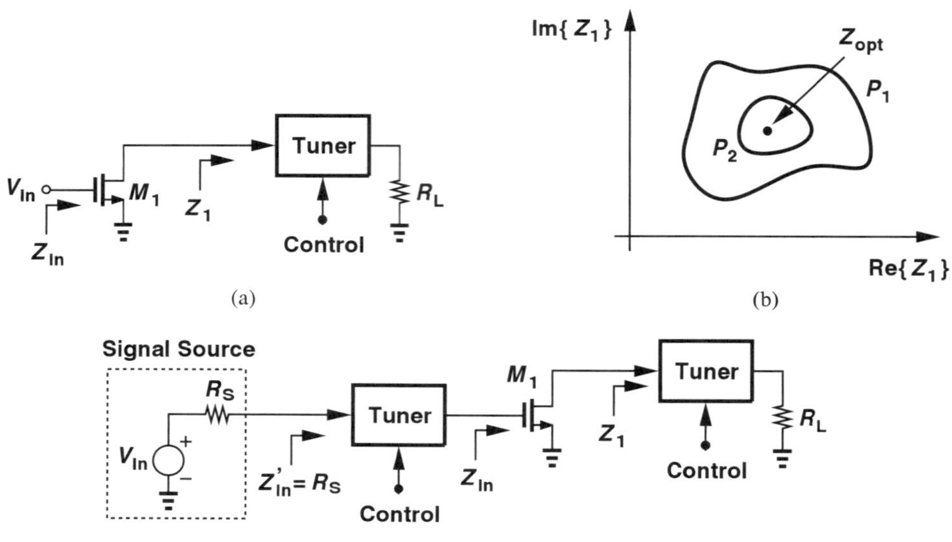


**그림 12.36** *(a) 로드-풀 테스트, (b) 로드-풀 테스트에 사용된 등고선, (c) 입력과 출력 매칭 임피던스의 계산*

트랜지스터의 입력 임피던스 $Z_{in}$은 $M_1$의 게이트-드레인 커패시턴스 때문에 $Z_1$에 종속된다. 그래서, 트랜지스터에 전달되는 전력이 $Z_1$에 따라 변하고 전력 이득 또한 변화시킨다. 이 효과는 신호 발생기와 게이트 사이에 또 다른 튜너를 넣고 $Z_1$의 각 값에 더해 입력에서 켤레 매칭을 얻도록 조정해 주면 피할 수 있다[그림 12.36(c)]. 그러나, 다단 PA에서는 조정이 불필요할 수 있다. $Z_1$이 최적값에 도달한 후에, $Z_{in}$이 어떤 값을 가질 것이라고 가정하고, 간단히 $Z_{in}$을 구동하도록 앞단을 설계하면 된다.

로드-풀 기술은 PA 설계에서 널리 쓰이는데, 정확하고 안정된 튜너가 있는 자동 셋업(automated setup)이 필요하다. 이 방법은 세 가지 결점이 있다. 첫째, 하나의 소자 크기에 대한 측정 결과를 다른 크기의 소자에 직접 적용할 수 없다. 둘째, 등고선과 임피던스는 한 주파수에서 측정되기 때문에, 다른 주파수에서 소자의 특성(예: 안정도)을 예측할 수 없다. 셋째, 그림 12.36(a)에서 $Z_1$의 최적의 값이 고차 고조파에서 피킹을 만들어 내는 것은 아니며, 이 기술은 고조파 종단(harmonic termination)이 있을 때 효율과 출력 전력을 예측할 수 없다. 이런 이유로, 로드-풀 데이터를 사용한 고성능 PA 설계는 여전히 시행착오(trial and error)를 수반한다.

## 12.6 기초 선형화 기법 Basic Linearization Techniques

고효율 PA는 선형성이 나쁘다고 했던 12.3절을 복습해 보자. 상대적으로 낮은 출력 전력인 +10 dBm(10 mW) 이하에 대해, 선형성이 만족될 때까지 PA의 1 dB 압축점으로부터 백-오프할 수 있다. 효율은 크게 떨어지지만(예, 16QAM OFDM에 대해 10%), 전원으로부터의 절대 전력은 괜찮은 편이다(예, 100 mW). 하지만, 고출력 전력에서 저효율은 매우 높은 전력 소모를 의미한다.

압축점으로부터 백-오프 하기보다 고효율을 제공하는 선형화 기법에 더 많은 노력을 기울이고 있다. 보시다시피, 이런 기법들은 두 개의 그룹으로 나눌 수 있는데, PA 코어에 선형성을 요구하는 기법과 원리적으로 임의의 비선형 증폭기를 선형적으로 동작시키는 기법이다. 후자가 더 높은 효율을 달성할 것으로 예상한다.

다음에 올 내용의 또 다른 관점은 비선형 PA는 부궤환 증폭기를 거의 쓰지 않는 다는 것이다. 따라서, 안정도 관점에서 패키지 기생 성분과 값 변화를 고려해야만 한다.

이 절에서, 네 가지 기법을 보일 것이다. 피드포워드(feedforward), 카르테시안 피드백(Cartesian feedback), 전치왜곡(predistortion), 포락선 피드백(envelope feedback)이다. 두 개의 다른 기법인 폴라 변조(polar modulation)와 아웃페이징(outphasing)은 현대 RF 설계에서 충분히 유명해졌기에 12.7과 12.8절에서 각각 다룰 것이다.

### 12.6.1 피드포워드 Feedforward

비선형 PA의 출력 전압 파형은 원하는 신호와 '에러' 신호가 선형적으로 복제되어 합해진 것으로 볼 수 있다. '피드포워드(feedforward)' 구조는 이 에러를 적당한 배수로 계산하고, 출력 파형에서 에러를 빼는 것이다[12-14]. 그림 12.37(a)에 보인 간단한 예에서 주 PA의 출력 $V_M$은 $1/A_v$로 크기 조정되어 $V_N$이 된다. $V_N$에서 입력을 빼고 그 결과를 $A_v$배 하여 $V_M$에서 뺀다. $V_D$가 왜곡된 성분일 때, $V_M = A_vV_{in} + V_D$라면 다음과 같이 된다.

$$V_N = V_{in} + \frac{V_D}{A_v}, \tag{12.63}$$

여기에서 $V_p = V_D/A_v$, $V_Q = V_D$이므로 $V_{out} = A_vV_{in}$이 된다.

실제로 그림 12.37(a)의 두 증폭기는 고주파에서 큰 위상 천이를 갖기 때문에 $V_D$를 완벽히 상쇄할 수 없다. 따라서 그림 12.37(b)처럼, 지연단(delay stage)인 $\Delta_1$이 주PA의 위상 천이를 보상하기 위해 들어가야 하고, 또 다른 $\Delta_2$가 에러 증폭기의 위상 천이를 보상하기 위해 들어가야 한다. $V_{in}$으로부터 첫 번째 뺄셈기까지의 두 경로를 '신호 상쇄 루프(signal cancellation loop)'라고 부르고, $M$과 $P$로부터의 두 번째 뺄셈기까지의 두 경로를 '에러 상쇄 루프(error cancellation loop)'라고 부른다.

피드백이 없는 피드포워드 토폴로지는 두 개의 내부 증폭기가 안정하다면 본래 안정한 구조이고, 이것이 이 구조의 주요 장점이다. 그렇지만, 피드포워드는 집적회로 형태의 PA를 구성하기는 어렵다는 몇 가지 단점이 있다. 첫째, 아날로그 지연 소자가 수동 소자라면 손실이 있고, 능동 소자라면 왜곡이 있게 된다. 특히, 풀-스윙(full-swing) 신호를 전달하는 $\Delta_2$에서는 심각한 이슈가 된다. 둘째, 출력 뺄셈기(예, 트랜스포머)의 손실은 효율을 감소시킨다. 예로, 1 dB 손실은 약 22%의 효율 감소를 만든다.

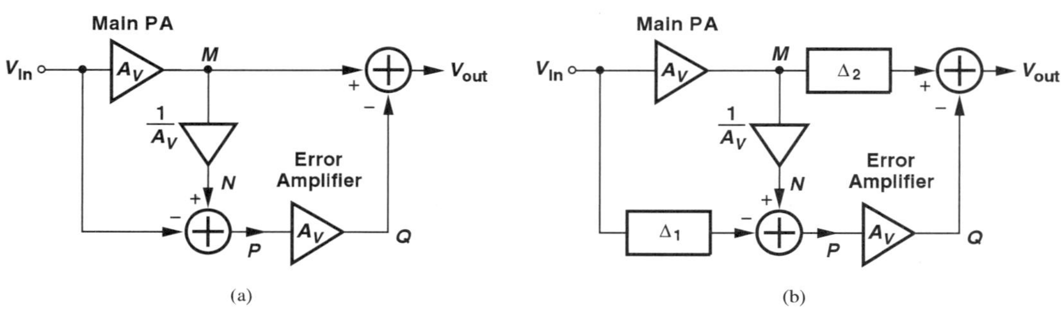


**그림 12.37** *피드포워드 선형화*

### 예제 12.16

RF Microelecronics

출력 빼셈기가 그림 12.38처럼 전류 영역에서 동작한다면 빼셈기는 손실을 고려하지 않아도 된다고 추측할 수 있다. 이 아이디어의 실현 가능성을 설명하라.

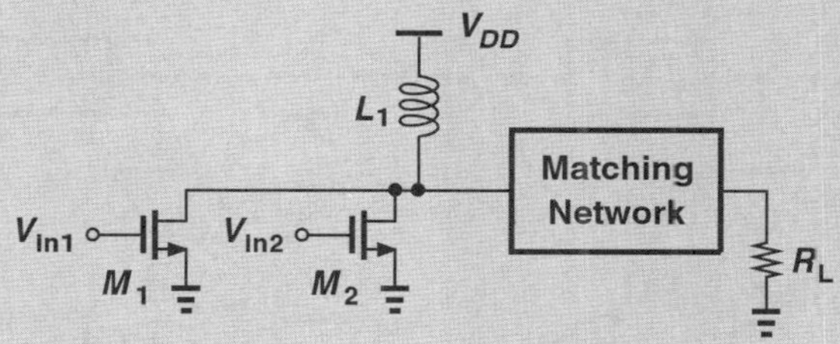


**그림 12.38** *전류 영역에서 신호의 합산*

**풀이:**

그림 12.37(b)의 주 PA는 지연 도선 앞에 있고, 전류 영역에서 지연을 실현하는 것은 어렵기 때문에, 빼셈은 수동 소자를 이용하여 전압 영역에서 실행될 수밖에 없다. 따라서, 이 아이디어는 현실적이지 못하다. 이 개념과 관련된 다른 이슈들은 이후에 다루어 질 것이다.

셋째, 선형성 증가는 각 빼셈기가 감지한 신호의 이득과 위상 정합에 관련된다. 선형성은 투-톤 테스트(two-tone test)로 측정할 수 있다. 12.37(b)의 $V_{in}$부터 첫 번째 빼셈기로의 입력까지의 두 경로가 $\Delta\phi$의 위상 부정합과 상대적인 이득 부정합 $\Delta A/A$을 갖는다면, $V_{out}$의 상호변조 성분(intermodulation products)의 크기 억제는 다음의 식으로 주어진다[12].

$$E = \sqrt{1 - 2\left(1 + \frac{\Delta A}{A}\right)\cos\Delta\phi + \left(1 + \frac{\Delta A}{A}\right)^2}. \tag{12.64}$$

예를 들어, $\Delta A/A = 5\%$이고 $\Delta\phi = 5°$라면, $E = 0.102$가 된다. 즉, 피드포워드는 IM 성분들을 약 20 dB 낮춰 준다. 에러 보정 루프에서 위상과 이득의 부정합은 성능을 훨씬 저하시킨다.

### 예제 12.17

RF Microelecronics

그림 12.37(b)의 시스템을 하나의 '코어(core)' PA로 간주하고, 선형성 향상을 위해 피드포워드를 적용해 보라.

**풀이:**

그림 12.39는 '차례로 겹쳐진(nested)' 피드포워드 구조이다[15]. 코어 PA의 출력을 $1/A'_v$배

(*계속*)

### 예제 12.17 (계속)



로 낮추고, 최초 입력의 지연된 복제 신호를 여기서 빼준다. 에러는 $A'_v$배 증폭되고 코어 PA 출력의 지연된 복제 신호에 합쳐진다.

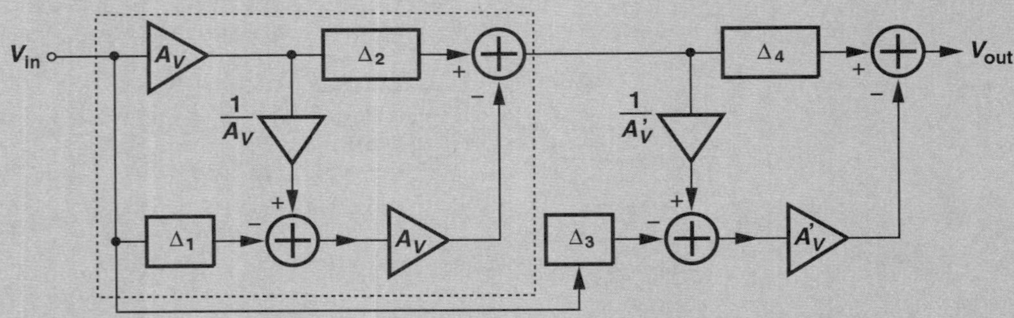


**그림 12.39** *차례로 겹쳐진 피드포워드 시스템*

위상 부정합을 막기 위해 여러 가지 보정 기법들이 착안되면서, 출력 뺄셈기(추가로 $\Delta_2$까지)의 손실이 이 구조의 주요 결점이 되었다.

### 예제 12.18



그림 12.37(a)에서 주 PA가 완전히 비선형이고, 출력 트랜지스터가 이상적인 스위치로 동작한다고 가정하자. PA에서의 피드포워드 효과를 따져보라.

**풀이:**

출력 트랜지스터가 이상적인 스위치로 동작하는 PA에서 신호의 포락선을 제거하여 위상 변조만 남겨놓는다(그림 12.40). $V_{in}(t) = V_{env}(t)\cos[\omega_0 t + \phi(t)]$라면 $V_M$은 $V_0$가 상수인 다음의 식이 된다.

$$V_M(t) = V_0 \cos[\omega_0 t + \phi(t)], \tag{12.65}$$

비선형 증폭기는 전압 이득 $A_v$를 정의하기가 어렵다. 왜냐하면, 출력이 입력과 모양이 닮지 않았기 때문이다. 그럼에도 불구하고, 피드포워드 교정을 진행해보자. $V_M$을 $A_v$로 나누면 다음 식을 얻는다.

$$V_P(t) = V_N(t) - V_{in}(t) \tag{12.66}$$

$$= \left[\frac{V_0}{A_v} - V_{env}(t)\right] \cos[\omega_0 t + \phi(t)]. \tag{12.67}$$

**예제 12.18** (*계속*) RF Microelecronics

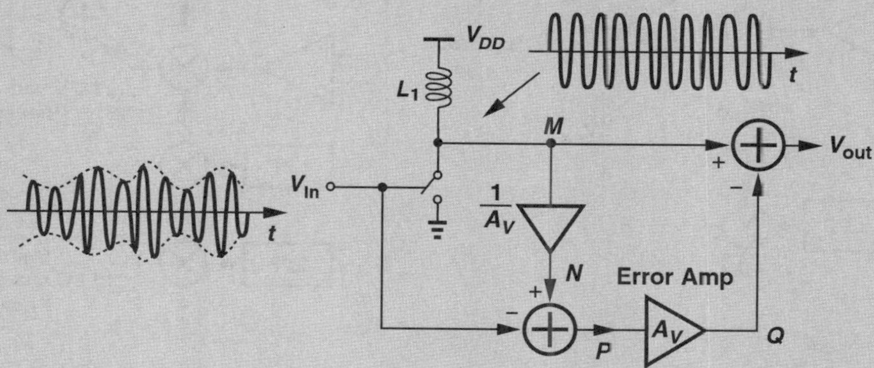


**그림 12.40** *간략화된 피드포워드 시스템*

따라서 다음 식이 유도된다.

$$V_{out}(t) = V_M(t) - V_Q(t) \tag{12.68}$$
$$= V_0 \cos[\omega_0 t + \phi(t)] - [V_0 - A_v V_{env}(t)] \cos[\omega_0 t + \phi(t)] \tag{12.69}$$
$$= A_v V_{env}(t) \cos[\omega_0 t + \phi(t)]. \tag{12.70}$$

출력은 정확하게 입력 신호를 전압 이득 $A_v$만큼 증폭한 신호가 되었다. 재미있게도, 최종 출력은 $V_0$와 관계가 없다.

### 12.6.2 카르테시안 피드백 Cartesian Feedback

앞에서 언급된 대로, 안정도 이슈 때문에 PA에는 고주파 부궤환(negative feedback)을 적용하기가 어렵다. 그러나, 선형화를 위한 루프 이득의 대부분이 *저*주파에서 얻어지는 것이라면, 초과 위상 천이를 작게 유지할 수 있고 시스템도 안정하게 가져갈 수 있다. 송신기에서, 앞의 내용이 가능한 이유는 PA에서 만들어진 파형은 사실 *기저대역* 신호(*baseband* signal)를 상향 변환(upconversion)한 신호이기 때문이다. 따라서, PA 출력이 하향 변환(downconversion)되어 기저대역 신호와 비교된다면, 에러는 송신단 체인의 비선형성에 비례하게 된다. 그림 12.41(a)는 간단한 예를 보여준다. 예에서 TX는 하나의 상향 변환 믹서와 PA로 구성되어 있다. 루프가 $V_{in}$의 정확한 복제 신호인 $V_{PA}$를 만들지만 반송 주파수는 다르다. 믹서와 PA의 전체 위상 천이는 고주파에서 중요해 진다. 위상 $\theta$는 안정도 때문에 LO신호에 적용된다.

그림 12.41(a)의 접근 방법은 TX 전체($A_1$, $MX_1$, PA)의 비선형성을 보정한다. 물론, $MX_2$는 충분히 선형적이어야 하고 일반적으로 감쇠기를 앞단에 두어 해결한다.

대부분의 변조 기법은 직교(quadrature) 상향 변환과 하향 변환을 요구한다. 그림 12.41(b)

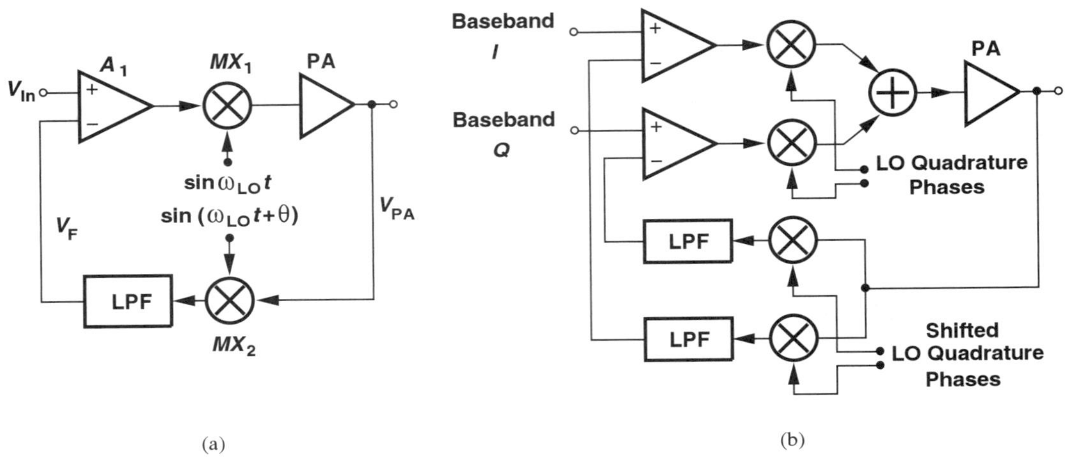


**그림 12.41** *(a) 변형된 피드백 루프가 있는 PA, (b) 카르테시안 피드백이 있는 PA*

는 최종 토폴로지를 보여준다. 이 기법은 *IQ* 성분이 루프에 참여하기 때문에 '카르테시안 피드백(Cartesian feedback)'이라 불린다.

피드포워드와 카르테시안 피드백 토폴로지를 비교해 보는 것은 도움이 된다. 후자는 출력 뺄셈기가 없고 경로 부정합에 훨씬 덜 민감하다. 그러나, 카르테시안 피드백은 PA에 어느 정도의 선형성을 요구한다. 완전히 비선형적인 PA가 포락선을 제거한다면, *어떠한* 피드백도 선형성을 복구할 수 없다.

카르테시안 피드백은 하나의 심각한 이슈에 직면한다. LO 위상 천이[즉, 그림 12.41(a)의 $\theta$]를 안정화 시키는 것은 간단하지 않다. 왜냐하면 루프 위상 천이는 공정과 온도에 따라 변하기 때문이다. 일례로, 기지국 방향으로 또는 기지국에서 멀어지는 방향으로 이동하는 동안, 셀룰러폰은 PA의 출력 크기를 조정하고, 이것은 부득이한 칩 온도 변화를 야기하여 단 하나의 $\theta$로 모든 상황을 만족시키기가 쉽지 않다.

### 12.6.3 전치왜곡 Predistortion

PA의 비선형 특성을 알고 있다면, *입력* 파형을 전치왜곡(predistort)하여, 비선형성을 겪은 후의 PA 출력이 이상적인 파형을 닮도록 하는 것이 가능하다. 예로, PA의 정적(static) 특성을 $y = g(x)$라고 할 때, 전치왜곡은 입력에 $y = g^{-1}(x)$를 넣는다[그림 12.42(a)]. 특별히, $g(x)$가 압축적(compressive)이라면, 전치왜곡은 신호 크기를 확장(expand)해야 한다.

전치왜곡은 세 가지 결점이 있다. 첫째, PA의 비선형성이 공정, 온도, 부하 임피던스에 따라 변한다면, 전치왜곡이 이런 변화를 따라갈 수 없어서 성능이 나빠진다. 예를 들어, PA가 점점 더 압축되면 전치왜곡은 점점 더 확장되어야 하는데, 이것은 어려운 일이다. 둘째, PA가 임의적으로 비선형성일 경우도 안 된다. 전치왜곡은 갑작스러운 비선형성을 보정할 수

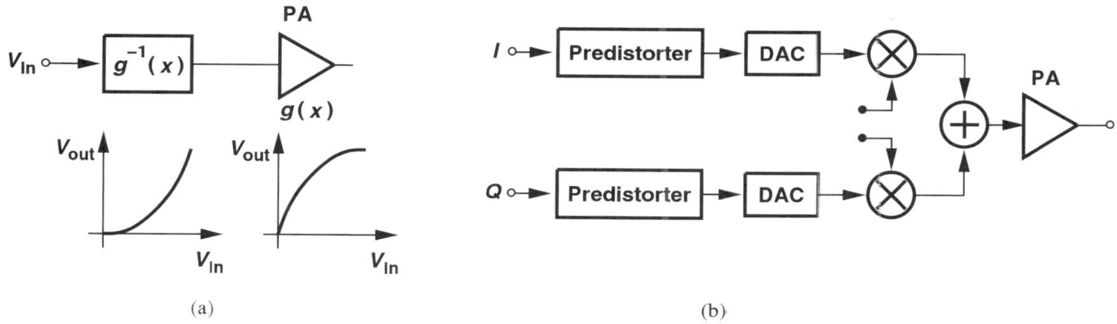


**그림 12.42** *(a) 기본적인 전치왜곡 개념, (b) 기저대역에서 전치왜곡을 구현*

는 없다. 셋째, 안테나 임피던스의 변화(예: 사용자가 셀룰러폰을 어떻게 쥐고 있는냐에 따라)는 다소 PA 비선형성에 영향을 주지만, 전치왜곡은 고정된 보정만을 제공한다.

전치왜곡은 또한 더 정확한 비선형성 제거를 위해 디지털 영역에서 구현될 수도 있다. 그림 12.42(b)의 아이디어는 기저대역 신호(예: 크기를 확장하는 쪽으로)를 변경하여 신호가 TX의 비선형성을 겪고 나서는 이상적인 파형으로 돌아오도록 한다. 당연히, 여기에도 위의 두 가지 이슈는 존재한다.

## 예제 12.19

RF Microelecronics

전치왜곡이 계속적으로 PA 비선형성 정보를 받는다면, 즉, PA 출력이 전치왜곡으로 피드백된다면, 그림 12.42(a) 토폴로지의 성능이 향상될 수 있음을 추측해보라. 이 아이디어의 장단점을 설명하라.

**풀이:**

이 토폴로지의 피드백은 실제로 그림 12.41과 비슷한 구조가 된다. 그림 12.43에 보인 예에서

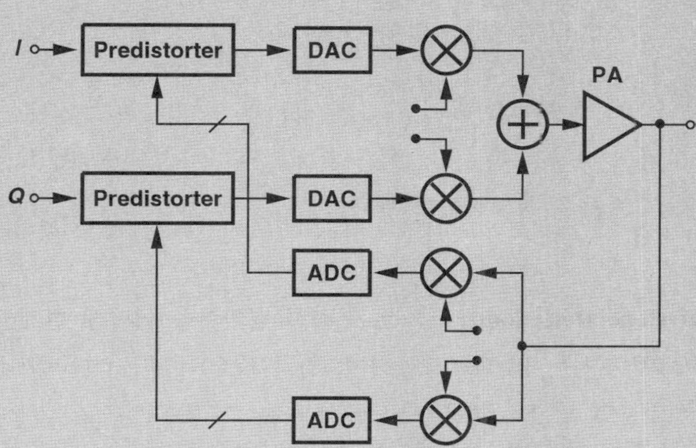


**그림 12.43** *피드백이 있는 전치왜곡*

(계속)

**예제 12.19** (*계속*) RF Microelecronics

저주파 ADC에 의해 만들어진 피드백 신호가 전치왜곡을 '맞추어 조정한다(adjust).'

### 12.6.4 포락선 피드백 Envelope Feedback

PA의 포락선 비선형성(즉, AM/AM 변환)을 줄이기 위해, 신호의 포락선에만 부궤환(negative feedback)을 적용하는 것도 가능하다. 그림 12.44의 아이디어는 출력을 α배로 감쇠시킨 결과의 포락선을 감지하여 입력 포락선과 비교하고 이에 따라 신호 경로의 이득을 조정하는 것이다. 높은 루프 이득과 함께 A와 B에서의 신호는 거의 동일한 신호가 되고 1/α배로 조정된 $V_{out}$이 $V_{in}$을 추적하게 된다.

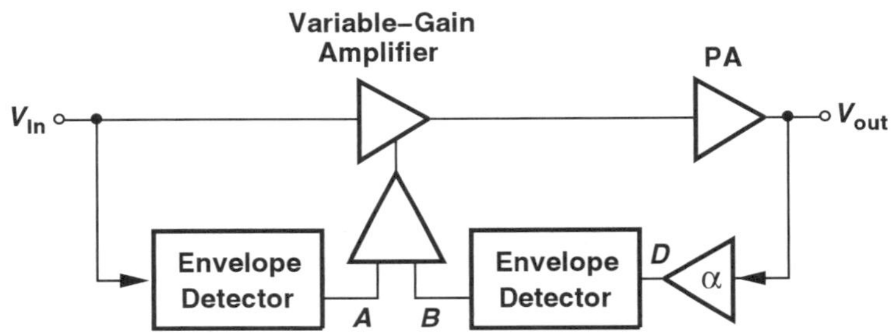


**그림 12.44** *포락선 피드백이 있는 PA*

**예제 12.20** RF Microelecronics

포락선 검파기의 왜곡이 위의 시스템의 성능에 어떤 영향을 줄까?

**풀이:**

두 개의 검파기가 동일하다면, 검파기의 왜곡은 성능에 영향을 주지 않는다. 피드백 루프가 $V_A \approx V_B$를 만들어 내고 따라서 $V_D \approx V_{in}$이 되기 때문이다. 이런 특성은 보통의 포락선 검파기로 비선형성을 극복하는 데 큰 도움이 된다.

**포락선 검파기(Envelope Detection)** 독자는 포락선 검파기를 어떻게 설계하는지 궁금할 것이다. 그림 12.45(a)의 믹서는 입력을 제곱하여, 입력 $V_{in}(t) = V_{env}(t)\cos[\omega_0 t + \phi(t)]$에 대해서 다음의 출력을 만들어 낸다.

$$V_{out}(t) = \beta V_{env}^2(t)\cos^2[\omega_0 t + \phi(t)] \tag{12.71}$$

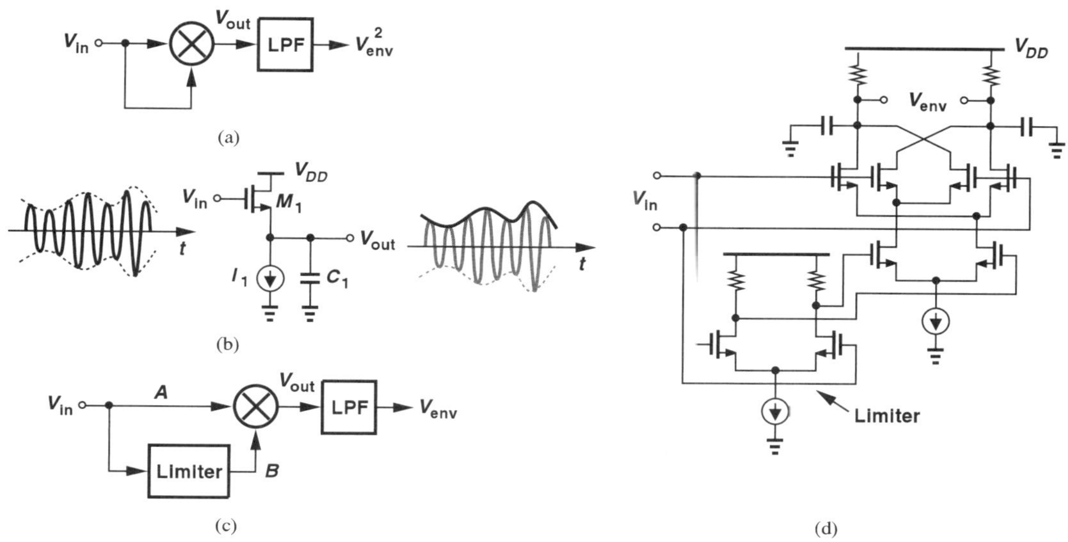


그림 12.45 *(a) 포락선 검파기로서의 믹서, (b) 포락선 검파기로서의 소스 폴로워(source follower), (c) 포락선 검파기로서의 리미터와 믹서, (d) (c)의 구현*

$$= \beta V_{env}^2(t)\frac{1+\cos[2\omega_0 t + 2\phi(t)]}{2}, \tag{12.72}$$

여기에서 $\beta$는 믹서의 변환 이득이다. 따라서, 출력의 저주파 항은 $V_{env}^2(t)$에 비례한다. 위의 구조에서 포락선 검파기의 비선형성은 중요하지 않기 때문에, 이 토폴로지는 그럴 듯한 선택이다.

그림 12.45(b)는 '피크 감지(peack detection)'에 기초한 포락선 감지 회로를 보여준다. 여기에서 $I_1/C_1$에 의해 주어진 슬루율(slew rate)은 출력이 반송파가 아닌 포락선을 따라가도록 반송파의 슬루율보다 훨씬 낮게 선택된다. $V_{in}$이 $V_{out} + V_{TH}$보다 클 때, $V_{cut}$은 $V_{in}$을 따라가지만, $V_{in}$이 하강할 때, $M_1$은 꺼지고, $I_1$이 $C_1$을 아주 천천히 방전시키기 때문에, $V_{out}$은 상대적으로 상수로 남는다. $M_1$의 크기와 $I_1$, $C_1$의 값은 여기에서 신중히 선택되어야 한다. 만약 $M_1$이 충분히 크지 않거나, $C_1$이 지나치게 크다면, $V_{out}$은 포락선을 못 따라간다.

실제 포락선 검파기는 그림 12.45(a)의 토폴로지를 그림 12.45(c)로 변형하여 구현한다. '동기식 AM 검파기(synchronous AM detector)'라 불리는 회로는 신호의 한 쪽 경로에 리미터를 넣어 포락선을 제거한다. $B$에서의 신호는 $V_0\cos[\omega_0 t + \phi(t)]$가 되고 다음을 얻는다.

$$V_{out}(t) = \beta V_0 V_{env}(t)\cos^2[\omega_0 t + \phi(t)] \tag{12.73}$$

$$= \beta V_0 V_{env}(t)\frac{1+\cos[2\omega_0 t + 2\phi(t)]}{2}. \tag{12.74}$$

따라서 저주파 통과 필터가 진짜 포락선을 뽑아준다. 그림 12.45(d)는 트랜지스터 수준의 구현을 나타낸다. 여기에서 리미터 트랜지스터는 크기 변화를 제거하도록 작은 오버드라이브(overdrive) 전압을 갖아야 한다. 실제 리미터는 믹서로 들어가는 한쪽 경로에서 포락선을 제거하도록 두 개 이상의 케스케이드(cascaded)된 차동쌍을 필요로 한다.

## 12.7 폴라 변조 Polar Modulation

본래 '포락선 제거-복원(envelope elimination and restoration, EER)'[16]이라 불렸고 최근에는 '폴라 변조'[17]라고 알려진 선형화는 지난 10년 동안 유명해지게 되었다. 이 기법은 고효율을 유지하면서 두 가지 이점을 제공한다. (1) 폴라 변조는 임의의 비선형 출력 트랜지스터로 동작할 수 있다.[7] (2) 출력 덧셈기(combiner, 즉, 피드포워드 토폴로지의 뺄셈기)가 필요 없다.

### 12.7.1 기본 아이디어 Basic Idea

원조 EER 방법부터 출발하자. 3장에서 언급한대로, 대역통과(band-pass) 신호는 $V_{in}(t) = V_{env}(t)\cos[\omega_0 t + \phi(t)]$로 표현할 수 있고, $V_{env}(t)$과 $\phi(t)$는 각각 포락선과 위상 성분을 의미한다. $V_{in}(t)$를 포락선 신호와 위상 신호로 분리하여 각각 따로 증폭하고, 끝에서 합칠 수 있다고 가정할 수 있다. 그림 12.46은 개념을 보여준다. 입력 신호는 포락선 검파기와 리미터를 모두 구동하여 포락선 신호 $V_{env}(t)$와 위상-변조 성분 $V_{phase}(t) = V_0(t)\cos[\omega_0 t + \phi(t)]$를 생성한다. 후자가 '위상' 신호라고 불리더라도 $\phi(t)$뿐만 아니라 반송파를 포함하고 있다는 사실을 주목하자. 이 신호들은 나중에 PA에서 증폭되고 '합쳐져서' 원하는 파형을 재생성하게 된다.

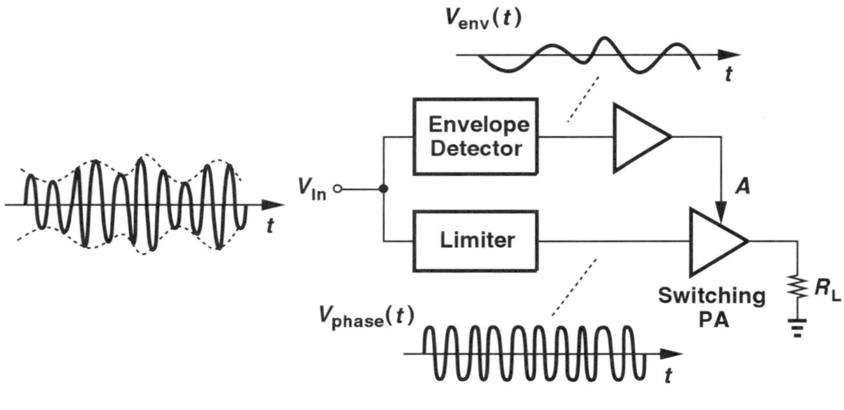


그림 12.46 *포락선 제거-복원*

7. 출력 증폭기의 AM/PM 변환을 무시할 만하거나 보정될 수 있다고 가정한다.

출력 증폭기가 일정한 포락선(constant-envelope) 신호 $V_{phase}(t)$를 증폭하기 때문에, 출력 증폭기는 비선형적일 수 있지만 효율이 좋다. 이런 접근을 폴라 변조라고 부른다. 폴라 변조는 크기(포락선) 성분과 위상 성분의 형태로 신호를 처리하기 때문이다.

어떻게 증폭된 $V_{env}(t)$과 $V_{phase}(t)$이 출력단에서 합쳐질 수 있을까? $A_0V_{env}(t)$과 $A_0V_{phase}(t)$로 표현하면, 원하는 출력은 $A_0V_{env}(t)\cos[\omega_0 t + \phi(t)]$의 형태가 된다. 즉, $A_0V_{phase}(t)$의 크기는 $A_0V_{env}(t)$로 변조되어야 한다. 따라서, 신호를 합하는 과정은 선형합이라기보다는 곱 또는 믹싱이 되어야 한다.

**예제 12.21** RF Microelecronics

한 학생이 간단한 믹서로 신호를 합하려고 그림 12.47에 보이는 시스템을 구성하기로 마음먹었다. 이것이 좋은 아이디어 인가?

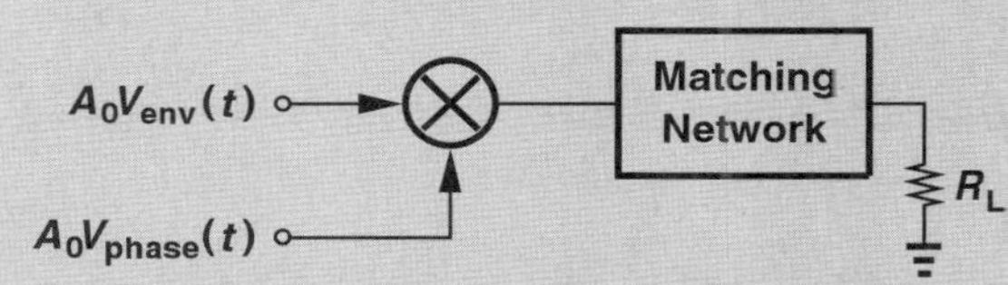


**그림 12.47** *포락선과 위상 신호를 합하는 믹서의 사용*

**풀이:**

전혀 좋은 아이디어가 아니다. 여기에서 믹서(PA 코어가 아님)는 고전력을 전달해야 하는데, 이것은 매우 어려운 일이다.

합성 동작은 포락선 신호를 출력단의 *공급 전압* $V_{DD}$에 가하여 출력 전압 스윙이 $V_{DD}$의 함수가 된다는 가정으로 실행된다. 이 점을 이해하기 위해, 그림 12.48(a)의 간단한 회로로 시작해보자. 여기에서 $S_1$은 위상 신호로 구동된다. $S_1$이 ON이 될 때, $V_{out}$은 0 근처로 갔다가 다음에 $V_{DD}$쪽으로 지수적으로 증가한다[그림 12.48(b)]. $S_1$이 OFF될 때, 인덕터 전류의 순간 변화는 출력 전압에 임펄스를 만들어 낸다. 출력 전압 스윙은 명백하게 $V_{DD}$의 함수이다. 출력 평균 전압이 $V_{DD}$가 되려면 지수 영역의 평균 면적과 임펄스 영역의 평균 면적이 같아야 한다.

그림 12.48(c)의 더 현실적인 회로를 생각해 보자. 이 경우에, 출력 파형은 다소 정현파[그림 12.48(d)]를 닮아있지만, 크기는 여전히 $V_{DD}$의 함수이다.

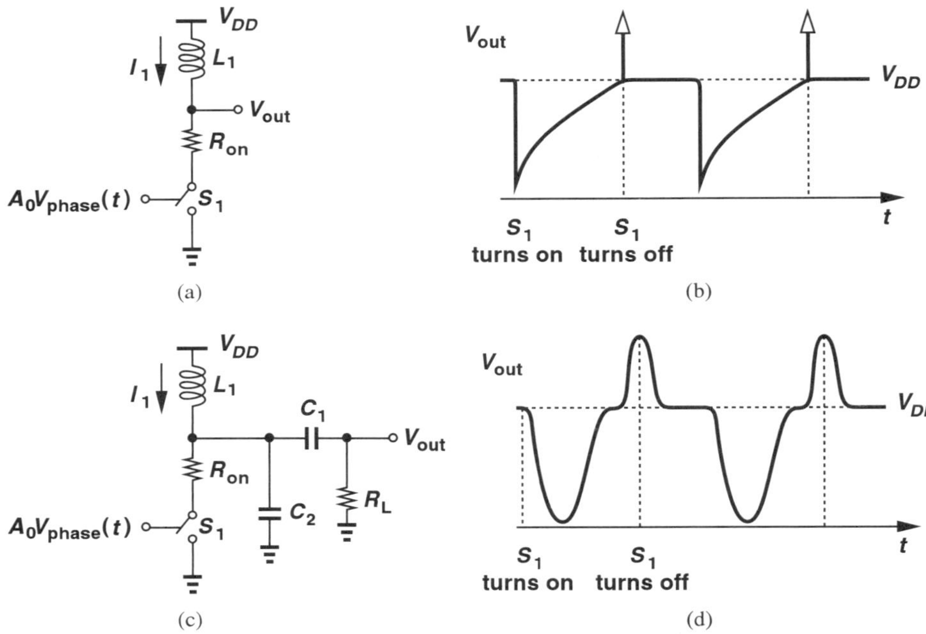


**그림 12.48** *(a) 출력단의 간단한 모델, (b) 출력 파형, (c) 커패시턴스와 부하 저항이 있는 출력단, (d) 결과적인 출력 파형*

## 예제 12.22

RF Microelecronics

어떤 조건하에서 PA 출력 스윙이 $V_{DD}$의 함수가 아닐까?

**풀이:**

출력 트랜지스터가 전압-의존 *전류원*(voltage-dependent *current source*; 예, 포화 영역에서 동작하는 MOSFET)으로서 동작한다면, 출력 스윙은 $V_{DD}$의 약한 함수가 된다. 다시 말해서 출력 트랜지스터를 전류원으로 쓰는 모든 급의 PA는 이 카테고리에 들어가지 않고 EER에도 부적합하다.

전술한 의견은 그림 12.49(a)의 개념적인 합성 회로로 이어진다. 여기에서 포락선 신호는 PA 단의 공급 전원 노드를 직접 구동한다. 트랜지스터를 지나가는 큰 전류 경로에 버퍼가 필요하지만, 효율 때문에 버퍼에 의한 전압 헤드룸은 최소가 되어야 한다. 예로서, 그림 12.49(b)는 $A_0V_{env}(t)$에 비례하여 $V_{DD,PA}$를 변조시키는 전압-의존 저항(voltage-dependent resistor) $M_2$를 포함한 구성을 보여준다. $L_1$을 통과하는 평균 전류 $I_0$와 $M_2$의 드레인-소스 저항 양단의 평균 전압 강하 $V_0$에 의해, 이 소자는 $I_0V_0$의 전력을 소모하고 효율을 떨어뜨린다. 따라서 $M_2$에는 일반적으로 매우 큰 트랜지스터가 사용된다.

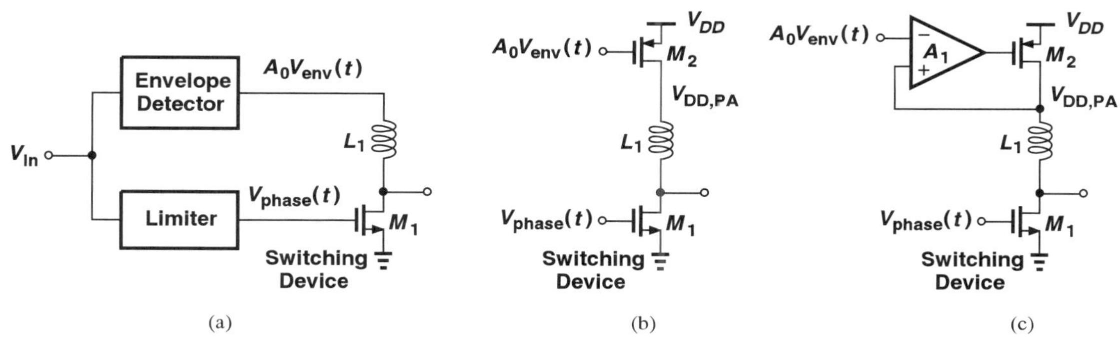


**그림 12.49** *(a) EER의 부분 구현, (b) 포락선-제어 부하가 있는 출력단, (c) 지역(local) 포락선 피드백*

그림 12.49(b)의 회로는 $V_{DD,PA}$가 $A_0V_{env}(t)$를 제대로 따라가는 것을 보장하는가? 그렇지 않다. 이런 '개방-루프(open-loop)' 제어에서 $V_{DD,PA}$는 여러 소자 파라미터의 함수이다. 이 이슈는 PA가 출력 전력을 가변해야 할 때 더 심각해진다. 왜냐하면 출력단의 전류 변경도 $V_{DD,PA}$를 변화시키기 때문이다. 출력단을 그림 12.49(c)의 '폐-루프(closed-loop)'로 변경할 수 있고, 여기에서 증폭기 $A_1$은 $V_{DD,PA} \approx A_0V_{env}(t)$가 되도록 높은 루프 이득을 갖는다. 물론, $A_1$은 $V_{DD}$ 근처에서 입력 공통-모드 레벨을 갖추어야 한다.

### 12.7.2 폴라 변조의 이슈들 Polar Modulation Issues

폴라 변조는 몇 가지 이슈가 있다. 첫째, 포락선과 위상 경로 사이의 지연 부정합은 그림 12.46에서와 같이 신호를 망가뜨린다. 이 효과를 수치화하기 위해 $\Delta T$의 지연 부정합을 가정하면, 출력은 다음과 같다.

$$V_{out}(t) = A_0V_{env}(t - \Delta T)\cos[\omega_0 t + \phi(t)]. \tag{12.75}$$

$\Delta T$가 작으면, $V_{env}(t - \Delta T)$를 테일러 급수의 처음 두 항으로 근사할 수 있다.

$$V_{env}(t - \Delta T) \approx V_{env}(t) - \Delta T\frac{dV_{env}(t)}{dt}. \tag{12.76}$$

따라서,

$$V_{out}(t) \approx A_0V_{env}(t)\cos[\omega_0 t + \phi(t)] - \Delta T\frac{dV_{env}(t)}{dt}\cos[\omega_0 t + \phi(t)]. \tag{12.77}$$

출력 신호의 에러항은 포락선 신호의 미분값에 비례하고, $V_{env}(t)$의 스펙트럼이 등가적으로 $\omega^2$과 곱해진 것이기 때문에, 상당한 스펙트럼 재성장(spectral regrowth)을 만들어 낸다. 예로, EDGE 시스템에서 40 ns의 지연 부정합은 출력 스펙트럼과 요구되는 스펙트럼 마스크 사이에서 5 dB 마진밖에 얻을 수 없다[18].

그림 12.46의 두 경로는 여러 다른 주파수에서 동작하는 여러 종류의 회로를 포함하기 때문에, 지연 부정합의 문제가 심각하다. 포락선 경로에는 포락선 검파기와 저주파 버퍼가 있고, 반면에 위상 경로에는 리미터와 출력단이 있다.

두 번째 이슈는 포락선 검파기의 선형성과 관련 있다. 그림 12.44의 피드백 토폴로지와 다르게, 그림 12.46의 폴라 TX는 포락선 검파기에 의해 $V_{env}(t)$를 정확하게 재연하는 것에 달려있다. 문제 12.6 회로의 비선형성은 스펙트럼 재성장을 만든다.

세 번째 이슈는 고주파에서 동작하는 리미터와 관련 있다. 일반적으로, 한정된 대역폭을 갖는 비선형 회로는 AM/PM 변환을 갖고 있어, 입력 크기에 따라 변하는 위상 천이 특성이 있다. 일례로, 그림 12.50(a)의 차동쌍을 생각해보자. 여기에서 대역폭은 출력 폴(output pole)로 정의되고, $\omega_p = 1/(R_1C_1)$이다. 입력이 $\omega_0$ 주파수에서 작은 정현파라면 차동 출력 전류 또한 정현파가 되고, 출력 전류가 전압으로 바뀌면서 위상 천이는 다음과 같아진다.

$$|\theta_1| = \tan^{-1}(R_1C_1\omega_0) \tag{12.78}$$

$\omega_0 < \omega_p$일 때, 간략화 하면 다음과 같다.

$$|\theta_1| \approx R_1C_1\omega_0. \tag{12.79}$$

이제, 이 회로가 큰 입력 정현파[그림 12.50(b)]를 감지하여 $M_1$과 $M_2$가 구형파에 가까운 드레인 전류 파형을 만들 수 있다면, 입력과 출력 사이의 *지연*은 대략 다음식과 같다.[8]

$$\Delta T = R_1C_1 \ln 2. \tag{12.80}$$

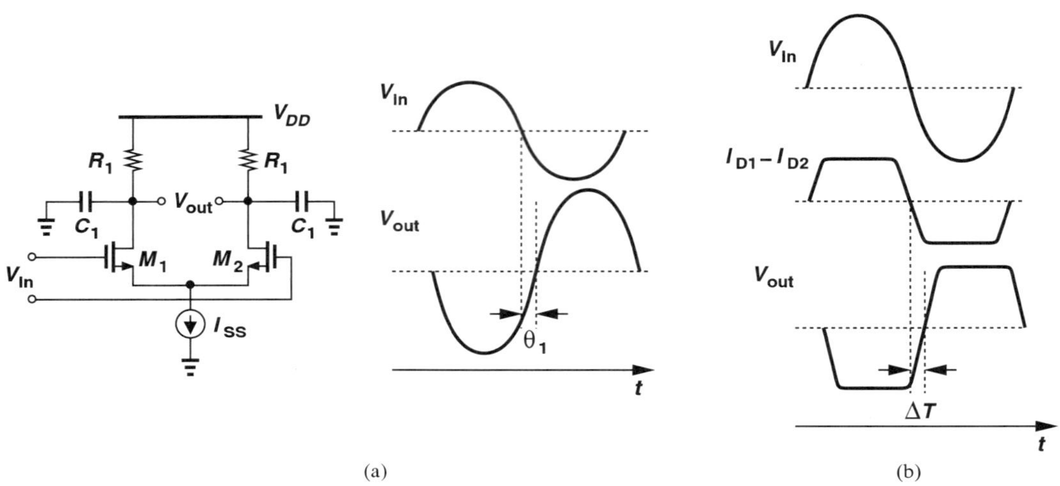


**그림 12.50** *(a) 작은 입력 스윙이 있는 리미팅단, (b) 큰 입력 스윙이 있는 리미팅단*

8. 입력과 출력이 전체 스윙의 50%에 도달하는 시간 사이의 간격을 지연으로 정의한다.

이 결과를 라디안으로 표현하면,

$$|\theta_2| = R_1 C_1 \omega_0 \ln 2. \tag{12.81}$$

식 (12.79)와 (12.81)을 비교하면, 입력 크기가 커질수록 위상 천이가 감소한다는 것을 알 수 있다. 따라서, 그림 12.46의 리미터는 포락선의 큰 진폭으로 인해 위상 신호를 훼손할 수 있다.

네 번째 이슈는 *포락선* 신호에 의한 그림 12.49(c)의 출력 노드 커패시턴스($C_{DB}$)의 변화로부터 생긴다. $V_{DD,PA}$가 $A_0V_{env}(t)$를 따라 스윙이 오르락 내리락 할 때, $C_{DB}$도 변하고, 결국 $M_1$의 게이트에서 드레인까지의 위상 천이 $\phi_0$를 만들어 낸다(그림 12.51). 즉, 위상 신호는 포락선 신호에 의해 훼손된다. 이 효과는 다음과 같이 정량화 할 수 있다. $C_{DB}$의 변화는 출력 노드에서 공진 주파수 $\omega_1$을 변화시킨다. 따라서 드레인 전압에 대한 $\phi_0$의 의존도를 다음의 기울기를 갖는 직선으로 표현할 수 있다.[9]

$$\frac{d\phi_0}{dV_X} = \frac{dC_{DB}}{dV_X} \cdot \frac{d\omega}{dC_{DB}} \cdot \frac{d\phi_0}{d\omega}. \tag{12.82}$$

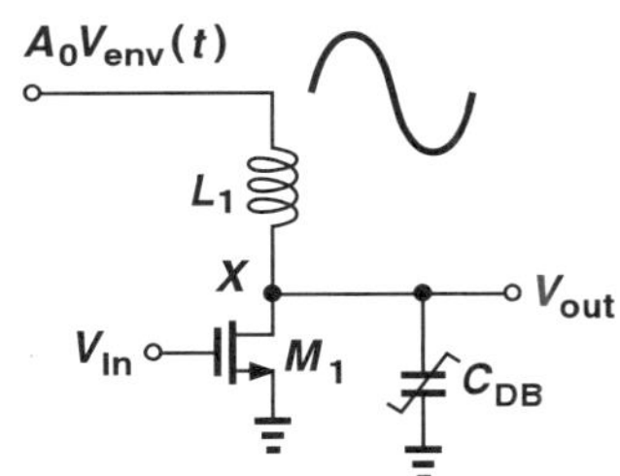


**그림 12.51** *출력 커패시턴스의 비선형에 의한 AM/PM 변환*

우변의 1차 미분은 다음 식으로 손쉽게 구해진다.

$$C_{DB} = \frac{C_{DB0}}{\left(1 + \frac{V_X}{V_B}\right)^m}, \tag{12.83}$$

여기에서 $V_B$는 접합점 내장 전위(junction built-in potential)를 의미하고 $m$은 보통 0.4 정도이다. $d\omega/dC_{DB}$의 2차 미분은 $\omega_1 = 1/\sqrt{L_1C_{DB}}$로부터 다음과 같이 얻어진다.

$$\frac{d\omega}{dC_{DB}} = \frac{-1}{2\sqrt{L_1C_{DB}}} \cdot \frac{1}{L_1C_{DB}} \tag{12.84}$$

$$= -\frac{1}{2}\omega_1^3. \tag{12.85}$$

9. 테일러 전개의 처음 두 항으로 $\phi_0(V_x)$를 근사할 수 있다.

마지막으로, $d\phi_0/d\omega$는 출력 회로(8장)의 양호도 $Q$값으로 계산되어 다음 식과 같다.

$$Q = \frac{\omega_1}{2}\frac{d\phi_0}{d\omega}, \tag{12.86}$$

다시 정리하면,

$$\frac{d\phi_0}{d\omega} = \frac{2Q}{\omega_1}. \tag{12.87}$$

따라서,

$$\frac{d\phi_0}{dV_X} = -Q\omega_1^2\frac{dC_{DB}}{dV_X}. \tag{12.88}$$

1차 항은 다음과 같다.

$$\phi_0(t) = A_0 V_{env}(t)\frac{d\phi_0}{dV_X} + \cdots. \tag{12.89}$$

먼저 언급한 대로, 폴라 변조의 또 다른 이슈는 포락선 버퍼[그림 12.49(c)의 $M_2$]에 의한 효율(과 전압 헤드룸) 저하이다. 앞에서 다룬 이슈 중에서 마지막 이슈만 도전적인 설계 기술을 요하고, 낮은 공급 전압에서 애로가 되고 있다.

### 12.7.3 개선된 폴라 변조 Improved Polar Modulation

RFIC 기술의 도래는 폴라 송신기의 성능을 상당히 개선시켰다. 이전 절에서 다룬 이슈들을 해결하는 기술을 이 절에서 다루겠다. 여기에서 핵심은 설계 시에 오직 RF PA만 포함하는 게 아니라 전체 송신기를 포함하도록 설계 시야를 넓히는 것이다.

그림 12.46의 개념적 접근에서, RF 신호를 포락선과 위상 성분으로 분리하려 하였고, 리미터의 AM/PM 변환과 맞닥뜨리게 되었다. 그 대신에 *기저대역*에서 신호 분리를 해보도록 하자. RF 파형 $V_{env}(t)\cos[\omega_0 t + \phi(t)]$에 대해, 직교(quadrature) 기저대역 신호는 아래와 같이 주어진다.

$$x_{BB,I}(t) = V_{env}(t)\cos[\phi(t)] \tag{12.90}$$

$$x_{BB,Q}(t) = V_{env}(t)\sin[\phi(t)]. \tag{12.91}$$

따라서,

$$V_{env}(t) = \sqrt{x_{BB,I}^2(t) + x_{BB,Q}^2(t)} \tag{12.92}$$

$$\phi(t) = \tan^{-1}\frac{x_{BB,Q}(t)}{x_{BB,I}(t)}. \tag{12.93}$$

다시 말해, RF 영역에서 신호 분리를 할 필요 없이 디지털 기저대역 프로세서가 $I$와 $Q$성분으로부터 혹은 직접 $V_{env}(t)$와 $\phi(t)$를 만들어 낼 수 있다.

$V_{env}(t)$가 PA 공급 전원을 변조하는 반면, $\phi(t)$는 쉽게 라디오 주파수로 상향 변환되지 못한다. 다음의 예제가 이 점을 설명한다.

### 예제 12.23

RF Microelecronics

3장에서 주파수-변조 또는 위상-변조 송신기 내용에서 직접 VCO 변조(direct VCO modulation)와 직교 상향 변환(quadrature upconversion)이라는 두 가지 구조를 보았다. 이런 구조들이 폴라 변조 시스템에 쓰일 수 있겠는가?

**풀이:**

첫째, VCO의 제어 입력에 위상 정보를 사용하는 것을 생각해보자. VCO에 의해 적분이 수행되려면 $\phi(t)$가 1차 미분되어야 한다[그림 12.52(a)]. 그러면,

$$V_{phase}(t) = V_0 \cos\left(\omega_0 t + K_{VCO}\int \frac{1}{K_{VCO}}\frac{d\phi}{dt}dt\right) \tag{12.94}$$

$$= V_0 \cos[\omega_0 t + \phi(t)]. \tag{12.95}$$

그러나, 3장에 설명한 것처럼, $d\phi/dt$(아날로그 영역에서)의 전체-스케일 스윙(full-scale swing)과 $K_{VCO}$가 모두 부실하게 정의되어 있어서, $V_{phase}(t)$의 대역폭 정의도 명확하지 않다. 또한, 변조된 상태에서 VCO의 자유 발진 동작(free-running operation)은 반송파 주파수를 예상 주파수로부터 이동시킬 수 있다.

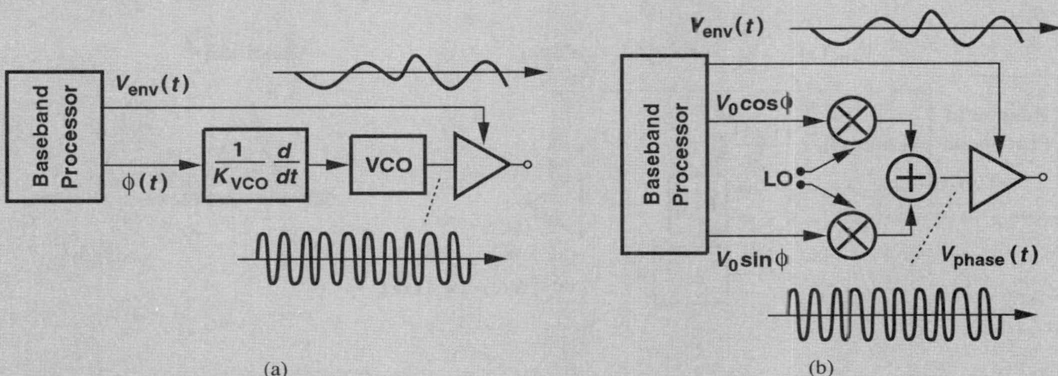


**그림 12.52** *(a) 기저대역 신호 분리와 VCO를 사용하는 폴라 변조, (b) 기저대역 신호 분리와 직교 상향 변환을 사용하는 폴라 변조*

이제, 3장에서 GMSK용으로 명시한 직교 변조를 생각해보자. 이 경우에 $V_{phase}(t)$는 다음

(계속)

예제 12.23 (*계속*) RF Microelecronics

식으로 표현할 수 있다.

$$V_{phase}(t) = V_0 \cos\omega_0 t \cos\phi - V_0 \sin\omega_0 t \sin\phi; \qquad (12.96)$$

즉, 베이스밴드에서 $V_0 \cos\phi$와 $V_0 \sin\phi$을 만들고, 직교 믹서로 상향 변환한다[그림 12.52(b)]. 하지만, 4장에서 언급한대로, 이런 접근은 수신 대역에 상당한 노이즈를 만들 수 있다. 왜냐하면, 믹서의 노이즈가 PA에 의해 상향 변환되고 증폭되기 때문이다.

직접 VCO 변조와 직교 상향 변환에 덧붙여서, 9장에서 오프셋(offset)-PLL TX와 관련된 몇 가지 기술을 다뤘다. 예로, PLL을 위상 신호의 상향 변환 수단으로 생각해 보았다. 그림 12.53(a)는 오프셋-PLL TX 기술과 폴라 변조를 합치는 구조를 묘사한다. 이 경우에, 기저대역 프로세서가 만들어 낸 위상 신호는 유한한 반송파 주파수 $\omega_{IF}$에 위치하고, 범위 밖으로 벗어난 위상은 N배 축소된다. 따라서, PLL은 다음과 같은 출력을 낸다.

$$V_{PLL}(t) = V_0 \cos[N\omega_{IF}t + \phi(t)], \qquad (12.97)$$

여기에서 $N\omega_{IF}$를 희망하는 반송 주파수로 설정한다. $\omega_{IF}$의 값은 다음의 두 주파수 영역 사이에 놓여야 한다. (1) 기저대역 DAC에서 심각한 속도-전력(speed-power) 트레이드-오프를 피하기 위해 충분히 낮은 주파수여야 한다. (2) 주파수 중복(aliasing)을 피하도록 충분히 높은 주파수여야 한다[그림 12.53(b)].

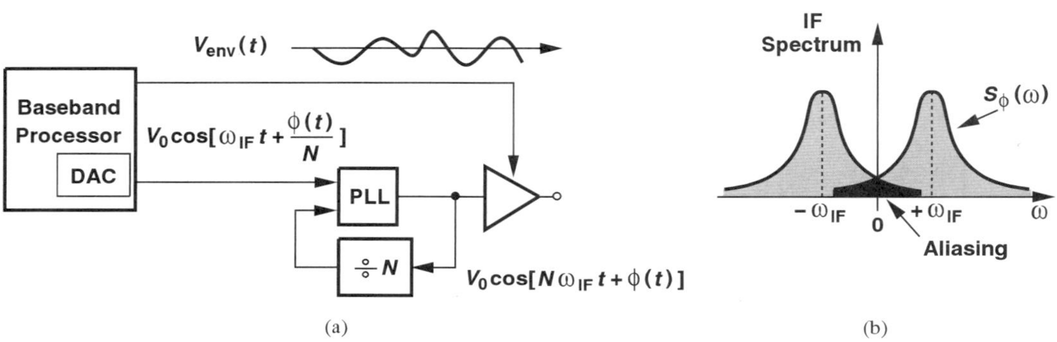


**그림 12.53** *(a) 위상 경로에 PLL을 사용한 폴라 변조, (b) 위상 신호의 스펙트럼*

오프셋-PLL TX와 폴라 변조를 합치는 것이 가능하다[19]. 그림 12.54에 그려진 것처럼, 이 아이디어는 직교 상향 변환을 통해 정해진 IF로 변환하고, 포락선 성분을 추출하여 PA에 적용하는 것이다. VCO 출력은 하향 변환되고 직교 변조를 위한 LO 파형으로 쓰인다. 노드 *A*

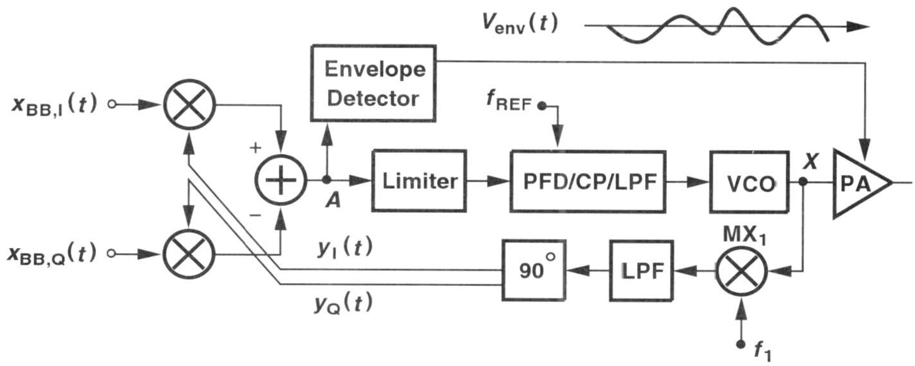


그림 12.54 *위상 피드백이 있는 폴라 변조*

에서 IF 신호는 약간의 위상 변조를 포함하고 있다. 왜냐하면, PLL 피드백은 $A$에서의 위상이 $f_{REF}$(변조되지 않은 기준 주파수)의 위상을 따라가도록 강제로 잡아주기 때문이다. PLL의 대역폭을 적절히 선택한다면, 수신 대역의 출력 잡음은 전적으로 VCO 설계에 달려있다.

## 예제 12.24

RF Microelecronics

포락선 검파기를 제거한다면 그림 12.54의 구조는 어떻게 변형되어야 할까?

**풀이:**

직교 상향 변환기가 단지 기저대역 위상 정보[그림 12.52(b)처럼]만을 감지한다면, 포락선도 기저대역으로부터 직접 올 수 있다. 그림 12.55는 포락선 성분이 기저대역 프로세서에서 직접 생성되는 구조를 보여준다.

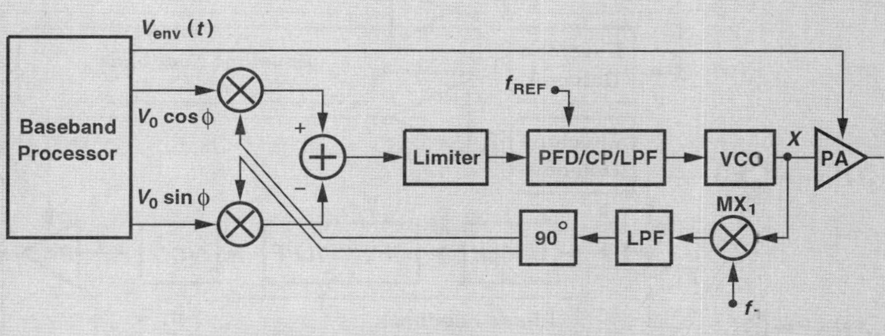


그림 12.55 *포락선 검파기가 없는 폴라 변조*

위에서 다룬 폴라 변조 구조는 여전히 두 가지 이슈가 있는데, 즉, PA 출력 포락선의 명확하지 못한 정의와 PA의 AM/PM 변환(예, 출력 커패시턴스의 비선형성 때문에)에 따른 신호 훼손이다. 따라서 이런 효과를 감지하고 교정하려면 피드백을 적용해야 한다. 그림 12.49(c)에 보이는 대로, PA의 공급 전원을 구동하는 피드백 버퍼에 의해 정확하게 포락선을 제어할 수 있다. 다른 방법으로는, 그림 12.44의 포락선 피드백 구조에서처럼, 출력 포락선을 입력 포락선과 비교할 수도 있다. 그림 12.56은 그 결과 구조를 보여준다. PA 출력 전압 스윙은 α의 배수로 조정되어 포락선 검파기에 들어가고 IF 포락선과 비교된다. 이와 같이, 피드백 루프는 PA 출력에서의 IF 포락선을 크기가 조정된 복제 신호로 만들어 준다. 포락선 검파기는 그림 12.45(c)와 (d)처럼 구현될 수 있다.

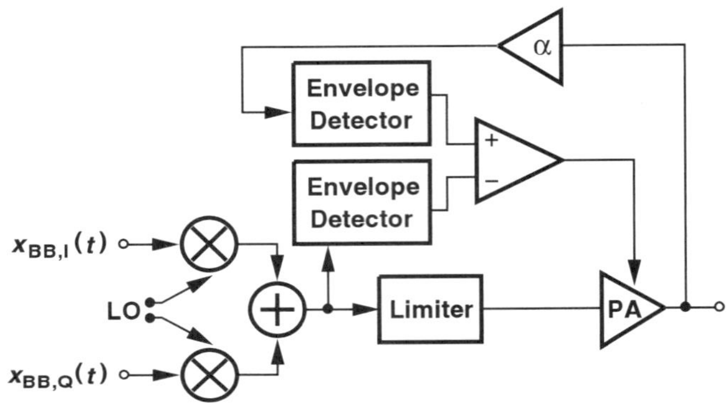


**그림 12.56** *포락선 피드백이 있는 폴라 변조*

PA의 AM/PM 변환을 교정하기 위해서는, PA 출력 위상이 PLL *내부*에 나타나야 한다. 즉, PLL 피드백 경로는 VCO 출력보다는 PA 출력을 감지해야 한다. 그림 12.57에 묘사된 구

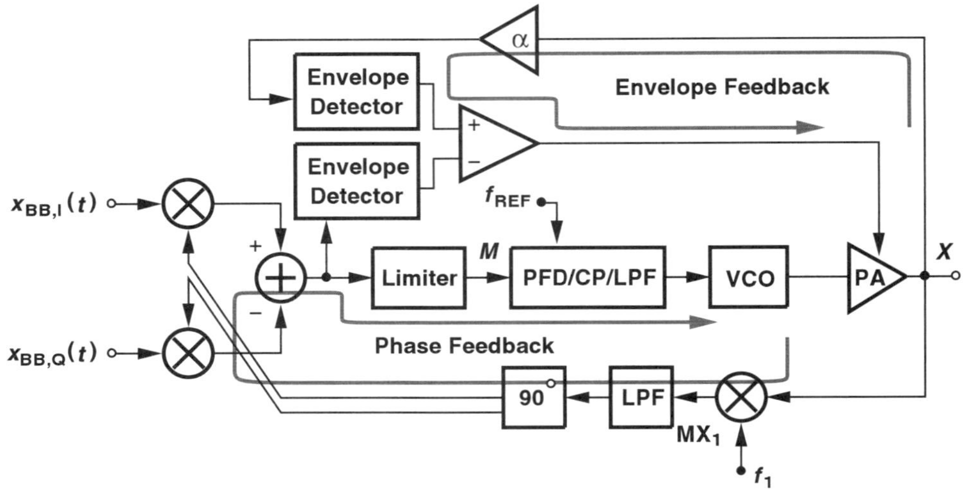


**그림 12.57** *위상과 포락선의 피드백이 있는 폴라 변조*

조는 PLL의 높은 루프 이득의 힘으로 PA 출력에서 범위를 벗어난 기저대역 위상을 뽑아낸다. 다르게 표현하면, PA가 AM/PM 변환을 만들지만, PLL이 X점에서의 위상이 기저대역 위상 변조를 따라가도록 보장해 준다는 것이다. 이 구조에 있는 두 개의 피드백 루프는 서로 상호작용하고 불안정(instability)을 일으키기 때문에, 대역폭을 신중히 선택할 필요가 있다.

**예제 12.25** RF Microelecronics

그림 12.57에 보이는 구조의 단점을 이야기하라.

**풀이:**

여기에서 중요한 이슈는 전력 제어가 필요하다는 것이다. PA 출력 레벨은 가변되어야 하는데(GSM/EDGE는 30 dB, CDMA는 60 dB), 믹서 $MX_1$에 입력되는 스윙은 전력 범위의 하단 영역에서 충분히 크지 못할 수 있고, 루프의 안정도를 떨어드릴 수 있다. 예를 들어, $X$에서 최대 2 V의 $V_{pp}$와 30 dB의 전력 범위에 대해 $MX_1$에서 감지되는 최소 스윙은 약 66 $\text{mV}_{pp}$가 된다. 이 이슈를 해결하려면, PA와 $MX_1$ 사이에 리미터가 삽입되어야 하지만, 그림 12.50으로부터 리미터는 입력의 크기 범위가 넓을 때 상당한 AM/PM 변환을 만든다는 것을 상기해 보라. 물론, 리미터의 AM/PM 변환은 루프에 의해 보정될 수 없다.

이 구조의 또 다른 단점은 독립된 포락선과 위상 루프가 실질적으로 다른 지연을 가질 수 있고 식 (12.77)에서 보여진 위상 부정합 효과를 악화시킨다. 다시 말해, 그림 12.57의 포락선 검파기, 에러 증폭기, 공급 전압 변조기(supply modulation device)의 지연과 리미터를 통과하는 지연은, 두 루프 사이에 보정이 행해시지 않으면 제멋대로 달라질 수 있다.

**다른 이슈들** 그림 12.57의 구조나 변형된 구조들[19]은 12.7.2절에서 밝힌 폴라 변조 이슈들을 일부 해결해 준다. 그러나, 충분히 도전할 만한 여러 가지 이슈들이 남아있다.

첫째, 포락선과 위상 신호 경로의 대역폭을 신중히 결정해야 한다. 여기에서 핵심은 각 경로가 전체 합쳐진 변조 신호보다 *더 큰* 대역폭을 차지한다는 것이다. 예로서, 그림 12.58은 EDGE 시스템의 스펙트럼 마스크와 함께 각 경로 신호의 스펙트럼과 합친 신호의 스펙트럼을 보여 준다[18]. 포락선 스펙트럼은 몇몇 영역에서 마스크를 초과하고 위상 스펙트럼은 훨씬 넓은 대역폭을 소모한다. 포락선과 위상 경로가 충분한 대역폭을 제공하지 않으면, 두 경로의 신호는 적절하게 합쳐지지 못하고, 최종 PA 출력은 스펙트럼 재성장을 겪고 스펙트럼 마스크를 벗어나게 된다. 예로, EDGE 시스템에서 AM과 PM 경로의 대역폭은 각각 1 MHz, 3 MHz이고, 출력 스펙트럼은 마스크에 대해 단 2 dB의 여유만 있다[18].

앞에서 다룬 두 경로의 큰 대역폭을 고려하더라도, PLL은 수신 대역에서의 잡음을 줄여야 해서 큰 대역폭을 가질 수가 없다는 것을 생각해야 한다. RX 대역에서의 스펙트럼 재성

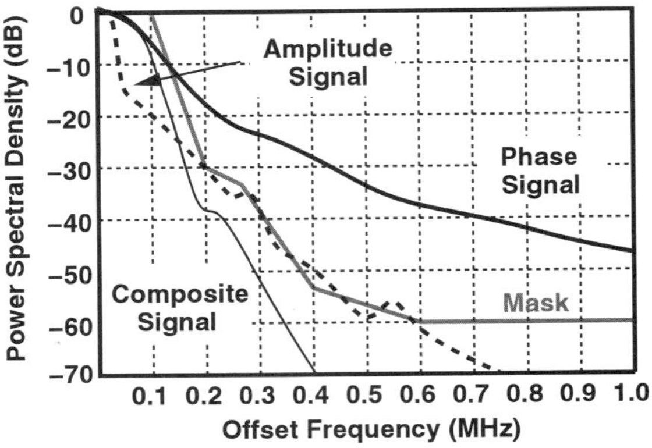


**그림 12.58** *폴라 변조 시스템의 GSM/EDGE 마스크 여유*

장과 잡음 사이의 트레이드-오프는 PLL 대역폭에 대한 엄격한 제어를 요구한다. 공정과 온도에 대한 전하 펌프 전류(charge pump current)와 $K_{VCO}$의 의존도가 상당한 대역폭 변화로 이어지기 때문에, 대역폭 조정 같은 방법이 빈번하게 필요하다[18].

두 번째 이슈는 PM 신호가 *첨가* 성분 형태로 출력으로 누설되는 것이다. 예를 들어, 그림 12.59에 보이는 것처럼, VCO 인덕터는 PA의 출력에 있는 인덕터(또는 패드)와 결합(couple)하여 PM 신호의 일부를 누설하게 된다[18].

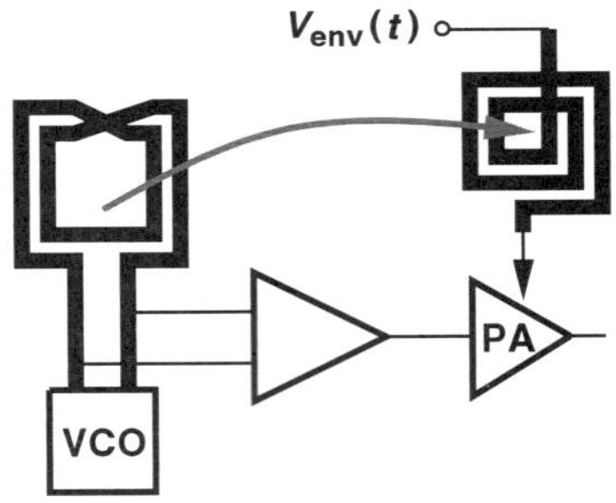


**그림 12.59** *위상 신호*

그림 12.58에서 위상 신호의 넓은 대역폭에 주목하면, 적절한 포락선 변조가 이루어지지 않으면 이 누설 성분이 상당한 스펙트럼 재성장을 만들어 낸다는 것을 알게 되었다[18]. 이 현상을 다음의 식으로 쉽게 유도할 수 있다.

$$V_{out}(t) = AV_{env}(t)\cos[\omega_0(t) + \phi(t)] + V_1\cos[\omega_0 t + \phi(t)], \tag{12.98}$$

여기에서 두 번째 항이 바로 추가된 누설 성분이다.

세 번째 이슈는 포락선 경로에서의 dc 오프셋이다[18]. 포락선 검파기에 의해 만들어진 포락선은 오프셋 $V_{OS}$가 있고, PA 출력은 다음과 같이 주어진다.

$$V_{out}(t) = A_0[V_{env}(t) + V_{OS}]\cos[\omega_0 t + \phi(t)]. \tag{12.99}$$

즉, 출력은 $A_0 V_{OS}\cos[\omega_0 t + \phi(t)]$라는 PM 누설 성분을 포함하고 있고, 스펙트럼 재성장을 피하기 위해서는 이 성분을 최소화 시켜야 한다. 일례로 EDGE 시스템에서 $V_{OS}$는 $V_{env}(t)$의 최대치의 0.2% 이하가 되어야 다른 에러에 대해 충분한 여유를 가질 수 있다. 물론, 출력 전력은 가변되어야 하고 최저 출력치에서도 조건을 만족해야 한다면 어려운 일이 될 것이다.

## 12.8 아웃페이징 Outphasing

### 12.8.1 기본 아이디어 Basic Idea

변화하는 포락선 신호(variable-envelope signal)를 두 개의 *고정된* 포락선 파형(*constant-envelope waveform*)으로 분해하여 포락선 변화를 피할 수 있다. [20]에서 '아웃페이징'과 '비선형 소자로 선형 증폭(linear amplification with nonlinear, LINC)'이라 불리는 이 아이디어는 대역-통과 신호(band-pass signal) $V_{in}(t) = V_{env}(t)\cos[\omega_0 t - \phi(t)]$를 두 개의 위상-변조 신호(그림 12.60)의 합으로 표현할 수 있다는 것이다.

$$V_{in}(t) = V_{env}(t)\cos[\omega_0 t + \phi(t)] \tag{12.100}$$
$$= V_1(t) + V_2(t), \tag{12.101}$$

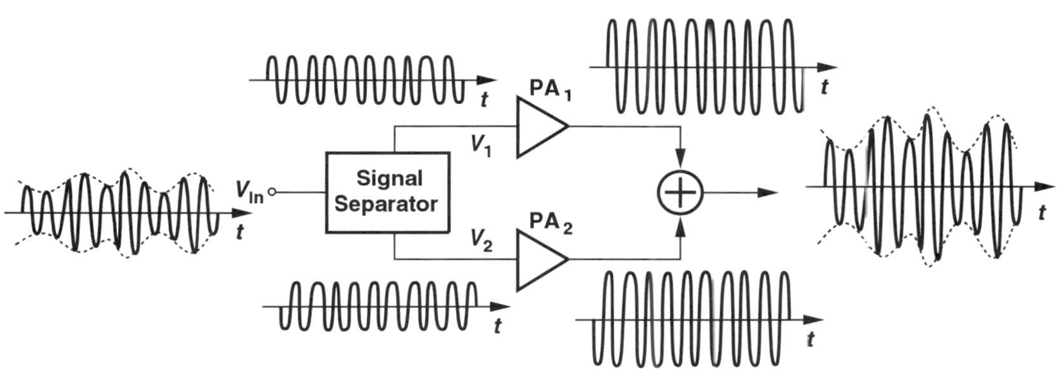


**그림 12.60** *기본 아웃페이징*

여기에서,

$$V_1(t) = \frac{V_0}{2}\sin[\omega_0 t + \phi(t) + \theta(t)] \tag{12.102}$$
$$V_2(t) = -\frac{V_0}{2}\sin[\omega_0 t + \phi(t) - \theta(t)], \tag{12.103}$$

이고

$$\theta(t) = \sin^{-1}\frac{V_{env}(t)}{V_0}. \tag{12.104}$$

이다. 이와 같이, $V_1(t)$와 $V_2(t)$는 $V_{in}(t)$로부터 생성되고, 비선형 증폭기로 증폭된 후에 더해진다면, 출력은 $V_{in}(t)$와 동일한 포락선과 위상 정보를 갖게 된다.

$V_{in}(t)$로부터 $V_1(t)$와 $V_2(t)$를 만들어 내는 것은 상당히 복잡하다. 주요한 이유는 위상이 $\theta(t)$로 변조되어야 하는데, $\theta(t)$ 자체가 $V_{env}(t)$의 비선형 함수이기 때문이다. 비선형 주파수-변환 피드백 루프(frequency-translating feedback loop)의 사용이 제안되었지만[21, 22], 루프 안정도 이슈 때문에 실현에 제약을 받고 있다. 더 현실적인 접근[23]으로 다음의 $V_1(t)$와 $V_2(t)$를 생각해 볼 수 있다.

$$V_1(t) = V_I(t)\cos[\omega_0 t + \phi(t)] + V_Q(t)\sin[\omega_0 t + \phi(t)] \tag{12.105}$$

$$V_2(t) = -V_I(t)\cos[\omega_0 t + \phi(t)] + V_Q(t)\sin[\omega_0 t + \phi(t)], \tag{12.106}$$

여기에서, 기저대역 성분은 아래와 같이 주어진다.

$$V_I(t) = \frac{V_{env}(t)}{2} \tag{12.107}$$

$$V_Q(t) = \sqrt{V_0^2 - \frac{V_{env}^2(t)}{2}}. \tag{12.108}$$

$V_Q(t)$를 만들어 내는 데 필요한 비선형 계산은 기저대역[예, 룩-업(look-up) ROM을 써서]에서 수행할 수 있다. 이 방법은 간단히 직교 상향 변환을 써서 $V_1(t)$와 $V_2(t)$를 만들 수 있다.

#### 예제 12.26

RF Microelecronics

완전한 아웃페이징 송신기를 만들어라.

**풀이:**

3장의 GMSK변조 기술로부터, 위상 성분 $\phi(t)$는 LO에서 뭘 하기보다 기저대역에서 구현할 수 있다는 것을 생각해 보자. 따라서 원래 식 (12.102)와 (12.103)은 각각 다음 식으로 확장된다.

$$V_1(t) = \frac{V_0}{2}\cos[\phi(t) + \theta(t)]\sin\omega_0 t + \frac{V_0}{2}\sin[\phi(t) + \theta(t)]\cos\omega_0 t \tag{12.109}$$

$$V_2(t) = -\frac{V_0}{2}\cos[\phi(t) - \theta(t)]\sin\omega_0 t - \frac{V_0}{2}\sin[\phi(t) - \theta(t)]\cos\omega_0 t. \tag{12.110}$$

**예제 12.26** *(계속)* **RF Microelecronics**

TX는 그림 12.61에 보이는 것처럼 완성된다.

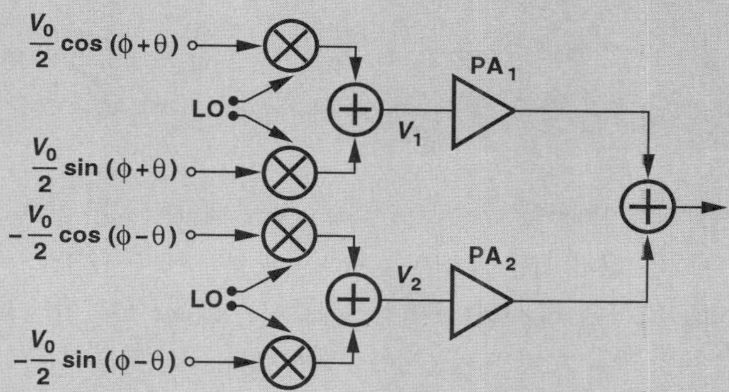


**그림 12.61** *아웃페이징 송신기*

아웃페이징 구조는 폴라 변조의 특성과 유사한 특성이 있는 완전 비선형 PA 단을 써서 동작한다. 아웃페이징의 중요한 이점은 공급 전압 변조가 필요 없어서, 폴라 변조에서 필요한 포락선 버퍼에 의해 잃어버리는 효율과 헤드룸을 아낄 수 있다는 것이다. 불행히, 아웃페이징 기법에서 출력을 합치는 것은 전력 손실을 수반한다(피드포워드 토폴로지에서처럼).

## 12.8.2 아웃페이징 이슈들 Outphasing Issues

출력을 합칠 때의 문제에 추가로, 아웃페이징은 몇 가지 다른 이슈들을 다루어야 한다. 첫째, 그림 12.60에서 두 경로 사이의 위상 부정합은 출력에서 스펙트럼 재성장이란 결과를 낳는다. $\Delta V$와 $\Delta\theta$에 의한 두 가지 부정합을 각각 다음의 식으로 나타냈다.

$$V_1(t) = \left(\frac{V_0}{2} + \Delta V\right)\sin[\omega_0 t + \phi(t) + \theta(t) + \Delta\theta] \tag{12.111}$$

$$V_2(t) = \frac{V_0}{2}\sin[\omega_0 t + \phi(t) - \theta(t)]. \tag{12.112}$$

만약 $\Delta\theta << 1$(라디안)이라면 다음과 같이 정리된다.

$$V_1(t)+V_2(t) = V_{env}(t)\cos[\omega_0 t + \phi(t)] + \Delta V\sin[\omega_0 t+\phi(t) + \theta(t)] - \Delta\theta\frac{V_0}{2}\cos[\omega_0 t + \phi(t)+\theta(t)]. \tag{12.113}$$

우변의 마지막 두 항이 스펙트럼 재성장을 만들어 낸다. 왜냐하면 이 두 항은 합친 신호(첫째 항)보다 대역폭이 훨씬 넓기 때문이다.

### 예제 12.27

RF Microelecronics

그림 12.61의 구조에서 부정합의 원인이 되는 요소를 찾아보라.

**풀이:**

LO 부정합을 피하기 위해, 두 직교 상향 변환기는 LO 위상을 공유해야 한다. 남은 부정합 원인 요소는 믹서, PA, 출력 합산 메커니즘(output summing mechanism)을 포함한다.

두 번째 이슈는 그림 12.60의 각 경로에서 요구하는 대역폭과 관계있다. $V_1(t)$와 $V_2(t)$의 위상은 범위를 크게 벗어났기 때문에, $\phi(t) \pm \theta(t)$ ($\phi$와 $\theta$가 '섞일 때')의 두 신호가 큰 대역폭을 차지한다. 그림 12.58의 EDGE 스펙트럼으로부터, $\cos[\omega_0 t + \phi(t)]$의 대역폭은 합친 신호의 대역폭보다 수배 크다. 이것은 아웃페이징에서 추가 위상 $\theta(t)$ 때문에 악화된다.

### 예제 12.28

RF Microelecronics

식 (12.104)에서 $V_a > V_0$로 크기 조정된 전압을 선택함으로써, $\theta(t)$의 벗어난 범위를 줄여 보고자 한다.

$$\theta(t) = \sin^{-1}\frac{V_{env}(t)}{V_a}. \tag{12.114}$$

전체 TX에서의 이 효과를 설명해 보라. 기저대역 파형은 $V_0/2$의 크기로(12.109)와 (12.110)처럼 생성된다고 가정한다.

**풀이:**

기저대역 신호의 크기가 일정하게 유지 되는 동안 $\theta(t)$가 작은 값으로 조정된다면, 합쳐진 출력의 크기는 작아진다. 문제 12.9는 식 (12.113)이 다음과 같이 쓰여 져야 한다는 것을 보여준다.

$$\begin{aligned} V_1(t) + V_2(t) = &\frac{V_0}{V_a}V_{env}(t)\cos[\omega_0 t + \phi(t)] + \Delta V\sin[\omega_0 t + \phi(t) + \theta(t)] \\ &- \Delta\theta\frac{V_0}{2}\cos[\omega_0 t + \phi(t) + \theta(t)]. \end{aligned} \tag{12.115}$$

부정합의 효과는 $V_a$가 증가하고 $\theta(t)$가 작아질 때 더 확실하게 나타난다.

세 번째 이슈는 출력 덧셈기를 통한 두 PA 사이의 상호 작용과 관계가 있다. 하나의 PA를 통과하는 신호는 다른 PA의 신호에 영향을 줄 수 있고, 스펙트럼 재성장과 신호 훼손을 야기한다. 이 점을 이해하기 위해, 그림 12.62(a)에 보이는 간단한 덧셈기를 생각해 보자. $M_1$

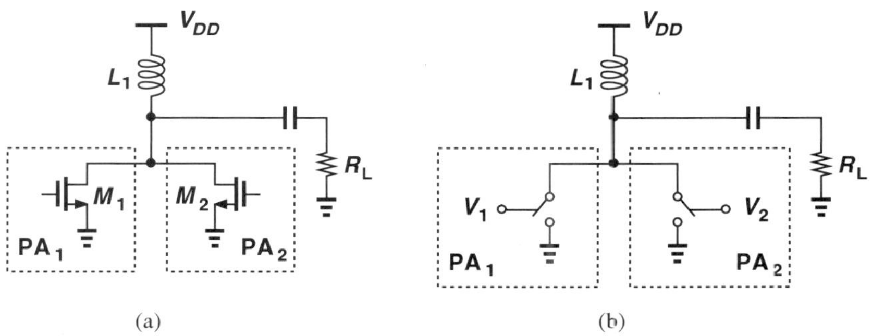


**그림 12.62** *(a) 덧셈기 회로의 예, (b) 간단한 모델*

과 $M_2$가 이상적인 전류원으로 동작한다면, 하나의 PA 신호는 다른 PA 신호에 거의 영향을 주지 않는다.[10] 그렇지만, $M_1$과 $M_2$를 포화영역에서 유지하는 동안 고효율을 성취하기는 어렵다.

이제, $M_1$과 $M_2$가 깊은 트라이오드 영역(deep triode region)에 들어갔고, 전압-제어 스위치로 모델될 수 있다고 가정하자[그림 12.62(b)]. 이 경우에, 하나의 PA에서 보이는 부하는 다른 PA에 의해 *변조되고* 부하는 시간에 따라 변하고 신호는 왜곡된다.

PA 사이의 상호작용을 공식화하기 위해, 그림 12.63(a)에 설명된 더 일반적인 구조를 생각해 보자. 여기에서 트랜스포머는 출력[11]을 합치고 부하 저항을 구동한다. 출력 회로는 그림 12.63(b)에 보이는 것처럼 간략화 될 수 있다. 각 PA가 보는 접지에 대한 임피던스를 결정하고 싶다. 결과를 구하기 위해, $I_{AB} = (V_A - V_B)/R_L$, $Z_1 = V_A/I_{AB}$, $Z_2 = -V_B/I_{AB}$를 계산해야 한다. 각 PA 단은 이득이 1인 이상적인 *전압* 버퍼로 모델될 수 있고, $V_A = V_1$, $V_B = V_2$가

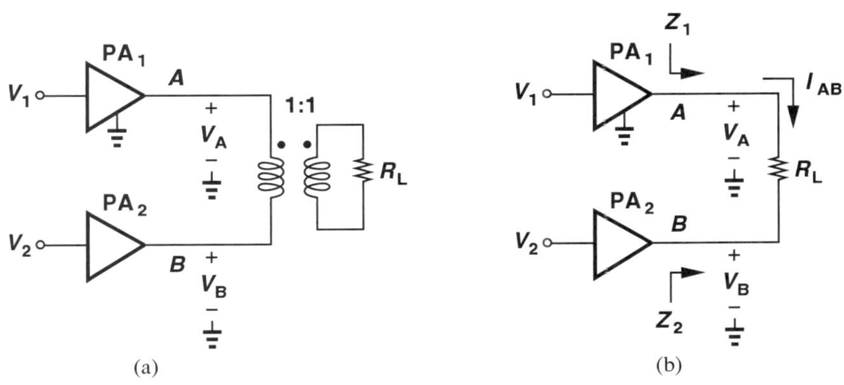


**그림 12.63** *(a) 트랜스포머가 있는 아웃페이징, (b, 등가 회로*

10. $C_{GD}$를 통해 출력과 각 트랜지스터의 게이트 사이의 커플링은 어느 정도의 상호작용을 만들어 낸다.
11. 이 경우, 트랜스포머는 실제로는 $V_1$에서 $V_2$를 뺀다. 따라서 $V_2$는 $PA_2$에 도달하기 전에 반전 되어야 한다.

되며 다음 식을 얻게 된다.

$$I_{AB}(t) = \frac{V_1(t) - V_2(t)}{R_L} \tag{12.116}$$

$$= \frac{V_0 \sin(\omega_0 t + \phi + \theta) - V_0 \sin(\omega_0 t + \phi - \theta)}{2R_L} \tag{12.117}$$

$$= \frac{V_0 \cos(\omega_0 t + \phi) \sin\theta}{R_L}. \tag{12.118}$$

다시 정리하면,

$$\frac{V_A(t)}{I_{AB}(t)} = \frac{V_0 \sin(\omega_0 t + \phi) \cos\theta + V_0 \cos(\omega_0 t + \phi) \sin\theta}{2V_0 \cos(\omega_0 t + \phi) \sin\theta} R_L \tag{12.119}$$

$$= \frac{R_L}{2} + \frac{R_L}{2} \frac{\sin(\omega_0 t + \phi)}{\cos(\omega_0 t + \phi)} \cdot \theta. \tag{12.120}$$

$\theta$는 시간에 대해 상대적으로 *일정하다고* 가정하고, 이 결과를 주파수 영역으로 변환해 보자. 두 번째 항의 분수식에 분자와 분모는 90° 위상차이가 있어서, 등가 임피던스에 $-j$를 붙여줄 수 있다. 따라서,

$$Z_1 = \frac{R_L}{2} - j\cot\theta \frac{R_L}{2}; \tag{12.121}$$

즉, $PA_1$에 보이는 등가 임피던스는 $R_L/2$의 실수부와 $(-\cot\theta)R_L/2$의 허수부로 구성된다.[12] 유사하게,

$$Z_2 = \frac{R_L}{2} + j\cot\theta \frac{R_L}{2}. \tag{12.122}$$

**예제 12.29** RF Microelecronics

식 (12.121)과 (12.122)의 리액티브 성분은 각각 커패시턴스와 인덕턴스에 대응된다고 종종 이야기 한다. 이게 맞는 말인가?

**풀이:**

일반적으로, 맞지 않다. 용량성 리액턴스와 유도성 리액턴스는 주파수에 비례해야 하지만, 식 (12.121)과 (12.122)의 두 번째 항들은 그렇지 않다. 그러나, 협대역 신호에 대해서는, 음의 리액턴스는 커패시턴스로 볼 수 있고, 양의 리액턴스는 인덕턴스로 볼 수 있다.

12. 입력 파형을 코사인으로 나타낸다면, 허수부는 $(-\tan\theta)R_L/2$가 된다.

PA가 이상적인 전압 버퍼가 아니라면, 신호가 시변 전압 분배(time-varying voltage division)[그림 12.64(a)]와 왜곡을 겪는다. 이것으로 $\theta$에 대한 $Z_1$과 $Z_2$의 의존도를 보일 수 있다. Chireix[20]에 의해 인지된 이 효과는 반대 위상의 추가 리액턴스가 각 PA의 출력에 묶인다면 식 (12.121)이나 (12.122)의 두 번째 항을 소거할 수 있다는 것이다[그림 12.64(b)]. 병렬 리액턴스(어드미턴스)가 보통 선호되기 때문에, 우선 $Z_1$과 $Z_2$를 어드미턴스로 변환하자. 식 (12.121)의 좌변을 역수 취하고, 분자와 분모에 $1 + j\cos\theta$를 곱하면 다음 식을 얻는다.

$$Y_1 = \frac{2}{R_L}(\sin^2\theta + j\sin\theta\cos\theta). \tag{12.123}$$

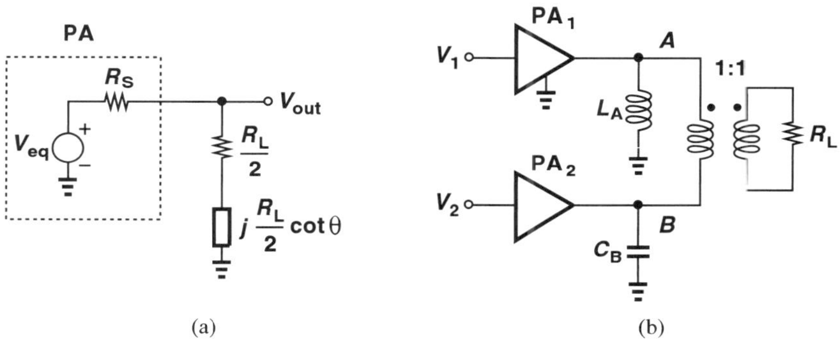


**그림 12.64** *(a) 아웃페이징에서 시변 전압 분배, (b) Cnireix의 소거 기법*

두 번째 항을 소거하려면,

$$\frac{1}{j\omega_0 L_A} = -\frac{2}{R_L}j\sin\theta\cos\theta \tag{12.124}$$

그러므로,

$$L_A = \frac{R_L}{\omega_0\sin 2\theta}. \tag{12.125}$$

유사하게,

$$Y_2 = \frac{2}{R_L}(\sin^2\theta - j\sin\theta\cos\theta). \tag{12.126}$$

식 (12.122)의 두 번째 항을 소거하려면,

$$jC_B\omega_0 = \frac{2}{R_L}j\sin\theta\cos\theta, \tag{12.127}$$

그래서,

$$C_B = \frac{\sin 2\theta}{R_L \omega_0}. \tag{12.128}$$

완벽한 소거가 일어나면, $Z_1 = Z_2 = R_L/(2\sin^2\theta)$가 된다. 흥미롭게도 $L_A$와 $C_B$는 반송 주파수에서 다음 식과 같이 공진한다.

$$L_A C_B = \frac{1}{\omega_0^2}. \tag{12.129}$$

앞선 결과는 두 가지 가정에 기반을 둔다. 각 PA는 전압원으로 근사하고 $\theta$는 상수라고 가정할 수 있다. 독자는 두 가지 모두에 의심을 가질 수 있다. 결국에는, 강력한 스위칭 PA 단(heavily-switching PA stage)의 출력 임피던스는 작은 값(깊은 트라이오드 영역의 트랜지스터)과 큰 값(트랜지스터가 OFF일 때) 사이에서 스윙한다. 더불어, 시변하는 포락선은 시변하는 $\theta$로 변환된다. 다시 말해, 출력 노드에 추가된 상수 인덕턴스와 상수 커패시턴스는 단지 대략의 보상만 제공한다.

독자는 앞의 상호작용을 피하기 위해 두 단자 사이의 *격리*(*isolation*)를 제공하는 3-단자 전력 회로(three-port power network)를 만드는 것이 가능한지 궁금할 수 있다. 그러한 회로는 손실을 피할 수 없다는 것을 보일 수 있다.

보상을 개선하기 위해, 인덕턴스와 커패시턴스가 포락선 변화를 따라갈 수도 있다[24]. 그러나, 인덕턴스를 가변하는 게 어렵기 때문에, 커패시턴스만 가변하는 구조를 찾아야 한다. 마무리를 위해, 그림 12.65(a)의 Chireix 소거 기법을 구현해보자. 재미있게도, $L_A$와 $C_B$는 반

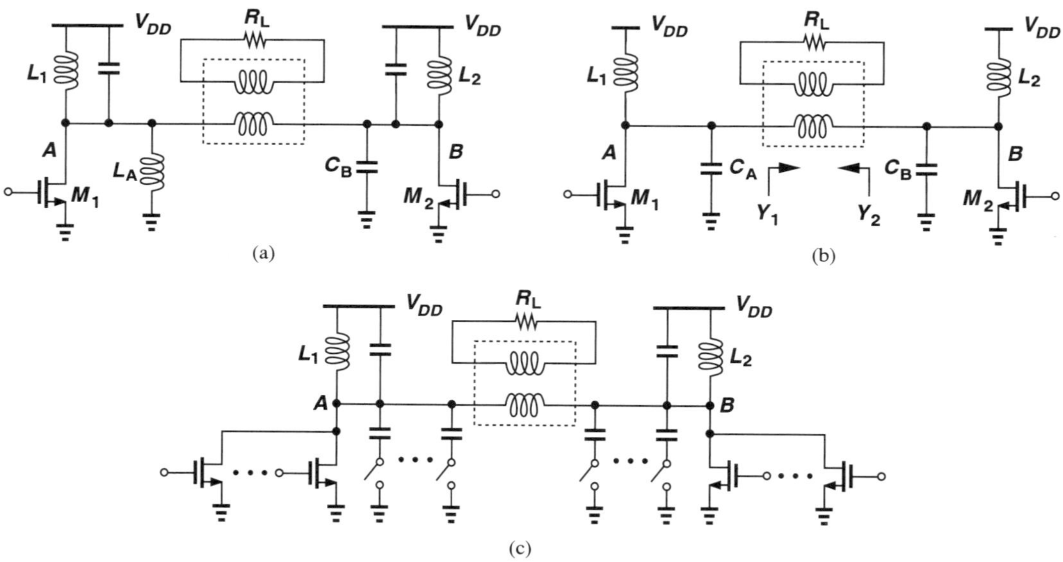


그림 12.65 *(a) Chireix 기법을 사용한 아웃페이징 PA, (b) 가변 커패시턴스의 추가, (c) 단품 커패시터 배열을 갖고 있는 회로*

대 방향에서 두 출력 탱크의 공진 주파수를 천이시킨다. 따라서 서로 다른 값의 커패시터를 $A$와 $B$에 연결하고 반대 방향으로 변화시키면 소거가 일어날 수 있다고 추측해 보자. 그림 12.65(b)에 묘사된 대로 [24]에서처럼 적당한 $\Delta C$값을 찾아서 $C_A$와 $C_B$를 선택하자.

$$C_A = C_0 + \Delta C \tag{12.130}$$

$$C_B = C_0 - \Delta C, \tag{12.131}$$

탱크의 어드미턴스는 다음과 같이 주어진다.

$$Y_{tank,A} = \frac{1}{jL_0\omega} + j(C_0 + \Delta C)\omega \tag{12.132}$$

$$Y_{tank,B} = \frac{1}{jL_0\omega} + j(C_0 - \Delta C)\omega, \tag{12.133}$$

여기에서 $L_1 = L_2 = L_0$이다. 협대역 신호에 대해, $1/(jL_0\omega)$와 $jC_0\omega$가 상쇄되고, 식 (12.123)과 (12.132)를 써서 $A$에서의 전체 어드미턴스를 아래와 같이 적을 수 있다.

$$Y_{tot,A} = Y_{tank,A} + Y_1 \tag{12.134}$$

$$= j\Delta C\omega + \frac{2\sin^2\theta}{R_L} + \frac{j\sin 2\theta}{R_L}. \tag{12.135}$$

리액티브 부분은 다음의 조건이라면 소거된다.

$$\Delta C = -\frac{\sin 2\theta}{R_L\omega}. \tag{12.136}$$

유사하게, $B$ 노드에 대해서도,

$$Y_{tot,B} = Y_{tank,B} + Y_2 \tag{12.137}$$

$$= -j\Delta C\omega + \frac{2\sin^2\theta}{R_L} - j\frac{\sin 2\theta}{R_L}, \tag{12.138}$$

운 좋게도, (12.136)의 $\Delta C$와 같다.

위의 전개 과정에 따라 $\Delta C$가 $\sin 2\theta$에 비례하여 변한다면, 소거가 더 정교하게 일어나서 다음 식과 같은 전체 임피던스의 실수부만 남기게 된다.

$$Re\{Y_{tot,B}\} = \frac{2\sin^2\theta}{R_L}. \tag{12.139}$$

불행히도, 이 실수부는 포락선에 따라 변한다.[13] 이 이슈는 각 PA의 힘을 조절하여 상대적으

13. 입력 파형을 코사인으로 나타내면, 이 실수부는 $2\cos^2\theta/R_L$가 된다.

로 일정한 출력 전력을 유지하도록 함으로써 경감될 수 있다[24]. 그림 12.65(c)는 결과를 보여주고[24], 여기에서 양쪽의 커패시터와 트랜지스터는 불연속적인 값의 소자들로 조정될 수 있다. 인덕터를 위한 본드 와이어와 오프-칩 발룬(off-chip balun)을 써서, PA는 WCDMA 모드에서 드레인 효율 27%로 13 dBm의 출력을 전달한다[24].

## 12.9 도허티 전력 증폭기 Doherty Power Amplifier

지금까지 살펴본 증폭기들은 단일 출력 트랜지스터였고, 트랜지스터가 트라이오드 영역(바이폴라 소자는 포화 영역)에 들어가면서 포화될 수 밖에 없다. 따라서 주 증폭기가 압축되기 시작할 때만, 이득을 제공할 보조 증폭기가 나타난다면, 전체 이득을 고입력, 고출력 상황에서도 상대적으로 일정하게 유지할 수 있을 것이다. 그림 12.66(a)는 이 원리를 묘사했다. 주 증폭기는 입력 스윙이 약 $V_1$까지 선형적으로 남고, 보조 증폭기는 입력이 $V_1$을 넘어설 때 출력 전력에 기여한다. 전자는 A급으로 동작하고 후자는 C급으로 동작한다.

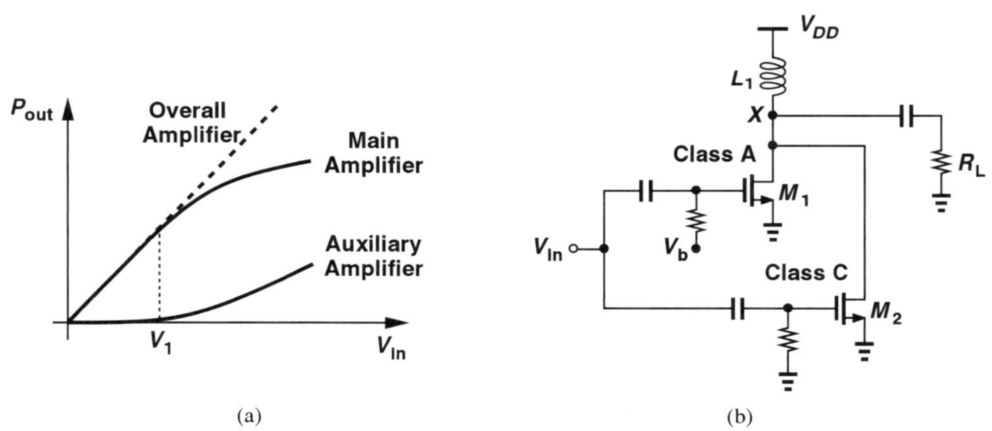


**그림 12.66** *(a) 도허티 PA의 입/출력 특성, (b) 가상 구현*

위의 간단하고 명쾌한 원리는 바로 구현할 정도로 간단하지는 않다. 보조 증폭기가 주 증폭기와 정확히 어떻게 연결되어야 할까? 그림 12.66(b)는 두 가지(two branches)에서 만들어진 전류가 단순히 출력 노드에서 합쳐진 예를 보인다. 그러나, $X$에서 전압 스윙이 충분히 커서 $M_1$이 트라이오드 영역으로 들어가도록 이끈다면, $M_2$도 또한 트라이오드 영역으로 들어가게 된다.

크기-변조 신호(amplitude-modulated signals)가 가끔 최고치에 도달하고 이것이 저효율을 야기한다는 사실을 인지하면, 도허티가 소개한 두 경로 원리는 그림 12.67(a)의 PA 토폴로지로 발전할 수 있다[25]. 도허티는 주 증폭기와 보조 증폭기를 각각 '반송(carrier)' 증폭기와

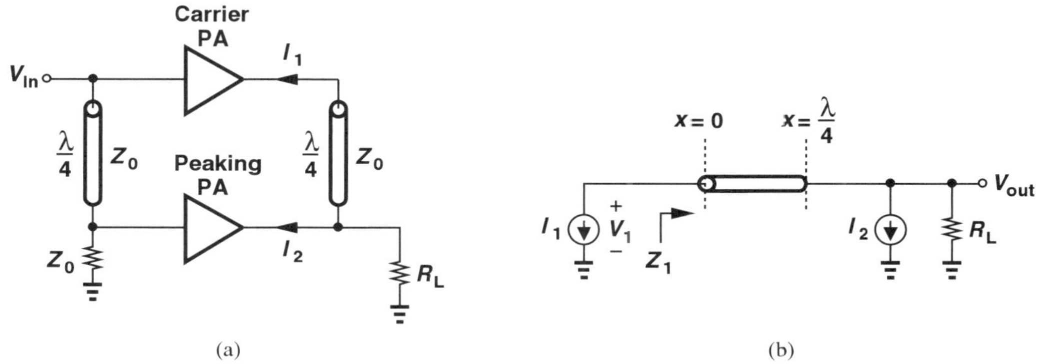


**그림 12.67** *(a) 도허티 PA의 개념 구현, (b) 등가 출력 회로*

'피킹(peaking)' 증폭기로 불렀다. 반송 PA는 $\lambda/4$ 길이의 전송선이 따라오고, $\lambda$는 반송파의 파장을 의미한다. 이 전송선과의 지연을 정합시키기 위해 또 다른 $\lambda/4$ 전송선이 피킹 증폭기의 입력에 직렬로 삽입된다.

도허티 PA의 동작을 이해하기 위해, 그림 12.67(b)의 등가 회로를 그렸다. 여기에서 $I_1$과 $I_2$는 반송단과 피킹단에 의해 발생한 RF 전류를 각각 나타낸다. 첫 번째 목적은 임피던스 $Z_1$을 구하는 것이다. 무손실 전송선을 따라 $x$점에서의 전압과 전류 파형은 각각 다음과 같이 주어진다.

$$V(t,x) = V^+\cos(\omega_0 t - \beta x) + V^-\cos(\omega_0 t + \beta x) \tag{12.140}$$

$$I(t,x) = \frac{V^+}{Z_0}\cos(\omega_0 t - \beta x) - \frac{V^-}{Z_0}\cos(\omega_0 t + \beta x), \tag{12.141}$$

여기에서 각 식의 첫 항은 양의 $x$ 방향으로 진행하는 파를 나타내고, 두 번째 항은 음의 $x$ 방향으로 진행하는 파를 나타낸다. $\beta = 2\pi/\lambda$이고 $Z_0$는 전송선의 특성임피던스이다. $I_2$가 $I_1$보다 $\lambda/4(= 90°)$만큼 지연되었기 때문에, $I_1 = I_0 \cos\omega_0 t$와 $I_2 = \alpha I_0 \cos(\omega_0 t - 90°) = -\alpha I_0 \sin \omega_0 t$라고 쓰고, 여기에서 $\alpha$는 피킹단의 상대적인 '길이'를 의미하는 비례 상수이다. 식 (12.140)과 (12.141)은 $x = 0$에서 만족되어야 한다.

$$V(t,0) = (V^+ + V^-)\cos\omega_0 t = V_1 \tag{12.142}$$

$$I(t,0) = \left(\frac{V^+}{Z_0} - \frac{V^-}{Z_0}\right)\cos\omega_0 t = -I_1, \tag{12.143}$$

이고, $x = \lambda/4$에서는 아래와 같다.

$$V\left(t, \frac{\lambda}{4}\right) = (-V^+ + V^-)\sin\omega_0 t = V_{out} \tag{12.144}$$

$$I\left(t, \frac{\lambda}{4}\right) = \left(-\frac{V^+}{Z_0} - \frac{V^-}{Z_0}\right)\sin\omega_0 t. \tag{12.145}$$

출력 노드에서 KCL을 쓰면, 다음 식을 얻는다.

$$\frac{V_{out}}{R_L} + I_2 = I\left(t, \frac{\lambda}{4}\right), \tag{12.146}$$

그래서,

$$\frac{\left(-V^+ + V^-\right)\sin\omega_0 t}{R_L} - \alpha I_0 \sin\omega_0 t = \left(-\frac{V^+}{Z_0} - \frac{V^-}{Z_0}\right)\sin\omega_0 t. \tag{12.147}$$

정리하면,

$$\frac{V^+ - V^-}{R_L} + \alpha I_0 = \frac{V^+ + V^-}{Z_0}. \tag{12.148}$$

마지막 단계에서, $Z_1 = -V_1/I_1$이고, 식 (12.142)와 (12.143)으로부터 다음 식이 나온다.

$$Z_1 = -\frac{V^+ + V^-}{V^+ - V^-}Z_0. \tag{12.149}$$

또한, (12.143)은 $V + -V^- = -I_0 Z_0$가 되어 $Z_1 = -(V^+ + V^-)/I_0$가 된다. (12.148)의 값들을 대체하면,

$$-\frac{I_0 Z_0}{R_L} + \alpha I_0 = -\frac{I_0 Z_1}{Z_0}, \tag{12.150}$$

$$Z_1 = Z_0\left(\frac{Z_0}{R_L} - \alpha\right). \tag{12.151}$$

여기에서 핵심은, 피킹단이 증폭을 시작할 때(α가 0보다 클 때), 주 PA의 부하 임피던스는 *떨어진다는* 것이다. 이 효과에 대응하여 입력이 클 때, 주 PA의 드레인 전압 스윙은 증가해야 하고, 전환점 (그림 12.68)을 넘어서면 상대적으로 일정한 드레인 전압 스윙을 갖아야 한다. 따라서, 주 증폭기가 $V_{in} > V_1$인 선형 영역에서 동작하도록 $V_1$을 선택할 수 있다.

도허티 PA의 여러 가지 특성은 [25]에서 유도될 수 있다. 여기에서 결과를 정리해보자. (1) 이 기술은 선형 영역을 약 6 dB 확장시켜 준다. (2) 효율은 최대 출력 전력에서 이론상 최대 79%의 효율에 도달한다. (3) 그림 12.67(a)에서 $Z_0$가 $2R_L$과 같도록 선택되면 앞의 효율이 얻어진다.

도허티 PA는 IC 설계면에서 도전할 것들이 있다. 두 전송선 중, 특히 출력 전송선은 상

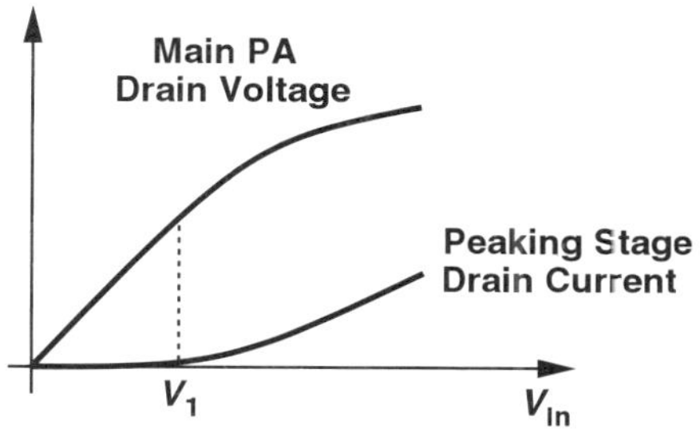


**그림 12.68** *도허티 PA에서 전류와 전압의 변화*

당한 손실을 갖고 있어 효율을 저하시킨다. 또한, 큰 스윙에 대해 피킹단의 트랜지스터는 ON과 OFF를 넘나들기 때문에, 전류의 미분값이 불연속적이게 되고, 높은 인접채널 전력(high adjacent channel power)을 만들어 낸다. 다시 말하면, 신호 압축을 피하면서, ACPR이 작게 남는다면, 이 회로는 유용할 것이다.

## 12.10 설계 예 Design Examples

대부분의 전력 증폭기는 입력 매칭 회로, 중간단 매칭 회로, 출력 매칭 회로가 있는 2단(혹은 3단)의 구조를 쓴다(그림 12.69). '구동단(driver)'은 상향 변환기와 출력단 사이에 버퍼 역할을 하고, 이득을 제공하면서, 출력단의 낮은 입력 임피던스를 구동한다. 예를 들어, PA가 +30 dBm을 전달하려면, 상향 변환기의 출력이 0 ~ +5 dBm 범위일 때, 그림 12.69의 2단 증폭기는 25 ~ 30 dB의 이득이 필요하다. 반송 주파수와 출력 크기에 따라, 첫 번째 매칭 회로, $N_1$은 생략될 수 있다. 즉, 구동단은 간단히 상향 변환기의 출력 전압을 입력으로 받을 수 있다.

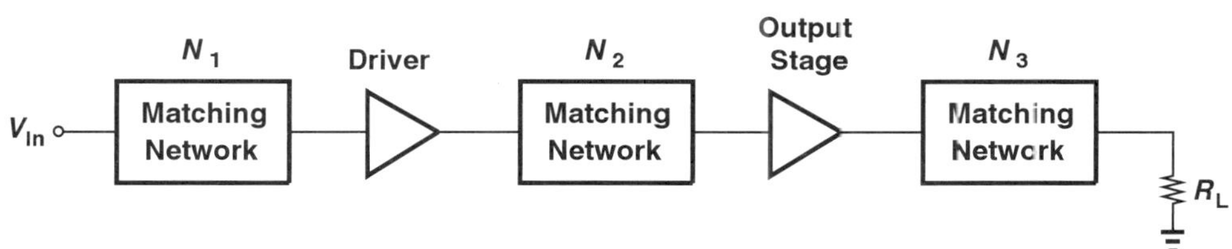


**그림 12.69** *전형적인 2단 PA*

그림 12.69의 입력과 출력 매칭 회로는 다른 목적을 갖고 있다. $N_1$은 50 Ω 입력 임피던스를 제공하지만, $N_3$는 출력단의 전압 스윙(또는 다른 말로 $R_L$을 낮은 값으로 변환)을 증폭한다. PA가 단독 회로로 설계되어 앞단 회로와 외부 부품을 통해 연결된다면, 50 Ω 입력 임피던스가 필요하다. 반면에 집적된 TX에서는 상향 변환기/PA 연결 임피던스는 꽤 높게 선

택될 수 있다.

그림 12.69의 매칭 회로 $N_2$는 타당한 존재 이유가 있다. 설계는 출력 트랜지스터의 로드-풀 측정으로 시작할 수 있기 때문에, 트랜지스터의 최대 효율을 위한 소스 임피던스를 알게 되고, 출력단의 설계는 한 번에 완성된다. 따라서, 구동단은 출력단의 입력 임피던스를 구동해야 하고, 종종 매칭 회로를 필요로 한다. 다시 말해, $N_2$의 사용은 모듈화 설계(modular design)를 제공한다. 첫 번째로 출력단, 다음으로 구동단, 마지막으로 중간단 매칭부를 설계하는데, 마지막까지 어느 정도의 반복 작업이 필요하다. $N_2$가 없다면, 구동단과 출력단은 단일 회로로 다루어져야 하고 최적의 성능을 위해 동시 설계가 이루어져야 한다. 어쩌면 더 복잡한 이 과정은 $N_2$의 손실을 피할 수 있기 때문에 어느 정도 더 높은 효율을 제시할 수도 있다.

이 절에서, 문헌에 보고된 몇 가지 PA 설계를 다루어 본다. 효율과 선형성은 설계마다 상당히 다르다. 독자는 여러 종류의 PA의 성능을 비교하는 일이 간단하지 않음을 명심해야 한다. 특히, 다음과 같은 질문들을 해야 한다.

- 목표한 반송 주파수와 최대 출력 전력이 얼마인가? 이것이 높을수록, 효율-선형성 트레이드-오프는 더 어려워진다.
- PA의 이득은 얼마인가? 낮은 이득의 설계는 더 선형적인 경향이 있다.
- PA는 오프-칩 부품을 사용하는가? 대부분의 출력 매칭 회로는 온-칩 부품의 손실을 피하려고 외부에 구현한다. 예를 들어, 어떤 설계는 출력 매칭 회로의 일부로써 본드 와이어를 사용한다. 이런 PA도 '완전 집적(fully integrated)'이라고 불리기도 한다.
- IC 기술이 두꺼운 메탈층을 제공하는가? 수십 GHz의 주파수에서, 두꺼운 메탈은 온-칩 인덕터와 전송선의 손실을 줄여준다. (주파수가 높아질수록, 표피 효과(skin effect)가 우세해지고 두꺼운 메탈의 장점은 줄어든다.)
- 이 설계는 트랜지스터에 스트레스를 주는가? 발표된 많은 PA들이 트랜지스터가 견딜 수 있는 최대 전압 $V_{max}$를 공급 전압으로 사용한다. 그러나 공급 전압 이상의 전압 스윙은 트랜지스터에 스트레스를 줄 것이다.
- 테스트된 PA는 어떤 패키지를 쓰는가? 패키지 기생 성분은 PA의 성능에 막대한 영향을 준다.
- 효율과 ACPR이 동일한 출력 전력에서 측정되었는가? 어떤 설계는 최대 전력에서 효율을 언급하고 낮은 전력 출력에서 ACPR을 언급한다.

## 12.10.1 캐스코드 PA 예 Cascode PA Examples

비선형 PA는 트랜지스터의 스트레스를 경감하기 위해 캐스코드 소자를 사용할 수 있다. 그림 12.70은 900 MHz 대역의 E급 예를 보여준다[26]. 여기에서, $M_3$와 $M_4$는 입력 스윙의 일부분에 대해서 ON이 된다. 캐스코드 소자의 사용은 거의 두 배의 드레인 전압 스윙을 제공

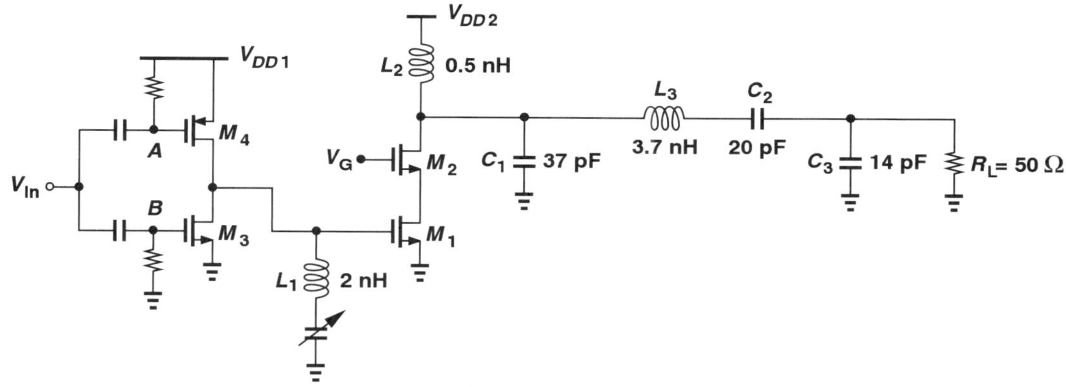


**그림 12.70** *E급 PA 예*

하고(간단한 공통-소스 단과 비교하여), 드레인에서의 부하 저항은 4배가 된다. 결과적으로, 매칭 회로는 1W의 출력 전력을 위해 작은 손실로 50 Ω을 4.4 Ω으로 변환할 필요가 있다. 이 정도의 전력 크기에 대해서, $M_1$–$M_2$ 가지의 온-저항은 약 1.2 Ω으로 선택된다. 이 값은 매칭 회로의 등가 저항보다는 작지만 캐스코드 각각의 소자에 15 mm/0.25 μm의 $W/L$을 요구한다! $M_2$의 큰 드레인 커패시턴스는 $C_1$에 흡수되고, $M_1$의 게이트 커패시턴스는 2 nH 본드 와이어와 외부 가변 커패시턴스로 조정된다. 인덕터 $L_2$와 $L_3$는 본드 와이어로 구현된다.

그림 12.70의 $M_3$와 $M_4$로 구성된 입력단은 C급 증폭기로서 동작한다. 왜냐하면 트랜지스터는 스윙이 $V_B$를 $V_{TH3}$ 이상으로 올리고, $V_A$를 $V_{DD}$ − $|V_{TH4}|$ 이하로 떨어뜨릴 때까지는 무시해도 될 정도의 바이어스 전류만 흐르기 때문이다. 이 PA는 $V_{DD1}$ = 2.5 V, $V_{DD2}$ = 1.8 V에서 0.9 W를 전달하면서 40%의 전력-부가 효율을 성취한다. 실제 설계는 준-차동 형태(quasi-differential form)의 두 개의 대칭 형태이고, 오프-칩 발룬을 사용하여 출력을 합친다[26].

그림 12.71(a)는 캐스코드 PA의 또 다른 예를 보여 준다[27]. $M_2$의 드레인에서 훨씬 더

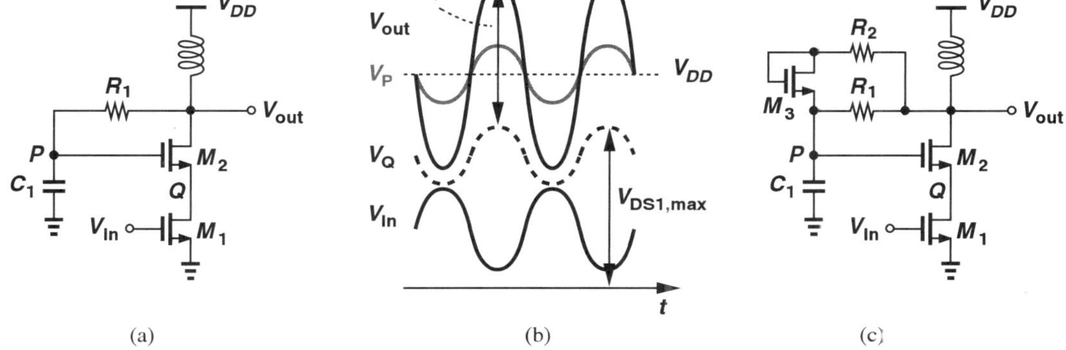


**그림 12.71** *(a) 부트스트랩된(bootstrapping) 캐스코드 PA, (b) 회로 파형, (c) 다이오드-연결 소자의 추가*

큰 스윙을 하도록, 이 토폴로지는 캐스코드 소자의 게이트를 $R_1$을 통해 출력과 연결하였다. 다시 말해, $V_P$와 $V_Q$가 $V_{out}$에 따라 올라가기 때문에, $M_2$는 $V_P$가 고정될 때보다 스트레스가 덜하다. 물론 $V_P$가 같은 값으로 $V_{out}$을 따라 간다면, $M_2$는 다이오드-연결 소자로서 동작하여 $V_{out}$의 최소값을 제한하게 된다. 이런 이유로, 커패시터 $C_1$을 추가하여 $V_P$에 출력 스윙의 일부를 만들어 준다.[14] 그림 12.71(b)에 회로의 파형을 도시하였다. $M_1$과 $M_2$가 겪는 최대 드레인-소스 전압을 대략 동일하도록 하여[27], 큰 출력 스윙을 견딜 수 있도록 하였다.

## 예제 12.30

RF Microelecronics

이상적인 경우에, 그림 12.71(a)의 토폴로지는 얼마의 출력 전압 스윙을 제공하는가?

**풀이:**

이상적인 경우에, $V_{DD}$는 최대 허용 가능한 드레인-소스 전압 $V_{max}$와 같도록 선택될 수 있다. 그래서 $V_{out}$은 거의 0으로부터 약 $2V_{DD} = 2V_{max}$까지의 스윙을 할 수 있다. $V_{out} = 2V_{max}$에서 $M_2$의 게이트 전압이 $V_{DS2} = V_{DS1} = \mathrm{V}_{max}$가 될 만큼 충분히 올라간다면 가능하다.

그림 12.71(a)의 토폴로지는 부트스트랩 경로(bootstrap path)를 단 방향으로 만들어 개선시킬 수 있다. 그러면, 양의 스윙이 음의 스윙보다 *더 커지게* 된다. 그림 12.71(c)의 변형된 회로는 $R_2$와 다이오드-연결 소자 $M_3$로 구성된 직렬 가지가 추가되었다. $V_{out}$이 올라가면 $M_3$가 켜지고, $M_2$의 게이트 전압이 따라 올라간다. 반면에, $V_{out}$이 내려가면 $M_3$가 꺼지고, $R_1$만 게이트를 아래로 당겨줄 수 있다.

## 예제 12.31

RF Microelecronics

상향과 하향 스윙이 비대칭적일 때, 출력 듀티 사이클(output duty cycle)은 어떻게 될까?

**풀이:**

$V_{DD}$ 이상의 스윙이 $V_{DD}$ 이하의 스윙보다 크기가 크기 때문에, 평균 전압이 여전히 $V_{DD}$와 같으려면, 듀티 사이클은 50%보다 작아야 한다. 그럼에도 불구하고 평균 출력 *전력*은 증가한다. 그림 12.72의 거의 이상적인 파형을 통해 살펴볼 수 있다. 여기서 평균 전압이 $V_{DD}$와 같도록 하기 위해 다음 식을 얻는다.

$$V_1T_1 \approx V_2T_2 \tag{12.152}$$

평균 전력은 다음과 같다.

14. 캐스코드 동작의 장점을 잃어버린다.

예제 12.31 (계속) RF Microelecronics

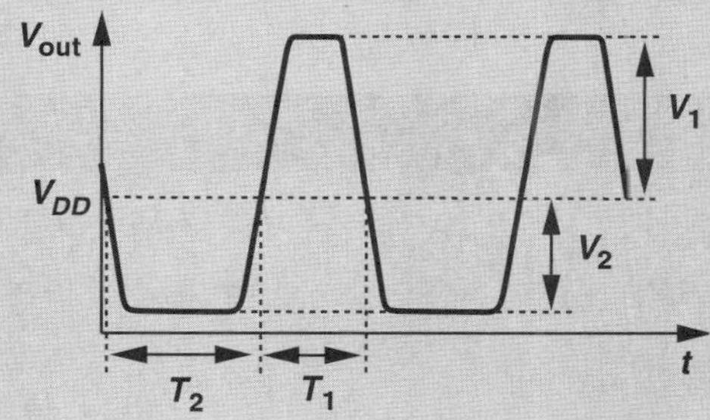


**그림 12.72** *비대칭 스윙이 있을 때 부트스트랩된(bootstrapped) 캐스코드 파형*

$$P_{avg} \approx \frac{(V_1 + V_2)^2 T_1}{T_1 + T_2}, \tag{12.153}$$

식 (12.152)로부터 아래와 같이 간소화 된다.

$$P_{avg} \approx \left(1 + \frac{T_2}{T_1}\right) V_2^2. \tag{12.154}$$

따라서, $V_1$이 증가하고 $T_1$이 감소함에 따라, $V_2 \approx V_{DD}$이기 때문에 $P_{avg}$는 증가한다.

그림 12.73은 2.4 GHz 대역의 부트스트랩된 캐스코드 PA 설계를 보여준다[27]. 점선으로 쳐진 박스 안에 온-칩 회로가 들어있고, $L_1$-$L_3$는 본드 와이어를, $T_1$-$T_7$은 PCB상의 배선으로 구현된 전송선을 말한다. 출력단 소자는 $W_3$ = 2 mm이고 $W_5$는 1.5 mm($L$ = 0.18 $\mu$m)이고 약 4 pF의 입력 커패시턴스를 갖고 있다. 구동단에서 $W_1$ = 600 $\mu$m이고 $W_2$ = 300 $\mu$m이다.

회로는 세 가지 매칭 회로를 갖고 있다. (1) $T_1$, $C_1$, $T_2$는 입력을 50 Ω으로 매칭시킨다.

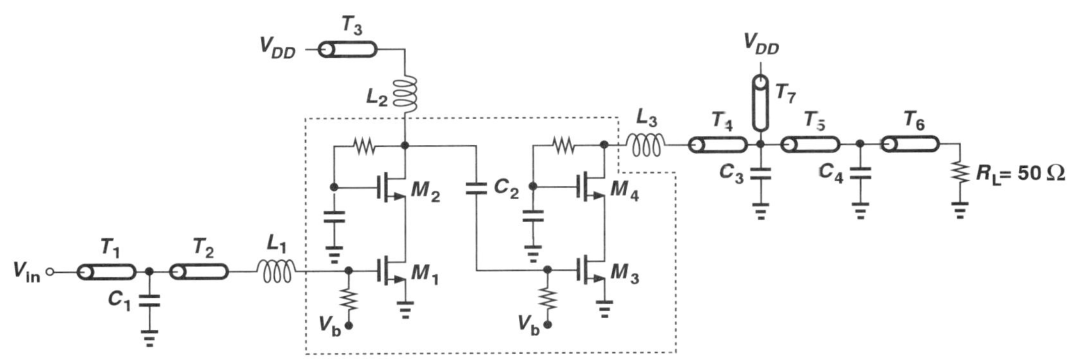


**그림 12.73** *부트스트랩된 PA의 구현*

(2) $T_2$, $L_2$, $C_2$는 중간단 매칭 회로가 된다. (3) $L_3$, $T_4-T_6$, $C_3$, $C_4$는 50 Ω 부하를 작은 저항으로 변환한다. 전송선 $T_7$은 2.4 GHz에서 개방 회로처럼 동작한다.

### 예제 12.32 RF Microelecronics

그림 12.73에서 $M_4$의 드레인 전압이 0.1 V에서 4 V로 스윙하고 PA가 +24 dBm을 전달한다면, 출력 매칭 회로는 부하 저항을 몇 배의 값으로 변환해야 할까?

**풀이:**

최대-최소치 전압 $V_{pp}$ = 3.9 V에 대해, 전력이 +24 dBm(= 250 mW)에 도달하려면 다음을 만족해야 한다.

$$\left(\frac{V_{pp}}{2\sqrt{2}}\right)^2 \frac{1}{R_{in}} = 250\,\text{mW}, \tag{12.155}$$

여기에서 $R_{in}$은 $M_4$의 드레인에서 보이는 저항이다. 결국,

$$R_{in} = 7.6\,\Omega. \tag{12.156}$$

그러므로 출력 매칭 회로는 부하를 6.6배 작은 값으로 변환해야 한다.

2.4 V 공급 전원으로 동작하는 그림 12.73의 PA가 최대 (포화된) 출력 24.5 dBm을 전달한다. 이 때 이득은 31 dB, PAE는 49%이다. 출력 1 dB 압축 전력은 21 dBm 근처이다.

캐스코드 PA 설계의 또 다른 예를 그림 12.74(a)에 개념적으로 나타내었다[28]. 여기에서, B급 증폭기는 A급 증폭기에 병렬로 더해져서 A급 증폭기가 압축되기 시작할 때, 이득에

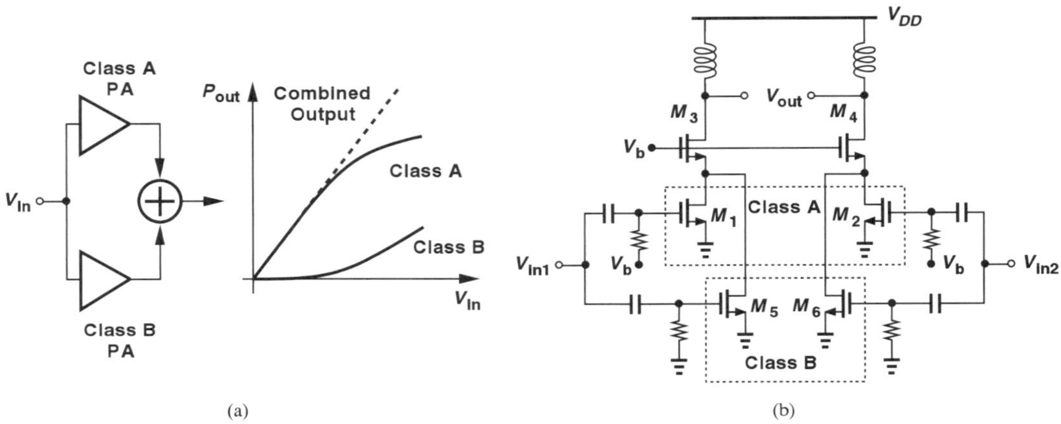


**그림 12.74** *(a) 압축점을 증가시키기 위한 병렬 연결된 A급과 B급 PA, (b) 회로 구현*

기여한다. 동작은 도허티 PA인 그림 12.66(a)의 동작과 유사하다. 두 출력을 합하는 과정은 그림 12.66(b)에 묘사된 이슈에 동일하게 직면한다. 그렇지만, 두 증폭기가 *입력에서* 동시에 압축을 경험한다면, 출력은 단순히 전류 영역에서 합해질 수 있다[28]. 그림 12.74(b)의 PA 회로는 이러한 가정으로부터 벗어난다. 이 PA는 $M_1-M_4$의 주 A급 증폭기와 $M_5-M_6$의 B급 경로로 구성된다. 이 설계에서, $(W/L)_{1,2}$ = 192/0.8, $(W/L)_{3,4}$ = 1200/0.34, $(W/L)_{5,6}$ = 768/0.18이다(단위는 모두 마이크론). B급 증폭기가 고출력에서 동작을 시작하기 때문에, $(W/L)_{5,6} > (W/L)_{1,2}$이다. 캐스코드 트랜지스터는 출력에서 더 큰 전압 스윙을 견디기 위해, 더 두꺼운 옥사이드(thicker oxide)와 더 긴 채널(long channel)을 사용한다.

그림 12.74(b)의 PA는 44%의 PAE로 22 dBm의 최대 출력을 만들어 낸다. 소신호 이득은 12 dB이고 출력 $P_{1dB}$는 20.5 dBm이다.[15]

## 12.10.2 정궤환 PA Positive-Feedback PAs

이번 장의 PA에 대한 내용들은 PA가 상대적으로 큰 트랜지스터이고 앞단에서 PA를 구동하는데 어려움이 있다는 것을 보여주었다. 그림 12.75(a)의 개념도에서 출력 트랜지스터가 두 개로 나눠지고, 한 쪽 $M_2$는 $V_{in}$이 아닌 반대위상의 $V_{out}$으로 구동된다고 가정하자. 따라서 이 증폭기의 입력 커패시턴스는 비례하여 줄어든다. 이 아이디어는 차동 증폭기로 구현될 수 있다[그림 12.75(b)]. 입력 소자가 상당히 작을 수 있기 때문에, 더 쉽게 스위칭 동작을 할 수 있고, 효율이 더 향상된다.

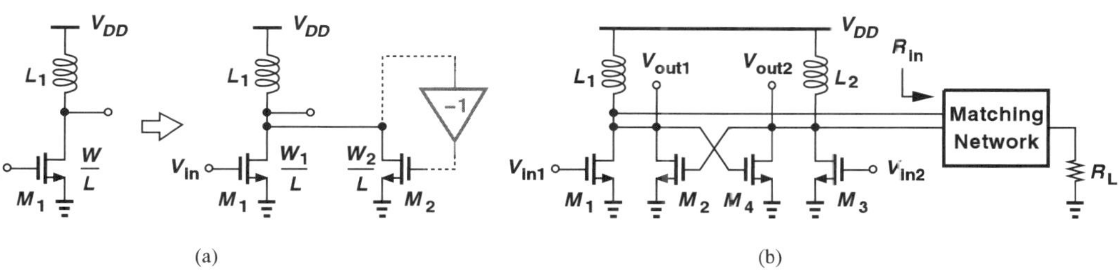


**그림 12.75** *(a) 출력이 일부를 구동하는 출력단의 분해도, (b) 자신의 커패시턴스를 구동하는 PA*

그림 12.75(b)에서 $M_1-M_3$와 $M_2-M_4$ 사이에서 구동 능력을 어떻게 분할해야 할까? 우리는 $W_1$과 $W_3$를 최소로 줄이고 $M_2-M_4$에 필요한 대부분의 게이트 폭(width)을 할당하고 싶은 유혹을 받는다. 그러나, 이런 방향으로 잘 못 설계를 하면, 두 가지 효과가 나타난다. (1) 출력 노드의 커패시턴스가 커서 어쩌면 작은 공진 인덕터($L_1$과 $L_2$)를 쓰게 되고 출력 전력이 작아질 수 있다. 이 이슈는 출력 커패시턴스를 매칭 회로에 흡수할 수 있는 E급 증폭기에서

15. 동작 주파수와 공급 전압은 언급되지 않았다. 어떤 부품이 외부에 달린 것인지는 확실하게 나와 있지 않다.

는 문제가 덜 된다. (2) $M_2$와 $M_4$가 더 커지고, 비례하여 더 큰 전류를 흘릴 때, $L_1$, $L_2$와 함께 발진할 수 있다. $L_1$, $L_2$는 등가저항 $R_{in}$의 부하를 갖게 된다.

발진하는 PA단을 쓰는 게 가능할까? 이 회로는 포락선이 변하는 신호의 경우에는 상당한 왜곡을 만들어 낼 수 있다. 그렇지만, 포락선이 변하지 않는 신호에서는 발진하는 증폭기를 쓸 수도 있다. 단, 출력 위상이 충실히 입력 위상을 따라 갈 수 있다는 가정하에서 말이다. 다시 말해서, 상호결합된 발진기(cross-coupled oscillator)는 출력으로 넘어간 범위 밖의 입력 위상이 감쇠되지 않도록 충분한 대역폭으로 입력에 인입-동기(injection-locked)되어야 한다. 그림 12.75(b)의 $M_1$과 $M_3$가 $M_2$와 $M_4$과 비교하여 아주 작다면, 입력 결합 계수(input coupling factor)는 동기(locking)를 보장할 수 없다. 물론, 동기 범위(lock range)는 전체 송신 대역을 감당할 수 있을 만큼 충분히 넓어야 한다. 특히, 동기 범위는 다음과 같이 표현될 수 있다.

$$\Delta\omega = \pm\frac{\omega_0}{2Q}\frac{g_{m1,3}}{g_{m2,4}}, \qquad (12.157)$$

여기에서, $Q \approx L_{1,2}\omega/(R_{in}/2)$이다. 수 옴의 일반적인 $R_{in}$에 대해, 동기 범위는 보통 꽤 넓다.

그림 12.76은 인입-동기 구조의 1.9 GHz E급 PA를 보여 준다[29]. 두 단은 모두 정궤환(positive feedback)을 포함하고, 인덕터들은 본드 와이어로 구현되었다. 이 설계에서, 모든 트랜지스터는 0.35 $\mu$m의 채널 길이를 갖고, $W_5$-$W_8$ = 980 $\mu$m, $W_1 = W_3$ = 3600 $\mu$m, $W_2 = W_4$ = 4800 $\mu$m이다. 또한, $L_1$-$L_4$ = 0.37 nH, $L_5 = L_6$ = 0.8 nH, $C_D$ = 5.1 pF이다. PCB상의 마이크로스트립 발룬이 차동 출력을 싱글-엔드 형태로 변환해 준다.

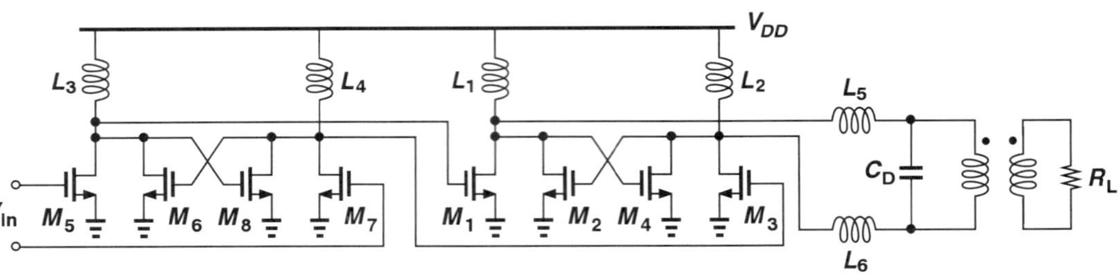


**그림 12.76** *인입-동기(injection-locked) PA의 예*

2 V 공급전압과 5 V의 최대 드레인 전압으로 동작하는 그림 12.76의 회로는 48%의 PAE로 1 W의 전력을 전달한다. 이 회로는 GMSK와 같은 포락선이 변하지 않는 변조에 적합하다.

여기에서 재미있는 것은 출력 전력의 제어이다. 다른 토폴로지는 입력 크기를 줄여서 임의의 작은 출력(회로가 비선형일지라도)을 내는데, 인입-동기 PA는 입력 크기가 0이 되어도

(회로가 발진한다면) 상대적으로 큰 출력을 전달한다. 그림 12.77은 $M_p$가 출력단의 바이어스 전류를 조정하는 예를 보여준다. 그러나 최대 출력 레벨에서 무시할만한 효율 저하를 갖으려면, $V_{cont} \approx 0$에서 이 소자의 ON 저항이 매우 작아야 하기 때문에 매우 큰 트랜지스터를 써야 한다.

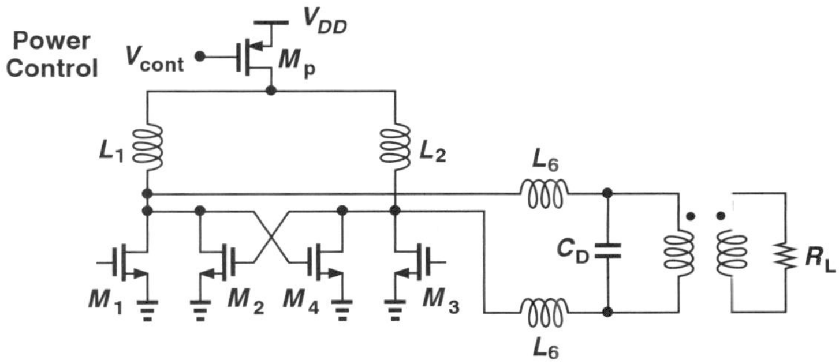


**그림 12.77** *출력 전력 제어 기능이 있는 인입-동기 PA*

## 12.10.3 전력 덧셈기가 있는 PA PAs with Power Combining

이 장에서 우리는 트랜지스터의 스트레스 이슈가 공급 전압과 PA의 출력 스윙을 제한한다는 것을 보았다. 그러면서 큰 임피던스 변환비를 갖는 매칭 회로를 강요한다. 다른 방법으로 다음의 질문을 해볼 수 있다. 큰 출력 전력을 만들어 내기 위해 여러 단의 출력 *전압*을 직접 합치는 것이 가능할까?

트랜스포머-기반 매칭의 개념으로 돌아가 보자[그림 12.78(a)]. 1:n 변압기의 온-칩 구현은 많은 어려움을 제기한다. 특히 1차측과(또는) 2차측이 큰 전류를 흘려야 한다면 더 어려워

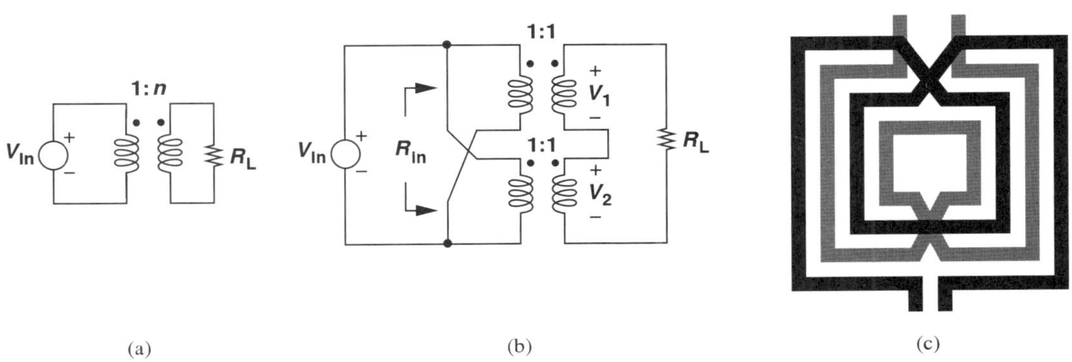


**그림 12.78** *(a) 1:n 트랜스포머를 사용한 출력단 모델, (b) 출력을 합치기 위해 두 개의 1:1 트랜스포머를 사용한 회로, (c) 간단한 1:1 트랜스포머*

진다. 예를 들어, 수백mW보다 큰 전력 레벨을 전달한다면, 1차측의 직렬 저항과 인덕턴스는 모두 큰 전류를 흘려야 한다. 또한, 7장에서 설명된 것처럼, 적층된(stacked) 트랜스포머는 여러 기생 성분을 포함하고 있고, 다수-권선(multi-turn) 평면 트랜스포머는 2보다 큰 권선비를 갖기가 무척 어렵다. 다시 말해, 1:1 트랜스포머를 구현하는 정도만 기대할 수 있다.

이런 이슈들을 염두에 두고, 그림 12.78(b)에 보인 접근 방법을 사용하여 트랜스포머-기반 매칭을 수행해 보자. 여기에서, 두 개의 1:1 트랜스포머의 2차측이 직렬로 묶인데 반해 1차측은 병렬로 놓여있다[30]. $V_1 = V_2 = V_{in}$일 때, 회로가 전압 스윙을 2배 증폭해 준다고 예상할 수 있다. 그림 12.78(c)의 예처럼, 1:1 트랜스포머는 집적하기가 더 쉽다.

### 예제 12.33

RF Microelecronics

그림 12.78(b)에서 트랜스포머의 손실을 무시할만하다고 할 때, $V_{in}$에서 보는 등가 저항을 찾아라.

**풀이:**

$R_L$에 전달되는 전력이 $P_{out} = (2V_{in})^2/R_L$이기 때문에, 다음을 얻는다. 여기에서 $V_{in}$은 입력의 rms값이다.

$$P_{in} = P_{out} \tag{12.158}$$

$$= \frac{4V_{in}^2}{R_L}. \tag{12.159}$$

또한, $P_{in} = V_{in}^2/R_{in}$이라서 다음과 같다.

$$R_{in} = \frac{R_L}{4}, \tag{12.160}$$

이 식은 부하저항 $R_L$을 구동하는 1:2 트랜스포머의 입력 저항과 동일하다.

그림 12.78(b)의 이중-트랜스포머 토폴로지(double-transformer topology)와 실제 출력단은 어떻게 연결되는가? 그림 12.79(a)에 묘사된 간단한 구조를 상상해보자. 증폭기와 두 개의 1차측 사이에 긴 고전류 전도 배선(high-current-carrying interconnection)은 손실과 추가 인덕턴스를 야기한다. 대안으로, 증폭기를 두 개의 동일한 부분으로 나누고 각각을 대응하는 1차측의 근처에 위치시킬 수 있다[그림 12.79(b)]. 이 경우에 증폭기의 *입력이* 길어질 수 있지만 소용량 전류를 흘리기 때문에 덜 심각하다.

그림 12.79(b)에 그린 개념도는 $R_L/R_{in}$의 비보다 큰 값을 얻기 위해, 여러 개의 1:1 전송선으로 확장될 수 있다. 그림 12.80은 네 개의 차동 가지를 사용한 2.4 GHz E급 예를 보여준다[30]. 각 인덕터는 온-칩으로 구현되고, 큰 전류를 다룰 수 있게 저항이 작은 넓은 메탈

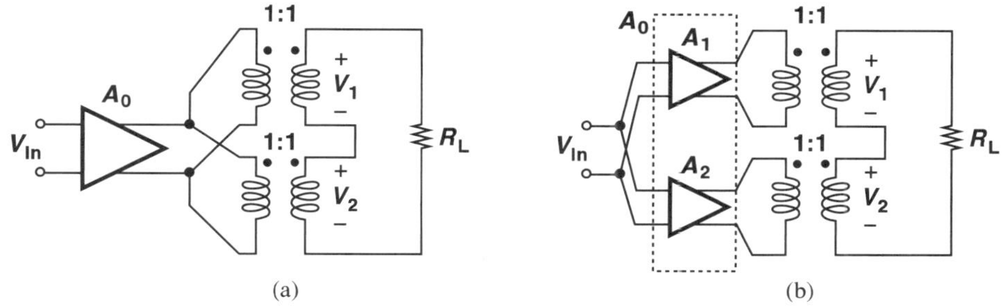


**그림 12.79** *(a) 두 개의 트랜스포머를 구동하는 단일 PA, (b) 두 개의 트랜스포머를 구동하는 두 개의 PA*

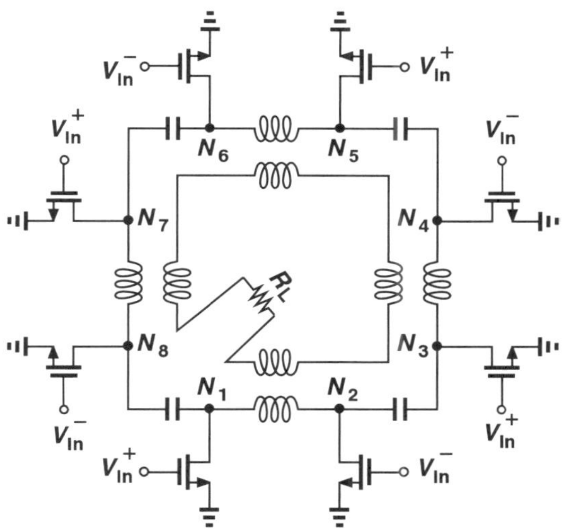


**그림 12.80** *[30]의 전력을 합치는 기술*

을 쓴다. E급 동작을 위해, 커패시터는 각각의 두 차동 트랜지스터의 드레인 사이에 놓여야 한다. 하지만, $N_1$과 $N_2$ 사이의 물리적인 거리 때문에 커패시터에 인덕턴스가 불가피하게 직렬로 붙게 된다. 그림 12.80에서 홀수 노드끼리 동일한 전위를 갖고 있고 짝수 노드끼리 동일한 전위를 갖고 있기 때문에, 커패시터는 예를 들어 $N_1$과 $N_2$ 사이가 아닌 $N_2$와 $N_3$에 놓일 수 있다.

## 예제 12.34

RF Microelecronics

그림 12.80에서 트랜스포머가 손실이 없다면, 각 증폭기에서 보는 차동 저항을 구하라.

**풀이:**

그림 12.79(b)에 그려진 간단한 경우로 돌아가 보면, $A_1$과 $A_2$의 각 증폭기는 $A_0$가 보는 저항

*(계속)*

**예제 12.34** (*계속*) RF Microelecronics

의 두 배인 $R_L/2$을 본다는 것을 알 수 있다. 따라서, 그림 12.80의 4개의 증폭기 구성에서, 각 차동쌍은 $R_L/4$의 부하 저항을 보게 된다.

2 W 출력의 증폭기의 설계 시에[30], 그림 12.80의 회로는 큰 입력 트랜지스터를 사용한다. 입력 매칭을 만들기 위해, 인덕터는 인접한 가지의 $V_{in}^-$과 $V_{in}^+$ 사이에 삽입된다. 차동 입력은 먼저 2차측의 가운데로 들어가서 네 개의 증폭기로 배분되어 위상과 크기의 부정합을 최소화시켜 준다. 트랜스포머-기반 PA의 효율 한계는 1차측과 2차측의 결합 계수(coupling factor)에 의해 결정되며 보통 평면 구조에서는 0.6이하가 된다[30].

그림 12.80의 설계는 3 $\mu$m 두께의 최상위 메탈층이 있는 0.35 $\mu$m 기술로 구현되어 41%의 PAE와 1.9 W(32.8 dBm)의 출력을 낸다. 이 PA는 16 dB의 소신호 이득을 갖고 2 V 공급 전압으로 동작한다. 출력 $P_{1dB}$는 27 dBm 근처이다.

**예제 12.35** RF Microelecronics

위의 PA의 이득은 최대 출력 전력에서 8.7 dB로 떨어진다[30]. 이 PA를 구동하는 데 필요한 증폭기가 소모할 전력을 예측하라.

**풀이:**

구동증폭기(driver)는 32.8 dBm − 8.7 dB = 24.1 dBm(= 257 mW)를 전달해야 한다. 앞의 예로부터, 약 40%의 효율로 구동증폭기의 출력을 얻을 수 있다면 전력 소모는 약 640 mW가 된다. 위의 PA가 공급전압으로부터 약 4 W를 끌어다 쓰기 때문에,[16] 구동증폭기는 16%의 추가 전력을 소모한다.

앞의 토폴로지의 1:1 트랜스포머를 구동하는 다수개의 증폭기는 개별적으로 OFF될 수 있어서 출력 전력 제어를 가능하게 한다[31]. 그림 12.81에 그려진 것처럼, $N$개의 증폭기 중에 $M$ 번째 증폭기만 ON이 되면, 출력 전압 스윙은 $N/M$의 비율로 떨어지게 된다. 이런 방식의 주목할 만한 이점은 출력 전력이 작아질 때 전통적인 PA보다 높은 효율을 가질 수 있다는 것이다[31]. [OFF된 증폭기의 1차측은 스위치에 의해 단락(short)되어야 한다.]

트랜스포머의 2차측을 병렬로 놓아 출력 전류를 합치는 것도 가능하다[32].

16. 드레인 효율은 48%이다[30].

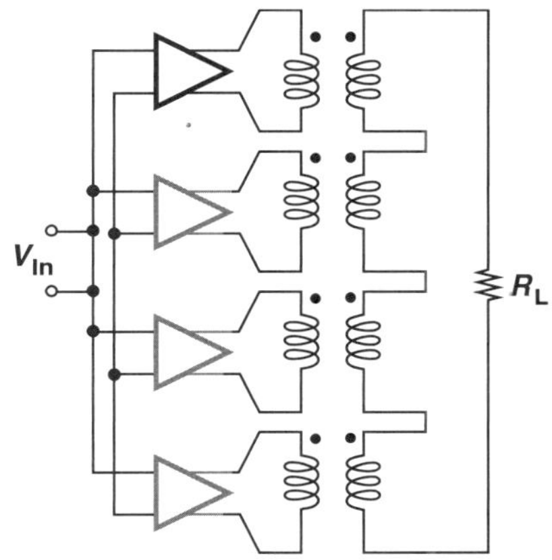


**그림 12.81** *스위치가 달린 증폭기를 적용한 전력 합치기*

### 12.10.4 폴라 변조 PA Polar Modulation PAs

12.7절에 설명된 것처럼, 폴라 변조의 결정적인 이슈는 효율과 헤드룸의 저하가 최소인 공급 전압 변조 회로를 설계하는 것이다. 그림 12.82는 포락선 경르의 예를 보여준다[33]. 여기에서, '델타 변조(delta modulator, DM)'는 PA 출력단의 $V_{DD}$ 노드에서 $V_{env}$와 똑같은 복제 신호(replica)를 만들어 낸다. DM 루프는 비교기, 버퍼, 저대역 통과 필터(low-pass filter)로 구성된다.[17] 비교기의 높은 이득 때문에, 비교기가 이진 파형을 만들어 낼 때도, 루프는 평균 출력이 입력을 따라가도록 보장해 주어야 한다.

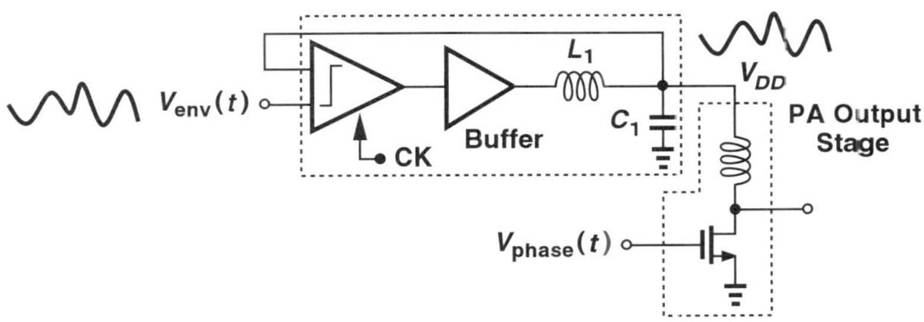


**그림 12.82** *포락선 경로에 델타 변조기를 사용한 폴라 변조*

그림 12.82의 회로에서, 출력단의 평균 전류는 LPF와 버퍼를 지나 흐른다. 효율과 헤드룸의 손실을 최소화하기 위해, LPF는 저항보다는 오프-칩(off-chip) 인덕터를 써서 구현하고, 버퍼는 매우 큰 트랜지스터를 활용해야 한다. 더군다나, DM 루프의 대역폭은 포락선 신호

17. 이 루프의 안정도를 맞추기 위해 제로(zero)가 추가되어야 한다[33].

스펙트럼을 수용해야 하고, 위상 경로에 맞춰진 지연(delay)을 제공해야 한다.

그림 12.83은 폴라 변조 송신기의 예를 보여 준다[19]. 12.7절에서 다룬 토폴로지와 대조적으로, 이 구조는 포락선과 위상 루프를 합쳐 놓았다. $MX_1$과 $VGA_1$으로 구성된 고선형 케스케이드 구조가 포락선과 위상 성분을 모두 IF로 하향 변환하여 증폭시키고, IF에서 성분 분리가 일어난다. 출력 전력은 $VGA_1$과 $VGA_2$가 제어한다. 즉, 이득이 증가할수록, 출력이 증가하여 B에서의 포락선이 A에서와 같도록 유지한다. 이 방법은 피드백 리미터에 전달되는 스윙의 크기가 일정하고, AM/PM 변환이 최소가 되는 것을 보장한다. 송신기는 BiCMOS와 GaAs 기술로 구현된 여러 가지 모듈로 구성된다. 이 시스템은 900 MHz EDGE 모드에서 +29 dBm의 출력을 전달한다[19].

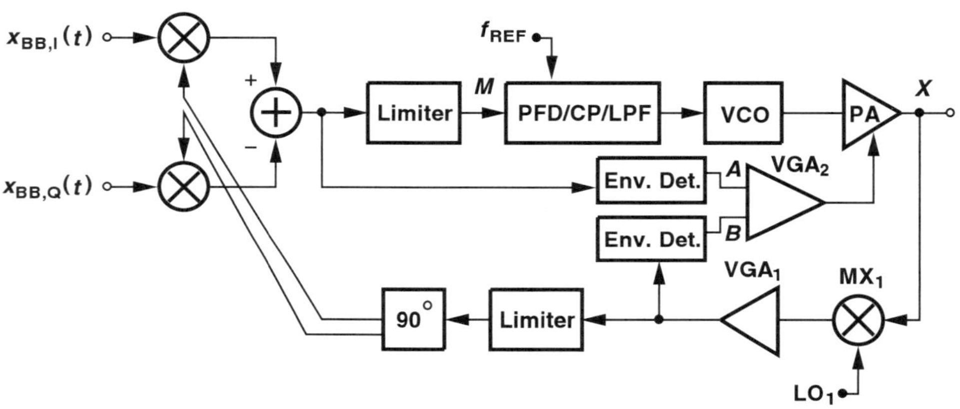


**그림** 12.83 *포락선과 위상 피드백이 있는 폴라 변조 PA*

또 다른 폴라 송신기를 그림 12.84에 나타냈다[18]. 여기에서, 직교 상향 변환기는 독립적으로 동작하여 포락선과 위상 성분을 모두 갖는 IF 파형을 만들어 낸다. IF에서 출력단을 제어하는 포락선 성분과 오프셋 PLL을 구동하는 위상 성분을 추출한다.

그림 12.84(b)는 TX 프론트 엔드(front end)를 자세히 보여준다. 이것은 포락선 검파기, 저대역 통과 필터, VCO로 구동되는 양평형 믹서(double-balanced mixer)로 구성된다. +1 dBm의 전력을 전달하도록, 믹서는 VCO에서 만들어 낸 위상신호를 포락선에 곱하여 출력에서 합쳐진 파형을 만든다[18]. 12.7절에서 언급된 것처럼, 포락선 경로의 dc 오프셋은 위상 성분을 누출시킨다. 이런 TX는 이런 효과를 억제하도록 포락선 경로에 오프셋 소거 기능을 넣는다.

독자는 위에서 다룬 폴라 송신기에서 포락선과 위상 신호를 합치는 데 믹서를 쓸 수는 없는지 궁금할 수 있다. 그림 12.84(b)는 믹서에 큰 전압 헤드룸이 필요하고 상당한 전력을 소모한다는 것을 보여준다. 그러므로 이런 기법은 저출력 또는 중간출력에 적합하다.

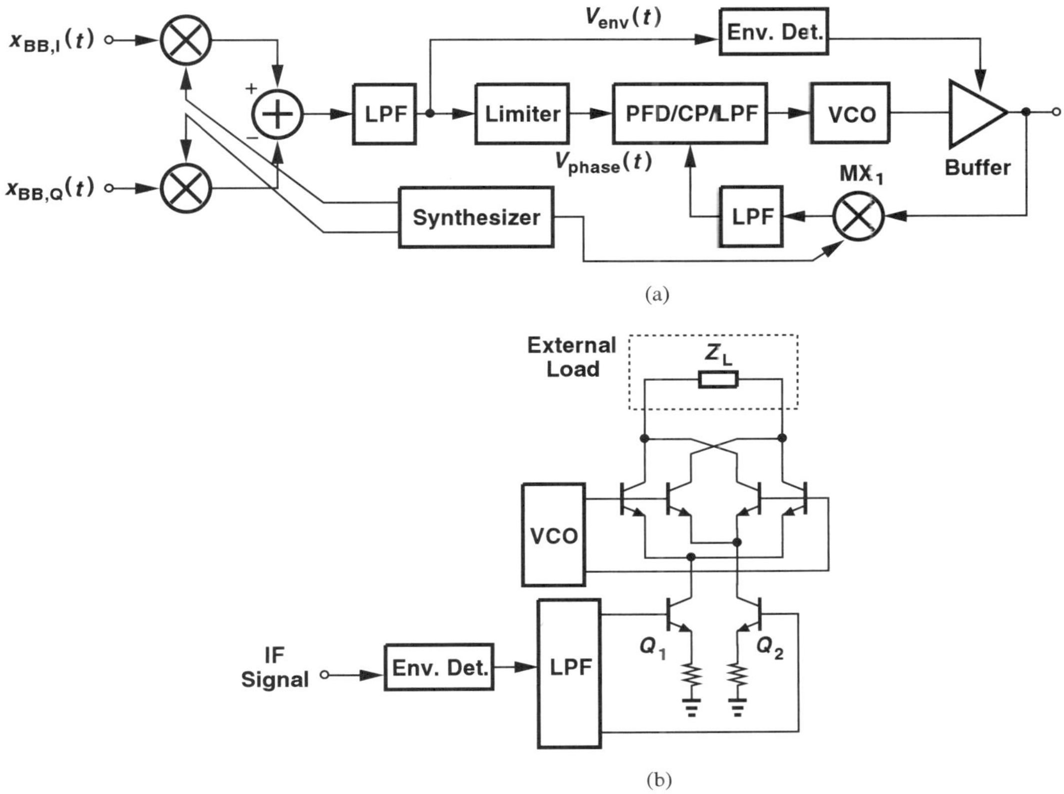


**그림 12.84** *(a) IF에서 분리된 포락선과 위상 신호가 있는 폴라 변조, (b) 출력 덧셈기 회로의 구현*

## 12.10.5 아웃페이징 PA 예 Outphasing PA Example

아웃페이징 송신기가 두 개의 동일한 비선형 PA를 쓰고, 두 개의 출력을 합해서 합성 신호를 얻는다는 것을 상기하자. 그림 12.85는 5.8 GHz 대역의 PA를 구현한 예를 보여준다[34, 35]. 온-칩 트랜스포머는 입력 발룬으로 쓰여 차동 위상을 구동단에 전해 준다. 인덕터 $L_1$, $L_2$와

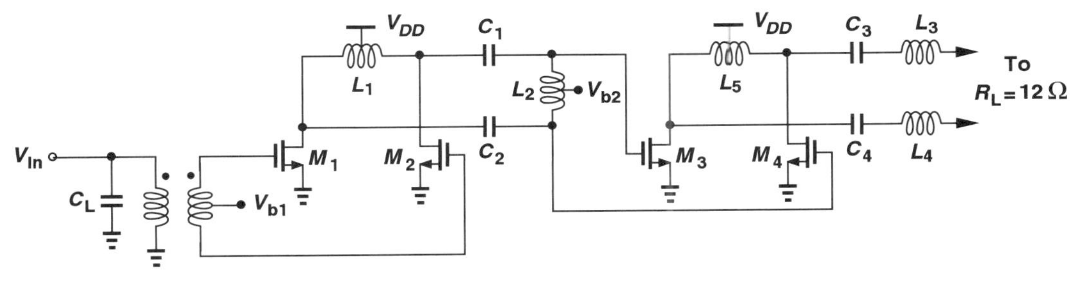


**그림 12.85** *아웃페이징 시스템에 사용된 PA*

커패시터 $C_1$, $C_2$는 중간단 매칭을 제공한다. 출력단은 E급 모드로 동작하고, $L_3$–$L_5$, $C_3$, $C_4$는 전압과 전류 파형이 서로 겹치지 않도록 해 준다. 설계는 12 Ω 부하 저항을 가정하였고, 이 값은 아래에 설명된 전력 덧셈기가 제공한다.

### 예제 12.36

RF Microelecronics

위의 회로가 1.2 V 공급전원으로 동작하고 최소 드레인 전압이 0.15 V일 때, $M_3$와 $M_4$의 피크 드레인 전압을 예측하라.

**풀이:**

12.3.2절로부터 피크 드레인 전압이 대략 $3.56V_{DD} - 2.56V_{DS}$라는 것을 알고 있다. 따라서 드레인 전압은 3.9 V에 도달한다. 실제 설계에서 피크 드레인 전압은 3.5 V이다[34, 35].

### 예제 12.37

RF Microelecronics

만약 그림 12.85의 회로가 15.5 dBm의 전력을 12 Ω에 전달한다면[34, 35], 드레인 전압 스윙과 $R_L$의 양단에 걸리는 전압을 비교해보라.

**풀이:**

15.5 dBm은 35.5 mW이기 때문에, $R_L$ 양단의 최대-최소 차동 전압 스윙은 $2\sqrt{2}\sqrt{(35.5\text{ mW})R_L} = 1.85\text{ V}$이다. 따라서 실제 E급 출력 회로는 이 경우에 전압 스윙을 3.8배 *줄여준다*.[18] 소자의 스트레스 관점에서 이것은 바람직하지 않다.

PA의 출력을 합치기 위해, 아웃페이징 TX는 트랜스포머보다는 '윌킨슨 덧셈기(Wilkinson combiner)'를 쓴다. 12.3.2절로부터 트랜스포머는 이상적으로 손실은 없지만 두 개의 PA 사이에 상호 작용이 존재한다. 반면에, 윌킨슨 덧셈기는 이상적으로 두 입력단 사이에 격리도를 제공하지만 손실이 있다. 그림 12.86(a)에 보이는 덧셈기는 두 개의 $\lambda/4$ 전송선과 하나의 저항 $R_T$로 구성된다.

윌킨슨 분배기(Wilkinson divider)는 일반적으로 '차동(odd, differential)'과 '공통-모드(even, common-mode)' 입력으로 나누어 분석한다. 그림 12.86(a)의 차동 입력에 대해, 출력의 합류점과 $R_T$의 중간점은 ac 접지가 된다[그림 12.86(b)]. $\lambda/4$ 전송선은 단락회로를 개방회로로 변환하고 다음 식을 얻는다.

18. 물론, 드레인 신호는 출력 신호보다 더 큰 고조파를 포함하고 있다.

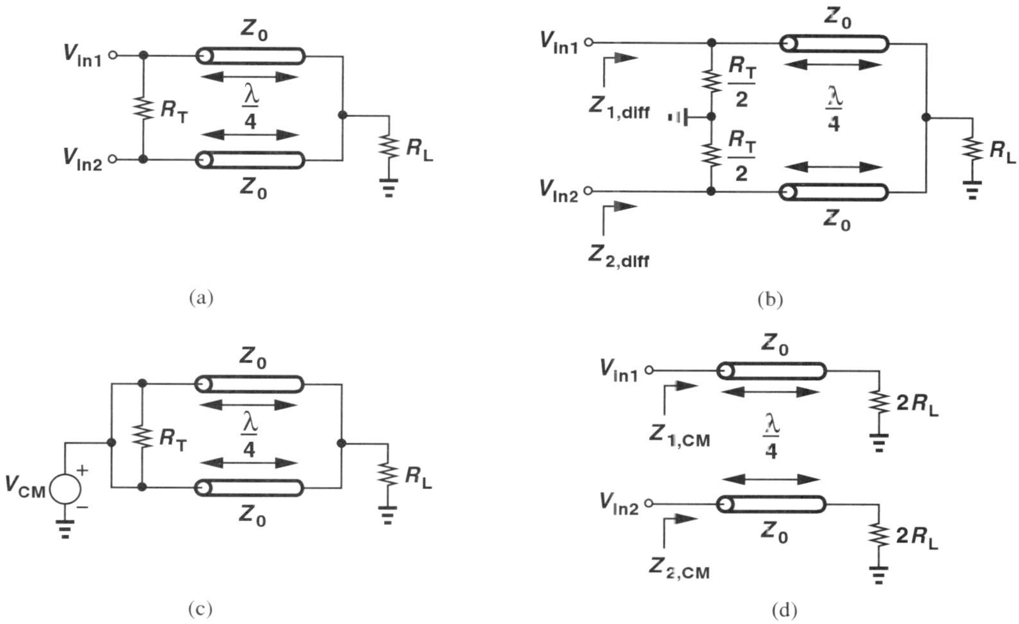


그림 12.86 *(a) 윌킨슨 전력 덧셈기, (b) 차동 입력이 있는 등가 회로, (c) 공통-모드(common-mode) 입력이 있는 등가 회로, (d) 입력 공통-모드(CM) 임피던스*

$$Z_{1,diff} = Z_{2,diff} = \frac{R_T}{2}. \tag{12.161}$$

즉, $V_{in1}$과 $V_{in2}$의 차동 성분은 $R_L$에서가 아니고 $R_T$에서 소실된다. 공통-모드 입력에 대해, 회로의 모든 포트는 동위상으로 오르고 내린다[그림 12.86(c)]. 따라서, $R_L$은 $2R_L$의 값을 갖는 두 개의 병렬 저항으로 대체되고 $R_T$는 개방회로가 된다[그림 12.86(d)]. 이 경우에, 각 전압원에서 보는 임피던스는 다음과 같게 된다.

$$Z_{1,CM} = Z_{2,CM} = \frac{Z_0^2}{2R_L}. \tag{12.162}$$

$V_{in1}$과 $V_{in2}$의 공통모드 성분이 $R_T$가 아닌 $R_L$에서 소실된다는 것을 알고 있다.

## 예제 12.38

RF Microelecronics

그림 12.86(a)의 윌킨슨 덧셈기는 입력 포트 사이의 격리도를 어떻게 성취할까?

**풀이:**

각 입력 전압원에서 보는 임피던스가 일정하고 차동 또는 공통모드 성분과 무관하다면, $V_{in1}$

(*계속*)

**예제 12.38** (*계속*) RF Microelecronics

은 $V_{in2}$의 존재를 알 수가 없고, 그 반대도 마찬가지이다. 이 조건은 다음 식이 유효하다면 만족된다.

$$Z_{1,diff} = Z_{1,CM} \tag{12.163}$$

$$Z_{2,diff} = Z_{2,CM}. \tag{12.164}$$

모든 임피던스를 $Z_{in}$으로 나타내면 다음과 같다.

$$Z_{in} = \frac{R_T}{2} = \frac{Z_0^2}{2R_L}. \tag{12.165}$$

식 (12.162)로 표현된 결과식은 $Z_0$가 적절히 선택된다면 윌킨슨 덧셈기가 부하 임피던스를 원하는 값으로 변환할 수 있다는 것을 의미한다. [34, 35]의 아웃페이징 시스템은 $Z_0$ = 35 Ω일 때, $R_L$ = 50 Ω을 $Z_{in}$ = 12 Ω으로 변환한다. 두 차동 PA 출력을 합치기 위해 네 개의 전송선이 필요하고, 각각은 2.8 mm의 길이가 된다. 온-칩 전송선이 PA 회로 주위를 감싸고 그림 12.87처럼 구현될 수 있다.

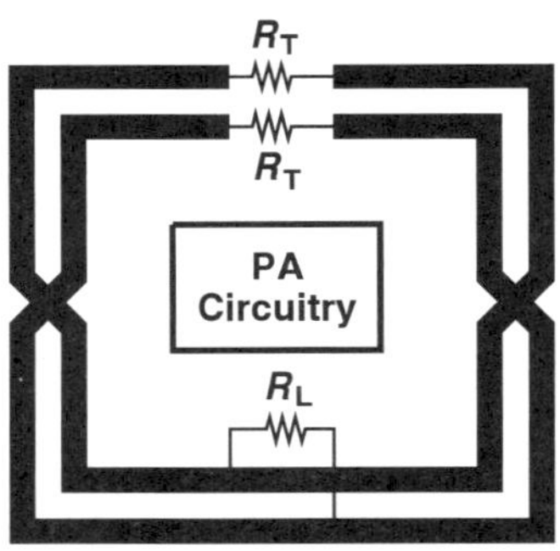


**그림 12.87** *아웃페이징 시스템의 출력에 사용되는 온-칩 윌킨슨 덧셈기*

0.18 $\mu$m 기술로 설계된 그림 12.85의 아웃페이징 PA는 3.5 V의 피크 드레인 전압을 견디기 위해 두꺼운-산화막(thick-oxide) 트랜지스터를 썼다. 전체 회로는 64-QAM OFDM 신호를 증폭하여 47%의 효율로 18.5 dBm을 출력한다.

## 참고문헌


[1] S. Cripps, *RF Power Amplifiers for Wireless Communications*, Norwood, MA: Artech House, 1999.

[2] A. Grebebbikov, *RF and Microwave Power Amplifier Design*, Boston: McGraw-Hill, 2005.

[3] A. Johnson, "Physical Limitations on Frequency and Power Parameters of Transistors," *RCA Review*, vol. 26, pp. 163-177, 1965.

[4] A. A. Saleh, "Frequency-Independent and Frequency-Dependent Nonlinear Models of TWT Amplifiers," *IEEE Tran. Comm.*, vol. COM-29, pp. 1715-1720, Nov. 1981.

[5] C. Rapp, "Effects of HPA-Nonlinearity on a 4-DPSK/OFDM-Signal for a Digital Sound Broadband System," *Rec. Conf. ECSC*, pp. 179-184, Oct. 1991.

[6] J. C. Pedro and S. A. Maas, "A Comparative Overview of Microwave and Wireless Power-Amplifier Behavioral Modeling Approaches," *IEEE Tran. MTT*, vol. 53, pp. 1150-1163, April 2005.

[7] H. L. Kraus, C. W. Bostian, and F. H. Raab, *Solid State Radio Engineering*, New York: Wiley, 1980.

[8] S. C. Cripps, "High-Efficiency Power Amplifier Design," presented in Short Course: RF ICs for Wireless Communication, Portland, June 1996.

[9] J. Staudinger, "Multiharmonic Load Termination Effects on GaAs MESFET Power Amplifiers," *Microwave J.* pp. 60-77, April 1996.

[10] N. O. Sokal and A. D. Sokal, "Class E - A New Class of High-Efficiency Tuned Single-Ended Switching Power Amplifiers," *IEEE J. of Solid-State Circuits*, vol. 10, pp. 168-176, June 1975.

[11] F. H. Raab, "An Introduction to Class F Power Amplifiers," *RF Design*, pp. 79-84, May 1996.

[12] H. Seidel, "A Microwave Feedforward Experiment," *Bell System Technical J.*, vol. 50, pp. 2879-2916, Nov. 1971.

[13] E. E. Eid, F. M. Ghannouchi, and F. Beauregard, "Optimal Feedforward Linearization System Design," *Microwave J.*, pp. 78-86, Nov. 1995.

[14] D. P. Myer, "A Multicarrier Feedforward Amplifier Design," *Microwave J.*, pp. 78-88, Oct. 1994.

[15] R. E. Myer, "Nested Feedforward Distortion Reduction System," US Patent 6127889, Oct., 2000.

[16] L. R. Kahn, "Single-Sideband Transmission by Envelope Elimination and Restoration," *Proc. IRE*, vol. 40, pp. 803-806, July 1952.

[17] W. B. Sander, S. V. Schell, and B. L. Sander, "Polar Modulator for Multi-Mode Cell Phones," *Proc. CICC*, pp. 439-445, Sept. 2003.

[18] M. R. Elliott et al., "A polar modulator transmitter for GSM/EDGE," *IEEE J. of Solid-State Circuits*, vol. 39, pp. 2190-2199, Dec. 2004.

[19] T. Sowlati et al., "Quad-band GSM/GPRS/EDGE Polar Loop Transmitter," *IEEE J. of Solid-State Circuits*, vol. 39, pp. 2179-2189, Dec. 2004.

[20] H. Chireix, "High-Power Outphasing Modulation," *Proc. IRE*, pp. 1370-1392, Nov. 1935.

[21] D. C. Cox, "Linear Amplification with Nonlinear Components," *IEEE Tran. Comm.*, vol. 22, pp. 1942-1945, Dec. 1974.

[22] D. C. Cox and R. P. Leek, "Component Signal Separation and Recombination for Linear Amplification with Nonlinear Components," *IEEE Tran. Comm.*, vol. 23, pp. 1281-1287, Nov. 1975.

[23] F. J. Casadevall, "The LINC Transmitter," *RF Design*, pp. 41-48, Feb. 1990.

[24] S. Moloudi et al., "An Outphasing Power Amplifier for a Software-Def ined Radio Transmitter," *ISSCC Dig. Tech. Papers*, pp. 568-569, Feb. 2008.

[25] W. H. Doherty, "A New High Efficiency Power Amplifier for Modulated Waves," *Proc. IRE*, vol. 24, pp. 1163-1182, Sept. 1936.

[26] C. Yoo and Q. Huang, "A Common-Gate Switched, 0.9WClass-E Power Amplifier with 41% PAE in 0.25-$\mu$m CMOS," *VLSI Circuits Symp. Dig. Tech. Papers*, pp. 56-57, June 2000.

[27] T. Sowlati and D. Leenaerts, "2.4 GHz 0.18-$\mu$m CMOS Self-Biased Cascode Power Amplifier with 23-dBm Output Power," *IEEE J. of Solid-State Circuits*, vol. 38, pp. 1318-1324, Aug. 2003.

[28] Y. Ding and R. Harjani, "A CMOS High-Efficiency 122-dBm Linear Power Amplifier," *Proc. CICC*, pp. 557–560, Sept. 2004.
[29] K. Tsai and P. R. Gray, "A 1.9-GHz 1-W CMOS Class E Power Amplifier for Wireless Communications," *IEEE J. Solid-State Circuits*, vol. 34, pp. 962–970, 1999.
[30] I. Aoki et al., "Fully-Integrated CMOS Power Amplifier Design Using the Distributed Active Transformer Architecture," *IEEE J. Solid-State Circuits*, vol. 37, pp. 371–383, March 2002.
[31] G. Liu et al., "Fully Integrated CMOS Power Amplifier with Efficiency Enhancement at Power Back-Off," *IEEE J. Solid-State Circuits*, vol. 43, pp. 600–610, March 2008.
[32] A. Afsahi and L. E. Larson, "An Integrated 33.5 dBm Linear 2.4 GHz Power Amplifier in 65 nm CMOS for WLAN Applications," *Proc. CICC*, pp. 611–614, Sept. 2010.
[33] D. K. Su and W. J. McFarland, "An IC for Linearizing RF Power Amplifiers Using Envelope Elimination and Restoration," *IEEE J. Solid-State Circuits*, vol. 33, pp. 2252–2259, Dec. 1998.
[34] A. Pham and C. G. Sodini, "A 5.8-GHz 47% Efficiency Linear Outphase Power Amplifier with Fully Integrated Power Combiner," *IEEE RFIC Symp. Dig. Tech. Papers*, pp. 160–163, June 2006.
[35] A. Pham, *Outphasing Power Amplifiers in OFDM Systems*, PhD Dissertation, MIT, Cambridge, MA, 2005.

## 연습문제

12.1. 식 (12.16)으로의 유도식을 따라가서, 공급 전력의 다른 50%가 트랜지스터 자신에 의해 소멸되는 것을 증명하라.

12.2. 그림 12.16에서, $V_{DD}$로부터 나오는 전류를 시간의 함수로 그려라. 이 회로는 차동 동작의 장점을 갖고 있는가? 예를 들어, $V_{DD}$에 직렬로 연결된 본드 와이어는 중요한가?

12.3. 그림 12.17에서 $V_{DD}$ 이상과 이하의 전압 스윙이 각각 $2\sqrt{2}I_pR_L/\pi$와 $\sqrt{2}(\pi - 2)I_pR_L/\pi$와 같다는 것을 증명하라. 여기에서 $I_p$는 최대치 드레인 전류를 의미한다. (힌트: $V_X$와 $V_Y$의 평균값은 $V_{DD}$와 같아야 한다.)

12.4. 예제 12.11에서, α가 0근처부터 $\pi/2$로 변할 때, 출력 트랜지스터 폭(width)에 대한 스케일링 팩터(scaling factor)를 그려라.

12.5. 그림 12.31(a)에 보인 캐스코드 PA의 최대 효율을 계산하라. $M_1$과 $M_2$는 거의 OFF되지만 드레인 전류는 정현파로 근사할 수 있다고 가정하라.

12.6. 그림 12.46에서 포락선 검파기가 3차 비선형성을 갖고 있다고 가정하고, 이 시스템의 출력 스펙트럼이 인접 채널(adjacent channel)에서 재성장(growth)을 만들어 낸다는 것을 증명하라.

12.7. 식 (12.77)로 이어지는 계산을 반복하라. 단, 위상 신호가 $\Delta T$의 지연 부정합(delay mismatch)을 겪고 있다고 가정하라.

12.8. 만약 그림 12.49(b)의 트랜지스터 $M_2$가 $I_0$의 평균 전류를 흘리고 $V_0$의 평균 드레인-소

스 전압을 갖고 있다면, 증폭기의 효율을 계산하라. $M_1$의 온-저항은 무시하라.

12.9. $\theta(t) = \sin^{-1}[V_{env}(t)/V_1]$일 때, 식 (12.115)를 유도하라.

12.10. 이상적인 전압원이 입력을 구동한다면, 그림 12.67(a)의 도허티 증폭기는 적절히 동작할까? 이유를 설명하라.

12.11. 그림 12.67(a)의 도허티 증폭기에서, α 값을 0.5로 선택하였다. $Z_0 = R_L$이라 가정하고, $x = 0$, $x = \lambda/4$에서의 파형을 그려라.

CHAPTER 13

# 송수신기 설계 예

TRANSCEIVER DESIGN EXAMPLE

앞선 장에서 배운 RF 구조 및 회로 설계의 원리를 활용하여 이제 완전한 송수신기(trnasceiver, 트랜시버) 설계를 살펴보자. 이 장에서는, 65나노 CMOS 기술을 활용하여 이중대역 IEEE802.11a/g 트랜시버를 설계한다. 먼저, 표준 사양들(standard's specifications)로부터 회로 설계 파라미터를 추출하고, 이후에 2.4/5 GHz 이중대역에 적합한 구조를 결정하고 주파수 계획(frequency planning)을 한다. 이번장의 개요는 아래와 같다.

| 시스템 레벨 사양 | RX 설계 | TX 설계 | 주파수 합성기 설계 |
|---|---|---|---|
| ■ RX NF, $IP_3$, AGC와 I/Q 부정합<br>■ TX 출력전력과 $P_{1dB}$<br>■ 주파수합성기 위상 잡음과 불요파(spurs)<br>■ 주파수 계획 | ■ 광대역 LNA<br>■ 수동형 믹서<br>■ AGC | ■ PA<br>■ 상향 변환기 | ■ VCO<br>■ 분배기<br>■ 차지펌프 |

## 13.1 시스템 레벨 고려사항 System-Level Considerations

트랜시버 사양을 유도할 때 다음 두 가지 점을 명심해야 한다. (1) 각 단의 비선형성은 어느 정도 성능을 저하시키기 때문에 각 단의 예산(budget) 분배 시에 다른 단을 위하여 충분한 여유를 남겨 두어야 한다. 예를 들어, 만약 수신 잡음지수를 정확하게 필요한 감도에 맞추어 선택할 경우, I/Q 부정합이 발생하면 BER이 추가적으로 저하될 수 있다. 따라서 전체적인 성능은 결국 비선형의 발생을 모두 고려하여 평가되어야 한다. (2) TX와 RX *모두* 신호의 손상이 발생하는데, 여러 다른 결함들(imperfections)에 충분한 여유를 가지고 설계해야 한다.

### 13.1.1 수신기 Receiver

수신기의 설계를 위해 필요 잡음지수, 선형성, 그리고 자동이득제어(AGC)의 범위를 결정해야 한다. 또한 하향 변환기에 허용될 수 있는 I/Q 부정합(mismatch)을 결정해야 한다.

**잡음지수** 3장에서 언급한 바와 같이, 11a/g는 10%의 패킷 오류율을 지정하고 있으며, 이는 $10^{-5}$의 비트에러율로 64QAM 변조[1]에서는 18.3 dB의 신호대잡음비(SNR)를 요구한다. TX 단의 기저대역 펄스 성형에 의해 채널대역이 16.6 MHz로 줄어들기 때문에 감도는 아래의 식과 같다.

$$\text{Sensitivity} = -174\,\text{dBm/Hz} + \text{NF} + 10\log \text{BW} + \text{SNR} \tag{13.1}$$

여기서 감도가 −65 dBm(52 Mb/s인 경우)인 경우에는 잡음지수는 다음과 같다.

$$\text{NF} = 18.4\,\text{dB} \tag{13.2}$$

실제로, 디지털 기저대역 프로세서의 신호 검출에서 비선형을 겪고 이는 몇 dB의 손실을 초래한다. 또한 전치단의 안테나 스위치는 약 1 dB 정도의 손실이 발생한다. 이러한 이유에서 경쟁력 있는 제품을 제공하기 위하여 제조업체들은 일반적으로 약 10 dB의 수신 잡음지수로 충분한 마진을 둔다. 11a/g 감도는 여러 다른 데이터 전송 속도에 대해 동일한 NF가 선택되기 때문에 10 dB의 NF는 또한 가장 높은 감도(−82 dBm)에서도 만족해야 한다.

**비선형성** 수신기 비선형성을 위해 먼저 1-dB 압축점(compression point)을 고려해 보자. 제 3장에서 계산한 것처럼, 52개의 부-채널들(subchannels)에 대해 피크 대 평균치 비(peak to average ratio)는 9dB[1]이고, 최대 입력 신호 −30dBm을 처리하기 위해서는 적어도 −21dBm의 $P_{1dB}$가 필요하다. 여기에 기저대역 펄스성형에 의한 2 dB의 진폭 변화를 허용하기 위해 −19 dBm의 $P_{1dB}$를 선택한다. 이는 −9 dBm의 $IIP_3$에 해당한다. 그러나, $IIP_3$는 또한 인접 채널 사양에 의해 규정될 수 있다.

3장에서 언급한 인접채널 레벨과 격채널 레벨을 살펴보자. −82 dBm의 감도에서 이들 채널의 크기가 각각 16 dB와 32 dB 높은 크기의 간섭원이 입력될 때 이들의 상호 변조 신호가 원하는 수신채널을 손상하지 말아야만 한다. 원하는 채널, 인접채널, 격 채널을 각각 $A_0 \cos \omega_0 t$, $A_1 \cos \omega_1 t$ 그리고 $A_2 \cos \omega_2 t$이라고 생각해 보자. $y(t) = \alpha_1 x(t) + \alpha_2 x^2(t) + \alpha_3 x^3(t)$로 표현되는 3차 비선형식에서 원하는 출력은 $\alpha_1 A_0 \cos \omega_0 t$이고 $\omega_0$에서의 $IM_3$신호의 크기는 $3\alpha_2 A_1^2 A_2/4$(그림 13.1)이다. 이때 변조 방식으로 BPSK를 사용하였고 필요한 SNR은 4 ~ 5 dB이다. 따라서 비이상적인(nonideality)에 대한 것을 허용하여 $IM_3$손상을 −15 dB 정도라고 선택한다.

$$20\log \left| \frac{3\alpha_3 A_1^2 A_2}{4\alpha_1 A_0} \right| = -15\,\text{dB}. \tag{13.3}$$

1. 13.3절에서 설명하였듯이 이 값 9-dB '백오프(back-off)'는 TX의 비선형에 의해 몇 dB의 마진을 두는 것에 비해 매우 보수적이다.

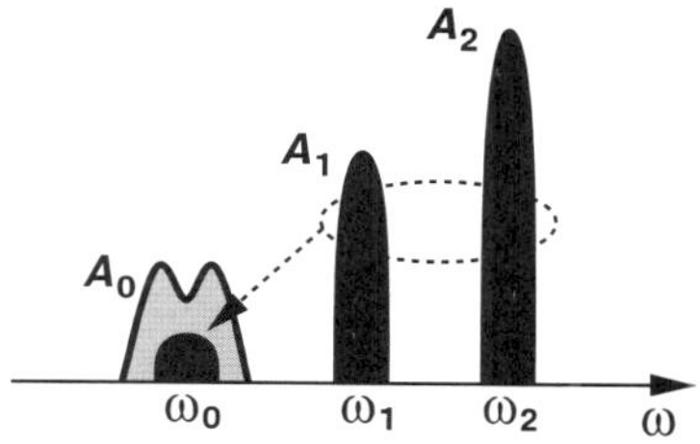


**그림 13.1** *2개의 블록커(blocker)의 상호변조에 따른 영향*

여기서, $A_j$를 *전압량으로* 계산하여 위의 수식을 대체하고, $IIP_3 = \sqrt{|4\alpha_1|/|3\alpha_3|}$를 결정한다. 또한 로그량을 변환하여 *조심스럽게* 계산하면 아래와 같다.

$$20\log\left|\frac{3\alpha_3}{4\alpha_1}\right| = -15\,\text{dB} - 40\log A_1 - 20\log A_2 + 20\log A_0. \tag{13.4}$$

위의 식의 오른쪽의 마지막 세항들이 전압량이지만, 각각을 전력량 dBm[2]으로 교체하면 20 log $A_1$ = −63 dBm, 20 log $A_2$ = −47 dBm 그리고 20 log $A_0$ = −79 dBm이고, 이를 대입하면 아래식과 같다.

$$20\log\left|\frac{3\alpha_3}{4\alpha_1}\right| = +79\,\text{dBm}. \tag{13.5}$$

이고, 결국은

$$IIP3|_{dBm} = 20\log\sqrt{\left|\frac{4\alpha_1}{3\alpha_3}\right|} \tag{13.6}$$

$$= -39.5\,\text{dBm}. \tag{13.7}$$

이다. 문제 13.1에서 데이터율 54 Mb/s에서 −65 dBm의 감도에 대해서도 위의 계산을 반복해 보았고, 비슷한 $IIP_3$를 얻었다. 결국은 11a/g의 인접 채널 사양에 의하여 구한 $IIP_3$ 값은 비교적 완화된 사양임을 알 수 있다. 물론 기저대역 필터가 인접 채널과 교채널(alternate channel)에 대해 충분한 감쇄 특성을 가져야만 한다.

여기서 $IP_3$에 대하여 두 가지 서로 다른 설계 요구사항이 있음을 아는 것은 중요하다. 1-dB 압축점(때로는 '채널내' $IP_3$라 불림)과 관련된 $IP_3$는 *원하는* 신호가 압축되는 것을 피하면 만족되게 된다. 이는 높은 입력신호에 대해 수신기의 이득을 낮춤으로써 만족시킬 수 있다. 다른 한편으로, $IP_3$는 인접채널사양(때로는 '채널외' $IP_3$라고 불림)에서 발생하며, 원하는 신호가 기준 감도 신호보다 3 dB 높은 경우에서 만족하여야 한다. 이 경우에 RX 이득은 선

2. 3장에서 언급하였듯이 이 테스트에서 원하는 입력신호는 기준 감도 신호보다 3 dB 높다.

형성을 증가시키기 위해 감소할 필요는 없다. 왜냐하면 감도가 3 dB 나빠지는 것을 허용하기 때문이다.

이제, 수신기의 $IP_2$에 대하여 살펴보자. 이 경우는 간섭원이 우수차(even-order) 비선형에 의해 발생하는 $IP_2$ 간섭원 신호가 복조되어 영향을 주는 것이다. 64QAM OFDM 간섭원은 9 dB의 최대-평균값 비(peak-to-average ratio)를 갖고 상대적으로 큰 진폭 변조 특성을 보이며 이는 특히 심각하게 영향을 끼친다. 그러나 [2]에서 언급하였듯이, 필요로 하는 $IIP_2$는 0 dBm 정도이고, 이는 일반적인 설계에 의해 구현가능하다.

**AGC 범위** 수신 신호의 크기가 심하게 변화하는 경우에는 수신기는 자동적으로 이득을 제어하여야 한다. 수신기의 이득의 범위를 살펴보기 위해서, 3장에서 언급한 11a/g 전송속도에 따른 감도와 압축점 사양에 대해 살펴보자. 입력신호의 크기는 −82 dBm(6 Mb/s의 경우)에서 −65 dBm(54 Mbps의 경우)까지 변하고, 각각에 대하여 기저대역의 ADC의 최대치, 1 $V_{pp}$(이는 50 Ω 시스템에서는 +4 dBm 정도)[3]에 도달하도록 증폭되어야 한다. RX 이득은 데이터 속도에 따른 감도에 적절하게 변화되어야 한다. 도전적인 일은 잡음지수가 10 dB(54 Mbps의 전송일 경우 가장 낮은 수신 이득 필요)를 가지면서 (채널 외) $IIP_3$가 −40 dBm(6 Mb/s의 경우로 가장 높은 수신 이득을 필요)을 유지하는 이득 범위를 구현하는 것이다.

### 예제 13.1

RF Microelecronics

전송속도에 따른 감도의 변화를 수용하는 11a/g 수신기의 AGC 범위를 결정하라.

**풀이:**

먼저, ADC의 입력에서 1Vpp가 되기 위해서는 −82 dBm에서 −65 dBm의 입력 수신 신호는 86 dB에서 69 dB의 이득을 필요로 한다. 그러나 64QAM 신호가 약 9 dB의 피크대 평균 비율을 보이고 또한 TX 마스크를 만족하기 위해 사용하는 기저대역 필터에서 추가적으로 1 ~ 2 dB의 진폭의 변화를 갖는다. 따라서, −65 dBm의 평균 입력 신호는 가끔은 −65 dBm + 11 dB = −54 dBm의 피크에 접근할 수 있다. ADC에서는 이러한 피크를 클리핑(clipping)없이 디지털화 하여야 한다. 이는 −65 dBm의 64QAM 신호 입혁에 대한 RX의 이득은 58 dB 정도여야 한다. 다른 한편으로 −82 dBm의 BPSK 신호는 단지 1 ~ 2 dB의 진폭 변화를 보이므로 84 dB의 RX 이득을 요구한다.

수신기의 이득 범위는 최대 허용 수신 입력 레벨(−30 dBm)에 의해 결정된다. 위의 예에서 설명하였듯이, 기저대역의 ADC는 신호파형의 피크가 클리핑되는 것을 피해야 한다. 따라서

3. 1-$V_{pp}$의 차동 스윙은 0.25V의 최대 단일단(single-ended) 스윙이며, 1.2 V 전원단에 적당한 값이다.

수신 이득은 BPSK 신호에 대해서는 32 dB 정도(−30 dBm + 2 dB의 입력신호에서 +4 dBm의 신호까지 올려야 함)까지 이고 64QAM 신호에 대해서는 23 dB(−30 dBm + 11 dB의 입력신호에서 +4 dBm의 신호까지 올려야함) 정도이다. 즉, 수신이득은 (a) $IIP_3$가 −42 dBm이고 잡음지수의 저하 없이 84 dB에서 58 dB까지 변하거나 (b) 잡음지수와 $P_{1dB}$가 dB-per-dB[4]로 오르면서 58 dB에서 23 dB로 변하여야 한다.

그림 13.2는 입력 신호 크기에 따른 이득, 잡음지수, $IIP_3$를 고려한 수신부의 필요 특성을 나타낸다. 여기서 실제 필요한 단수(number of step)는 수신부의 각 블록의 설계에 따라 달라진다. 그림 13.2에서 묘사된 것 보다 상당히 더해야 할 수도 있다.

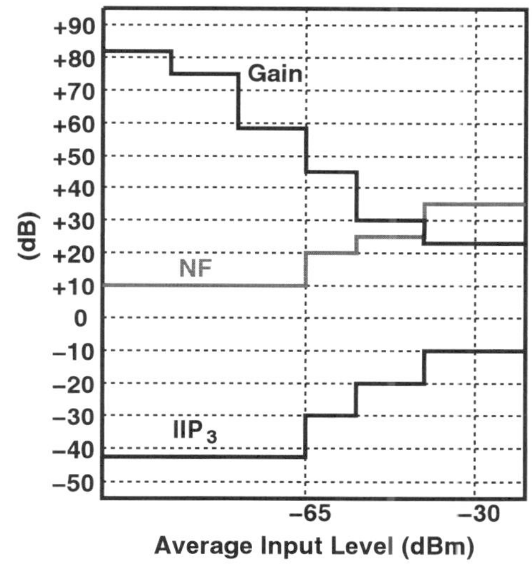


**그림** 13.2 *필요한 수신부의 이득, NF, $IIP_3$의 변화*

## 예제 13.2

RF Microelecronics

위의 예제에서 신호 레벨이 64QAM 뿐만 아니라 BPSK의 변조에 대해서 ADC의 최대 스케일의 신호가 도달하는 이득을 보장한다. 이는 필요한가?

**풀이:**

그렇지는 않다. ADC의 해상도는 64QAM에 필요한 SNR에 따라 선택된다(그리고 몇몇 다른 요인은 13.2.3절에서 공부한다). 예를 들면 10비트 ADC는 약 62 dB의 SNR을 가지지만, BPSK 신호는 훨씬 낮은 SNR을 견딜 수 있어 신호가 ADC의 최대 스케일에 도달할 필요가

*(계속)*

4. 즉, 이득이 매 dB 줄어드는 것에 대하여 NF는 단지 1 dB 증가한다.

RF Microelecronics

### 예제 13.2 (계속)

없다. 즉, BPSK의 경우 입력이 84 dB 보다는 60 dB 정도의 증폭이 되고, 충분한 SNR(≈38 dB)을 갖는 6비트 해상도로 디지털화 한다(그림 13.3). 즉, AGC의 계산 결과가 보존된다.

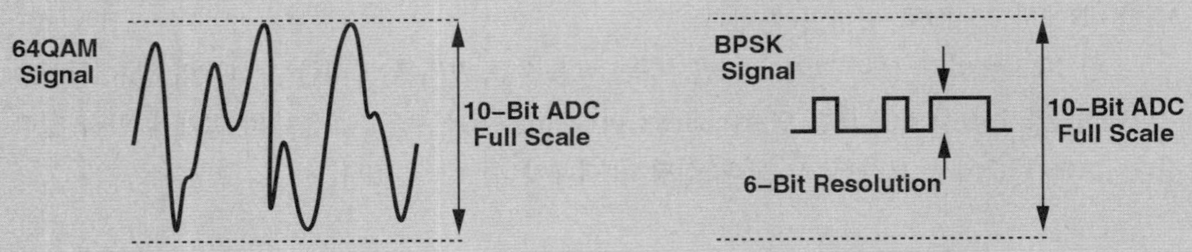


**그림 13.3** *최대 스케일 신호와 작은 입력 스윙을 위한 가능한 ADC 해상도*

**I/Q 부정합(mismatch)** I/Q 부정합의 연구 진행은 다음과 같다. (1) 허용 부정합을 살펴보기 위해 직접-변환 수신기 시스템 시뮬레이션에서 64QAM OFDM 신호를 적용하여 BER 또는 EVM을 측정한다. (1) 이러한 시뮬레이션은 다양한 진폭과 위상 부정합의 조합에 대하여 반복하여 성능을 살펴본다. (2) 회로 시뮬레이션과 디바이스의 랜덤 부정합 데이터를 사용하여 직교 LO 경로 및 하향 변환 믹서의 예상 I/Q 부정합을 계산한다. (3) 위의 두 단계의 결과를 바탕으로, 처음의 매칭이 적절한지 교정이 필요한지의 여부를 결정한다. 11a/g의 경우, 첫 번째 단계에서 0.2 dB의 진폭 부정합과 1.5°의 위상 부정합이 필요함을 제안한다[3]. 불행하게도 이러한 엄격한 일치 조건은 교정(calibration)이 없이는 달성하기 어렵다.

RF Microelecronics

### 예제 13.3

가상적인 이미지 제거 수신기가 위에 설명한 I/Q 부정합을 갖는다. 이미지 제거율(image rejection radio)을 찾아라.

**풀이:**

이득 부정합, $2(A_1 - A_2)/(A_1 + A_2) \approx (A_1 - A_2)/A_1 = \Delta A/A$는 (0.2 dB/20)으로 10을 얻고 그 결과에서 1을 뺀다. 결과는 아래와 같다.

$$\text{IRR} = \frac{4}{(\Delta A/A)^2 + \theta^2} \tag{13.8}$$

$$= 35\,\text{dB}. \tag{13.9}$$

보고된 IRR의 관점에서, 상기 예에서는 정합의 수준이 교정 없이 가능하다는 것을 시사한다. 그러나 실제로는 전체 11a 주파수대역에 걸쳐 같은 엄격한 일치를 유지하기가 어렵다. 따라서 대부분의 11a/g 수신기는 I/Q 교정을 사용한다.

### 13.1.2 송신기 Transmitter

송수기 체인은 허용된 왜곡(distorion)안에서 64QAM OFDM 신호를 안테나 단까지 전달하기에 충분히 선형특성을 유지해야 한다. 허용 가능한 비선형성을 정량화하기 위해서 송신 또는 PA는 어떤 왜곡 신호를 갖는다고 가정하여 시뮬레이션 해야 한다. 출력 특성은 비트 오류율(BER)과 에러 벡터 크기(EVM)로 표현된다. 예를 들어 [5]는 Rapp 모델(정적모델)[4]을 채택하였고 이는 다음과 같다.

$$g(V_{in}) = \frac{\alpha V_{in}}{[1 + (\frac{V_{in}}{V_0})^{2m}]^{\frac{1}{2m}}}, \qquad (13.10)$$

α는 $V_{in} = 0$ 근처의 소신호 이득을 나타내고 $V_0$와 $m$은 피팅(fitting) 대개 변수이다. 일반적인 CMOS PA의 경우 $m \approx 2$이다[5]. 이러한 비선형성을 겪는 64QAM OFDM 신호는 그림 13.4에서와 같이 $P_{1dB}$ 백오프의 함수로서의 EVM 특성을 나타낸다. [3]에서 언급한 것처럼 11a/g의 사양을 충족하기 위해서는 약 8 dB의 백오프가 필요함을 알 수 있다. 그리하여, 40 mW(+16 dBm)의 출력전력에 대해서는, TX 출력 $P_{1dB}$는 +24 dBm을 초과해야 한다.[5]

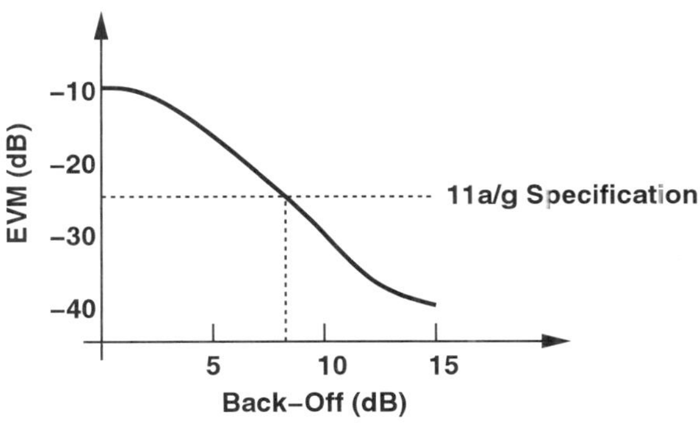


**그림 13.4** *백오프의 함수로서의 EVM 특성*

4장에서 설명하였듯이, 두 가지의 송신 설계 원리는 높은 선형성을 얻는 데 도움을 준다. (1) 이전 단계의 출력스윙을 최소화할 수 있도록 마지막 PA 단계로 이득의 대부분을 할당하고 (2) 송신 체인의 단계의 수를 최소화 한다.

5. [1]의 시뮬레이션에서 $P_{1dB}$로 20.5 dBm을 제안한다. 이러한 차이는 아마 PA의 모델의 차이에서 발생한 것이다.

**예제 13.4** RF Microelecronics

11a/g 송신은 15 dB 이득을 갖는 두 단계 PA를 사용한다. 직교 상향 변환기는 직접 PA를 구동할 수 있나?

**풀이:**

상향 변환기의 출력 $P_{1dB}$는 +24 dBm−15 dB = +9 dBm = 1.78 $V_{pp}$를 초과하여야 한다. 일반적인 믹서의 출력에서 이러한 높은 $P_{1dB}$를 얻는 것은 어렵다. 그러므로 보다 실질적인 접근방법은 PA의 이득을 올리거나 상향 변환기와 PA 사이에 다른 이득단을 두는 것이다.

기저대역에서 안테나까지의 송신 체인의 이득은 다소 설계 세부사항에 따라 달라진다. 예를 들어, 0.2 $V_{pp}$의 기저대역 스윙이 4 $V_{pp}$(= +16 dBm)의 출력스윙에 도달하기 위해서는 20 dB의 이득을 필요로 한다.[6] 4장에서 설명하였듯이, DC 오프셋을 최소화하기 위해 반송파 관통(feedthrough) 정도로 비교적 *큰* 기저대역 스윙을 선택하는 것이 바람직하지만 믹서의 비선형성이 선택을 제한한다. 각각의 I 및 Q 경로에 0.2 $V_{pp}$의 차동 기저대역 스윙을 가정해보자.

TX에 필요한 I/Q 불균형은 13.1.1절의 수신부에 주어진 것과 비슷한 0.2 dB와 1.5°로 이는 송신 경로에 교정을 요구한다. 캐리어 관통은 직접-변환 송신기의 악화의 또 다른 요인이다. 11a/g 시스템의 경우, 약 −40 dBc의 관통은 기저대역 오프셋 제거[5]에 의해 얻을 수 있다.

### 13.1.3 주파수 합성기 Frequency Synthesizer

이 장에서 개발된 듀얼 밴드 송수신기에서 주파수 합성기는 2.4 GHz와 5 GHz 대역에서 20 MHz의 채널 간격을 가져야 한다. 또한 주파수 합성기는 허용 가능한 위상 잡음과 불요파 수준을 달성해야 한다. 대역 범위에 대한 문제는 13.1.4절로 연기하고, 후자의 두 사양에 대해 살펴보자.

수신 모드에서 위상 잡음이 상호 믹싱(reciprocal mixing)을 만들고 신호 성상을 손상한다. 이러한 효과는 인접채널이 존재하는 상황에서 정량화해야 한다. 다음 예에서 이 과정을 보여준다.

**예제 13.5** RF Microelecronics

상호 믹싱(reciprocal mixing)을 무시 할 수 있는 11a 수신기에 필요한 합성기의 위상 잡음을 구하라.

6. *I*와 *Q* 두입력 신호의 경우에 출력 전압 스윙은 $\sqrt{2}$만큼 더 높다.

예제 13.5 (계속) RF Microelecronics

**풀이:**

−82 dBm + 3 dB의 수신 신호와 +16 dB의 인접채널과 +32 dB의 격채널 신호가 입력되는 감도가 높은 경우를 고려해보자. 그림 13.5는 분석을 단순화하기 위해 협대역 블록커로 표현된 인접채널을 갖는 해당 스펙트럼을 보여준다. LO과 믹싱이 되면, 세 개의 신호는 기저대역으로 변환되고, 인접채널의 위상 잡음 스커트의 영향이 원하는 수신신호를 손상시킨다. 합성기의 루프대역폭이 20 MHz보다 훨씬 작게 될 가능성이 있기 때문에 위상 잡음의 스커트는 $S_\phi(f) = \alpha/f^2$으로 간략화할[7] 수 있다. 여기서 α를 구하라.

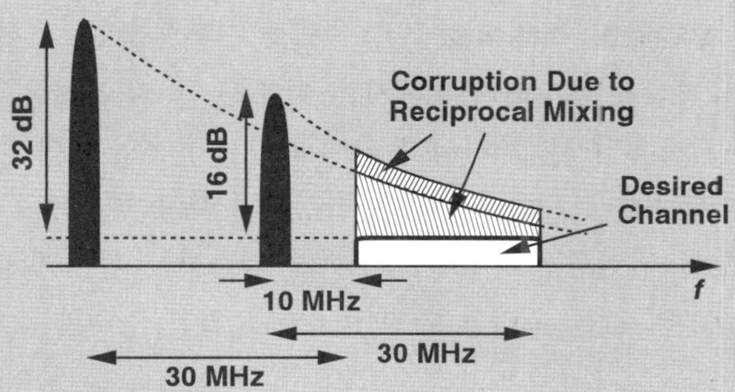


**그림 13.5** 두 개의 서로 다른 크기의 블록커와 위상 잡음을 갖는 LO의 상호 믹싱

원하는 신호 전력에 $a$가 곱하여진 블록커, $P_{sig}$, $f_1$과 $f_2$ 주파수 오프셋에서의 위상 잡음 전력 $P_{PN}$일 경우 식은 아래와 같다.

$$\frac{P_{PN}}{P_{sig}} = a\int_{f_1}^{f_2} \frac{\alpha}{f^2}df \tag{13.11}$$

$$= a\alpha\left(\frac{1}{f_1} - \frac{1}{f_2}\right). \tag{13.12}$$

그림 13.5에서의 전체 잡음 대 신호의 비는 아래와 같다.

$$\frac{P_{PN,tot}}{P_{sig}} = a_1\alpha\left(\frac{1}{f_1} - \frac{1}{f_2}\right) + a_2\alpha\left(\frac{1}{f_3} - \frac{1}{f_4}\right), \tag{13.13}$$

여기서, $a_1$ = 39.8(= 16 dB), $f_1$ = 10 MHz, $f_2$ = 30 MHz, $a_2$ = 1585(= 32 dB), $f_3$ = 30 MHz, $f_4$ = 50 MHz이다. 여기서 두 번째 항은 첫 번째 항보다 큼을 알 수 있다.

(계속)

7. 이장에서 위상 잡음은 $\alpha/f^2$(0 중심주파수라 가정) 혹은 $\alpha/(f-f_c)^2$ ($f_c$ 중심주파수 가정)으로 위상 잡음을 표현한다.

**예제 13.5** (*계속*) RF Microelecronics

상호혼합이 원하는 신호에 영향을 주는 것에 무시할 정도가 되기 위해서는 $P_{PN,tot}/P_{sig}$ = −20 dB정도하고 한다면, $\alpha \approx 420$ 정도이고 이는 다음과 같다.

$$S_n(f) = \frac{420}{f^2}. \tag{13.14}$$

예를 들어 $S_n(f)$가 1 MHz 오프셋에서 −94 dBc/Hz이고 20 MHz 오프셋에서는 −120 dBc/Hz이다.

상호믹싱이 없는 경우에도, 주파수 합성기의 위상 잡음은 신호의 성상을 여전히 손상시킨다. 11a/g에서 이런 영향을 무시하기 위해서는 전체 통합 위상 잡음은 1° 이하[3]가 유지되어야 한다. 통합 위상 잡음, $P_\phi$을 계산하기 위해서 그림 13.6의 모양을 갖는 주파수 합성기 출력 스펙트럼으로 간략해보자. $f_c$에서 주파수 합성기의 루프 대역폭 $(f_c \pm f_1)$의 끝까지는 변동이 없고 $(f_c \pm f_1)$를 넘어서는 $\alpha/(f-f_c)^2$까지 감소하는 형태를 갖는다고 해보자. $f = f_c \pm f_1$에서 $\alpha/(f-f_c)^2$의 값을 $S_0$라고 하면 $\alpha = S_0 f_1^2$이고 아래와 같다.

$$P_\phi = 2\int_{f_c}^{\infty} S_n(f)df \tag{13.15}$$

$$= 2S_0 f_1 + 2\int_{f_c+f_1}^{\infty} \frac{f_1^2 S_0}{(f-f_c)^2}df \tag{13.16}$$

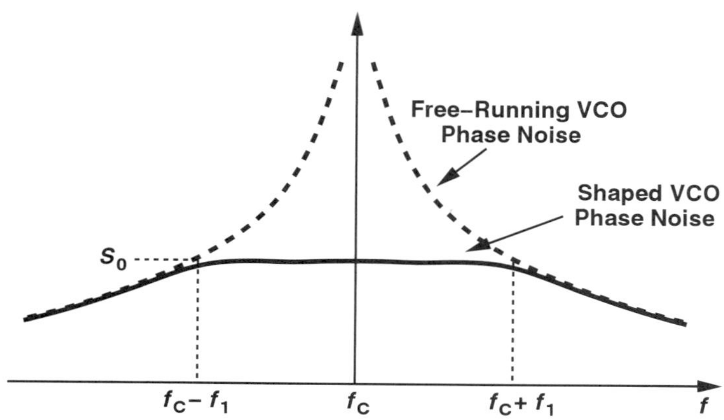


**그림 13.6** *전형적인 위상고정된 위상 잡음*

$$= 2S_0 f_1 + 2S_0 f_1 \tag{13.17}$$

$$= 4S_0 f_1. \tag{13.18}$$

주파수 합성기의 루프 대역폭 $f_1$이 채널간격의 1/10 정도라고 가정하자. $\sqrt{P_\phi}$가 1° = 0.0175 rad에 대하여 $S_0 = 3.83 \times 10^{-11}$ $\text{rad}^2/\text{Hz}$ = −104 dBc/Hz이다. 말하자면, 자유 발진 VCO이 위상 잡음은 위 예에서 1 MHz 오프셋에서 얻어진 위상 잡음보다 더 엄격한 요구사항인 2 MHz 오프셋에서 −104 dBc/Hz 이하이어야 한다. 실질적인 위상 잡음은 TX VCO 손상을 수용할 수 있도록 3 dB 더 낮아야 한다. 따라서 자유발진 위상 잡음은 1 MHz 오프셋에서 −104 + 6 − 3 = −101 dBc/Hz이다.

## 예제 13.6

RF Microelecronics

식 (13.18)을 유도해 보면, 만약 주파수 합성기의 루프 대역폭이 *감소*한다면, 보다 큰 자유발진 위상 잡음 $S_0$을 허용해야 한다는 것을 추론할 수 있다. 따라서 $f_1$은 최소화 되어야 한다. 이 설명의 잘못된 점을 설명하라.

**풀이:**

그림 13.7의 $\alpha_1/f^2$과 $\alpha_2/f^2$에 주어진 VCO의 위상 잡음의 두 가지 경우에 대해 고려해 보자. 루프 대역폭이 $f_1$에서 $f_1/2$으로 줄어드는 경우를 가정하면 $S_0$는 $2S_0$를 허용하여 $P_\phi$는 일정해 진다. 전자의 경우는

$$S_n(f_1) = \frac{\alpha_1}{f_1^2} = S_0 \tag{13.19}$$

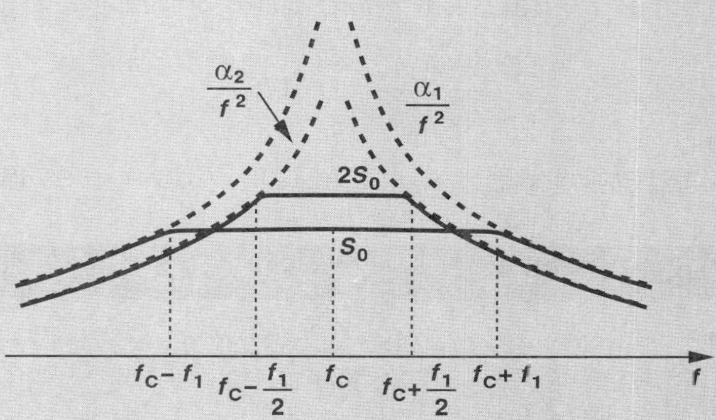


**그림 13.7** *위상 잡음에 대한 PLL 대역폭을 줄이는 효과*

(*계속*)

**예제 13.6** (*계속*) RF Microelecronics

이고 따라서 $\alpha_1 = f_1^2 S_0$이다. 후자의 경우는

$$S_n\left(\frac{f_1}{2}\right) = \frac{\alpha_2}{(0.5f_1)^2} = 2S_0, \tag{13.20}$$

이고 $\alpha_2 = 0.5f_1^2 S_0$이다. 이는 후자에서 $f_1$의 오프셋에서 보다 낮은 자유발진 위상 잡음을 요구하여 VCO의 설계가 더 어려워진다.

주파수 합성기의 출력 불요파도 고려되어야 한다. −82 dBm + 3 dB = −79 dBm의 입력 신호에 대하여 인접채널과 격채널 사이에서의 불요파들은 각각 16 dB와 32 dB 보다 높은 블록커로 하향 변환된다. 그리하여 20 MHz와 40 MHz 오프셋에서의 불요파 레벨은 각각 −36 dBc와 −52 dBc 이하이어야 한다. 결과적으로 각각은 −20 dB의 신호 손상을 가하게 된다.

불요파는 또한 송신 신호에 영향을 준다. 불요파 레벨의 허용을 예측하기 위해서 위에서 언급한 (임의의 위상 잡음에 대해) 1도의 위상 오차를 갖는다고 고려해 보자. 그리고 동일한 사양의 (FM) 불요파의 영향을 강제해 보자. 비록 후자는 임의가 아니지만 EVM에 미치는 영향은 위상 잡음의 그것과 유사할 것으로 예상 된다. 끝단에서, 두 경우의 송신 출력은 단지 위상 잡음 $\phi_n(t)$를 갖는 것으로 표현하자.

$$x_{TX1}(t) = a(t)\cos[\omega_c t + \theta(t) + \phi_n(t)] \tag{13.21}$$

그리고 작은 FM 불요파는 갖는 경우에는 아래와 같다.

$$x_{TX2}(t) = a(t)\cos\left[\omega_c t + \theta(t) + K_{VCO}\frac{a_m}{\omega_m}\cos\omega_m t\right]. \tag{13.22}$$

전체 rms 위상 편차가 1° (= 0.0175 rad) 이하에 대하여 아래와 같은 식을 얻을 수 있다.

$$\frac{K_{VCO}a_m}{\sqrt{2}\omega_m} = 0.0175. \tag{13.23}$$

$x_{TX2}(t)$에서의 상대적인 측파대 레벨은 $K_{VCO}a_m/(2\omega_m)$ = 0.0124 = −38 dBc이다.

**예제 13.7** RF Microelecronics

$a(t)\cos[\omega_c t + \theta(t)]$를 발생하는 직교 상향 변환기에 FM 불요파를 갖는 LO가 가해진다. 출력 스펙트럼을 구하라.

**풀이:**

직교 LO의 위상은 $\cos[\omega_c t + (K_{VCO}a_m/\omega_m)\cos\omega_m t]$과 $\sin[\omega_c t + (K_{VCO}a_m/\omega_m)\cos\omega_m t]$로

**예제 13.7** (계속) RF Microelecronics

표현되고, 상향 변환기의 출력은 아래식과 같다.

$$x(t) = a(t)\cos\theta\cos\left(\omega_c t + K_{VCO}\frac{a_m}{\omega_m}\cos\omega_m t\right) - a(t)\sin\theta\sin\left(\omega_c t - K_{VCO}\frac{a_m}{\omega_m}\cos\omega_m t\right). \quad (13.24)$$

여기서, $K_{VCO}a_m/\omega_m << 1$ rad이라 가정하고, 식을 정리하면 다음과 같다.

$$x(t) \approx a(t)\cos\theta\cos\omega_c t - a(t)\sin\theta\sin\omega_c t - K_{VCO}\frac{a_m}{\omega_m}\cos\omega_m t a(t)\cos\theta\sin\omega_c t$$

$$- K_{VCO}\frac{a_m}{\omega_m}\cos\omega_m t a(t)\sin\theta\cos\omega_c t \quad (13.25)$$

$$\approx a(t)\cos(\omega_c t + \theta) - K_{VCO}\frac{a_m}{\omega_m}\cos\omega_m t a(t)\sin(\omega_c t + \theta). \quad (13.26)$$

그림 13.8에서와 같이 출력은 원하는 상향 변환된 신호와 $\omega_c - \omega_m$과 $\omega_c + \omega_m$만큼 이동된 신호가 발생한다. 여기서 중요한 것은 주파수 합성기의 불요파는 변조되어 TX 경로에 가해진다.

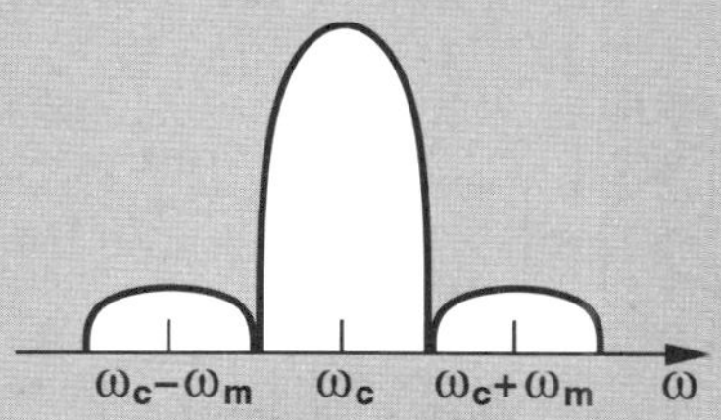


**그림 13.8** *송신기에서 합성기 불요파의 변조*

## 13.1.4 주파수 계획 Frequency Planning

11a/g 시스템에서 직접-변환 송수신기 구조는 자연스러운 선택이다. 그러나, 필요한 LO 주파수와 위상을 생성하는 방법은 명확하지가 않다. 11a에 대하여는 5.1 GHz ~ 5.9 GHz 대역을 커버하고 11g에 대하여는 2.4 GHz ~ 2.48 GHz대역을 직교 출력을 제공하고 TX 동작 시에 LO 인입(pulling)을 피해야 한다.

여러 가지 방법에 대해 생각해보자.

- 두 밴드에 대한 두 개의 별도 직교 VCO, 두 출력의 다중(multiplex) 회로 그리고 피드백 나누기회로로 구현[그림 13.9(a)]. 이 경우에 그림 13.9(b)에 보인 배치 계획(floor

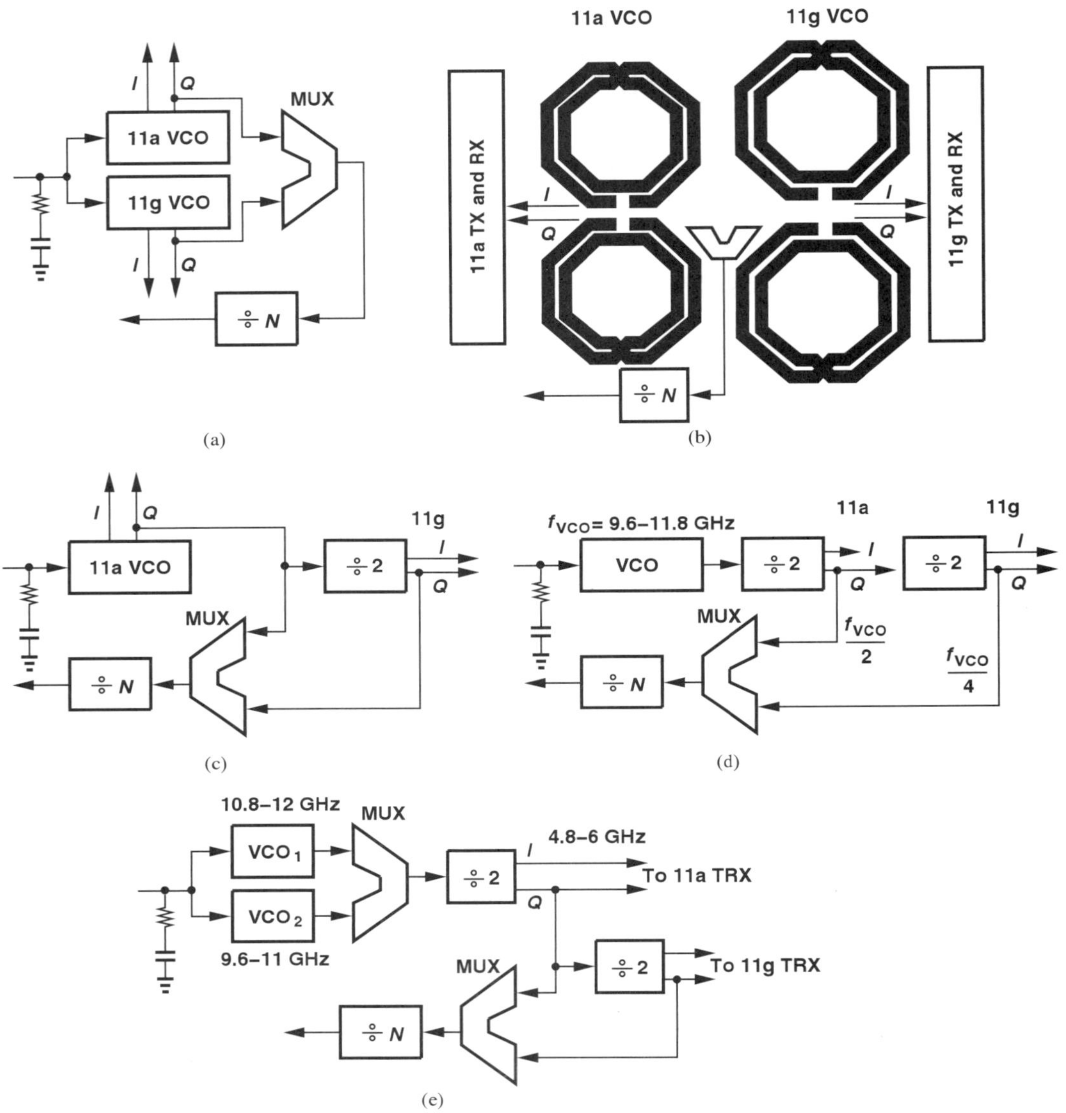


**그림 13.9** *(a) 11a와 11g 대역용 두 개의 VCO 사용, (b) (a)에 대한 TRX 배치계획, (c) 두 대역용 하나의 VCO와 하나의 나누기 회로 사용, (d) 주입인입(injection locking)을 피하기 위해 2배의 캐리어 주파수를 갖는 VCO 사용, (e) 가변 범위를 완화한 두 개의 VCO를 사용*

plan)과 같이 4개의 VCO 인덕터가 필요하고 이는 11a와 11g 신호 경로 사이에 큰 간격을 부과한다. 두 개의 경로가 고주파 회로(예를 들어 LNA와 믹서)를 공유하는 경우에는 문제가 심각해진다. 또한 11a VCO는 ±15%의 튜닝 범위를 제공해야 한다. 마지막으로 LO 인입(pulling)은 심각해진다.

- 두 밴드를 하나의 직교 VCO로 구현[그림 13.9(c)]. 이 경우 배치계획은 더 좁아지지만,

VCO는 4.8 GHz에서 5.9 GHz로 약 ±21%를 조정해야 한다. LO 인입의 문제는 11a 대역에서는 견디어내지만 만약 11g 대역 전력 증폭기의 2차 고조파가 VCO에 커플링된다면 11g 대역에서는 다소 심각하다. 이러한 이유로 11g 대역 전력 증폭기는 완전 차동 형태[하지만 대칭 인덕터가 없는(제7장)]로 구현하는 것이 바람직하다.

- 2 × 4.8 GHz에서 2 × 5.9 GHz까지 동작하는 하나의 차동 VCO[그림 13.9(d)]. 이 선택은 좁은 배치를 갖지만 (1) ±21%의 가변 범위, (2) 차동 11a와 11g 대역의 전력 증폭기, (3) 바람직하게는 인덕터 없이 12 GHz 까지 견고하게 동작하는 ÷2 회로를 필요로 한다. 다행히도 65 nm-CMOS 기술에서 트랜지스터의 기본 속도(raw speed)는 이러한 분배기 설계를 허용한다.

### 예제 13.8 RF Microelecronics

그림 13.9(d)에서 2개의 ÷2회로의 출력은 왜 다중화(multiplex)되어야 하는지 설명하라. 즉, 왜 11a 모드에서 $f_{VCO}/4$출력이 ÷$N$단에 가해지면 안 되는지 설명하라.

**풀이:**

÷$N$단에 $f_{VCO}/4$가 가해지는 것은 참으로 바람직하며 이러한 회로의 설계는 쉽다. 그러나 정수-N 구조에서 이러한 선택은 11a의 기준 주파수로 20 MHz 보다는 10 MHz 요구한다. 이는 보다 작은 루프 대역폭을 갖게 하여 VCO의 위상 잡음을 다소 줄이게 된다. 즉, VCO가 충분히 작은 위상 잡음을 제공한다면, ÷$N$단에 $f_{VCO}/4$을 가할 수 있게 된다.

그림 13.9(d)의 VCO는 비교적 높은 동작 주파수와 넓은 가변 범위를 가지므로 필연적으로 높은 위상 잡음이 발생하는 것을 예상할 수 있다. 따라서 그림 13.9(e)에서와 같이 두 개의 VCO를 이용하여 가변 범위를 서로 나누어 동작하게 하고 블라인드 영역이 생기는 것을 피하기 위해 중복된 범위를 갖게 한다. 보다 작은 가변 범위를 갖는 다수의 VCO를 사용하는 것도 가능하나 추가적으로 인덕터가 필요하게 되어 보다 복잡한 라우팅이 요구된다.

### 예제 13.9 RF Microelecronics

그림 13.9(e)의 두 개의 VCO 다음 단의 MUX는 높은 전력을 소모하거나 인덕터를 사용한다. 각각의 VCO의 뒷단에 ÷2회로를 두고 나누기 회로의 출력을 멀티플렉싱하는 것은 가능한가?

(계속)

### 예제 13.9 (계속)



**풀이:**

그림 13.10에 보인 바와 같이 이러한 접근은 (÷2 회로가 인덕터를 사용하지 않는 경우) 매우 우수하다. 이러한 두 개의 멀티플렉서는 추가적인 I/Q 부정합을 발생하지만, 이는 보정을 통해 다른 블록들을 고려하여 에러를 제거한다. 새로운 ÷2회로는 전력 소모를 증가시키지 않는데, 이는 필요하지 않을 때 $VCO_2$와 함께 꺼져 있기 때문이다.

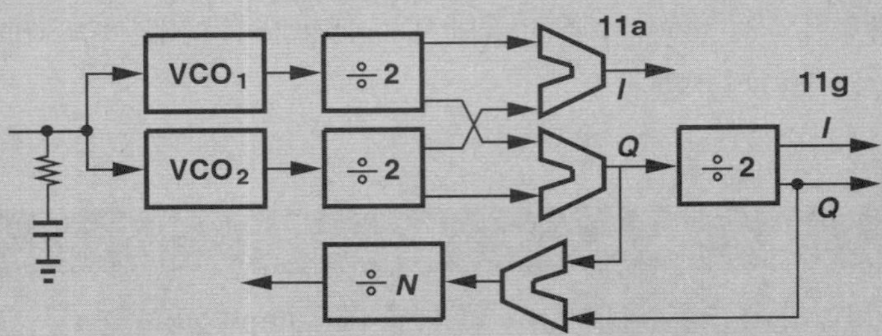


**그림 13.10** *나누기 회로 뒤에 MUX를 사용*

그림 13.9(e)에 묘사된 주파수 계획은 두 개의 전력 증폭기를 차동으로 구현하는 단서로 당면한 대부분의 문제를 해결한다. 합성기의 TX와 RX 경로를 공유하는 방법을 결정해야 한다. 그림 13.11은 합성기의 출력이 직접 두 경로를 구동하는 한 예이다. 실제로, 버퍼가 긴 와이어 전후에 필요할 수 있다.

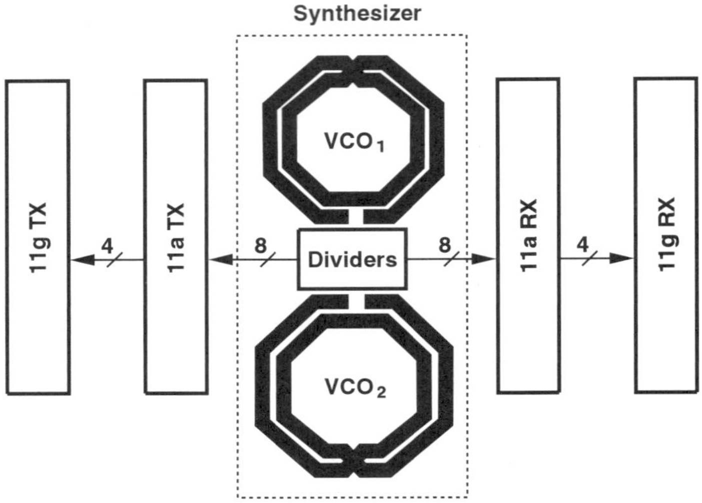


**그림 13.11** *두 배의 캐리어 주파수를 갖는 두 개의 VCO의 배치 계획*

**예제 13.10** RF Microelecronics

차동 I/Q 신호가 긴 상호결선(interconnect)을 거치면서 결정적 부정합이 발생한다. 이유를 설명하고 이를 줄일 방안을 고안하라.

**풀이:**

그림 13.12(a)의 배치를 고려해 보면 와이어의 유한한 저항성분과 커플링 커패시턴스에 의해 각 선은 바로 이웃(들)의 신호에 어느 정도 비율로 영향을 받는다[그림 13.12(b)]. 그래서 I와 $\overline{Q}$가 이상적인 위치에서 벗어나게 된다. 이러한 영향을 줄이기 위해, 그림 13.12(c)에 보인 것과 같이 전체 길이의 반 정도에서 새로운 커플링을 발생하게 되고 이는 그림 13.12(d)에 보인 바와 같이 전체 선간의 커플링 구조를 갖게 된다. 이렇게 하여 부정합을 완전하게 제거한다.

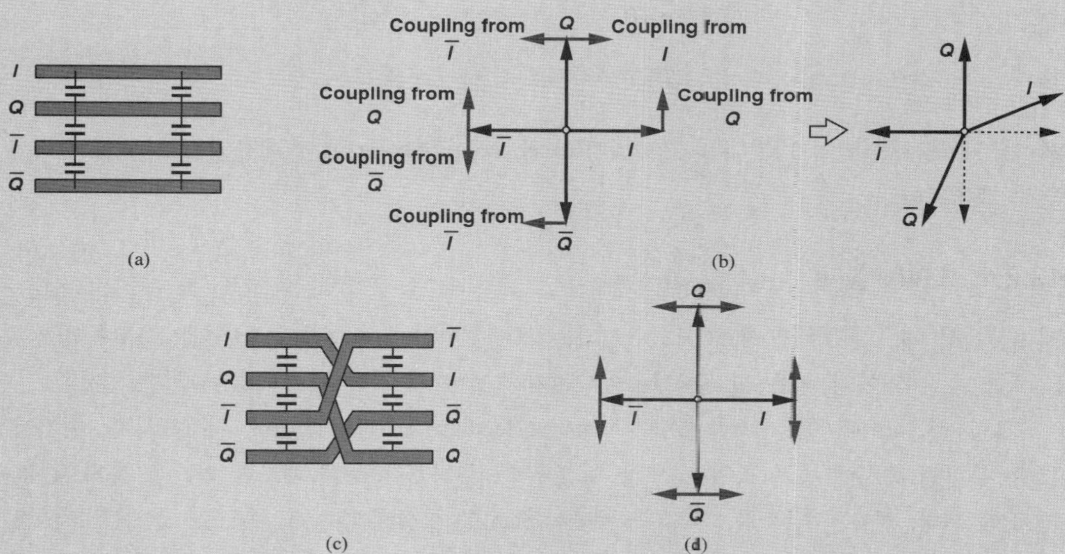


**그림 13.12** *(a) I/O LO 위상변화를 동반하는 라인, (b) 커플링으로 발생한 부정합, (c) 크로스 라우팅 구조, (d) 부정합의 제거*

그림 13.13은 지금까지 설명한 송수신기의 구조를 나타낸다. 나중에 볼 수 있듯이 동일한 RX 경로가 11.a와 11g에 사용될 수 있다.

## 13.2 수신기 설계 Receiver Design

11a/g 수신기 체인(chains)은 각각의 입력 주파수 범위의 잡음지수(NF), 선형성, 이득과 자동 이득 제어(AGC)에 대해 설계된다. 자동 이득 제어(AGC)는 체인을 따라 이산(discrete) 이득

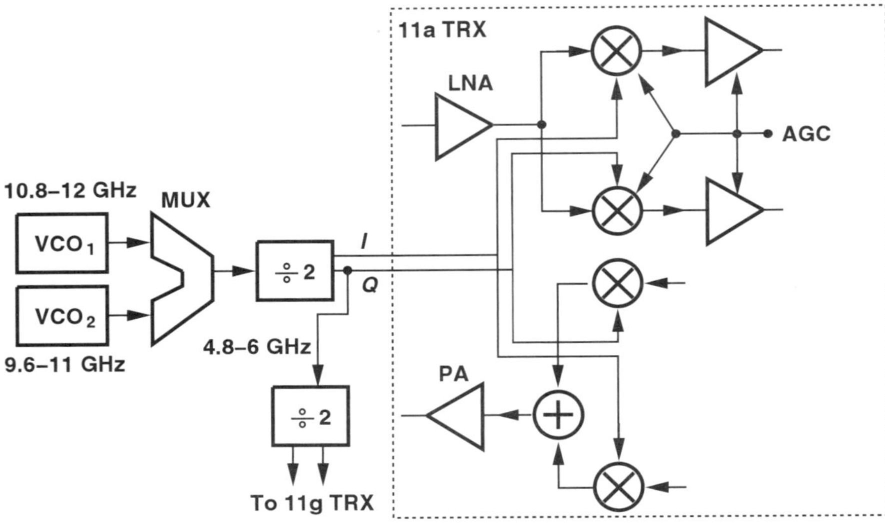


그림 13.13 *최종 송수신기 구조*

제어를 통해 구현되며 기저대역 프로세서(baseband processor)에서 제공되는 디지털 입력에 의해 제어된다.

### 13.2.1 LNA 설계 LNA Design

제 5장에서 예로 든 두 개의 5GHz 수신기는 11a 수신기에 적합한 구조이다. 그러나 *하나의* LNA를 두 대역에서 사용 할 수 있을까? 여기서 LNA의 다른 구조에 대해 알아보자.

그림 13.14(a)에 있는 저항-부궤환(resistive-feedback) LNA에 대해 생각해보자. 여기서, $M_2$는 부하인 동시에 증폭 소자로 쓰일 수 있는데, 부하가 수동일 때보다 낮은 잡음지수(NF)를 갖게 된다. 전류원 $I_1$은 $M_1$과 $M_2$의 동작점(bias)을 설정해 주며, $C_1$은 노드 $X$에서 교류 접지가 되도록 한다. 이 회로는 잠재적으로 2.4 GHz에서 6 GHz의 주파수 범위를 아우를 수 있다. 문제 13.8에서 우리는

$$\frac{V_{out}}{V_{in}} = -\frac{[1-(g_{m1}+g_{m2})R_F](r_{O1}||r_{O2})}{R_F+R_S+[1+(g_{m1}+g_{m2})R_S](r_{O1}||r_{O2})}, \tag{13.27}$$

과

$$R_{in} = \frac{r_{O1}||r_{O2}+R_F}{1+(g_{m1}+g_{m2})(r_{O1}||r_{O2})}. \tag{13.28}$$

임을 증명하였다. $R_{in}$과 $R_S$를 같게 만들고 수식 (13.27)의 분모를 치환하면,

$$\frac{V_{out}}{V_{in}} = -\frac{[1-(g_{m1}+g_{m2})R_F](r_{O1}||r_{O2})}{2(R_F+r_{O1}||r_{O2})}. \tag{13.29}$$

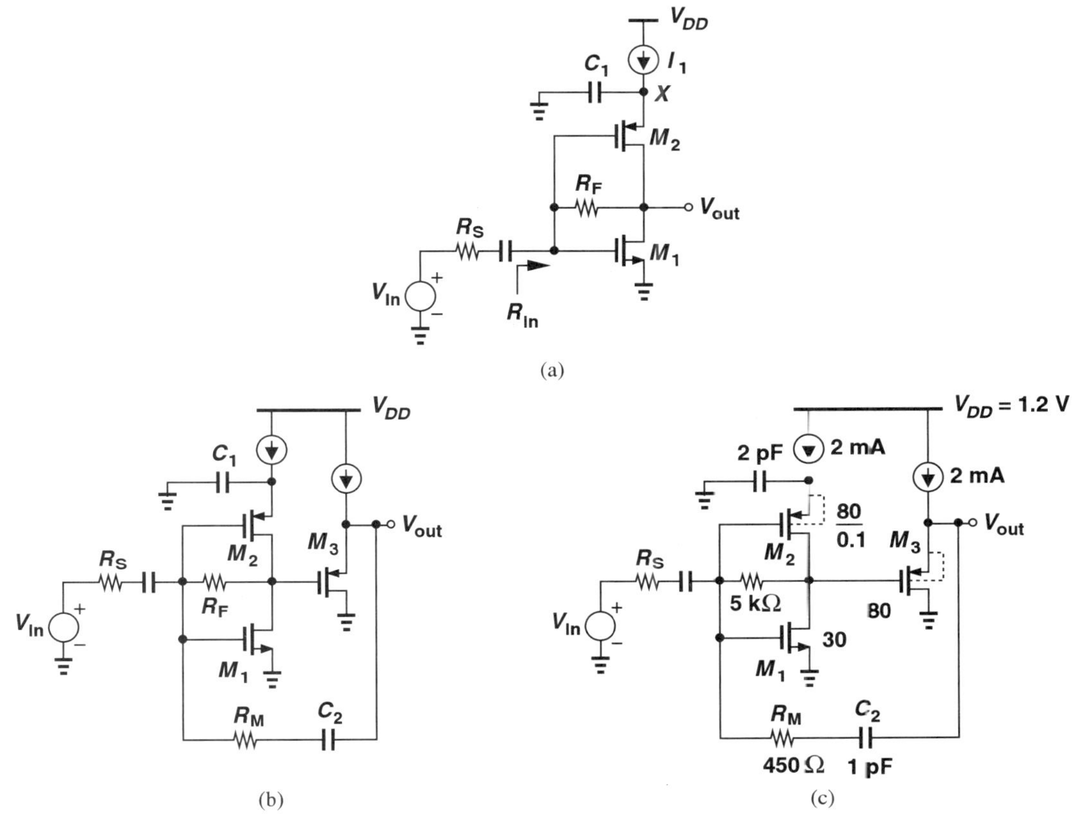


**그림 13.14** *(a) 저항 부궤환(negative feedback)을 가진 저잡음증폭기, (b) 소스 팔로워(source follower)의 추가, (c) 저잡음증폭기의 최종 설계*

을 얻을 수 있다.

대략적인 추정을 기반으로 두 가지 발견을 할 수 있다. $(g_{m1} + g_{m2})(r_{O1}\|r_{O2}) >> 1$이라 가정하자. 먼저 (13.28) 식에서,

$$R_{in} \approx \frac{1}{g_{m1} + g_{m2}} + \frac{R_F}{(g_{m1} + g_{m2})(r_{O1}\|r_{O2})}. \tag{13.30}$$

이 된다. $R_{in} \approx 50\,\Omega$일 때, 첫 번째 항이 10에서 $20\,\Omega$의 범의 안에 있고 (잡음지수에 영향을 주므로) 두 번째 항이 30에서 $40\,\Omega$의 범위 안에 있어야 한다는 것으로 요약 할 수 있다. 즉, $(g_{m1} + g_{m2})(r_{O1}\|r_{O2})$가 10정도 될 때, RF는 300에서 $400\,\Omega$을 넘을 수 없다. 두 번째, 식 (13.29)에서, $V_{out}/V_{in} = -2.8$일 때, 이득 $g_{m1} + g_{m2} \approx (20\,\Omega)^{-1}$, $r_{O1}\|r_{O2} \approx 200\,\Omega$,[8] $R_F = 300\,\Omega$임을 구할 수 있다. 실질적으로, 65-nm 기술의 최소 길이 소자는 더 작은 $(g_{m1} + g_{m2})(r_{O1}\|r_{O2})$을 만들어 더 낮은 이득을 얻을 수 있다. 이 회로는 여유 없는 입력 매칭(mat-

8. $g_m r_O \approx 10$이고 $g_m \approx (40\,\Omega)^{-1}$이기에, $r_O \approx 400\,\Omega$이다.

ching)과 이득간의 절충(trade-off)문제를 가지고 있다.

입력 매칭을 하면서 높은 이득을 얻기 위해선, 회로를 그림 13.14(b)와 같이 고쳐야 한다. 이와 같은 경우 $R_F$값은 크며, $M_1$과 $M_2$의 게이트(gate)에 적절한 DC 수위를 설정해 주며 높은 전압 이득을 얻도록 해 준다. 반면 소스 팔로워(source follower)는 입력 매칭을 위해 보통 크기의 저항 $R_M$을 구동한다. 큰 $R_F$와 무시 할 수 있는 정도의 기판 효과(body effect)와 $M_3$의 채널 길이 변조(channel-length modulation)에 대해선, 입력 저항은 부궤환(negative feedback) 저항값에 1 더하기 루프 이득(loop gain)의 값으로 나눈 값과 같다:

$$R_{in} \approx \frac{R_M + g_{m3}^{-1}}{1 + (g_{m1} + g_{m2})(r_{O1} \| r_{O2})}. \tag{13.31}$$

(왜 $g_{m3}^{-1}$은 분자에 포함되어 있는가?) 이 결과는 식 (13.28)에서 $r_{O1} \| r_{O2}$항이 없음으로 인해 더 큰 $R_M$을 허용하기에, 더욱 선호된다. 만일 $R_{in} = R_S$이고 $R_M >> g_{m3}^{-1}$일 경우, 이득은 단순히 인버터(inverter)의 전압 이득의 1/2배가 된다:

$$\frac{V_{out}}{V_{in}} = -\frac{1}{2}(g_{m1} + g_{m2})(r_{O1} \| r_{O2}). \tag{13.32}$$

예를 들어, 만일 $(g_{m1} + g_{m2})(r_{O1} \| r_{O2}) = 10$이라면, 14 dB의 이득을 얻을 수 있다.

그림 13.14(c)는 최종 LNA 설계를 나타낸다. 여기서 몇 가지에 대하여 주목해야 한다. 첫 번째, 1.2-V 전압 공급으로, $|V_{GS2}| + V_{GS1}$은 1 V 이하로 유지되어야 하며 이는 넓은 트랜지스터(transistor)를 요구한다. 두 번째, 이득을 높이기 위해선, $M_2$의 채널 길이(channel length)는 0.1 $\mu$m로 높여야 한다. 셋째, $|V_{GS2}|$와 $|V_{GS3}|$을 줄이기 위해선, 각 소자들의 *n*-우물(n-well)은 각자의 소스(source)에 연결되어야 한다.

### 예제 13.11

RF Microelecronics

그림 13.14(c)의 큰 입력 트랜지스터(transistor)는 약 200 fF 정도의 입력 커패시턴스(capacitance) $C_{in}$을 가진다[$C_{GD1} + C_{GD2}$의 밀러 효과(Miller effect)를 포함하여]. 이 커패시턴스는 6 GHz의 입력 매칭(match)의 성능을 저하시키지는 않는가?

**풀이:**

$(C_{in}\omega)^{-1} \approx 130\ \Omega$이 50 Ω과 차이가 나기 때문에, $C_{in}$이 $S_{11}$에 큰 영향을 줄 것이라 예상된다. 하지만, 다행스럽게도, 인버터의 *출력* 노드에 있는 커패시턴스는 고주파에서 개루프(open-loop)이득을 감소시키는 극점(pole)을 생성하고, 폐루프(closed-loop)의 입력 임피던스를 *상승시킨다.* 이것은 제5장에서 설명하였던 리액턴스-상쇄(reactance-cancelling) LNA의 다른 예이다.

그림 13.15는 2 GHz에서 6 GHz의 주파수 범위에서 시뮬레이션 된 저잡음증폭기 특성을 도시하였다. 최악의 $|S_{11}|$, 잡음지수(NF)와 이득[9]은 각각 −16.5 dB, 2.35 dB, 14.9 dB와 같다. 그림 13.16은 6 GHz에서의 입력레벨에 대한 저잡음증폭기의 이득을 나타낸다. 부궤환(negative feedback) 덕분에 저잡음증폭기는 −14 dBm 정도의 $P_{1dB}$를 얻을 수 있다.[10]

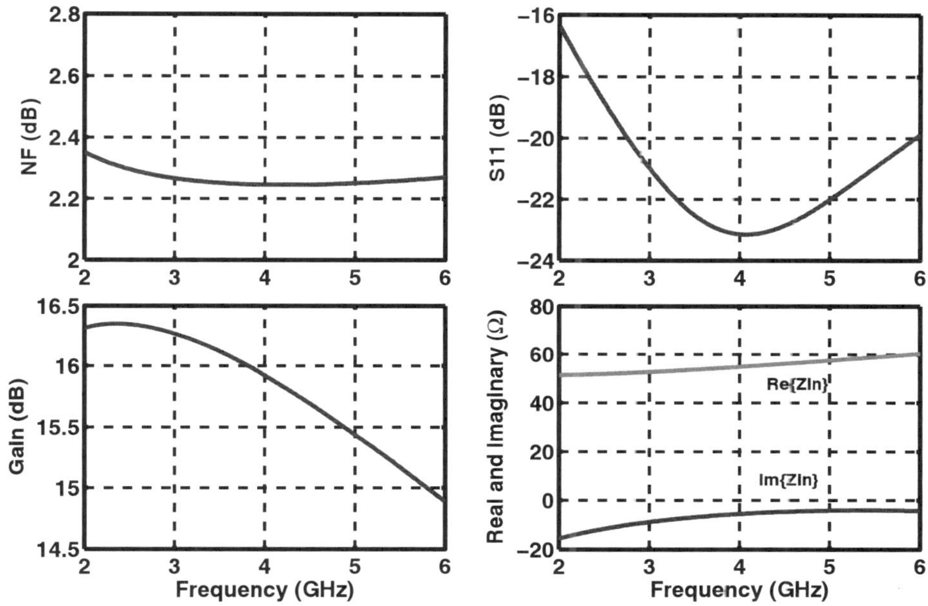


**그림** 13.15 *시뮬레이션 된 11a/g 저잡음증폭기의 특성*

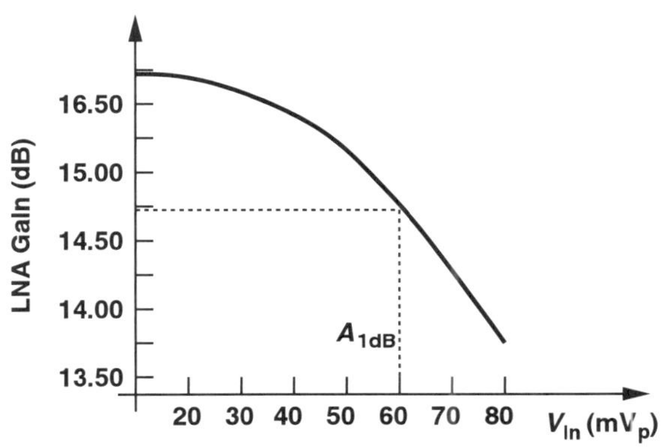


**그림** 13.15 *저잡음증폭기 압축(compression) 특성*

9. 이 전압 이득은 저잡음증폭기의 입력 노드에서 출력 노드까지의 이득이다.
10. ac와 과도상태(transient) 시뮬레이션은 약간 다른 전압 이득을 도출한다.

### 13.2.2 믹서 설계 Mixer Design

수동 및 능동 믹서를 선택하는데 있어서 여러 요인들이 고려되는데, 가능한 LO스윙, 필요로 하는 선형성, 출력 플리커 잡음 등이 포함된다. 송신기의 경우, (a) 65 nm CMOS 기술은 6 GHz에서 레일-투-레일(rail-to-rail) LO 스윙을 제공하고 있어 수동 믹서를 사용 가능하고, (b) 수신기 선형성은 상대적으로 여유가 있어 능동 믹서 또한 사용이 가능해 설계에 있어 선택의 폭이 넓다. 그럼에도 불구하고, 65 nm 소자의 높은 플리커 잡음은 능동 소자를 사용하는데 있어 문제를 야기한다.

간단한 기저대역 증폭기를 포함한 단일 평형(single-balanced) 수동 믹서를 고려할 수 있다(그림 13.17). 이때 증폭기의 플리커 잡음을 최소화하기 위해 큰 PMOS 소자가 사용된다. 차동쌍의 게이트 바이어스 전압은 $V_b$에 의하여 결정되는데, $M_3$ 및 $M_4$가 포화 상태에서 작동될 수 있도록 접지보다 0.2 V 높아야 한다. 이 체인의 두 개의 단계는 직교 하향 변환을 위해 필요하며, 총 공급 전류가 10 mA를 소모한다.

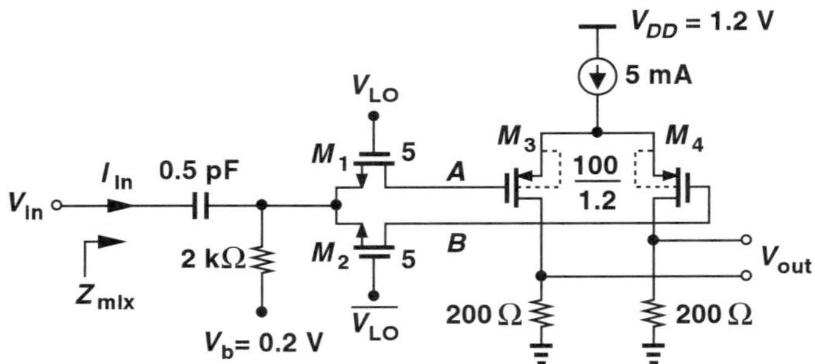


**그림 13.17** *하향 변환 믹서 설계*

6장의 전압 구동 샘플링(non-return-to-zero) 믹서를 위한 식을 사용하여, 위의 회로의 특성을 계산할 수 있다. 트랜지스터 $M_3$와 $M_4$는 믹서 소자에 대해 $C_L \approx (2/3)WLC_{ox} \approx 130$ fF의 부하 커패시터를 보인다. $A$와 $B$ 사이의 차동 잡음은 다음과 같이 측정된다.

$$\overline{V_{n,AB}^2} = 2kT\left(3.9R_{1,2} + \frac{1}{2C_L f_{LO}}\right), \tag{13.33}$$

이때 $R_{1,2}$는 $M_1$과 $M_2$의 온-저항으로 약 100 Ω이다. 이에 따라 $\overline{V_{n,AB}^2} \approx 8.54 \times 10^{-18}\ \text{V}^2$이다. $V_{in}$에서 $V_{AB}$로의 전압 이득이 1이라고 가정하면, $\overline{V_{n,AB}^2}$를 50 Ω 저항[11]의 잡음으로 나눔으로써 50 Ω 소스에 대한 잡음지수를 구할 수 있다. 이것은 $f_{LO}$ = 6 GHz에서 NF = 11.31 = 10.1 dB이다. 시뮬레이션을 통하여 계산값을 확인하고, $A$와 $B$에서의 플리커 잡음을 무시할

11. 믹서의 입력 임피던스를 50 Ω보다 훨씬 크다고 가정한다.

수 있음을 알 수 있다.

그림 13.17의 회로는 몇몇 문제들을 지니고 있다. 첫째, 큰 트랜지스터를 통합하지만, 차동쌍은 여전히 플리커 잡음을 야기하고 있으며 100 kHz에서 잡음지수를 수 dB 올리는 문제가 있다. LNA에서 보이는 체인에서의 임피던스와 $M_3$ 및 $M_4$어서의 플리커 잡음 사이에는 상충 절충관계가 존재한다.

둘째, LNA는 *4개의* 스위치와 각각의 샘플링 커패시터를 필요로 하여, 부하를 가중시킨다. 따라서, LNA의 이득과 입력 매칭은 저하될 수 있다. LNA와 믹서를 설계하는 데 있어서 하나의 통합체로서 최적화시킬 필요가 있다.

셋째, 식 (13.33)에서의 $V_{n,AB}$의 $f_{LO}$에 대한 반대의 의존성은 11g 대역에서 믹서가 높은 잡음지수의 문제를 나타냄을 의미한다. 이것은 부분적으로 믹서의 높은 입력 임피던스 및 이에 따른 LNA의 높음 이득에 의해 부분적으로 보상된다.

그림 3.18은 그림 13.17에서의 믹서에 대한 50 Ω 소스 임피던스에서의 이중측파대

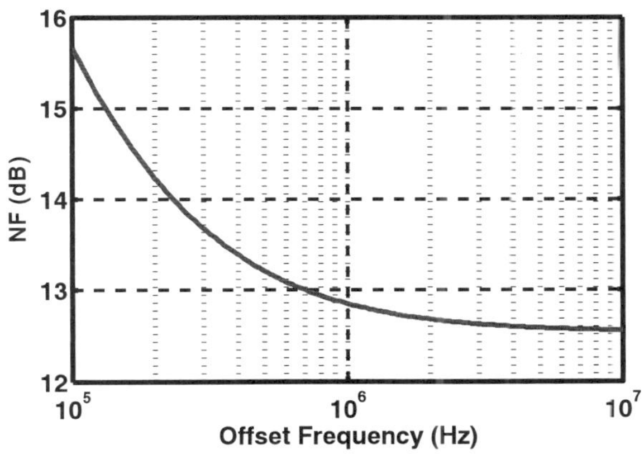


(a)

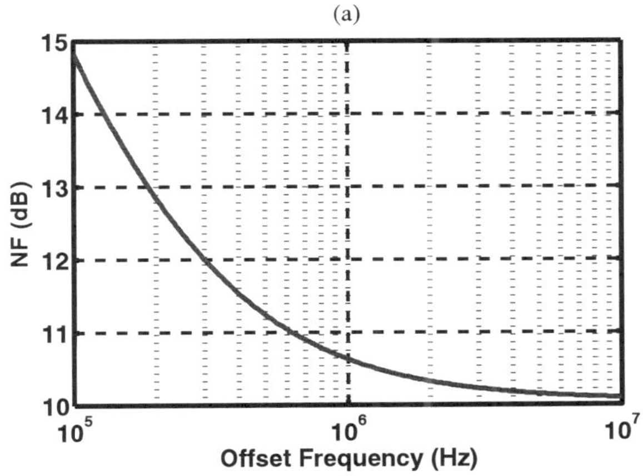


(b)

**그림 13.18** *믹서 잡음지수의 시뮬레이션 결과 (a) 2.4 GHz, (b) 6 GHz*

(double-sideband) 잡음지수 시뮬레이션 결과 값을 도식화 한 것이다. 6 GHz LO일 때, 잡음지수는 100 kHz 오프셋에서의 기저대역 증폭기의 플리커 잡음의 영향을 크게 받는다. 2.4 GHz LO에서는, 열바닥 잡음이 3 dB 증가한다. 시뮬레이션에서는 레일-투-레일(rail-to-rail) 정현파 LO파형을 가정한다.

그림 13.19는 전체 수신기 체인을 나타내며, 그림 13.20은 이중측파대 잡음지수의 시뮬레이션 결과 값을 도식화 하였다. 수신기의 잡음지수는 2.4 GHz에서 7.5 dB에서 6.1 dB의 값으로 변화하며, 6 GHz에서 7 dB에서 4.5 dB의 값으로 변화한다. 이 값들은 우리가 목표로 하는 10 dB 안에 포함된다.

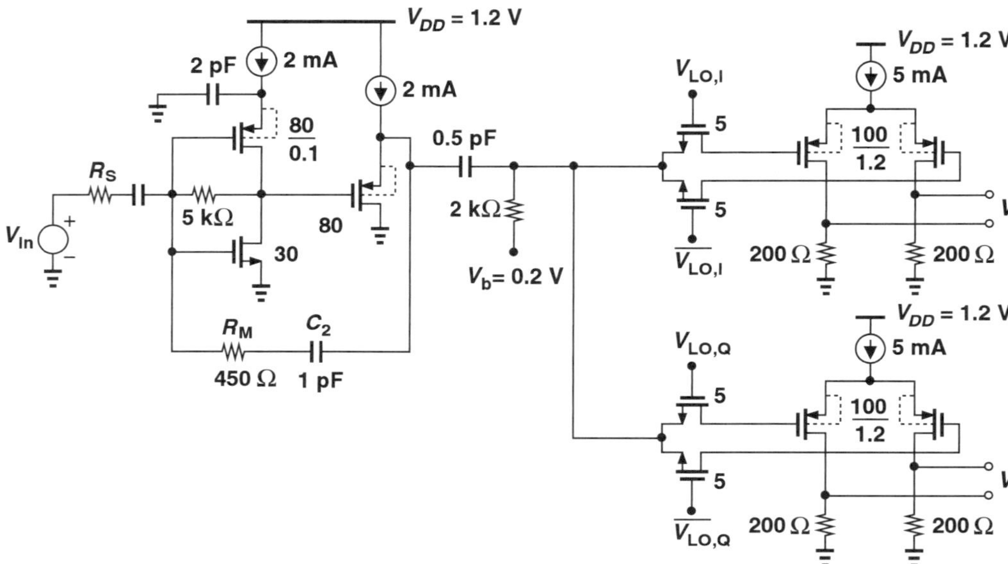


**그림** 13.19 *11a/g 전체 수신기 설계*

## 예제 13.12

RF Microelecronics

주파수에 의하여 잡음지수가 변할 경우 수신기의 감도는 어떻게 계산되어야 하는가?

**풀이:**

간단한 방법은 잡음지수 값을 출력 잡음 스펙트럼 밀도를 이용해 변환하고 채널 대역폭(10 MHz)에서의 총 출력 잡음 전력을 계산하는 것이다. 이러한 방식은, 에너지의 대부분이 100 kHz에서 1 MHz 사이에 분포하기 때문에 그림 13.20과 같이 도식화된 플리커 잡음의 영향이 미미하다.

반면에 OFDM 시스템에서는, 플리커 잡음이 다른 서브 채널보다 훨씬 큰 범위에서 일부 서브채널을 손상시킨다. 따라서 실제 잡음 스펙트럼을 통한 시스템 시뮬레이션이 필요하다.

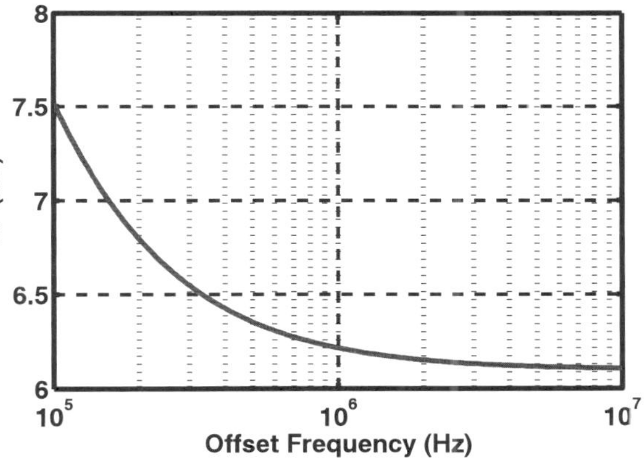

(a)

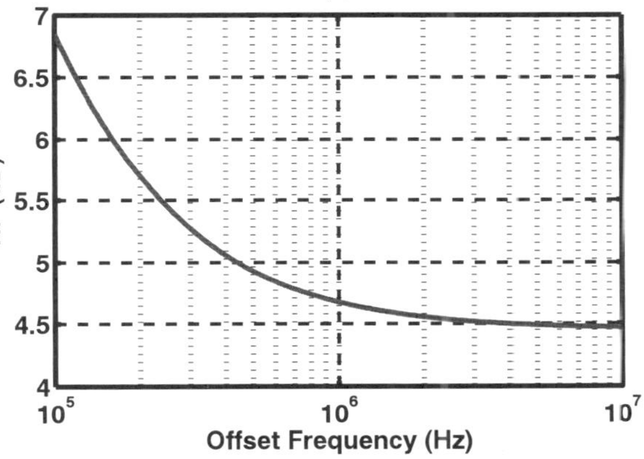

(b)

**그림** 13.20 *수신기 잡음지수의 시뮬레이션 결과 (a) 2.4 GHz, (b) 6 GHz*

## 예제 13.13

RF Microelecronics

그림 13.17의 입력 임피던스 $Z_{mix}$는 LNA의 입력 반사 손실에 의하여 변경될 수 있다. 어떻게 이 영향을 계산하는가?

**풀이:**

그림 13.15의 LNA의 $S_{11}$ 값은 소신호 ac 시뮬레이션을 통하여 얻어진다. 반면에 수동 믹서의 입력 임피던스는 과도상태 시뮬레이션(transient simulation)과 같은 트랜지스터(transistor) 스위칭을 통하여 얻을 수 있다. 믹서가 스위칭되는 동안 LNA의 입력 임피던스를 알기 위해서는, 그림 13.17의 $I_{in}$의 FFT를 얻어내어 크기와 위상을 알아야 한다. $V_{in}$의 크기와 위상을 알게 되면, 관심 주파수에서의 입력 임피던스를 계산할 수 있다.

### 13.2.3 AGC

13.1.1절에서 언급한 바와 같이, 수신기의 이득은 −30 dBm 정도의 최대 입력을 버티기 위해 23 dB부터 58 dB까지의 제어가 가능해야 한다. 전치단에서 변화하는 이득을 구현하기 위한 주요 도전은 수신기의 입력 임피던스의 변화를 피해야 한다는 것이다. 예를 들어 그림 13.14(c)의 저항 $R_m$을 변화시키면, $S_{11}$도 동시에 변할 것이다. 그림 13.16과 같이 운이 좋을 경우, LNA의 1 dB 이득 압축점이 −30 dBm 이상일 때는, 전체 입력 범위에 대하여 고정된 LNA의 이득을 사용할 수 있다.

수신기 블록 중 어디에서 이득을 변화할 것인가를 결정하기 위해서는, 먼저 −26 dBm의 입력 $P_{1dB}$를 얻기 위한 수신기 이득 특성에 대한 전반적인 그래프를 그려본다(그림 13.21). 기저대역 차동쌍에 의해 그 특성이 좌우되지만, 수신기의 $P_{1dB}$는 LNA의 $P_{1dB}$보다는 꽤 낮은 수치를 가진다. 그러므로 평균 수신 입력이 −30 dBm으로 접근할 때에는, 특히, 11a/g 신호의 피크대 평균 비율(peak-to-average ratio)이 9 dB에 달할 수 있기 때문에, 더 낮은 믹서의 이득이 요구된다. 그림 13.22와 같이, 이것은 믹서의 차동 출력 간 트랜지스터 $M_{G1}$-$M_{G3}$를

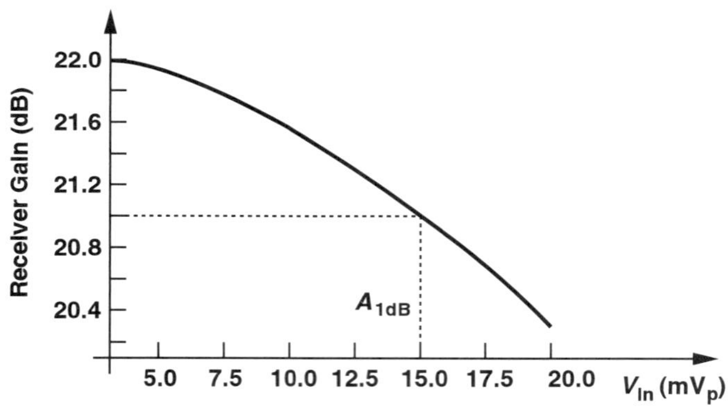


**그림 13.21** *11a/g 수신기의 압축특성*

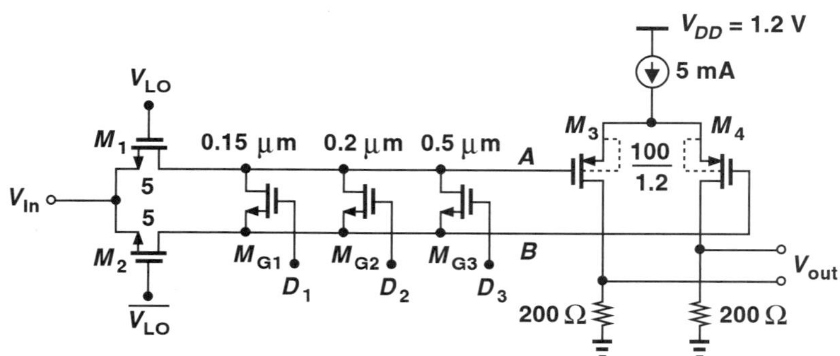


**그림 13.22** *하향 변환 믹서에 구현된 안의 거친 AGC*

삽입함으로써 구현될 수 있다. −50 dBm 주변의 입력신호에 대해서는, 약 5 dB의 이득을 감소시키기 위해 $M_{G1}$이 켜진다. −40 dBm의 입력신호인 경우, 10 dB의 이득을 감소시키기 위해 $M_{G1}$와 $M_{G2}$가 켜진다. 마지막으로, −30 dBm 주변의 입력신호에 대해서는, 15 dB의 이득을 감소시키기 위해 세 개의 트랜지스터가 모두 켜진다. 물론 수신기의 $P_{1dB}$가 낮은 이득 모드에서 적절한 값을 갖도록 함으로써 각 경우에 대하여 거의 같은 비율로 증가하도록 한다. 이러한 배열을 '거친(coarse) AGC'라 한다.

$M_{G1}$-$M_{G3}$ 간 필요한 넓이는 시뮬레이션을 통해 각각 0.15 $\mu$m, 0.2 $\mu$m, 그리고 0.5 $\mu$m가 되는 것을 확인할 수 있다($L$ = 60 nm). 그림 13.23은 다른 이득 값의 설정에 따른 수신기 이득, $P_{1dB}$ 그리고 NF에 대한 그래프를 나타내고 있다.

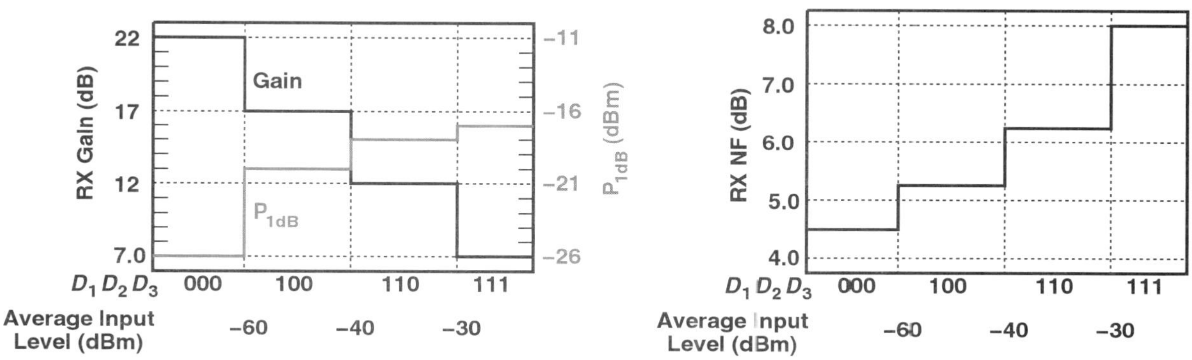


**그림 13.23** *이득설정의 함수로서의 수신기 특성*

여기서 두 가지를 언급하면, 첫 번째로 작은 사이즈 때문에, $M_{G1}$-$M_{G3}$는 큰 임계점의 변화를 가져야 하는 부담이 있다. 그러므로, 원하는 ON 저항을 유지시키는 동시에 2부터 5까지의 인수를 통해 각 소자의 넓이와 길이를 증가시켜 주는 것이 좋다. 두 번째로 그림 13.23의 특성은 이득 특성이 더 낮아지더라도 수신 $P_{1dB}$가 −18 dBm이 넘기 어렵다는 것을 나타낸다. 이는 이 점을 넘어서면 LNA와 믹서의 비선형성(기저대역 증폭기보다)이 더 주요하게 되기 때문이다.

## 예제 13.14

RF Microelecronics

그림 13.22에서 무엇이 $D_1$−$D_3$을 제어하는가?

**풀이:**

$D_1$−$D_3$에 대한 디지털 제어는 일반적으로 기저대역 프로세서에 의해 수행된다. 기저대역(baseband) ADC에 의해 디지털로 변환된 신호 크기에 대한 측정을 통하여 해당 프로세서는 어느 정도 감쇄가 필요한 지를 결정한다.

전치단에 제공하는 22 dB의 최대 이득과 함께, 수신기에서는 기저대역에서도 약 40 dB의 이득을 구현해야 한다(예제 13.2) ['정교한(fine) AGC']. 실제적으로, 증폭과 채널-선택 필터링의 배치를 통해 증폭단의 선형성을 완화시킨다.[12]

## 예제 13.15

RF Microelecronics

정교한 AGC에서는 어떠한 이득 스텝이 요구되는가?

**풀이:**

정교한 이득 스텝의 크기는 기저대역의 ADC 분해능과 관계가 있다. 이 점을 이해하기 위해, 입력 레벨의 매 10 dB 간격에 대해 $h$의 이득 변화가 그려진 그림 13.24(a)의 보자. 여기서, 입력 레벨이 −39.9 dBm에서 −30.1 dBm까지 변화될 때, 이득은 일정하고, 따라서, ADC 입력은 10 dB까지 증가한다. ADC는 (a) −39.9 dBm 주변의 입력일 때 적절한 분해능으로 신호를 양자화시킨 후, (b) −30.1 dBm 주변의 입력일 때, 클리핑 없이 신호가 유지되어야 한다. 다시 말하면, 수신되는 신호가 −39.9 dBm에서 −30.1 dBm일 때 ADC에 입력되는 신호가 클리핑되는 것을 막기 위한 추가적인 10 dB의 동적 범위(dynamic range)를 가져야만 한다.

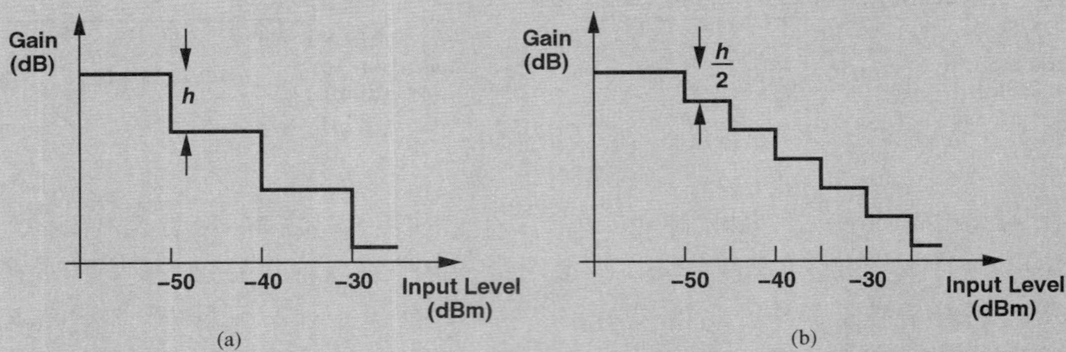


**그림 13.24** *(a) 거친 스텝을 갖는 (b) 정교한 스텝을 갖는 AGC*

그림 13.24 (b)의 시나리오를 고려하면, 이득의 변화가 입력 레벨의 5 dB 간격에 따라 발생한다. 이 경우는 ADC는 5 dB의 추가적인 분해능(동적 범위)을 제공한다.

ADC에서 부담을 최소화하기 위해서, 일반적으로 AGC는 약 1 혹은 2 dB의 스텝을 가진다. 물론, GSM과 같이 좁은 채널 대역폭을 가지는 시스템에서는 기저대역 ADC는 상대적으로 느린 속도로 동작하며, 따라서 넓은 동적 범위를 가지도록 설계할 수 있고 이를 통해 AGC의 요구도를 완화시킬 수 있다.

12. 선형성은 블로커들의 상호변조를 완화시킨다. 그러나 원하는 신호의 압축에 대해서는 아니다.

또 다른, AGC 관련 문제는 이득의 변화에 따른 기저대역 DC 오프셋의 변화이다. LNA 혹은 믹서 이득의 스위칭은 수신기 입력에 따른 LO의 결합 양을 변화시키기 때문에, 자기-믹싱(self-mixing)의 결과인 DC 오프셋 변화를 초래한다. 이 영향을 다루기 위해 (1) 각각의 이득 설정에 따른 오프셋 제거를 수행하고 그 결과를 디지털 영역에 저장시킨다. 그리고 이득이 스위칭되면 이를 활용하여 오프셋을 제거한다. 혹은, (2) 보정되지 않는 오프셋을 수용하기 위해 ADC의 동적 범위를 증가시킨다.

## 예제 13.16

RF Microelecronics

AGC 설계에서는 디지털 영역에서 각 LSB의 증가에 따라 'dB-스케일로 선형(linear in dB)'으로 프로그램 가능한 이득을 찾는다. 여기서 이득은 $h$ dB 간격으로 변하고, $h$는 일정하다. 그 이유를 설명하라.

**풀이:**

기저대역 ADC와 디지털 프로세서는 신호의 크기를 측정하고 디지털 이득을 제어하고 조절한다. 신호 레벨의 함수로서 이득 조절에 대한 두 개의 시나리오를 고려해보자. 그림 13.25(a)와 같이, 첫 번째 시나리오의 경우, 입력 신호의 일정한 상수(numerical) 크기(5 mV)의 증가에 대해 이득은 *일정한 값(10)으로* 감소된다. 이 경우, ADC에 의해 감지된 전압 스윙(= 입력레벨 × RX이득)은 일정하지 않고, 입력 신호가 10 $mV_p$에서 30 $mV_p$까지 변할 때, ADC의 동적 범위는 거의 두 배가 요구된다.

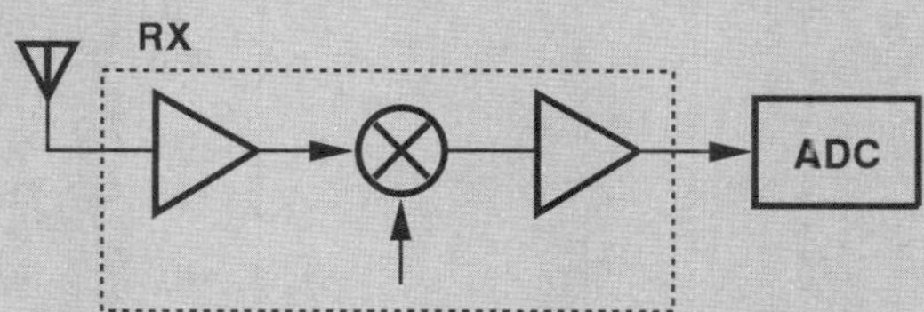


| Input Level ($mV_p$) | 10 | 15 | 20 | 25 | 30 |
|---|---|---|---|---|---|
| RX Gain | 100 | 90 | 80 | 70 | 60 |
| ADC Input Level ($mV_p$) | 1000 | 1350 | 1600 | 1750 | 1800 |

(a)

| Input Level (dBm) | −30 | −25 | −20 | −15 | −10 |
|---|---|---|---|---|---|
| RX Gain (dB) | 40 | 35 | 30 | 25 | 20 |
| ADC Input Level ($mV_p$) | 1000 | 1000 | 1000 | 1000 | 1000 |

(b)

**그림 13.25** *입력 신호 크기의 함수로서 (a) 선형 및 (b) 대수(logarithmic) 이득 스텝을 가지는 AGC*

두 번째 시나리오 [그림 13.25(b)]의 경우, 수신 이득은 신호 레벨에서 상수의 대수(logarithmic) 증가에 대해 dB-스케일로 감소되며, 그 때문에, ADC의 입력 스윙은 일정하게

(*계속*)

**예제 13.16** *(계속)* RF Microelecronics

상수가 유지된다. 여기, 수신 입력이 5 dB 간격으로 증가함에 따라, 기저대역 프로세서는 5 dB로 이득을 낮추기 위해 1 LSB 단위로 디지털 제어를 변화시킨다. 그러므로, 그림 13.23에서 수행한 'dB-스케일로 선형' 이득 제어 과정의 구현이 요구된다.

기저대역 이득단과 필터링 단은 RX 잡음과 선형성의 저하가 무시될 정도가 되어야 한다. 그러나, 실제로 잡음-선형성-전력소모간의 상호절충의 문제로 적절한 전력 소모를 만족하면서 이를 충족하는 것은 매우 어렵다. 결과적으로, 일반적인 수신기의 선형성(높은-이득 모드에서)은 전치단(front-end)보다는 기저대역단의 선형성에 의해서 제한된다.

이제 정교한 AGC를 구현해보자. 그림 13.26(a)는 기저대역에 적합한 가변-이득 증폭기(variable-gain amplifier, VGA)를[13] 나타내고 있다. 여기서, 이득은 축퇴저항(degeneration resistance)을 크게 함으로써 줄일 수 있다: 높은-이득 모드에서는 $M_{G1}$-$M_{Gn}$이 ON이 된다. 그리고 이득을 낮추기 위해서는, $M_{G1}$; 또는 $M_{G1}$, $M_{G2}$; 또는 $M_{G1}$, $M_{G2}$ 그리고 $M_{G3}$을 OFF 한다. 이득을 낮춤으로써, 그 단은 더 선형적이고, 바람직하고 더 충분한 VGA 동작이 가능하다.

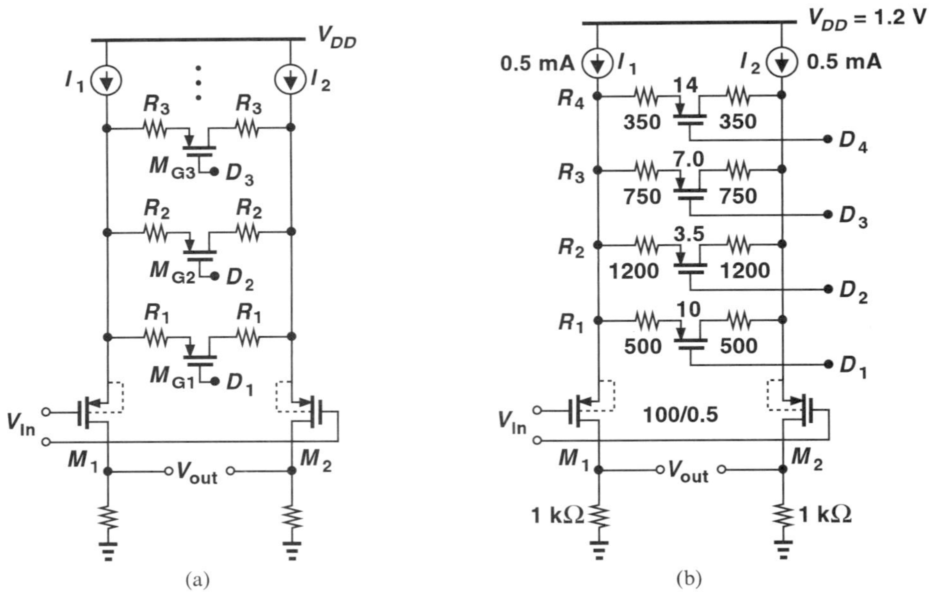


**그림 13.26** *(a) 간략화된 (b) 완성된 VGA 회로도(n-well들은 $V_{DD}$에 연결됨)*

13. 또한 프로그램 가능한 이득 증폭기(programmable-gain amplifier, PGA)라고도 부른다.

그림 13.26(a)의 회로에서 큰 입력 신호 스윙에 대해 $M_{G1}$-$M_{Gn}$의 비선형성이 나타날 것이다. 이러한 이유 때문에, 각 트랜지스터는 ON 저항이 $2R_j$의 분수(1/10부터 1/5 정도)가 되도록 충분히 넓게 설계되어야 한다. 각 $R_j$의 값은 dB-스케일로 선형의 이득 특성을 제공하기 위해 선택한다.

그림 13.26(b)는 상세 설계를 보여준다. $M_1$과 $M_2$에서는 긴 채널을 사용하여 전압의 함수인 출력 저항에 의한 비선형성을 줄이고, 소스와 *n*-well을 묶어서 $I_1$과 $I_2$에 의한 약 200 mV의 헤드룸(headroom)을 허용하고, 그들에 의한 잡음의 기여를 최소화 한다(문제 13.8). 이러한 축퇴(degeneration) 가지는 2dB의 이득 스텝을 제공한다.

표 13.1은 수신기 체인의 뒤에 VGA을 위치하였을 때의 수신기의 성능을 시뮬레이션하여 정리하였다. 그림 13.22의 구조에서 스위치들은 '온도계(thermometer)' 코드, 즉 $D_1D_2D_3D_4$에 1의 개수가 채워질 때 마다 2 dB 이득이 증가한다. 해당 시스템에 VGA가 삽입되면, (a) 수신기의 $P_{1dB}$가 −26 dBm에서 −31 dBm으로 떨어지는 것과, (b) 잡음지수가 낮은-이득 모드에서 0.2 dB 상승하는 것을 알 수 있다. 따라서, 이 VGA 설계는 최대 8 dB의 이득을 제공하는 반면에 $P_{1dB}$를 희생하며 NF는 약간 개선된다.

**표 13.1** *이득 스위칭에 의한 수신기 성능 요약*

| $D_1\,D_2\,D_3\,D_4$ (Fine AGC) | 0000 | 0001 | 0011 | 0111 |
|---|---|---|---|---|
| Gain (dB) | 30 | 28 | 26 | 24 |
| $P_{1dB}$ (dBm) | −31 | −30 | −29 | −28 |
| NF (dB) | 4.5 | 4.5 | 4.6 | 4.7 |

## 예제 13.17

RF Microelecronics

더 높은 $P_{1dB}$를 찾는 학생은 $D_1D_2D_3D_4$ = 0011에 대한 NF의 불이익은 무시하고, 이 값을 '높은-이득' 모드라 부르기로 결정하였다고 하자. 즉, 학생은 0000과 0001에 대한 보다 높은 이득 모드는 생략하였다. 이에 발생할 문제에 대해 설명하라.

**풀이:**

높은-이득 모드에서는, VGA는 4 dB의 이득만을 제공한다. 결과적으로, 다음 단(예를 들면 기저대역 필터)의 잡음이 중요하게 될 것이다.

## 13.3 송신기 설계 TX Design

TX의 설계는 전력 증폭기에서 시작하여 그 뒷단으로 진행한다. 매칭 회로의 필요는 11g와 11a 대역 모두에서 동작하는 PA이 구현을 매우 어렵게 만든다. 여기서는 두 개의 다른 PA를 가정한다.

### 13.3.1 PA 설계 PA Design

13.1.2절에서 언급 했듯이, PA는 +24 dBm의 출력 $P_{1dB}$를 가지고 +16 dBm(40 mW)을 출력해야 한다. 50 Ω 안테나에서의 피크투피크(peak-to-peak) 전압은 각각 10 V와 4 V이다. 오프-칩 1:2 발룬(balun)을 가정하고 차등 PA로 설계하여 $50\,\Omega/2^2 = 12.5\,\Omega$[14]의 부하 저항에 대해서도 2 V의 피크 대 피크 스윙을 제공한다. 그림 13.27은 생각을 요약한 것으로 노드 $X$(또는 $Y$)에서 최대 전압 스윙이 단지 0.5 V가 필요함을 나타낸다.

**예제 13.18** RF Microelecronics

그림 13.27에 노드 $X$(또는 $Y$)에서의 $P_{1dB}$는 얼마가 필요한가?

**풀이:**

발룬은 +24 dBm(10 $V_{pp}$)의 안테나 양단의 신호를 5 $V_{pp}$의 $V_{XY}$로 가하도록 $P_{1dB}$를 낮춘다. 즉, 노드 $X$에서의 $P_{1dB}$는 2.5 $V_{pp}$가 된다(+12 dBm에 해당한다).

여기서 흥미로운 (그러나 다소 문제가 되는) 것은 PA의 공급 전압이 충분히 높아서 실제 스윙은 이 레벨에 도달한다 하지 않더라고 2.5 $V_{pp}$의 싱글-앤드 $P_{1dB}$를 만족할 수 있어야 한다.

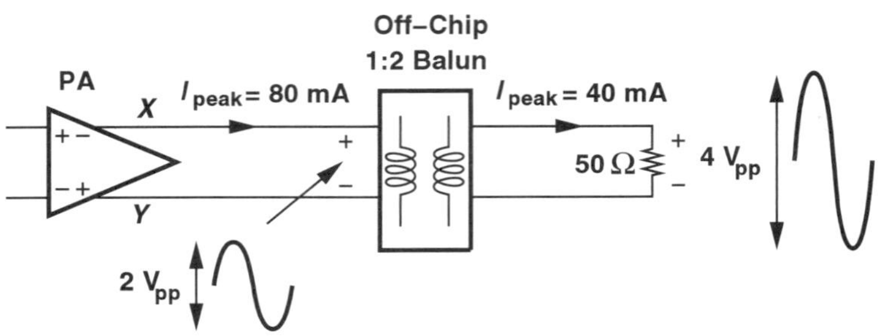


**그림 13.27** *PA에서의 전압 스윙*

14. 여기서 발룬의 손실은 무시한다. 실제로 발룬의 손실에 의한 여유분으로 0.5에서 1 dB를 두어야 한다.

준-차동(quasi-differential) 캐스코드(cascode) 단에서 시작하자[그림 13.28(a)]. 12장에서 설명 했듯이, $V_b$의 결정은 선형성과 소자 스트레스(stress) 사이의 상호절충 관계에 의해 좌우 된다. 만약 $V_b$가 너무 높으면, 노드 $X$와 $Y$의 전압이 떨어져서 $M_3$와 $M_4$를 트라이오드(triode) 영역으로 들어가게 한다. $M_1$과 $M_2$의 드레인 전압을 변화를 초래하고 압축이 발생할 수도 있다. 만약 $V_b$가 너무 낮으면, 노드 $X$와 $Y$에서 전압이 증가하여 $M_3$와 $M_4$에 과도한(excessive) 드레인-소스 전압이 발생한다.

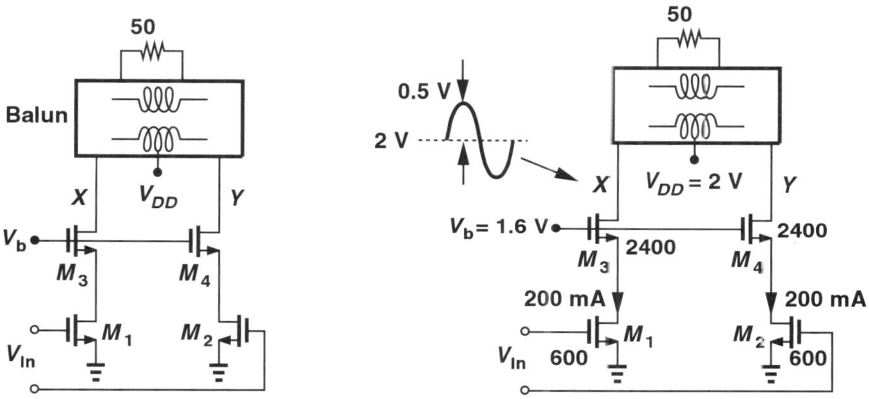


(a) (b)

**그림 13.28** *(d) 단순화된 (b) 완성된 PA 회로도*

위 단의 설계에서 또 다른 중요한 원리는 회로가 반드시 입력에서보다 *출력*에서 먼저 압축에 도달하게 해야 한다. 이 점을 이해하기 위해서, $M_1$과 $M_2$가 그들의 $I_D$-$V_{GS}$ 특성에서 억압을 경험 할 수 있도록 입력 전압을 인가해보면, 출력단에서는 억압에 다다르지 못하는 것을 알 수 있다. (트랜지스터의 게이트 전압을 증가시키면, 드레인 전압을 떨어진다. 그러므로 $M_3$, $M_4$가 포화되었을지라도 소자는 트라이오드 영역으로 동작하게 된다.) 이는 공급전압을 $P_{1dB}$의 손해 없이 더 낮출 수 있다. 즉, 만약 입력에 먼저 억압이 일어나면, 출력단에 헤드룸(headroom) 전압의 일부분이 '낭비 된다.'

또 다른 중요한 법칙은 위 단계의 이득이 반드시 최대치를 가져야 한다. 높은 이득이 낮은 입력(주어진 출력 $P_{1dB}$에 대해) 스윙에 대하여 회로가 입력에서 던저 억압되지 않도록 보장해 준다.

노드 $X$(또는 $Y$)에서 보는 싱글엔드 부하 저항이 $50\,\Omega/2^2/2 = 6.25\,\Omega$와 같다는 것도 알아야 한다. 그런 까닭에 회로는 따라서 적절한 이득이 부하를 구동하기 위해 넓은 트랜지스터와 높은 바이어스 전류를 사용해야 한다.

**예제 13.19** RF Microelecronics

6 dB, 또는 12 dB의 전압 이득에 대한 위 설계의 구현가능성을 살펴보라.

**풀이:**

전압 이득이 6 dB일 이면, 회로가 $P_{1dB}$에 다다랐을 때, 싱글엔드 입력 피크 대 피크 스윙은 2.5 V/2 = 1.25 V가 된다! 이 값은 입력 트랜지스터에 대해 너무 큰 값이므로, 높은 비선형성을 가진다.

12 dB인 경우는, $P_{1dB}$ 근처에서 필요한 피크 대 피크 입력 스윙은 0.613 V로 이는 좀 더 가능성이 있는 값이다. 물론, 입력 트랜지스터는 반드시 $g_m = 4/(6.25\ \Omega) = (1.56\ \Omega)^{-1}$의 트랜스컨덕턴스(transconductance)가 주어져야 하고 이는 더 큰 폭과 높은 바이어스 전류가 요구된다.

그림 13.28(b) 12 dB 이득을 가지는 설계 결과를 보여준다.[15] 그림 13.29는 PA의 내부 노드 전압의 파형을 보여주고, 그림 13.30은 싱글엔드 입력 레벨에 대한 압축 특성과 (드레인) 효율을 나타내고 있다.

이 설계는 두 가지 기준을 만족한다: (1) 노드 $X$(또는 $Y$)에서 전압이 2.5 $V_{pp}$에 도달할 때, 이득이 1 dB 이상 감소하지 않는다. (2) 노드 $X$(또는 $Y$)에서 1 $V_{pp}$인 평균 전압에 대해 트랜지스터가 스트레스를 받지 않는다. 캐스코드 트랜지스터는 2400 μm 폭을 가지며, $M_1$과

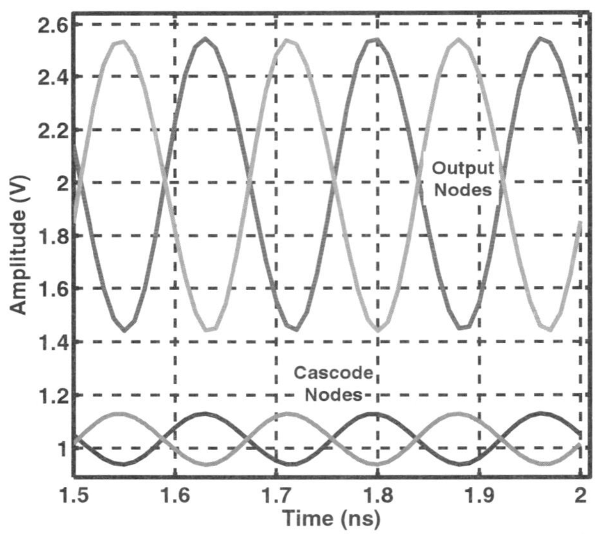


**그림 13.29** *PA의 파형*

15. 발룬(balun)은 추가적인 6 dB 전압 이득을 제공한다.

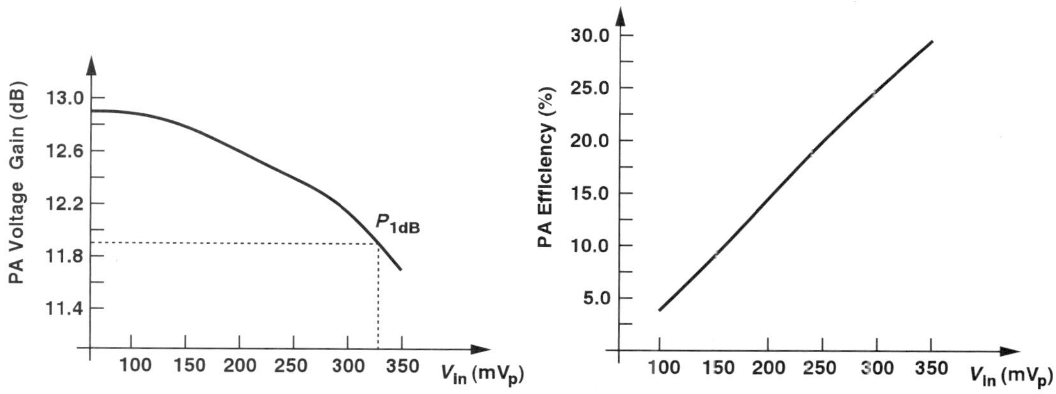


(a) (b)

**그림** 13.30 *PA의 (a) 압축점 특성 (b) 효율*

트랜지스터가 스트레스를 받지 않는다. 캐스코드 트랜지스터는 2400 $\mu$m 폭을 가지며, $M_1$과 $M_2$의 드레인에서의 전압 스윙을 감소시킨다. 출력이 $P_{1dB}$에 다가 갔을 때, $M_1(M_2)$의 게이트에 가해지는 피크 대 피크 전압 스윙은 0.68 V가 된다.

위 PA 단계에서 2 V 전압원(supply)로부터 총 400 mA의 전류를 소모하며 이는 출력 $P_{1dB}$에서 약 30%의 효율을 가지고, 40 mW의 평균 출력에서는 약 5%의 효율을 보여준다. 이는 8 dB 백-오프 (back-off)에 때문에 발생하는 손해이다. 보다 나은 설계는 더 큰 효율을 가질 수 있다[7, 8].

**전치드라이버(Predriver)** PA의 전치드라이버 단계에 대해 살펴보자. PA의 입력 케페시턴스는 약 650 fF, 6 GHz 공진을 하기 위해 약 1 nH의 드라이빙(driving) 인덕턴스가 필요하다. 이런 인덕터는 $Q$가 8정도이고 300 Ω의 병렬 저항 특성을 보인다. 전치드라이버의 전압 스윙이 0.68 $V_{pp}$을 생성하기 위해, 반드시 적어도 2.3 mA의 바이어스 전류를 가져야 한다. 하지만, TX의 선형성을 줄이지 않기 위해서, 바이어스 전류는 반드시 꽤 커야 한다.

그림 13.31은 전치드라이버와 그것의 PA와의 인터페이스를 보여준다. $M_5$와 $M_6$의 폭과 바이어스 전류는 높은 선형성을 제공하고 약 7 dB의 전압 이득을 얻을 수 있도록 결정된다. 부하 인덕터는 전치드라이버의 기생성분을 적절하게 반영하여 2 × 0.6 nH로 줄였다. 저항 $R_1$은 $M_1$과 $M_2$에 명목상의 바이어스를 위해 0.5 V의 전압 하강을 유지하고 있다. 실제로, 이 저항은 전류를 좀 더 정확하게 공급하기 위한 추적(tracking) 회로로 대체 될 수 있다.

6 GHz 주파수에서 $Q$가 8을 갖는 공진 설계는 전치드라이버가 5 GHz에서 낮은 이득을 겪게 된다. 저항 $R_2$는 대역폭을 증가시키기 위해 추가 되었고, 몇 개의 커패시터들이 낮은 공진 주파수를 위해서 공진 탱크에서 스위칭 되어야 한다(5장). 인덕터 $L_1$의 값을 증가시켜 약 5.5 GHz의 공진 주파수로 감소시킬 수 있다.

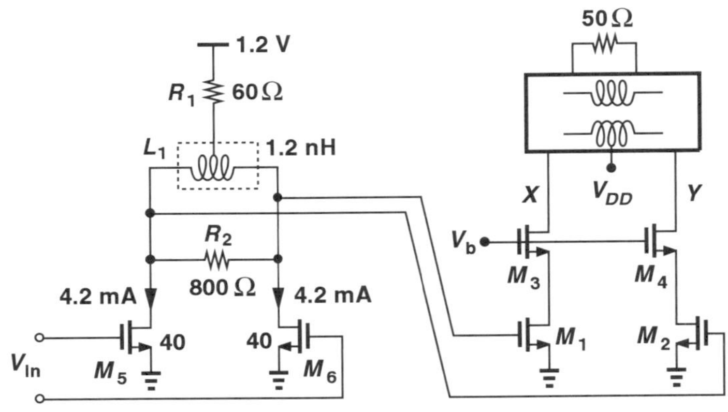


그림 13.31 *PA의 전치드라이버*

## 예제 13.20



전류 미러(current mirror)에 의해 출력 트랜지스터의 바이어스 전류를 정의하기 위해 전치드라이버와 PA 사이에 ac 커플링을 사용하려고 한다. 이 경우의 문제점을 설명하라.

**풀이:**

그림 13.32에 커플링을 어떻게 배열해야 하는지 나타나 있다. 신호의 감쇠를 최소화하기 위해서, $C_c$의 값을 PA의 입력 커패시터의 5에서 10배 정도로 반드시 해야 한다. 여기서는 3에서 6 pF 정도이다. 접지와 연결된 5%의 기생 커패시터 $C_p$를 가지는 경우에 이 커패시터는 프리드라이버 에 150에서 300 fF 정도의 추가적인 부하 커패시터가 되며 이는 보다 작은 드라이빙 인덕턴스를 필요로 한다. 더 중요한 것은, 이 정도의 값을 갖는 두 개의 커플링 커패시터는 큰 공간을 차지한다.

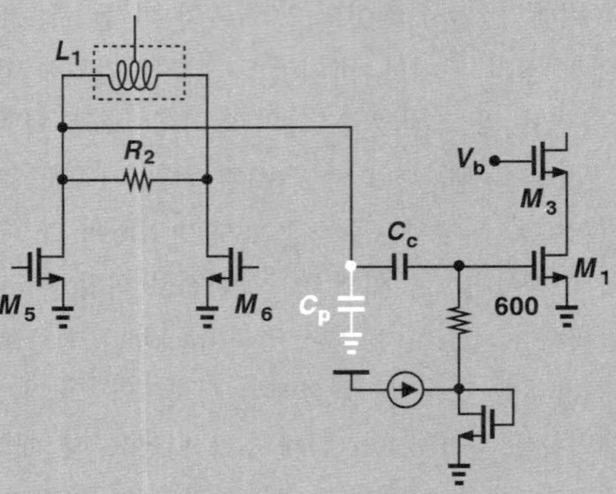


그림 13.32 *PA 전치드라이버와 출력단사이의 용량성 결합*

**동상모드 안정성(Common-Mode Stability)** 준-차동(Quasi-differential) PA들은 차등모드 이득보다 높은 동상모드(common-mode, CM) 이득을 보이고, 이는 CM 불안정성 겪을 수 있다. 이 점을 이해하기 위해서, 그림 13.33(a)에서 보이는 50 Ω 부하에 가해지는 준-차동쌍 회로를 고려해보자. 이 회로는 차등 신호의 관점에서 보면 일반적으로 안정적이다. 왜냐하면, 그림 13.33(b)의 반쪽 회로를 살펴보면, 각 트랜지스터에서 본 25 Ω 저항이 로드를 지배하여 게이트에서 부성(negative) 저항을 피할 수 있다(5장).

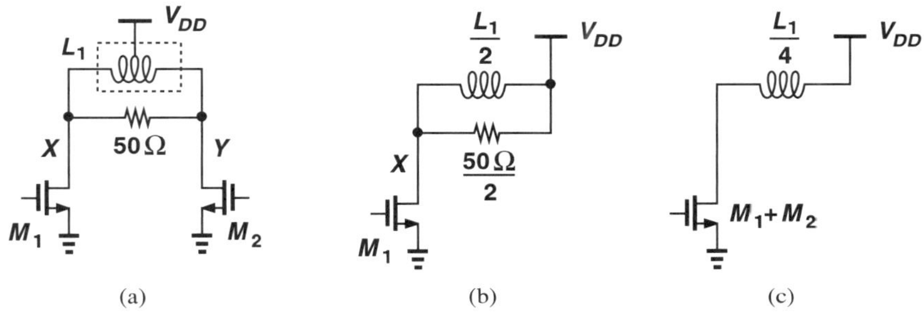


**그림 13.33** *(a) 유동적인(floting) 50 Ω 부하에 가해지는 단, (b) 차동신호를 위한 반쪽 회로 (c) 동상 모드 신호를 위한 반쪽 회로*

반대로, CM 신호에 대해서 그림 13.33(a)의 회로가 13.33(c)와 같이 등가적으로 볼 수 있다. 50 Ω 저항은 사라지고, 유도성-부하(inductively-loaded)를 갖는 공통 소스단만 남게 되어 음의 입력 저항을 나타 낼 수 있다. 안정성을 확보하기 위해, 양의 *등상모드* 저항이 이 단에 가해져야 한다.

그림 13.31의 회로를 다시 고려해보자. 동상 신호에 대해서, 저항 $R_1$이 $M_1 + M_2$의 게이트에 직렬로 나타나고 안정성을 증가시킨다. 물론, 캐스코드 출력단 또한 안정성에 기여하는데, 만약 $M_3$과 $M_4$의 게이트단이 낮은 임피던스를 갖는 소스 전압으로 묶여있다면, $M_1$과 $M_2$의 게이트에서 바라보는 부성 저항을 최소화하여 안정성에 기여한다. 하지만 실제로는 이러한 효과는 어려운데 이는 $V_{DD}$ 또는 접지에 직렬로 연결된 기생 인덕턴스 때문이다. 그런 까닭에, 그림 13.34에서 보이는 것과 같이 손실 회로를 통해서 캐스코드 게이트가 바이어스를 인가한다. 여기서, 간단한 저항 분배기의 방법으로 전압 $V_b$를 만들어 낸다. 하지만 $L_B$와 $L_G$에 의한 공진을 줄이기 위해서, $R_1$과 $R_2$를 추가한다. 캐스코드 동작이 *차동신호에* 대해서 그대로 유지함을 알 수 있다. 예를 들어 노드 $N$에서 가상접지가 된다. 이는 차등구현의 또 다른 장점이다.

### 13.3.2 상향 변환기 Upconverter

상향 변환기(upconverter)는 기저대역의 $I$와 $Q$ 신호를 6 GHz 중심 주파수로 변환하고 이를

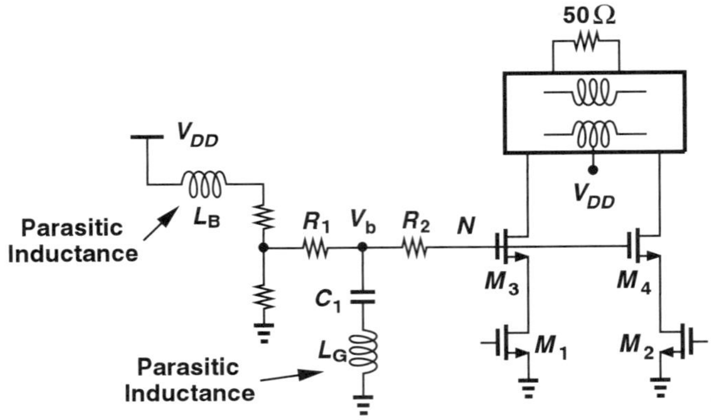


**그림 13.34** *CM 불안정을 피하기 위해 게이트에 손실 회로의 이용*

전치드라이버의 40 $\mu$m의 입력 트랜지스터에 인가한다. 여기서는 레일투레일(rail-to-rail) LO 스윙(swing)이 가능하다고 가정하여 수동 믹서(passive mixer) 구조를 사용한다.

그림 13.35는 상향 변환기 구조의 첫 걸음으로 전치드라이버를 개선이 요구된다. 각 이중 평형 믹서(double-balanced mixer) 출력 전압은 전류로 전환되고 노드 *A*와 *B*에서 결과가 더해진다. 이러한 배치는 두 가지 고려해야 할 사항이 있다. 우선, $M_5$-$M_8$의 게이트 바이어스 전압이 0.6 V 정도이므로 LO 스윙이 1.2 V일 경우라면 믹서의 트랜지스터는 작은 오버드라이브(overdrive) 전압 문제가 생긴다. 그러므로 믹서와 전치 드라이버 사이에 ac 커플링을 사용해야 한다.

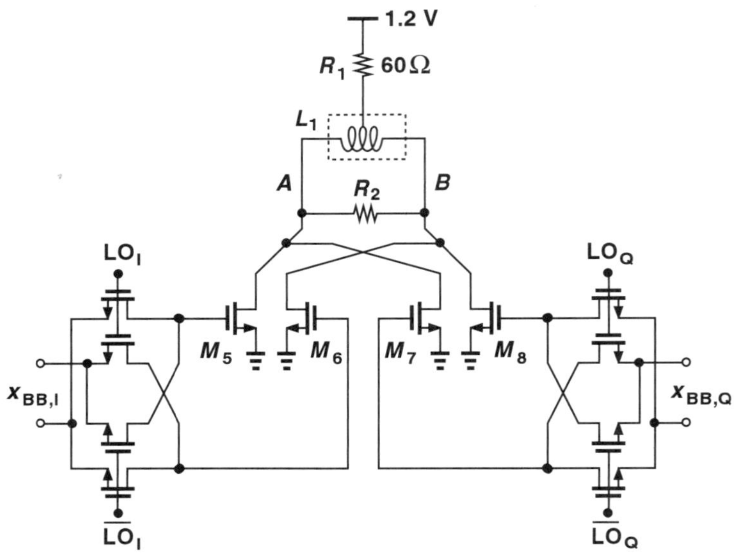


**그림 13.35** *수동믹서와 V/I 변환기를 사용한 상향 변환기*

두 번째로, 각 수동 믹서는 *양측파대* 출력을 생성하기 때문에 TX 체인에 요구되는 출력 $P_{1dB}$를 달성하기 어렵다. 이것을 이해하기 위해 그림 13.36(a)의 개념도를 살펴보자. 여기서 TX는 (변조된 신호가 아닌) 단측파대 톤으로 표현되었다. 따라서 $M_5$의 게이트 전압은 크게 스윙하는 비트 형태를 보이므로 $M_5$를 트라이오드 영역(triode region)으로 동작하게 한다. $M_5$의 드레인전압은 상향 변환된 $I$와 $Q$ 신호가 노드(node) A에서 더해지므로 일정한 포락선을 가진다. 여기서 중요한 점은 $A$에서 주어진 스윙을 생성하기 위해 $M_5$의 게이트에서의 비트 스윙(beat swing)이 전치 드라이버와 PA를 시험하기 위한 불변 포락선 스윙보다 *커야 한다*는 것이다[그림 13.36(b)]. 이러한 어려움을 해결하기 위해 전치 드라이버에 도달하기 *전에* 신호들을 더해야 한다.

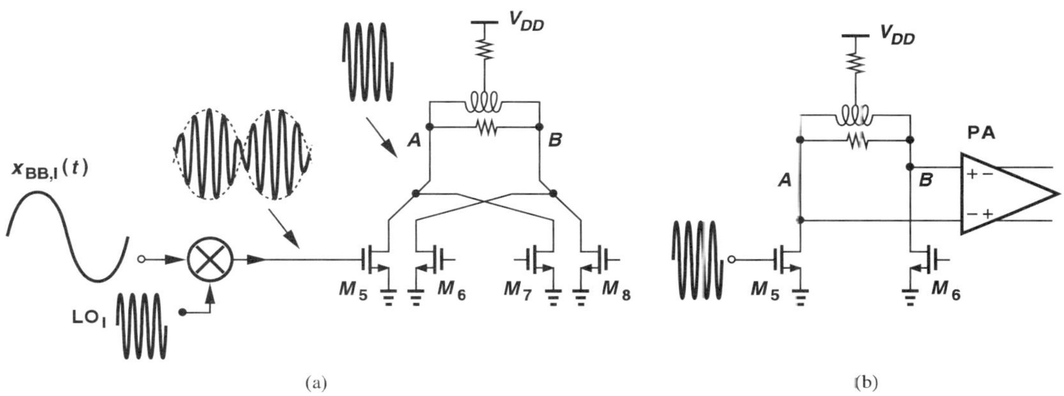


**그림 13.36** *(a) V/I 변환 트랜지스터의 게이트 단에서의 큰 비트 스윙 문제, (b) 비트성분이 없는 단*

그림 13.37은 최종으로 설계된 TX 이다. 여기서 믹서 출력들은 단측파대 신호를 생성하기 위해 단락되고 위에서 언급된 비트 현상을 피한다. 이러한 합은 믹서 스위치의 유한한 온-저항(on-resistance) 때문에 가능하게 한다. 시뮬레이션을 해보면 이러한 상향 변환기 구조의 이득과 선형성은 간단한 이중 평형 구조에서와 비슷하다. 믹서의 기저대역 dc 입력은 0.3 V 정도이다.

TX의 출력 $P_{1dB}$를 구하기 위해, 기저대역스윙의 함수로서 체인의 변환 이득(conversion gain)을 그려보자. 변환 이득은 다소 임의의 개념이므로 여기서는 50 Ω 부하에 걸리는 차동 전압 스윙을 $x_{BB,I}(t)$ [또는 $x_{BB,Q}(t)$]의 차동 전압 스윙으로 나눈 것으로 정의한다.

그림 13.38은 전체 TX 변환 이득을 보여준다. TX의 출력 $P_{1dB}$는 $V_{BB,pp}$ = 890 mV이고, 이때의 출력 전력은 +24 dBm이다. $V_{BB,pp} \approx$ 350 mV이므로 평균 출력 전력은 +16 dBm이다. 시뮬레이션에는 정현 레일투레일(rail-to-rail) LO 파형으로 가정하였다.

큰 믹서 트랜지스터는 문턱전압의 부정합이 4~5 mV 정도이고 캐리어의 관통 현상이 일

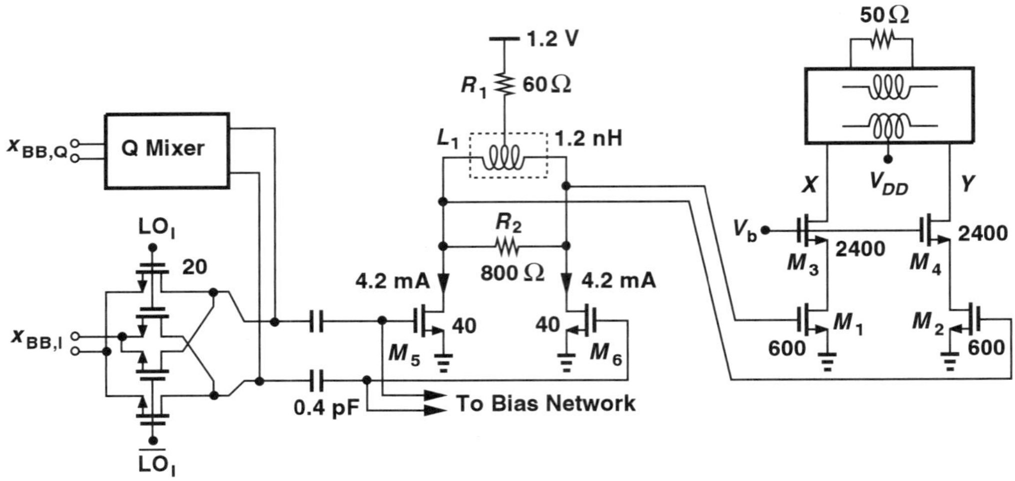


그림 13.37 *최종 TX 설계*

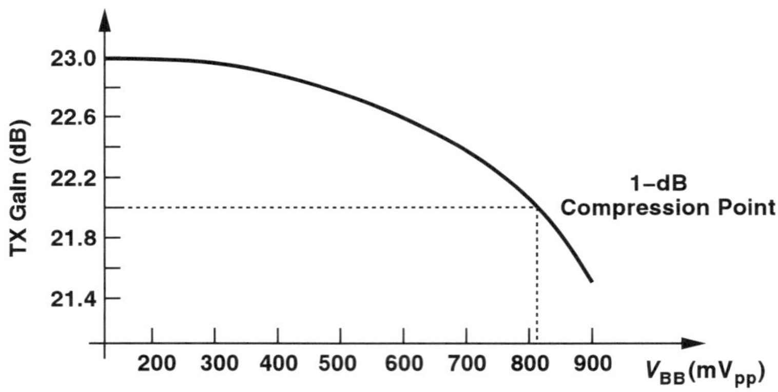


그림 13.38 *TX 압축 특성*

어난다. 오프셋을 제거하기 위한 회로를 일반적으로 믹서 앞 단에 (일반적으로 I와 Q 저역통과필터) 달아주는데, 이는 관통 현상도 감소시켜 준다.

## 13.4 주파수 합성기 설계 Synthesizer Design

이 절에서 11a와 11g대역에서 20 MHz의 기준주파수를 가지는 정수(integer)-$N$ 합성기를 설계할 것이다. 13.1.3절의 분석으로부터 2.4 GHz 또는 5에서 6 GHz의 반송주파수는 1 MHz오프셋에서 약 −101 dBc/Hz 크기의 위상 잡음을 갖는 발진기를 목표로 한다. 13.1.4절의 주파수 계획으로부터 실제 VCO는 10에서 12 GHz에서 동작하고, 최대 위상 잡음은 1 MHz 오프

셋에서 −101 + 6 = −95 dBc/Hz이어야 한다.[16]

### 13.4.1 VCO 설계 VCO Design

VCO의 조정 범위를 다음과 같이 설정한다. 하나의 VCO, 즉 $VCO_1$은 9.6 GHz에서 11 GHz에서 동작하고, 다른 $VCO_2$는 10.8 GHz에서 12 GHz에서 동작한다. 두 VCO의 조정 범위의 200 MHz의 중첩은 두 회로 간의 모델 에러나 임의의 부정합에 의해 발생할 수 있는 '음영 영역(blind zone)'을 없애준다. $VCO_2$부터 시작해 보자.

10에서 12 GHz의 범위에서 $Q$가 약 10이고 0.75 nH의 싱글엔드형 부하 인덕턴스(즉, 1.5 nH 차동형 부하 인덕턴스)를 가정해보자. 이 값은 618 Ω의 싱글엔드 병렬 등가 저항을 만들고 $(4/\pi)R_pI_{SS}$ = 1.2 V의 싱글엔드 피크 대 피크 출력 스윙을 위하여 약 1.5 mA의 꼬리전류(tail current)를 요구한다. 완벽한 스위칭 보장하기 위해 폭이 10 $\mu$m인 크로스-결합된 트랜지스터를 선택하고, 다음단의 주파수 분배기의 입력 커패시턴스를 고려하여 10 $\mu$m 폭을 갖는 임시 부하 소자를 가정한다. 마지막으로 약 12 GHz의 발진기 주파수를 얻기 위해 각 측면에 충분한 크기의 커패시턴스를 추가해 주었다. 그림 13.39(a)에서 대략적인 설계를 볼 수 있다.

이 시점에서 조정 소자(tuning device)를 추가하기 전에 이 회로의 성능을 간략하게 시뮬레이션을 한다. 시뮬레이션은 약 1.2 V의 싱글엔드 피크투피크 스윙[그림 13.40(a)]을 제안한

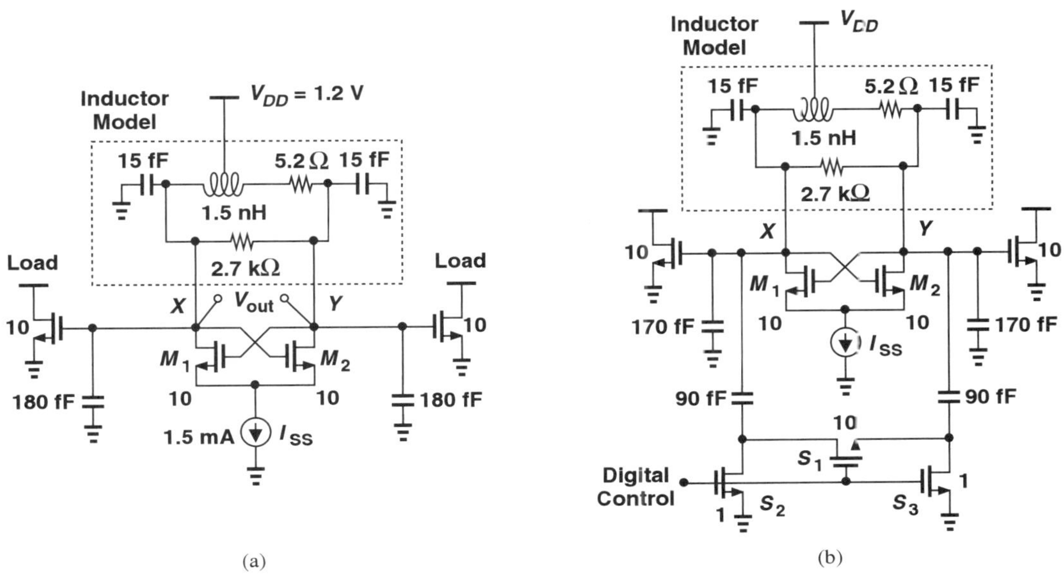


**그림 13.39** *(a) 초기 12 GHz VCO 설계 (b) 10.8 GHz로 주파수를 낮추기 위해 스위치 커패시터(switched capacitors)의 추가*

16. VCO에 따르는 주파수나누기의 위상 잡음은 무시한다.

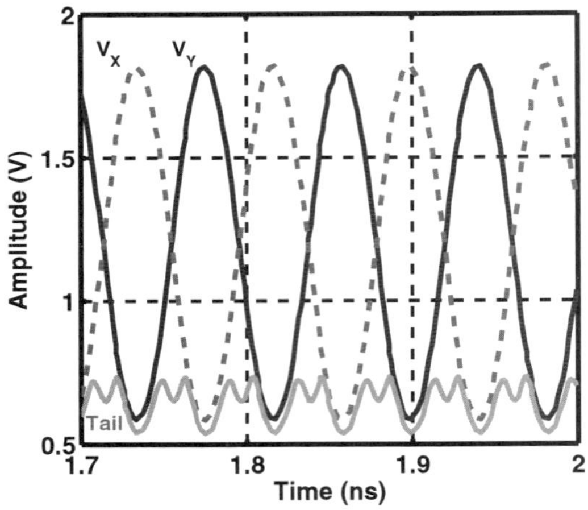


(a)

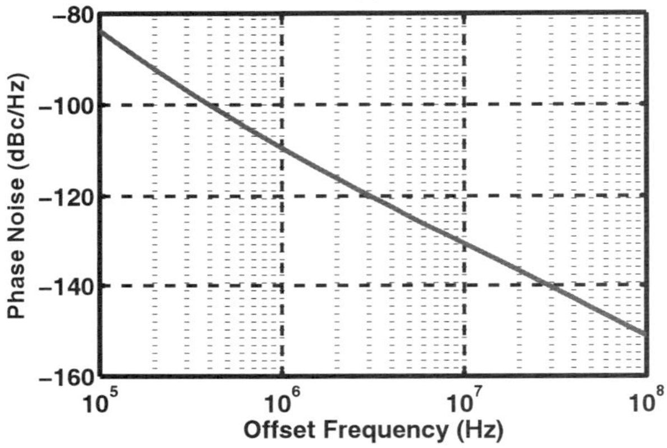


(b)

**그림 13.40** *12 GHz VCO의 (a) 모의실험 파형과 (b) 위상 잡음*

다. 또한 위상 잡음은 1 MHz-오프셋에서 약 −109 dBc/Hz[그림 13.40(b)]이며 이는 필요한 값보다 충분히 아래이다. 하지만, 드레인과 꼬리 전압 파형이 제시됨에 따라, 중심(core) 트랜지스터는 깊은 트라이오드 영역에 들어가게 되고 위상 잡음은 꼬리 커패시턴스에 민감해진다(8장).

이제, 12 GHz로부터 10.8 GHz까지 주파수를 단계적으로 조정하기 위해 각각에 90 fF을 가지는 스위칭 커패시턴스(switched capacitance)를 추가한다. 8장에서 설명했듯이 90-fF의 커패시터와 직렬인 스위치의 크기는 꺼진 상태에서의 기생 용량(parasitic capacitance)과 켜진 상태에서의 채널 저항사이의 상호절충의 관계에 따라 선택되어야 한다. 하지만 시뮬레이션으로부터 만약 ON 저항이 충분히 작지 않을 경우에는 전압 스윙이 상당히 감소함을 알 수 있다. 즉, 스위치의 폭이 넓어짐에 따라 스윙은 서서히 복원된다.

그림 13.39(b)는 개정된 설계를 보여준다. 더 좋은 성능을 보이는 회로를 다시 시뮬레이

션을 했다. 시뮬레이션에서 주파수는 12.4 GHz에서 10.8 GHz까지 조정되나 싱글엔드 스윙이 낮은 주파수 끝에서 0.8 V까지 떨어진다. 8장에서 계산한 것처럼, 이 효과는 스위칭 커패시터 가지의 $Q$가 감소하지 않음에도 불구하고, 주파수에 대해 $R_p$(공진기의 병렬 등가 저항)의 급격한 감소에 의해 일어난다. 이 상황을 해결하기 위해 꼬리 전류를 2 mA까지 올려 준다. 시뮬레이션에 따라 1 MHz 오프셋의 위상 잡음은 이제 10.8 GHz에서 −111 dBc/Hz, 12.4 GHz에서 −109 dBc/Hz와 같다. $S_1$을 '부유(floating)' 스위치라 부른다.

다음 단계에서 VCO에 바랙터(varactor)를 추가하고 스위칭 커패시터를 작은 단위로 분해하여 일부 중첩이 있는 이산 분포된(discretely-spaced) 연속적인 조정 곡선을 만든다. 이때 단위 커패시터는 동일할 필요는 없다. 사실, 낮은 주파수에서는 주파수당 커패시턴스의 변화의 효과가 작다(왜?). 낮은 주파수 끝단에서는 큰 단위를 사용해야 한다. 설계에 이러한 스텝을 사용하는 것은 바랙터의 사이즈와 단위 커패시터의 값과 개수를 고려하여 반복을 요구한다.

반복 이후에 간단하게 회로의 반만 보이는 그림 13.41(a)의 설계에 다다른다. 여기에서 6개의 스위칭 커패시터와 20-μm 바랙터는 필요한 조정 범위를 제공한다. 주파수를 줄이기 위해 처음에 $C_{u6}$가 스위칭 되면 $C_{u6} + C_{u5}$ 등이 된다. 두 가지를 고려해야 한다. 첫 번째는 비록 보이지는 않지만 그림 13.39(b)처럼 여전히 부유 스위치(floating switch)를 가진다는 것이다. 이상적으로 스위치의 폭은 $C_{uj}$로 확장될 수 있지만 최소 폭은 기술적으로 65-nm에서 약

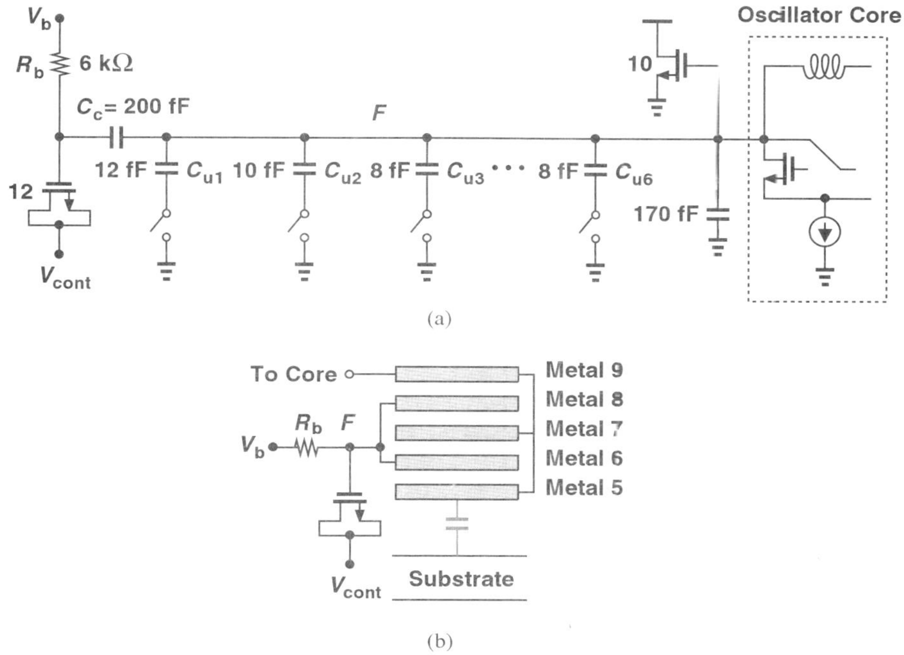


**그림 13.41** *(a) 이산 제어를 위한 VCO에 추가된 스위치 커패시터 배열과 (b) 커플링 커패시터 구조*

0.18 $\mu$m이고 접지된 스위치로 선택된다. 부유 스위치는 $C_{u1}$와 $C_{u2}$에 대해서는 2 $\mu$m의 폭을 갖고 $C_{u3}$-$C_{u6}$에서는 1.5 $\mu$m의 폭을 가지고 있다.

두 번째로, 넓은 연속적인 조정 범위를 얻기 위해서는 바랙터의 게이트가 코어에 용량성으로 결합되고 $V_b \approx 0.6$ V로 바이어스 된다. 8장에서 설명했듯이, '바닥판(bottom-plate)' 기생성분 $C_c$는 조정 범위를 제한할 수 있다. 하지만, 다행히도 설계에서는 각 사이드마다 기생성분 $C_c$를 기꺼이 흡수하는 큰 커패시턴스를 사용한다. 커플링 커패시터는 병렬 평판으로 구현한다[그림 13.41(b)]. $C_c$의 값은 조정 범위가 줄어드는 것을 무시할 수 있는 바랙터 커패시턴스 최대값의 약 10배로 선택한다.

그림 13.42는 모의실험을 통해 얻은 VCO의 조정 특성을 보여준다. VCO 앞의 충전펌프(charge pump)는 이 범위 내에서 제대로 작동할 수 있다는 가정 하에서 제어 전압은 0.1 V에서 1.1 V로 변화된다. $K_{VCO}$는 약 200 MHz/V에서 300 MHz/V로 다양하다. 그림 13.43은 공진기에서 스위치된 모든 커패시터를 갖는 위상 잡음을 보여준다.

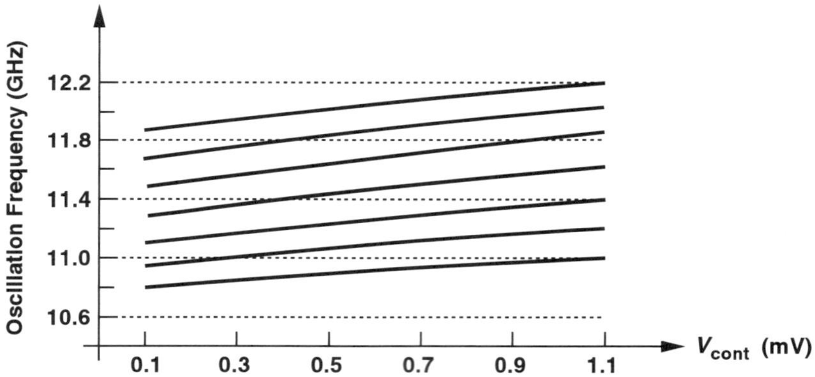


**그림** 13.42 *VCO의 튜닝 특성*

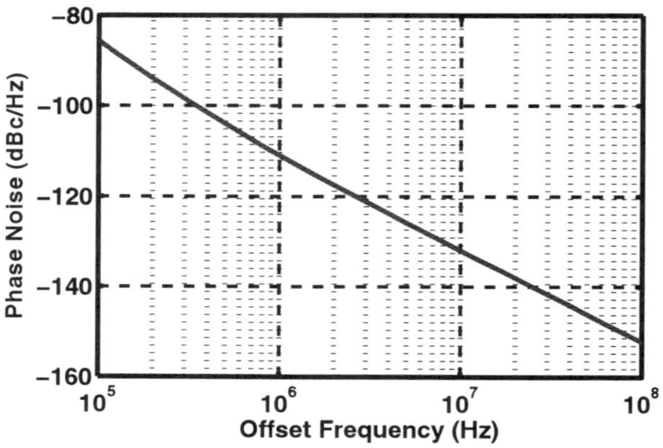


**그림** 13.43 *공진기에서 스위치된 모든 커패시터를 갖는 VCO의 위상 잡음*

## 예제 13.21

RF Microelecronics

한 학생이 그림 13.41(b)에 있는 $R_b$의 열잡음이 바랙터 전압을 변조하므로 $R_b$의 값은 *작아야만* 한다고 추론했다. 이 추론이 맞는가?

**풀이:**

저항 $R_b$는 VCO에 두 가지 영향을 준다: 공진기의 $Q$를 낮추고, 그 잡음은 주파수를 변조시킨다. 두 가지의 영향을 정량화해야만 한다.

그림 13.44(a)에 있는 $L/2$, $R_p/2$, $C_T$ 가 공진기의 등가로 표현된 간단한 회로로 고려해 보자(트랜지스터의 커패시턴스와 스위칭 커패시터를 포함한다). 2장으로부터 $C_c$와 $C_{var}$가 다음 식에 의해 값을 가지는 $R_b$로 변환한다.

$$R_{eq} \approx \left(1 + \frac{C_{var}}{C_c}\right)^2 R_b, \tag{13.34}$$

여기서, 이 네트워크와 관련된 $Q$는 약 3보다 크다고 가정한다. $C_c \approx 10C_{var}$일 때, $R_{eq} \approx 1.2R_b$이다. 그러므로 $R_b$는 공진기의 $Q$를 무시할 수 있도록 줄이기 위해 대략 $R_p/2$의 10배가 되어야만 한다.

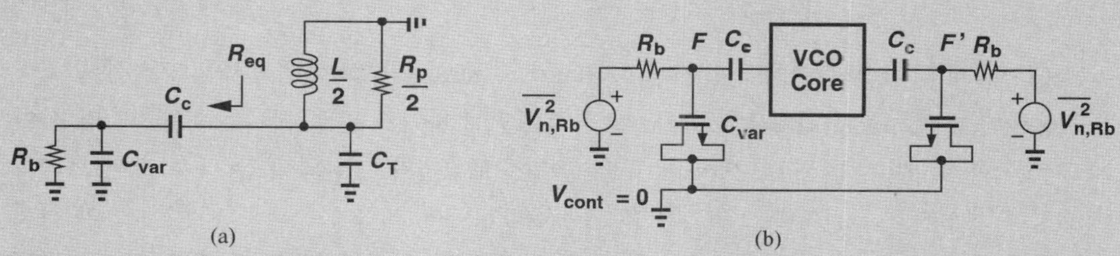


**그림 13.44** *(a) 등가 공진기 임피던스 (b) $R_b$ 잡음의 영향*

하지만 매우 작은 $R_b$를 사용할 수 있을까? 이 경우에서는 $C_c$, $C_{var}$, 그리고 $R_b$로 구성된 $Q$가 작기 때문에 $R_{eq}$에 대한 위의 표현이 적용되지 않는다. 한계점으로, $R_b \rightarrow 0$에 따라 공진기 $Q$에 대한 영향은 사라진다. 하지만, 바랙터는 현재 '단락'되어 제거되어 있고 주파수를 조정이 되진 않는다. 그러므로 큰 $R_b$의 값을 적용해야만 한다.

$R_b$로 인한 위상 잡음을 구해보자. 조절 전압에 의한 잡음에 의한 VCO의 출력 위상 잡음은 다음과 같이 표현할 수 있다.

$$S_{\phi n}(f) = S_{cont}(f)\frac{K_{VCO}^2}{\omega^2}, \tag{13.35}$$

(계속)

**예제 13.21** (*계속*) RF Microelecronics

여기서, $S_{cont}(f)$는 $V_{cont}$에서 잡음의 스펙트럼을 나타낸다. $\omega_{-3dB} \approx 1/(R_bC_c)$보다 아래의 오프셋 주파수에서 $R_b$의 잡음은 마치 바랙터를 $V_{cont}$와 직렬로 연결된 것처럼 직접적으로 변조시킨다[그림 13.44(b)]. 반송파에 관련된 위상 잡음을 결정하기 위해서 다음을 관찰해야 한다: (1) 출력 주파수의 각 저항 잡음 전압으로부터 이득은 $K_{VCO}/2$와 같다. $K_{VCO}$는 $V_{cont}$로부터의 이득을 나타낸다(문제 13.9); (2) $2kTR_b$의 양측 열잡음 스펙트럼은 $S_{\phi n} = 2kTR_b(K_{VCO}/2)^2/\omega^2$로 주어지는 제로주파수 근처의 위상 잡음 스펙트럼을 야기한다; (3) $A\cos(\omega_c t + \phi_n)$ 형태의 RF출력에서 반송파 주변의 상대 위상 잡음은 여전히 $S_{\phi n}$로 주어진다; (4) 위상 잡음 전력은 두 $R_b$를 고려하여 두 배로 해야만 한다. 따라서 출력 위상 잡음은 다음과 같다.

$$S_{\phi n}(f) = \frac{kTR_bK_{VCO}^2}{4\pi^2f^2}. \qquad (13.36)$$

$R_b = 6\text{ k}\Omega$, $K_{VCO} = 2\pi(300\text{ MHz/V})$에 대해서 $S_{\phi n}(f)$는 1 MHz 오프셋에서 −117 dBc/Hz에 도달하고 이는 VCO의 실제 위상 잡음보다 충분히 아래의 값이다. 이러한 기여를 제거하려며, 보다 촘촘한 이산 조정으로 구현할 수 있는데 이는 $K_{VCO}$를 줄이게 된다.

VCO 설계의 마지막 단계에서 전류미러(current mirror)를 갖는 이상적인 꼬리전류 소스를 사용한다. 그림 13.45(a)에서 보듯이, 이 배열은 $V_{DS}$ 차이가 존재하는 두 트랜지스터 사이의 정합을 개선시키기 위해 0.12 μm의 채널 길이를 포함한다. $M_{SS}$의 폭은 작은 오버 드라이브 전압이 생성되도록 선택하고, $V_{GS}$는 $V_{DS}$ ($\approx$ 500 mV)에 대략 동등하도록 정한다. 이 선택은 트랜스컨덕턴스를 만들고 따라서 $M_{SS}$의 잡음 전류를 필요 이상으로 크게 만드나 지금은 이를 사용한다. $M_{REF}$의 잡음이 지배적일 수 있기 때문에 $M_{REF}$와 $I_{REF}$는 단지 2의 비율로 크기를 작게 한다.

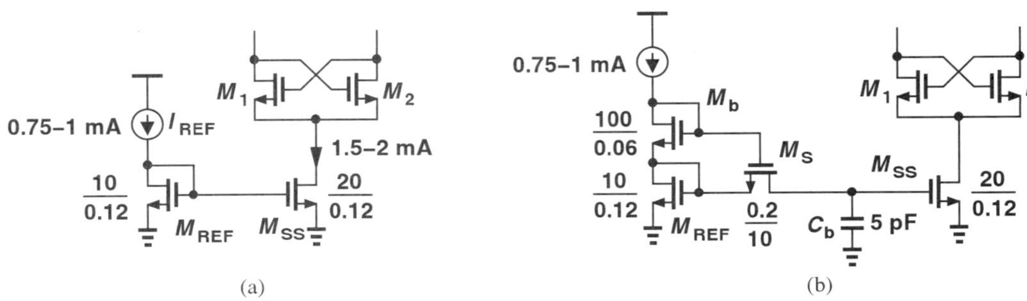


**그림 13.45** *(a) 전류 미러 바이어스를 사용하는 VCO, (b) 저역통과필터를 포함하는 변형된 미러*

전류 미러는 10.8 GHz에서 VCO의 위상 잡음(1 MHz 오프셋에서)을 −111 dBc/Hz에서 −100 dBc/Hz로 12.4 GHz에서는 −109 dBc/Hz에서 −98 dBc/Hz로 대폭 증가시킨다(그림 13.46). Cadence TM에 의하면 대부분의 위상 잡음은 열과 $M_{REF}$과 $M_{SS}$의 플리커 잡음(flicker noise)로부터 발생한다.

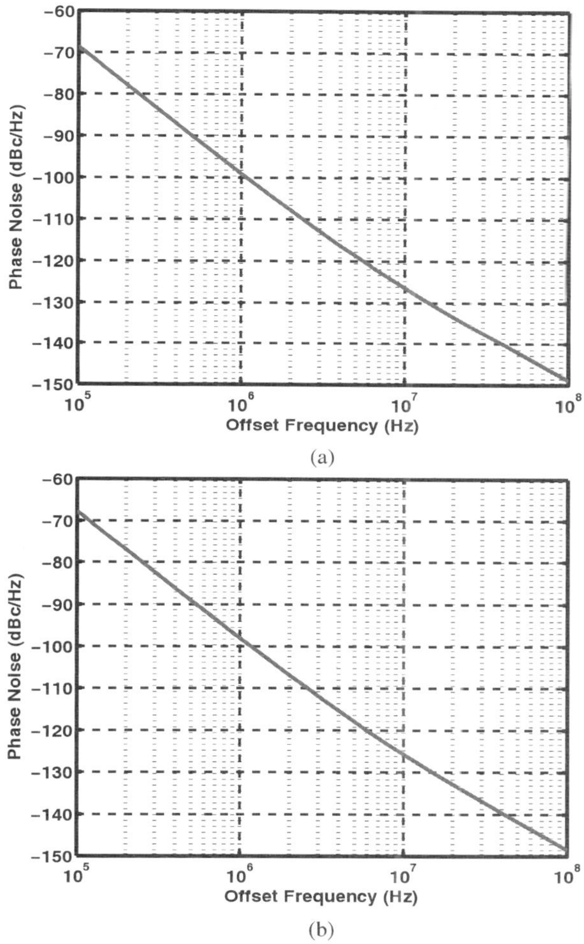


**그림 13.46** *전류 미러 바이어스를 갖는 VCO의 위상 잡음 (a) 10.8 GHz, (b)12 GHz*

간단한 변경을 통해 $M_{REF}$의 기여를 억제할 수 있다. 그림 13.45(b)에서 보듯이, $M_{REF}$(그리고 $I_{REF}$)의 잡음을 억제하기 위하여 두 트랜지스터 사이에 저역통과필터를 삽입한다. 1 MHz보다 충분히 작은 코너 주파수를 얻기 위해서 (1) 넓은 다이오드가 연결된 트랜지스터 $M_b$에 의해 구동된 작은 오버드라이브 전압을 $M_S$에 바이어스 한다; (2) $M_S$의 폭을 0.2 $\mu$m, 길이를 10 $\mu$m로 선택한다; 그리고 (3) $C_b$를 5 pF으로 정한다. 1 MHz-오프셋에서 위상 잡음은 108 GHz에서 −104 dBc/Hz, 12.4 GHz에서 −101 dBc/Hz를 가진다. 그림 13.47은 마지막 설계의 위상 잡음을 보여준다. (바랙터의 $Q$는 굉장히 높다고 가정한다.)

그림 13.45(b)에서 커패시터 $C_b$는 MOSFET으로 구현하더라도 상대적으로 넓은 면적을 차지하고 있다. 하나는 $M_S$를 길게 만들고 $C_b$를 작게 만들 수 있다. 하지만 궁극적으로 $M_{SS}$의 게이트 누설 전류 때문에 $M_S$의 드레인-소스 전압 강하는 문제가 된다.

위상 잡음 목표를 초과하는 반면에 최종 VCO 설계는 여전히 꼬리 트랜지스터 $M_{SS}$로부터 상당한 잡음 불이익을 발생시킨다. 독자들은 8장에서 소개된 꼬리 잡음 억제 기술을 적용해서 문제를 해결하기를 바란다.

두 번째 VCO는 9.6 GHz에서 11 GHz의 주파수 범위를 포함해야만 한다. 이는 부하 인덕터를 1.5 nH에서 1.8 nH로 증가시킴으로써 쉽게 수행될 수 있다. 설계의 나머지는 변경될 필요가 없다.

## 예제 13.22

RF Microelecronics

주파수 합성기 루프를 결정할 때 어떤 VCO 사용할지 그리고 얼마나 많은 커패시터를 공진기에 스위칭할 것인지 어떻게 정하는가?

**풀이:**

주파수 합성기는 $VCO_2$와 공진기에 포함되는 모든 커패시터로 시작된다. 조절 전압, $V_{cont}$는 간단한 아날로그 비교에 의해 제어된다(그림 13.48). 만약 $V_{cont}$가 1.1 V를 초과하고 루프가 고정되지(lock) 않으면 현재 설정은 필요한 주파수를 설정할 수 없다. 한 커패시터가 루프의 바깥쪽으로 스위칭되고 루프는 다시 풀리게 된다. 이 절차를 $V_{cont} \leq 1.1$ V에서 닫힐 때까지 반복한다($VCO_2$ 벗어나게 되면 $VCO_1$으로 스위칭도 가능하다).

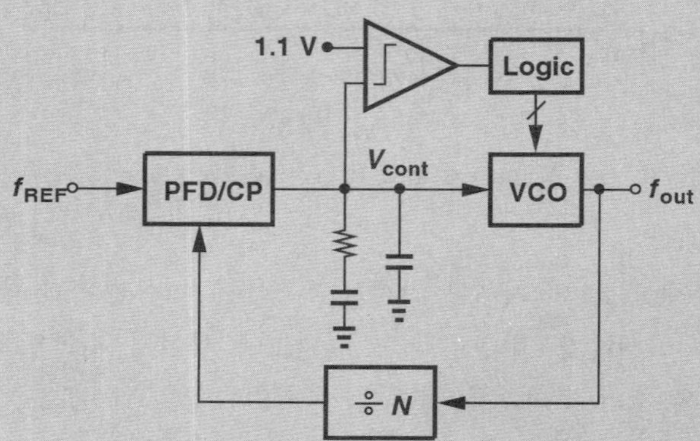


**그림 13.48** *VCO의 이산 조정을 위한 주파수 합성기에서 로직의 추가*

두 개의 VCO의 출력은 다중화(multiplex)되어야 한다. 레일투레일(rail-to-rail) 스윙이 가능하면, 간단한 인버터는 이 목적을 달성할 수 있다. 그림 13.49에서 나타난 대로 뒤따르는 나누기-2 회로를 구동하는데 필요한 팬아웃(fanout)에 따라 각 인버터는 크기가 정해진다. 큰 트랜지스터는 Select와 $\overline{\text{Select}}$에 의해 선택되고 한 인버터는 사용(enable)하고 다른 인버터는 비사용(disable)된다. 또한, 피드백 저항은 사용되는 인버터를 높은-이득 영역에서 바이어스한다. VCO 출력은 $V_{DD}$와 같은 CM 레벨을 갖고 그러므로 MUX에 용량적(capacitively)으로 커플링된다.

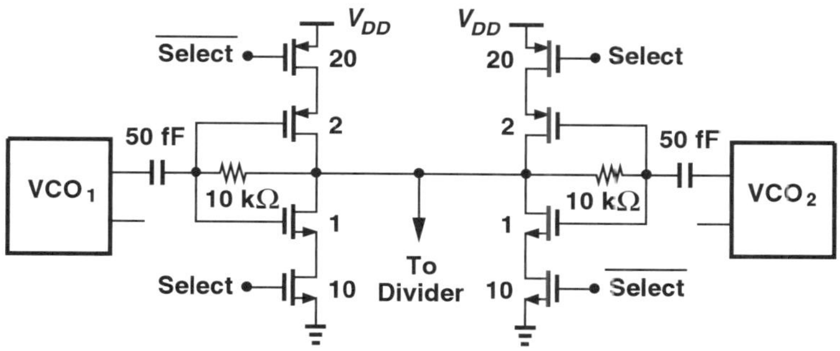


**그림 13.49** *한쪽 VCO의 출력을 선택하는 멀티플렉서(multiplexer)*

### 13.4.2 분배기 설계 Divider Design

**나누기-2 회로** 다중화된(multiplexed) 전압 제어 발진기(VCO) 출력들은 직교 출력을 생성하기 위하여 반드시 2로 나누어져야 한다. MUX 출력에서 가능한 레일-대-레일(rail-to-rail) 스윙을 이용하여 간단하고 효과적인 설계 방식을 모색 할 수 있다. 9장[9]에서 설명한 창-박-김(Chang-Park-Kim)분배기의 속도-전력간의 적절한 상호절충은 효과적인 선택을 주나 이 설계 방식은 직교 위상(차동 조차도)을 만들어내지 못한다.

레일투레일(rail-to-rail) 스윙으로 동작하는 상보(complementary) 로직 스타일에 대해 생각해보자. 그림 13.50(a)은 이러한 스타일에 기반한 D 래치(latch)이다. CK가 낮은면 $M_5$는 오프되고 PMOS 소자는 로직 상태를 유지한다. CK가 올라가면, $M_1$과 $M_2$는 입력 논리 단계를 $\overline{Q}$와 Q로 강요한다.

위의 회로는 두 가지 이점이 있다. 첫 번째, 이 설계 방식은 *동적* 논리를 사용한다; 문제 13.10에서 살펴보겠지만, CK가 장기간동안 로우(low)가 되던 누설 전류는 저장된 상태를 결국 파괴하게 된다. 둘째로, 래치는 *비율적인(ratioed)* 로직을 기초로 하기 때문에 주의 깊은 크기 조정이 요구된다. 예를 들어, 만일 $D$ = 1인 동안에 $\overline{Q}$가 하이(high)이고 CK가 하이(high)가 되면, 그림 13.50(b)와 같이 $M_1$과 $M_5$는 직렬이 되며 반드시 $M_3$을 '극복해야' 한다.

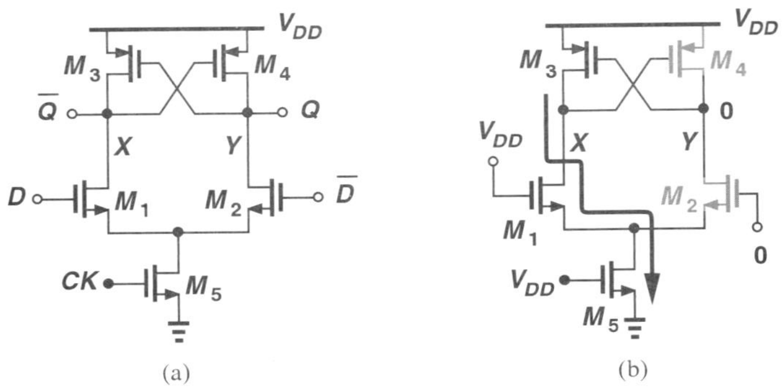


**그림 13.50** *(a) 래치(latch) 설계 방식과, (b) 입력 값이 높아질 때의 동작*

다시 말해, $M_3$과 $M_4$가 영역재생(regeneration)을 시작 할 수 있도록 $R_{on1} + R_{on5}$는 $V_X$가 $V_{DD} - |V_{THP}|$보다 약간 작은 값을 가질 수 있게 반드시 충분히 작아야 한다. 전형적인 설계에선 $W_5 \approx W_{1,2} \approx 2W_{3,4}$이다. 속도 요구사항에 의해 넓은 $M_5$를 필요할 수 있다.

## 예제 13.23

RF Microelecronics

그림 13.50(a)의 래치는 접지(ground) *이하의* 낮은 레벨을 만들어 낸다. 이유를 설명하라.

**풀이:**

클록(clock)이 하이(high)가 되고 $X$와 $Y$가 각각 접지와 $V_{DD}$가 되었다고 가정하자(그림 13.51). 이제 클록이 떨어지고 $C_{GD5}$에서 $P$를 통해 결합(couple)되면서 $M_1$에서 전류를 끌어당기게 되고 이러한 이유로 $X$가 된다. 그러므로 $V_X$는 떨어진다. $M_5$가 만일 큰 초기 전류를 끌어당기기 위한 넓은 소자라면, 이러한 효과는 더욱 확연하다.

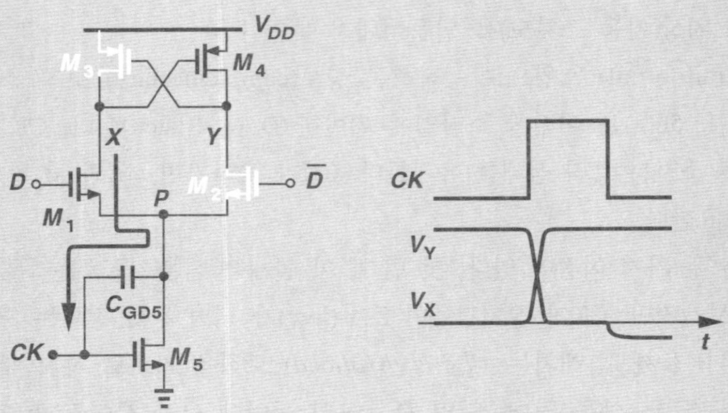


**그림 13.51** *접지-이하(below-ground) 스윙을 보여주는 래치 출력의 파형*

다른 래치들과 함께, 위의 회로들은 큰 부하 커패시턴스에 의해 부하가 걸린다면 실패할 수 있다. 이러한 이유로, 각 래치 뒤에 인버터(inverter)로 이루어진 나누기-2회로를 배치한다. 그림 13.52는 그 결과를 보여준다. 소자 너비는 가장 나쁜 상황에 대해 설정되었으며, 즉 이러한 상황은, 분배기가 송신 수동 주파수 혼합기(mixer)를 구동할 때이다. 인버터들은 래치에 작은 부하로 동작하지만 큰 커패시턴스를 스스로가 구동해야만 하기 때문에, 느린 엣지(edge)를 만들어 낸다. 그러나 송신기 주파수 혼합기의 성능은 13.1.2절에서 국부 발진기의 파형을 *정현파로* 가정했을 때의 시뮬레이션에서 예상한 것 보단 나쁘지 않다.

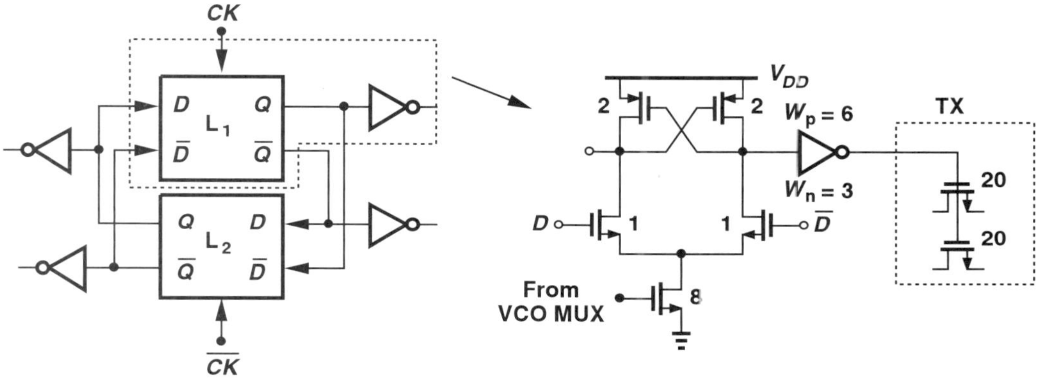


**그림 13.52** *이등분 단계(divide-by-two stage)와 회로의 세부 사항*

주파수 분배기(frequency dividers)는 보수적인 설계를 요하는데, 예를 들어 관심 있는 가장 높은 주파수보다 충분히 높게 동작되어야 한다. 이는 두 가지 이유가 있다: (1) 레이아웃(layout)의 기생성분들이 속도를 상당히 낮추며, (2) 프로세스와 온도변화가 존재하는 상황에서, 위상고정 루프(PLL)가 *반드시* 올바르게 동작하기 위해선 분배기는 전압 제어 발진기(VCO)에서 오는 최고 주파수를 반드시 충분히 다룰 수 있어야 한다.

시뮬레이션은 위의 나누기-2회로와 네 개의 인버터들이 13 GHz의 클록 주파수에서 1.2-V 공급으로 2.5 mA의 평균 전류를 이끌어 낼 수 있다는 것을 나타낸다.

**이중-모듈러스 분배기(Dual-Modulus Divider)** 합성기(synhesizer)를 위해 필요한 펄스-스왈로우(pulse-swallow) 카운터(counter)는 이중-모듈러스 분배기를 가지고 있는 전치분주기(prescaler)가 요구된다. 이러한 분배기는 대략 6.5 GHz까지 동작할 수 있어야 한다.

이 분배기를 위하여, 그림 13.53(a)의 ÷3 회로를 살펴보는 것으로 시작하며, 창-박-김 플립플롭을 이용한 응용에 대해 찾아본다. 이 플립플롭은 오로지 $\overline{Q}$ 출력만을 내기 때문에, 이 회로를 그림 13.35(b)와 같이 수정하며, 이때 $FF_1$의 전단에 인버터가 있다. 속도를 향상시키기 위하여 AND 게이트와 두 번째 플립플롭을 병합하고자 한다. 그림 13.53(c)는 이 AND와 플립플롭의 조합을 나타낸다.

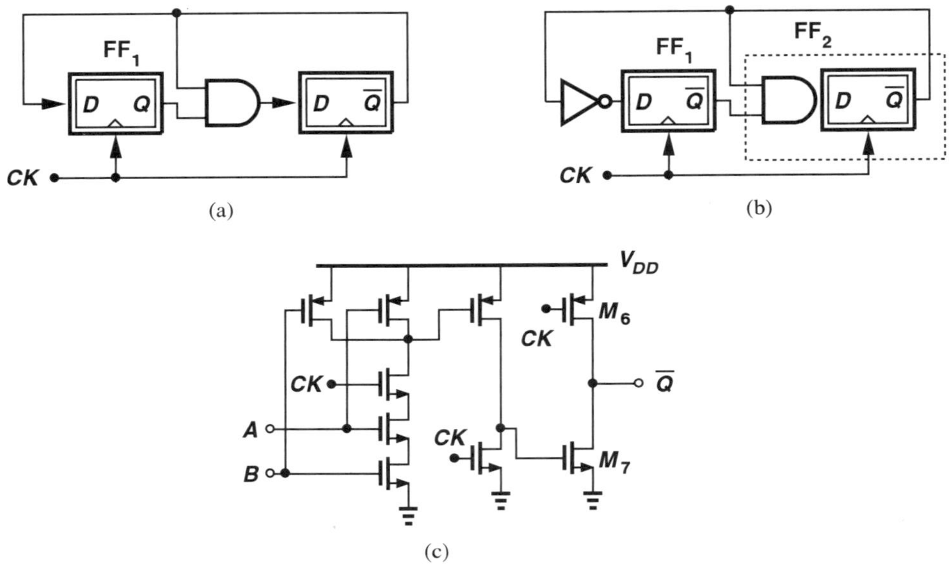


**그림 13.53** *(a) AND 게이트를 가진 이중-모듈러스 분배기(dual-modulus divider), (b) 두 번째 플립플롭에 AND 게이트가 내장된 (a) 회로, (c) AND와 플립플롭의 트랜지스터-수준의 구현*

이제 ÷3/4 회로를 얻기 위해 그림 13.53(a)의 설계 방식에 따라 OR 게이트를 추가해야 한다(제9장). 다시 말하지만, 이 게이트를 플립플롭 중 하나와 합친다. 그림 13.54는 ÷3/4 회로를 나타낸다. 이 모듈러스 제어 OR 게이트는 AND 구조 내에 내장되어 있다.

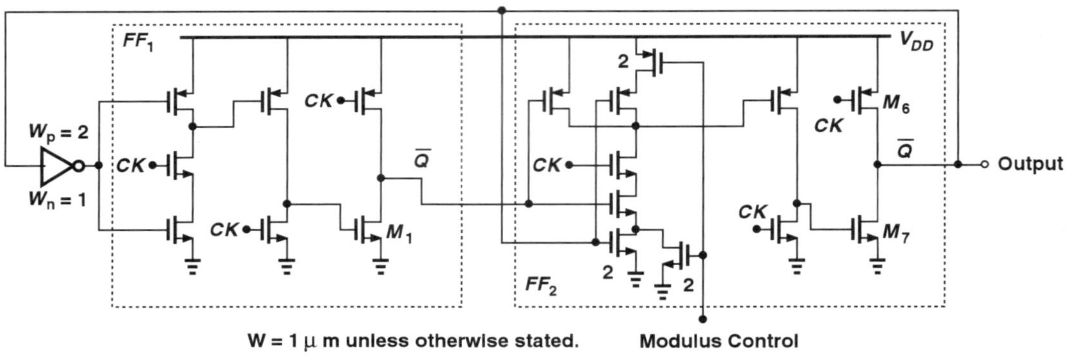


**그림 13.54** *이중-계수 전치분주기(dual-modulus prescaler)의 트랜지스터 수준의 구현*

그림 13.55는 6.5 GHz 클록 주파수에서 ÷4와 ÷3 회로 모드의 시뮬레이션 출력 파형이다. 분배기는 1.2-V 공급기에서 0.5 mA의 전류를 이끌어낸다.

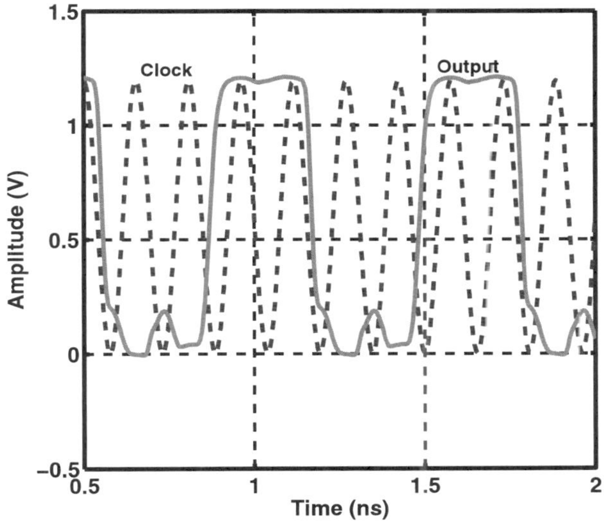


(a)

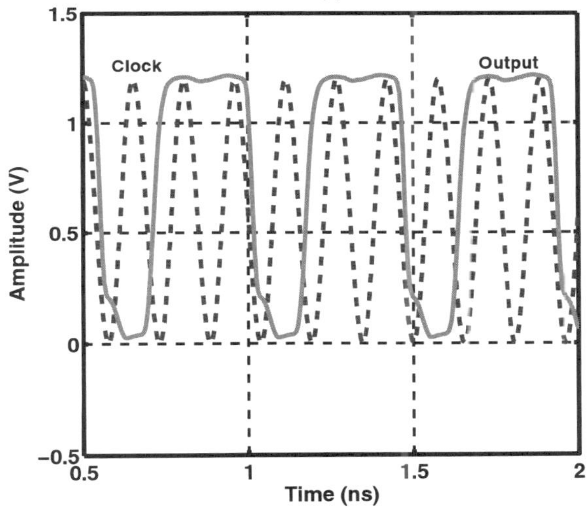


(b)

**그림** 13.55 *(a) 4분, (b) 3분 분배기의 입력과 출력 파형*

## 예제 13.24

RF Microelecronics

어떤 학생이 그림 13.54의 회로가 클록에 대해 6 μm의 총 트랜지스터 너비를 가지고 있음을 발견하였다. 이 학생은 *모든* 트랜지스터의 너비를 반으로 줄이기로 결심하여서 클록의 입력 커패시턴스와 소비 전력을 반으로 줄였다. 이러한 접근의 장단점에 대하여 설명하라.

**풀이:**

이 '선형(linear)' 스케일링(scaling)은 확실히 성능을 향상시킨다. 만일 메인 출력에서 보이는

(*계속*)

**예제 13.24** *(계속)* RF Microelecronics

부하가 비례하도록 비율에 따라 정해진다면, 최대 동작 속도도 역시 변하지 않을 것이다 (왜?). 이 전의 설계에서, 마지막 단의 $FF_2$에 있는 1 $\mu$m 소자는 궤환(feedback)에서 $W$ = 4 μm를 구동하며 부하에서 또 다른 2에서 3 $\mu$ 정도를 구동 할 수 있다. 2배 스케일링은 견딜 수 있는 부하를 1에서 1.5 $\mu$m 정도로 감소시킨다.

÷3/4 회로는 이제 제9장에서 설명된 바와 같이 전치 분주기(prescaler) 내에 포함 될 수 있다. 독자는 레이스(race) 상태들을 피하기 위하여 비동기 나누기-2 단이 출력을 변화시킬 때의 클록 엣지를 신중히 골라야 한다.

5180에서 5320 MHz의 주파수 범위를 20 MHz 간격으로 아우르기 위해선 펄스-스왈로우 카운터는 $NP + S$ = 259에서 266의 나누기율(divide ratio)을 제공해야 한다. 만일 $S$가 9에서 16까지 변화할 때, $NP = 250 = 53 \times 2$이기 때문에 $N = 10$, $P = 25$이며, 이는 전치 분주기가 ÷10/11 회로와 같이 설계 될 것을 요구한다. 그 대신에, $N = 5$, $P = 50$과 ÷5/ 6 전지 분주기를 선택 할 수 있다.

11a의 높은 캐리어 주파수, 즉 5745에서 5805 MHz까지는 20 MHz의 정수배가 아니기 때문에 문제가 된다. 그러므로 정수-N 합성기(integer-N synthesizer)는 5 MHz의 기준 주파수로 동작해야 하며 이는 루프 대역폭의 4중 감소를 일으킨다. 13.4.1절에서의 보수적인 전압 제어 발진기(VCO)의 설계는 이러한 루프의 자유발진(free-running) 위상 잡음 조건을 만족한다. 펄스 스왈로우 카운터는 반드시 $NP + S$ = 1149에서 1161을 제공해야 한다. 예를 들어 위의 전치 분주기가 여기에서도 이용 될 수 있도록 $S$ = 9–21, $N = 10$, $P = 114$로 선택 할 수 있다. 높은 주파수 밴드와 시스템 동작에 필요로 하는 다른 크리스탈 주파수를 수용하기 위하여 분수-$N$(fractional-$N$) 루프가 선호 된다.[17] 이러한 설계는 독자들을 위하여 연습 문제로 남겨져 있다.

### 13.4.3 루프 설계 Loop Design

PFD/CP/LPF 종속연결(cascade)단을 설계하고 합성루프를 완성해보자. PFD는 9장에 나와 있는 NOR기반의 리셋이 가능한 래치 구조를 사용하여 쉽게 제작할 수 있다. CP와 LPF는 $K_{VCO}$ [$\approx 2\pi$ (200 MHz/V)]의 최저값과 분배기 비율 $M$(= 2 × 1161, 5 MHz 기준주파수에 대하여)의 최고값에 기초하여 설계 한다.

500 kHz의 대역 루프와 1 mA의 전하펌프 전류로 설계를 시작하면, $2.5\omega_n = 2\pi$ (500

17. 예를 들어, 크리스탈 발진기 주파수는 휴대폰 제조사나 기저대역(baseaband) 프로세서(processor) 클록 등에 의하여 결정 될 수 있다.

kHz)와 $\omega_n$ = $2\pi$ (200 kHz)이고 아래의 식과 같이 표현된다.

$$2\pi(200\ \text{kHz}) = \sqrt{\frac{I_p K_{VCO}}{2\pi C_1 M}}, \tag{13.37}$$

위 관계식으로 $C_1$ = 54.5 pF을 얻을 수 있다. 이러한 커패시터는 칩에 많은 공간을 차지한다. 전력소비와 칩공간을 상호절충하여 $I_p$ = 2 mA와 $C_1$ = 2 7 pF를 선택한다. 감쇠 지수(damping factor)를 1로 설정하면

$$\zeta = \frac{R_1}{2}\sqrt{\frac{I_p K_{VCO} C_1}{2\pi M}} = 1, \tag{13.38}$$

이고 $R_1$ = 29.3 kΩ이 된다. 그리고 두 번째 커패시터 $C_2$는 5.4 pF로 선택할 수 있다.

전하 펌프(charge pump)를 살펴보자. 9장의 게이트-스위치 구조로 돌아가 기술로 돌아가 최대 전압 헤드룸을 가진다고 생각해 보자. 그림 13.56에 나와 있는 것처럼 출력 트랜지스터의 작은 채널길이변조와 폭이 넓은 트랜지스터 게이트의 빠른 스위치 기능을 수행하는 0.12 $\mu$m의 채널길이가 설계에 포함된다. 이러한 소자를 구동하기 위해 PFD에는 큰 인버터가 따른다.

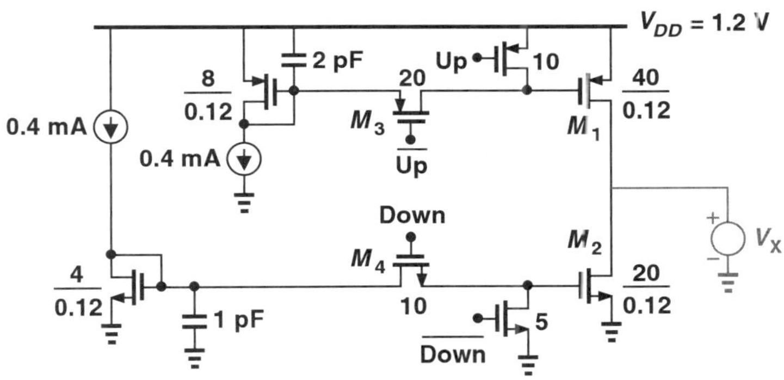


그림 13.56 *전하펌프설계*

그림 13.56에서 주로 $M_3$와 $M_4$의 작은 오버드라이브 때문에 게이트-스위치 기술이 여전히 느리다. 즉, 상향 하향 펄스가 좁은(상향 그리고 하향 전류사이의 비정합 효과를 줄이기 위해서) 경우라면 $M_1$과 $M_2$의 게이드 전압이 그들의 최종 값에 도달하지 않아 목표보다 작은 출력전류가 나타난다.

그림 13.57은 전하펌프의 시뮬레이션된 I/V특성을 도시한다. 9장에 설명되어 있는 것처럼, 이 실험에서 상향 하향 입력은 둘 다 가해지고 전압전원은 출력노드와 접지 사이에 연결하고 $V_{min}$ ( = 0.1 V)에서 $V_{max}$ (1.1 V)까지 변화한다. 이상적으로 0이고, 이 전압 소스를 통해

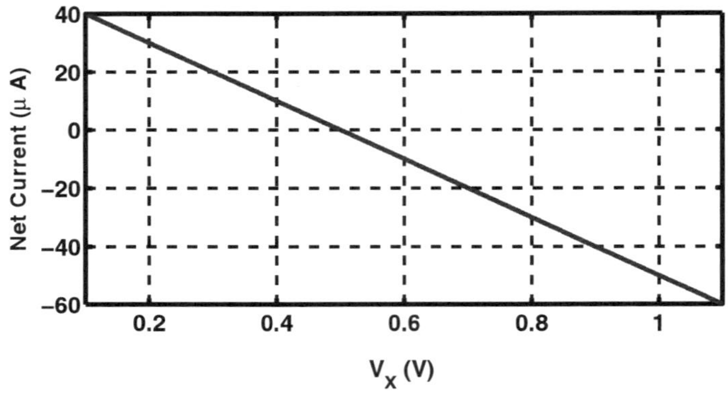


그림 13.57 *전하펌프의 I/V 특성*

흐르는 최대 전류는 상향 하향전류 사이의 결정적인 부정합과 그로 인한 리플임을 알 수 있다. 이 설계에서 최대 부정합은 $V_{out}$ = 1.1 V에 발생하고 이는 약 3%인 60 $\mu$A와 같다. 이 부정합이 허용하지 않은 큰 리플을 만들어 낸다면 9, 10장에 언급된 CP기술이 적용될 수 있다.

**루프 시뮬레이션** 합성기의 시뮬레이션은 흥미로운 과제이다. 5 MHz의 입력 주파수를 갖는 루프는 대략 20 $\mu$s(100입력 사이클)를 잡는다. 게다가 12 GHz의 출력주파수의 과도시간단계(transient time step)는 20 ps 정도로 선택하고, 이는 1/100만 시간 단계가 요구된다. 추가적으로 그림 13.48의 불연속 조정 로직이 없는 경우라도 루프는 수백 개의 트랜지스터를 포함한다. 따라서 각각의 시뮬레이션은 몇 시간씩 걸린다.

'시간수축(time contraction)'에 의한 시뮬레이션을 시작한다[6]. 즉, 루프의 잠금(lock) 시간을 $K$ = 100인 큰 요소에 의해 줄인다. 끝으로 $f_{REF}$을 $K$ 비율만큼 올리고, $C_1$, $C_2$를 감소시키고, $M$을 $K$ 비율만큼 감소시킨다(그림 13.58). 물론 PFD와 전하펌프는 500 MHz의 주파수에서 작동한다. 시간수축은 $R_1$, $I_p$, $K_{VCO}$에 대해서는 이루어지지 않고, 루프의 시간상수 $(\zeta\,\omega_n)^{-1} = 4\pi M/(R_1 I_p K_{VCO})$는 $K$ 비율만큼 줄어드나 $\zeta$은 유지된다.

시간수축과 더불어 $K_{VCO}$와 $f_{out}$의 같은 값을 갖는 VCO의 거동(behavioral) 모델을 적용할 수 있다. PFD, CP그리고 루프필터는 실제 장치를 포함하고, 따라서 실제적인 리플을 생성

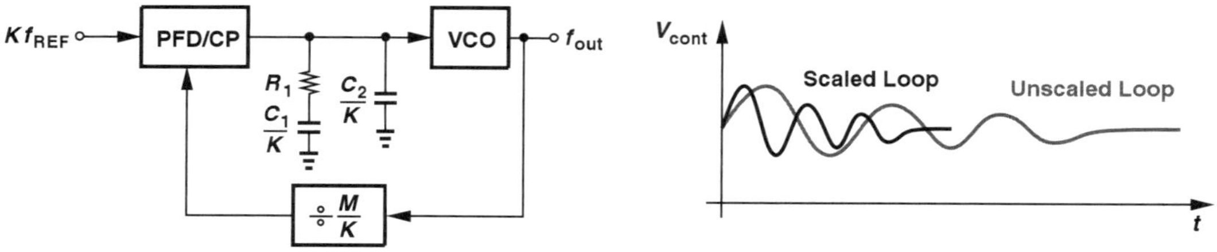


그림 13.58 *시간단축 시뮬레이션에 대한 스케일 루프 파라미터*

한다. 그림 13.59(a)는 전압조정의 안정화된 결과이다. 약 150 ns에서 루프 잠금은 30 mV[그림 13.59(b)] 근처의 피크투피크 리플을 초래한다. 루프 파라미터의 선택은 올바른 잠김 응답으로 나타남을 볼 수 있다. 이 시뮬레이션은 대략 40초 정도 걸린다.

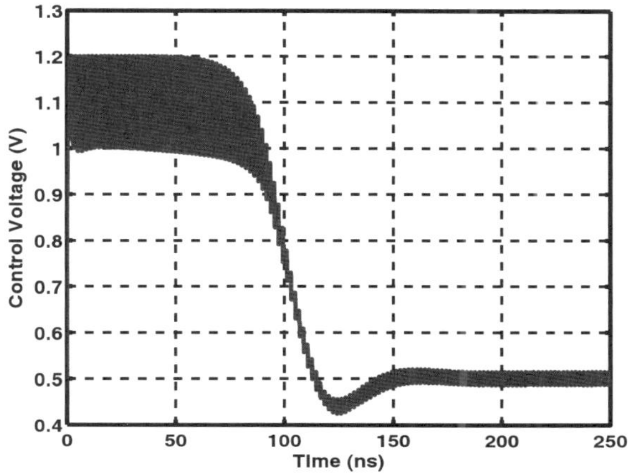


(a)

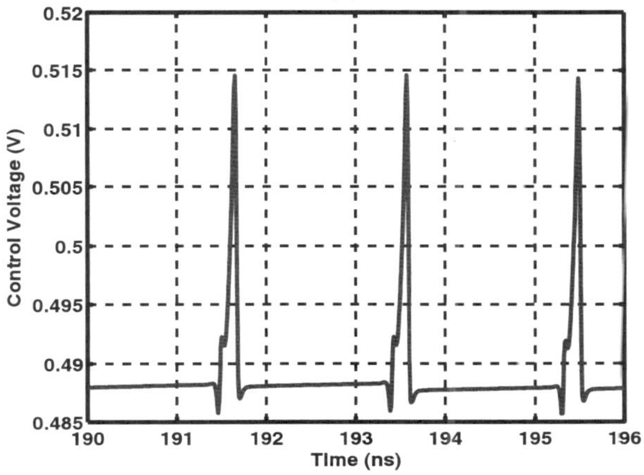


(b)

**그림 13.59** *(a) 스케일된 PLL 설계의 과도응답의 시뮬레이션, (b) 리플파형을 보여주는 협대역 시간 스케일에 대한 (a)의 그림*

## 예제 13.25

RF Microelecronics

시간 수축(time contraction) 스켈링으로 조정 전압 리플은 어떻게 스켈링되는가?

**풀이:**

$C_1$과 $C_2$ 둘 다 $K$ 요소에 의해 스케일 다운되므로 PFD/Cp설계는 변하지 않는 반면, 리플의 진폭은 시간 수축 루프에서의 $K$ 요소에 의해 증가한다.

위 시뮬레이션에 의한 나타난 리플은 각별히 주의해야 한다. 스케일 되지 않은 루프에서 진폭이 100배 떨어지면 ±5 MHz 오프셋에서의 측파대의 결과가 충분히 작은 크기를 갖는지를 살펴보아야 한다. 9장에서 보았듯이 리플은 임펄스열에 의해 근사화된다. 만얀 리플의 아래쪽 면적이 $V_0\Delta T$(그림 13.60)이라면 측파대의 상대적인 진폭크기는 $V_0\Delta TK_{VCO}/(2\pi)$와 같다. 위 시뮬레이션에서 리플 아래영역은 대략 30 mV × 200 ps × 1/2와 같다. 이 값은 $K$ = 100 요소에 의해 스케일 다운되고, $K_{VCO}/(2\pi)$ = 200 MHz/V의해 곱해져, 12 GHz VCO의 출력에서 $6 \times 10^{-4} = -64.4$ dBc의 상대적인 측파대의 크기로 나타난다. 따라서 6 GHz 반송파는 −70 dBc 근처의 측파대를 보이며 이는 허용 가능한 수치이다.

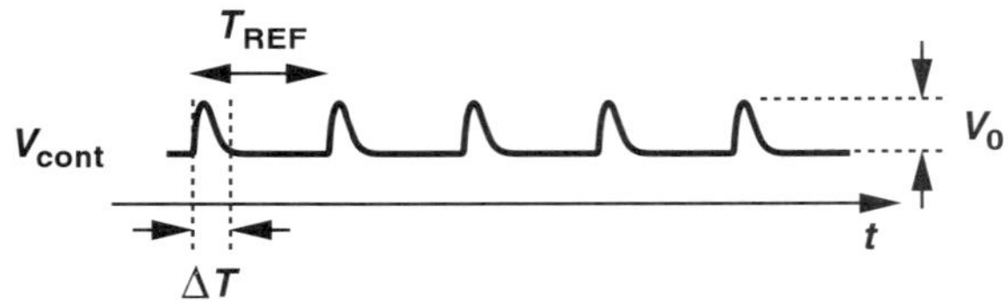


**그림 13.60** *임펄스의 대략적인 리플*

## 참고문헌


[1] L. L. Kan et al., "A 1-V 86-mW-RX 53-mW-TX Single-Chip CMOS Transceiver for WLAN IEEE 802.11a," *IEEE Journal of Solid-State Circuits*, vol. 42, pp. 1986–1998, Sept. 2007.

[2] K. Cai and P. Zhang, "The Effects of IP2 Impairment on an 802.11a OFDM Direct Conversion Radio System," *Microwave Journal*, vol. 47, pp. 22–35, Feb. 2004.

[3] I. Vassiliou et al., "A Single-Chip Digitally Calibrated 5.15-5.825-GHz 0.18-?m CMOS Transceiver for 802.11a Wireless LAN," *IEEE Journal of Solid-State Circuits*, vol. 38, pp. 2221–2231, Dec. 2003.

[4] C. Rapp, "Effects of HPA-Nonlinearity on a 4-DPSK/OFDM-Signal for a Digital Sound Broadband System," *Rec. Conf. ECSC*, pp. 179–184, Oct. 1991.

[5] M. Simon et al., "An 802.11a/b/g RF Transceiver in an SoC," *ISSCC Dig. Tech. Papers*, pp. 562–563, (also Slide Supplement), Feb. 2007.

[6] T.-C. Lee and B. Razavi, "A Stabilization Technique for Phase-Locked Frequency Synthesizers," *IEEE Journal of Solid-State Circuits*, vol. 38, pp. 888–894, June 2003.

[7] A. Afsahi and L. E. Larson, "An Integrated 33.5 dBm Linear 2.4 GHz Power Amplifier in 65 nm CMOS for WLAN Applications," *Proc. CICC*, pp. 611–614, Sept. 2010.

[8] A. Pham and C. G. Sodini, "A 5.8-GHz 47% Efficiency Linear Outphase Power Amplifier with Fully Integrated Power Combiner," *IEEE RFIC Symp. Dig. Tech. Papers*, pp. 160–163, June 2006.

[9] B. Chang, J. Park, and W. Kim, "A 1.2-GHz CMOS Dual-Modulus Prescaler Using New Dynamic D-Type Flip-Flops," *IEEE J. Solid-State Circuits*, vol. 31, pp. 749–754, May 1996.

## 연습문제

13.1. 식 (13.7)의 계산을 반복하여 54 Mb/s의 데이터율과 −65 dBm의 감도를 갖기 위한 11a/g수신기의 필요 $IIP_3$를 구하라.

13.2. 예제 13.5의 간섭원들이 협대역 신호로 근사화되지 않았다고 가정하라. 상호믹싱(reciprocal mixing)으로 인한 악영향으로 예제에서 계산한 값보다 크게 되는가, 작게 되는가?

13.3. −65 dBm 원하는 입력을 갖는 낮은 감도를 갖는 경우에 대하여 예제 13.5를 반복하라. 신호대잡음비가 −35 dB로 가정하라.

13.4. 싱글-평행(single-balanced) 전압-유도(voltage-driven) 수동 믹서의 입력 임피던스에 대한 6장에서 유도된 식을 사용하여 그림 13.19의 LNA에서 보는 부하임피던스를 예측하라.

13.5. 동일한 전력 레벨을 갖는 두 개의 블록커가 인접 및 격채널로 11a 수신기에 가해진다. 만약 수신기의 위상 잡음이 −100 dBc/Hz라면, 신호대잡음비를 30 dB까지 허용하는 최대 블록커 레벨은? 다른 잡음원은 무시한다.

13.6. 위의 문제에서 단지 하나의 인접채널 블록커가 가해지는 경우에 대해 반복하고, 그 결과를 서로 비교하라.

13.7. $\lambda > 0$이라고 가정하고, 그림 13.14(a)의 LNA의 전압 이득과 입력임피던스를 유도하라.

13.8. 그림 13.26(b)에서 최소 그리고 최대 이득으로 세팅되는 경우에 입력단에 $I_1$과 $I_2$의 잡음 기여를 구하라. 스위치의 온-저항과 채널길이변조 및 기판효과는 무시한다.

13.9. 그림 13.44(b)의 회로에서, 각 저항의 잡음 전압으로부터 VCO의 출력 주파수까지의 이득이 $K_{VCO}$임을 증명하라.

13.10. 그림 13.50(a)에서 트랜지스터들의 누설전류를 고려하면, 만약 $CK$ 무기한으로 로우(low)로 남게 되면 상태(state)는 결국은 사라짐을 증명하라. 각 출력노드는 $I_1$의 누설전류와 $C_1$의 전체 커패시턴스를 갖는다고 가정하고, 상태가 사라지기 위해 필요한 시간을 예측하라.

# 찾아보기

Index

D



E



F

## M



## N



## O



## P

ㄴ



ㄷ



ㄹ

ㅁ



ㅂ

## ㅈ

ㅊ



ㅋ



ㅌ



ㅍ